Schul-Flora.

Zweiter Theil.

Beschreibung der Gefäßpflanzen.

Flora von Magdeburg

mit Einschluß der Florengebiete

von

Bernburg und Zerbst,

nebst einem Abriß der allgemeinen Botanik

als einleitenden Theil.

Für höhere Schulen und zum Selbstunterricht

bearbeitet

von

Ludwig Schneider.

Zweiter Theil:
Beschreibung der Gefäßpflanzen.

1877
SPRINGER-VERLAG BERLIN HEIDELBERG GMBH

Beschreibung der Gefäßpflanzen

des Florengebiets

von

Magdeburg,

Bernburg und Zerbst.

Mit einer Uebersicht

der Boden- und Vegetations-Verhältnisse.

Für höhere Schulen und zum Selbstunterricht

bearbeitet

von

Ludwig Schneider.

1877

SPRINGER-VERLAG BERLIN HEIDELBERG GMBH

ISBN 978-3-642-50529-4   ISBN 978-3-642-50839-4 (eBook)
DOI 10.1007/978-3-642-50839-4
Softcover reprint of the hardcover 1st edition 1877

Vorwort.

Die Herausgabe des zweiten Theils der Schulflora hat sich aus dem Grunde verzögert, weil der Verfasser es für nöthig hielt, zur Controle und Ergänzung seiner bisherigen, vieljährigen Forschungen noch in allen Theilen des Gebiets sorgfältige Prüfungen anzustellen, bevor er mit einer Arbeit, die an sich ohne Ende ist, zunächst abschloß. Ein Gebiet von c. 100 ☐ Meilen systematisch und genau zu durchforschen, erfordert neben Ausdauer und Fleiß eine gewaltige Zeit, selbst wenn wissenschaftliche Freunde, wie der Verfasser das Glück hatte, die Arbeit fördern helfen. Allen Beobachtern im Gebiete für ihre Mitwirkung hiermit besten Dank! Namentlich den botanischen Freunden Banse und W. Ebeling in Magdeburg, G. Maaß in Altenhausen, Deicke in Burg, Bölte in Kl. Bartensleben und Preußing in Bernburg — welche auf zahlreichen Excursionen in ihren Special=Gebieten dem Verfasser, Jahr aus Jahr ein, liebe Begleiter und Führer waren. Ihrem treuen Beistande verdankt der Verfasser eine viel ausgebreitetere Kenntniß des Gebiets, als er sie sich allein hätte verschaffen können, wenn er auch in den letzten 10 Jahren seine ganze Zeit dem Florengebiete widmen konnte.

Wenn er jetzt das beendete Werk der Oeffentlichkeit übergibt, so hört hiermit seine Thätigkeit und weitere Forschung im Gebiete nicht auf, und er richtet deßhalb an alle Freunde der Botanik, besonders an die Lehrer, die Bitte, ihm auch ferner bei seinen Studien hülfreich zur Seite zu stehen. —

Ueber Einrichtung und Gebrauch des zweiten Theils der Schulflora ist Folgendes hervorzuheben.

Der zweite Theil enthält die Aufzählung und Beschreibung der Gefäßpflanzen des Gebiets, sowohl der wild wachsenden, mit Angabe ihres Standorts und ihrer Verbreitung, als der im Großen cultivirten Nutzpflanzen und der gewöhnlichen Zierpflanzen, und zwar geordnet nach beiden Systemen, dem Linné'schen Sexual-System, wie der natürlichen Methode.

Die Anordnung der Gebiets-Pflanzen nach dem Linné'schen System mit Beschreibung der Gattungen findet sich in der Einleitung, ihre Anordnung nach der natürlichen Methode nebst Beschreibung der Familien, Gattungen und Arten gibt der Text.

Um nach Linné die zu bestimmende Pflanze zu erkennen, muß zunächst die Klasse, zu welcher sie gehört, ermittelt werden (s. S. *21 der Einleitung), demnächst die Ordnung (s. S. *22 der Einl.) u. dann die Gattung. Zur Erleichterung des Auffindens der Gattungen sind die umfangreicheren Ordnungen in Gruppen getheilt, die größeren Gruppen wieder in Untergruppen und auch diese, je nach Bedürfniß, wieder in neue und abermals neue. Diese Gruppen, Untergruppen und weiteren Theilungen sind durch Zahlen und Buchstaben bezeichnet. So zerfällt z. B. die 2. Ordnung der V. Klasse (s. S. *31—*34 der Einleit.) zunächst in drei Hauptgruppen (I, II u. III), von diesen theilt sich die Hauptgruppe III wieder in zwei Gruppen (1. 2.), die Gruppe 2 in sechs Untergruppen (A. B. C. D. E. F.), die Untergr. B. in zwei kleinere (a. b.), die Untergr. b. abermals in vier kleinere (α. β. γ. δ.) und die Untergr. δ. nochmals in drei (aa. bb. cc.)[1] — Ist die Gattung der zu bestimmenden Pflanze nach der Linné'schen Anordnung gefunden, so wird die nebenbezeichnete Seite des Textes aufgeschlagen, wo sich dieselbe Gattung nach Anordnung der natürlichen Methode mit allen ihren zum Gebiete gehörigen Arten beschrieben findet.

Bei der Bestimmung einer Pflanze nach dem natürlichen System sind zunächst die Abtheilungen und Ordnungen, zu

---

[1] Der Gebrauch der Ziffern (der römischen u. der arabischen) und der Buchstaben (der großen lateinischen, der kleinen lateinischen, der kleinen griechischen u. schließlich der Doppel-Buchstaben) findet, je nach Bedürfniß, bei allen Pflanzen-Gruppirungen im Buche statt.

denen sie gehört, bis zur betreffenden Unterordnung festzustellen (s. S. *57 der Einleitung), und ist demnächst in der ermittelten Unterordnung die Familie aufzusuchen (s. die Uebersicht S. *58—*60 der Einl.). Größere Familien zerfallen, ähnlich wie die Linné'schen größeren Ordnungen, in Gruppen. Bei den umfangreicheren Familien sind zum leichteren Auffinden der Gattungen kurze, tabellarische Uebersichten der Gruppen gegeben.

Die Familien sind im Texte des zweiten Theils vollständig beschrieben, obgleich unter den im ersten Theil gegebenen Diagnosen der wichtigsten Pflanzen-Familien auch die sämmtlicher Familien des Gebiets bereits enthalten sind. Die erneuerte Aufstellung der Familien-Charactere im zweiten Theil war aber nicht nur des schnelleren Ueberblicks wegen wünschenswerth, sondern auch nothwendig, weil der zweite Theil auf den Excursionen für sich allein gebraucht wird. Ueberhaupt erschien es zweckmäßig, beide Theile der Schulflora so einzurichten, daß ein jeder zugleich als ein selbstständiges, für sich bestehendes Werk benutzt werden kann. Uebrigens findet sich bei der Angabe der Familien-Charactere im zweiten Theile von der im ersten in so fern ein Unterschied, als bei den Diagnosen des ersten Theils die Familien in ihrer ganzen Verbreitung über die Erde in Betracht gezogen, mithin die Charactere sämmtlicher Gattungen der Familie berücksichtigt sind; wogegen im zweiten Theile vorzugsweise die Charactere der dem Florengebiete angehörigen Gattungen und Arten hervorgehoben wurden. Wichtige Familien-Charactere, die aber den heimischen Pflanzen fehlen, stehen in Parenthese; und Charactere, die zwar unseren Arten eigen, aber nicht durchgehende Familiencharactere sind, werden durch die Abkürzungen der Wörter „bei unseren Arten" (b. u. A.) oder „unserer (unsere) Arten" (u. A.) als solche bezeichnet. — Alles, was im ersten Theile vom Nutzen der Pflanzen bei den Familien gesagt ist, findet im zweiten keine Wiederholung, wie denn überhaupt alle Angaben über den Nutzen der Pflanzen im ersten Theile enthalten sind.

Auch die Pflanzen-Gattungen, deren Diagnosen nach der Linné'schen Anordnung der zweite Abschnitt der Einleitung zum zweiten Theile gibt, sind im Texte von Neuem beschrieben, um den Zusammenhang zwischen Familie, Gattung und Art nicht zu unterbrechen. Ueberdieß war die Wiedergabe der Gattungs-Charactere im Texte schon deßhalb geboten, weil die Gruppirung der Gattungen der Linné'schen Ordnungen mit der der correspondirenden natürlichen Familien nicht immer übereinstimmt und in diesen Fällen eine für beide Systeme verschiedene Aufstellung der Gattungscharactere nöthig macht.

Im Uebrigen sind Wiederholungen gänzlich vermieden. Die bei den Familien und deren Gruppen und Untergruppen hervorgehobenen Charactere werden bei der Beschreibung der Gattung als bekannt vorausgesetzt und hier nicht wieder erwähnt, ebenso kehren die Charactere der Gattungen und ihrer Unterabtheilungen bei Beschreibung der Art nicht wieder. Es sind deßhalb beim Bestimmen einer Pflanzenart stets die Charactere der betreffenden Familie und der betreffenden Gattung und aller ihrer Unterabtheilungen vorweg zu beachten, bevor die Diagnose der Species in Betracht gezogen wird.

Zur Erleichterung des Bestimmens der Pflanze dienen Blüthezeit und Standort. Die Blüthen-Monate sind im Buche durch Zahlen (März = 3, April = 4 2c.) ausgedrückt. Da bei vielen Pflanzen die Angabe des Monats für Beginn oder Ende der Blüthezeit nicht genügt, so sind durch Punkte oben neben der Zahl nähere Bezeichnungen eingeführt, und bedeutet ein Punkt auf der oberen linken Seite der Zahl den Anfang, ein Punkt rechts das Ende des Monats. Die Zahl ohne einen Punkt, weder links noch rechts, bezeichnet in diesen Fällen die Mitte des Monats. Es besagen also z. B. die Ziffern ·6—7· soviel wie: Anfang Juni bis Mitte Juli, 6·—9 soviel wie: Ende Juni bis Mitte September[1]).

Noch wichtiger wie die Blüthezeit ist der Standort für das Bestimmen der Pflanze. Bei dem Standort kommt Zweies in Be-

---

[1] Die angeführten Beispiele geben die Blüthezeit für Vicia tenuifolia (·6—7) und für V. Cracca (6·—9) an. Beide sehr ähnliche Wickenarten können in der Zeit vom Anfang bis Mitte Juni, u. wieder von Mitte Juli ab schon an dem blühenden oder nicht blühenden Zustande der Pflanze sofort erkannt werden.

tracht: die Beschaffenheit des Bodens (seine physikalischen und seine chemischen Eigenschaften) und die Pfanzennachbarschaft. Ueber die Bodenverhältnisse des Gebiets spricht sich die Einleitung aus (S. *2—* 9). Das Gebiet besteht, wie hier näher dargethan, aus Gebirgsland und Schwemmland. Im Gebirgslande (Flötz) tritt vorwiegend Kalk (Kalk=Flötz) oder Sand auf (Sand=Flötz). Das Schwemmland theilt sich in Diluvium u. Alluvium. Für das Auftreten und die Verbreitung der meisten Pflanzen-Arten im Gebiete sind diese geognostischen Bodengruppen bei der eigenthümlichen chemischen und physikalischen Beschaffenheit ihrer Bodenbestandtheile von hervorragender Wichtigkeit, und ist deßhalb bei den betreffenden Pflanzen ihr Vorkommen, ob im Flötz= Gebiete (Kalk-Flötz oder Sand=Flötz), ob im Diluvium oder im Alluvium (Thon= u. Sand-Alluvium) stets angegeben.

Welchen Einfluß die Pflanzennachbarschaft (Pflanzendecke) auf das Vorkommen und Gedeihen der Pflanzen hat, ist in der Einleitung S. *16 u. *17 nachgewiesen. Der allgemeine Standort, ob Wald, Haide, Wiese, Trift, sonnige Höhen, Grasabhänge, Raine, Wege, Aecker, Gärten, ob Ufer (Flußufer), Bäche, Teiche, nasse oder trockene Gräben (Wassergräben, Grasgräben) u. s. w. — ist stets ausführlich bemerkt und hat den größeren Druck des Textes. Der specielle oder locale Standort dagegen, d. h. der Name der Oertlichkeit, wo die Pflanze wächst, der an sich unwichtig ist, und von dem nur bei den selteneren Pflanzen Beispiele angeführt sind, um das Aufsuchen derselben zu erleichtern — dieser ist klein gedruckt. Hierbei wird bemerkt, daß der Verfasser nur solche locale Standörter angegeben, die er selbst kennen gelernt und geprüft hat, wie er denn die Gewähr für die Richtigkeit der Standorts= und Verbreitungs-Angaben überall selbst übernimmt[1].

Bei Anordnung der Pflanzen des Gebiets nach dem natürlichen System ist der Verfasser mit geringen Abweichungen der von Koch

---

[1] Die Bezeichnungen für die größere od. geringere Verbreitung der einzelnen Pflanzenarten steigern sich von dem seltensten bis zum häufigsten Vorkommen in folgenden Abstufungen: sehr selten, selten, nicht häufig, zerstreut, ziemlich häufig, nicht selten, häufig, sehr häufig, gemein, sehr gemein. — Ueber die Reihenfolge der localen Standörter des Gebiets bei ihrer Angabe nach Bezirken s. S. *19 der Einleitung.

in seiner berühmten Synopsis der Flora Deutschlands gegebenen Aufstellung gefolgt. Ebenso sind die von Koch gebrauchten Namen der Gattungen und Arten mit wenigen Ausnahmen beibehalten, weil der Verfasser der Ansicht ist, daß eine Local=Flora sich namentlich auch betreffs der Nomenclatur der besten Landes=Flora anschließen muß. Ueberdieß sind die Koch'schen Namen in der wissenschaftlichen Welt die allgemein bekanntesten. Da jedoch in neuerer Zeit das Prioritätsprincip mehr und mehr Geltung zu gewinnen scheint, und da namentlich Garcke's sehr verbreitete Flora von Nord= und Mitteldeutschland diesem Princip streng folgt, so sind in allen Abweichungsfällen die von Garcke gebrauchten Namen nach der neusten Auflage seines Werks (12. Aufl. 1875) den Koch'schen in Parenthese beigefügt. Von anderen Synonymen sind nur noch in sehr seltenen Fällen einige wichtige angegeben, weil es dem Verfasser nicht zweckmäßig schien, das Gedächtniß des Schülers und Anfängers mit Synonymen zu überladen.

Für die aus dem Griechischen oder dem Lateinischen stammenden Gattungsnamen sind in allen Fällen, wo die Abstammung keinem Zweifel unterliegt, kurze Erklärungen in Anmerkungen gegeben.

Bei Beschreibung der Familien, Gattungen und Arten sind die Haupt=Charactere durch gesperrten Druck hervorgehoben, außerdem ist am Schluß sehr ähnlicher und leicht zu verwechselnder Pflanzen=Arten auf die wesentlichen Unterschiede noch besonders aufmerksam gemacht.

Die wild wachsenden und die zum Nutzen angebauten Pflanzen sind mit einer durchgehenden Nummer versehen, die cultivirten Zierpflanzen und die im Gebiete nicht eingebürgerten Gewächse sind durch ein Kreuz bezeichnet und klein gedruckt. — Mit kleinem Druck und ohne Kreuz und Nummer sind noch einige Pflanzen angegeben, die in der Nachbarschaft des Gebiets vorkommen, und von denen es nicht unwahrscheinlich ist, daß sie auch im Gebiete sich befinden; ingleichen alle Pflanzen, die nach Angabe botanischer Werke früher dem Gebiete angehörten, in neuerer Zeit aber nicht mehr beobachtet sind, sofern sie mit einiger Wahrscheinlichkeit, sei es an dem angegebenen

Standorte oder anderswo im Gebiete wieder aufgefunden werden können.

Die Auswahl der aufzunehmenden Zierpflanzen war bei der nothwendigen Begrenzung nicht leicht und überdieß auch aus dem Grunde schwierig, weil in den verschiedenen Gegenden des Gebiets nicht immer dieselben Zierpflanzen gebräuchlich sind. Uebrigens sind diejenigen Ziergewächse, welche im 10. Abschnitt des ersten Theils genannt sind, sofern sie nicht zu den allgemein verbreiteten gehören, im zweiten Theil nicht wieder erwähnt, wie z. B. der Tulpenbaum, der Trompetenbaum, die Stechpalme, das Eiskraut (Mesembryanthemum) und viele andere.

Eine Uebersicht über die **Bodenculturen** und über die **Verbreitung der Pflanzenarten** in unserem, in pflanzengeographischer Beziehung so interessanten Gebiete gibt die Einleitung (S. *9—*16). Auch ist am Schluß dieses Abschnitts der Einleitung dasjenige, was über die Erforschung des Gebiets historisch anzuführen war, mitgetheilt.

Zerbst im December 1876.

Der Verfasser.

Erklärung der abgekürzten Namen der Autoren.

Adans. Adanson.
Ait. Aiton.
All. Allioni.
Andrz. Andrzejowsky.
Beauv. Beauvais.
Bernh. Bernhardi.
Bess. Besser.
Bl. u. Fing. Bluff u. Fingerhut.
Boerh. Boerhaave.
R. Br. Robert Brown.
Camb. Cambessédes.
Cass. Cassini.
Cav. Cavanilles.
Clairv. Clairville.
Coult. Coulter.
Crtz. Crantz.
Dec. Decandolle.
Desf. Desfontaines.
Desr. Desrousseaux.
Desv. Desvaux.
Ehrh. Ehrhart.
Fr. Fries.
Gaert. Gaertner.
Gaud. Gaudin.
Gil. Gilibert.
Gmel. Gmelin.
Good. Goodenough.
Haenk. Haenke.
Hartm. Hartmann.
Haw. Haworth.
Heist. Heister.
Hoffm. Hoffmann.
Huds. Hudson.
Jacq. Jacquin.
Juss. Jussieu.
Kit. Kitaibel.
Kütz. Kützing.
Lam. Lamarck.
Lap. Lapeyrouse.
Less. Lessing.
Lindl. Lindley.
L. Linné.
Loisl. Loiseleur.

M. Biebst. Marschall v. Bieberstein.
M. u. K. Mertens u. Koch.
Mer. Merat.
Mich. Micheli.
Mill. Miller.
Murr. Murray.
Nutt. Nuttall.
Pers. Persoon.
Poir. Poiret.
Poll. Pollich.
Rb. Reichenbach.
Retz. Retzius.
Rich. Richard.
Röhl. Roehling.
R. u. Pav. Ruiz u. Pavon.
Salisb. Salisbury.
Sch. u. Sp. Schimper u. Spenner.
Schk. Schkuhr.
Schrad. Schrader.
Schreb. Schreber.
Schuhm. Schuhmacher.
Schult. Schultes.
Schweig. Schweiger.
Scop. Scopoli.
Sibth. Sibthorp.
Sm. Smith.
St. Hil. Saint Hilaire.
Thuill. Thuillier.
Tourn. Tournefort.
Trin. Trinius.
Vent. Ventenat.
Vill. Villars.
Wahlb. Wahlenberg.
W. u. Kit. Waldstein u. Kitaibel.
Wallr. Wallroth.
W. u. N. Weihe u. Nees v. Esenbeck.
Wickstr. Wickström.
Wigg. Wiggers.
Willd. Willdenow.
Wimm. Wimmer.
With. Withering.

Verzeichniß der Abkürzungen.

1. Abkürzungen bei den Pflanzenbeschreibungen.

Ausn. = Ausnahme.
b. = bar, am Ende der Adj., z. B. fruchtb. = fruchtbar.
bes. = besonders.
Bl. = Blatt oder Blätter.
bl. = blatt ob. blätter, am Ende eines zusammengesetzten Hauptwortes, z. B. Nebenbl. = Nebenblatt, Nebenblätter.
Blkr. = Blumenkrone.
Blkrbl. = Blumenkronblatt, oder = blätter.
Blth. = Blüthe, Blüthen. — blth. = blüthig.
f. = förmig, am Schluß der Adj., z. B. quirlf. = quirlförmig.
Fr. = Frucht, Früchte.
Frchen = Früchtchen.
Frkn. = Fruchtknoten.
Fruchtb. = Fruchtboden.
Gf. = Griffel.
h. (allein) = hoch, z. B. 5 cm. h. = 5 Centimeter hoch.
h. (am Schluß der Adj.) = haarig, z. B. rauhh. = rauhhaarig.
HK. = Hauptkelch.
K. = Kelch.
KBl. ob. Kbl. = Kelchblatt, = blätter.
l. = ch, am Ende der Adj., z. B. röthl. = röthlich.
N. = Narbe.
nam. = namentlich.
ob. = oder.
P. = Perigon.
PBl. = Perigonblatt, = blätter.
Pfl. = Pflanze.
pfl. = pflanze, am Schluß zusammengesetzter Wörter, z. B. Zierpfl. = Zierpflanze.
regelm. = regelmäßig.
S. = Same, Samen.
St. = Stengel. — Stbl. = Stengelblatt, = blätter.
Stbgf. = Staubgefäß, = gefäße.
Staubb. = Staubbeutel.
Staubf. = Staubfaden, = fäden.
sp. = spaltig.
st. = ständig, am Schluß, z. B. kelchst. = kelchständig.
th. = theilig.
u. = und.
u. A. = unsere ob. unserer Arten, d. h. bei den Pflanzenarten unseres Gebiets; steht stets in Parenthese, also (u. A.)
v. = von.
var. = variirt. — Var. = Varietät. — var. = variatio.
vor. = vorige; wie vor. = wie vorige, d. h. wie die vorstehend beschriebene Art resp. Gattung.
W. = Wurzel. — WBl. = Wurzelblatt, = blätter.
Zpfl. = Zipfel; Kzpfl. = Kelchzipfel.
zs. = zusammen, im Anfang der Adj., z. B. zsgedrückt = zusammengedrückt.
zw. = zwischen.

2. Abkürzungen bei den Standortsangaben.

Al. = Alluvium.
Dl. = Diluvium.
Fl. = Flötz.
Kalk-Fl. = Kalk-Flötz.
Kalk-Fl., m. E., = Kalk-Flötz, mit Einschluß, d. h. Kalk-Flötz mit Einschluß des Gebiets des Mittleren Höhenzuges. s. Einleitung S. *13.
Sand-Al. = Sand-Alluvium.
Sand-Fl. = Sand-Flötz.
Sand-Fl., m. E., = Sand-Flötz mit Einschluß des Mittleren Höhenzuges.
1 C. = Bezirk Calvörde. — 1 B. = Bezirk Burgstall.
2 N. = Bez. Neuhaldensleben. — 2 W. = Bez. Wolmirstedt. — 2 B. = Bez. Burg.
3 S. = Bez. Seehausen. — 3 W. = Bez. Wanzleben. — 3 M. = Bez. Magdeburg 3 Mö. = Bez. Möckern. — 3 L. = Bez. Loburg.
4 O. = Bez. Oschersleben. — 4 E. = Bez. Egeln. — 4 S. = Bez. Schönebeck. — 4 B. = Bez. Barby. — 4 Z. = Bez. Zerbst.
5 S. = Bez. Staßfurt. — 5 C. = Bez. Calbe. — 5 B. = Bez. Bernburg.
A. = Acker, Aecker.
Abh. = Abhang.
abh. = abhang, am Schluß, z. B. Grasabh. = Grasabhang.
B. = Berg, Berge.
b. = berg, am Schluß, z. B. Friederikenb. = Friederikenberg.
bew. = bewachsen (mit Gesträuch ob. Bäumen).
br. = bruch, am Schluß, z. B. Erlenbr. = Erlenbruch.
Bsch. = Busch.
Ch. = Chaussee.
Chgr. = Chausseegraben.
cult. = cultivirt.
Df. = Dorf.
d. = dorf, am Ende der Ortsnamen, z. B. Woltersd. = Woltersdorf.
Dorfstr. = Dorfstraße.
F. = Forst.
Futterkr. = Futterkräuter.
Geb. = Gebiet.
geb. = gebaut.
ges. = gesät; wie ges. = wie gesät.
Gestr. = Gesträuch.
Getr. = Getreide.
Gr. = Graben.
gr. = graben, am Schluß, z. B. Grasgr. = Grasgraben.
Gr. (vor Ortsnamen) = Groß, z. B. Gr. Ottersl. = Groß Ottersleben.
Gt. = Garten, Gärten.
H. = Holz, z. B. Hohes H. = Hohes Holz (Wald bei Oschersl.).
Kiesgr. = Kiesgrube.
l. = leben, am Ende der Ortsnamen, z. B. Neuhaldensl. = Neuhaldensleben.
M. = Mauer.
Sandgr. = Sandgrube.
st. = stedt, am Ende der Ortsnamen, z. B. Wolmirst. = Wolmirstedt.
Stbr. = Steinbruch.
stw. = stellenweise; stw. w. ges. = stellenweise wie gesät.
Tr. = Trift.
Uf. = Ufer.
uf. = ufer, am Schluß, z. B. Elbuf. = Elbufer.
Weidenw. = Weidenwerder.
Wgr. = Wassergraben.
Ws. = Wiese.
ws. = wiese, am Schluß, z. B. Moorws. = Moorwiese.
Z. = Zaun.
Zierstr. = Zierstrauch.
zw. = zwischen.
Das Zeichen -, zwischen zwei Ortsnamen, bedeutet: von .. nach .., z. B. Weg Lemsd.-Gr. Ottersl., heißt: Weg von Lemsdorf nach Groß Ottersleben.

Einige andere Abkürzungen, sowohl bei den Pflanzenbeschreibungen wie bei den Standortsangaben, erklären sich von selbst.

Einleitung.

I. Umfang des Gebiets. — Boden- und Vegetations-Verhältnisse. — Historisches.

1. Umfang und Grenzen des Gebiets.
Geographische Lage. Politische Bestandtheile.

Der 5-meilige Umkreis um Magdeburg bildet zunächst den Umfang des Gebiets. Dieses Terrain in der Größe von $78^{1}/_{2}$ ☐Meilen geht nördlich bis Calvörde, Schernebeck, Bittkau und Parey; östlich bis Parchen, Magdeburger Forth, Schweinitz, Zerbst und Stechby; südlich bis Kühren, Bernburg, Winningen und Schadeleben; und westlich bis Gröningen, Wulferstedt, Sommerschenburg, Gr. Bartensleben, Behnsdorf und Böddensell. Dieser Kreis mit dem Durchmesser von 10 Meilen wird jedoch mehrfach überschritten. Am bedeutendsten nach Südosten und nach Süden, um die mit dem großen Magdeburger Florengebiete vereinigten Specialgebiete der Städte Zerbst und Bernburg zu vervollständigen. Zu diesem Behufe ist das außerhalb der beschriebenen Kreislinie gelegene Terrain eines 2 bis 3-meiligen Umkreises jeder der gedachten Städte dem Gesammtgebiete hinzugefügt. Somit dehnen sich die Grenzen unseres Gebiets aus: nach Südost bis Nedlitz (mit Einschluß der Nedlitzer Forst), Reuden, Stakelitz, Grochwitz, Luko, Roßlau, Kl. Kühnau und Kl. Zerbst; und nach Süden bis Trebbichau. Gr. Paschleben, Cönnern mit Rothenburg, Sandersleben und Gr. Schierstädt. Ferner sind mehrere angrenzende, botanisch wichtige Territorien dem Gebiete einverleibt worden. Dieß sind: 1) nordöstlich von Calvörde der Theil der nördlichen Abdachung des Magdeburger Flötzgebiets bis Velsdorf mit dem Isern Hagen; 2) nördlich von Schernebeck die angrenzende Moor- u. Torfgegend mit der Lüderitzer Forst und dem Sepin; 3) östlich der Grenzlinie Dretzel-Magdb. Forth: der weitere Rand des Fiener Bruchs bis Tuchheim, die Tuchheimer Forst und die Forst Magdeburger Forth bis Schopsdorf und Rosenkrug; 4) westlich der Grenzlinie Schadeleben-Gröningen: das Terrain bis zur Selke von Gatersleben ab bis zur Mündung der Selke in die Bode und, im weiteren Anschluß, die Bode bis Gröningen; endlich 5) westlich der Grenzlinie Gr. Bartensleben-Behnsdorf das Allerthal bis Walbeck nebst dem Rehm. — Das Gebiet hat durch diese hinzugezogenen Territorien einen Flächeninhalt von c. 100 ☐Meilen erhalten. —

Einleitung.

Die geographische Lage unseres Florengebiets ist zwischen 51° 40′ und 52° 30′ N. Br. und zwischen 28° 45′ und 30° 5′ O. L. An Ost= und West=, an Nord= u. Mittel=Deutschland grenzend ist das Gebiet ein Vermittler zwischen der west= und ost=, sowie der nord= und mitteldeutschen Flora. Sein Pflanzenreichthum, der dem keines anderen Local=Florengebiets Norddeutschlands von ähnlichem Umfange nachstehen und vielen überlegen sein möchte, wird durch diese günstige Lage mit hervorgerufen.

Die politischen Bestandtheile des Gebiets sind folgende: 1) Vom Regierungsbezirk Magdeburg: der Stadtkreis Magdeburg; der Kreis Wanzleben; der nordöstliche Theil des Kreises Aschersleben von Winningen bis Gatersleben u. Hedersleben; der östliche Theil des Kreises Oschersleben von Rodersdorf bis Hamersleben; der Kreis Neuhaldensleben mit Ausnahme des westlichsten Theils; der südlichste Theil des Kreises Gardelegen von Walbeck bis Salchau; der Kreis Wolmirstedt; der südlichste Streifen des Kreises Stendal von Schernebeck bis Bittkau; das südwestliche Stück des 2. Jerichower Kreises von Parey bis Crüssau; der größte Theil des 1. Jerichower Kreises; u. schließlich der Kreis Calbe. 2) Vom Herzogthume Anhalt: fast der ganze Kreis Zerbst nebst einem kleinen nordwestlichen Theil des Kreises Dessau; und der ganze Kreis Bernburg mit dem nördlichen Theil des Kreises Cöthen. 3) Vom Regierungsbezirk Merseburg: der nördlichste Zipfel des Saalkreises von Custrena bis Cönnern u. Rothenburg. Endlich 4) der größte Theil der Braunschweigschen Enklave Calvörde.

2. Boden= u. Vegetations=Verhältnisse des Gebiets.

Boden und Oberfläche.

Das Gebiet besteht aus Gebirgsland und Schwemmland. — Das Gebirgsland gehört zu den Abdachungen und Vorbergen des Harzes, und umfaßt beinahe die ganze westliche Hälfte des Gebiets, nämlich das Terrain, welches sich als zwischen der Ohre, Elbe und Saale gelegen im Allgemeinen bezeichnen läßt, wenn es auch über die gedachten Flüsse an manchen Punkten hinausgeht. — Der übrige Theil des Gebiets, und zwar die Landschaft rechts von der Elbe und nördlich von der Ohre, gehört dem großen norddeutschen diluvialen Tiefebene an. — Gebirgsland und Diluvium werden von dem jüngsten Schwemmlande, dem Alluvium, vielfach bedeckt und durchschnitten. Besonders sind es die Niederungen der Elbe, Saale und Bode, in denen das Alluvium eine erhebliche Ausdehnung gewinnt.

Unser Gebirgsland zeigt nur nördlich von Magdeburg in einer von Südost nach Nordwest streichenden Erhebung plutonisches Gebilde, im Uebrigen besteht es aus Sedimentärschichten des Flözes. Die äußerste, mit ihren Abdachungen unmittelbar an das Diluvium grenzende Schicht bildet die Grauwacke, die sich von Flechtingen über Althaldensleben, Dahlenwarsleben und Ebendorf nach Magdeburg zieht, und weiter südlich bei Gommern und Kl. Paschleben von Neuem hervortritt. Dieser sog. Magdeburger Grauwacken=Vorsprung mag in der Zeit der primären Erdschichten, wo die Erdoberfläche den Charakter einer Inselwelt darbot, eine Vorklippe der Harzinsel gewesen sein. Die zwischen ihm und der Grauwacke des Harzes gelegene weite Mulde ist in den ferneren Perioden der Erdbildung ausgefüllt durch Rothliegendes und Zechstein, durch Buntsandstein, Muschelkalk und Keuper, durch die Sandstein= und Thonbildungen des Bonebed, Lias u. Jura, durch Tertiärgebilde und schließlich durch Diluvium.

Boden- und Vegetations-Verhältnisse.

So finden wir im Gebiete dicht neben der Grauwacke das Rothliegende, wie bei Kl. Paschleben u. Magdeburg. Nordwestlich von Magdeburg hat sich zwischen beiden Gebirgsschichten das plutonische Gebilde des **Porphyr** emporgehoben, welches sich zuerst bei Mammendorf zeigt und in nordwestlicher Richtung über Schakensleben nach Alvensleben und weiter bis Bodendorf, Flechtingen, Belsdorf und (über das Gebiet hinaus) bis Klinze u. Eikendorf geht. An das Rothliegende schließt sich der Zechstein in einem schmalen Lager, das im Süden bei Gnölbzig, Nelben u. Cönnern, dann bei Wohlsdorf u. Krüchern, und im Norden am Papenteich bei Emden zu Tage tritt. Demnächst erscheint der Buntsandstein, der einen großen Raum in unserem Flötzgebiete einnimmt. Er bildet im Süden die weite Hochebene zu beiden Seiten der Wipper u. Saale (das Hecklinger u. Bernburger obere Buntsandstein- und das Schackstedter u. Cönnernsche Rogenstein-Plateau), zeigt sich weiter nördlich bei Gr. Salze, Sülldorf u. Dreileben, und geht über Brumby, Erxleben u. Emden nach Bartensleben, Schwanefeld, Eschenrode-Hörsingen, und über Hödingen u. Behnsdorf hinaus. — Auf u. an den Buntsandstein geschichtet, liegt der Muschelkalk, ebenfalls eine sehr verbreitete Gebirgsformation unseres Gebiets. Der Muschelkalk steht an der südlichen Grenze bei Sandersleben, zeigt sich in einem mächtigen Lager im u. um den Hakel, geht von Bernburg über Hohenerxleben, Förderstedt, Atzendorf, Borne nach Etgersleben, und von Nienburg über Brumby u. Glöthe nach Eikendorf, erscheint bei Sülldorf-Langenweddingen, Wanzleben u. Remkersleben, und zieht sich von Oevelgünne über Ost- u. Alleringersleben hinauf bis Gr. Bartensleben, Schwanefeld u. Walbeck. — Unter dem Muschelkalk und zwar theils im Buntsandstein, theils an der unteren Grenze desselben finden sich bedeutende Steinsalzlager, welche durch die großartigen Steinsalzbergwerke bei Staßfurt u. Leopoldshall ausgebeutet werden. Viele Quellen, durch das unterirdische Steinsalz gespeist, liefern die reichhaltige Soole bei Staßfurt, Sülldorf, Gr. Salze u. Schönebeck und theilen überdieß den Bächen und Gewässern der weiten Gegend salzhaltige Bestandtheile mit. — Ueber und neben dem Muschelkalk liegt der Keuper. Wir finden ihn bei Altenburg, Neu-Gattersleben, Schwaneberg, Gr. Germersleben, Peseckendorf, Kl. u. Gr. Wanzleben, Ampfurth, Schermke u. Neu-Brandsleben. Das Alt-Brandslebener Plateau besteht aus Bonebedsandstein, an den sich der Lias anschließt, welcher von Neindorf über Beckendorf, Ueplingen, Babeleben, Sommerschenburg nach Marienborn und über das Gebiet weit hinaus geht. Weißen Jura (Dolomit) enthält die Anhöhe bei Wefensleben. Tertiärgebilde mit einem großen Reichthum von Braunkohlenlagern erscheinen bei Wiendorf, Lependorf, Leau u. Preußlitz, und bedecken die Calbesche Keupermulde bei Calbe, Mühlingen, Eggersdorf, Biere, Welsleben, Bahrendorf u. Altenweddingen; die Egelnsche Mulde bei Börnecke, Schneidlingen, Hakeborn, Westeregeln, Bleckendorf, Wolmirsleben u. Unseburg; sowie die Mulde bei Ottleben, Hornhausen u. Neindorf.

Alle diese Gebirgsschichten unseres Flötzes treten als festes Gestein nur selten zu Tage und sind vielfach von diluvialem Lehm oder Sand bedeckt. Auch erscheint die Gegend im Allgemeinen eben u. flach, und nur an den Rändern des großen Beckens zeigen sich nach West und Nord allmälig ansteigende Höhenrücken. Im Süden zieht sich — und zwar südlich von Hecklingen, Staßfurt, Hohenerxleben u. Altenburg — eine vom Unterharz kommende Hochebene bis Wulfen u. Cöthen, die von der Wipper, Saale u. Fuhne durchschnitten wird. Diese „Bernburger Hochebene", wie wir sie kurz bezeichnen wollen, enthält vorwiegend Buntsandstein, Muschel-

A*

Kalk u. Tertiärgebilde u. ist vielfach von einer sehr fruchtbaren, diluvialen Thon- u. Lehmschicht bedeckt. — Nordwestlich von der Bernburger Hochebene treten als Vorberge des Harzes drei Höhenzüge auf, die mit dem Harze in gleicher Streichungslinie von Südost nach Nordwest parallel laufen. Der südlichste von ihnen besteht aus Muschelkalk; von seinen hervorragenden Punkten: dem Hakel, Huy u. Gr. Fallstein, gehört nur der Hakel zu unserem Gebiete. Der zweite oder mittlere Höhenzug mit dem Hohen- u. dem Sauren Holze, den Hochflächen bei Sommerschenburg u. Marienborn und mit dem Lappwalde besteht vorwiegend aus Lias- u. Bonebed-Sandstein, und fällt mit Ausnahme des Lappwaldes in unser Gebiet. Diesem „mittleren Höhenzuge" schließt sich ein Muschelkalkvorsprung an, der am rechten Alleruser von Develgünne über Ost- u. Aller-Ingersleben nach Gr. Bartensleben, Schwanefeld u. Walbeck und über das Gebiet hinaus bis Weserlingen geht. — Der dritte, nördlichste Höhenrücken, der sog. Alvenslebensche Höhenzug gehört fast in seiner ganzen Ausdehnung dem Gebiete an und enthält in seinem westlichen Theile Buntsandstein, vielfach mit diluvialem Sand bedeckt, und im östlichen Rothliegendes, Porphyr u. Grauwacke. — Zwischen diesen Höhenzügen, die in ihrem Zusammenhange einen großen Halbkreis bilden, einerseits — und der Elbe andererseits liegt über dem abgelagerten Gestein eine höchst fruchtbare Ebene, die berühmte Magdeburger Börde. In ihr ist der Lehm dominirend, aus dem die Cultur ein wahres Gartenland geschaffen hat.

Es besteht somit unser Gebirgsland aus fünf characteristischen Theilen: 1) im Süden die Bernburger Hochebene; 2) im Südwesten der Höhenzug des Hakel; 3) im Nordwesten der Mittlere Höhenzug mit dem Muschelkalkvorsprunge der Aller; 4) im Norden der Alvenslebensche Höhenzug; und 5) im Osten die weithin gestreckte Ebene der Magdeburger Börde. Das Ganze können wir kurzweg als Flötzgebiet bezeichnen, da der im Alvenslebenschen Höhenzuge auftretende Porphyrrücken im Vergleich zum Umfange des übrigen Gebirgslandes unerheblich ist und seine Pflanzendecke von der der angrenzenden Sedimentärschichten keine Verschiedenheit zeigt.

Der höchste Punkt des Flötzgebietes und im Gebiete überhaupt ist die 638 Fuß über dem Meeresspiegel gelegene Domburg im Hakel; der Mittlere Höhenzug erhebt sich kaum über 550, der Alvenslebensche nicht über 480 F. Sind diese Erhebungen nicht bedeutend, so ist doch das Terrain unserer Höhenzüge an sich meist uneben und bergig. Selbst in der Ebene des Flötzgebietes zeigen sich eigenthümliche Erhöhungen. Diese als Zeichen alter Meeresströmungen dastehenden Hügelketten enthalten nordischen Grand und in ihren Vertiefungen und Schluchten findet sich ein fruchtbarer Moorboden. Hierher gehören die Höhen bei Schnarsleben, Niederndodeleben, Diesdorf u. Kl. Ottersleben; bei Westerhüsen, Sohlen u. Frohse; bei Mühlingen, Zens u. Brumby; und auf der Bernburger Hochebene die Höhen bei Krüchern u. Mödewitz.

Die Bodenkruste unseres Gebirgslandes ist theils aus der Verwitterung des anstehenden Gesteins gebildet — wie z. B. auf den Hakelhöhen und auf dem Porphyrrücken des Alvenslebenschen Höhenzuges — theils aufgeschwemmtes Land, unter dem, oft nur in geringer Tiefe, der Fels sich abgelagert findet; so namentlich in der weiten Ebene der Magdeburger Börde. Das angestammte, wie das aufgeschwemmte Land (primärer Boden und Diluvium) variiren in ihrer Beschaffenheit und Güte je nach ihrer Mächtigkeit und je nachdem Kalk, Thon oder Sand im Boden vorherrschen. Unser Buntsandstein, unser Muschelkalk und der Keuper enthalten viel kohlensaure Kalkerde, und ist deßhalb der Boden der Bernburger Hochebene, des

Hakelhöhenzuges und der Magdeburger Börde, wo jene Gesteinsarten sich vorwiegend finden, kalkhaltig; ebenso die Gegend des Muschelkalk=Vor=sprunges der Aller von Oevelgünne bis Walbeck. Wir können diese großen Gebietstheile unter dem Namen Kalk=Flötz zusammenfassen. Da das Diluvium unseres Kalk=Flötzes lehm= u. thonhaltig ist, so dominiren Lehm, Thon und Kalk in diesen Gegenden, und gehören sie deßhalb zu den frucht=barsten unseres Gebiets. Den vorzüglichsten Boden hat die Magdeburger Börde. Er besteht aus einer 2 Fuß u. darüber tiefen, schwarzen, humosen Dammerde mit einem durchlassenden Untergrunde von feinem, gelben Lehm mit überaus günstiger Mischung, der auch der Kalk nicht fehlt. Von fast gleicher Güte ist die milde, thonige und kalkhaltige Ackerkrume der Bern=burger Hochebene. Und ebenso enthält der angrenzende, zu einem breiten Hochplateau sich abdachende Hakel bei der starken Verwitterung seines thon= und kalkhaltigen Gesteins eine sehr tragfähige Bodenkruste. — Von dieser durchgehenden Fruchtbarkeit unseres Kalk=Flötzgebiets machen nur vereinzelte Höhen eine im Vergleich zum Ganzen nicht in Betracht kommende Ausnahme. Dieß sind einige, früher bewaldete Höhenpunkte des Hakel u. des Muschelkalkvorsprungs der Aller, die sich nur zur Waldcultur eignen und deren Holzbestand nie hätte abgetrieben werden sollen; ferner die in der Ebene sich erhebenden Hügel mit nordischem Grand, deren Kuppen u. Abdachungen von einer mit Sand, Kies u. Gerölle mehr oder weniger gemischten u. deßhalb weniger ergiebigen Erdkrume bedeckt sind.

Der Fruchtbarkeit unseres Kalk=Flötzgebietes steht die des angrenzenden Mittleren Höhenzuges im Allgemeinen sehr nahe. Hier liefern die thonhaltigen Lias= und Bonebed=Sandsteine im verwitterten Zustande sehr günstige Bodenbestandtheile, wenn auch der Kalk meist fehlt. Und da das Diluvium, welches die Abdachungen u. Niederungen dieses Höhenzuges be=deckt, gleich dem des Kalkflötzgebietes, lehmig u. thonig ist, so finden wir im ganzen Mittleren Höhenzuge von Marienborn und Sommerschenburg bis Seehausen u. Ampfurth meist ein sehr tragfähiges Land. Es umfassen mithin die vier großen Theile unseres Flötzgebiets südlich von der Bever: der Mittlere Höhenzug, der Hakel, die Magdeburger Börde u. die Bernburger Hochebene, eine weite, fruchtbare Landschaft, welche mit Einschluß des übrigen, außerhalb des Gebiets gelegenen Vorlandes des Harzes die größte zusammen=hängende Fläche ausgezeichneter Ackerböden im nordöstlichen Deutschland bietet.

In einem auffallenden Gegensatze zur Fruchtbarkeit unseres südlichen u. mittleren Flötzgebietes steht das nördlich von der Bever, also nördlich von Emden, Alvensleben u. Althaldensleben, gelegene Gebirgsland. Wenn südlich von der Bever Lehm, Thon u. Kalk die vorherrschenden Bestand=theile der Bodenkruste bilden, so dominirt im Alvenslebenschen Höhen=zuge der Sand; sowohl in seinem verwitterten Gestein, besonders in dem hier weit verbreiteten Porphyr, als in dem die Abdachungen u. Niederungen bedeckenden Diluvium. Die Beschaffenheit des Bodens ist deshalb meist dürftig, obgleich an sich sehr verschieden, indem die Höhenkuppen u. Hoch=flächen fast durchgängig sterilen Sand, die Thäler u. Niederungen dagegen meist humusreiche, milde Moorerde enthalten, und in den mittleren Regionen sich alle Abstufungen vom guten zum schlechten Boden herausstellen. Der Alvensl. Höhenzug erinnert in seiner Bodenbeschaffenheit überall an unser Diluvium der Norddeutschen Tiefebene, und wir können sein Gebiet wegen des in ihm vorherrschenden Sandes zum Unterschiede von unserem Kalk=Flötz als Sand=Flötz bezeichnen.

Unser zur Norddeutschen Niederung gehöriges Diluvium, also das

Land nördlich von der Ohre und östlich von der Elbe, erscheint wie unser Gebirgsland flach u. eben, ohne es durchgängig zu sein. Denn wenn auch Hochflächen u. Niederungen von ziemlicher Ausdehnung sich mehrfach finden, so ist doch das Land im Allgemeinen uneben und oft von Hügelketten u. Bergrücken durchzogen. Einige Erhebungen erreichen selbst die für ein Flachland nicht unbeträchtliche Höhe von 300 Fuß u. darüber. Die höchsten Punkte unseres Diluviums sind der Dollberg bei Dolle mit 365 und der Landsberg bei Lüderitz mit 356 F.

Die Bodenkruste unseres großen diluvialen Flachlandes besteht überwiegend aus Quarzsand, der in mannigfacher Feinheit u. in der verschiedenartigsten Mischung mit Thon, Lehm, Mergel oder Humus im Gebiete auftritt. Die Höhen haben meist einen mageren oder mittleren und nur ausnahmsweise einen guten Sandboden. In den Niederungen finden sich aber reichlich thon- oder humushaltige Bodenarten, und namentlich ist der Moor- und Torfboden in den Thälern der Bäche u. kleinen Flüsse vorherrschend. Oefters zeigt sich selbst ein reiner Lehm-, Thon- oder Mergelboden, doch fast immer nur in einem wenig bedeutenden Umfange. Eine Ausnahme bildet allein die Gegend um Ladeburg, wo ein theils mürber, theils fester Thon- u. Lettenboden in großer Ausdehnung erscheint, der mit einer oft wellenförmigen Oberfläche sich weithin nach Wallwitz, Dalchau, Leitzkau und Dannigkow erstreckt.

Der Untergrund unseres Diluviums ist wie der Obergrund wechselnd und mannigfach, theils feiner Sand oder Kies und Gerölle, theils Thon oder Lehm.

Bei der großen Verschiedenheit des Ober- u. Untergrundes unseres Diluviums ist auch die Güte des Bodens sehr unterschieden. Von dem dürftigsten bis zum fruchtbarsten Lande finden sich alle Abstufungen; aber weil das magere Hochland einen überwiegend größeren Flächenraum einnimmt als die fruchtbaren Niederungen, so steht im Allgemeinen unser Diluvium an Ertragsfähigkeit dem südlichen und mittleren Flötzgebiete erheblich nach.

Unser jüngstes Schwemmland, das Alluvium, hat seiner Natur nach fast durchgängig flachen, ebenen, der Ueberschwemmung ausgesetzten Boden. Nur in dem breiten Thale am linken Ufer der Elbe, zwischen Saale und Mulde, zeigen sich einige Erhöhungen (in der Lödderitzer u. Kühnauer F. u. im Diebziger Busch).

Eigenthümlich in Bodenbeschaffenheit u. Vegetation sind in unserem Alluvial-Gebiete vornehmlich nur die weiten Niederungen der Elbe, Saale u. Bode, weßhalb sie allein als Alluvium in Betracht kommen. Das übrige Alluvium unseres Gebiets, das der kleineren Flüsse u. Bäche, unterscheidet sich in seinen Bodenbestandtheilen von dem angrenzenden Flöz od. Diluvium sehr wenig.

Das Alluvium unserer größeren Flüsse besteht entweder aus humusreichem Thon, sog. Schlick, oder aus Sand in der verschiedensten Mischung mit Thon u. Humus. Im Allgemeinen ist der Schlickboden vorherrschend; auf einem meist sandigen oder kiesigen Untergrunde bedeckt er weite Flächen, in denen sich nur vereinzelt, namentlich im Gebiete der Elbe, magere, durch reinen Flußsand gebildete Stellen finden. Abwechselnd mit dem Schlick zeigt sich mehrfach der Moorsand, besonders im Alluvium der Bode. Hier bildet er selbst große Brüche, wie den Bruch zwischen Oschersleben, Wulferstedt u. Wegersleben, der sich noch über das Gebiet hinaus erstreckt; und den Bruch zwischen Gr. Alsleben und Alickendorf. Im Al. der Saale tritt der Moorsand weniger auf, und auch im Al. der Elbe zeigt er sich vornehmlich nur in dem breiten Thale des linken Elbufers zwischen Saale u. Mulde. Hier, und zwar weit um Aken von Gr. Kühnau, Susigke u. Chörau bis Patzetz, Rosenburg u. Breitenhagen, herrscht überhaupt der Sand vor, und bietet, je nachdem er mehr oder weniger mit Thon oder Humus gemischt ist, denselben Wechsel größerer oder geringerer Fruchtbarkeit wie unser Diluvium und Sand-Flöz. Die höheren Lagen dieses Sand-Alluviums — wie wir es zum Unterschiede von dem übrigen Alluvium bezeichnen können — zeigen gleich denen unserer anderen Sandgegenden einen oft überaus dürftigen Boden, wogegen die Niederungen fruchtbares Land u. meist moorigen Boden besitzen. Ein großer Bruch zieht sich vom Wend-See, östlich von Gr. Rosenburg, zwischen Patzetz u. Rajoch nach Trebbichau, und hat seine Fortsetzungen bei Aken, Susigke u. Gr. Kühnau.

Der Moorboden, characteristisch für unser Diluvium, dessen ergiebigstes Land er bildet, erscheint mithin auch in unserem Alluvium verschiedentlich in nicht unbeträchtlichem Umfange. Im Flöz ist er, mit Ausnahme des Sand-Flözes, wenig vertreten. Nur im Mittleren Höhenzuge, in dessen Gestein neben Thon der Sand vorherrscht, findet sich in einigen Gegenden mooriges Terrain von Bedeutung, und sind hier besonders zu nennen: der Allerbruch mit den Quellen der Aller, am Fuße des Hohen Holzes zwischen Eggenstedt, Wormsdorf u. Eilsleben; und nördlich von ihm der Seelensche Bruch. In unserem Kalk-Flözgebiete dagegen fehlt der Moorboden fast gänzlich, und ist hier nur das schmale bruchige Terrain zwischen Körmigk u. Dohndorf auf der Bernburger Hochebene hervorzuheben. — In den großen Brüchen unseres Flözes u. Alluviums zeigen sich zuweilen stark salzhaltige Stellen (wie zwischen Wormsdorf u. Eilsleben, bei Wulferstedt und bei Sachsendorf), eine Eigenthümlichkeit, welche dem moorigen Boden unseres Diluviums erklärlicher Weise gänzlich fehlt.

Die Bodenkruste unseres Alluviums ist wegen des vorherrschenden Humus im Allgemeinen sehr fruchtbar, besonders liefert der Schlick mit seinem humusreichen Thon u. seinem durchlassenden, sandigen Untergrunde eine vorzugsweise tragfähige Ackerkrume. Das Alluvium reihet sich daher bezüglich seiner Fruchtbarkeit, mit alleiniger Ausnahme des Sand-Alluviums der Elbe, unserem Kalkflözgebiete vollkommen an.

Gewässer.

Das Gebiet zeichnet sich durch Wasserreichthum aus. Quellen, fließende und stehende Gewässer in großer Zahl tragen zu seiner Fruchtbarkeit und Gewerbthätigkeit wesentlich bei. Besonders ist sein Flußnetz für die Bewässerung des Landes und den Betrieb der Wasserwerke vorwiegend günstig.

Der Hauptfluß ist die Elbe, und zu ihrem Stromgebiete gehört, mit Ausnahme eines kleinen nordwestlichen Theils, unser ganzes Gebiet. Im Nordwesten bilden der Mittlere und der Alvenslebensche Höhenzug die Wasserscheide zwischen Elbe und Weser. Die am nördlichen Fuße des Hohen Holzes entspringende Aller mit der von Flechtingen kommenden Spetze fließen der Weser zu, alle übrigen, in dem Gebiete entstehenden oder in dasselbe einfließenden Bäche und Flüsse senden ihre Wasser der Elbe.

Die Elbe durchschneidet das Gebiet von Süden nach Norden in einem mäßigen, 13 Meilen langen Bogen und theilt es in zwei ungleiche Hälften, eine kleinere östliche und eine größere westliche. Bei Roslau in das Gebiet eintretend, geht sie in westlicher Richtung nach Aken, dann nordwestwärts nach Magdeburg und von hier mit der Wendung nach Nord-Nordost bis

Bittkau, wo sie das Gebiet verläßt. — Ihre Ufer sind theils abschüssig (jedoch nie felsig), wie zwischen Roßlau u. Tochheim, wo nur das Unterlug u. die Steuzer Aue ein alluviales Vorland bilden, ferner bei Hohenwarte, bei Rogätz u. vielfach zwischen Kehnert u. Bittkau; oder aber die Ufer sind flach und dehnen sich zu einer mehr oder weniger breiten, alluvialen Niederung aus.

Die Nebenflüsse der Elbe sind zahlreich, jedoch mit Ausnahme der Saale nicht schiffbar. Auf dem linken Elbufer sind die bedeutendsten: die Mulde, die Saale mit der Bode, die Ohre u. der Tanger. Die Mulde berührt das Gebiet nur bei ihrer Mündung in die Elbe. Die Saale dagegen durchläuft es von Rothenburg bis zu ihrem Ausfluß unweit Barby in einer Länge von 6 Meilen, ohne Anrechnung der vielen Serpentinen. Die Ufer unseres oberen Theils der Saale sind, namentlich von Alsleben aufwärts, meist abschüssig und felsig, so auch bei Bernburg; die der unteren Saale dagegen sind in der Regel flach mit oft breiten, alluvialen Niederungen.

Nebenflüsse der Saale sind die Wipper und die Bode. Die Wipper geht als Grenzfluß unseres Gebiets von Sandersleben nach Salzkoten bei Aschersleben, und von hier in einem starken Winkel über Gr. Schierstedt nach Ilberstedt zur Saale. Sie durchläuft das Gebiet in einer Länge von $3\frac{1}{2}$ Meilen und hat vorwiegend hohe, oft steile und zuweilen felsige Ufer.

Die Bode betritt bei Nodersdorf das Gebiet, fließt gen Norden über Gröningen nach Oschersleben und von hier in einem Bogen mit südöstlicher Richtung nach Egeln u. Staßfurt und schließlich ostwärts bis zu ihrer Mündung in die Saale bei Nienburg. Ihr Lauf im Gebiete beträgt 8 Meilen, und die Ufer sind meist flach; nur selten tritt das Hochland dicht an das Flußbett, wie z. B. bei Krottorf u. bei Hohenerxleben. — Die Nebenflüsse der Bode, die Selke u. Holtemme, haben ihren Ausfluß im Gebiete, ohne es sonst viel zu berühren.

Die den angrenzenden Drömling durchfließende Ohre tritt bei Calvörde ins Gebiet, geht in südöstlicher Richtung über Neuhaldensleben nach Wolmirstedt und von hier nordostwärts bis Rogätz, wo sie in die Elbe mündet. Sie beschreibt einen Bogen in der Ausdehnung von $5\frac{1}{2}$ Meilen, und ihre Ufer sind fast durchgängig flach. Von ihren Nebenflüssen dagegen zeichnet sich die in den Alvenslebenschen Höhenzuge am Fuße der Erxlebener Forst entspringende Bever, sowie deren Arm, die Olve, durch meist hohe, abschüssige, zum Theil felsige Ufer aus.

Der Tanger hat seinen Ursprung im Gebiete und verläßt dasselbe nach einem Laufe von $1\frac{1}{2}$ Meilen; seine Ufer sind überall flach u. bruchig.

Die Nebenflüsse auf dem rechten Ufer der Elbe haben gleich denen des linksseitigen Diluviums bei geringem Gefälle fast durchgängig flache, bruchige Ufer. Die bedeutenderen sind: die Roßlau (Roffel), die Nuthe mit 2 gleichnamigen Armen, die Ehle, die Ihle und der seinen Namen mehrfach wechselnde Gloinesche Bach. Sie alle entspringen im Gebiete und ergießen sich auch, mit Ausnahme der beiden letzten, innerhalb unserer Grenzen nach einem Laufe von 3 bis 5 Meilen.

Zum Stromgebiet der Weser gehört die Aller mit der Spetze. Die Aller verläßt nach einem 2-meiligen Laufe das Gebiet bei Walbeck. Ihre Ufer werden, nachdem sie aus dem Allerbruch getreten, oft steil u. abschüssig. Besonders wird von Gr. Bartensleben ab das rechte Ufer der Aller durch ein steiniges, abschüssiges Hochland gebildet.

Landseen fehlen dem Gebiete. Diejenigen stehenden Gewässer, welche den Namen „See" führen, wie der Pechauer See, der Wend=See, der Kühnauer See und andere, sind doch nur größere Teiche. An kleinen stehenden Gewässern, an Teichen u. Kulken ist dagegen das Gebiet reich; besonders das Alluvium der größeren Flüsse, wo überdieß eine Anzahl ver= lassener Flußbetten die Menge der stehenden Gewässer noch vermehrt. Auch unser Diluvium ist nicht arm an Teichen, wenn auch bereits mehrere — nicht gerade zum Vortheil der Umgegend — abgelassen und in Wiese und Ackerland umgewandelt sind. Es ist vor einer überhandnehmenden Trocken= legung der Wasserstücke in dem mageren, sandigen Diluvium nicht genug zu warnen, weil sie für die atmosphärischen Feuchtigkeits=Verhältnisse der weiten Umgebung die nachtheiligsten Folgen mit sich führt.

In unserem Flötzgebiet sind stehende Gewässer selten. Außer den Dorf= teichen und den durch große Aussticke in der Nähe von Ziegeleien und Eisenbahnen entstandenen Kulken finden sich hauptsächlich nur noch durch Erdfälle hervorgerufene Wasserlöcher in Trichterform von verschiedener Größe u. Tiefe. Die bedeutendsten kommen in der Gegend zwischen Grö= ningen u. Croppenstedt vor; und eine große Zahl kleiner Erdfälle, die theils trocken, theils mit Wasser gefüllt sind, characterisirt die Bartensleber Forst im westlichen Theile des Alvenslebenschen Höhenzuges.

Pflanzendecke.

Das Gebiet hat fast durchgängig ertragsfähigen Boden; Unland ist kaum vorhanden. Nackter Fels zeigt sich, wie oben nachgewiesen, selten; kahle Sandhügel u. Sandflächen finden sich nur in wenigen Gegenden, wo der Flugsand der Cultivirung des Bodens zu große Hindernisse bisher be= reitete, wie z. B. bei Biederitz; Sümpfe u. Moräste aber sind durch Kanäle und Abzugsgräben fast gänzlich in tragbare Wiesen und Ackerland umge= wandelt.

Wenn aber der Boden des Gebiets sich auch fast überall als ertrags= fähig zeigt, so ist doch dessen Beschaffenheit u. Güte, wie wir gesehen, überaus verschieden, und deßhalb tritt die Benutzung des Bodens als Forst=, Wiese=, Weide= oder Ackerland im Gebiete sehr ungleich auf. Der den reichsten Ertrag gewährende Ackerbau findet sich bei uns überall einge= führt, wo der Boden zu dieser Cultur sich irgend eignet. In dem großen, fruchtbaren und meist ebenen Flötzgebiete südlich von der Bever ist er dergestalt vorherrschend, daß er hier fast als alleinige Cultur=Art auf= tritt. Die weite Ebene der Börde, die große Bernburger Hochebene und die ausgedehnten Abdachungen des Hakel und des Mittleren Höhenzuges sind bedeckt mit Saat= u. Rübenfeldern, untermischt mit Brachfrüchten u. Futterkräutern. Die wild wachsenden Pflanzen sind in diesen Gegenden, wo der ausgebreitete Anbau der Runkelrübe u. der Cichorie den Boden säubert, und auch die gedrillten Kornfelder gehackt u. gereinigt werden, auf Dorf= u. Feldwege und wenige Feldgräben angewiesen. Die Acker= unkräuter sind hier fast verschwunden, und selbst die gemeinsten, wie Korn= blume, Rade u. Klatschrose, gehören zu den Seltenheiten.

Der gewinnbringende Ackerbau hat in unserem fruchtbaren Flötzgebiete die anderen Culturen: Wald, Weide u. Wiese, von Jahr zu Jahr mehr u. mehr eingeengt. Nur auf den Höhen, wo der Boden abschüssig oder zu steinig ist, wie auf den Kuppen des Mittleren Höhenzuges u. des Hakel und an den steilen Geländen der hohen Ufer der Saale, Wipper, Bever u. Olve, — oder wo er sandig u. kiesig wird, wie auf den Hügeln mit nordischem Grand, haben wir noch Waldcultur oder Weide. Wiesen finden sich in den Thälern der zum Flötzgebiet zählenden Bäche u. kleineren Flüsse; jedoch meist nur in schmalen, mehrfach vom Ackerland durchbrochenen Streifen längs dem Ufer. — Von nicht erheblichem Umfange, wie die Wiesenflächen sind die meisten Forstgrundstücke dieses Gebietstheiles. Nur das Hohe Holz bei Alt=Brandsleben und der Hakel bei Cochstedt mit resp. 7000 u. 5500 Morgen sind von Bedeutung. Nach ihnen ist die Marienborner Forst mit 1270 M. die größte Waldparzelle, alle übrigen sind klein. Bemerkenswerth unter ihnen sind: der Rehm bei Walbeck, der Klepperberg bei Schwanefeld, das Saure Holz bei Schermke, die Wipperforsten bei Freckleben (der Sandersleber Busch, der Frecklebener u. der Pfaffenbusch) und der Wilde Busch bei Rothenburg an der Saale. In allen diesen Forsten herrscht das Laubholz vor, ja in den meisten fehlt das Nadelholz gänzlich; auch zeichnen sie sich sämmtlich durch einen großen Pflanzenreichthum aus, vorzüglich der Hakel.

Der nördliche Theil unseres Flötzgebiets hat wegen des dort herrschenden Sandes mit einem meist thonigen und deßhalb nassen u. kalten Untergrunde und bei der großen Unebenheit des Landes einen zum Ackerbau ungleich weniger geeigneten Boden. Aus diesem Grunde überwiegt im Gebiete des Alvenslebenschen Höhenzuges Wald= u. Wiesencultur erheblich den Feldbau. In den ausgebreiteten Forsten: Bartensleber u. Erxleber Forst, Bischofswald, Behnsdorfer, Flechtingener, Altenhauser, Bodendorfer, Embener, Alvenslebensche, Veltheimsche u. Althaldensleber Forst mit dem Papenberg, Zernitz u. Pudegrin, denen noch die den Uebergang zum Diluvium bildenden Calbörber Forsten mit dem Isern Hagen, sowie der Schwarze Pfuhl hinzutreten, — in allen diesen Forsten, welche den bei Weitem größten Theil des Areals des Sand=Flötzgebiets umfassen, wechselt Laubholz mit Nadelholz. Auch sie sind, besonders in den Laubholzpartien der Thäler u. Niederungen, sehr pflanzenreich. — Wiesen finden sich im nördlichen Flötzgebiete ebenfalls vielfach, wenn auch nur in kleineren Parzellen. Denn die Forsten sind reich an Waldwiesen (die im südlichen u. mittleren Flötzgebiete fast fehlen), und auf der Feldflur wechselt wegen des meist kaltgründigen u. oft wellenförmigen Bodens mit dem Ackerland häufig die Wiese. — Der Feldbau, in einem verhältnißmäßig sehr geringen Umfange im Sand=Flötzgebiete betrieben, ist auch im Ertrage untergeordnet. Der mittlere Roggenboden ist im Allgemeinen vorwiegend.

Die Pflanzendecke unseres Diluviums ist der des Sand=Flötzgebietes sehr ähnlich, und Wald u. Wiese nehmen auch hier einen sehr bedeutenden Raum ein. Die große Colbitzer Haide, von denen 5 Oberförstereien 4 zum Gebiete gehören, umfaßt mit dem Neuhaldensleber Stadtforst schon die Hälfte des ganzen, links von der Elbe gelegenen Diluviums. Und außer dieser c. 100,000 Morgen großen Waldfläche finden sich auf der linken Seite der Elbe noch eine Anzahl kleinerer Forsten, wie die Ramstedter u. Rogätzer F., der Buktum mit die ansehnlichen Kiefernbestände zwischen Mahlwinkel u. Bertingen und zwischen Birkholz u. Bittkau. Von den größeren Walddistricten des rechtsseitigen Diluviums sind zu nennen: die Güsener=Pennigsdorfer=Hohensedener F. mit dem Burger Bürgerholze, die Deternshagener F., die Grabow=Pietzpuhler u. Papstdorfer F., die Ringelsdorfer u. Jerichower F., die Forst Magdeburger Forth, die Leitzower=Lochauer= u. Lindauer F. mit dem Lindauer Gehege u. dem Lietzower Bruch, die Neblitzer, Neudener, Dobritzer, Grimmasche u. Thorener F. mit dem Golmitz u. Golmenglin, die Berensdorfer F. u. die Ros-

Boden= u. Vegetations=Verhältnisse. *11

lauer F. Von den kleinen Waldparzellen sind wegen ihres Pflanzenreich=
thums hervorzuheben: das Loburger Bürgerholz, das Friedrichsholz
u. der Jütrichauer Busch bei Zerbst und das Buchholz bei Mühlstädt.
— Zum Diluvium unseres Gebiets gehören ferner noch die südlich von der
Elbe auf deren rechten Uferseite gelegene Mosigkauer F. mit dem Ober=
busch zwischen Kl. Kühnau u. Aken. — In allen diesen Waldungen ist, mit
Ausnahme der kleinen Waldparzellen, das Nadelholz vorherrschend, Laub=
holz findet sich fast nur in den Niederungen, in deren naß=moorigen Gründen
der Erlenbruch sich ausbreitet, ein das Diluvium gleich den Kiefern=
wäldern characterisirender Waldbestand.

Characteristisch für das Diluvium ist auch die Moor= und Torf=
wiese. In den Niederungen aller unserer Diluvial=Bäche und kleineren
Flüsse — namentlich der Ohre, Tanger, Ihle, Ehle, Nuthe u. Roslau —
ziehen sich mehr oder weniger breite Moorwiesen die Ufer entlang und ge=
währen einen reichen Heuertrag.

Weideland enthält das Diluvium vielfach, theils auf trocknem
festen, besonders kiesigen und lettigen, theils auf trocknem moorigen Boden.
Dem Weidelande ist die reine oder „blache" Haide — die hauptsächlich zur
Streu benutzt wird, — hinzuzurechnen. Sie wird wegen ihres geringen
Nutzens in unserem Gebiete mehr und mehr ausgerodet und entweder durch
Kieferncultur in Haide=Wald oder durch die Lupine in tragfähigen Roggen=
boden umgewandelt. Große Flächen Haidelandes zeigen sich gegenwärtig
noch zwischen Loburg u. Gloina und zwischen Dörnitz u. Gr. Lübars.

Der Ackerbau ist in unserem Diluvium im Verhältniß zu seinem
vielfach sterilen Boden sehr ausgebreitet; da mit Hülfe der Lupine oder
durch Mergelung selbst der trockene Sandboden, sofern er nur eine günstige
Lage hat, d. h. eine ebene u. nicht abschüssige, und sofern sein Untergrund
nicht kiesig ist, überall tragfähig gemacht und als Ackerland benutzt wird.
Der Ertrag der Ländereien ist mit dem unseres fruchtbaren Flötzgebietes
allerdings nicht zu vergleichen: Weizenboden und Gerstenland finden sich
im Diluvium immer nur ausnahmsweise, namentlich in niederen Lagen,
auf den höheren wechseln Roggen=, Hafer= u. Kartoffelfelder noch mit der
Brache. Ueberdieß verkrautet der Sandboden ungemein leicht, und wenn
in unserem Kalkflötzgebiete die Ackerunkräuter zu den Seltenheiten gehören,
so sind sie in den Sandgegenden des nördlichen Flötz und des Diluviums
gar nicht zu vertilgen, wie namentlich die nassen Jahre beweisen.

Alluvium. — Die den Ueberschwemmungen der Hochfluthen aus=
gesetzten Thalniederungen unserer größeren Flüsse sind naturgemäß zur
Wiesen= u. Waldcultur ganz vorzüglich, aber zum Ackerbau wenig geeignet.
In früherer Zeit war auch unser Alluvium fast nur mit Wiese u. Wald
bedeckt; im Laufe der Jahre hat sich dieß aber wesentlich geändert. Die
weniger Ertrag bringenden Wälder sind meist ausgerodet und in Wiesen
umgewandelt, und letztere haben wieder vielfach dem reichlicher lohnenden
Ackerbau weichen müssen. Durch hohe Deiche gegen die Fluthen geschützt,
ist in unserem Alluvium der Elbe, Saale u. Bode ein weites Areal für
den Feldbau gewonnen. Bei der Güte des Bodens stehen diese Ländereien
im Ertrage denen unseres fruchtbaren Flötzgebiets nicht nach, und überall
finden wir in unserem Alluvium, mit Ausnahme des Sand=Alluviums,
Rüben= und Weizenland.

Das zwischen Saale und Mulde gelegene Sand=Alluvium des
linken Elbufers gleicht dagegen unserem Diluvium; in den Niederungen
haben wir moorige Wiesen und auf den höheren Punkten ein mehr oder
weniger dürftiges Ackerland; außerdem finden sich einige nicht unbedeutende

Einleitung.

Forsten, in denen auch Nadelholz vorkommt. Sonst bestehen die Waldungen unseres Alluviums nur aus Laubholz. — Das Alluvium der Elbe besitzt noch Forsten von einiger Bedeutung, wie die Wolmirstedter F., den Biederitzer Busch, die Kreuzhorst, den Grünewald, die Grüneberger u. Ronneier F., die Tochheimer F., die Steckbyer F. — und im Sand-Alluvium: die Lödderitzer mit der Breitenhagener F., den Diebziger Busch, den Unterbusch und die Kühnauer F. — Im Al. der Saale finden wir auch noch zahlreiche, aber schon kleinere Forstgrundstücke, von denen hier zu erwähnen sind: der Rosenburger Busch, die Sprohne bei Nienburg, der Dröbelsche Busch, das Krumbholz bei Bernburg, der Aderstädter u. der Plötzkauer Busch. — Im Al. der Bode sind nur noch wenige und kleine Waldparzellen, so die Meierweiden bei Hadmersleben, die Egelnsche F., der Wehl bei Tarthun, die Unseburger Hölzer u. der Gänsefurter Busch. Auch die in der Nähe der Bode gelegenen kleinen Holzbestände: der Hecklinger, der Rathmannsdorfer u. der Neuendorfer Busch können hierher gerechnet werden.

Die Wiesen-Cultur ist in einigen Gegenden unseres Alluviums noch sehr erheblich. Unter den Elbwiesen zeichnet sich das lange, breite Marschland zwischen Schartau u. Pareh aus, ferner die Barlebener u. Rothenseer Wiesen, die Herrnkrug- u. die Rothenhorn-Wiesen, die des Elbenauer Werder, die Barbyer Wiesen, die Steuzer Aue, das Unterlug u. das Oberlug bei Roslau und die Bruchwiesen zwischen Rosenburg u. Trebbichau, und bei Aken, Susigke, Reppichau u. Gr. Kühnau. — Zahlreich, jedoch von geringerem Umfange, sind die Wiesen der Saale, die sich besonders bei Calbe, Nienburg, Bernburg u. Alsleben zeigen. — Das Alluvium der Bode hat — außer seinen ausgedehnten Bruchwiesen zwischen Wegersleben, Wulferstedt, Oschersleben u. Hadmersleben, und zwischen Gr. Alsleben u. Alickendorf — auch an vielen flachen Flußuferstellen eine durch den Ackerbau zwar sehr beschränkte, aber doch noch immer erhebliche Wiesencultur.

So wetteifert in unserem Alluvium der Wiesen- mit dem Ackerbau; die Forstwirthschaft ist in den Hintergrund getreten, und urwüchsiges Weideland fehlt ganz.

Ueberblicken wir nun das ganze Gebiet, so sehen wir, daß von den vier Cultur-Arten die den geringsten Ertrag bringende, das Weideland, im Gebiete nur einen verhältnißmäßig sehr kleinen Raum einnimmt. Außer auf den Höhen mit nordischem Grand und auf den steilen Lehnen der Bergschluchten und hohen Flußufer des Flötzgebiets, finden wir es vorwiegend nur im Diluvium, wo zu den beständigen Weidestücken noch die wechselnden der Brachfelder hinzukommen. Die Forstcultur, im südlichen u. mittleren Flötzgebiete u. im Alluvium den Hintergrund tretend, ist im nördlichen Flötz u. im nördlichen Diluvium sehr vorherrschend, und auch im südlichen Diluvium noch erheblich. Die Wiesencultur finden wir im nördl. Flötz, im Diluvium u. im Alluvium noch immer von Bedeutung. Der Ackerbau aber umfaßt in dem großen Flötzgebiete südlich von der Bever beinahe das ganze Areal, und ist auch im südlicheren Theil des Diluviums und zwar, wenn wir die Bever-Linie über Wolmirstedt verlängern nach Pietzpuhl, Hohenziatz u. Gloina — südwärts von dieser Linie vorherrschend. — Ein Zweig des Ackerbaus, und zwar der gewinnbringendste, ist der Gemüse- u. Gartenbau. Für ihn eignet sich nur fruchtbarer Boden. Wir finden ihn im Flötzgebiete vorwiegend bei Magdeburg in den Vorstädten Sudenburg u. Neustadt, bei Calbe, Barby u. Bernburg, und im Diluvium bei Zerbst, Burg u. Neuhaldensleben. —

Boden= und Vegetations=Verhältnisse.

Verbreitung der Pflanzenarten.

Schon bei Betrachtung der Pflanzendecke in Rücksicht auf die verschiedenen Culturen stellt sich heraus, daß die chemische und physikalische Beschaffenheit des Bodens, nicht aber seine geognostischen Unterschiede für die Vertheilung der Pflanzen in unserem Gebiete vom vorwiegenden Einfluß sind. Das Land unserer drei großen geognostischen Boden=Gruppen: Flötz, Diluvium u. Alluvium, gruppirt sich anders, wenn wir es nach seinen Culturen zusammenstellen. Alsdann haben wir drei wesentlich andere Boden=Complexe, nämlich 1) das Flötzgebiet südlich von der Bever, das sich durch Fruchtbarkeit auszeichnet u. in dem der Ackerbau vorherrscht; 2) das nördliche Flötzgebiet, das ganze Diluvium u. das Sand=Alluvium, Gebietstheile mit einer viel geringeren Bodenqualität und mit vorwiegender Wald= u. Wiesencultur, und 3) das fruchtbare Thon=Alluvium, auf welchem Wiesen= u. Ackerbau fast gleich stark betrieben werden und die Forstwirthschaft zurücktritt.

Und wie für die Vertheilung der Culturen, so ist auch für die Verbreitung der einzelnen Pflanzen=Arten die chemische u. physikalische Beschaffenheit des Bodens vor Allem maßgebend. Ob im Boden Kalk, Thon, Sand oder Humus vorherrscht; ob derselbe lockerer oder fester, feuchter oder trockener, wärmer oder kälter ist, davon hängt bei den unterschiedlichen Bedürfnissen der verschiedenen Pflanzen=Arten ihr Vorkommen und ihr Gedeihen namentlich ab (s. Th. I. Abschn. 3 Cap. 1). So finden wir denn, wie im Gebiete je nach der wechselnden Bodenbeschaffenheit sich auch die Pflanzenarten verschieden angesiedelt und gruppirt haben.

Im Kalkflötzgebiete (Bernburger Hochebene, Hakelhöhenzug, Magdeburger Börde und Muschelkalkvorsprung der Aller) zeigen sich die kalkliebenden Pflanzen, wie Rapistrum perenne, Caucalis daucoides, Nonnea pulla rc. Sie gehören entweder dem Kalkflötz allein an und erscheinen sonst nirgends im Gebiete, wie die so eben genannten, oder sie sind im Kalkflötz vorherrschend und kommen in den anderen Gebietstheilen nur noch zerstreut vor, wie Galium tricorne zuweilen auch auf Lettenboden des Diluviums, oder wie Veronica praec., Adonis aestiv., Fumaria Vaill. auch im Diluvium auf mergeligem Sand. — Wenn nun eine nicht geringe Anzahl von Pflanzen dem Kalkflötz allein oder ihm vorwiegend eigen sind, so gibt es doch auch einige Pflanzen, die sich gleich verbreitet auf Kalk= und auf Thon=Boden, — oder auf Kalk= u. auf Sand=Boden zeigen. Lathyrus tuberosus u. Linaria Elatine sind ebenso häufig in unserem Kalkflötz wie in den thonhaltigen Gegenden des Mittleren Höhenzuges u. des Alluviums und auf dem Lettenboden des Diluviums; — und Euphorbia Cypar., Coronilla varia u. Ononis repens lieben gleich sehr den Kalk= wie den Sandboden.

Uebrigens finden sich, außer den kalkliebenden Pflanzen in unserem Kalkflötzgebiete vorzugsweise auch die specifischen Salzpflanzen, an denen unser Gebiet überhaupt reich ist. Salzpflanzen, die schon mit einem geringen Salzgehalte des Bodens zufrieden sind, wie Lepigonum medium, Glaux maritima, Rumex maritimus, Scirpus mar. u. andere, sind im ganzen Kalkflötzgebiete u. auch in dem angrenzenden Alluvium viel verbreitet; wogegen die eigentlichen Salzpflanzen, welche einen so starken Salzgehalt des Bodens beanspruchen, daß sie jede andere Vegetation ausschließen, wie Salicornia herbacea, Schoberia maritima u. Halimus pedunculatus, sich nur in den eigentlichen Salzgegenden bei Staßfurt, Hecklingen, Süldorf,

Einleitung.

Salze u. Schönebeck zeigen; Salicorn. herb. auch auf dem Allerbruch bei Wormsdorf u. auf der Bruchwiese bei Sachsendorf.

Der zwischen dem Kalkflöz und dem Sandflöz gelegene Mittlere Höhenzug mit seinen thonhaltigen Sandsteinen auf u. neben dem Keuper schließt sich mit seiner Vegetation theils dem Kalkflöz, theils dem Sandflöz an. Mit dem Kalkflöz hat er mehrere Pflanzen gemein, wie Adonis vernalis, Bupleurum falcatum, Gentiana ciliata, Prunella grandiflora u. Asarum europaeum, die sonst im Gebiete noch nicht beobachtet sind; außerdem aber noch eine Anzahl von Pflanzen, die auch noch in dem einen oder anderen Gebietstheile erscheinen, wie denn z. B. Galium Cruciata im Kalkflöz, im Mittleren Höhenzuge u. im Alluvium gleich verbreitet auftritt. — Die Flora des Mittleren Höhenzuges finden wir jedoch eben so häufig, wenn nicht noch häufiger, in Uebereinstimmung mit der des Sandflözgebiets. Zwei characteristische Pflanzenarten: Galium saxatile u. Trientalis europaea, gehören bis jetzt diesen beiden Gebietstheilen allein an; andere besitzen sie gemeinschaftlich mit dem Diluvium, wie Hypericum humifusum, Arnica mont., Pinguicula vulg., Spiranthes autum., Nardus stricta rc.; noch andere, wie Hypericum quadrangulum, Oxalis Acetosella, Bidens cernua, Arnoseris pusilla, Pedicularis sylv. rc. kommen auch im Sand-Alluvium vor, zeigen sich mithin im Mittl. Höhenzuge u. im Sandflöz, sowie im Diluvium u. im Sand-Alluvium, wogegen sie dem Kalkflöz u. Thon-Alluvium gänzlich zu fehlen scheinen. — Der Mittlere Höhenzug hat übrigens auch einige ihm allein angehörige Pflanzen, von denen Lysimachia nemorum u. Cirsium eriophorum hier besonders erwähnt sein mögen.

Das Sand-Flözgebiet harmonirt wie in seiner Bodenbeschaffenheit, so in seinen Pflanzendecke im Allgemeinen mit dem Diluvium. Neben den in allen unseren Sandgegenden (Sandflöz, Diluvium u. Sand-Alluvium) verbreiteten Sandpflanzen, wie Teesdalia nudicaulis, Genista pilosa, Ornithopus perpus., Sedum reflex., Arnoseris pusilla, Corynephorus canescens und vielen anderen, finden wir im Sandflöz eine nicht unerhebliche Anzahl von Pflanzen, die nur noch dem Diluvium angehören, wie Ranunculus lanuginosus, Cardamine amara, Viola pal., Drosera rotund., Sagina nodos., Radiola linoides, Geum rivale, Comarum pal., Montia minor, Ribes nigrum, Chrysosplenium altern., Menyanthes trifoliata, Juncus squarrosus rc. — Als dem Sandflözgebiete besonders eigenthümlich müssen die dort sehr verbreiteten Character-Pflanzen: Primula elatior u. Phyteuma nigrum angesehen werden, wenn auch beide ein wenig über dieß engere Gebiet hinausgehen.

In unserem Diluvium herrschen die Sandpflanzen sehr entschieden vor. Außer den allgemein im Gebiete verbreiteten Sandpflanzen und außer denjenigen, welche das Diluvium mit dem Sandflöz gemein hat, besitzt es noch viele characteristische Sand- und Moorpflanzen, die ihm allein eigenthümlich und bisher in keinem anderen Gebietstheile beobachtet sind, wie Biscutella laevig., Circaea alpina, Montia rivularis, Jurinea cyanoides, Cineraria pal., Ledum pal., Lysimachia thyrsiflora, Thesium alpin., Potamogeton rufescens, Calla pal., Scirpus Holoschoenus, Carex dioica, arenaria, stricta, filiformis u. mehrere andere. — Auf Kalk- u. auf Letten-Pflanzen, die ausnahmsweise auch in unserem Diluvium vorkommen, haben wir bereits hingewiesen. — Von der Aehnlichkeit der Vegetation des Diluviums mit der des Sand-Alluviums der Elbe und des sandigen Elbufers werden wir sogleich beim Alluvium das Nöthige hervorheben.

Boden= u. Vegetations=Verhältnisse.

Die Flora unseres Alluviums erinnert in den Gegenden, wo der Schlick sich abgelagert hat, an die des fruchtbaren Flötzgebiets, wo dagegen der Sand vorherrscht, an die unserer Sandgegenden. Alluviales Sandterrain von Bedeutung haben wir übrigens, mit Ausnahme des bruchigen, nur im Gebiete der Elbe, wo außer der großen Landstrecke zwischen Saale u. Mulde, die wir als Sand=Alluvium bezeichnet haben, noch den ganzen Lauf der Elbe entlang das flache Ufer vielfach mit Flußsand bedeckt ist, abwechselnd mit thonigem Schlamm oder von ihm durchmischt. Diese Sandgegenden des Elb=Alluviums besitzen einige Pflanzen, die ihm mit dem Diluvium allein gemein sind und sonst im Gebiete fehlen, wie denn überhaupt das Alluvium der Elbe mehrere Pflanzen birgt, die nur ihm u. dem Diluvium angehören. Wir nennen: Trapa natans, Corrigiola littoralis, Xanthium strumarium, Cicuta virosa, Conium maculatum, Linosyris vulgaris, Hieracium pratense, Gentiana Pneumonanthe, Anchusa offic., Chenopodium urbicum, Juncus filiformis u. Tenageia, Carex ligerica, Koeleria glauca.

Unser Alluvium hat überdieß eine Anzahl characteristischer Alluvial=Pflanzen, die entweder allen drei Flußgebieten angehören, wie Viola pratensis u. elatior, Cucubalus bacciferus, Geranium pratense, Aster salignus, Lappa major, Veronica longifolia, Rumex aquaticus u. andere; — oder nur zweien, wie Brassica nigra, Dipsacus pilosus, Elodea canadensis u. Carex nutans dem Al. der Elbe u. Saale, — und wie Petasites spurius, Aster parviflorus, Senecio saracenicus, Scutellaria hastifolia u. Euphorbia platyphyllos dem Al. der Elbe u. Bode; — oder sie gehören nur einem der 3 Flußgebiete an. Namentlich hat das Alluvium der Elbe eine Anzahl Pflanzen, die sein Gebiet speciell characterisiren, wie Clematis recta, Nasturtium austriacum u. pyrenaicum, Cardamine parviflora, Erysimum strictum, Draba muralis, Lathyrus Nissolia, Oenothera muricata, Sedum purpurascens, Xanthium italicum, Allium Schoenoprasum, Hierochloa odorata u. andere, von denen noch besonders Arabis Halleri, Thlaspi alpestre, Scilla bifolia u. Equisetum umbrosum zu erwähnen sind, die nur im Sand=Al. der Elbe, hier aber zahlreich auftreten. Dem Al. der Saale sind eigen: Cuscuta monogyna u. Fritillaria Meleagris; und das Bode=Al. zeichnet sich durch Archangelica offic. aus.

Wenn aus dem Vorstehenden hervorgeht, daß eine sehr erhebliche Anzahl von Pflanzen keine allgemeine Verbreitung im Gebiete haben, sondern immer nur in gewissen Gebietstheilen erscheinen, wo die Beschaffenheit des Bodens, besonders seine chemische, ihnen zusagt, — so gibt es dagegen auch eine große Anzahl von Pflanzen, die durch unser ganzes Gebiet verbreitet, und denen die chemischen Bestandtheile des Bodens vollkommen gleich sind. Zu ihnen gehören die meisten sog. gemeinen Pflanzen, namentlich alle, die als „sehr gemein" fürs Gebiet bezeichnet werden müssen, wie Capsella Bursa pastoris, Stellaria media, Erodium cicutarium, Bellis perennis u. viele andere. Aber auch diese in allen Gebietstheilen auftretende Pflanzenwelt zeigt sich vom Boden abhängig, wenigstens bezüglich seiner physikalischen Eigenschaften. Vornehmlich ist es der Wassergehalt des Bodens, der einen überwiegenden Einfluß auf das Vorkommen der Pflanzen und ihre Verbreitung ausübt. In dieser Beziehung haben wir zunächst drei große Pflanzengruppen zu beachten: die Wasserpflanzen, die Sumpfpflanzen u. die Landpflanzen.

Die Wasserpflanzen kommen entweder nur im fließenden Wasser vor, wie Ranunculus fluitans u. Potamogeton fluitans; oder nur im stehenden Wasser, wie Lemna minor und alle Teich= u. Kulkpflanzen;

oder im stehenden wie im fließenden Wasser, wie Ranunculus aquatilis, die meisten Potamogeton-Arten u. viele andere. Außerdem gibt es einige Pflanzen, die im Wasser und auch auf dem Lande leben können, wie Nasturtium amphibium u. Polygonum amphibium. —

Die Sumpfpflanzen sind in unserem Gebiete, namentlich in den Sandgegenden an Flüssen, Bächen u. Teichen, und im Alluvium an Teichen und Kulken zahlreich; und unsere Sumpfflora ist oft eine unterschiedliche, je nachdem im Sumpfe die Moor- oder die Thonerde vorherrscht. Nur an moorigen Sümpfen finden wir Cicuta virosa, Thysselinum palustre, Comarum palustre u. andere; den thonigen Sumpfboden dagegen liebt Gratiola offic. Viele Sumpfpflanzen treten jedoch in moorigen, wie in thonhaltigen Sümpfen auf, wie z. B. die Typha- und die Sparganium-Arten.

Bei den Landpflanzen ist der größere oder geringere Wassergehalt des Bodens von ganz entschiedener Wichtigkeit. Eine große Anzahl von Pflanzen zeigt sich nur auf nassem Boden, wie Radiola linoides, Tussilago Farfara, Gnaphalium uliginosum, Juncus bufonius, capitatus u. Tenageia. Andere suchen das trockene Erdreich auf, wie Teesdalia nudicaulis, Scleranthus perennis, Ornithopus perpusillus, Arnoseris pusilla. Die meisten Landpflanzen lieben indeß den mittelfeuchten Boden und mögen weder zu trockenen, noch zu nassen, mit Ausnahme fast aller Ackerunkräuter, die auf nassem Erdreich ganz besonders wuchern.

Von hervorragender Wichtigkeit für die Pflanzenvertheilung ist ferner die Pflanzendecke des Bodens, also die Pflanzennachbarschaft. In dieser Beziehung unterscheiden wir Wald-, Wiesen-, Acker-, Wege-, Dorf- u. Schuttpflanzen. — Unter den Waldpflanzen finden wir einige, die den Wald nie verlassen, wie z. B. Vicia sylvatica, Poa nemoralis; andere, die sich auch im Feldgesträuch und in Hecken u. an Zäunen finden, wie Polygonum dumetorum, Humulus Lupulus; wieder andere, die auch auf Wiesen erscheinen, wie Primula officinalis, Holcus lanatus; dann solche, die auch auf Aeckern unter dem Getreide auftreten, wie Galeopsis versicolor, Holcus mollis; und endlich Pflanzen, die Wald, Wiese u. Feld lieben, wie Vicia tenuifolia u. Cracca. — Zu den Wiesenpflanzen werden im Allgemeinen auch die Pflanzen der Triften u. Aenger, der grasigen Anhänge u. Abhänge, der Raine, Dämme u. Grasgräben gerechnet. Auf den Wiesen ändert sich die Flora je nach dem Feuchtigkeitsgehalt des Bodens; auf trockenen Wiesenstellen finden wir z. B. Salvia pratensis u. Saxifraga granulata, auf feuchten Lychnis Flos cuculi u. Geranium pratense, auf nassen Caltha pal. u. Thalictrum flavum. Vorzugsweise auf Triften zeigen sich viele Pflanzen wie z. B. Carduus nutans u. Cynosurus cristatus; auf trockenen Sandtriften Scleranthus perennis u. Corynephorus canescens; auf grasigen Anhöhen u. Abhängen Viola arenaria u. Stipa capillata; auf Rainen u. Dämmen Veronica prostrata u. Koeleria cristata. Die Grasgräben zeigen am oberen Rande die Flora der Raine u. der trockenen Wiesenstellen, in der Vertiefung die der feuchten Wiesen. — Viele Wiesenpflanzen erscheinen auch auf Aeckern, wie z. B. Medicago lupulina u. Plantago lanceolata; einige besonders auf Sandäckern, wie Rhinanthus major u. Valerianella olitoria.

Von den characteristischen Ackerpflanzen gehen die meisten auch in benachbarte Feldgräben und auf Wegränder, wie Delphinium Consolida u. Papaver Argemone, und einige erscheinen sogar gleich verbreitet auf Aeckern, in Feldgräben u. an Wegen, wie z. B. Holosteum umbellatum, Trifolium procumbens. — Die spontane Pflanzenwelt der Feldäcker ist übrigens mehrfach verschieden von der des Gartenlandes. Einige Unkräuter erscheinen nur in Gärten, wie z. B. Euphorbia Peplus u. Panicum sanguineum; andere vorzugsweise in Gärten u. auf Gemüseland, wie Antirrhinum Orontium u. Mercurialis annua. Selbst ganz allgemein verbreitete Unkräuter, wie Lamium purpureum u. amplexicaule, zeigen einen Unterschied darin, daß ersteres mehr in Gärten u. auf Gemüseland, letzteres häufiger auf Feldäckern erscheint. Eigenthümlich ist das verschiedene Auftreten unserer drei Setaria-Arten; von ihnen findet sich S. verticillata nur in Gärten, glauca nur auf Feldäckern, und viridis ist gleich gemein in Gärten wie auf Aeckern.

Characteristische Wege=, Dorf= u. Schuttpfanzen gibt es eine große Zahl, wie Sisymbrium off., Malva vulg., Geranium pusill., Onopordum Acanthium, Hyoscyamus niger, die Chenopodium- u. Atriplex-Arten u. viele andere. Mehrere Wegepflanzen, wie z. B. Senebiera Coronopus u. Plantago major erscheinen gleich häufig auch auf Aeckern u. an Ufern.

Schließlich sei erwähnt, daß auch die klimatischen Verhältnisse in unserem Local=Florengebiete auf die Verbreitung mehrerer Pflanzen einen entschiedenen Einfluß üben. So ist Gagea spathacea bis jetzt nur im Norden des Gebiets bekannt, und eine nicht geringe Anzahl von Pflanzen gehört dem Süden allein an. Von ihnen erreichen die meisten, wie z. B. Biscutella laevigata, Lathyrus Nissolia, Podospermum laciniatum, Gentiana ciliata, Linaria spuria, Salvia sylvestris, Ajuga Chamaepitys, Euphorbia platyphyllos, Poa dura, zugleich im Gebiete die Nordgrenze für Deutschland.

3. Historisches.

Die vorstehende Uebersicht von den Boden= u. Vegetations=Verhältnissen des Gebiets, das Resultat langjähriger Forschungen, bekundet, wie überaus verschieden die Lebensbedürfnisse der Pflanzen sich zeigen, und wie sehr ihr Gedeihen von der Beschaffenheit des Bodens, den sie finden, abhängt. Pflanzengeographische Studien sind deßhalb für das Erkennen der Lebensbedingungen der Pflanzenwelt von hervorragender Wichtigkeit.

In pflanzengeographischer Beziehung gehört unser Gebiet bei der großen Mannigfaltigkeit des Bodens und seiner Pflanzendecke zu den interessantesten und belehrendsten Local=Florengebieten des nördlichen Deutschlands, und schien es schon aus diesem Grunde dem Verfasser wichtig, das Gebiet der Wissenschaft aufzuschließen. So Manches war in dieser Beziehung bereits vorgearbeitet. Der erste, der sich um unser Florengebiet große Verdienste erwarb, war der zu Linné's Zeiten lebende Inspector des Herrnhuter Seminars zu Barby, Friedrich Adam Scholler. Seine 1775 zu Leipzig erschienene Flora Barbiensis ist ein für jene Zeit sehr werthvolles und noch gegenwärtig zu beachtendes Werk. Obgleich Scholler für sein Local=Florengebiet nur den kleinen Kreis von 1½ Meilen im Radius um die Stadt Barby gezogen hat, so enthält doch die Schollersche Flora bereits 834 wild wachsende Gefäßpflanzen nebst 47 zum Nutzen angebauten Cultur= pflanzen, zu denen das 1787 zu Barby erschienene Supplementum Florae Barbiensis noch 80 hinzufügt, so daß also auf dem gedachten Gebiete damals 961 Linné'sche Gefäßpflanzen bekannt waren. — Das Schollersche Werk gab den Anstoß zu weiteren Forschungen im Gebiete. Zunächst war es der Kantor Karl Christian Justinus Rothbart in Zerbst=Ankuhn, der vom J. 1784—1814 das bereits von Scholler beachtete Zerbster Gebiet in weiterem Umfange erforschte. Nach ihm setzte der Kreis=

Einleitung.

Thierarzt Wilhelm Rosenbaum in Zerbst die Studien für das Zerbster Gebiet fort. Die 1838 u. 39 erschienene Flora Anhaltina des Hofrath Heinrich Schwabe in Dessau gibt die Resultate der im Zerbster Gebiet gemachten Forschungen, und ist für unser Gesammt-Gebiet auch wegen der über den Kreis Bernburg gegebenen Mittheilungen von Wichtigkeit. Freilich haben sich seit Schwabe viele Localitäten, namentlich die Sumpf- u. Torfgegenden bei Zerbst und Hundeluft, durch Urbarmachung und Austorfungen wesentlich geändert.

Im Bezirke des Hauptorts unseres Gebiets waren es zuerst die Apotheker Ferdinand Hartmann, Kützing[1]) und Rother[2]), die sich mit der Flora der Umgebungen von Magdeburg näher bekannt machten. Um dieselbe Zeit (Ende der zwanziger u. in den dreißiger Jahren) erforschte der Apotheker Röhl in Staßfurt die dortige Umgegend, und der Lehrer Jerren die Gegend von Oschersleben mit dem Hohen und Sauren Holze.

Einen besonderen Aufschwung erhielt das Studium der heimischen Flora, als in den dreißiger Jahren der naturwissenschaftliche Unterricht auf den höheren Schulen in Magdeburg eingeführt wurde. Jetzt war es der für diesen Unterricht auf dem Kloster U. L. Fr. angestellte Lehrer Friedrich Banse, der durch unermüdliches Studium die Kenntniß der Pflanzenwelt unseres Gebiets wesentlich erweiterte. Besonders sind es die Gegenden von Magdeburg, Neuhaldensleben, Bülstringen, Wolmirstedt, Rogätz und Burg, die Banse in Gemeinschaft mit dem Apotheker Reinhard Peck[3]) durchforschte, und woselbst die Genannten eine große Anzahl neuer Pflanzen für unser Gebiet entdeckten. Um das Jahr 1836 wurde Dr. Wilhelm Schatz, damals Lehrer auf dem Liebfrauenkloster in Magdeburg, von seinem Collegen Banse in das Studium der Botanik eingeführt. Schatz, der später an dem Gymnasium zu Halberstadt als Lehrer und Professor fungirte, gab 1854 eine Flora von Halberstadt heraus und hat in diesem Werke ebenfalls die Flora von Magdeburg, unterstützt durch Angaben von Banse, Röhl und Jerren, berücksichtigt. Sein Gebiet der Magdeburger Flora umfaßt jedoch nur die Umgebungen von Magdeburg, Schönebeck, Staßfurt, Egeln, Oschersleben, Seehausen, Neuhaldensleben u. Wolmirstedt, reiht sich also dem Schollerschen Florengebiete an. Es schließt mit diesem zusammen die west-süd-westliche Hälfte des Magdeburger Florengebiets (mit Ausn. des Alvenslebenschen Höhenzuges und der Gegend von Calvörde) in sich. — Ende der vierziger Jahre durchforschte der Lehrer Dr. Friedrich Korschel das Gebiet von Burg, und der practische Arzt Dr. Griepenkerl[4]) das von Calvörde. Korschel gab später, 1856, eine Flora von Burg (im Umkreise von einer Meile im Radius) heraus. Mit ihm und nach seinem Abgange von Burg hat sein Freund, der Lehrer Theodor Deicke zu Burg es sich angelegen sein lassen, das dortige Gebiet, später in einem erweiterten Umfange, aufzuschließen. Dieß waren vorzugsweise die Männer, die in den dreißiger und vierziger Jahren sich um das Erforschen des Magdeburger Florengebiets in den gedachten Bezirken verdient machten, und die zum Theil noch gegenwärtig, wie Banse und Deicke, in diesem Bestreben thätig sind.

Die Bekanntschaft des Verfassers mit dem Magdeburger Florengebiete beginnt mit dem Jahre 1849. Damals in Schönebeck wohnhaft hatte er Gelegenheit, die Flora der dortigen Gegend nebst der von Barby gründlich

---

1) Später Professor in Nordhausen. — 2) Später Kreis-Chirurgus in Gr. Rosenburg. 3) Später Director des botanischen Gartens in Görlitz. 4) Später Kreisphysikus in Königslutter.

Historisches. *19

zu studiren und kennen zu lernen. Ein erwünschter und eifriger Mitarbeiter wurde ihm der 1852 in Schönebeck angestellte Lehrer Wilhelm Ebeling.

Im Jahre 1856 verlegte der Verfasser seinen Wohnsitz nach Magdeburg (Sudenburg). Da er jetzt dem Studium der Botanik seine volle Thätigkeit widmen konnte, dehnte er das Gebiet für seine Beobachtungen auf den 5-meiligen Umkreis von Magdeburg aus. Banse führte ihn in die bereits durchforschten Gebietstheile ein, und neue wurden den bekannten hinzugefügt. Ebeling kam im J. 57 als Lehrer nach Magdeburg und betheiligte sich mit gleichem Eifer wie früher an der gemeinschaftlichen Aufgabe, ingleichen der pract. Arzt Dr. Emil Torges. Auch zwei Schüler von Banse, Otto Engel von Rogätz und Max Schulze von Neuhaldensleben, waren schon damals bemüht, die Flora der Umgebungen ihrer Geburtsorte näher zu ermitteln. Dr. Paul Ascherson hat in seiner Flora der Mark Brandenburg, der Altmark und des Herzogthums Magdeburg das bis dahin Bekannte über das Magdeburger Gebiet in dankenswerther Weise zusammengestellt.

Durch einen längeren Aufenthalt in der Schweiz zum Studium der Alpenflora, in den Jahren 1858, 59 und 60, wurden die Beobachtungen des Verfassers im heimathlichen Gebiet unterbrochen, dann aber im J. 61 in Gemeinschaft mit den Freunden Banse, Ebeling und Torges in vollem Umfange wieder aufgenommen. Im Herbst desselben Jahres zog der Verfasser nach Berlin und war in den nächsten vier Jahren seine Thätigkeit eine getheilte. Als er dann im J. 66 wieder volle Zeit für seine botanischen Studien erhielt, glaubte er sich genügend vorbereitet, nunmehr mit einem planmäßigen Erforschen des Magdeburger Florengebiets in pflanzengeographischer Beziehung vorgehen zu können[1]). Zu diesem Behufe theilte er das Gebiet in 18 kleinere Bezirke, die, mit dem Norden beginnend, in der Richtung von Westen nach Osten folgende sind:

1. Die Bezirke von Calvörde (1 C[2]).) und Burgstall (1 B.).
2. Die Bezirke von Neuhaldensleben (2 N.), Wolmirstedt (2 W.) und Burg (2 B.).
3. Die Bezirke von Seehausen (3 S.), Wanzleben (3 W.), Magdeburg (3 M.), Möckern (3 Mö.) und Loburg (3 L.).
4. Die Bezirke von Oschersleben (4 O.), Egeln (4 E.), Schönebeck (4 S.), Barby (4 B.) und Zerbst (4 Z.)
5. Die Bezirke von Staßfurt (5 S.), Calbe (5 C.) und Bernburg (5 B.)

Die Forschungen im Gebiete, die mit dem frühen Frühjahr begannen und erst mit dem Spätherbst endeten, haben vom Jahre 66 ab bis in die neuste Zeit ununterbrochen fortgedauert. Einen unschätzbaren Vortheil gewährten dem Verfasser die Hülfsleistungen fleißiger und gewissenhafter Mitarbeiter. In dem Special-Gebiete von Magdeburg waren es besonders die bewährten Freunde Banse und Ebeling, die ihm zur Seite standen, und in Burg

---

1) Der Verfasser hatte jetzt gegen 1200 Gefäßpflanzen des Gebiets beobachtet, untersucht u. kennen gelernt. — 2) Die in Klammer befindliche Zahl mit dem Buchstaben bezeichnet den Bezirk in der Abkürzung, wie sie im Texte stets gebraucht ist. — Die Größe eines Bezirks und seine Ausdehnung nach den verschiedenen Richtungen wird durch die Entfernung der Hauptorte der benachbarten Bezirke bedingt. Eine Ortschaft gehört demjenigen Bezirke an, dessen Hauptort sie am Nächsten gelegen ist. So gehören z. B. Barleben u. Dahlenwarsleben zum Bezirk Wolmirstedt (2 W.), Hohenwarsleben u. Irxleben zum Bez. Magdeburg (3 M.). Ortschaften, die an den Grenzen der Bezirke liegen, wie die genannten, haben getheilte Umgebungen. So liegt die Nordseite von Barleben im Wolmirstedter, die Südseite im Magdeb. Bez., u. es heißt also: A. Barl. 2 W., so viel wie: Acker bei Barleben auf der Wolmirst. Seite; — A. Barl. 3 M., so viel wie: A. bei Barl. nach Magdeburg zu. — Zwischen den Bezirken Burgstall u. Burg, und Wolmirstedt u. Burg bildet die Elbe die Grenze.

B*

Theodor Deicke. Diesen alten Fachgenossen traten neue hinzu, namentlich Gustav Maaß in Altenhausen, Albert Bölte in Klein Bartensleben und Heinrich Preußing in Bernburg. Maaß und Bölte haben das Verdienst, die mit Ausnahme der Wellenberge bisher ganz unbekannten, ausgedehnten Forsten des Alvenslebenschen Höhenzuges mit ihren Umgebungen der Wissenschaft aufgeschlossen zu haben. Sie wurden dem Verfasser werthe und treue Führer durch dieses weite Gebiet. Den Bernburger Bezirk hat Preußing in Gemeinschaft mit dem Medicinalrath Dr. Würzler vielfach durchforscht, und durch Preußing hat der Verfasser eine genauere Kenntniß dieses wichtigen Theiles unseres Florengebiets vorzugsweise erhalten.

Sechs Jahre hatte der Verfasser dem Plane gemäß an seiner pflanzengeographischen Aufgabe gearbeitet, als er von Lehrern in Magdeburg aufgefordert wurde, dem allgemein gefühlten Bedürfnisse nach einer Local-Flora für die Schulen des Magdeburger Gebiets durch Herausgabe einer solchen abzuhelfen. Der Verfasser hielt sich, trotz vielfacher Bedenken, nach reiflichen Erwägungen für verpflichtet, dieser Aufforderung folgen zu müssen.

Er verlegte jetzt seinen Wohnsitz nach Zerbst, um wieder im Gebiete zu wohnen und jeder Zeit seinen Studien dort obliegen zu können; auch vergrößerte er mit Rücksicht auf die höheren Schulen von Zerbst und Bernburg das Gebiet seiner Forschungen durch Hinzunahme des außerhalb des 5-meiligen Umkreises von Magdeburg gelegenen Theils des Zerbster, sowie des Bernburger Special-Florengebiets.

In Zerbst fand er an dem Prediger Paul Kummer einen willkommenen Studiengenossen, wenn auch Kummer sich vorzugsweise mit den Kryptogamen beschäftigt. Allerorts im Gebiete waren ihm die Lehrer behülflich, und er kann namentlich den mit dem naturwissenschaftlichen Unterrichte betrauten Lehrern freudig bezeugen, daß sie eifrig bestrebt sind, sich mit dem heimischen Gebiete vertraut zu machen.

Das schwierige Werk, dem sich der Verfasser unterzogen, ist vorläufig abgeschlossen; doch nicht beendet. Vieles ist noch zu thun. Dennoch glaubt der Verfasser annehmen zu können, daß die Hauptresultate seiner Forschungen sich im Wesentlichen nicht ändern möchten, selbst wenn das Gebiet in allen kleinsten Theilen bekannt sein wird. Jedenfalls aber bietet das vorliegende Werk eine Grundlage, auf der mit Sicherheit weiter gebaut werden kann.

II. Anordnung der Gattungen nach dem Linné'schen Sexualsystem.

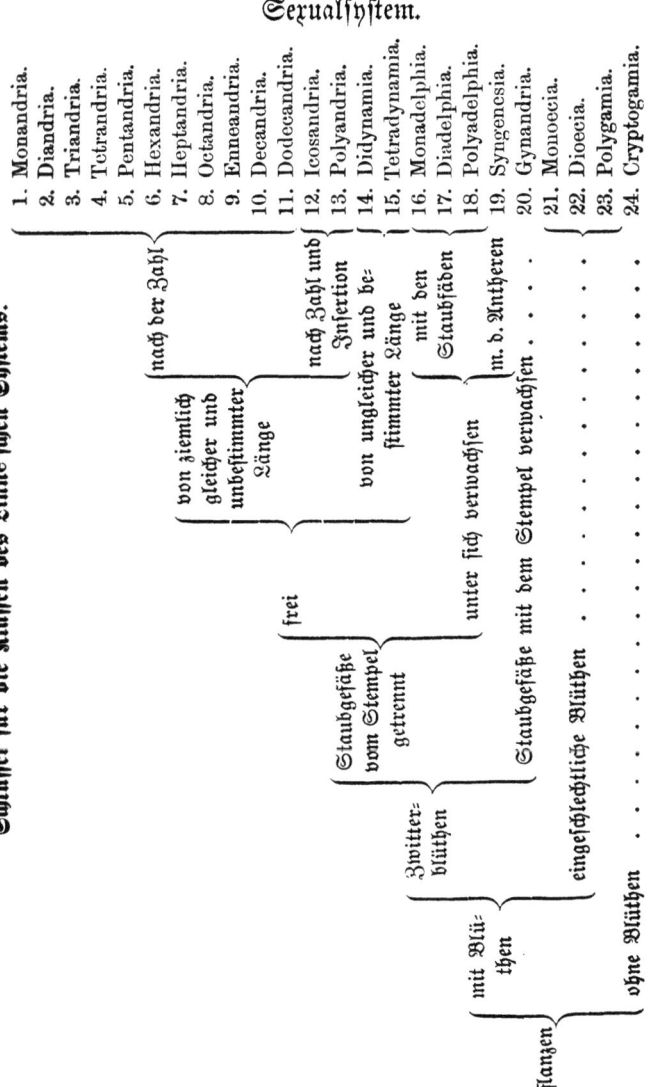

*22 Einleitung.

Die Linné'schen Ordnungen.

Die Eintheilung der Linné'schen Klassen in Ordnungen gründet sich auf folgende Charactere. Von den ersten 13 Klassen wird eine jede nach dem weiblichen Geschlechte in Unterabtheilungen (Ordnungen) geschieden, und zwar nach der Zahl der Stempel, oder bei einem Stempel nach der Zahl der Staubwege oder der Narben. Es werden hier folgende Ordnungen unterschieden: Mono-, Di-, Tri-, Tetra-, Penta-, Hexa-, Hepta-, Deca-, Poly-gynia (γυνή, Weib). — Die 14. Klasse zerfällt, je nachdem die Samen nackt (scheinbar) oder bedeckt sind, in die beiden Ordnungen: Gymnospermia (γυμνός, nackt und σπέρμα, Same) und Angiospermia (ἀγγεῖον, Gefäß und σπέρμα). — Die 15. Klasse wird nach der Frucht, ob Schote oder Schötchen, in die beiden Ordnungen: Siliquosa und Siliculosa getheilt. — Die Ordnungen der 16., 17. und 18. Klasse werden nach der Zahl der Staubgefäße bestimmt: Pentandria, Hexandria u. s. w. — Die 19. Klasse hat 6 Ordnungen, von denen die ersten 5 Polygamia heißen, die sämmtliche Compositen umfassen. (Die Blüthenköpfe der Compositen unterscheiden sich wesentlich bezüglich der Randblüthen, und erscheinen viele von ihnen polygamisch gleich der 23. Klasse.) Diese 5 Ordnungen heißen: Polygamia aequalis, P. superflua, P. frustranea, P. necessaria und P. segregata. Die 6. Ordnung wird Monogamia genannt und hat nur Zwitterblüthen. — In der 20., 21. und 22. Klasse werden die Ordnungen wieder nach der Zahl der Staubgefäße bestimmt. — Die 23. Klasse zerfällt in 3 Ordnungen: Monoecia, Dioecia und Trioecia. (Sie ist wegen der Unsicherheit ihrer Merkmale die unbrauchbarste.) — Die 24. Klasse (die Kryptogamen) enthält 4 Ordnungen: Filices, Farne; Musci, Moose; Algae, Algen und Fungi, Pilze.

I. Kl. Monandria, Einmännige. Stbgf. 1.

1. O. Monogynia, Einweibige. Gf. ob. N. 1.

Hippúris. L. K. oberständig, sehr klein; Blkr. fehlt. — Bl. quirlst., lineal. Sumpfpfl. ♃ [1])   S. 90.
Centranthus. Dec. Saum des K. zur Fruchtzeit eine federige Haarkrone (Pappus) bildend; Blkr. einblättrig, trichterf., gespornt. ♃ ⊙   S. 120
Zu dieser Ordnung Salicornia, s. II, 1.

2. O. Digynia, Zweiweibige. Gf. 2.

Callitriche XXI, 1. Blitum V, 2. Festuca myurus u. bromoides III, 2.

II. Kl. Diandria, Zweimännige. Stbgf. 2.

1. O. Monogynia, Einweibige. Gf. 1.

A. Blüthen unvollständig.

Ruppia. L. P. fehlend; Nüsse 4, zuletzt lang-gestielt. Salzwasserpfl. ♃   S. 270.
Salicórnia. L. P. fleischig, ungetheilt, durch eine Ritze geöffnet, in eine Vertiefung der Spindel eingesenkt; Stbgf. 1 od. 2; Gf. sehr kurz; N. 2—3; Nuß vom P. eingeschlossen. Fleischige Salzkräuter. ⊙   S. 216.
Lemna. L. P. zsgedrückt, ungetheilt; St. blattartig erweitert, sonst blattlos. Wasserpfl., blühen höchst selten. ♃   S. 271.
Fraxinus excelsior II, 1 u. einige Arten von Scirpus, Cyperus, Rhynchospora u. Cladium III, 1.

---

1) Die angegebenen Zeichen für die Lebensdauer der Pflanzen beziehen sich immer nur auf die in unserem Gebiete vorkommenden Arten der betreffenden Gattung.

2. Klasse (1. Ordn.) — 3. Klasse (1. Ordn.).

B. Blth. vollständig, Blkr. oberständig.

Circaea. L. Saum des K. 2=theilig; Blkr. 2=blättr.; Fr. nußartig, mit hakigen Haaren besetzt. ♃ S. 88.

C. Blth. vollst., 1=früchtig; Blkr. unterst., regelm.

Ligústrum. L. K. abfallend; Blkr. 1=blättr., Saum 4=sp.; Fr. Beere. — Strauch. S. 168.
<small>Syringa. L. K. bleibend; Blkr. 1=blättr., Saum 4=sp., Fr. Kapsel. ♄   S. 169.</small>
Fráxinus. L. Blkr. 1=blättr., 3—4=theilig, ob. fehlend; Flügelfrucht. — Bäume mit gefiederten Bl. S. 169.

D. Blth. vollst., 1=früchtig; Blkr. unterst., unregelm.

Pinguícula. L. K. 5=sp.; Blkr. 2=lippig, rachenf., gespornt; Frkn. 1=fächerig. ♃ S. 208.
Utriculária. L. K. 2=blättr.; Blkr. 2=lippig, maskirt, gespornt; Frkn. 1=fächerig. Wasserpfl. ♃ S. 208.
Gratíola. L. K. 5=th.; Blkr. 2=lippig; Stbgf. 4, 2 unvollkommen; Frkn. 2=fächerig; N. 2=lappig. ♃ S. 185.
Verónica. L. K. 4= ob. 5=th.; Blkr. radf., 4=lappig; N. ungetheilt; Kapsel ausgerandet, 2=fächerig. S. 187.

E. Blth. vollst., 4=früchtig im bleibenden K.; Blkr. unterst.

Lýcopus. L. K. 5=sp.; Blkr. trichterf., 4=sp., Lappen fast gleich; Stbgf. 2 vollkommen, 2 unfruchtb. ob. ganz fehlend. S. 196.
Sálvia. L. K. röhrig=glockig, 2=lippig; Blkr. 2=lippig, rachenf.; Staubb.=Fächer durch ein fadenf. Connectiv weit getrennt. S. 196.

III. Kl. Triandria, Dreimännige. Stbgf. 3.

1. O. Monogynia, Einweibige. Gf. 1.

A. Blth. vollständig; Blkr. oberständig.

Valeriána. L. K.=Saum eingerollt, bei der Fr. als Haarkrone sich ausbildend; Fr. mit dem gefiederten Pappus gekrönt. ♃ S. 119.
Valerianélla. Poll. K.=Saum gezähnt ob. undeutlich; Fr. mit dem krautigen u. unansehnl. K. gekrönt. ☉ S. 120.

B. Blth. vollst.; Blkr. unterst.

Móntia. L. K. 2=blättr.; Blkr. klein, weiß, trichterf., Röhre gespalten, Saum 5=th. — Kleine Kräuter. S. 94.

C. Blth. unvollst.; P. blumenkronartig.

Iris. L. P. 6=th., äußere Zpfl. zurückgebogen, innere aufrecht; N. verbreitert, blumenblattartig. ♃ S. 250.
<small>Crocus. L. P. regelm., trichterf., Röhre sehr lang, Saum 6=th., glockig. ♃   S. 249.</small>
<small>Gladíolus. L. P. unregelm., 6=th., fast 2=lippig. ♃   S. 249.</small>

D. Blth. unvollst., P. kelchartig.

Polycnémum. L. P. 5=blättr. mit 2 Deckbl., trockenhäutig; Schlauchfrucht. ☉ S. 216.

E. Blth. unvollst., balgartig; Balg 1=klappig. Halbgräser.

a. Aehrchen zweireihig.

Cypérus. L. Aehrchen vielblth., in Büscheln; Bälge zahlreich, 2=zeilig übereinanderliegend. ☉ S. 274.

Schoenus. L. Aehrchen in Köpfchen; Bälge 6—9, die untersten kleiner u. leer. ♃ S. 275.

b. **Aehrchen von allen Seiten dachig**; 3—4 untere Bälge kleiner u. unfruchtb.

Cládium. P. Browne. Aehrchen in Köpfchen; Gf. fädl., abfallend; unterweibige Borsten fehlend; Nuß mit einer krustigen Schale. ♃ S. 275.

Rhynchóspora. Vahl. Aehrchen in kopfigen Büscheln; Basis des Gf. bleibend; unterweibige Borsten 5—13, sehr kurz. ♃ S. 276.

c. Aehrchen von allen Seiten dachig; die **unteren Bälge größer ob. gleich groß**, 1—2 unfruchtb.

Heleócharis. R. Br. Aehrchen einzeln, ohne Hüllbl.; Borsten eingeschlossen; Griffelbasis gegliedert, bleibend. S. 276.

Scirpus. L. Aehrchen einzeln, ob. mehrere in Büscheln, Köpfchen ob. Spirren, meist mit 1 ob. mehreren Hüllbl.; Borsten eingeschlossen ob. fehlend; Gf. nicht gegliedert, abfallend. ♃ S. 276.

Eriónphorum. L. Aehrchen einzeln ob. mehrere; Borsten hervortretend, zuletzt viel länger als die Bälge, als lange Wollhaare die Nuß einhüllend. ♃ S. 279.

Nardus, ein Gras, f. III, 2.

2. O. Digynia, Zweiweibige. Gf. 2. Blth. balgartig.
Gräser.

A. Aehrchen auf den Zähnen des Ausschnitts der Spindel sitzend.

a. N. fädl., aus der Spitze der Blth. heraustretend.

Nardus. L. Aehrchen 1=blth., einzeln auf jedem Spindelzahne; Balg fehlend; Gf. 1; N. einzeln, verlängert. ♃ S. 317.

b. N. federig, aus der Basis der Blth. hervortretend.

Lólium. L. Aehrchen 3—vielblth., einzeln auf jedem Spindelzahn, mit dem Rücken gegen die Spindel; Balg 1=klappig, am endst. Aehrchen 2=klappig. S. 316.

Hórdeum. L. Aehrchen 1=blth., zu 3 auf jedem Spindelzahn, alle zwitterig ob. die seitenst. männl.; Balg 2=klappig, begrannt. S. 315.

Élymus. L. Aehrchen 2—vielblth., zu 2—4 auf jedem Spindelzahn; Balg 2=klappig, wehrlos ob. begrannt. ♃ S. 315.

Tríticum. L. Aehrchen 3—vielblth., einzeln auf den Spindelzähnen; Balg 2=klappig, Klappen gekielt, eif. ob. eilancettf., fast gleich lang. S. 314.

Secále. L. Aehrchen 2=blth.; Klappen pfrieml.; sonst wie vor. ⊙ S. 315.

B. Aehrchen an den Gelenken einer Aehre ob. gegliederten Rispe gezweit, das eine gestielt.

Andropógon. L. Aehrchen in Aehren, die sitzenden zwitterig, die gestielten männl., die endst. zu 3; Spelzen durchsichtig; die untere der Zwitterblth. begrannt. ♃ S. 292.

C. Aehrchen mehr ob. weniger gestielt, 1=blth.

a. Aehrchen vom Rücken her zsgedrückt.

Pánicum. L. Balg 3=klappig, die dritte Klappe oft sehr klein; Spelze grannenlos; Hülle fehlend. ⊙ S. 293.

Setária. Beauv. Aehrchen von borstenf. Hüllen umgeben, in eine ährenf. Rispe zsgestellt; sonst wie vor. ⊙ S. 293.

Mílium. L. Aehrchen in ausgebreiteten, lockeren Rispen; Balg 2=klappig, länger als die Blth., Klappen bauchig; Spelzen grannenlos. ♃ S. 299.

3. Klasse (2. Ordnung).

b. Aehrchen von der Seite her zsgedrückt; Balg fehlend.

Leersia. Sw. Spelzen papierartig, grannenlos, fast gleich, die untere viel breiter, die obere einschließend; Karhopse von den Spelzen lose bedeckt. ♃ S. 296.

c. Aehrchen von der Seite her zsgedrückt; Balg 2-klappig; Blth. mit 2 schuppenf. ob. spelzigen Ansätzen.

Phálaris. L. Aehrchen in ährenf. ob. gelappten Rispen; Balgklappen fast gleich lang; Spelzen grannenlos, knorpelig, kürzer als der Balg, die Fr. bedeckend. S. 294.
Anthoxánthum. L. Aehrchen in ährenf. zsgezogenen Rispen; untere Balgklappe halb so lang als die obere; Spelzen der Zwitterblth. grannenlos, die der fehlgeschlagenen Blth. begrannt; Stbgf. 2; Fr. bedeckt. ♃ S. 295.

d. Aehrchen von der Seite her zsgedrückt ob. stielrund; Balg 2-klappig, 1-blth.

α. N. fädl., aus der Spitze des Aehrchens hervortretend.

Alopecúrus. L. Aehrchen in walzl., ährenf. zsgezogenen Rispen; Balg 2-klappig; Bälglein 1-spelzig. S. 295.
Phleum. L. Bälglein 2-spelzig, sonst wie vor. ♃ S. 296.

β. N. federig, am Grunde des Aehrchens hervortretend.

Agróstis. Beauv. Aehrchen klein, in ausgebreiteten Rispen; Balg 2-klappig, die untere Klappe größer; Spelzen häutig, kahl ob. am Grunde sehr kurz behaart. ♃ S. 297.
Apéra. Beauv. Untere Balgklappe kleiner; sonst wie vor. ☉ S. 298.
Calamagróstis. Roth. Aehrchen in ausgebreiteten Rispen; Balg 2-klappig, die untere Klappe größer; Spelzen an der Basis mit mehr ob. weniger langen Haaren umgeben. ♃ S. 298.
Psamma. Beauv. (Ammóphila. Host.) Aehrchen in zsgezogenen Rispen; untere Balgklappe kleiner; sonst wie vor. ♃ S. 299.
Stipa. L. Aehrchen groß, in Rispen; Balg 2-klapp.; Spelzen zuletzt knorpelig, die untere walzig zsgerollt, sehr lang begrannt. ♃ S. 299.

D. Aehrchen mehr ob. weniger gestielt, 2—vielblth.

a. N. fädl., aus der Spitze der Blth. lang-hervorgestreckt.

Sesléria. Arduin. Aehrchen in ährenf. Rispen; die untere Spelze ganzrandig u. stachelspitzig ob. begrannt, ob. 3—5-zähnig. ♃ S. 300.

b. N. sprengwedelf., unter der Spitze der Blth. hervortretend.

Phragmites. Trin. Aehrchen 3—7-blth., in Rispen; untere Blth. männl. kahl, die anderen zwitterig, von langen Haaren umgeben. ♃ S. 300.
Hieróchloa. Gmel. Aehrchen 3-blth., in Rispen; Blth. kahl, die obere zwitterig, die 2 unteren männl. ♃ S. 295.

c. N. federig, am Grunde der Blth. hervortretend.

Arrhenátherum. Beauv. Aehrchen 2-blth., in lockeren Rispen; untere Blth. männl., begrannt, obere zwitterig, wehrlos; Balgklappen ungleich, die obere länger als der Blth. gleich lang. ♃ S. 302.
Holcus. L. Aehrchen 2-blth., in lockeren Rispen; untere Blth. zwitterig, wehrlos, obere männl., begrannt; Balg länger als die Blth. ♃ S. 301.
Corynéphorus. Beauv. Aehrchen 2-blth., in lockeren Rispen; Balg länger als die zwitterigen Blth.; untere Spelze an der Spitze ganzrandig,

am Grunde begrannt; Granne oberwärts keulig, in der Mitte mit einem bärtigen Gelenke. ♃ S. 301.
Aira. L. Aehrchen 2-blth., in ausgebreiteten Rispen; Balg kaum so lang als die zwittr. Blth.; untere Spelze an der Spitze gezähnelt, am Grunde ob. auf dem Rücken begrannt. ♃ S. 301.
Avéna. L. Aehrchen 2—mehrblth., in lockeren ob. zsgezogenen Rispen; Balg so lang ob. länger als die zwittr. Blth.; untere Spelze an der Spitze meist 2-zähnig ob. 2-sp. u. 2-grannig, in der Regel mit rückenst., geknieter Granne. S. 302.
Triódia. R. Br. Aehrchen 3—5-blth., in traubigen, armblth. Rispen; Balg länger als die zwittr. Blth.; untere Spelze an der Spitze 3-zähnig, wehrlos. ♃ S. 304.
Mélica. L. Aehrchen 1—2 Zwitterblth. u. oben eine geschlechtlose, welche 1 ob. mehrere unvollkommene einschließt; Balg 2-klappig, häutig; Spelzen wehrlos. ♃ S. 304.
Koelería. Pers. Aehrchen 2—vielblth., in zsgezogenen, ährenf. Rispen; Balg 2-klappig, zsgedrückt-gekielt; Blth. zwitterig; untere Spelze stachel-spitzig (ob. begrannt). ♃ S. 300.
Dáctylis. L. Aehrchen 3—mehrblth., einseitswendig, in geknäuelten Rispen; Blth. eif.; untere Spelze zsgedrückt-gekielt, ungleichseitig, an der Spitze kurz-begrannt. ♃ S. 308.
Poa. L. Aehrchen 2—8-blth., meist in lockeren ob. ausgebreiteten Rispen; Blth. ei- ob. lancettf., wehrlos; untere Spelze auf dem Rücken zsgedrückt-gekielt. S. 305.
Eragróstis. Beauv. Aehrchen meist vielblth.; Blth. wehrlos; untere Spelze abfällig, obere bleibend. ☉ S. 305.
Glycéria. R. Br. Aehrchen 3—11-blth., selten 1—2-blth., in abstehenden Rispen; Blth. längl., stumpf, auf dem Rücken halbwalzl., einwärts etwas bauchig, wehrlos. ♃ S. 307.
Molínia. Schrank. Aehrchen 2—5-blth., in Rispen; Blth. aus einwärts-bauchiger Basis kegelf., auf dem Rücken halbwalzl. ♃ S. 308.
Briza. L. Aehrchen 3—vielblth., in ausgebreiteten Rispen; Blth. wehrlos; die untere Spelze eif., stumpf, bauchig, am Grunde herzf. S. 305.
Festúca. L. Aehrchen 3—mehrblth.; Blth. lancettl. ob. lancettl.-pfrieml.; untere Spelze auf dem Rücken stielrund, begrannt ob. wehrlos; obere Spelze am Rande fein-gewimpert. S. 309.
Cynosúrus. L. Aehrchen kurz-gestielt, 2-reihig, am Grunde von einem kammf. Deckbl. gestützt, in zsgezogenen, ährenf. Rispen; sonst wie vor. ♃ S. 309.
Brachypódium. Beauv. Aehrchen vielblth., kurz-gestielt, in ährenf. Trauben; untere Spelze begrannt, obere Spelze am Rande kammf.-gewimpert; sonst wie Festuca. ♃ S. 311.
Bromus. L. Aehrchen vielblth., meist in Rispen, selten in Trauben; Blth. lancettl. ob. ei-lancettl.; untere Spelze unter der Spitze in der Regel begrannt, obere Spelze an den Kielen gewimpert ob. flaumh. S. 311.

3. O. **Trigynia,** Dreiweibige. Gf. 3.

Elódea. Caspary. Blth. klein, 2-häusig ob. zwitterig; K. 3-th.; Blkr. 3-blättr.; Stbgf. 3—9; Frkn. lineal-längl.; N. sitzend. Wasserpfl. ♃ S. 241.
Ailantus. Desf. Blth. vielehig; K. 5-sp.; Blkrbl. 5; Stbgf. der männl. Blth. 10; Flügelfr. ♄ S. 33.
Holosteum. X, 3. Elatine. VIII, 3.

4. Klasse (1. Ordnung).

IV. Kl. Tetrandria, Viermännige. Stbgf. 4.

1. O. Monogynia, Einweibige. Gf. 1.

A. Blüthen vollständig.

a. K. doppelt, der innere zuletzt an die Fr. angewachsen; Blkr. 1-blättr., oberst.; Blth. auf gemeinschaftl. Blthboden.

Knaútia. Coult. Blthboden rauhh., Spreublättchen fehlend; der innere K. 8—16-zähnig, der äußere kurz-gestielt, nicht gefurcht. ♃ S. 121.
Dípsacus. L. Blthboden spreuig; der innere K. beckenf., der äußere 4-kantig, 8-furchig. ☉ S. 121.
Succísa. M. u. K. Blthboden spreuig; der innere K. schüsself. mit 5 borstenf. Zähnen (ob. ganzrandig), der äußere tief-8-furchig mit grünem Saum. ♃ S. 122.
Scabiósa. L. Blthboden spreuig; der innere K. schüsself. mit meist 5 borstenf. Zähnen, der äußere 8-furchig (ob. 8-rippig), mit einem glockigen ob. radf., trockenhäutigen, durchsichtigen Saum. ♃ S. 122.

b. K. einfach; Blkr. 1-blättr.; unterst.

Plantágo. L. Blth. in Aehren; K. 4-th.; Blkr. bleibend, trockenhäutig, Saum regelm. 4-th., zurückgebogen; N. fädl.; Kapsel rundum aufsprin-gend. Kräuter. S. 213.
Centúnculus. L. Blth. blattwinkelst.; K. 4-th.; Blkr. krugf., Saum regelm. 4-sp., abstehend; N. kopfig; Kapsel rundum aufspringend. ☉ S. 210.

c. K. einfach, der Saum oft verwischt; Blkr. 1-blättr., oberst.

Aspérula. L. K-Saum undeutl., abfallend; Blkr. trichterf. ob. glockig, meist 4-sp. (3—5-sp.); Fr. nußartig, 2-knotig. ♃ S. 116.
Sherárdia. L. K-Saum 6-zähnig, bleibend; Blkr. trichterf., 4-sp.; Fr. wie vor., aber mit dem K. gekrönt. ☉ S. 116.
Gálium. L. Blkr. radf., flach, 4-, selten 3-sp.; sonst wie Asperula. Kräuter. S. 117.

d. Blkr. vielblättr., oberständig.

Cornus. L. K-Rand 4-zähnig; Blkr. 4-blättr.; Steinfr. fleischig. Sträu-cher. S. 113.
Trapa. L. K-Saum 2—4-th.; Blkr. 4-blättr.; Nuß durch die vergrößer-ten u. verhärteten KZpfl. 2—4-dornig, 1-samig. Wasserpfl. ☉ S. 89.

e. Blkr. vielblättr., unterst.

Ptélea. L. K. 4—5-th.; Blkrbl. 4—5; Flügelfr. 2-fächerig. ♄ S. 33.

B. Blüthen unvollständig.

a. Blth. unterständig.

Majánthemum. Wiggers. P. blumenkronartig, 4-th., Zpfl. flach ob. zurückgebogen; Beere 2-fächerig. ♃ S. 252.
Alchemilla. L. Blth. unansehnl., grün; K. 8-sp.; Blkr. fehlend; Nuß vom K. eingeschlossen. Kräuter. S. 83.
Sanguisórba. L. Blth. zwitterig, in Köpfchen; K. 4-sp., gefärbt; Blkr. fehlend; N. kopff., warzig. ♃ S. 84.
Potérium. L. Blth. einhäusig ob. vielehig; N. pinself.; sonst wie vor. ♃ S. 84.
Parietária. L. Blth. vielehig; P. 4-th., kelchartig, grün; N. kopff., haarig; Nuß vom P. umgeben. ♃ S. 230.

Elaeágnus. L. Blth. zwitterig ob. vielehig; P. glockig, 4—5=sp., Stbgf. 4—5. ♄
S. 226.
b. Blth. oberständig.
Thesium intermedium. V, 1.

4. O. **Tetragynia.** Vierweibige. Gf. 4.
Radíola. Gmel. K. 4=sp., Zpfl. 2—3=sp.; Blkr. 4=blättr.; Frkn. 8=fäche=
rig. ⊙ S. 44.
Potamogéton. L. Blth. in Aehren; P. 4=th.; Gf. fehlend; Steinfr. 4,
sitzend. Wasserpfl. ♃ S. 267.
Sagina. X, 5.

V. Kl. **Pentandria.** Fünfmännige. Stbgf. 5.
1. O. **Monogynia.** Einweibige. Gf. 1.
1. Blth. vollst.; Blkr. 1=blättr., unterständig.
A. Nüsse 4, 1=samig.
a. Nüsse 4, mit dem Rücken an den bleibenden Gf. angewachsen.
Asperúgo. L. K. 5=sp., zur Frzeit zu 2 großen Klappen vergrößert;
Nüsse von der Seite zsgedrückt. ⊙ S. 174.
Echinospérmum. Sw. K. 5=th.; Nüsse 3=eckig, am Rande widerhakig=
stachelig. ⊙ S. 175.
Cynoglóssum. L. K. glockig, 5=th.; Blkr. trichterf.; Nüsse plattgedrückt,
mit widerhakigen, kurzen Stacheln besetzt. ⊙ S. 175.
Omphalódes. Tourn. K. tief=5=th.; Blkr. rabf.; Nüsse kreisrund, platt=
gedrückt, napff. mit einwärtsgebogenem Rande. Kräuter. S. 175.
b. Nüsse 4, der unterweibigen Scheibe eingefügt, am Grunde aus=
gehöhlt u. mit einem gebunsenen, gerieften Ringe versehen.
Borágo. L. Blkr. rabf.; Staubf. 2=sp., Staubb. kegelf. zsgestellt, hervor=
ragend. ⊙ S. 176.
Anchúsa. L. Blkr. trichterf., Röhre gerade, Schlund durch behaarte,
gewölbte Deckklappen geschlossen. Kräuter. S. 176.
Lycópsis. L. Blkr. trichterf., Röhre eingeknickt u. aufwärtsgebogen,
Schlund geschlossen. Kräuter. S. 176.
Nónnea. Med. K. röhrig, an der Fr. glockig; Blkr. röhrig=trichterf.,
Schlund offen. ♃
Sýmphytum. L. Blkr. röhrig=glockig, Schlund durch 5 drüsig=gezähnte,
in einen Kegel zsgestellte, pfrieml. Deckklappen geschlossen. ♃ S. 177.

c. Nüsse 4, der unterweibigen Scheibe eingefügt, am Grunde nicht
ausgehöhlt.
Échium. L. K. 5=th.; Blkr. trichterf.=glockig, Schlund offen, ohne Deck=
klappen, kahl. ⊙ S. 177.
Pulmonária. L. K. röhrig, 5=sp.; Blkr. trichterf., Schlund offen, ohne
Deckklappen, behaart. ♃ S. 177.
Lithospérmum. L. K. 5=th.; Blkr. trichterf., 5=sp., Schlund offen, oft
durch 5 behaarte Falten ein wenig verengt. Kräuter. S. 178.
Myosótis. L. K.5=sp. ob. =zähnig; Blkr. tellerf., 5=sp., Schlund durch kahle
Deckklappen verengt. Kräuter. S. 178.

B. Kapsel 1=fächerig, mit einem freien, mittelpunktst. Samen=
träger.
a. Blkr. trichterf. ob. tellerf.; K. 5=sp. ob. 5=zähnig.
Andrósace. L. K. glockig; Blkr.=Röhre eif., oben verengt; Kapsel
5=klappig. ⊙ S. 211.

5. Klasse (1. Ordnung).

Prímula. L. K. röhrig ob. glockig, 5-kantig; Blkr.-Röhre walzl.; Kapsel meist 5-klappig. ♃ S. 211.

b. Blkr. radf. ob. tellerf.; K. 5-th.

Lysimáchia. L. Blkr. radf., 5-th.; Kapsel 5-klappig. ♃ S. 209.
Anagállis. L. Blkr. radf., 5-sp.; Kapsel ringsum aufspringend. ☉ S. 210.
Hottónia. L. Blkr. tellerf., Röhre walzl., Saum 5-th.; Kapsel 5-klappig. ♃ S. 212.

C. Kapsel 1-fächerig, Samenträger 2, wandst.

Menyánthes. L. Blkr. trichterf., inwendig bärtig; N. einfach, ausgerandet. Sehr bittere Kräuter. S. 170.

D. Kapsel 2—5-fächerig.

Erythraéa. Rich. Blkr. tellerf., 5-sp.; Staubb. nach dem Verblühen schraubenf. gedreht. Bittere Kräuter. S. 172.
Convólvulus. L. K. bleibend; Blkr. trichterf.-glockig, 5-faltig; Gf. 1; N. 2; Kapsel 2—4-fächerig, Fächer 2-samig. ♃ S. 173.
Datúra. L. K.-Röhre abfällig, die Basis bleibend; Blkr. röhrig-trichterf., faltig, 5-lappig; Kapsel eif., stachelig, 4-klappig, vielsamig. ☉ S. 182.
Nicotiána. L. K. röhrig-glockig, bleibend; Blkr. röhrig-trichterf., faltig, 5-kantig; Kapsel rundl., mit 2 sich spaltenden Klappen aufspringend, vielsamig. ☉ S. 181.
Petúnia. Juss. K. 5-th.; Blkr. trichterf., Saum faltig, 5-lappig; Kapsel 2-fächerig, 2-klappig. ☉ S. 182.
Hyoscýamus. L. K. röhrig, 5-sp., bleibend; Blkr. trichterf.; Kapsel bauchig, mit einem Deckel ringsum aufspringend. ☉ S. 181.
Verbáscum. L. K. 5-th., bleibend; Blkr. radf., ungleich; Kapsel eif. ob. kugelig, an der Spitze 2-klappig. ☉ S. 182.

E. Fr. aus 2 Balgkapseln bestehend; Frkn. 2, mit 1 gemeinschaftl. Gf.

Vinca. L. Blkr. tellerf., Schlund nackt, Saum 5-th., Zpfl. an der Spitze schief abgeschnitten. Kleine, immergrüne Sträucher. S. 170.

F. Frucht eine Beere.

Lýcium. L. K. bleibend; Blkr. trichterf. Dornige Sträucher. S. 180.
Phýsalis. L. K. 5-zähnig, mit der Fr. sich vergrößernd; Blkr. radglockenf.; Staubb. der Länge nach aufspringend; Beere in den aufgeblasenen Frkelch eingeschlossen. ♃ S. 181.
Solánum. L. K. 5-, selten 10-sp.; Blkr. radf.; Staubb. an der Spitze mit 2 Löchern aufspringend. S. 180.

2. Blth. vollst.; Blkr. 1-blättr., oberständig.

A. Kapselfrucht.

Sámolus. L. K. glockenf., 5-zähnig, halb oberst.; Blkr. kurz-glockig-röhrig, Saum 5-sp., flach; Stbgf. 10, 5 unfruchtb. ♃ S. 212.
Jasióne. L. Blkr. 5-th., Zpfl. lineal, zunächst verwachsen, später sich vom Grunde aus trennend; Staubf. pfrieml., Staubb. unten in eine Röhre verwachsen. ☉ S. 161.
Phyteúma. L. Staubf. am Grunde verbreitert, Staubb. frei; sonst wie vor. ♃ S. 162.
Campánula. L. Blkr. glockenf., mehr ob. weniger tief-5-sp.; Kapsel kreiself., kantig, mit 3—5 Löchern aufspringend. Milchende Kräuter. S. 162.

Specularia. Heist. Blkr. rabf.; Kapsel lineal=längl., prismatisch, mit Seitenritzen aufspringend. ⊙ S. 164.
Diervilla. Tourn. Blkr. trichterf., fast regelm. 5=sp.; Strauch mit gegenst. Bl. S. 115.
Weigelia. Lindl. Blkr. glocken=trichterf., 5=lappig; sonst wie vor. S. 115.

B. Beerenfrucht.

Lonicéra. L. Blkr. unregelm.; Beere 2—3=fächerig, steinfruchtartig. Sträucher mit gegenst., ganzrandigen Bl. S. 115.
Symphoricárpus. Dillen. Blkr. trichter= ob. glockenf., 4—5=sp.; Beere 4=fächerig, 2 Fächer leer, 2 einsamig. Sträucher mit gegenst., ganzrandigen Bl. S. 116.

3. Blth. vollst.; Blkr. vielblättr., unterständig.

A. Blth. unregelmäßig.

Gledítschia. L. Blth. vielehig; K. 5=th.; Blkrbl. 5 ob. 3; Hülse zsgedrückt. Bäume mit gefiederten Bl. S. 55.
Impátiens. L. Zwitterblth.; K. gefärbt, unregelm., 5=blättr., das unpaarige Bl. viel größer, gespornt, die beiden vorderen sehr klein, meist fehlend; Blkr. 5=blättr., die seitenst. paarweise zsgewachsen; N. 5, verwachsen; Kapsel kahl. ⊙ S. 52.
Balsámina. Rivin. N. 5, getrennt; Kapsel behaart; sonst wie vor. ⊙ S. 52.
Víola. L. KBl. 5, an der Basis verlängert; Blkrbl. 5, das untere gespornt. Kräuter. S. 28.

B. Blth. regelmäßig.

Ampelópsis. Mich. Blth. in Afterdolden; Blkrbl. 5, von der Spitze gegen die Basis auseinandertretend, an der Spitze nicht zshängend. ♄ S. 49.
Vitis. L. Blth. in traubenartigen Rispen; Blkrbl. 5, an der Spitze zshängend, an der Basis wie eine Mooshaube sich loslösend. ♄ S. 49.
Evónymus. L. Blkrbl. 4—5, mit dem K. u. den Stbgf. einer drüsigen Scheibe eingefügt; Fr. eine 3—5=kantige Kapsel. ♄ S. 54.
Rhamnus. L. Blkrbl. 4—5, mit dem Stbgf. dem Rande der Kelchröhre eingefügt; Steinfr. mit 2—4knorpeligen Steinen. ♄ S. 54.

4. Blth. vollst.; Blkr. vielblättr., oberständig.

Ribes. L. K. glockig ob. röhrig, 5=sp.; Blkrbl. benagelt, nebst den Stbgf. dem Kelchsaume eingefügt; Fr.: Beere, mit dem vertrockneten K. gekrönt. ♄ S. 97.
Hédera. L. KRand sehr kurz, ungetheilt ob. gezähnt; Blkrbl. mit breiter Basis sitzend, mit den Stbgf. dem Rande einer oberweibigen Scheibe eingefügt. Klimmende u. wurzelnde Sträucher. S. 112.

5. Blth. unvollst., unterständig.

A. Stbgf. 5, abwechselnd mit 5 staubfadenartigen Borsten.

Herniária. L. Blth. klein, in zahlreichen, blattwinkelst. Knäueln; K. 5=th., mit flach concaven Zpfl. — Kleine, niederliegende Kräuter. ♃ S. 95.
Illécebrum. L. Blth. klein, in zahlreichen, blattwinkelst. Wirteln; K. 5=th., weiß gefärbt, mit verdickten, knorpeligen, haarspitzig=begrannten Zpfl. — Kleine, niederliegende Kräuter. ⊙ S. 95.

B. Stbgf. 5, ohne Nebenborsten.

Glaux. L. K. gefärbt, blumenkronartig, glockig, 5=sp.; Blkr. fehlend; Kapsel 3=klappig. ♃ S. 212.

6. Blth. unvollst., oberständig.

Thésium. L. P. 4—5=sp.; Stbgf. von einem Haarbüschel umgeben; Fr. nußartig, vom bleibenden P. gekrönt. ♃ S. 225.

5. Klasse (2. Ordnung).

2. O. **Digynia**, Zweiweibige. Gf. 2.

I. Blth. unvollständig.

Ulmus. L. P. glockig, 4—8=sp.; Stbgf. 3—12; N. 2; Frkn. 2=fächerig, ringsum häutig=geflügelt. Bäume. S. 232.
Celtis. L. Blth. vielehig; P. 5=, selten 6=th.; Steinfr. ♄ S. 232.
Beta. L. P. 5=sp.; Fr. an das P. angewachsen; Same wagerecht. u. ⊙ S. 218.
Sálsola. L. P. 5=blättr., nach dem Verblühen auf dem Rücken mit einem queren Anhängsel; S. wagerecht, Keim schraubenf. ⊙ S. 216.
Schoberia. Meyer. P. 5=th., fleischig, ohne Anhängsel; Schlauchfr.; S. wagerecht, Keim schraubenf. ⊙ S. 215.
Chenopódium. L. P. 5=th., ohne Anhängsel; Schlauchfr. plattgedrückt; S. wagerecht, Keim ringf. ⊙ S. 217.
Blitum. L. P. 3—5=th., ohne Anhängsel, Frucht=P. öfters saftig; S. aufrecht ob. mit wagerechten gemischt. Kräuter. S. 218.

II. Blth. vollst., Blkr. 1=blättr., unterst.

1. Frkn. 2, mit 1 gemeinschaftl. Narbe.

Cynánchum. R. Br. Blkr. radf., 5=sp.; Staubf. verwachsen, mit einem 5=lappigen Kranz. ♃ S. 169.

2. Frkn. 1.

Gentiána. L. Blkr. röhren= ob. glockenf., meist 5=sp.; Gf. 2, ob. 1 mit 2 N.; Kapsel 1=fächerig. Bittere Kräuter. S. 171.
Cúscuta. L. Blkr. glockig ob. krugf., 4—5=sp.; Kapsel rundum auf= springend. Kletternde Schmarotzer mit fadenf., blattlosen St. ⊙ S. 173.

III. Blth. vollst.; Blkr. 5=blättr., oberst. Umbelliferen.

1. Blth. in einem Köpfchen ob. einer einfachen Dolde.

Hydrocótyle. L. KRand verwischt; Blkrbl. ganz, spitz; Fr. von der Seite flach zsgedrückt; Frchen 5=rippig. ♃ S. 100.
Erýngium. L. K. 5=zähnig, Zähne mit stacheliger Spitze; Blkrbl. auf= recht, von der Mitte ab nach innen gebogen; Fr. fast stielrund, schuppig; Frchen riefenlos. Distelartige Pfl. ♃ S. 100.
Astrántia. L. Frchen mit 5 erhabenen, faltig gezähnten Rippen; Blkrbl. wie vor. ♃ S. 100.

2. Dolde zsgesetzt.

A. Frchen auf der Fugenseite flach ob. gewölbt; Hauptrippen 5, fädl.; Nebenrippen fehlend; Fr. von der Seite her deutl. zsgedrückt.

a. Blkrbl. ganz.

Bupleúrum. L. KRand verwischt; Blkrbl. gelb, eingerollt. Kräuter mit einfachen, ganzrandigen Bl. S. 104.
Helosciádium. Koch. Blkrbl. eif., mit gerader ob. eingebogener Spitze; Frhalter ungetheilt. Kräuter. S. 101.
Apium. L. Blkrbl. sternf. ausgebreitet, mit eingebogener Spitze; Fr. 2= knotig, Stempelpolster flach. — Hülle u. Hüllchen fehlend. ⊙ S. 101.
Petroselínum. Hoffm. Blkrbl. rundl., mit eingebogener Spitze; Fr. fast 2=knotig, Stempelpolster kurz=kegelf. — Hülle wenig=, Hüllchen viel= bl. ⊙ S. 101.

b. Blkrbl. verkehrt=herzf., mit einem kleinen, einwärtsge= bogenen Läppchen; KRand verwischt.

Ammi. L. Blkrbl. unregelm. — Hülle vielblättr. ⊙ S. 102.

Aegopódium. Blkrbl. regelm.; Fr. längl., Thälchen striemenlos. — Hülle u. Hüllchen fehlen. ♃ S. 102.

Cárum. Blkrbl. regelm.; Gf. zurückgebogen; Fr. längl.; Thälchen 1-striemig. ☉ S. 102.

Pimpinélla. L. Blkrbl. regelm; Fr. fast 2-knotig, Thälchen mehrstriemig. Kräuter. S. 103.

c. Blkrbl. verkehrt-herzf., mit einwärtsgebogenem Läppchen; K. 5-zähnig.

α. Thälchen einstriemig.

Cicúta. L. Fr. 2-knotig. — Hülle fehlend ob. wenig-blättr.; Hüllchen vielbl., borstenf. ♃ S. 101.

Falcária. Host. Fr. längl., an der Seite zsgedrückt. — Hülle u. Hüllchen mehrblättr., borstenf. ☉ S. 102.

β. Thälchen 3-striemig.

Bérula. Koch. KRand schwach-5-zähnig; Fr. eif., fast 2-knotig; Frchen auf der Fugenseite gewölbt.— Hülle u. Hüllchen vielblättr., blattartig. ♃ S. 103.

Sium. L. KRand u. Fr. wie vor.; Frchen auf der Fugenseite flach. — Hülle meist vielblättr., Hüllchen vielblättr. ♃ S. 103.

B. Frchen auf der Fugenseite flach ob. gewölbt; Hauptrippen 5, fädl. ob. geflügelt; Nebenrippen fehlend; Fr. auf dem Querdurchschnitte kreisrund ob. vom Rücken her zsgedrückt, aber nicht linsenf.

a. Same frei, nicht mit der Frhülle verwachsen.

Archangélica. Hoffm. KRand 5-zähnig; Blkrbl. lancettl., mit langer, nach innen hakenf. umgebogener Spitze; Rückenrippen der Frchen dickfadenf., Seitenrippen breit-geflügelt. ☉ S. 107.

b. Same überall an die Frhülle angewachsen.

α. Blkrbl. ganz, spitz ob. zugespitzt.

Angélica. L. KRand verwischt; Blkrbl. ei-lancettl., mit kurzer, gerader ob. wenig gebogener Spitze; Rückenrippen der Frchen fadenf., Seitenrippen breit-häutig-geflügelt. ♃ S. 107.

β. Blkrbl. aufrecht, von der Mitte ab nach innen umgebogen.

Sanícula. L. KRand 5-zähnig; Fr. fast kugelig, mit hakigen, borstenf. Stacheln dicht besetzt. — Dolde wenig-strahlig, Döldchen kopff. ♃ S. 100.

γ. Blkrbl. rundl., eingerollt.

Foenículum. Hoffm. KRand verwischt; Läppchen der Blkrbl. fast 4-eckig, gestutzt; Rippen der Frchen stumpf-gekielt. ☉ S. 105.

δ. Blkrbl. rundl.-verkehrt-eif. ob. verkehrt-herzf. mit eingebogenem Läppchen.

aa. Thälchen einstriemig; KRand verwischt.

Selínum. L. Fr. vom Rücken her zsgedrückt; Rippen der Frchen geflügelt, die seitenst. Flügel noch einmal so breit als die rückenst. ♃ S. 106.

Aethúsa. L. Fr. eif.-kugelig; Rippen dick, gekielt, Frchen auf der Fugenseite flach. ☉ S. 105.

Cnídium. Cusson. Rippen fast häutig-geflügelt; Frchen auf der Fugenseite flach. ♃ S. 106.

5. Klasse (2. Ordnung).

bb. **Thälchen einstriemig; KRand gezähnt.**

Oenánthe. L. Fr. mit den aufrechten Gf. gekrönt; Frhalter angewachsen, nicht bemerkbar. Kräuter. S. 104.

Séseli. L. KZähne kurz, dick; Gf. zurückgebogen; Frhalter frei, getheilt. Kräuter. S. 105.

Libanótis. Crtz. KZähne pfrieml., verlängert, abfallend; sonst wie vor. S. 330.

cc. **Thälchen mehrstriemig.**

Sílaus. Bess. Fr. rundl.=eif., Rippen scharf, fast geflügelt; Gf. zurückgebogen. ♃ S. 106.

C. **Fr. auf der Fugenseite flach ob. gewölbt; Hauptrippen fädl., Nebenrippen fehlend; Fr. vom Rücken her flach=zsgedrückt, mit einem geflügelten, spitzen ob. verdickten Rande umzogen.**

Striemen oberflächl., 1—2 in jedem Thälchen.

α. Rippen sehr fein, die 3 rückenst. gleich weit abstehend; die seitenst. entfernt, den verbreiterten Rand berührend ob. von diesem bedeckt.

Heracléum. L. KRand 5=zähnig; Blkrbl. weiß, verkehrt=herzf., mit eingebogenem Läppchen; Striemen nach unten abgekürzt. ☉ S. 109.

Pastináca. L. KRand meist verwischt; Blkrbl. gelb, eingerollt; Thälchen 1=striemig, Striemen von der Länge der Thälchen. ☉ S. 108.

β. Rippen fädl., gleich weit abstehend.

Anéthum. L. KRand verwischt; Blkrbl. abgestutzt, dicht=eingerollt. ☉ S. 108.

Peucédanum. L. KRand 5=zähnig; Blkrbl. verkehrt=herzf. mit eingebogenem Läppchen; Striemen auf der Fugenseite oberflächl. ♃ S. 107.

Thysselínum. Hoffm. Fugenstriemen v. der Fruchthülle bedeckt; sonst wie vor. — Hülle vielblättr., herabgeschlagen. ☉ S. 108.

D. **Frchen auf der Fugenseite flach; Fr. vom Rücken her mehr ob. weniger zsgedrückt; Hauptrippen 5, Nebenrippen 4.**

Laserpítium. L. KRand 5=zähnig; Fr. mit fädl. Hauptrippen; sämmtl. 4 Nebenrippen der Frchen geflügelt, daher die Fr. 8=flügelig. Kräuter. S. 109.

Daúcus. L. KRand 5=zähnig; Fr. eif., Hauptrippen fadenf., mit Borsten besetzt; Nebenrippen 1=reihig, stachelig. ☉ S. 109.

E. **Frchen auf der Fugenseite der Länge nach vertieft, rinnenf.**

a. Frchen stachelig.

Caúcalis. L. KRand 5=zähnig; Fr. v. der Seite schwach=zsgedrückt; Hauptrippen borstl. ob. klein=stachelig; Nebenrippen stachelig. ☉ S. 110.

Tórilis. Adans. KRand 5=zähnig; Hauptrippen borstl.; Nebenrippen u. Thälchen ganz mit Stacheln besetzt. ☉ S. 110.

b. Frchen nicht stachelig, aber manchmal mit Börstchen tragenden Knötchen besetzt.

Anthríscus. Hoffm. KRand verwischt; Fr. kurz=geschnäbelt; Frchen fast stielrund, Rippen nur am Schnabel sichtbar. Kräuter. S. 111.

Scándix. L. KRand verwischt; Fr. sehr lang=geschnäbelt; Dolde arm=blüthig. ☉ S. 110.

*34 Einleitung.

Chaerophýllum. L. KRand verwischt; Fr. längl. ob. lineal, unge=
schnäbelt. ☉ ☉ S. 111.

c. Frchen nicht stachelig; Rippen hervortretend.

Coníum. L. KRand verwischt; Fr. gebunsen, eirund; Rippen stark her=
vortretend, wellig=gekerbt. ☉ S. 112.

F. Frchen halb=kugelig, auf der Fugenseite concav.

Coriándrum. L. K. 5=zähnig; Fr. kugelig; Frchen mit 5 flachen Haupt=
rippen u. 4 mehr hervortretenden Nebenrippen. ☉ S. 112.

<small>Herniaria V, 1. Polycnemum III, 1.</small>

3. O. Trigynia. Dreiweibige. Gf. 3.

A. Blüthen vollst., Blkr. unterständig.

<small>Rhus. L. K. 5=sp.; Steinfr. trocken, 1=samig. Strauch. S. 55.
Staphyléa. L. K. 5=th.; Kapsel 2—3=fächerig. Strauch. S. 54.</small>

Corrigíola. L. Fr. 1=samig, nicht aufspringend, vom K. umschlossen. ☉
S. 94.

B. Blth. vollst.; Blkr. oberst.

Vibúrnum. L. KSaum 5=zähnig; Blkr. radf. ob. röhrig, 5=sp.; Beere
1=samig. ♄ S. 114.

Sambúcus. L. KSaum 5=zähnig; Blkr. radf., 5=sp., zuletzt rückwärts
gebogen; Beere 3=samig. ♄ S. 114.

4. O. Tetragynia. Vierweibige. Gf. 4.

Parnássia. L. K. u. Blkr. 5=blättr., mit 5 oben geschlitzten Nebenkronbl.;
Kapsel 1=fächerig, 4=klappig. ♃ S. 32.

5. O. Pentagynia. Fünfweibige. Gf. 5.

Línum. L. K. u. Blkr. 5=blättr.; Frkn. 1, 10=fächerig. Kräuter. S. 44.

Drósera. L. K. 5=th.; Blkr. 5=blättr.; Frkn. 1, 1=fächerig, mehr=eiig.
Sumpf=Kräuter mit befransten Blattrosetten. ♃ S. 31.

Státice. L. K. 5=zähnig, gefaltet, oberwärts trockenhäutig; Blkr. 5=
blättr.; Frkn. 1, 1=eig. ♃ S. 213.

<small>Arten von Cerastium u. Spergula. X. 5.</small>

6. O. Polygynia. Vielweibige.

Zu dieser Ordn. Myosurus. XIII, 7.

VI. Kl. **Hexandria. Sechsmännige.** Stbgf. 6.

1. O. Monogynia. Einweibige. Gf. 1.

1. Blüthe vollst.

Bérberis. L. K. 6=blättr., unterst.; Fr. Beere. ♄ S. 12.

Péplis. L. K. 12=zähnig, unterst., bleibend; Blkr. sehr klein ob. fehlend;
Fr. Kapsel. Kleine, liegende Kräuter. S. 92.

2. Blth. unvollst.; P. blumenkronartig, oberst. — Zwiebelgew. ♃.

Leucójum. L. P. glockig, 6=th.; Zpfl. eif., alle gleich. S. 251.

<small>Galánthus. L. P. glockig, 6=th.; Zpfl. längl., die inneren kürzer, ausgerandet. S. 251.
Narcissus. L. P. tellerf., Saum regelm., 6=th., Schlund mit einem glockenf. Krönchen
versehen. S. 251.</small>

3. P. blumenkronartig, 6=zähnig ob. 6=sp., unterst.

<small>Hemerocállis. L. P. trichterf., Saum 6=th.; Stbgf. abwärts=geneigt. W. büsche=
lig. ♃ S. 259.
Funkia. Andrews. P. trichterf., am Grunde röhrig, Saum 6=th.; Staubb. am Rücken
befestigt. ♃ S. 259.</small>

6. Klaffe (1. Ordn.; 3. Ordn.).

Convállaria. L. P. glockig ob. röhrig, 6=sp. ob. =zähnig; Fr. eine Beere.
  W. kriechend. ♃ S. 252.
Múscari. Tourn. P. kugelig=eif. ob. walzl., an der Mündung krugf.
  zsgezogen, Saum 6=zähnig. Zwiebelgew. S. 259.
Hyacínthus. L. P. röhrig=glockig, Saum abstehend, 6=sp. Zwiebelgew. S. 260.

  4. P. blumenkronartig, 6=blättr., unterst.
  A. Gf. an der Spitze 3=spaltig.
Aspáragus. L. P. glockig; Fr. Beere. ♃ S. 251.
Fritilláaria. L. PBlätter becherf. zsgestellt, am Grunde mit einer Honig=
  grube; Fr. Kapsel. ♃ S. 253.

B. Gf. an der Spitze ungeth. ob. fehlend; N. stumpf ob. 3=lappig.
a. Staubb. aufrecht (mit der Basis auf die Spitze des Staubf. gestellt).
Gágea. Salisb. PBlätter oberwärts abstehend; Gf. fädl.; Kapsel 3=fäche=
  rig. — Zwiebelgew.; Blth. gelb. S. 255.
Túlipa. L. PBl. glockig=zsneigend; Gf. fehlend; Kapsel 3=fächerig. —
  Zwiebelgew. S. 253.
b. Staubb. aufliegend; PBl. am Grunde mit einem Honig=
  behälter.
Lílium. L. PBl. trichter=glockenf. ob. zurückgerollt; Gf. ungeth.; N. 3=
  seitig; Kapsel 3=fächerig; Zwiebel schuppig. S. 253.
c. Staubb. aufliegend; Honigbehälter fehlend; Blthstielchen
  gegliedert.
Anthéricum. L. PBl. abstehend; Gf. fadenf., ungetheilt. W. dick=
  faserig=büschelig; Blth. weiß. ♃ S. 254.
d. Staubb. aufliegend; Honigbeh. fehlend; Blthstielchen nicht
  gegliedert.
Állium. L. PBl. glockig ob. abstehend; Dolde vor dem Aufblühen mit
  einer Blthscheide bedeckt. Wstock eine Zwiebel ob. ein zwiebeltragendes
  Rhizom. ♃ S. 256.
Ornithógalum. L. PBl. abstehend, bleibend; Gf. 3=seitig; Blthscheide
  fehlend; Blth. weiß. Zwiebelgew. S. 254.
Scílla. L. PBl. abstehend, fast glockig, meist abfallend; Stbgf. auf der
  Basis der PBl.; Blthscheide fehlend; Blth. blau. Zwiebelgew. S. 256.

  5. P. kelchartig (durchsichtig ob. trockenhäutig).
Júncus. L. Gf. mit 3 fädl. N.; Kapsel 3=fächerig; S. sehr klein, zahl=
  reich. Halm schaftartig ob. beblättert; Bl. stielrund ob. pfrieml. ♃ ob.
  ☉ S. 261.
Lúzula. Dec. Gf. wie vor.; Kapsel 1=fächerig, 3=samig. Halm beblättert;
  Bl. flach, grasartig. ♃ S. 265.
Ácorus. L. Blth. zahlreich auf einem seitenst. Kolben; Stbgf. fädl.;
  Frkn. 3=fächerig; N. stumpf, sitzend. ♃ S. 273.

3. O. Trigynia. Dreiweibige. Gf. 3.
  A. P. 1=blättrig.
Cólchicum. L. P. trichterf.=glockig, Röhre lang, Saum 6=th.; Fr. eine
  3=fächerige Kapsel, Fächer bei der Reife sich trennend. W. eine Knolle.
  S. 260.

B. P. 6=blättrig.

Triglóchin. L. Frkn. 3 ob. 6, vollst. zsgewachsen, bei der Reife von der Basis an sich ablösend; Gf. fehlend; N. federig. Blth. in Trauben; Bl. schmal=lineal. ♃ S. 267.

Rumex. L. P. kelchartig, die 3 inneren PBl. größer; Frkn. 1; Gf. 3, haarf.; N. pinself.; Nuß 3=eckig, von den inneren PBl. kapselartig bedeckt. Kräuter. S. 220.

5. O. Polygynia. Bielweibige. Gf. 6 u. mehr.

Alísma. L. K. u. Blkr. 3=blättr.; Fr. aus einer Gruppe v. mehreren trockenen, nicht aufspringenden Frchen bestehend. ♃ S. 266.

Triglochin maritimum. VI, 3.

VII. Kl. **Heptandria.** Siebenmännige. Stbgf. 7.

1. O. Monogynia. Einweibige. Gf. 1.

Trientális. L. K. 5—7=sp.; Blkr. 7=th.; Kapsel 7=klappig. Zierl. Kräuter. ♃ S. 209.

Aescŭlus. L. K. 5=zähnig, glockig; Blkrbl. 5 ob. 4; Kapsel stachelig. ♄ S. 49.

Pavia. Boerh. Blkrbl. 4; Kapsel ohne Stacheln. ♄ S. 49.

VIII. Kl. **Octandria.** Achtmännige. Stbgf. 8.

1. O. Monogynia. Einweibige. Gf. 1.

A. Blth. vollst.; Blkr. 5=blättr.

Acer. L. K. 5=th.; Blkr. 5=blättr.; Fr. 2=flügelig, in 2 nußartige Frchen sich trennend. ♄ S. 48.

Tropaéolum. L. K. 5=th., unregelm., gefärbt, gespornt; Blkr. 5=blättr., ungleich; Fr. 3=gehäuftg. ☉ S. 52.

B. Blth. vollst.; Blkr. 4=blättr.

Epilóbium. L. K. röhrenf., mit dem Frkn. verwachsen, KSaum 4=th.; Blkrbl. 4, dem K. eingefügt; Kapsel linealisch, 4kantig, vielsamig; S. lang=seidenh.=schopfig. ♃ S. 87.

Oenothéra. L. KSaum zurückgeschlagen; N. 4=sp.; Kapsel längl.; Blkr. gelb; S. ohne Schopf; sonst wie vor. ☉ S. 88.

Clarkia. N. 4=lappig; Blkr. lila, roth ob. weiß; sonst wie vor. ☉ S. 88.

Ruta. L. K. meist 4=th., bleibend; Blkrbl. ebensoviel, gelb; Kapsel mit einwärts aufspringenden Fächern. ♃ S. 53.

C. Blth. vollst.; Blkr. 1=blättr., unterst.

Callúna. Salisb. K. 4=blättr., gefärbt, länger als die Blkr.; Blkrsaum 4=sp.; Kapsel 4=fächerig, Scheidewände an den mittelpunktst. Samenträger angewachsen, den Nähten gegenst. ♄ S. 166.

Eríca. L. K. 4=blättr. ob. 4=th., kürzer als die Blkr.; Scheidewände in der Mitte der Klappen angewachsen; sonst wie vor. ♄ S. 166.

D. Blth. vollst.; Blkr. 1=blättr., oberst.

Vaccínium. L. K. 4—5=sp. ob =zähnig, zuweilen ungetheilt; Stbgf. am Rande der oberweibigen Scheibe eingefügt; Fr. Beere. Kleine Sträucher. S. 164.

E. Blth. unvollst.; Blkr. unterst.

Dáphne. L. P. mit 4=spaltigem Saume, gefärbt, abfällig; N. 1; Steinfrucht. Sträucher. S 225.

8 Kl. (1. O.; 2. O.; 4. O.). — 9. Kl. — 10. Kl. (1. O.; 2. O.). *37

Passerína. L. P. mit 4=spalt. Saume, bleibend; N. 1; Nuß vom P. bedeckt. ☉ S. 225.
Polýgonum. L. P. 4—5=th., gefärbt, bleibend; N. 2—3; Nuß linsenf. ob. 3=kantig. Kräuter. S. 222.

2. O. Digynia. Zweiweibige. Gf. 2.

Chrysosplénium. L. K. 4=sp., gelb gefärbt; Blkr. fehlend; Kapsel 2=schnäbelig; S. schwarz, glänzend. ♃ S. 98.

Moehringia X, 3. Ulmus effusa V, 3. Arten von Polygonum VIII, 1.

3. O. Trigynia. Dreiweibige.
Polygonum VIII, 1.

4. O. Tetragynia. Vierweibige. Gf. 4.

Páris. L. P. 8=th., wagerecht=abstehend, bleibend, die 4 inneren Zpfl. schmäler; Beere 4=fächerig. ♃ S. 251.
Adóxa. L. KSaum an der endst. Blth. 2=sp., an den seitenst. 3=sp.; endst. Blkr. 4=, seitenst. 5=th. — Winzige Kräuter. ♃ S. 114.
Elatíne. L. K. 3—4=th.; Blkr. 3—4=blättr.; Kapsel 3—4=fächerig. Sumpf= u. Wasserpfl. ☉ S. 43.

IX. Kl. Enneandria. **Neunmännige.** Stbgf. 9.

2. O. Trigynia. Dreiweibige. Gf. 3.

Rhéum. L. P. 6=th.; Gf. 3 (2—4); Fr. geflügelt. ♃ S. 224.

3. O. Hexagynia. Sechsweibige. Gf. 6.

Bútomus. L. P. blkrartig, 6=blättr.; Balgkapseln 6, unterwärts ver= wachsen. ♃ S. 266.

X. Kl. Decandria. **Zehnmännige.** Stbgf. 10.

1. O. Monogynia. Einweibige. Gf. 1.

A. Blkr. 5=blättr., selten 4=blättr.

Dictámnus. L. K. 5=th., abfallend; Frkn. 5=lappig; Kapsel mit einwärts= aufspringenden Fächern. ♃ S. 53.
Monótropa. L. K. 5= (4) blättr.; Blkrbl. 5 (4), glockig=zsgestellt, am Grunde höckerig; Drüsen unterweibig. Blattlose Schmarotzerpfl. ♃ S. 168.
Ledum. L. K. klein, 5=zähnig, bleibend; Stbgf. am Rande der unter= weibigen, gekerbten Scheibe eingefügt; Kapsel 5=fächerig, vom Grunde aus mit 5 Klappen aufspringend. Immergrüne Sträucher. S. 166.
Pýrola. L. K. 5=th., bleibend; unterweibige Scheibe fehlend; Kapsel 5=fächerig, mit 5 Längsritzen aufspringend. Kleine, immergrüne Kräuter. ♃ S. 167.

B. Blkr. 1=blättrig.

Andrómeda. L. K. 5=sp.; Blkr. glockig, eif. ob. fast kugelig; Kapsel 5=fächerig, 5=klappig. Kriechender Strauch. S. 166.

2. O. Digynia. Zweiweibige. Gf. 2.

Saxífraga. L. K. 5=zähnig ob. 5=th.; Blkr. 5; Kapsel 2=schnäbelig, mit einem Loche aufspringend. Drüsenh. Kräuter. S. 98.
Gypsóphila. L. K. 5=zähnig, an der Basis ohne Schuppen; Blkrbl. in den keilf. Nagel allmälig verschmälert; Kapsel 4=klappig; S. nierenf.= kugelig. Kräuter. S. 33.

Diánthus. L. K. 5-zähnig, am Grunde mit Schuppen versehen; Blkrbl. mit horizontaler Platte u. senkrechtem, linealen Nagel; Kapsel 4-klappig; S. schildf. Kräuter. S. 34.
Saponária. L. K. 5-zähnig, ohne Schuppen; Blkr. u. Kapsel wie vor.; S. nierenf. Kräuter. S. 35.
Scleránthus. L. K. krugf.-glockig, Saum 5-th., weiß berandet; Blkr. fehlend; Fr. nicht aufspringend, 1-samig, v. verhärteten K. eingeschlossen. Kleine Kräuter mit pfriemf. Bl. S. 95.

3. O. Trigynia. Dreiweibige. Gf. 3.

A. Kelch einblättrig.

Cucúbalus. L. K. 5-zähnig, kurz-glockig, zur Frzeit aufgeblasen; Blkrbl. 5; Beere 1-fächerig. ♃ S. 35.
Siléne. L. K. 5-zähnig; Blkrbl. 5; Kapsel 6-klappig, am Grunde 3-fächerig. Kräuter. S. 36.

B. K. 5-blättr. (selten 4); Blkrbl. 5 (selten 4).

Alsíne. Wahlb. Blkrbl. ungetheilt ob. schwach ausgerandet, weiß; S. nierenf., flügellos; Kapsel 3-klappig. Bl. ohne Nebenbl. Kräuter. S. 39.
Lepigonum. Wahlb. Blkrbl. ungetheilt, rosenroth; S. 3-eckig ob. verkehrt-eif., flügellos ob. geflügelt; Kapsel 3-klappig. Bl. mit dünnhäutigen Nebenbl. ⊙ ⊙ S. 38.
Moehringia. L. Blkrbl. ungetheilt, weiß; Kapsel 4—6-klappig; S. nierenf., mit einem Anhängsel. ⊙ S. 40.
Arenária. L. Blkrbl. wie vor.; Kapsel 6-klappig; S. nierenf., ohne Anhängsel. ⊙ ⊙ S. 41.
Holósteum. L. Blkrbl. gezähnt; Kapsel 6-zähnig; S. schildf. ⊙ S. 41.
Stellária. L. Blkrbl. 2-sp. ob. 2-th.; Kapsel 6-klappig. Kräuter. S. 41.

5. O. Pentagynia. Fünfweibige. Gf. 5.

Sagína. L. K. 4- ob. 5-blättr.; Blkrbl. soviel als Kbl., ganz; Kapsel 4- ob. 5-klappig; S. nierenf., flügellos. ⊙ ⊙ S. 39.
Spérgula. L. K. 5-blättr.; Blkrbl. 5, ganz; Kapsel 5-klappig; S. kreisrund, geflügelt. ⊙ ⊙ S. 40.
Maláchium. Fr. K. 5-blättr.; Blkrbl. 5, 2-sp.; Kapsel 5-klappig, Klappen 2-sp; S. nierenf. ♃ S. 42.
Cerástium. L. K. 5-blättr.; Blkrbl. 5, ausgerandet ob. 2-sp.; Stbgf. 10, zuweilen 5; Kapsel 10-klappig. Kräuter. S. 42.
Oxalis. L. K. 5-blättr.; Blkrbl. 5; Stbgf. am Grunde zsgewachsen; Kapsel längl., 5-kantig, an den Kanten aufspringend. Kräuter. S. 52.
Sedum. L. K. 5-th.; Blkrbl. 5; Frkn. 5; Frchen balgkapselartig. Saftige Kräuter mit fleischigen Bl. S. 96.
Lychnis. Dec. K. 5-zähnig, Zähne spitz; Blkrbl. 5; Kapsel halb 5-fächerig ob. 1-fächerig, mit 5 ob. 10 Zähnen aufspringend. Kräuter. S. 37.
Agrostemma. L. K. 5-sp. mit langen, blattartigen Zpfl.; Blkrbl. 5; Kapsel 1-fächerig, mit 5 Zähnen aufspringend. ⊙ S. 38.

XI. Kl. Dodecandria. Zwölfmännige. Stbgf. 10—20.

1. O. Monogynia. Einweibige. Gf. 1.

Ásarum. L. P. oberst., krugf.-glockig, 3-lappig; Kapsel 6-fächerig. ♃ S. 227.

Portuláca. L. K. 2-th.; Blkr. meist 5-blättr.; Kapsel ringsum aufspringend. Fleischige Kräuter. ☉ S. 93.
Lythrum. L. K. röhrig, 8—12-zähnig; Blkr. 4—6-blättr., roth, auf
dem Ende der Kröhre befestigt. Kräuter. S. 91.

2. O. Digynia. Zweiweibige. Gf. 2.

Agrimónia. L. K. kreiself., unter dem Saume mit zahlreichen, hakigen
Stacheln; Blkr. 5-blättr., gelb; Frkn. 2; Frchen durch Fehlschlagen 1,
von dem verhärteten K. eingeschlossen. ♃ S. 81.

3. O. Trigynia. Dreiweibige. Gf. 3.

Reséda. L. K. 4—6-th.; Blkrbl. unregelm., so viel als Kzpfl.; Kapsel
1-fächerig, an der Spitze offen. ☉ S. 31.

4. O. Dodecagynia. Zwölfweibige. Gf. 12.

Sempervívum. L. Blkrbl. 6—20, am Grunde mit den Stbgf. zu einer 1-blättr. Blkr.
verwachsen. ♃ S. 97.

XII. Kl. Jcosandria. Zwanzigmännige. Stbgf. 20 u. mehr, kelchst.

1. O. Monogynia. Einweibige. Gf. 1.

A. Blth. vollst.; K. oberst.

Philadélphus. L. Blkrbl. 4—5; Kapsel 4—5-klappig. ♄ S. 92.

B. Blth. vollst.; K. unterst.

Amýgdalus. L. Steinfr. saftlos; Frhülle holzig. ♄ S. 72.
Pérsica. Tourn. Steinfr. fleischig u. saftig; Schale des Kerns gefurcht,
von kleinen Löchern durchstochen. ♄ S. 72.
Prunus. L. Steinfr. wie vor.; Kernschale glatt, oder gefurcht ohne
Löcher. ♄ S. 72.

2. O. Di—Pentagynia. Zwei—Fünfweibige. Gf. 2—5.

A. Blth. vollst.; Blkr. oberst.

Crataegus. L. Steinfr. 1—5-steinig, mit einer zsgezogenen Scheibe
endigend, die schmäler ist als die Fr.; Steine in das Fleisch eingesenkt.
♄ S. 84.
Méspilus. L. Steinfr. 5-steinig mit einer verbreiterten, becherf. Scheibe,
fast von der Breite der Steinfr.; Steine in das Fleisch eingesenkt. ♄ S. 85.
Cotoneaster. Med. Steinfr. 3—5-steinig, Steine an den fleischigen K.
angewachsen, an der Spitze nackt u. frei, nicht in das Fleisch eingesenkt.
♄ S. 85.
Pyrus. L. Apfelfr. 2—5-fächerig, Fächer mit einer Pergamenthaut be-
kleidet, 2-samig. ♄ S. 85.
Cydónia. Tourn. Fächer vielsamig; sonst wie vor. S. 85.
Sorbus. L. Frkn. 5-fächerig; Fr. beerenartig; Fächer dünnhäutig. ♄ S. 86.

B. Blth. vollst.; Blkr. unterst.

Spiráea. L. K. 5-sp.; Blkr. meist weiß; Kapseln mehrere, 2—4-samig.
S. 74.

Kerria. Dec. K. 5-th.; Blkr. gelb; Frchen 5, kugelig. ♄ S. 75.

3. O. Polygynia. Vielweibige. Gf. 6 u. mehr.

A. K. meist 5-sp. mit 1-reihigen Zpfl., d. h. ohne Außenkelch.

Rosa. L. Frchen nußartig, von der fleischigen KRöhre, welche zuletzt eine
falsche Beere darstellt, eingeschlossen. ♄ S. 82.

Rubus. L. Frchen steinfruchtartig, zahlreich, auf einem trockenen, kegelf., Frboden sitzend, in eine falsche Beere zsgewachsen. ♄, selten ♃ S. 75.
B. K. meist 10=sp. mit 2=reihigen Zpfl., die unteren eine Art Außen=kelch bildend.
Geum. L. Gf. bleibend, fortwachsend; Frchen nußartig, mit dem ver= längerten Gf. gekrönt. ♃ S. 75.
Fragaria. L. Gf. abfallend; Frchen nußartig, dem saftigen, meist ab= fälligen Frboden eingefügt. ♃ S. 78.
Cómarum. L. Gf. abfallend; Frchen nußartig, einem fleischig=schwam= migen, sich vergrößernden Frboden eingefügt. ♃ S. 79.
Potentilla. L. Gf. abfallend; Frchen nußartig, einem trockenen, be= haarten Frboden eingefügt; Blkrbl. 5, selten 4. S. 79.

XIII. Kl. **Polyandria**. **Vielmännige.** Stbgf. 20 u. mehr, bodenst.

1. O. Monogynia. Einweibige. Gf. 1.

A. Blkr. 4=blättr.

Chelidónium. L. K. 2=blättr.; N. 2=lappig; Fr. schotenf. ♃ S. 13.
Eschscholtzia. Cham. K. 2=blättr.; N. 4=th.; Fr. schotenf. ⊙ S. 13.
Papáver. L. K. 2=blättr.; N. strahlenf.; Fr. kapself. mit 4—20 unvollst. Scheidewänden. ⊙ S. 12.

B. Blkr. 5=blättr.

Tília. L. KBl. 5, in der Knospenlage klappig; Fr. nußartig, 1=fächerig. Bäume. S. 46.
Heliánthemum. Tourn. Die 3 inneren Kblätter in der Knospenlage zsgerollt; Kapsel 3=klappig. ♄ S. 28.

C. Blkr. vielblättr.

Nymphaéa. L. Blkrbl. ohne Honiggrübchen; K. 4=blättr. ♃ S. 12.
Nuphar. Sm. Blkrbl. auf dem Rücken mit Honiggrübchen; K. 5=blättr. ♃ S. 12.

2. O. Di—Polygynia. Zwei—Vielweibige. Gf. 2—viel.

A. Frkn. mehr—vieleiig; Balgkapseln einwärts aufspringend.

a. Blth. unregelm.; K. blumenkronartig.

Delphínium. L. K. gefärbt, oberes Kblatt gespornt. ⊙ S. 11.
Aconítum. L. K. gefärbt, oberes Kblatt gewölbt. ♃ S. 11.

b. Blth. regelm., 5—mehrblättr.; K. krautig; Blkrbl. größer als der K.
Paeonia. L. Blkrbl. 5—mehrere. ♃ u. ♄ S. 11.

c. Blth. regelm., 5—vielblättr.; K. blkrartig; Blkrbl. kleiner als die Kblätter od. fehlend.

Aquilegia. L. Blkrbl. trichterf., gespornt; Balgkapseln frei. ♃ S. 11.
Nigella. L. Platte der Blkrbl. am Grunde mit einer bedeckten Honig= grube; Balgkapseln verwachsen. ⊙ S. 11.
Tróllius. L. Platte der Blkrbl. lineal, am Grunde mit einer nackten Honiggrube. ♃ S. 10.
Helléborus. L. Platte der Blkrbl. röhrig; K. bleibend. ♃ S. 10.
Caltha. L. KBl. 5; Blkrbl. fehlend. ♃ S. 10.

B. Frkn. 1=eiig; Frchen nußartig, nicht aufspringend.

a. K. in der Knospenlage dachig; Blkr. 5—mehrblättr.

Adónis. L. Blkrbl. ohne Nagel u. ohne Honiggrube. Kräuter. S. 6.

Ranúnculus. L Nagel der Blkrbl. kürzer als die Platte ob. sehr kurz, mit einer Honiggrube. Kräuter. S. 7.
Myosúrus. L. KBl. gespornt; Nagel der Blkrbl. fädl., länger als die Platte. Kleine Kräuter. ☉ S. 7.

b. K. in der Knospenlage dachig, blumenkronartig; Blkr. fehlend.

Anemóne. L. K. gefärbt, groß u. ansehnl.; Blthstiel schaftartig; Fruchtboden vergrößert, kugel- ob. halbkugelf. ♃ S. 5.
Thalíctrum. L. K. klein u. unansehnl.; Fruchtb. ein kleines Scheibchen darstellend. ♃ S. 4.
Clématis. L. K. ansehnl.; Blkrbl. fehlend. Bl. gegenüberstehend. ♄ u. ♃ S. 3.

XIV. Kl. Didynamia. Zweimächtige. Stbgf. 4, 2 länger.

1. O. Gymnospermia. Nacktsamige¹).

1. Staubb.-Fächer mit einer Klappe aufspringend; Blkr. 2-lippig.

Galeópsis. L. K. röhrig, 5-zähnig, Zähne stachelig-begrannt; Blkr. rachenf., Unterlippe beiderseits mit einem kegelf., hohlen Zahne; Stbgf. unter der Oberlippe gleichlaufend. ☉ S. 201.

2. Staubb. nierenf., 1-fächerig, mit einer halbkreisf. Spalte aufspringend, schließlich eine freisrunde Scheibe darstellend.

Lavándula. L. K. röhrig, kurz-5-zähnig; Oberlippe 2-sp., Unterlippe 3-sp. ♃ S. 195.

3. Staubb.-Fächer gerade, gleichlaufend ob. auseinander fahrend, jedes mit einer Längsspalte aufspringend.

A. Blkr. 2-lippig, Röhre an der Einfügung der Stbgf. mit einem Kranze von Haaren besetzt; Gf. u. Stbgf. eingeschlossen.

Marrúbium. L. K. röhrig-trichterf., 5—10-zähnig; Nüsse 3-kantig, oben abgestutzt. ♃ S. 204.

B. Blkr. 2-lippig, Röhre unterhalb der Einfügung der Stbgf. mit einem Haarkranze besetzt; Gf. aus dem Schlunde hervortretend.

a. Stbgf. genähert, unter der Oberlippe gleichlaufend; K. 2-lippig.

Prunélla. L. Oberlippe des K. abgestutzt, 3-zähnig, Unterlippe gespalten; Frkelch zsgedrückt, geschlossen; Blkr. rachenf.; Stbgf. an der Spitze mit einem Zahn ob. Höfer. ♃ S. 205.

b. Stbgf. genähert, gleichlaufend; K. 5-zähnig; obere Blkrlippe flach, sehr klein.

Ájuga. L. Blkr. scheinbar 1-lippig, Oberlippe sehr klein, 2-zähnig, Unterlippe 3-lappig, Mittellappen größer, verkehrt-herzf. — Kräuter. S. 206.

c. Obere Blkrlippe gewölbt ob. concav; sonst wie b.

Lámium. L. K. 5-zähnig; obere Blkrlippe helmf., untere mit breitem, verkehrt-herzf. Mittellappen, die Seitenlappen sehr klein, zahnf. ob. fehlend; Blkr. roth ob. weiß. Kräuter. S. 200.

---

[1] In Wirklichkeit 4-früchtige, u. zwar Frkn. 4, 1-eiig, Gf. 1, aus der Mitte der Frkn. hervortretend; Nüsse ob. Steinfr. 4, vom bleibenden K. eingeschlossen.

Galeóbdolon. Huds. Blkr. gelb, Unterlippe 3=lappig, Lappen lancettl., zugespitzt, der mittlere länger; sonst wie vor. ♃ S. 201.
Stachys. L. K. 5=zähnig; obere Blkrlippe helmf., untere 3=lappig, Lappen stumpf; Stbgf. nach dem Verblühen zsgedreht; Nüsse abgerundet. Kräuter. S. 202.
Ballóta. L. Stbgf. nach dem Verblühen gerade; sonst wie vor. ♃ S. 204.
Leonúrus. L. K. 5=zähnig; Lappen der unteren Blkrlippe zsgerollt; untere Stbgf. nach dem Verblühen gedreht; Nüsse 3=kantig, oben abgestutzt. ♃ S. 204.

C. **Blkr.=Röhre inwendig nackt, d. h. ohne Haarkranz.**

a. Blkr. scheinbar 1=lippig (Oberlippe sehr kurz, 2=th. u. die Zpfl. auf den Rand der Unterlippe vorgerückt); Stbgf. genähert.
Teucrium. L. K. 5=zähnig (ob. 2=lippig). Kräuter. S. 207.

b. Blkr. 2=lippig; Stbgf. genähert, unter der Oberlippe gleichlaufend, diese flach, ausgerandet.
Népeta. L. K. röhrig, 5=zähnig; obere Blkrlippe 2=sp., untere 3=lappig, der Mittellappen größer, sehr concav; Staubb. nicht in ein Kreuz gestellt. ♃ S. 199.
Glechóma. L. K. walzl., 5=zähnig; obere Blkrlippe 2=sp., untere 3=lappig, Mittellappen flach; Staubb. in ein Kreuz gestellt. ♃ S. 200.

c. Blkr. 2=lippig; Stbgf. unter der Oberlippe gleichlaufend, diese concav ob. gewölbt.
Scutellária. L. K. 2=lippig, Lippen ungetheilt, die obere auf dem Rücken mit einer vertieften Schuppe; Frkelch flach=geschlossen. ♃ S. 205.
Betónica. L. K.5=zähnig; Blkr. rachenf.; Nüsse abgerundet. ♃ S. 203.
Chaitúrus. Host. K. 5=zähnig; Nüsse 3=kantig, oben abgestutzt. ⊙ S. 205.

d. Stbgf. v. einander entfernt, oberwärts auseinander tretend, aber gerade.

α. Blkr. trichterf., 4=sp., Zpfl. fast gleich.
Pulegium. Mill. K. fast 2=lippig, Schlund mit einem Haarring geschlossen; Zpfl. der Blkr. aufrecht=abstehend, der obere ungetheilt. ♃ S. 196.
Mentha. L. K. 5=zähnig, Schlund offen; Zpfl. der Blkr. aufrecht=abstehend, der obere ausgerandet; Staubb.=Fächer gleichlaufend. ♃ S. 195.
Elssholzia. Willd. K. glockenf., 5=zähnig; Staubb.=Fächer auseinanderfahrend. S. 195.

β. Blkr. 2=lippig.
Hyssópus. L. K. 5=zähnig; obere Blkrlippe 2=sp., untere 3=lappig, Mittellappen verkehrt=herzf.; Staubb.=Fächer zuletzt in einer Linie wagerecht aufliegend. ♄ S. 199.

e. Stbgf. v. einander entfernt, oben bogig zsneigend; Blkr. 2=lippig.
Melissa. L. K. röhrig=glockig, oberseits flach, 2=lippig. ♃ S. 199.

4. Staubb.=Fächer an ein fast 3=eckiges Connectiv zu beiden Seiten angewachsen; Blkr. 2=lippig.
Thymus. L. Blth. in Wirteln; K. röhrig=glockig, 2=lippig, Schlund nach der Blüthe mit Haaren geschlossen; Stbgf. v. einander entfernt, gerade, oben auseinandertretend. ♄ S. 198.
Calamíntha. Moench. Stbgf. oben bogig=zsneigend; sonst wie vor. ⊙ bis ♃ S. 198.

14. Klasse (1. Ordn.; 2. Ordn.).

Clinopódium. L. Wirtel von einer aus borstl. Deckbl. zsgesetzten Hülle gestützt; sonst wie vor. ♃ S. 199.
Saturéja. L. K. 5-zähnig, 10-rippig; Stbgf. v. einander entfernt, oben bogig-zsneigend. ☉ S. 198.
Oríganum. L. K. 5-zähnig ob. schief gespalten; Stbgf. v. einander entfernt, gerade, oben auseinandertretend. Kräuter. S. 197.

2. O. Angiospermia. Bedecktsamige. S. in einer Kapsel.

1. Staubb.-Fächer am Grunde mit einem Dörnchen; Blkr. 2-lippig.

A. Frkn. 1-fächerig, viel-eiig, mit wandst. Samenträgern.

Lathraéa. L. Blkr. nach dem Verblühen welkend, dann gänzl. abfällig; Frkn. am Grunde mit einer fleischigen Honigdrüse. Blattlose Schmarotzer. ♃ S. 194.
Orobánche. L. Blkr. nach dem Verblühen vertrocknet stehenbleibend, endl. bis auf den verbleibenden Grund ringsum abfällig. Blattlose Schmarotzer. ♃ S. 193.

B. Frkn. 2-fächerig, 4—viel-eiig; Fr. 1-vielsamig.

a. K. 5-zähnig ob. 2-lappig.

Pediculáris. L. K. röhrig-bauchig, bei der Fr. aufgeblasen; Blkr. rachenf.; Same netzig-grubig. Kräuter. S. 192.

b. K. 4-zähnig.

Rhinánthus. L. K. aufgeblasen; Oberlippe beiderseits mit einem Zahne; S. glatt mit kreisrundem Flügel. ☉ S. 192.
Euphrásia. L. K. röhrig-glockig; Blkr. rachenf.; S. gleichf. gerippt. ☉ S. 193.
Melampýrum. L. K. röhrig; Oberlippe der Blkr. zsgedrückt, die Ränder zurückgeschlagen; S. glatt. ☉ S. 191.

2. Staubb.-Fächer am Grunde ohne Spitze.

A. Frkn. 1-fächerig; Samenträger frei, vieleiig.

Limoséla. L. K. 5-zähnig; Blkr. röhrig-glockig, 5-sp., fast regelm.; Kapsel eif. ☉ S. 191.

B. Frkn. 2-fächerig.

Scrophulária. L. K. 5-sp. ob. 5-th.; Blkr. 2-lippig, Röhre bauchig, fast kugelig; Staubb. quer aufliegend; Kapsel kugelig ob. eif., spitz, 2-klappig. ♃ S. 184.
Antirrhínum. L. K. 5-th. ob. 5-sp.; Blkr. 2-lippig, maskirt, am Grunde sackartig, Unterlippe mit aufgeblasenem Gaumen den Schlund verschließend; Kapsel schief-eif., mit 3 Löchern aufspringend. Kräuter. S. 185.
Linária. Tourn. K. 5-th.; Blkr. 2-lippig, maskirt, am Grunde gespornt; Unterlippe mit aufgeblasenem Gaumen den Schlund mehr ob. weniger verschließend; Kapsel kugelig, durch Klappen in 2 Löcher aufspringend. Kräuter. S. 186.
Digitális. L. K. 5-th.; Blkr. röhrig-glockig, Saum schief, 4-sp.; Kapsel eif., spitz, 2-klappig. ♃ S. 185.

C. Frkn. 4-fächerig, Fächer 1-eiig.

Verbéna. L. K. 4—5-zähnig; Blkr. tellerf., 5-sp.; Fr. zuletzt in 4 Nüsse sich trennend. ♃ S. 207.

Einleitung.

XV. Kl. **Tetradynamia. Viermächtige.** Stbf. 6, 4 länger.

1. O. Siliculosa. Schötchenfrüchtige.
(Fr. im Verhältniß zur Länge breit u. kurz.)

1. Das Schötchen gedunsen, hart u. nußartig, nicht auf=
springend.

  A. Schötchen aus einem einzigen Gliede bestehend.

Néslia. Desv. Schötchen kugelig, 1=fächerig, 1=samig. ☉   S. 27.

  B. Schötchen 2=gliederig, Glieder bei der Reife sich quer
trennend.

Rapístrum. Boerh. Unteres Glied stielrund, oberes fast kugelig; Nabel=
strang sehr kurz. ♃   S. 27.

2. Das Schötchen zsgedrückt.

  A. Schötchen nicht aufspringend, ob. zuletzt in 2, die Samen
nicht ausstreuende Klappen sich trennend.

Ísatis. L. Schötchen flach, 1=samig; Scheidewand durchbohrt. ☉   S. 27.
Biscutélla. L. Bltr. gelb; Schötchen ganz flach, 2=schildig, mit einem
geflügelten Rande. ♃   S. 25.
Senebiéra. Pers. Bltr. weiß; Schötchen zsgedrückt, fast 2=knotig ob.
nierenf., ohne geflügelten Rand. ☉   S. 26.

  B. Schötchen aufspringend.

    a. Stbgf. mit einem Anhängsel ob. Flügel.

Teesdália. R. Br. Staubf. an der Basis mit blumenblattartigen An=
hängseln; Fächer 2=samig. ☉   S. 24.

    b. Stbgf. weder mit Anhängseln noch mit Flügeln.

Lepídium. L Fächer 1=samig; Blkrbl. gleich. Kräuter.   S. 25.
Ibéris. L. Fächer 1=samig; Blkrbl. sehr ungleich, strahlend. ☉   S. 25.
Tháspi. L. Fächer (u. A.) mehrsamig; Klappen geflügelt. Kräuter.   S. 24.
Capsélla. Dec. Fächer vielsamig; Klappen flügellos. ☉   S. 26.

3. Das Schötchen fast kugelig, mit einer Scheidewand von der
Breite des Schötchens, oder das Schötchen v. Rücken her mehr
ob. weniger zsgedrückt, aufspringend.

  A. Staubf. mit einem flügelf. Zahne, oder an der Basis mit
einer schwieligen Hervorragung.

Alýssum. L. Fächer 1—4=samig. Kräuter.   S. 22.
Farsetia. R. Br. Fächer 6—mehrsamig; Klappen flach ob. convex. ☉   S. 23.

  B. Staubf. zahnlos.

Camelína. Crtz. Schötchen birnf.; Scheidewand nach abgeworfenen
Klappen ohne Gf. ☉   S. 23.
Lunária. L. Schötchen rundl. ob. längl., ganz flach, auf einem langen, fadenf. Fr=
stiele. ☉   S. 23.
Drába. L. Schötchen flach ob. ein wenig convex; Fächer vielsamig;
2=reihig. ☉   S. 23.
Cochleária. L. Schötchen sehr gedunsen ob. fast kugelig; Gf. auf der
Scheidewand bleibend. ♃   S. 23.

15. Klasse (2. Ordn.). — 16. Klasse (2. Ordn.).

2. O. Siliquosa. Schotenfrüchtige.
(Fr. schmal u. meist lang).

1. N. aus 2 aufrechten, an einander liegenden Plättchen gebildet.

Hésperis. L. Plättchen der N. auf dem Rücken flach. Kräuter. S. 19.
Matthiola. R. Br. Plättchen der N. auf dem Rücken verdickt. Kräuter. S. 15.

2. N. stumpf ob. ausgerandet, ob. 2-lappig mit stumpfen Lappen.

A. Schote nicht aufspringend.

Ráphanus. Tourn. Schote walzenf., Glieder schwach angedeutet, sich nicht trennend, oder perlschnurf., quer zerfallend. ☉ ☉ S. 27.

B. Schote in 2 Klappen aufspringend.

a. Klappen nervenlos ob. nur am Grunde mit einem schwachen Nerven.

Cardamíne. L. S. in jedem Fache 1-reihig. Kräuter. S. 18.
Nastúrtium. L. R. Br. S. in jedem Fache unregelm. 2-reihig. ♃ ☉ S. 15.

b. Klappen 1—3—5-nervig.

α. Keimbl. flach, aneinander-liegend.

Túrritis. L. S. in jedem Fache 2-reihig; Blth. klein. ☉ S. 17.
Cheiránthus. L. S. in jedem Fache 1-reihig; N. 2-sp. mit zurückgekrümmten Lappen. ♃ S. 15.
Barbaréa. R. Br. S. in jeb. Fache 1-reihig; Schote fast stielrund ob. 4-seitig; Blth. gelb. ☉ S. 17.
Arábis. L. S. wie vor.; Schote zsgedrückt; Blth. weiß, selten roth. ♃ ☉ S. 17.

β. Keimbl. flach, aufeinanderliegend.

Erýsimum. L. S. in jedem Fache 1-reihig; Schote linealisch, 4-klappig, mit 1-nervigen Klappen. ☉ ☉ S. 20.
Sisymbrium. L. S. in jeb. Fache 1-reihig; Schote mit convexen, 3-nervigen Klappen. ☉ ☉ S. 19.

γ. Keimbl. aufeinanderliegend, tief-rinnig ob. rinnig-gefaltet.

Diplotáxis. Dec. S. in jeb. Fache 2-reihig, oval ob. längl., ein wenig zsgedrückt. ♃ S. 22.
Erucástrum. Schimp. S. in jeb. Fache 1-reihig; sonst wie vor. ♃ S. 21.
Brássica. L. Schoten lineal, geschnäbelt; S. in jeb. Fache 1-reihig, kugelig; Klappen 1-nervig. ☉ ☉ S. 20.
Sinápis. L. Schote u. S. wie vor; Klappen 3- ob. 5-nervig. ☉ ☉ S. 21.

XVI. Kl. Monadelphia. Einbrüdrige.

(Staubf. in ein Bündel verwachsen).

1. O. Pentandria. Fünfmännige; 5 verwachs. Staubf.
Erodium XVI, 2; Bryonia, Cucumis, Cucurbita XXI, 9; Linum V, 5; Radiola V, 4; Lysimachia V, 1; Cynanchum V, 2.

2. O. Decandria. Zehnmännige; 10 verwachs. Staubf.

Geránium. L. K. u. Blr. 5-blättr.; alle Stbgf. fruchtb.; Gf. der Spaltfrucht sich bei der Reife bogenf. bis zur Spitze der Centralsäule ablösend. Kräuter. S. 50.

Eródium. L'Hérit. 5 Stbgf. fruchtb., 5 unfruchtb.; Gf. der Spaltfr. bei
  der Reife schraubenf. zfgedreht. ⊙ ⊙ S. 51.
Oxalis X, 5; Sarothamnus, Genista, Cytisus, Ononis, Anthyllis, Ulex,
  Amorpha XVII, 4.

5. O. Polyandria. Vielmännige. Viele verw. Staubf.

Lavatéra. L. K. doppelt, der innere 5-sp., der äußere 3-sp.; Spalt-
  frucht vielfächerig, Fächer 1-samig. Kräuter. S. 46.
Altha éa. L. Der äußere K. 6—9-sp.; sonst wie vor. Kräuter. S. 45.
Malva. L. Der äußere K. 3-blättrig; sonst wie vor. Kräuter. S. 44.

XVII. Kl. Diadelphia. Zweibrüdrige.
(Staubf. in zwei Bündel verwachsen).

2. O. Hexandria. L. Sechsmännige. 6 Stbgf.

Fumária. L. Blfr. unregelm., 4-blättr.; Staubf. 2, jeder mit 3 Staubb.;
  Fr. eine 1-samige Nuß. ⊙ S. 14.
Corýdalis. Dec. Blfr. u. Stbgf. wie vor.; Fr. eine mehrsamige
  Schote. ♃ S. 14.

3. O. Octandria. Achtmännige. 8 Stbgf.

Polýgala. L. Stbgf. unterwärts 1-brüderig, an der Spitze in zwei
  Bündel getheilt; Kbl. 5, unregelm., die 2 inneren sehr groß, blumenblattartig. ♃ S. 32.

4. O. Decandria. Zehnmännige. 10 Stbgf.
(Schmetterlingsblüthen, Papilionaceen).

1. Stbgf. einbrüderig.

A. Flügel der Blfr. am Grunde oberwärts zierlich runzelig-gefaltet;
K. deutlich 2-lippig.

Ulex. L. K. bis zum Grunde lippig-getheilt; Hülse gedunsen. ♄ S. 56.
Sarothámnus. Wimm. K. 2-lippig, trockenhäutig; Gf. kreisf. zfgerollt;
  Hülse lineal-längl., zfgedrückt. ♄ S. 56.
Genista. L. K. 2-lippig; Gf. pfrieml., auffstrebend: N. schief, einwärts
  abschüssig. ♄ S. 57.
Cýtisus. L. N. auswärts abschüssig, sonst wie vor. ♄ S. 57.
Lupínus. L. K. 2-lippig; Schiffchen geschnäbelt, Hülse schwammig-
  querwandig. Kräuter. S. 57.

B. Flügel nicht gefaltet; K. 5-zähnig ob. etwas 2-lippig.

Onónis. L. K. 5-sp., bleibend, zur Frzeit offen; Bl. 1—3-zählig. ♃ S. 58.
Anthýllis. L. K. 5-zähnig, bleibend, zur Frzeit geschlossen, die Hülse
  einschließend; Bl. gefiedert. ♃ S. 58.

2. Stbgf. 2-brüderig; Gf. kahl.

A. Schiffchen geschnäbelt.

Lotus. L. K. 5-sp. ob. 5-zähnig, bleibend, viel kürzer als die Hülse;
  Hülse stielrund ob. zfgedrückt, mit zfgedrehten Klappen auffspringend. ♃
  S. 62.
Tetragonólobus. Scop. Hülse 4-kantig, geflügelt; sonst wie vor. ♃
  S. 63.

B. Schiffchen ungeschnäbelt, einfach-spitz ob. stumpf.

a. Säule der Stbgf. mit der Blfr. verwachsen.

Trifolium. L. K. 5-sp. ob. -zähnig, bleibend; Blfr. welkend, meist bleibend; Hülse eif., vom K. ob. der Blfr. umschlossen. Kräuter. S. 60.

17. Klasse (4. Ordn.). — 18. Klasse. *47

b. Säule der Stbgf. nicht mit der Blkr. verwachsen.
α. Hülse der Länge nach mehr od. weniger 2-fächerig.

Astrágalus. L. Schiffchen stumpf, grannenlos; Hülse durch Einbiegung der unteren Naht fast vollst. 2-fächerig. ♃ S. 64.
Oxýtropis. Dec. Schiffchen stumpf mit einer grannenartigen Stachelspitze; Hülse 2-fächerig od. fast 2-fächerig, die obere Naht eingebogen. ♃ S. 64.

β. Hülse 1-fächerig.

Melilótus. Tourn. Frkn. gerade; Hülse kurz, 1—3-samig. Blth. (u. A.) in linealisch-längl. Trauben. ⊙ S. 59.
Medicágo. L. Hülse sichelf., od. schneckenf. gewunden. Blth. in dichten od. kopff. Trauben. Kräuter. S. 58.
Onóbrychis. Tourn. Hülse knöchern, verkehrt-eif., nicht aufspringend, stark grubig-netzig. ♃ S. 66.
Caragána. Royen. Hülse walzl., zsgedrückt, zuletzt stielrund. ♄ S. 64.

3. Stbgf. 2-brüderig; Gf. behaart.
A. Blätter abgebrochen-gefiedert.

Vicia. L. Gf. fadenf., unter der Spitze an der äußeren Seite bärtig. Kräuter. S. 67.
Ervum. L. Gf. fadenf., an der Spitze ringsum gleichmäßig fein-behaart, nicht bärtig. Kräuter. S. 68.
Lens. Tourn. Gf. flach, auf der inneren Seite unterhalb der Spitze behaart, auf der äußeren kahl. ⊙ S. 69.
Láthyrus. L. Gf. auf der oberen Seite flach u. behaart, auf der unteren kahl. Blatt in der Regel mit einer Wickelranke endigend. Kräuter. S. 70.
Órobus. L. Blatt ohne Wickelranke; sonst wie vor. ♃ S. 71.
Pisum. L. Gf. unterseits rinnig, an der Spitze bärtig. ⊙ S. 70.

B. Blätter unpaarig gefiedert.

Colútea. L. Gf. an der Spitze hakig; Hülse aufgeblasen. ♄ S. 63.
Robinia. L. Gf. vorn bärtig; Hülse glatt. ♄ S. 63.

C. Blätter 3-zählig.

Phaséolus. L. Gf. unterseits rinnig, an der Spitze bärtig. ⊙ S. 70.

4. Hülse quer in Glieder zerfallend.
A. Schiffchen stumpf.

Ornithopus. L. Hülse lang, fast gerade ob. gekrümmt, zsgedrückt, an den Gelenken zsgezogen. ⊙ S. 66.

B. Schiffchen geschnäbelt.

Hippocrépis. L. Hülse an der oberen Naht buchtig-ausgeschnitten; S. gekrümmt. ♃ S. 66.
Coronilla. L. Hülse lang, gerade ob. gekrümmt, mehr od. weniger 4-kantig, an den Gelenken zsgezogen. S. 65.

XVIII. Kl. Polyadelphia, **Vielbrüdrige.**
(Stbf. in 3 ob. mehr Bündel verw.)

Hypericum. L. K. 5-blättr. ob. 5-th.; Blkrbl. 5, gelb; Stbgf. in 3 Bündel verwachsen; Fr. eine Kapsel. ♃ S. 47.

XIX. Kl. **Syngenesia. Vereintkölbige.**

(Staubb. in eine den Gf. umgebende Röhre verwachsen; Blth. auf einem gemeinschaftlichen Blthboden, von einer mehrblättr. Hülle umgeben).

1. O. Polygamia aequalis. Alle Blth. zwitterig.

1. Zungenblüthige. Alle Blth. zungenf. (Geschweiftes Köpfchen).

A. Pappus federig.

a. Fruchtboden spreuig.

Hypochoéris. L. HK. dachig: Achenen geschnäbelt ob. die randst. schnabellos; Spreublättchen abfällig. Kräuter. S. 154.

b. Fruchtb. ohne Spreubl.; HK. einreihig; Blättchen gleich lang ob. gleichgestaltet.

Tragopógon. L. Federchen des Pappus verwebt; Achenen lang=geschnäbelt. ☉ S. 153.

c. Fruchtb. ohne Spreubl.; HK. dachig, selten 2=reihig.

α. Federchen des Pappus verwebt.

Scorzonéra. L. Achenen kaum geschnäbelt, mit einer den Nabel umgebenden, sehr kurzen Schwiele an der Basis. ♃ ☉ S. 153.

Podospérmum. Dec. Achenen ungeschnäbelt, am Grunde mit einer verlängerten, stielartigen Schwiele, die dicker ist als die Achene. ☉ S. 154.

β. Federchen des Pappus frei.

Thríncia. Roth. Pappus der randst. Achenen kurz, kronenf., der des Mittelfeldes federig; Achenen scharf, in einen Schnabel verschmälert; Blth. gelb. ♃ S. 151.

Picris. L. Pappus gleichf., hinfällig; Achenen schärfl., gekrümmt; Blth. gelb. ☉ S. 152.

Leóntodon. L. Pappus gleichf., bleibend; Achenen schärfl., in einen kurzen Schnabel verschmälert; Blth. gelb. ♃ S. 151.

Helminthia. Juss. HK. 2=reihig; Achenen mit einem haarf. verlängerten Schnabel; Blth. gelb. ☉ S. 152.

B. Pappus einfach.

a. Pappus aller Achenen aus kleinen Blättchen ob. flachen Haaren gebildet.

Cichórium. L. Blättchen des Pappus kurz, lancettl. ob. längl.; HK. 2=reihig, der äußere abstehend, kürzer, der innere aufrecht; Blth. hellblau. ♃ ☉ S. 151.

b. Pappus aus haarf. Strahlen gebildet.

α. Achenen geschnäbelt, Schnabel am Grunde mit stachelf. Höckern ob. mit einem Krönchen besetzt.

Chondrílla. L. Blth. 2=reihig; Achenen oberwärts mit einem Krönchen. — St. ästig. ♃ ☉ S. 155.

Taráxacum. Juss. Blth. vielreihig; Achenen oberwärts stachelig=höckerig. — Schaft röhrig. ♃ S. 155.

β. Achenen schnabellos ob. nach der Spitze verschmälert, ob. auch geschnäbelt, der Schnabel aber am Grunde ohne stachelf. Höcker ob. Krönchen.

aa. Achenen zsgedrückt.

Lactúca. L. HK. dachig; Achenen in einen fädlichen Schnabel auslaufend. ☉ ☉ S. 155.

19. Klasse (1. Ordn.).

Sonchus. L. HK. dachig; Achenen schnabellos; Pappus weichh., biegsam; Blth. gelb. Kräuter. S. 156.
Mulgédium. Cass. Achenen an der Spitze schmäler; Pappus zerbrechl., mit einem Krönchen von kurzen Borsten umgeben; Blth. blau. ♃ S. 157.

bb. Achenen fast walzl. od. stielrund.

Crépis. L. HK. 2=reihig, äußere Reihe kürzer, meist einen Außenkelch bildend; Achenen an der Spitze verschmälert od. geschnäbelt; Pappus in der Regel biegsam. Köpfchen vielblth. Kräuter. S. 157.
Hierácium. L. HK. dachig; Achenen an der Spitze abgestutzt u. nicht verschmälert; Pappus zerbrechl. — Köpfchen vielblth. ♃ S. 159.

C. Pappus fehlend, od. aus einem kurzen Krönchen od. aus Borsten gebildet; Blthboden nackt.

Arnóseris. Gaert. HK. einreihig, zur Frzeit kugelig zsneigend; Achenen 10=riefig, mit einem 5=kantigen, sehr kurzen Krönchen. ☉ S. 150.
Lápsana. L. HK. einreihig, zur Frzeit aufrecht, unverändert; Achenen, 20=riefig, Rand verwischt. ☉ S. 150.

2. Röhrenblüthige. Alle Blth. röhrig. (Scheibiges Köpfchen).

A. Blüthenboden nackt (ohne Spreublätter).

Eupatórium. L. Köpfchen wenigblth.; HK. dachig; Blkr. röhrig=trichterf.; Schenkel des Gf. verlängert, fadenf., von der Basis an flaumh.; Pappus haarig; ♃ S. 124.
Linósyris. Dec. HK. dachig; Blkr. röhrig, tief=5=sp.; Schenkel des Gf. lancettl., verschmälert=spitz; Pappus haarig. ♃ S. 126.

B. Blüthenboden tief=wabig.

Onopórdum. L. HK. dachig, stachelig; Pappus haarig, an der Basis in einen Ring verwachsen, abfällig; Blkr. hellpurpurroth. ☉ S. 146.

C. Blthboden spreuig, Spreubl. an der Spitze gespalten od. spreuig=borstl.

a. Strahlen des Pappus ästig, in einen Ring, od. mehrere in Büschel zsgewachsen.

Carlína. L. Aeste des Pappus federig; Achenen walzenf., behaart. Innere Blättchen des HK. trockenhäutig, gefärbt, strahlend. ☉ S. 147.

b. Strahlen des Pappus federig od. haarig, zu einem Ring zsgewachsen u. mit dem Ringe abfällig.

Carduus. L. Pappus haarig, Haare gezähnelt; Staubf. frei. Blättchen des HK. meist stachelig. ☉ S. 146.
Cirsium. Tourn. Papp. federig; Staubf. frei. Blättchen des HK. stachelig. ♃ S. 143.
Sílybum. Gaert. Papp. haarig, Haare stark gezähnt; Staubf. 1=brüderig. Blättchen des HK. blattartig, stachelig. ☉ S. 145.

c. Der haarige Pappus einem Knopfe aufgewachsen u. mit diesem abfallend.

Jurinéa. Cass. Achene 4=kantig. Blättchen des HK. wehrlos, dachig. ♃ S. 148.

d. Pappus aus abfälligen Borsten gebildet.

Lappa. Tourn. Achenen zsgedrückt, scheckig. Blättchen des HK. pfrieml., lang=stachelig mit scharf=hakenf. Spitze. ☉ S. 146.

e. Pappus bleibend.

Serrátula. L. Papp. haarig, die innere Reihe der Haare länger; Achenen längl., zsgedrückt, kahl. ♃ S. 148.

f. Pappus fehlend.

Cárthamus. L. Achenen 4=kantig; Blthboden spreuig=borstl. ☉ S. 148.

2. O. **Polygamia superflua.** Randständige Blth. weibl., zungen= ob. röhrenf., die des Mittelfeldes zwit= terig, röhrenf.

1. Pappus haarig; Blthboden nackt; randst. Blth. nicht zungenf.

A. HK. einfach, mit einem schwachen Außenkelch.

Petasítes. Gaert. Randst. Blth. weibl., in den männl. Köpfchen 1=reihig, in den weibl. mehrreihig. — Blth. vorlaufend; St. schaftartig. ♃ S. 125.

B. HK. dachig, die äußeren Blättchen allmälig kürzer.

a. Blättchen des HK. krautig ob. nur an der Spitze trocken= häutig.

Filágo. L. Blthköpfe klein, in kopff. Knäueln; die äußeren weibl. Blth. zw. die Blättchen des HK. gestellt. — Filzige Kräuter. ☉ S. 132.

b. HK. trockenhäutig.

Helichrýsum. Gaert. Weibl. Blth. 1=reihig, wenige, oder fehlend. Kräuter. S. 133.
Gnaphálium. L. Blthköpfe einhäusig, verschiedenehig, ob. zweihäusig; weibl. Blth. mehrreihig. Kräuter. S. 132.

2. Pappus haarig; Blthboden nackt; randst. Blth. zungenf.

A. HK. dachig; Blättchen vielreihig.

a. Staubb. geschwänzt.

Pulicária. Gaert. Randblth. gleichfarbig (wie die Scheibenblth. gelb); Pappus doppelt, der innere lang=haarig, der äußere kurz, in ein Krönchen verwachsen. Kräuter. S. 130.
Inula. L. Randblth. gleichfarbig (gelb); Pappus einreihig, haarig, gleich= gestaltet. ♃ S. 128.

b. Staubb. ungeschwänzt.

Erígeron. L. Randblth. mehrreihig, verschiedenfarbig; Achenen schnabel= los. Kräuter. S. 127.
Aster. L. Randblth. einreihig, verschiedenfarbig, strahlend; Achenen schnabellos, zsgedrückt. Kräuter. S. 126.
Solidágo. L. Randblth. einreihig, gleichfarbig (gelb); Achenen fast stiel= rund. ♃ S. 128.

B. HK. gleich, aus 1—3=reihigen u. gleich langen Blättchen gebildet, ob. die äußeren einen Außenkelch bildend.

a. Pappus verschieden gestaltet.

Stenactis. Cass. Pappus der randst. Blth. einfach, der des Mittelfeldes doppelt, der äußeren aus kurzen Borsten, der inneren aus verlängerten Haaren gebildet; Rand= blth. 2=reihig. ♃ S. 127.

19. Klasse (2. Ordn.).

b. **Pappus gleichgestaltet, an den randst. Achenen zuweilen fehlend; weibl. Blth. einreihig.**

Árnica. L. Schenkel des Gf. oberwärts verdickt, mit einer kegelf. Spitze endigend; HK. walzl.; Blthköpfe strahlig. ♃ S. 139.

Senecio. L. Schenkel des Gf. kopfig, abgeschnitten-stumpf; HK. walzl., einreihig, mit einem Außenkelch. Kräuter. S. 140.

Cineraria. L. HK. walzl., einreihig, ohne Außenkelch; sonst wie vor. ♃ S. 139.

c. **Pappus gleichgestaltet; weibl. Blth. mehrreihig.**

Tussilágo. L. HK. einfach, mit schwachem Außenkelch; Fruchtb. nackt; Blth. vorlaufend. St. schaftartig. ♃ S. 125.

3. Pappus nicht haarig; Blthboden nackt.

A. HK. einfach.

Tagétes. L. HK. becherf., 5-zähnig; Achenen zsgedrückt-4-kantig; Pappus aus ungleichen Spreubl. bestehend. ☉ S. 132.

B. HK. aus 2-reihigen, gleichlangen Blättchen gebildet.

Bellis. L. Randst. Blth. 1-reihig, zungenf.; Achenen flach-zsgedrückt; Pappus fehlend; Fruchtb. kegelf. ♃ S. 127.

C. HK. dachig vielreihig.

a. Achenen schnabellos; randst. Blth. fädl. od. fehlend.

Tanacétum. L. Achenen kantig-gerillt; die oberweibige Scheibe von der Breite der Achenen; Blth. gelb. ♃ S. 135.

Artemisia. L. Achenen verkehrt-eif., flügellos, die oberweibige Scheibe sehr klein; Pappus fehlend. ♃ S. 134.

b. Achenen schnabellos; Randblth. zungenf., ob. glockig-röhrig, den Scheibenblth. gleichgestaltet.

Matricaria. L. Achenen flügellos; Fruchtb. kegelf.-walzl., hohl. ☉ S. 137.

Chrysánthemum. L. Achenen flügellos; Fruchtb. zieml. flach ob. halbkugelig, markig. Kräuter. S. 138.

4. Pappus nicht haarig; Blthboden spreuig.

A. HK. 1-reihig, einfach.

Galinsóga. R. u. Pav. Achenen kantig; Pappus spreublättr., so lang als die Achene. ☉ S. 130.

B. HK. doppelt.

Georgina. Willd. HK. doppelt, der äußere abstehend ob. zurückgeschlagen; Randblth. verschiedenfarbig; Achenen zsgedrückt. ♃ S. 130.

C. HK. dachig; Gf. an der Spitze verdickt, mit eif., kurzen, aufrechten Schenkeln.

Xeránthemum. L. Blättchen des HK. trockenhäutig, die inneren strahlend; Pappus spreublättr., bleibend. ☉ S. 150.

D. HK. vielreihig, dachig; Gf. an der Spitze nicht verdickt; Schenkel fädl., zurückgekrümmt; Blthköpfe strahlig.

a. Staubb. ungeschwänzt.

Achilléa. L. Randblth. zungenf. mit kurzem, breit-eif. Saume; Achenen ohne Flügel. ♃ S. 136.

Ánthemis. L. Randblth. zungenf. mit längl. Saume; Achenen flügellos ob. sehr schmal geflügelt. Kräuter. S. 136.

Anacýclus. L. Blth. wie vor.; Achenen geflügelt. ☉ S. 137.

Einleitung.

b. Staubb. geschwänzt.

Telekia. Baumg. Achenen lineal, fast stielrund, vielrillig. ♃ S. 128.

3. O. **Polygamia frustranea.** Randblth. weibl., aber durch Fehlschlagen des Gf. u. der N. geschlechtslos, Scheibenblth. zwitterig, fruchtbar.

A. Blthboden spreuig-borstl.

Centauréa. L. Randblth. meist größer als die Scheibenblth. u. strahlend; Achenen zsgedrückt; Pappus haarig ob. fehlend. Kräuter. S. 148.

B. Blthboden schuppig-spreuig, jede Blth. mit einem Spreublättchen gestützt.

Rudbéckia. L. Achenen 4-kantig; Pappus fehlend ob. undeutl.; Fruchtb. kegelf. ♃ S. 130.
Calliopsis. Rb. Achenen längl., zsgedrückt; Pappus fehlend; Fruchtb. flach. ☉ S. 131.
Helianthus. L. Achenen zsgedrückt-4-kantig; Pappus aus 2—4 abfälligen Schuppen bestehend. Kräuter. S. 131.
Bidens. L. Achenen 4-kantig, mehr ob. weniger zsgedrückt; Pappus aus 2—4 steifen, rückwärts scharfen Grannen bestehend. ☉ S. 131.

4. O. **Polygamia necessaria.** Randblth. weibl. u. fruchtb.; Scheibenblth. zwitterig u. unfruchtb.

Caléndula. L. Hk. 2-reihig, Blättchen gleichf.; Achenen verschieden gestaltet, bogenob. kreisf. ☉ S. 142.

5. O. **Polygamia segregata.** Köpfchen 1—mehrblth., in einen gemeinschaftl. Kopf zsgestellt.

Echinops. L. Köpfchen 1-blth.; Kopf kugelf. ♃ S. 142.

XX. Kl. Gynandria. **Weibermännige.**

Staubf. u. Gf. verwachsen.

1. O. Monandria. Einmännige. Staubb. 1.

1. Staubb. ganz angewachsen. — W. knollig; Knollen 2, ganz ob. handf. getheilt.

A. Unterlippe gespornt; Frkn. gedreht.

a. Staubb.-Fächer gleichlaufend.

Orchis. L. P. rachenf., Unterlippe abstehend; Staubb.-Fächer am Grunde durch ein 2-fächeriges Beutelchen verbunden; Blthstaubmassen gestielt. ♃ S. 242.
Anacamptis. Rich. Staubb.-Fächer durch ein 1-fächeriges Beutelchen verbunden; Blthstaubmassen auf einem gemeinschaftlichen Halter; sonst wie vor. ♃ S. 245.
Gymnadénia. R. Br. Staubb.-Fächer am Grunde ohne Beutelchen; sonst wie Orchis. ♃ S. 245.

b. Staubb.-Fächer unterwärts durch die Bucht des ausgeschnittenen Schnäbelchens getrennt.

Platanthéra. Rich. Unterlippe lineal, hängend. ♃ S. 245.
Ophrys. L. Die 3 äußeren Zpfl. der Oberlippe abstehend, die 2 inneren aufrecht, kleiner; Frkn. nicht gedreht. ♃ S. 246.
Hermínium. R. Br. P. glockig; Unterlippe an der Basis sackartighöckerig. ♃ S. 246.

2. Staubb. frei. — W. (mit Ausn. v. Spiranthes) nicht knollig.

A. Unterlippe 2=gliederig, spornlos.

Cephalanthéra. Rich. P3pfl. fast gleich lang, alle aufrecht=zsneigend; Frkn. gebreht, sitzend. ⚃ S. 246.
Epipáctis. Rich. P3pfl. glockig; Frkn. nicht gebreht, gestielt, Stiel gebreht. ⚃ S. 247.

B. Unterlippe nicht gegliedert, spornlos.

Sturmia. Rb. P3pfl. abstehend, Unterlippe aufrecht; Staubb. endst., abfällig; Frkn. nicht gebreht, gestielt. ⚃ S. 248.
Neóttia. L. P. glockig=rachenf., Unterlippe gerade=vorgestreckt; Staubb. endst., sitzend, bleibend; Frkn. nicht gebreht, gestielt. ⚃ S. 247.
Listéra. R. Br. P. rachenf., Oberlippe helmf., Unterlippe hängend; Befruchtungssäule mit einem eif. Fortsatze endigend, der den bleibenden Staubb. trägt; Frkn. nicht gebreht, gestielt. ⚃ S. 247.
Spiránthes. Rich. P. rachenf.=glockig, Unterlippe rinnig; Staubb. sitzend, bleibend; Frkn. sitzend, nicht gebreht, oben schief. — W. knollig; Spindel der Aehre gewunden. ⚃ S. 248.

2. O. Diandria. Zweimännige. Staubb. 2.

Cypripédium. L. P3pfl. der Oberlippe kreuzweise abstehend, Unter= lippe groß, bauchig=aufgeblasen, in Form eines Holzschuhes. ⚃ S. 248.

5. O. Hexandria. Sechsmännige. Staubb. 6.

Aristolóchia. L. P. gefärbt, röhrig, am Grunde bauchig, an der Spitze schief abgeschnitten; Kapsel 6=fächerig. S. 226.

XXI. Kl. Monoecia. Einhäusige.

1. O. Monandria. Einmännige. Stbgf. 1.

Euphórbia. L. Männl. u. weibl. Blth. von einer gemeinschaftl. Hülle umgeben; Hülle glockig, 9—10=sp., 4—53pfl. von einer fleischigen, honig= tragenden, schildf. Drüse bedeckt; Kapsel elastisch aufspringend. Kräuter. S. 227.
Arum. L. Blth=Scheide kaputzenf.; Kolben unten weibl., in der Mitte männl., an der Spitze nackt, keulenf.; Fr. eine Beere. ⚃ S. 273.
Calla. L. Blth=Scheide flach; Kolben überall mit Blth. bedeckt; Fr. eine Beere. ⚃ S. 273.
Najas. L. Männl. Blth.: statt des P. eine krugf. Blthscheide, den Staubb. einschließend; weibl. P. fehlend; Nuß 1=samig. — Wasserpfl., unter dem Wasser lebend. ☉ S. 271.
Callítriche. L. Blth. einzeln, achselst., mit 2 durchsichtigen Deckbl.; Blkr. fehlend; Frkn. 4=kantig, 4=fächerig, 4=samig. Wasserpfl. ⚃ S. 90.
Zannichellia. L. Frkn. 4—6; Gf. bleibend; Fr. eine Gruppe nuß= artiger Frchen; Nüßchen meist 3—5, gestielt. Wasserpfl. ⚃ S. 270.

3. O. Triandria. Dreimännige. Stbgf. 3.

Typha. L. Blth. dicht gedrängt in 2=walzl., kolbenartigen Aehren, männl. Aehre oben stehend; P. aus zahlreichen Borsten gebildet; Fr. lang=gestielt. Sumpf= u. Wasserpfl. ⚃ S. 272.
Spargánium. L. Blth. gedrängt in mehreren kugeligen, kolbenartigen Aehren, die männl. Aehren oben stehend; P. aus mehreren Schuppen gebildet; Fr. sitzend. Sumpf= u. Wasserpfl. ⚃ S. 272.

Carex. L. Blth. nackt, von einem Deckbl. (Balg) gestützt, in mehrblth. Aehrchen; Nuß v. einer flaschenf. Hülle eingeschlossen, eine falsche Schlauchfr. darstellend. Bl. grasartig. ♃ S. 279.

Zea. L. Männl. Aehrchen in rispig gestellten, langen Aehren; weibl. Aehrchen in blattwinkelst., von Scheiden eingehüllten, kolbenartigen Aehren; Karhopfe rundl.=nierenf., in dichten Reihen einer fleischigen Axe eingefügt. ☉ S. 292.

4. O. Tetrandria. Viermännige. Stbgf. 4.

A. Blüthen vollständig.

Buxus. L. Männl. Blth.: K. 3=th., Bltrbl. 2; weibl. Blth.: K. 4=th., Bltrbl.3; Kapsel 3=schnäbelig. ♄ S. 227.

B. Blth. unvollst., männl. u. weibl. mit einem P.

Urtica. L. Blth. 1= oder 2=häusig; männl. P. 4=th., weibl. P. 2=th.; N. sitzend, pinself.; Nuß vom P. umgeben. Kräuter mit Brennhaaren.
S. 230.

Morus. L. Weibl. P. 4=blättr., fleischig, bleibend: N. 2, fädl.; Fr. eine durch Verwachsen der fleischigen P. gebildete falsche Beere. Bäume.
S. 231.

C. Blth. unvollst., in Kätzchen; weibl. P. fehlend.

Alnus. Tourn. Deckschuppen der männl. Kätzchen 3=blth.; P. (u. A.) 4=sp.; Deckschuppen der weibl. Kätzchen 2=blth., bleibend, an der Fr. verholzend; N. 2, fadenf.; Nuß zsgedrückt. ♄ S. 240.

5. O. Pentandria—Polyandria. Fünf=—Vielmännige. Stbgf. 5—viele.

A. Blth. vollst., nicht in Kätzchen.

Myriophýllum. L. Männl. Blth. 4, sehr hinfällig; weibl. Blth. oberst. 4=blättr., Blkrbl. sehr klein; Steinfr. saftlos, in 4 Steine zerfallend. Wasserpfl. mit quirligen, fiederth. Bl. ♃ S. 89.

Sagittária. L. K. 3=th.; Blkrbl. 3; Fr. zahlreich, trocken, nicht aufspringend, auf einem kugelf. Fruchtb. — Sumpf= u. Wasserpfl. mit einfachen, gestielten Bl. ♃ S. 266.

B. Blth. unvollst., die männl. in Kätzchen, die weibl. in wenigblüthigen Aehren.

Juglans. L. Männl. Blth.: P. 2—6=th.; weibl. Blth.: 1—3 in endst. Aehren, P. oberst., 4=zähnig; Steinfr. fleischig. Bäume. S. 232.

C. Blth. unvollst., nicht in Kätzchen.

Amarántus. L. P. 3—5=th.: Stbgf. 3—5; Gf. 3; Kapsel ringsum aufspringend; Blth. klein, in meist ährenf. gestellten Knäueln. ☉ S. 214.

Atriplex. L. Männl. P. 5=blättr.; weibl. P. 2=sp. ob. 2=th.; Hautfr.; S. mit einer krustigen Samenhaut. ☉ S. 219.

Hálimus. Wallr. Samenhaut dünn, häutig; sonst wie vor. ☉ S. 219.

Ceratophýllum. L. Blthhülle 10—12=th.; Staubb. sitzend; Nuß mit einem Dorn endigend. Wasserpfl. mit gabelsp. getheilten, fadenf. Bl. ♃
S. 91.

Xánthium. L. Männl. Blth. zahlreich in Köpfchen, von einem vielblättr. HK. gestützt; weibl. Blth. 2, von dem einblättr. HK. umgeben; Fr. trocken, v. dem verhärteten HK. eingeschlossen. ☉ S. 123.

21. Klasse (5. O.; 12. O.). — 22. Kl. (2. O.; 4. O.). *55

D. Blth. unvollst., die männl. in Kätzchen; Stbgf. dem P. eingefügt.

Fagus. L. Männl. Kätzchen rundl., lang=gestielt, hängend; P. 5—6=sp.; weibl. Kätzchen 2=blth., gestielt, aufrecht, von einer vielblättr., 4=zähnigen Hülle umgeben; Fr. 1—2 dreikantige Nüsse, von der stachelig gewordenen Cupula umschlossen. Bäume. S. 233.
Castanea. Tourn. Männl. Blth. in sitzenden Knäueln an aufrecht=stehenden, langen Kätzchen; P. 6=th.; Hülle der weibl. Blth. 4=sp., mit Schuppen u. Borsten umgeben, 2—3=blth.; Frkn. 5—8=fächerig; Nuß 1=, selten 2=samig, von der stacheligen Hülle um= geben. Bäume. S. 233.
Quercus. L. Männl. Blth. in Knäueln an fadenf., hängenden Kätzchen; untere Hülle der weibl. Blth. zu einem die Fr. (Eichel) unten umschließenden Näpfchen verwachsen. Bäume mit gleichzeitigen Blth. S. 234.

E. Blth. unvollst., männl., od. männl. u. weibl., in Kätzchen; Stbgf. den Kätzchenschuppen eingefügt.

Córylus. L. Männl. Blth. in hängenden Kätzchen; weibl. Blth. knospenf.; N. 2, fadenf., purpurroth; Nuß mit einer 2=sp., zerschlitzten, becherartigen Hülle umgeben. ♄. S. 234.
Carpínus. L. Männl. u. weibl. Blth. in Kätzchen; äußere Schuppen der weibl. Blth. abfallend, die inneren bleibend, bei der Fr. blattartig ver= größert, die mit dem P. gekrönte Nuß einseitig bedeckend. Bäume. S. 235.
Bétula. L. Männl. u. weibl. Blth. in Kätzchen; Stbgf. 6; Nuß ge= flügelt. ♄ S. 239.

F. Blth. unvollst., männl. u. weibl. nackt, in kugeligen Kätzchen.

Plátanus. L. Männl. Kätzchen aus zahlreichen Stbgf., weibl. aus zahlreichen Frkn. gebildet; Fr. lederartig, nicht aufspringend. Bäume. S. 233.

G. Blth. unvollst., ohne Blth.= u. Fr.=Hülle; Same nackt; Samenstand ein Zapfen.

Pinus. L. Blth. in Kätzchen; Zapfen aus verholzten Schuppen ge= bildet; S. geflügelt, Flügel bleibend od. abfallend. Bäume. S. 318.

12. O. Polyadelphia. Vielbrüdrige.

Stbgf. 5, davon 4 paarweise zsgewachsen, der fünfte frei; Staubb. frei ob. zsgewachsen.

Cucúrbita. L. Blkr. 5=sp.; Staubb. zsgewachsen; Fr. fleischig, rindig; S. zsgedrückt mit einem wulstigen Rande. — Ranken ästig. ☉ S. 92.
Cúcumis. L. Blkr. 5=th.; Staubb. zsneigend; Fr. fleischig, rindig; S. mit spitzem Rande. — Ranken einfach. ☉ S. 93.
Bryónia. L. Blkr. 5=th.; Fr. eine kleine, dünnhäutige Beere; S. zu beiden Seiten convex. ♃ S. 93.
Sicyos. L. Stbgf. oben verwachsen; Fr. eif., mit langen, stacheligen Borsten besetzt. ☉ S. 93.

XXII. Kl. Dioecia. Zweihäusige.

2. O. Diandria. Zweimännige. Stbgf. 2.

Salix. L. Blth. in Kätzchen, Deckschuppen der Blth. ungetheilt; P. fehlend, statt seiner 1 ob. 2 Honigdrüsen am Grunde der Blth.: Stbgf. 2—10; Frkn. 1, vieleiig; Kapsel längl., 2=klappig; S. sehr klein, mit langen Seidenhaaren. ♄ S. 235.

4. O. Tetrandria. Viermännige. Stbgf. 4.

Hippóphaë. L. Männl. P. 2=th.; Stbgf. 4; weibl. P. röhrig, 2=sp.; N. 1, ver= längert. ♄ S. 226.

Viscum. L. Männl. Blth.: K. fehlend, Blkr. 4=th., Staubb. an die Lappen der Blkr. angewachsen; weibl. Blth : KRand kurz, Blkr. 4=blättr., Gf. fehlend, N. stumpf. — Auf Bäumen schmarotzender Strauch. S. 113.
Spinacia. L. Männl. P. 4=th., weibl. P. bauchig=röhrig, 2—3=sp.; Gf. 4, fadenf.; Fr. mit dem erhärteten P. verwachsen. ☉ u. ☉ S. 219.

5. O. Pentandria. Fünfmännige. Stbgf. 5.

Cánnabis. L. Männl. P. 5=th., weibl. P. 1=blättr., auf der einen Seite der Länge nach gespalten; Nuß vom P. umgeben. ☉ S. 231.
Húmulus. L. Männl. P. 5=th., weibl. P. schuppenf., innerhalb der Deck= schuppen einer zapfenartigen Aehre. Windende Kräuter. ♃ S. 231.
Juníperus. L. Blth. in Kätzchen; männl. Kätzchen eif., Staubb. ein= fächerig, der Basis der Schuppen angewachsen; weibl. Kätzchen kugelig, Blth. zu 3, von den zsgewachsenen, fleischigen Schuppen umgeben; Fr. eine Zapfenbeere. ♄ S. 318.
Taxus. L. Männl. Blth. in Kätzchen, Staubb. einfächerig, an schildf. Schuppen unterseits angewachsen; weibl. Blth. einzeln; Eichen nackt; falsche Steinfr. ♄ S. 318.

7. O. Octandria. Achtmännige. Stbgf. 8.

Pópulus. L. Blth. in Kätzchen, Deckschuppen der Blth. eingeschnitten; P. becherf., der Deckschuppe eingefügt; Stbgf. 8—24; Frkn. 1= bis viel= eiig; Kapsel längl., 2=klappig; S. sehr klein, mit langen Seidenhaaren. Bäume. S. 238.

8. O. Enneandria. Neunmännige. Stbgf. 9.

Mercuriális. L. P. 3—4=th., klein, grünl.; männl. Blth.: Stbgf. 9—12; weibl. Blth.: Gf. kurz; N. 2, verlängert; Kapsel 2=, selten 3=fächerig; Kräuter. S. 229.
Hydrocháris. L. K. 3=th., der weibl. oberst.; Blkrbl. 3; Gf. kurz; Blth. 6; N. 2=th. — Wasserpfl. mit gestielten, schwimmenden Bl. ♃ S. 241.

10. O. Dodecandria. Zwölfmännige. Stbgf. 12—20.

Stratiótes. L. K. 3=th., der weibl. oberst.; Blkr. 3=blättr.; innere Stbgf. der männl. Blth. 12, ausgebildet, äußere 20—30, unfruchtb.; Gf. der weibl. Blth. 6, 2=sp. — Wasserpfl. mit schwertf., sitzenden Bl. ♃
S. 241.

XXIII. Kl. Polygamia. Vielehige.

Pflanzen, welche Zwitterblth. u. eingeschlechtl. Blth. zugleich tragen. — Die Gattungen dieser Klasse sind in die vorhergehenden Klassen, welche der Zwitterblüthe entsprechen, vertheilt.

XXIV. Kl. Cryptogamia. Verborgenblüthige.

Pflanzen ohne wahre Blth., blüthenlose Pfl.

III. Eintheilung der Gefäß-Pflanzen nach dem natürlichen System.

1. Haupt-Abtheilung. Phanerogamae, Blüthen-Pflanzen.	1. Abtheilung. Angiospermae, Verhüllt-samige.	1. Unterabtheilung. Dicotyledones, Zwei- (oder mehr-)keimblättrige. Dicotyledonen oder Dicotylen.	1. Ordnung. Polypetalae, mit mehrblättr. Blumenkr.	1. Unterordn. Polyp. stam. hypogynis, mit bodenst. Stbgf. S. 3.
				2. Unterordn. Polyp. stam. perigynis, mit kelchst. Stbgf. S. 53.
				3. Unterordn. Polyp. stam. epigynis, m. stempelst. Stbgf. S. 99.
			2. Ordnung. Monopetalae, mit einblättriger Blumenkr.	1. Unterordn. Monop. corolla epigyna, mit stempelstänb. Blkr. S. 113.
				2. Unterordn. Monop. corolla perigyna, m. kelchstänb. Blkr. S. 161.
				3. Unterordn. Monop. corolla hypogyna, m. bodenst. Blkr. S. 165.
			3. Ordnung. Apetalae, Blumenkronlose.	1. Unterordn. Apetalae m. Zwitterblth. S. 214.
				2. Unterordn. Apetalae m. eingeschl. Blth. S. 227.
		2. Unterabtheilung. Monocotyledones, Einkeimblättrige. Monocotyledonen oder Monocotylen.		1. Unterordn. Mon. stam. epigynis, mit oberweib. (stempelst.) Stbgf. S. 241.
				2. Unterordn. Mon. stam. perigynis, mit umweib. (kelchst.) Stbgf. S. 249.
				3. Unterordn. Monocot. staminibus hypogynis, mit unterweib. (bodenstänb.) Stbgf. S. 266.
	2. Abtheilung. Gymnospermae. Nacktsamige Phanerog. S. 317.			
2. Haupt-Abthlg. Cryptogamae, Blüthen-lose Pfl.	Cryptogamae vasculares, Gefäß-Kryptogamen. S. 320.			

Uebersicht der natürlichen Familien der Gefäßpflanzen des Gebiets.

Erste Hauptabtheilung. Phanerogamen. Phanerogamae.

I. Abtheilung. **Verhülltsamige Phanerog.** Angiospermae.
1. Unterabtheilung. **Dicotyledonen** (Dicotylen). Dicotyledones.
1. Ordnung. **Dicotylen mit mehrblättr. Blkr.** Dic. polypetalae.
1. Unterordnung. Polypetale Dic. mit bodenständigen Stbgf.

1. Familie.	Ranunculaceen, Ranunculaceae. Juss.	S. 3.
2. Fam.	Berberideen, Berberideae. Vent.	S. 11.
3. Fam.	Nymphäaceen, Nymphaeaceae. Salisb.	S. 12.
4. Fam.	Papaveraceen, Papaveraceae. Juss.	S. 12.
5. Fam.	Fumariaceen, Fumariaceae. Dec.	S. 13.
6. Fam.	Cruciferen, Cruciferae. Juss.	S. 15.
7. Fam.	Cistineen, Cistineae. Juss.	S. 27.
8. Fam.	Violaceen, Violaceae. Vent.	S. 28.
9. Fam.	Resedaceen, Resedaceae. Dec.	S. 31.
10. Fam.	Droseraceen, Droseraceae. Dec.	S. 31.
11. Fam.	Polygaleen, Polygaleae. Juss.	S. 32.
12. Fam.	Sileneen, Sileneae. Dec.	S. 33.
13. Fam.	Alsineen, Alsineae. Dec.	S. 38.
14. Fam.	Elatineen, Elatineae. Camb.	S. 43.
15. Fam.	Lineen, Lineae. Dec.	S. 43.
16. Fam.	Malvaceen, Malvaceae. R. Br.	S. 44.
17. Fam.	Tiliaceen, Tiliaceae. Kunth.	S. 46.
18. Fam.	Hypericeen, Hypericeae. Juss.	S. 46.
19. Fam.	Acerineen, Acerineae. Dec.	S. 48.
20. Fam.	Hippokastaneen, Hippocastaneae. Dec.	S. 48.
21. Fam.	Ampelideen, Ampelideae. Kunth.	S. 49.
22. Fam.	Geraniaceen, Geraniaceae. Juss.	S. 49.
† Fam.	Tropäoleen, Tropaeoleae. Juss.	S. 52.
23. Fam.	Balsamineen, Balsamineae. Rich.	S. 52.
24. Fam.	Oxalibeen, Oxalideae. Juss.	S. 52.
25. Fam.	Rutaceen, Rutaceae. Juss.	S. 53.

2. Unterordnung. Polypetale Dic. mit kelchständigen Stbgf.

26. Fam.	Celastrineen, Celastrineae. R. Br.	S. 53.

Uebersicht der natürlichen Familien.

27. Fam. Rhamneen, Rhamneae. R. Br. . . . . S. 54.
28. Fam. Papilionaceen, Papilionaceae. Dec. . . . . S. 55.
29. Fam. Amygdaleen, Amygdaleae. Juss. . . . . S. 72.
30. Fam. Rosaceen, Rosaceae. Lindl. . . . . S. 74.
31. Fam. Sanguisorbeen, Sanguisorbeae. Juss. . . . . . . S. 83.
32. Fam. Pomaceen, Pomaceae. Juss. . . . . S. 84.
33. Fam. Onagrieen, Onagrieae. Juss. . . . . S. 86.
34. Fam. Halorageen, Halorageae. R. Br. . . . . S. 89.
35. Fam. Hippurideen, Hippurideae. Link. . . . . S. 90.
36. Fam. Callitrichineen, Callitrichineae. Link. . . . . . . S. 90.
37. Fam. Ceratophylleen, Ceratophylleae. Gray. . . . . . S. 91.
38. Fam. Lythrarieen, Lythrarieae. Juss. . . . . S. 91.
39. Fam. Cucurbitaceen, Cucurbitaceae. Juss. . . . . . . S. 92.
40. Fam. Portulaceen, Portulaceae. Juss. . . . . S. 93.
41. Fam. Paronychieen, Paronychieae. St. Hil. . . . . . S. 94.
42. Fam. Crassulaceen, Crassulaceae. Dec. . . . . S. 96.
43. Fam. Grossularieen, Grossularieae. Dec. . . . . S. 97.
44. Fam. Saxifrageen, Saxifrageae. Juss. . . . . S. 98.

3. Unterordnung. Polypetale Dic. mit stempelständigen Stbgf.

45. Fam. Umbelliferen, Umbelliferae. Juss. . . . . S. 99.
46. Fam. Araliaceen, Araliaceae. Juss. . . . . S. 112.
47. Fam. Corneen, Corneae. Dec. . . . . S. 112.
48. Fam. Lorantheen, Lorantheae. Juss. . . . . S. 113.

2. Ordnung. **Dicotylen mit einblättr. Blkr.** Dic. monopetalae.

1. Unterordnung. Monopetale Dic. mit stempelständiger Blkr.

49. Fam. Caprifoliaceen, Caprifoliaceae. Dec. . . . . . . S. 114.
50. Fam. Rubiaceen, Rubiaceae. Juss. . . . . S. 116.
51. Fam. Valerianeen, Valerianeae. Dec. . . . . S. 119.
52. Fam. Dipsaceen, Dipsaceae. Dec. . . . . S. 120.
53. Fam. Ambrosiaceen, Ambrosiaceae. Link. . . . . . . S. 123.
54. Fam. Compositen, Compositae. Adans. . . . . S. 124.

2. Unterordnung. Monopetale Dic. mit kelchständiger Blkr.

55. Fam. Campanulaceen, Campanulaceae. Juss. . . . . . S. 161.
56. Fam. Vaccineen, Vaccineae. Dec. . . . . S. 164.

3. Unterordnung. Monopetale Dic. mit bodenständiger Blkr.

57. Fam. Ericeen, Ericeae. R. Br. . . . . S. 165.
58. Fam. Oleaceen, Oleaceae. Lindl. . . . . S. 168.
59. Fam. Asclepiadeen, Asclepiadeae. R. Br. . . . . . . S. 169.
60. Fam. Apocyneen, Apocyneae. R. Br. . . . . S. 170.
61. Fam. Gentianeen, Gentianeae. Juss. . . . . S. 170.
62. Fam. Convolvulaceen, Convolvulaceae. Juss. . . . . . S. 172.
63. Fam. Boragineen, Boragineae. Juss. . . . . S. 174.
64. Fam. Solaneen, Solaneae. Juss. . . . . S. 180.
65. Fam. Scrophularineen, Scrophularineae. R. Br. . . . . S. 182.
66. Fam. Labiaten, Labiatae. Juss. . . . . S. 194.
67. Fam. Verbenaceen, Verbenaceae. Juss. . . . . S. 207.
68. Fam. Lentibularien, Lentibulariae. Rich. . . . . . . S. 208.
69. Fam. Primulaceen, Primulaceae. Vent. . . . . S. 208.
70. Fam. Plumbagineen, Plumbagineae. Juss. . . . . . . S. 212.
71. Fam. Plantagineen, Plantagineae. Juss. . . . . S. 213.

3. Ordnung. **Blumenkronlose Dicotylen.**
1. Unterordnung. Apetale Dic. mit Zwitterblüthen.

72. Fam. Amarantaceen, Amarantaceae. Juss. . . . . . . S. 214.
73. Fam. Chenopodeen, Chenopodeae. Vent.. . . . . . . S. 215.
74. Fam. Polygoneen, Polygoneae. Juss. . . . . S. 220.
75. Fam. Thymeleen, Thymeleae. Juss. . . . . S. 224.
76. Fam. Santalaceen, Santalaceae. R. Br. . . . . S. 225.
77. Fam. Aristolochieen, Aristolochieae. Juss. . . . . . . S. 226.

2. Unterordnung. Apetale Dic. mit eingeschlechtlichen Blth.

78. Fam. Euphorbiaceen, Euphorbiaceae. Juss. . . . . . . S. 227.
79. Fam. Urticeen, Urticeae. Juss. . . . . S. 230.
80. Fam. Juglandeen, Juglandeae. Dec. . . . . S. 232.
† Fam. Plataneen, Plataneae. Mart. . . . . S. 233.
81. Fam. Cupuliferen, Cupuliferae. Rich. . . . . S. 233.
82. Fam. Salicineen, Salicineae. Rich. . . . . S. 235.
83. Fam. Betulineen, Betulineae. Rich. . . . . S. 239.

2. Unterabtheilung. **Monocotyledonen (Monocotylen).**
Monocotyledones.

1. Unterordnung. Monocotylen mit stempelst. Stbgf.

84. Fam. Hydrocharideen, Hydrocharideae. Juss. . . . . . S. 241.
85. Fam. Orchideen, Orchideae. Juss. . . . . S. 242.

2. Unterordnung. Monocotylen mit kelchst. Stbgf.

86. Fam. Irideen, Irideae. Juss. . . . . S. 249.
87. Fam. Amaryllideen, Amaryllideae. R. Br. . . . . . . S. 250.
88. Fam. Smilacineen, Smilacineae. R. Br. . . . . S. 251.
89. Fam. Liliaceen, Liliaceae. Juss. . . . . S. 253.
90. Fam. Colchicaceen, Colchicaceae. Dec. . . . . S. 260.
91. Fam. Junceen, Junceae. Dec. . . . . S. 260.

3. Unterordnung. Monocotylen mit bodenst. Stbgf.

92. Fam. Butomeen, Butomeae. Rich. . . . . S. 266.
93. Fam. Alismaceen, Alismaceae. Lindl. . . . . S. 266.
94. Fam. Juncagineen, Juncagineae. Rich. . . . . S. 267.
95. Fam. Potameen, Potameae. Juss. . . . . S. 267.
96. Fam. Najadeen, Najades. Juss. . . . . S. 271.
97. Fam. Lemnaceen, Lemnaceae. Dec. . . . . S. 271.
98. Fam. Typhaceen, Typhaceae. Juss. . . . . S. 272.
99. Fam. Aroideen, Aroideae. Juss. . . . . S. 273.
100. Fam. Halbgräser, Cyperaceae. Juss. . . . . S. 274.
101. Fam. Gräser, Gramineae. Juss. . . . . S. 290.

II. Abtheilung. **Nacktsamige Phanerog.** Gymnospermae.

102. Fam. Coniferen, Coniferae. Juss. . . . . S. 318.

Zweite Hauptabtheilung. Kryptogamen. Cryptogamae.
Gefäß-Kryptogamen. Cryptogamae vasculares.

103. Fam. Equisetaceen, Equisetaceae. Dec. . . . . S. 320.
104. Fam. Farnkräuter, Filices. Juss. . . . . S. 321.
105. Fam. Lycopodiaceen, Lycopodiaceae. Swartz. . . . . S. 327.
106. Fam. Marsileaceen, Marsileaceae. R. Br. . . . . . . S. 329.

Beschreibung der Gefäßpflanzen,

welche um **Magdeburg** in einem Umkreise von 5 bis 6 Meilen (im Radius) und in den zum Theil schon eingeschlossenen Gebieten der Städte **Bernburg** und **Zerbst** in einem Umkreise von je 2 bis 3 Meilen wild wachsen, oder im Großen angebaut werden, mit kurzer Angabe der im Gebiete am Meisten cultivirten Zierpflanzen;
geordnet
nach der natürlichen Methode.

Anm. Die bereits von Scholler in seiner vor 100 Jahren erschienenen Flora Barbiensis angeführten S t a n d ö r t e r sind mit einem * bezeichnet. —
F a m i l i e n, G a t t u n g e n und A r t e n, die im Gebiete weder spontan sind, noch im Großen angebaut werden, haben ein †, und führen keine Nummer.

Gefäßpflanzen.

Pflanzen mit Gefäßbündeln versehen.

Erste Hauptabtheilung. **Phanerogamen.**
Phanerogamae. *Kunth.* **Cotyledoneae.** *Juss.*

Gefäßpflanzen mit Blüthen und Samen. Same entweder bedeckt, d. h. mit einer Fruchthülle umgeben — Angiospermen —, oder nackt (ohne Fruchthülle) — Gymnospermen.

I. Abtheilung. **Verhülltsamige Phanerogamen.**
Angiospermae.

Blüthenpflanzen mit Samen, die in eine Fruchthülle eingeschlossen sind. Samenkeim von zwei, selten mehreren, Samenlappen — Dicotyledonen —, oder nur von einem Samenlappen umgeben — Monocotyledonen.

1. Unterabtheilung. **Dicotyledonen** (Dicotylen).
(Zweikeimblättrige oder ringfasrige.)
Dicotyledones. Juss. Exogenae. Dec.

Samenkeim von zwei gegenständigen Samenlappen (Keimblättern) selten von mehreren eingeschlossen, sehr selten fehlen sie gänzlich (bei blätterlosen Pflanzen), oder es zeigt sich nur ein Keimblatt. — Die Dicotylen haben eine Pfahlwurzel; ihr Stengel (Stamm) zeigt Rinde, Holz und Mark; die Blätter sind netzförmig geadert, und die Zahl der Blüthentheile ist gewöhnlich fünf, oder durch 5 theilbar.

Die Blumenkrone der Dicotyledonen ist entweder mehrblättrig — polypetale Dic. —, oder einblättrig — monopetale Dic. —, oder sie fehlt — apetale Dic. —

Ranunculaceen (Clematibeen).

1. Ordnung. **Dicotyledonen mit mehrbl. Blkr.**
Dicotyledones polypetalae.

Sie zerfallen je nach der Insertion der Staubgefäße in drei Unterordnungen: 1) mit bodenständigen Stbgf.; 2) mit kelchständigen Stbgf. und 3) mit stempelständigen Stbgf.

1. Unterordnung. **Polypetale Dicotyledonen mit bodenständigen (unterweibigen) Staubgefäßen.**
Dicotyledones polypetalae staminibus hypogynis.

Blüthenkreise mit einander nicht verwachsen; Stbgf. auf dem Blüthenboden frei zw. K. u. Frkn. stehend; K. stets unterst., Frkn. stets oberst. —

1. Familie. **Ranunculaceen**, Ranunculaceae. Juss.

Kräuter, selten Sträucher, mit abwechselnden, zuweilen gegenüberstehenden Bl., Blattstiel am Grunde scheidenartig erweitert; Blth. zwitterig; K. 3- bis 6-blättr., meist abfallend, oft gefärbt; Blkr. 5- bis 15-blättr., regelm., selten unregelm., zuweilen fehlend; Stbgf. zahlreich, Staubb. mit 2 Längsspalten u. in der Regel auswärts aufspringend; Frkn. mehrere, selten 1—3; Gf. ungetheilt; N. einfach; Fr. ob. Früchtchen: eine einsamige Nuß, ob. eine mehrsamige Balgkapsel (sehr selten eine Beere).

Anm. Die Gattungen dieser Familie gruppiren sich wie folgt:
1. Staubbeutel auswärts aufspringend.
A. Blkr. in der Knospenlage klappig; Bl. gegenüberstehend.
1. Gruppe Clematibeen. (Clematis.)
B. Blkr. in der Knospenlage dachig; Bl. abwechselnd.
a. Früchtchen nußartig.
α. Blkr. fehlend ob. ohne Honiggrübchen.
2. Gr. Anemoneen. (Thalictrum. Anemone. Adonis.)
β. Blkr. am Grunde mit einem Honiggrübchen.
3. Gr. Ranunculeen. (Myosurus. Ranunculus.)
b. Früchtchen balgkapselartig.
4. Gr. Helleboreen. (Caltha. Trollius. Helleborus. Aquilegia. Delphinium. Aconitum.)
2. Staubbeutel einwärts aufspringend.
5. Gr. Päoniaceen. (Paeonia.)

1. Gruppe. **Clematibeen.** K. blumenkronartig, Knospenlage klappig ob. einwärts gefaltet; Blkr. (u. A.) fehlend; Staubb. auswärts aufspringend; Früchtchen 1-samig, nußartig, (bei u. A.) durch den fortwachsenden Gf. geschwänzt; Blätter gegenüberstehend.

I. Clématis[1]). L. **Waldrebe.**

K. 4—5-blättr. ansehnlich; Blkr. fehlend; — St. kraut- ob. strauchartig; Bl. (u. A.) einfach gefiedert.

1. C. recta. L. Steife W. — St. kraut-, doch staudenartig, aufrecht; Kbl. längl., kahl, nur am Rande etwas flaumh., weißgefärbt. ♃ — Wiesen, Gebüsch, Waldsäume, lichte Waldstellen. ·6—7. — Nur im Elb-Al., hier aber zieml. häufig, z. B. 2 **W**. Unterholzerb. bei Rogätz. 2 B. Deichwall bei Burg. 3 **M**. Rothehorn-Wf.; Commandantenwerder; Biederitzer Busch. 4 **S**. Kapitelbusch bei Schönebeck; Grünewald. 4 B. * Saum der Grüneberger F.; Breitenhagener u. Löbderitzer F. 4 Z. Stedkbyer F.; hoher bew. Abhang zw. Steuz u. Riezmeck (reichl.); Unterbusch bei Aken.

---

[1]) Von κλῆμα, Ranke.

4 Polypetale Dic. mit bobenst. Stbgf.

† C. integrifolia. L. Ganzblättr. W. — St. krautartig, aufrecht; Bl. einfach, eif.-längl., spitz, ganzrandig; Kbl. längl., spitz, violett. ⚄ — Zierpfl. aus Süddeutschland. 6. 7. — In Gärten u. Anlagen.

2. C. Vitalba. L. Gemeine W. — St. strauchartig, liegend u. kletternd emporsteigend; Kbl. längl., auf beiden Seiten filzig, weiß. ♄ — Zäune, Gebüsch, lichte Waldstellen. 6—7. — Nur im Fl. u. auch hier sehr selten: 1 C. Rehm; unter Gestr. am hohen steinigen Alleruf. zw. Schwanefeld u. Walbeck. 2 N. Embener F. unweit der Schäferei (reichl.). — Zuweilen angepfl., auch hier u. da verwildert.

† C. Flammula. L. Duftende W. — St. strauchartig kletternd; Bl. doppeltgefiedert; Kbl. längl., auf beiden Seiten kahl, am Rande behaart, weiß, wohlriechend. ♄ — Zierstrauch aus Süddeutschl. 6. 7. — In Gärten u. Anlagen.

† C. Viticella. L. Blaue W. — St. strauchartig, klimmend; Bl. doppeltgefiedert; Kbl. violett, groß; Fr. ungeschwänzt. ♄ — Zierpfl. aus Südeuropa. 6—8. — Vielfach in Gärten als Schlingpfl. zur Bekleidung von Baumstämmen u. Lauben.

2. Gruppe. **Anemoneen.** Knospenlage dachig; Blkrbl. fehlend od. flach, ohne Honiggrübchen; Staubb. auswärts aufspringend; Frchen 1-samig, nußartig, zuweilen geschwänzt; Bl. abwechselnd.

2. Thaliotrum. L. Wiesenraute.

K. 4—5-blättr., klein u. unansehnl., hinfällig; Blkr. fehlt; Frchen ungeschwänzt, (bei u. A.) längsfurchig, auf 1 kleinen, scheibenf. Fruchtb. eingefügt; Bl. mehrfach zsgesetzt.

A. Früchtchen glatt, gestielt.

† T. aquilegifolium. L. Akeleiblättr. W. — Bl. 2—3-fach gefiedert; Verästelungen des Blstiels mit Nebenblättchen; Blth. grünl. Staubf. lila; Frchen 3-kantig. ⚄ — Im Geb. nicht wild; aber in Gärten als Zierpfl. 5—6.

B. Frchen längsfurchig, sitzend.

a. Blth. der Rispe entfernt u. locker, nebst den Stbgf. hängend.

3. T. Jaquinianum. Koch. (T. flexuosum. Bernh.) Jaquins W. — St. gerieft, mehr od. weniger hin- u. hergebogen; Bl. gestielt; Blättchen rundl., 3-sp., 5—9-zähnig, unterseits graugrün; Blth. der Rispe zerstreut, nebst den Stbgf. niederhängend. ⚄ — Wiesen, Triften, Raine, Ackerränder, Haine, Wälder, Anhöhen. 6—8. — Variirt in der Größe der Staube, der Rispe u. der Blätchen. — Im Geb. nicht selten; z. B. 1 B. Wf. am Eschengehege bei Büthen. 2 N. am Judenfriedhof bei Neuhaldensl.; A. bei Alvensl.; hohes Olveuf. 2 W. Rogäzer F. 2 B. Trift an der Detershagener F.; Grabower F. 3 S. Rain bei Belsb. 3 W. Blumenh. 3 M. Werder; Commandantenwerder, Rothehornwf.; Martinswerder. 3 MÖ. Verdung bei Lüttgenziaz. 3 L. Rain zw. Göbel u. Klappermühle. 4 E. Ghpsbruch bei Westeregeln. 4 S. Ebwf. hinter dem Kapitelbusch; Wolfskehle. 4 B. Lödderitzer F. 4 Z. Lindauer Gehege; A. Bias. 5 S. Hecklinger Busch. 5 C. Elenbäb. bei Brumbg; Zenser B. 5 B. Saalwf. zw. Nienburg u. Dröbelschen Bsch.; felsiges linkes Saaluf. bei Rothenburg (reichl.); an der Kobleneisend. bei Biendorf; A. zw. Sandersl. Schießh. u. Busch; Sandersl. Bsch.; Sperenberg.

b. Rispe fast ebensträußig, Blth. gedrängt, nebst den Stbgf. aufrecht.

4. T. angustifolium. Jacq. Schmalblättrige W. — St. gefurcht; Bl. sitzend; Blättchen schmal-keilf. ob. lineal, ganz ob. 3-sp., glänzend, unterseits fein flaumh., Frchen längl. ⚄ — Wiesen, Waldränder, lichte Waldstellen. 6—7. — Zerstreut durch b. Geb. z. B. 1 C. Rohrberg; Wf. neben der Ziegelei am Oehr. 2 N. Bischofswald; Süpplinger Wf. am Budegrin. 2 B. Wf. zw. Detershagen u. Lökekühn. 3 M. Rothehorn. 4 S. Schöneb. Busch; Wolfskehle; Kapitelbusch u. Buschwf. 4 B. Lödderitzer F. 4 Z. Elbwf. bei der Akener Ziegelei.

5. T. flavum. L. Gelbe W. — W. kriechend; St. gefurcht; Bl. sitzend; Blättchen rundl. ob. breit-keilf., 3—5-lappig ob. sp., kahl, die Blättchen der oberen Bl. längl.; Frchen rundl. ⚄ — Nasse Wiesen, feuchte Wiesengründe; auch feuchte Waldungen, Ufer, Weidengebüsch. 7—8. — Auf moorigen u. bruchigen Wf. u. in den Vertiefungen der Elb-, Saal- u. Bodewf. häufig.

Ranunculaceen (Anemoneen). 5

3. Anemóne[1]). L. **Windröschen.**

K. blumenkronartig, gefärbt, 5=—mehrblättr., groß u. ansehnl.;
Blkr. fehlt; Frchen auf einem verdickten, halbkugel= ob. kegelf. Fruchtb.
eingefügt, bei der Rotte Pulsatilla geschwänzt; Blthstiel schaftartig,
oben mit einer kelch= ob. blattartigen Hülle versehen.

1. Rotte. Hepatica. Hülle kelchartig, 3=zählig, sitzend, kleiner als die Blth., die Lappen ungetheilt.

6. A. hepatica. L. (Hepatica triloba. Gil.) Dreilappiges W.
(Leberblume). — Bl. lederartig, 3=lappig, Lappen breiteif., ganz=
randig; Blth. auf 1=blüthigem Schafte, vorlaufend, blau. ⚁ — Laubwäl=
der, Haine. Kalkliebend. 3—5. — Im Fl. ziemli. häufig, im Dl. selten; z. B.
1 C. Buchb. bei Walbeck; Rehm; Domberg. 2 N. Klepperb. bei Schwanefeld; Bischofs=
wald; Wellenberge bei Dönstedt. 3 S. Lenchen=Busch bei Sommerschenburg; Hohes H.;
Saures H. 3 MÖ. Papstdorfer F.; Verbung. 4 E. Hakel (reichl.). 4 Z. Rathsbruch.
5 B. Sandersl. u. Freckleber Busch. — In Gärten als Einfassung, hier auch roth blühend;
in Parkanl. zuweilen verwildert.

2. Rotte. Pulsatilla. Hülle 3=zählig, sitzend, gefingert=vielth.,
aufrecht, an der Basis in eine Scheide verwachsen, grauzottig; Blth.
einzeln, glockig; Fr. mit langem, grauhaarigen Schweife.

7. A. Pulsatilla. L. (Pulsatilla vulgaris. Mill.) Violettes W.
(Küchenschelle). — Blth. ziemli. aufrecht; K. doppelt so lang als die
Stbgf., schön hellviolett, großglockig. ⚁ — Sonnige Hügel, Heiden. 4—6;
zuweilen auch im Herbst. — Im Fl. auf Porphyr u. nordischem Grand u. im Dl.
ziemli. häufig u. meist sehr gesellig. Z. B. 1 C. Calvörder F. (Höhen östl. v. Wieglitz).
1 B. Kiefern zw. Kröchern u. Heinrichshorst. 2 N. Porphyrhügel bei Alvensl.; Pudegrin;
Zernitz; Neuhaldensl. Stadtf.; Colbitzer Heide. 2 W. Rogätzer F. 2 B. Brehmer B. bei
Burg; Sandhöhe östl. am Bürgerholz; Grabower F. 3 M. Hängelberge; Schnarsl. B.
(Rattenthal); Hohenwarsl. B. 3 MÖ. Blache Heide zw. Mödern u. Gr. Lübars. 3 L.
Blache Heide zw. Dörnitz u. Gr. Lübars. 4 S. Wahlitzer F.; Kiefern bei Plötzky. 4 B.
Höhen zw. Pretzien u. Dornburg. 4 Z. Sandhöhen des Schießstandes bei Zerbst.

8. A. pratensis. L. (Pulsatilla prat. Mill.) Wiesen=W. — Blth.
nickend; KBl. an der Spitze zurückgebogen; K. kaum länger als die
Stbgf., dunkelviolett, kleinglockig. ⚁ — Sonnige Hügel, Heiden. 4—5 —
Im Fl. auf Hügeln mit nordb. Grand (fehlt auf Porphyr), im Dl. u. Al. ziemli.
häufig; z. B. 1 C. Calvörder F. (Höhen östl. b. Wieglitz). 1 B. Sandhügel der Kiefern
zw. Kröchern u. Heinrichshorst. 2 N. Neuhaldensl. Stadtf.; Kolbitzer Heide. 2 W. Ro=
gätzer F. 2 B. Sandhöhen Ihleburg. 3 W. Wiesenb. bei Niederndodel. 3 M. Schnarsl.
B. 4 S. Westerhüsener u. Frohser B.; Mühlenb. Eikendorf. 4 B. *Sandhügel (Weinberg)
bei Dornburg; Dobnitzer Bsch. (Haselb.). 4 Z. Elbuferhöhe bei Stedby. 5 C. Glenbsb.
5 B. Kirschb. zw. Könnern u. der Georgsburg. u. Anhöhe bei der Eisenbahn. — A. prat.
findet sich nur zuweilen mit A. Puls. untermischt, meist wachsen beide Arten getrennt.

3. Rotte. Anemone. Hüllbl. 3=zählig, gestielt, blattartig, den
Wurzelbl. sehr ähnlich; Blättchen eingeschnitten gesägt; Gf. an der
Fr. wenig verändert, u. nicht in einen Schweif verlängert. Die
Wurzelbl. fehlen bei einigen Arten häufig an der blühenden Pfl.

9. A. sylvestris. L. Wildes W. — Wurzelbl. 5=th, Zipfel fast
rautenf., 3=sp., ungleich gesägt; Hüllbl. kurz gestielt; Blth. einzeln, groß;
Kbl. meist zu 5, eif., unterseits zottig, weiß gefärbt. ⚁ — Sonnige
Hügel. Kalkpflanze. 5. 6. — Im Gebiete bisher nur im südlichsten Fl. 5 B. Ab=
hänge zw. Alsl. u. Nelben.

10. A. nemorosa. L. Busch=W. — Hüllbl. lang gestielt, d. h. der
Stiel halb so lang als die Blattfläche; Wurzelbl. kurz gestielt, an der
blühenden Pfl. häufig fehlend; Blth. einzeln, sehr selten zu 2, mittelgroß
(halb so groß als vorige); KBl. meist zu 6 (auch 7 u. 8) länglich, auf

---

[1]) Von ἄνεμος, Wind.

beiden Seiten kahl, weiß, auswendig meist geröthet, häufig ganz roth. ♃ — Wälder, Haine, Erlenbrüche, Gesträuch, Waldwiesen und Wiesen, wo früher Wald gestanden. 4'—5'. — Im Geb. sehr häufig.

11. A. ranunculoides. L. Ranunkelartiges W. — Hüllbl. kurz gestielt (gleich $1/8$ der Blattfläche); Wurzelbl. in der Regel fehlend; Blth. einzeln oder zu 2, zuweilen zu 3, mittelgroß; KBl. zu 5, zuweilen in verdoppelter Zahl, goldgelb. ♃ — Wälder, Haine, Waldwiesen und Wiesen, die früher Wald gewesen. 4—5'. — Im Fl. u. Al. (nam. in den Saalforsten) häufig; im Tl. seltener. A. ran. kommt mit A. nemor. häufig beisammen vor, ein Bastard zwischen beiden ist aber im Geb. bis jetzt nur an einem Standorte aufgefunden.

10. † 11. A. nemorosa × A. ranunculoides. (A. intermedia Winkler.) — Hüllbl. mäßig gestielt (gleich $1/4$ der Blattfläche); Wurzelbl. an der blühenden Pfl. zuweilen vorhanden; Blth. einzeln, u. auch zu 2, unfruchtb.; KBl. zu 5 u. zu 6, zart erbsengelb. ♃ — Im Elb=Al. (4 B. Grüneberger F.) 4—5'. —

4. Adónis. L. **Adonis.**

Blth. vollständig; K. 5=blätterig, abfallend; Blkrbl. flach ob. concav, ohne Nagel u. Honiggrübchen; Früchtchen nußartig, 1=samig, geschnäbelt, ungeschwänzt; Bl. vielfach getheilt mit lincalen Zipfeln.

1. Rotte. W. einjährig; Blkr. 5=8=blättrig, mittelgroß.

† A. autumnalis L. Herbst=A. K. kahl; Blkrbl. blutroth, an der Basis schwarz. ⊙—5—10. — Häufige Zierpfl. in Gärten u. dort zuweilen verwildert.

12. A. aestivalis. L. Sommer=A. — K. kahl; Blkrbl. mennigroth ob. strohgelb, mit 1 schwarzen Fleck an der Basis ob. einfarbig; Schnabel der Früchtchen gleichfarbig. ⊙ Getreide=, Klee=, Luzernen= u. Esparsettfelder; auch wohl Wegränder, Grasgräben, Triften. 5'—7'. Variirt mit kleinen u. größeren Blth. in beiden Farben. — Im Fl. ziemi. häufig, nam. in der Umgegend des Hakel; im Tl. selten u. nur auf zweien Orten. Im Fl. z. B. 1 O. Eichenrode, Walbeck; 2 N. Gr. Bartensleben. 2 N. Moorsleben. 3 S. Ampfurt. 3 W. zw. Kl. Oscherl. u. Wanzleben. 4 O. A. Oscherl.=Reind.; zw. Hadmersl. u. Kroppenstedt; am Siekgraben; 4 E. In allen Feldmarken um den Hakel. 4 S. Eggersdorf; zw. Felgel. u. Salze; zw. Welsl. u. Dodendorf. 5 S. Rathmannsdorf. 5 B. Begabh. u. Feld zw. Trebnitz u. Mukrena; A. Krüchern; A. Bernburg=Staßfurt. — Im Tl.: 3 Mö. Feld bei Leitzkau. 4 B. Elsenb.=Damm u. A. bei Prödel. 4 Z. auf den Feldern um Trebnitz.

13. A. flammea. Jacq. Brennendrothe A. — K. rauhh.; Blkrbl. scharlachroth, an der Basis mit u. ohne schwarzen Fleck, oft verkümmert; Schnabel der Früchtchen an der Spitze brandig. ⊙ Unter dem Getreide, auf Brachfeldern. 6. 7. — Im Geb. sehr selten; bisher nur 4 E. auf A. am Kalkhüttengrund zw. Hakel u. Schadeleben.

2. Rotte. W. ausdauernd; Blkr. vielbl., groß.

14. A. vernalis. L. Frühlings=A. — K. violett; Blkr. meist 20=blättr., hellgelb; Früchtchen mit einem hakenf. Schnabel. — ♃ — Sonnige Höhen, Triftabhänge, Raine. Kalkliebend. 4—6. — Im Kalk=Fl. m. E. ziemi. häufig; z. B. 2 N. Rüsterberg, Hübnerküche u. Kupferschieferhügel bei Alvensl.; Glüsig; hohe Ufer des Olvethals. 3 S. Hohes Holz. 3 W. Triftanhöhen vor Remkersl.; 4 O. Hohes Bodeufer bei Krottorf. 4 E. Hakelberg mit aud anderen Anhöhen um Abhängen um den Hakel; Gypsbruch bei Westeregeln. 4 S. [Weiendorfer B., umgeackert]. 5 S. Raine u. Triftabh. um Hecklingen. 5 B. Hohes Saalufer bei Mukrena; Saalufer am Abhängen des Wipperthals von Giersl. bis Sandersl. — Fehlt im Sand=Fl., Tl. u. Al. —

3. Gruppe. **Ranunculen.** Knospenlage dachig; Blkrbl. am Grunde mit einem Honiggrübchen; Staubb. auswärts aufspringend; Frchen (u. A.) nußartig u. 1=samig.

Ranunculaceen (Ranunculeen). 7

5. Myosúrus[1]). L. Mäusejchwanz.

KBl. 5, gespornt; Blkrbl. 5, unansehnl., kleiner als der K., mit 1 fadenf. Nagel, der länger als die Platte, am Grunde der Platte mit 1 Honiggrübchen; Früchtchen an einer verlängert=cylindrischen Blüthen= axe. — Kleine winzige Kräuter.

15. M. minimus. L. Kleiner M. — Bl. lineal=spatelf.: Schaft 1=blüthig, zuletzt länger als die Bl.; Blth. gelbgrün od. weißl. ☉ — Feuchte Aecker, kahle Wiesenflecke, Ufer, nam. überschwemmt gewesene Stellen, Lehm= mauern. 4—6. — Im Gebiete häufig, bes. in nassen Jahren.

6. Ranúnculus[2]). L. Hahnenfuß.

Kbl. 5, selten 3, spornlos; Blkr. weiß oder gelb, meist ansehnlich u. größer als der K.; Nagel der Blkr. kürzer als die Platte, od. sehr kurz, mit einem nackten od. mit einer Schuppe versehenen Honiggrübchen; Frucht= köpfchen in der Regel rund.

1. Rotte. Batráchium[3]). Blkr. weiß, Honiggrübchen nackt; Frücht= chen unberandet, runzelig. Wasserpfl.

16. R. hederaceus. L. (Batrachium hed. E. Mey.) Epheublättr. H. — Bl. sämmtl. nierenf., stumpf=5=lappig; Früchtchen quer=runzelig, kahl. St. an den Gelenken wurzelnd; Blth. sehr klein, leicht hinfällig. ♃ — Quellen, Wassergräben, Bäche, Teiche, nam. an schlammigen Stellen. 6—8. — Nur im nordwestl. Theil des Gebiets u. auch hier nicht häufig, doch meist sehr gesellig. 1 B. Wgr. am Wege von der Scherneb. Unterförsterei nach Scherneberg; Schweine= winkel bei Burgstall an und im Dollgraben (reichl.), Mühlenbeke bei der Bläzer Mühle. 2 N. Wgr. am Schwarzen Pfuhl (reichl.); quelliger Sumpfmoor bei Statuelle; Quellgr. am Dorfe Bregenstedt. 2 W. Wgr. am Dorfe Meseberg; schlammiger Sandmoor am Mor= dahl=See bei Farsl. (wie ges.)

17. R. aquatilis. L. (Batrachium aqu. E. Mey). Wasser=H. Untergetauchte Bl. borstl. vielsp., gestielt, Zpfl. nach allen Seiten ab= stehend, schlaff; die schwimmenden Bl. nierenf.=lappig: St. stumpf= kantig; Blkrbl. verkehrt=eif.; Frchen steifhaarig. ♃ — In Lachen, Teichen, Wassergr., Bächen. 4—10. — Variirt mit mittelgroßen u. kleinen Blth. und in der Form der Bl.:

α. sämmtl. Bl. gelappt. An ausgetrockneten Stellen.
β. sämmtl. Bl. untergetaucht u. borstl. vielsp. R. paucistamineus. Tausch. (als Art).
γ. die schwimmenden Bl. tief 3=sp. R. Petiveri. Koch (als Art).

Im Geb. sehr häufig; auch die Var. β. häufig, in manchen Gegenden sogar vorherr= schend, γ. selten.

18. R. divaricatus. Schrank. (Batrachium divaric. Wimm.) Spreizender H. — Bl. sitzend, alle untergetaucht, borstl. vielsp., Zpfl. eine kreisrunde Fläche bildend, starr; St. stumpfkantig; Blthstiele viel länger als die Bl.; Blkrbl. verkehrt=eif.; Blth. mittelgroß ob. klein. ♃ — Teiche, Lachen, Wassergr., Bäche. 5—8. — Im Geb. ziemlich häufig; z. B. 1 B. Tangergr. am Buktum. 2 N. Wgr. bei der Papenmühle bei Emden. 2 W. Abzugsgr. des Mordahl=See. 2 B. Wgr. am Kanal bei Burg. 3 S. Wgr. im Seelenschen Bruch. 3 M. Teiche im Biederitz, Bsch. u. in der Kreuzhorst; Pechauer See. 3 Mö. Teich u. Wasserlöcher bei Zehdenit. 3 L. Gloinesche Bach. 4 O. Espenlache. 4 S. Röthe. 4 Z. Teich im Repuhn= schen Garten; Kühnauer See. 5 S. Teich bei Gänsefurt. 5 C. Kult zw. Rajoch u. Patzet. 5 B. Kult am Aderstedter Damm; Teich Pfitzdorf.

---

[1]) Aus μῦς. Maus u. οὐρά. Schwanz, zigel., bezügl. der Gestalt des Fruchtb. —
[2]) Diminutiv v. rana, Frosch; mit Bezug auf die im Wasser lebende Rotte Batrachium.
— [3]) Von βάτραχος. Frosch.

19. R. fluitans. Lam. (Batrachium fluit. Wimm.) Fluthen=
der H. — Bl. sämmtlich untergetaucht, vielsp., Zipfel fadenf., lang, gerade
hervorgestreckt; St. stielrund, weit hin gestreckt, im Wasser flu=
thend; Blkrbl. 9—12 längl. keilig. Blth. mittelgroß. ⚄ — Kleinere Flüsse
u. größere Bäche, meist am schnell fließenden Stellen. 5·—·9. — In der Bode
(vielfach, besonders reich von Gröningen bis Hordorf), Wipper (stw. w. gef. zw. Dsch=
marsl. u. Kölbigk) u. obere Saale (am Wehr bei Rothenburg). —

2. Rotte. Ranunculus. Blkr. gelb; Honiggrübchen von einer fleischi=
gen Schuppe bedeckt; Früchtchen berandet. — Kräuter mit be=
blättertem St.

A. Bl. ungetheilt; W. faserig.

20. R. Flammula. L. Brennender H. — WBl. oval, lang ge=
stielt, StBl. elliptisch bis schmal lancettl.; St. aufsteigend, an den Gelenken
oft wurzelnd, 15—45 cm. h., Blth. ziemt. klein; Frchen. verkehrteif.,
bauchig, schwach berandet u. kurz geschnäbelt. ⚄ — Feuchte Wiesen, feuchte
Grasstellen der Wälder, Sümpfe, Wassergr., Erlenbr. 5·—10. — Im Geb.
sehr häufig.

21. R. Lingua. L. Großer H. — Bl. verlängert=lancettl.; St. auf=
recht 60—90 cm. h., am Grunde gegliedert, wurzelnd; Blth. groß, gold=
gelb; Früchtchen schwach zsgedrückt, deutlich berandet, Schnabel breit, stark
zsgedrückt. ⚄ — Sümpfe, sumpf. Teiche, Gräben, sumpf. Ufer der Bäche.
6·—9· — Im Tl. ziemt. häufig, im Fl. u. A. selten. Z. B. 1 B. Sumpfgr. an der
Eisenb. nördl. v. Bäthen. 2 N. Kult u. Teich am Winters Busch bei Neuhaldensl. 2 W.
Samsweger Teich. 2 B. Sumpf u. Torfwiese vor Reesen; Bürgerholz. 3 M. Zibbekeleber
See; Eisenb.=Ausstich gegen Rothensee. 3 L. Teich u. Erlenbr. der Ringelsb. Mühle. 4 S.
Im Finn, unweit Plötzh. 4 B. Löbberiger F. (am Goldberger See). 4 Z. Sumpf. Ufer
der Nuthe; Wgr. im Butterdamm. 5 C. Gr. bei Diebzig, am Wege nach Drosa. 5 B. Am
Orlofs=Tümpel bei Bernburg.

B. Bl. ungetheilt ob. etwas lappig; W. büschelig.

22. R. Ficaria. L. (Ficaria verna. Huds.) Freiwurzeliger H.
(Scharbocksfraut, Feigwurzel.) — St. liegend; Bl. rundl.=herzf.,
die oberen eckig; K. meist 3=blättr.; Blth. gipfelst., einzeln, mittelgroß. ⚄
— Wälder, Haine, Erlenbr. u. Gesträuch, Weidenwerder, Hecken, Zäune,
Wiesen, Bäche. 3—5. — Im Geb. sehr häufig u. stets sehr gesellig.

C. Bl. getheilt ob. zusammengesetzt; W. vielknollig.

23. R. illyricus. L. Illyrischer H. — St. aufrecht, wie die Bl.
silbergrau, seidig=haarig; WBl. lang gestielt, die ersten einfach, die
späteren 3=zählig, Blättchen lineal=lancettl.; K. zurückgeschlagen;
Blkrbl. ziemt. groß, goldgelb. ⚄ — Sonnige Hügel, Triften. 5. 6. — Nur
im Fl., hier auf Hügeln mit nordischem Grand u. im hohen Beber= u. Olbe=Thale ziemt.
häufig, z. B. 2 N. Rüsterb. bei Albensl. u. hohes Beverufr. von Albensl. bis Althaldensl.;
hohes Olbeufer. 3 M. Silberberg bei der Neustadt. 4 S. Hummelb.; Fröhsfer B. 5 C.
*Zenser B.; *Kl. Mühlinger B.; Elendsberg. — Wird auf den Triften abgeweidet und
treibt hier meist nur Wurzelblätter.

† **R. asiaticus. L.** WBl. 3=zählig, selten ganz, Blättchen breit gelappt, vorn ungleich
gesägt; Blkrbl. groß. ⚄ Aus dem Orient. Zierpfl. mit gefüllten Blth. — 5—6.

**D. Bl. zusammengesetzt, oder tief gelappt u. gespalten; W. faserig
(bei R. bulbosus ist der St. an der Wurzel knollig verdickt); Frücht=
chen glatt.**

a. Blüthenstiel stielrund u. nicht gefurcht.

24. R. auricomus. L. Goldgelber H. — WBl. herzf. kreis=
rund u. nierenf., gekerbt; StBl. sitzend, stengelumfassend, fingerig
geth., Zpfl. lineal ob. lancettl.; Früchtchen bauchig, schwach berandet,

weichhaarig. ⚁ — Laubwälder, Haine, Gebüsch, Erlenbr., Wiesen, Dämme. 4—5 (6—8). — Im Geb. häufig.

25. R. acris. L. Scharfer H. — St. anliegend-behaart; WBl. handf. 3-th., Theile zerschlitzt, Zpfl. fast lineal; untere StBl. gleichgestaltet, gestielt; Frchen zusammengedrückt, Schnabel kurz, gekrümmt; Fruchtb. kahl. ⚁ — Wiesen, Triften, Grasgr., Wälder, Bäche. .5—9·. — Gemein.

26. R. lanuginósus. L. Wolliger H. — St. u. Bl. rauhhaarig; WBl. handf. 3-th., Theile breit gelappt, Lappen grob gesägt; untere StBl. gleichgestaltet, gestielt; Frchen zsgdrückt, Schnabel zieml. lang, zurückgerollt. ⚁ — Laubwälder. 4—6·. (—8). — Im Sand-Fl. u. Dl. ziemlich häufig, z. B. 1 C. Isern Hagen (reichl.). 1 B. Doller F. 2 N. Wälder des Alvensl. Höhenzuges. 2 W. Rogätzer u. Ramst. F. 2 B. Bürgerholz; Wolfshagen. 3 S. Marienborner F. 3 L. Lobb. Bürgerholz (reichl.). 4 Z. Liezower Bruch; Rathsbruch. — In Kalk-Fl. nur: 2 N. Klepperberg. Fehlt im Al. — Mit gefüllt. Blth. Zierpfl. in Gärten.

b. Blüthenstiel gefurcht; untere StBl. den WBl. gleichgestaltet, gestielt; Fruchtb. behaart.

27. R. polyánthemos. L. Reichblüthiger H. — St. u. Blstiel abstehend behaart; WBl. handf.-3-th., Theile mehr oder weniger breit gelappt, ob. fein zerschlitzt; Frchen. zsgdrückt, Schnabel hakig. ⚁ — Wiesen, Wälder, Gebüsch, Weidenwerder, Grasgr. 5.—9·. — Variirt in der Breite der Blattheile u. Zpfl.

α. Blattheile zerschlitzt, Zipfel lineal. R. polyanthemos.
β. Blattheile breit gelappt, Lappen grob gesägt. R. nemorosus. Dec. (als Art.)

Varietät α. hat mit R. acris im Habitus große Aehnlichk., unterscheidet sich aber sofort durch den gefurchten 4-kantigen St. u. durch die Behaarung. Im Al. (nam. auf den Elbwiesen) häufig; im Fl. u. Dl. selten, hier z. B. 1 C. Isern Hagen. 1 B. Moorwiese bei Angern. 2 N. Velth. F., Pudegrin, Zernitz. 2 W. Rogätzer F. 3 W. Chgr. zw. Wanzl. u. Remkersl. 3 S. Lenchen Busch.
Variet. β. nur in den Wäldern des Alvensl. Höhenzuges, hier aber häufig. Im Pudegrin u. Zernitz stehen beide Formen bei einander u. untermischt. —

28. R. repens. L. Kriechender H. — St. kahl, ob. mehr ob. weniger rauhh.; Ausläufer kriechend u. wurzelnd; WBl. 3-th. u. doppelt 3-th., Theile 3-sp., eingeschnitten gezähnt; Frchen zsgdrückt. ⚁ — Nasse Wiesen u. Triften, feuchte Gräben, Wassergr., Lachen, Teiche, Bäche, Ufer, Weidenwerder und feuchte Wälder. ·5—9·. — Gemein. — Mit gefüllten Blth. Zierpfl. in Gärten („Goldknöpfchen").

29. R. bulbosus. L. Knolliger H. — St. am Grunde knollig verdickt; WBl. 3- u. 5-th. u. doppelt 3-th., Theile 3-sp. u. eingeschnitten-gezähnt; K. zurückgeschlagen; Frchen zsgdrückt, glatt. ⚁ — Raine, Grasabhänge, Triften, trockne Wiesen- u. Waldstellen, Grasgr., Wege, Friedhöfe. ·5—·7. — Im Geb. sehr häufig.

E. Bl. zusammengesetzt ob. tief gelappt u. gespalten; W. faserig; Fruchtboden behaart; Früchtchen runzelig ob. mit Knötchen ob. Dörnchen besetzt.

30. R. Philonótis. Ehrh. (R. sardóus. Crtz.) Rauhhaariger H. — WBl. 3-th., Theile 3-sp., eingeschnitten gezähnt; Blthstiel gefurcht; K. zurückgeschlagen; Frchen zsgdrückt, berandet, vor dem Rande ob. auf dem Mittelfelde in der Regel mit Knötchen besetzt. ☉ — Triften (Wiesen), Grasgr., Wege, Aecker (nam. Sandäcker mit besserem Boden). ·5—11. — Im Dl. häufig, ebenso im Fl. u. Al. auf Triften u. Triftsrändern, doch selten auf Aeckern.

31. R. sceleratus. L. Giftiger H. — WBl. 3-th., Theile lappig, eingeschnitten gezähnt; unterste StBl. ähnlich, gestielt; obere kurz gestielt ob. sitzend, 3-th. ob. sp., Zpfl. lineal; K. zurückgeschl.; Blkr. klein, nicht größer als der K.; Fruchtköpfchen länglich, walzenf.; Frchen klein,

auf beiden Seiten fein runzelig. ⊙ — Wassergr., Sümpfe, Bäche, Teiche, Ufer, Torfstiche; auch wohl Torf- und Sumpf-Wiesen u. überschwemmt gew. Acker. 5—10. — Im Geb. sehr häufig.

32. R. arvensis. L. Acker-H. — Die ersten WBl. ganz, die späteren 3-sp., gezähnt; StBl. 3-zählig, Blättchen mehrsp., Zpfl. keilf., die oberen lineal; Frchen wenige (4—8), groß, flach zsgedrückt, lang-geschnäbelt, dornig-knötig, mit einem hervorspringenden dornigen Rande. ⊙ — Unter dem Getreide (nam. Wintergetr.) u. in Futterkräutern; auch wohl in Grasgr. 5—6'. — Im Geb. häufig, doch weder auf vorzügl. Lehm-, noch auf dürftigem Sandboden; am häufigsten auf gutem Sandb. unter Roggen u. Weizen.

4. Gruppe. **Helleboreen.** Knospenlage dachig; K. blkronartig abfallend (mit Ausn. v. Helleborus); Blfr. verschieden gestaltet, meist viel kleiner als der K., zuweilen fehlend; Staubb. auswärts aufspringend; Früchtchen balgkapselig, mehrsamig.

7. Caltha. L. **Dotterblume.**

K. 5-blätterig, glänzend goldgelb; Blfr. fehlt; Balgkapseln 5 bis 10, frei.

33. C. palustris. L. Sumpf-D. — St. aufsteigend, Bl. herzf.-rund, gekerbt: obere StBl. nierenf. ⚇ — Nasse Wiesen, nam. Moor- u. Torfwiesen, Erlenbr., nasse Gräben, Bäche, Teiche. ·4—6. u. ·9—10·. — Im Fl. u. Al. häufig, im Tl. gemein.

8. Tróllius. L. **Trollblume.**

K. 5- u. mehrblättrig; Blkrbl. kleiner als die KBl., benagelt. Platte lineal, am Grunde mit einem unbedeckten Honiggrübchen; Balgkapseln zahlreich, frei.

34. T. europaeus. L. Europäische T. — St. aufrecht; Bl. 5-th. Lappen rautenf. 3-sp., eingeschnitten-gezähnt; KBl. 8—15, groß, schön citronengelb, kugelf. zusammenschließend; Blkrbl. unansehnl., so lang als die Stbgf. oder kürzer, ihnen an Gestalt u. Farbe ähnlich. ⚇ — Feuchte, moorige Wiesen u. Waldwiesen. 5—7. — Im Fl. u. Tl. zerstreut, z. B. 1 B. Obere Wf. westl. von Angern. 2 N. Wi. östl. v. Altenhausen; Bischofswald; Embener F. (Krähenfußhw.): Silberwi. bei Kl. Bartensl. 2 W. Moorwi. zw. der Wehrmühle u. Schricke; Wf. an der Rogäßer F. u. an der Düpke. 3 S. Triangelwi. östl. v. Hohen Holze. 4 E. Hafel (Wafferthal). 5 B. Erlenbr. u. Wf. bei Körmigk (reichl.).

† Helléborus. L. Nießwurz.

K. 5-blättrig bleibend; Blkrbl. kleiner als die KBl., benagelt, Platte röhrig, 2-lippig.
† H. niger. L. Schwarze N. Blth. groß, schön weiß. ⚇ Gebirgswälder Süddeutschlands; bei uns Winterschmuck der Gärten. 12—3.
† H. foetidus. L. Stinkende N. — Blth. mittelgroß, grasgrün mit schmalem purpurrothen Rande. ⚇ — In Gärten zuweilen als Zierpfl. 3-4.

9. Nigélla. L. **Schwarzkümmel.**

K. 5-blättrig; Blkrbl. kleiner als die KBl., benagelt, Platte am Grunde mit 1 bedecktem Honiggrübchen; Balgkapseln 3—10, verwachsen.

35. N. arvensis. L. Acker-Sch. — Bl. doppelt bis 3-fach fiederth., Zpfl. lineal: Blth.-Hülle fehlend; KBl. benagelt, Platte bläulich, unten grüngestreift-netzig; Blkrbl. bunt; Staubb. begrannt; Balgkapseln von der Basis bis zur Mitte verwachsen. ⊙ — Unter der Saat, besonders auf den Stoppelfeldern u. in Futterkräutern, auf Kalk- und Sandboden. 7—10. — Im Fl. (nam. auf A. der Anhöhen mit nord. Grand) und im Tl. ziemL. häufig; 3. B. 1 C. A. zw. Walbeck u. Eschenrode; A. Calvörde. 2 N. A. um Neuhaldensl.; 2 W. Samswegen; Rogäß. 2 B. A. bei der Külzauer Mühle. 3 W. A. bei der Mühle zw. Langenweddingen

u. Süldorf. 3 **M.** A. der Dieskorfer B. 3 **Mö.** A. zw. Büden u. Wörmlitz; zw. Pöthen u. Gommern. 4 **S.** Schönb. Feld; Felgel., u. A. der Frohfer, Eisendorfer u. Mühlinger B. 4 **Z.** A. um Zerbst bis Töppel, Trebnitz, Bias, Züttrichau, Pulspforda. 5 **C.** in Esparsette der Zenser B.; Wartenb. 5 **B.** A. zw. Lattorf u. Pobzig; A. der Krüchernschen Mühlberge.

† N. damascena L. Türkischer Sch. (Jungfer in Haaren.) Blth. behüllt; Kbl. hellblau; Balgkapseln bis zur Spitze verwachsen. ⊙ In Südeuropa unter der Saat; bei uns in Gärten und dort auch häufig verwildert. 5—8. —

10. Aquilegia. L. Akelei.

K. 5-blätterig; Blkrbl. trichterf., in einen Sporn verlängert; Balgkapseln 5, frei. —

36. A. vulgaris. L. Gemeine A. — Bl. doppelt 3-zählig, Blättchen 2- u. 3-lappig, gekerbt; die oberen St.Bl. einfach 3-zählig; K.Bl. längl.-eif.; Sporn der Blkrbl. hakig. Blth. violett, fleischfarben u. weiß. ♃ — Wälder u. frühere Waldstellen. 5'—7. — Nur im Fl. u. auch hier sehr selten, stets mit fleischrother Blth. 2 N. Sülzeb. bei Kl. Bartensl. 4 E. Hakel (spärlich). — In Gärten u. Anlagen häufig als Zierpfl.; zuweilen verwildert.

11. Delphinium. L. Rittersporn.

K. 5-blättrig, unregelm., das obere Bl. gespornt; Blkrbl. 4, (b. u. A.) in 1 gespornstes zsgewachsen; Frkn. (b. u. A.) 1; Balgkapsel vielsamig. — Kräuter mit vieltheiligen Bl. u. gipfelst. Blth.-Trauben.

37. D. Consólida. L. Feld-R. — St. sperrig-ästig; Bl. doppeltdreizählig; Zpfl. lineal; Tr. armblüthig; Blth.stiel länger als die Blth. mit dem Sporn; Blth. schön blau, sehr selten weiß. ⊙ — Unter der Saat auf Lehm-, Letten- u. fruchtb. Sandb., auch Gräben, Wegrändern u. Dämme. 6—10. — Im Fl. u. Al. gemein; im Ml. nur auf fruchtbarem Boden.

† D. Ajácis. L. Garten-R. Blth.stiel kürzer als die Blth. mit dem Sporn; Blth. roth, blau ob. weiß. ⊙ — Häufige Zierpfl. in Gärten u. hier u. da verwildert. 6—8.

12. Aconitum. L. Eisenhut.

K. 5-blättr. unregelm., das obere Bl. (Haube ob. Helm) gewölbt; Blkrbl. 5, die oberen langbenagelt, kaputzenf., die übrigen sehr klein ob. fehlend; Balgkapseln 3—5. — Bl. mehrf. getheilt; Blth. in Trauben.

† A. Napellus. L. Wahrer E. Bl. 3- u. mehrth.; obere Blkrbl. auf gebogenem Nagel wagerecht nickend; Blth. blauviolett; jüngere Frchen spreizend. ♃ — In Gebirgswäldern. 6—8. — Bei uns Zierpfl. in Gärten.

38. A. variegatum. L. Bunter E. — Bl. 3-th., Lappen geth. ob. ganz, tief eingeschnitten-gezähnt; Tr. an der Basis ästig; obere Blkrbl. aufrecht; Blth. blau-weiß gescheckt; jüngere Frchen parallel; S. scharf 3-kantig, auf dem Rücken geflügelt. ♃ — Bergwälder. 8—9. — Im Fl. Bisher nur im Hakel (Teufelsthal, Kochstedter Weg u. Wasserthal).

5. Gruppe. Uneigentliche Ranunculaceen, Päoniaceen. Staubb. einwärts aufspringend.

† Paeonia. L. Päonie.

K. krautig, 5-blättr. bleibend; Blkrbl. 5—mehre; Frchen balgkapselig.

† P. officinalis. L. Gemeine P. — St. krautartig; Blth. purpurroth. ♃ — Südeuropa. Häufige Zierpfl. der Gärten. 5. 6. —

† P. Mutan. Sm. (P. arborea. Don.) Strauchartige P. — St. strauchartig; Blth. fleischroth. ♄ Ostindien. Zierpfl. unsrer Gärten. 5. 6. —

2. Familie. Berberideen, Berberideae. Vent.

Sträucher (ob. Kräuter), mit abwechselnden Bl.; Blth. in Trauben (ob. Rispen); KBl. in 2 Reihen gestellt; Blkrbl. soviel als KBl. (selten mehr), an der inneren Basis mit Drüsen ob. Schuppen; Stbgf. soviel als Blkrbl., Staubb.-Fächer mit einer Klappe sich elastisch öffnend; Fr. (u. A.) eine Beere.

13. Bérberis. L. Sauerdorn.

K. 6-blättr.; Blkrbl. am Grunde mit 2 Drüsen; Beere roth, 2-samig. 39. B. vulgaris. L. Gemeiner S. — Bl. längl., gesägt, Sägezähne fein-dornig; Traube vielblth., niederhängend; Blth. hellgelb; Beeren längl. ħ — Im Gebüsch, an gebirgigen waldigen Orten. 5. 6. — Im Geb. sehr selten wild (1 O. Domberg bei Walbeck); aber häufig in Anlagen u. zu Hecken angepfl.

† Mahónia. Nutt. Mahonie.
K. 6-blättr., mit 3 Schuppen gestützt; Blkrbl. ohne Drüsen; Beeren schwarz.
† M. Aquifolium. Nutt. (Berberis Aqu.) Hülsenblättr. M. — Immergrüner Strauch; Bl. unpaarig gefiedert, Blättchen oval-längl., lederartig, glänzend, dornig-gezähnt; Blth. gelb, in aufrechten, rispig gestellten Trauben. ħ — Zierstr. 5—6. — In Anlagen.

3. Familie. Nymphäaceen, Nymphaeaceae. Salisb.

Wasserpflanzen mit dickem, horizontalen Wurzelstock u. langgestielten großen Bl.; Blth. einzeln, auf langen Stielen; K. 4—6-blättr.; Blkrbl. zahlreich, allmälig in die Stbgf. übergehend; Stbgf. zahlreich; Frkn. mehrfächerig, Fächer vieleiig; N. so viel als Fächer; Fr. nicht aufspringend, inwendig fleischig; S. zahlreich, nistend.

14. Nymphaea L. Seerose.

K. 4-blättr.; Blkrbl. zahlreich, ohne Honiggrübchen; Stbgf. auf der Scheibe befestigt, welche den Frkn. umschließt.
40. N. alba. L. Weiße S. — Bl. rund, tiefherzf., ganzrandig; KBl. weiß, außen grün; Blkrbl. schneeweiß; die äußeren länger als die KBl. ♃ In Teichen, Lachen u. langsam fließenden Wassern. 5·—·9. — Im Elb-Al. häufig, im übrigen Al. u. im Dl. weniger häufig, im Fl. sehr selten.

15. Nuphar Smith. Teichrose.

K. 5-blättr.; Blkrbl. zahlreich, auf dem Rücken mit Honiggrübchen; Frkn. zur Hälfte frei, halb von der Scheibe umschlossen.
41. N. luteum. Sm. Gelbe T. — Bl. oval, herzf. eingeschnitten, ganzrandig; KBl. gelb, außen grün; Blkrbl. gelb, kleiner als die KBl. ♃ Teiche, Lachen u. langsam fließende Wasser. 5·—·9. — Im Geb. häufig, oft mit der vorigen zusammen. —

4. Familie. Papaveraceen, Papaveraceae. Juss.

Kräuter (u. A.) mit einem weiß. ob. gelben Milchsaft; Blatt abwechselnd, mehr ob. weniger getheilt; Blthstiele 1-blüthig; K. 2-blättr., hinfällig; Blkr. regelmäßig 4-blättr., vor dem Aufblühen unregelmäßig zusammengelegt; Stbgf. (b. u. A.) zahlreich; Frkn. frei; N. 2 ob. mehrere; Fr. 1-fächerig, schoten- ob. kapself.

16. Papáver. L. Mohn.

Blth. groß, langgestielt, Blthknospe nickend; Gf. fehlend; N. 4—20 strahlig; Fr. kapself. mit 4—20 unvollkommenen Scheidewänden u. mit Löchern unter der N. aufspringend. — Kräuter mit weißem Milchsaft.

Papaveraceen. — Fumariaceen.

A. Kapsel steifhaarig.

42. P. Argemóne. L. Acker=M. — Untere Bl. 2fach fiederth.; Blkrbl. roth mit schwarzem Fleck am Grunde; Kapsel keulenf., mit aufrechten Borsten mehr oder weniger besetzt. ⊙ — Unter der Saat u. in Futterkr.; auch Wegränder, Grasgr., Mauern. ˙5—9˙. — Gemein.

43. P. hybridum. L. Bastard=M. — Bl. u. Blth. w. vor. Kapsel rundlich mit weit abstehenden, gebogenen Borsten dicht besetzt. ⊙ — Schutt, Grasstellen, unter der Saat. 5. 6. — Im Geb. selten u. den Standort wechselnd: 2 B. Chgr. bei Burg. 3 M. Festungswälle. 4 E. Gypsbruch bei Westeregeln. 4 S. Am Gebüsch bei Gnadau nach Döben zu. 5 C. Tuchfabr. Calbe.

B. Kapsel kahl.

44. P. Rhoeas. L. Klatsch=Mohn, (Klatschrose) — St. u. Blthstiel von wagrecht abstehenden Haaren rauh; Bl. tief=fiedersp., die Lappen eingeschnitten u. sägezähnig; Blkrbl. roth, am Grunde oft mit schwarzem Fleck; Staubf. fadenf.; Kapsel kurz=verkehrteif., an der Basis abgerundet; Narbenlappen am Rande sich deckend. ⊙ — Unter der Saat, in Futterkräutern; auch wohl in Grasgr. 6—10. — Sehr gemein.

45. P. dubium. L. Zweifelhafter M. — Bl. doppelt od. einfach fiedersp.; Blthstiele fest angedrückt=behaart; Blkrbl. roth; Staubf. fadenf.; Kapsel keulenf., gegen die Basis allmälig verschmälert; Narbenlappen getrennt. ⊙ — Getr., Futterkr., Raine, Grasabh., Triftwege, Mauern. 5˙—10. — Im Geb., auf Kalk= u. Sandb. nicht selten.

46. P. somniferum. L. Gebauter M. — Bl. längl., buchtig=ungleich=gezähnt, Blthstiel abstehend=behaart; Blkrbl. weiß ob. rosenroth mit einem dunkel=violetten Fleck; Staubf. oberwärts verbreitert; Kapsel groß, fast kugelig, die Löcher unter der Narbe offen ob. geschlossen. ⊙ — Auf fruchtb. Boden gebaut; auch Zierpfl. in Gärten, zuweilen verwildert. 6. 7.
† P. orientale. L. Orientalischer M. — Bl. groß, gefiedert; Fieder gesägt ob. eingeschnitten gesägt, steifh.; Blthstiel angedrückt=borstenh., Blkr. sehr groß, roth. ♃ — Zierpfl. aus dem Orient 6—8. — In Gärten. Die Variet. bracteatum Lindl. (als Art) ist in allen Theilen noch größer u. robuster.

† Eschscholtzia. Eschscholtzie.

Blth. groß, langgestielt, Blthknospe aufrecht; N. 4=th.; Fr. schotenf., 10=furchig, 2=klappig aufspringend.
† E. californica. Cham. Californische E. — St. ästig, liegend=aufsteigend; Bl. blaugrün, doppelt=gefiedert, fiederartig in lineale Zpfl. getheilt; Blkrbl. gelb, glänzend, im Grunde orangenfarbig. ⊙ — Zierpfl. aus Californien. 6—10. Variirt mit weißen und gefüllten Blth. — In Gärten.

17. Chelidónium. L. Schöllkraut.

Blth. mittelgroß; Blthknospe aufrecht; Gf. kurz; N. 2=lappig; Kapsel schotenf., 2=klappig, v. der Basis gegen die Spitze aufspringend. — Kräuter mit gelbem Milchsaft.

47. C. majus. L. Gem. S. — St. gabelästig, Bl. gefiedert, Fiederchen breitlappig, buchtig=gekerbt; Blthstiele doldig; Blkrbl. gelb. ♃ — Gebüsch, Anlagen, Hecken, Zäune, Dörfer, Mauern; auch feuchte Waldstellen, Erlenbr., ˙5—10. — Gemein.

5. Familie. Fumariaceen, Fumariaceae. Dec.

Kräuter mit zerbrechl. St. u. abwechselnden, mehrfach getheilten Bl.; K. 2=blättr., klein, abfallend; Blkr. unregelm. 4=blättr.; Stbgf. 6, in

2 Bündel verwachsen; Frkn. 1-fächerig, 1 ob. mehreiig; Fr. eine 1-samige Nuß, ob. mehrsamige Schote.

18. Corýdalis[1]). Dec. **Hohlwurz (Lerchenſporn).**

K. 2-blättr. ob. fehlend; Blktbl. 4, das obere geſpornt; Schote 2-klappig, zſgedrückt, mehrſamig. — Blth. in deckblättr. Trauben.

1. Rotte. W. knollig: Bl. doppel-3-zählig, Blättchen eingeſchnittengezähnt; St. meiſt 2-blättrig; Tr. endſtändig, Deckbl. krautig.

A. Wurzelknolle hohl; St. ohne Schuppe.

48. C. cava. Sm. Hohle H. — Deckblatt ganz; Blkr. roth ob. weiß. ♃ Feuchte Wälder, Haine. ·4—5. — Im Al. der Bode, Wipper u. Saale häufig; weniger häufig im Al. der Elbe, im Th. u. im Fl. 3. B. 1 C. Stemmerberg bei Hörſingen. 2 N. Wellenb.; Pudegrin; 2 W. Wolmirſt. F. Rogätzer F. (Unterhagen). 3 S. Amtsgarten Schermke; Lenchen Buſch u. Park Sommerſchenburg. 4 E. Bodeforſten. 4 B. Saalforſten u. Ronneier F. 5 S. Rathmannsb. Park. 5 C. Saalforſten. 5 B. Saal- u. Wipperforſten.

B. W.-Knollen nicht hohl, St. mit einer Schuppe verſehen.

† C. sólida Sm. Feſte H. — Deckbl. fingerig getheilt; Blthſtiel ſo lang als die Schote; Blkr. roth. ♃ 4. — Im Park von Althaldensl. verwildert.

49. C. fabacea Pers. (C. intermedia Mer.) Bohnenartige H. — Deckbl. ganz; Blkr. blaßroth bis violett. ♃ — Wälder, Haine, Gebüſch. ·4· Zerſtreut durch das Geb. z. B. 2 N. Althäuſer Schloßpark; Embener F. (Fuchsberg); Wellenberge; Pudegrin; Neuhaldensl. F. (Backofenberg). 2 W. Unterholzer B. bei Rogäz. 3 S. Hohes Holz; Lenchen Buſch. 4 B. Löbderitzer F. 4 Z. Zerbſt in den Anlagen, zu beiden Seiten vor dem Heidethor; hohes bew. Elbuf. zw. Rießmeck u. den Blauen B.; Kühnauer F. 5 B. Freckleber Bſch.

50. C. pumila. Host. Niedrige H. — Deckbl. fingerig-getheilt; Blthſtiel 3 mal kürzer als die Schote; Blkr. roth. ♃ — Wälder, Haine, Gebüſch. ·4· Zerſtreuet durch b. Geb. z. B. 2 N. Ergl. Park: Wellenberge; Vogelremiſe bei Glüſig. Plankenſche F. (Butterwinkel, Haſſelberg). 2 W. Unterholzer B. 4 E. Bodeforſten. 4 S. Neue Mühle bei Gommern. 4 B. *Tochheimer F.; Löbderitzer F.; 5 B. Wilder Buſch bei Rothenburg (faſt w. geſ.); Geſtr. zw. Rothenb. u. Georgsburg; finſtere Gardine bei Könnern.

2. Rotte. W. äſtig-faſerig; St. äſtig, beblättert; Tr. blattgegenſt.; Deckbl. häutig, gefärbt.

† C. lutea. Dec. Gelbe H. — Bl. 3 zählig-dreifach-fiederig; Blkr. gelb. ♃ In Felſen, an Mauern Süd-Deutſchlands. 5—10. Bei uns zuweilen verwildert z. B. Zerbſt im Schloßgarten an Mauern.

19. Fumária[2]). L. **Erdrauch.**

Blth. in deckblättr. Trauben, Deckbl. häutig, gefärbt; K. 2-blättr., gefärbt, hinfällig; Blkbl. 4, das obere geſpornt; Fr. nicht aufſpringend, nußartig, 1-ſamig; Bl. doppelt-gefiedert, Fiederchen tief-eingeſchnitten, 3pfl. mehr oder weniger breit.

51. F. capreolata. L. Rankender E. — Blſtiel oft rankend; Bl. blaugrün, 3pfl. der Fiederchen breit-länglich ob. oval; KBl. halb ſo lang als die Blkrbl.; Blkr. weiß oder gelblichweiß, an der Spitze ſchwarzpurpurn; Nüßchen kreisrund. ⊙ Gärten, Zäune. 6—10. — Im Geb. ſehr ſelten. 4 B. In den Gärten von Barby, nam. im Seminar-Garten.

52. F. officinalis. L. Gemeiner E. — Bl. grasgrün, ſelten blaugrün, 3pfl. lineal oder ſchmal-lanzettl.; KBl. 3 mal kürzer als die Blkr., breiter als das Blthſtielchen; Blkr. dunkel-, ſelten hellroth,

---

[1]) κόρυς, Helm, Sturmhaube; κορύδαλις, Haubenlerche.
[2]) Fumus, der Rauch.

Fumariaceen. — Cruciferen.

an der Spitze purpurn; Nüßchen rundl. vorne gestutzt und etwas eingedrückt. ⊙ — Aecker, Gärten, Zäune, Wege, Grasgr., Mauern. 5—10. — Im Geb. auf fruchtb. Boden, nam. Gemüseland, gemein.
53. F. Vaillantii. Lois. Vaillant's E. — Bl. blaugrün, 3pfl. lineal; KBl. vielmal kürzer als die Blkr., schmäler als das Blthstielchen; Blkr. hellroth, an der Spitze purpurn; Nüßchen rundl., etwas spitz zugehend, nicht eingedrückt. ⊙ — Aecker, Feldwege, Grasgr. — Kalk liebend. 5—7. — Im Fl. auf Keuper, Muschelkalk und Buntsandstein verbreitet u. auch hin u. wieder im Dl. auf mergeligem Sandb. 1 C. Zw. Walbeck u. Eschenrode. 2 N. Gr. Bartensl. 4 O. Altbrandsl. 4 E. Langenweddingen, Egeln und weit um den Hakel. 4 B. Kolphus bei Barby; zw. Pröbel u. Kressow. 4 Z. A. bei der Nuthaer Mühle, Trebnitz u. Töppel; Mauer des Schloßgartens. 5 S. Gänsefurt, Hecklingen, Rathmannsdorf. 5 C. Calbe, Brumby, Neugattersl. 5 B. Von Bernburg u. Güsten bis Könnern, Rothenburg u. Sandersl. sehr verbreitet.
54. F. parviflora. Lam. Kleinblüthiger E. — Bl. blaugrün, 3pfl. fein=lineal; KBl. 6 mal kürzer als die Blkr., so breit als diese; Blkr. weiß ob. röthlich=weiß, an der Spitze purpurn; Nüßchen eif.=rundlich mit vorgezogener Spitze. ⊙.— Auf cultivirtem Boden. 5—9. — Im Geb. sehr selten. 3 M. A. Olvenstedt. 4 O. Garten Reindorf. —

6. Familie. **Cruciferen**, Cruciferae. Juss.

Kräuter mit abwechselnden Bl.; Blth. in einfachen ob. verzweigten Trauben; K. 4=blättr. abfallend; Blkrbl. 4, kreuzf. gestellt, regelm., nur zuweilen 2 Petala größer; Stbgf. 6, viermächtig; Frkn. meist 2=, selten 1=fächerig; Gf. einfach, zuweilen fehlend; N. 2; Fr. eine Schote ob. ein Schötchen, 2=, selten 1=fächerig, mehr=selten einsamig, mit 2 Klappen aufspringend, selten geschlossen bleibend.
Anm. Nach der Frucht wird die Familie in folgende Gruppen getheilt:
1. Fr. (Schote ob. Schötchen) aufspringend.
   A. Fr. eine Schote; Schote lineal ob. lineallanzettl. 1. Gruppe. Schotenfrüchtige Siliquosen.
   B. Fr. ein Schötchen, Schötchen mehr ob. weniger breit und kurz.
      a. Scheidewand breit. 2 Gr. Breitwandige, Latisepten.
      b. Scheidewand schmal. 3 Gr. Schmalwandige, Angustisepten.
2. Fr. (Schote ob. Schötchen) nicht aufspringend.
   A. Schötchen nicht gegliedert. 4 Gr. Nußartige, Nucamentaceen.
   B. Schote ob. Schötchen gegliedert. 5 Gr. Gliederhülftige, Lomentaceen.

1. Gruppe. **Schotenfrüchtige, Siliquosen.** Schoten lineal ob. lineal=lancettl., 2=klappig, aufspringend, mehr ob. weniger lang, selten kurz. —

1. Untergruppe. **Arabideen.** Keimbl. flach, aneinanderliegend.

† Matthiola. R. Br. Levkoje.
Schote lineal, stielrund ob. zfgedrückt; N. mit 2 Platten.
† M. annua. Sweet. Sommer=Levkoje. Bl. lancettl., grau behaart; Blkr. roth ob. weiß, wohlriechend; Schoten auf ebenso hohen Stielen aufrecht. ⊙ — Beliebte Zierpfl. der Gärten. 5. 6. —

† Cheiranthus[1]). Dec. Lack.
Schote lineal, 4=kantig; N. 2=sp. mit zurückgekrümmten Lappen; S. in jed. Fache 1=reihig.
† C. Cheiri. L. Gold=Lack. Bl. lancettl. Blth. goldgelb ob. dunkelorange, wohlriechend. A. In Süddeutschland auf alten Mauern; bei uns häufige Zierpfl. 5. 6.

20. Nasturtium, R. Br. Brunnenkresse.

Blkr. weiß ob. gelb; Schote häufig kurz; S. in jedem Fache un=regelm. 2=reihig.

1. Rotte. Blkr. weiß; Schote lang, länger als der Frstiel.

---
[1]) Aus dem arabischen Namen Cheiri u. ἄνθος, Blume.

Polypetale Dic. mit bobenft. Stbgf.

55. **N. officinale.** R. Br. Gebräuchl. B. — St. liegend, wurzelnd, auffteigend, kahl; Bl. einfach=gefiedert, Blftiel am Grunde mit Oehr=chen, Blättchen breit=elliptisch, schwach=ausgeschweift=gekerbt[1]). ♃ — Quellen, Bäche, Waffergr., auch Teiche, Kulke. ·6—9. — Im Fl. u. Dl. nicht selten, z. B. 1 C. Wgr. bei der Horstmühle. 1 B. Dollgraben. 2 N. Wgr. bei Neuhaldensl.; Bach nördl. von Dönstedt; Wgr. Kl. Bartensl. 2 W. Wgr. an der Hagebete. 2 B. Feldgr. im Bürgermark; Wgr. Grabow. 3 S. Saurer Bach. 3 W. Wgr. Wanzl. 3 M. Klinte, Lemsdorf. 3 Mö. Wgr. zw. Leitzkau u. Behlitz. 3 L. Ihle u. Wgr. Loburg. 4 O. Gold=bach Hornhausen (w. gef.). 4 S. Wgr. Gr Mühlingen. 4 B. Wgr. zw. Flöz u. Walter=nienburg. 4 Z. Wgr. um Zerbst (in Menge). 5 S. Wgr. Staßfurt. 5 B. Zietbegr. zw. Baalberge u. Poley; Quelle im Erlenbr. u. Wgr. der Bruchwf. bei Körmigt. —

2. Rotte. Blkrbl. blaßgelb ob. bottergelb; Schote meist kürzer als der Frftiel, oft sehr kurz.

A. Blkr. länger als der K.

56. **N. austriacum.** Crantz. Oesterreichische B. — St. aufrecht; Bl. lancettl.=spatelig, gesägt ob. eingeschnitten, mit tiefherzf.=ge=öhrter Basis sitzend, die unteren in den Blstiel verschmälert: Schote sehr klein, fast kugelig, viel mal kürzer als der Frstiel. ♃ — Feuchte Wiesen, Ufer. 6. 7. — Nur im südl. Elb=Al. und auch hier nicht häufig. — 3 M. Rothehorn=Wf.; Damm u. Wf. des Kommandanten=Werber. 4 S. Grünewald am Elbdamm. 4 B. Elbufer der Hoplate; Elbweidenw. des Breitenhagener Bsch.

57. **N. amphibium.** R. Br. Verschiedenblättrige B. — St. u. Bl. je nach dem Standort verschieden; Schote klein, eif. ob. elliptisch, 2—3 mal kürzer als der Frstiel. ♃ — Waffergr., Lachen, Teiche, Bäche, Ufer, Weidenw., nasse Wiesen. 5—·7. — Aendert ab:

α. aquaticum. Tausch. Wafferpfl. St. kriechend u. Ausläufer treibend; Bl. lanzettl., gezähnt, die unterften leierf. ob. fiederspaltig, im Waffer oft kammf.

β. riparium. Tausch. Landpfl. (auf ausgetrockneten Stellen, auf Wiesen). St. auf=recht; Bl. lancettl. gesägt, mit u. ohne Oehrchen, die unterften leierf. Beide Variet. im Geb, sehr häufig.

58. **N. armoracioides.** Tausch. Meerrettigartige B. — St. aufrecht; Bl. lancettl.=spatelig, ungleich eingeschnitten=gezähnt, mit tief herzf. geöhrter Basis sitzend, die unteren in den Blstiel ver=schmälert; Schote klein, 2—3 mal kürzer als der Frstiel. ♃ — Wiesen, Weidengebüsch. ·6. 7. — Bisher nur im Elb=Al., hier aber nicht selten, z. B. 2 B. Weidgeb. bei Parey; Wf. u. Damm Bittkau gegenüber; Damm Rogätz gegenüber; Deich=wall. 3 M. Schwiesau; Nonnenwerder; Rothehorn. 4 S. Grünewald; Wf. am Kapitel=busch. 4 B. Wf. bei Glinde; Hoplate; Saalhorn.

59. **N. anceps.** Dec. Zweischneidige B. — St. aufrecht; Bl. leierf.=fiederth., Zpfl. gezähnt, die oberen verkehrt eif., eingeschnitten=gezähnt, ob. fiedersp., an der Basis kurz geöhrt; Schote lineal, zweischneidig zsge=drückt, halb so lang als der Frstiel. ♃ — Wiesen, Ufer, Weidenw. ·6—9. — Im Al. der Elbe häufig; sonst selten. (1 C. Ohre=Wf. bei Uthmöden. 4 O. Bodeuf. zw. Habmersl. u. Gr.=Germersl.)

60. **N. sylvestre.** R. Br. Wilde B. — St. sehr äftig; Bl. sämmtl. tief fiedersp. ob. gefiedert, Lappen längl., gezähnt, die der oberen Bl. lineal; Schote lineal, ungefähr so lang als der Frstiel. ♃ — Aecker, nam. feuchte, Wege, Wiesen, Bäche, Ufer, Weidengeb., Wälder. 5—10. — Gemein.

61. **N. pyrenaicum.** R. Br. Pyrenäische B. — St. aufrecht, oberhalb ästig; WBl. oval, langgestielt; St.=Bl. in der Regel tief fie=dersp., Zpfl. lineal ganzrandig, stets am Grunde mit halbmondf.

---

[1]) Von der sehr ähnlichen Cardamine amara, nam. in nicht blühendem Zustande, durch die geöhrten Blstiele u. die Nichtbehaarung des St. zu unterscheiden.

Cruciferen (Siliquosen).

stengelumfassenden Oehrchen: Schoten eif.-längl., gebunsen, 2—3mal kürzer als der Frstiel. ⚇ — Wiesen, Triften, lichte Waldstellen. 5. 6·
— Nur im südl. Al. der Elbe und auch hier nicht häufig, aber meist gesellig. 3 M. Krakauer Anger. 4 S. Grünewald. 4 B. Lödderitzer F. (Bienenhorst); Diebziger Bsch. (Haselb.); Bruchwiesen nördl. v. Rajoch. 4 Z. Wi. am Kühnauer See.

B. Blkr. so lang als der K.

62. N. palustre. Dec. Sumpf-B. — St. aufrecht; Bl. leierf.-fieberfp.; Blth. klein, unansehnlich; Schote längl., gebunsen, ungefähr so lang als der zieml. kurze Frstiel. ⊙ — Feuchte und sumpf. Gräben, Teiche, Bäche, Ufer, Ausstiche, nam. Torfstiche, Weidenw.; auch wohl feuchte Wiesen u. Aecker. 5·—10. — Im Geb. häufig.

21. Barbaréa. R. Br. **Barbaree.**

Blkr. gelb; Schote lineal, fast stielrund; Klappen 1-nervig; S. in jedem Fache 1-reihig. — St. aufrecht, ästig; Bl. leierf., am Grunde mit 2 Oehrchen.

63. B. vulgaris. R. Br. Gemeine B. — Blkrbl. doppelt so lang als der K.; Schoten schräg-aufrecht abstehend. ⊙ — Wiesen, Dämme, Gräben, Futterfl., Bäche, Ufer, Weidenw., feuchte Wälder. ·5—·6. — Variirt: b. mit unregelmäßig gestellten Schoten. B. arcuata Rb. (als Art). — Im Al. häufig; im übrigen Geb. zerstreut, hier z. B. 2 B. Torfstich Bevers Ort, südl. von Barchen; Tuchheimer Bach. 3 S. Bei der Zollmühle. 3 Mö. Klee Danniglkow. 4 E. Klee am Hakel. 4 Z. Anlagen Zerbst; Graben Butterdamm; Gr. Töppel; Trebnitz; Nutha.

64. B stricta. Andrz. Steife B. — Blkrbl. 1/3 länger als der K.; Schoten und Frstiele gerade aufrecht, anliegend. ⊙ — Wiesen, Dämme, Weidenw., Ufer, feuchte Wälder. 5—·7. — Im Al., nam. im Elb-Al., häufig; im Dl. selten (3 L. Kulflake der Ringelsdorfer F. 4 Z. am Wgr. der Anlagen; Ruthew. der Amts- und Wiesenmühle); fehlt im Fl.

22. Turritis¹). L. **Thurmkraut.**

Blkr. klein, gelblich-weiß; Schote lineal, Klappen 1-nervig; S. in jedem Fache 2-reihig.

65. T. glabra. L. Kahles T. — St. steif-aufrecht, einfach ob. oben ruthenästig; WBl. lancettl., grob gezähnt, früh absterbend; StBl. längl.-spitz, mit herzpfeilf. Basis sitzend, ganzrandig, blaugrün; Schote lang, mit dem Frstiel gerade aufrecht. ⊙ — Heiden, lichte Waldstellen u. Waldränder, Gesträuch, Raine, Abhänge, Dämme, trockne Wiesenstellen. ·5—7. — Im Fl. u. Dl. häufig; auch im Al. der Elbe nicht selten, in dem der Saale u. Bode selten.

23. Arabis. L. **Gänsekraut.**

Blkr. weiß (selten roth); Schote lineal, zsgedrückt, 1-nervig, zuweilen mit vielen Längsäderchen; S. in jedem Fache 1-reihig.

A. Sämmtliche StBl. sitzend.

†A. albida Steven. Weißes G. — St. niederliegend-aufsteigend; Bl. meist graufilzig; Blkr. weiß, ansehnlich. ⚇ — Aus Kaukasien; Zierpfl. zu Einfassungen. 4—5.

66. A. Gerardi. Bess. Gerard's G. — St. aufrecht, von locker angedrückten Haaren rauh; dicht beblättert, die Bl. sich theilweise deckend; StBl. längl., gezähnelt, am Grunde herzpfeilf., die Oehrchen dem St. anliegend; Blkr. klein; Schote aufrecht; S. schmal-geflügelt, punktirt. ⚇ — Feuchte Wälder, Gräben. 5·—6· — Im Elb-Al. häufig; auch

---
¹) Turris, Thurm.

im Dl., hier z. B. 1 B. Buktum. 3 Mö. Verdung. 3 L. Lobh. Bürgerholz. 4 Z. Ggr. zw. Walternienburg u. Trebnitz; Grasrand an der Beke bei Töppel; Ggr. Kermen=Stedby; Bias=Steuz; Reken=Wertlau; Jütrichauer Bsch. — Im Fl. selten (1 C. Tomberg bei Walbeck).

67. A. hirsuta. Scop. Rauhhaariges G. — St. v. abstehenden Haaren rauh; StBl. auseinandergerückt, sich nicht deckend, längl., gezähnelt, am Grunde gestutzt=geöhrt, Oehrchen abstehend; Blkr. klein; Schote aufrecht; S. nicht geflügelt, schwach punctirt. ☉ u. ♃. — Wälder, Wiesen, Dämme, Abhänge, Gräben. 5—7. — Im Fl. u. Dl. ziemt. häufig, im Al. nur auf Bruchwiesen. 3. B. 1 C. steiniger Höhenabh. zw. Walbeck u. Schwanefeld; Rehm. 1 B. Buktum bei Mahlwinkel. 2 N. Forsten des Albensl. Höhenzuges. 2 W. Rogätzer u. Ramst. F. 2 B. Bürgerholz; Wf. am Wolkenbruch. 3 S. Hohes Holz. 3 L. An der Ehle bei Loburg. 4 O. Bruchwi. Oschersl.=Wulferst. 4 E. Hafel. 4 S. Gr. bei Döben. 4 B. Tochheimer F. (rauhe Berg). 4 Z. *Moorwi. Friederitenb.=Babes; Grasrand der Beke; Triftgr. u. Moorwi. bei Töppel; Anlagen Zerbst; Jütrichauer Bsch. 5 S. Weggr. Staßfurt=Bernburg. 5 C. Bruchwi., Rain u. Damm zw. Diebzig u. Trosa. 5 B. Freckleber Bsch.

B. Untere StBl. gestielt.

68. A. Halleri. L. Haller's G. — St. schwach behaart od. kahl; WBl. ungetheilt, herzf.=rundl. od. eif., mit od. ohne Anhängsel am Stiel; StBl. eif.; Blkr. weiß od. blaßroth; Schote abstehend. ♃ — Lichte Wälder, Dämme. 5—6 — nur im Sand=Al. der Elbe, hier aber reichl.: 4 B. *Breitenhagener F.; *Lödderitzer F. 4 Z. Elbdamm nach Aken; Unterbusch; Kühnauer F.

A. arenosa. Scop. Sand=G. — St. rauh.; untere Bl. leierf.=fiedersp. bis gefiedert, die oberen ganz randig; Blkr. lila od. weiß. ☉ — Sandfelder. 6—7. — Im Geb. noch nicht beobachtet.

24. Cardamine. L. Schaumkraut.

Blkr. weiß, selten blaßroth; Schote lineal, flach, nervenlos; S. in jedem Fache 1reihig. — Bl. (u. A.) einfach gefiedert. —

A. StBl. am Grunde des Blstiels geöhrt.

69. C. impatiens. L. Spring=S. — StBl. mit pfeilf.=geöhrtem Stiel; Bl. vielpaarig gefiedert; Blättchen eif., meist 3—5sp., das endständige etwas größer, die der obersten Bl. längl. ganzrandig; Blkr. sehr klein od. fehlend. ☉ — Feuchte Wälder. 5—7. — Im Elb=Al. häufig; im übrigen Geb. selten (1 B. Buktum. 2 W. Rogätyer F. 2 B. Bürgerholz).

B. StBl. nicht geöhrt.

a. Blkr. c. noch 1 Mal so lang als der K.

70. C. parviflora. L. Kleinblüthiges S. — St. meist hin u. hergebogen, fast ganz kahl, mehrblättr.; Bl. vielpaarig=gefiedert; Blättchen ganzrandig, an den unteren Bl. längl., an den oberen längl. od. lineal, das endständige gleich groß; Schote auf dem fast wagerecht abstehenden Frstiel mehr oder weniger aufrecht. ☉ — Feuchte, grasige Orte. 5—6. — Nur im Elb=Al. u. auch hier selten: 3 M. Kreuzhorst. 4 S. Grünewald (Amtmannslache). 4 B. Diebziger Busch.

71. C. sylvatica. Link. Wald=S. — St. nach unten von abstehenden Haaren rauh, mehrblättr. (4—6 StBl.); StBl. 3—4 paarig gefiedert; Blättchen rundl. eif., geschweift ob. gezähnt, das endständige größer; Frstiel schräg abstehend, Schote mehr oder weniger aufrecht, die Blth. wenig überragend. ☉ — Laubwälder. 5—6. — Im Geb. sehr selten: 2 B. Bürgerholz. 4 S. *Grünewald (Pfaffenhagen u. Wild=Allee).

Cruciferen (Siliquosen).

72. C. hirsuta. L. Behaartes S. — St. sehr schwach behaart,[1] arm beblättert (1—3 Stbl.); StBl. w. vor.; Schoten die Blth. weit überragend; Frstiel u. Schote aufrecht. ⊙ — Feuchte Grasstellen. 4. 5. — Im Geb. bisher nur 2 B. Deichwall bei Burg; hier reichl.

b. Blkr c. 3 Mal so lang als der K.

73. C. pratensis. L. Wiesen-S. — W. faserig; St. stielrund, kahl; Blättchen der WBl. rundl.-eif., geschweift od. gezähnt, das Endblättchen größer, die der StBl. lineal, ganzrandig; Blkr. hellroth, selten weiß; Stbgf. halb so lang als die Blkr.; Staubb. gelb. ♃ — Feuchte Wiesen, grasige Waldstellen, Erlenbr., Ufer, Weidengeb. 5—6. — Gemein.

74. C. amara. L. Bitteres S. — W. kriechend; St. kantig, unten mehr od. weniger behaart; Blättchen der WBl. wie vor., der StBl. breit- od. längl.-rundl., eckig gezähnt, Endblättchen größer: Blkr. weiß, sehr selten fleischroth; Stbgf. fast so lang als die Blkr.: Staubb. meist dunkelviolett. ♃ — Erlenbr., nasse, moorige Waldstellen, Moorwiesen, Bäche u. Wassergr. 5—6. — Im Dl. sehr häufig, u. auch im Sand-Fl. nicht selten; im übrigen Geb. noch nicht beobachtet.

2. Untergruppe. **Sisymbrieen.**

Keimbl. flach, aufeinanderliegend.

† Hésperis[2]). L. Nachtviole.

KBl. am Grunde sackig; Blth. nam. des Abends schön duftend; Schote lineal, 1-nervig; N. mit 2 aufrechten Platten.

† H. matronalis. L. Gem. N. — Bl. eilancettl., gezähnt; Blkrbl. verkehrt-eif., roth. ⊙ ♃ — Zierpfl. aus Süddeutschl. 5—8. — In Gärten u. mehrfach verwildert.
† H. tristis. L. Eigentliche N. — Bl. eilancettl., ganzrandig; Blkrbl. lineal-lancettl., schmutzig-grün, violett geadert. ⊙ — Zierpfl. aus Ungarn. 5—6. — In Gärten.

25. Sisýmbrium. L. **Rauke.**

Blkr. gelb od. weiß; Schoten lineal, Klappen convex, 3-nervig; S. in jedem Fache 1-reihig.

1. Rotte. Blkr. gelb; Bl. fiederth. od. gefiedert.

A. Schote pfriemf.

75. S. officinale. Scop. Gemeine R. — St. kurzhaarig-flauml.; Bl. schrotsägef.-fiederth., Endlappen groß, spontonf.; Blkr. sehr klein; Schote auf sehr kurzem Stiel aufrecht-anliegend. ⊙ — Wege, Dörfer, Ackerränder, Futterkr., Grasgr. 5—10. — Gemein.

B. Schote stielrund.

76. S. Loeselii. L. Löfel's R. — St. von abwärts gerichteten Haaren rauh, fast zottig; Bl. schrotsägef.-fiederth.. Endlappen groß, spontonf.; Blkr. fast mittelgroß; Frstiel fast wagerecht abstehend, $\frac{1}{3}$ so lang als die bogig-aufstrebende Schote. ⊙ — Mauern, Wälle, Abhänge, Schuttstellen. 5—10. — Sehr zerstreut durch das Geb. 2 B. Burg; 3 M. Festungswälle (reichl.). 5 B. Bernburg, auf Mauern (reichl.); Schloßberg (reichl.); Schuttstellen zw. Bernb. u. Gröna.

77. S. Sophia. L. Sophien-R. — St. u. Bl. dicht-kurz-haarig, graugrün; Bl. 2—3-fach gefiedert, Zpfl. schmal-lancettl. od. lineal; Blkr. klein; Frstiel fast wagerecht-abstehend, mindestens $\frac{1}{2}$ so lang als die aufstrebende Schote. ⊙ — Wege, Dörfer, Mauern, Schutt, Steinbr., Gräben, Hecken, Aecker. 5—9. — Gemein.

---

[1]) Im Widerspruch mit dem Namen der Pfl. [2]) Von ἕσπερος. Abend.

2. Rotte. Blkr. weiß; Bl. ungetheilt.
78. S. Alliaria. Scop. (Alliaria officinalis Andrz.) Knoblauchs=R. — St. aufrecht, 40—90 cm. h., mehrblätterig: StBl. groß, gestielt, die unteren nierenf., geschweift=gekerbt, die oberen herzf. bis eif., ungleich grob gezähnt; Frstiel vielmal kürzer als die Schote. ⊙ — Feuchte Wälder, Gebüsch, Hecken, Zäune, Bäche, Ufer, Weidenw. 4·—·7. — Im Al. sehr häufig, im Tl. nicht so häufig u. noch seltener im Fl.

79. S. Thalianum. Gaud. Thal's R. — St. aufrecht, 10–30 cm. h., armblättr.; WBl. eif., in einen Blattstiel zsgezogen, eine Rosette bildend; StBl. klein, längl., stumpfl., entfernt gezähnelt, sitzend; Frstiel fast so lang als die Schote. ⊙ — Magere Aecker, nam. Sandäcker, trockene Raine, Grasabh., Triften. 4—6 u. 7·—10·   In den Sandgegenden (Tl., Sand-Fl. u. Sand-Al.) gemein, im übrigen Geb. weniger verbreitet, jedoch nicht selten.

26. Erýsimum. L. **Hederich.**

Blkr. gelb ob. weiß: Schoten lineal, 4=kantig, Klappen 1=nervig; S. in jedem Fache 1=reihig.

1. Rotte. Blkrbl. gelb, ausgebreitet.

80. E. cheiranthoides. L. Lackblätteriger H. — Bl. längl.=lancettl., ganzrandig ob. entfernt gezähnelt; Blthstiel 2 ob. 3 mal so lang als der K.: Frstiel lang (halb so lang als die Schote u. länger), fast wagerecht=abstehend, Schote schräg=aufrecht. ⊙ u. ⊙ — Aecker (nam. Gemüseland), Gärten, Dörfer, Wegränder, Grasgr., Mauern, Ufer, Weidenw. u. Alluvial=Forsten. 4—10. — Im Geb. sehr häufig.

81. E. strictum. Fl. Wett. (E. hieraciifolium. L.) Habichtskraut=blättr. H. — Bl. längl=lancettl., entfernt gezähnelt; Blthstiel so lang als der K.; Frstiel kurz (viel mal kürzer als die Schote), aufrecht, wie die Schote. ⊙ — Mauern, Ufer, Weidenw., auch Wälder, Wiesen. 5—10. — Nur im Elbgebiet; hier aber häufig.

82. E. crepidifolium. Rb. Pippaublättr. H. (Sterbekraut, Gänsesterbe). — Bl schmal=lancettl., buchtig ob. geschweift=gezähnt; Blthstiel 2—3 mal kürzer als der K.; Frstiel kurz, mit der Schote in gleicher Richtung schräg abstehend. ⊙ — Steinige Höhen u. Abhänge, Raine, Dämme, Triften, Grasgr., Ackerränder, Mauern. ·5—6·   Nur im Geb. der oberen Saale von Gr. Wirschleben u. Mukrena aufwärts; hier aber in Menge u. oft w. gef. — (Für Gänse ein schnell tödtendes Gift.)

2. Rotte. Blkrbl. weiß, aufrecht=abstehend.

83. E. orientale. R. Br. Morgenländischer H. — St. aufrecht, meist einfach; Bl. längl.=oval, ganzrandig, blaugrün, die stengelst. herzf., stengelumfassend; Schote vielmal länger als der Frstiel u. wie dieser abstehend. ⊙ — Aecker. 5.—7. — Nur im Kalk=Fl. u. auch hier selten. 1 C. Linsenfelder bei Walbeck. 5 B. Eßparf. nach der Saaluferhöhe zw. Trebnitz u. der Könnernschen Eisenbahn. — Hat im St. u. Bl. viel Aehnlichk. mit Turritis glabra, unterscheidet sich aber von diesem sofort durch die abstehenden Schoten.

3. Untergruppe. **Brassiceen.**

Keimbl. rinnig=gefaltet, aufeinanderliegend.

27. Brássica. L. **Kohl.**

Blkr. gelb, selten weiß; Schoten lineal, geschnäbelt; Klappen convex, 1=nervig; S. kugelig, in jedem Fache 1=reihig.

84. B. oleracea. L. Garten=K. — Untere Bl. leierf., gestielt, obere längl., sitzend; Tr. schon während des Aufblühens verlängert u. locker; K. aufrecht; Blkr. hellgelb, selten weiß; Stbgf. sämmtlich aufrecht; Frstiel schräg abstehend. ⊙ — In vielen Variet. gebaut. 5. 6.

Cruciferen (Siliquosen).

a. acephala. Dec. Blätter nicht zu einem Kopfe geschlossen.
  α. vulgaris, **Blattkohl**, mit flachen Bl. (Viehfutter).
  β. quercifolia, **Grün- od. Braunkohl**, mit krausen Bl.
b. gemmifera. Dec. **Rosenkohl**, mit halbgeschlossenen End- u. zahlreichen Seitenköpfchen.
c. sabauda. L. **Wirsing- od. Savoyerkohl**. Bl. blasig od. kraus, locker zu einem Kopf geschlossen.
d. capitata. L. **Kopfkohl**. Bl. glatt, zu einem festen Kopf geschlossen, entweder weiß (**Weißkohl**) od. roth (**Rothkohl**).
e. gongylódes. L. **Kohlrabi**. St. unten als Knolle verdickt.
f. botrytis. L. **Blumenkohl**, obere Bl. u. Blthstiele zu einer weißen, fleischigen Masse verdickt, in welcher die häufig fehlschlagenden Blüthen verborgen sind.

85. B. **Rapa**. L. **Rüben-K.** — Untere Bl. leierf., gestielt, die oberen eif., zugespitzt, mit tief-herzf. Basis sitzend; Tr. während des Aufblühens flach, ebensträußig; K. zuletzt abstehend; Blkr. gelb; die kürzeren Stbgf. abstehend-aufstrebend; Frstiel abstehend. ⊙ u. ⊙ — In mehreren Variet. gebaut. 4. 5 u. 7. 8. —
a. campestris. ⊙ **Sommerrübsen, Sommersaat**; als Oelfrucht geb.
b. oleïfera. ⊙ **Winterrübsen, Wintersaat**; als Oelfr. geb.
c. rapifera. ⊙ **Weiße Rübe** (hierher gehört auch die Teltower Rübe), W. verdickt, fleischig, spindelf., wohlschmeckend; als Gemüse geb.

86. B. **Napus**. L. **Raps-K.** — Untere Bl. leierf., gestielt, die oberen längl., mit herzf. Basis sitzend; Tr. schon während des Aufblühens verlängert u. locker; K. zuletzt schräg abstehend; Blkr. gelb; die kürzeren Stbgf. abstehend-aufstrebend; Frstiel abstehend. ⊙ u. ⊙ — In 3 Variet. gebaut. 4. 5 u. 7. 8.
a. annua. ⊙ **Sommer-Raps**; Oelfrucht.
b. oleïfera. ⊙ **Winter-Raps**; Oelfr.
c. esculenta. ⊙ **Kohlrübe**; W. sehr dick, fleischig, kugelf., eßbar.

87. B. **nigra**. Koch. **Schwarzer K.** (**Schwarzer Senf**.) — Bl. sämmtlich gestielt, die unteren leierf., Endlappen sehr groß; die obersten spießf. od. lancettl., ganzrandig; K. wagerecht-abstehend; Blkr. gelb; Frstiel u. Schote aufrecht, an die Spindel angedrückt. ⊙ — Ufer, Weidenw., Gebüsch, auch Wiesen u. Grasgr. 6—9. — Im Elb-Al. vom Martinswerder hinauf bis zum Ausfluß der Saale, und an der unteren Saale hinauf bis Calbe — häufig; im übrigen Geb. sehr selten. (3 S. Chgr. zw. Morsl. u. Alleringersl. 3 M. Sudenburger Wuhne.)

28. Sinápis. L. Senf.

Blkr. gelb; Schoten lineal, lang geschnäbelt; Klappen convex, 3—5-nervig; S. kugelig, in jedem Fache 1-reihig.

88. S. **arvensis**. L. **Acker-S.** (**Hederich**.) — Bl. eif., ungleich grob- od. geschweift-gezähnt, die unteren mehr od. weniger leierf.; KBl. wagerecht-abstehend, Schote kahl, selten rückwärts steifhaarig. ⊙ — Aecker, unter der Saat (nam. auf fettem Boden), Ufer, Weidenw., auch Wegränder, Grasgr. 5—10. — Im Fl. u. Al. sehr gemein, besonders in nassen Jahren ein überlästiges Unkraut der Aecker; im Tl. nur auf gutem Boden.

89. S. **alba**. L. **Weißer S.** — Bl. gefiedert, mit großem, leierf. Endlappen; K. wagerecht-abstehend; Schote von vorwärts gerichteten Borsten dicht steifhaarig. ⊙ — Cultivirt u. hier u. da verwildert. 6—10. — Bei uns häufig am Wegrande der Aecker zum Schutz gegen die Schafe gesät.

29. Erucástrum. Sch. u. Sp. Rempe.

Blkr. gelb; Schote lineal, kurz geschnäbelt, Klappen convex, 1-nervig; S. in jedem Fache 1-reihig, eif. od. längl., zsgedrückt.

90. E. **Pollichii**. Sch. u. Sp. Pollich's R. — Bl. fieberfp., Zpfl. länglich, ungleich stumpf=gezähnt, selten ganzrandig: Tr. unterwärts mit blattartigen Deckbl.; KBl. schräg=aufrecht=abstehend. ♃ Aecker. ·5—10. — Mit fremdem Samen eingeführt u. im südl. Fl. eingebürgert; hier z. B. 3 W. A. Hohenbodel.; Bahrendorf. 3 M. Niederndodel.; A. der Hängelb.; Gr. Ottersl.; A. der Diesdorfer B.; A. beim Fort der Berl. Ch. 4 O. A. Hornhausen; Eisenb.=Wall Wegersl.; A. Krottorf; Gröningen. 4 E. Dalldorf; Heteborn; Hakeborn; Egeln; Bornecke. 4 S. Eifendorf. 5 S. Zw. Hecklingen u. Gänsefurt.

30. Diplotáxis[1)] Dec. **Doppelsame.**

Blkr. gelb; Schote lineal, ungeschnäbelt; Klappen conver, 1=nervig; S. in jedem Fache 2=reihig, oval ob. länglich, zsgedrückt.

† D. tenuifólia. Dec. Schmalblättr. D. — St. beblättert; Bl. einfach ob. doppelt fieberfp.; Zpfl. lineal, entfernt gezähnt; Blthstiel noch einmal so lang als die Blth.; Frstiel meist länger als die Schote. ♃. — Grasäbh., Grasgr. 6—10. — Hier u. da mit fremdem S. eingeführt u. unbeständig.

91. D. murális. Dec. Mauer=D. — St. nur an der Basis beblättert; Bl. länglich, buchtig=gezähnt ob. schwach=fieberfp.; Zpfl. eif. ob. längl., gezähnt ob. ganzrandig; Blthstiel so lang als die Blth.; Frstiel meist viel kürzer als die Schote. ☉ — Aecker, Grasgr., Mauern, Steinbrüche. 6—9. — Mit fremdem Samen eingeführt und im südl. Fl. eingebürgert, hier z. B. 3 S. Chgr. zw. Mevendorf u. Seehausen. 3 W. Chgr. zw. Remkersl. u. Wansl.; Stadtmauer Wansl.; Chgr. zw. Wansl. u. Langenweddingen. 4 E. A., Ggr. u. Stadtmauer Kroppenstedt; 4 E. A. Dalldorf; A. u. Steinbr. Heteborn; A. Hakeborn; A. Bornecke. 4 S. A. Welsleben.

2. Gruppe. **Breitwandige, Latisepten.** Schötchen 2=klappig, aufspringend. Scheidewand breit, so breit als der größere (wagerechte) Querdurchmesser des Schötchens.

1. Untergruppe. **Alyssineen. Seitenwurzelige.**

31. Alýssum. L. **Steinkraut.**

Blkr. (u. A.) gelb; Staubf., sämmtl. ob. wenigstens die kürzeren, geflügelt ob. gezähnt; Schötchen v. Rücken her zsgedrückt, rundl. ob. oval, in jedem Fache 1—4=samig. St. u. Bl. grauhaarig ob. filzig; Bl. einfach, ganzrandig.

92. A. montánum. L. Berg=S. — St. vom Grund aus ästig, selten einfach, Aeste bogig aufsteigend; Bl. klein, lancettl.; K. abfallend: Blkr. goldgelb; Gf. bleibend, so lang ob. fast so lang als das Schötchen. ♃ — Sandhügel, sonnige Höhen, Heiden, felsige Orte. 4—7. — Im Dl. zieml. häufig, und auch im südl. Fl.; z. B. 2 B. Mühlenb. bei Güsen; Triftöhen bei Ibleburg (reichl.); Bürgerhofl.; Distershag. F. 3 M. Sandhöhen bei Gerwisch. 4 S. Wahlitzer F. 4 B. Sandhügel zw. Prezien u. Dornburg u zw. Dornburg u. Gommern. 4 Z. Sandhöhen am Friederikenburg u. am hohen Elbuf.; kahle Niederungen des Schöneberges; hohes Elbuf. bei Steckbn. 5 B. Triftöhen bei Saale bei Gnölbzig; felfiges Saaluf. zw. Georgsburg u. Rothenburg; Schluchtabhänge zw. Könnern u. Rothenburg.

93. A. calýcinum. L. Kelchfrüchtiges S. — St. u. Bl. ähnlich wie vor.; K. bleibend; Blkr. hellgelb, fast weiß werdend; Gf. bleibend, kurz, viel kürzer als das Schötchen. ☉ — Sonnige Hügel, Triften, Grasgr., Mauern, Weg= u. Ackerränder, Steinbrüche. — Kalkliebend. 4—6. — Im Fl., nam. auf Muschelkalk u. Buntsandstein u. auf den Hügeln mit nordischem Grand sehr häufig; im Dl. u. Al. viel seltener; stets sehr gesellig.

[1)] Von διπλόος, doppelt, u. τάξις, Ordnung, Reihe.

Cruciferen (Latisepten).

32. Farsetia. R. Br. Farsetie.

Schötchen in jedem Fache 5—mehrsamig, sonst wie vor.
94. F. incana. R. Br. (Bertéroa incana. Dec) Graue F. — St. u. Bl. grauhaarig; Bl. lancettl., ganzrandig od. entfernt=gezähnt; Blkrbl. weiß, 2=sp.; Schötchen elliptisch, schwach gewölbt; Gf. lang. ☉ — Weg= ränder, Aecker, nam. Sandäcker, Grasgr., Triften, Raine, sonnige Höhen, Ufer, Mauern. 5'—10. — Im Thl. u. im Elb=Geb. häufig (in manchen Gegenden, wie z. B. um Neuhaldensl. u. um Burg, gemein); im übrigen Geb. selten, hier z. B. 1 C. Mauer u. Domberg Walbeck. 2 N. Beltheimsburg bei Alvensl.; Hühnerküche. 4 O. Hohes Bodenf. bei Krottorf. 4 S. Chgr. zw. Eikendorf u. Gr. Mühlingen. 5 S. Weg bei Hecklingen. 5 B. Sandige Grubenschlucht bei Preußlitz.

† **Lunaria. L. Mondviole.**

Schötchen sehr groß, rundl. od. längl., ganz flach, mit einem langen, faden= frstiele.
† L. biennis. Mönch. (L. annua. L.) Zweijährige M. — Bl. herzf., grob= gesägt; Blkr. roth; Schötchen breit=oval, beiderseits abgerundet. ☉ — Zierpfl. aus Süd= europa. 5—7. — In Gärten, auf Friedhöfen; zuweilen verwildert.

33. Draba. L. Hungerblümchen.

Blkr. (u. A.) weiß; Staubf. zahnlos; Gf. (u. A.) kurz; Schötchen ungestielt, längl. od. elliptisch, flach od. etwas gewölbt; Fächer viel= samig; S. zweireihig.

1. Rotte. St. beblättert; Blkrbl. ganz od. ausgerandet.

95. D. muralis. L. Mauer=H. — St. aufrecht: WBl. verkehrt=eif., stumpf, eine wenigblättr. Rosette bildend; StBl. breit=eif., sitzend, gesägt. ☉ — Gräben, Dämme, Waldplätze. 4'—5' — Nur im Elb.=Al. u auch hier selten, aber gesellig. 2 B. Deichwall bei Burg, westlich der Schleuse, und an den Grabenböschungen vor dem Deichhause (reichl). 4 Z. Kühnauer F. (Saalberge).

2. Rotte. St. nackt; Blkrbl. 2=sp.

96. Draba verna. L. (Eróphila verna. E. Mey.) Frühlings=H. — St. bogig=aufsteigend: WBl. lancettl. spitz, ganzrandig od. etwas ge= zähnt, eine vielblättr. Rosette bildend. ☉ — Auf mageren Aeckern, nam. Sandäckern, Triften, trockenen Wiesenstellen, in Grasgr., an Wegen. ·4—·6. — Gemein u. meist sehr gesellig.

34. Cochleária¹). L. Löffelkraut.

Blkrbl. weiß, ganzrandig; Staubf. zahnlos; Schötchen rundl. od. elliptisch, sehr gedunsen od. fast kugelig; Fächer 2—6=samig; S. 2=reihig; Gf. auf der Zwischenwand bleibend.

97. C. Armoracia. L. Meerrettig=L. (Meerrettig). — St. aufrecht, beblättert, oben ästig; WBl. längl.=herzf. od. eif.=längl., gekerbt, StBl. fiedersp. od. lancettl., gekerbt=gesägt, stumpf, die unteren gestielt, die oberen mit keilf. Basis sitzend. ♃ — Flußufer u. Dörfer (wohl meist ver= wildert). 5'—7'. — An den Ufern der kleineren Flüsse und größeren Bäche des Fl. (Aller, Sare, Schrode), nam. aber an der Bode u. auf den Bodewiesen, sowie in den Dörfern der Sandgegenden (Sand=Fl., Til. u. Sand=Al.) häufig. — Wegen der W. überall cult. —

2. Untergruppe. **Camelineen. Rückenwurzelige.**

35. Camelina. Crtz. Leindotter.

Blfr. hellgelb; Schötchen birnf., stark gedunsen; S. 2=reihig; Gf.

---
¹) Von cochlear, Löffel.

an einer Klappe haftend, daher die Scheidewand nach abgeworfenen Klappen ohne Sf.

98. C. sativa. Crtz. Gebauter L. — StBl. längl.-lancettl., ganzrandig ob. schwachgezähnelt, am Grunde pfeilf. ☉ — Aecker. 5·—7.
— Gebaut u. häufig, nam. im Fl., auf A., Mauern, in Grasgr., Steinbr., auf Dämmen u. Triften verwildert.

99. C. dentata. Pers. Gezähnter L. — StBl. lineal-längl., stark buchtig gezähnt ob. fiedersp., am Grunde pfeilf. ☉ Aecker unter dem Flachs. 6. 7. — Im Geb. zerstreut, z. B. 1 C. zw. Böddensell u. Flechtingen; Eschenrode. 2 N. Neuhaldensl. 2 W. Rogäz. 4 O. Wulferst.; Kroppenstedt. 4 B. Gödnitz. 4 Z. Zw. Hohen- u. Nieder-Lepta.

3. Gruppe. **Schmalwandige, Angustisepten.** Schötchen 2-klappig, meist aufspringend, von der Seite zusammengedrückt, Klappen kahnf., gekielt ob. geflügelt; Scheidewand schmal.

1. Untergruppe. **Thlaspideen. Seitenwurzelige.**

36. Thlaspi[1]). L. Täschelkraut.

Blkr. (u. A.) weiß, selten etwas geröthet; Staubf. zahnlos; Schötchen oval ob. verkehrt-eif., Klappen geflügelt; Fächer (u. A.) mehrsamig. — Bl. einfach, ganzrandig ob. gezähnt, die wurzelst. gestielt, die stengelst. sitzend.

A. S. bogig-runzelig; Schötchen oval, fast kreisf.

100. T. arvense. L. Feld-T. — StBl. längl., buchtig-gezähnt, mit pfeilf. Basis sitzend, hellgrün; Schötchen ringsum breitgeflügelt, vorn tief ausgerandet; Gf. sehr kurz. ☉ — Aecker, auch Grasgr., Ufer, Weidengeb. 4—10. — Im Geb. überall häufig u. meist gemein.

B. S. glatt: Schötchen längl., keilf.; WBl. eine Rosette bildend.

101. T. perfoliatum. L. Durchwachsenes T. — StBl. eif., gezähnelt, mit herzf. bis pfeilf. Basis sitzend, blaugrün; Schötchen verkehrtherzf., hinten schmal-, vorn breit-geflügelt, tief ausgerandet; Gf. sehr kurz, viel kürzer als die Bucht der Ausrandung. ☉ — Aecker, Raine, Anhöhen, Gebüsch. 4. 5. — Nur im südlichsten Kalk-Fl. 5 B. Westerberge an der Wipper (reichl.); Saaluser-Höhen zw. Alsl. u. Gnölbzig, und zw. Georgsburg u. Rothenburg; oberer Saum des Wilden Buschs bei Rothenburg; „finstere Gardine", waldige Schlucht zw. Könnern u. Rothenburg.

102. T. alpestre. L. Felsen-T. — W. vielköpfig; StBl. längl., ganzrandig, mit herzf. Basis sitzend, bläulich-grün; Blkr. weiß, röthlich angelaufen; Staubb. gelb, zuletzt schwarz; Schötchen 3-kantig-verkehrtherzf., vorn breit geflügelt, tief ausgerandet; Gf. so lang ob. länger als die Bucht der Ausrandung. ♃ Grasige Orte, lichte Waldstellen. ·4—5·
— Nur im Sand-Al. bei der Elbe, hier aber von der Breitenhagener F. bis zur Kühnauer u. Mosigkauer F. sehr verbreitet u. nam. in der Güsterer F. stw. w. gef. —

37. Teesdália. R. Br. Teesdalie.

Blkr. weiß; die längeren Staubf. an der Basis mit blumenblattartigen Anhängseln; Schötchen rundl., ausgerandet, schmal geflügelt; Fächer 2-samig.

103. T. nudicaulis. R. Br. Nacktstenglige T. — St. nackt ob. armblättr.; WBl. gestielt, längl., meist fiedersp., ob. fiederth., selten ganz-

---

[1]) Von θλάω, quetschen.

randig, eine Rosette bildend: Blkrbl. klein, ungleich. ⊙ — Sandige, magere Aecker, Triften, Wege, Heiden. 4—·6 u. 8—10. — Im Dl. gemein; im Sand-Al. u. auf Sand u. Porphyr des nördl. Fl. häufig; im übrigen Geb. fehlend. Sandpfl.

† Ibéris. L. Bauernsenf.

Blkrbl. sehr ungleich, strahlend; Staubf. zahnlos; Fächer der Schötchen 1-samig.
† I. umbellata. L. Doldentragender B. — Bl. lancettl., zugespitzt, gestielt; Blth. in dichten, zahlreichen Doldentrauben; Blkr. hellroth. ⊙ — Zierpfl. aus Südeuropa. 6—8. — In Gärten.
† I. amara. L. Bitterer B. — Bl. längl., stumpf, in einen Blstiel keilig verschmälert; Blth. doldig, sich zur Traube verlängernd; Blkr. weiß. ⊙ — Zierpfl. aus Süddeutschland. 6—10. — In Gärten; auf Friedhöfen u. Mauern zuweilen verwildert.

38. Biscutélla[1]**). L. Brillenschote.**

Blkr. gelb; Schötchen ganz flach; Klappen kreisrund, 2 Schilde darstellend; Fächer 1-samig.
104. B. laevigata. L. Gemeine B. — W. ausdauernd, meist mehrköpfig; St. u. Bl. abstehend-behaart; WBl. längl., in den Blstiel verschmälert, entfernt gezähnt od. ganzrandig; StBl. längl., sitzend; Schötchen brillenf., von feinen Knötchen rauh. ♃ — Kiefernwälder, Sandhöhen u. sand. Orte. ·5—10. — Nur im südl. Dl. im Gebiete der Elbe, hier zieml. häufig u. gesellig. Sandpfl. 4 S. Wahlitzer F.; Anhöhen hinter Plötzky. 4 B. Sandhügel zw. Gommern u. Dornburg (reichl.); zw. Pretzien u. Dornburg u. zw. Dornburg u. Prödel; *Sandhöhen zw. Dornb. u. Gönitz; Linds.; Saum der Kiefern zw. Walternienb. u. Nutha. 4 Z. Hohes sand. Elbuf. zw. den Schönen Bergen u. Steckby, u. zw. Steutz u. Rietzmeck (reichl.); nördl. Saum des Oberbusch. u. der Mostgkauer F. (reichl.). — Erreicht im Geb. die Nordgrenze.

2. Untergruppe. **Lepidineen.** Rückenwurzelige.

39. Lepidium[2]**). L. Kresse.**

Blkrbl. weiß, gleich, selten fehlend; Staubf. zahnlos; Schötchen zsgedrückt, längl., eif. od. rundl.; Klappen gekielt od. geflügelt; Fächer 1-samig.

A. Schötchen herzf., vorn spitz (nicht ausgerandet).
105. L. Draba. L. Stielumfassende K. — Bl. längl. od. lancettf., geschweift-schwachgezähnt, die wurzelst. in den Blstiel verschmälert, die stengelst. mit pfeilf. Basis sitzend; Schötchen flügellos mit langem Gf. ♃ — Grasgr., Dämme, Raine, Wegränder, Bäche. 5—9· Zerstreut durch das Geb. u mehr u. mehr sich einbürgernd. 2 W. Eisenbahndamm bei Wolmirst. 3 W. An der Sare zw. Wanzl. u. Domersl. (reichl.) 3 M. Chgr. zw. Diesdorf; Schrode zw. Neustadt u. Arneburg; Damm Commandantenwerder; Eisenb.wall bei Salbke. 4 E. Chgr. zw. Langenwedd. u. Egeln; Chgr. zw. Winningen u. Königsaue. 4 S. Chgr. bei Dodendorf; Eisenb.wall nördl. Frohse; Osteite am Gradirwerk. 4 Z. Grasrand an der Straße bei Zerbst nach Lindau; 5 B. Bernburg, Weg beim Parforcehause; Dorf Alsleben im Schadenthal. —

B. Schötchen oval, vorn ausgerandet.
a. Schötchen der Spindel anliegend.
106. L. sativum. L. Garten-K. — Untere Bl. fiederth., 3pfl. fiedersp.; die oberen Bl. fiedersp., die obersten ganzrandig; Schötchen geflügelt, Gf. kurz, kürzer als die Ausbuchtung. ⊙ — Als Salat geb. u. zuweilen verwildert. 6. 7.

b. Schötchen von der Spindel abstehend.
107. L. campestre. R. Br. Feld-K. — Bl. längl., buchtig gezäh-

---

[1]) Aus bis, zweimal u. scutella, Schale, Schüsselchen. — [2]) Von λεπίς. Schuppe, λεπίδιον. Schüppchen.

nelt, die wurzelst. in den Blstiel verschmälert, die stengelst. mit pfeilf. Basis sitzend; Schötchen wasserblasig=punktirt, oberseits vertieft, unterseits gewölbt, deutlich geflügelt; Gf. länger als die Ausbuchtung. ⊙ — Aecker, Chausseegr., Hohlwege, Dämme. 5. 6'. — Zerstreut durch d. Geb. z. B. 1 C. Esparj. zw. Schwanefeld u. Walbeck. 2 B. Hohlweg an der Windmühle bei Hohenseden. 3 S. Chgr. zw. Meyendorf u. Seehausen. 3 M. Rothe Horn; Hohlweg bei Lemsdorf. 3 Mö. Weizen u. Raps zw. Möckern u. Labeburg, u. zw. Klappermühle u. Leitzkau. 3 L. Triftshöhe bei Wüsten=Jerichow; am Teich von Zimmermanns Sägemühle: Weizen Brixfe; A. zw. Loburg u. Göbel u. zw. Loburg u. Kievelmühle. 4 O. Chgr. bei Oschersl. Eisenb.=Wall Wegersl.; Bruchwi. Oschersl.=Wulferstedt. 4 E. Esp. Hakeborn am Lavenhoch. 4 S. Sandäcker hinter dem Kesselteich bei Pretzien. 4 Z. Seitendamm v. d. Sandbergen bei Aken nach dem Elbdamm. 5 St. Steinbr. an der Förderstedter Windmühle u. Eisenb.=Damm daselbst; Esp. am Stassfurt=Bernburger Wege. 5 B. Esp. Vorgesdor= Lattorf.

108. L. rurerale. L. Schutt=K. — Untere Bl. fiederth. od. doppelt fiederth., die oberen fiederth., die obersten ganzrandig; Blth. 2=männig, Blkrbl. schmutzig=weiß od. fehlend; Schötchen undeutlich geflügelt; Gf. kürzer als die Ausbuchtung. ⊙ — Dörfer, Mauern, Wege, Grasgr., Schutt; auch wohl auf Triften u. Wiesen. 5—8. — In manchen Gegenden, nam. im weiten Umkreise um Magdeburg, Schönebeck u. Stassfurt gemein, in anderen fast nur in der Umgebung der Städte u. selten an Dörfern; im nördl. Theil des Geb. und westl. v. d. Elbe — über Walbeck, Altenhausen, Meseberg u. Wolmirst. hinaus — sehr selten (1 C. Flechtingen).

40. Capsella. Medikus. **Hirtentasche.**

Blkr. weiß; Staubf. zahnlos; Schötchen zsgedrückt, verkehrt dreieckig od. längl.; Klappen flügellos; Fächer vielsamig.

109. C. Bursa pastoris. Mönch. Gemeine H. — WBl. schrotsägef. bis fiederth., gestielt; Stbl. lancettf. bis lineal, mit pfeilf. Basis sitzend; Schötchen 3=eckig, verkehrtherzf. ⊙ — Aecker, Gärten, Weg. u. Waldränder, Grasgr., Dörfer, Mauern, Triften, Ufer. '4—10'. — Sehr gemein.

110. C. procumbens. Fries. Niederliegende H. — Bl. ganzrandig od. fiederth. mit größerem Endlappen; Schötchen oval=länglich. — Kleine unansehnl. Pflänzchen. ⊙ — Salzhaltige Triften, Gräben u. Aecker. 4. 5. — Im Fl. auf salzhaltigem Boden, nicht häufig, aber sehr gesellig; z. B. 3 W. Sülldorf auf Triftrücken, Erhöhungen u. Grabenböschungen des Salzterrains bei der Stechmühle u. nach der Thalmühle (wie ges.) 4 S. Elmen, am Gradirwerk. 5 S. Stassfurt, Graben; Hecklingen, salzige Niederung; Graben am Stassfurt-Bernburger Wege unweit des Lerchenteichs, u. Gräben u. Aecker an der Trift nordwestl. v. Lerchenteich.

3. Untergr. Brachycarpeen. Eingeknicktkeimblättrige.

41. Senebiéra. Pers. **Senebiere.**

Blkr. weiß; Stbgf. durch Fehlschlagen zuweilen 4 od. 2; Schötchen zsgedrückt, 2=knotig od. nierenf., nicht aufspringend; Fächer 1=samig.

111. S. Corónopus[1]. Poir. (Coronopus Ruellii. All.) Kurzstraubige S. — Bl. fiederth., Zpfl. ganz, eingeschnitt. od. fiedersp.; Schötchen nierenf., stark runzelig, am Rande strahlig=gezähnt; Gf. dick, pyramidenf. ⊙ — Wege, Grasgr., Dorfstr., überschwemmt gew. Aecker, Triften, Ufer, Teichränder. 6'—10'. — Im Fl. u. Al. sehr häufig; im Tl. selten, hier z. B. 1 B. Tf. Sand=Beiendorf. 3 Mö. Weg bei Möckern; Dorf Leitzkau. 3 L. Weg u. Teich zw. Loburg u. Kalitz; Dorf Hohenziatz. 4 Z. Weg bei Zerbst u. Triftplatz vor dem Haidethor.

4. Gruppe. Nussartige. Nucamentaceen. Schötchen nicht aufspringend, durch Schwinden der Scheidewand zuweilen 1fächerig.

---

[1] Von κορώνη. Krähe u. πούς. Fuss.

Cruciferen (Nucamentaceen, Lomentaceen). — Cistineen.

† Isatis. L. Waid.
Blkr. gelb; Schötchen flach, 1 fächerig, 1 samig.
† I. tinctoria. L. Färber-W. — St. u. Bl. kahl; WBl. längl., in den Blattstiel verschmälert, StBl. längl.-lanceltl., mit pfeilf. Basis sitzend, blaugrün; Schötchen längl., sehr stumpf ob. ausgerandet, nach der Basis verschmälert. ⊙ — 5. 6. — Mit Esparsette zuweilen eingeführt und unbeständig.

42. Néslia. Desv. Neslie.

Blkr. gelb; Schötchen gedunsen, fast kugelig, 1 fächerig ob. unvollkommen 2 fächerig, 1-, selten 2 samig.

112. N. paniculata. Desv. Rispige N. — St. u. Bl. behaart: StBl. lanceltl., mit pfeilf. Basis sitzend, grasgrün; Blth. in rispigen (bei kleinen Exempl. in einfachen) Trauben. ⊙ Aecker. 5—10. — Im Fl. häufig, auch im Tl. nicht selten, aber nur auf gutem Boden; im Al. selten.

5. Gruppe. Gliederhülsige, Lomentaceen. Schote ob. Schötchen mit 1 samigen Gliedern, die bei der Reife oft sich trennen.

43. Rapistrum. Boerh. Repsdotter.

KBl. schräg- aufrecht, locker abstehend; Blkr. gelb; Schötchen 2 gliederig. Glieder 1 samig, das untere stielrund, das obere fast kugelig, in den Gf. zugespitzt; Same an einen kurzen Nabelstrang befestigt.

113. R. perenne. All. Mehrjähriger R. — St. sperrig-ästig, unten borstig-behaart; Bl. fiedersp., Zpfl. länglich, ungleich-gezähnt; Gf. kürzer als das obere Glied. ♃ — Aecker. Wegränder, Grasgr., Steinbr. 7. 8. — Kalkliebend. — Nur im Kalk-Fl., hier in den eigentlichen Kalkgegenden (weite Umgegend von Wanzl., des Hakel, von Hedlingen, Bernburg, Sandersleben) sowie auf den Hügeln mit nord. Grand u. in deren Nähe häufig.

44. Ráphanus[1]. L. Rettich.

KBl. gerade-aufrecht, anschließend; Schote walzenf., Glieder schwach angedeutet, sich nicht trennend — ob. perlschnurf., in Glieder zerfallend.

114. R. sativus. L. Garten-R. — Bl. leierf.; Blkr. hell-violett mit dunkleren Adern; Schote stielrund, zugespitzt, innen markig, sich nicht in Glieder trennend. ⊙ — cult. 5—9. — In mehreren Varietäten gebaut, besonders
a. niger, schwarzer Rettich, W. lang, spindelf., außen schwarz;
b. Radicula, Radieschen, W. kugelig, rübenf., außen weiß ob. roth.

115. R Raphanistrum L. (Raphanistrum Lampsana Gaertn.) Acker-R. (Hederich, Knotenhederich). — Bl. leierf.; Blkr. hellgelb mit gelben Adern, seltener weiß mit violetten Adern; Schoten perlschnurf., bei der Reife in Glieder zerfallend. ⊙ — Aecker (namentlich magere und sandige), auch wohl Ufer, Wege, Grasgr. 5—10. — In den Sandgegenden sehr gemein; im übrigen Geb. viel seltener und nur auf magerem Boden. — Unterscheidet sich von Sinapis arv. sofort durch den aufrechten Kelch.

7. Familie. Cistineen, Cistineae. Juss.

Kleine Sträucher (ob. Kräuter) mit gegenüberstehenden ob. abwechselnden, einfachen Bl.; Blth. in Trauben; K. 5 blättrig, ungleich, bleibend; Blbltr. 5; Stbgf. zahlreich; Frkn. (u. A.) mehrfächerig; Kapsel (u. A.) 3 klappig.

---

1) Der griechische Name ῥάφανος, Rettich, ist verwandt mit ῥάπυς, ῥάφυς, Rübe.

45. Heliánthemum[1]). Tourn. Sonnenröschen.

K. 5 blättr., die äußeren Bl. kleiner; Blth. vor dem Aufblühen nickend; Blkr. (u. A.) gelb. —

116. H. Fumana. Mill. Dünnblättriges S. — Bl. zerstreut stehend, lineal, stachelspitzig, ohne Nebenbl.; Gf. 3 mal so lang als der Frkn. ♄ — Auf sonnigen Höhen. 6. 7. — Nur im südlichsten Fl. 5 B. auf den Trift=höhen der Saale bei der Georgsburg (Könnern). — Erreicht hier die Nordgrenze.

117. H. vulgare. Gärt (H. Chamaecistus. Mill.) Gemeines S. — Bl. gegenüberstehend, oval ob. längl., mit Nebenbl.; Gf. 2 ob. 3 mal so lang als der Frkn. ♄ — Trockene Anhöhen, Haiden, lichte Wälder, trockene Wiesen. 5—8·. — Im Fl. u. Dl. ziemlich häufig; auch im Sand=Al. der Elbe; z. B. 1 C. Schenksche F. bei Flechtingen; Forsten u. kalksteinige Höhen bei Walbeck. 1 B. Schärensche F. 2 N. Forsten des Alvensl. Höhenz.; Neuhaldensl. F. 2 W. Rogätzer F. (Oberhagen). 2 B. Bürgerholz; Wüstenhufen (Moorwiese bei Burg); Grabower u. Petershagener F. 3 S. Hohes u. Saures Holz. 3 M. Schnarsleber B. (Rumpelsberg). 3 L. Kiefern u. flache Haide zw. Bohmsdorf u. Thümark. 4 E. Hafel. 4 S. Höhen bei Pretzien nach Plötzky zu. 4 Z. *Trockene Höhen an der Elbe bei Loch=heim und hohes Elbufer vor dem Frieberitenberg; Buchholz; Reppichauer Bruchwiese. 5 B. Grafiger Saaluf.=Abh. zw. Alsl. u. Gnölbzig; Anhöhen bei der Georgsburg; Pfaffen=busch bei Freckl. —

8. Familie. **Violaceen**, Violáceae. Vent.

Kräuter (ob. Sträucher) mit abwechselnden, einfachen Bl. u. Nebenbl.; K. 5=blättr., bleibend; Blkr. unregelm. ob. ungleich, 5=blättr.; Stbgf. 5, die Staubb. an der Spitze mit einer häutigen Verlängerung des Connectivs; Frkn. 1=fächerig, Samenträger 3, wandst.; Gf. 1; Kapsel 1=fächerig, 3=klappig.

46. Víola. L. Veilchen.

Kbl. an der Basis verlängert; Blkrbl. ungleich, das untere, unpaarige, gespornt; Staubf. sehr kurz; Staubb. den Gf. cylindrisch umschließend, die 2 unteren am Grunde mit spornartigen Anhängseln. — Bl. (u. A.) einfach, ungetheilt, gekerbt, in der Jugend tutenf. zsgerollt; Blth. auf langen Stielen nickend.

1. Rotte. Die 2 mittleren Blkrbl. seitl. abstehend; Gf. ein wenig geneigt.

  A. Stengellose Pfl.: Kbl. stumpf.

a. N. in ein schiefes Scheibchen ausgebreitet; Frstiel auf=recht, Kapsel nickend.

118. V. palustris. L. Sumpf=V. — Bl. rundl.=herznierenf., kahl; Nebenbl. eif., zugespitzt, frei; Blkrbl. blaß=lila, das unpaarige mit violetten Adern. ♃ — Moorwiesen, Erlenbr., moorige Waldstellen, nam. zw. Torfmoos. 4—5·. — Im Sand=Fl. u. im Dl. häufig.

b. N. in ein herabgebogenes Schnäbelchen verschmälert; Frstiel niederliegend; Kapsel kugelig, flaumhaarig.

119. V. hirta. L. Rauhes V. — Ausläufer fehlend; Bl. längl.=eif., tief=herzf., rauhhaarig; Nebenbl. eif. ob. lancettl., spitz; Blkrbl. violett, selten weiß ob. weiß mit violettem Sporn. ♃ — Wiesen, Raine, Gebüsch, lichte Wälder. ·4—5· — Häufig, nam. im Fl. u. Al.

120. V. odoráta. L. Wohlriechendes V. — Ausläufer trei=bend; Bl. breit=eif., tiefherzf., behaart; Nebenbl. eilancettl., spitz; Blkrbl.

---

1) Von ἥλιος. Sonne u. ἄνθεμον. Blume.

Violaceen.

violett, zuweilen weiß od. roth, wohlriechend. ♃ Laubwälder, Haine, Hecken, Anlagen, Grasgärten, Kirchhöfe. 3˙—˙5. — Im Geb. nicht selten, häufig nam. in der Nähe von Ortschaften u. in den Alluvialforsten, hier stw. wie ges. —
119 u. 120. V. hirta ⨯ odorata. — Ausläufer treibend; Bl. eif. (in der Breite die Mitte haltend zw. hirt. u. odor.); Blkrbl. geruchlos. ♃ — Zwischen den Eltern. 4—5. — Selten. 4 E. Hasel (an der Domburg).

B. Pfl. mehr oder weniger gestengelt. Kbl. spitz; N. in ein herabge‑ bogenes Schnäbelchen verschmälert; die Sommerpfl. der des Frühlings meist unähnl., mit Blth. ohne Blkr.

121. **V. arenária.** Dec. Sand-V. — St. sehr kurz, nieder‑ liegend, aufstrebend, meist flaumig; Bl. rundl.-herzf., mehr oder weniger stumpf, so breit od. fast so breit als lang; Nebenbl. eif.-längl., ge‑ franst-gesägt, mehrmal kürzer als der Blstiel; Blkr. blau, lila, bis weiß; Sporn lila. — Kleine Pflänzchen, in der Regel mehrstengelig u. vielblüthig. ♃ — Sonnige Hügel, Triftabhänge, trockene Wälder. 4—5. — Im Fl. ziemt. häufig, im Dl. zerstreut. Z.B. 1 B. Sandhügel u. Waldgr. nordöstl. v. Vorw. Ellerselle. 2 N. Glüsig; Teufelsberg bei Gersdorf (reichl.). 2 W. Rogätzer F. (Oberhagen). 2 B. Haide zw. Pietzpuhl u. Stegelitz; Grabower F. 3 S. „Grüne Berge" bei Siegersl.; Hügel am Hohen Holze u. Hoh. H. 3 W. Höhen bei Niedern-Dodel., Kl. Rodensl. u. Süldorf. 3 M. Höhen bei Hohenwarsl., Diesdorf u. Hängelberge. 4 E. Hafelberg bei Feteborn. 4 S. Froher V.; Sandberge bei Eikendorf. 4 Z. Hohes Elbuf. am Friederikenberg. 5 S. Trifthügel bei Hedlingen u. Gänfefurt. 5 B. Trifthöhen und Schlucht-Abhänge an der Wipper zw. Sandersl. u. Freckl.; Trift der Weinberge vor Gnölbzig; bew. Anhöhe bei Nelben.

122. **V. silvestris.** Lam. Wald-V. — St. schlank, am Grunde gebogen od. niederliegend, meist kahl; Bl. breit-ei- u. herzf., mehr od. weniger spitz, stets länger, oft noch einmal so lang als breit; Nebenbl. w. vor.; Blkr. hellblau, mit bläulichem od. weißem Sporn. ♃ — Laubwälder, Haine, Gebüsch; auch wohl Erlenbr. u. Nadelwälder. ˙4—˙6 u. 8—9. — Variirt in der Größe, nam. auch der der Blth. und in der Farbe des Sporns.

b. **Riviniana** (Rchb. als Art), St., Bl. u. Blth. verhältnißmäßig groß; Sporn weiß. — Im Geb. sehr häufig; St. Var. b. ebenfalls nicht selten, doch meist nur im Fl. u. Al.

123. **V. canina.** L. Hunds-V. — St. am Grunde gebogen od. niederliegend, meist kahl; Bl. längl.-eif. mit mehr od. weniger tief‑ herzf. Basis; Blstiel flügellos; Nebenbl. klein, längl.-lancettl., wenig u. kurz gefranst, mehrmal kürzer als der Blstiel; Blkr. ziemt. groß, dunkel‑, selten hellviolett mit weiß-gelblichem Sporn. ♃ — Haiden, Trifthöhen, trockene, sandige Orte, Waldränder, Wiesen. 4—6. — Im Geb. meist häufig, nam. im Dl. u. auf den Alluvialwiesen, besonders der Elbe; im Sand-Fl. ziemt. selten. — Variirt in der Größe, je nachdem der Standort mager u. sandig, od. fett u. thonig ist, u. in der Breite der Bl.

124. **V. stagnína.** Kit. Gräben-V. — St. aufrecht, zart, stets kahl; Bl. längl.-lancettl. mit flach-herzf. Basis, hellgrün; Blstiel schwach‑ geflügelt; Nebenbl. lancettl., zugespitzt, gefranst-gesägt, $1/3$ bis $1/2$ so lang als der Blstiel; Blkr. klein, radf., weiß u. violett roth. blau angelaufen, oder ganz weiß, Adern violett-roth; Sporn gelb‑ lich-grün, spitz. ♃ — Moorige u. feuchte Wiesen, nam. Waldwiesen. ˙5—˙6. — Zerstreut durch d. Geb. 2 B. Wf. an der Güsener F.; Wf. neben dem Hohensebener Erlenbr.! (Dorn); Waldwf. der Reesenschen F.; Vertiefungen am nordöstl. Deichwall. 3 S. Hohes Holz (östl. Waldwiesen-Einschnitt). 3 M. Biederitzer Busch; Waldwf. der Kreuzhorst. 4 O. Oberbruch; Wf. zw. Meierweiden u. Günthersdorf. 4 E. Wf. am Egelnschen Busch (reichl.) 4 S. Schönebeck, obere Buschwf.; Grünewald (Gehrwiese). 4 Z. Moorwf. zw. Friederikenb. u. Badez; Unterbusch (Nummerwiese). 5 C. Bruchwf. bei Rajatz, Sachsendorf u. Diebzig.

125. **V. stricta.** Hornemann. Straffes V. — St. aufrecht, kahl; Bl. längl. mit flach-herzf. Basis, in den oben geflügelten

Blstiel übergehend; Nebenbl. längl.-lancettl., blattig, gezähnt, die mittleren halb so lang, die oberen so lang als der Blstiel; Blkr. ziemlich groß, blau, zuweilen weiß, Sporn grün-gelb. ♃ — Wiesen u. Waldwiesen, Waldränder. 4—6. — Variirt sehr in der Größe des St. u. der Bl. — Im Al. der Elbe häufig, sowohl auf den Wiesen des fetten Marschbodens, als auf den Bruchwiesen des Sand-Al. — Im übrigen Al. selten; (4 O. Oberbruch (reichl.) u. Unterbruch. 4 E. Bodewiesen zw. Unseburg u. Rothenförde); im Dl. noch seltener (2 B. Wiese in der Güsener F.); im Fl. noch nicht beobachtet.

126. V. praténsis. M. u. K. Wiesen-V. — St. aufrecht, kahl; Bl. lancettl. mit keilf. Basis in den geflügelten Blstiel übergehend; Nebenbl. längl.-lancettl., blattig, gezähnt, die mittleren länger als der Blstiel; Blkr. hell-violett, mit dunkleren Adern; Sporn grüngelb. ♃ — Wiesen, Waldwiesen, Waldränder. ˙5—6. — Im Al. der Elbe sehr häufig u. auch im übrigen Al. nicht selten; dagegen sehr selten im Dl. (3 Mö. Vogelremise zw. Leitzkau u. Dannigkow); im Fl. noch nicht beobachtet.

126 u. 123. V. pratensis × V. canina. Bl. längl.-eif. mit schwach herzf. Basis in den oben schwach geflügelten Blstiel übergehend; Nebenbl. längl.-lancettl., blattig, die mittleren 1/3, die oberen 1/2 so lang als der Blstiel. ♃ — Zwischen den Eltern. ˙5. — 4 E. Wiese am Gehölz „Backofen" bei Unseburg.

127. V. elatior Fr. (V. persicifolia Schk.) Höheres V. — St. aufrecht, oben u. bis zur Mitte, so wie die Bl. flaumhaarig; Bl. lancettl., untere mit schwach keilf., obere mit schwach herzf. Basis; Blstiel geflügelt; Nebenbl. längl.-lancettl., an der Basis eingeschnitten-gezähnt, od. grob gesägt, oberhalb ganzrandig, sehr groß, länger, oft doppelt so lang als der Blstiel; Blkr. groß, hellblau mit großem weißen Fleck am Grunde. ♃ — Waldsäume u. Gebüsch, zuweilen auf die angrenzende Wiese übergehend. ˙5—6. — Nur im Al., hier aber zieml. häufig; z. B. 3 M. Rothe Horn unter Gestr.; Biederitzer Bsch.; Kreuzhorst. 4 E. Baumholz u. Backofen bei Unseburg. 4 S. Schönb. Busch; Kapitelbusch; Grünewald. 4 B. Saalhorn-Bsch.; Rosenburger Bsch. 5 C. Calbesche Bsch. 5 B. Krumbholz; Siegfelds Bsch.; Dröbelsche Bsch.; Saalwiese unter Obstbäumen südl. v. Alsleben.

128. V. mirabilis. L. Wunder-V. — St. aufrecht, einseitig behaart; Bl. groß, breit-herzf., kurz zugespitzt, die unteren stumpf, fast nierenf.; Blstiel am Kiel haarig; Nebenbl. längl.-lancettl., fast ganzrandig; Frühjahrs-Blth. wurzelst., meist unfruchtbar, Sommer-Blth. stengelst., fruchtb., meist ohne Blkr.; Blkr. bleich-röthlich od. hell-lila, mit weißem Sporn, wohlriechend. ♃ — Laubwälder. 4—5˙ — Nicht häufig, aber meist gesellig; vorwiegend im Fl., sehr selten im Dl., fehlt im Al. — Im Fl.: 1 C. Die Lohden bei Werben. 2 N. Klepperberg; Wellenberge. 3 S. Hohes H. (dem Beckerberg gegenüber, Königsberg u. Klaushagen); Lenchen-Busch bei Sommerschenburg. 4 E. Hakel (überall u. reichl.) 3 B. Sperenberg bei Sandersl.; Sandersl. Bsch., Fredleber Bsch. u. Pfaffenbusch bei Freckl. — Im Dl. 3 L. Lohburger Bürgerholz.

2. Rotte. Die 4 oberen Blkrbl. aufwärts gerichtet; Gf. aufsteigend, nach oben keulig verdickt.

129. V. tricolor. L. Dreifarbiges V. (Stiefmütterchen.) — St. aufstrebend, ästig; untere Bl. flach-herz-eif., obere eif. bis lancettl.; Nebenbl. groß, blattig, leierf.-fiederfp., mit großem Endlappen; Blkr. verschiedenfarbig. ☉ — Aecker, besonders Sandäcker, Grasgr., Wiesen, Triften, Zäune, Haiden. 4—10. — Variirt in der Größe und Farbe der Blüthen:

a. vulgaris. Blkrbl. größer als der K., die beiden oberen violett od. blau, die mittleren violett od. gelb, das untere gelb mit violetten Streifen. — Vorzugsweise auf Sandäckern und magerem Boden; im Dl. sehr gemein, auch im Sand-Fl. u. Sand-Al., so wie an kiesigen Stellen der Flüsse; im übrigen Geb. selten. — Als Zierpfl. in vielen Varietäten cult.

b. arvensis. Blkrbl. so lang od. kürzer als der K., die 4 oberen meist weiß, das untere gelb. Im ganzen Geb. gemein. —

9. Familie. **Resedaceen**, Resedaceae. Dec.

Kräuter mit abwechs. Bl.; Blth. in Trauben; K. 4—7=th., unregelm., bleibend; Blkrbl. so viel als Kzipfel; Stbgf. zahlreich, auf einer schiefen Scheibe befestigt; Frkn. 1, einfächerig, an der Spitze offen, 3= bis 6=lappig; Samenträger wandst.; Fr. (u. A.) trocken, häutig, an der Spitze offen; S. nierenf.

47. Reseda. L. **Reseda.**

K. 4—6=th.; Blkrbl. ungleich, mehrfach gespalten, zuweilen ungetheilt; Gf. 3—6, sehr kurz, auf dem Rand des Frkn. stehend; Frkn. aus 3—6 Frblättern verwachsen; Kapsel 3—6=kantig.

1. Rotte. K. 6=th.; Gf. 3.

† R. odorata. L. Wohlriechende R. — Bl. meist ganz, spatelf. ob. schmal=lancettl.; Ktheile abstehend, an der Fr. zurückgeschlagen; Blkrbl. gelblich, sehr wohlriechend; Kapsel eif., Frstiel doppelt so lang als der K. ⊙ bis ♃. Wegen des Wohlgeruchs allgemein in Gärten u. Töpfen kult.; zuweilen verwildert. 6—9.

† R. Phyteuma L. Stumpfblättr. R. — Bl. wie vor.; Ktheile abstehend, an der Fr. schwach zurückgeschlagen; Blkrbl. weißlich, geruchlos; Kapsel eif.=längl., Frstiel so lang als der K. ⊙ — Aus dem Süden mit fremdem Samen zuweilen eingeführt; unbeständig. 6—8.

130. R. lutea. L. Gelbe R. — Bl. fiederth. und doppelt=fiederth.; Ktheile aufwärts gebogen; Blkrbl. grünlich=gelb, geruchlos; Kapsel eif.=längl.; Frstiel 3—4 mal so lang als der K. ⊙ bis ♃ — Sonnige Hügel, Triften, Grasgr., Wege= u. Ackerränder, Esparsette. Kalkliebend. 5—10. — Im Kalk=Fl. häufig, nam. in den eigentl. Kalkgegenden (Muschelkalk, Keuper u. Buntsandstein) u. auf den Hügeln mit nord. Grand; selten im Al. (3 M. Elbufer Rotheborn. 4 S. Elbdamm bei der Zachmühle Ziegelei); noch seltener im Dl. und hier wohl nur verschleppt. (3 Mö. Garten von Neuhaus=Leitzkau.)

2. Rotte. K. 4=th. Gf. 4 ob. 3.

131. R. luteola. L. Wau=R. (Wau.). — St. steif=aufrecht, mit aufrechten Zweigen; Bl. schmal=lancettl., ganzrandig, am Grunde beiderseits 1=zähnig; Ktheile aufrecht; Blkrbl. gelblich, geruchlos; Kapsel eif.; Frstiel kürzer als der K. ⊙ — Mauern, Wege= u. Ackerränder, Grasgr., Steinbrüche, Trifthöhen, Dörfer. 6—10. — Im Kalk=Fl. häufig u. auch im Al. nicht selten; im Dl. selten, hier z. B. 2 N. Parförde. 3 M. Weg von der Potsirine nach Woltersdorf. 3 L. Kirchhof Hohenziatz. 4 Z. Kirchhof Lindau u. Chgr. an der „Sorge" bei Lindau.

10. Familie. **Droseraceen**, Droseraceae. Dec.

Kräuter (Sumpf= ob. Torfpflanzen) mit meist schaftartigem St. u. abwechselnden Bl.; Blätter u. Blthstiel in der Jugend nach innen gerollt; K. 5=blättr. ob. 5=th., bleibend; Blkrbl. 5; Stbgf. 5, selten mehr; Frkn. 1—3=fächerig, STräger wandst.; Gf. mehrere, ob. fehlend u. dann mehrere N.; Kapsel 1=fächerig, 3—5=klappig.

48. Drósera[1]) L. **Sonnenthau.**

Blth. auf röthlichem Schafte in einseitswendigen Aehren; K. 5=th.; Bltr. weiß, klein; Gf. 3—5, 2=th.; Kapsel 3—5=klappig. — Bl. eine Wurzelrosette bildend, langgestielt, lang=befranst, Franjen mit rothen Drüsen besetzt.

132. D. rotundifolia. L. Rundblättr. S. — Bl. kreisrund; Schaft gerade=aufrecht, 3—4 mal so lang als das Bl. ♃ — Sumpf=

---

1) Von δρύσος. Thau; δροσερός, thauig.

stellen, Torfmoore u. deren Ausstiche, Moorwiesen; besonders zw. Torf=
moos. '7—8'. — Im Sand=Fl. u. Dl. ziemt. häufig; z. B. 1 C. Calvörder F. 1 B.
Burgstaller F.; Schernebecker Gemeinde=Fenn. 2 N. Forsten des Alvensl. Höhenz.: schwarze
Pfuhl. 2 B. Detershagener F. (hungrige Wolf); Sandniederung bei den Ch. Kienen bei
Burg; Grabower F. 3 M. Sumpfvertiefung am Fuße der Fuchsberge. 3 Mö. Moortrift
zw. Stegelitz u. Grabower F. 3 L. Erlenbr. bei Reesdorf; Forst Magdeb. Forth. 4 S.
Kesselteich bei Prezien. 4 B. Sumpfwiese bei Gommern; *Erlenbr. bei der Poleimühle.
4 Z. Sumpfwiese am Butterdam; bei Pulspforda; Ausbich an der Ch. nach Lindau; Moor=
wiese an der Roslau zw. Buchholzmühle u. Kupferhammer.
D. longifolia. L. (D. anglica. Huds.). — Bl. lang, lineal=keilf.; Schaft gerade=
aufrecht, 2—3 mal so lang als das Bl. ⚄ — Torfmoor. 7. 8. — Im Geb. noch nicht beob.

133. D. intermedia. Hayne. Mittlerer S. — Bl. verkehrt=eif.;
Schaft am Grunde bogig=aufsteigend, kaum noch 1 mal so lang
als das Bl. ⚄ — Torfmoor. 7. 8 — Nur im Dl. u. auch hier sehr selten: 1 B.
Schernebecker Gemeinde=Fenn. 2 B. Moorige Niederung an der Chaussee bei Hohenseden.

49. Parnassia. L. Herzblatt.

Blth. einzeln; K. 5=blättrig; Blkrbl. mit 5 oben zerschlitzten,
drüsentragenden Nebenkronblättern; Gf. fehlend; N. 4; Kapsel 4=klappig.
134. P. palustris. L. Sumpf=H. — WBl. herzf., lang gestielt; das
stengelst. Bl. sitzend, stengelumfassend: Blkr. weiß, groß. ⚄ —
Sumpfige Wiesen, nam. sandmoorige, u. Torfwiesen. 7—9'. — Im Sand=
Fl. m. E., u. im Dl. häufig; im übrigen Geb. seltener u. nur auf bruchigen Wiesen (hier
z. B. 4 O. Oberbruch bei Wulferstedt. 4 Z. Akenische Bruchwiese. 5 S. Wi. bei Staßfurt;
am Lerchenteich. 5 B. Zersthagr. nach Poley zu).

11. Familie. Polygaleen, Polygaleae. Juss.

Kräuter (ob. Sträucher) mit zerstreuten, einfachen u. ganzrandigen
Bl.; Blth. (u. A.) in Trauben, jede Blth. von 3 flüchtigen Deckblättchen
begleitet; Kbl. 5, unregelm., gefärbt, die 3 äußeren klein, die 2 inneren
größer, blumenblattartig (Flügel genannt); Blkrbl. 3—5, mit der Röhre
der Stbgf. mehr ob. weniger verwachsen, das untere groß, nachenartig, hohl,
(u. A.) mit einem hahnenkammartigen Ansatze versehen; Stbgf. 8, unter=
wärts 1=brüderig, an der Spitze in 2 Bündel getheilt; Staubb. mit
einem Loche aufspringend; Frkn. 1—2=fächerig, Fächer 1=eiig.

50. Polýgala[1]). L. Kreuzblume.

KBl. bleibend, die 2 inneren sehr groß, flügelf.; Kapsel zusammen=
gedrückt; S. an der Basis mit einem gezähnten Mantel umgeben.
135. P. vulgaris. L. Gemeine K. — Blth. vielstengelig, St. auf=
steigend; untere Bl. oval, obere länger u. schmal=lancettf.; Deckbl. so lang
als der Blthstiel, vor dem Aufblühen die Blth. nicht überragend;
Blkr. mit vielspaltigem Ansatze, Flügel elliptisch, 3=nervig, Seitennerven an
der Spitze mit dem Mittelnerven zusammenfließend, Nerven durch Adern
netzartig verbunden, Adernetz deutlich hervortretend; Blth. blau, seltener
roth ob. weiß, noch seltener violett. ⚄ — Lichte Wälder, Wiesen, beson=
ders Moorwiesen, Haiden, Raine. '5—7 (8 u. 9'). — Im Fl. u. Dl. u. auf den
alluvialen Bruchwiesen häufig; im übrigen Al. selten.

136. P. comósa. Schk. Schopfige K. — Deckbl. noch einmal
so lang als der Blthstiel, vor dem Aufblühen die Blth. schopf=
artig überragend; Adernetz der Flügel schwach u. undeutlich; Blth.
violett ob. roth, selten weiß, nie blau; sonst wie vor. ⚄ — Moorwiesen,

---

[1]) Von πολύς, viel u. γάλα, Milch.

Polygaleen. — Sileneen.

Wälder, Haiden, sonnige Höhen. 5—6'. — Auf den Moorwiesen des Tl. u. den Bruchwiesen des Al. häufig u. hier fast nur mit violetter Blth.; außerdem in Wäldern, Haiden u. auf sonnigen Höhen des Fl. u. Tl. zerstreut, hier z. B. 1 C. Rehm. 3 S. am Hohen u. Sauren H. 4 E. Hakel (reichl.). 4 S. Frohser B. 5 C. Zenser B. 5 C. Weggr. Kölbigk-Rathmannsd.; Wiesenabh. an der Fuhne bei Balberge; Grasabh. südlich vom Sandersleb. Bsch. —

† Familie Zanthoxyleen, Zanthoxyleae. Nees.
Bäume od. Sträucher; K. meist 4- od. 5-th.; Blkrbl. ebensoviel; Stbgf. eben oder doppelt so viel; Fr. Beere od. Flügelfr.

† Ptélea. L. Lederblume.
Blth. 2-häufig; K. 4—5-th.; Stbgf. 4—5; Flügelfr. rundl., 2-fächerig.
† P. trifoliata. L. Dreiblattr. L. — Bl. 3-zählig, langgestielt; Blättchen eif., spitz, schwach-gekerbt-gezähnt; Blth grünl.-weiß, in doldigen Rispen. ♄ — Zierstrauch aus Nordamerika. 6. — In Anlagen.

† Ailanthus. Desf. Götterbaum.
Blth. vielehig; K. 5-sp.; Stbgf. 10 in der männl., 2—3 in der zwitterigen Blth.; Flügelfr.
† A. glandulosa. Desf. Drüsiger G. — Bl. unpaarig-gefiedert, Blättchen zahlreich, kurz-gestielt, eif.-längl., langzugespitzt, am Grunde abgestutzt u. mit einem od. wenigen Drüsen-Zähnen versehen; Blth. klein, grüngelb in endst. Rispen. ♄ — Zierbaum aus China. 6—7. — In Anlagen.

12. Familie. **Sileneen**, Sileneae. Dec.

Kräuter mit an den Gliedern verdickten St. u. mit gegenüberstehenden, ganzrandigen Bl.; K. röhrig, 5—6-zähnig, bleibend; Blkrbl. langgenagelt, so viel als Kzähne; Stbgf. doppelt so viel als Blkrbl; Frkn. vieleiig; S.Träger mittelpunktst.; Gf. 2, 3 od. 5; Fr. meist eine Kapsel mit 4, 5, 6 od. 10 Zähnen aufspringend, selten eine Beere.

Anm. Nach der Zahl der Griffel re. gruppiren sich die Gattungen dieser Familie wie folgt:
1. Zwei Gf.   A. Blkrbl. keilig: Gypsophila.
              B. Blkrbl. lineal-genagelt; a. K. mit Schuppen: Dianthus.
                                         b. K. nackt: Saponaria.
2. Drei Gf.   A. Fr. eine Beere: Cucubalus.
              B. Fr. eine Kapsel: Silene.
3. Fünf Gf.   A. Kelchzähne spitz: Lychnis.
              B. Kelchzähne blattig: Agrostemma.

1. Gruppe. **Zwei Griffel**.
A. **Blkrbl. keilig**.

51. Gypsóphila[1]). L. **Gypskraut**.

K. 5-zähnig; Blkrbl. allmälig in den keilf. Nagel verschmälert, weiß od. hellroth; Kapsel 1-fächerig, 4-klappig; S. nierenf.-kugelig.
† G. paniculata. L. Rispiges G. (Schleierblume). — W. vielköpfig; St. vom Grunde an sehr ästig, unterwärts kurzhaarig; Bl. lancettlich, lang zugespitzt; Blthrispe weitschweifig, locker, kahl; Blkr. weiß. ♃ — Zierpfl. aus Oesterreich. 7—8. — Häufig in Gärten.
137. G. muralis. L. Mauer-G. — W. einfach; St. aufrecht, 5—10 cm. h., ästig-rispig, am Grunde fast kahl; Bl. lineal od. borstenf.; Blkr. fleischfarben mit dunkleren Adern. ⊙ — Magere Aecker (bes. Lehmsand u. Moorsand), sandige Flußufer; auch kahle Stellen der Triften u. Waldwege. 7—10'. — Im Sand-Fl. m. E., im Tl. u. am nördl. Ufer der Elbe häufig; im übrigen Geb. selten u. fast nur auf sandgemischtem Boden, hier z. B. 3 M. A. östl. am Biedritzer Bsch. 4 S. Schöneb. Stadtfeld; A. der Frohjer B. 4 B. A. Wespen. 5 C. A. Gritzehne; A. Patzey.

B. **Blkrbl. lineal-genagelt**.
a. **K. mit Schuppen besetzt**.

---

[1]) Von γύψος, Gyps u. φίλος, lieb.

Schneider, Schulflora. II. Gefäßpfl. des Gebiets.

34 Polypetale Dic. mit bodenst. Stbgf.

52. Diánthus¹). L. Nelke.
K. 5-zähnig; Blkrbl. mit horizontaler Platte und senkrechtem, linealen Nagel; Kapsel 1-fächerig, 4-klappig; S. schildf., auf einer Seite gewölbt, auf der andern vertieft. — Bl. meist linealisch ob. lancett-linealisch, grasartig.

1. Rotte. Blth. gehäuft ob. büschelig, Platte des Blkrbl. gezähnt.

138. D. prolifer. L. (Tunica prolifera Scop.) Sprossende N. — St. kahl; Bl. linealisch, spitz; Blth. gehäuft-köpfig; Hüllschuppen pergamentartig, hellbraun, rauschend, die 2 äußeren um die Hälfte kürzer, stachelspitzig, die innersten sehr stumpf, länger als der K.; Kschuppen den Hüllschuppen gleich gestaltet; Blkr. klein, hellroth. ☉ — Sandige Hügel u. Abhänge, Grasgr., Wegränder. 7—8. — Im Geb. nicht häufig, aber gesellig. z. B. 1 C. Domberg bei Walbeck u. steinige Höhen zw. Walbeck u. Schwanefeld. 1 B. Hohes, sand. Elbufer zw. Sandfurth u. Rehnert (sehr reichl.). 2 B. Weinberg bei Hohen= warte. 3 M. Chgr. nach Königsborn. 3 L. Hofer, sand. Grasabh. am Gloineschen Bach zw. Kupferhammer u. Klingners Mühle (wie ges.). 4 Z. Hohes, sand. Elbufer u. Trift= platz „Schlangengrube" östl. von Roslau (reichl.).

† D. barbatus. L. Bart-N. (gewöhnl. Karthäuser N.). — St. kahl; Bl. lancettl. ob. längl.; Blth. dicht-büschelig-gehäuft; Hüllbl. lancettl. ob. lineal, zurück= geschlagen; Kschuppen krautig, so lang als der K.; Blkr. roth. ♃ — Zierpfl. aus Süd= deutschl. 6—8. — In Gärten.

139. D. Armería. L. Rauhe N. — St. weichhaarig; Bl. lancettl.= linealisch, untere stumpf, obere spitz auslaufend; Blth. büschelig; Kschuppen u. Deckbl. lancettl.=pfrieml., krautig, so lang als der K., rauhhaarig, aufrecht; Blkr. zieml. klein, purpurroth, weiß punktirt. ☉ — Wälder, Haine, Gesträuch. 7—10′. — Im Geb. zieml. häufig, z. B. 1 C. Rehm u. Domberg bei Walbeck. 2 N. Bartensl. F.; Emdener F. 2 W. Unterholzer B.; Lauenholz. 3 S. Hohes H. 3 M. Eisenb.=Ausstich nördl. b. Rothensee; Biederitzer Bsch.; grasiger Abzugsgr. bei Königsborn. 3 Mö. Kiefern zw. Wahlitz u. Pöthen; Papstdorfer F.; Leitzkauer Thier= garten. 4 E. Hafel; Unieburger Baumholz. 4 S. Kapitelbusch; Grünewald. 4 B. Grüne= berger F.; zw. Tiebziger Busch u. Lödderitz. 4 Z. Bew. Graben bei Moritz; Rain mit Gestr. zw. Zerbst u. Buhlendorf; Anlagen Zerbst.

140. D. Cathusianórum. L. Karthäuser-N. — W. vielköpfig; St. kahl; Bl. lineal; Blth. gehäuft-köpfig; K.= u. Hüllschuppen lederig, braun, nicht so lang als der K.; Blkr. mittelgroß, schön purpurroth, selten weiß. ♃ — Trockene Gräben, Raine, Triften, sonnige Höhen, Weg= u. Waldränder, Haiden. 6—10′. — Im ganzen Geb. sehr häufig.

2. Rotte. Die Blüthen einzeln (ob. rispig).

A. Blkrbl. gezähnt.

141. D. deltoides. L. Deltafleckige N. — W. vielköpfig; St. kurzhaarig; Bl. lineal-lancettl.; Blth. einzeln; Kschuppen meist zu 2, lederig, grün u. braun angelaufen, ob. braun, halb so lang als der K.; Blkr. mittelgroß, schön roth mit im Dreieck gestellten purpurnen u. weißen Punkten. ♃ — Wiesen, Dämme, Raine, Grasgr., Triften, Wälder. 6—10′. — Im Geb. meist häufig, nur in einigen Gegenden selten ob. ganz fehlend, so im südlichsten Fl. 5 S. 5 C. u. 5 B.) —

141 n. 139. D. deltoides × D. Armeria. Blth. meist zu 2 ob. 3 bei einander; Blkr., Hülle u. Kschuppen in Form, Größe u. Farbe die Mitte zw. den Eltern haltend. ♃. 7—8. Selten; z. B. 2 N. Emdener F. 2 B. Weg nach dem Kriel. 3 Mö. Papstdorfer F.

† D. Caryophyllus. L. Garten-N. — W. vielköpfig; St. kahl; Bl. blau= grün; Kschuppen kurz (¹/₄ so lang als der K.), breiteif., sehr stumpf, mit langer Stachel= spitze; Blkr. groß, in verschied. Farben; sehr wohlriechend. ♃ — Zierpfl. aus Südeuropa. 7—9. — Vielfach in den verschiedensten Blthfarben, meist gefüllt, cult.

---

¹) Verkürzt aus δίς, διός, Zeus, u. ἄνθος. Blume = flos Jovis.

Sileneen.

† D. chinensis. L. Chinesische N. — St. kahl; Bl. grün, lineal=lancettl.; Kschuppen so lang als der K. ob. länger, pfriemf. zugespitzt, abstehend; Blkr. zieml. groß, blutroth, im Grunde schwarz=punktirt, geruchlos. ⊙ — ♃ — Zierpfl. aus China. 7—9. — In versch. Lthfarben einfach u. gefüllt cult.

B. Blkrbl. tief=fingerig ob. fieberth.=eingeschnitten=gefranst.

† D. plumarius. L. Federnelke. — W. vielköpfig; St. niederliegend, sehr ästig, rasig; Bl. lineal=pfrieml., blaugrün; Blth. einzeln; Blkr. rosenroth ob. weiß, am Schlunde oft gefleckt; wohlriechend. ♃ — Aus Oesterreich. 7—8. — Gefüllt in Gärten cult.

142. D. superbus. L. Pracht=N. — W. mehrköpfig; St. auf= steigend=aufrecht; Bl. schmal=lancettl., grasgrün; Blth. zerstreut; Kschuppen eif., zugespitzt ob. kurzbegrant, $1/3$ so lang als der K.; Blkr. groß, hellrosenroth ob. lila, wohlriechend; Platte fieberth.=gefranst, mit purpurnen Haaren gebärtet. ♃ — Wälder, Moorwiesen. 7—9· — Im Fl., Bl. u. Sand=Al. zieml. häufig u. gesellig, z. B. 2 N. Emdener F.; Veltheimsche F.; Pudegrün; Zernitz; Papenb.; Moosbruch; Winters Bsch. 2 W. an den Wgr. der früheren Torfstich=Wiesen u. dem Wiesengr. am Hagebach nördl. v. Samswegen; Moorwf. bei Moie. 2 B. Chgr. zw. Burg u. Schermen. 3 S. Hohes H. (Münchemeierberg); Saures H. 3 Mö. Papstdorfer F.; Verdung u. Horstwiese bei Lüttgenjatz. 4 É. Hasel (reichl.). 4 Z. Lochauer u. Lindauer Busch; Lindauer Gehege; Moorwf. zw. Badewitz n. Straguth; Feldgrasgr. bei Pulspforda; *Friedrichsholz (spärl.); Alenscher Comthurbruch; Bruchwf. nördl. von Trebbichau. —

b. Kelch nackt.

53. Saponária[1]). L. Seifenkraut.

K. 5=zähnig, walzl. ob. bauchig, ohne Schuppen; Blkrbl. mit linealem Nagel; Kapsel 1=fächerig, 4=zähnig; S. nierenf.

(143. S. Vaccaria. L. Vaccaria parviflora Mönch.) Kuh=S. — St. kahl; Bl. lancettl., am Grunde breit u. zsgewachsen; Blth. rispig; K. bauchig, weißlich mit 5 grünen, geflügelten Kanten; Blkr. klein, rosenroth. ⊙ — Aecker. — Kalkliebend. 6—7. — Im Geb. selten: 4 S. A. zw. Felgeleben u. Salze; bei Neindorfer B.; der Mühlinger B. 4 O. A. zw. Krottorf u. Wulferstedt. 5 C. *A. der Zenser B.

144. S. officinalis. L. Gebräuchl. S. — St. fast kahl; Bl. 3=nervig, elliptisch bis breit=lancettl., am Grunde verschmälert u. sitzend; Blth. in großen ebensträußartigen Büscheln; K. walzl., flügellos; Blkr. groß, hellroth ob. weiß. ♃ — Ufer, Weidenw., Gebüsch, Zäune, Gräben. 7—9· — Im Elb=Al. häufig; sonst sehr zerstreut durch d. Geb. z. B. 2 N. Neuhaldensl. neben der Stadtmauer. 2 W. Eisenbahngr. bei der Baubude. 3 S. Ludwigsbusch bei Neindorf. 4 O. Dorfgr. Kl. Oscheral. 4 B. Zaun Pömmelte. 4 Z. Goldbogen an der Ruthe; bei der Boner Mühle. 5 B. Hohes Saalufer zw. Alsl. u. Gnölbzig; Park Bendorf.

2. Gruppe. Drei Griffel.

A. Fr. eine Beere.

54. Cucúbalus. L. Taubenkropf.

K. 5=zähnig, kurz=glockig, zur Frzeit aufgeblasen, ohne Schuppen; Blkrbl. allmälig in den Nagel übergehend, Platte 2=sp.; Beere 1=fächerig; S. nierenf.

145. C. bacciferus. L. Beerentragender T. — St. kletternd, weitästig; Bl. elliptisch bis lancettl., kurzgestielt; Blth. einzeln, selten zu 2; Blkr. weiß; Beere schwarz. ♃ — Gebüsch, nam. Weidengeb., Wälder, Ufer. ·7—9· — Im Al. der Elbe zieml. häufig; z. B. 2 W. Wolmirst. F. 3 M. Weidenw. an

---

[1]) Von sapo, Seife.

der Elbe bei Rothensee; Commandantenwerder; Rothehorn=Spitze; Zuckerbusch; Biederitzer Bsch. 4 S. Grünewald; Schönb. Busch; Kapitelbusch. 4 B. Elbweidenw. an der Ronneier F.; Tochheimer F. 4 Z. Elbweidenw. an der Stechbyer F.; Kühnauer F.

B. Fr. eine Kapsel.

55. Silene. L. Leimkraut.

K. 5=zähnig, ohne Schuppen; Blkrbl. langgenagelt, Platte ganzrandig, ausgerandet ob. 2=th., nackt ob. bekränzt; Kapsel 6=klappig, am Grunde 3=fächerig; S. nierenf.

1. Rotte. Blth. traubig.

146. S. gallica. L. Französ. L. — St. behaart; WBl. fast spatelf., StBl. längl., sitzend; Blth. kurz gestielt, aufrecht; K. röhrig, die frucht= tragenden eif., 10=streifig, klebrig=behaart; Blkr. klein, fleischroth; Platte ungetheilt. ⊙ — Aecker. — Im Geb. sehr selten; bisher nur 2 B. Kartoffel= feld im „rothen See" bei Hohensieben (in Menge).

2. Rotte. Blth. rispig, traubig=rispig od. ebensträußig= rispig, mit gabelst. Aesten; selten einblüthig.

† S. viscosa. Pers. Klebriges L. — Blthtraube quirlig; K. walzl., etwas bauchig; Blkr. groß, weiß. Platte 2=sp., nackt. ⊙ — Mit Samen aus Böhmen zuweilen eingeführt; unbeständig. 6—7.

147. S. nutans. L. Nickendes L. — St. behaart, oberwärts drüsig; Bl. lancettl., die WBl. gestielt, die StBl. sitzend; Blthrispe ein= seitswendig; Blth. nickend; K. röhrig, etwas bauchig; Blkr. mittel= groß, weiß, Platte 2=sp., bekränzt; Kapsel aufrecht, Zähne zurückgerollt. ♃ — Trockene Stellen der Wälder, Gebüsch, sonnige Höhen u. moorige Wiesen. 5·—7· — Im Fl. u. Dl. ziemnl. häufig, auch im Sand=Al. 3. B. 1 C. Isern Hagen; stei= nige Höhen Walbeck=Schwanefeld. 2 N. Klepperb.; Emdener F.; Bodendorfer F.; *Pude= grin; Veltheimsche F.; Moorwiese bei Süplingen; Zernitz (reichl.); Papenberg. 2 W. Rogätzer u. Ramstädter F.; 3 S. Hohes H. (Münchemeierberg). 3 L. F. Magdb. Forth (reichl.). 4 E. Hakel. 4 B. *Tochheimer F (rauhe Berg). 4 Z. Anlagen bei Zerbst; *Friedrichsholz (reichl.); Anlagen am Walwitzthurm; Kühnauer Park; Mosigkauer F.; Oberbusch. 5 B. Fredl. Busch.

148. S. Otites. Sm. Ohrlöffel=L. — St. kurzbehaart, oberwärts kahl; Bl. spatelf., in den Blstiel verschmälert; Aeste der Rispe quirlig= traubig; Blth. aufrecht; K. kurz=röhrig, glockig; Blkr. klein, grünlich, Platte lineal, ungetheilt, nackt; Kapsel klein, Zähne schräg=aufrecht. ♃ — Sonnige Hügel, Abhänge, Sandtriften, Haiden. 5·—10. — Im Fl. u. Dl. nicht selten, nam. in den Sandgegenden u. auf den Hügeln mit nordischem Grand; im Al. nur im Sand=Al.

149. S. inflata. Sm. (S. vulgaris. Garcke.) Blasiges L. — St. angedrückt=schwach=behaart, oberwärts kahl; Bl. elliptisch ob. lancettl.; Blth. ebensträußig=rispig, nickend, zuletzt aufrecht; K. eif. aufgeblasen, netz= adrig, kahl; Blkr. weiß, Platte 2=th. ♃ — Sonnige Hügel, Raine, Dämme, Grasgr., Aecker, Wegränder, moorige Wiesen, Wälder. ·6—10. — Im Kalk=Fl. u. Dl. häufig, im Sand=Fl. u. Al. viel seltener.

150. S. noctiflóra. L. (Melandryum noct. Fr.) Nachtblühendes L. — St. drüsig=behaart u. zottig; Bl. elliptisch bis lancettl.; Blth. gipfelst., einzeln, od. wenige, gabelst.; K. bauchig=röhrig, 10=streifig= kielig, drüsig=zottig; Blkr. hell=fleischroth, Platte tief 2=sp., bekränzt. ⊙ — Aecker, nam. Stoppelfelder; auch an Wegen. ·7—10· — Im Kalk=Fl. m. E. u. im Al. häufig; im Dl. nur auf Letten= u. fruchtb. Sandböden.

† S. Armeria. L. Garten=L. — St. kahl, bereift; Bl. eif., sitzend; Blthrispe trugdoldig; K. röhrig=keulenf.; Blkr. rosenroth od. blutroth, Platte ungetheilt, ausge= randet. ⊙ — Zierpfl. 7—9. — In Gärten; häufig verwildert.

† S. pendula. L. Hängendes L. — St. vom Grund aus ästig, zottig behaart;

Bl. längl.=elliptisch, kurzgestielt; Blth. einzeln ob. zu 2—3; Blkr. fleischroth, Platte 2=sp. ☉ — Zierpfl. aus Südeuropa. 7—9. — In Gärten, auf Friedhöfen; zuweilen verwildert.

3. Gruppe. Fünf Griffel.
A. Kelchzähne spitz.

56. Lychnis[1]). Dec. **Lichtnelke.**

K. 5=zähnig, ohne Schuppen; Blkrbl. langgenagelt, Platte ungetheilt, spaltig ob. getheilt, nackt ob. bekränzt; Kapsel halb=5=fächerig ob. 1-fächerig, mit 5 ob. 10 Zähnen aufspringend. — W. meist mehrköpfig.

1. Rotte. Kapsel halb=5=fächerig.

151. L. viscaria. L. (Viscaria vulg. Röhl.) Klebrige L. (Pech= nelke). — St. kahl, oberwärts unter den Gliedern klebrig; WBl. schmal=lancettl., in den Blstiel verschmälert; Stbl. sitzend; Blth. gedrängt= traubig=rispig; K. röhrig=keulenf., 10=streifig; Blkr. ziemel. groß, purpur= roth, selten weiß, Platte ungetheilt, bekränzt. ♃ — Wälder, Haine; als Zierpfl. gefüllt in Gärten. 5'—7'. — Im Sand=Fl., Dl. u. Sand=Al.: 2 N. Boden= dorfer F.; Emdener F.; Albensl. F.; Pudegrin; Zernitz; Plankensche F. (Hasselberg). 2 W. Rogätzer u. Ramstädter F. 4 B. Diebziger Busch (reichl.). 4 Z. = Friedrichsholz (reichl.); Anlagen beim Walwithsthurm; Kühnauer F. (Saalberge); Mostgkauer F. (reichl.).

2. Rotte. Kapsel einfächerig, mit 5 Zähnen aufsp.

152. L. Flos cuculi. L. (Coronaria Fl. c. A. Braun.) Kukuks=L. (Kukuksblume). — St. schwach=angedrückt behaart; Bl. lancettl., spitz, unterste in den Blstiel verlaufend, obere lineal=lancettl., sitzend; Blth. rispig; K. röhrig=glockig, 10=nervig, Nerven grün ob. braun; Blkr. ziemel. groß, fleischroth, öfters weiß; Platte 4=th., 3 pfl. handf. ♃ — Feuchte Wiesen, lichte, feuchte Waldungen; auch Grasgr. 5'—6' (8—10). — Im Geb. gemein mit Ausn. der Saal= u. Wipper=Wiesen, hier sehr selten.

† L. coronaria. Lam. Gekrönte L. (Bexirnelke). — St. u. Bl. dicht=weiß= filzig; Blth. langgestielt, einzeln; Blkr. ansehnl., schön=purpurroth; Platte ungetheilt mit 2 knorpeligen spitzen Zähnen. ☉ — Zierpfl. aus Südeuropa. 6—8. — In Gärten u. hier, wie auf Friedhöfen, oft verwildert.

† L. Flos Jovis. Lam. Schirmtraubige L. — St. u. Bl. wollig=filzig; Blth. kurzgestielt, in Afterdolben; Blkr. fleischroth; Platte fast 2=sp. ♃ — Zierpfl. aus Süd= deutschland. 6—7. — In Gärten.

† L. chalcedonica. L. Chalcedonische L. (Brennende Liebe.) — St. u. Bl. scharf=haarig; Blth. kurzgestielt, in Afterdolben; Blkr. scharlachroth; Platte 2=sp. ♃ — Zierpfl. aus Sibirien. 6—8. — Häufig in Gärten.

† L. Coeli rosa. Desr. (Agrostemma Coel. r. L.) Himmelsröschen. — St. gabelästig, nebst der Bl. kahl; Bl. lineal=lancettl.; Blth. langgestielt, einzeln; Blkr. rosenroth; Platte 2=lappig. ☉ — Zierpfl. aus dem Orient. 7—8. — In Gärten.

3. Rotte. Kapsel einfächerig, mit 10 Zähnen aufsp.

153. L. vespertina. Sibth. (Melandryum album Garcke). Abend= L. — St. u. Bl. rauh behaart; Bl. ei= bis schmal=lancettl.; Blth. rispig, 2=häufig; K. drüsig=haarig, 10—20=nervig, Nerven grün ob. braun, netz= aderig, Frkelch aufgeblasen; Blkr. ziemel. groß, weiß; Kapsel ei=kegelf. mit vorgestreckten, später etwas zurückgebogenen Zähnen. ☉ — Raine, Dämme, Wegränder, Aecker, Grasgr., Zäune; auch Wiesen, Ufer, Bäche. 5—10'. — Durch das ganze Gebiet meist sehr häufig; in den Gegenden, wo L. diurna vorherrscht, seltener.

✗ 154. L. diurna. Sibth. (Melandryum rubrum Grcke). Tag=L. — StBl. u. K. zottig behaart; Bl. eif., kurz=zugespitzt; Blth. traubig=ris= pig, 2=häufig; K. 10=nervig, Frkelch eif.; Blkr. ziemel. groß, purpur= roth; Kapsel rundl.=eif. mit zurückgerollten Zähnen. ♃ — Wälder, Wiesen. 5—10'. — Im Sand=Fl. und im Saal= u. Bode=Al. häufig u. gesellig; im

---
[1]) Von λύχνος, Leuchte, Lampe.

übrigen Gebiete zerstreut. Z. B. 1 C. Isern Hagen (reichl); Rohrberg (reichl.); Grasgarten Eschenrode. 2 N. Alvensl. Höhenzug. 2 W. Ramstädter F. 4 E. Bodeforsten. 4 S. Pechauer F.; Kapitelbusch. 4 B. Elbdamm am Gnetz; Ronneier F.; Diebziger Bsch; Saalforsten. 4 Z. Rathsbrnch; Wiesen an der Brame; Elbdamm nördl. v. Aken. 5 C. u. 5 B. Saalforsten (reichl.).

B. Kelchzähne blattig.

57. Agrostemma[1]). L. Rade.

K. ohne Schuppen, 5-zähnig, Zähne blattig-verlängert; Blkrbl. langgenagelt, nackt; Kapsel 1-fächerig, mit 5 Zähnen aufspringend.

155. A. Githago. L. Korn-Rade. — St. meist gabelästig, nebst den Bl. u. K. seidenhaarig-rauh; Bl. lineal-lancettl., lang-zugespitzt; Blth. einzeln; K. 10-rippig; Blkr. groß, purpurroth. ⊙ — Aecker unter der Saat; auch wohl Grasgr., Raine. 6—7. — Gemein.

13. Familie. Alsineen, Alsineae. Dec.

Kräuter mit meist schwachen, niederliegenden ob. aufsteigenden St., und mit gegenüberstehenden, ganzrandigen Bl.; K. 4—5-blätterig, bleibend; Blkrbl. kurzgenagelt ob. sitzend, soviel als Kbl.; Stbgf. 10 ob. weniger; Frkn. 1-fächerig, vieleiig; Samenträger mittelpunktst.; Gf. (u. N.) 3—5; Fr. eine Kapsel, mit 3—10 Klappen ob. Zähnen mehr ob. weniger tief aufspringend.

Anm. Nach der Zahl der Kapselklappen gruppiren sich die Gattungen dieser Familie wie folgt:
  A. Klappen so viel als Griffel.
    a. Kapsel 3-klappig.
  1. Lepigonum; S. 3-eckig, verkehrteif. ob. rundl.
  2. Alsine; S. nierenf.
    b. Kapsel 5= ob. 4-klappig.
  3. Sagina; S. nierenf., flügellos.
  4. Spergula; S. kreisrund, geflügelt.
  B. Klappen doppelt so viel als Gf.
    a. Kapsel 6-klappig.
  5. Möringia; Blkrbl. ungetheilt; S. nierenf. mit einem Anhängsel.
  6. Arenaria; Blkrbl. ungeth.; S. nierenf. ohne Anhängsel.
  7. Holosteum; Blkrbl. ungeth.; S. schildf.
  8. Stellaria; Blkrbl. 2-sp. ob. 2-th.
    b. Kapsel 10= ob. 8-klappig.
  9. Malachium; Blkrbl. 2-th.
  10. Cerastium; Blkrbl. 2-sp. ob. ausgerandet.

A. Kapselklappen so viel als Griffel.
a. Kapsel 3-klappig.

58. Lepigonum[2]). Wahlb. Schuppenknie.

K. 5-blättr.; Blkrbl. 5, ungetheilt, rosenroth; Stbgf. 10, selten 5; Gf. 3, selten 5; Kapsel 3=, selten 5-klappig; S. 3-eckig, verkehrteif. ob. rundl., flügellos ob. geflügelt. — Bl. mit dünnhäutigen, weißen, durchsichtigen Nebenbl.; Blthstiele nach dem Verblühen zurückgeschlagen.

156. L. rubrum. Wahlb. (Spergularia rubra Presl.) Rothblühendes S. — Bl. blaugrün, lineal-fädl., stachelspitzig-begrannt, auf beiden Seiten flach; Nebenbl. lang, fein zugespitzt ob. gespalten, silberglänzend; S. keilig, fast 3-eckig, flügellos. ⊙ — Magere, nam. sandige

---

[1]) Von ἀγρός, Acker, Feld u. στέμμα, Kranz. — [2]) Von λεπίς, Schuppe, u. γόνυ, Knie.

Triften, Aecker, Wege, sand. Ufer, trockene Waldwege, Haiden. 5—10. — In den Sandgegenden (Sand=Fl., Dl. u. Sand=Al.) sehr häufig u. auch im Kalt=Fl. auf trockenem, mageren Boden, u. im Al. an sand. Flußufern nicht selten.

157. L. medium. Wahlb. (Spergularia salina. Presl). Mittleres S. — Bl. grasgrün, lineal=fädl., stumpf ob. zugespitzt, nicht begrannt, unterseits convex, fleischig; Nebenbl. kurz, zugespitzt ob. zerschlitzt; S. verkehrt=eif., flügellos. ☉ — Feuchte salzhaltige Wiesen, Triften, Wege, Aecker, salzige Gräben, Ufer, Bäche u. Teichränder. 7—9. — Im Geb., selbst an schwach salzhaltigen Stellen, vielfach verbreitet; z. B. 2 W. Ohreufer bei Wolmirst. 3 S. Salzwf. bei Wormsdorf. 3 W. Wf. bei Wanzl.; an der Sülze. 3 M. Klinke=Wf. Sudenburg. 4 O. Salztrift am Bodearme bei Krottorf. 4 E. Sare Gr. Germersl.; Bode= Trift Unseburg. 4 S. Sülze; Sooltanal; Gradirwert. 5 S. Feuchte A. u. Salzwf. Staß= furt; Wgr., A. u. Salzterrain Hecklingen. 5 O. Feuchter A. an der Saale bei Calbe; Schwarz am oberen Teich; Zuchau oberer Teich; Bruchwf.=Weg zw. Sachsendorf u. Rajoch. 5 B. Moorige Tr. beim Vorw. Zebzig.

158. L. marginatum. Koch. (Spergularia marginata. P. M. E.) Berandetes S. — S. rundl. zsgedrückt, mit häutigem, weißen Flügel umzogen; sonst wie vor., doch in allen Theilen größer und stärker. ☉ — Auf salzhaltigem Boden. 7—9. — Mit vor. gemeinschaftl., aber viel seltener u. nur an stark salzhaltigen Orten: 3 W. Wgr. bei Sülldorf. 4 S. Elmen, Gradirwert. 5 S. Salzige Wiesenniederung bei Staßfurt; Salzwf. zw. Staßf. u. Hecklingen u. Salz= terrain bei Hecklingen.

59. Alsine. Wahlb. **Miere**.

K. 5=, selten 4=blättr.; Blkrbl. 5, selten 4, ungetheilt, weiß; Stbgf. 10 ob. weniger; Gf. 3, selten mehr; Kapselklappen so viel als Gf.; S. nierenf., ohne Flügel u. Anhängsel; Bl. ohne Nebenbl.

159. A. verna. Bartling. Frühlings=M. — W. vielköpfig; Stämmchen rasig, vielstengelig, die einzelnen St. einfach ob. unten ein= fach, oben gabelästig, drüsig=behaart; Bl. lineal=pfrieml.; Kbl. eif.=lancettl., am Rande häutig, kürzer als die Blkr. ♃ — An grasigen, steinigen Orten. 5—8. — Nur im südlichsten Theil des Geb. 5 B. Triftanhöhen der Saale bei der Georgsburg (Könnern), wie ges.

160. A. tenuifolia. Wahlb. Feinblättrige M. — W. einfach ob. mehrköpfig; St. vom Grund aus gabelästig, fast kahl; Bl. lineal=pfrieml.; Kbl. schmal=lancettl., sehr spitz zugehend, am Rande häutig, länger als die Blkr. ☉ — Auf mageren, sandigen Aeckern, Triften, Anhöhen, in Haiden. 5—8. — Im Fl. u. Dl. zerstreut; z. B. 2 W. A. südl. am Seelenhau (reichl.); A. zw. Rogätz u. Loitsche. 2 B. A. zw. Burg u. Eisenbahn; u. am Bürgerholz. 3 M. Trift Hängelberge; Diesdorfer B.; A. bei der Puhlmühle. 3 L. A. Reesdorf (reichl.); A. im Walde bei Magdb. Forth; A. Gloina. 4 E. A. südl. am Hafel. 4 S. Frohser B. 4 Z. A. Roslau.

b. Kapsel 5= oder 4=klappig.

60. Sagina[1]). A. **Mastkraut**.

K. 4= ob. 5=blättr.; Blkrbl. ungetheilt, weiß, so viel als Kbl.; Stbgf. (u. A.) so viel ob. doppelt so viel als Kbl.; Gf. 4—6; Kapsel 4= ob. 5= klappig; S. nierenf., flügellos. — Winzige Kräuter mit fadenf., am Grunde scheidig zsgewachsenen Bl., ohne Nebenbl.

1. Rotte. Blththeile 4=zählig, Kapsel 4=klappig.

161. S. procumbens. L. Niederliegendes M. — St. nieder= liegend, oft an der Basis wurzelnd: Aeste aufstrebend; Bl. kurz=

---

[1] sagina, die Mast, Mästung.

begrannt, ganz kahl: Blthſtiele nach dem Verblühen an der Spitze über=
geneigt; Blkr. viel kürzer als der K. ☉ — Ueberſchwemmt gew. ſandige
Triften, feuchte Sandgr., naſſer, nam. mooriger, Sandacker, Mauern, Wald=
wege, Ufer. 5'—9'. — Im Sand=Fl., m. E., u. im Dl. u. Sand=Al. ſehr häufig;
ſonſt ſelten (4 S. Elbuf. Grünewald=Ranies. 5 B. Triſtuf. der Bode bei Nienburg;
Dſtſtraße Gr. Poley, neben Gebäuden).

162. S. apetala. L. Kleinblumiges M. — St. aufſteigend, vom
Grund aus gabeläſtig; Bl. ziemmmmmmmm. lang begrannt, mehr ob. weniger ge=
wimpert; Blthſtiele auch nach dem Verblühen aufrecht; Blkr. ſehr klein,
viel kürzer als der K., bald ſchwindend. ☉ — Aecker (beſ. Stoppel= u. Brach=
felder), Triften, Waldränder. 5—9. — Im Fl. in der Nähe der Gebirgswälder
zieml. häufig, ſonſt ſehr ſelten; z. B. 2 N. am ganzen Alvensl. Höhenzug. 2 W. A. ſübl.
am Seelenbau (der einzige bisher beob. Standort im Dl.). 3 S. A. Sommerſchenburg,
Moorsleben u. am Hohen H. 4 E. A. am Hakel.

S. stricta. Fr. (S. maritima. Don.) Steifes M. — St. aufſteigend ob. aufrecht,
meiſt äſtig; Bl. kurz begrannt; Blthſtiele auch nach dem Verblühen aufrecht; Blkr. feh=
lend. ☉ — Salzpflanze. 5—8. — Früher 4 S. Elmen am Gradirwerk; in neuerer Zeit nicht
wieder aufgefunden.

2. Rotte. K. u. Blkr. 5=blättr.; Stbgf. 10; Gf. 5; Kapſel
5=klappig.

163. S. nodosa. E. Meyer. (Spergula nod. L.) Knotiges M. —
St. aufrecht, zahlreich, einfach ob. wenig äſtig; Bl. kurz=begrannt, die obe=
ren kleiner, gebüſchelt; Blthſtiele aufrecht; Blkr. länger als der K.
♃ — Naſſe, moorige u. torfhaltige Wieſen u. Triften. 7—9. — Im Sand=
Fl. u. Dl. nicht ſelten.

61. Spérgula. L. Spark.

K. 5=blättr.; Blkrbl. 5, ungetheilt, weiß; Stbgf. 5—10; Gf. 5; Kapſel
5=klappig; S. kreisrund, geflügelt. — Bl. fadenf., gebüſchelt=
quirlig; Blthſtiele nach dem Verblühen zurückgeſchlagen.

164. S. arvensis. L. Acker=S. — Bl. unterſeits rinnig; S.
kugelig=linſenf., mit einem ſehr ſchmalen, glatten Flügelrande. ☉
— Magere Aecker, nam. Sandäcker, auch Weg= u. Waldränder. 5—10. —
Gemein, beſonders in den Sandgegenden, u. hier auch als Schaaffutter angebaut; fehlt
auf gutem Boden.

165. S. Morisonii. Boreau. Morisons S. — Bl. unterſeits
ohne Rinne; Blkrbl. eirund, ſich zum Theil deckend; Stbgf. 10; S. flach=
zſgedrückt, mit einem breiten, ſtrahlig=gerieften Flügelrande; Flü=
gel bräunlich=weiß. ☉ — Sonnige Hügel, Haiden, magere ſandige Aecker.
4—6'. — Im Sand=Fl., Dl. u. Sand=Al. häufig; im übrigen Geb. ſehr ſelten (4 S.
Sandberge zw. Kreuzhorſt u. Randau; Frohſer S.

S. pentandra. L. — Blkrbl. lancettl., ſpitz, ſich nicht deckend; Stbgf. meiſt 5; S.
mit einem ſehr breiten, ſchneeweißen Flügelrande. ☉ — Wie vor. 4. 5. — Im Geb.
noch nicht beobachtet.

B. **Klappen doppelt ſo viel als Griffel.**

a. **Klappen 6= (ſelten 4=) klappig.**

62. Möhringia. L. Möhringie.

K. 4—5=blättr.; Blkrbl. 4 ob. 5, ungetheilt, weiß; Stbgf. 8 ob. 10;
Gf. 2 ob. 3; Kapſel 4—6=klappig; S. nierenf., glatt, glänzend, am Nabel
mit einem Anhängſel.

166. M. trinervia. Clairv. Dreinervige M. — St. aufſteigend,
vom Grund aus äſtig; Bl. eif., ſpitz, geſtielt, 3—5=nervig, gewimpert;

Kbl. spitz, gekielt, am Rande trockenhäutig; Blkr. kürzer als der K. ☉ — Wälder, Haine, Erlenbr., Gebüsch; auch wohl an Hecken. — Im Geb. sehr häufig.

63. Arenária[1]). L. **Sandkraut.**

K. 5-blättr.; Blkrbl. 5, ungeth., weiß; Stbgf. 10; Gf. 3; Kapsel 6-klappig; S. nierenf., ohne Anhängsel.

167. A. serpyllifolia. L. Quendelblättr. S. — St. vom Grund aus sehr gabelästig-rispig, drüsig-behaart od. kahl; Bl. eif., zugespitzt, sitzend; K. lancettl., zugespitzt; Blkr. ¹/₃ kürzer als der K. ☉ u. ☉ — Aecker; auch Wegränder, trockene Wiesen, Triften, grasige Abhänge, trockene Waldstellen, Mauern. 4ʻ—10. — Gemein, selbst auf gutem Boden; auf magerem u. sandigen oft wie ges.

64. Holósteum[2]). L. **Spurre.**

K. 5-blättr.; Blkrbl. 5, gezähnt, weiß; Stbgf. 5 ob. 3, 4; Gf. 3; Kapsel 6-zähnig, Zähne umgerollt; S. schildf., auf der einen Seite gewölbt, auf der anderen vertieft.

168. H. umbellatum. L. Doldige S. — W. vielstengelig; St. aufsteigend, einfach; WBl. rosettenartig, längl., in den Blstiel verschmälert, Stbl. sitzend, blaugrün; Blth. doldig, nach dem Verblühen zurückgeschlagen. ☉ — Grasgr., Wegränder, Aecker, Raine, Triften, grasige Abhänge, Lehmmauern, Kiesgruben. 3ʻ—ʻ6. — Im ganzen Geb. gemein.

65. Stellária[3]). L. **Sternmiere.**

K. 5-blättr.; Blkrbl. 5, 2-sp. ob. 2-th., weiß; Stbgf. 10, selten weniger; Gf. 3; Kapsel 6-klappig; S. nierenf.

A. Stengel stielrund; untere Bl. gestielt.

169. S. némorum. L. Wald- S. — St. schlaff, aufsteigend, nebst den Blstielen zottig; Bl. bewimpert, herzf., zugespitzt, gestielt, die oberen am blühenden St. eif., Bl. der Blthrispe sitzend; Blthrispe gabelsp., stark gespreizt, zottig u. schwach drüsig behaart; Kbl. lancettl., zottig, schwachdrüsig; Blkrbl. doppelt so lang als der K., 2-th., Zpfl. lineal; Gf. 3, selten 4. ♃ — Feuchte Wälder, Erlenbrüche. ʻ5—6ʻ — Im Geb. ziemlich häufig u. meist sehr gesellig; z. B. 1 C. Rohrberg. 1 B. Buttum. 2 N. Erxl. F.; Bischofswald. Altenh. u. Bodeno. F.; Pudegrin, Zernitz; Schwarze Pfuhl. 3 S. Marienburner F. 3 Mö. Werdung. 3 L. Lohb. Bürgerholz (reichl.). 4 S. Grünewald (Pappelwerder u. Wild-Allee). 4 B. Scharlebener Holz (Erlenbr. wie ges.). Tochheimer F.; Breitenhagener F (sehr reichl.). 4 Z Lietzower Bruch (reichl.); Lindauer Gehege; Erlbr. der Dobritzer F.; Buchholz; Unterbusch; Kühnauer F. — St. nemor. ist wegen der Aehnlichkeit mit Malachium aquat. leicht zu übersehen, unterscheidet sich aber von letzterem sofort durch die Zahl der Gf. u. durch die vorwiegend zottige statt drüsige Behaarung.

170. S. media. Vill. Gemeine S. (Vogelmiere, Mäusedarm). — St. niederliegend, aufsteigend, gabelig, einzeilig behaart; Bl. eif., kurz zugespitzt, gestielt, die oberen sitzend; Blkrbl. 2-th., so lang od. kürzer als der K. ☉ — Aecker, Gärten, Wege, Grasgr., Mauern, Hecken, Dörfer, Wälder; auch Wiesen, Ufer. Blüht das ganze Jahr. — Sehr gemein.

B. Stengel 4-kantig ob. 4-eckig; Bl. sitzend.

171. S. Holóstea. L. Großblumige S. — St. aufsteigend; Bl.

---

[1]) Von arena, Sand. — [2]) Von ὅλος, ganz, u. ὀστέον, Knochen. — [3]) Von stella, Stern.

schmal-lancettl., lang zugespitzt, am Rande u. auf dem Kiele rauh; Blthrispe gabelig, ebenstraußartig; Deckbl. krautig; Kbl. nervenlos; Blkrbl. halb 2-sp., doppelt so lang als der K. ♃ — Wälder, Haine, Erlenbr., Gebüsch, Hecken. ·5—6·. — Im Fl. u. Tl. sehr häufig, im Al. seltener.

172. S. glauca. With. Meergrüne S. — St. aufrecht, meist ein-fach; Bl. lineal-lancettl., spitz, ganz kahl, blaugrün; Blthrispe doldenartig, wenigblüthig; Deckbl. trockenhäutig, am Rande kahl: Kbl. 3-nervig; Blkrbl. 2-th., doppelt so lang (selten eben so lang) als der K. ♃ — Nasse Wiesen, sumpfige Ufer, Außstiche. 5—9·. — Im Tl. u. Al. häufig; im Fl. sehr selten (2 N. Veltheimische F., „krumme Wiese").

173. S graminea. L. Grasartige S. — St. aufsteigend, einfach ob. ästig; Bl. schmal-lancettl., spitz, am Grunde gewimpert; Blthrispe weitschweifig-ästig; Deckbl. trockenhäutig, am Rande gewimpert; Kbl. 3-nervig; Blkrbl. 2-th., so lang (selten doppelt so lang) als der K. ♃ — Wälder, Gebüsch, Wiesen, Raine, Gräben. 5—9·. — Im Geb. häufig.

174. S. uliginosa. Murr. Schlamm-S. — St. zart, niederliegend-aufsteigend, vom Grund aus ästig: Bl. längl.-lancettl., spitz; Blthrispe doldenartig: Deckbl. trockenhäutig, am Rande kahl; Kbl. 3-nervig; Blkrbl. 2-th., klein, kürzer als der K. ☉ — Sumpf. Wiesen u. Waldstellen, sumpf. Gräben, Erlenbr. 5—10. — Im Sand-Fl. m. E., und im Tl. häufig, auch im Sand-Al.; im übrigen Geb. sehr selten (4 S. Grünewald, „Wild-Allee"). —

S. crassifolia. Ehrh. Deckbl. krautig; Blkrbl. länger als der K., sonst wie vor. ♃ — Torfsümpfe. 5—7. — Im Geb. noch nicht beobachtet.

b. **Kapsel 10- ob. 8-klappig.**

66. Malachium[1]). Fr. Weichkraut.

K. 5-blättr., Blkrbl. 5, 2-th. weiß: Stgf. 10: Gf. 5; Kapsel eif., 5-klappig, Klappen 2-sp.

175. M. aquaticum. Fr. Wasser-W. — St. schlaff, aufsteigend, unten u. in der Mitte kahl, oben dicht-drüsig behaart; Bl. nicht bewimpert, herz-eif., an den unfruchtb. St. sitzend ob. gestielt, an den blühenden sitzend, selten die untersten gestielt: Blthrispe u. K. dicht-drüsig-behaart; Blkrbl. länger als der K., 2-th., Zipfel lancettl.: Gf. 5. ♃ — Ufer, Bäche, Wassergr., Erlenbr., feuchte Wälder, Zäune, feuchte Dorfstellen; auch wohl auf überschwemmt gewesenen Aeckern 5—10·. — Im Geb. sehr häufig. — S. Anm. zu 169. —

67. Cerastium[2]). L. Hornkraut.

K. 5-blättr.; Blkrbl. 5, 2-sp. ob. ausgerandet, weiß; Stgf. 10, zuweilen 5: Gf. 5: Kapsel walzenf., an der Spitze mit 10 Klappen aufspringend. — Behaarte, oben meist drüsenhaarige Kräuter.

A. Blkrbl. so lang ob. kürzer als der K.

176. C. glomeratum. Thuill. Geknäueltes H. — St. aufsteigend, 10—20 cm. h.; Bl. rundl.-oval, gelbgrün, die untersten in den Blstiel verschmälert; Blthrispe geknäuelt; Deckbl. krautig, nebst dem K. an der Spitze bärtig: Frstiele so lang als der K. u. kürzer. ☉ — Weg- u. Ackerränder (bes. Waldwege), feuchte Gräben, Zäune, feuchtes Gebüsch. 5—·8·. — Im Geb. ziemľ. häufig, wenn auch in manchen Gegenden fehlend. Z. B. 1 C. Schierholz. 1 B. Letzlinger Thiergarten. 2 N. Forsten des Alvensl. Höhenz.; Schwarze

---

[1]) Von μαλακός. weich. [2]) Von κέρας. Horn; κεράστης. gehörnt.

Pfuhl. 2 W. Lauenholz. 3 S. Marienborner F.; Lenchen=Bsch.; Hohes H. 3 M. Biede=ritzer Bsch.; A. Lostau. 4 E. Wehl. 4 S. Stadtgr. Schöneb.; Grünewald; Elbenau; Pretzien. 4 B. Dornburg; Grüneberger F.; Ronneier F.; Löbberitzer F.; Diebziger Bsch. 4 Z. Lindauer Gehege; feuchter Sand=A. bei Strinum; Dorfgr. Walternienburg; Kirchhof Unkuhn; Wiesengr. bei Pulspforda; Harzwinkel; Unterbusch bei Aken; Kühnauer F.; am Wege zw. Brambach u. Roßlau. —

177. **C. semidecandrum. L.** Fünfmänniges H. — St. aufrecht ob. aufstrebend, rauh=, oben drüsenhaarig, 3—15 cm. h.; Bl. oval bis längl., die untersten in den Blstiel verschmälert; Rispenäste oben gehäuft; Deckbl. u. Kbl. mit durchscheinendem Hautrande, an der Spitze kahl; Stbgf. meist 5; Frstiel länger als der K., herabgebogen. ⊙ — Triften, Dämme, Wegränder, trockene Gräben, sonnige Höhen, Mauern, magere Aecker, nam. Sandäcker, Sandkuhlen, trockene Waldstellen. ·4—·6. — Im Geb. häufig; in den Sandgegenden gemein.

178. **C. triviale. Link.** Gemeines H. — St. aufsteigend, am Grunde niederliegend, 15—35 cm. h., die seitenst. wurzelnd; Bl. längl., die untersten in den Blstiel verschmälert; Rispenäste oben gehäuft; Kbl. am Rande trockenhäutig, an der Spitze kahl; Blkrbl. so lang als der K. ob. etwas länger; Frstiel 2= ob. 3=mal so lang als der K. ⊙ u. ⊙ — Aecker, Triften, Wiesen, Raine, Grasabh., Grasgr., Wege, Wälder. 4—10. — Gemein.

B. Blkrbl. doppelt so lang als der Kelch.

179. **C. arvense. L.** Feld=H. — W. vielköpfig; Stämmchen dicht=rasig; St. niederliegend=aufsteigend; Bl. lineal=lancettl.; Deckbl. trockenhäutig berandet; Blthstiele kurzhaarig, untermischt drüsig, nach dem Verblühen aufrecht. ♃ — Grasgr., Weg= u. Ackerränder, Raine, Dämme, grasige Abhänge, trockene Wiesen, Triften, Waldränder. 4—·7. — Gemein.

† C. tomentosum. L. Filziges H. — Stämmchen gestreckt, St. aufsteigend, nebst den Bl. u. Blthstielen dicht=weißfilzig; Deckbl. trockenhäutig berandet. ♃ — Zierpfl. aus Südeuropa. 6—7. — In Gärten.

14. Familie. **Elatineen**, Elatineae. Camb.

Kräuter mit niederliegenden, wurzelnden Stengeln; gegenüber-stehenden ob. quirlf. Bl. u. achselst. Blth.; K. 3=—5=sp. ob. th.; Blkrbl. so viel als Kzipfel; Stbgf. ebensoviel, ob. doppelt so viel; Frkn. 3=—5=fächerig; Fächer mehreiig; Gf. 3—5; Samenträger mittelpunktst.; Fr. Kapsel; S. zahlreich.

68. Elatine[1]). L. Tännel.

K. 3=, 4=th.; Stbgf. 3, 4 ob. 6, 8; Gf. 3, 4; Kapsel niedergedrückt=kugelig, 3=, 4=fächerig; S. fadenf., stielrund. — Wasser= u. Sumpfpfl. mit durchsichtigen St. u. ganzrandigen Bl.

180. **E. Alsinastrum. L.** Wirteliger T. — St. dick, röhrig; Bl. quirlig, die untergetauchten linealisch, die oberen ei=lancettl., sitzend; Blth. in Wirteln, blattwinkelst., sitzend; B:kr. weiß, 4=blättr.; Stbgf. 8; Kapsel 4=fächerig. ⊙ — Teiche, Außstiche. 7. 8. — Im Geb. selten. 3 M. Aus-stich an der Berl. Ch. 4 S. Grünewald, Teich vor Elbenau.

15. Familie. **Lineen**, Lineae. Dec.

Kräuter mit ganzrandigen Bl.; K. 5=blättr. ob. 4=th., bleibend; Blkrbl. soviel als Kbl.; Stbgf. 5, ob. 4, mit einer gleichen Anzahl von Rudimenten;

---

[1]) Von ἐλάτη, Tanne, Fichte.

Frkn. 10= ob. 8=fächerig; Fächer 1=eiig: Samenträger mittelpunktft.; Gf. 5, ob. 4; Fr. Kapsel; S. zsgedrückt, glänzend.

69. Linum. L. **Flachs.**

K. 5=blättr.; Stbgf. u. Gf. 5; Kapsel 10=fächerig. — Bl. sitzend.

A. Blätter abwechselnd.

181. L. usitatissimum. L. Gebräuchlicher F. (Lein) — St. einzeln, aufrecht; Bl. lancettl.; Kbl. kürzer als die reife Kapsel; Blkr. groß, blau, selten weiß; Frstiel aufrecht. ☉ — Als Gespinnstpfl. cult. 7. 8. — Auf fruchtbarem Boden vielfach gebaut u. in Grasgr., an Wegen öfters verwildert.

† **L. austriacum.** L. Oesterreichischer F. — St. zahlreich; Bl. lineallancettl.; Kbl. kürzer als die Kapsel; Blkr. groß, blau; Frstiel bogenf. abwärts geneigt. ♃ — Zierpfl. aus Oesterreich. 6. 7. — In Gärten, auf Friedh.; zuweilen verwildert.

† **L. grandiflorum.** Desf. Großblumiger F. — St. zahlreich; Bl. längl., stumpf, an den sterilen Aesten gedrängt; Blkr. sehr groß, dunkelroth. ☉ — Zierpfl. aus Nordafrika. 7—9. — In Gärten.

B. Blätter gegenständig.

182. L. catharticum. L. Purgir=F. — St. einzeln ob. mehrere, aufsteigend=aufrecht, 5—15 cm. h.: unterste Bl. elliptisch, obere längl.=lancettl.; Kbl. so lang als die reife Kapsel; Blkr. klein, weiß; Frstiel aufrecht. ☉ — Wiesen, nam. Sumpf= u. Moorwiesen, Triften, grasige Abhänge, sonnige Höhen, grasige Waldstellen, Erlenbr. — ·6—10· — Im Geb. häufig.

70. Radiola[1]). Gmel. **Zwergflachs.**

K. 4=th., Zpfl. 2=—3=sp.; Stbgf. u. Gf. 4; Kapsel 8=fächerig. — Bl. sitzend, gegenst. — Winzige Kräuter.

183. R. linoides. Gmel. Tausendkörniger Z. — St. fadenf., vom Grunde aus ausgebreitet gabelig=vielästig; Bl. eif.; Blkr. weiß, klein. ☉ — Feuchte sandige, nam. sandmoorige Aecker, Triften u. Sand=Ausstiche, feuchte sand. Waldwege. 7. 8. — Im Sand=Fl. m. S., u. im Dl. nicht selten, besonders häufig in nassen Jahren, u. sehr gesellig.

16. Familie. **Malvaceen,** Malvaceae. R. Br.

Kräuter (Sträucher ob. Bäume) mit meist sternf. Haaren, abwechselnden Bl. u. gepaarten Nebenbl.; K. (u. A.) doppelt, bleibend, der innere 5=sp., der äußere 3=blättrig, ob. 3= u. mehrsp.; Blrbl. 5; Stbgf. zahlreich, einbrüderig; Frkn. mehrfächerig; Samenträger mittelpunktft.; Fr. mehrfächerig; S. nierenf.

71. Malva. L. **Malve.**

Aeußerer K. 3=blättr.; Gf. viele, unten zsgewachsen; Spaltfrucht, vielfächerig; Fächer bei der Reife in 1=samige Frchen sich trennend.

184. M. Alcea. L. Sigmars M. — St. aufrecht, $1/2$—$1\frac{1}{4}$ m. h.; WBl. herzf.=rundl., gelappt; StBl. handf. 5=th., Zpfl. eingeschnitten gezähnt, fast fiebersp.; oberste StBl. 3=th.; Blkr. groß, viel länger als der (innere) K., hell=rosenroth; Blrbl. breit=verkehrt=herzf.; Früchtchen kahl, Rücken glatt, auf den Seiten fein=querrunzelig. ♃ — Wald=

---

[1]) Diminut. v. radius, Strahl.

ränder, Gebüsch, Hecken, grasige Hügel, Wiesen, Raine, Bäche. 7—9'. — Im Gebiet ziemt. häufig; z. B. 1 C. Gebüsch am Flechtinger Schloßteich u. zu beiden Seiten der gr. Renne; Chgr. bei Schwanefeld. 1 B. Burgstaller F.; bew. hohes Elbuf. zw. Polteschäferei u. Ringfurt. 2 N. Forsten des Alvensl. Höhenz.; Bever bei der Weißenmühle; Rain Neuhaldensl. 2 B. Deichwall; Grasabh. hinter dem Bierkeller; Ackerrain bei der Polzuner Mühle. 3 S. Hohes H. 3 Mö. Zipragr. bei der Klappermühle; Vogelremise zw. Möckern u. Lübeburg. 3 L. Ehle zw. Loburg u. Kiepelmühle; Hecke Hobeck. 4 E. Hafel. 4 S. Grünewald; Kapitelbsch. 4 B. Elbwf. zw. Ronnei u. Tochheim; Löbberitzer F. 4 Z. Landwehr am Leitzkauer Birkenholz; Lochauer Busch; Kühnauer F. 5 B. Hohes Saaluf. (Weinberg) bei Gnölbzig. — Die Var. fastigiata (Cav. als Art) mit gelappten Stbl. ist im Geb. noch nicht beobachtet. —

185. M. sylvestris. L. Wilde M. — St. aufrecht, ob. aufsteigend. $1/2$—1 m. h.; Bl. rundl., mit herzf. ob. gestutzter Basis, gelappt, Lappen gekerbt; Blkr. ziemt. groß, viel länger als der K., rosenroth mit dunklen Streifen; Blkrbl. eif., stark ausgerandet; Frchen kahl, grubig-runzelig. ⊙ bis ♃ — Grasgr., Dörfer, Zäune, Dämme, Gärten, Acker- u. Waldränder, Gebüsch. '6—10'. — Im Geb. sehr häufig. —

186. M. vulgaris. Fr. (M. neglecta Wallr.) Gemeine M. — St. niederliegend, aufsteigend; Bl. rundl.-herzf., schwach gelappt, gekerbt; Blkr. ziemt. klein, 2-3 mal so lang als der K., hellrosenroth; Frchen behaart, glatt od. schwachrunzelig, abgerundet. ⊙ bis ♃ — Dörfer, Wege, Grasgr., Aecker, Gärten; Waldränder, Waldwege, Ufer. '6—10. — Gemein.

187. M. borealis. Wallmann. (M. rotundifolia L.) Nördliche M. — St. u. Bl. wie vor.; Blkr. sehr klein, kaum über den K. hervorragend, weiß ob. hellrosenroth; Frchen behaart, grubig-runzelig, berandet. ⊙ bis ♃ — Feldwege, Ackerränder, Dörfer, Ufer. '7—10. — Im südl. Fl. häufig, auch im M. nicht selten; dagegen im Tl. selten. (2 N. Weg bei Wedringen nach Hillersl. 3 Mö. Df. Walwitz; Df. u. A. Leitzkau. 3 L. Df. Hobeck. 4 B. Df. Gr. Lübs. 4 Z. Df. Biaß, Leps, Steuz); im nordwestl. Fl. — u. zwar über Neu- u. Alt-Brandsl., Wanzl., Irxl., Meizend. u. Elbey hinaus — noch nicht beobachtet.

† M. crispa. L. Krause M. — Bl. am Grnnde herzf., am Rande wellig-kraus; Blth. gehäuft, unansehnl.; K. rauh, so lang als die Blkr.; Blkr. bläul.-röthl. ob. weißl. ⊙ — Zierpfl. aus Syrien. 6—9. — In Gärten; zuweilen verwildert.

72. Althaea[1]) L. Eibisch.

Aeußerer K. 6—9-sp.; Gf. u. Fr. wie bei Malva.

188. A. officinalis. L. Gebräuchlicher E. — W. kriechend; St. aufrecht, filzig, $1/2$—$1^1/2$ m. h.; Bl. auf beiden Seiten sammtartig-filzig, gestielt, ungleich-grob-sägezähnig, 3—5-lappig, die unteren herzf., die oberen eif.; Blthstiele reichblüthig; Blkr. mittelgroß, hellrosenroth. ♃ — Gräben, Wege, Zäune, feuchte Wiesen, Triften, Bäche. 7—9 — Im Geb. ziemt. häufig, z. B. 2 W. Zaun Meseberg; Weg zw. Wolmirst. u. Samswegen; Trift beim Vorw. Mose. 3 M. an der Potstrine (reichl.); Feld-Abzugsgr. bei Königsborn. 3 Mö. Graben neben dem Schwarzdorngebüsch unweit der Ehle u. des Triftweges nach Lostau. 4 O. Triftweg u. Chgr. zw. Krottorf u. Hordorf; Bodewiese Andersl. gegenüber. 4 E. Wiese zw. Egeln u. Schneidlingen. 4 S. Schönebw. in Holzfelde; bei Löbnitz; des Tbben. 4 B. Trift zw. Cressow u. Pröbel; Weggr. zw. dem Götz u. Gr. Rosenburg. 4 Z. am Badezer Teich; Gr. zw. Kämeritz u. Hohenlepta. 5 S. Salzniederung u. Salzwf. bei Hecklingen; Salzwf. bei Staßf.; sumpf. Niederung zw. Hohenerxl. u. Rathmannsdorf. 5 C. Zuchau am obern Dorfteich. 5 B. Salzige Trift am Torfe Preußlitz.

A. rosea. Cav. Stockrose, Malve. — St. aufrecht; $1^1/2$—2 m. h.; Bl. steifhaarig, gestielt, rundl. 5—7-lappig, gekerbt; Blth. meist einzeln, zuletzt ährenartig; Blkr. sehr groß, von verschiedenen Farben. ⊙ Zierpfl. aus dem Orient. 7—9. — In Gärten u. auf Friedh.; zuw. verwildert.

---

[1]) ἀλθαία, so viel wie „Heilkraut", von ἄλθος, Heilmittel.

Polypetale Dic. mit bodenst. Stbgf.

73. Lavatéra. L. Lavatere.

Aeußerer K. 3=sp.; Gf. u. Fr. wie bei Malva.

189. L. thuringiaca. L. Thüringische L. — St. aufrecht, ästig, filzig; Bl. schwach=filzig, gestielt, gekerbt, 3—5=lappig, mit schwach herzf. ob. gestutzter Basis; Blkr. mittelgroß, hellrosenroth; Gspolster kegelf., die glatten Frchen nicht bedeckend. ♃ — Wege, Gräben, Grasabhänge, Gebüsch, Waldränder. ·7—8·. — Im Kalk=Fl. u. Al. zieml. häufig; z. B. 4 E. Gypsbruch bei Westeregeln (reichl.); Weg zw. Egeln u. Hateborn; am Hakel; Chgr. zw. Egeln u. Schneidlingen; an der Egelnschen Fr.; Weinberg bei Unseburg. 4 S. Grünewald. 4 B. *An der Fähre bei Werkleiß. 5 S. Grasgr. zw. Börnecke u. Gänsefurt; Gänsef. Bsch.; Weinberg bei Gänsef.; Hedlinger Busch (reichl.); Weg von Staßf. nach Atzendorf. 5 B. Weinberge bei Bernburg.

† L. trimestris. L. Dreimonatl. L. — St. aufrecht, schwach behaart; Bl. gekerbt, kaum gelappt; Blkr. rosa ob. weiß; Gspolster scheibenf., die runzeligen Frchen bedeckend. ⊙ Zierpfl. 6—9. — In Gärten u. Anlagen.

17. Familie. Tiliaceen, Tiliaceae. Kunth.

Bäume (Sträucher ob. Kräuter), mit abwechselnden, einfachen Bl. u. hinfälligen Nebenbl.; Blthstiele mit Deckbl.; K. 4—5=blättr., gefärbt, in der Knospenlappe klappig; Blkrbl. ebensoviel; Stbgf. (u. A.) frei, zahlreich; Frkn. 4—10=fächerig; Samenträger mittelpunktst.; Fr. (u. A.) trocken.

74. Tilia. L. Linde.

K. 5=blättr., abfallend; Frkn. 5=fächerig, Fächer 2=eiig; Gf. 1; Nuß durch Fehlschlagen 1=fächerig, 1= bis 2=samig. — Bl. rundl.=schief=herzf., zugespitzt, gesägt ob. gezähnt; Deckbl. groß, längl.=lancettl., an den Blthstiel zum Theil angewachsen.

190. T. grandifolia Ehrh. (T. platyphyllos Scop.) Großblättrige L. — Bl. gesägt, auf beiden Seiten gleichfarbig, unterseits in den Achseln der Adern gebärtet und, nam. auf den Adern, behaart; Ebensträuße wenig=blüthig (2—3, selten bis 5 Blth.). ♄ — Wälder. 6—7. — Im Fl. häufig, nam. als Unterholz, auch im Dl. nicht selten; im Al. selten (3 M. Kreuzhorst. 4 B. Rosenburger Busch; Tochheimer F., Lödderitzer F.). — Sehr häufig angepflanzt.

191. T. parvifolia. Ehrh. (T. ulmifolia Scop.) Kleinblättrige L. — Bl. gesägt, unterseits meergrün und kahl, jedoch in den Achseln der Adern sehr stark rostgelb gebärtet; Ebensträuße vielblüthig (5—11 Blth.). ♄ — Wälder. 7. — In den Wäldern des Geb. häufig; und sehr häufig angepflanzt.

† T. argentea. Desf. (T. alba. W. K.) Silber=L. — Bl. gezähnt, unterseits dicht weißfilzig, ungebärtet; Ebensträuße wenig= bis vielblüthig. ♄ — Zierbaum aus Ungarn. 7. — In Parkanlagen öfters angepfl.

† T. americana L. Amerikanische L. — Bl. ungleich=spitz=sägezähnig, unterseits hell= ob. blaugrün; Ebensträuße vielblüthig, langgestielt. ♄ — Zierbaum aus Nordamerika. 6—7. — In Anlagen.

18. Familie. Hypericeen, Hypericeae. Juss.

Kräuter (Sträucher ob. Bäume) mit gegenüberstehenden, ganzrandigen, häufig punktirten Bl.; K. 5=, selten 4=blättr. ob. th., bleibend; Blkrbl. ebensoviel; Stbgf. zahlreich, vielbrüderig, in 3 ob. mehr Bündel verwachsen; Frkn. mehrfächerig, Fächer vieleiig; Fr. eine Kapsel (ob. Beere).

Hypericeen.

75. Hypericum¹) L. **Hartheu.**

K. 5=blättr. ob. 5=th.; Blkr. goldgelb, ob. hellgelb; Stbgf. in 3 Bündel verwachsen; Gf. (u. A.) 3; Kapsel 3=fächerig. — Bl. sitzend, selten kurzgestielt.

A. Kelchblätter ganzrandig, drüsenlos.

192. H. perforatum. L. Gemeines H. (Johanniskraut). — St. aufrecht, kahl, fast stielrund, 2=leistig; Bl. längl., durchscheinend=punktirt; Blthrispe ebensträußig; Kbl. lanzettl., sehr spitz, zur Blthzeit noch einmal so lang als der Frkn.; Blkrbl. goldgelb, schwarz=punktirt, doppelt so lang als der K. — Variirt in der Breite der Bl. von lineal= längl. bis fast oval. ♃ — Grasgr., Wegränder, Raine, Anhöhen, Wiesen, Haiden, Wälder, Weidengeb., Ufer. ·6—10·. — Gemein.

193. H. humifúsum. L. Niederliegendes H. — W. vielsten= gelig; St. gestreckt, fädlich; Bl. oval=längl., vereinzelt=durchsichtig= punktirt; Blthrispe traubig; Kbl. längl., stumpf, stachelspitzig; Blkr. etwas länger als der K. ♃ — Haiden, Triften, feuchte Sandäcker, bes. moorige. ·0—9·. — Im Sand=Fl. m. E., u. im Dl. häufig; im übrigen Geb. noch nicht beobachtet.

194. H. quadrángulum L. Vierkantiges H. — W. kriechend; St. aufrecht, walzenf. mit 4 Leisten; Bl. oval, wenig ob. gar nicht durchscheinend=punktirt, aber am Rande unterseits schwarz=punktirt; Blth.= rispe ebensträußig; Kbl. elliptisch, stumpf, zur Blthzeit nicht so lang als der Frkn. ♃ — Wälder, Raine, Moorwiesen ·7—8· — Im Sand=Fl. m. E., u. im Dl. häufig; auch im S.=All. (4 Z. Kühnauer F.).

195. H. tetrápterum. Fr. Vierflügeliges H. — W. kriechend; St. aufrecht, 4=kantig, Kanten schmal geflügelt; Bl. oval, dicht= durchscheinend=punktirt; Blthrispe ebensträußig; Kbl. lanzettl.. zugespitzt, zur Blthzeit so lang ob. länger als der Frkn.; Blkr. hellgelb. ♃ — Feuchte, nam. moorige Wiesen, Torfstiche, Wassergr., Quellen, Brüche, feuchte Waldstellen. ·7—9·. — Im Sand=Fl. m. E., u. im Dl. häufig; im Kalk=Fl. u. im Al. selten (4 E. Hakel am Schmerlenteich u. im Wasserthal; 5 S. Wgr. im Hecklinger Busch).

B. Kbl. am Rande schwarz=drüsig=bewimpert.

196. H. pulchrum. L. Schönes H. — St. aufrecht, stielrund (ohne Leisten), kahl; Bl. eif., mit herzf. Basis stengelumfassend, durchschei= nend=punktirt; Blthrispe locker, schlank, pyramidenf.; Kbl. eif., sehr stumpf. ♃ — Wälder. 7—9. — Im Geb. sehr selten, bisher nur 3 S. Hohes H. u. auch hier nur vereinzelt.

197. H. montánum. L. Berg=H. — St. aufrecht, stielrund, kahl; Bl. eif. mit herzf. Basis sitzend, am Rande schwarz=punktirt, und nur die obersten durchscheinend=punktirt; unterseits blaugrün; Blthrispe ge= drängt, kurz, knäuelf.; Kbl. lancettl., spitz. ♃ — Laubwälder ·7—8· — Im Fl. häufig; im Dl. seltener, (hier z. B. 1 B. Colbitzer F.. 2 N. Neuhaldensl. F. (Weniz), Plankensche F. 2 B. Bürgerholz. 3 L. F. Magdeb. Forth. 4 Z. *Friedrichs= holz); im Al. noch nicht beobachtet.

198. H. hirsútum L. Rauhhaariges H. — St. aufrecht, stiel= rund, rauhhaarig; Bl. eif. ob. längl., weichhaarig, kurzgestielt, durch= scheinend=punktirt; Blthrispe schmal, lang; Kbl. lancettl., stumpflich. ♃ — Wälder, Gebüsch. 6—8. — Im Fl. u. Al. häufig; im Dl. selten (1 B. F. Planken; Burgstaller F.; Buktum. 2 B. Bürgerholz).

---

1) Von ὑπό, unter, u. ἐρείκη, Erika.

19. Familie. **Acerineen**, Acerineae. Dec.

Bäume mit gegenüberstehenden, meist einfachen, selten gefiederten Bl.; Blth. in achselst., traubigen od. doldentraubigen Rispen; K. 5=, zuweilen 4—9=th.; Blkrbl. ebensoviel wie Kzipfel, um die drüsige Scheibe gestellt, selten fehlend; Stbgf. 8, selten 5—12; Frkn. 2=lappig, 2=fächerig; Fächer 2=eiig; Sf. 1; N. 2; Fr. 2=flügelig, in 2 nußartige Frchen sich trennend.

76. Acer. L. **Ahorn**.

Blth. vielehig; K. 5=th., bleibend: Blkr. 5=blättr., grün od. gelblich= grün; Stbgf. meist 8; bei den männl. Blth. viel länger. — Bl. langgestielt.

A. Pseudoplátanus. L. **Weißer A.** — Bl. handf.=5=lappig mit herzf. Basis, unterseits blaugrün, Lappen zugespitzt, ungleich ge= kerbt=gesägt; Blthrispe traubig, hängend; Flügel der Fr. auf= recht, fast gleichlaufend, sich nicht berührend. ♄ — Laubwälder. 5. — Im Fl. häufig, ebenso in den Bode= Saal= u. Wipperforsten; im Al. der Elbe u. im Tl. weniger häufig. — In Anlagen u. Alleen vielfach angepfl. —

200. A. platanoides. L. **Spitzer A.** — Bl. handf., meist 5=lappig, mit abgestutzter od. etwas herzf. Basis, unterseits grasgrün, Lappen großbuchtig=gezähnt, Zähne haarspitzig auslaufend: Blthrispe doldentraubig, aufrecht: Flügel der Fr. fast wagerecht auseinander= tretend. ♄ — Laubwälder. 4-5. — Im Geb. mit Ausn. der Elbforsten nicht selten, doch weniger häufig als vor. — In Anlagen u. Alleen häufig angepfl. —

201. A. campestre. L. **Feld=A.** — Bl. handf.=5=lappig mit herzf. Basis, Lappen ganzrandig, stumpf, die beiden mittleren meist 2=lappig, der obere 3=lappig; Blthrispe doldentraubig, aufrecht; Flügel der Fr. wage= recht auseinandertretend. ♄ — Laubwälder, Gebüsch. 5 — Im Fl. u. Elb= Al. sehr häufig, bes. als Unterholz; im übrigen Geb. weniger häufig. — Variet. mit korkig geflügelten Aesten; nicht selten. —

† A. saccharinum. L. **Zucker=A.** — Bl. 5=lappig, fast handf. mit tief=herzf. Basis, unterseits blaugrün; Lappen buchtig=spitz, ganzrandig, ob. sparsam gezähnt; Blth.= rispe nickend, doldentraubig; Blkr. fehlt. ♄ — Zierbaum aus Nordamerika. 5. — In Anlagen.

† A. tatáricum. L. **Tatarischer A.** — Bl. schwach=5=lappig bis eif., mit herzf. Basis, ungleich gekerbt=gesägt; Blthrispe straußartig, aufrecht; Flügel der Fr. aufrecht, oben übereinanderschlagend. ♄ — Zierbaum aus Nordasien. 5 — Zuweilen angepflanzt.

† A. dasycarpum.[1]) Ehrh. **Rauher A.** — Bl. handf.=5=lappig, mit gestutzter Basis, unterseits weißfilzig, Lappen zugespitzt, kleinbuchtig gezähnt, Blstiel roth; Blthrispe knäuelartig=doldig; Frkn. filzig od. kahl. ♄ — Zierbaum aus Nordamerika. 3—4. — In Anlagen u. auch als Alleebaum an Ch. z. B. 1. B. Ch. Dolle=Salchau. 2 N. Ch. Flechtingen=Altenhausen; Ch. Neuhaldensl.

† A. Negundo. L. (Negundo aceroides. Much.) **Eschen=A.** — Bl. einfach ge= fiedert, Blättchen breit=lancettl.; Blthrispe büschelig; Flügel der Fr. aufrecht, oben übereinanderschlagend. ♄ — Zierbaum aus Nordamerika. 3—4. — Oefters in Anlagen.

20. Familie. **Hippokastaneen**, Hippocastaneae [2]). Dec.

Bäume ob. Sträucher mit gegenüberstehenden, gefingerten Bl.; Blth. in gipfelst. Rispen; K. 5=zähnig; Blkr. unregelmäßig 4—5=blättr., auf einer Scheibe befestigt; Stbgf. 7 ob. 8, ungleich; Frkn. 3=fächerig, Fächer 2=eiig; Fr. Kapsel, 1—3=fächrig u. 1—3=samig.

77. Aésculus. L. **Roßkastanie**.

K. 5=zähnig, glockig; Blkrbl. 5 ob. 4; Stbgf. gebogen=aufsteigend: Kapsel stachelig.

---

1) Von $\delta\alpha\sigma\acute{\upsilon}\varsigma$. dicht behaart, u. $\varkappa\alpha\rho\pi\acute{o}\varsigma$. Frucht. — 2) Von $\H{\iota}\pi\pi\sigma\varsigma$, Roß, u. $\varkappa\acute{\alpha}\sigma\tau\alpha\nu\sigma\nu$. Kastanie.

202. A. Hippocástanum. L. Gewöhnliche N. — Bl. meist 7=zählig; Blättchen verkehrt=eif., zugespitzt, am Grunde keilf.; Blkr. 5=blättr., weiß mit gelben u. rothen Flecken. ♄ — Kultivirt, stammt aus Asien. 6—7. — Ueberall als Alleebaum u. in Anlagen; auch wohl in Wäldern angepflanzt.

† A. cárnea. Willd. Fleischfarbige N. — Bl. 5—7=zählig; Blkr. 4=blättr., fleischfarben. ♄ — Zierbaum aus Nordamerika. 6. — In Anlagen.

Pavía. Boerh. Pavie.
K. 5=zähnig, glockig; Blkrbl. 4; Stbgf. gerade; Kapseln ohne Stacheln.

† P. rubra. Lam. Rothe P. (Rothe Kastanie). — Bl. 5=zählig, Blättchen lancettl., zugespitzt, unterseits nebst dem Blstiel fast kahl; Blkr. gelblich=rosenroth. ♄ — Zierbaum aus Nordamerika. 6. — In Anlagen.

† P. flava. Dec. Gelbe P. (Gelbe Kastanie). — Bl. 5—7=zählig, unterseits nebst dem Blstiel weichhaarig.; Blkr. hellgelb. ♄ — Zierbaum aus Nordamerika. 6. 7. — In Anlagen.

21. Familie. **Ampelideen**, Ampelideae. Kunth.

Kletternde od. windende Sträucher mit gegliederten Knoten; Bl. mit Nebenbl.; Blth. in Rispen od. Afterdolden, den Bl. gegenüberstehend, zuweilen in Ranken verwandelt; K. klein, ganzrandig od. schwach ge= zähnt; Blkrbl. 4 od. 5, an der Außenseite der Scheibe befestigt; Stbgf. so= viel wie Blkrbl.; Frkn. 4=eiig; Gf. 1; N. einfach; Fr. eine Beere.

78. Vitis. L. Weinstock.

K. schwach=5=zähnig, sehr klein; Blkrbl. 5, an der Spitze zusammen= hängend, an der Basis wie eine Mooshaube sich loslösend. — Blth. in traubigen Rispen.

203. V. vinifera. L. Edler W. — Bl. herzf.=rundl., 3—5=lappig, grob=ungleich=gesägt; Blkr. gelbgrün; Beere grünlich, gelblich, röthlich od. blau. (Var. (laciniosa L.) mit 5=zähligen, zerschlitzten Bl. ♄ — Kul= tivirt. 6. 7. — Im Geb. in Gärten u. an Mauern vielfach, aber nur im Kleinen cul= tivirt.; Anbau im Großen fast nur noch bei Bernburg.

† V. vulpina. L. Fuchs=W. (Fuchstraube). — Bl. breit=herzf., 3—5=lappig, grob= gesägt, beiderseits kahl; Blkr. grün; Beere schwarz=blau. ♄ — Zierstrauch aus Nord= amerika. 6. —

† Ampelópsis[1]). Michaux. Zaunrebe.
K. fast ganzrandig; Blkrbl. 5, an der Spitze nicht zusammenhängend; Blth. in After= dolden.

† A. hederácea. Mich. (A. quinquefolia. Röm. u. Schult.) Epheuartige Z. (Wilder Wein). — Bl. 3—5=zählig; Blättchen gestielt, eif. od. breit=lancettl., zuge= spitzt, stachelspitzig=gesägt; Blkr. grünlich; Beeren blau=schwarz. ♄ — Zierstrauch aus Nordamerika. 7—10. — Zur Bekleidung von Lauben u. Wänden häufig angepfl.

22. Familie. **Geraniaceen**, Geraniaceae. Juss.

Kräuter (od. Sträucher) mit knotig gegliederten St., die unteren Bl. meist gegenüberstehend, die oberen meist abwechselnd, mit Nebenbl.; Blth.= stielchen mit Deckbl.; K. 5=blättr., bleibend; Blkrbl. 5, benagelt; Stbgf. 10, selten 15, meistens nach unten verwachsen, einige zuweilen fehlschlagend; Frkn. aus 5 besonderen Ovarien gebildet, deshalb 5=fächerig, ge= schnäbelt, Fächer 2=eiig; Gf. mit dem Schnabel in eine 5=eckige Säule verwachsen; N. 5; Fr. eine Spaltfrucht mit 1=samigen Frchen, die sich von unten bis zur Spitze mit dem Griffel von der Centralsäule trennen.

---

[1] Von ἄμπελος, Weinstock, u. ὄψις, Aussehen; also dem Weinstock ähnlich.

79. **Geránium**[1]). L. **Storchschnabel.**

K. u. Blkr. 5=blättr.; Stbgf. 10, am Grunde kurz=1=brüderig, alle fruchtb.; Gf. der Spaltfr. mit dem Frchen bei der Reife sich bogenförmig ablösend. — Blthstiele 2=, selten 1=blüthig.

A. Wurzel ein ausdauerndes Rhizom.
a. Früchtchen querrunzelig ob. querfaltig.

† G. phaeum L. Braunblühender St. — Bl. handf., meist 7= (5—9=) sp., eingeschnitten=gezähnt; Blthstiele 2=blüthig; K. stachelspitzig; Blkr. mittelgroß, schwarz= violett; Blkrbl. am Grunde bärtig; Frchen behaart, vorn querfaltig. ♃ — Zierpfl. aus Süddeutschland. 5. 6. — Zuweilen verwildert z. B. 4 Z. Antuhner Friedhof. —

b. Früchtchen glatt, behaart.

204. G. sylváticum. L. Wald=St. — St. aufrecht, oberwärts drüsig=behaart; Bl. handf.=7=sp., eingeschnitten=gezähnt: Blthstiele 2=blüthig; Blthstielchen nach dem Verblühen immer aufrecht: Blkr. mittelgroß, roth= violett, selten blau=violett ob. hell=fleischroth; Blkrbl. verkehrt=eif., doppelt so lang als der begrannte K., oberhalb u. zu beiden Seiten des Nagels bärtig, Nagel lang=keilf., gleichmäßig spitz zugehend, 5=nervig; Frchen mit abstehenden, drüsentragenden Haaren. ♃ — In Wäldern. 6. 7. — Im Geb. sehr selten, bisher nur 2 N. Bischofswald (Buchenberg).

205. G. praténse. L. Wiesen=St. — St. u. Bl. wie vor.; Blth.= stiele 2=blüthig, Blthstielchen nach dem Verblühen zunächst aufrecht, dann (bei der Frbildung) zurückgeschlagen, zuletzt meist wieder aufrecht: Blkr. mittelgroß, blau: Blkrbl. breit=verkehrt=eif., doppelt so lang als der be= grannte K., zu beiden Seiten des Nagels bärtig, aber oberhalb kahl, Nagel kurz u. breit=keilf., stumpf zugehend, mit einer plötzlich zusam= mengezogenen Spitze, 7=nervig: Frchen mit abstehenden, drüsen= tragenden Haaren. ♃ — Wiesen, Grasgr., Dämme, Ufer, Gebüsch, Wald= säume. 5—10. — Im Al. der Saale, Wipper u. Bode sehr häufig, im Al. der Elbe weniger häufig; im Fl. u. Tl. selten. — Auch als Zierpfl. mit gefüllter Blth.

206. G. palústre. L. Sumpf=St. — St. auffteigend, ausgebreitet= ästig, nebst den Blthstielen von rückwärtsstehenden, drüsenlosen Haaren rauhh.: Bl. sämmtlich, auch die oberen, gegenüberstehend, handf. 5=sp., Lappen eingeschnitten, meist 3=lappig; Blthstiele 2=blüthig, Blthstielchen nach dem Verblühen abwärts geneigt; Blkr. mittelgr., roth mit dunklen Adern, Blkrbl. verkehrt=eif., doppelt so lang als der begrannte K., Nagel bebärtet; Frchen mit abstehenden, drüsenlosen Haaren. ♃ — Sumpfige ob. nasse Wiesen, Wassergräben, Bäche, Zäune, Erlenbr., feuchte Waldstellen 6—9. — Im Sand=Fl., m. S., u. im Tl. häufig, auch im Sand=Al. u. im Al. der Bode; im übrigen Geb. sehr selten (5 B. Erlenbr. u. Sumpfwf. bei Körmigt).

207. G. sanguíneum. L. Blutrother St. — St. aufrecht, aus= gebreitet=ästig; Bl. im Umriß rundl., 5—7=th., Zipfel 3= u. mehrth., Zipfel= chen lineal; Blthstiel 1=blüthig (sehr selten 2=blth.); Blkr. mittelgroß, blutroth; Blkrbl. verkehrt=eif., ausgerandet, doppelt so lang als der be= grannte K.; Nagel bebärtet; Frchen zerstreut=behaart. ♃ — Wälder. 6—7. — Nur im Fl. u. Tl. und auch hier selten. 2 N. Zernitz. 2 W. Rogätzer F. (Oberhagen). 4 E. Hafel. 4 Z. *Friedrichsholz.

† G. pyrenáicum. L. Pyrenäischer St. — St. aufrecht, weichh. u. etwas zottig; Bl. rundl., 5—9=sp., Lappen vorn 3=sp., Läppchen 2—3=zähnig; Blthstiel 2=blüthig; Blkr. fast mittelgroß, roth=violett ob. hellfleischroth; Blkrbl. verkehrt=herzf., 2=sp., doppelt so lang als der K., Nagel bebärtet; Frchen angedrückt=flaumhaarig. ♃ — Zierpfl. aus Süddeutschl. 5—9. — Oefters verwildert, bes. in Parkanlagen u. auf Friedhöfen.

---

1) Von γέρανος, Kranich, wegen der langgeschnäbelten Früchte.

Geraniaceen.

B. **Wurzel jährig, spindelf., meist vielstengelig; Blthstiele 2=blü=
thig, Blthstielchen (u. A.) nach dem Verblühen abwärts geneigt.**
    a. **Früchtchen glatt; Same glatt.**

208. G. pusillum. L. Kleiner St. — St. aufsteigend, mit kurzen, abstehenden Haaren dicht besetzt: Bl. rundl.=nierenf., 7—9=sp., Lappen 3= bis mehrsp.; Blkr. klein, lila; Blkrbl. längl.=verkehrt=herzf., so lang als der kurzbegrannte K.: Frchen angedrückt=flaumhaarig. ⊙ — Dörfer, Zäune, Wege, Grasgr., Triften, Aecker, Gärten; auch Wiesen, Waldränder. 5'—10'. — Gemein.

    b. **Früchtchen glatt; Same wabig=punktirt.**

209. G. disséctum. L. Zerschnittener St. — St. ausgebreitet, abstehend=behaart; Bl. 5—7=th., Zpfl. meist 3=sp., Zpflchen lineal; Blkr. ziemlich klein, purpurroth; Blkrbl. verkehrt=herzf., so lang als der langbegrannte K.; Frchen nebst dem Schnabel abstehend=drüsen= haarig. ⊙ — Aecker, Weg= u. Waldränder, Gesträuch. 5—9. — Zerstreut durch b. Geb. z. B. 1 C. A. am Rehm nach Höbingen zu. 2 N. Geftr. am Erxleber Schloß; Förstergarten zu Bischofswald; A. am Eielsberg bei Altenhausen. 3 S. A. südl. b. Eggenstedt; Hohes H.; Reindorfer Park. 4 S. Weg vor u. hinter dem Buschhause; An= lagen Bad Elmen. 4 B. A. hinter Zeitz; A. um Colphus (reichl.).

210. G. columbinum L. Tauben=St. — St. ausgebreitet, an= liegend=behaart; Bl. ähnlich wie vor.: Blkr. ziemlich klein, rosenroth mit dunklen Streifen; Blkrbl. verkehrt=herzf., so lang als der langbegrannte K.; Frchen kahl, Schnabel mit kurzen, vorwärts gerichteten, drüsen= losen Haaren. ⊙ — Gebüsch, Wälder, Anhöhen, Triften, Grasgr., in Esparsette. 6—10. — Im Fl. zieml. häufig; im Tl. selten; im Al. noch nicht beob= achtet. Z. B. 1 C. Rehm; Chgr. u. steinige Höhen bei Walbeck u. Schwanefeld. 2 N. Klepperb.; Sülzeberg; Bodenb. F.; Alvensl. F.; Pudegrin; Zernitz. 2 W. Unterholzer B. 3 S. Marienborner F.; Hohes H. 4 E. Weinberg bei Unseburg. 4 Z. Berensd. F. (Spitzh.)

    c. **Frchen runzelig; S. glatt.**

211. G. molle. L. Weicher St. — St. ausgebreitet, von langen, abstehenden Haaren zottig; Bl. rundl.=nierenf. 7—9=sp., Lappen 2—3= sp.; Blkr. zieml. klein, purpurroth mit dunklen Streifen; Blkrbl. verkehrt=herzf., länger als der kurz=stachelspitzige K.; Frchen kahl. ⊙ — Dörfer, Zäune, Gebüsch, Anlagen, Friedhöfe, Grasgr., Triften, trockne Wiesen. 5—9'. — Im Geb. meist nicht selten.

212. G. Robertianum. L. Ruprechts St. — St. aufrecht; Bl. 3= oder 5=zählig, Blättchen eingeschnitten=fiedersp.; Blkr. zieml. groß, rosenroth mit weißl. Streifen; Blkrbl. verkehrt=eif., un= getheilt, fast doppelt so lang als der begrannte K.; Frchen feinhaarig. Die ganze Pfl. abstehend=behaart, stinkend. ⊙ — Feuchte Wälder, Gebüsch, Erlenbr., Hecken, Zäune, Mauern. '5—9'. — Im Geb. sehr häufig.

80. Eródium[1]). L'Héritier. **Reiherschnabel.**

K. u. Blkr. 5=blättr.; Stbgf. 10, kurz=1=brüderig, die 5 schmäleren fruchtb., die 5 breiteren unfruchtb.; Gf. der Spaltfr. bei der Reife unten schraubenf. gewunden. — Blthstiele 3= u. mehrblüthig.

213. E. cicutárium. L'Hér. Schierlingsblättr. R. — St. aufrecht; Bl. gefiedert, Blättchen doppelt=fiederip.; Blthstiele viel= blüthig; Blkr. zieml. klein, purpurroth ⊙ u. ⊙ — Aecker, Wege, Grasgr., Dörfer, Mauern, Triften, Ufer. '4—10'. — Sehr gemein.

---

1) Von ἐρωδιός. Reiher; wegen der lang=geschnäbelten Früchte.

† **Familie. Tropäoleen, Tropaeoleae.** Juss.

Kräuter mit abwechselnden, einfachen Bl.; K. 5=th., unregelm., gefärbt, ab=
fallend, die untere Abtheilung gespornt; Blkrbl. 5, benagelt, ungleich; Stbgf. 8;
Fr. 3=gehäusig, trocken.

† **Tropaéolum**[1]) L. — St. windend.

† T. majus. L. Spanische od. Kapuziner=Kresse. — Bl. schildf., fast
kreisrund, ausgeschweift, unten blaugrün; Blth. groß, orangegelb mit rothen Streifen.
☉ — Zierpfl. aus Peru. 6—10. — Häufig in Gärten.

23. Familie. **Balsamineen**, Balsamineae. Rich.

Kräuter mit saftigen St. u. einfachen Bl.; K. gefärbt, 5=blättr.,
unregelm., abfallend, das unterste Kbl. viel größer, gespornt; die
beiden vorderen sehr klein, meist fehlend; Blkrbl. 5, die seitenst. paarweise
zsgewachsen: Stbgf. 5; Frkn. 5=fächerig: Samenträger mittelpunktst.;
Kapsel 5=klappig, elastisch aufspringend.

81. Impátiens[2]). L. **Springkraut**.

K. 5, verwachsen: Kapsel längl., kahl; Klappen vom Grunde bis
zur Spitze nach innen sich zurückrollend.

214. I. Noli tángere[3]). L. Empfindliches S. — St. aufrecht,
ästig, mit geschwollenen Gelenken; Bl. eif. u. eif.=längl., grob=gesägt; Blth.=
stiele 3—4=blüthig; Blth. goldgelb, hängend, Sporn zurückgebogen.
☉ — Feuchte, namentlich sumpfige Waldstellen, Erlenbr. 6'—9'. — Im
Sand=Fl. u. im Tl. häufig; im Al. weniger häufig, hier z. B. 2 W. Herrenholz. 3 M.
Biederitzer B. 4 E. Egelnsche F. 4 S. Grünewald (schwarzes Loch); im Kalk=Fl. noch
nicht beobachtet.

† Balsamina. Rivin. Balsamine.
K. 5, getrennt; Kapsel eif., behaart.

† B. femina. Gaertn. (Impatiens Balsamina. L.) Garten=B. — St. auf=
recht; Bl. lancettl., fein= u. scharf=gesägt; Blth. in Doldentrauben, weiß, roth od. bunt.
☉ — Zierpfl. aus Ostindien. 7. 8. — Vielfach in Gärten u. Töpfen, meist gefüllt; zu=
weilen auf Friedhöfen verwildert. —

24. Familie. **Oxalideen**, Oxalideae. Dec.

Kräuter (Halbsträucher od. Bäume) mit zsgesetzten Bl.; K. 5=blättr.
od. 5=th., bleibend; Blkrbl. 5, in der Knospenlage schraubenf. gewunden;
Stbgf. 10, an der Basis oft 1=brüderig; Frkn. 5=fächerig, Fächer mehr=
eiig, Samenträger mittelpunktst.; Gf. 5; Kapsel 5—10=klappig.

82. Oxalis[4]). L. **Sauerklee**.

K. 5=blättr.; Stbgf. 10, an der Basis kurz=1=brüderig, die 5 äußeren
kürzer; Kapsel längl. od. eif., 5=kantig, 5=fächerig. — Kräuter von
saurem Geschmack mit 3=zähligen Bl.; Blättchen verkehrt=herzf.

215. O. acetosella. L. Gemeiner S. — Wstck gegliedert, krie=
chend, schuppig; St. fehlend; Schaft 1=blüthig; Blkr. weiß mit rothen
Adern und gelbem Fleck an der Basis, mittelgroß, fast 4 mal so lang als
der K.; Kapsel eif. ♃ — Feuchte Waldstellen, nam. unter Buchen, Erlen
u. humushaltigem Nadelholz; u. Erlenbr. 4—5. — Im Sand=Fl., m. E., u.
im Tl. häufig; im Sand=Al. selten (Kühnauer F. im „Steinhauicht"); im übrigen Geb.
noch nicht beobachtet.

---

1) Diminut. v. τροπαῖον. Siegeszeichen, Trophäe. — 2) impatiens, ungeduldig;
wegen der bei leiser Berührung aufspringenden Früchte. — 3) noli tangere, „berühre
nicht!" ebenfalls mit Bezug auf die Früchte. — 4) Soviel wie „Säuerling", von ὀξύς,
sauer.

216. O. stricta. L. Straffer S. — W. Ausläufer treibend; St. aufrecht, ästig; Blthstiele 2—5=blüthig; Blkr. gelb, ziemlich klein; Kapsel längl., Frstiel aufrecht=abstehend. ⊙ — Gärten, Aecker (bes. sandmoorige), Anlagen, Wälder (nam. Waldwege). 6·—10. — Im Geb. häufig, bes. in den Sandgegenden.

† O. corniculata. L. — St. vom Grund aus ästig, niedergestreckt, Frstiel zurück= gebogen; sonst wie vor. ⊙ — Zeigt sich zuweilen als Gartenunkraut.

25. Familie. **Rutaceen**, Rutaceae. Juss.

Ausdauernde Kräuter (Sträucher od. Bäume) mit durchsichtig punktirten Bl.: K. 3—5=sp. od. th.; Blkrbl. benagelt, soviel als Kzipfel; Stbgf. (u. A.) doppelt so viel, nebst den Blkrbl. um eine drüsige, unterweibige Scheibe befestigt; Frkn. lappig, Lappen u. Fächer so viel als Kzipfel, Fächer 2—4=eiig, Samenträger mittelpunktst.; Gf. in 1 verwachsen; N. einfach; Kapsel mit einwärts aufspringenden Fächern.

1. Gruppe. **Wahre Rutaceen.** Innere Haut der Kapselfächer sich bei der Reife nicht von der Frschale trennend.

† Ruta L. Raute.

K. meist 4=th., bleibend; Blkrbl. concav, gelb; Stbgf. gerade.

† R. graveolens. L. Garten=R. — Bl. graugrün, 2—3=fach unpaarig=ge= fiedert, Blättchen oval=längl., das endst. verkehrt=eif.; Lappen der Kapsel stumpf. ♃ — Aus Südeuropa. 6. 7. — In Gärten zum Küchengebrauch zuweilen angepfl.

2. Gruppe. **Diosmeen.** Innere Haut der Kapselfächer elastisch abspringend.

88. Dictamnus. L. **Diptam.**

K. 5=th., abfallend; Blkrbl. etwas ungleich: Stbgf. abwärts ge= neigt, vorn aufstrebend. — Blth. in gipfelst. Trauben.

217. D. Fraxinella. Pers. (D. albus. L.) Eschenblättr. D. — St. aufrecht, flaumig; Bl. unpaarig=gefiedert, Blättchen eif. od. lancettl., fein=gesägt; Blkrbl. elliptisch bis lancettl., spitz, rosenroth mit dunklen Adern. — Blthstiele, Stbgf. u. Kapsel stark drüsig; aromatisch duftend. ♃ — Wälder, Gebüsch. Kalk liebend. ·6—7· — Im Gebiete selten, aber ge= sellig: 3 S. Saures Holz. 4 E. Hakel (reichl.); Vogel=Remise bei Heteborn. 5 B. Pfaffen= busch bei Freckl. (reichl.); Freckl. Bsch.; Sandersl. Bsch.; Wilder Busch bei Rothenburg.

2. Unterordnung. **Polypetale Dicotyledonen mit kelchst. (um= weibigen) Staubgefäßen.**

Dicotyledones polypetalae staminibus perigynis.

Die Stbgf. mit dem K. mehr od. weniger verwachsen u. daher auf dem K. stehend; K. u. Frkn. getrennt od. mit einander ver= wachsen, u. also der K. entweder unterst. und der Frkn. oberst., od. der K. oberst. u. der Frkn. unterst.; Blkrbl. frei od. mit dem K. u. zuweilen selbst noch unter sich verwachsen (Cucurbitaceen), od. auch fehlend (Sangui= sorbeen, Hippurideen, Callitrichineen, Sclerantheen).

26. Familie. **Celastrineen**, Celastrineae. R. Br.

Sträucher mit abwechselnden od. gegenüberstehenden Bl.; K. 4—5=sp. od. th.; Blkrbl. so viel als Kzipfel; Stbgf. ebensoviel, mit den Blkrbl. am Rande einer unterweibigen Scheibe eingefügt; Frkn. frei, 2—5=fächerig; Samenträger mittelpunktst.

1. Gruppe. Staphyleaceen. Bl. 5gesetzt; S. knöchern, mantellos.

† **Staphyléa**¹). L. Pimpernuß.
K. 5=th., gefärbt; Frkn. 2—3=lappig; Kapsel häutig, aufgeblasen, 2—3=fächerig. — Blth. in gipfelst. Trauben.
† **S. trifoliata.** L. Dreiblättr. P. — Bl. 3=zählig; Blth. grünlich=weiß, röhrig; Kapsel längl.=oval. ♄ — Zierstrauch aus Nordamerika. 5—6. — In Anlagen.
† **S. pinnata.** L. Gemeine P. — Bl. gefiedert, Blättchen 5—7; Blth. weiß, außen röthlich, glockig; Kapsel rundl. ♄ — Zierstrauch aus Süddeutschland. 5. 6. — In Anlagen.

2. Gruppe. Evonymeen. Bl. einfach; S. bemantelt.

84. Evónymus. L. Spindelbaum.

K. 4—5=sp.; Kapsel 3—5=fächerig u. kantig, Fächer 2=samig; S. mit einem breiartigen Mantel umhüllt. — Sträucher mit einfachen, gegenständigen, gestielten Bl.

A. Trauben wenigblüthig; Blth. meist 4=zählig, Kapsel stumpfkantig.

218. E. europaeus. L. Gemeiner S. (Pfaffenhütchen). — Aeste 4=kantig (die jungen Zweige rund), glatt; Bl. elliptisch=lancettl., fein=gesägt; Blkrbl. hellgrün, längl.; Kapsel meist 4=lappig, bei der Reife rosenroth, Mantel orangengelb. ♄ — Laubwälder, Gebüsch, Hecken. — Im Geb. sehr häufig; in Anlagen vielf. angepfl.

† **E. verrucosus.** Scop. Warziger S. — Aeste stielrund, warzig; Blkrbl. braun=röthlich=punktirt, rundl.; Kapsel rosenroth ob. gelblich, Mantel blutroth. ♄ — Zierstrauch aus Ost=Europa. 5—6. — In Anlagen.

B. Trauben mehrblüthig, oft rispig, Blth. meist 5=zählig; Kapsel geflügelt=kantig.

† **E. latifolius.** Scop. Breitblättr. S. — Aeste stielrund, etwas zsgedrückt, glatt; Blkrbl. grünlich, rundl.; Kapsel meist 5=lappig, purpurroth, Mantel orangengelb. ♄ — Zierstrauch aus Süddeutschl. 5—6. — In Anlagen.

27. Familie. Rhamneen, Rhamneae. R. Br.

Sträucher (Halbsträucher ob. Bäume) mit einfachen, gestielten Bl. u. kleinen Nebenbl.; K. 4—5=sp., Zipfel abfällig, Röhre bleibend; Blkrbl. 4—5; Stbgf. so viel wie Blkrbl.; Frkn. bald frei, bald halb ob. ganz mit dem K. verwachsen, 2—4=fächerig; Gf. 1, ganz ob. gesp.; Fr. fleischig u. nicht aufspringend, ob. trocken u. kapselartig.

85. Rhamnus. L. Wegdorn.

K. 4—5=sp., Röhre glockig ob. kreiself., Blkrbl. u. Stbgf. dem Rande der Röhre eingefügt; Steinfrucht rund, 2—4=steinig, saftig ob. fast trocken.

A. Aeste gegenst., dornig; Bl. gegenst.; Blth. büschelig, vielehig bis 2=häusig; Gf. 2—3=sp.

219. R. cathártica. L. Gemeiner W. (Kreuzdorn). — Dornen end= u. gabelst.; Bl. oval, fein=gesägt; Blstiel mehrere Mal länger als die Nebenbl.; Blkr. grünlich, klein; Fr. schwarz, unreif grün. ♄ — Wälder, Gebüsch, Ufer. 5—6. — Im Geb. häufig, nam. im A.

B. Aeste wechselst., wehrlos; Blth. zwitterig; Gf. ungetheilt.

220. R. Frángula. L. (Frangula Alnus. Mill.) Glatter W. (Faulbaum). — Aeste mit dunkelbrauner, weißgetüpfelter Rinde;

---

¹) Von σταφυλή, Traube; wegen des traubigen Blthstandes.

Rhamneen. — Papilionaceen. 55

Bl. oval, ganzrandig; Blkr. weißlich; Fr. schwarz, vor der Reife roth. ħ — Erlenbr., Wälder, Gebüsch. 5—7. — Im Fl. u. Dl. häufig; im Al. seltener.
† Familie. Terebinthaceen, Terebinthaceae. Kunth.
Bäume od. Sträucher mit abwechselnden Bl.; Blth. meist eingeschlechtl.; K. in der Regel 5=th., bleibend; Blkrbl. so viel als Kzipfel; Stbgf. in gleicher od. doppelter Zahl; Fr. nicht aufspringend.
† Rhus. L. Sumach.
Blth. in Rispen, zwitterig, vielehig od. 2=häufig; K. 5=sp.; Frkn. 1=fächerig; Steinfr. trocken, meist 1=samig.
† R. Cótinus. L. Perücken=S. (Perückenbaum). — Bl. rundl., ganzrandig, blaugrün; Blth. zwitterig, grünl.=weiß; Rispe sperrig=ästig; Blthstielchen meist ohne Blth., später sich verlängernd, mit wagerecht=abstehenden, röthl. Haaren; Fr. kahl. ħ — Zierstr. aus Süddeutschl. 5—6. — In Anlagen.
† R. typhina. L. Essig=S. (Essigbaum). — Bl. unpaarig=gefiedert; Blättchn 17—21, längl.=lanzettl., gesägt, unterseits blaugrün; Blth. 2=häufig, grünl.= gelb; Rispe dicht, eif.; Fr. roth=zottig. ħ — Zierbaum aus Nordamerika. 6—7. — Vielfach in Anlagen.
† Familie. Cäsalpinieen, Caesalpinieae. R. Br.
(2. Hauptgr. der Leguminosen. Juss.)
K. meist 5=th.; Blkr. meist 5=blättr.; Stbgf. 10 od. weniger, in der Regel frei; Fr. eine Hülse.
† Gleditschia. L. Gleditschie.
K. 5=th.; Blkrbl. 5 od. 3; Hülse gestielt, zsgedrückt. — Bäume mit gefiederten Bl. u. meist vielehigen Blth.
† G. triacanthos. L. Dreidornige G. — Aeste mit derben Dornen besetzt; Bl. einfach bis doppelt=gefiedert; Blth. klein, grünl., in blattwinkelst. Trauben, männl., weibl. od. zwitterig; Hülsen breit=lineal, schwarzbraun, sehr lang. — Var. ohne Dornen. ħ — Zierbaum aus Nordamerika. 6'—7. — Mehrfach in Anlagen u. als Alleebaum angepfl.

28. Familie. **Papilionaceen**, Papilionaceae. Dec.
(3. Hauptgruppe der Leguminosen. Juss.)

Kräuter, Sträucher od. Bäume mit abwechselnden, meist zsge= setzten Bl. u. in der Regel mit Nebenbl.; K. 5=zähnig od. 2=lippig, ab= fallend od. bleibend u. welkend; Blkr. 5=blättr., unregelm. (Schmetter= lingsblüthe); Stbgf. 10, einbrüderig od. zweibrüderig, indem 9 zu einer Säule verwachsen u. das 10. frei bleibt; Frkn. frei, Samenträger seitenst.; Fr. eine Hülse od. Gliederhülse.
Anm. Die Gattungen dieser Familie gruppiren sich wie folgt:
1. Keimblätter zieml. flach.
A. Hülse einfächerig od. mit Einwärtsbiegung einer der Nähte 2=fächerig. 1 Gruppe Loteen.
(Genisteen, Anthyllideen, Trifolieen, Galegeen, Astragaleen).
B. Hülse in Fächer od. Glieder quer abgetheilt. 2 Gr. Hedysareen (Coronilleen u. Euhedysareen).
2. Keimblätter dick.
A. Keimbl. nicht über die Erde hervortretend; Bl. paarig=gefiedert. 3 Gr. Vicieen. (Vicia, Ervum, Lens, Pisum, Lathyrus, Orobus.)
B. Keimbl. über die Erde hervortretend; Bl. 3=zählig. 4. Gr. Phaseoleen (Phaseolus).
Die ersten beiden Gruppen zerfallen wieder in Untergruppen, u. zwar:
1. Gr. Loteen. 1. Hülse einfächerig.
A. Staubgefäße einbrüderig.
   a. Flügel der Blkr. faltig=runzelig. 1. Untergr. Genisteen. (Ulex, Sarothamnus. Genista, Cytisus, Lupinus).
   b. Flügel der Blkr. nicht runzelig. 2. Untergr. Anthyllideen (Ononis. Anthyllis).
B. Staubgefäße zweibrüderig.
   a. Bl. 3=zählig. 3. Untergr. Trifolieen (Medicago, Melilotus, Trifolium, Lotus, Tetragonolobus).
   b. Bl. ge.ebert. 4 Untergr. Galegeen (Galega, Amorpha. Colutea, Robinia, Caragana).
   2. Hülse durch Einbiegung einer der beiden Nähte 2=fächerig. 5. Untergr. Astragaleen (Oxytropis, Astragalus).
2 Gr. Hedysareen.
A. Blth. doldig. 1. Untergr. Coronilleen (Coronilla, Ornithopus).
B. Blth. traubig. 2. Untergr. Euhedysareen (Onobrychis).

Polypetale Dic. mit kelchſt. Stbgf.

1. Gruppe. Loteen. Hülſe 1=fächerig ob. mit Einbiegung einer der Nähte mehr ob. weniger 2=fächerig; Keimbl. ziemf. flach.

1. Untergruppe. Geniſteen. K. 2=lippig; Flügel der Blkr. am oberen Rande faltig=runzelig; Stbgf. einbrüderig; Hülſe 1=fächerig; Bl. einfach, gefingert, ob. gefiedert.

† Ulex. L. Heckenſame.

K. bis zum Grunde 2=lippig=getheilt, obere Lippe 2=, untere 3=zähnig; Hülſe gedunſen, wenigſamig.
† U. europaeus. L. Europäiſcher H. (Stechginſter.) — Immergrüner Str.; Aeſte u. Aeſtchen gefurcht mit einer ſtechenden Spitze; Bl. lineal=pfrieml., ſtachelſpitzig; Blth. kurzgeſtielt, gelb; Hülſe 3—4=ſamig, ſchwarz, zottig. ħ — In Anlagen. 5—6. — Zuweilen verwildert. (2 W. Ravellenberg bei Rogäß. 3 S. Vogelremiſe zw. Vitriolhütte u. Marienborn. 3 L. Felder bei Niesdorf, hier früher gebaut).

86. Sarothámnus¹). Wimm. Beſenſtrauch

K. trockenhäutig, 2=lippig, obere Lippe 2=, untere 3=zähnig; Gf. ſehr lang, kreisf. zſgerollt; Hülſe lineal=längl., zſgedrückt, vielſamig.

221. S. vulgaris. Wimm. (S. scoparius Koch) Gemeiner B. (Reh=haide). — Immergrüner Strauch mit kantigen, zähen Aeſten; Bl. 3=zählig ob. einfach; Blth. groß, goldgelb; Hülſe ſchwarz, am Rande zottig gewimpert. ħ — Haiden, Sandhügel, ſand. Abhänge, Gräben, Weg=ränder. 5—6. — Sandpflanze. — Im Dl. häufig; im Fl. u. Al. ſelten (2 N. Biſchofswald; Wellenberge. 3 S. Hohes H. 4 B. Diebziger Buſch (Haſelberg). 5 S. Hohen=erxleber Buſch).

87. Genista. L. Ginſter.

K. 2=lippig, obere Lippe 2=zähnig bis th., untere 3=zähnig bis th.; Gf. pfrieml., aufſtrebend; N. ſchief, einwärts abſchüſſig. — Sträucher mit einfachen (ſelten 3=zähligen) Bl.; Blth. gelb.

A. Ohne Dornen.

222. G. pilosa. L. Haariger G. — St. liegend, nebſt den Aeſten aufſtrebend; Bl. längl.=lancettl., unterſeits angedrückt=haarig; Blth. ſei=tenſt., einzeln ob. mehrere; Hülſe lineal=längl., angedrückt=behaart. ħ — Kiefernwälder u. Haiden, ſonnige Höhen, ſand. Grasgr. 5—7. Sand=pfl. — Im Sandfl. u. Dl. häufig; auch im Sand=Al.; im übrigen Geb. ſelten (4 S. Sandhügel zw. Kreuzporſt u. Randau; Frohſer B.).

223. G. tinctoria. L. Färber=G. — St. aufſteigend, Aeſte meiſt aufrecht; Bl. längl.=lancettl. ob. elliptiſch, am Rande flaumig=gewimpert; Blth. traubig, gipfelſt.; Hülſe lineal=längl., kahl. ħ — Laubwälder, Wald= u. Moor=Wieſen. 6—9. — Im Fl., mit Ausn. des ſüdlichſten Theils, häufig, u. auch im Dl. u. Al. nicht ſelten.

B. Dornige; Blth. in Trauben, an der Spitze der Zweige.

224. G. germanica. L. Deutſcher G. — St. aufrecht ob. auf=ſteigend, äſtig, nebſt den Hauptäſten dornig, Zweige rauhhaarig, wehr=los; Bl. lancettl. ob. elliptiſch, rauhh.; Blth. traubig, Deckbl. pfrieml., kürzer als die Blthſtielchen. ħ — Wälder, Haiden. 5—7. — Im Fl. u. Dl. ziemf. häufig; z. B. 1 C. Iſern Hagen. 1 B. Colbitzer F.; Burgſtaller F. 2 N. Biſchofs=wald; Ziethen B.; Albenſl. F.; Veltheimſche F.; Pudegrin; Zernitz; Papenberg. 2 W. Ramſt. u. Rogätzer F. 2 B. Grabower F. u. Moorwi. mit Haide bei Mabel. 3 S. Hohes u. Saures H. 3 L. Haideflecd zw. Drewitz u. Gr. Lübars. 4 E. Haſel (reichl.). 4 Z. Lindauer Bſch. u. Gehege; Friedrichshö'z; Kiefern des Steinberges bei Grimme; Rietz=necker Gemeindebuſch; Roslauer F.; Moſigkauer F.

---

¹) Von σάρος. Beſen, u. θάμνος. Strauch.

Papilionaceen (Loteen: Genisteen). 57

225. G. anglica. L. Englischer G. — St. aufsteigend, oberwärts ästig, nebst den Zweigen mit vielen langen Dornen besetzt, nur die blthtragenden wehrlos, alle kahl: Bl. klein, lancettl. od. elliptisch, kahl; Blth. traubig, Deckbl. blattig, oval, länger als die Blthstielchen. ♄ — Haiden. '5—6'. — Im Geb. sehr selten. 1 B. Wasenberg bei Schernebeck.

88. Cytisus. L. **Bohnenbaum.**

K. 2-lippig; Sf. pfrieml., aufstrebend: N. schief, auswärts abschüssig; Hülse längl.-lineal, zsgedrückt. — Sträucher od. Bäume mit meist 3-zähligen Bl.: Blth. (u. A.) gelb.

1. Rotte. Bl. 3-zählig; Kelchröhre kurz.

† C. Laburnum. L. Gemeiner B. (Goldregen). — Bl. gestielt; Blättchen zieml. groß, unterseits angedrückt-behaart; Trauben seitenst., reichblüthig, hängend; Hülsen seidenhaarig. ♄ — Zierstr. u. Zierbaum aus Süddeutschland. 5—6. — Häufig in Gärten u. Anlagen.

† C. alpinus. Mill. Alpen=B. — Blättchen kahl, am Rande gewimpert; Hülsen kahl; sonst wie vor. ♄ — Zierstr. u. Zierbaum aus Süddeutschl. 5—6. — In Anlagen.

† C. nigricans. L. Schwärzl. B. — Bl. gestielt; Blättchen verkehrt-eif., zieml. klein; Traube endst., reichblüthig, aufrecht; Hülsen behaart. ♄ — Bei uns Zierstr. u. nicht wild. 6—7. — In Gärten u. Anlagen.

† C. sessilifolius. L. Stiellosblättr. B. — Bl. sitzend od. sehr kurz gestielt; Blättchen verkehrt-breiteif., fast rautenf., zieml. klein; Traube endst., meist 6-blüthig, aufrecht; Hülsen kahl. ♄ — Zierstr. aus Süddeutschl. 5—6. — In Gärten u. Anlagen.

2. Rotte. Bl. 3-zählig; Kelchröhre lang.

† C. capitatus. Jacq. Köpfiger B. — Bl. gestielt, nebst den Zweigen abstehend-rauhhaarig; Blättchen verkehrt-eif., zieml. klein; Blth. endst., doldigkopff. ♄ — Zierstr. aus Ost- u. Süddeutschl. 6—8. — In Anlagen.

† C. elongatus. W. u. Kit. Langästiger B. — Bl. gestielt, nebst den Zweigen angedrückt-behaart; Blättchen elliptisch, zieml. klein; Blth. zu 2—4, blattwinkelst., an den Aesten traubenartig gehäuft. ♄ — Zierstr. aus Ungarn. 5—6. — Häufig in Anlagen.

3. Rotte. Bl. einfach.

226. C. sagittalis. Koch. (Genista sag. L.) Geflügelter B. — St. liegend, Blthäste aufsteigend, breit-geflügelt; Bl. einfach, elliptisch bis längl.-lancettl., behaart; Blth. in gipfelst., gedrängten Trauben; K. tief 2-lippig, Lippen tief-spaltig. — Kleiner Strauch. ♄ — Wälder, trockene Wiesen. 6—7. — Nur im südl. Elb-Gebiete: 4 B. Diebziger Bsch. (Haselberg). 4 Z. Mosigkauer F. (reichl.).

89. Lupinus. L. **Lupine.**

K. 2-lippig; Schiffchen geschnäbelt; Sf. pfrieml., aufstrebend; N. kopff.; Hülse lederartig, schwammig-querwandig. — Behaarte Kräuter mit aufrechtem St. u. gefingerten Bl.; Blth. in einfachen od. quirligen Trauben.

227. L. luteus. L. Gelbe L. — Bl. meist 7-zählig, Blättchen lancettl.; Blth. in quirligen Trauben, gelb, wohlriechend. ☉ — Cult. 6—9. — In den Sandgegenden als Düngpflanze u. zum Viehfutter sehr häufig geb.

228. L. angustifolius. L. Blaue L. — Bl. meist 9-zählig, Blättchen linealisch; Blth. in einfachen Trauben, blau. ☉ — Cult. 6—9. — In Sandgegenden wie vor., doch viel seltener gebaut.

229. L. albus. L. Weiße L. — Bl. 5—7-zählig, Blättchen längl.-elliptisch; Blth. in einfachen Trauben, weiß. ☉ — Cult. 6—9. — In Sandgegenden früher gebaut, jetzt durch den Anbau der gelben L. wohl ganz verdrängt. — In Gärten als Zierpfl.

† L. polyphyllus. Lindl. Vielblättr. L. — Bl. 13—15-zählig; Blättchen lancettl.; Traube sehr lang; Bltr. blau, roth, violett, blau mit weiß ꝛc. ♃ — Zierpfl. aus Nordamerika. 6—8. — In Gärten.

2. Untergruppe. **Anthyllideen.** K. 5=zähnig ob. fast 2=lippig; Flügel der Blkr. nicht runzelig; Stbgf. 1=brüderig; Hülse 1=fächerig.

90. Onónis. L. **Hauhechel.**

K. 5=sp., bleibend, zur Fruchtzeit offen; Fahne der Blkr. groß, Flügel halb so lang u. fast so lang als das Schiffchen; Hülse gedunsen. — Staubenartige Kräuter mit kriechenden W. u. 1—3=zähligen Bl.

230. O. spinósa. L. Dornige H. — St. aufrecht u. aufstrebend, zottig, mehr ob. weniger drüsig, Aeste dornig; Bl. 1—3=zählig, Blättchen längl., nebst den Nebenbl. gezähnelt; K. zottig, mehr ob. weniger drüsig; Blth. blattwinkelst., einzeln, selten 2, rosenroth mit weiß, selten ganz weiß; Hülsen eif., aufrecht, so lang als der K. u. länger. ♃ — Wegränder, Triften, Grasgr. ·7—10·. — Im Fl. u. Al. gemein, im Dl. viel weniger häufig, jedoch an fruchtb. u. feuchten Stellen nicht selten.

231. O. repens. L. Kriechende H. — St. liegend, zuweilen an der Basis wurzelnd, zottig, stark drüsig, Aeste aufstrebend, meist dornenlos; Bl. 1—3=zählig, Blättchen oval, nebst den Nebenbl. von der Mitte an gezähnelt; K. zottig, stark drüsend.; Blth. wie vor.; Hülsen eif., aufrecht, kürzer als der K. ♃ —Auf Sand=, Kalk= u. Salzboden.— Aecker (nam. Sand=Aecker), Wege, Grasgr., Triften, Moor= u. Salz-Wiesen, Waldränder. ·7—9·. — Im Dl. sehr häufig; im Fl. im Geb. der Gebirgswälder u. auf kalkhaltigem u. salzigen Boden häufig; im Al. nur auf Bruchwiesen und im Sand=Al.

91. Anthýllis. L. **Wundklee.**

K. 5=zähnig, bleibend, zur Frzeit geschlossen, die Hülse einschließend, trockenhäutig; Blth. in Köpfchen mit fingerig=getheilter Hülle. — Kräuter mit gefiederten Bl.

232. A. Vulnerária. L. Gemeiner W. — St. aufsteigend; Bl. unpaarig=gefiedert, Blättchen ungleich, das unpaarige größer; K. aufgeblasen, zottig; Blkr. goldgelb, oft an der Spitze mit rothem Anlauf, Fahne halb so lang als ihr Nagel. ♃ — Sonnige Höhen, Grasgr., Wiesen. ·6—8. — Im Geb. nicht selten, nam. in Chausseegr. u. auf den Höhen mit nordl. Grand. In Sand= u. Kalkgegenden als Futterkraut gebaut.

3. Untergruppe. **Trifolieen.** Stbgf. 2=brüderig; Bl. 3=zählig; Hülse 1=fächerig.

92. Medicágo[1]). L. **Schneckenklee.**

K. 5=sp. ob. 5=zähnig; Hülse sichel= ob. schneckenf., 1=fächerig, 1—vielsamig. — Kräuter mit an den Blstiel angewachsenen, gezähnelten Nebenbl.; Blth. in dichten ob. kopff. Trauben.

A. Hülsen dornenlos.

233. M. sativa. L. Gebauter S. (Luzerne). — St. aufrecht, ästig; Blättchen elliptisch u. verkehrt=eif., vorn abgerundet, bis zur Mitte scharf=gezähnt, stachelspitzig; Trauben längl.; Blkr. bläulich ob. violett; Hülsen schneckenf. gewunden, mit 2—3 Windungen. ♃ — Cult. 6—9. — Auf gutem Boden als Futterkraut vielfach gebaut; in Chaussee= u. Grasgr., auf Wiesen verwildert.

---

[1]) Aus medica herba (Medicago sat. stammt aus Medien) gebildet.

234. M. falcata. L. Sichel=S. — St. niederliegend, aufsteigend; Bl. lineal=keilf., vorn abgestutzt, wenig gezähnt, stachelspitzig; Trauben kurz; Blkr. gelb; Hülsen sichelf. ♃ — Sonnige Hügel, Grasabhänge, Raine, Triften, Grasgr., Weg=, Acker= u. Waldränder, Steinbrüche, Kirchhöfe u. Kirchhofsmauern; auch trockene Wiesenstellen. 6—10'. — Im ganzen Geb. häufig, nam. im Fl.; im Dl. meist nur auf Kirchhöfen u. Kirchhofsmauern.
234 u. 233. M. falcata × M. sativa. (M. media. Pers.) Bl. längl.=keilf., vorn abgerundet=gestutzt; Blkr. aus dem Dunkelvioletten ins Bronzene u. Gelbe übergehend, ob. umgekehrt. ♃ — Zwischen den Eltern. 6—10. — Im Geb. hin u. wieder.

235. M. lupulina. L. Hopfen=S. — St. niederliegend=aufsteigend; Blättchen verkehrt=eif., fast rautenf., am Grunde keilig; Blth. sehr klein, gelb, in gedrungenen kopff. Trauben, zur Fruchtzeit verlängert; Hülsen nierenf., gebunsen, an der Spitze gewunden, kahl ob. ange=drückt=behaart ob. abstehend=drüsig=behaart. ⊙ — Aecker, Wegränder, Gras=gr., Wiesen. .5—10'. — Gemein.

B. Hülsen dornig.

236. M. minima. Kleinster S. — St. aufrecht ob. auf=steigend, nebst den Bl. grau=zottig=behaart; Blättchen verkehrt=eif., am Grunde keilf.; Nebenbl. eif., spitz auslaufend; Blth. sehr klein, gelb; Dornen der Hülse abstehend, pfrieml., gerade, an der Spitze stark hakig. ⊙ — Sonnige Höhen, grasige Abhänge, trockene grasige Stellen. 5—7. — Im Geb. zerstreut, aber gesellig; z. B. 2 B. Triftweg an der Eisenb. bei der Külzauer Mühle; 3 M. Schwalbenufer bei Bukau. 4 S. Schönebeck, Gr. am Welsl. Wege; Mühlinger B. (reichl.); Prezieuer Kirchhf. 4 Z. Friederikenberg (am Schloßberge reichl.). 5 B. Alte Weinberge beim Parforcehause (reichl.).

† M. denticulata. Willd. Gezähnelter S. — St. niederliegend, ausgebreitet, nebst den Bl. kahl; Blättchen verkehrt=eif., am Grunde keilf.; Nebenbl. fiedersp. ge=zähnt; Blth. sehr klein, gelb; Dornen der Hülse an der Spitze gerade ob. wenig hakig. ⊙ — Aecker. 5—9. — Mit fremdem S. zuweilen eingeführt; unbeständig.

93. Melilótus[1]). Tourn. **Honigklee** (Steinklee).

K. 5=zähnig, bleibend; Hülse kurz, fast kugelig ob. längl., den K. überragend. — Kräuter mit an den Blstiel angewachsenen Nebenbl.; Blättchen elliptisch=lancettl. ob. längl.=lancettl., scharf gezähnt; Blth. in achselst., vielblth. Trauben.

1. Rotte. Blth. auf nickenden Stielchen in linealisch=längl. Trauben; Hülsen netzig=runzelig.

237. M. dentata. Pers. Gezähnter H. — St. aufsteigend; Neben=bl. pfrieml., an der verbreiterten Basis mit 1 ob. 2 Zähnen versehen; Blkr. klein, gelb, Flügel kürzer als die Fahne, länger als das Schiff=chen. ⊙ — Wiesen, nasse Gräben, Bäche. Salzliebend. 6'—9. — Im Fl. auf salzigen Wiesen, an salz. Bächen u. Gräben nicht selten, z. B. 3 S. Salzwiese bei Wormsdorf. 3 W. An der Sare u. auf dem Sarewiesen; an der Sülze u. auf den Sülze=wiesen. 3 M. An der Klinke bei Lemsdorf; an der Schrode. 4 O. Feldgr. zw. Gr. Alsl. u. Krottorf; Weiden bei Gr. Germersl. 4 S. Wall des Gradirwerks; Sooltanal; Teich u. Wassergr. bei Döben. 5 S. Salzwiese bei Staßfurt; bei Hecklingen; Wiesengr. bei Försterstedt.

238. M. macrorrhiza. Pers. (M. altissimus. Thuill.) Langwurzl. H. — St. aufrecht; Nebenbl. pfrieml., ohne Zähne; Blkr. gelb, Fahne, Flügel u. Schiffchen fast gleich lang; die reifen Hülsen schwarz. ⊙ — Wiesen, Gräben, Bäche, Ufer, feuchte Waldstellen. 6'—10'. — Im Geb. zieml. häufig, nam. im Al., z. B. 1 B. Wassergr. bei Angern; Tanger bei Mahlwinkel; Buktum. 2 N. Kreipgr. zw. Bülstringer u. Neuhaldensl.; Alvensl. F. 2 W. Wolmirst. F. 2 B. Wassergr. zw. Detershagen u. Schermen. 3 M. Bach der Schnarsl. B.; Elbuf.

---

[1]) Von μέλι, Honig, u. λωτός (s. Lotus).

nach dem Herrnkrug; Potstrine. 3 MÖ. Am Fahrwege zw. Klappermühle u. Göbel; Leitzkauer Thiergarten. 3 L. Sumpfige Niederung zw. Loburg u. Kalitz. 4 O. Gröningen. 4 E. Steinbr. Dallborf=Croppenst.; Unseburger Holz. 4 S. Elbuf. Schöneb.; Schöneb. Busch; Kapitelbusch; Elbwiese vor Glinde. 4 B. Wolpgr. zw. Leitzkau u. Cressow; Saaluf. bei Werkleitz. 4 Z. An der Nuthe bei der Wiesenmühle; Nuthewiese an der Blumenmühle; Harzwinkel. 5 S. Hecklingen; Bokenf. zw. Staßfurt u. Hohenerxl. 5 O. Saalforsten; Bruchwiese bei Diebzig. 5 B. Aderstedter Busch; Grönaer Bsch.

239. **M. alba.** Desr. Weißer K. — St. aufrecht; Nebenbl. pfrieml., ohne Zähne; Blkr. weiß, Fahne bemerkl. länger als Flügel und Schiffchen. ⊙ — Wegränder, Abhänge, Anhöhen, Steinbr., Grasgr., Bäche, Ufer, Weidenw., Waldränder, Futterkr. 7—10′. — Im Geb. häufig.

240. **M. officinalis.** Desr. Gebräuchlicher H. — St. aufsteigend; Nebenbl. pfrieml., ohne Zähne; Blkr. gelb, Flügel ungefähr so lang als die Fahne, länger als das Schiffchen. ⊙ — Grasgr. (bes. Chausseegr.), Weg= u. Ackerränder, Futterkr., Anhöhen, Mauern, Steinbr. 6′—10′. — Im Geb. häufig mit Ausn. des Nordens (nördl. von Ergl., Dönnstedt, Wolmirstädt u. Burg noch nicht beobachtet).
2. Rotte. Blth. aufrecht; Trauben kopfr., Hülsen der Länge nach abriggestreift.
† **M. caerulea.** Lam. Blauer H. (Käseklee). — St. aufrecht; Nebenbl. eif.=pfrieml.; Blkr. blau; Flügel kürzer als die Fahne, länger als das Schiffchen. ⊙ — Aus Süddeutschl. 6—7. — Zuweilen geb.

94. Trifólium¹). L. Klee.

K. 5=sp. ob. 5=zähnig, bleibend; Blkr. verwelkend, meist bleibend; Stbgf. 2=brüderig, mehr ob. weniger mit den Blkrbl. verwachsen; Hülse eif. ob. längl., vom K. ob. der Blkrbl. umschlossen; Blth. ährig ob. traubig, in rundl. ob. längl. Köpfchen. — Kräuter mit meist an den Blstiel angewachsenen Nebenbl.

1. Rotte. Blth. sitzend, ohne Deckblättchen, in rundl. ob. längl., ährigen Köpfchen.

A. Schlund des K. innen mit einer schwieligen Linie ob. mit einem Haarkranze, nach dem Verblühen meist geschlossen.

241. **T. pratense.** L. Wiesen=K. — St. aufsteigend; Blättchen oval, fast ganzrandig, anliegend=behaart; Nebenbl. halb=eif., plötzlich in eine lange, grannenartige Spitze auslaufend; Aehren kugelig, zuletzt eif., einzeln ob. zu zweien, sitzend, d. h. an ihrer Basis, von 2 Bl. gestützt; K. 10=nervig, flaumh.; Blkr. purpurroth. ⊙ — Wiesen, Triften, Grasgr., grasige Waldstellen. 5—10. — Gemein, u. auf gutem Boden vielfach angebaut.

242. **T. medium.** L. Mittlerer K. — St. aufsteigend; Blättchen elliptisch=längl., fast ganzrandig, gewimpert; Nebenbl. lancettl., lang=zugespitzt; Aehren kugelig ob. längl., einzeln, selten zu 2, auf den 2 oberen Bl. kurz=gestielt ob. sitzend; K. 10=nervig, kahl; Blkr. purpurroth. ♃ — Laubwälder, Gebüsch, Raine, Wiesen, Dämme. 6—8′. — Im Geb. meist nicht selten.

243. **T. alpestre.** L. Wald=K. — St. aufrecht; Blättchen schmal=lancettl., fein gezähnelt, unterseits strichelhaarig; Nebenbl. schmal=lancettl., lang=pfrieml.=zugespitzt; Aehren kugelig, einzeln ob. zu 2, sitzend; K. 20=nervig, zottig; Blkr. purpurroth. ♃ — Wälder, auch sonnige Hügel, Gebüsch, Wiesen. 6—7. — Im Fl. meist häufig, auch im Dl. nicht selten; im Al. noch nicht beobachtet.

---
¹) Aus tres, tria, drei, u. folium, Blatt, zsgesetzt.

Papilionaceen (Loteen: Trifolieen).

244. T. rubens. L. Rother K. — St. aufrecht; Blättchen längl.-lancettl., fein-gezähnelt, kahl; Nebenbl. breit-lancettl., kahl; Aehren längl.-walzlich, ansehnlich, einzeln od. zu 2, kurz-gestielt: K. 20-nervig, Röhre kahl, Zähne pfrieml., lang-zottig-behaart; Blkr. purpurroth. ⚘ — Gebirgswälder. ˙7—8. — Nur im Fl. u. auch hier selten: 3 S. Hohes Holz (Schleichers B. u. Klaushagen). 4 E. Hakel (reichl.).

245. T. incarnatum. L. Fleischrother K. (Incarnat-Klee). — Pfl. zottig; W. vielstengelig: St. aufrecht; Blättchen breit-verkehrt-eif., gestutzt od. schwach ausgerandet, fast herzf.; Nebenbl. eif., stumpflich od. kurz zugespitzt; Aehren eif., zuletzt walzl., gestielt; K. 10-nervig, rauhh.; Blkr. dunkel-purpurroth. ⊙ — Cult. 5—7. — Zuweilen angebaut u. öfters verwildert.

246. T. arvense L. Acker-K. (Mäuseklee). — St. aufrecht, vom Grund aus ästig, nebst den Bl. haarig-zottig; Blättchen lineal-längl.; Nebenbl. eif., pfrieml.-lang-zugespitzt; Aehren eif., zuletzt walzl., gestielt, stark grau-zottig; K. 10-nervig, zottig, Zähne borstl., lang-zottig-behaart, die Blkr. weit überragend; Blkr. sehr klein, weißröthlich, im zottigen K. ziemml. verborgen. ⊙ — Magere, bes. sandige Aecker; auch Triften, Grasgr., Haiden, trockene Wälder, Wiesen, Ufer. 6—9. — Im Sand-Fl., Dl. u. Sand-Al. gemein; im übrigen Geb. nicht häufig u. nur auf magerem Boden.

247. T. striatum. L. Gestreifter K. — St. aufrecht, einfach od. vom Grund aus ästig, nebst den Bl. zottig; Blättchen an den unteren Bl. verkehrt-eif. od. verkehrt-herzf., an den oberen längl.-lancettl.; Nebenbl. aus eif. Grunde pfriemlich; Aehren eif. zuletzt walzenf., sitzend, endst. u. auf kurzen Aestchen seitenst.; K. rauhh., Zähne lancettl.-pfrieml., stachelspitzig-begrannt, Röhre des fruchttragenden bauchig-angeschwollen; Blkr. klein, blaßroth. ⊙ — Grasabh., Dämme, Grasgr., Raine, Waldränder. 5—7. — Im Geb. ziemml. häufig, wenn auch in manchen Gegenden fehlend. 3. B. 1 B. Grasabh. bei Bittkau. 2 N. Bodendorfer, Veltheimsche u. Albensl. F. 2 B. Elbdamm bei Schartau; Chgr. vor Burg; Grabauer F. 3 M. Schwalbenuf.; Ackergrasestreifen am Austich neben der Berl. Ch. 4 S. Schöneb. Friedhof; am Fahrweg vor der alten Fähre. 4 B. *Grasstellen zw. Gödnitz u. Walternienburg; Löbderiger F. 4 Z. Gr. bei der Zollmühle (reichl.); Grasrain vor Bonitz; Weggr. zw. Kermen u. Steckby; Steckbyer F.; Chgr. vor Steuz; Elbdamm am Kornhause. 5 S. Grasabh. der Steinbr. bei Hecklingen. 5 B. Ackerrain oberhalb Dorf Alsl.; Trift-Schlucht zw. Könnern u. Nelben.

B. Schlund des K. inwendig kahl und offen.

248. T. fragiferum. L. Erdbeer-K. — St. kriechend; Bl. lang-gestielt; Blättchen oval; Nebenbl. lancettl., pfrieml., Aehren rund, blattwinkelst., sehr lang gestielt, am Grunde mit einer vielth. Hülle; K. zottig: Blkr. fleischroth; Fruchtkelch aufgeblasen, häutig, netzaderig. ⚘ — Feuchte Triften, Wiesen, Raine, Wegränder, nasse Gräben, Bäche, Ufer. ˙7—10. — Im Geb. häufig, nam. auf salzigem Boden. — Den dem sehr ähnl. T. repens im Fruchtzustande durch den aufgeblasenen K., vor dem Fruchtzustande durch die Hülle der Aehre, den zottigen K. u. die angewachsenen Nebenbl. sofort zu unterscheiden.

2. Rotte. Blth. kurz-gestielt, mit Deckblättchen; in rundl. od. längl., traubigen Köpfchen.

A. Kelchzähne gleich, od. die 2 oberen länger; Blkr. weiß od. weiß-röthl.

249. T. montanum. L. Berg-K. — St. aufrecht od. aufsteigend, nebst den Bl. behaart; Blättchen elliptisch bis lancettl., unterseits mit hervortretenden, in scharfen Zähnchen auslaufenden, parallelen Adern; Nebenbl. eif., zugespitzt; Köpfchen rundl., zuletzt oval, ziemml.

lang=geſtielt; Blthſtielchen ſehr kurz; K. haarig; Blkr. weiß. ♃ — Sonnige Höhen, Triften, Raine, Grasgr., Wieſen (nam. Moor= u. Waldwieſen), Wälder. 5·—10. — Im Fl. u. Dl. häufig, im Al. ſelten.

250. T. repens. L. Kriechender K. — St. kriechend; Bl. langgeſtielt; Blättchen rundl. bis verkehrt=eif., geſtutzt ob. ausgerandet, gezähnelt; Nebenbl. trocken=häutig, abgebrochen=haarſpitzig, nicht mit dem Blſtiel verwachſen; Köpfchen rundl., blattwinkelſt., ſehr lang geſtielt; Blthſtielchen nach dem Verblühen herabgebogen, die inneren ſo lang als die Kröhre; K. kahl; Blkr. weiß ob. weißröthlich. ♃ — Wegränder, Grasgr., Triften, Wieſen, Waldwege, Ufer, Weidenw. 5·—10· — Sehr gemein; in Sandgegenden zuweilen angeb. — Eine Abart mit ſchwarzbraunen Bl. (foliis nigris, Trauer=Klee) als Zierpfl. in Gärten.

251. T. hýbridum. L. Baſtard=K. — St. aufrecht ob. aufſteigend, nicht wurzelnd; Bl. langgeſtielt; Blättchen rundl. bis elliptiſch, fein gezähnelt; Nebenbl. lancettl., langzugeſpitzt; Köpfchen rundl., blattwinkel= u. endſt., langgeſtielt; Blthſtielchen nach dem Verblühen herabgebogen, die inneren 2 bis 3 mal ſo lang als die Kröhre; K. kahl; Blkr. weißröthl. ♃ — Fette Wieſen, Grasgr., beſ. Chauſſeegr., Ufer, Weidenw. 5·—9·. — Im Al. häufig, nam. im Elb=Al.; im übrigen Geb. zerſtreut u. meiſt nur in Chgr. — Größer im Habitus, Blatt u. Blüthe als vor. und von dieſer hauptſächl. durch den nicht wurzelnden St. zu unterſcheiden.

B. Die oberen Kelchzähne merklich kürzer; K. kahl; Blkr. gelb.

252. T. agrárium. L. Gold=K. — St. aufrecht; Blättchen elliptiſch=längl., alle 3 gleich kurzgeſtielt, faſt ſitzend; Nebenbl. längl.=lancettl., langzugeſpitzt; Köpfchen rundl. u. oval, ſeiten= u. endſt., geſtielt; Fahne gewölbt, gefurcht; Flügel auseinandertretend; Gf. ungefähr ſo lang als die Hülſe. ♃ — Wälder. ·7—9·. — Im Fl. meiſt häufig; im Dl. ſeltener, (hier z. B. 1 B. Buttum. 2 N. Neuhaldensl. Stadtf. (Backofenberg). 2 W. Rogäter u. Ramſtädter F. 2 B. Bürgerholz; Grabower F. 3 L. Forſt Magdb. Fortb. 4 Z. Lindauer Gehege; Friedrichsholz); in Chgr. zuweilen verſchleppt (3 Mö. Chgr. zw. Moblitz u. Möckern; 3 L. Chgr. bei Loburg); ebenſo im Al. nur verſchleppt (3 M. Herrnkrug; Damm nach Biederitz).

253. T. procumbens. L. Liegender K. — St. niederliegend=aufſteigend ob. aufrecht; Blättchen elliptiſch, die ſeitenſt. kurz geſtielt, faſt ſitzend, das mittlere länger geſtielt; Nebenbl. eif.; Köpfchen, Fahne u. Flügel wie vor.: Gf. 4=mal kürzer als die Hülſe; Köpfchen auch nach dem Verblühen rundl. geſtaltet. Aendert ab: a) mit größeren Köpfchen (gewöhnlich), b. mit kleineren Köpfchen (ſelten). ☉ — Aecker (beſ. Stoppelfelder), Triften, Wieſen, Grasgr., Feld= u. Waldwege. 5·—10·. — Gemein.

254. T. filifórme. L. (T. minus. Sm.) Fadenf. K. — St. dünn, aufrecht ob. aufſteigend; Blättchen verkehrt=eif. ob. verkehrt=herzf., das mittlere meiſt länger geſtielt; Nebenbl. eif.; Köpfchen rundl., lockerblüthig, ſeiten= und endſt., geſtielt; Fahne faſt glatt, zſgefaltet; Flügel gerade vorgeſtreckt; Köpfchen nach dem Verblühen durch die ſtark zurückgeſchlagenen Blth. dachartig ſpitz. ☉ — Wieſen, Dämme, Grasgr., lichte, graſige Waldſtellen, Ufer. 5—10. — Im Geb. häufig, in vielen Gegenden faſt gemein.

95. Lótus[1]). L. Schotenklee.

K. 5=ſp. ob. 5=zähnig, bleibend, viel kürzer als die Hülſe; Blkrbl. abfallend; Fahne faſt kreisrund, abſtehend, Flügel, am oberen Rande zſſtoßend;

---

[1]) λωτός, bei den Alten der Name verſchiedener Pfl.

Schiffchen aufstrebend, geschnäbelt; Gf. pfriemf.; Hülse lang, lineal, stielrund (ob. zsgedrückt), mit zsgedreheten Klappen aufspringend; Blth. in doldigen Köpfchen. — Kräuter mit freien, großen, den Blättchen ähnl. Nebenbl.

255. L. corniculátus. L. Gemeiner S. — St. niederliegend, aufsteigend, 4=eckig; Blättchen u. Nebenbl. verkehrt=eif.; Köpfchen meist 5= (3—6) blüthig; Kröhre meist behaart, später kahl, Kzähne aus 3=eckiger Basis pfrieml., vor dem Aufblühen zsschließend; Blkr. gelb, außen oft geröthet. — Variirt in der Behaarung. ⚥ — Wiesen, Triften, Grasgr., Wegränder, grasige Waldstellen. 5·—9.· Gemein.

256. L. uliginósus. Schk. Sumpf=S. — St. zieml. aufrecht, fast walzenf., röhrig; Köpfchen 8—12=blüthig; Kröhre kahl, Kzähne vor dem Aufblühen hakig zurückgebogen, Blkr. gelb. ⚥ — Nasse, bes. sumpfige Gräben, moorige u. sumpfige Wiesen, Bache, Erlenbr., feuchte grasige Waldstellen. ·6—9. — Im Sand=Fl., m. S., u. im Dl. sehr häufig, auch im Sand=Al.; im übrigen Geb. selten.

96. Tetragonólobus[1]). Scop. **Spargelerbse.**

K. u. Blkrbl. wie vor. Gattung; Gf. oberwärts verdickt; Hülse lang, lineal, 4=kantig, Kanten geflügelt; Blth. einzeln (ob. zu 2). — Kräuter mit großen, den Blättchen ähnlichen Nebenbl.

257. T. siliquosus. Roth. Schotentragende S. — St. niederliegend, aufsteigend; Blättchen verkehrt=eif., am Grunde meist keilf., an der Spitze abgerundet ob. zugespitzt; Nebenbl. schief=eif. bis schief=längl., spitz; Blth. einzeln, Blthstiel 2—3 mal so lang als das Bl.; Blkr. gelb; Flügel der Hülse glatt, viel schmäler als die Hülse. ⚥ — Feuchte Wiesen, bes. moorige u. Waldwiesen, nasse Gräben, Ausstiche. ·6—·9. — Im Fl. u. Dl. nicht selten u. gesellig, im Al. nur auf Bruchwiesen.

4. Untergruppe. Galegeen. Stbgf. 2=brüderig; Bl. gefiedert; Hülse 1=fächerig.

† Amorpha. L. Unform.

K. 5=zähnig ob. sp.; Flügel u. Schiffchen fehlend; Stbgf. länger als die Fahne; Hülse längl., zsgedrückt. — Bl. unpaarig=gefiedert; Blth. klein, kurzgestielt, in ährenf. Trauben.

† A. fruticosa. L. Strauchartige U. — Blättchen 17—25, elliptisch; Fahne dunkelviolett. ♃ — Zierstr. aus Nordamerika. 6—7. — In Anlagen.

† Colútea. L. Blasenstrauch.

K. 5=zähnig; Fahne ausgebreitet, 2=schwielig; Gf. an der Spitze hakig; Hülse aufgeblasen, trockenhäutig. — Bl. unpaarig=gefiedert; Blth. in achself. Trauben.

† C. arborescens. L. Baumartiger B. — Hoher Strauch (2—3 m. h.); Blättchen elliptisch, an der Spitze mehr ob. weniger ausgerandet; Blkr. hellgelb; Hülse geschlossen. ♃ — Zierstr. aus Süddeutschl. 6—7. — Häufig in Anlagen.

† C. cruenta. Ait. Rother B. — Niedriger Strauch (90—100 cm. h.); Blättchen verkehrt=eif.; Blkr. orangenfarbig; Hülse an der Spitze aufspringend. ♃ — Zierstr. aus Südeuropa. 7. — In Anlagen.

97. Robinia. L. Robinie.

K. glockig, 5=zähnig; Schiffchen stumpf; Gf. vorn bärtig; Hülse flach= zsgedrückt, lederartig. — Bäume ob. Sträucher mit unpaarig= gefiederten Bl. u. traubigen Blth.

258. R. Pseudacácia. L. Gemeine R. — (Acacie). — Baum; Blättchen kurz=gestielt, eif. ob. breit=längl.; Trauben lang, hängend,

---

[1]) Von τετράγωνος, viertantig, u. λοβός, Hülse.

nebſt den Hülſen kahl; Blkr. weiß, wohlriechend. ♄ — Aus Nordamerika. 6' — Ueberall angepflanzt, nam. als Alleebaum in den Sandgegenden; hin u. wieder auch in Wäldern. — Die Abart: umbraculifera. Dec. (Kugelacacie) trägt kleine Blth.

† R. viscosa. Vent. Klebrige R. — Baum; junge Zweige u. Blſtiele mit klebrigen Drüſen; Blättchen geſtielt, elliptiſch, unterſeits blaugrün; Trauben aufrecht, dicht; Blkr. fleiſchroth, geruchlos. ♄ — Aus Südcarolina. 7—8. In Anlagen.

† R. hispida. L. Rothe Acacie. — Strauch; Blättchen rundl.=eif.; Trauben kurz, nebſt den Hülſen behaart; Blkr. roth, geruchlos. ♄ — Zierſtr. aus Nordamerika. 5—6. — Vielfach in Gärten u. Anlagen.

† Caragána. Royen. Erbſenſtrauch.

K. 5=zähnig; Blkr. gelb; Gf. kahl; Hülſe walzl., zſgedrückt, zuletzt ſtielrund. — Sträucher mit paarig=gefiederten Bl., u. achſelſt., langgeſtielten Blth.

† C. frutescens. Dec. Strauchartiger C. — Blättchen verkehrt=eif., 2=paarig; Blth. einzeln. ♄ — Zierſtr. aus Sibirien. 5—6. In Anlagen.

† C. arborescens. Lam. (Robinia Carag. L.) Sibiriſcher C. — Blättchen elliptiſch, 4—6=paarig; Blth. 1—4, doldig. ♄ — Zierſtr. aus Sibirien. 5—7. Häufig in Anlagen.

5. Untergruppe. **Aſtragaleen.** Stbgf. 2=brüderig; Bl. unpaarig=gefiedert; Hülſe durch Einbiegung einer der beiden Nähte der Länge nach mehr od. weniger 2=fächerig.

98. Oxýtropis[1]). Dec. **Spitzkiel.**

K. 5=zähnig; Schiffchen (Kiel) ſtumpf mit einer geraden, grannenartigen Spitze; Hülſe 2=fächerig ob. faſt 2=fächerig, die obere Naht eingebogen. — Kräuter mit geſtielten, kopff. ob. ährenf. Trauben; die einzelnen Blth. ſehr kurz geſtielt, mit Deckbl.

259. O. pilosa. Dec. Haariger S. — St. aufrecht, nebſt den Bl. zottig; Blättchen ſchmal=längl.; Trauben eif.=längl.; Blkr. hellgelb; Hülſen aufrecht, lineal, faſt ſtielrund, zottig. ♃ — Trockne Höhen, ſteinige u. felſige Abhänge. 6. 7. — Nur im ſüdlichen u. ſüdöſtlichen Fl., durch Beackerung des Bodens mehr u. mehr ſchwindend: 3 W. Süldorf am Hohlwege nach Oſterweddingen. 5 B. Hohe Saaluferabhänge bei Mutrena u. zw. der Georgsburg u. Rothenburg; am „wilden Buſch"; Schluchtabhänge zw. Könnern u. Rothenburg.

99. Astrágulus. L. **Tragauth.**

K. 5=zähnig; Schiffchen ſtumpf, grannenlos; Hülſe durch Einbiegung der unteren Naht faſt vollſt. 2=fächerig. — Kräuter mit geſtielten, kopff. ob. ährenf. Trauben; die einzelnen Blth. ſehr kurz geſtielt, mit Deckbl.

1. Rotte. Stengel vorhanden.

A. Blüthen roth ob. violett.

260. A. hypoglottis. L. (A. danicus. Retz). Wieſen=T. — W. vielſtengelig, St. aufſteigend; Bl. 10—20=paarig, Blättchen lancettl.; die oberen Nebenbl. zſgewachſen, 2=ſp.; Trauben kopfig, eif.; K. ſchwarzbehaart; Blkr. violett, Fahne länger als die Flügel; Frkn. kurz=geſtielt; Hülſen aufrecht, rundl.=eif., zottig. ♃ — Triften, trockene Stellen der Moor= u. Bruch=Wieſen, Anhöhen, Raine, Dämme, Grasgräben, alte Steinbrüche, Waldränder. 5—7. — In den Kalkgegenden des ſübl. Fl. u. auf den Hügeln mit nordiſchem Grand nicht ſelten; auch auf moorigem Boden des Tl. u. auf Bruchwieſen des Al. Z. B. 2 W. Rogätzer F. (Seelenhau). 2 B. Grabower F. 3 S. Steinbruchhügel vor der Zollmühle bei Ampfurt. 3. W. Trift=Anhöhen bei Remkersl.;

---

[1]) Von ὀξύς, ſpitz, u. τρόπις, Schiffskiel.

Papilionaceen (Loteen; Hedysareen).

blaue Warte. **3 M.** Schnarsl. B.; Berge bei Diesdorf; Silberberg; Damm an der Bullenbrücke bei Gerwisch; Ws. an der Potstrine; Woltersdorfer Bruchwi. **3 Mö.** Moorwi. zw. Leitzkau u. der Zipra. **3 L.** Graben=Rain bei Brigke. **4 O.** Oberbruch; Wj. zw. Meierweiden u. Günthersdorf; Brudwj. Kl. Alsleben. **4 E.** Trifthöhen, Triftwege, Steinbr., Chgr. weit um den Hafel; Gypsbruch bei Westeregeln. **4 S.** Mühlinger B.; Hummelberg; Fröhser u. Westerhüfener B. **4 B.** Feldgr. zw. Leitzkau u. Cressow; Damm u. Wj. nördl. von Rajoch. **4 Z.** *Moorwj. am Friederikenb. bei Badez; Damm zw. Diebziger Bsch. u. Mennewitz u. Bruchwj. zw. Diebzig u. Drosa. **5 S.** Wj., Grasabh. u. Raine um Hecklingen; Weinberg bei Gänsefurt; Rain beim Lerchenteich. **5 C.** Dreihöhen B.; Zenser B.; Wartenberge. **5 B.** Moorige Trift bei Zebzig; Trifthöhen der Saale bei Gnölbzig u. bei der Georgsburg.

B. Blüthen gelblich ob. gelb.

261. A. Cicer. L. Kichererartiger T. — W. kriechend; St. ästig, ausgebreitet, aufsteigend; Bl. 8—12=paarig; Blättchen längl.=lancettl.; untere Nebenbl. mit der Basis zsgewachsen, die oberen frei; Trauben kopfig, eif.; K. schwarzbehaart; Blkr. gelblich; Hülsen aufrecht, aufgeblasen, kugeleif., rauhh. ♃ — Grasige Stellen, Waldränder. ·7· — Zerstreut durch das Geb. **2 N.** Ackerrand im Allerthal zw. Moorsl. u. Gr. Bartensl. **2 W.** Jüdischer Friedhof bei Wolmirst. **3 S.** Hohes H. (Bedersberg). **5 S.** Am Gänsefurter Bsch.

262. A. glycyphyllos.[1]) **L. Süßholzblättriger T.** — St. niederliegend ob. aufsteigend; Bl. 5—7=paarig; Blättchen eif.; Nebenbl. frei; Trauben eif.=längl.; K. fast kahl; Blkr. gelblich; Hülsen lineal, gebogen=aufrecht, zuletzt zsneigend. ♃ — Wälder. 6·—8· — Im Fl. häufig u. auch im Tl. u. Al. nicht selten.

2. Rotte. Stengel fehlend.

263. A. exscapus. L. Schaftloser T. — W. vielköpfig; Bl. 12—15=paarig, zottig; Blättchen ei=lancettf.; Blth. auf den Wurzelköpfen gehäuft; K. zottig; Blkr. gelb; Hülsen eif., zugespitzt, zottig. ♃ — Sonnige Hügel u. Abhänge. ·5—6. — Nur im südl. u. südlichsten Fl.; durch Beackerung der Höhen und Abhänge mehr u. mehr schwindend. **3 M.** Schnarsl. **5 C.** Elendsberg bei Brumby. **5 B.** Saalauferhöhen bei Zweihausen (Mutrena), bei Trebnitz (Weinberg), bei der Georgsburg u. am linken hohen Saaluser bei Rothenburg, auch oben am Wilden Busch.

2. Gruppe. **Hedysareen.** Stbgf. (u. A.) 2=brüderig; Hülse in Fächer ob. Glieder quer getheilt, oft in Glieder zerfallend, selten 1=gliederig.

1. Untergruppe. **Coronilleen.** Blth. doldig; Hülsen mehr ob. weniger vierkantig, ob. zsgedrückt; vielgliederig. Kräuter ob. Sträucher mit unpaarig=gefiederten Bl.

100. Coronilla[2]). **L. Kronwicke.**

K. kurz, glockig, 5=zähnig; Fahne eif., zurückgeschlagen, kaum länger als die Flügel; Schiffchen zugespitzt=geschnäbelt; Hülse lang, gerade ob. gekrümmt, fast stielrund ob. 4=kantig, an den Gelenken zsgezogen, Glieder 1=samig. — Kräuter ob. Sträucher mit gestielten Dolden.

264. C. varia. L. Bunte K. — W. weitkriechend; St. krautig, niederliegend, aufsteigend; Bl. meist 10=paarig; Blättch. längl.; Blthstiel länger als das Bl.; Dolde vielblüthig; Blthstielchen 2—3 mal länger als der K.; Blkr. rothbunt (Fahne rosenroth, Flügel weiß, Schiffchen weiß mit dunkelpurpurrother Spitze); Hülse 4=kantig, gekrümmt. ♃ — Anhöhen, Grasabh., Grasgr., Raine, Dämme, Wegränder, lichte Waldstellen,

---

[1]) Von γλυκύς, süß, u. φύλλον, Blatt. — [2]) Diminutiv von corona, Kranz; wegen der Form der Infloreszenz.

Steinbrüche. ·6—9·. — In der östl. Hälfte des Geb. auf Kalk= u. Sandboden häufig; nach Westen über Bittkau, Rehnert, Rogätz u. Rogätzer F., Wolmirst., Glüsig, Dömersl., Wanzl., Blumenberg, Unseburg, Rathmannsd. u. Sandersl. hinaus, im Geb. selten. (1 C. Rehm. 1 B. Kirchhof Sand=Beiend.; Ch. Rand zw. Kesselsohl u. Dolle.)

† C. Emerus. L. Strauchige K. — St. strauchig, aufrecht; Bl. 3—4=paarig, Blättchen verkehrteif.; Blkr. gelb ob. feuerroth; Hülse fast stielrund, gerade. ♄ — Zier=strauch aus Süddeutschland. 5—6. — In Anlagen.

101. Ornithopus¹). L. **Vogelfuß.**

K. röhrig, 5=zähnig; Schiffchen stumpf; Hülse lang, fast gerade ob. gekrümmt, zsgedrückt, an den Gelenken zsgezogen, Glieder 1=samig. — Kräuter mit langgestielten Dolden; Blthkranz (u. A.) von einem gefiederten Bl. gestützt.

265. O. perpusillus. L. Kleiner V. — St. niederliegend ob. aufsteigend; Bl. behaart: Blättchen längl.; Zähne des K. eif., spitz, 3 mal kürzer als die Röhre; Blkr. sehr klein, weißgelbl. (Fahne weiß mit rothen Adern, Flügel weiß, Schiffchen gelbl.); Hülse behaart, gekrümmt. ⊙ — Trockene, sandige Aecker, nam. Brachäcker, sandige Triften, Gräben, Wegränder, Haiden. ·6—9. — Sandpflanze. — Im Tl. häufig u. meist sehr gesellig; auch im Sand=Fl. auf Sand u. Porphyr, u. im Sand=Al.

266. O. sativus. Brotero. Saat=V. (Serradella.) — St. aufsteigend; Zähne des K. pfrieml., fast so lang als die Röhre; Blkr. röthlich; Hülse fast kahl u. fast gerade. — In allen Theilen erheblich größer als vor. ⊙ — Cult. 6—9. — In den Sandgegenden zuweilen als Futterkraut angebaut, u. hin u. wieder verwildert.

102. Hippocrépis²). L. **Hufeisenklee.**

K. glockig, 5=zähnig, fast 2=lippig; Schiffchen zugespitzt= geschnäbelt: Staubf. abwechselnd an der Spitze verbreitert; Hülse verlängert, zsgedrückt, gegliedert, an der oberen Naht buchtig=ausgeschnitten; S. gekrümmt.

267. H. comósa. L. Schopfförmiger H. — St. krautig, niederliegend=ausgebreitet; Bl. kahl, 4—7=paarig; Blättchen elliptisch bis längl.; Dolde 4—8=blüthig, Doldenstiele länger als das Bl.: Blkr. gelb; Hülsen etwas gebogen, Glieder hufeisenf.=gekrümmt. ♃ — Sonnige Hügel, Abhänge. 5—7. Kalkliebend. — Im südlichsten Kalk=Fl.; bisher nur 5 B. Westerberge an der Wipper.

2. Untergruppe. **Euhedysarceen.** Blth. traubig; Hülsen zsgedrückt, wenig= ob. eingliederig. Kräuter mit unpaarig=gefiederten Bl.

103. Onóbrychis³). Tourn. **Esparsette.**

K. 5=sp.; Schiffchen länger als die Flügel; Hülse eingliederig, nicht aufspringend, 1=samig, stark grubig=netzig.

268. O. sativa. Lam. (O. viciaefolia Scop.) Angebaute E. — St. aufsteigend ob. aufrecht; Bl. 4—10=paarig; Blättchen längl.=lancettl.; Nebenbl. trockenhäutig; Blkr. schön rosenroth, purpurroth liniirt, selten weiß; Hülsen halbkreisf., erhaben netzig, dornig=gezähnt. ♃ — Cult.

---

¹) Von ὄρνις, Vogel, u. πούς, Fuß; wegen der krallenartigen Form u. Stellung der Hülsen. ²) Von ἵππος, Pferd u. κρηπίς, Schuh; = Hufeisen. ³) Von ὄνος, Esel, u. βρύκω, zerbeißen, verschlingen; (so viel wie „Eselsfutter").

— 5'—9. — Im Fl. auf Kalkboden vielfach gebaut; in trockenen Gr., bef. Chgr., auf Anhöhen oft verwildert.

3. Gruppe. **Vicieen.** Stbgf. 2=brüderig; Hülſe 1=fächrig, ſelten durch ſchwammige Querwände getheilt; Keimblätter dick, nicht über die Erde hervortretend; Bl. (u. A.) abge=brochen=gefiedert, mit einer Borſte ob. Wickelranke endigend. Kräu=ter mit geſtielten Trauben.

104. Vicia[1]). L. **Wicke.**

K. 5=ſp. ob. 5=zähnig; Staubf. pfrieml.; Gf. fadenf., unter der Spitze an der äußeren Seite bärtig, ſonſt kahl ob. behaart; Hülſe mehr=ſamig, 2=klappig. — St. meiſt mehr ob. weniger kletternd.

A. Blth. in langgeſtielten, reichblüthigen Trauben.

269. V. dumetorum. L. Hecken=W. — St. 4=kantig, ſchmal=ge=flügelt; Bl. 4—5=paarig; Blättchen zieml. groß, eif., ſtumpf, bewimpert; Nebenbl. halbmondf., buchtig=gezähnt, Zähne haarſpitzig; Traube 6—14=blüthig; Blfr. roth mit dunkleren Adern; Hülſe längl., braun. ♃ — Wälder. ·7—·9. Zerſtreut durch das Geb.: 2 N. Bartensl. F.; Errl. F.; Embener F.; Wellenberge; Rathuſiuſche F. (Nonnenſpring); Plankenſche F. (Haſſelberg). 4 E. Hakel (reichl.); Egelnſche F.; Wehl. 4 B. *Tochheimer F.

270. V. Cracca. L. Vogel=W. — St. ungleich 4=kantig; Bl. meiſt 10 (7—15)=paarig; Blättchen längl.=lancettl., angedrückt=haarig; Nebenbl. halbſpießf., ganzrandig; Trauben gedrungen u. reichblüthig, ſo lang als das Bl. ob. etwas länger ob. kürzer; Blfr. blau=violett; Platte der Fahne ſo lang als der Nagel; Hülſe längl., braun. ♃ — Wäl=der, Gebüſch, Wieſen, Grasgr., Aecker, Bäche, Ufer. ·6—·9. Gemein.

271. V. tenuifolia. Roth. Feinblättr. W. — Bl. meiſt 10=paarig; Blättchen lineal=lancettl. ob. längl.=lancettl., unterſeits ſeidenh., oben kahl; Nebenbl. halbſpießf., ganzrandig, die oberen einfach; Traube etwas ge=drungen, reichblüthig, ſehr ſchlank, länger als das Bl.; Blfr. blau=violett, die Flügel meiſt viel heller; Platte der Fahne doppelt ſo lang als der Nagel; Hülſe längl., braun. ♃ — Lichte Wälder, Gebüſch, Wieſen, Grasabh., Grasgr. (beſ. Chauſſeegr.), Steinbr., Aecker (Getreide, Erbſen, Futterkr.), Ufer. ·6—·7. — Im Kalf=Fl. m. E. nicht ſelten u. ſtets ge=ſellig, oft wie geſ.; im Sand=Fl. u. Al. ſelten. Z. B. 1 C. A. u. Chgr. rings um Walbeck. 2 N. am Bach bei Kl. Bartensl. 2 B. bew. Hohlweg bei Hohenſieden. 2 W. Park Rogäz; Unterholzer Berg; Main zw. Moſe u. Wolmirſt.; Judenfriedhof. 3 B. A. bei Wölpke, Ueplingen, Ottl. u. Wormsb.; Hohes u. Saures B. u. in den Umgebungen auf A. u. Wſ. 3 W. A. bei der Rothen Mühle; Chgr. bei Wanzl. 4 O. A. Reind.=Oſchersl.; Bodeuf. bei Oſchersl. u. Gröningen. 4 H. E. Hakel (reichl.) u. auf A., in Grasgr. u. Steinbr. in den weiten Umgebungen bis Gröningen, Croppenſt., Egeln, Schneidlingen, Cochſt., Winningen, Königsaue, Schadel., Gatersl. 4 B. Saalbamm zw. Werkleitz u. dem Dammhauſe. 5 S. A. Winningen=Hecklingen; Steinbr. Hecklingen. 5 B. Kaltberge bei Bernburg u. Saalwſ. am Felſenteller; Weſterberge an der Wipper; Pfaffenbuſch bei Frecl.; Schießb. bei Sandersl.; Hügel zw. Sandersl. u. Alsl.; Grasw.=Abh. u. A. Alsl. u. Gnölbzig; Wilde Buſch bei Rothenburg. — Von der vor. Art durch die Länge der Fahnen=Platte am Sicherſten zu unterſcheiden; auch blüht tenuif. 14 Tage früher als Cracca u. nur bis Mitte Juli.

272. V. villosa. Roth. Zottige W. — St. u. Bl. zottig=be=haart; Bl. meiſt 8=paarig; Blättchen lancettl.; Nebenbl. halbſpießf., ganz=randig; Traube reichblüthig, ſehr ſchlank, ſo lang als das Bl. ob. länger; Blfr. violett mit helleren Flügeln, ſeltener ganz weiß; Platte der Fahne halb ſo lang als der Nagel; Hülſe breit=längl., hellbraun.

---

[1]) Lat. Name der Vicia sativa.

⊙ — Aecker (im Wintergetr., bef. im Roggen; auch in Futterkr.) ˙6—7. — Im Geb. zerstreut, meist unbeständig; beständig nur in wenigen Gegenden des Dl. 3. B. 2 N. A. Neuhaldensl. 2 W. A. Gr. Ammensl., nach der Bleiche zu. 2 B. A. bei Parchau u. bei Zerben. 4 S. A. Zachmünde. 4 Z. A. bei Leps u. Kermen (hier in Menge u. ein lästiges Unkraut); Klee bei Hohenlepta.

B. Blth. in kurzgestielten, armblüthigen Trauben, ob. auf kurzen Stielen zu zweien ob. einzeln.

273. V. Faba. L. Sau=W. (Saubohne, Puffbohne). — St. aufrecht; Bl. meist 2=paarig; Blättchen sehr groß, elliptisch, stumpf mit Stachelspitze; Nebenbl. halbpfeilf.: Traube 2—4=blüthig; Blkr. weiß mit schwarzem Fleck auf den Flügeln; Hülse groß, längl., fast stiel=rund, flaumh., mit schwammigen Querwänden; S. groß, längl. ⊙ — Cult. 6—8. — Häufig der Samen wegen geb.

274. V. sepium. L. Zaun=W. — W. kriechend; St. aufsteigend; Bl. 3—7=paarig; Blättchen zieml. groß, oval u. längl., vorn gestutzt; Nebenbl. halbmondf., gezähnt, die oberen ganzrandig; Traube 2—6=blüthig, die untersten zuweilen 1=blüthig; Kzähne pfrieml., ungleich, gebogen, halb so lang als die Röhre; Blkr. schmutzig=hellviolett; Hülsen längl., schwarz. ♃ — Laubwälder, Gebüsch, Hecken, Wiesen, Grasgr., Ufer. 4˙—9. — Im Fl. u. Al. sehr häufig; im Dl. viel seltener u. in manchen Gegenden (Mödern, Loburg) noch gar nicht beobachtet.

275. V. sativa. L. Futter=W. — St. aufsteigend; Bl. 5—8=paarig; Blättchen oval bis längl.=lancettl., gestupt u. ausgerandet; Nebenbl. halbpfeilf., eingeschnitten=gezähnt; Blth. zu 2 ob. einzeln; Kzähne pfrieml., gleich, gerade, fast so lang als die Röhre; Blkr. blau mit roth (Fahne blau, Flügel purpurroth); Hülsen längl., lederbraun. ⊙ — Cult. 5—8. — Als Grünfutter, in der Regel gemengt mit Gerste, häufig geb.

276. V. angustifolia. Roth. Schmalblättr. W. — St. aufsteigend; Bl. 5—7=paarig; Blättchen der unteren Bl. verkehrt=eif., der oberen lineal=lancettl.; Nebenbl., Blthstand u. K. wie vor.; Blkr. roth; Hülsen längl., schwarz. ⊙ — Aecker, bef. Sandäcker, Wegränder, Grasgr., Wiesen, Wälder. 5˙—10. — Im Geb. meist häufig.

277. V. lathyroides. L. Platterbsenartige W. — W. mehrstengelig; St. fadenf.; Bl. 2—3=paarig; Blättchen verkehrteif. ob. längl., gestupt, stachelspitzig, behaart; Nebenbl. halbpfeilf.; Blth. einzeln, fast sitzend; Blkr. klein, violett=bläul.; Hülse lineal, schwarz; S. feinkörnig. ⊙ — Triften, Raine, sonnige Höhen, trockene Wiesen, Grasabh., Grasgr., Weg= u. Waldränder. 4˙—˙6. — Im Geb. zieml. häufig; z. B. 1 C. Chgr. Calvörde=Flechtingen. 1 B. Mixdorfer B. bei Dolle; Wegrand Dolle=Sandbeiend.; hohes Elbuf. bei der Boltejchäferei; 2 N. Veltheimsche F.; Alvensl. F.; Neuhaldensl. F.; Chgr. Neuhaldensl.=Dönnst. 2 W. Eisenbahngr. an der Baubude; Rogäzer F.; 2 B. Neben der Külzauer Heide; Triftabh. bei Piezpuhl. 3 M. Anlage vor dem Herrntrug; Rothehorn=Wf.; Schwalbenw. 3 L. Rain am Dalchauer Wege bei Loburg. 4 S. Schönb. Friedhof; Grünewald. 4 B. Löbderitzer F. 4 Z. Friederikenb.; Anlagen um Zerbst; Eisenbahnböschung hinter dem Bahnhof; Chgr. Zerbst; Friedrichsholz; Spitzberg; Thiergarten Dobritz; Bahnhofsanlagen bei Roslau; Elbdamm beim Kornhause; Kirchhof u. Parkwf. Gr. Kühnau. 5 C. Mühlenhügel bei Sachsendorf.

105. Ervum. Tourn. Erve.

K. 5=sp. ob. 5=zähnig; Staubf. pfrieml.; Gf. fadenf., an der Spitze ringsum gleichmäßig feinbehaart, nicht bärtig; Hülse mehrsamig.

A. Blüthen klein.

278. E. hirsutum. L. Rauhhaarige E. (gemeinhin Vogelwicke).

— St. kantig, äſtig; Bl. 6—10=paarig, mit einer Ranke endigend; Blätt=
chen lineal; Nebenbl. lancettl., die unteren halbſpießf.; Blthſtiele 2—8=
blüthig; Blth. klein; Blkr. bläul.=weiß; Hülſen längl., behaart,
2=ſamig. ☉ — Aecker (beſ. Sandäcker), Grasgr., Gebüſch, lichte Wald=
ſtellen. 5′—10. — Im Geb. häufig; in den Sandgegenden gemein u. beſ. unter
Roggen; in naſſen Jahren die Erndte faſt gänzl. vernichtend.

279. E. tetraspérmum. L. Vierſamige E. — St., Bl. u.
Nebenbl. wie vor.; Blthſtiele 1—2=blüthig; Blth. zieml. klein (größer
als die der vor.); Blkr. lila u. weiß; Hülſen lineal, kahl, meiſt 4=
ſamig. (3—5). ☉ — Wieſen, Grasgr., lichte Wälder. 5′—10. — Im Fl.
u. im Elb=Al. häufig; im übrigen Geb. ſeltener.

B. Blüthen anſehnlich.

† E. monánthos. L. Einblüthige E. Bl. 6 8=paarig; Blättchen lineal;
Nebenbl. ungleich, das eine lineal, ganzrandig, ſitzend, das andere geſtielt, fächerf.,
in pfrieml. Borſten zerſchlitzt; Blthſtiele einblüthig; Blkr. zieml. groß, bläulich;
Hülſen breit=längl., meiſt 3=ſamig. ☉ — Aecker. 6—7. In den Sandgegenden wahr=
ſcheinl. früher cult., jetzt hier hin u. wieder verwildert.

280. E. pisiforme. Petermann. (Vicia pis. L.) Erbſenartige
E. — St. kahl; Bl. 3—4=paarig, kahl; Blättchen groß, eif., ſtumpf;
Nebenbl. halbpfeilf., gezähnt; Blkr. zieml. groß, grünl.=gelb; Hülſen
längl., hellbraun. ☉ — Wälder, Gebüſch. 7—8. — Nur im Fl. u. Dl. u. auch
hier ſelten. 2 N. Emdener F.; Alvensl. F.; Wellenberge. 2 W. Unterholzer B. 5 B.
Sandersl. u. Freckl. Buſch.

281. E. sylvaticum. Peterm. (Vicia sylv. L.) Wald=E. — St.
u. Bl. faſt kahl; Bl. 7—10=paarig; Blättchen zieml. klein, eif., ſtumpf;
Nebenbl. halbmondf., eingeſchnitten=borſtl. gezähnt; Blkr.
anſehnl., weiß mit bläul. Adern; Hülſe längl., ſchwarzbraun. ♃ —
Bergwälder. 6—9. — Nur im Fl. u. auch hier nicht häufig. 2 N. Klepperb.;
Bartensl. F.; Ergl. F.; Altenhäuſer F. 3 S. Hohes H. (lange Buſch). 4 E. Hakel
(reichl.) 5 B. Sandersl. u. Freckl. Bſch.

282. E. cassubicum. Peterm. (Vicia cass. L.) Kaſſubiſche E.
— W. kriechend; St. u. Bl. weichh.=zottig; Bl. vielpaarig, faſt ſitzend;
Blättchen längl. u. lancettl.; Nebenbl. halbpfießf., ganzrandig; Blkr.
zieml. groß, violett ob. roth=violett; Hülſe breit, kurz, faſt rhombiſch,
braun. ♃ — Wälder, Haiden, Gebüſch. Sandliebend. 6—7′. — Im Sand=
Fl., Dl. u. Sand=Al. zieml. häufig; im übrigen Geb. fehlend. Z. B. 1 B. Colbitzer F.;
Burgſtaller F. 2 N. Ergl. F.; Emdener F.; Veltheimſche F.; Alvensl. F.;
Dönnſtedter F.; Papenb.; Neuhaldensl. F.; Plankeſche F. 2 W. Rogätzer u. Ramſt. F.
2 B. Bürgerholz; Piepubler F. 3 MÖ. Vapſtd. F. 3 L. F. Magdb. Forth. 4 B. Toch=
heimer F. (raube Berg); Löbderitzer F.; Diebziger Bſch. 4 Z. Leitzkauer Birkenheide;
Landwehr; Neblitzer F.; Golmenglin; Friedrichsholz; Buchholz; bew. hohes Elbuf. zw.
Brambach u. den „blauen Bergen"; Roslauer F.

106. Lens[1]). Tourn. Linſe.

K. 5=th.; Staubf. pfrieml.; Gf. flach, auf der inneren Seite
nach der Spitze hin der Länge nach behaart, auf der äußeren
kahl; Hülſe 1—2=ſamig.

283. L. esculenta. Mönch. (Ervum Lens. L.) Gemeine L.
— St. aufrecht; Bl. 5—7=paarig; Blättchen längl., geſtutzt; Nebenbl. lan=
cettl., ganzrandig; Traube 1—3=blüthig; K. ſo lang u. länger als die
bläulich=weiße Blkr.; Hülſe 2=ſamig, kahl. ☉ — Cult. 6—7. —
Ueberall der Samen wegen geb.

---

[1]) Lateiniſcher Name für Lens escul.

Polypetale Dic. mit kelchst. Stbgf.

107. Pisum. L. **Erbse.**

K. 5=sp., 3pfl. breit; Staubf. pfrieml.; Fahne groß, zurückgeschlagen; Gf. unterseits rinnig, an der Spitze bärtig; Hülse längl., vielsamig; S. rundl. — St. kletternd; Nebenbl. groß, blattartig, stengelumfassend.

284. P. arvense. L. Zucker-E. — Bl. 2—3=paarig; Blättchen eif. ob. rundl.; Nebenbl. eif., halbherzf.; Traube 2= u. 1=blüthig; Blfr. bunt, Fahne hellviolett, Flügel purpurroth; S. braun u. graugrün gefleckt, fast kantig. ⊙ — Cult. 5—7. Als besondere Art bei uns nicht gebaut, aber vielfach untermischt zw. der folgenden.

285. P. sativum. L. Gemeine E. — Bl. 2—3=paarig; Blättchen eif. u. elliptisch; Nebenbl. u. Traube wie vor.; Blfr. weiß; S. gelb, kugelig. ⊙ — Cult. 5—7. — Ueberall angebaut; in verschiedenen Variet.

108. Láthyrus. L. **Platterbse.**

K. 5=sp. ob. 5=zähnig; Stbgf. pfrieml.; Gf. auf der inneren Seite gegen die N. hin flach u. behaart, auf der äußeren gewölbt u. kahl; Hülse längl. bis linealisch, vielsamig. — St. häufig geflügelt; Bl. mit wenig=paarigen, ob. selbst fehlenden Blättchen, die mit Ausn. v. Nissolia mit einer Wickelranke endigen.

Anm. Die Wickelranke bildet den einzigen Unterschied zw. dieser Gattung u. der folgenden, weshalb letztere (die Gatt. Orobus) auch von Vielen zur Gatt. Lathyrus hinzugezogen wird.

1. Rotte. Blättchen fehlend.

286. L. Nissolia. L. Scheinblättr. P. — St. aufrecht, 4=kantig, ungeflügelt; Blstiel sich als Scheinblatt ausbildend, lineal=lancettf. ohne Wickelranke; Nebenbl. sehr klein, pfrieml.; Blfr. purpurroth; Hülsen lineal-längl. ⊙ — Grasgräben u. grasige Stellen. 6—7. — Nur im Elbgeb. u. auch hier selten. 3 M. Zuckerbusch. 4 S. Grasgr. neben dem Kapitelbusch. 4 B. Weggr. u. Feldgr. bei Breitenhagen. — Erreicht im Geb. die Nordgrenze.

2. Rotte. Blatt wenig=paarig.

A. Stengel kantig, flügellos; Bl. 1=paarig.

287. L. tuberosus. L. Knollige P. — W. fadenf., kriechend, an den Gelenken mit haselnußgroßen Knollen; St. aufsteigend; Blättchen elliptisch ob. längl.; Nebenbl. halbpfeilf., schmal, viel kleiner als das Blättchen; Blfr. purpurroth, wohlriechend; Hülsen lineal=längl., hellbraun. ♃ — Aecker; auch Wiesen, Grasgr., Gebüsch. 6—9. — Im Kalk-Fl., m. E., u. im Al. häufig, im Dl. selten u. nur auf starkthonigem Boden (Lettenboden); im Sand=Fl. noch nicht beobachtet.

288. L. pratensis. L. Wiesen-P. — St. aufsteigend; Blättchen lancettf., Nebenbl. ganzpfeilf. (die eine Pfeilspitze kleiner als die andere), breit, so groß ob. fast so groß als das Blättchen; Blfr. gelb, Hülsen lineal=längl., schwarzbraun. ♃ — Wiesen, Dämme, Grasgr., Hecken, Gebüsch, lichte Wälder. 6—9. — Im Geb. sehr häufig. — Im nicht blühenden Zustande von der vor. durch die breiten u. ganzpfeilf. Nebenbl. sofort zu unterscheiden.

B. Stengel geflügelt.

a. Blatt 1=paarig.

289. L. sylvestris. L. Wald-P. — St. breit-geflügelt, die Blstiele schmal- ob. fast ebenso breit geflügelt als der St.; Blättchen groß, lancettl. bis lineal=lancettl., zugespitzt, ob. längl.=lancettl.

Papilionaceen (Vicieen).

stumpf; Nebenbl. halbpfeilf.; Blfr. schmutzig-roth, Fahne innen roth, außen grünl., Flügel purpurroth, Schiffchen grünl. od schmutzig-gelb; Hülsen lineal-längl., zsgedrückt. ♃ — Wälder, Gebüsch. ·7—8· — Aendert ab in der Breite der Bl. u. der Flügel der Blstiele:
α. sylvestris mit schmalen Bl. u. schmalen Blstielflügeln.
β. platyphyllos. Retz. (als Art) mit breiteren Bl. u. breiteren Blstielflügeln.
Zerstreut durch das Geb., die var. α. mehr im Fl., die var. β. mehr im Al. u. Tl.; z. B. 2 N. Forsten des Alvensl. Höhenzuges. 2 W. Hoher, bew. Abhang des Eisenbahngr. bei der Baubude. 3 S. Hohes u. Saures H. 3 Mö. Papstdorfer F. 4 E. Hakel. 4 S. Schönebecker Bsch. u. Capitelbusch. 4 B. *Gebüsch bei der Wedleiter Fähre; Tochheimer F.; Elbufer-Abhang der Breitenhagener F. (reichl.); Lödderitzer F. 4 Z. Unter den Eichen am Wege zw. Zerbst u. Bone.

† L. latifolius. L. Breitblättrige P. — St. u. Blstiele breit geflügelt; Blättchen breit, elliptisch; Blfr. schön rosenroth. ♃ — Zierpfl. 7—8. — In Gärten.

† L. odoratus. L. Wohlriechende P. (Spanische Wicke). — St. u. Blstiele schmal geflügelt; Blättchen elliptisch; Blfr. groß, wohlriechend; Fahne violett ob. rosenroth; Flügel u. Schiffchen bläul. ob. weiß. ☉ — Zierpfl. 6—8. — Vielfach in Gärten.

† L. sativus. L. Eßbare P. — St. u. Blstiele geflügelt; Blättchen lancettl.-lineal isch; Blfr. meist weiß. ☉ — Cult. 5—6. — Im Geb. nicht gebaut u. nur hin u. wieder auf A. zw. anderen Hülsenfrüchten.

b. Blatt mehrpaarig.

290. L. palustris. L. Sumpf-P. — St. geflügelt; Blstiel flügellos; Bl. 2—3-paarig, selten 1-paarig; Blättchen groß, lancettf.; Nebenbl. halbpfeilf.; Blfr. blau ob. purpurviolett; Hülsen lineal-längl., zsgedrückt. ♃ — Sumpfige Wiesen u. Waldwiesen. ·6—9· — Im Al. u. Tl. ziemml. häufig, im Fl. selten. Z. B. 1 B. Ws. am Eichengehege. 2 N. Bischofswald (Germersl. Ws.); Moosbruch; Ohrewf. bei der Neuhaldensl. Schleuse. 2 B. Moorwf. zw. Parchen u. Pareh (reichl.); Elbwf. bei Zerben, Schartau, am Deichwall; Marientränke. 3 S. Bruchwf. bei Wormsdorf. 3 M. Ausstiche bei Rothensee; Biederitzer Bsch.; Ws. an der Potsrine; Kreuzhorst. 3 Mö. Papstdorfer F. 3 L. F. Magdb. Forth. 4 O. Ws. des Oberbruch am Schiffergr.; Bodewf. am Theilungsgr.; Ws. zw. Hadmersl., Meierweiden u. Günthersdorf. 4 E. Bodewf. bei Gr. Germersl., Egeln, Tarthun, Unieburg. 4 S. Buschwf.; Grünewald (Gehrwf.). 4 B. Ws. am Wendfee. 4 Z. Nuthewf.; Butterdamm; Ws. am Badezer Teich; Moorwf. zw. Mühlstädt u. Meinsdorf; Steuzer Aue; Akensche Bruchwf. 5 C. Bruchwf. bei Diebzig.

109. Orobus. L. Walderbse.

Bl. abgebrochen-gefiedert, mehrpaarig, mit einer Stachelspitze endigend, ohne Winkelranke; Nebenbl. halbpfeilf., sonst wie Lathyrus.

291. O. vernus. L. (Lathyrus vern. Bernh.) Frühlings-W. — St. kantig, etwas geflügelt; Bl. 2—4-paarig; Blättchen breit-lancettl., langzugespitzt (selten lineal-lancettl.), gewimpert, unterseits grasgrün, glänzend; Blfr. purpurroth, blau werdend. ♃ — Wälder. 4·—5·. — Im Fl. zerstreut, im Tl. sehr selten. Z. B. 1 C. Rehm u. Lohden bei Walbeck. 2 N. Klepperberg; Bartensl. F.; Errl. F.; Weltheimische F. 2 B. Bürgerholz. 4 E. Hakel (reichl.). 5 B. Sandersl. Bsch.; Fredl. Bsch.; Pfaffenbsch. bei Fredl.

292. O. tuberosus. L. (Lathyrus montanus. Bernh.) Knollige W. — W. kriechend, an den Gliedern knollig; St. schmal-geflügelt; Bl. 2—3-paarig; Blättchen elliptisch bis schmal-lancettl., abgestumpft ob. zugespitzt, seltener lineal-lancettl., unterseits blaugrün, glanzlos; Blfr. purpurroth, blau werdend. ♃ — Wälder, Waldwiesen. ·5—8· — Im Fl. u. Tl. häufig.

293. O. niger. L. (Lathyrus niger. Wimm.) Schwarze W. — St. aufrecht, kantig, oben 2-schneidig; Bl. meist 6-paarig; Blättchen zieml. klein, längl., stumpfl. mit Stachelspitze, unterseits blaugrün, glanzlos; Nebenbl. nur die unteren pfeilf., die oberen lineal-lancettl.; Blfr. purpurroth. ♃ — Wälder. ·6—7. — Im Fl. zieml. häufig, im Tl. selten.

Polypetale Dic. mit Kelchst. Stbgf.

3. B. 2 N. Ergl. F.; Embener F.; Beltheimsche F.; Alvensl. F.; Wellenberge. 2 W. Rogätzer u. Ramstädter F. 2 B. Grabower F. (Hasselb.). 3 S. Hohes u. Saures H. 4 E. Hafel (reichl.). 5 B. Fredl. Bsch. u. Pfaffenbusch bei Fredl.

4. Gruppe. **Phaseoleen.** Stbgf..2=brüderig; Hülse 1=fächerig; Keimbl. dick, aus der Erde hervortretend; Bl. 3=zählig.

110. Phaséolus. L. Bohne.

K. glockig, 2=lippig; Gf. oberwärts bärtig, nebst den Stbgf. u. dem Schiffchen schraubenf. gedreht; Hülse lineal=längl., unvollkommen=querfächerig.

294. P. multiflórus. Lam. Vielblüthige B. — Blättchen groß, eif., zugespitzt; Traube länger als das Bl.; Blkr. weiß; Hülsen hängend, rauh; S. weiß. ⊙ — Cult. 7—8. — Zuweilen gebaut. Variirt:
β. coccineus. Türkische B. — Blkr. scharlachroth; S. gefärbt. — Vielfach als Zierpflanze in Gärten zur Bedeckung der Lauben.

295. P. vulgaris. L. Gemeine B. — Blättchen wie vor.; Traube kürzer als das Bl.; Blkr. weiß; Hülsen hängend, glatt. ⊙ — Cult. 7—8. — Ueberall in verschiedenen Variet. gebaut:
α. vulgaris, mit windendem, hohen St.
β. nanus, St. niedrig.

29. Familie. Amygdaleen, Amygdaleae. Juss.

Bäume ob. Sträucher mit abwechselnden, einfachen Bl. u. flüchtigen, meist drüsigen Nebenbl.; K. 5=zähnig ob. 5=sp., inwendig mit einer honig=gebenden Platte bedeckt, abfallend; Blkr. 5=blättr., regelm., weiß ob. rosen=roth; Stbgf. zahlreich, mit den Blkrbl. an der Mündung des K. be=festigt; Frkn. frei, 1=fächerig, 2=eiig; Gf. 1; N. einfach; Steinfrucht mit 1, selten 2 S.

† Amýgdalus. L. Mandelbaum.
Steinfrucht saftlos, Frhülle holzig. — Bäume ob. Sträucher.

† A. communis. L. Gemeiner M. — Bl. lancettl., ziemlich lang gestielt; K. kurzglockig; Blkr. hellrosenroth ob. weiß. ♄ Baum. — Cult. 3—4. — Nur selten im Geb. angepfl.

† A. nana. L. Zwerg=M. — Bl. lancettl., in einen kurzen Blstiel verschmälert; K. längl.=röhrig; Blkr. rosenroth. ♄ Strauch. — Cult. 4. — Als Zierstrauch vielfach in Gärten u. Anlagen.

111. Pérsica. Tourn. Pfirsichbaum.

K. glockig; Steinfrucht fleischig u. saftig; Schale des Kerns (Endo=carpium) gefurcht, von kleinen Löchern durchstochen.

296. P. vulgaris. Mill. (Amygdalus Persica. L.) Gemeiner P. — Bl. lancettl., spitz=gesägt; Blstiel kurz; Blkr. blaßroth; Fr. sammt=artig, rund, an einer Seite gefurcht. ♄ — Cult. 3—4. — Namentl. an Spa=lieren als feiner Obstbaum in Gärten gezogen.

112. Prunus. L. Pflaume (Aprikose u. Kirsche).

Steinfrucht fleischig u. saftig; Kernschale glatt ob. gefurcht, ohne Löcher.

1. Rotte. Armeníaca, Aprikose. Fr. sammtartig; Blth. einzeln ob. zu 2, vorlaufend; die jungen Bl. tutenf. zsgerollt.

297. P. armeniaca. L. Aprikose. — Bl. eif., zugespitzt, am Grunde schwach=herzf., doppelt=gesägt; Blstiel drüsig; Blth. kurzgestielt;

Kelchzpfl. zurückgeschlagen; Blkr. weiß; Fr. rund, an einer Seite gefurcht; Kernschale zsgedrückt, breit, Rand dreikantig. ħ — Cult. 3—4. — Häufiger Obstbaum in Gärten.

2. Rotte. Prunus, Pflaume. Fr. kahl, blau ob. weißl., bereift; Blth. einzeln ob. zu 2, vorlaufend; die jungen Bl. tutenf. zsgerollt.

298. P. spinósa. L. Schlehendorn, Schwarzdorn. — Strauch mit dornigen Aesten; Bl. elliptisch, am Grunde meist keilf., gesägt; Blkr. weiß; Fr. kugelig, aufrecht, blauschwarz, stark blau bereift. ħ — Wälder, Gebüsch, Hecken, sonnige Höhen, Raine, Dämme, Feldgräben, Wege, Bäche, Ufer. 4—5. — Im Fl. sehr häufig, bes. an Waldbäumen u. als Unterholz in den Alluvialforsten. — Auch als Zierstrauch mit gefüllten Blth. —

299. P. insitítia. L. Kriechen=P. (Haferschlehe). — Zweige sammtartig, an der cult. Pfl. dornenlos; Bl. elliptisch; Blth. meist zu 2 in der Knospe; Blkr. weiß; Fr. kugelig, hängend. ħ — Cult. 4—5. — Fr. schwarzviolett; mit verschiedenen Varietäten:
β. Fr. gelb, klein (Mirabelle).
γ. Fr. grün, von verschied. Größe (Reine Claude). —
Im Geb. als feiner Obstbaum häufig in Gärten.

300. P. doméstica. L. Gemeine P. (Zwetsche). — Zweige kahl; Bl. elliptisch; Blkr. weiß, etwas grünl.; Fr. eif.=längl., hängend, blau= schwarz. ħ — Cult. 4—5. Var.:
β. Fr. gelb, größer (Eierpflaume).
Im Geb. überall in Gärten u. Plantagen (die Var. β. nur in Gärten u. viel seltener cult.). — Auch als Zierbaum mit gefüllten Blth. —

301. P. cerasifera. Ehrh. Kirsch=P. — Zweige kahl; Bl. ellip= tisch; Blthknospen 1-blüthig; Blkr. weiß; Fr. kugelig, hängend, roth. ħ — Cult. 4—5. — In Gärten.

3. Rotte. Cerasus, Kirsche. Fr. kahl, unbereift; Blth. in Dolden, 2= ob. mehrblüthig, mit den Bl. gleichzeitig ob. kurz vorlaufend; die jungen Bl. zsgelegt.

302. P. ávium. L. Süße Kirsche. — Bl. elliptisch, zugespitzt, unter= seits flaumh.; Blstiel an der Blfläche 2=drüsig; Schuppen der Blth.= knospen blattlos; Blkr. weiß; Fr. kugelig. ħ — Laubwälder. 4—5. — Im Fl. zerstreut, im Dl. u. Al. selten. z. B. 2 N. Klepperberg; Veltheimsche F. 2 W. Rogätzer F. 3 S. Hohes H.; Propstling. 4 E. Hakel (reichl.); Egelnsche F.; Unse= burger Holz. 5 B. Pfaffenbusch bei Fredl. — In Obstgärten, Plantagen u. Alleen in verschiedenen Var. überall cult.; nam.
β. juliana. Dec. (als Art), Herzkirsche. Fr. herzf., meist schwarz, Fleisch weich u. süß.
γ. durácina. Dec. (als Art), Knorpelkirsche (Bigarreau). Fr. ziemL. groß, herzf., roth ob. gelb mit rothem Anflug, Fleisch hart u. süß. — Die Stammart auch als Zierbaum mit gefüllten Blth. —

303. P. Cérasus. L. Saure Kirsche. — Bl. elliptisch, zugespitzt, kahl, glänzend; Blstiel drüsenlos; innere Schuppen der Blth.= knospe mit jungen Bl. versehen; Blkr. weiß; Fr. kugelig, ein wenig platt gedrückt. ħ — Nur cult., nicht wild. 4—5. — In Obstgärten, Plantagen u. Alleen, aus dem Kern als sog. saure Kirsche, u. in verschiedenen veredelten Varietäten überall gezogen. Von den letzteren sind zu nennen:
β. ácida. Ehrh. (als Art). Glaskirsche. Fr. hellroth, Saft farblos, Fleisch saftig, etwas durchsichtig, sauersüß; Frstiel kurz.
γ. austéra. Ehrh. (als Art), Morelle. Fr. schwarzbraun, Saft kirschroth, Fleisch saftig, sauersüß; Frstiel länger. — Die Stammart auch als Zierbaum mit gefüllten Blth.

4. Rotte. Padus, Traubenkirsche. Fr. kahl, unbereift; Blth. traubig, spät (nach den Bl.); die jungen Bl. zsgelegt.

304. P. Padus. L. Ahl=K. (Traubenkirsche). — Bl. elliptisch,

zugespitzt, fein=doppelt=sägezähnig; Blstiel an der Blfläche 2=drüsig; Traube lang, reichblüthig, übergeneigt bis hängend; Blkr. weiß; Fr. schwarz, kugelig, erbsengroß. ♄ — Feuchte Wälder, Erlenbr. 4·—5. — Im Dl. in Erlenbr. u. an nassen, moorigen Stellen der Forsten häufig; im Fl. u. Al. seltener u. fast nur im Sand=Fl. u. Sand=Al. — In Anlagen u. Gärten als Zierstr. häufig angepfl. —

† P. serotina. Ehrh. Spätblühende K. — Bl. einfach=sägezähnig, fast lederartig; Blstiel drüsenlos; Traube lang, lockerblüthig, zuletzt übergeneigt, sonst wie vor. ♄ — Zierstr. aus Nordamerika. 6. — In Anlagen.

† P. Mahaleb. L. Weichsel=K. — Bl. eif., zugespitzt; Blstiel drüsenlos; Traube kurz, ebensträußig, aufrecht od. aufrecht=abstehend; Blkr. weiß; Fr. schwarz. ♄ — Zierstr. aus Süd=Deutschland. 5—6. — Häufig in Anlagen u. Gärten.

30. Familie. **Rosaceen,** Rosaceae. Lindl.

Kräuter od. Sträucher mit abwechselnden Bl. u. in der Regel mit an den Blstiel angewachsenen Nebenbl.; K. 5=, selten 4=th., bleibend; Blkrbl. 5 od. 4; Stbgf. zahlreich, mit den Blkrbl. dem K. eingefügt; Frkn. mehrere, frei, 1=fächerig: Früchtchen kapsel=, nuß= od. steinfruchtartig.

Anm. Die Gattungen dieser Fam. gruppiren sich nach Frucht u. Kelch wie folgt:
A. Früchtchen kapselig. 1. Gruppe Spiräaceen (Spiraea, Kerria).
B. Früchtchen nuß= od. steinfruchtartig.
  a. K. krautig, nicht fleischig. 2 Gr. Dryadeen. (Geum, Rubus, Fragaria, Comarum, Potentilla.)
  b. Kröhre fleischig. 3 Gr. Rosaceen. (Rosa.)

1. Gruppe. **Spiräaceen.** Früchtchen kapselig, einwärts aufspringend.

113. Spiraea. L. **Spierstaude.**

K. 5=sp., unterst.; Blkr. 5=blättr., meist weiß; Frchen kapselartig, 2—4=samig. — Sträucher od. Kräuter.

1. Rotte. Sträucher mit Zwitterblth. u. einfachen, nebenblattlosen Bl.

† S. salicifolia. L. Weidenblättr. S. — Bl. längl.=lancettl., gesägt; Blthrispe gebrungen, ährenf., endst. ♄ — Zierstr. aus Südbrasil. 6—7. — Häufig in Anlagen; zuweilen verwildert, selbst in Forsten (2 B. Güsener F. 4 B. Löbberiger F.).

† S. opulifolia. L. Schneeballblättr. S. — Bl. 3=lappig, am Grunde stumpf, etwas keilf., Lappen ungleich=kerbig=gesägt; Blth. langgestielt, in endst. Doldentrauben; Kapseln aufgeblasen. ♄ — Zierstr. aus Nordamerika. 6—7. — In Gärten u. Anlagen.

† S. ulmifolia. Scop. Rüsterblättr. S. — Bl. eif., fast kahl, unten ganzrandig, oben gesägt, unterseits blaugrün; Trauben auf kurzen Zweigen am Ende der Aeste ebensträußig zsgestellt. ♄ — Zierstr. 5—6. — In Anlagen.

† S. chamaedryfolia. L. Gamanderblättr. S. — Bl. eif., gewimpert, unten bis über die Mitte ganzrandig, vorn eingeschnitten=gezähnt; Doldentrauben fast kugelig, auf kurzen Zweigen am oberen Theil der Aeste. ♄ — Zierstr. 5—6. — In Anlagen.

† S. hypericifolia. L. Hartheublättr. S. — Bl. verkehrteif., ganzrandig od. schwach gezähnt; Trauben seitenst., lang gereiht. ♄ — Zierstr. 5. — In Anlagen.

2. Rotte. Sträucher mit Zwitterblth. u. gefiederten Bl. mit Nebenbl.

† S. sorbifolia. L. Ebereschenblättr. S. — Bl. unpaarig=gefiedert; Blättchen lancettl., lang=zugespitzt, scharf=doppelt=gesägt, unterseits stark parallel=nervig; Blth. in ansehnl., endst. Rispen. ♄ — Zierstr. aus Sibirien. 7—8. — In Anlagen.

3. Rotte. Kräuter mit Zwitterblth. u. unterbrochen=gefiederten Bl. mit Nebenbl.

305. S. Ulmária. L. (Ulmaria pentapetala. Gilib.) Sumpf=S. — St. mehrblättr.; Bl. unterseits gleichfarbig. od. hellgrau= bis weiß=filzig; Blättchen breit=lancettl., ungleich=scharf=gesägt, das endst. groß, 3=lappig; Blth. in endst., doldenartigen Rispen; Kapseln kahl. ⚥ —

Feuchte Wiesen, nam. Moor- u. Bruchwf., Wassergr., Bäche, Ufer, Weiden=
gebüsch, Erlenbr., feuchte Laubwälder. *7—10. — Im Geb. häufig, bef. im Dl.
u. Sand=Fl.

306. S. Filipéndula. L. (Ulmaria Fil. A. Braun.) Knollige S.
— W. spindelf., oben knollig; St. wenig beblättert, fast schaftartig; Bl.
lang, zieml. gleichmäßig unterbrochen=gefiedert; Blättchen lineal=längl.,
fiedersp.=eingeschnitten; Blth. in endst., doldentraubigen Rispen;
Kapseln rauhh.; Blkr. weiß, meist außen geröthet. ♃ — Sonnige Hügel,
Wiesen, Triften, Raine, Dämme, Grasgr., Wälder, Haiden. '6—8. — Im
Geb. nicht selten.

† Kerria. Dec. Kerrie.

K. 5=th.; Frchen 5, kugelig. — Strauch mit einf. Bl. u. pfriemf. Nebenbl.

† K. japonica. Dec. (Córchorus jap. Thunberg.) Japanische K. — St. u.
Aeste grün, ruthenf.; Bl. kurz-gestielt, ei=lancettl., lang-zugespitzt, ungleich doppelt= u.
eingeschnitten=gesägt; Blth. zieml. groß, dottergelb. ♃ — Zierstr. aus Japan. 5. —
Häufig in Gärten u. Anlagen, meist gefüllt.

2. Gruppe. **Dryadeen.** Frchen nuß- ob. steinfruchtartig, auf
einem trockenen ob. fleischigen Boden sitzend; K. krautig ob. verhärtet,
nicht fleischig.

114. Géum. L. Nelkenwurz.

K. 5=sp., außen mit zu den Zpfl. abwechselnd gestellten kleinen Deckbl.,
die eine Art Außenkelch bilden; Blkrbl. 5, selten mehrere; Gf. bleibend,
fortwachsend; Frchen nußartig, von dem verlängerten Gf. ge=
krönt; Fruchtb. trocken. — Ausdauernde Kräuter mit unterbrochen=gefie=
derten Wurzelbl. u. meist 3=zähligen, mit Nebenbl. versehenen Stengelbl.

307. G. urbanum. L. Gemeine N. (Benediktenkraut.) — Nebenbl.
groß, blattartig; Blth. zieml. klein, aufrecht; K. grün, an der Fr.
zurückgeschlagen; Blkr. goldgelb, ausgebreitet; Fruchtköpfchen
sitzend. ♃ — Wälder, Haine, Gebüsch, Hecken, Dörfer, Erlenbr., Gräben,
Bäche. 5-10. — Im Geb. sehr häufig.

308. G. rivale. L. Bach=N. — Nebenbl. zieml. klein; Blth. zieml.
groß, nickend; K. gefärbt, braun=röthl., auch bei der Fr. aufrecht; Blkrbl.
rothgelb, aufrecht; Frköpfchen langgestielt. ♃ — Nasse, moorige
Wiesen, Bäche, Wiesen- u. Wassergr., feuchte Wälder, Erlenbr. '5—6. —
Im Dl. u. Sand=Fl. häufig; im übrigen Geb. noch nicht beobachtet.

308 u. 307. G. rivale × G. urbanum. a. G. intermedium. Ehrh. (als Art.)
Nebenbl. mittelgroß; Blth. zieml. klein, schwach geneigt; K. grün abstehend; Blth. gelb,
aufrecht=abstehend; Frköpfchen ganz kurz gestielt. ♃ — Zwischen den Eltern 6. — Selten.
2 N. Zernitz. 2 W. Nögltzer F. (Unterhagen). — b. G. Willdenowii. Buek (als
Art). Nebenbl. mittelgroß; Blth. zieml. groß, schwach=geneigt; K. gefärbt, abstehend;
Blkr. rothgelb. ob. gelb, aufrecht=abstehend; Frköpfchen sitzend. ♃ — Zwischen den Eltern.
6. — Selten. 2 N. Rathusiussche F. (Erlenbr. Grafenhorst.)

115. Rubus[1]**). L. Brombeerstrauch.**

K. 5=sp., ohne Außenkelch; Blkrbl. 5; Stbgf. meist länger als die Gf.;
Gf. abfallend; Frchen steinfruchtartig, in eine falsche Beere zsge=
wachsen; Fruchtb. trocken, schwammig. — Sträucher, selten Kräuter, meist
stachelig, (u. A.) mit 3—5-, selten 7=zähligen ob. gefiederten Bl. u. eben=
straußartigen Blthrispen ob. Trauben.

Anm. Beim Bestimmen der Arten dieser sehr schwierigen Gattung ist zuvörderst die
Mitte des jungen, nicht blühenden Stengels (Schößlings) bezüglich seiner Form
und Bekleidung (Behaarung u. Bestachelung) nebst den Blättern dieses Sten=

---

[1]) Lat. Name für diese Gattung.

geltheils in Betracht zu ziehen, demnächst der Blüthenstand mit seiner Bekleidung, die Form u. Farbe der Blumenkrone u. schließlich die reife Frucht.

1. Rotte. **Sträucher mit am Blstiel sitzenden, linealen ob. lineal-lancettl. Nebenbl.; Fr. schwarz ob. schwarzroth** — oder aber hochroth.

A. **Früchte schwarz ob. schwarzroth, glänzend ob. blaubereift.**

a. **Schößling in der Regel aufrecht, nur an der Spitze überhängend; Fr. schwarz** — ob. schwarzroth.

α. **Früchte schwarz, glänzend.**

309. R. plicatus. W. u. N. (R. fruticosus. L.) Faltenblättr. B. — Schößl. stumpf-kantig, kahl ob. spärl. behaart; Stacheln derb, gekrümmt; Bl. 5-zählig, beiderseits grün, unterseits kurzh.; Blättchen parallelfaltig, Endbl. breit-oval, zugespitzt; Blthstand traubig ob. traubig-rispig, kurzh. mit gekrümmten Stacheln; Blkrbl. schmal-oval, weiß, im Schatten rosa; Stbgf. die Gf. nicht überragend. ♄ — Wälder, Gebüsch, Feldgr., Wegränder. 6—8. — Im Fl. u. Dl. sehr häufig; auch im Sand-Al.

310. R. sulcatus. Vest. Gefurchtstengliger B. — Schl. meist gefurcht, kahl, mit schwach geneigten, starken Stacheln weitläufig besetzt; Bl. 5-zählig, unterseits kurzh.; End- u. Mittelblättchen langgestielt, schlank zugespitzt; Blthstand traubig, armblüthig, behaart, sehr sparsam mit kleinen, hakigen Stacheln besetzt; Stbgf. länger als die Gf.; Blkr. groß, röthl. ob. weiß. ♄ — Wälder, Erlenbr. 6—8. — Im Fl. u. Dl. nicht selten; z. B. 1 C. Rehm; Isern Hagen; Schierholz; Rohrberg. 1 B. Letzlinger F. (Doller Beg.); Burgstaller F.; Lüderitzer F. 2 N. Forsten des Alvensl. Höhenz. 2 B. Bürgerholz. 4 Z. Butterdamm; Buchholz.

β. **Früchte schwarzroth, glänzend.**

311. R. fastigiatus. W. u. N. (R. suberectus. Anderson.) Ebenstraußblüthiger B. — Schl. stumpfkantig, kahl, mit kleinen, rothen Stacheln sparsam besetzt; Bl. 5- selten 7-zählig, hellgrün; Blättchen groß, endständiges breite- u. herzf., langzugespitzt; Traube armblüthig, schwach behaart, Stacheln klein, hafig, sparsam; Blkrbl. groß, oval, weiß. ♄ — Wälder, Erlenbr., Gebüsch. 6—7. — Im Fl. u. Dl. nicht selten; z. B. 1 C. Isern Hagen; Rohrberg. 1 B. Erlenbr. der Letzlinger F.; Burgstaller F. 2 N. Forsten des Alvensl. Höhenz.; Gebüsch am Wege zw. Süplingen u. Papenb.; Colbitzer F. (Schneiderdamm). 2 B. Bürgerholz; Grabower F. 3 S. Hohes u. Saures H. 4 E. Hakel. 4 Z. Butterdamm; Fuß des Schießstandes; Erlenbr. bei Jütrichau; Buchholz; Feldgr. zw. Buchholz und Thießen; Erlenbr. der Hundeluster Mühle; Birkenbr. der Weidener Mühle gegenüber; Birkengesträuch unweit der Grochwitzer Mühle.

312. R. fissus. Loisl. Zertheiltblättr. B. — Schl. fast kahl, stumpfkantig, ziemlich dicht mit schwachen, geneigten Stacheln besetzt; Bl. meist 7- und 5-zählig (selten auch 3-zählige), parallelfaltig; Blättchen doppeltgesägt, das mittlere Paar kurz-gestielt, die übrigen Seitenblättchen sitzend; Endblättchen herzf., gleichmäßig zugespitzt; Blthrispe armblüthig; Blkrbl. ziemlich klein, weiß, schmal-eif., geknittert. ♄ — Wälder. 6—7. — Im nördl. Geb. im Fl. u. Dl. 2 N. Bodenb. F.; Altenhäuser F.; Embener F.; Alvensl. F.; Colbitzer F. (Schneiderdamm, reichl.).

b. **Schößling in hohem Bogen zur Erde geneigt; Fr. schwarz, glänzend.**

313. R. candicans. Bl. u. Fing. (R. thyrsoideus. Wimm.) Weißlicher B. — Schl. kahl, gefurcht, auf den Kanten mit starken, geneigten Stacheln besetzt; Bl. 5-zählig; End- u. Mittelblättchen lang-gestielt, zugespitzt, breit-verkehrt-eif., unterseits weiß-filzig (im Schatten dünngraufilzig); Rispe lang, straußartig, dicht-kurzh. mit vereinzelten, kleinen, hakigen Stacheln; Blkrbl. eif., von einander abstehend, rosa. ♄ — Wälder, Hecken. 7—8. — Im Fl. ziemlich häufig; im Dl. selten. Z. B. 1 C. Rehm.

Rosaceen (Dryabeen). 77

2 N. Klepperb.; Altenhäuser F.; Plankefche F. (Butterwinkel). 3 S. Hecken am Dorfe Marienborn; Marienborner F.; Lenchen; Hohes u. Saures H. 4 E. Hafel. (reichl.)

314. R. Schleicheri. W. u. N. Schleichers B. — Schl. rund, dicht mit geneigten, kleinen u. größeren Stacheln besetzt, sparsam drüsenh.; Bl. 3=zählig; Blättchen verkehrt=eif., oft mit lappigem Ansatz; Blthstand traubig, übergeneigt, mit dem Blthstengel stark hin= u. hergebogen; Traube dicht abstehend=behaart, mit Drüsenhaaren mehr od. weniger untermischt; Blkrbl. sehr schmal, klein, blaßroth. ♄ — Wälder. 6—7. — Im Geb. selten. 2 N. Altenhäuser F.

  c. Schößling niedergestreckt; Fr. schwarz, glänzend ob. blau bereift.
  α. Frucht schwarz, glänzend.

315. R. villicaulis. Köhler. Rauhstengliger B. — Schl. kantig, behaart, die starken, langen, geraden Stacheln meist auf den Kanten; Bl. 5=zählig, lederartig, oben ganz kahl, unterseits graufilzig ob. grauhaarig; End= u. Mittelblättchen lang=gestielt; Blthstand mit geneigten, geraden, langen Stacheln, behaart u. meist mit einigen Drüsenhaaren; Blkrbl. eif. ob. rundl., weiß. ♄ — Wälder, Erlenbr. 7—8. — Im Fl. u. Dl. nicht selten; z. B. 1 C. Jsern Hagen; Rohrb. 1 B. Letzlinger F. (Begang Dolle). 2 N. Forsten des Alvensl. Höhenz. 2 B. Bürgerholz; Grabower F. (reichl.) 3 S. Hohes H. 4 E. Hafel. 4 Z. Butterdamm; Erlenbr. bei Jütrichau; Buchholz; Birkenbr. der Weidener Mühle gegenüber.

316. R. Radula. W. u. N. Raspeliger B. — Schl. stumpfkantig mit zieml. geraden Stacheln, harten Borsten u. Drüsenhaaren besetzt (sich wie eine Raspel anfühlend); Bl. 5=zählig, lederig, Endblättchen oval, schlank zugespitzt, unten weißfilzig (im Schatten wenig weiß); Blthrispe mit langen, geraden Stacheln, rauhen Borsten u. Haaren; Blkrbl. fleischfarben, eif., von einander abstehend. ♄ — Wälder, Gebüsch. 6—7. — Im Fl. nicht selten; im Dl. selten. 3. B. N. Forsten des Alvensl. Höhenz. 3 S. Hohes u. Saures H. 4 E. Hafel. 4 Z. Butterdamm.

317. R. Sprengelii. W. u. N. Sprengels=B. — Schl. stumpfkantig=rundl., rauhh. mit vielen, zieml. kleinen, hakigen Stacheln; Bl. 3=, 4= ob. fußf. 5=zählig; Endblättchen eif., spitz; Rispe kurztraubig, locker; Blkrbl. eif., rosenroth. ♄ — Wälder. 7—9. — Im Geb. selten: 1 C. Jsern Hagen. 2 N. Altenhäuser F.; Emdener F.; Flechtinger F.

318. R. sylvaticus. W. u. N. Wald=B. — Schl. stumpfkantig, behaart, Stacheln kurz, zahlreich, geneigt, etwas ungleich; Bl. 5=zählig, unterseits dicht=rauhh., oberseits schwächer behaart; Endblättchen verkehrt=eif., concav (Rand nach oben gebogen); Blthrispe dicht abstehend=behaart, kleinstachelig; Blthstengel hin= u. hergebogen; Blkrbl. schmal=oval, sich nicht berührend, weiß. ♄ — Wälder 6—7. — Im Geb. selten. 2 N. Altenhäuser F.

319. R. Münteri. Marsson. Münters B. — Schl. scharfkantig, kahl, braun ob. braun angelaufen, im Schatten grün, mit langen, gleich großen Stacheln; Bl. 5=zählig; Endblättchen rund mit aufgesetzter Spitze, oft convex (Mittelrippe nach oben gebogen), lang=gestielt; Blthrispe kurz=behaart mit hakigen Stacheln; Blkrbl. eif., weiß. ♄ — Wälder. 6—7·. — Im nördl. Geb. im Fl. u. Dl. zieml. häufig; z. B. 1 C. Jsern Hagen; Wald zw. Behnsdorf u. Flechtingen. 1 B. Burgstaller F. 2 N. Klepperb.; Bischofswald; Bodend. F.; Altenhäuser F.; Colbitzer F. (Schneiderdamm, reichl.).

320. R. glaucovirens. Maass. Bläulicher B. — Schl. schwach=kantig, fast rund, behaart mit gestielten Drüsen untermischt, dicht klein=stachelig; Bl. 3=, 4= u. 5=zählig, abwechselnd an demselben Schl., unterseits dicht=grauhaarig; Endblättchen verkehrt=eif., zugespitzt; Mittelblättchen kurz=gestielt; Nebenbl. lineal, hochangesetzt; Blthrispe armblüthig, dicht abstehend=behaart; Blkrbl. sehr schmal, röthlich. ♄ —

Wälder, Erlenbr. 7. — Im Sand=Fl. u. Dl. 1 C. Isern Hagen; Rohrb. 1 B. Burg=staller F. (Schernebecker Beg.); Lüderiter F. 4 Z. Fuß des Schießstandes; Erlenbr. bei der Hundeluster Mühle.

321. R. dumetorum. W. u. N. Hecken=B. — Schl. stumpfkantig ob. rundl., kahl ob. schwach=behaart; Stacheln mittelgroß, mehr ob. weniger gekrümmt; Bl. 5= ob. 3=, selten 7=zählig, unterseits kurz=haarig bis grau=filzig; Endblättchen **breit=herzf.** ob. **rhombisch**, runzelig, die beiden untersten Seitenblättchen übereinandergeschlagen, fast sitzend; die mittleren sehr kurz=gestielt; Blthrispe sperrig, wenig=blüthig, abstehend=behaart mit vereinzelten, krummen Stacheln; Blth. ziemi. groß; Blkrbl. breit=eif., geknittert, aneinanderstoßend, weiß. ♄ — Wälder, Gebüsch, Zäune, Gräben, Wegränder. 6—8'. — Im Fl. u. Dl. häufig; im Al. selten (4 B. Löbberiter F.). — Variirt sehr in der Form der Bl.

β. **Frucht schwarz, blau=bereift.**

322. R. caesius. L. Acker=B. — Schl. **rund, bereift**, mit einzelnen kleinen, schwachen Stacheln besetzt; Bl. **meist 3=**, selten 5=zählig; Endblättchen eif.=rhombisch; Seitenblättchen fast sitzend, oft 2=lappig; Rispe doldentraubig, behaart, mit drüsigen Borsten u. feinen Stacheln besetzt, armblüthig; Blkr. weiß; Fruchtkelch anliegend. ♄ — Feuchte Aecker, Gräben, Raine, Zäune, Gesträuch, Wälder, Weidenwerder, Ufer, Bäche. 6—10. — Im ganzen Gebiete gemein.

B. **Früchte hochroth.**

323. R. Idaeus. L. Himbeerstrauch. — Schl. **aufrecht, rund, bereift**, unten fein stachelig, oben meist ohne Stacheln; Bl. **gefiedert**, die oberen 3=zählig, **unterseits weiß=filzig**; Rispe wenigblüthig; Blkr. weiß; Fr. hochroth, sammtartig; cult. auch gelb. ♄ — Wälder, Haiden, Erlenbr.; auch Wassergr., Bäche. 5—6. — Im Sand=Fl. m. S., u. im Dl. häufig, auch im Sand=Al.; im übrigen Geb. sehr selten (5 B. Sandersl. Busch).

323 u. 322. R. Idaeus × caesius. — St. fast aufrecht, wenig ob. gar nicht bestachelt, steril; Bl. 3=zählig, unterseits fein grau=filzig. ♄ — Im Geb. hin u. wieder zw. den Eltern. (1 C. Isern Hagen; Rohrberg. 2 N. Altenhäuser F. 4 Z. Friedrichsholz).

† R. odoratus. L. Wohlriechender H. (wohlriech. Himbeere). — St. aufrecht, stachellos, oben nebst den Blthstielen u. K. drüsig=behaart; Bl. **einfach, herzf. 5=lappig**, Lappen langzugespitzt, ungleich=sägezähnig; Rispen wenig blüthig; Blkr. **groß, roth, wohlriechend**; Fr. roth, klein, meist unentwickelt. ♄ — Zierstr. aus Canada. 6—9. — In Anlagen.

2. Rotte. **Ausdauernde Kräuter, mit am Stengel sitzenden, eif. ob. lancettl. Nebenbl.**

324. R. saxatilis. L. Felsen=B. — Der fruchttragende St. **aufrecht**, die unfruchtb. gestreckt, **ausläuferartig**, mehr ob. weniger abstehend=behaart mit vereinzelten Stachelborsten; Bl. 3=zählig; Ebenstrauß endst., 3—6=blüthig, weichhaarig mit Drüsenborsten; Blkr. weißlich; Fr. roth, glänzend, Frchen 1—4. ⚃ — Wälder. 5—7. — Nur im Fl. u. auch hier selten. 2 N. Erxleber F.; Emdener F. (Fuchsb.). 3 S. Hohes H. 4 E. Hasel.

116. Fragária[1]). L. Erdbeere.

K. 5=sp. mit abwechselnd gestellten 5 Unterblättchen, die eine Art Außenkelch bilden; Blkrbl. 5, weiß; Gf. abfallend; Früchtchen nußartig, dem fleischig=saftigen Fruchtboden eingefügt und so eine falsche Beere darstellend. — Ausdauernde Kräuter mit 3=zähligen, sägezähnigen Bl., meist doldenartigen Blth. und nickenden Fr.

---

[1]) Von frágum, die Erdbeere.

Rosaceen (Dryabeen).

325. F. vesca. L. Wald=E. — Haare des St. u. der Blstiele dicht u. wagerecht=abstehend, die sämmtlicher Blthstiele, ob wenig= stens der seitenständigen, aufrecht ob. angedrückt; K. der Fr. abstehend ob. zurückgeschlagen; Stbgf. kaum so lang als das Köpf= chen der Frkn. — Zwitterblüthen; Fr. roth, sehr selten weiß. ♃ — Wäl= der, Haine; auch Raine, Grasgr. 5—8. — Im Fl. u. Dl. sehr häufig; im Al. viel weniger häufig. (3 M. Im Biederitzer Busch mit weißen Fr.)

326. F. elatior. Ehrh. (F. moschata. Duchesne.) Hohe E. — Haare des St., der Blstiele und sämmtlicher Blthstiele dicht, wage= recht=abstehend; K. der Fr. abstehend ob. zurückgeschlagen; Stbgf. so lang ob. doppelt so lang als das Frknköpfchen. — Blth. 2=häufig; Fr. roth. ♃ — Laubwälder 5—6. — Zerstreut durch das Geb., z. B. 2 N. Bischofs= wald. 3 S. Hohes u. Saures H. 4 E. Hatel; Unseburger Großholz. 4 B. Rosenburger Busch. 4 Z. Friedrichsholz. 5 B. Biendorfer Busch. — In Gärten häufig cult.

327. F. collina. Ehrh. (F. viridis. Duchesne). Hügel=E. — Haare des St. u. der Blstiele dicht wagerecht=abstehend, die sämmt= licher Blthstiele oder wenigstens der seitenst. aufrecht ob. an= gedrückt; K. nach dem Verblühen geschlossen, an die Fr. ange= drückt; Stbgf. der unfruchtb. Pfl. doppelt so lang, bei der fruchtb. eben so lang als das Frknköpfchen; Fr. roth. ♃ — Sonnige Hügel, Dämme, Raine, Grasgr., trockene Wiesen, lichte Wälder. 4—7. — Im Kalk=Fl. u. Al. häufig, im Sand=Fl. u. Dl. seltener.

† **F. grandiflóra.** Ehrh. Ananas=E. — St. nebst den Blstielen mit auf= rechten Haaren; Fr. groß, roth ob. weiß. ♃ — Cult. 5—6. — In Gärten häufig geb.

117. Cómarum. L. **Blutauge.**

K. wie Fragaria; Blkrbl. 5; Gf. abfallend; Früchtchen nußartig, einem fleischig=schwammigen, sich vergrößernden, beerenartigen Fruchtb. eingefügt. — Ausdauernde Kräuter.

328. C. palustre. L. Sumpf=B. — St. niederliegend=aufsteigend, am Grunde wurzelnd, oft purpurbraun; Bl. unpaarig=kurz=gefiedert, mit 5 bis 7 scharf=sägezähnigen, längl. Blättchen, unterseits weißfilzig; K. innen dunkel=rothbraun; Blkrbl. purpurroth, klein, viel kürzer als die Kelchzpfl.; Stbgf. u. Gf. rothbraun. ♃ — Sumpfige Wiesen, Gräben, Teiche, Torfstiche. 6—7. — Im Dl. häufig; sonst selten und nur noch im Sand=Fl. (Bartensl. F.; Alvensl. F.; Velth. F.) u. im Sand=Al. (Altenshe Bruchwiese).

118. Potentilla[1]). L. **Fingerkraut.**

K. wie Fragaria; Blkrbl. 5, selten 4; Gf. abfallend; Früchtchen nuß= artig, auf dem gewölbten, trockenen (nicht beerenartigen), behaarten Fruchtb. sitzend. — Kräuter ob. Sträucher mit gefingerten ob. gefiederten Bl. u. an den Blstiel angewachsenen Nebenbl.

1. Rotte. Stengel strauchartig; Blth. 5=zählig.

† **P. fruticosa. L.** Strauchartiges F. — St. aufrecht; Bl. gefiedert, Blätt= chen 5—7, längl.=lanzettl., ganzrandig, unterseits seidenh.; Blkrbl. gelb, rundl., länger als der K.; Früchtchen rauh. ♄ — Zierstr. 6—9. — In Anlagen.

2. Rotte. Stengel krautartig; Blth. 5= ob. 4=zählig.

A. Früchtchen kahl; Blkr. (u. A.) gelb.

a. Blatt gefiedert.

329. P. supina. L. Niederliegendes F. — St. niederliegend, gabelsp.; Bl. einfach=gefiedert; Blättchen längl., eingeschnitten=gesägt; Blth.

---

[1]) Diminutiv von potens, mächtig, wegen vorausgesetzter Heilkräfte.

einzeln, klein; Blkrbl. hellgelb, etwas kürzer als der K. ☉ — Dorf=
straßen, Dorfteiche, Wege, feuchte Wiesen, überschwemmt gewesene Aecker,
Ufer. ·6—10·. — Zerstreut durch d. Geb. z. B. 1 C. Böddensell. 1 B. Burgstall;
Sand=Beiendorf; Mahlpfuhl, an der Kirche. 2 N. Altenhausen. 2 B. Niegripp. 3 W.
Wanzl. 3 M. Rothehorn. 3 L. Kahlitz am Teich. 4 S. Wiese vor Frohse; Schöneb. Fried=
hof; Grünewalde; Ranies. 4 B. Prödel; Pömmelte, Dorfteich; Wertleiz; Gr. Rosenburg,
überschw. gew. A.; Lödderitz, Dorfteich. 4 Z. Hohenlepta; feuchte Löcher zw. Pakendorf
u. Wertlau; Elbufer am Unterbusch; Gr. Kühnau, Dorfteich. 5 C. Wispitz, auf feuchtem A.
5 B. Aufstich der Nienburger Ziegelei; Gr. Schierstädt; Gr. Poley am Dorfteich.

330. P. anserina. L. Gänse=F. — St. fadenf., kriechend; Bl.
unterbrochen=gefiedert, unterseits ob. beiderseits weißseidenh.; Blättchen
längl., scharf=gesägt; Blth. einzeln, ziml. groß; Blkrbl. goldgelb, doppelt
so lang als die Kzpfl. ♃ — Wege, Dörfer, Grasgr., Triften, feuchte
Aecker, Ausstiche, Bäche, Ufer; Wiesen, Waldwege. 5·—10·. — Sehr gemein.

b. Blatt gefingert.

† P. recta. L. Aufrechtes F. — St. aufrecht, nebst den Bl. rauhh.; Bl. 5= u.
7=zählig; Blättchen längl., grobgezähnt; Blth. ziml. groß, in doldigen Rispen; Blkr.
schwefelgelb. ♃ — Zierpfl. 6—7. — Hin u. wieder verwildert.

331. P. argentea. L. Silberweißes F. — St. aufsteigend,
fast aufrecht, filzig; Bl. oberseits grün ob. schwach=weiß=filzig, unter=
seits stark=weiß=filzig, 5=zählig, obere Stbl. 3=zählig; Blättchen
verkehrt=eif. mit verschmälertem, keilf. Grunde, vorn eingeschnitten=gezähnt,
am Rande umgerollt; Blth. in doldentraubigen Rispen; Blkr. kaum länger
als der K., goldgelb. ♃ — Raine, trockene Gräben, Wege, Mauern, son=
nige Hügel, Haiden, Waldränder; trockene Wiesenstellen. ·6—10·. — Im Geb.
sehr häufig, nam. im Dl.

332. P. reptans. L. Kriechendes F. — St. fadenf., gestreckt,
einfach, an den Gelenken wurzelnd; Bl. 5=zählig, zuweilen 3=zählige
eingemischt, Blättchen verkehrt=eif., gesägt; Nebenbl. ganzrandig ob. 2=sp.;
Blth. einzeln, ziml. groß; Blkr. 5=blättr., goldgelb. ♃ — Gräben,
feuchte Ausstiche, Wiesen, Triften, Dämme, grasige Waldstellen, Weiden=
gebüsch, Erlenbr., Bäche, Ufer. 6·—10. — Im Geb. sehr häufig.

333. P. procumbens. Sibth. Gestrecktes F. — St. fadenf., ge=
streckt, oberwärts ästig, die fruchttragenden an den Gelenken wurzelnd;
Bl. 3=zählig, gestielt, nur die untersten zuweilen 5=zählig; Blättchen
verkehrt=eif. gesägt; Nebenbl. ganzrandig, die unteren 2—3=sp.; Blth.
einzeln, ziml. klein; Blkr. 4= ob. 5=blättr., goldgelb. ♃ — Wälder,
Haiden, Erlenbr., moorige u. bruchige Wiesen. 6—10. — Im Dl. u. Sand=Al.
ziml. häufig, im Fl. selten. Z. B. 2 B. Grabower F. 3 S. Hohes u. Saures H. 3 L.
Erlenbr. Reesdorf; F. Magdeb. Forth. 4 B. Lödderitzer F. 4 Z. Lindauer Gehege
(Quaster Bruch); Moorw. bei Mtepro; Steinberg bei Grimma; Birkenbruch der Weide=
ner Mühle gegenüber; Rodleber Wl.; Unterbusch; Kühnauer F.; Oberbusch u. Cabel=
wiesen (reichl.); Akensche u. Reppichauer Bruchwiese.

334. P. Tormentilla. Sibth. (P. silvestris Neck.) Ruhr=F. (Ruhr=
wurzel). — St. niederliegend ob. aufrecht, oberwärts ästig, nicht wur=
zelnd; Bl. 3=zählig, sitzend ob. kurzgestielt, die WBl. länger gestielt,
3—5=zählig; Blättchen längl.=lancettl., gesägt; Nebenbl. 3= u. mehrsp.;
Blth. einzeln, klein; Blkr. 4=blättr., sehr selten 5=blättr.; gelb. ♃ —
Wälder, Haiden, Erlenbr., nasse, moorige Wiesen. 5—9·. — Im Fl. u. Dl.
häufig, auch im Sand=Al. nicht selten; fehlt im Thon=Al.

335. P. verna. L. Frühlings=F. — W. vielstengelig; St. gestreckt,
oft wurzelnd, aufsteigend, nebst den Bl. u. Blthstielen mit aufrecht=ab=
stehenden Haaren besetzt; untere Bl. lang gestielt,
5=, selten 7=zählig; Stbl. kurzgestielt ob. sitzend, 3=, selbst 1=zählig; Blätt=
chen verkehrt=eif. ob. längl., am Grunde ganzrandig, keilf., oben eingeschnit=
ten=gezähnt, beiderseits grün u. mehr ob. weniger mit einfachen

Rosaceen (Dryadeen).

Haaren besetzt; Nebenbl. lancettl. ob. schmal=lancettl., zugespitzt, ganz=
randig; Blkr. 5=blättr., gelb, länger als der K. ♃ — Sonnige Anhöhen,
grasige Abhänge, Triften, Raine, Grasgr., Wälder, Haiden. 4—6, auch
wohl im Herbst. — Im Geb. häufig.

336. P. cinérea. Chaix. Graues F. — St. u. Bl. von Stern=
haaren graufilzig, ebenso Bl.= u. Blthstiele, hier die Filzhaare mit ab=
stehenden langen Haaren u. Drüsenhaaren mehr ob. weniger untermischt;
sonst wie vor. ♃ — Sonnige Höhen, Raine, Triften, Haiden. 4—5. u.
im Herbst. — Im Geb. nicht selten, nam. auf den Hügeln mit nord. Grand u. auf
Porphyr, sonst weniger häufig als verna.

337. P. opáca. L. Glanzloses F. — St., Bl. u. Blthstiele von
langen, wagerecht=abstehenden Haaren zottig; Blättchen längl.=
keilf., lang=behaart; Blth. zieml. klein, sonst wie die vor. ♃ — Sonnige
Hügel, Raine, Wälder, Haiden. 4—5. — Im Fl. u. Dl. zieml. häufig; z. B. 1 C.
Kiefernhöhen bei Wiegelitz. 1 B. Anhöhen der Doller F. 2 N. Veltheimische F.; Albensl.
F.; Schauenberg bei Albensl. (reichl.); Wellenberge; Glütig; Kirchbsch. bei Neuhaldensl.;
Plankensche F. 2 W. Rogätzer u. Ramst. F. 2 B. Grabower F.; Detershagener F. 3 S.
Acker=Rain zw. Babeleben u. Lenchen; Hohes u. Saures H. 3 W. Kahnberg bei Kl.
Rodensl.; Kaltrüden zw. Langenwedd. u. Sülldorf. 3 M. Hängelberge. 3 Mö. Papst=
dorfer F. 4 E. Hakel. 4 S. Frohser F.; Hummelberg. 4 B. Grasige Erhöhungen zw.
Walternienburg u. Güterglück. 4 Z. Lindauer Bsch. 5 B. Steinbr. u. Trifthügel bei
Hecklingen u. bei Gänsefurt. 5 C. Zenser F.; Elendsberg. 5 B. Schießstandhöhen bei
Bernburg; Westerberge an der Wipper; Pfaffenbusch bei Fredl.; Trifthöhen am San=
dersl. Busch; Trifthöhen bei Belleben; Bew. Anhöhe bei Rothenburg nach Nelben zu. —

B. Früchtchen am Nabel behaart; Blkr. (u. A.) weiß.

338. P. alba. L. Weißblumiges F. — W. mehrköpfig; St. fadenf.,
aufsteigend, meist 3=blüthig; WBl. langgestielt, 5=zählig; Blättchen
längl.=lancettl., fast ganzrandig, unterseits u. am Rande
seidenhaarig, oberseits kahl; Blkr. ansehnl. ♃ — Wälder, trockene
Höhen, trockene Stellen der Bruchwiesen. 4.—6. — Im Fl., Dl. u. Sand=Al.
zerstreut; z. B. 2 N. Emdener F.; Albensl. F. u. Porphyrhöhen südl. von der F.; Neu=
haldensl. F. (Benitz). 2 B. Grabower F. 3 S. Hohes u. Saures H. 4 E. Hakel. 4 S.
Frohser B. 4 B. *Trockene Stellen im Erlenbr. zw. Walternienburg u. Poleimühle;
Löbderitzer F. (am alten Friedhof reichl.). 4 Z. Friedersholz; Mosigkauer F.; Rep=
pichauer Bruch. 5 B. Pfaffenbusch bei Fredl.

339. P. Fragariastrum. Ehrh. (P. sterilis. Garcke). Erdbeer=
artiges F. — W. mehrköpfig; St. fadenf., niederliegend, ½, selten 2=blü=
thig; WBl. gestielt, 3=zählig; Blättchen rundl.=eif., gesägt=ge=
kerbt, unterseits blaugrün, zottig; Blkr. klein. ♃ — Vom Ansehn einer
Erdbeere, nur in allen Theilen kleiner. — Grasige Stellen der Wälder u.
Gebüsche. 4—5. — Nur im Fl. und auch hier sehr selten: 2 N. Bartensl. F.; Erx=
lebener F. 4 E. Hakel; Vogelremise bei Heteborn.

119. Agrimónia. L. Odermennig.

K. kreiself., 5=sp., mit zahlreichen, sich vergrößernden u. ver=
härtenden, hakenf. Stacheln versehen; Saum nach dem Verblühen
zsgeneigt; Blkrbl. 5, gelb; Frkn. 2; Früchtchen durch Fehlschlagen 1,
von dem verhärteten K. eingeschlossen. — Ausdauernde Kräuter
mit unterbrochen=gefiederten Bl. an den BlStielen angewachse=
nen Nebenbl.; Blth. in endst., langen, ährenf. Trauben.

340. A. Eupatória. L. Gemeiner O. — St. aufrecht, nebst den
Bl. zottig; Blättchen lancettl., grob=gesägt, unterseits dicht=graufilzig;
Nebenbl. groß, fiedert., mehr ob. weniger gezähnt, selten ganzrandig;
Fruchtkelche verkehrt=kegelf., bis zum Grunde tief gefurcht,
Stacheln aufrecht= ob. die unteren wagerecht=abstehend; Fr. stark

zurückgeschlagen, meist der Spindel dicht anliegend. ♃ — Wälder, Gebüsch, Hügel, Raine, trockene Wiesen, Triften, Grasgr. 6—9· — Im Geb. häufig.

341. A. odorata. Mill. Wohlriechender O. — Blättchen unterseits schwach-graufilzig und mit sehr kleinen, glashellen Drüschen dicht besetzt, wohlriechend; Fruchtkelch glockig, im Umkreise fast kugelig, seicht und nur bis zur Mitte gefurcht, die untersten Stacheln abwärts geneigt; Fr. schwach zurückgeschlagen, fast wagerecht-abstehend; sonst wie vor. ♃ — Waldränder, lichte Waldstellen, Gebüsch. 7—8· — Zerstreut durch b. Geb.; z. B. 1 C. Gebüsch neben dem Flechtinger Schloßteich. 1 B. Buttum. 2 N. Bischofswald (obere Germersl. Wj. am Waldrand reichl.); Embener F.; Veltheim'sche F.; Alvensl. F.; Papenberg; Winters Bsch. 2 B. Bürgerholz; Grabower F. (Wolfshagen). 3 S. Hohes H. (Schafraßel bei der Königsberger Försterei reichl.) 3 Mö. Pavitdorfer F. 3 L. Am Zaun der Springquelle in Müsel. 4 O. Meierweiden. 4 B. Lödderitzer F. 4 Z. Rathsbruch; Kühnauer F. — Ist wegen der großen Aehnlichkeit mit A. Eupat. leicht zu übersehen, aber schon aus der Ferne durch die größeren, rundlichen, meist dichter gestellten u. fast wagerecht-abstehenden Früchte zu erkennen; bei näherer Prüfung durch die beschriebene Form der Fruchtkelbe, den Wohlgeruch der Blätter und die feinen, hellen (allerdings mit der Lupe zu prüfenden) sitzenden Drüsen.

3. Gruppe. **Roseen.** Früchtchen einsamig, nußartig, nicht aufspringend, von der fleischigen Röhre des K. eingeschlossen.

120. Rosa[1]) L. **Rose.**

K. 5-sp., Röhre fleischig, krugf., oben zsgeschnürt, Zipfel vertrocknend, abfallend od. bleibend; Blkr. 5-blättr.; Früchtchen nußartig, von dem eine falsche Beere darstellenden K. eingeschlossen. — Sträucher, (u. A.) reich mit Stacheln besetzt, mit unpaarig-gefiederten Bl. u. an den Blstiel angewachsenen Nebenbl.; Blth. groß, einzeln od. in wenig-blüthigen Doldentrauben. —

† R. lutea. Mill. Gelbe R. — Stacheln der Schößlinge gerade, ungleich, dicht gestellt; Blättchen 5—9, rundl. ob. elliptisch; Kzpfl. eingeschnitten; Blkr. schön dottergelb, oder (punicea) innen roth, außen gelb. ♄ — Zierstrauch. 6—7. — In Gärten u. Anlagen; auf Friedhöfen zuweilen verwildert.

† R. pimpinellifolia. Dec. Bibernellblättr. R. — Stacheln gerade, ungleich; Blättchen 5—9, selbst 11, rundl. ob. oval, unterseits bläulich-grün; Kzpfl. ganzrandig; Blkr. weiß oder rosa. ♄ — 6.—7. — Bei uns nicht wild, doch oft in Anlagen. —

† R. cinnamomea. L. (R. majalis. Herm.) Zimmt-R. — Stacheln gerade, ungleich; Blättchen 5—7, oval-längl., unterseits aschgrau, flaumh.; Nebenbl. mit röhrig-zsschließenden Rändern; Zpfl. des K. so lang als die Blkr., ganz; Blkr. rosenroth. ♄ — Aus Süd- u. Mitteldeutschl. 5—6. — In Anlagen.

† R. rubrifolia. Vill. Rothblättr. R. — Hechtblau angelaufen; Stacheln ungleich; Blättchen 5—7, elliptisch, unterseits röthlich; Zpfl. des K. länger als die Blkr., ganz; Blkr. rosenroth. ♄ — Aus Süddeutschl. 6—7. — In Anlagen.

† R. semperflorens. Curt. Immerblühende R. — Stacheln zerstreut, derb, unten breit-zsgedrückt, röthl.; Blättchen 3—5, elliptisch-lanzettl., zugespitzt, unten blaugrün, oben glänzend; Blth. meist rispig u. gefüllt, mittelgroß, schwach-wohlriechend; Blkr. rosenroth od. blaß-rosa; Fr. meist kahl, blau-bereift. ♄ — Zierstr. aus China. 4—11. — Vielfach in Gärten.

342. R. canina. L. Hunds-R. — Stacheln derb, sichelf., die der Schößlinge gleichgestaltet; Blättchen 5—7, elliptisch; Zpfl. des K. fiedersp., zurückgeschlagen, später abfallend; Blkr. hell-rosa; Fr. roth, elliptisch ob. rundl. ♄ — Wälder, Haine, Hecken, Gräben, Wegränder, Bäche, Ufer. 5·—7. — Variirt vielfach, nam. in der Bekleidung des Blthstiels (kahl, behaart, drüsig-behaart). — Im Geb. sehr häufig. — Eine in Gärten häufig cult. Var. ist: R. alba. L. Weiße R., mit schönen gefüllten Blth.

343. R. rubiginosa. L. Wein-R. — Stacheln derb, sichelf., die

---

[1]) Latein. Name dieser Gattung.

Rosaceen (Roseen). — Sanguisorbeen.

der Schößlinge mit geraden, dünneren untermischt; Blättchen 5—7, elliptisch ob. rundl., unterseits drüsig; Blthstiele drüsig=borstig; Blkr. rosa; Fr. roth, rundl., meist mit einzelnen Drüsenborsten. ♄ — Wälder, Gebüsch, Gräben. 6—7. — Im Sand=Fl. häufig, im übrigen Fl. u. im Dl. zerstreut. Z. B. 1 C. Chgr. Walbeck=Södingen; Rehm. 2 N. Forsten des Alvensl. Höhenz. 2 W. Rogätzer u. Ramst. F. 2 B. Grabower F. 3 S. Hohes H. 4 E. Hatel. 4 B. Höhenabb. zw. Dornburg u. Gödnitz. 4 Z. Leitzkauer Birkenholz; Liezower Bruch; Feldgr. zw. Thießen u. Buchholz; hohes Elbufer bei den „blauen Bergen".

344. R. tomentosa. Sm. Filzige R. — Stacheln derb, gerade, an den Zweigen meist gekrümmt; Blättchen elliptisch, auf beiden Seiten fein grau=filzig, unterseits zuweilen mit Drüsen; Blthstiele drüsig=borstig; Blkrbl. rosa, nicht drüsig=gewimpert; Fr. roth, rundl., meist mit Drüsenborsten besetzt. ♄ — Wälder, Gebüsch, Wegränder. 6—7. — Im Geb. ziemi. häufig; z. B. 1 C. Fiern Hagen; die Lohden bei Walbeck. 2 N. Alvenslebenscher Höhenz. 2 W. Unterholzer B. 2 B. Bürgerholz; Grabower F.; Hecke der Polzuner Mühle. 3 S. Marienborner F.; Vogelremise zw. Vitriolhütte u. Marienborn; Hohes u. Saures H. 3 Mö. Papstdorfer F. 4 E. Hatel (reichl.); Unseburger Baumholz. 4 B. Grüneberger F.; Todheimer F.; Löbderitzer F.; Diebziger Bsch. 4 Z. Liezower Bruch; Jütrichauer Bsch.; Weggr. zw. Bias u. Steuz; Kühnauer F.

† R. pomifera. Herrmann. (R. villosa. L.) Apfel=R. (Hagebutte, Rosenapfel). — Stacheln derb, gerade; Blättchen lancettl. ob. elliptisch, graugrün; Blthstiele drüsig=borstig; Blkrbl. rosa, drüsig=gewimpert; Fr. kugelig, nickend, dicht mit Borsten u. Drüsenborsten besetzt, mit dem bleibenden K. gekrönt. ♄ — Süddeutschl. 6. — Bei uns der Fr. wegen zuweilen angepfl.

† R. gallica L. Französische R. — Stacheln ungleich, die größeren sichelf., die kleineren borstl.; Blättchen rundl. ob. elliptisch, kahl, am Rande mit kurzgestielten Drüsen, unterseits bläulich; Blthstiele u. K. mit kurzgestielten Drüsen besetzt; Blkr. groß, purpurroth, sehr wohlriechend. ♄ Zierstrauch. 5—6. — In vielen gefüllten Variet. gezogen.

† R. centifolia. L. Centifolie. — Stacheln ungleich, die größeren derb, sichelf.; Blth. nickend; Blkr. groß, rosa, sehr wohlriechend; Fr. eif. ♄ Zierstrauch. 6—7. — Ueberall in Gärten u. Anlagen, fast nur gefüllt.

31. Familie. Sanguisorbeen, Sanguisorbeae. Juss.

Kräuter mit abwechselnden Bl. u. Nebenbl.; Blth. klein, zwitterig ob. eingeschlechtlich, oft in Köpfchen; K. bleibend, mehrsp., an der Spitze zsgezogen; Schlund durch einen Ring verengt; Blkr. fehlend; Stbgf. 1 bis zahlreich, vor dem Ringe des Schlundes eingefügt; Frkn. 1 ob. 2, eineiig; Gf. gipfel= ob. grundst.; N. kopfig, pinself. ob. bärtig; Nuß 1 ob. 2, von dem oft verhärteten K. eingeschlossen.

121. Alchemilla. L. Frauenmantel.

K. 8=sp., Zpfl. abwechselnd kleiner, Röhre glockig; Stbgf. 1—4; Gf. grundst., an der Seite des Frkn. hervortretend; N. kopfig. — Blth. grün, am Schlunde gelblich.

1. Rotte. Blth. in endst., mehrtheiligen Doldentrauben.

345. A. vulgaris. L. Gemeiner F. — St. schwach, aufsteigend; WBl. langgestielt, groß, kreis=nierenf., 7—9=lappig, Lappen halbkreisrund, kerbig=gesägt; Stbl. kleiner, kurzgestielt, die obersten sitzend. ♃ — Grasige Waldstellen u. Waldwege, Haine, Wiesen. 5—8. — Im Fl. ziemi. häufig, im Dl. sehr selten; im Fl. z. B. 2 N. Klepperberg; Bartensl. F.; Errl. F.; tiefe Wiese an der Beverquelle; Bischofswald; Kirchhof in Ivenrode; Altenhäuser F. 3 S. Lenchen bei Sommerschenburg; Hohes H.; Amtsgarten Schermke. 4 E. Hatel (reichl.) — im Dl. 4 Z. Nedlitzer F. (Besenitz).

2. Rotte. Blth. blattwinkelst., geknäuelt.

346. A. arvensis. Scop. (Aphanes arv. L.) Feld=F. — W. vielstengelig; St. liegend, aufsteigend; Bl. handf. 3=th., Zpfl. keilf., vorn

eingeschnitten 3—5=zähnig. ⊙ — Aecker, bef. Sandäcker, Triftabh., Wiesen. ˙6—9. — Im Sand=Fl. m. E., u. im Dl. sehr häufig u. gesellig; im Kalk=Fl. weniger häufig; im Al. noch seltener.

122. Sanguisorba¹). L. **Wiesenknopf.**

K. 4=sp., gefärbt, am Grunde mit 2—3 Deckbl.; Stbgf. 4 ob. zahl=reich; Gf. gipfelst.; N. kopff., warzig; Nuß von dem verhärteten K. eingeschlossen. — Blth. zwitterig, in kopff. Aehren; Bl. unpaarig=gefiedert.

347. S. officinalis. L. Gemeiner W. — St. aufrecht, kantig, ge=furcht; Blättchen herzf.=längl., kerbt=gesägt, unterseits bläulich=grün; Aehren kopff., längl.; K. dunkelroth; Stbgf. gefärbt, so lang als der K. ♃ — Wiesen, auch Grasgr., Dämme, lichte Waldstellen. ˙7—8. — Im Al. der Bode sehr häufig, in dem der Elbe häufig u. auch im Fl. nicht selten; im Dl. u. im Al. der Saale weniger häufig, in manchen Gegenden ganz fehlend.

123. Potérium²). L. **Becherblume.**

K. nicht ob. kaum gefärbt; N. pinself.; Blth. 1=häufig ob. vielehig; sonst wie vor.

348. P. Sanguisorba. L. (Sanguisorba minor. Scop.) Gemeine B. — St. aufrecht, kantig, feinstreifig; Blättchen eif.=rundl., am Grunde schwach=herzf. ob. abgestutzt, tief=sägezähnig; Aehren kugelig, später eif.; K. grün, roth angelaufen, an der Fr. verhärtet, 4=kantig, Kanten stumpf. ♃ — Anhöhen, Esparsette, Chausseegr., Steinbrüche, Wald=säume, trockene Waldstellen. 5—˙7. — Kalk liebend. — Im Kalk=Fl. häufig, im übrigen Fl. u. im Al. selten; im Dl. noch nicht beobachtet. — Auch als Futterkraut in den Kalkgegenden angeb., gewöhnl. gemischt mit Esparsette.

349. P. polygámum. W. u. Kit. Vielehige B. — St. aufrecht, kan=tig, gerieft; Blättchen eif. ob. längl., am Grunde stumpf=keilf., tief=säge=zähnig; Aehren kugelig; K. grün, an der Fr. verhärtet, 4=kantig, Kanten geflügelt. ♃ Cult. 6—8. — In Gärten als Zusatz zum Salat zuweilen geb.

32. Familie. **Pomaceen,** Pomaceae. Juss.

Bäume ob. Sträucher mit abwechselnden Bl. u. gepaarten Nebenbl.; Blth. in endst. Afterdolden; K. mit dem Frkn. verwachsen, am Rande 5=zähnig ob. sp.; Blkrbl. 5; Stbgf. zahlreich, ringf. an der Mündung des K.; Frkn. 2—5=fächerig. Fächer 2—mehreiig; Samenträger mittelpunktst.; Gf. 1—5; Fr. fleischig, eine Beere, Apfelfr. ob. mehr=steinige Steinfr.

124. Crataegus. L. **Weißdorn.**

K. krugf., 5=sp.; Gf. so viel als Fächer des Frkn.; Frkn. 2—5=fächerig, Fächer 2=eiig; Steinfr. 1—5=steinig, mit einer zsgezogenen Scheibe endigend, die schmäler ist als die Fr., Steine in das Fleisch eingesenkt. — Dornige Sträucher ob. Bäume mit gestielten, einfachen Bl. u. weißen Blth.

350. C. oxyacantha³). L. (Mespilus oxy. Gaert.) Gemeiner W. — Bl. verkehrteif., 3—5=lappig, ungleich=gesägt, am Grunde ganz=randig, keilf.; Blthstiele kahl; Gf. 2 ob. 1, selten 3; Fr. oval, 1—3=

---

¹) Von sanguis, das Blut u. sorbeo, schlürfen; (Gebrauch von S. off. zum Blutstillen). ²) Von ποτήριον, Becher. ³) Von ὀξύς, scharf, spitz, u. ἄκανθα, Dorn.

Pomaceen.

steinig. ħ — Wälder, Gebüsch, Hecken, Raine, Dämme, Feldgr., Feldwege, Bäche, Ufer. ·5—·6. — Im Geb. sehr häufig. In Gärten u. Anlagen auch mit gefüllten Blth., u. eine Var. mit rothen, einfachen od. gefüllten Blth. als sehr beliebter Zierstr.

351. C. monógyna. Jacq. (Mespilus mon. Willd.) **Eingriffliger W.** — Bl. wie vor., aber tief 3—5-sp.; Blthstiele zottig; Gf. 1, selten 2; Fr. fast kugelig, 1-steinig. ħ — Wälder, Gebüsch. 5—6. — Mit der vor., aber seltener; blüht später.

† C. coccínea. L. (Mespilus cocc.) Scharlachrother W. — 10—20 F. hoher Baum; Bl. breit-eif., gesägt, mit spitzen, eckigen Einschnitten, am Grunde abgestutzt, fast herzf., kahl; Fr. rundl., scharlachroth. ħ — Zierbaum aus Nordamerika. 4—5. — In Anlagen.

† C. Crus galli. L. (Mespilus Cr. g.) Glänzender W. — Bl. elliptisch, gesägt, mit keilf., ganzrandiger Basis, kahl, oberseits glänzend; Fr. roth. ħ — Zierstrauch aus Nordamerika. 5—6. — In Anlagen.

† C. pyracantha. Borckh. (Mespilus pyr. L.) Immergrüner W. — Bl. oval bis längl., fein-gekerbt, kahl, oberseits glänzend, immergrün; Fr. kugelig, feuerroth. ħ — Zierstrauch aus Italien. 6—7. — In Anlagen.

125. Cotoneáster. Medikus. **Steinmispel.**

Steinfr. 3—5-steinig, Steine an den fleischigen K. angewachsen, an der Spitze nackt u. frei, nicht in das Fleisch eingesenkt; sonst wie vor., aber dornenlos.

352. C. vulgaris. Lindl. (C. integerrima. Med.) Gemeine S. — Bl. rundl.-eif., ganzrandig, unterseits filzig; Blthstiel u. K. kahl ob. schwachfilzig; Blkr. klein, hellroth; Fr. kugelig, überhängend, roth. ħ — Steinige Abhänge. 4—5. — Im südlichsten Kalk-Fl., bisher nur: 5 B. Wilde Busch bei Rothenburg. — In Anlagen zuweilen als Zierstrauch.

126. Méspilus. L. **Mispel.**

K. kreiself., 5-sp., 3pfl. groß, blattartig; Frkn. 2—5-fächerig, Fächer 2-eiig; Steinfr. 1—5-steinig, an der Spitze mit einer verbreiterten, becherf. Scheibe, fast von der Breite der Fr.; Steine in das Fleisch eingesenkt. — Kleine Bäume ob. Sträucher, wild mit Dornen, cult. dornenlos.

353. M. germanica. L. Gemeine M. — Bl. längl.-breit-lancettl., ganzrandig, unterseits filzig; Blth. einzeln; Blkr. groß, weiß; Fr. braun. ħ — In Süddeutschland wild. 5. — In Obstgärten cult.

127. Cydónia. Tourn. **Quitte.**

K. glockenf., 5-sp., 3pfl. blattartig; Frkn. 2—5-fächerig; Apfelfrucht; Fächer mit einer Pergamenthaut bekleidet, vielsamig.

354. C. vulgaris. Pers. Gemeine Q. — Aeste dornenlos; Bl. kurzgestielt, eif., ganzrandig, oberseits zuletzt kahl, unterseits filzig; Kelchröhre filzig; Blth. einzeln; Blkr. groß, röthlich-weiß; Fr. gelb, kugelig (Apfelquitte) ob. birnf. (Birnquitte). ħ — Cult. 5. — Als Einmachefrucht häufig cult.; auch in Anlagen als Zierstrauch.

† C. japónica. Pers. (Pirus jap. Thunb.) Japanische Q. — Aeste dornig; Bl. eif., feingesägt, glänzend; K. glatt; Blth. gehäuft; Blkr. schön scharlachroth. ħ — Zierstr. aus Japan. 4—5. — In Gärten u. Anlagen.

128. Pirus[1]). L. **Birn- und Apfelbaum.**

K. krugf., 5-sp.; Gf. so viel als Fächer des Frkn., frei ob. am Grunde

---

[1]) Latein. Name für den Birnbaum (Pirus communis).

****Polypetale Dic. mit Kelchſt. Stbgf.**

zſgewachſen; Frkn. 2—5=fächerig; Apfelfr., Fächer mit einer Pergament=
haut bekleidet, 2=ſamig. — Bäume; wild mit Dornen, cult. dornenlos.

1. Rotte. Pirus, Birne. Gf. frei; Fr. unten nicht benabelt.

355. P. communis. L. Gemeine B. — Bl. rundl. ob. eif., klein=
gejägt, ungefähr ſo lang als der Blſtiel, im Alter kahl; Blkr. weiß.
— Var. mit filzigen Bl. — ♄ In Wäldern u. cult. 4'—5'. — Im Geb.
nicht ſelten. — In veredelten Sorten in Gärten u. Plantagen überall angepflanzt.

2. Rotte. Malus, Apfel. Gf. am Grunde zſgewachſen; Fr.
oben u. unten benabelt.

356. P. Malus.[1]) L. Gemeiner A. — Bl. eif., ſtumpf=geſägt, kahl
ob. unterſeits filzig, doppelt ſo lang als der Blſtiel; Blkr. röthlich=
weiß. ♄ — Wälder. '5—5' — Im Geb. nicht ſelten. — In Gärten u. Plan=
tagen überall angepf.

† P. spectabilis. Ait. Anſehnlicher A. — Bl. oval=längl., an beiden Enden
verſchmälert, gejägt; Blth. zahlreich, in Dolden; Bltr. anſehnl., röthlich=weiß, in der
Knoſpe roſenroth; Fr. rundl., kirſchengroß, roth. ♄ — Zierbaum aus China. 5. — In
Gärten u. Anlagen; auch mit gefüllten Blth.

129. Sorbus[2]). L. **Ebereſche**[3]).

K. 5=ſp.; Frkn. 5=fächerig, Fächer 2=eiig; Fr. beerenartig, durch
Fehlſchlagen 1—5=ſamig, Fächer dünnhäutig. — Dornenloſe Bäume
ob. Sträucher; Blüthen weiß, in doldigen Rispen.

357. S. aucupária. L. (Pirus auc. Gaert.) Gemeine E. — Bl.
gefiedert, Blättchen längl., ſpitz=geſägt; Fr. kugelig, ſcharlachroth. ♄ —
Laubwälder, Erlenbrüche. 5—'6. — Im Fl. u. Dl. häufig, in der Regel als
Unterholz, im Al. ſehr ſelten u. nur im Sand=Al. (4 B. Lödderitzer F.) — In Anlagen
u. beſ. als Alleebaum häufig angepfl.

† S. Aria. Crtz. (Pirus Ar. Ehrh.) Mehlige E. (Mehlbeerbaum). — Bl.
einfach, eif., doppelt=geſägt, zahlreich, ganzrandig, unterſeits filzig; Fr. roth. ob.
gelbl. ♄ — Aus Süd= u. Mitteldeutſchl. 5. — In Anlagen.

† S. latifolia. Pers. Breitblättr. E. — Bl. breit=eif., eingeſchnitten=ſpitz=
lappig, am Rande geſägt, an der Baſis ſtumpf, unterſeits filzig; Fr. roth. ♄ — Aus
Mitteldeutſchl. 5. — In Anlagen.

358. S. torminalis. Crtz. (Pirus. torm. Ehrh.) Elsbeerbaum. —
Bl. breiteif., eingeſchnitten=ſpitz=lappig, am Rande gejägt, die unteren
Lappen größer, im Alter unterſeits kahl; Fr. eif., lederbraun. ♄ —
Laubwälder. 4'—5. — Im Fl. zerſtreut, im Dl. ſehr ſelten. 1 C. Rehm u. Lohben
bei Walbeck. 2 N. Klepperberg; Barteneſl. F.; Biſchofswald; Emdener F.; 4 E. Hakel
(vielfach). 4 Z. Friedrichsholz. — In Anlagen öfters angepfl.

33. Familie. **Onagreen**, Onagrieae. Juss.

Kräuter (ob. Sträucher) mit abwechſelnden ob. gegenüberſtehenden,
einfachen Bl.; K. röhrenf., mit dem Frkn. verwachſen, Rand meiſt 2=
ob. 4=th. (2—5=th.); Blkrbl. von gleicher Zahl mit den Kzipfeln (ſelten feh=
lend); Stbgf. ſo viel, ob. doppelt ſo viel, ob. halb ſo viel als Kzpfl.; Frkn.
mehrfächerig, mit mittelpunktſt. Samenträger; Gf. 1; N. kopff. ob. geſpal=
ten; Fr. kapſel=, nuß= (ob. beeren=) artig, 2= ob. 4=fächerig.

1. Gruppe. **Onagreen**. Kröhre länger als der Frkn.; Fr.
kapſelartig.

---

[1]) Lat. Name für den Apfelbaum (P. Malus). — [2]) Lat. Name mehrerer Arten
dieſer Gattung. [3]) Die Gattung Sorbus wird von Einigen mit der Gattung Pirus
vereinigt.

Onagrieen.

130. Epilóbium. L. Weidenröschen.

Saum des K. 4:th., aufrecht, mit der an der Spitze des Frkn. ringsum abspringenden Röhre abfällig; Blkrbl. 4; Stbgf. 8; N. 4, kreuzf. abstehend ob. wenigstens 4:sp., ob. aber in eine Keule zsgewachsen u. 4:kantig; Kapsel linealisch, 4:kantig, 4:fächerig, 4:klappig, vielsamig; S. langseidenhaarig:schopfig.

1. Rotte. Bl. sämmtlich abwechselnd; Blth. ausgebreitet; Stbgf. abwärtsgeneigt.

359. E. angustifolium. L. Schmalblättr. W. — St. aufrecht; Bl. schmal-lancettl., ganzrandig ob. schwach-gezähnelt, sitzend; Blth. in verlängerten Trauben; Blkrbl. benagelt, hell-purpurroth, selten weiß. ♃ — Wälder, Haiden, Abhänge, Mauern, Steinbrüche. ·7—9. — Im Fl. u. Dl. nicht selten.

2 Rotte. Nur die oberen Bl. abwechselnd, die unteren gegenst.; Trauben beblättert; Blth. trichterf.; Stbgf. aufrecht.

A. St. stielrund, ohne Leisten.

360. E. hirsútum. L. Rauhhaariges W. — W. im Herbst lange Ausläufer treibend; St. aufrecht, abstehend-behaart; Bl. längl. u. lang-lancettl., halb-stengelumfassend, etwas herablaufend, klein-sägezähnig; Blkr. groß, satt-purpurroth; N. abstehend. ♃ — Sumpfige, waldige Orte, Wassergr., Bäche, Ufer. ·7—9·. Im Dl. häufig, auch im Fl. nicht selten; im Al. nur in dem der Bode u. oberen Saale.

361. E. parviflórum. Schreb. Kleinblumiges W. — W. schief, Ausläufer kurz, mit Blätterrosette; St. aufrecht, zottig ob. flaumh.; Bl. sitzend, die unteren kurzgestielt, ei-lancettl. bis längl.-lancettl., drüsig klein- u. scharf-sägezähnig, beiderseits weichh.; Blkr. klein ob. mittelgroß (so lang ob. fast doppelt so lang als der K.), hell-rosenroth ob. weißl. N. 4:th., die Lappen aufrecht. ♃ — Wassergr., Sümpfe, Weidengebüsch, sumpf. Stellen der Wälder, Bäche, Ausstiche. ·7—9·. — Im Fl. u. Dl. häufig; auch im Al. der Bode.

362. E. montánum. L. Berg-W. — Ausläufer fehlend; St. aufrecht, flaumh.; Bl. kurz-gestielt, eif. ob. lancettl., gezähnt-gesägt; Blkr. klein, rosenroth; N. 4:th., Lappen aufrecht. ♃ — Laubwälder, Gebüsch. ·6—9·. — Im Geb. nicht selten.

363. E. palustre. L. Sumpf.-W. — Ausläufer fädlich; St. aufrecht, etwas flaumh; Bl. schmal-lancettl., ganzrandig ob. weitläufig schwach-gezähnelt, sitzend; Blkr. klein, röthlich-weiß; Narbentheile in eine Keule zsgewachsen. ♃ — Nasse, moorige Wiesen, Wassergr., sumpf. Waldstellen, Erlenbr., Bäche. ·7—9·. Im Sand=Fl. m. S., u. im Dl. häufig; auch im Sand=Al.

B. St. stielrund mit 4 ob. 2 herablaufenden Leisten.

364. E. virgátum. Fries. (E. chordorrhizum. Fr.) Gertenf. W. — Ausläufer verlängert, entfernt beblättert; St. aufsteigend, etwas flaumh., meist mit 2 herablaufenden Leisten; Bl. lancettl., mit abgerundeter Basis allmälig verschmälert, entfernt-gezähnelt, sitzend, nicht herablaufend; Blkr. klein, hellrosenroth; N. in eine Keule zsgewachsen, ob. etwas abstehend. ♃ — Wassergr., Bäche, Quellen. ·7—9. — Im Fl. u. Dl. zerstreut. Z. B. 1 C. Nasser Gr. Calvörde, am Feldwege nach dem Rohrberge. 3 L. Wüsten=Jerichower Spring; F. Magdb. Forth. 4 S. Wahlitzer F. 4 B. Teichartige Niederungen u. Gräben zw. Pömmelte u. Barby. 4 Z. Wgr. zw. Zerbst u. Töppel.

365. E. tetragónum. L. Vierkantiges W. — Ausläufer kurz,

mit Blätterrosette; St. aufrecht, unten kahl, oben mehr od. weniger ange=
drückt=behaart, mit 4 herablaufenden Leisten; Bl. schmal=lancettl.,
ziemlich dicht gesägt=gezähnelt, am St. etwas, aber deutlich, herab=
laufend; Blkr. klein, rosenroth; N. in eine Keule zsgewachsen. ♃ —
Feuchte Gr., Wassergr., Bäche, Quellen, Ausstiche. 7—9. — Im Fl. u.
Tl. ziemlich häufig, auch im Sand=Al. Z. B. 1 C. Gr. zw. Rehm u. Höbingen. 2 N. Al=
vensl. Höhenzug; Wgr. bei Neuhaldensl. 2 W. Weg= u. Feldgräben zw. Wolmirst. u.
Samswegen. 2 B. Bürgerholz; Quergr. an der Ihle bei Wolfshagen. 3 W. Wiesengr.
im Bahrendorfer Grund. 3 M. Potstrine. 3 L. Ihle bei Kl. Lübars. 4 S. Grünewald
(Weggr. vor der alten Fähre); Wgr. zw. Zachmünde u. Pömmelte. 4 B. Gr. u. Niederungen
zw. Pömmelte u. Barby; *Landgr. bei Colphus. 4 Z. Nasser Gr. bei Niederlepta; Wgr.
bei Nutha; Wgr. bei Aken. 5 C. Eisenbahnausstich nördl. von Gritzehne.

366. E. róseum. Schreb. Rosenrothes W. — Ausläufer fehlend,
die jüngeren Triebe kurz; St. aufrecht, oberwärts flaumhaarig, mit meist
4 (2—4) herablaufenden Leisten; Bl. gestielt, längl.=lancettl., an beiden
Enden spitz, dicht=ungleich=gesägt=gezähnelt, untere Bl. gegenst.; Blkr. klein,
hellrosenroth; N. in eine Keule zsgewachsen. ♃ — Feuchte Gräben, Bäche,
sumpf. Orte, feuchte Dorfstraßen. ·7—·10. — Im Tl. u. im Sand=Fl. häufig;
im übrigen Fl. seltener; im Al. nur in dem der Bode.

131. Oenothéra. L. Nachtkerze.

Saum des K. 4=th., zurückgeschlagen; N. 4=sp.; Kapsel längl.,
nach unten etwas bauchig; Blkr. gelb; S. ohne Schopf; sonst wie vor.

367. Oe. biennis. L. Zweijährige N. — W. spindelf., senkrecht;
St. gerade=aufrecht, flaumh.; Bl. lancettl., schwach= u. entfernt=gezähnelt,
flaumh., etwas graugrün; Blkr. groß, länger als die Stbgf. ⊙ —
Sandige Uferstellen, Weidengebüsch, Wegränder, Grasgr., Dämme, Triften,
Gärten u. Anlagen. ·7—10·. — Im Geb. meist nicht selten, am Elbufer häufig.

368. Oe. muricata. L. Weichstachelige N. — W. spindelf.,
schief; St. oben übergebogen, bes. im noch nicht blühenden Zustande;
Bl. schmal=lancettl., deutlich gezähnelt, flaumh., graugrün; Blkr. mittel=
groß, so lang als die Stbgf. ⊙ — Sandige Uferstellen, Deiche, Wei=
denwerder. ·7—10. — Nur im Elbgeb., hier aber ziemlich häufig; z. B. 1 B. san=
dige Trift am Saum der Bertinger F. 2 B. Elbdamm, Rogätz gegenüber; Weidw. der
Forstbuhne in der Richtung von Schartau. 3 M. Rothehorn; Werderspitze; Elbuf. nach
dem Herrnkrug u. Weidw. am Herrnkrug. 4 S. Elbuf., Frohse gegenüber. 4 B. zw. Dorn=
burg u. Göbnitz. 4 Z. Hohes Elbuf. bei Tochheim (reichl.), bei Steckby, zw. Steutz u.
Rietzmeck, bei der „Schlangengrube" östl. von Roslau.

† Oe grandiflora. Ait. Großblumige N. — Bl. lineal=lancettl., geschweift=
gezähnelt; Blkr. sehr groß. ⊙ — Zierpfl. 6—8. — Häufig in Gärten.

Clarkia. Clarkie.

N. 4=lappig; Blkr. lila, roth ob. weiß, sonst wie vor.

† C. elegans. Dougl. Zierliche C. — Bl. eif. ob. eif.=lancettl., gezähnelt, blau=
grün; Blrbl. lila ob. fleischroth, ungetheilt. ⊙ — Zierpfl. aus Californien. 6—9.
— In Gärten.

† C. pulchella. Pursh. Hübsche C. — Bl. lineal=lancettl., ganzrandig; Blkrbl.
roth ob. weiß, mehrspaltig. ⊙ — Zierpfl. aus Californien. 6—9. — In Gärten;
zuweilen verwildert.

2. Gruppe. Circäeen. Kröhre den Frkn. nicht überragend, Saum
(u. A.) 2=theilig, abfallend; Fr. nußartig.

132. Circáea. L. Hexenkraut.

Saum des K. 2=th., zurückgeschlagen; Blkrbl. 2, verkehrtherzf.; Stbgf.
2; Fr. mit hakigen Haaren besetzt, 2=fächerig, Fächer 1=samig. —

Onagrieen. — Haloragten.

zarte Kräu er mit gegenst., gestielten Blättern u. kleinen, zierlichen Blth. in ährenf. Trauben; Blkr. hellrosenroth od. weiß; Fr. zurückgeschlagen.

369. C. lutetiana. L. Gemeines H. — St. kahl, ob. oben kurz= weichh.; Bl. eif., schwach=geschweift=gezähnelt; Blthstielchen ohne Deck= blätter. ♃ — Schattige, feuchte Stellen der Wälder u. Haine; Erlenbr. ·7—9· — Im Geb. meist häufig.

370. C. alpina. L. Alpen=H. — St. kahl; Bl. herz=eif., ge= schweift=gezähnt; Blthstielchen mit kleinen borstl. Deckbl. ♃ — Feuchte, schattige Stellen der Wälder, Waldbäche, Erlenbr. ·6—7· — Aendert ab in der Größe:

β. intermedia Ehrh. (als Art). St. höher; Bl. größer, am Grunde in der Regel nur schwachherzf. (An feuchteren Stellen). — Bisher nur im Dl. beobachtet, nam. auf u. an alten Stümpfen der Erlenbr. Z. B. 1 B. Lüberitzer u. Burgstaller F; an den Quellen des nördl. u. des westl. Arms des Schernebecker Bachs (var. β.); Burgstaller F. am Fuße des Hüselberges u. am scharfen Berg (var. α.); Buktum (α. u. β.) 3 L. F. Magdeb. Forth (am Drewitzer Bach); β.). 4 Z. Lindauer Gehege (Quaster Bruch; α. u. β.); Doberitzer F. (α. u. β); Rathsbruch (β.); Buchholz bei Mühlstädt (β.).

3. Gruppe. **Hydrocaryen.** Ksaum bleibend; Fr. nußartig, knöchern.

133. Trapa. L. **Wassernuß.**

Saum. des K. 2—4=th., bleibend u. dornig auswachsend; Blkrbl. 4; Stbgf. 4; N. kopff.; Frkn. bis zur Mitte mit dem K. verwachsen, 2= fächerig, Fächer 1=eiig; Nuß hart, durch die vergrößerten u. verhärteten Kzipfel 2—4=dornig, 1=samig. — Wasserpflanzen.

371. T. natans. L. Gemeine W. — St. lang, fadenf., rundl.; Bl., die untergetauchten fein kammartig gefiedert, die schwim= menden lang gestielt, eine Rosette bildend, lederartig, rautenf., vorn grobgezähnt, am Grunde ganzrandig; Blkr. weiß, klein; Fr. schwarz. ⊙ — In Teichen. 6—7· — Im Geb. selten, aber gesellig, bisher nur im Elb=Al. u. Dl. 3 M. Pechauer See (reichl.). 4 S. Teiche bei Elbenau. 4 Z. Zerbst, Pfannenteich; Kühnauer See (reichl.).

34. Familie. **Haloragten**, Halorageae. R. Br.

Wasserpflanzen mit quirlf., fiedertheiligen Bl.; K. an den Frkn. angewachsen, Saum 4=th.; Blkrbl. 4; Stbgf. doppelt so viel als Blkrbl., selten weniger; Frkn. 1— mehrfächerig, Fächer 1=eiig; N. sitzend, ebensoviel als Fächer des Frkn.; Fr. nuß= od. steinfruchtartig.

134. Myriophyllum[1]). L. **Tausendblatt.**

Blth. einhäusig; männl. Blth.: K. 4=th.; Blkr. 4, sehr hinfällig; Stbgf. 8, selten 6—4; weibl. Blth.: Kröhre 4=kantig, Saum 4=th., kleiner als bei der männl. Blth.; Blkrbl. sehr klein; N. 4, dick, zottig; Frkn. 4=fächerig, Fächer 1=eiig; Steinfr. saftlos, in 4 Steine zerfallend. — Blth. rosen= roth, meist in Quirlen, von Deckbl. gestützt.

372. M. verticillatum. L. Quirlf. T. — Blattquirle meist 5= zählig (5 ob. 6), Bl. kammf. Zpfl. borstl.; Blth. quirlig, Quirle blatt= winkelst. ob. ährenf., die Deckbl. kammf.=fiederfp., den Stbl. ähnl., länger als die Blth. ♃ — Teiche, Kulke, Wassergr., Bäche. ·7—9· —

---

[1]) Von μυρίος, sehr viel, unzählig, u. φύλλον, Blatt.

Aendert bezüglich der Größe der Deckblätter ab:
α. pinnatifidum, Deckl., vielmal größer als die Blth.
β. intermedium, Deckl. 3 mal so lang als die Blth.
γ. pectinatum, Deckl. etwas länger als die Blth.

Im Geb. nicht selten.

373. M. spicatum. L. Aehrenf. T. — Blattquirle 4-zählig.; Bl. kammf., 3pfl. borstl.; Blth. quirlig, Quirle eine unterbrochene Aehre bildend; die unteren Deckbl. eingeschnitten, so lang als die Blth., die oberen ganz, kürzer als die Blth. ♃ — Teiche, Lachen, Wassergr., Bäche, Flüsse. ·6—9· — Im Geb. nicht selten.

35. Familie. **Hippurideen,** Hippurideae. Link.

Krautartige Sumpfpflanzen mit quirlf., einfachen, linealen Bl.; K. an den Frkn. angewachsen, Saum ganz, sehr klein; Blkr. fehlend; Stbgf. 1, dem Rande des K. eingefügt; Frkn. 1-fächerig, 1-eiig; Gf. fädl.: Steinfr. mit dünnem Fleisch, 1-samig, mit dem Rande des K. gekrönt.

135. Hippúris[1]). L. **Tannenwedel.**

Character der Gattung gleich dem der Familie.

374. H. vulgaris. L. Gemeiner T. — St. einfach, aufrecht, gegliedert, hohl, dicht beblättert; Bl. flach, Quirl reichblättr.; Staubb. purpurroth. ♃ — Wassergr., Sümpfe, Teiche. 5—6. — Zerstreut durch das Geb., meist sehr gesellig; z. B. 2 N. Papenteich. 2 B. Wiesengr. bei d. Rothen M. 3 S. Wassergr. des Seelenichen Bruchs, des Allerbruchs südl. von Eisl. u. der Salzwf. bei Wormsdorf. 3 M. südl. am Presterschen See. 4 O. Wgr. bei Wulferst.; Feld-Wassergr. bei Krottorf; nasser Chgr. bei Hordorf; Theilungsgr. 4 E. Ausstich an der Eisenb. bei Kl. Oscherel. 4 S. Röthe; zw. Glinde u. der Elbe. 4 B. *am Glindener See (reichl.). 4 Z. Badexer Teich (in den Kanälen). 5 B. Lache bei Bernburg (am Siegfeldsbüschchen); Strenge bei Aberstedt (reichl.)

36. Familie. **Callitrichineen,** Callitrichineae. Link.

Zarte Wasserpflanzen mit gegenüberstehenden, einfachen u. ganzrandigen Bl.; Blth. einzeln, achselst., zwitterig od. 1-geschlechtsl., am Grunde mit 2 gegenüberstehenden durchsichtigen Deckbl.; K. unterst, sehr klein, 2-blättr. od. fehlend; Blkr. fehlend; Stbgf. 1, Staubb. nierenf.; Frkn. 1, vierkantig, 4-fächerig; Gf. 2, pfrieml.; Steinfr. saftlos, 4-fächerig, 4-samig.

136. Callitriche[2]). L. **Wasserstern.**

Character der Gattung gleich dem der Familie.

375. C. stagnalis. Scop. Breitblättr. W. — Bl. sämmtl. verkehrteif.-eif., stumpf, abgestutzt od. etwas ausgerandet; Deckbl. sichelf., an der Spitze zsneigend: Gf. bleibend, zuletzt zurückgekrümmt; Kanten der Fr. flügelig-gekielt. ♃ — Stehende u. fließende Wassergr., Lachen, überschwemmt gew. Orte. ·5—7· — Im Geb. sehr häufig.

376. C. vernalis. Kütz. Frühlings-W. — Die unteren Bl. lineal, die oberen verkehrt-eif., ob. sämmtl. Bl. fast lineal; Deckbl. ein wenig gebogen; Gf. aufrecht, abfallend; Kanten der Fr. gekielt,

---

[1]) Von ἵππος. Pferd u. οὐρά. Schwanz. — [2]) Von κάλλος. Schönheit u. θρίξ, τριχός. Haar.

nicht geflügelt. ♃ — Standort wie vor. — Im Geb. häufig, nam. an überschwemmt gew. Orten.

37. Familie. **Ceratophylleen,** Ceratophylleae. Gray.

Wasserpflanzen mit quirlf., in gabelsp., fadenf. Zpfl. getheilten Bl.; Blth. achselst., 1=häufig; Blthhülle 10—12=th.; Staubb. sitzend, 12—20; Frkn. frei, eif., einfächerig, 1=eiig; Gf. fadenf.; Fr. eine Nuß, mit einem Dorn endigend.

137. Ceratophyllum[1]). L. **Hornblatt.**

Character der Gattung gleich dem der Familie. St. u. Bl. untergetaucht.

376. C. submersum. L. Glattes H. — Bl. 3 mal gabelsp. mit 5—8 haarfeinen, fast glatten Zpfl., hellgrün; Fr. an der Basis nackt, an der Spitze mit einem Dorn, der mehrmal kürzer ist, als die Fr. ♃ — Wassergr., Teiche. 6—7. — Im Geb. sehr selten; bisher nur 4 S. Wgr. um Eggersdorf.

378. C. demersum. L. Rauhes H. — St. sehr lang, fadenf., ästig; Bl. 1 ob. 2 mal gabelsp., mit 2—4 lineal=fädl., gezähnten Zpfl.; Fr. mit 2 Dornen am Grunde und 1 an der Spitze, der so lang ob. länger ist als die Fr. ♃ — Teiche u. Wassergr. 7—8. — Im Geb. häufig u. sehr gesellig.

38. Familie. **Lythrarieen** (Salicarien), Lythrarieae (Salicariae). Juss.

Kräuter (selten Sträucher), häufig mit 4=kantigen Aesten; Bl. gegenüberstehend, selten abwechselnd, ganzrandig; Blthstand ährenartig; K. gezähnt, bleibend; Blkrbl. 4—12, zuweilen fehlend; Stbgf. auf der Röhre des K. unterhalb der Blkrbl. befestigt; Frkn. frei, 2—4=fächerig, vieleiig; Gf. 1; N. einfach, kopff.; Fr. eine häutige Kapsel, vom K. umgeben, 2 bis 4= ob. 1=fächerig; S. zahlreich, klein, an einem mittelpunktst. Samenträger.

138. Lythrum[2]). L. **Weiderich.**

K. röhrig, nervig, 8—12=zähnig, Zähne abwechselnd aufrecht u. abstehend; Blkr. roth, 4—6 blättr., auf dem Ende der Kröhre befestigt; Stbgf. so viel ob. doppelt so viel als Blkrbl.; Gf. fädl.; Kapsel 2=fächerig.

379. L. Salicária. L. Gemeiner W. — St. aufrecht, 4—6=kantig; Bl. mit herzf. Grunde sitzend, lancettl., spitz, die unteren gegenst. ob. quirlst.; Blth. in ährigen Quirlen, deckblattlos; Gf. kürzer ob. länger als der K. ♃ — Wassergr., Ausstiche, Kulfe, Teiche, Bäche, Ufer, Weidengeb., feuchte Wiesen; auch nasse, moorige Aecker. 7—9. — Im Geb. sehr häufig.

380. L. Hyssopifolia. L. Ysopblättr. W. — St. aufrecht ob. aufsteigend, meist vom Grund aus blühend, schwachkantig; Bl. längl. ob. lineal, sitzend, beidendig kurz=zugespitzt; Blth. einzeln, blattwinkelst., eine beblätterte Aehre bildend. ⊙ — Feuchte, nam. überschwemmt gew. Aecker, feuchte Gräben, Ausstiche, nasse Wiesen u. Triften.

---

[1]) Von κέρας, Horn u. φύλλον, Blatt. — [2]) λύθρον, Verunreinigung durch Blut; auch Saft der Purpurschnecke; — wegen der rothen Farbe der Blkr.

Polypetale Dic. mit kelchst. Stbgf.

7—9'. — Im Tl. zieml. häufig, im Fl. u. Al. selten. Z. B. 1 C. überschw. gew. A. an der Horst. 1 B. nasse sand. Trift bei Mahlwinkel. 2 B. nasser A. bei Hohenseeden u. am Rothen See; Eisenb.-Ausstich u. n. A. bei Hohenwarte. 3 M. Ausstich neben der Berl. Ch.; A. neben der Potsrine bei Königsborn; Wf. zw. Prester u. Pechau. 3 Mö. Trift am Zipragr. 4 S. Ausst. bei Zachmünde. 4 B. A. bei Parby; *Gr. zw. Colphus u. Zeiß; A. zw. Pretzien u. Dornburg; A. bei Gommern. 4 Z. A. am Friedrichsholze; Trift bei Pulsprode; A. Hohenlepta; Weggr. nach dem Badezer Teichhause; sand. Niederung vor Bias.

139. Peplis. L. Afterquendel.

K. glockig, 12-zähnig; Blkrbl. 6, sehr klein, hinfällig, ob. fehlend; Stbgf. 6; Gf. sehr kurz; Kapsel 2-fächerig. — Liegende, kleine Kräuter.

381. P. Portula. L. Gemeiner A. — St. liegend, ausgebreitet, wurzelnd; Bl. gegenst., verkehrt-eif., in einen kurzen Blstiel auslaufend; Blth. einzeln, blattwinkelst., eine beblätterte Aehre bildend; Kapsel kreiself. ⊙ — Feuchte, nam. überschwemmt gew. Aecker, Triften, Waldwege, Gräben, Ausstiche, Sümpfe, Kulke, Ufer. 6—9'. — Im Tl. u. Sand-Fl., m. C., häufig, ebenso im Elb-Al.; im übrigen Geb. selten.

† Familie. Philadelpheen, Philadelpheae. Dec.

Sträucher mit gegenüberstehenden, gezähnten Bl.; Blth. (u. A.) in Trauben; K. an den Frkn. angewachsen, 4—10-th., bleibend; Blkrbl. soviel als Kzpfl.; Stbgf. zahlreich; Kapsel 4—10-fächerig, vielsamig; S. pfrieml., seilspahnartig.

† Philadelphus. L. Pfeifenstrauch.

K. kreiself., Saum 4—5-th.; Blkrbl. 4—5; Kapsel 4—5-klappig.

† P. coronarius. L. Wohlriechender P. (Wilder Jasmin). — Bl. elliptisch, zugespitzt; Zpfl. des K. kurz-zugespitzt; Blkr. weiß, groß, wohlriechend; Gf. tief 4-sp. ♄ — Zierstrauch. 5—6. — Häufig in Gärten u. Anlagen.

† P. grandiflorus. Willd. Großblüthiger P. — Zpfl. des K. lang zugespitzt; Blkr. geruchlos; Gf. ungetheilt; sonst wie vor., aber die Blth. noch größer. ♄ — Zierstr. aus Nordamerika. 6—7. — In Anlagen.

39. Familie. Cucurbitaceen, Cucurbitaceae. Juss.

Kräuter mit kletternden St. u. schraubenf. Wickelranken; Bl. abwechselnd, ganz ob. gelappt, rauhh.; Blth. meist 1-geschlechtl.; K. oberst. 5-zähnig; Blkrbl. unter sich, u. an der Basis mit dem K. verwachsen; Blkr. 5-sp. ob. th.; Stbgf. 5, öfters zu 2 verwachsen, selten in eine einzige Säule vereinigt ob. ganz frei; Gf. 1; N. 3—5, zweilappig; Frkn. 3—5-fächerig. S.Träger wandst.; Fr. fleischig, entweder mehr ob. weniger groß u. mit einer Rinde versehen (Kürbisfrucht) oder klein (eine Beere), S. meist zahlreich.

Anm. Die Blkr. dieser Familie wird auch wohl als gefärbter K. u. der K. als Außenkelch angesehen; nach dieser Anschauung kommen die Cucurbitaceen in die Abtheilung der blumenkronlosen Dic.

140. Cucurbita[1]). L. Kürbis.

Blth. 1-häusig; Blkr. 5-sp., trichterf.; Stbgf. 5, 3-brüderig; alle 5 Staubb. zsgewachsen; Fr. rindig; S. zsgedrückt, mit wulstigem Rande. — Kräuter mit ästigen Ranken u. gelben Blth.

382. C. Pepo. L. Gemeiner K. — Bl. herzf., 5-lappig; Fr. rundl. ob. oval, glatt. ⊙ — Cult. 6—8. — In Gärten als Zierpfl. u. auch der Fr. wegen häufig geb.

† C. Melopepo. L. Türkenbund. — Fr. niedergedrückt-rund, oben mit höckerigem Rande; sonst wie vor. ⊙ — Zierfrucht. — 6—9. — In Gärten.

---

[1]) Lat. Name für Kürbis (C. Pepo).

Cucurbitaceen — Portulaceen.

141. Cúcumis[1]). L. **Gurke.**

Blth. 1=häufig od. vielehig; Blkr. 5=th., trichterf.; Stbgf. 5, 3=brüderig; Staubb. zsneigend; Fr. rindig; S. zsgedrückt mit spitzem Rande. — Kräuter mit einfachen Ranken u. gelben Blth.

383. C. sativus. L. Gemeine G. — Bl. herzf., 5=eckig=gelappt, Lappen spitz; Fr. längl., höckerig. ⊙ — Cult. 5—9. — Wegen der Fr. überall geb., in manchen Gegenden ein erheblicher Handelsartikel.

384. C. Melo. L. Melonen=G. (Melone). — Bl. herzf., schwach= gelappt, Lappen breit u. rund; Fr. kugelig od. oval, glatt, knötig od. netzadrig. ⊙ — Cult. 7—10. — Vielfach, bef. in Mistbeeten, der wohlschmeckenden Fr. wegen cult.

142. Bryónia. L. **Zaunrübe.**

Blth. 1= ob. 2=häusig; Blkr. 5=th., trichterf.; Stbgf. 5, 3=brüderig; Fr. klein, eine kugelf. Beere, dünnhäutig, 3=fächerig; S. zu beiden Seiten convex. — W. rübenartig; Blth. in doldigen Rispen.

385. B. alba. L. Schwarzbeerige Z. — Bl. herzf., meist 5=lappig (3—7), Lappen spitz; Blth. 1=häusig; weibl. K. so lang als die Blkr.; Blkr. gelblich; N. kahl; Beere schwarz. ⚵ — Zäune, Anlagen. 6—7. — In den Sandgegenden (Al., Sand=Fl. u. Sand=Al.) häufig, im übrigen Geb. seltener.

B. dioica. Jacq. Zweihäusig; weibl. K. halb so lang als die Blkr.; Beere roth. ⚵ — Wie vor. 6—9. — Im Geb. noch nicht beobachtet.

† Sicyos[2]). L. Stichling.

Blth. 1=häusig, Blkr. 5=sp., trichterf.; Stbgf. 5, oben verwachsen. Fr. eif., mit langen, stachligen Borsten besetzt.

† S. angulata. L. Eckiger St. (Haargurke). — Bl. groß. herzf.=5=eckig, schwach=gelappt, gezähnelt; Blkr. klein, grünlich=gelb. ⊙ — Zier=Schlingpfl. 7—9. — In Gärten zur Bekleidung von Lauben; zuweilen verwildert.

40. Familie. Portulaceen, Portulaceae. Juss.

Kräuter (ob. Sträucher) mit abwechselnden, selten gegenüberstehenden, einfachen, ganzrandigen Bl.; K. 2=blättr. ob. 2=th., selten mehrblättr.; Blkr. 5=blättr., oder mehr ob. weniger verwachsen u. 1=blättrig; Frkn. frei ob. nach unten angewachsen, 1=fächerig; Kapsel 3 - mehrsamig, in der Quere ob. mit 3 Lappen aufspringend.

143. Portuláca. L. **Portulak.**

K. 2=th., bleibend, zsgedrückt, am Grunde mit dem Frkn. verwachsen, die Lappen später abwerfend; Blkrbl. meist 5 (4—6), dem K. eingefügt; Stbgf. 8—15, im Grunde des K. befestigt; Frkn. rundl.; Kapsel rings= um aufspringend. — Fleischige Kräuter; Blth. gabelst., einzeln ob. zu mehreren, sitzend; Blkr. gelb.

386. P. olerácea. L. Gemeiner P. — St. nebst den Aesten ge= streckt, röthlich; Bl. längl.=keilig, fleischig, dunkelgrün, mit röthl. Rande. ⊙ — Gärten, Gartenwege. 7—9. — Im Geb. zerstreut: z. B. 2 N. Förstergarten Lübberitz. 3 M. Gärten Rothe Horn, Sudenburg. 4 O. Hornhausen; Park zu Wesekendorf. 4 E. Gr. Germersl. 4 B. *Barby. 4 Z. Zerbst, Ankuhn. 5 B. Schloßgärten Nienburg u. Biendorf.

387. P. sativa. Haw. Gebauter P. — St. aufrecht, Aeste aus= gebreitet, aufstrebend; Bl. verkehrt=eif., fleischig, hellgrün. Viel größer

---

[1]) Lat. Name für Gurke (C. sativus). — [2]) σίκυος, griechischer Name für Gurke (Cucumis sat.).

u. kräftiger als vor. ☉ — Zum Küchengebrauche cult. 7—9. — In Gemüse-gärten geb.

144. Móntia. L. **Montie.**

K. 2-blättr., bleibend; Blkrbl. unten zu einer 1-blättr., trichterf., bis auf den Grund gespaltenen Blkr. verwachsen, Saum 5-theilig: Stbgf. 3; Frkn. kreiself.; Gf. sehr kurz; N. 3; Kapsel mit dem K. gekrönt, 3-klappig. — Kleine, etwas fleischige Kräuter mit gegenüberstehenden Bl.: Blth. in seiten- u. endst. Wickeltrauben; Blkr. weiß, klein.

388. M. minor. Gmel. Kleinere M. — St. niederliegend, ästig; Bl. längl. ob. verkehrt-eif., in den Blstiel verschmälert; Blthstielchen gerade, später gekrümmt; S. grob-knötig-rauh, glanzlos. ☉ — Feuchte Sand-äcker, bes. Ackerfurchen, nasse, nam. moorige Sandstellen. 4'—6'. — Im Tl. u. Sand-Fl. (auch auf Porphyr) häufig, nam. in nassen Jahren; im übrigen Geb. fehlend, selbst im Sand-Al. noch nicht beobachtet.

389. M. rivularis. Gmel. Bach-M. — S. sehr fein-knötig-punk-tirt, glänzend; sonst wie vor. ♃ — Quellen, Bäche, Wassergr., nasse Sandstellen. .5—'9. — Nur im Tl. u. auch hier selten, aber gesellig: 4 S. Fließender Gr. beim Kesselteich zw. Plötzky u. Pretzien. 4 B. Quellbäche der Sandhöhen zw. Torn-burg u. Gödnitz. 4 Z. Fließ. Gr. zw. Poleimühle u. Bades; Wgr. unweit des Brunnens an der Zerbst-Trebnitzer Ch.; Quer-Wgr. am Wege Zerbst-Töppel; Wgräben bei Puls-pforda.

41. Familie. **Paronychieen** (Illecebreen),
Paronychieae. St. Hil. (Illecebreae. R. Br.)

Kräuter mit sehr ästigen, meist niederliegenden u. fadenf. St.; Bl. gegenüberstehend, selten abwechselnd, oft mit trockenhäutigen Nebenbl.; Blth. klein, meist in Knäueln ob. Wirteln; K. 5-th., bleibend; Blkr. 5-blättr., oft sehr klein, zuweilen fehlend; Stbgf. 5, selten weniger ob. mehr; Frkn. frei, 1-fächerig; Fr. klein, trocken, 3-klappig ob. nicht aufspringend.

1. Gruppe. Thelephieen. Bl. abwechselnd (seltner gegenst.), mit trockenhäutigen Nebenbl.; Blkrbl. deutlich, so groß als die Kzpfl., im Grunde des K. befestigt.

145. Corrigiola¹). L. **Hirschsprung.**

Blkrbl. längl.; Stbgf. 5; Fr. 1-samig, nicht aufspringend, vom K. umschlossen. — Kleine niederliegende Kräuter.

390. C. littoralis. L. Gemeiner H. — St. niedergestreckt, vom Grund aus vielästig, nebst den Bl. blaugrün, kahl, Aeste fadenf.; Bl. abwechselnd, fast spatelf., in den Blstiel verschmälert; Blth. meist ge-schlossen, kugelig, in knäuelartigen Wickeln; Kzpfl. weiß berandet; Blkr. weiß. ☉ — Sandige Ufer der Flüsse u. Teiche, sandige, feuchte Wege, Sandgruben u. Aecker. '7—10. — Im Al. der Elbe häufig, nam. auf flachen, sandigen u. kiesigen Uferstellen der Strom-Elbe; auch im Tl. u. im angrenzenden Sand-Fl. auf feuchten, bes. moorigen Sand-Aeckern, Sandwegen u. in Sandgruben; im übrigen Geb. noch nicht beobachtet.

2. Gruppe. Illecebreen. Bl. gegenst. mit trockenhäutigen Nebenbl.; Blkrbl. sehr klein, pfrieml., ob. fehlend; Fr. 1-samig, nicht auf-springend ob. kapselartig.

---

¹) Diminut. v. corrigia, Riemen.

Paronychieen.

146. Herniária¹). L. **Bruchkraut.**
Blkrbl. staubfadenähnl.; Stbgf. 5; Fr. kugelig, nicht aufspringend, vom K. umschlossen. — Kleine niedergestreckte Kräuter mit gegenüberstehenden Bl. (an den Zweigen ist das 2. Bl. viel kleiner ob. es fehlt gänzlich); Blth. in zahlreichen, blattwinkelst., knäuelartigen Wickeln.
391. H. glabra. L. Kahles B. — St. vom Grund aus vielästig, nebst den Bl. gelbgrün, fast kahl, Aeste fadenf.; Bl. elliptisch ob. längl., kurzgestielt; K. kahl. ♃ — Sand. u. kiesige Aecker, Triften, Wiesenstellen, Sand- u. Kiesgruben, Ausstiche, sand. u. kiesige Uferstellen, Haiden. — Sandpflanze. — 5·–9. — Im Tl. gemein, ebenso im Flußsand des Al., häufig auch im Sand-Al. u. im Sand-Fl.; im übrigen Fl. fast nur in Kies- u. Sandgruben.

147. Illécebrum. L. **Knorpelblume.**
K. sternf.-fünfeckig, gefärbt; 3pfl. verdickt, knorpelig, von der Seite zsgedrückt, haarspitzig begrannt; Blkrbl. borstl. ob. fehlend; Stbgf. 5; Kapsel vom K. umschlossen. — Kleine niedergestreckte Kräuter mit gegenst. Bl.; Blth. in zahlreichen, blattwinkelst. Wirteln.
392. J. verticillatum. L. Quirlige K. — St. vom Grund aus vielästig, kahl, Aeste fadenf., meist roth; Bl. rundl. ob. verkehrt-eif., fast sitzend; K. weiß gefärbt. ☉ — Feuchte, moorsandige Aecker, sandige Ausstiche u. ausgestochene Gräben, feuchte Sandgruben. ·7–8·. — Nur im Tl. u. im Sand-Fl. an der Grenze des Tl., hier auf moorigem Sand, bes. in nassen Jahren, nicht selten u. sehr gesellig. 3. B. 1 C. Flaches Ufer des Flechtinger Schloßteiches; Weggr. zw. Calvörde u. Böddensell; A. Lossewitz, Zobbenitz, Clüden, A. nördl. v. der Wanne, Rorsförde. 1 B. A. am Schweinewinkel zw. Burgstall u. Uchtdorf; A. im „saurem Grunde" u. am Kronenpfuhl zw. Mahlwinkel u. Birtholz. 2 N. A. am „schwarzen Pfuhl"; A. bei Bülstringen; Gr. des quelligen Moors bei Satuelle u. A. in der Niederung nach der Linderburg zu. 2 B. A. im u. am Rothen See bei Hohenieden; A. vor der Kienlake bei Crüssau; A. zw. Theeßen u. Küsel. 3 L. A. bei Gottesforth. 4 B. *A. hinter Walternienburg bei der Nuthaer Ziegelei. 4 Z. Schweinetrift nördl. v. Detzer Teich; A. unterhalb der Kiefern vor Pulspforda; Gr. südl. v. Rathsbruch; A. bei dem Boner Teich; A. am Mgr. u. Lufo u. Mühlsdorf; Sandgrube bei Hundelust; A. zw. Mühlstedt, Meinsd. u. Roslau.

3. Gruppe. **Scleranthcen.** (Scleranthcae. Link als bes. Familie). Bl. gegenst., am Grunde verwachsen u. mit trockenhäutigem Ansatze statt der Nebenbl.; Blkrbl. fehlend; Fr. 1-samig, nicht aufspringend.

148. Scleránthus²). L. **Knäuel.**
K. krugf.-glockig, Saum 5-th., weiß berandet; Stbgf. 10 ob. 8, seltener 5 ob. 2; Fr. vom verhärteten K. eingeschlossen. — Kleine vielästige Kräuter, mit herabgebogenen u. aufsteigenden Aesten, linealen, pfriemf. Bl. u. zahlreichen, gabelästig gestellten Blthknäulen.
393. S. annuus. L. Jähriger K. — Blth. aus der Ferne vom Ansehn grün; Deckbl. so lang ob. länger als die Blth.; Kzpfl. eif., zieml. spitz, schmal-weißhäutig berandet, die fruchttragenden etwas abstehend; Stbgf. 5, 8 u. 10. ☉ — Aecker (bes. magere u. sandige), Wege, Triften, Grasgr., Haiden. 4·–10. — Gemein, nam. in den Sandgegenden, u. sehr gesellig.
394. S. perennis. L. Mehrjähriger K. — Blth. aus der Ferne vom Ansehn weiß; Deckbl. viel kürzer als die Blth.; Kzpfl. längl., stumpf, breit-weißhäutig berandet, die fruchttragenden zsgeneigt, fast geschlossen; Stbgf. 10. ♃ — Magere Sandäcker (bes. kiesige), sandige,

---
¹) Von hernia, Bruch, wegen des früher arzneilichen Gebrauchs. — ²) σκληρός, trocken, dürr, hart, u. ἄνθος, Blüthe.

trockene Triften, Haiden, Sand- u. Porphyrhöhen; selten auf Kalk. 5—10.
— Im Sand-Fl. u. Dl. häufig, auch im Sand-Al. u. auf dem Philipps-Galgenberg am Hakel.

42. Familie. **Crassulaceen**, Crassulaceae. Dec.

Saftige Kräuter (ob. Sträucher) mit abwechselnden ob. gegenüberstehenden fleischigen Bl.; Blth. gewöhnlich in Afterdolden, sitzend, oft einseitig; K. mehrsp. ob. th.; Blkrbl. so viel als Kzpfl., frei ob. am Grunde zu einer 1-blättr. Blkr. zsgewachsen; Stbgf. nebst den Blkrbl. dem K. eingefügt, so viel ob. doppelt so viel als Kzpfl.: Frkn. so viel als Kzpfl.; Früchtchen balgkapselartig, meist vielsamig.

149. Sedum. L. **Fetthenne**.

K. 5-th.; Blkr. 5-blättr.; Stbgf. 10; Fr. aus 5 sternf. aneinanderstehenden Balgkapseln bestehend.

1. Rotte. Bl. flach, breit; Afterdolden endst., gedrungen.

395. S. maximum. Suter. Große F. — Bl. längl. ob. eif., meist gegenst. ob. zu 3, mit herzf. ob. herzpfeilf. Basis sitzend, hellgrün, unten bläulich; Blkrbl. grün-gelblichweiß. ♃ — Wälder, Haine, Gebüsch, Dämme, Ackerränder, Raine, Grasgr., Mauern. 8—9·. — Im Fl. u. Dl. häufig; im Al. selten.

396. S. purpurascens. Koch. (S. purpureum. Link.). Purpurröthl. F. — Bl. längl. ob. lancettl., in der Regel abwechselnd, die oberen sitzend, die unteren in einen kurzen Blstiel auslaufend, blaugrün; Blkrbl. rosenroth mit schmaler, weißer Einfassung. ♃ — Wälder, Gebüsch, Raine. 7—8. — Nur im Al. der Elbe; hier aber nicht selten. Z. B. 1 B. bew. Uferabh. bei Ringfurt. 2 B. Bew. Rain an der Elbe, der Polteschäferei gegenüber; Deichwall bei Buro. 3 M. Rothehorn-Spitze. 4 S. Schönb. Busch; Kapitelbusch; Grünewald. 4 B. Grüneberger, Ronneier u. Tochheimer F.; Lödderkiger F. u. Diebziger Bsch. 4 Z. Steckbyer F.; Unterbusch; Kühnauer F. u. Park; Mosigkauer F.

2. Rotte. Bl. lineal, stielrund; Afterdolden endst., wenig-ästig ob. locker.

A. Blkr. weiß ob. rosenroth.

S. villosum. L. Bl. aufrecht u. nebst der Trugdolde drüsig-behaart; Blkr. rosenroth. ☉ — Torfsümpfe. 6—8. — Nach Schwabe bei Zerbst u. Hundeluft. In neuerer Zeit nicht aufgefunden.

† S. album. L. Weiße F. — Bl. abstehend, Afterdolde, mehrästig, locker; Blkr. weiß. ♃ — Auf Mauern u. Felsen Süd- u. Mitteldeutschlands. 7—8. — Zuweilen auf Mauern verwildert, z. B. 3 M. Gewölbter Durchgang an der Domschule. 4 B. Dornburg, M. des Schloß-Obstgartens.

B. Blkr. gelb; Bl. aufrecht, anliegend.

397. S. acre. L. Scharfe F. (Mauerpfeffer). — Bl. eif., spitzl., auf dem Rücken buckelig, mit stumpfer Basis sitzend; Afterdolde zweiästig. ♃ — Trockene Gräben, Abhänge, Sandtriften, Mauern, Steinbr., sandige Ufer, Wegränder, Haiden. ·6—7. — Gemein.

398. S. sexangulare. L. (S. boloniense. Loisl.) Sechskantige F. — Bl. lineal mit spornartig verlängerter Basis; Afterdolde in der Regel 3-ästig. ♃ — An Orten wie vor.: blüht später. 6—9·. — Im Geb. sehr häufig, oft mit der vor.

399. S. reflexum. L. Zurückgekrümmte F. — Blthstengel vor dem Aufblühen überhängend; Bl. lineal-pfrieml., kurzstachelspitzig, an der Basis etwas gespornt; Afterdolde mehrästig. ♃ — Trockene Höhen,

Sandfelder, Raine, Haiden, Mauern. Als Suppenkraut cult. 7—9. — Variirt: a. grasgrün, viride Koch.; Pfl. fleischiger; so in Gärten cult. (Trip=madam); b. blaugrün, S. rupestre. L. (als Art), so nur bei uns wild. — Im Sand=Fl., Dl. u. Sand=Al. häufig; im übrigen Geb. nur zuweilen auf Mauern, trockenen Höhen an sandigen Ufern.

† **Sempervivum. L. Hauslauch.**

K. 6—20=th.; Blkrbl. 6—20, am Grunde mit den Stbgf. zu einer einblättr. Blkr. ver=wachsen. — Bl. flach, breit.

† **S. tectorum. L. Gemeiner H.** — St. anfangs kurz, die Bl. zu einer Rosette gehäuft; blühender St. aufrecht; Bl. längl.=verkehrteif., in eine Stachelspitze zugespitzt, kahl, am Rande gewimpert; Blkrbl. schmutzig=rosenroth, sternf. ausgebreitet. ♃ — In Süddeutschl. auf den Felsen der Alpen. 7—8. — Bei uns in Dörfern auf Mauern u. Dächern häufig angepfl. u. verwildert.

43. Familie. **Grossularieen**, Grossularieae. Dec.

Sträucher mit abwechselnden, gelappten Bl. u. traubigen Blth.; K. oberst., fast flach, glockig od. röhrig, 5=sp.; Blkrbl. 5, benagelt; Stbgf. 5; Frkn. 1=fächerig, vieleiig; Gf. 2—4=sp.; Fr. eine Beere, mit dem ver=trockneten K. gekrönt, 1=fächerig, mehrsamig.

150. Ribes. L. Johannis= (u. Stachel=)**beere.**

Character der Gattung gleich dem der Familie.

1. Rotte. Grossularia, **Stachelbeere**. St. stachelig; Traube wenig= (1—3=) blüthig.

400. R. Grossularia. L. Gem. Stachelbeere. — K. glockig, Zpfl. zurückgebogen; Blth. grünlich od. schmutzig=roth; Beere grün od. braunröthlich. ♄ — Wälder; als Fruchtstrauch cult. 4'—5'. — Var.: *α*. Fr. drüsen=borstig; *β*. Fr. kahl (R. Uva crispa. L.). — Ueberall in Gärten angepfl.; in Wäl=dern mehrfach, stets vereinzelt u. wohl nur verschleppt.

2. Rotte. Ribesia, **Johannisbeere**. St. wehrlos. Traube reichblth.

401. R. alpinum. L. Alpen=J. — Bl. unterseits kahl; Traube drüsig, aufrecht; Deckbl. lancettl., länger als das Blthstielchen; K. flach; Blkr. grünlich; Beere roth. ♄ — Wälder. 4'—5'. — Wild nur im südlichsten Fl. 5 B. Fredl. Bsch. u. Pfaffenbusch bei Fredleben; Sandersl. Bsch.; Wilde Bsch. (reichl.). — In Parkanlagen häufig angepfl. u. verwildert (1 O. Lustgarten Böddensell).

402. R. nigrum. L. Schwarze J. — Bl. unterseits mit hellen, gelben Drüsen besetzt; Trauben übergeneigt od. hängend; Deckbl. pfrieml., kürzer als das Blthstielchen; K. glockig, Zpfl. zurückgebogen, Saum roth; Blkr. gelb; Beere schwarz. ♄ — Sumpf. Waldstellen u. Bachufer, Erlenbr. 4'—5'. — Im Dl. häufig, bes. in Erlenbr., im Sand=Fl. selten (2 N. Rathusiussche F. im Erlenbr. am vordern Teich); im übrigen Geb. noch nicht beobachtet. — In Gärten zuweilen als Fruchtstrauch cult.

403. R. rubrum. L. Rothe J. — Bl. unterseits, bes. auf den Adern behaart; Traube übergeneigt, später hängend; Deckbl. eif., kürzer als das Blthstielchen; K. beckenf.; Blkr. gelbl.=grün; Beere roth, cult. meist gelblich=weiß. ♄ — Wälder, Erlenbr. — Als Fruchtstrauch cult. 4'—5'. — Im Geb. nicht selten, doch meist nur vereinzelt; in Gärten überall angepfl.

† **R. sanguineum.** Pursh. **Blutrothe J.** — Traube lang, übergeneigt; Deckbl. groß, spatelf., rothgefärbt; K. röhrenf.; Blth. purpurroth. ♄ — Zierstrauch aus Nordamerika. 4—5. — In Gärten u. Anlagen häufig angepfl.

† **R. aureum.** Pursh. **Goldgelbe J.** — Traube kurz, aufrecht abstehend; Deckbl. groß, grün; K. röhrenf.; Blth. goldgelb. ♄ — Zierstr. aus Nordamerika. 4—5. — Wie vor. häufig angepfl.

† **R. floridum.** L'Herit. **Pensylvanische J.** — Tr. hängend; Deckbl. klein, fast pfrieml., zottig; K. becherf.; Blth. gelblich. ♄ — Zierstr. aus Pensylvanien. 5—6. — In Anlagen.

44. Familie. **Saxifrageen**, Saxifrageae. Juss.

Kräuter (Sträucher ob. Bäume); K. 4—5-sp. ob. th., bleibend; Blkr. 4—5-blättr., dem K. eingefügt, zuweilen fehlend; Stbgf. so viel ob. doppelt so viel als Kzipfel, auf dem K. stehend; Frkn. 2-fächerig, 2-schnäbelig; Gf. 2; Fr. eine Kapsel, 2- ob. 1-fächerig.

151. Saxifraga[1]). L. **Steinbrech**.

K. 5-sp. ob. th., an den Frkn. angewachsen ob. frei; Blkrbl. 5; Stbgf. 10; Gf. 2, bleibend; Kapsel 2-schnäbelig, 2-fächerig, mit einem Loche aufspringend. — Zierliche, drüsenhaarige Kräuter mit Wurzelblätterrosette.

† S. umbrosa. L. Schattenliebender S. (Porzellanblümchen). — St. schaftartig, drüsig-behaart, oben rispig; WBl. verkehrt-eif., gekerbt, am Rande knorpelig, in den Blstiel verschmälert; K. zurückgeschlagen; Blkr. weiß, gelbu. roth punktirt. ♃ — Zierpfl. 6. — In Gärten.

† S. crassifolia. L. Dickblättr. S. — St. schaftartig, dick, oben traubig-rispig; Bl. breit-oval, sehr groß, lederartig, am Grunde des Stiels scheidig; Blth. roth, ansehnl., hängend. ♃ — Zierpfl. aus Sibirien. 4—5. — In Gärten.

404. S. tridactylites[2]). L. Dreifingerter S. — W. einfach; St. einzeln, selten mehrere, aufrecht, wenig-beblättert, 5—10 cm. h.; WBl. verkehrt-eif., ungetheilt od. 3-sp.; StBl. handf., 3-th. ob. 3-sp.; Blth. auseinandergerückt, langgestielt; Blkr. klein, weiß. ⊙ — Sonnige Hügel, Abhänge, grasarme Stellen mooriger Wiesen und Triften; u. unter der Saat auf moorsandigem Boden. 4—6. — Im Fl. u. Dl. nicht selten u. stets gesellig.

405. S. granulata. L. Körniger S. — W. mit kleinen Knollen besetzt; St. aufrecht, armblätterig, 15—30 cm. h.; WBl. nierenf., grob-gekerbt, langgestielt; das unterste StBl. 2—7-th.; die oberen schmal-lancettl.; Blth. unten entfernt, oben zusammengerückt, doldig; Blkr. ansehnl., weiß. ♃ — Wiesen (nam. trockene Moorwiesen), Triften, Grasgr., sonnige Höhen, Raine, Waldränder. 4'—6'. — Im Dl. sehr häufig (auf trockenen Moorwf. wie ges.); auch im Fl. u. Sand-Al. nicht selten u. stets gesellig.

152. Chrysosplénium[3]). L. **Milzkraut**.

K. mit dem Frkn. verwachsen, Saum 4-sp., gefärbt, 2 Zpfl. kleiner; Blkr. fehlend; Stbgf. 8 (d. h. 4 bis zum Grunde getheilt); Gf. 2, Kapsel 2-schnäbelig, 1-fächerig, bis zur Mitte in 2 Klappen aufspringend, an den Rändern die schwarzen, glänzenden S. tragend. — Kriechende, sumpfliebende Kräuter mit nierenf. ob. rundl. Bl.; Blth. gold- ob. grün-gelb, mit den obersten Bl. einen flachen Ebenstrauß bildend.

416. C. alternifolium. L. Wechselbl. M. — St. aufsteigend; Bl. wechselst., herz-nierenf., tief- u. breit-gekerbt, hellgrün. ♃ — Nasse moorige Wiesen u. Gräben, Erlenbr., sumpf. Quellen, moorige Ufer der Bäche. 4—5. — Im Sand-Fl. u. Dl. nicht selten, nam. in Erlenbr., u. meist sehr gesellig.

407. C. oppositifolium. L. Gegenblättr. M. — St. aufsteigend; Bl. gegenst., an der Basis abgeschnitten ob. schwach-keilf., seicht-gekerbt,

---

1) Von saxum, Fels, Stein, u. frangere brechen, wegen des Wachsens vieler Arten in Felsspalten, od. wegen Anwendung von S. granul. gegen die Steinkrankheit. — 2) Von τρι —, drei, u. δάκτυλος, Finger; wegen der Form der Bl. — 3) Von χρυσός, Gold, u. σπλήν, Milz; wegen des ehemaligen Gebrauchs gegen Milzkrankh.

dunkelgrün. In allen Theilen kleiner als vor. ♃ — An sumpfigen Quellen.
4·—5. — Im Geb. sehr selten; bisher nur 1 O. Isern Hagen (sumpfmoorige Quelle nach Velsdorf zu; mit Ch. altern. gemeinschaftl.).

3. Unterordnung. **Polypetale Dicotyledonen mit stempelständigen (oberweibigen) Staubgefäßen.**
Dicotyledones polypetalae staminibus epigynis.

K. innig mit dem Frkn. verwachsen; Stbgf. auf dem Frkn. stehend; K. stets oberst., Frkn. stets unterst. —

45. Familie. **Umbelliferen** (Umbellaten, Doldengewächse, Dolden), **Umbelliferae.** Juss.

Kräuter mit meist hohlen St. u. abwechselnden, selten gegenüberstehenden, an der Basis scheidigen, oft zsgesetzten Bl.; Blth. meist Zwitter in zsgesetzten (vollkommenen), selten in einfachen (u. unvollkommenen) Dolden, häufig mit Hüllen versehen; KRand 5=zähnig od. verwischt (undeutlich); Blkr. 5=blättr., in der Knospenlage einwärts=gerollt, (u. A.) meist weiß, selten gelb; Stbgf. 5; Frkn. 2=fächerig, Fächer 1=eiig; Gf. 2, jeder an der Basis in eine oberweibige Scheibe verbreitert, das Ende der Fr. mit einem Polster (Stempelpolster) bedeckend; Fr. aus 2 trockenen Früchtchen bestehend, bei der Reife in der Regel sich trennend u. an der Spitze einer 2=sp. od. 2=th. Axe hängend (einfache Spaltfrucht, Doppel=Achenium); S. an die Fruchthülle (Pericarpium) angewachsen, selten frei.

Anm. Die Gattungen dieser Familie werden je nach der Form der Berührungsfläche (der inneren Seite, Fugenseite) der beiden Früchtchen, wie sie durch die Gestalt des Eiweißkörpers bedingt ist, in 3 Hauptgruppen getheilt, und diese gruppiren sich weiter nach Blüthenstand und Form der Frucht wie folgt:
1. Früchtchen auf der Fugenseite flach od. gewölbt.
  1. Hauptgruppe. Orthospermen, Geradsamige.
  A. Die Dolden unvollkommen.
  a. Fr. von der Seite zsgezogen od. flach zsgedrückt:
    1. Gruppe. Hydrocotyleen (Hydrocotyle).
  b. Fr. stielrund, mit borstenf. Stacheln od. Schuppen besetzt:
    2. Gr. Saniculeen (Sanicula. Astrantia. Eryngium).
  B. Die Dolden vollkommen.
  a. Frchen mit 5 gleichen Hauptrippen, ohne Nebenrippen.
  α. Fr. von der Seite zsgedrückt, meist 2=knotig:
    3. Gr. Ammineen (Cicuta. Apium. Petroselinum. Helosciadium. Falcaria. Ammi. Aegopodium. Carum. Pimpinella. Berula. Sium. Bupleurum).
  β. Fr. stielrund od. fast stielrund:
    4. Gr. Seselineen. (Oenanthe. Aethusa. Foeniculum. Seseli. Cnidium. Silaus).
  γ. Fr. vom Rücken her zsgedrückt, am Rande 2=flügelig:
    5. Gr. Angeliceen. (Selinum. Angelica. Archangelica).
  δ. Fr. vom Rücken flach zsgedrückt, am Rande 1=flügelig:
    6. Gr. Peucedaneen. (Peucedanum. Thysselinum. Anethum. Pastinaca. Heracleum).
  b. Frchen mit 5 Hauptrippen u. 4 Nebenrippen.
  α. Hauptrippen fadenf.; Nebenrippen sämmtlich od. die 2 äußeren geflügelt, daher die Fr. entweder 8= od. 4=flügelig:
    7. Gr. Thapsieen. (Laserpitium).
  β. Hauptrippen fadenf., borstig; Nebenrippen stachelig:
    8. Gr. Daucineen. (Daucus).
  2. Frchen auf der Fugenseite der Länge nach vertieft, rinnenf. —
    2. Hauptgruppe. Campylospermen, Krummsamige.
  A. Frchen mit 5 Haupt= und 4 Nebenrippen.
  Hauptrippen borstig od. stachelig, Nebenrippen stachelig:
    9. Gr. Caucalineen. (Caucalis. Torilis).
  B. Frchen mit 5 Hauptrippen, ohne Nebenrippen.

a. Fr. an der Seite stark zsgedrückt ob. zsgezogen, oft geschnäbelt:
  10. Gr. Scandicineen. (Scandix. Anthriscus. Chaerophyllum).
b. Fr. gedunsen:
  11. Gr. Smyrneen. (Conium).
    3. Frchen auf der Fugenseite ausgehöhlt.
    3. Hauptgruppe. Cölospermen, Hohlsamige:
  12. Gr. Coriandreen. (Coriandrum).

1. Hauptgruppe. Orthospermen, Geradsamige.

Früchtchen auf der Fugenseite flach ob. gewölbt.

A. Die Dolden unvollkommen.

1. Gruppe. **Hydrocotyleen.** Fr. von der Seite zsgezogen ob. flach zsgedrückt; Blkrbl. abstehend, spitz.

153. Hydrocótyle[1]). L. Wassernabel.

KRand verwischt; Blkrbl. eif., ganz, mit gerader Spitze; Fr. 2-schildig; Frchen 5-rippig; Dolde einfach, kopff.; Hülle 1—5-blättr.
408. H. vulgaris. L. Gemeiner W. — St. fadenf., kriechend, an den Gelenken blühend u. wurzelnd; Bl. schildf., kreisrund, seicht-lappig-gekerbt; köpfige Dolde meist 5-blüthig; Blr. weiß ob. röthl. ♃ — Nasse Moorwiesen, moorige Gräben, Sümpfe, Erlenbr., feuchte Wald-stellen. 7—9· — Im Sand-Fl. u. Dl. häufig u. gesellig; auch im Sand-Al.; im übrigen Geb. sehr selten.

2. Gruppe. **Saniculeen.** Fr. fast stielrund, mit borstenf. Stacheln ob. mit Schuppen bedeckt; Blkrbl. aufrecht, von der Mitte an nach innen umgebogen.

154. Sanicula[2]). L. Sanikel.

KRand 5-zähnig; Fr. fast kugelig, mit hakigen, borstenf. Stacheln dicht besetzt; Frchen bei der Reife sich nicht trennend. — Dolde wenigstrahlig; Döldchen kopff., erbsengroß; Hülle wenigblättr.; Hüllchen meist 5-blättr.
409. S. europaea. L. Gemeiner S. — St. aufrecht, wenig beblättert, schaftartig; WBl. langgestielt, handf.-5-th., Lappen 3-sp., ungleich-eingeschnitten-gesägt. ♃ — Schattige Wälder. 5—7· — Im Fl. häufig; im Dl. seltener (2 W. Ramstädter F.; 4 Z. Friedrichsholz; Neblitzer F.; Golmenglin u. Schlesen); im Al. nur in dem der Bode (4 E. Wehl; Unseburger Großholz).

† Astrantia. L. Astrantie.
K. 5-zähnig; Fr. vom Rücken her etwas zsgedrückt; Frchen mit 5 erhabenen, faltig gezähnten Rippen; Hülle vielblättr., gefärbt.
† A. major. L. Große A. — WBl. handf., 5-th.; Hüllblättchen so lang ob. länger als die Dolde, weiß mit grünen Spitzen, netzaderig; Kzähne stachelspitzig; Blkr. weiß ob. hellroth; Zähne der Rippen stumpf. ♃ — Im Geb. nicht wild; zuweilen in Gärten als Zierpfl. ob. eingeschleppt. 6—8.

155. Erýngium. L. Mannstreu.

KRand 5-zähnig, Zähne mit stacheliger Spitze; Fr. verkehrt-eif., schuppig, fast stielrund; Früchtchen riefen- u. striemenlos. — Distelartige Pfl. mit gabelästigem St. u. lederartigen Bl.; Dolde kopff.
410. E. campestre. L. Feld-M. — St. sperrig-ästig, nebst den Bl. graugrün; Bl. doppelt-fiedersp., stachelig-gesägt-gezähnt, die wurzelst. gestielt, die stengelst. geöhrt-stengelumfassend; Blthköpfchen rundl., Hülle

---

1) Von ὕδωρ, Wasser, u. κοτύλη, Napf; wegen der Form der Bl. — 2) Von sanus, heil, gesund, abgeleitet; wegen der San. eur. zugeschriebenen Heilkraft.

5—6=blättr., Blättchen lineal=lancettl., länger als das Köpfchen; Blkr. weiß=lich. ♃ — Unfrucht. Hügel, Triften, Raine, Dämme, Grasgr., Dörfer, Ufer, Weg= u. Waldränder. ·7—10. — Mit Ausn. des nordwestlichen Theils des Geb. im Fl. u. Al. gemein, im Dl. weniger häufig, doch auch hier nicht selten. Nord=westlich über Gr. Bartensl., Neuhaldensl. (jüdischer Friedhof) u. Angern hinaus noch nicht beobachtet.

B. Die Dolden vollkommen.
a. Früchtchen mit 5 Hauptrippen, ohne Nebenrippen.

3. Gruppe. Ammineen. Fr. von der Seite zsgedrückt, meist 2=knotig.

156. Cicúta. L. Wasserschierling.

KRand 5=zähnig; Blkrbl. verkehrt=herzf. mit eingebogenem Läppchen; Fr. rundl., 2=knotig, Thälchen 1=striemig. — Hülle fehlend od. wenig=blättr.; Hüllchen vielblättr., borstenf.

411. C. virosa. L. Giftiger W. — St. aufrecht, rundl.; Bl. 3=fach=gefiedert; Blättchen schmal=lancettl., scharf=gesägt, glänzend; Dolden vielstrahlig; Blkr. weiß. ♃ — Sumpfmoorige Stellen der Bäche, Teiche, Lachen, Wassergr., Erlenbr. 6·—7· — Im Dl. meist häufig, (z. B. 2 W. Samsweger Teich u. Hagebach; Mordahl=See. 2 B. 3 Mö. u. 3 L. Jhle. 3 L. Gloineſche Bach u. Dreibach. 4 B. *Göbnitzer u. Flötzer See; Ruthe. 4 Z. Gebiet der Ruthe u. der Roßlau); auch im Sand=Al. (4 Z Kühnauer See); im übrigen Al. u. im Fl. noch nicht beobachtet.

157. Apium. L. Sellerie.

KRand verwischt; Blkrbl. rundl. mit eingebogenem Läppchen; Fr. rundl., 2=knotig, Thälchen 1=striemig, Stempelpolster flach. — Hülle u. Hüll=chen fehlend.

412. A. graveolens. L. Gewöhnliche S. — St. aufrecht, ge=furcht; Bl. einfach=gefiedert, die oberen 3=zählig od. 3=sp.; Dolden kurz=gestielt; Blkr. weiß. — W. bei der wilden Pfl. spindelf., bei der cult. rund, fleischig. ⊙ — Salzhaltige Wassergr., Bäche, Wiesen; auch an Dör=fern. — Als Wurzelkoſt cult. 7—10. — Im Geb. auf salzigem Boden nicht selten, z. B. 3 S. Mühlenbach bei Remkersl. 3 W. Sare bei Wanzl., Kl. u. Gr. Germersl.; Mühlenbach bei Langenweddingen; Sulze am Salzterrain bei Sülld. (wie gef.); Sulze. 4 O. Wassergr. bei Alikend. 4 S. Grabirwerf; Sulze bei Sohlen u. Beiend. 5 S. Wgr. bei Staßfurt; Wgr. bei Hedlingen u. Salzwſ. (wie gef.) — Auch hin u. wieder in Dorf=straßen (wohl nur verwildert). — In Gärten u. auf Gemüseländereien allgemein cult.

158. Petroselinum. Hoffm. Petersilie.

KRand verwischt; Blkrbl. rundl. mit eingebogenem Läppchen; Fr. eif., fast 2=knotig, Thälchen 1=striemig; Stempelpolster kurz=kegelf.; Frucht=halter 2=th. — Hülle wenig=blättr.; Hüllchen viel=blättr.

413. P. sativum. Hoffm. Gewöhnl. P. — St. aufrecht, stumpf=kantig; Bl. glänzend, die wurzelſt. 2—3=fach=gefiedert, die stengelſt. doppelt= u. 1=fach=gefiedert, die oberſten 3=zählig; Zähne der Blättchen mit weißem Stachelſpitzchen; Blkr. gelblich. — Die Bl. haben gerieben einen aro=matischen Geruch. ⊙ — Zum Küchengebrauch gebaut. 6—7. — In Gärten allgem. cult.

159. Helosciádium[1]). Koch. Sumpfschirm.

KRand 5=zähnig od. verwischt; Blkrbl. eif., mit gerader od. eingebogener Spitze; Fr. eif. od. längl.; Thälchen 1=striemig; Frhalter ungetheilt.

---

1) Von έλος, Sumpf, u. σκιάδιον, Sonnenschirm.

414. H. repens. Koch. **Kriechender S.** — St. zart, niedergestreckt, kriechend; Bl. einfach=gefiedert; Blättchen rundl., eingeschnitten=gesägt=gezähnt ob. gelappt; Dolde u. Döldchen armblüthig; Blkr. weißlich. — Hülle wenig=blättr.; Hüllchen vielblättr., Blättchen lancettl. — Kleine, winzige Kräuter. ♃ — Feuchte Triften u. Gräben. 7—9. — Nur im Sand=Fl. u. Dl. u. auch hier nicht häufig, aber gesellig. 2 N. Triftfleck am Gr. bei Kl. Bartensl.; Papenteich; Binsenniederung u. Weggr. zw. Neuhaldensl. u. Wedringen; Weggr. vor Hillersl.; nasse Triften bei Vahldorf (reichl.). 3 M. Puhlmühle bei Gerwisch.

† **H. leptophyllum.** Dec. Feinblättr. S. — St. aufrecht, gabelästig; Bl. mehrfach=feingetheilt, Zpfl. lineal=fadenf.; Dolde blattwinkelst., sitzend, armblüthig; Döldchen mehrblüthig; Blkr. sehr klein, weißl. — Hülle und Hüllchen fehlend. ⊙ — Wahrscheinlich mit Guano aus Amerika eingeschleppt. 5 B. Im Teichmüller'schen Garten bei Bernburg, vielfach u. seit Jahren beständig. 5—6. —

160. Falcária[1]). Host. **Sicheldolde.**

KRand 5=zähnig; Blkrbl. verkehrt=herzf., mit eingebogenem Läppchen; Fr. längl.; Thälchen 1=striemig; Frhalter 2=sp.

415. F. Rivini. Host. (F. vulgaris. Bernh.) **Rivins=S.** — St. rundl., fein=gerieft, ausgebreitet=ästig, nebst den Bl. blaugrün; WBl. einfach u. 3=zählig; StBl. 3=zählig, das Mittelblättchen meist 3=sp., die Seitenbl. meist 2=sp., Zipfel schmal= bis lineal=lancettl., dicht=scharf=gesägt; Blkr. weiß. ⊙ — Acker= u. Wegränder, Gräben, Triften, Wiesen, Raine, Waldränder, Steinbrüche. ·7—10· — Im Fl. u. Al. sehr häufig, u. auch im Dl. nicht selten, hier aber meist nur auf gutem, fruchtb. Boden od. an Gräben.

† **Ammi.** L. Ammi.
KRand verwischt; Blkrbl. verkehrt=eif., ungleich 2=lappig. — Hülle u. Hüllchen vielblättr.

† **A. majus.** L. Großes A. — St. gefurcht, nebst den Bl. blaugrün; Bl. doppelt=fiedert; Blättchen lancettl., geschärft=gesägt mit weiß=knorpeligen Spitzchen; Blkr. weiß. — Hülle großblättrig, Blättchen fein=fiedersp. od. 3=th. ⊙ — Mit fremdem Luzern=Samen zuweilen eingeführt; unbeständig. 7—9.

161. Aegopódium[2]). L. **Geißfuß.**

KRand verwischt; Blkrbl. verkehrteif., ausgerandet, mit eingebogenem Läppchen; Fr. längl.; Thälchen striemenlos; Frhalter an der Spitze getheilt. — Hülle u. Hüllchen fehlen.

416. A. Podagraria. L. Gemeiner G. — St. gefurcht; WBl. doppelt 3=zählig, StBl. doppelt od. 1=fach 3=zählig; Blättchen eif. bis lancettl., scharf=gesägt; Blkr. weiß. ♃ — Laubwälder, Gebüsch, Weidenw., Hecken, Grasgärten, Wassergr., Bäche, schattige Ufer. ·6—7. — Im Geb. sehr häufig u. sehr gesellig.

162. Carum[3]). L. **Kümmel.**

KRand u. Blkrbl. wie Aegopod. Fr. längl., Thälchen 1=striemig.

417. C. Carvi. L. Gemeiner K. — W. spindelf.; St. kantig; Bl. doppelt=gefiedert; Blättchen fiedersp., die untersten Paare an der Spindel kreuzweise gestellt; Blkr. weiß. — Hülle u. Hüllchen fehlen. ⊙ — Wiesen, Grasgr.; auch Grasstellen der Wälder; Dörfer. — Als Gewürzpfl. cult. 4·—6. — Im Geb. gemein; auch mehrfach geb.

---

[1]) falx, die Sichel; wegen der Blform. — [2]) αἴξ, αἰγός, Ziege, u. πόδιον, Dim. v. πούς, Füßchen. — [3]) καρόν, lat. careum, Kümmel, Feldkümmel.

Umbelliferen (Ammineen).

163. Pimpinella. L. Bibernell.

KRand u. Blkrbl. wie Aegopod. Fr. eif., fast 2=knotig; Thälchen mehrstriemig. — Hülle u. Hüllchen fehlen.

418. P. magna. L. Große B. — St. kantig=gefurcht; Bl. ein= fach=gefiedert; Blättchen kurzgestielt (wenigstens das unterste Paar) eif. ob. längl., grob=gesägt; Blkr. weiß, selten rosenroth; Gf. länger als der Frkn. ♃ — Wiesen, Gutsgl., Gebüsch, lichte Wälder ·7—8· — Im Geb. nicht selten, nam. auf Moor= u. Alluvialwiesen; zuweilen, wie auf den Bodewiesen, feh= lend, dagegen auf den Ohre= und Saalwiesen und den Moorwiesen des Zerbster Geb. sehr häufig. Z. B. 1 C. Wf. bei Calvörde, Loffewitz u. Clüden. 2 N. Ohre=Wf. bei Bülstringen, Satuelle, Neuhaldensl., Wedringen, Hillersl., Lahldorf (überall reich!.); Waldwf. im Pude= grin u. Albensl. F. 2 W. Moorwf. bei Mose. 2 B. Wüstenhufen u. Wgr. bei Deters= hagen u. Schermen. 3 S. Wf. bei Fabel., Chgr. Ueplingen. 3 M. Werdervitze; Elbwf. u. Wf. des Commandantenwerder. 3 Mö. Papsdorfer F. 4 E. Hakel. 4 S. Elbwf. am Capitelbsch. 4 B. Elbwf. vor Dornburg (Hoplake); Grüneberger F. 4 Z. Friedrichs= holz, Jütrichauer Bsch.; Lindauer Geh. u. Liezower Br.; Moorwf. bei Strinum, Babe= witz, Straguth, Buchholz, Thießen, Robleben; Elbwf. im Oberlug u. bei der Kühnauer F. 5 C. Saaldamm u. Wf. bei Wispitz; Weidw. der Saale; Sprohne. 5 B. Saalwf. bei Altenburg, Bernburg (reich!.), Aberstädt; Plötzkauer Bsch.

419. P. Saxifraga. L. Gemeine B. — St. stielrund, fein= gerillt; Bl. einfach=gefiedert; Blättchen der Wbl. rundl. ob. eif., einge= schnitten u. grob=gezähnt, die der Stbl. doppelt=fiedersp., oben ganzrandig, lineal; Blkr. weiß; Gf. während der Blthzeit kürzer als der Frkn. ♃ — Sonnige Höhen, Triften, trockne Wiesen, Grasgr., Grasabhänge, Dämme, Raine, Wegränder, Steinbr., trockene Waldstellen, Haiden. ·7—10. — Aendert ab in Größe der Staude u. Form der Bl.

β. nigra. Willd. (als Art); Pfl. üppiger; W. stärker u. saftiger, beim Durchschnei= den sich blau färbend. — Im Fl., Dl. u. Sand=Al. gemein; Var. β selten.

420. P. Anisum. L. Anis=B. (Anis). — Untere Bl. herzf.= rundl., eingeschnitten=gesägt, mittlere gefiedert, oberste 3=th.; Blkr. weiß; Fr. flaumh. ☉ — Cult. 7—8. — In Gärten zuweilen geb.

164. Bérula. Koch. Berle.

KRand schwach=5=zähnig; Blkrbl. verkehrt=eif., ausgerandet mit eingebogenem Läppchen; Fr. eif., fast 2=knotig; Thälchen mehrstriemig; Früchtchen auf der Fugenseite gewölbt, im Querdurchschnitt stiel= rund. — Hülle u. Hüllchen vielblättr.

421. B. angustifolia. Koch. Schmalblättr. B. — W. kriechend; St. aufrecht, rundl.; Bl. einfach=gefiedert; Blättchen eif. bis lancettf., grob= eingeschnitten=sägezähnig, am Grunde ungleich, sitzend; Dolden mäßig=gestielt, den Bl. gegenüberstehend; Blkr. weiß. — Hülle blattartig, fast so lang als die Dolde, meist mehrsp., später zurückgeschlagen; Hüllchen länger als das Döldchen. ♃ — Wassergr., Bäche. ·7—9· — Im Sand= Fl. u. Dl. sehr häufig; u. auch im übrigen Geb. nicht selten.

165. Sium. L. Merk.

KRand, Blkrbl. u. Fr. wie Berula; Früchtchen auf der Fugen= seite flach. — Hülle verschieden.

422. S. latifolium. L. Breitblättr. M. — W. faserig, aus= läufertreibend; St. gefurcht, kantig; Bl. einfach=gefiedert; Blättchen lan= cettl., dicht=scharf=gesägt, die der Wbl. der jungen Pfl. doppelt= fiedersp., lineal(sp.); Kzähne deutlich; Blkr. weiß; Schenkel des Fr.= halters an die Frchen angewachsen. — Hülle vielblättr., viel kürzer als die Dolde, Blättchen schmal=lancettl., zurückgeschlagen; Hüllchen viel-

blättr. ⚘ — Wassergr., Lachen, Teiche, Bäche, Ufer, nasse Wiesenstellen, Erlenbr. ·7—10. — Im Al. sehr häufig, auch im Dl. häufig; im Fl. seltener.

423. S. Sisarum. L. Zuckerhaltiger M. (Zuckerwurzel). — W. knollig=büschelig; St. gefurcht; Bl. einfach=gefiedert, die oberen 3=zählig; Blättchen lancettl., dicht=gesägt; Kzähne undeutl.; Blkr. weiß; Schenkel des Frhalters frei. — Hülle u. Hüllchen wenig=blättr., brstl. ⚘ — Cult. 7—8. — Zum Küchengebrauch u. als Gemüse geb.

166. B pleurum. L. Hasenohr.

KRand verwischt; Blkr. gelb; Blkrbl. rundl., ganz, eng=eingerollt; Fr. fast 2=knotig; Frhalter frei. — Bl. einfach, ganzrandig. — Hülle verschieden.

424. B. tenuissimum. L. Feines H. — St. aufrecht, von unten aus ästig; Aeste schlank, dünn; Bl. lineal=lancettl., zugespitzt, Dolden unregelmäßig=strahlig, die endst. 3—4strahlig, die seitenst. unvollständig; Döldchen köpfchenartig; Fr. körnig=rauh. — Hüllchen lineal=lancettl., länger als das Döldchen. ☉ — Salzhaltige Quellen, Gräben, Wiesen. 7—8. — Im Geb. auf mehr ob. weniger salzhaltigem Boden zerstreut, meist sehr gesellig; z. B. 3 W. Salzterrain bei Sülldorf. 4 S. Acker=Rain bei Randau; Soolkanal; am Gradirwerk. 5 S. Salzwf. bei Staßf. u. Hecklingen.

425. B. falcatum. L. Sichelblättr. H. — St. gabel=ästig; Bl. 5—7=nervig, die unteren elliptisch ob. schmal=längl., in den Blstiel verschmälert, die oberen schmal=lancettl., spitz, sitzend; Dolden 5—10=strahlig; Döldchen vielstrahlig; Fr. glatt. — Hülle u. Hüllchen lancettl., lang=zugespitzt, Hüllchen fast so lang als das Döldchen. ⚘ — Hügel, Gebüsch, Wälder. 7—10. — Nur im Kalk=Fl., m. O., hier aber ziemli. häufig u. gesellig; z. B. 1 O. Rehm (stw. w. gef.); Lohen u. Domberg bei Walbeck; kalksteinige Höhen u. Abh. zw. Walbeck u. Schwanefeld (oft wie gef.). 2 N. Klepperb. 3 S. Hohes H. (südl. Theil); Saures H. 4 E. Hasel (reichl.); Vogelremise bei Heteborn; Gypsbr. bei Westeregeln. 4 S. *Sohlensche B. 5 S. Chgr. zw. Staßfurt u. Rathmannsd. 5 B. Bew. hohes Saaluf. zw. Plötzkau, Alsl. u. Gnölbzig; Wilde Busch; Sandersl. Bsch.; Pfaffenbusch bei Frecsl.; Westerberge.

† B. rotundifolium. L. Rundblättr. H. — Bl. eif., durchwachsen, die unteren stengelumfassend; Dolde u. Döldchen vielstrahlig. — Hülle fehlend; Hüllchen breit= eif., zugespitzt. ☉ — In Anlagen 7—8. — Zuweilen eingeschleppt.

4. Gruppe. **Seselineen.** Fr. stielrund ob. fast stielrund.

167. Oenánthe[1]). L. Nebendolde.

KRand 5=zähnig; Blkr. weiß; Blkrbl. verkehrt=eif., ausgerandet mit eingebogenem Läppchen; Fr. walzl., mit den aufrechten, langen Gf. gekrönt; Thälchen 1=striemig; Frchen auf der Fugenseite gewölbt; Frhalter angewachsen, undeutlich. — Hülle (u. A.) fehlend; Hüllchen vielblättr.

426. O. fistulosa. L. Röhrige N. — W. büschelig, ausläufertreibend; St. röhrig, wenig ästig, Aeste aufrecht=abstehend; Bl. 1—2=fach gefiedert; Blättchen lineal; Blstiel hohl; Hauptdolbe 2—3=strahlig, fruchtb.; die übrigen Dolden 3—7=strahlig, unfruchtb.; Früchte gedrängt, in fast kopff. Döldchen. ⚘ — Wassergr., Ausstiche, Lachen, Teiche, Bäche, sumpfige Wiesen. 6—10. — Im Geb. nicht selten.

427. O. Phellandrium. Lam. (O. aquatica. Lam.) Fenchelsamige N. (Wasserfenchel). — W. spindelf.; St. röhrig, vielästig, Aeste

---

[1]) Von οἶνος, Wein, u. ἄνϑη, Blüthe.

Umbelliferen (Seselineen).

sperrig; Bl. 2= u. 3=fach=gefiedert; Blättchen eif., fiedersp.; Dolden mäßig gestielt, den Bl. gegenst. ☉ — Kulke, Wassergr., Ausstiche, Lachen, Teiche, Bäche. 6'—10'. — Im Al. sehr häufig, auch im Dl. häufig; im Fl. seltener.

168. Aethúsa[1]). L. **Gleiße.**

KRand verwischt; Blkrbl. verkehrt=eif., ausgerandet mit eingebogenem Läppchen; Fr. eif.=kugelig; Rippen dick, gekielt; Frchen auf der Fugenseite flach. —

428. A. Cynápium[2]). L. Garten=G. (Hundspetersilie). — W. spindelf.; St. rundl., bereift; Bl. glänzend, doppelt=gefiedert; Blättchen einfach= ob. doppelt=fiedersp., 3pfl. längl=lineal mit grüner Stachelspitze; Blkr. weiß. — Hülle fehlt; Hüllchen 3=blättr., einseitig, Blättchen lineal, länger als das Dölbchen, herabhängend. ☉ — Gärten, Dorfstr., Aecker, an Wegen, in Wäldern. '7—8'. — Im Geb. sehr häufig, als Waldpfl. fast nur im Al. — Die Bl. haben mit denen der Petersilie große Aehnlichkeit, letztere sind jedoch durch den Geruch u. durch die weißen Spitzen der Blzipfel leicht zu erkennen.

169. Foeniculum. Hoffm. **Fenchel.**

KRand verwischt; Blkrbl. rundl., eingerollt; Läppchen fast 4=eckig, gestutzt; Fr. längl.=eif., Rippen stumpf=gekielt.

429. F. officinale. All. (F. capillaceum. Gil.) Gebräuchl. F. — St. walzenf., ästig; Bl. vielfach getheilt, 3pfl. pfrieml.=verlängert; Blkr. gelb. — Hüllen fehlend. ☉ — Aus Süddeutschl. 7—10. — Als Gewürzpfl. zuweilen cult.

170. Séseli. L. **Sesel.**

KRand 5=zähnig, Zähne kurz u. dick; Blkr. weiß; Blkrbl. verkehrt=eif. mit eingebogenem Läppchen; Fr. eif. ob. längl., mit den rückwärts gebogenen Gf. gekrönt; Rippen dick; Frchen auf der Fugenseite flach. — Hülle fehlend; Hüllchen vielblättr. — St. aufrecht, gestreift; Bl. 3=fach gefiedert; 3pfl. lineal.

430. S. Hippomárathrum. L. Pferde=S. — Bl. blaugrün; Blscheiden der Stbl. angedrückt, die oberen meist blattlos; Dolde 9—12=strahlig; Hüllchen zsgewachsen, beckenf., gezähnt, kürzer als das Dölbchen. ♃ — Sonnige Höhen, steinige Abhänge. 7—10. — Nur im Kalk=Fl. u. auch hier selten, aber gesellig. 3 W. Langenweddingen, Kalksteinbr.; Sülb., Hohlweg nach Osterweddingen. 5 B. Kalbk. bei Bernburg (reichl.); Höhen bei der Georgsburg (Könnern); Burgb. bei Rothenburg.

431. S. coloratum. Ehrh. (S. annuum. L.) Gefärbter S. — Bl. bläulich=grün, an sonnigen Stellen nebst St. u. Dolden sich röthend; Blscheiden der Stbl. angedrückt, die oberen kurz=beblättert; Dolde 15—30=strahlig; Hüllchen mit freien, breithäutigen Blättchen, so lang als das Dölbchen. ☉ u. ♃ — Grasige Hügel, Wälder. 7—10. — Im Fl. ziemi. häufig, bes. auf den Hügeln mit nordl. Grand; im Dl. selten. 3. B. 2 N. Pudegrin; hohes Olveuf. 2 W. Rogätzer F. (Oberhagen). 3 W. Wiesenb. bei Niedernbobel. 3 M. Hohenwarsl. B.; Schnarsl. B.; Höhen bei Diesd.; Hängelb. 4 S. B. bei Westerhüsen, Beiendorf u. Frohse; Mühlenb. bei Gr. Mühlingen; *Kl. Mühlinger B. 5 S. Anger u. Triftweg beim Lerchenteich. 5 C. Dreihöhenb. bei Eikend.; Zenser B.; Wartenb. 5 B. Höhen bei der Georgsburg.

---

1) Von αἴθω, brennen, αἴθων, brennend, glänzend; wegen der glänzenden Bl. —
2) Von κύων, Hund, u. ἄπιον, Eppich.

171. Cnidium. Cusson. **Brenndolde.**

KRand verwischt; Blkr. weiß; Blkrbl. verkehrt=eif., ausgerandet, mit eingebogenem Läppchen; Fr. eif. ob. längl.; Rippen fast häutig=geflügelt; Thälchen 1=striemig; Frchen auf der Fugenseite flach.

432. **C. venosum.** Koch. Aderige B. — St. fein=gerillt, einfach ob. oben mit einfachen Aesten; Bl. doppelt=gefiedert, Zpfl. durchscheinend=aderig, lineal ob. lancettl.=lineal, ungeth. ob. 2—3=th., mit nach unten etwas umgeschlagenem, kahlen Rande; Blscheiden verlängert, die oberen anliegend; Hülle fehlend ob. wenig=blättr.; Hüllchen vielbl., Blättchen pfrieml., so lang als die Döldchen. ⚇ — Wiesen, Wälder. ·7—8· — Im Sand=Al. sehr häufig u. auch im übrigen Al. der Elbe nicht selten; sonst zerstreut durch d. Geb. Z. B. 1 C. Knöllwiese bei Böddensell; Niebelhagen (Waldwf.). 2 N. Bartensl. F.; Bischofswald. 2 B. Wüstenhusen bei Burg; Waldwf. der Resenschen F.; Wf. an der Güsener F. 3 M. Biederitzer Bsch.; Commandantenwerder; Wf. bei Prester. 4 O. Bodewf. bei Hadmersl. 4 S. Grünewald; Randauer Wf.; zw. Plötzky u. Gommern neben Gebüsch; Wahlitzer F. 4 B. Wf. zw. Pretzien u. Dornburg; *Wf. zw. Gödnitz u. Grüneberg; Todheimer F.; Löbderitzer F. 4 B. u. 4 Z. Forsten u. Wf. im Sand.=Al., bes. auf den Bruchwiesen bei Rajoch, Sachsendorf, Mennewitz, Trebichau, Reppichau u. Aken, stw. w. gef. 4 Z. Neblitzer F. (Birken=Partie unweit des Dorfes); Röslauer F. — Im jungen, nicht blühenden Zustande von dem sehr ähnl. Silaus prat. mit gleichfalls durchscheinend geaderten Bl. durch die langen, anliegenden Blscheiden u. durch den etwas umgerollten, nicht bewimperten Rand der Blzfl. zu unterscheiden.

172. Silaus. Bess. **Silau.**

KRand verwischt; Blkrbl. längl.=verkehrt=eif., mit eingebogenem Läppchen; Fr. eif.; Rippen scharf, fast geflügelt; Thälchen mehrstriemig; Frchen auf der Fugenseite flach.

433. **S. pratensis.** Bess. Wiesen=S. — St. gefurcht; WBl. 3—4=fach=gefiedert; Stbl. 3= u. 2=fach, die obersten 1=fach=gefiedert; Zpfl. lineal ob. lineal=lancettl., stachelspitzig, durchscheinend=geadert, am Rande fein=dicht=gewimpert; Blscheiden kurz, nicht an den St. anliegend; Blkr. blaß=gelb. — Hülle fehlend ob. wenig=blättr.; Hüllchen viel=bl., Blättchen lineal, zugespitzt, kaum so lang als das Döldchen. ⚇ — Fruchtb. feuchte ob. moorige Wiesen, Grasgr., Gebüsch, Laubwälder. 6·—9. — Im Geb. sehr häufig.

5. Gruppe. **Angeliceen.** Fr. vom Rücken her zsgedrückt, die 3 Rückenrippen der Frchen geflügelt oder fadenf., die 2 seitenst. breit=geflügelt, Flügel der beiden Frchen auseinander=klaffend, daher die Fr. am Rande 3=flügelig; Frchen auf der Fugenseite flach.

173. Selinum. L. **Silge.**

KRand verwischt; Blkrbl. verkehrt=eif., ausgerandet, mit eingebogenem Läppchen; Rippen der Frchen geflügelt, die seitenst. Flügel noch einmal so breit als die rückenst.; Thälchen 1=striemig.

434. **S. Carvifolia.** L. Kümmelblättr. S. — St. gefurcht=kantig, Kanten häutig=geflügelt; Bl. 3=fach u. doppelt=gefiedert; Fiederchen tief=fiedersp. ob. gezähnt, die Zpfl. längl. mit weißer Stachelspitze; Blkr. weiß. — Hülle fehlend ob. wenig=blättr.; Hüllchen vielbl., Blättchen borstl. ⚇ — Laubwälder, feuchte Wiesen. ·7—9· — In den Laubwäldern des Geb. meist häufig; auch auf den Moorwf. u. Elbwf. nicht selten, weniger häufig auf den Bodewf. (Staßfurt); auf den Saal= u. Wipperwf. noch nicht beobachtet.

Umbelliferen (Peucedaneen).

174. Angélica[1]). L. Engelwurz.

KRand verwischt; Blkrbl. ei=lancettl., mit langer, gerader ob. wenig eingebogener Spitze; Rückenrippen der Frchen fadenf.; Seiten=rippen breit=häutig=geflügelt; Thälchen 1=striemig; S. überall an die Fruchthülle angewachsen.

435. A. sylvestris. L. Wald=E. — St. röhrig, stielrund, gestreift, blau=bereift; Bl. 3=fach= ob. doppelt= gefiedert: Blättchen eif., ungleich=fein=scharf=gesägt, das endst. ganz ob. 3=sp., die seitenst. fast sitzend, an der Basis ungleich; Blscheide grob. bauchig=aufgeblasen, obere Blstiele bauchig; Blkrbl. weiß, ins Röthliche. — Hülle meist fehlend; Hüllchen vielblättr. ⚄ — Feuchte Waldstellen, Gebüsche, Weidenw., Ufer, Wiesen, nam. Moorwiesen, Erlenbr. ·7—9· — Im Geb. häufig: im Fl. u. Tl. bes. auf Wiesen u. in Erlenbr.; im Al. dagegen vornehmlich in Waldungen u. Weidenw.

175. Archangélica[2]). Hoffm. Erzengelwurz.

KRand 5=zähnig; Blkrbl. lanzettl. mit langer, nach innen hakenf. umgebogener Spitze; Rückenrippen der Frchen dick=fadenf., Seiten=rippen breit=geflügelt; S. vielstriemig, nicht mit der Fruchthülle verwachsen.

436. A. officinalis. Hoffm. Gebräuchliche E. — St. röhrig, stielrund, gerillt; Bl. doppelt= ob. 3=fach= gefiedert, wohlriechend; Blätt=chen ei= ob. fast herzf., ungleich=grob=scharf=gesägt, das endst. 3=, die seitenst. oft 2=lappig; obere Blstiele bauchig=aufgeblasen; Blkrbl. grünlich. — Hülle fehlend ob. 1=bl.; Hüllchen vielblättr. ⊙ — Ufer, Dämme, Wiesen u. Wiesengr. 6·—7· — Nur im Geb. der Bode, vom Eintritt derselben ins Geb. zw. Hedersl. u. Rodensl. bis zum Ausfl. in die Saale, meist unmittelbar am Ufer u. an den Armen der Bode, sowie an angrenzenden Dämmen; häufig nam. zw. Egeln, Tarthun, Unseburg, Athensl., Staßfurt u. Hohenerxleben. — In Dorfgärten, wo sie früher als Arzeneipfl. gebaut wurde, zuweilen verwildert; z. B. 2 N. Altenhausen. — Von Angelica sylv. durch den stark aromat. Geruch der geriebenen Bl., durch die grünl. Farbe der Blkrbl. und deren hakenf. Spitzen, u. durch bes seinen S. am Besten zu unterscheiden.

6. Gruppe. Peucedaneen. Fr. vom Rücken her flach zsge=drückt; Rückenrippen der Frchen meist dünn=fadenf.; Seitenrippen breit=geflügelt, Flügel beider Frchen aneinanderliegend, daher die Frucht ein=flügelig; Frchen auf der Fugenseite flach ob. gewölbt.

176. Peucédanum. L. Haarstrang.

KRand 5=zähnig, selten verwischt; Blkrbl. verkehrt=herzf., mit ein=gebogenem Läppchen; Rückenrippen fädl.; Striemen auf der Jugen=seite oberflächlich. — Hülle verschieden; Hüllchen vielblättr.

A. Hülle fehlend ob. wenigblättr.; Hüllchenbl. borstenf.

437. P. officinale. L. Gebräuchlicher H. — St. stielrund, ge=rillt; Bl. vielmal zsgesetzt; Blättchen lineal=verlängert, lang=zugespitzt, unten verschmälert; Blkr. gelb. ⚄ — Fruchtb. Wiesen, Dämme, Gräben, Waldsäume. 7—8. — Im Al. ziemt. häufig; im Tl. selten; fehlt im Fl. Z. B. 2 B. Elbwj. bei Pareh u. Ihleburg; Teichwall; Pennigsdorfer F. am Wege nach Ihleburg (reichl.). 3 M. Wi. vor dem Biederizer Holz.; Chgr. an der Berliner Ch.; Commandantenwerder; Rothehorn; am Gerwischer See; Moorwj. an der Potstrine; Schwiesau. 4 O. Bruchwj. Olchersl.=Wulferst.; Bodewj. u. Bodedamm bei Krottorf u. Hordorf; Wj. zw. Kl.= u. Gr.=Alsleben; Wj. nördl. der Meierweiden. 4 E. Wehl; Unseb. Backofen. 4 S. Prinzenwj. bei der Kreuzhorst; Elbwj. neben dem Kapitelbsch. 4 B. Elb=

---

[1]) Von angelus, Engel, wegen vorausgesetzter Heilkraft. — [2]) Von archangelus, Erzengel; die Wurzel noch jetzt offic.

wiesen am Saalhorn u. bei Breithagen; Saalwf. dem Werkleitzer Wärterhause gegen‑
über; Damm u. Wf. am Wendsee; Löbberitzer F. 4 Z. Elbwf. bei Steckby; Steuzer Aue.
5 C. Saalwf. zw. Calbe u. der Gypshütte. 5 B. Saalwf. bei der Grönaer Fähre.

B. Hülle meist vielblättr., zurückgeschlagen; Hüllchenbl. borstenf.
438. P. Cerváría. Lap. Starrer H. — St. stielrund, gerillt;
Bl. 3-fach- ob. doppelt-gefiedert, blaugrün; Blättchen eif., fast dornig‑
gesägt, die unteren an der Basis gelappt; Blkr. weiß; Fr. eif. ⚃ —
Trockne Hügel, Wälder, Waldwiesen. 8—9. — Nur im Fl. u. Dl. u. auch hier
selten. 2 N. Embener F. (Krähenfußwf.); Albenbl. F. (Gothenwf.). 3 S. Saures H.
4 E. Hakel. 4 S. *Froher u. Sohlenscher B. 4 Z. Friedrichsholz.

439. P. Oreoselínum¹). Mönch. Berg-H. — St. stielrund, ge‑
rillt; Bl. 3-fach- ob. doppelt-gefiedert, glänzend; Verästelungen des
Blstiels zurückgeschlagen-spreizend; Blättchen eif., eingeschnitten- ob.
fast fiedersp.-gezähnt; der scheidenartige Blstiel oberhalb geröthet;
Blkr. weiß; Fr. breit, fast so breit als lang. ⚃ — Hügel, Raine, Wäl‑
der, trockene Moorwiesen. — Liebt Sandboden. 7—8. — Im Sand-Fl., Dl.
u. Sand-Al. ziemt. häufig u. meist gesellig; im übrigen Geb. selten. 3 B. 1 C. Isern
Hagen; Friedhof bei Roxförde (wie ges.). 2 N. Bodendorfer F.; Pudegrin, Zernitz;
Papenberg; Moosbruch; jüd. Friedhof; Neuhaldensl. H. 2 W. Rogäter F. (Oberhagen).
2 B. Sandhöhen zw. Parey u. Parchen; Wüstenhufen bei Burg; Deichwall; Sandhöhen
am Bürgerholz; Pennigsdorfer F.; Abh. hinter dem Bierkeller; Abh. bei der Bergmühle;
Detershagener F. 3 Mö. Papsd. F.; Verdung. 3 L. Weg-Rain bei Loburg; F. Magdb.
Forth.; Sandhügel am Gloineschen Bach. 4 E. am Wehl. 4 S. Froher B.; Friedhof
Pretzien. 4 B. Trockene Höhen im Scharlebener Holze; *Höhen bei Tochheim; Diebziger
Bsch. 4 Z. Lindauer Gehege; Friedhof Neblitz; Anlagen um Zerbst; Friedrichsholz;
Rain bei Bonitz; Trüben; Jütrichauer Bsch.; Berensb. F.; Roslauer F.; am Schanzen‑
hause; hohes Elbuf. bei Brambach u. zw. Brambach u. Roslau; Kühnauer F.; Mosigkauer
F.; Oberbusch.

177. Thysselínum. Hoffm. Ölsenick.

KRand u. Blkr. wie Peucedanum; Rückenrippen erhaben; Striemen
auf der Fugenseite von der Fruchthülle bedeckt. — Hülle u. Hüll‑
chen vielblättr.

440. T. palustre. Hoffm. (Peucedanum pal. Mönch.). Sumpf-Ö.
— St. gefurcht; Bl. 3-fach-gefiedert; Blättchen tief-fiedersp., Zpfl.
lineal-lancettl., zugespitzt, Spitze roth; Blkr. weiß. — Hülle u. Hüll‑
chen zurückgeschlagen, mit weiß-berandeten Blättchen. ☉ — Sumpf‑
wiesen, mooriges Ufer der Bäche, Teiche u. Gräben. 7—9. Im Dl. häufig,
auch im Sand-Fl. u. in Gräben der Bruchwiesen des Al.

178. Anéthum. L. Dill.

KRand verwischt; Blkrbl. rundl., eingerollt, mit abgestutztem Läpp‑
chen; Rückenrippen spitz-gekielt. — Hülle u. Hüllchen fehlen.

441. A. graveólens. L. Gemeiner D. — St. rundl., grün mit
weißen Rillen; Bl. 3-fach-gefiedert u vielth; Zpfl. lineal-fädl.‑
verlängert; Blkr. gelb; Fr. elliptisch. ☉ — Zum Küchengebrauch
cult. 7—8. — In Gärten u. auf Gemüseland häufig geb. u. hier vielfach verwildert.

179. Pastináca. L. Pastinake.

KRand meist verwischt; Blkrbl. rundl., eingerollt, gestutzt; Rippen
der Frchen sehr fein; Thälchen 1-striemig; Striemen von der Länge
der Thälchen. — Blkr. gelb; beide Hüllen fehlend ob. wenig-blättr.

442. P. sativa. L. Gemeine P. — W. spindelf., die der cult. Pfl.
fleischig; St. kantig-gefurcht; Bl. einfach-gefiedert; Blättchen eif.-längl. ob.

---

1) Von ὄρος, Berg, u. σέλινον (Silge).

längl., grob=gekerbt=gesägt, an der Basis oft gelappt, sitzend. ☉ — Wiesen, Grasgr., Wegränder, Dörfer, Bäche, Ufer, Weidenw.; auch wohl grasige Waldstellen. 7.—10. — Im Geb. gem. — Zuweilen als Wurzelgemüse geb.

180. Heracléum[1]). L. **Heilkraut.**

KRand 5=zähnig; Blkrbl. verkehrt=eif., ausgerandet, mit eingebogenem Läppchen, die äußeren oft strahlend; Rippen der Frchen sehr fein; Striemen nach unten abgekürzt, nicht von der Länge der Thälchen. Blkr. weiß ob. rosenroth; Hülle wenig-blättr.; Hüllchen vielbl.

443. H. Sphondýlium. L. Gemeines H. (Bärenklau). — St. kantig, gefurcht, röhrig, nebst den Bl. steifhaarig=rauh; Bl. sehr groß, einfach=gefiedert, Blättchen lappig ob. handf.=getheilt, grob=gesägt; Blscheiden bauchig. ☉ — Feuchte Waldstellen, Wiesen, Gräben, Bäche, Ufer, Weidenw. ·7—10. — Im Geb. sehr häufig.

b. **Früchtchen mit 5 Haupt= u. 4 Nebenrippen.**

7. Gruppe. **Thapsieen.** Hauptrippen fadenf.; von den Nebenrippen die 2 äußeren stets geflügelt, die beiden inneren fadenf. ob. ebenfalls geflügelt, daher **die Frucht entweder 4= oder 8=flügelig.**

181. Laserpitium. L. **Laserkraut.**

KRand 5=zähnig; Blkrbl. verkehrt=eif., ausgerandet, mit eingebogenem Läppchen; Fr. 8=flügelig, d. h. sämmtl. 4 Nebenrippen der Frchen geflügelt. — Blkr. (u. A.) weiß; Hülle u. Hüllchen vielblättr.

444. L. latifolium. L. Breitblättriges L. — St. stielrund, feingerillt, kahl; W.= u. untere StBl. 3=zählig=doppelt=gefiedert; Blättchen eif., am Grunde meist herzf., grob=gesägt, lederartig; Blscheiden bauchig. Hüllblättchen lineal=borstenf. ♃ — Wälder, Gebüsch. 7—8. — Nur im Fl. u. auch hier selten. 2 N. Alvensl. F. 4 E. Hafel; Vogelremise bei Heteborn.

445. L. pruténicum. L. Preußisches L. — St. kantig=gefurcht, steifhaarig; Bl. rauhh., doppelt=gefiedert; Blättchen fiedersp., 3pfl. lancettl.; Fr. oval; Haupfriesen steifh.; Hüllblättchen breit=häutig=berandet, zurückgeschlagen. ☉ — Wälder, Waldwiesen. 6—8· — Im Fl. u. Dl. zerstreut; z. B. 2 N. Bischofswald (Germersl. Wsf. reichl.); Alvensl. F.; Pudegrin; Zernik. 2 W. Rogätzer F. (Oberhagen); Ramstädter F. (Thiergarten). 3 Mö. Papstdorfer F. (Waldw.). 4 E. Hafel (reichl.) 4 Z. Lindauer Busch u. Linb. Gehege.

8. Gruppe. **Daucineen.** Hauptrippen fadenf., mit Borsten besetzt; **Nebenrippen** mehr hervortretend, **stachelig.**

182. Daucus. L. **Mohrrübe.**

KRand 5=zähnig; Blkrbl. verkehrteif., ausgerandet, mit eingebogenem Läppchen, die äußeren der Dolde strahlend; Fr. eif., vom Rücken her schwach zsgedrückt; Nebenrippen der Frchen 1=reihig, stachelig. — Hüllen weißrandig, vielblättr.

436. D. Caróta. L. Gewöhnliche M. — W. spindelf., cult. fleischig; St. rauhh.; Bl. meist behaart, 2—3=fach=gefiedert; Fiederchen fiedersp., 3pfl. lancettl., stachelspitzig; Blkr. weiß. — Hüllblättchen 3=sp. u. fiedersp., fast so lang als die Dolde, später zurückgeschlagen; Hüllchenbl. einfach linealisch ob. 3=sp. — Blühende Dolde flach=ausge=

---

[1]) Von 'Ηρακλῆς, Herkules, wegen vermeintlicher Heilkräfte.

breitet; fruchttragende vogelnestartig zsgezogen. ⊙ — Wiesen, Triften, Raine, Grasgr., Wegränder, Dörfer, Weidenw.; auch Wälder, Bäche, Ufer. — Als Wurzelgemüse cult. ·7—10· — Im ganzen Geb. sehr gemein; u. überall in Gärten u. auf Gemüseland geb.

2. Hauptgruppe. **Camphlospermen. Krummsamige.**
Früchtchen auf der Fugenseite der Länge nach vertieft, rinnenförmig.

a. **Früchtchen mit 5 Haupt= u. 4 Nebenrippen.**

9. Gruppe. **Caucalineen.** Hauptrippen fadenf., mit Borsten ob. kleinen Stacheln besetzt; Nebenrippen mehr hervortretend, stachelig.

183. Caúcalis. L. **Haftdolde.**

KRand 5=zähnig; Blkrbl. verkehrt=eif., ausgerandet, mit eingebogenem Läppchen, die äußeren der Dolde strahlend; Fr. von der Seite schwach=zsgedrückt; Hauptrippen borstl. ob. kleinstachelig; Nebenrippen stachelig; Stacheln 1—3=reihig. — Hülle fehlend ob. wenig=blättr.; Hüllchen 3—8=blättr.

447. C. daucoídes. L. Mohrrübenf. H. — St. gefurcht, 15 bis 30 cm. h.; Bl. 2—3=fach=gefiedert; Fiederchen fiedersp., Zpfl. lineal, spitz; Blkr. klein, weiß ob. röthl.; Fr. groß, elliptisch=längl., stachelig; Stacheln der Hauptrippen kurz, die der Nebenrippen lang, gerade, oben hakig, einreihig. — Dolden u. Döldchen wenig=strahlig. ⊙ — Aecker, Steinbr. — Kalkliebend. 5·—·9 — Nur im Kalk=M., hier in den eigentlichen Kalkgegenden nicht selten und meist sehr gesellig. Z. B. 1 C. kalksteiniger A. bei Hödingen, Walbeck, Eschenrode u. Schwanefeld. 3 S. A. südl. am Hohen H. 4 E. A. u. Steinbr. weit um den Hakel bis Gröningen, Dalld., Kroppenst., Hateborn, Kochst. u. Schadel.; Gypsbr. bei Westeregeln. 4 S. A. der Sohlenschen u. Beiend. B. 5 S. Steinbr. im Weinb. bei Gänsefurt. 5 B. A. der Kalksteinbr. bei Bernb.; A. zw. Giersl. u. Kl. Schierst. u. bei Sandersl.; A. zw. Könnern u. Rothenburg, bei Trebnitz u. Gnölbzig.

184. Tórilis. Adans. **Borstdolde.**

KRand u. Blkrbl. wie Caucalis; Fr. von der Seite schwach=zsgedrückt; Hauptrippen borstl., Nebenrippen u. Thälchen ganz mit Stacheln bedeckt. — Hülle 1—5=blättr.; Hüllchen mehrbl.

448. T. Anthriscus. Gmel. Hecken=B. — St. gerillt, kurz=steifh., 30—120 cm. h.; Bl. doppelt=gefiedert; Blättchen fiedersp. u. eingeschnitten=gesägt; Blkr. weiß ob. röthl.; Fr. nicht groß, eif., stachelig; Stacheln einwärts=gekrümmt, bogig, oben nicht hakig. ⊙ — Laubwälder, Haine, Gebüsch, Hecken, Zäune, Dörfer, Weidenw., Ufer, Bäche. ·7—10· — Im Geb. sehr häufig.

b. **Früchtchen mit 5 Hauptrippen, ohne Nebenrippen.**

10. Gruppe. **Scandicineen.** Fr. von der Seite stark=zsgedrückt, ob. zsgezogen, oft geschnäbelt.

185. Scandix. L. **Nadelkerbel.**

KRand verwischt; Blkr. weiß; Blkrbl. verkehrt=eif., mit eingebogenem Läppchen; Fr. sehr lang=geschnäbelt. — Dolde armstrahlig, Döldchen vielstrahl.; Blth. kurzgestielt. — Hülle fehlend ob. 1=blättr., Hüllchen mehrbl.

449. S. Pecten Véneris. L. Kammf. N. — St. schärflich=behaart, 10—30 cm. h.; Bl. doppelt=gefiedert. Fiederchen fiedersp., Zpfl. lineal, spitz; Dolde einem Bl. gegenüberstehend, 2—3=strahlig; Döldchen 5—10=blüthig;

Umbelliferen (Scandicineen).

Hülle fehlend; Hüllchenbl. lancettl., an der Spitze 2—3-sp. ob. ganz, bewimpert. — Frschnabel sehr lang, 2-reihig-scharf-haarig. ⊙ — Aecker (Getreide, Esparsette). — Auf Kalk- u. Lettenboden. 5—6. — Im Kalk-Fl. ziemt. häufig; im Dl. nur auf mergeligem ob. lettigem, also auf gutem Boden; im Al. sehr selten. Z. B. 1 C. A. Walbeck, Eschenrode, Schwanefeld. 3 S. A. am Hohen u. am Sauren H. 3 M. A. östl. am Biederitzer Bsch. 3 Mö. A. bei Leitzkau u. bei der Lochauer Klappermühle. 3 L. A. in der Niederung bei Britze. 4 O. A. Gröningen; Nienhagen; Krottorf; Alsl.; Hordorf; Chgr. u. A. Oscherl. 4 E. A. um den Hakel. 4 S. A. am Randel; zw. Felgel. u. Salze; Gnabau; Döbbeln. 4 B. A. Wrodel; Gr. u. Kl. Lübs., Pömmelte, zw. Zerby u. Barby. 4 Z. A. am Trebnitz u. Nuthaer Mühle. 5 S. A. Hecklingen-Schadeleben; A. am Stassfurt-Bernburger Wege. 5 B. A. Rathmannsd.-Kölbigk.

186 Anthriscus. Hoffm. **Kerbel.**

KRand verwischt; Blkr. weiß; Blkrbl. verkehrt-eif., mit eingebogenem, oft sehr kurzem Läppchen; Fr. kurz-geschnäbelt, Schnabel kürzer als die Fr.; Frchen fast stielrund, Rippen nur am Schnabel sichtb. — Hülle fehlend; Hüllchen vielblättr.

450. A. sylvestris. Hoffm. Großer K. — St. gefurcht; Bl. doppelt- bis 3-fach-gefiedert; Fiederchen fiedersp., die untersten Zpfl. eingeschnitten; Fr. längl., glatt, glänzend; Schnabel $^1/_8$ so lang als die Fr. ♃ — Wiesen, Grasgr., Hecken, Gebüsch, Weidenw., Bäche, Ufer. ·5—·9 — Im Geb. sehr häufig.

451. A. Cerefolium. Hoffm. Gebräuchl. K. — St. gerillt, an den Blscheiden flaumh., sonst fast kahl; untere Bl. 3-fach-gefiedert, Fiederchen fiedersp.; Fr. lineal, glatt; Schnabel $^1/_3$ so lang als die Fr. — Kraut wohlriechend. ⊙ — Zum Küchengebrauch cult. 5—6. — In Gärten geb. u. zuweilen in Dorfstr. u. an Hecken verwildert.

452. A. vulgaris. Pers. Gemeiner K. — St. fein-gestreift, kahl; Bl. 2—3-fach-gefiedert, Fiederchen fiedersp.; Fr. eif., mit einwärts gekrümmten, kleinen Stacheln dicht-besetzt; Schnabel kurz, $^1/_3$ so lang als die Fr. ⊙ — Dorfstraßen, Hecken, Mauern, Wege, Gräben, Anlagen. ·5—6. (9.) — Im Geb. nicht selten u. meist gesellig.

187. Chaerophyllum. L. **Kälberkropf.**

KRand verwischt; Blkr. weiß, zuweilen röthlich; Blkrbl. verkehrt-eif. mit eingebogenem Läppchen; Fr. längl. ob. lineal, ungeschnäbelt; Frchen mit 5 sehr stumpfen Rippen. — Hülle fehlend ob. wenigblättr.; Hüllchen vielbl.

453. C. temulum. L. Berauschender K. — St. gefleckt, fein-gerillt, unter den Gelenken aufgeblasen, an der Basis steifh., oben kurzh.; Bl. doppelt-gefiedert; Blättchen eif. bis längl., lappig-fiedersp.; Zpfl. stumpf, kurz-stachelspitzig, häufig gekerbt. — Hüllchnbl. eilancettl., gewimpert. ⊙ — Wälder, Gebüsch, Hecken, Dörfer, Anlagen. 5—7· Gemein.

454. C. bulbosum. L. Knolliger K. — W. (nam. im jungen Zustande) rübenf.-knollig ob. rundlich; St. rundl.-gefleckt, schwach-gerillt, unter den Gelenken aufgeblasen, an der Basis steifh., oben kahl, bereift, oft roth angelaufen; Bl. 3—4-fach-gefiedert; Fiederchen tief-fiedersp., Zpfl. lineal-lancettl. bis lineal, spitz; Gf. so lang ob. etwas länger als das Stempelpolster. — Hülle fehlend ob. 1-blättr.; Hüllchnbl. lancettl., kahl. ⊙ — Wälder, Gesträuch, Hecken, Weidenw., Ufer. 6—7· — Im Al. sehr häufig, auch im Kalk-Fl., m. E., nicht selten; im Sand-Fl. u. Dl. selten.

11. Gruppe. **Smyrneen. Fr. gedunsen.**

188. Con**i**um L. **Schierling.**

KRand verwischt; Blkrbl. verkehrt-herzf. mit sehr kurzem, eingebogenen Läppchen; Fr. eirund; Rippen der Frchen stark hervortretend, wellig-gekerbt. — Hülle u. Hüllchen 3—5-blättr.

455. C. maculatum. L. Gefleckter S. — St. rundl., gerillt, kahl, bereift, mit rothen Flecken besprengt; Bl. glänzend, untere 3-fach-gefiedert; Fiederchen tief-fiedersp., Zipfel eingeschnitten-gezähnt ob. fast ungetheilt; Blkr. weiß. — Hüllblättchen lancettl. ⊙ — Wälder, Gebüsch, Hecken, Ufer, Dörfer, Wegränder, Grasgr. ·7—9· — Im Tl. u. Al. der Elbe häufig (im Tl. fast nur in Dörfern, u. nicht in Wäldern, im Al. der Elbe meist nur in Wäldern, Gebüch u. an Ufern, selten in Dörfern); im übrigen Geb. selten. — Die Bl. haben gerieben einen widerlichen Geruch u. sind hierdurch leicht von den ähnlichen Bl. der Peterfilie zu unterscheiden.

3. Hauptgruppe. **Cölospermen, Hohlsamige.**
Früchtchen halbkugelig ob. sackartig-concav.

12. Gruppe. **Coriandreen.** Fr. kugelig (ob. 2-knotig); Frchen mit 5 flachen Hauptrippen und 4 mehr hervorragenden Nebenrippen.

189. Coriándrum[1]). L. **Koriander.**

KRand 5-zähnig; Blkrbl. verkehrteif., ausgerandet, mit eingebogenem Läppchen, die äußeren strahlend; Fr. kugelig; Frchen ausgehöhlt. — Hülle fehlt ob. 1-blättr., Hüllchen mehrbl.

456. C. sativum. L. Gebauter K. — St. rundl., gerillt; WBl. einfach-gefiedert; Blättchen rundl., eingeschnitten-gesägt; StBl. 2 bis 3-fach-gefiedert, fein getheilt; Blkr. weiß. ⊙ — Als Gewürzpfl. cult. 6—7. In Gärten zuweilen geb.

46. Familie. **Araliaceen,** Araliaceae. Juss.

Sträucher (Bäume ob. Kräuter) mit abwechselnden Bl.; Blth. in Dolben; KRand zähnig ob. ganz; Blkr. 5—10-blättrig, vor einer oberweibigen Scheibe eingefügt, so viel als Blkrbl.; Frkn. 2—mehrfächerig, Fächer 1-eiig; Fr. beerenartig.

190. Hédera[2]). L. **Epheu.**

KRand sehr kurz, ungetheilt ob. gezähnt; Blkrbl. ausgebreitet, mit breiter Basis sitzend, 5—10 u. ebensoviel Stbgf.; Gf. 5—10, oft am Grunde verwachsen; Beere 5—10-fächerig. — Klimmende u. wurzelnde Sträucher.

457. H. Helix[3]). L. Gemeiner E. — Bl. lederartig, glänzend, 3—5-eckig ob. 3—5-lappig, an den blühenden Aesten rauteneif. ob. eif., zugespitzt; Dolden flaumh.; Blkr. grün. ♄ — Laubwälder, Erlenbr. 9—10. — Im Fl. u. Tl. nicht selten; im Al. selten (4 O. Meierweiden). — Meist an der Erde wurzelnd und nicht blühend; nur in alten Waldbeständen die Baumstämme erklimmend u. blühend (2 N. Bodendorfer F.). — Sehr häufig zur Bekleidung von Mauern u. Baumstämmen angepfl.

47. Familie. **Corneen,** Corneae. Dec.

Sträucher (ob. Bäume, selten Kräuter) mit (meist) gegenüberstehen-

---

1) Von κόρις, Wanze; wegen des Geruchs der Bl. — 2) Hedera lat. Name für Epheu. — 3) Ἕλιξ, das Gewundene; der Epheu.

Corneen. — Lorantheen.

ben einfachen Bl.; Blth. in Dolben ob. Afterbolben; KRand 4=lappig; Blkr. 4=blättrig; Stbgf. 4; Steinfr. fleischig.

191. Cornus¹). L. Hornstrauch.

KRand klein, 4=zähnig; Gf. 1; Fr. mit 2=fächrigem Steine, Fächer 1=samig. — Bl. eif., zugespitzt, ganzrandig.

458. C. sanguinea. L. Rother H. — Aeste aufrecht· Bl. beider=
seits grün; Blth. spät, in flachen Afterbolben; Hülle fehlend; Blkr.
weiß; Fr. kugelig, schwarz. — Zweige im Herbst u. Winter geröthet ob.
blutroth. ♄ — Laubwälber, Gebüsch, Ufer. ·6—9' — Im Geb. häufig, bes. im
Fl. u. Al. ein sehr verbreitetes Unterholz des Mittelwaldes.

† C. alba. L. (C. stolonifera. Mich.) Weißer H. — Aeste abstehend; Bl. unter=
seits blaugrün; Fr. weiß; sonst wie vor. ♄ — Zierstr. aus Norbamerika. 6. — In
Anlagen.

† C. mas. L. Gelber H. (Judenkirsche, Cornelkirsche.) — Blth. vor=
laufend, in einfachen Dolden, die von einer 4=blättr., grüngelben Hülle gestützt sind;
Blkr. gelb; Fr. längl.=elliptisch, roth. ♄ — In den Bergwälbern Süd= und Mittel=
deutschlands. ·3' — Im Geb. nicht wild, aber in Anlagen u. Hecken vielfach angepfl.

48. Familie. Lorantheen, Loranthëae. Juss.

Sträucher, auf Bäumen schmarotzend, mit mehr ob. weniger leberartigen u. fleischigen, meist gegenüberstehenden Bl.; KRand ganz ob. lappig; Blkr. 4=th. ob. 4=blättr.; Stbgf. 4; Frkn. 1, 1=fächerig u. 1=eiig; Fr. beerenartig; Albumen fleischig.

192. Viscum²). L. Mistel.

Blth. 1= ob. 2=häusig; männliche: K. fehlend; Blkr. 4=th.; Staubb. an die Lappen der Blkr. angewachsen; — weibl. Blth.: KRand kurz; Blkr. 4=blättr. of. fehlend; N. stumpf.

459. V. album. L. Weißer M. — St. vielfach gabelästig, nebst
den Bl. gelbgrün; Bl. gegenst., lancettl., stumpf, immergrün; Blth. endst.,
sitzend, geknäuelt, gelblich; Beeren kugelig, weiß, mit klebrigem, schlei=
migem Fleische. ♄ — Auf den Aesten der wilden Obstbäume, Schwarz=
pappeln, Birken, Linden, Akazien, Kiefern, Ebereschen. 3—4. — Im Geb.
zerstreut, meist auf Schwarzpappeln; z. B. 2 N. Bartensl. F. (Eberesche). 3 Mö. Part
Möckern (Schwarzpappel). 4 S. Schönb. Busch=Allee (Schwarzp.); Grünewald (Schwarzp.).
4 Z. Bei Badeg (Schwarzp. u. Birken); Friederikenberg (Schwarzp., Birken, Linden,
wilde Obstb.); Steckbyer F. (Schwarzp.); Anlagen am Walwitzberg (Schwarzp. u. Akazien);
Roslauer F. (wilde Obstb., Akazien, Ebereschen). 5 B. Aderstedter Bsch. (wilde Obstb.).

2. Ordnung. Dicotyledonen mit einblättr. Blkr.
Dicotyledones monopetalae.

Sie zerfallen je nach der Insertion der Blumenkrone in brei Unter=
ordnungen: 1) mit stempelständiger Blkr.; 2) mit kelchständiger Blkr. und 3) mit bodenständiger Blkr.

1. Unterordnung. Monopetale Dicotyledonen mit stempelst. (ober= weibiger) Blumenkrone.
Dicotyledones monopetalae corolla epigyna.

K. innig mit dem Frkn. verwachsen; Blkr. einblättrig, auf

---

1) Lat. Name für Cornus mas. — 2) Lat. Name für Mistel (Viscum album), u. „Vogelleim".

Schneider, Schulflora. II. Gefäßpfl. des Gebiets. 8

dem Frkn. stehend; Stbgf. auf der Blkr. befestigt; K. stets oberst., Frkn. stets unterst.

49. Familie. **Caprifoliaceen,** Caprifoliaceae. Dec.

Sträucher, selten Kräuter ob. Bäume, mit gegenüberstehenden, einfachen ob. zsgesetzten Bl.; K. 2—5=sp. ob. fast ganzrandig; Blkr. 4—5=sp., zuweilen unregelm.; Stbgf. so viel ob. doppelt so viel als Zpfl. der Blkr.; Fr. beerenartig, selten trocken.

1. Gruppe. **Sambuceen.** Blkr. regelm., radf.; Gf. ob. N. 3—5.

193. Adóxa[1]). L. **Bisamkraut.**

Blth. in Köpfchen; KSaum an der endst. Blth. 2=sp., an den seitenst. 3=sp.; Blkr. an der endst. Blth. 4=, an den seitenst. 5=th.; Stbgf. 8 ob. 10; Gf. 4 ob. 5; Fr. krautig=saftig, 4= ob. 5=fächerig, mit den vergrößerten Kelchzpfl. u. den Gf. gekrönt. — Kleine, winzige Kräuter mit Moschus=Geruch.

460. A. Moschatellina. L. Gemeines B. — Wurzelstock fleischig, schuppig, weiß, mit fadenf. Ausläufern; St. fadenf., 8—12 cm. h., oben 2=blättr.; WBl. lang=gestielt, doppelt=dreizählig, Blättchen eingeschnitten=gelappt; StBl. kurz=gestielt, 3=zählig; Blth. grün, meist 5 in einem endst., gestielten, runden Köpfchen. ♃ —Erlenbr., Laubwälder, Haine, Gebüsch, Hecken. ·4—·5 — Im Sand=Fl., m. O., u. im Tl. häufig; im übrigen Geb. selten (hier z. B. 2 W. Wolmirstedter F. 4 E. Egelnsche K. 4 B. Breitenhagener u. Löbberitzer F. 5 B. SandersL u. Frecl. Bsch.; Pfaffenbusch bei Frecl.).

194. Sambúcus[2]). L **Hollunder.**

KSaum 5=zähnig; Blkr. 5=sp., zuletzt zurückgebogen; Stbgf. 5; N. 3, sitzend; Beere 3—5=samig. — Sträucher ob. Bäume (ob. Kräuter), mit unpaarig=gefiederten Bl.

461. S. nigra. L. Gemeiner H. (Flieder.) — Stamm hochstrauchig ob. baumartig, markig; Blättchen 5—7, kurzgestielt, eif. bis lancettl., sägezähnig; Nebenbl. warzenf. ob. fehlend; Blth. in flachen Afterdolden; Blkr. gelblich=weiß, mit eigenthüml., starken Geruch; Beere schwarz, mit rothem Fleische. ♄ — Erlenbr., feuchte Wälder, Gebüsch, Hecken, Bäche, Ufer. 6—·7. — Im Geb. bes. in Erlenbr. u. an Dörfern sehr häufig.

† S. racemosa. L. Trauben=H. — St. strauchig; Blth. in eif. Rispen; Blkr. grünl.=gelb; Beere roth; sonst wie vor. ♄ — Bei uns nicht wild; aber öfters in Anlagen angepfl. 4—5. —

† S. Ebulus. L. Zwerg=H. — St. krautig; Blättchen 5—9; Nebenbl. blattig, eif., gesägt; Blth. in flachen Afterdolden; Blkr. röthl.=weiß; Beere schwarz. ♃ — Aus Mitteldeutschl. 7—8. — In Anlagen.

195. Viburnum. L. **Schneeball.**

KSaum 5=zähnig; Blkr. 5=sp.; Stbgf. 5; N. 3, sitzend; Beere 1=samig. — Sträucher mit einfachen Bl.; Blth. in Afterdolden.

† V. Lantána. L. Wolliger S. — Bl. eif. ob. elliptisch, fein=gezähnt, oberseits kurz=haarig, unterseits filzig; Blth. sämmtlich gleichförmig u. fruchtb.; Blkr. weiß; Beere längl., zuletzt schwarz. ♄ — In Bergwäldern Süd= u. Mittel= Deutschlands. ·5 — Im Geb. nicht wild, aber häufig in Gärten u. Anlagen angepfl.

---

1) Von ἄδοξος, ruhmlos (α u. δόξα, Ruhm); wegen der Kleinheit der Pfl. u. der unansehnl. Blth. — 2) Lat. Name für Hollunder.

462. V. Ópulus. L. Gemeiner S. — Bl. 3= ob. 5-lappig, Lappen zugespitzt, grob=gezähnt=gesägt; äußere Blth. der Afterdolde strahlend, unfruchtb., schneeweiß, vielmal größer als die fruchtb., gelblichen, inneren; Beeren roth, saftig. ♄ — Wälder, Gebüsch, Hecken, Bäche. 5·—6. — Im Geb. häufig, bef. im Fl. u. Al. — In Anlagen u. Gärten vielfach die gefüllte Abart: roseum. L. mit kugeligen Afterbolden und großen, geschlechtlosen Blth.

ž. Gruppe. **Lonicereen.** Blkr. röhrig ob. glockig, meist unregelm.; Gf. ungetheilt, fadenf.

† Diervilla. Tourn. Dierville.

K. längl., 5=th.; Blkr. trichterf., faft regelm. 5=sp.; Stbgf. 5; N. kopff.; Kapsel vielsamig.

† D. canadensis. Willd. (D. trifida. Mönch.) Canadische D. — Bl. kurzgestielt, eif. ob. elliptisch, lang=zugespitzt, feingesägt; Blth. ziemlk. klein, grünl.=gelb. ♄ — Zierstr. aus Nordamerika. 6—7. — In Anlagen.

† Weigelia. Lindl. Weigelie.

Blkr. glocken=trichterf., 5=lappig; N. kopff., 2=lappig; Kapsel krustig ob. rindenartig, sonst wie vor.

† W. amabilis. Liebliche W. — Junge Zweige zerstreut=behaart; Bl. kurzgestielt, elliptisch=lancettl., langzugespitzt, flach=gesägt; Blthstiel 3=blüthig; Blth. ansehnl., zahlreich, rosenroth. ♄ — Zierstr. aus Japan. 7—8. — In Anlagen.

† W. rosea. Lindl. Rosenrothe W. — Junge Zweige mit abstehenden, weißen Haaren; Bl. sehr kurzgestielt, längl., lang=zugespitzt, scharf=gesägt; Blth. gestielt, einzeln ob. zu 4, zahlreich, rosenroth. ♄ — Zierstr. aus China. 5. — In Anlagen.

196. Lonicéra. L. **Lonicere.**

K. kugelig ob. eif., Saum klein, 5=zähnig; Blkr. röhrig=trichterf. ob. fast glockig, Saum 5=sp., mehr ob. weniger unregelm.; Stbgf. 5; Beere steinfruchtartig, 2—3=fächerig. — Sträucher mit einfachen, ganzrandigen Bl.

1. Rotte. St. windend; Blth. kopfig=quirlig; Blkr. lang=röhrig=trichterf.; KSaum bleibend.

† L. Caprifólium[1]). L. Geißblatt, Jelängergelieber. — Bl. rundl., unten blaugrün, an den blühenden Zweigen verwachsen; Blkr. hellroth, gelblich=weiß ob. weiß, wohlriechend. ♄ — Gebirgswälder Süddeutschl. 5—6. — In Gärten zur Bekleidung von Lauben häufig angepfl.

463. L. Periclýmenum. L. Deutsche L. — Bl. elliptisch bis lancettl., in einen sehr kurzen Blstiel verschmälert, nicht verwachsen; Blkr. gelblich, roth angelaufen; Beere roth. ♄ — Laubwälder, Haine. 6·—9. — Im Fl. u. Tl. nicht selten, im Al. fehlend. Z. B. 1 O. Ifern Hagen, Schierholz u. Rohrb.; Rehm. 1 B. Burgstaller F. 2 N. Laubw. des Albensl. Höhenz.; Schw. Pfuhl; Neuhaldensl. F. (Winters Bsch.); Plankensche F. (Butterwinkel). 2 B. Bürgerholz; Güsener F.; Park Pietzpuhl. 3 S. Marienborner F.; Park Sommerschenburg; Lenchen; Hohes H. (reichl.); Saures O.; Knick bei Altbrandsl. 3 L. F. Magdb. Forth. 4 E. Hatel (spärl.). 4 Z. Neblitzer F.; Lindauer Gehege; Jütrichauer Bsch.; Rathsbruch; Erlbr.; bei Hundeluft; Buchholz; Roßlauer F. 5 B. Gehölz bei Trinum; Krüchernscher Bsch.; Biendorfer Bsch.; Wüster Busch bei Rothenburg.

2. Rotte. St. aufrecht; Blth. zu 2; Blkr. kurz=röhrig=trichterf.; KSaum abfallend.

464. L. Xylósteum[2]). L. Hecken=L. — Bl. oval, kurz=gestielt, flaumh.; Blthstiele abstehend=behaart, so lang ob. etwas länger als die Blth.; Blkr. blaßgelb; Beere roth. ♄ — Laubwälder, Haine. ·5—6· — Im nördl. Fl. ziemlk. häufig, im südl. Fl. u. im Tl. selten, fehlt im Al. Z. B. 1 C.

---

1) Von capra, Ziege, Geiß, u. folium. — 2) Von ξύλον, Holz, u. ὀστέον, Knochen; wegen der Härte des Holzes.

Nehm; steinige Höhen zw. Walbeck u. Schwanefeld. 2 N. Klepperb.; Bartensl. F.; Mühlenschlucht bei Hörsingen; Erxl. F.; Bischofswald; Bodenb. F.; Pudegrin; Zernitz; Veltheimsche F.; Albensl. F.; Eichengehölz bei Emden; Wellenb. 3 S. Marienborner F.; Park Sommerschenburg; Lenchen. 3 Mö. Papstdorfer F. 5 B. Wilder Busch. — In Anlagen häufig.

† L. tatárica. L. Tatarische L. — Bl. herz=eif., kurzgestielt, kahl; Blth.=stiele kahl, länger als die Blth.; Blkr. rosa od. weiß; Beere gelblich ob. roth. ♄ — Zierstr. aus Osteuropa. 5—6. — Sehr häufig in Anlagen.

† L. caerulea. L. Blaue L. — Bl. längl.=elliptisch, sehr kurzgestielt, fast kahl; Blthstiele weichhaarig, kürzer als die Blth.; Blkr. gelblich=weiß; Frkn. in einen einzigen, kugeligen, 2=blüthigen zsgewachsen; Beere blauschwarz. ♄ — In den Alpen. 4—5. — Als Zierstr. angepfl.

L. alpígena. L. Alpen=L. — Bl. elliptisch, lang=zugespitzt; Blthstiele mehrmals länger als die Blth.; Blkr. roth; Frkn. fast bis zur Mitte zsgewachsen; Beere roth. ♄ — Alpen. 5—6. — In Anlagen.

† Symphoricarpus. Dillen. Ballbeere.

K. eif., Saum 4—5=zähnig; Blkr. trichter= ob. glocken=, 4—5=sp., fast regelm.; Stbgf. 4—5; Beere 4=fächerig, 2 Fächer leer, 2 einsamig. — Aufrechte Sträucher mit ganzrandigen Bl.

† S. racemosa. Pers. Traubige B. (Schneebeere). — Bl. elliptisch=eif., kurzgestielt; Blth. sehr kurzgestielt, klein, in endbl., unterbrochenen Trauben; Blkr. glockig, rosenroth; Beere schneeweiß, haselnußgroß. ♄ — Zierstr. aus Nordamerika. 7—8. — In Gärten u. Anlagen häufig.

† S. vulgaris. Dietr. Gemeine B. (Petersstrauch). — Bl. elliptisch, stachelspitzig, unterseits blaugrün, fast sitzend; Blth. klein, weißl., in endbl. Knäueln; Beere klein, röthlich. ♄ — Zierstr. aus Nordamerika. 7—8. — In Gärten und Anlagen.

50. Familie. **Rubiaceen**, Rubiaceae. Juss.

Unterfamilie. **Stellaten**, Stellatae. R. Br.

Kräuter mit meist 4=kantigen St. u. quirlf., ganzrandigen Bl.; KSaum 4—6=zähnig ob. undeutl.; Blkr. 4—6=sp.; Stbgf. so viel als Zpfl. der Blkr.; Frkn. 1, oft 2=knötig, 2=fächerig; Fächer 1=eiig; Gf. 1, oft 2=sp.; N. 2; Fr. nuß= (ob. steinfrucht=) artig.

197. Sherárdia. L. **Sherardie.**

KSaum 6=zähnig, bleibend; Blkr. trichterf., 4-sp.; Gf. 2=sp.; N. kopfig; Fr. rundl., 2=knotig, vom K. gekrönt.

465. S. arvensis. L. Acker=S. — St. aufsteigend, vom Grund aus ästig, nebst den Bl. scharf=behaart; Bl. elliptisch bis lancettl., meist zu 4—6; Blth. in endbl. Köpfchen, von einer Blhülle gestützt; Blkr. lila, selten weiß. ☉ — Aecker. — Liebt Kalk=, Lehm= u. Thonboden. 5—10'· — Im Kalf=Al. u. Thon=Al. sehr häufig; in den Sandgegenden (Sand=Fl., Dl. u. Sand=Al.) viel seltener u. nur auf fruchtb., bef. mit Lehm od. Thon stark gemischten Sandboden (Weizenboden) wie z. B. 2 W. Lehmgrube bei Rogätz. 3 M. Al. bei Cörbelitz u. bei Bülen. 3 M. Al. zw. Mödern u. Wallwitz; A. an der Zipra; bei Cressow; bei Letzkau. 4 B. Al. bei Gr. u. Kl. Lübs. 4 Z. Al. zw. Güterglück u. Töppel; bei Nutha; Niederlepta; zw. Eichholz u. Zerbst; bei Kermen; zw. Kühren u. Aken; bei Reppichau.

198. Aspérula¹). L. **Waldmeister.**

KSaum undeutlich, abfallend; Blkr. trichterf. ob. glockig, meist 4=sp. (3—5=); Fr. ohne Kelchrand; sonst wie vor.

A. Bl. schmal=linealisch; Blth. ebensträußig.

466. A. tinctoria. L. Färber=W. — W. kriechend, rothgelb; St. aufsteigend; Bl. zu 6 u. 4, die obersten zu 2; Deckbl. eif. spitz, unbegrannt; Blkr. weiß, kahl, meist 3=sp.; Fr. glatt. ♃ — Trockene

---

1) Nach dem Diminutiv von asper, rauh.

Anhöhen, Wälder. 6'—7'. — Nur im Fl. u. auch hier nicht häufig. 2 N. Veltheim=
sche F.; Alvensl. F. 3 S. Hohes H. 4 E. Hafel (stw. reichl.). 4 S. *Froßser B.

467. A. cynánchica. L. Hügel=W. — W. spindelf., vielstengelig;
St. aufsteigend, ästig; Bl. zu 4; Deckbl. lancettl., stachelspitzig=begrannt;
Blkr. fleischroth ob. weiß, 4=sp., außen rauhh.: Fr. körnig=rauh. ♃ —
Sonnige Hügel, Triften, Steinbr., Wegränder, Haiden, Waldsäume. Liebt
trocknen, warmen Boden (Kalf, Sand u. Porphyr). 6—9· — Im Fl. u.
Dl. häufig.

468. A. galioides. M. Biebst. (A. glauca. Bess.). Labkraut=
artiger W. — Wstock kriechend; St. aufrecht, schwach=kantig, nebst den
Bl. blaugrün; Bl. meist zu 8 (6—10); Blkr. weiß, kahl; Fr. glatt. ♃ —
Sonnige Hügel, Steinbr., Waldsäume. Kalkliebend. ·5—9. — Nur im Kalf=
Fl., m. E., hier zieml. häufig; z. B. 2 N. Hühnerküche bei Alvensl. 3 S. Hügel an der
Aller bei der Morsl. Mühle (reichl.); Saures H. 3 M. Erhöhung bei der Quelle der
Klinfe. 4 E. Steinbr. zw. Hakeborn u. Heteborn; Hafel; Steinbr. bei Friedrichsaue.
4 S. Froßser B.; Hummelb. 5 C. Zenser, Mühlinger u. Warten=B.; Elendsb. 5 B. Bern=
burger u. Abert. Weinb. (reichl.); hohes Saaluf. zw. Mukrena u. Rothenburg; Köchers
Berg bei Könnern u. Schluchten zw. Könnern u. Nelben; Westerb. an der Wipper (reichl.);
Grasabh. bei Sandersl. — Erreicht im Geb. die Nordgrenze.

B. Bl. lancettl.; Blth. ebensträußig.

469. A. odorata. L. Wohlriechender W. — Wstock dünn, roth=
braun; St. aufsteigend; Bl., die untersten zu 6, die oberen zu 8, am Rande
u. auf dem Kiele rauh, wohlriechend, bes. im getrockneten Zustande; Blkr.
weiß; Fr. mit hafigen Borsten besetzt. ♃ — Schattige Laubwälder,
Haine; bes. im Buchen=Hochwald. 5—6. — Im Fl. u. Dl. zerstreut, meist sehr ge=
sellig; z. B. 1 C. Isern Hagen (reichl.); Schierholz. 2 N. Bartensl. F.: Erxl. F.; Bischofs=
wald; Behnsb. F.; Altenhäuser F.; Wellenb.; Plankensche F. (Haßfelo. u. Butterwinkel).
3 S. Marienborner F. (reichl.); Park Sommerschenburg; Lenchen; Hohes H. (reichl.);
Propsiling; Saures H. 3 L. Park bei Göbel. 4 E. Hafel (spärl.). 4 Z. Friedrichsholz
(spärl.); Neblitzer F.; Golmitz u. Golmenglin. — In Anlagen u. Gärten öfters angepfl.
u. verwildert.

199. Gálium[1]). L. **Labkraut**.

Blkr. radf., flach, 4=, selten 3=sp.; sonst wie Asperula.

1. Rotte. Blthstand blattwinkelst., Blth. vielehig, Blthstiel
nach dem Verblühen zurückgekrümmt.

470. G. Cruciata. Scop. Kreuzblättr. L. — St. am Grunde
liegend, aufsteigend, nebst den Bl. rauhh.; Bl. gelblich=grün, zu 4, ellip=
tisch ob. eif., 3=nervig; Blthstiele ästig, deckblätterig: Blkr. gelb;
Fr. glatt. ♃ — Lichte Wälder, Gebüsch, Zäune, Wiesen, Dämme, Grasgr.
·5—·7. — Im Kalf=Fl., m. E., und im Al. häufig u. gesellig; im übrigen Geb. selten
(2 N. Bartensl. F. 3 Mö. Thiergarten Leißfau. 4 B. Wi. u. Gestr. beim Vorwerk Cressow;
Graben bei Pröbel unweit der Eisenb. 4 Z. Oberbusch).

2. Rotte. Blthstand blattwinkelst., Blth. zwitterig; St. von ab=
wärts=gekrümmten, kleinen Stacheln rauh; Bl. 1=nervig.

471. G. tricorne. With. Dreihörniges L. — St. niederliegend=
aufsteigend; Bl. meist zu 8 (6—8), schmal=lancettl., stachelspitzig, am Rande
u. am Kiele rückwärts=stachelig=rauh; Blthstiel meist 3=blüthig; Blth.=
stielchen nach dem Verblühen stark bogenf. zurückgekrümmt; Blkr.
gelblich ob. weiß; Fr. körnig=warzig. ☉ — Aecker mit Kalf= u. Letten=
boden. 5—·9. — Im Kalf=Fl. zieml. häufig; im Dl. nur auf Lettenboden. 3. B.
1 C. A. bei Walbeck; Eschenrode; Schwanefeld. 2 W. A. zw. Wolmirsl. u. Samswegen
(Lettenboden). 3 S. A. um das Hohe H. (Befend., Reinb., Neu= u. Alt=Brandsl.) 3 W.

---

1) Von γάλα, Milch; weil die Pfl. die Milch gerinnen läßt; deßhalb auch der deutsche
Name „Labkraut".

Monopetale Dic. mit stempelst. Blkr.

A. zw. Wanzl. u. Ampfurt; Pesekend. 4 O. A. Krottorf; zw. Oschersl. u. Alt=Brandsl.; Günthersd. 4 E. A. weit um den Hakel bis Gröningen, Croppenst., Egeln, Cochst., Schabel., Königsaue. 4 S. A. am Feldquergr. zw. Gnadau u. Döben. 5 S. A. Staßfurt, Rathmannsd. 5 B. A. Kölbigk; A. oberhalb der Weinb. bei Bernburg; zw. Lattorf u. Vorgesd.; zw. Zebzig u. Leau; zw. Kirch=Eilau, Können u. Rothenburg.

472. G. Aparine. L. Kletterndes L. (Klebkraut). — St. u. Bl. wie vor., Bl. zu 6 u. 8; Blthstiel mehrblüthig, fast rispig; Blth.= stielchen auch nach dem Verblühen gerade; Blkr. weiß; Fr. steif, selten kahl. ⊙ — Aecker, Zäune, Weidengeb., feuchte Wälder, Erlenbr. 5—10. — Sehr gemein. — Die Var. mit kahlen Fr. bei Egeln.

<small>472 u. 471. G. Aparine × G. tricorne. — Blthstiel meist 3=blüthig; Blthstielchen nach dem Verblühen etwas zurück=gekrümmt; Fr. körnig=warzig mit vereinzelten, steifen Haaren. ⊙ — 4 O. A. auf dem östl. Keuper=Plateau bei Krottorf, zw. den Eltern.</small>

473. G. uliginosum. L. Morast=L. — St. zart, aufsteigend; Bl. meist zu 6 (6—8), die obersten zu 4 u. zu 2, schmal=lancettl., spitz, stachelspitzig, rückwärts=stachelig=rauh; Blthstiele rispig, blattwinkel= u. gipfelst.; Blkr. weiß, **breiter als die Fr.**: Fr. kahl, feinkörnig. ♃ — Sumpf. Wiesen, nasse Gräben, Kulke, Ausstiche, Teiche, Bäche, Erlenbr., nasse Waldstellen. 6—8. — Im Geb. häufig.

474. G. palustre. L. Sumpf=L. — W. kriechend; St. zart, niederliegend ob. aufsteigend; Bl. zu 4, die obersten zu 3 u. 2, schmal=lancettl. ob. verkehrt=eif.; stumpf u. **ohne Stachelspitze**, rückwärts=stachelig= rauh; Blthstiele rispig; Blkr. weiß; Fr. kahl, sehr feinkörnig. — Variirt in Bezug auf die Länge u. Breite der Bl. ♃ — Standort wie vor. 6—9. Im Geb. häufig u. oft mit der vor. zusammen.

475. G. parisiense. L. Pariser L. — St. dünn, niederliegend u. aufsteigend, vom Grund aus sehr ästig; Bl. meist zu 6 (4—6), lineal= lancettl., stachelspitzig, am Rande vorwärts=stachelig=rauh; Blthstiele blattwinkelst., rispig; Blkr. grüngelb, außen röthl.; Fr. körnig=rauh (ob. steifhaarig). ⊙ Aecker, Anhöhen, Wegränder, Kiesgruben. 6—9. — <small>Im Kalk=Fl. zerstreut, im Dl. selten; z. B. 2 N. Sülzeberg bei Bartensl. 3 W. Wegabh. bei Botmersd.; Klingeb. bei Sülld. 4 E. Walddamm des Hakel; Kiesgr. bei Friedrichsaue. 4 S. Fröhser B. 4 Z. Trockene Polster im Hundeluster Erlbr. bei Bresen. 5 S. Chaussee=Rand bei Staßfurt. 5 B. Weinb. bei Gnölbzig; Sperenb. bei Sandersl. — Von den beiden Formen: α. mit haarigen Fr. (parisiense) u. β. mit körnig=rauhen Fr. (anglicum. Huds.) kommt im Geb. nur die letztere vor.</small>

3. Rotte. Blthstand endst., rispig, Blth. zwitterig; Bl. 3=nervig, 4=ständig.

476. G. rotundifolium. L. Rundblättr. L. — W. kriechend, mehrstengelig; St. liegend, ausgebreitet, aufsteigend; Bl. zu 4, oval, kurz=zugespitzt, am Rande borstig=gewimpert; Rispe auseinanderfahrend, **armblüthig**; Blkr. weiß; Fr. dicht=borstig=steif. ♃ — Schattige, moosige Wälder. 6—8. — <small>Nur im südöstlichsten Theil des Gebiets. 3 L. Schweinitzer F. 4 Z. *Nedlitzer F. (unter hohen Kiefern, Eichen u. Buchen im Moose, stw. wie gef.); Dobritzer F. (unter hohen Kiefern im Moose, reichl.)</small>

477. G. boreale. L. Nordisches L. — W. kriechend; St. aufrecht, steif, oben rispig; Bl. zu 4, **schmal=lancettl.**, am Rande rauh u. scharf; Rispe gedrängt u. vielblüthig; Blkr. weiß; Fr. kurz=borstig=steif. ♃ — Wälder, Wiesen. 6—8. — <small>Im Geb. meist häufig.</small>

4. Rotte. Blthstand endst., rispig, Blth. zwitterig; Bl. 1=nervig; St. kahl, ohne Stachelchen.

478. G. verum. L. Wahres L. — St. aufrecht ob. aufsteigend, steif, aufrecht=ästig; Bl. zu 8 od. 12, schmal=lineal, am Rande zurück= gerollt, kahl; Rispe ansehnlich, gedrängt=vielblüthig; Blkr. goldgelb,

Valerianeen.

wohlriechend; Fr. glatt. ♃ — Wiesen, Triften, Raine, Grasgr., Weg=
ränder, Ufer, Weidengeb., lichte Waldstellen. 6—10. — Gemein.
479. G. Mollúgo. L. Gemeines L. — St. aufsteigend ob. auf=
recht, steif, abstehend=ästig; Bl. zu 6 ob. 8, schmal=lancettl., am Rande
fein=stachelig=scharf; Rispe ansehnl., locker=vielblüthig; Blkr. weiß;
Fr. kahl. ♃ — Grasgr., Wiesen, lichte Waldstellen, Weg=
ränder, Ufer. ·6—10. — Gemein.

<small>479 u. 478. G. Mollugo × G. verum. (G. ochroleucum. Wolf.) — St. ein
wenig abstehend=ästig; Bl. lineal=lancettl., am Rande scharf; Rispe etwas locker=vielbl.;
Blkr. gelblich=weiß. ♃ — Mit den Eltern, häufig.</small>

480. G. sylvaticum. L. Wald=L. St. aufrecht, stielrund,
hoch (50—120 cm. h.); Bl. zu 8, oben zu 6—2, längl.=lancettl., stumpf,
stachelspitzig, am Rande rauh, unterseits graugrün; Rispe groß, weit=
schweifig, sehr locker, vielblüthig; Blthstielchen haarfein, vor der Blthzeit
nickend; Blkr. weiß; Fr. kahl. ♃ — Wälder, Haine. ·7—9· — Im Fl. häufig
u. auch im Dl. nicht selten; im Al. nur in dem der Bode (4 E. Egelnsche F.; Wehl;
Unseb. Großholz), u. im Sand=Al. (4 Z. Kühnauer F.; Königsmarker Bsch. bei Aken).

481. G. saxátile. L. Felsen=L. — W. vielstengelig; St. dünn,
gestreckt, niederliegend, die blühenden aufsteigend; Bl. zu 4—6, in genäher=
ten Quirlen, die unteren verkehrt=eif., die oberen kurz=lancettl.; Rispe ge=
drängt=blüthig, ebensträußig; Blkr. weiß; Fr. dicht=körnig=rauh. ♃
— Haiden, trockene Wälder, Wald= u. Moorwiesen, Triften, Gräben. ·6—7·
<small>— Im nordwestl. Theile des Geb. nicht selten u. stets sehr gesellig; bes. unter Haidekraut
ob. in Gesellschaft von Veronica offic. 3. B. 1 C. Triftweg unweit des Schierholzes
nach Calvörde zu; Wf. u. trockene Trift der Behndorf; Niebelhagen. 2 N. Klepperberg;
Forsten des Albensl. Höhenz. 3 S. Marienborner F.; Lenchen Bsch.; Haidefleck am Busch
des Zechenhauses; Hohes H.</small>

482. G. sylvestre. Poll. Haide=L. — W. kriechend, viel=stengelig;
St. aufsteigend, oben ästig; Bl. meist zu 8, die unteren kurz=lancettl., die
oberen lang=lineal=lancettl., vorn breiter, zugespitzt, stachelspitzig;
Rispe vielblüthig, ebensträußig; Blkr. weiß; Fr. sehr feinkörnig. ♃ —
Wälder, Haiden. ·6—8. — Im Fl. u. Dl.; nicht häufig: 2 B. Bürgerholz. 4 E.
Hakel. 4 Z. Mosigkauer F. 5 B. Wilder Busch.

51. Familie. **Valerianeen**, Valerianeae. Dec.

Kräuter (selten Sträucher) mit gegenüberstehenden Bl.; KSaum
eingerollt, zuletzt in eine Haarkrone ausgebreitet, ob. gezähnt, ob. verwischt;
Blkr. röhrig=trichterf., 5=, selten 3—4=sp., Röhre an der Basis oft höckerig
ob. gespornt; Stbgf. 4 ob. weniger; Frkn. 1=fächerig, selten 3=fä=
cherig u. nur ein Fach fruchtb.; Fr. trocken, nicht aufspringend, mit der
Federkrone ob. dem einfachen K. gekrönt; S. einzeln.

200. Valeriana. L. **Baldrian.**

KSaum eingerollt, zur Frzeit eine federige Haarkrone (Pappus) bil=
dend; Blkr. trichterf., am Grunde höckerig, Saum 5=sp.; Stbgf.
meist 3; Fr. eine Achene, von dem gefiederten Pappus gekrönt. —
Blth. in Afterdolden.

483. V. officinalis. L. Gebräuchl. B. — W. abgebissen, oft
mit Ausläufern, meist einstengelig, stark u. unangenehm riechend; St.
gefurcht, röhrig; Bl. unpaarig=gefiedert (7—10=paarig), die unteren
gestielt, die oberen sitzend; Blättchen lancettl., gezähnt ob. ganzrandig, das
unpaarige nicht größer; Blth. zwitterig; Blkr. fleischroth. ♃ —
Variirt in der Größe des St. u. der Bl. — Wälder, Gebüsch, Hecken,

Dämme, Wassergr., Bäche, Ufer, feuchte Wiesen. ·6—·9. — Im Geb. häufig; die höhere u. größere Form (major) im Al. u. Tl.; die kleinere (minor) in den mehr trockenen Wäldern des Fl.

484. V. dioica. L. Kleiner B. — W. kriechend, ausläufertreibend, geruchlos; St. aufrecht, 4=kantig; WBl. rundl.=eif. ob. elliptisch, langgestielt, ganzrandig; StBl. leierf.=fiederth., Endlappen viel größer als die 3—4=paarigen Seitenlappen, die obersten Bl. mit fast gleichf., linealen Zpfl.; Blth. zweihäusig; Blkr. fleischroth, ob. fast weiß. ♃ — Nasse, moorige Wiesen, sumpf. Waldstellen, Erlenbr., Torfstiche, Bäche. ·5—6. — Im Sand=Fl., m. E., u. im Tl. häufig; auch auf den Bruchwf. des Al.; sonst selten u. nur auf bruchigem Boden (5 S. Gäniefurter Bsch. 5 B. Bruchwf. bei Körmigt).

† Centranthus¹). Dec. Spornblume.
Blkr. trichterf., an der Basis gespornt; sonst wie Valeriana.
† C. ruber. Dec. Rothe S. — Bl. eif. ob. lancettl., ganzrandig; Blkr. purpur= ob. fleischroth, Sporn viel kürzer als die Röhre. ♃ — Zierpfl. aus Süddeutschl. 6—8. — In Gärten.
† C. macrosiphon. Boissier. Großöhrige S. — Bl. rundl., die unteren am Grunde mehr ob. weniger gelappt, die oberen am Grunde fiederfp.; Blkr. rosenroth. ☉ Zierpfl. aus Spanien. 7—8. — In Gärten.

201. Valerianella. Poll. Feldsalat.

KSaum gezähnt ob. undeutlich; Blkr. trichterf., ohne Höcker u. Sporn, 5=sp.; Stbgf. 3; Frkn. 3=fächerig, nur 1 Fach fruchtb.; Fr. mit dem einfachen, nicht gefiederten K. gekrönt. — Einjährige, zarte Kräuter, mit aufrechtem, kantigen, gabelästigen St., einfachen Bl. u. Zwitterblth. in gipfelst. Doldentrauben; Blkr. bläulich=weiß, ob. röthl.

A. KSaum undeutlich.

485. V. olitoria. Poll. Rapunzel=F. (Rapünzchen). — Bl. längl., meist ganzrandig; Fr. eif.=rundl., zsgedrückt, beiderseits zieml. glatt. ☉ — Raine, Grasabhänge, Dämme, Wiesen, Aecker, lichte Waldstellen. 4·—6. — Im Geb. sehr häufig: im Al. u. Fl. bef. auf Dämmen, Rainen, an Waldrändern u. in Futterkr.; im Tl. meist auf fruchtb. Sandäckern unter Roggen u. Weizen. — In Gärten als Salatpfl. vielfach gebaut.

B. KSaum deutlich gezähnt, der hintere Zahn größer.

486. V. Morisonii. Dec. (V. dentata. Poll.) Morison's F. — Bl. längl., ganzrandig, die oberen lineal=längl., am Grunde meist gezähnt; Fr. längl., ei=kegelf., hinten convex, vorn mit einem längl., von erhabenen Rändern umgebenen Beete. ☉ — Variirt mit kahlen u. behaarten Fr. — Aecker, bef. unter Getreide. 6·—10. — Im Kalk=Fl. (nam. in den eigentl. Kaltgegenden) u. im Tl. nicht selten.

487. V. Auricula. Dec. (V. rimosa. Bastard.) Ohrfrüchtiger F. — Bl. wie vor.; Fr. rundl., kugelig=eif., vorn einfurchig; die leeren Samenfächer wie aufgeblasen. ☉ — Variirt mit kahlen u. behaarten Fr. — Aecker unter Getreide. 6·—10. — In denselben Gegenden wie vor. u. mit ihr oft gemeinschaftlich; aber weniger häufig.

52. Familie. Dipsacceen, Dipsaceae. Dec.

Kräuter mit gegenüberstehenden, ganzen ob. getheilten Bl.; Blth. zwitterig, auf dem gemeinschaftl. Blthboden eines runden ob. halbrunden Köpfchens, das mit einer vielblättr. Hülle versehen ist; eigentl. K. doppelt, beide bleibend, der äußere die Fr. bei der Reife dicht

---

1) Von κέντρον, Stachel, Sporn, u. ἄνθος, Blume.

Dipsaceen.

umgebend, der innere zuletzt an den Frkn. angewachsen; Blkr. 4—5=sp., mit ungleichen Zpfl.; Stbgf. 4, frei; Gf. 1; N. einfach; Frkn. einfächerig, 1=eiig; Fr. nicht aufspringend, häutig ob. fast nußartig.

202. Dipsacus. L. Karde.

Der innere K. beckenf., vielzähnig ob. ganzrandig; der äußere 4=kantig, 8=furchig; Blkr. röhrig, 4=sp.; Fruchtb. spreuig, Spreubl. lang= stachelspitzig; Hüllbl. länger als die Spreubl. — Steif=aufrechte, mehr ob. weniger stachelige Kräuter.

488. D. sylvestris. Mill. **Wilde K.** — St. gefurcht, stachelig; WBl. längl., am Grunde verschmälert, gekerbt, oben und am Rande mit kleinen Stacheln bedeckt; Stbl. breit=zsgewachsen, verkehrteir.=lancettl., die oberen lang=zugespitzt, gezähnt; Bl. unterseits auf der Mittelrippe stachelig; Köpfchen längl.; Hüllbl. lineal, stark=bogig=aufstrebend, stachelig; Spreublättchen biegsam, länger als die Blth.; Blkr. lila. ☉ — Grasgr., Wegränder, Dämme, Triften, Steinbr., Waldränder, Gebüsch, Bäche, Ufer. 7'—10'. — Im Fl. u. Al. häufig; im Dl. seltener.

489. D. laciniatus. L. **Geschlitzte K.** — St. gefurcht, stachelig; WBl. längl., am Grunde verschmälert, gekerbt, oben und bes. am Rande mit langen borstigen Haaren bedeckt; StBl. breit=zsgewachsen, lappig= gekerbt, die mittleren fiedersp., die obersten fast ganzrandig, lang=zu= gespitzt und, gleich den mittleren Bl., unten tutenf.=zsgewachsen; Köpfchen längl.; Hüllbl. lineal=lancettl., schwach=bogig=aufstrebend, stachelig; Spreu= blättchen biegsam, länger als die Blth.; Blkr. weißlich. ☉ — Gras= gräben, Wegränder. 8—9. — Im Geb. sehr selten; 2 W. Ackerfurche am Feld= wege, u. Feldgräben zw. Wolmirst. und Samswegen; hier zahlreich, theils allein, theils untermischt mit der vor.

490. D. Fullónum. Mill. **Weber K.** — StBl. breit=zsgewachsen, längl.=lancettl., Köpfchen ei=längl.; Hüllbl. abstehend=zurückgebogen; Streu= blättchen steif, begrannt=haarspitzig, hakenf.=zurückgekrümmt, so lang als die Blth.; Blkr. lila. ☉ — Zum Rauhen des Tuches cult. 7—8. — Früher bei Burg vielfach geb., jetzt weniger.

491. D. pilosus L. **Behaarte K.** — St. unten behaart, oben stachelig; Bl. gestielt, eif. ob. ei=lancettl., grob=gesägt, am Grunde meist geöhrt, die Mittelrippe unterseits stachelig, die obersten Bl. ganzrandig; Köpfchen halb=kugelig, haselnußgroß; Hüllbl. schmal=lancettl., zurückgebogen; Spreublättchen verkehrt=eif. mit grannenartiger Spitze, borstig=bewimpert, länger als die Blth.; Blkr. weißlich; Staubb. schwarz. ☉ — Wälder, Gebüsch, Dämme 7—9. — Im Elbgeb. in im Al. der unteren Saale ziemli. häufig. Z. B. 2 W. Rogätz Schloßgarten, am Fuße des Kapellenb. u. Unterholzer B. (reichl.); Wolmirst. F. (Eichelkamp). 3 M. Biedritzer Bsch.; an der Potstrine bei der Klappermühle. 4 S. Pechauer F. bei Kahlenberge; Grünewald (Prezien gegenüber). 4 B. *Gesträuch am Damm zw. Ronnei u. Walterniensburg; Tochheimer F. (am Elbdamm); Götz; Damm bei Kl. Rosenburg; Rosenburger Busch (reichl.).

203. Knautia L. Knautie.

Der innere K. 8—16=zähnig, Zähne pfrieml.=borstenf.; der äußere K. kurz=gestielt, nicht gefurcht, kurz=mehrzähnig; Blkr. röhrig, 4=sp.; Fruchtb. rauhh., Spreublättchen fehlend; Hülle reichblätter., mehrreihig.

492. K. arvensis. Coult. **Acker=K.** — St. aufrecht, nebst den Bl. kurz=behaart, untermischt mit längeren Borsten; Bl. längl=lancettl., in einen Blstiel auslaufend; StBl. fiedersp.; der innere K. halb so lang als die Fr., meist 8=zähnig; Blkr. blau=roth, 4=sp., die randst. strahlend;

Köpfchen halbkugelf. ⚃ — Aecker, Grasgr., Wiesen, Triften, Raine, Dämme, Weg- u. Waldränder. 6—10. — Gemein.

204. Succísa. M. u. K. Teufelsabbiß.

Der innere K. schüsself., am Rande mit 5 borstenf. Zähnen (ob. ganzrandig), der äußere tief-8-furchig, mit krautigem Saum (d. h. grün); Blkr. 4-sp., die randst. nicht strahlend; Fruchtb. spreuig; Hülle reichblättr., mehrreihig.

493. S. pratensis. Moench. Wiesen T. — W. abgebissen: St. aufsteigend-aufrecht, fast nackt; WBl. oval-längl., in den Blstiel verschmälert, ganzrandig, behaart ob. kahl; StBl. schmal-lancettl., oft entfernt-gezähnt, die obersten lineal; Blth.-Köpfchen halb-kugelig, Fr.-Köpfchen kugelig; der äußere K. rauhh., der innere 5-borstig; Blkr. blau-violett. ⚃ — Feuchte Wiesen (bes. moorige u. bruchige), Wälder, 7'—10'· Im Fl. u. Tl. sehr häufig; auch im Al. der Bode u. im Sand- Al. der Elbe.

205. Scabiósa¹). L. Scabiose.

Der innere K. schüsself., mit 5 ob. 10 borstenf. Zähnen, selten ganzrandig: der äußere 8-furchig (ob. 8-rippig), mit einem glocken- ob. radf., trockenhäutigen, durchsichtigen Saum; Blkr. 5-sp., die randst. strahlend: Fruchtb. spreuig; Hülle reichblättr., mehrreihig.

494. S. ochroleuca. L. Gelblichweiße S. — St. aufrecht, fast kahl; Bl. der nichtblühenden Wurzelköpfe längl.-lancettl., in den Blstiel verschmälert, ganzrandig, gesägt oder eingeschnitten-leierf.: untere Bl. der blühenden St., leierf.-fiedersp., mittlere doppelt-fiederth., die obersten einfach-fiederth. mit linealen Zpfl.; Borsten des inneren K. gelb, später fuchsig, viel länger als die Spreublättchen, im Knospenzustande der Blth. aus dem Köpfchen hervorragend; Blkr. gelblich; Fr. 8-furchig; Frköpfchen eif., selten kugelig. ⚃ — Sonnige Höhen, Grasabh., Raine, Grasgr., Weg- u. Waldränder, Steinbr. ·7—10.— Im südl. Fl. häufig, nam. in den Kaltgegenden u. auf den Hügeln mit nord. Grand u. weit in ihrer Umgegend; fehlt im nordwestl. Theil des Geb. und wird hier, bes. im Sand- Fl., durch die folgende vertreten; im Tl. weniger häufig, jedoch nicht selten, nur nicht im östlicheren Theil, nicht über Möckern hinaus; im Al. nur in dem der Bode u. im Sand- Al. der Elbe.

495. S. columbaria. L. Tauben-S. — St. u. Bl. wie vor.; Spreublättchen weißlich-grün, ohne farbige Spitze; Borsten des inneren K. schwarzbraun, viel länger als die Spreublättchen, im Knospenzustande der Blth. aus dem Köpfchen hervorragend: Blkr. blau ob. lila; Fr. 8-furchig; Fruchtköpfchen kugelig. ⚃ — Sonnige Höhen, trockene Waldstellen. 6—10. — Im Geb. seltener als vor.; vornehmlich in Gegenden, wo jene fehlt. Z. B. 1 C. Isern Hagen; Rehm, Lohden u. Domberg bei Walbeck. 1 B. Colbitzer F. 2 N. Forsten des Alvensl. Höhenzuges; Trifthöhen an der Bever; Neuhaldensl. F.; F. Planken. 2 B. Bürgerholz. 3 L. F. Magdeb. Forth; Chgr. zw. Dreiwitz u. Gr. Lübars. 4 Z. Harzwinkel; Weg am Oberbusch. — Trifft mit ochrol. zusammen: 2 N. im hohen Olvethal, 3 S. am Hohen u. am Sauren H. u. 4 E. am Hafel.

496. S. suaveolens. Desf. Wohlriechende S. — St. aufsteigend, von dichten, kurzen Haaren grau; Bl. der nicht blühenden W.Köpfe fast spatelf. ob. schmal-lancettl., in den Blstiel verschmälert, ganzrandig; StBl. einfach-fiederth., Zpfl. der unteren Bl. breit-, der oberen schmal-lineal; Spreublättchen mit dunkelgrüner, später röth-

---

1) Von scabiosus, krätzig, räubig; wohl wegen früherer medicin. Anwendung der Succisa prat. (Scabiosa succisa. L.)

licher, breit=dreieckiger Spitze, im Knospenzustande der Blth. aus dem Köpfchen hervorragend; Borsten des inneren K. weiß, später röthl., kaum so lang als die Spreublättchen u. aus dem Knospen= Köpfchen nicht hervorragend; Blkr. hell=lila, wohlriechend; Fr. 8=furchig; Fruchtköpfchen eif. ♃ — Sonnige Hügel, Grasabh., Haiden. 7—10. — Auf den Höhen mit nordl. Grand und am hohen Olve=, Beber=, Wipper= u. Saalufer häufig; auch in den Kiefernwäldern und auf Trift=Abhängen des Sand=Fl., Dl. u. Sand= Al. nicht selten. Auf den Höhen mit nordl. Grand und am Wipper= u. Saaluf. fast immer von ochrol. begleitet, auf den Triftshöhen an der Beber mit columb. vereinigt; am Olveufer u. am Südsaume des Sauren Holzes finden sich alle 3 Arten. — Anm. Sc. suav. ist von der sehr ähnlichen columb. durch den dicht behaarten St. und durch die aus den Knospen=Köpfchen hervortretenden breiten Spreublättchen (statt der schwarzen Kelchborstch. der columb.) leicht zu unterscheiden.

† S. atropurpurea. L. Schwarzrothe S. (Sammtblume). — Untere Bl. spatelf. od. lancettl., gezähnt, die oberen fiederfp.; äußerer K. 8=rippig; Blkr. braun= purpurn, sammtartig. ⊙ — Zierpfl. 7–10. — Häufig in Gärten; zuweilen ver= wildert.

53. Familie. **Ambrosiaceen,** Ambrosiaceae. Link.

Kräuter mit meist abwechselnden Bl.; Blth. einhäusig: die männl. zahlreich in einem Köpfchen, welches von einem vielsp. oder vielblättr. Hauptkelch gestützt ist, die weiblichen einzeln oder zu 2, vom Hauptkelch eingeschlossen, männl. u. weibl. Köpfchen in einer Köpfchen= Aehre vereinigt, die männl. oben; männl. Blth.: P. 5=zähnig, Stbgf. 5, frei ob. 1=brüderig; weibl. Blth.: P. fehlend, Frkn. nackt, Gf. 1, N. 2, verlängert, über die Oeffnung des Hauptkelchs hinaustretend; Fr. trocken, von dem verhärteten, eine falsche Nuß darstellenden Hauptkelch einge= schlossen.

206. Xánthium[1]). L. Spitzklette.

Männl. Köpfchen: Hauptkelch vielblättr., Blthboden walzenf., spreuig; weibl. Köpfchen: Hauptkelch 1=blättr., 2=fächerig, 2=blüthig, später ver= größert u. verhärtet, mit hakenf. Stacheln besetzt. — Kräuter mit rauh= u. scharf=behaarten St. u. Bl.

497. X. strumarium L. Gemeine S. — Bl. lang=gestielt, schwach 3= ob. 5=lappig, am Grunde mehr od. weniger herzf.; Fruchthülle mit mehr oder weniger weitläufig gestellten, geraden, an der Spitze hakigen, am Grunde flaumh. Stacheln besetzt, und mit geraden Schnäbeln. ⊙ — Dörfer, Wege, Triften, Ufer. 7—8. — Im Al. der Elbe u. im Dl. in einer Entfernung bis zu 2 Stunden von der Elbe — ziemlich häufig; sonst selten, u. im Fl. noch gar nicht beobachtet. — Z. B. 1 B. Df. Angern. 2 W. Df. Rogäz, Kapellenb. u. Ziegelei. 2 B. Df. Reesen; Elbuf. Hohenwarte. 3 M. Werderspitze; Elbuf. beim Herrnkrug, Hirtenholz, Loßtau; Df. Menz. 3 Mö. Df. Leitzkau. 4 S. Df. u. Elbuf. Grünewald; Df. Ranies. 4. B. Trift Glinde; Dornburg; Walternienburg; Tochheim; Gehrden. 4 Z. Df. Kämeritz, Hohenletpa; Nutha; Pulsporndf.; Bone; Bias; Steckby; Reppichau. 4 Ö. Gänsefurt.

498. X. italicum. Moretti. (X. macrocarpum. Koch). Italienische S. — Bl. gelb=grün, lang=gestielt, schwach 3—5=lappig, am Grunde gestutzt od. etwas keilf.; Fruchthülle mit dicht ge= stellten, von der Mitte an gebogenen, oben hakigen, am Grunde stachelhaarigen Stacheln besetzt, u. mit gebogenen, stachelhaarigen Schnäbeln. ⊙ — Ufer, Dämme, Wege. 7—8. — Nur im Elb=Al., hier aber am Ufer der Elbe und in dessen Nähe häufig u. gesellig. — Bildet mit der vorigen vielfach Bastarde. —

---

[1]) Von ξανθός. gelb; wegen des Gebrauchs zum Gelbfärben der Haare.

† X. spinosum. L. Dornige S. — St. am Grunde der Bl. mit 3-gabeligen langen, goldgelben, glänzenden Stacheln; Bl. kurzgestielt, meist 3-lappig, unterseits weißfilzig. ⊙ — In Süd- u. Ost-Europa. 8—9. — Mit ausländischer Wolle öfters eingeschleppt u. unbeständig. —

54. Familie. **Compositen**, Compositae. Adans.

Kräuter (Sträucher, selten Bäume), mit abwechselnden ob. gegenüberstehenden, meist einfachen Bl.; Blth. zwitterig, vielehig ob. zweihäusig, theils röhrig, theils zungenf., **auf einem gemeinschaftlichen Blüthenboden (receptaculum) dicht zsgestellt, von einer mehrblättr. Hülle**, involucrum, (**Hauptkelch** ob. gemeinschaftl. Kelch, calyx communis) umgeben. — Die Blüthenköpfe bestehen entweder nur aus **röhrigen Blth.** (**scheibiges Köpfchen**), ob. nur aus **zungenf.** (**geschweiftes Köpfchen**), ob. aus **röhrigen u. zungenf. zugleich**, indem die Mitte der Scheibe röhrige, und der Rand derselben zungenf. Blth. enthält, (**strahliges Köpfchen**) — Der K. der einzelnen Blth. (der eigentl. Kelch) ist röhrenf. u. mit seiner Röhre mit dem Frkn. innig verwachsen. Der trockenhäutige Kelchsaum, der sich meist mit der Fr. weiter entwickelt, wird **Pappus** (**Feder- ob. Haarkrone**) genannt, u. erscheint oft verlängert u. verschiedenartig gespalten, d. h. in Borsten, Haare, Federchen ob. Schuppen tief getheilt; zuweilen ist er kurz und ungetheilt, ob. kaum bemerklich. Blkr. **bald röhrenf., meist 5-sp. u. regelm., bald zungenf.**, die Spitze der Zunge gewöhnlich 5-zähnig; Stbgf. 5; Staubf. meist frei; **Staubbeutel lineal, in eine den Gf. umgebende Röhre zsgewachsen**, an der Spitze mit einer häutigen Verlängerung des Connectivs versehen; Frkn. 1-eiig; Gf. 1; N. 2; Fr. trocken, nicht aufspringend (eine **Achene**), mit dem ausgewachsenen Kelchrand (Pappus) gekrönt.

Anm. Die Compositen zerfallen zunächst in folg. 3 Hauptgruppen:
1. Corymbiferen: Blthköpfe meist strahlig, gewöhnl. in einer Doldentraube (corymbus) ob. doldigen Rispe; Gf. unter den Schenkeln nicht knotig verdickt u. nicht gegliedert. — Kräuter, weder mit Stacheln versehen, noch milchend.
2. Cynareen: Blthköpfe in der Regel scheibig; Blth. meist zwitterig; Gf. nach oben knotig-verdickt. — Oft stachelige u. meist nicht milchende Kräuter.
3. Cichoraceen: Blthköpfe geschweift; Gf. nicht gegliedert, die Schenkel fädlich, zurückgebogen. — Milchende Kräuter.

1. Hauptgruppe. **Corymbiferen.** Blth. des Mittelfeldes (der Scheibe) röhrig, die des Randes zungenf.; selten sämmtl. Blth. des Köpfchens röhrig; Köpfchen meist in Doldentrauben ob. doldigen Rispen; Gf. walzlich, 2-sp., unter den Schenkeln nicht knotig-verdickt u. nicht gegliedert. — Stachellose, nicht milchende Kräuter.

Zerfällt in 3 Gruppen: 1. Eupatoriaceen. Griffel-Schenkel der Zwitterblth. lang, fast stielrund ob. keulenf., oberwärts fein-flaumhaarig. — 2. Asteroideen. Gf.-Schenkel der Zwitterblth. lineal, außen flach, nach oben gleich, mäßig-kurzbehaart. — 3. Senecionideen. Gf.-Schenkel der Zwitterblth. lineal, an der Spitze pinself. u. gestutzt.

1. Gruppe. **Eupatoriaceen.** Die Schenkel des Griffels der Zwitterblth. lang, fast stielrund ob. keulenf., oberwärts fein-flaumhaarig.

1. Untergruppe. **Eupatorieen.** Sämmtliche Blüthen zwitterig.

207 Eupatórium. L. **Wasserdost.**

Blüthenköpfe scheibig (nicht strahlig), wenig-blüthig; Hauptkelch dachig, walzl.; Blkr. röhrig-trichterf.; Achene chlindrisch, gerippt, schnabellos; Pappus haarig; Fruchtb. nackt. — Bl. gegenständig.

Compositen (Corymbiferen).

499. C. cannabinum. L. Hanfartiger W. — St. aufrecht, nebst den Bl. kurzh.; Bl. gestielt, meist 3-th., Theile lancettl., grob-gezähnt-gesägt; Köpfchen klein, sehr zahlreich, in riespigen, dichten Doldentrauben; HK. halb so lang als die Blth.; Blkr. schmutzig-rosa. ♃ — Feuchte Waldstellen, Gebüsch, Erlenbr., Wassergr., Bäche. 7—9. — Im Sand- Fl. u. Dl. häufig; im übr. Geb. selten (4 'E. Hafel, im Wasserthal. 4 Z. Elbuf. bei Roslau. K S Gänsef. u. Rathmannsb. Busch).

2. Untergruppe. **Tussilagineen.** Blth. vielehig, Achäne cylinderisch, gerippt; Pappus haarig.

208. Tussilágo[1]). L. **Huflattich.**

Blthköpfe strahlig, vielehig; HK. einfach, mit schwachem Außenkelch; weibl. Blth. randst., mehrreihig, zungenf., sehr schmal strahlend; Scheibenblth. zwitterig, röhrig; Fruchtb. nackt. — Blth. vorlaufend; St. schaftartig, mit gefärbten Blattschuppen versehen.

500. T. Fárfara L. Gemeiner H. — Schaft 1-köpfig; Bl. rundl.-herzf., eckig-gelappt, mit ausgeschweift, drüsenzähnigen Rande, unterseits grau-weiß-filzig; Köpfchen vor dem Aufblühen nickend; Blkr. gelb. ♃ — Feuchte Aecker, nasse Gräben, Ausstiche, Steinbr., Mergelgruben, Quellen, Bäche, Ufer, Weidenw.; auch wohl in Torfstichen. — Liebt vorzugsweise nassen Thon- und Lehmboden. ·4—·5. — Im Fl. u. Al. sehr häufig u. stets sehr gesellig; im Dl. zwar weniger häufig, jedoch auch hier auf nassem Lehm, Sand, bes. an Gräben, und auf mergeligem Sandb. nicht selten; selbst in Torfstichen z. B. 4 Z. Torfstich bei Hundeluft (fast wie ges.)

209. Petasítes[2]). Gärtn. **Pestilenzwurz.**

Blthköpfe scheibig, vielehig, 2-häusig; HK. einfach mit schwachem Außenkelch; randst. Blth. weibl., in den weibl. Köpfchen vielreihig, in den männl. einreihig; Fruchtb. nackt. — Blth. vorlaufend; St. schaftartig, mit gefärbten Blattschuppen besetzt; Blthköpfe in Trauben ob. traubigen Sträußen.

501. P. officinalis. Mönch. Gebräuchl. P. — Schaft fast filzig, Schuppen lancettf., röthlich; Bl. groß, kreisf., am Grunde tief-herzf., die Lappen der Basis abgerundet, ungleich-geschweift-gezähnt, unterseits wollig-grau; Blth. purpur-röthlich. ♃ — Wassergr., Bäche, Ufer, nasse Wiesenstellen. ·4—·5. — Im Geb. häufig u. stets sehr gesellig, nam. an Bächen u. kleineren Flüssen (Wipper u. Bode), bes. in der Nähe v. Wassermühlen; am Ufer der Saale selten (5 C. Tippelskirchen), an der Elbe noch nicht beobachtet.

502. P. spurius. Retz. (P. tomentosus. Dec.) Unächte P. — Schaft weiß-filzig, Schuppen längl., groß, scheidenartig, gelblich; Bl. fast 3-eckig-herzf., die Lappen der Basis vorn verbreitet u. 2—3-lappig, Rand gezähnelt; Bl. unterseits schneeweiß-filzig; Traube fast ebensträußig; Blth. weiß ob. hellröthlich. ♃ — Flußufer. 4—5·
Am Ufer der Bode von Unseburg bis zum Ausfluß in die Elbe, und an der Elbe von * Ranies bis zum Austritt aus dem Gebiet (Wittkau), nicht selten und stets gesellig.

2. Gruppe **Asteroideen.** Die Schenkel des Gf. der Zwitterblth. lineal, außen flach, nach oben gleichmäßig kurz-behaart.

1. Untergruppe. **Asterineen.** Staubb. an der Basis ohne Anhängsel.

---

[1]) Von tussis Husten; wegen des med. Gebrauchs der Pfl. — [2]) Von πέτασος, Hut mit großer Krempe, Schirmhut; wegen der Form u. Größe der Bl.

210. Linósyris. Dec. Linofyre.

Blthköpfe scheibig; HK. dachig; Blth. sämmtlich zwitterig, röhrig, tief 5-sp.; Achene schnabellos, zsgedrückt, behaart; Pappus haarig; Fruchtb. nackt.

503. L. vulgaris. Dec. (Aster Linosyris. Bernh.) Gemeine L. — St. aufrecht, einfach, reich-beblättert, oben ästig; Bl. lineal, sitzend, spitz; Blth.-äste 1-ob. wenig-köpfig; HK. locker, Blättchen lineal-lancettl.; Blfr. gelb, röhrig-keulenf. ⚁ — Trockene Waldstellen. 8—9· — Im Geb. sehr selten. 2 W. Rogätzer F. (Oberhagen). 4 Z. Kühnauer F. (Saalberge).

211. Aster[1]). L. After.

Blthköpfe strahlig; HK. dachig; Strahlblth. weibl., zungenf., 1-reihig, verschiedenfarbig (d. h. anders gefärbt als die Scheibenblth.); Scheibenblth. zwitterig, röhrig, 5-zähnig, gelb: Achene schnabellos, zsgedrückt; Pappus haarig; Fruchtb. flach, nackt.

504. A. Tripolium L. Meerstrands-A. — St. aufrecht, oben ob. vom Grund aus ästig, 15—60 cm. h.; Bl. fast fleischig, die unteren elliptisch bis schmal-lancettl., klein-gesägt ob. ganzrandig, in einen langen Blstiel auslaufend; die oberen schmal- bis lineal-lancettl., kurz-gestielt u. sitzend; Köpfchen ziemlich groß; Blthäste ebensträußig; Blättchen des HK. angedrückt, die inneren länger, stumpf; Strahl-Blth. hellblau-violett bis weiß ⊙ — Salzwiesen, salzhaltige Bäche u. Gräben .7·—10. · Im südl. Fl. u. im Al. ziemlich häufig und stets sehr gesellig; z. B. 3 S. Salzwiese bei Wormsdorf (wie gef.) 3 W. An der Sare bei Wanzl.; Salzwj. bei Sülld. 4 O. Wf. bei Nienhagen (wie gef.); Limbachgr. bei Krottorf u. Bodeuf. daselbst 4 S. *Grabirwerk (wie gef.); Sooltanal. 5 S. Salzige Trift u. Wf. am Marbegr. zw. Förderst. u. Uelnitz; Salzwf. u. Bodeuf. bei Stassfurt; Salzwj. zw. Staßf. u. Hedlingen; Salzterrain u. Wassergr. bei Hedlingen. 5 C. Sachsendorfer Bruch.

† A. Amellus. L. Virgils A. — St. u. Bl. behaart; untere Bl. elliptisch, gestielt, obere längl.-lancettl. sitzend; Köpfchen ziemlich groß, in Doldentrauben, Blättchen des HK. abgerundet-stumpf, etwas abstehend; Strahlblth. violett-blau. ⚁ — Sonnige Hügel 8—10. — Von Schatz für das Hohe H. angegeben, in neuerer Zeit nicht aufgefunden. In Gärten als Zierpfl. angepfl.

† A. Novae-Angliae. L. Neuenglische A. — St. 1½—2 m. h., oberwärts rispig-ästig, nebst den Bl. behaart; Bl. lancettl., die oberen stengelumfassend; Köpfchen groß, in doldigen Rispen; Blthstiel drüsig-behaart; Blättchen des HK. lineallancettl., bogenf.-abstehend; Strahlblth. violett-blau. ⚁ — Zierpfl. aus Nordamerika. 9—11. — In Gärten u. Anlagen.

† A. brumalis. Nees. Winter-A. — Bl. lancettl., schlank-zugespitzt, in der Mitte entfernt-gesägt, halb-stengelumfassend; Köpfchen ziemlich groß, meist einzeln an der Spitze der Zweige; HK. locker, Blättchen fast gleichlang, die untersten abstehend; Strahlblth. blau. ⚁ Aus Nordamerika. 10·—11. — Als Zierpfl. in Gärten; zuweilen verwildert.

† A. éminens. Willd. Hervorragende A. — Bl. schmal-lancettl., lang-zugespitzt, entfernt-abstehend-gesägt, mit breiter Basis sitzend, die obersten ganzrandig; Köpfchen ziemlich groß, eine doldige Rispe bildend, mit traubigen Aesten; Strahlblth. hellviolett. ⚁ Aus Nordamerika. 9—10. — Zierpfl. in Gärten; zuweilen verwildert.

505. A. salígnus. Willd. (A. salicifolius. Scholler). Weidenartige A. — St. steif-aufrecht, viel-ästig, 60—120 cm. h.; StBl. lancettl., schlank-zugespitzt, sparsam abstehend-gezähnt ob. ganzrandig, sitzend, Köpfchen ziemlich groß; Blthäste rispig, die Aeste an der Spitze, sowie die Aestchen ebensträußig; HK. angedrückt-dachig, Blättchen linealisch, spitz; Strahlblth. weiß, zuletzt lila. ⚁ — Weidengebüsch. Flußufer. 7·—10. — Nur im Al., hier aber an den Ufern der *Elbe, Saale u.

---

[1]) Von ἀστήρ, Stern; wegen der Form des Blthköpfchens.

Compositen (Corymbiferen).

Bode, bes. in den Weidenwerdern, ob. in der Nähe der Ufer im Weidengebüsch, häufig u. meist sehr gesellig.

506. A. parviflorus. Nees. **Kleinblüthige A.** — St. aufrecht, oben ästig, 40—80 cm. h.; StBl. schmal-lancettl., zugespitzt, entfernt-kleingesägt ob. ganzrandig, sitzend; die oberen Bl. lineal-lancettl., an den Blthstielen viel kürzer; Köpfchen klein, Blthäste rispig, Seitenäste traubig; HK. angedrückt-dachig, Blättchen linealisch, spitz; Strahlblth. weiß, zuletzt röthlich. ⚇ — Ufer, Weidengebüsch. 8—9. — An der Elbe u. Bode hin und wieder; z. B. R. W. Elbuf. am Connewitz. O M. Noitzschin, Nonnenwerder; Mönchswerder bei Rothensee. 4 O. Bodeuf., Vorw. Andersl. gegenüber, u. Gr. an der Eisenbahn. 4 E. Weidenvertiefung unweit der Bode, Gr. Germersl. gegenüber. 4 B. Weidenw. der Ronneier F.; Tochheimer F. (am Elbuf.).
† A. chinensis. L. Garten-A. — St. aufrecht, fast einfach, behaart; Bl. eif., grob-gezähnt, gestielt; Köpfchen groß, einzeln; Strahlblth. blau, lila, roth ob. weiß. ⊙ — Zierpfl. aus China. 8—10. — In Gärten überall, meist mit sog. gefüllten Blth.; zuweilen verwildert.

212. Bellis¹). L. **Gänseblümchen**.

Blthköpfe strahlig; HK. gleich, 2-reihig; Strahlblth. weibl., zungenf., verschiedenfarbig, 1-reihig; Scheibenblth. zwitterig, röhrig, 4—5-zähnig, gelb; Achene schnabellos, platt-zsgedrückt, schwach-berandet; Pappus fehlend; Fruchtb. kegelf., nackt.

507. B. perennis. L. **Ausdauerndes G.** (Maaßlieb.) — Wurzelstock schief, später vielköpfig; Schaft 1-köpfig; Bl. eine Wurzelrosette bildend, spatelf., vorn gezähnelt od. gekerbt; Blättchen der HK. sehr stumpf; Strahlblth. weiß ob. weiß u. roth-berandet. ⚇ — Wiesen, Triften, Raine, Dämme, Grasgr., Wegränder, grasige Waldstellen, Ufer, Bäche, Brachäcker, Futterkr. — Blüht das ganze Jahr. — Sehr gemein. — Gefüllt (Tausendschönchen) beliebte Zierpfl.

† Stenactis²). Cass. Feinstrahl.
Blthköpfe strahlig; HK. fast gleich, 2-reihig; Strahlblth. weibl., zungenf., verschiedenfarbig, 2-reihig; Scheibenblth. zwitterig, röhrig, gelb; Achene schnabellos, zsgedrückt; Pappus haarig, verschieden-gestaltet; Fruchtb. nackt.
† S. bellidiflora. Alex. Braun. (S. annua. Nees.) Gänseblumenblüthiger F. — St. aufrecht, rauhh., 30—60 cm. h.; untere Bl. verkehrt-eif., grob-gesägt, obere lancettl., meist ganzrandig; Blthäste ebensträußig; Köpfchen besond. des Gänseblümchen sehr ähnl.; Strahlblth. weiß. ⚇ — Früher beliebte Zierpfl. aus Nordamerika. 7—9. — Zuweilen verwildert.

213. Erigeron³). L. **Berufskraut**.

Blthköpfe scheibig; HK. dachig, Blättchen 2—3-reihig, angedrückt, schmal, spitz; Randblth. weibl., verschiedenfarbig, mehrreihig u. aufrecht, entweder sämmtl. zungenf.. ob. die inneren fädlich; Scheibenblth. zwitterig, röhrig, gelb; Achene schnabellos; Pappus gleichf., haarig; Fruchtb. nackt.

508. E. canadensis. L. **Gemeines B.** — St. steif-aufrecht, schmalrispig-vielästig, steifhaarig; Bl. lineal-lancettl., borstig-gewimpert; Blthäste nebst den Aestchen traubig, vielköpfig; Köpfchen walzenf.; Randblth. schmutzig-weißl., sehr klein, nicht länger als die Scheibenblth. ⊙ — Aecker (bes. Stoppelfelder), Wege, Dörfer, Mauern, Grasgr., Kiesgruben, Steinbr., Ufer, Weidenw., Waldschläge. 7—9. — Gemein. — Aus Nordamerika im 17. Jhrh. eingeschleppt; schon zu Schoffer's Zeit im Barbyer Bezirk gemein.

509. E. acris. L. **Scharfes B.** — St. aufrecht ob. aufsteigend,

---

1) bellis, bellidis, lat. Name für Gänseblume, von bellus, hübsch, schön. — 2) Von στενός, schmal, u. ἀκτίς, Strahl; wegen der schmalen Strahlblth. — 3) Von ἦρι, früh, u. γέρων, Greis; wegen der weißlichen Haarkrone, wie Senecio.

traubig, zuletzt fast ebensträußig, rauhh., meist dunkelroth; Bl. schmal- bis lineal-lancettl., rauhh.; Blthäste 1—5-köpfig; Köpfchen eif.; Randblth. hell-purpurroth, aufrecht, so lang ob. etwas länger als die Scheibenblth. ⊙ u. ♃ — Sonnige Höhen, Triften, Dämme, Mauern, Steinbr., Grasgr., Futterkräuter, Wegränder, trockene Wiesen- u. Waldstellen, Haiden. — Auf Sand- u. Kalkboden. ·6—10. — Im Fl. u. Tl. häufig; im Al. selten.

214. Solidágo[1]). L. **Goldruthe.**

Blthköpfe scheibig ob. wenig-strahlig; HK. mehrreihig; Randblth. weibl., zungenf., gleichfarbig (wie die Scheibenblth. gelb); Scheibenblth. zwitterig, röhrig; Achene fast stielrund, gerippt; Pappus haarig; Fruchtb. nackt.

A. **Blüthenköpfe in aufrechten, nicht einseitswendigen Trauben.**

510. S. Virga aurea[2]). L. Gemeine G. — St. aufrecht, an der Spitze rispig-traubig ob. einfach-traubig; untere Bl. ei-lancettf., gesägt, in den langen Blstiel auslaufend, obere mehr und mehr kürzer gestielt, lancettl. bis schmal-lancettl., zuletzt ganzrandig; Randblth. viel länger als die Scheibenblth. ♃ — Wälder, Haine, Gebüsch. ·8—10. — Im Fl. u. Tl. nicht selten; im Al. nur im Sand-Al. (4 Z. Kühnauer F.).

B. **Blthköpfe zahlreich, klein u. gedrängt, in einseitswendigen, an der Spitze des St. rispig-gestellten, meist bogenf. Trauben.**

† S. canadensis. L. Canadische G. — St. aufrecht, kurzh.; Bl. längl.-lancettl. bis lancettl., scharf-gesägt; Randblth. kurz, nicht länger als die Scheibenblth. ♃ — Zierpfl. aus Nordamerika. 8—10. — Häufig in Anlagen u. Gärten angepfl.; zuweilen verwildert.

† S. longifolia. Schrad. Langblättr. G. — Bl. lineal-lancettl., die oberen fast ganzrandig; sonst wie vor. ♃ — Zierpfl. aus Nordamerika. 8—10. — In Anlagen u. Gärten angepfl.; zuweilen verwildert.

† S. serótina. Ait. Späte G. — St. aufrecht, kahl, nur die Blthäste behaart; Bl. lancettl., zugespitzt, scharf-gesägt, am Rande rauh; Randblth. etwas länger als die Scheibenblth. ♃ — Zierpfl. aus Nordamerika. ·9—10. — In Gärten u. Anlagen angepfl.; an Steinbr. u. Ufern zuweilen verwildert (2 W. Oberhalb des Steinbr. zw. Wanzl. u. Domersl. 4 Z. Linkes Elbuf. unter Weiden, Rietzmeck schräg- (nörbl.) gegenüber).

† S. altissima. L. Höchste G. — St. borstenh., 1½—2 m. h.; Bl. lancettf., nervig, unterwärts tief-gesägt. ♃ — Zierpfl. aus Nordamerika. 9—10. — In Gärten u. Anlagen.

2. Untergruppe. **Buphthalmeen.** Staubb. mit Anhängseln; Pappuskronenf.

† Telekia. Baumg. Telekie.

Blthköpfe groß, strahlig; HK. dachig; Randblth. weibl., zungenf., 1-reihig; Scheibenblth. zwitterig, röhrig, Bltr. gelb; Achenen lineal, fast stielrund, vielrillig; Pappus gekerbt; Fruchtb. spreuig.

† T. speciosa. Baumg. Ansehnl. T. — Bl. gestielt, groß, herzf., doppelt-grob-sägezähnig, die obersten sitzend, eif. ♃ — Zierpfl. aus Kroatien. 7—9. — In Gärten u. Anlagen.

3. Untergruppe. **Inuleen.** Staubb. am Grunde mit Anhängseln; Pappus haarig; Randblth. weibl., zungenf., Scheibenblth. zwitterig, röhrig.

215. Ínula. L. **Alant.**

Blthköpfe strahlend ob. scheibig; HK. dachig; Randblth. gleichfarbig (wie die Scheibenblth. gelb); Achene schnabellos; Pappus einreihig, Haare gleich-gestaltet; Fruchtb. nackt.

---

[1]) Von solidare, fest machen, ganz machen; früheres Wundmittel. — [2]) virga aurea, goldene Ruthe; wegen der Farbe der Blth. u. des Wuchses der Blthäste.

Compositen (Corymbiferen).

1. Rotte. Innere Blättchen des HK. an der Spitze verbreitert, spatelig.
† J. Helénium. L. Wahrer A. — Bl. ungleich-gekerbt-gesägt, unterseits filzig, WBl. gestielt, längl.-elliptisch; StBl. herzeif., stengelumfassend; Blthköpfe groß, strahlig; Achenen kahl. ♃ — Der Wurzel wegen früher hin u. wieder angeb. 7—8. — In Dorfgärten zuweilen verwildert (2 N. Kl. Bartensl.; Altenhausen).

2. Rotte. Innere Blättchen des HK. zugespitzt.

A. Achenen kahl.

511. I. germanica. L. Deutscher A. W. kriechend; St. aufrecht, meist einfach, nebst den Bl. kurz-wollig-behaart; Bl. längl.-lancettl., ob. längl., stachelspitzig, ganzrandig ob. entfernt-gezähnelt, aderig, am Rande rauh, die stengelst. am Grunde herzf.; Blthköpfe scheibig, ziemlich klein, zahlreich, gedrängt in doldigen Rispen; Blättchen des HK. kurz, wollig-flaumh.; Randblth. kaum länger als die Scheibenblth. ♃ — Sonnige Hügel u. Abhänge. 7—9. — Im Kalk-Fl., jetzt sehr selten, durch Beackerung des Bodens u. durch Schaafweide mehrfach vernichtet. 2 N. Hohes, linkes Olvenf. 3 M. Silberberg. 4 E. Gypsbruch bei Westeregeln. 5 B. Weinberge bei Aderstädt.

512. I. salicina. L. Weidenblättr. A. — W. kriechend; St. aufrecht, einfach, kahl; Bl. lancettl., zugespitzt, schwach-gezähnelt ob. ganzrandig, aderig, kahl, am Rande fein-scharf-gewimpert, die oberen stengelst. mit herzf. Basis stengelumfassend; Blthköpfe strahlig, mittelgroß, meist einzeln; Blättchen des HK. kahl, filzig-gewimpert, die inneren mit vertrocknetem, braunen Rande; Strahlblüthen schmal-lineal, viel länger als die Scheibenblth. ♃ — Feuchte Wiesen, Gebüsch, Laubwälder. 7—9. — Im Fl. u. Al. nicht selten u. meist sehr gesellig (truppweise); im Dl. viel weniger häufig (hier z. B. 1 B. Wgr. bei Schernebeck. 2 N. Moosbruch. 2 B. Wüstenhufen. 4 Z. Liezower Bruch; Nuthewl. bei Zerbst).

513. I. hirta. L. Rauhhaariger A. — St. aufrecht, einfach, nebst den Bl. von langen, abstehenden Haaren rauh; Bl. oval, längl. ob. lancettf., schwach-gezähnelt ob. ganzrandig, aderig, sitzend; Blthköpfe strahlig, mittelgroß, einzeln; Blättchen des HK. steifh., langgewimpert, die äußeren lancettl., blattartig; Strahlblth. viel länger als die Scheibenblth. ♃ — Wälder, sonnige Höhen. 7—9. — Nur im Fl. u. auch hier sehr selten u. sparsam. 3 S. Saures H.

B. Achenen behaart.

514. I. Conyza. Dec. Dürrwurzartiger A. — St. aufrecht, oberwärts rispig-ästig, nebst den Bl. dicht-kurz-behaart; Bl. elliptisch ob. lancettl., mehr ob. weniger sägezähnig bis ganzrandig, in den kurzen Blstiel verschmälert; Blthköpfe scheibig, ziemlich klein, zahlreich, in dichten doldigen Rispen; Blättchen des HK. später abstehend-zurückgebogen; Randblth. kaum zungenf., nicht länger als der HK., röthlich-gelb. ⊙ u. ♃ — Steinige Abhänge, Gebüsch, lichte Waldstellen. — Gern auf Kalk. 7—9. — Im Fl. zerstreut; im Dl. sehr selten. 2 O. Rehm u. Domberg bei Walbeck; hohes steiniges Alleruf. zw. Walbek u. Schwanefeld. 2 N. Klepperberg; Sülzeb. bei Kl. Bartensl.; Bartensl. F.; Hohlweg bei Alvensl. 2 W. Unterholzerb. bei Rogäz. 4 E. Hakel; Vogelremise bei Heteborn. 5 B. Bew. hohes Saaluser (Weinberg) bei Trebnitz; Sperenberg bei Sandersl.

215. I. Británnica. L. Wiesen-A. — St. aufrecht, einfach ob. oberwärts ästig, nebst den Bl. behaart; Bl. lancettl. bis schmal-lancettl., ganzrandig ob. gezähnelt, die unteren in den Blstiel verschmälert, die oberen mit herzf. Grunde stengelumfassend; Blthköpfe strahlig, mittelgroß, 1 bis 8 in doldigen Rispen; Blättchen des HK. lineal-lancettl., behaart; Strahlblth. viel länger als die Scheibenblth. ♃ — Feuchte Wiesen, Triften, Gräben, Dämme, Bäche, Ufer, Weidengebüsch, feuchte Waldungen. 7—10. — Aendert ab: β. discoidea, ohne Strahl. — Im Al. sehr häufig u. auch im Dl. nicht selten; im Fl. weniger häufig. — Die Var. β. selten.

Schneider, Schulflora. II. Gefäßpfl. des Gebiets. 9

130 Monopetale Dic. mit ſtempelſt. Blkr.

216. Pulicária [1]**. Gärtn. Flöhkraut.**

Pappus doppelt, der innere aus 10—20 langen Haarborſten beſtehend, der äußere kurz, in ein Krönchen verwachſen; ſonſt wie Inula (Achene ſchnabellos, behaart; Blth. gelb).
516. P. vulgaris. Gärtn. Gemeines F. — St. aufrecht, äſtig, mehr ob. weniger graufilzig=behaart, 10—30 cm. h.; Bl. längl.=lancettl., wellig, mit abgerundeter Baſis ſitzend; Blthköpfe nicht ſtrahlig, zieml. klein, auf den riſpig=ebenſträußigen Blthäſten kurzgeſtielt und ſo, daß der endſt. von den ſeitenſt. überragt wird; Randblth. aufrecht, kaum länger als die Scheibenblth. ☉ — Feuchte Triften, überſchwemmt geweſene Aecker, Ausſtiche, Dörfer, Teiche, Ufer, feuchte Waldwege. 7·—10. — Im Geb. häufig, beſ. in naſſen Jahren, u. meiſt ſehr geſellig.
517. P. dysentérica. Gärt. Ruhr=F. — St. aufrecht, dicht=grau=zottig, 20—60 cm. h.; Bl. längl., mit herzpfeilf. Baſis ſtengel=umfaſſend, unterſeits graufilzig; Blthköpfe ſtrahlig, mittelgroß, in doldigen Riſpen; Strahlblth. viel länger als die Scheibenblth. ♃ — Feuchte Gräben, Waſſergr., Teiche, Bäche, Gebüſch, feuchte Triften u. Wieſen. 7—10. — Im Geb. nicht ſelten u. ſtets geſellig.

4. Untergruppe. **Eclipteen.** Staubb. ohne Anhängſel; Pappus meiſt fehlend: Randblth. weibl., Scheibenblth. zwitterig.

† **Georgína. Willd.** (Dáhlia. Cav.) **Georgine.**

Blthköpfe ſtrahlig; HK. doppelt, der äußere abſtehend ob. zurückgeſchlagen; Strahlblth. verſchiedenfarbig; Scheibenblth. gelb; Achene zigedrückt; Fruchtb. ſpreuig. — Bl. gegenſtändig.

† G. variabilis. Willd. Gartens=G. — W. knollig; St. aufrecht; Bl. unpaarig=gefiedert; Blättchen eif., ſpitz, ſägezähnig; Strahlblth. verſchiedenfarbig (weiß, gelb, roth 2c.) ♃ — Zierpfl. aus Mexiko. 7·—10. — Vielfach in Gärten; meiſt gefüllt.

3. Gruppe. **Senecionideen.** Die Schenkel des Gf. der Zwitter=blth. lineal, an der Spitze pinſelig u. geſtutzt.

1. Untergruppe. **Helenieen.** Staubb. ohne Anhängſel; Pappus aus mehreren Spreublättchen beſtehend.

217. Galinsóga. R. u. Pav. Galinſoge.

Blthköpfe ſtrahlig; HK. einreihig, halbkugelig; Strahlblth. weibl., zungenf., verſchiedenfarbig; Scheibenblth. zwitterig, röhrig, gelb; Achene kantig; Pappus ſpreublättr., ſo lang als die Achene; Fruchtb. ſpreuig.
518. G. parvifióra. Cav. Kleinblüthige G. — St. aufrecht, äſtig; Aeſte u. Bl. gegenſt.; Bl. eilancettf., geſtielt; Blthköpfe an der Spitze der Aeſte, einzeln, zu 2 ob. 3, klein; Strahlblth. weiß, meiſt zu 5. ☉ — Gärten, Dörfer, Aecker, Wege. ·7—10. — Aus Südamerika im Anfang dieſes Jahrh. eingeſchleppt; um Burg und Barby ein läſtiges Unkraut, ſonſt im Geb. ſelten: 2 N. Neuhaldensl., A. unweit des Winters Bſch. 2 B. Burg, in Gärten, auf Gemüſeäckern, am Brehm; A. am Brehm; Df. Hohenerden; Df. Petershagen. 3 Mö. Df. Wörmlitz. 4 S. St. Ranies; A. Gnabau. 4 B. St. Glinde; St. u. A. Barby.

2. Untergruppe. **Helianthcen.** Staubb. ohne Anhängſel, ſchwärzlich; Pappus fehlend, ob. begrannt, ob. kronenf. aus wenigen Spreu=blättchen beſtehend, nicht haarig.

† **Rudbéckia. L. Rudbecie.**

Blthköpfe ſtrahlig; HK. 2=reihig, abſtehend; Strahlblth. geſchlechtslos; Achene 4=kantig; Pappus fehlend ob. undeutlich; Fruchtb. ſpreuig, kegelf.
† R. laciniata. L. Geſchlitzte R. — St. aufrecht; Bl. fiederſp., Zpfl. eif., ſpitz, eingeſchnitten u. gezähnt, das oberſte Bl., ob. die oberſten, eif., ganzrandig; Strahl=

---

1) Von pulex, Floh; wegen Anwendung gegen Ungeziefer.

Compositen (Corymbiferen).

blth. lang, golbgelb; Scheibenblth. grünlich=braun. ♃. — Zierpfl. aus Nordamerika. ·8—9· — In Gärten u. Anlagen; an Bächen, Wassergr. zuweilen verwildert (z. B. 3 M. Puhlmühle. 4 Z. Wgr. bei der Wiesenmühle; Ruthe bei der Strinumer Mühle).
† Calliopsis[1]). Rb. Schönauge.
Blthköpfe strahlig; HK. 2=reihig, innere Bl. viel größer, aufrecht, an der Spitze ge= färbt; Strahlblth. geschlechtslos; Achene längl., zsgedrückt; Pappus fehlend; Fruchtb. spreuig. flach.
† C. tinctoria. Link (Coreopsis tinct. Nutt. C. bicolor. Rb.). Zweifarbi= ges S. — St. ästig; Bl. gefiedert bis doppelt=gefiedert. Zpfl. lineal; Strahlblth. breit, 3=zähnig, goldgelb, am Grunde mit braunrothem, immortirten Fleck; Scheibenblth. braun. ☉ — Zierpn. aus Nordamerika. 7—10. — Häufig in Gärten.

218. Helianthus[2]). L. Sonnenblume.

Blthköpfe strahlig; HK. dachig; Strahlblth. geschlechtslos, zungenf.; Scheibenblth. zwitterig, röhrig; Achenen zsgedrückt=4=kantig; Pappus aus 2 ob. mehr Blättchen, abfallend; Fruchtb. spreuig, flach.
† H. annuus. L. Jährige S. — St. aufrecht; Bl. sämmtl. herzf., grob=ge= sägt; Blthstiele verdickt; Blthköpfe nickend, sehr groß; Strahlblth. goldgelb; Scheibenblth. braun. ☉ — Zierpfl. aus Amerika. 7—9. — Vielfach in Gärten.
519. H. tuberosus. L. Knollige S. — W. mit längl. Knollen; St. aufrecht; untere Bl. herzeif., obere längl.=eif. ob. lancettl., schwach= gesägt; Blthköpfe aufrecht, kleiner als die vor.; Strahlblth. hellgelb; Scheibenblth. braun. ♃. — Wegen der Wurzelknollen cult. 10—11. — Hin u. wieder geb.; zuweilen verwildert.

219. Bidens[3]). L. Zweizahn.

Blthköpfe scheibig, selten strahlig; HK. vielblättr., zweireihig, äußere Reihe blattig, abstehend, innere angedrückt, mit häutigem Rande; Blth. gelb, sämmtl. zwitterig, röhrig; selten die randst. zungenf., geschlechtslos; Achenen 4=kantig, mehr ob. weniger zsgedrückt; Pappus mit 2—5 steifen, rückwärts=stacheligen Grannen, bleibend; Fruchtb. spreuig, flach. — Bl. gegenständig.
520. B. tripartita. L. Dreitheiliger Z. — St. aufrecht; Bl. in den geflügelten Blstiel verschmälert, 3=th., selten fiedersp.= 5=th., Zpfl. lancettl., grob=gesägt, die obersten Bl. einfach, zuweilen sämmtl. Bl. ungetheilt; Blthköpfe scheibig, aufrecht; Achenen verkehrt=eif., am Rande rückwärts=stachelig, oft nur mit 2 Grannen. ☉ — Wasser= u. Dorfgräben, Bäche, Ufer, Weidenwerder, Ausstiche, feuchte Waldwege, nasse Aecker. 7—10. — Im Geb. sehr häufig.
521. B. cernua. L. Nickender Z. — St. aufrecht ob. aufsteigend; Bl. mit breiter Basis sitzend, am Grunde mehr ob. weniger ver= wachsen, schmal=lancettl., ungetheilt, entfernt=gesägt, mit langer, ganz= randiger Spitze; Blthköpfe scheibig, seltener strahlig, nickend; Achene ver= kehrt=eif.=keilig, am Rande rückwärts=stachelig, mit 4—5 Grannen. ☉ — Kulke, sumpf. Wassergr., Teiche, Ufer, Torfstiche. ·8—10. — Variirt mit u. ohne Strahlblth. und in der Größe:
β. Strahlblth. ansehnlich (Coreopsis Bidens. L.).
γ. minima. L. (als Art), Pfl. zart u. klein, 6—12 cm. h., einköpfig.
Im Dl. häufig, auch im Sand=Fl., m. E., u. im Sand=All. nicht selten, im übrigen Geb. selten. — Die Abart *β*. öfters, die Abart *γ*. selten (4 Z. Moorwf. bei Badez.; Graben bei Pulspforda).

† Zinnia. L. Zinnie.
Blthköpfe strahlig; HK. dachig, Blättchen rundl., schwarzrandig; Strahlblth. weib=

---

1) Von κάλλος, Schönheit, u. ὄψις, Gesicht. — 2) Von ἥλιος, Sonne, u. ἄνθος, Blume. — 3) Von bis, zweimal, u. dens, Zahn; wegen der zweigrannigen Achenen.

Monopetale Dic. mit ftempelft. Blkr.

lich, bleibend; Scheibenblth. zwitterig; Achenen des Randes faft 3=kantig, die inneren flach=zfgedrückt, mit 1—2 Grannen, oder ohne diefelben; Fruchtb. fpreuig, kegelf.; Blth.= köpfe einzeln.

† Z. élegans. Jacq. Schöne 3. — St. kurz=behaart; Bl. gegenft., stengelum= faffend, eif., ganzrandig; Blthköpfe anfehnl.; Strahlblth. violett=roth; Scheibenblth. gelb. ⊙ — Zierpfl. aus Mexico. 7—9. — Auch gefüllt u. in verfchiedenen Farben häufig in Gärten.

† Tagétes. L. Sammetblume, Studentenbl.

Blthköpfe ftrahlig; HK. becherf., an der Spitze 5=zähnig; Strahlblth. weibl., Schei= benblth. zwitterig; Achene zfgedrückt=4=kantig; Pappus aus ungleichen Spreublättchen beftehend; Fruchtb. nackt. — Blthköpfe einzeln.

† T. patula. L. Ausgebreitete S. — St. aufrecht, Aefte abftehend; Bl. un= paarig=gefiedert, Blättchen lineal=lancettl.; Blthftiele oben wenig verdickt; HK. rundl.; Blth. orange bis braun. ⊙ — Zierpfl. aus Mexico. 8—10. — In Gärten.

† T. erecta. L. Aufrechte S. — St. u. Aefte aufrecht; Bl. unpaarig=gefiedert, Blättchen lancettl.; Blthftiele oben keulenf.=verdickt; Blth. hellgelb. ⊙ — Zierpfl. 8—10. — Mit vor. in Gärten.

3. Untergruppe. **Gnaphalieen.** Staubb. mit Anhängfeln.

220. Filágo[1]). L. Fadenkraut.

Blthköpfe fcheibig; HK. dachig, 5=kantig, die Blättchen krautig und nur an der Spitze trockenhäutig; Randblth. weibl., fädl., mehr= reihig, die äußeren zw. die Blättchen des HK. geftellt; Scheibenblth. zwit= terig, röhrig; Achenen fchnabellos; Pappus haarig, an den äußeren Achenen fehlend. — Filzige Kräuter mit abwechfelnden, fitzenden, ganzrandigen Bl.; Blthköpfe klein, in kopff. Knäuel zfgeftellt; Blth. gelblich=weiß.

522. F. germanica. L. Deutfches F. — Pfl. grünl.=weiß, filzig= wollig; St. aufrecht, gabeläftig; Bl. lineal=lancettl.; Knäuel gabel= u. endft., vielköpfig; Blättchen des HK. haarfpitzig, Haarfpitze kahl, glänzend. ⊙ — Trockene Aecker, Weg= u. Waldränder, Steinbr., Triften. 7—9. — Im Fl. u. Tl. meift nicht felten, bef. auf Lehmfand u. Kalkboden; im Al. felten.

523. F. arvensis. L. Feld=F. — Pfl. grau=weiß, dicht=wollig; St. rifpig, Aefte aufrecht, faft einfach, ährenf.; Bl. längl.=lancettl., ab= ftehend (bef. die unteren); Knäuel feiten= u. endft., wenig= (2—7=)köpfig; Blthköpfe kegelf., Blättchen des HK. ftumpfl., wollig, nur an der äußerften Spitze zuletzt kahl. ⊙ — Trockene Aecker, Triften, Grasgr., Weg= u. Waldränder, Haiden. 7—9. — In den Sandgegenden fehr häufig und auch im übrigen Geb. auf trockenem Boden nicht felten.

524. F. minima. Fries. Kleinftes F. — Pfl. filbergrau, filzig= etwas wollig; St. äftig, Aefte oben gabelig; Bl. lineal=lancettl., auf= recht u. angedrückt; Knäuel gabel=, feiten= u. endft., wenig= (1—6=) köpfig, länger als die Bl.; Blättchen des HK. ftumpfl., wollig, an der äußerften Spitze kahl. ⊙ — Magere Aecker, bef. fandige, trockene Gräben, Sand= u. Kiesgr., Triften, fonnige Hügel, Haiden, Wege, fand. Ufer. 7—10. — In den Sandgegenden gem. (auf den Sand=Brach=Aeckern oft wie tief.); auch auf den trockenen Kalk= u. Porphyrhöhen u. auf den Hügeln mit nord. Grand häufig; fonft felten. — F. arv. fehr ähnl., jedoch in allen Theilen feiner u. zarter u. weniger wollig, die Bl. viel kleiner, an den St. angedrückt; die Veräftelung hat es mit F. germ., das An= fehn mit F. arv. gemein.

221. Gnaphálium[2]). L. Ruhrkraut.

Blthköpfe fcheibig, ein= ob. zweihäufig; HK. dachig, halbkugelig ob. ftielrund, Blättchen zum größten Theil ob. ganz trockenhäutig;

---

1) Von filum, Faden von Leinen ob. Wolle; wegen der wolligen Bekleidung der Pfl. — 2) Von γναφαλον, Kratzwolle, Wolle; wohl wegen der wolligen Bekleidung der Pfl.

Compositen (Corymbiferen).

Randblth. weibl., fäbl., mehrreihig; Scheibenblth. röhrig, zwitterig ob. unfruchtb.; Pappus haarig, Haare fäbl. ob. keulenf.; Fruchtb. nackt. — Meist filzige Kräuter mit abwechselnden, sitzenden u. ganzrandigen Bl.

1. Rotte. Blthköpfe einhäusig, Randblth. weibl., Scheibenblth. zwitterig; Haare des Pappus fäbl.; Blth. gelblich-weiß.

525. G. sylvaticum. L. Wald-R. — W. meist mehrköpfig; St. einfach, ruthenf., aufrecht ob. aufsteigend, weißfilzig; Bl. lineal-lancettl. bis lineal, zugespitzt, lang, aufrecht, unterseits weißfilzig, oberseits zuletzt kahl; Blthköpfe walzen-kegelf., kurz-gestielt, in langen, ährenf. Trauben-Rispen; Blättchen des HK. auf dem Rücken grün, wollig, am Rande häutig, gelb ob. bräunlich, glänzend. ♃ — Wälder, Haiden, Waldwiesen; auch Grasgr. u. Brachäcker in der Nähe der Wälder. 7—10. — Im Fl. u. Tl. häufig; im Al. nur im Sand-Al. (4 B. Lödderitzer F.).

526. G. uliginosum. L. Schlamm-R. — W. einköpfig; St. vom Grund aus ästig, Aeste ausgebreitet, weißfilzig; Bl. längl.-lancettl. bis lineal-lancettl., zugespitzt, graufilzig; Blthköpfe sitzend, knauelartig-gehäuft, die Knäuel von Bl. gestützt; Blättchen des HK. ganz trockenhäutig, bräunlich, glänzend. ☉ — Feuchte Aecker, Triften, überschwemmt gewesene Orte, Ausstiche, Wegränder, Ufer. 7—10. — Gemein, bes. in nassen Jahren.

527. G. luteo-album. L. Gelblichweißes R. — W. einköpfig; St. einfach ob. vom Grund aus ästig, Aeste bogenf.-aufsteigend, grünlich-weiß-filzig; Bl. längl.- bis lineal-lancettl., halb stengelumfassend; Blth.-köpfe in unbeblätterten Knäueln; Blättchen des HK. trockenhäutig, hellgelb, glänzend. ☉ — Lehmige Aecker (bes. Sandlehm), Triften, Ausstiche; auch Waldränder. 7—10. — Im Sand-Fl., m. Œ., u. im Tl. nicht selten u. meist sehr gesellig (nam. auf Stoppelfeldern u. Brache, stw. wie ges.); auch im Al. ziemlich häufig; im Kalk-Fl. selten (3 M. A. der Schnarsleber B. 5 B. A. Groß Schierstädt).

2. Rotte. Blthköpfe zweihäusig; die zwitterigen unfruchtb., mit an der Spitze verdickten Strahlen des Pappus.

528. G. dioicum. L. Zweihäusiges R. — W. vielköpfig, Ausläufer gestreckt, wurzelnd; St. einfach, weißfilzig; WBl. spatelig, mit aufgesetzten Spitzchen, oberseits grün, seidenhaarig, unterseits weißfilzig; StBl. lineal-lancettl., angedrückt; Blthköpfe boldig, die männl. kugelig, die weibl. längl.; Blättchen des HK. unten wollig, oben trockenhäutig, an den männl. stumpf, meist weiß, an den weibl. spitz, meist rosenroth ob. purpurn. ♃ — Sonnige Hügel, Haiden, Waldränder, trockene Moorwiesen; 5—6. — Im Fl. u. Tl. nicht selten.

† G. margaritaceum. L. Perl-R. — W. kriechend; St. weißfilzig; Bl. lineal-lancettl., lang-zugespitzt, unterseits weißfilzig; Blthköpfe kugelig, in boldigen Rispen; Blättchen des HK. schneeweiß. ♃ — Zierpfl. aus dem Süden. 7—8. — In Gärten.

222. Helichrýsum[1]). Gärtn. Sonnengold.

Blthköpfe scheibig, einhäusig; Randblth. weibl., einreihig, wenige, Scheibenblth. zwitterig, ob. sämmtl. Blth. zwitterig; Blättchen des HK. ganz trockenhäutig, sonst wie Gnaphalium.

529. H. arenarium. Dec. Sand-S. — W. meist mehrköpfig; St. aufrecht ob. aufsteigend, nebst den Bl. grünlich-grau, wollig-filzig;

---

1) Nicht richtig gebildet von ἕλος, Sumpf (statt von ἥλιος, Sonne) u. χρυσός, Gold.

WBl. spatelf., untere StBl. längl.-verkehrt-eif., stumpf, die oberen lineal-lancettl., spitz; Blthköpfe kugelig ob. eif., in gedrängten, doldigen Rispen; HK. schön hellgelb, seltener orange; Blkr. orange. ⚃ — Sonnige Hügel, Sandtriften u. Sandwege, trockene Gräben, Dämme, Haiden. 7·—10. — Im Dl. sehr häufig, u. auch im übrigen Geb. auf trockenen Höhen u. an sandigen Stellen nicht selten.

† H. bracteatum. Willd. Beblättertes S. (Strohblume, Immortelle). — St. ästig; Bl. lancettl. ob. lineal-lancettl., grün; Blthköpfe ziemi. groß, breiter als hoch, einzeln, endst.; HK. glänzend, goldgelb. ☉ — Zierpfl. aus Neuholland. 7—10. — In verschiedenen Variet. mit weißen, hell- u. purpurrothen ꝛc. Blth. in Gärten cult.

† **Ammóbium. Sandimmortelle.**

Blthköpfe scheibig; HK. halbkugelig, Blättchen mit einem breiten, trockenhäutigen Ansatze; Randblth. weibl., Scheibenblth. zwitterig; Pappus 4-zähnig; Fruchtb. spreuig.

† A. alátum. R. Br. Geflügelte S. — St. ästig, durch die herablaufenden Bl. breitgeflügelt; Blthköpfe ziemi. klein, einzeln, endst.; HK. weiß; Blkr. goldgelb. ⚃ — Zierpfl. aus Neuholland. 7—10. — In Gärten.

4. Untergruppe. **Anthemideen.** Staubb. ohne Anhängsel; Pappus fehlend ob. kronenf.

223. Artemisia. L. **Beifuß.**

Blthköpfe scheibig: HK. dachig, eif. ob. kugelig, Blättchen krautig; Randblth. (u. A.) weibl., fädl., einreihig: Scheibenblth. zwitterig, trichterf. 5-zähnig; Achene verkehrt-eif., mit einer sehr kleinen oberweibigen Scheibe, ohne Pappus; Fruchtb. nicht spreuig, kahl ob. zottig. — Bittere, würzige Kräuter, mit abwechselnden, ganzen ob. zertheilten Bl.; Blthköpfe klein ob. sehr klein, zahlreich, meist in ährenf. Trauben, ob. traubigen Rispen; Blth. gelb ob. roth.

1. Rotte. Fruchtb. zottig.

530. A. Absínthium. L. Wermuth-B. (Wermuth). — St. aufrecht ob. aufsteigend, Aeste rispig, nebst den Bl. silbergrau-seinfilzig; WBl. 3-fach-, Stbl. doppelt- u. einfach-fiederth., Zpfl. längl.-lancettl., die blthst. Bl. ungetheilt; Blthköpfe fast kugelig, nickend, in traubigen Rispen; Blth. hellgelb. ⚃ — In Dörfern u. an bewohnten Stellen. 7—8. — In den Sandgegenden (Sand-Fl., Dl. u. Sand-Al.) in Dörfern u. an Förstereien häufig u. oft in großer Menge; im übrigen Geb. selten.

531. A. rupestris. L. Felsen-B. — W. vielköpfig; blüthenlose St. liegend, die blühenden aufsteigend, nebst den Bl. kahl; Bl. doppelt-gefiedert, Fiederchen fiederth., Zpfchen lineal, die unteren Bl. gestielt, die stengelst. sitzend, die blüthenst. kammf.-fiederth.; Blthköpfe fast kugelig, nickend, erbsengroß, in Trauben ob. traubigen Rispen; innere Blättchen des HK. längl.-eif., angedrückt, äußere lineal, ganz ob. eingeschnitten, abstehend: Fruchtb. weißhaarig-zottig; Blth. goldgelb. ⚃ — Salzhaltige Wiesen, Triften, Grasgr. 9—10. — Nur im Staßfurter Geb. (5 S.); hier auf Wf. u. Tr. am Marbegr. zw. Förderstedt u. Uelnitz und am Chgr. dortselbst; ferner am Lerchenteich bei Rathmannsdorf auf Tr., in Gr.; so wie am Weggr. nach Bernburg u. Triftstelle im „Moor" nörbl. v. Wege; am Triftwege zw. Hohenerxl. u. Alberstädt, u. am Abzugsgr. in der Nähe des Lerchenteichs bis weit nach Kölbigk — in großer Menge.

2. Rotte. Fruchtb. kahl.

A. Bl. vielth.; Blstiel am Grunde ohne Oehrchen.

532. A. laciniata. Willd. Geschlitzter B. — W. vielköpfig: blüthenlose St., wie die blühenden, aufsteigend, nebst den Bl. kahl ob. kahl

werdend; Bl. gefiedert, Fiederchen doppelt=fiederth., Zpflchen lancettl.;
sämmtl. Bl. gestielt, die blüthenst. wenig=sp., die obersten ganz; Blth.=
köpfe fast kugelig, nickend, wickengroß (halb so groß als vor.), in
Trauben od. traubigen Rispen; Blättchen des HK. sämmtl. längl.=
eif., stumpf, am Rande zerschlitzt=trockenhäutig; Fruchtb. kahl; Blth.
gelb. ♃ — Salzhaltige Triften, Wiesen, Grasgr. 8—9. — Mit der vor.,
aber in geringerer Menge u. hauptsächl. nur auf den Tr. am Lerchenteich u. an Gr. in
dessen Nähe, u. auf der Tr. nördl. vom Staßfurt=Bernburger Wege, westl. v. Lerchenteich.

† A. Abrótanum. L. Stabwurz=B. — St. strauchig, aufrecht, Aeste schmal=
rispig; untere Bl. doppelt=gefiedert, obere u. die blüthenst. einfach=gefiedert od. 3=sp. od.
einfach; Zpfl. fchmal=lineal; Köpfchen klein, fast kugelig, nickend; Blth. gelb.
♄ — Aus Südeuropa. 9—10. — Wegen des Wohlgeruchs in Gärten angepfl.

B. Bl. vielth.: Blstiel am Grunde geöhrelt.

533. A. pontica. L. Römischer B. — W. kriechend; St. auf=
steigend=aufrecht, oberwärts graufilzig; Bl. unterseits weißfilzig, ober=
seits kahl od. grau= u. selbst weißfilzig; doppelt= bis 3=fach=tief=fie=
derth., Zpfl. lineal; die obersten blüthenst. Bl. ungetheilt; Blthköpfe rundl.,
nickend, wickengroß, in traubigen Rispen; Blättchen des HK. längl.,
grau=filzig; Blth. gelb. ♃ — Raine, Abhänge, Triften, Grasgr., Ge=
büsch. 9—10. — Zerstreut durch das Geb.; z. B. 2 N. Wallartiger Rain bei der
Wahlborfer Gypshütte. 3 Mö. Bogelremife zw. Cressow u. Ladeburg; Grasabh. am Wege
zw. Ladeburg u. Möckern. 3 L. Bew. Rain u. Gr. in verticaler Richtung zw. Klapper=
mühle u. Göbel; Mühlb. bei Göbel. 5 B. Weinb. beim Parforcehause. — Zuweilen an=
gepfl. u. auf Friedhöfen verwildert.

534. A. campestris. L. Feld=B. — W. vielköpfig; blüthenlose
St. rasig, die blühenden aufsteigend od. aufrecht, roth angelaufen, nebst
den Bl. zuletzt kahl; WBl. doppelt= bis 3=fach=fiederth., StBl. dop=
pelt= u. 1=fach=fiederth., die obersten blüthenst. einf.; Zpfl. lineal; die
unteren Bl. gestielt, die oberen sitzend; Blthköpfe eif. aufrecht od. nickend,
klein (hirsekorngroß), in traubigen Rispen; Blättchen des HK. kahl,
die äußeren eif., die inneren eif.=längl., am Rande trockenhäutig; Blth.
grün=roth od. gelb. ♃ — Sonnige Hügel, Raine, trockene Gräben, Steinbr.,
Mauern, Wegränder, Ufer, trockene Waldstellen, Haiden. 7—8. — Im Geb.
häufig, in den Sandgegenden gemein.

535. A. vulgaris. L. Gemeiner B. — St. aufrecht; Bl. oberseits
kahl, unterseits grauweiß=filzig; untere Bl. einfach=fiederth.,
Theile breit=handf.=fiedersp., Zpfl. lancettl.; obere Bl. einfach=
fiederth., Theile lancettl.; die obersten blüthenst. Bl. einfach, schmal=lan=
cettl.; Blthköpfe eif. od. längl., nickend od. aufrecht, fast wickengroß, ge=
drängt in traubigen Rispen; Blättchen des HK. filzig, die äußeren
lancettl., spitz, die inneren längl., stumpf; Blth. gelb od. röthl. ♃ — Zäune,
Dörfer, Grasgr., Dämme, Wegränder, Gesträuch, Haine, Wälder, Weiden=
geb., Bäche, Ufer. 8—9. — Im Fl. u. Dl. häufig, doch selten in Wäldern; im Al.
im Feld u. Wald gemein.

C. Bl. ungetheilt.

536. A. Dracúnculus. L. Dragun=B. (Dragon, Esdragon).
— St. aufrecht; Bl. kahl, lineal=lancettl., zugespitzt; Blthköpfe fast
kugelig, nickend, hirsekorngroß, in traubigen Rispen, die unteren Rispenäste
blüthenlos; Blättchen des HK. breit=elliptisch; Blth. gelblich. ♃ — Als
Suppenkraut u. zum Essig cult. 8—9. — In Gärten geb.

224. Tanacétum. L. Rainfarn.

Blthköpfe scheibig; HK. dachig, halbkugelig: Randblth. weibl., fäbl.,
einreihig; Scheibenblth. zwitterig, röhrig; od. sämmtl. Blth. zwitterig;

Achene kantig, gerillt, die oberweibige Scheibe von der Breite der Achene; Pappus häutig, kronenf.; Fruchtb. nackt, gewölbt. —

537. T. vulgare. L. Gemeiner R. — St. aufrecht, kantig; untere Bl. unterbrochen-fieberth., Theile fiebersp.; obere Bl. fieberth., Theile längl.- lancettl.; Zpfl. scharf-gesägt; Blthköpfe flach, ziemtl. groß, in doldigen Rispen; Blth. goldgelb. ♃ — Grasgr., Dämme, Weg- u. Waldrän- der, Wiesen, Triften, Raine, Zäune, Gesträuch, Weidengebüsch, Ufer. 7—10. — Im Al. sehr häufig u. auch im Fl. häufig; im Tl. seltener. — Die Variet. mit krausen Bl. (T. crispum. Dec.) als Zierpfl. in Gärten; auf Friedhöfen verwildert.

† T. Balsamita. L. Frauenmünze. — Bl. elliptisch, kerbig-gesägt, wohl- riechend; Blth. goldgelb. ♃ — Zierpfl. aus Südeuropa. 8—10. — In Gärten, bes. Dorf- gärten; auf Friedhöfen zuweilen verwildert.

225. Achilléa. L. Schaafgarbe.

Blthköpfe strahlig; HK. dachig, eif. ob. längl.; Strahlblth. weiblich, zungenf., Saum kurz, breit-eif.; Scheibenblth. zwitterig, röhrig, meist 5-zähnig (3—5-); Achene zsgedrückt; Pappus fehlend; Fruchtb. spreuig. — Blthköpfe in doldigen Rispen.

1. Rotte. Strahlblth. meist zu 10, von der Länge des HK.

538. A. Ptármica[1]). L. Bertrams S. (Bertramswurz). — W. kriechend; St. aufsteigend-aufrecht: Bl. sitzend, lineal-lancettl., zu- gespitzt, angedrückt-sägezähnig; Blthköpfe ansehnlich, in lockeren, doldigen Rispen; Blfr. weiß. ♃ — Feuchte Wiesen, bes. Moorwiesen, Gräben, Teiche, Bäche, Ufer, Weidengeb., feuchte Wälder. ·7—10· Im ganzen Geb. häufig.

2. Rotte. Strahlblth. meist zu 5, halb so lang als der HK.

539. A. Millefolium. L. Gemeine S. — W. kriechend; St. auf- steigend-aufrecht, nebst den Bl. mehr ob. weniger behaart; Bl. doppelt- fieberth., im Umriß schmal- bis lineal-lancettl.; Zpfl. fiebersp., Zpfl.- chen lineal, stachelspitzig; Blattspindel ungezähnt; Blthköpfe klein, in dicht-gedrängten, doldigen Rispen; Blfr. weiß, selten rosenroth. ♃ — Raine, Triften, trockene Wiesen, Grasgr., Wegränder, Dörfer, Mauern, Bäche, Ufer, Wälder. 6·—10. — Sehr gemein. — Variirt in der Form der Bl. u. der Behaarung:

β. setacea. W. K. (als Art) St. u. Bl. stark-behaart, fast wollig; Bl. im Umriß lineal-lancettl.; Blthköpfe kleiner; Blfr. gelblich-weiß; blüht schon Anfang Juni. — Im Geb. nam. auf den Hügeln mit nord. Grand, u. auch sonst im Kalk-Fl.

540. A. nobilis. L. Edle S. — St. aufsteigend-aufrecht, nebst den Bl. mehr ob. weniger behaart; Bl. wohlriechend, doppelt-fieberth., im Umriß längl.-lancettl.: Zpfl. gezähnt ob. fiebersp., stachelspitzig; Blatt- spindel gezähnt, Zähne ungleich, lineal, ganzrandig ob. gezähnt; Blth.- köpfe klein, in gedrängten, doldigen Rispen; Blfr. gelblich-weiß. ♃ — Mauern, Triften, Wegränder. — Kalkliebend. ·7—9. — Nur im südl. Fl., u. auch hier nicht häufig: 4 O. M. Gröningen. 4 E. Trifthöhe mit Steinbr. zw. Gröningen u. Daldorf; Stadt-M. Croppenst. (reichl.); Wege zw. Croppenst. u. Hakel; M. Cochstedt; M. des Amts in Egeln. 5 B. M. Bernburg; M. Nienburg. — Erreicht im Geb. die Nordost-Grenze.

226. Ánthemis[2]). L. Anthemis, (Hundskamille).

Blthköpfe strahlig; HK. dachig, halb-kugelig ob. fast flach; Strahl-

---

1) πταίρω. niesen; πταρμική, Rieskraut. — 2) ἡ ἀνθεμίς, die Blume wie τὸ ἄνθος, τὸ ἄνθεμον, ἡ ἄνθη.

Compofiten (Corymbiferen).

blth. weibl., zungenf., Saum längl.; Scheibenblth. zwitterig, röhrig, 5-zähnig, gelb; Achenen flügellos ob. sehr schmal geflügelt, mit mehr ob. weniger hervorspringendem Kelchrande; Pappus fehlend; Fruchtb. spreuig. — Kräuter mit fiederth. Bl.; Blthköpfe einzeln, gestielt, an der Spitze des St. u. der Aeste.

541. A. tinctoria L. Färber-A. — St. aufrecht, nebst den Bl. mehr ob. weniger behaart; Bl. doppelt-fiederth.; Zpfl. lineal, ganzrandig ob. oben gezähnt, stachelspitzig; Blattspindel gezähnt; Blthköpfe ansehnlich; Strahlblth. goldgelb; Spreublättchen schmal-lancettl., lang-zugespitzt. ☉ u. ♃ — Trockene Waldstellen, Abhänge, Gräben, Dämme, Mauern. ·7—10· Zerstreut durch das Geb.; z. B. 1 O. M. des Walbecker Doms; steinige Höhen zw. Walbeck u. Schwanefeld. 2 B. „Weinberg" an der Elbe bei Hohenwarte. 3 M. Rothenseer Damm; Wall am Biederitzer Bsch. 4 O. Stadt-M. Dschersl. 4 E. Hasel (Domburghau, reichl.) 4 B. Tochheimer F. (Elbdamm). 4 Z. In der Umgegend von Badetz an Gräben u. Wällen; am Wege zw. Kämeritz u. Hohenlepta. 5 B. Weinberge bei Bernburg; Westerberge an der Wipper (reichl.) — Zuweilen mit Samen verschleppt u. dann unbeständig.

542. A. arvensis. L. Feld-A. — St. vom Grund aus ästig, ausgebreitet, nebst den Bl. weichh.; Bl. doppelt-fiederth., Zpfl. lineal-lancettl., ganzrandig ob. gezähnt, stachelspitzig; Blthköpfe mittelgroß; Strahlblth. weiß; Spreublättchen breit-lancettl., spitz, kahnförmig; Achene stumpf- 4-kantig, gleich-gefurcht, verkehrt-pyramidenf. — Pfl. ohne Geruch, ob. etwas wohlriechend. ☉ — Aecker, Wege, Grasgr., Dämme, Waldränder. 5—10 — Im Fl. u. Tl. meist häufig; im Al. viel seltener.

543. A. Cótula. L. Stinkende A. — St. ästig, nebst den Bl. etwas behaart; Bl. doppelt-fiederth., Zpfl. lineal, ganzrandig ob. gezähnt, stachelspitzig; Blthköpfe mittelgroß; Strahlblth. weiß; Spreublättchen lineal-borstl.; Achene fast stielrund, knötig-gestreift. ☉ — Dörfer Weg- u. Ackerränder ·7—10· — Im Geb. meist häufig, bes. in u. an Dörfern.

227. Anacyclus. L. **Kreisblume.**

Achenen beiderseits breit-geflügelt, die randst. breiter geflügelt, Flügel an der Spitze in ein Oehrchen vorgezogen; sonst wie vor.

544. A. officinarum. Hayne. Gebräuchl. K. (Bertramwurzel). — St. aufrecht, meist einköpfig; Bl. doppelt-fiederth., Zpfl. lineal; Blth.-köpfe groß; Strahlblth. weiß, unterseits roth-gestreift; Spreublättchen verkehrt-eif. ☉ — Als Arzeneipfl. cult. 7—8. — In Neustadt-Magdeb. im Großen geb.

228. Matricaria. L. **Kamille.**

Blthköpfe meist strahlig; HK. dachig, halbkugelf.; Strahlblth. weibl., zungenf.; Scheibenblth. zwitterig, röhrig, 4- ob. 5-zähnig, gelb; Achene gleichf. kantig; Pappus fehlend; Fruchtb. nackt, kegelf. walzl., hohl. — Blthköpfe gestielt, in lockeren Doldentrauben.

545. M. Chamomilla. L. Gemeine K. — St. ausgebreitet-ästig, nebst den Bl. kahl; Bl. doppelt-fiederth., Zpfl. meist entfernt, fein-lineal, ganz ob. getheilt, stachelspitzig; Blthköpfe strahlig, mittelgroß; Strahlblth. weiß, später zurückgeschlagen; Scheibenblth. 5-zähnig; Blth. mit aromatischem Geruch. ☉ — Aecker (bes. Sandäcker) unter der Saat, Wegränder, Dörfer, Mauern, Raine, Grasgr. 5—10. — In den Sandgegenden meist gemein, oft wie ges., u. auch im übrigen Geb. häufig.

† M. discoidea. Dec. Strahllose K. — St. aufrecht-ästig; Bl. wie vor., aber die Zpfl. gedrungen; Randblth. ohne Strahl; Scheibenblth. 4-zähnig. ☉ — Aus

dem östl. Asien u. dem westl. Nordamerika. 6—8. — Eingeschleppt u. verwildert.: 3 M. Commandanten-Werder bei der Schiffbauerei, in Menge.

229. Chrysánthemum[1]). L. **Wucherblume.**

Blthköpfe strahlig; HK. dachig, flach od. halbkugelf.; Strahlblth. weibl., zungenf., Scheibenblth. zwitterig, röhrig, 5-zähnig, gelb; Achenen gleichf., oben mit einem verwischten od. mehr od. weniger hervortretenden od. als Krone sich verlängernden Rande; Pappus fehlend; Fruchtb. nackt, ziemlich flach od. halbkugelig, markig..

A. Strahlblüthen weiß.

546. C. Leucánthemum[2]). L. (Leucanthemum vulg. Lam.) Weiße W. — St. aufrecht, einfach od. ästig; untere Bl. lang-gestielt, verkehrt-eif.-spatelig, gekerbt-gezähnt; obere Bl. sitzend, lineal-längl., gesägt; Blthköpfe ansehnl., lang-gestielt, einzeln; Blättchen des HK. lancettl., am Rande schwarz; Achenen ohne Krönchen. ♃ — Wiesen, Raine, Aecker (bes. Futterkr.), Grasgräben, lichte Wälder. 5—9. — Gemein.

547. C. Parthénium[3]). Pers. (Tanacétum Parth. Schultz bip.) Mutterkraut-W. (Mutterkraut.) — St. aufrecht, ästig; Bl. gestielt, gefiedert, im Umriß eif., Blättchen elliptisch-längl., fiedersp., die oberen zsfließend; Blthköpfe kaum mittelgroß, in Doldentrauben; Achenen oben mit kurzem Rand. ♃ — Gärten, Dörfer, Friedhöfe, Mauern. 6—7.

Variirt: β. discoideum, ohne Strahlblüthen. — Aus Südeuropa; in Deutschland eingebürgert; auch in unserem Geb. constant. Z. B. 1 C. Garten Calvörde; 3 S. Marienborn. 4 B. Barby, Stadtmauer. 4 Z. Zerbst, Kanal-Mauer im Schloßgarten (hier auch die Var. β): Df. Hohenlepta; Df. Hagendorf.

548. C. corymbósum. L. (Tanacetum cor. Schultz bip.) Ebensträußige W. — St. steif-aufrecht; Bl. im Umriß längl., die untersten gestielt, gefiedert, die oberen sitzend, fiederth.; Blättchen fiedersp., 3pflg. geschärft-gesägt, Sägezähne stachelspitzig; Blthköpfe mittelgroß, in Doldentrauben od. doldigen Rispen; Achenen häutig bekrönt. ♃ — Wälder, Gebüsch, Anhöhen. 6—9. — Im Fl. nicht selten, im Tl. u. Al. selten. Z. B. 1 C. Nehm; steinige Höhen zw. Walbeck u. Schwanefeld. 2 N. Klepperberg; Sülzberg; Alvenslebenscher Höhenzug; Vogelremise bei Glüsig; Forst Planken (Butterwinkel). 3 S. Part Sommerschenburg; Emmerl.; Hohes u. Saures H. 4 E. Hakel (reichl.); Vogelremise bei Heteborn; Steinbr. bei Friedrichsaue; Weidenw. an der Bode bei Egeln. 5 B. Sandersl. u. Freckl. Bsch. u. Pfaffenbusch bei Freckl.; „finstere Gardine" zw. Könnern u. Rothenburg.

549. C. inodórum L. (Matricaria inod. L.) Geruchlose W. — St. aufrecht od. aufsteigend, ästig; Bl. sitzend, die untersten 3-, die oberen 2-, die obersten 1-fach-fiederth., Zpfl. lineal-fädl.; Blthköpfe mittelgroß, einzeln, an der Spitze der mehr od. weniger doldentraubigen Aeste; Fruchtb. halbkugelig, markig, od. nur wenig hohl. ☉ — Aecker, Wegränder, Dörfer, Grasgr., Dämme, Ufer, Wälder. 4—10. — Gemein. — Unterscheidet sich von der sehr ähnlichen Kamille sofort durch die Geruchlosigkeit u. den viel weniger erhabenen u. kaum hohlen Fruchtb.

B. Strahlblüthen gelb.

550. C. ségetum. L. Saat-W. — St. aufrecht, einfach od. ästig, nebst den Bl. kahl; Bl. längl., eingeschnitten-gezähnt, die oberen mit herzf. Basis stengelumfassend, blaugrün; Blthköpfe ansehnlich, einzeln; Achenen mit verwischtem oberen Rande. ☉ — Aecker. 6—9. — In bestimmt begrenzten Districten des Sand-Fl. u. Sand-Al.; hier ein lästiges Unkraut;

---

[1]) Von χρυσός. Gold u. ἄνθεμον. Blume; (Chrys. segetum). — [2]) Von λευκός. licht, leuchtend, weiß u. ἄνθεμον. — [3]) Von παρθένος. Jungfrau.

Compositen (Corymbiferen).

sonst in der Nachbarschaft dieser Districte u. im Ol. zuweilen eingeschleppt u. unbeständig. Im Sand-Fl. von (2 N.) Hödingen-Behnsd. u. Flechtingen-Hasselburg über Bischofswald-Ivenrode, Bregenst., Altenhausen, Süplingen, Papenb., Hundisburg-Dönnst., Alvensl., Emden, Erxl., Eimersl.; dann (3 S.) Uhrsl., Sommerschenburg, Eilsl., Wormsd., Gehringsd. bis Eggenst. u. Alt-Brandsl. — Im Sand-Al. (4 Z.) auf dem Terrain zw. Sufigte u. Trebbichau-Kl.-Zerbst-Reppichau.

† C. coronarium. L. **Kronen-W.** — St. aufrecht, ästig, nebst den Bl. kahl; Bl. **doppelt-fiedertb.**, die oberen mit eingeschnittenem, öhrchenartigen Grunde stengelumfassend; Blthköpfe groß, einzeln. — ⊙ Zierpfl. aus Südeuropa. 7—10. — In Gärten; auch mit gefüllten Blth.

C. **Strahlblth. roth od. in verschiedenen Farben.**

† C. indicum. Thunb. (Pyrethrum sinense. Sab.) **Chinesische W.** — St. ästig; Bl. gestielt, buchtig-fiederspaltig, unterseits mehr od. weniger seidenh.-filzig, Lappen gezähnt; Blthköpfe ansehnl., einzeln, lang-gestielt; **Strahlblth.** weiß, gelb, orange, fleischroth, purpurroth, lila ꝛc. ♃. u. ♄ — Zierpfl. aus China. 9 bis in den Winter hinein. — Vielfach in Gärten, meist gefüllt.

† C. roseum. Adam. (Pyrethrum roseum. Bieb.) **Rosenrothe W.** — St. aufrecht, **einfach**; Bl. gesiedert, die unteren gestielt, die oberen sitzend; Fieder fiedersp., 2ft. eingeschnitten-gezähnt; Blthköpfe groß, einzeln, lang-gestielt; **Strahlblth. rosenroth.** ♃ — Aus Persien. 7—8. In Gärten als Zierpfl. u. zur Zubereitung des Insectenpulvers angepfl.

5. Untergruppe. Senecioneen. Staubb. ohne Anhängsel; Pappus behaart.

230. Arnica. L. Wolverleih.

Blthköpfe strahlig; HK. walzlich, Blättchen 2-reihig, gleichf.; Strahlblth. weibl., zungenf., gelb; Scheibenblth. zwitterig, röhrig, 5-zähnig, gelb; Achenen schnabellos, etwas gerillt, behaart; Fruchtb. nackt. — Kräuter mit gegenüberstehenden, einfachen Bl.

551. A. montana. L. **Berg-W.** — St. aufrecht, fast schaftartig, drüsig-kurzhaarig; WBl. längl-verkehrt-eif., fast ganzrandig, 5-nervig, oberseits kurz-behaart, **unterseits kahl**, eine Rosette bildend; StBl. 1- bis 2-paarig, sitzend; Blthköpfe ansehnlich, einzeln ob. zu 3, auch wohl zu 5, an der Spitze des St.; Blth. **goldgelb**, fast orange. ♃ — Moorige Wiesen, Waldwiesen, lichte Wälder. 6—8'. — Im Sand-Fl., m. E., u. im Ol. zerstreut; z. B. 1 C. Moorwf. Böddensell-Flechtingen; Behnsdorfer Wf. 1 B. Schernebecker Gemeinde-Wf.; Lüberitzer F. (Begang „Torf"); Fenn zw. Briest u. Birkholz. 2 N. Bischofswald u. Wf.; Altenhäufer F. (Neue Wf.); Bodendorfer F.; Emdener F. (Krähenfuß-Wf.); Alvensl. F. u. Wf.; Moosbruch bei Neuhaldensl. 3 S. Hohes H. (bei am Münchemeierberg reichl.); 4 Z. Moorwf. Grimma; Moorwf. zw. Thießen u. Buchholz; Waldwf. des Riezmecker Gemeindebusches.

231. Cineraria[1]**). L. Aschenpflanze.**

Blthköpfe (u. A.) strahlig; HK. walzl., Blättchen 1-reihig, **ohne Außenkelch**; Strahlblth weibl., zungenf., gelb; Scheibenblth. zwitterig, röhrig, 5-zähnig; Achenen schnabellos, gefurcht, kahl ob. behaart; Fruchtb. nackt. — Kräuter mit abwechselnden, einfachen Bl.; Blthköpfe mehr ob. weniger zahlreich, in einfachen Dolden ob. Doltentrauben; Pappus weiß.

552. C. campestris. Retz. (Senecio camp. Dec.) **Feld-A.** — St. aufrecht, einfach, wie die Bl. spinnwebig-wollig; wurzelst. Bl. eif., meist ganzrandig, in den kurzen Blstiel verschmälert; die stengelst. längl. bis schmal-lancettl., sitzend, die obersten lineal; Blthköpfe fast mittelgroß, wenig zahlreich, in lockeren Dolden; HK. schwach-behaart; Achenen dicht- u. kurz-steifh. ♃ — Sonnige, kalkhaltige Hügel, alte Kalksteinbrüche. 5—6. — Nur im Kalk-Fl., u. auch hier sehr selten: 4 E. Oberster, alter Kalksteinbr. nördl. von Friedrichsaue. 5 B. (zw. Alsl. u. Gnölbzig; in den letzten Jahren nicht mehr beobachtet).

---

1) Von cinis, Asche; wegen der graufilzigen Bl. mehrerer Arten.

553. **C. palustris.** L. (Senecio pal. Dec.) Sumpf=A. — St. auf=
recht, hohl, kantig=gefurcht, einfach ob. oben ästig, wollig=zottig; Bl. schmal=
lancettl., halb=stengelumfassend, kurzhaarig ob. fast kahl, die
untersten buchtig=gezähnt; Blthköpfe fast mittelgroß, zahlreich in gebrängten
Doldentrauben, nach dem Verblühen nickend; HK. wollig=behaart; Achene
kahl. ⊙ — Auf sumpf. Torfboden. ·5—·6, auch wohl im Herbst. — Im Dl. auf
frischen Torfstichen häufig u. sehr gesellig, oft wie gesäet; wird später durch den Gras=
wuchs verdrängt.

232. Senécio[1]). L. Kreuzkraut.

Blthköpfe meist strahlig; HK. walzl. ob. kegelf., Blättchen 1=reihig, gleichf.,
mit einem, meist kleinblättrigen, Außenkelch; Randblth. weibl., zungenf.;
Scheibenblth. zwitterig, röhrig, 5=zähnig; seltener sämmtl. Blth. zwitterig
u. röhrig; Achenen schnabellos, behaart ob. kahl; Fruchtb. nackt.

A. Sämmtl. Blth. röhrig, ob. die randst. Zungenblth.
zurückgerollt; Blüthen gelb.

554. **S. vulgaris** L. Gem. K. — St. aufrecht ob. aufsteigend, meist
ästig, nebst den Bl. kahl ob. schwach behaart; Bl. buchtig=fiedersp.,
Abschnitte breit, spitz=gezähnt, unterste Bl. in den Blstiel verschmälert,
obere sitzend, halbstengelumfassend, am Grunde geöhrelt; Blthköpfe ziemal.
klein, gedrängt= ob. locker=doldentraubig, ohne randst. Zungenblth.;
Blättchen des Außenkelchs meist 10, angedrückt, mit langer,
schwarzer Spitze, viel kürzer als der HK.; Achenen angedrückt=
behaart. ⊙ — Aecker, Gärten, Waldkulturen, Wege, Dörfer, Schutt,
Grasgr. Blüht fast das ganze Jahr. — Sehr gemein.

555. **S. viscosus** L. Klebriges K. — Pfl. klebrig; St. aufrecht,
oben ästig, nebst den Bl. stark drüsig=behaart; Bl. tief=fiedersp.,
Abschnitte längl., fast fiedersp.; Blthköpfe zieml. klein, in lockeren, bol=
denartigen Rispen; Zungenblth. zurückgerollt; Blättchen des Außenkelchs
locker, halb so lang als der HK., an der äußersten Spitze brandig;
Achenen kahl. ⊙ — Haiden, Dörfer, Kiesgruben, Steinbr., Ufer. ·7—10· —
Im Sand=Fl., Dl. u. Sand=Al. häufig, ebenso am Elbufer., u. in den Steinbr. im
ganzen Geb.

556. **S. sylvaticus.** L. Wald=K. — St. aufrecht, oben ästig,
nebst den Bl. zerstreut=kurz=behaart, drüsenlos; Bl. tief=fiedersp., Ab=
schnitte lineal=längl., gezähnt; Blthköpfe zieml. klein, in lockeren, bolden=
artigen Rispen; Zungenblth. zurückgerollt; Blättchen des Außen=
kelchs angedrückt, sehr kurz, meist ohne schwarze Spitze; Achenen an=
gedrückt=grau=behaart. ⊙ — Trockene Wälder, bes. an Waldschlägen. ·6—8· —
Im Sand=Fl., m. E., u. im Dl. häufig; im übrigen Geb. selten, (3 M. Kreuzhorst.
4 E. Hakel).

B. Randblth. zungenförmig, Saum abstehend, strahlend;
Blth. (u. A.) gelb.

557. **S. vernalis.** W. u. Kit. Frühlings=K. — St. aufrecht,
oben u. oft schon vom Grund aus ästig, nebst den Bl. mehr ob.
weniger wollig; Bl. buchtig=fiedersp., Abschnitte breit, spitz=gezähnt;
unterste Bl. in den Blstiel verschmälert, obere sitzend, halbstengelumfassend,
geöhrelt; Blthköpfe mittelgroß, in lockeren, boldenartigen Rispen;
Blättchen des Außenkelchs 6—20, 4=mal kürzer als der HK., lang
u. schwarz zugespitzt; Achenen angedrückt=behaart. ⊙ u. ⊙ — Aecker,
Dämme, Abhänge, Grasgr. 4·—·6. — Erst seit einigen Jahren eingewandert; be=

---

[1]) Von senex, Greis; wegen der Fruchtköpfe mit weißhaarigem Pappus.

Compositen (Corymbiferen).

sonders auf Brachäckern u. in Futterkräutern; zerstreut durch das Geb., aber vorzugsweise im Dl.; meist vereinzelt auftretend. Z. B. 2 N. Kleefeld vor Winters Bsch. 2 W. Kapellenb. bei Rogäß. 2 B. Eisenb.damm bei Detershagen. 3 Mö. Brachacker zw. Lutenitz u. Veblitz; Klee Dannigkow. 4 B. Saalbamm bei Kl. Rosenburg. 4 Z. Brache bei der Nuthaer Ziegelei, bei Trebnitz, zw. Zerbst u. Lindau; Chgr. vor Straguth; Kiefernschonung zw. Bornum u. Kl. Leitzkau; Klee vor Leps; Brache zw. Brambach u. Roßlau. 5 B. Klee bei Kl. Wirschl.

† S. elegans. L. Schönes K. — St. ästig; Bl. fiedersp., Lappen rundl., buchtig u. stumpf-gezähnt; Blthköpfe zieml. groß, in Doldentrauben; Strahlblth. purpurroth, Scheibenblth. gelb. ⊙ — Zierpfl. vom Cap. 7—9. — Häufig in Gärten, meist mit gefüllten Blth.; auch fleischfarben u. weiß.

558. S. erucifolius. L. Raukenblättr. K. — W. kriechend; St. aufrecht, ästig, besonders oben nebst den oberen Bl. mehr od. weniger spinnwebig-wollig; Zweige scharfkantig; Bl. fiederth.; Fieder lineal, ganzrandig, od. gezähnt, od. fiedersp.; die unteren Bl. gestielt, die oberen sitzend u. am Grunde geöhrelt; Oehrchen lineal, ganzrandig, od. halb- od. ganzpfeilf.; Blthköpfe fast mittelgroß, zahlreich, in breiten, doldigen Rispen; Blättchen des HK. breit-lancettl., fast verkehrt-eif., lang-zugespitzt, ohne od. mit brandiger Spitze; Blättchen des Außenkelchs halb so lang als der HK.; Achenen sämmtlich haarig rauh u. mit gleichf. Pappus. ♃ — Zerstreut durch d. Geb.; z. B. 2 W. Unterholzerb.; Quergr. zw. Wolmirst. u. Samswegen. 3 M. Potstrine bei der Klappermühle u. Wf. daneben. 3 Mö. Am Zipragr. (weit verbreitet). 3 L. Gr. östl. am Göbelschen Bsch. u. Wgr. der Trift zw. Göbel u. Loburg. 4 S. Am Schönb. Bsch.; Döben. 4 Z. Baumgarten in Biäs. 5 S. Tr. u. Wj. südl. v. Marbegr. zw. Fördert. u. Uelnitz; Salzwj. bei Staßfurt; Gr. beim Lerchenteich u. Abzugsgr. nach Kölbigk zu.

559. S. Jacobaea. L. Jacobs-K. — W. abgebissen, faserig; St. aufrecht, oben ästig, kahl od. wollig bis zottig-behaart; Zweige stumpf-kantig; W.- u. untere StBl. gestielt, verkehrt-eif.-leierf.; obere StBl. mit geöhrelter Basis sitzend, fiederth.; Fieder längl., gezähnt od. fiedersp.; Oehrchen vieltheilig, stengelumfassend; Blthköpfe mittelgroß, in doldigen Rispen; Blättchen des HK. schmal-längl., kurz-zugespitzt, mit brandiger Spitze; Außenkelch wenigblätter., sehr kurz; Achenen der Scheibenblth. haarig-rauh, die der Strahlblth. kahl u. letztere mit wenigbehaartem, hinfälligen Pappus. ⊙ u. ♃ — Sonnige Höhen, Abhänge, Raine, Wiesen, Grasgr., Bäche, trockne Wälder. ˙7—10˙ — Im Fl. u. Dl. häufig; im Al. selten (4 E. Bodewiese beim Unseburger Backofen. 5 O. Bruchwiese bei Diebzig.)

560. S. aquáticus. Huds. Wasser-K. — W. abgebissen, faserig; St. aufrecht, oben ästig, kahl od. etwas spinnwebig-zottig; W.- u. untere StBl. gestielt, die WBl. meist ungetheilt, längl.-eif., StBl. leierf., die oberen sitzend, mit einfach getheiltem Oehrchen halbstengelumfassend; die blthständigen Bl. fiederth.; Blthköpfe mittelgroß (etwas größer als die vor.), in lockeren, doldigen Rispen; Blättchen des HK. lancettl., zieml. lang-zugespitzt, mit hellbrandiger od. ungefärbter Spitze; Außenkelch wenigblättr., kurz; Achenen der Scheibenblth. kurz- u. fein-behaart, die der Strahlblth. kahl, letztere mit wenig behaartem, hinfälligen Pappus. ⊙ — Feuchte Wiesen, Wälder. ˙6—9˙ — Auf den Moor- u. Waldwiesen des Sand-Fl. u. Dl. und auf den Elbwiesen u. in den Elbforsten häufig. — Hat mit der vor. große Aehnlichkeit, u. unterscheidet sich hauptsächlich von dieser durch die weniger getheilten Bl. und durch die nicht rauh-, sondern fein-behaarten Achenen der Scheibe; auch beginnt ihre Blüthezeit um 4 Wochen früher.

561. S. Fúchsii. Gmel. (S. nemorensis. ε. Koch.) Fuchs-K. — W. kriechend; St. aufrecht, fast kahl; Bl. elliptisch-lancettl., kahl, ungleich-gezähnt, mit gerade-abstehenden Spitzen der Zähne, in einen geflügelten, kurzen, am Grunde wenig verbreiterten Blstiel

Monopetale Dic. mit stempelst. Blhr.

verschmälert; Blattfläche dünn, fast häutig; Blthköpfe kaum mittelgroß, zahlreich, in ausgebreiteten, doldenartigen Rispen; HK. walzenf., doppelt so lang als breit; Strahlblth. meist 5; Achenen kahl. ♃ — Laubwälder, Haine. ·7—9. — Im Geb. zieml. häufig; z. B. 1 C. Rohrberg. 2 N. Forsten des Alvensl. Höhenzuges. 2 W. Rogätzer u. Ramit. F. 3 S. Hohes H. 4 E. Hakel (reichl.); Wehl. 4 B. Scharlebener Holz; Breithagener u. Lödderitzer F.; Rosenburger Bsch. 4 Z. Redlitzer F.; Liezower Bruch; Lindauer Gehege; Friedrichsholz; Trebbichauer Bsch. 5 S. Gänseturter Bsch.

562. S. saracenicus. L. Saracenisches K. — W. kriechend; St. steif=aufrecht, reich= und dichtbeblättert, oberwärts weichhaarig; Bl. längl.= lancettl., fast kahl, ungleich=gesägt, mit vorwärts gerichteten Spitzen der Sägezähne; die untersten Bl. in den geflügelten Blstiel verschmälert, die übrigen mit breiter Basis sitzend; Blattfläche steif, fast lederartig; Blthköpfe mittelgroß, zahlreich in geschlossenen, doldigen Rispen; HK. fast so breit als lang; Strahlblth. 7—8; Achenen kahl. ♃ — Weidengebüsch, Flußufer. 7—9. — Nur im Al., hier in dem der Elbe u. Bode zieml. häufig; z. B. 2 W. Herrenholz. 3 M. Rothe=Horn; Werderspitze; am Herrntrug. 4 O. Bodeuf. zw. Hadmersl. Mühle u. Mühlengr.; Bodeuf. in der Richtung vom Vorw. Andersl. u. Weidengeb. an der Eisenb. 4 S. Schöneb. Bsch.; Grünewald. 4 B. Weidenw. an der Ronneier F., zw. Ronneier F. u. Ronnei, u. Elbuf. an der Tochfeimer F. 4 Z. Weidengeb. Brambach gegenüber u. am Kühnauer Bsch. — Hat mit vor. große Aehnlichk., unterscheidet sich aber sofort durch den straffen Habitus u. die nicht gestielten, sond. mit breiter Basis sitzenden mittleren u. oberen StBl.

563. S. paludosus. L. Sumpf=K. — W. etwas kriechend; St. aufrecht, hohl, oberwärts weichhaarig; Bl. schmal=bis lineal=lancettl., unterwärts mehr od. weniger grau=spinnwebig=filzig, scharf=gesägt=gezähnt, mit stark vorwärts gerichteten Spitzen der Sägezähne, die untersten gestielt, die übrigen mit breiter Basis sitzend; Blthköpfe mittelgroß, zahlreich in mehr od. weniger geschlossenen, doldigen Rispen; HK. breit=glockenf., mehr breit als lang; Strahlblth. 12—20; Achenen kahl od. etwas weichhaarig. ♃ — Sumpfige Wald= u. Wiesenstellen, Erlenbr., Weidenwerder, sumpf. Gräben. ·7—8 — Im Tl. u. Al. zerstreut; z. B. 2 B. Bürgerholz; Pennigsdorfer F.; Güsener F. 3 M. Martinswerder; Weidenw. am Rothensee; Nonnenwerder; am Zibbekelebener See. 4 E. Unseburger Backofen; Pfuhl an der Bode zw. Rothenförde u. Alsl. 4 S. Gestr. zw. Elbe u. Randau; Schöneb. Bsch.; Pflanzenkamp. 5 B. Lache zw. Altenburg u. Bode.

2. Hauptgruppe. **Cynareen.** Blthköpfe in der Regel scheibig; Blth. meist zwittrig, röhrenf.; Gf. nach oben knotig verdickt, am Knoten oft kurzhaarig. — Häufig stachelige u. meist nicht milchende Kräuter.

1. Untergruppe. **Calendulaceen.** Blthköpfe strahlig; Strahlblth. weibl., zungenf., fruchtb.; Scheibenblth. zwittrig, röhrig, unfruchtb.; Fruchtb. nackt.

† Calendula. L. Ringelblume.

HK. halbkugelig, Blättchen gleichf., 2=reihig; Achene verschieden gestaltet, bogen= ob. kreisf.; Pappus fehlend.
† C. officinalis. L. Gebräuchl. R. (Todtenblume.) — St. aufrecht, ästig; Bl. längl.; Blthköpfe zieml. groß; Blth. orange; Achenen eingekrümmt, spitzhöckerig, die meisten kahl. ⊙ — Zierpfl. aus Südeuropa. 6—9. — Vielfach in Gärten, auf Friedhöfen.

2. Untergruppe. **Echinopsideen.** Blthköpfchen einblüthig, in einen kugeligen Kopf zsgestellt.

† Échinops. L. Kugeldistel.

Blthköpfchen zahlreich, auf einem nackten, kugeligen Fruchtb. dicht beisammen; Blkr. röhrig, 5lp.; Pappus eine kurze Haarkrone bildend.
† E. sphaerocephalus. L. Rundköpfige K. — St. ästig, weißfilzig; Bl. fiedersp., oberseits klebrig=flaumb., unterseits wollig=filzig, Lappen langl.=eif., buchtig, stachelig=gezähnt; Blüthenkopf groß; Blkr. weiß; Staubb. bläulich. ♃ — Zierpfl. aus Südeuropa. 7—8. — In Gärten; zuweilen verwildert, z. B. 5 B. Westerberge.

3. **Untergruppe. Carduineen.** Blthköpfe scheibig; HK. mehrreihig, dachig, meist stachelig; Blth. sämmtl. röhrig u. in der Regel zwittrig; Pappus haarig ob. federig, am Grunde durch einen Ring verbunden, abfällig.

233. Cirsium[1]). Tourn. Kratzdistel.

Blättchen des HK. mit stacheliger Spitze; Blth. zwittrig ob. gleichehig-zweihäusig; Achenen zsgedrückt, schnabellos, kahl; Pappus federig; Fruchtb. borstig-spreuig. — Kräuter mit meist stacheligen Blättern.

1. Rotte. **Bl. oberseits stachelig-kurzh.; Blth. zwittrig, purpurroth.**

564. **C. lanceolatum.** Scop. Lancettblättr. K. — St. aufrecht, ästig, gefurcht, zottig, von den herablaufenden Bl. geflügelt; Bl. unterseits fast kahl ob. dünn-graufilzig, fiederth. ob. fiedersp.; Fiederlappen 2-sp., gespreizt; Zpfl. lancettl., mit einem derben Stachel endigend; Blthköpfe meist einzeln, eif., zieml. groß, spinnwebig-wollig; Blättchen des HK. lancettl., mit pfriem., stacheliger Spitze abstehend. ☉ — Wege, Dörfer, Grasgr., Triften, trockne Plätze, Waldplätze, Weidengeb., Bäche, Wald. 6—10. — Variirt in der Form der Bl.: β. nemorale. Rchb. (als Art); Bl. weniger tief-fiedersp., unterseits weiß-wollig, Lappen breiter. — Die Stammart gemein; die Var. β. nur in Wäldern, hier nicht selten.

565. **C. eriophorum[2]).** Scop. Wollköpfige K. — St. aufrecht, ästig, gefurcht, wollig-behaart, nicht geflügelt; Bl. nicht herablaufend, oberseits dicht-stachelborstig, unterseits weiß-filzig, **fiederth., Fiederlappen meist 2-th., Zipfel lineal-lancettl.**, an der Basis oft mit 1 ob. 2 großen Zähnen, **Zipfel u. Zähne mit langem Stachel**, die unteren Zipfel gleichmäßig nach oben gerichtet; Blthköpfe meist einzeln, rund, ansehnlich, dicht-spinnwebig-wollig, im Knospenzustande sehr regelmäßig halb-kugelig. ☉ — Triftshöhen u. Abhänge, Waldränder, lichte Waldstellen. 7-9. — Kalkliebend. — Nur 3 S. am u. im Hohen H. (südl. Theil, nam. an der Waldecke nach Neu-Brandsl., u. auf den Triftshügeln am Gehrings̊b. Hohlwege nach Reind.) u. östl. vom Sauren H. auf den alten Steinbruchshügeln. Diese schönste deutsche Distelart erreicht hier ihre Nordgrenze.

2. Rotte. **Bl. oberseits nicht stachelig-kurzh.; Blth. zwittrig.**

A. **Blth. roth** (selten weiß).

566. **C. palustre.** Scop. Sumpf-K. — St. schlank-aufrecht, meist einfach, von den herablaufenden Bl. geflügelt, mehr ob. weniger spinnwebig-wollig; Bl. sitzend u. herablaufend, **lineal-lancettl.**, buchtig-fiedersp.-gelappt, am Rande wogig und fein-stachelig, unterseits schwach-graufilzig; Blthköpfe zieml. klein, **traubig-geknäuelt**; Blättchen des HK. oben gefärbt, mit feinem, abstehenden Stachel endigend, etwas flockig-wollig. ☉ — Wiesen, Erlenbr., Bäche, Wälder. 7—10. — Im Sand-Fl., m. E., u. im Dl., sowie auf den Bruchwiesen des Al. sehr häufig; sonst selten.

567. **C. bulbosum.** Dec. Knollige K. — W. mit spindelf. verdickten Fasern; St. aufrecht, einfach, spinnwebig-wollig, nach oben von der Mitte an blattlos, obere StBl. sitzend, untere gestielt; Bl. **nicht herablaufend**, tief-buchtig-fiedersp., Fiederlappen gesperrt 2—4-sp., fein-stachelig-gewimpert, oberseits zerstreut-haarig, unterseits schwach

---

1) Von κιρσός, Krampfader, abgeleitet; wegen Anwendung einer Distelart gegen Krampfadern. — 2) ἐριοφόρος, wolletragend (τό ἔριον, die Wolle u. φέρω, tragen).

spinnwebig=wollig; Blthköpfe mittelgroß, fast kugelig, meist einzeln, od. zu 2 u. 3, lang=gestielt; Blättchen des HK. oben gefärbt, mit feinem Stachel endigend, spinnwebig=wollig; Saum der Bltr. länger als die Röhre. ⚄ — Bruch= u. Moorwiesen, lichte, moorige Waldstellen. 7—9. — Im Sand=Fl. u. Dl. zieml. häufig, auch im Al. auf bruchigem Boden. 3. B. 1 B. Moorwj. bei Angern, am Buktum u. bei Zibberick. 2 N. Moorwj. am Haidekniggel, südl. von Em=ben; Waldwj. der Emdener, Albensl. u. Veltheimschen F.; Moosbruch bei Neuhaldensl.; Beverwj. bei Wedringen; Ohrewj. bei Hilersl.; Ggr. u. Wj. am Vahldorfer Gypsbruch. 2 W. Waldwj. beim Vorw. Mose; Moorwj. der Döpfe u. am Unterhagen bei Rogäß. 2 B. Moorwj. bei Burg (Marientränke u. Wüstenhufen). u. bei Schermen (Neuendorfer Wj.). 3 Mö. Waldwj. der Papstdorfer F. 4 Z. Liezower Bruch u. Wj. u. Trift daneben; Bekewj. bei Moritz, Töppel u. Trebnitz; Bruchwj. bei Trebbichau. 5 S. Gänse=furter Bich.; Liethewj. nördl. von Rathmannsd.; Bruch am Lerchenteich. — Erreicht im Geb. die Nordostgrenze.

567 u. 566. C. bulbosum. ✕ C. palustre. — W. mit fadenf., sehr wenig spindelf.=verdickten Fasern; St. unten dichter, oben entfernter beblättert; Bl. etwas herablau=fend, im Umriß lancettl. od. lineal=lancettl., mehr od. weniger tief=buchtig=fiederjp., unterseits schwach=filzig=spinnwebig; Blthköpfe fast mittelgroß, zu 2—7, etwas geknäuelt. ⚄ — Waldwiesen '8' — Zwischen den Eltern, selten. 2 N. Alvensl. F. (Gothenwiese); Veltheimsche F. (Krumme Wj.) Embener F. (Krähenfußwj.).

568. C. acaule. All. Stengelloje K. — W. mit fadenf. Fasern; St. fehlend, od. mehr od. weniger kurz, bis 30 cm. h., wollig be=haart, nicht spinnwebig, bis oben beblättert; Bl. sämmtl. gestielt, nicht herablaufend, fiedersp.=gelappt; Fiederlappen breit=eif., winkelig=schwach= 3= od. 4=sp., fein=stachelig=gewimpert, oberseits kahl, unterseits mehr od. we=niger wollig=haarig; Blthköpfe mittelgroß, eif., wenige, meist zu 2 od. einzeln, sitzend. od. kurzgestielt; Blättchen des HK. oben ein wenig ge=färbt, mit kurzem, abstehenden Stachel endigend, fast kahl, nicht spinn=webig; Saum der Bltr. kürzer als die Röhre. ⚄ — Trockene Triften, Wiesen, Raine, sonnige Hügel, Grasgr., Waldsäume, lichte Waldstellen. ·7—10. — Im Fl. u. Dl. häufig, ebenso auf den Bruchwj. des Al. u. auf den Bodewj.; auf den Saal= u. Elbwj. weniger häufig. Im Gebiete zwar meist stengellos, jedoch nicht selten auch mehr od. weniger kurzstengelig.

568 u. 567. C. acaule. ✕ C. bulbosum. — W. mit fadenf., kaum verdickten Fa=sern; St. einfach, behaart u. schwach=spinnwebig, bis über die Mitte beblättert; untere StBl. gestielt, obere sitzend; Blthköpfe mittelgroß, eif.=kugelig, wenige, meist einzeln, lang=gestielt; Blättchen des HK. oben mehr od. weniger gefärbt, fast kahl; Saum der Bltr. kürzer als die Röhre. ⚄ — Waldwiesen, lichte Waldstellen. '8' — Mit den Eltern hin u. wieder; z. B. 2 N. Alvensl. F. (Gothenwiese); Moosbruch. 4 Z. Liezower Bruch.

B. Blth. gelblich=weiß.

569. C. oleraceum. Scop. Kohl=K. — St. aufrecht, hohl, meist ästig, nebst den Bl. kahl od. fast kahl; Bl. weich, ungleich=stachelig=gewimpert, die untere fiedersp., die oberen ungetheilt, gezähnt, stengelumfassend, nicht herablaufend; Blthköpfe mittelgroß, gehäuft, von bleichen Hüll=blättern umgeben; Blättchen des HK. etwas spinnwebig, in einen weichen Stachel endigend. ⚄ — Feuchte Wiesen, Erlenbr., Gräben, Bäche, Ufer. 7—10. — Im Fl. u. Dl. häufig (auf feuchten Wiesen oft wie ges.); ebenso im Al. der Bode; dagegen auf den Saalwiesen ziemlich selten u. auf den Elbwiesen noch nicht be=obachtet.

569 u. 566. C. oleraceum. ✕ C. palustre. — St. aufrecht, meist hohl u. ästig, mehr od. weniger spinnwebig=behaart; Bl. lancettl., ungleich=stachelig=gewimpert, die un=teren fiedersp., die oberen buchtig=gelappt, die obersten grob=gezähnt; die untersten ge=stielt, die übrigen stengelumfassend, meist od. ein wenig heralaufend, unterseits grau=grün, schwach=spinnwebig; Blthköpfe zahlreich, kaum mittelgroß, an der Spitze des St. u. der Aeste ohne Hüllblätter, u. nur von wenigen, nicht hüllenden u. nicht ver=bleichten Deckbl. gestützt, od. selbst ohne Deckbl.; Bltr. gelblich=weiß, Staubb. roth od. nur etwas geröthet, od. die Blth. roth. ⚄ — Waldwiesen u. Moorwiesen. '8—9. — Zwischen den Eltern hin und wieder; z. B. 2 N. Veltheimsche F. (Krumme Wj.) 3 S. Wj. bei Eils=leben. 3 W. Saarewj. zw. Bottmersd. u. Kl. Germersl. 4 Z. Wgr. am Df. Pulspforda.

569 u. 567. C. oleráceum. ✕ C. bulbosum. — W. mit fadenf. Fasern; St. auf

recht, hohl, einfach ob. ästig, schwach spinnwebig=behaart, unten dicht=, oben wenig=beblättert; Bl. im Umriß elliptisch bis lancettl., ungleich=stachelig=gewimpert, fiedersp.=gelappt, die obersten grob=gezähnt, unterseits schwach=behaart, nicht spinnwebig; Blthköpfe mittelgroß, wenige (1—3), mit 1—2, nicht hüllenden Deckbl.; Blth. gelblich=weiß ob. angeröthet. ♃ — Wald= u. Moorwiesen, lichte Waldstellen. ·8· — Zwischen den Eltern, öfters; z. B. 2 N. Embener F.; Veltheimsche F. 2 B. Neuendorfer Wf. zw. Burg u. Schermen. 4 Z. Liezower Bruch; Bekewiesen zw. Moritz, Töppel u. Trebnitz.
 569 u. 568. C. oleraceum $\times$ C. acaule. — St. von verschiedener Höhe, oft niedrig, mehr ob. weniger wollig=behaart, beblättert; Bl. ungleich=stachelig=gewimpert, fiedersp.=gelappt, Fiederlappen 2—3sp.; Blthköpfe mittelgroß, vereinzelt ob. wenige, etwas gehäuft; Deckbl. wenige, schmal=lancettl., nicht hüllend; Blth. gelblich=weiß. ♃ — Nasse u. sumpfige Wiesen, Gräben. ·8· — Zwischen den Eltern, nicht selten; z. B. 2 N. Veltheimsche F.; Pudegrin. 2 B. Wf. am Erlenbr. bei Cörbeliß. 3 S. Wf. bei Wormsdorf. 3 W. Sarewiesen. 3 M. Gr. u. Wf. des Woltersdorfer Bruch. 4 O. Wulferstedter Bruch; Wf. zw. Gr. u. Kl. Alsl. (vielfach); Chgr. Kl. Oschersl. 4 E. Bodewf. bei Hadmersl. u. bei Gr. Germersl. 5 S. Wf. bei Förderst. u. am Marbegr.; Wf. am Rathmannsdorfer Bsch.

3. Rotte. Bl. oberseits nicht stachelig=kurzh.; Blthköpfe durch Verkümmerung 2=häusig.
 570. C. arvense. Scop. Feld=K. — W. ästig, kriechend; St. aufrecht, fast kahl, überall beblättert, ästig; Bl. stachelig=gewimpert, längl.=lancettl., buchtig=fiedersp., etwas herablaufend, am Ende der Fiederlappen u. an der Spitze mit einem stärkeren Stachel; Blthköpfe eif., ziemI. klein, in doldenartigen Rispen; Blättchen des HK. etwas spinnwebig=wollig, die äußersten mit einem kurzen Stachel endigend, die inneren an der Spitze häutig; Blth. trüb=purpurroth ob. lila, selten weiß. ♃ — Aecker, Triften, trockene Wiesen, Grasgr., Wege, Dörfer, Ufer, Gebüsch, lichte Waldstellen. ·7—9· — Variirt mit stärkeren ob. schwächeren Stacheln und mit seicht=buchtigen ob. tief=fiedersp. Bl. — Sehr gemein.

234. Cynára. L. **Artischocke.**

Blättchen des HK. lederartig, am Grunde fleischig, an der Spitze ausgerandet mit einer Stachelspitze; Blth. zwitterig; sonst wie Cirsium.
 571. C. Scólymus[1]). L. Gemeine A. — St. aufrecht, ästig, spinnwebig; Bl. fiedersp., etwas stachelig, Blthköpfe groß, einzeln; Blättchen des HK. eif.; Blth. violett. ♃ — Als feines Gemüse der fleischigen Köpfe wegen cult. 8—9. — Hin u. wieder in Gärten geb.

235. Silybum. Gärt. **Mariendistel.**

Blättchen des HK. mit Seitenstacheln u. stacheliger Spitze; Blth. zwitterig; Staubf. einbrüderig; Achenen zsgedrückt, eif., kahl; Pappus haarig, Haare stark=gezähnt; Fruchtb. borstig=spreuig.
 572. S. Márianum. Gärt. Gemeine M. — St. aufrecht, schwach=spinnwebig; Bl. kahl, glänzend, mit breiten weißen Adern; WBl. sehr groß, buchtig=fiedersp.; StBl. halb=stengelumfassend, geöhrelt, gezähnt=stachelig, gekrümmt, nicht herablaufend; Blthköpfe ansehnlich, einzeln; Blättchen des HK. blattartig, angedrückt, die äußersten breit=eif., stachelig=gewimpert, die mittleren längl.=eif., in eine lange, abstehende Stachelspitze endigend, die inneren lancettf.; Blth. purpurroth. ⊙ — Ursprünglich Zierpfl. aus Südeuropa, jetzt in Gärten, Anlagen, auf Friedhöfen u. in Dorfstr. verwildert u. eingebürgert. ·7—10. — Im Geb. ziemI. häufig. Z. B. 1 C. Calvörde; Domberg bei Walbeck. 2 N. Bodend.; Alt= u. Neuhaldensl. 2 W. Farsl. 2 B. Crüssau. 3 S. Groppend.; Drakenst. 3 W. Blumenb. 3 M. Fr. Sülb. Gärten; Sudenburg. 3 Mö. Leitzkau. 3 L. Hobeck. 4 O. Gr. Alsl. 3 E. Gr. Salze; Elbenau; Pretzien; Gommern. 4 B. Gr. Lübs; Walternienburg. 4 Z. Zerniß; Strinum; Zerbst; Kermen; Reppichau. 5 B. Bernburg; Könnern.

---

1) σκόλυμος, griech. Name einer Artischockenart.

Schneider, Schulflora. II. Gefäßpfl. des Gebiets. 10

236. Cárduus¹). L. **Distel.**

Blättchen des HK. mit stacheliger Spitze; Blth. zwitterig; Staubf. frei; Achene zsgedrückt, längl., kahl; Pappus haarig, Haare gezähnelt; Fruchtb. borstig=spreuig. — Blth. roth, selten weiß; Bl. herablaufend.

573. C. acanthoídes. L. Bärenklau=D. — St. aufrecht, ästig, dornig-gelappt-geflügelt; Bl. tief=fiedersp., kahl ob. unterseits etwas zottig, aber nicht filzig; Fiederlappen fast handf., 3—5=sp., stachelig=gewimpert, Lappen u. Zähne mit starkem Stachel endigend; Blthköpfe mittelgroß, rund, meist einzeln; äußere Blättchen des HK. mit abstehendem Stachel, innere wehrlos. ⊙ — Dörfer, Wege u. Ackerränder, Futterkr., Grasgr.; auch wohl Wiesen, Triften, Gebüsch, Waldränder. ·7—10. — Im Fl. u. Al. gemein; im Dl. selten (hier z. B. 2 N. Chgr. zw. Satuelle u. Neuhaldensl. 2 W. Weg zw. Wolmirst. u. Samswegen; Df. Farsl. 2 B. Kirchhof Petersbagen. **3 M.** Df. Woltersb. u. Weg nach der Klappermühle u. Neu Königsborn. 3 Mö. Leißkau).

574. C. crispus. L. Krause D. — St. aufrecht, ästig, dornig-gelappt-geflügelt; Bl. längl., seicht=fiedersp., unterseits hellgrau= ob. weiß=wollig=filzig; Fiederlappen eif., 3-lappig u. gezähnt, stachelig-gewimpert, Lappen u. Zähne mit wenig stärkerem Stachel endigend; Blthköpfe zieml. klein, rundlich, gehäuft ob. einzeln, spinnwebig-filzig; Blättchen des HK. mit kurzem, schwachen Stachel. ⊙ — Feuchte Wälder, Gebüsch, Zäune, Dörfer, Gräben, Bäche, Ufer. ·7—10· — Im Dl. u. Al. sehr häufig, ebenso im Sand=Fl.; im Kalk=Fl. weniger häufig.

575. C. nutans. L. Nickende D. — St. aufrecht, einfach ob. ästig, dornig-gelappt-geflügelt; Bl. fiedersp., unterseits bei. auf den Adern kurzh., nicht filzig, Fiederlappen eif., 3—5=sp., stachelig-gewimpert, Lappen u. Zähne mit stärkerem Stachel endigend; Blthköpfe zieml. groß, rund, einzeln, nickend; äußere Blättchen des HK. mit starkem Stachel zurückge=knickt=abstehend, die innersten wehrlos. ⊙ — Wege, Grasgr., Dörfer, Triften, Raine, Dämme, Mauern, Steinbr., freie Waldstellen; auch Wiesen, Futterkr. — Gemein.

237. Onopórdum. L. **Eselsdistel.**

Blättchen des HK. mit stacheliger Spitze; Blth. zwitterig; Staubf. frei; Achene zsgedrückt, ungleich 4=kantig, querrunzelig, kahl; Pappus haarig; Fruchtb. wabig, nicht borstig=spreuig. — Blth. hell=purpurroth.

576. O. Acánthium. L. Gemeine E. — St. aufrecht, ästig, breit=geflügelt, stark=stachelig; Bl. groß, elliptisch=längl., buchtig, stachelig=gezähnt, spinnwebig=wollig; die stengelst. herablaufend; Blthköpfe zieml. groß, niedergedrückt=kugelig; Blättchen des HK. aus eif. Basis lineal=pfrieml., die unteren weit=abstehend. ⊙ — Wege, Dörfer, Schutt, Grasgr., Triften. 7—10. — Gemein.

238. Lappa²). Tourn. **Klette.**

Blättchen des HK. pfrieml., lang=stachelig, Spitze scharf=hakenf.; Blth. zwitterig; Staubf. frei; Achenen zsgedrückt, längs=streifig, scheckig, kahl; Pappus haarig, abfällig; Fruchtb. borstig=spreuig. — Ästige, staudenartige Kräuter mit großen, herzf., unterseits graufilzigen, gestielten Bl.; Blthköpfe kugelig, zahlreich in Trauben ob. Doldentrauben; Blth. purpurroth, selten weiß.

---

1) Lat. Name für Distel u. ähnl. Pfl. — 2) Lat. Name für „Klette".

Compositen (Cynareen).

577. L. major. Gärt (L. officinalis. All.) **Größere K.** — Zweige des St. aufrecht; Blthköpfe über mittelgroß, doldentraubig; Blättchen des HK. kahl, alle grün, die mittleren u. unteren aufrecht=abstehend. ☉ — Gebüsch, Wälder, Grasgr., Dämme, Weidenw., Ufer; auch wohl Zäune, Dörfer. 7·—10. — Im Al. häufig; im Tl. u. Fl. sehr selten (3 W. Henneberg. 4 Z. Amt Lietzow).

578. L. macrosperma. Wallr. (L. nemorosa. Körnicke.) **Großsamige K.** — Zweige des St. bogig=abwärts=geneigt, zuletzt fast hängend; Blthköpfe mittelgroß, traubig, oben gedrängt, zuweilen geknäuelt; Blättchen des HK. schwach=spinnwebig, alle an der Spitze, später fast ganz geröthet, die mittleren u. unteren wagerecht=abstehend. ☉ — Wälder, Haine. 7—8. — Im nördl. Fl. bis zum Hakel u. im angrenzenden Tl. nicht selten; z. B. 1 C. Isern Hagen; Schierholz; Rohrberg. 1 B. Buktum. 2 N. Wälder des Albensl. Höhenz.; Neuhaldensl. Stadtforst (Winters Bsch. u. Backofenb.). 3 S. Marienborner F.; Lenchen Bsch.; Hohes H.; Friederikenberg bei Neindorf. 4 E. Hakel (reichl.). Vogelremise bei Heteborn.

Anm. Die Färbung des HK. ist in unserem Geb. allgemein; in anderen Geb., z. B. bei Berlin, sind die Blättchen des HK. ungefärbt.

579. L. minor. Dec. **Kleinere K.** — Zweige des St. aufrecht; Blthköpfe ziemlich klein, traubig, oben oft gedrängt, zuweilen geknäuelt; Blättchen des HK. schwach=spinnwebig, die innersten geröthet, die mittleren u. unteren aufrecht=abstehend. ☉ — Dörfer, Wege, Schutt, Grasgr., Bäche, Ufer, Waldränder. 7·—9. — Gemein.

580. L. tomentosa. Lam. **Filzige K.** — Zweige des St. etwas geneigt; Blthköpfe fast mittelgroß, doldentraubig; Blättchen des HK. dicht=spinnwebig=filzig, die innersten geröthet, die mittleren u. unteren aufrecht=abstehend. ☉ — Standort wie vor. 7—10. — Gemein.

580 u. 577. L. tomentosa × L. major. — Zweige des St. etwas geneigt; Blthköpfe mittelgroß, doldentraubig; Blättchen des HK. schwach=spinnwebig, die innersten geröthet. ☉ — Zwischen den Eltern. ·8· — Im Geb. selten: 3 M. Biederitzer Bsch.; an der Potstrine unweit Königsborn.

4. Untergruppe. **Carlineen.** HK. dachig; Blth. sämmtlich röhrig u. zwitterig; Pappus einreihig, am Grunde verwachsen, sich ästig theilend, abfällig.

239. Carlina. L. **Eberwurz.**

Blättchen des HK. verschieden, die innersten wehrlos, trocken=häutig, pergamentartig, gefärbt, glänzend, strahlend, die äußeren gezähnt=stachelig, die äußersten blattartig, wagerecht=abstehend; Achenen walzenf., angedrückt=behaart; Aeste des Pappus federig; Fruchtb. spreu=blättrig. — Stachelige, distelartige Kräuter.

581. C. vulgaris. L. **Gemeine E.** — St. aufrecht, angedrückt=spinnwebig, oberwärts ästig; Bl. längl.=lancettl., unterseits spinnwebig=filzig, buchtig=gezähnt, stachelig, die stengelsf. sitzend, halb=stengelumfassend; Blthköpfe mittelgroß, einzeln, an der Spitze der doldentraubig gestellten Aeste; die strahlenden Blättchen des HK. lineal, spitz, strohgelb, bis zur Mitte gewimpert, viel länger als die äußeren; Deckbl. kürzer als die Blthköpfe. ☉ — Sonnige Hügel, Triften, Grasgr., Wegränder, Steinbr., Haiden, Waldsäume u. lichte Waldstellen. 7·—9. — Im Fl. u. Tl. häufig.

5. Untergruppe. **Serratuleen.** HK. dachig; Blth. meist zwitterig; Pappus mehrreihig, die innerste Reihe länger als die übrigen, haarig (ob. federig).

148 Monopetale Dic. mit ſtempelſt. Blkr.

240. Serrátula¹). L. Scharte.

Blättchen des HK. gleichf., wehrlos; Blth. zwitterig ob. 2=häuſig, ſämmtl. röhrig, purpurroth; Achenen längl., zſgedrückt, kahl; Pappus haarig, bleibend; Fruchtb. borſtig=ſpreuig.

582. S. tinctoria. L. Färber=S. — St. aufrecht, oben äſtig, nebſt den Bl. kahl; Bl. ſcharf=geſägt, eif. bis längl.=lancettl., ungetheilt ob. leierf. ob. fiederſp., die unteren geſtielt, die oberen ſitzend; Blthköpfe längl.=eif., ziemt. klein, doldentraubig; Blättchen des HK. ei=lancettl., ſpitz, angedrückt, oben geröthet. ♃ — Wälder, Wieſen, Bäche. 7—10. — Variirt: α. mit faſt ungetheilten Bl. (Form der Alluvial=Wieſen); β. mit leierf. u. fiederſp. Bl. (Form der Gebirgswälder). — Im Geb. nicht ſelten.

241. Jurinea. Cass. Jurinee.

Blättchen des HK. gleichf., wehrlos; Blth. zwitterig, röhrig, purpur= roth; Achenen verkehrt=pyramidenf., vierkantig, kahl, oben mit einem kurz=walzenf. Knopfe, an welchem der haarige Pappus angewachſen iſt: Fruchtb. ſpreuig, Spreublättchen zerſchlitzt.

583. J. cyanoides. Rb. Kornblumartige J. — St. aufrecht, etwas filzig; Bl. unterſeits weiß=filzig, fiederth., Zpfl. lineal, ganzrandig, umgerollt; Wbl. eine Roſette bildend, zuweilen ungetheilt; Blthköpfe faſt kugelig, mittelgroß, lang=geſtielt, meiſt einzeln; Blättchen des HK. lancettl.=pfrieml., filzig=grau, ſperrig=abſtehend; Achenen ſchwach=grubig. ♃ — Trockene, ſandige Hügel u. Haiden. 7—9. — Im Geb. der Elbe ziemt. häufig; ſonſt ſelten u. wohl nur verſchleppt. Z. B. 2 N. Jüdiſcher Friedhof bei Neuhal= denſl. 2 B. Sandhügel mit Kiefern ſüdl. bei Jbleburg (reichl.); Detersbagener F. 4 S. Kiefernhöhen bei Plötzky. 4 B. Kiefernhöhen zw. Dornburg u. Gödnitz. 4 Z. *Hohes ſand. Elbufer bei Tochheim (reichl.); am Schöneberg u. bei Stedby; Oberbuſch.

6. Untergruppe. Centaurieen. HK. dachig, Blth. zwitterig, ob. die randſt. geſchlechtslos; Pappus mehrreihig, die vorletzte Reihe länger als die übrigen; ob. fehlend.

† Cárthamus. L. Farbendiſtel.

Blättchen des HK. verſchieden, die äußern blattartig, abſtehend, die mitt= leren lederartig, anliegend, mit abſtehender, blattartiger, Spitze, die inneren lederartig, anliegend; ſämmtl. Blth. zwitterig, röhrig; Achene 4=kantig; Pappus fehlend; Fruchtb. ſpreuig=borſtl.

† C. tinctorius. L. Gemeine F. (Saflor). — St. aufrecht, äſtig, nebſt den Bl. kahl; Bl. lederartig, längl.=eif., ſpitz, weitläufig ſtachelig=gezähnelt; Blthköpfe groß, dolden=riſpig; Blkr. anfangs gelb, zuletzt orange. ☉ — Farbenpfl. aus Aegypten. 7—9. — Zierpfl. in Gärten.

242. Centauréa. L. Flockenblume.

Blättchen des HK. wehrlos ob. ſtachelig: randſt. Blth. geſchlechtslos, die Röhre mit einem 5=ſp., trichterf. Saum, meiſt größer als die Scheibenblth. u. ſtrahlend; Achenen zſgedrückt; Pappus haarig, ſelten fehlend; Fruchtb. borſtig=ſpreuig.

A. Blättchen des HK. wehrlos, mit trockenhäutigem Anhängſel ob. mit trockenhäutigem, franſig=geſpaltenen Rande.

584. C. Jacéa. L. Gemeine F. — St. aufrecht ob. aufſteigend, meiſt äſtig, nebſt den Bl. kahl, ob. mehr ob. weniger ſpinnwebig=behaart; untere Bl. geſtielt, lancettl., ganzrandig ob. entfernt=buchtig, ſelten fiederſp., obere ſitzend, ſchmal= bis lineal=lancettl., am Grunde verſchmälert ob. mit

---

1) Diminut. von serratus, ſägeförmig; wegen des geſägten Randes der Bl.

wenigen spießf. Zähnen; Blthköpfe mittelgroß, meist einzeln am Ende des St. u. der Zweige; Blättchen des HK. von den trockenhäutigen, rundl., concaven, ungetheilten ob. zerrissenen Anhängseln bedeckt; Blkr. roth; Achenen behaart; Pappus fehlend. ⚇ — Wiesen, Triften, Raine, Grasgr., Dämme, Ufer, Weidengeb., Wälder. ·7—10· — Variirt in Größe, Behaarung u. in der Form der Bl. — Gemein.

585. C. phrygia. L. Phrygische F. — St. aufrecht, meist ästig, nebst den Bl. kurz= u. scharf=behaart; Bl. längl.=elliptisch, gezähnelt, die unteren in den Blstiel verschmälert, die oberen sitzend, halb=stengelumfassend; Blthköpfe kugelig, ziemlich groß, meist einzeln, an den Enden des St. der fast boldenartig=gestellten Zweige; Anhängsel der Blättchen des HK. aus lancettl. Basis lang=lineal=pfrieml., stark=zurückgebogen, fiederig=gefranst, mit langen, borstenf., braunen ob. schwarz= braunen Fransen; Anhängsel der innersten Reihe zerschlitzt, von den Fransen der folgenden bedeckt; Blkr. roth; Pappus 3=mal kürzer als die Achene. ⚇ — Wälder. 7—10. — Im Fl. ziemlich häufig; im Dl. sehr selten; fehlt im Al. — Z. B. 2 N. Bodendorfer F.; Pudegrin; Zernitz; Hasselburger F.; Papenberg. 3 S. Saures H. 4 E. Hafel. 4 Z. * Friedrichsholz.

† C. nigra. L. Schwarze F. — St. aufrecht, nebst den Bl. scharf=behaart; Bl. lancettl.; Blthköpfe mittelgroß; Anhängsel der Blättchen des HK. braun ob. schwarz= braun, lancettl., aufrecht, gefiedert=fransig, Fransen borstl., doppelt so lang als die Breite des Mittelfeldes; Blkr. roth; Pappus 3=mal kürzer als die Achene. ⚇ — Wiesen, Wiesenplätze; mit fremdem Samen zuweilen eingeführt. 7—8. (Herrntrug; Schöneb. Busch= wiesen.)

586. C. Cyanus[1]). L. Korn=F. (Kornblume). — St. aufrecht, meist ästig, nebst den Bl. spinnwebig=flockig; Bl. lineal=lancettl. bis lineal, die untersten lang=gezähnt, die oberen ganzrandig; Blthköpfe eif., Strahl ansehnlich; äußere Blättchen des HK. eif., mit fransig= gesägtem, trockenhäutigen Rande, die inneren längl., an den Seiten ganzrandig; Randblth. blau, selten weiß ob. roth; Scheibenblth. violett. ☉ u. ☉ — Aecker, bes. unter dem Wintergetreide; auch wohl in Gräben, an Ufern. 5·—10. — Im Geb. gemein; wird aber in den Gegenden mit gutem Boden wegen der sorgfältigen Reinigung der Aecker immer seltener.

587. C. Scabiósa. L. Scabiosenartige F. — St. aufrecht, ästig, nebst den Bl. kurzhaarig=rauh; Bl. fiederth. bis doppelt=fiederth., Zpfl. lancettl., ganzrandig ob. gezähnt; Blthköpfe kugelig, ziemlich groß, einzeln am Ende des St. u. der Zweige; Blättchen des HK. lancettl. mit schwarzbraunem, gefransten Rande, Fransen schlängelig; Blkr. purpur= roth; Pappus ungleich, die längsten Borsten so lang als die Achene. ⚇ — Trockene Höhen, Grasabhänge, Triften, Raine, Grasgr., Weg= u. Wald= ränder, Steinbr., Kirchhöfe. 6·—10· — Im Fl. u. Dl. häufig; im Al. selten u. nur in dem Bode im Tarthun; Wehl).

588. C. maculosa. Lam. Fleckige F. — St. aufrecht, oberwärts rispig=ästig, nebst den Bl. kurz=grau=behaart; Bl. fiederth. bis doppelt= fiederth., Zpfl. lineal=lancettl. ob. lineal, gezähnt, ob. lineal u. ganzrandig; Blthköpfe eif., ziemlich klein, einzeln ob. mehr ob. weniger gehäuft, am Ende des St. u. der Zweige; Blättchen des HK. breit= lancettl., erhaben=5=nervig, an der Spitze mit schwarzem, ge= fransten Rande; Blkr. rosenroth; Pappus fast so lang als die Achene. ☉ — Wegränder, trockene Gräben, Hügel, Triften, Mauern, Steinbr. ·7—10· — Im Fl. u. Dl. häufig; im Al. selten.

---

1) $\varkappa\acute{v}\alpha\nu o \varsigma$, blau=angelaufener Stahl, u. griech. Name für Kornblume.

Monopetale Dic. mit ſtempelſt. Blkr.

B. Blättchen des HK. mit einem hanbf. (ob. gefiederten) Stachel endigend; Blthköpfe nicht ſtrahlig.

† C. solstitialis. L. Sommer=F. — St. aufrecht, äſtig, von den herab=laufenden Bl. ſchmal=geflügelt, nebſt den Bl. ſpinnwebig=filzig; Bl. lineal=lan=cettl., ganz=randig. die wurzelſt. leierf.; Blthköpfe eif., zieml. klein, aber durch die langen, hellgelben Stacheln des HK. anſehnlich; Blkr. gelb. ⊙ — Zwiſchen Luzerne, mit fremdem Samen zuweilen eingeſchleppt; unbeſtändig. 7—9.

589. C. Calcitrapa. L. Stern=F. — St. aufrecht, ſperrig=gabel=äſtig, ſchwach=behaart: Bl. nicht herablaufend, fiederth., Zpfl. lineal, ge=zähnt; die oberſten Bl. ungetheilt; Blthköpfe eif., zieml. klein, zahlreich, am Ende u. an den Seiten des St. u. der Zweige, die ſeitenſt. faſt ſitzend; Stacheln der Blättchen des HK. röthlich=gelb, der mittlere länger als das Köpfchen; Blkr. purpurroth; Pappus fehlend. ⊙ — Wegränder, Grasgräben, Dörfer, Triften. '7—10. — Im ſübl. Kalk=Fl. (von Ampfurth=Domersleben=Magdeburg ab) häufig; im übrigen Geb. ſehr ſelten (2 B. Hohes Elbufer bei Hohenwarte. 3 M. Ufer am Rothenſee; Grasabh. u. Feldgr. bei der Woltersdorfer Klappermühle).

7. Untergruppe. Xeranthemeen. HK. dachig, trockenhäutig, ſtrah=lend; randſtändige Blth. weibl., die des Mittelfeldes zwitterig.

† Xeránthemum¹). L. Spreublume.

Blättchen des HK. trockenhäutig, die inneren länger, ſtrahlend; randſt. Blth. 2=lippig, Pappus fehlend; die Blth. des Mittelfeldes röhrig, 5=zähnig, Pappus ſpreu=blätterig; Fruchtb. ſpreuig.

† X. annuum. L. Jährige S. — St. aufrecht, äſtig, filzig; Bl. lancettl. bis lineal=lancettl., oberſeits flockig, unterſeits grauweiß=filzig; äußere Blättchen des HK. eif., die inneren längl.=lancettl., purpurroth, doppelt ſo lang als das Mittelfeld. ⊙ — Zierpfl. aus dem ſüdöſtl. Deutſchland. 6—8. — In Gärten, auf Friedhöfen; zu=weilen verwildert.

3. Hauptgruppe. **Cichoraceen.** Blthköpfe geſchweift; ſämmtl. Blth. zungenf. u. zwitterig; Gf. nicht gegliedert, die Schenkel fädl., zurückgebogen ob. zurückgerollt, kurz=behaart. — Milchende Kräuter.

1. Untergruppe. **Lampſaneen.** Pappus fehlend, ob. ſtatt ſeiner ein kronenf. Rand; Fruchtb. nackt (nicht ſpreuig).

243. Lápsana (Lámpsana). L. **Rainkohl.**

HK. einreihig, 8—10=blättrig, zur Fruchtzeit aufrecht, unver=ändert; Außenkelch ſehr kurz; Achenen zſgedrückt, 20=riefig, Rand verwiſcht.

590. L. communis. L. Gemeiner R. — St. aufrecht, äſtig, nebſt den Bl. behaart; Bl. geſtielt, buchtig=gezähnt, die unteren leierf., die mitt=leren eilancettl., die oberen ſchmal=lancettl., die blüthenſt. lineal; Blthköpfe zieml. klein, locker=riſpig; HK. 8=eckig; Blth. gelb. ⊙ — Zäune, Hecken, Dörfer, Anlagen, feuchte Wälder, Weidengebüſch, Ufer. 6'—10. — Im Geb. ſehr häufig.

244. Arnóseris²). Gärt. **Lämmerſalat.**

HK. einreihig, 16—20=blättrig, zur Fruchtzeit wulſtig=gefurcht, kugelig=zſſchließend; Außenkelch kurz; Achenen 10=riefig, mit einem ſehr kurzen, 5=kantigen, kronenf. Rande.

591. A. pusilla. Gärt. (A. minima. Lam.) Kleiner L. — W. vielſtengelig; St. blattlos, ſchaftartig, faſt kahl, unten geröthet; Bl.

---

1) Von ξηρός (ξηρός), trocken, u. ἄνθεμον, Blume; bezüglich der trockenhäutigen Blättchen des HK. — 2) Von ἀρνός, gen. v. ἀρήν, Lamm, u. σέρις, eine Endivienart.

Compositen (Cichoraceen).

eine Wurzelrosette bildend, verkehrt=eif.=längl., gezähnt, in den Blstiel ver=
schmälert; Blthstiel oberwärts keulig=verdickt, hohl; Blthköpfe
ziemt. klein, 1—3, lang=gestielt, am Ende des Schafts; Blth. blaßgelb.
⊙ — Magere Sandäcker; auch sand. Forstkulturen. 6'—10. — Im Sand=Fl.
u. im Dl. sehr häufig; auch im Sand=Al.; meist sehr gesellig.

2. Untergruppe. **Cichoricen.** Pappus aus kurzen, freien, oder
mehr od. weniger verwachsenen Spreublättchen bestehend;
Fruchtb. nackt.

245. Cichórium. L. **Cichorie.**

HK. zweireihig, der äußere kürzer, 5=blättr., abstehend; der innere
8=blättr., aufrecht; Blth. hellblau; Achene kantig; Pappus kronenf.,
1—2=reihig.

592. C. Intybus. L. Gemeine C. (Wegwarte). — W. spindelf.,
die der cult. Pfl. fleischig; St. aufrecht, gefurcht, ruthenf.=ästig; WBl.
schrotsägef., obere StBl. lancettl., mit breiter Basis halb=stengel=
umfassend, die blüthenst. deckblattartig; Blthköpfe ansehnl., zu 1—3 in
den Blattwinkeln u. am Ende der Zweige meist sitzend; Blth. hellblau,
selten weiß; Pappus viel mal kürzer als die Achene. ♃ — Wegränder,
Grasgr., Raine, Dämme, Triften, Wiesen, Waldränder, Dörfer, Ufer. 7—10.
— Gemein. — Auf den guten Boden des Fl., nam. um Magdeburg, wegen der als Caffee=
surrogat dienenden Wurzel, vielfach im Großen cult.

593. C. Endívia. L. WBl. längl., buchtig=geschweift ob. gezähnelt;
obere StBl. breit=eif., mit herzf. Basis stengelumfassend; Pap=
pus 4 mal kürzer als die Achene. ⊙ — Aus Indien. 7—8. — Als Salat=
u. Gemüsepfl. cult.

3. Untergruppe. **Leontodonteen.** Pappus aller Achenen federig,
oder der der randst. kronenf.; Fruchtb. kahl ob. feinfaserig.

246. Thríncia.¹). Roth. **Hundslattich.**

HK. dachig; Blth. gelb; Achenen längl., allmälig in einen Schnabel
verschmälert, scharf; Pappus der randst. Achenen kurz, kronenf.,
gezähnt, der des Mittelfeldes weit länger, federig; Fruchtb. gru=
big, kahl ob. etwas faserig.

594. T. hirta. Roth. Kurzhaariger H. — W. zuletzt abgebissen,
meist mehrstengelig; St. blattlos, schaftartig, unten in der Regel behaart,
oben stets kahl; Bl. eine Wurzelrosette bildend, längl.=lancettl., buchtig=
gezähnt, von einfachen ob. gabelf. Haaren rauh; Blthköpfe mittelgroß,
einzeln am Ende des Schafts, vor dem Aufblühen nickend; Blättchen
des HK. schwarz=berandet; Randblth. unterseits bläulich=grün.
♃ — Triften, Wiesen (nam. moorige), Grasgr., Wegränder, Weiden=
gebüsch, grasige Waldstellen, Stoppelfelder. 6—10· — Im Gebiete häufig,
bes. in den Sandgegenden. — Unterscheidet sich von dem sehr ähnl. Leontodon autumn.
sofort durch die rauhhaarigen Bl., durch dem Aufblühen nickenden Blthköpfe u.
durch die bläulich=grüne Farbe des Rückens der Randblth. Von dem rauh behaarten
Leont. hastil., welcher im Bl., Schaft u. Blthkopf viel größer ist, unterscheidet sich Thrin.
hirt., außer durch den Habitus, sehr leicht durch die völlige Nichtbehaarung des oberen
Theils des Schaftes.

247. Leóntodon ²). L. **Löwenzahn.**

HK. dachig; Blth. gelb; Achenen längl., in einen kurzen Schnabel

---

1) Von θριγκός. Mauerkranz, wegen des mauerkronenartigen Pappus der randst.
Achenen. — 2) Von λέων. Löwe, u. ὀδούς, ὀδόντος, Zahn; wegen der gezähnten WBl

verschmälert, schärflich; Pappus aller Achenen, auch der randst., federig, gleichgestaltet, bleibend; Fruchtb. grubig, in der Mitte etwas gewimpert. — Kräuter mit schaftartigem St. u. Wurzelrosetten bildenden Bl.

595. L. autumnalis. L. Herbst-L. — W. abgebissen, 1= bis mehrstengelig; Schaft kahl od. fast kahl; Bl. buchtig-gezähnt bis fiedersp., kahl od. schwach=behaart; Blthstiel oberwärts schuppig; Blthköpfe mittelgroß, einzeln od. mehrere am Ende u. an den Seiten des Schaftes, vor dem Aufblühen aufrecht; Randblth. unterseits röthlich. ⚃ — Triften, Wiesen, Grasgräben, Dämme, Wegränder; auch Wälder, Dörfer, Ufer, Aecker. 6′—10′. Sehr gemein.

596. L. hastilis. L. Spießlicher L. — W. mehr od. weniger schief, abgebissen, ein= od wenig=stengelig; Schaft nackt od. mit 1—2 Schuppen besetzt, nebst den Bl. rauh=behaart, Haare gabelig; Bl. längl.=lancettl., buchtig=gezähnt bis fiedersp.; Blthstiel ohne Schuppen; Blthköpfe über mittelgroß, einzeln, vor dem Aufblühen nickend; innere Strahlen des Pappus federig, äußere kürzer, rauhhaarig. ⚃ — Wiesen, Triften, Raine, Dämme, Grasgr., Wälder, Bäche, Ufer. 5′—10′. — Variirt: *α*. vulgaris (L. hispidum. L., als Art), Bl., Schaft u. HK. behaart;
β. glabratus (L. hastile. L., als Art), kahl od. spärl. behaart. — Var. *α*. im Geb. häufig; Var. *β*. im Geb. noch nicht beobachtet.

248. Picris[1]). L. **Bitterkraut.**

HK. dachig; Blth. gelb; Achenen gekrümmt, mehr od. weniger geschnäbelt, schärfl.; Pappus gleich=gestaltet, abfällig, die inneren Strahlen federig, die äußersten kürzer, haarf.; Fruchtb. nackt, grubig;

597. P. hieracioides. L. Habichtskrautartige B. — St. aufrecht, nebst den Bl. von abstehenden, oft widerhakigen Borsten rauh u. scharf=behaart; Bl. längl.=lancettl., meist buchtig=gezähnt, die unteren in den Blstiel verschmälert, die mittleren u. oberen mit abgeschnittener Basis sitzend; Blthköpfe mittelgroß, endst., locker=ebensträußig; Blättchen des HK. steifhaarig, die äußeren abstehend; Achene kurz=geschnäbelt. ☉ -- Gräben, Dämme, Grasabh., Steinbr., Wiesen, Wegränder, Gebüsch, Waldwege u. Waldsäume: auch an Bächen, Ufern. 7′—10′. — Im Geb. nicht selten.

† Helminthia[2]). Juss. Wurmsalat.

HK. 2=reihig, der äußere 5=, der innere 8=blättr.; Blth. gelb; Achene längl., zsgedrückt, oben abgerundet, mit einem haarf.=verlängerten Schnabel; Pappus federig, bleibend; Fruchtb. nackt.

† H. echioides. Gaert. Scharfblättr. W. — St., Bl. u. HK. stechendborstig; äußere Blättchen des HK. ei=herzf., zugespitzt. ☉ — Wegränder, Grasgr., Grasabh. 7—8. — Mit fremdem Samen zuweilen eingeschleppt, unbeständig.

4. Untergruppe. **Scorzonereen.** Pappus (u. A.) federig, Federchen der Strahlen verwebt; Fruchtb. kahl od. feinfaserig.

249. Tragopógon[3]). L. **Bocksbart.**

HK. einreihig, 8—12=blättr., Blättchen lineal=lancettl., an der Basis verwachsen; Achenen lang=geschnäbelt, mehr od. weniger scharf. —

---

1) πικρίς, griech. Name für wilder Lattich, von πικρός, scharf, bitter. — 2) Von ἕλμινς, ινθος, Wurm; wegen der wurmähnl. verlängerten Achenen. — 3) Von τράγος, Bock, u. πώγων, Bart.

Compositen (Cichoraceen).

Stark milchende Kräuter mit aufrechtem, beblätterten St.; Bl. lineal-lancettl., lang-zugespitzt, halb-stengelumfassend, ganzrandig; Blthköpfe zieml. groß, lang-gestielt, einzeln.

598. **T. major.** Jacq. Großer B. — Blthstiel aufwärts allmälig verdickt, keulig; HK. meist 12-(8—15-) blättr., viel länger als die Blth. (ungefähr ⅓ länger); Blth. hellgelb. ⊙ — Sonnige Hügel, trockene Wiesen, Grasgr., Steinbr., Mauern. 6—8' — Im Geb. zieml. häufig, vorwiegend in den Kaltgegenden. Z. B. 1 C. Kalksteinige Höhen Walbeck-Schwanefeld. 2 N. Sülze bei Alvensl.; Feldwassergr. nördl. v. Neuhaldensl. 2 W. Park Rogätz. 2 B. Weinberg bei Hohenwarte. 3 S. Südl. am Hohen Holz. 3 W. Gartenmauer Kl. Wanzl.; Kalkhütte bei Sülld. 3 M. Stbr. Olvenst. 4 O. Chgr. Reinb.-Ochersl. 4 E. Stbr. u. Chgr. bei Heteborn, bei Hakeborn u. Stbr. Dallborst. 4 S. Etienbahngr. zw. Schöneb. u. Gnadau; Stbr. Alt Salze. 4 Z. Wf. bei Zerbst nach Tochheim; am Teich bei Aken. 5 S. Chgr. Staßfurt-Hecklingen. 5 B. Kaltberge bei Bernb.; Stbr. bei Ilberst. u. Gröna; Fuhne-Steinbr.; Esparsette Leau; Braunkohlenlöcher u. Sandgr. bei Preußlitz; Schluchtabh. bei Könnern nach Nelben u. nach Rothenburg; felsiges Saaluf. bei Rothenb.; Kiesgr. bei Alsleben; Chgr. Alsl.-Sandersl.; Schießberg bei Sandersl.; hohes Wipperuf. bei Giersl.

599. **T. pratensis.** L. Wiesen-B. — Blthstiel gleichmäßig stark, unter der Blth. ein wenig verdickt; HK. 8-blättr., Blättchen oberhalb der Basis quer-eingedrückt, dunkelroth-berandet, ungefähr so lang als die Blth.; Blth. hell- od. dunkelgelb; Achenen knötig-rauh bis kurzstachelig. ⊙ — Wiesen, Anhöhen, Grasabh., Grasgr., Wälder, Steinbr. 5'—10' — Variirt: α. pratensis. Blth. nur od. kaum so lang als der HK., meist hellgelb u. die Blthköpfe nur am Vormittag geöffnet. — Wiesen, Grasgr., Wegränder, Wälder. Im Fl. u. Al. häufig, im Dl. seltener.

β. orientalis. L. (als Art) Blth. länger als der HK., dunkelgelb u. die Blth-köpfe fast bis zum Abend geöffnet. — Wiesen, Anhöhen, Grasgr., Steinbr. Wie vor. nicht selten; beide Var. im Geb. sich gegenseitig vertretend.

250. Scorzonéra. L. Schwarzwurz.

HK. dachig; Achene oberwärts etwas verschmälert, kaum geschnäbelt, mit einer, den Nabel umgebenden, sehr kurzen, schiefen Schwiele an der Basis. — Milchende Kräuter mit einem aus den Ueberresten der vorjährigen Bl. bestehenden Wurzelschopf; St. (u. A.) beblättert; Bl. längsaderig; Blthköpfe einzeln od. wenige, lang-gestielt.

600. **S. humilis.** L. Niedrige S. — Wurzelschopf schuppig; St. mehr od. weniger flockig-wollig; Bl. längl.-lancettl., ganzrandig, wurzelst. in einen langen Blstiel verschmälert, stengelst. sitzend; Blthköpfe ansehnlich; HK. wolltg; Blth. gelb; Achenen gerieft, glatt. ♃ — Wälder, Waldwiesen. 5—6' — Im Sand-Fl. u. Dl. zerstreut: 2 N. Bischofswald (Germersl. Wf.); Emdener F. (Krähenfußwf.); Moosbruch. 2 B. Bürgerholz, Moorwf. bei Madel. 3 M. Klushaide. 4 Z. Friedrichsholz.

601. **S. hispanica.** L. Spanische S. (Schwarzwurzel). — Wurzelschopf schuppig; St. oben ästig, Aeste einköpfig; WBl. längl. bis lancettl., mehr od. weniger gezähnt; StBl. lineal-lancettl. bis lineal, halb-stengelumfassend; Blthköpfe ansehnlich; HK. kahl; Blth. gelb; Achenen gerieft, feinstachelig. ⊙ — Cult. 6—8. — In Gemüsegärten der W. wegen geb.

602. **S. purpurea.** L. Purpurblüthige S. — Wurzelschopf borstig-faserig; St. einfach od. oben wenig-ästig; Bl. lineal, selten lineal-lancettl.; Blthköpfe mittelgroß; HK. mehr od. weniger wollig; Blth. rosenroth; Achenen gerieft, glatt. ♃ — Sonnige Hügel, Haiden. 5—7. — Im Fl. u. Dl. sehr zerstreut: 2 W. Ramstädter F. (Haferberg). 3 L. F. Magdeb. Forth (Kiefernhöhen beim Kupferhammer). 4 S. *Frohser B.

Monopetale Dic. mit stempelst. Blk.

251. Podospermum[1]**. Dec. Stielsame.**

HR. dachig; Achene oben nicht verschmälert, am Grunde mit einer verlängerten, stielartigen Schwiele, die dicker ist als die Achene. — Blthköpfe 8-kantig; Blth. gelb.

603. P. laciniatum. Dec. Geschlitzter S. — St. aufrecht ob. aufsteigend, meist ästig; Bl. fiederth., 3pfl. lineal, zugespitzt, der endst. öfters lineal=lancettl., die obersten StBl. lineal, ganzrandig (an kleinen Exempl. auch wohl sämmtl. Bl. lineal); HR. so lang ob. fast so lang als die randst. Blth.; Blthköpfe kaum mittelgroß, einzeln an der Spitze des St. u. der Zweige; nur bis 9 Uhr früh geöffnet. ☉ — Anhöhen, Grasabh., Wegränder, Grasgr., Ackerränder, Steinbr. 5—10. — Kaltliebend. — Nur im Kalt=Fl., m. E., besonders um den Hakel u. im Staßfurter u. Bernburger Bezirk. 3. B. 3 S. A. u. Weg zw. Beckend. u. Propstling; Weg Zollmühle=Kl. Wanzl. 3 M. Olvenst. Steinbr.; Höhen bei Diesb.; Feldwege Eudenburg; Chgr. hinter Butau; Feldweg an der Eisenb. bei Salbke. 4 E. Höhen, Wege, A., Steinbr. weit um den Hakel, nördl. bis Dalld., Croppenst., Egeln; südl. bis Friedrichsaue, Schabel., Königsaue. 4 S. Am Gradirwerk; am Walle des Soolkanals. 5 S. Wege, Gr., Grasabh., Steinbr. um Hedlingen, Staßfurt, Rathmannsh., Hohenerxl. 5 B. Weg= u. Ackerränder um Bernburg; Chgr. Nienburg=Bernb.; Wegabh. Bernb.=Roschwitz; Ggr. Poley=Krüchern; Rainabh. Warmsdorf=Giersl.; Hohlweg Kl. Schierst.; Chgr. Sanderst.=Alsl.; oberer Feldweg Alsl.; Weggr. Gnölbzig=Nelben; Schluchten, Grasabh., Gr. um Könnern; Triftweg Trebnitz; Grabenrand Leau=Zebzig; A. Kl. Wirschl.; Sandgrube Körmigk. — Erreicht im Geb. die Nordgrenze.

5. Untergruppe. **Hypochörideen.** Pappus federig; Fruchtb. spreuig.

252. Hypochoeris. L. Ferkelkraut.

HR. dachig; Achenen geschnäbelt, ob. die randst. fast schnabellos; Blth. gelb; Spreubl. linealisch, abfällig. — WBl. eine Rosette bildend.

A. Von den äußeren Strahlen des Pappus einige kürzer u. borstenf. (nicht federig).

604. H. glabra. L. Kahles F. — W. mehr=stengelig; St. einfach ob. wenig=ästig, kahl, blattlos, selten 1-blättr.; Bl. längl.=lancettl., buchtig=gezähnt, kahl; Blthköpfe zieml. klein, nach dem Verblühen vergrößert; HR. kahl, so lang als die Blth.; Blth. hellgelb. ☉ — Sandäcker, auch magere Kalkäcker. 6—10. — Nur in den Sand= u. Kalkgegenden des Geb.; in den ersteren (Sand=Fl., Dl. u. Sand=Al.) nicht selten; in den letzteren viel weniger häufig, hier z. B. 4 E. A. am Hakel, beim Hakelberg.

605. H. radicata. L. Langwurzliges F. — W. ein= ob. wenigstengelig; St. ästig, kahl, blattlos; Bl. längl.=lancettl., buchtig= u. tiefbuchtig=gezähnt, borstig=behaart; Blthköpfe zieml. groß; HR. kahl, kürzer als die Blth.; Blth. goldgelb, außen bläulich=grün. ♃ — Wiesen, Triften, Wälder (bes. Kiefernwälder), Grasgr., Steinbr., Acker= u. Wegränder. ·6—10. — In den Sandgegenden sehr häufig, im übrigen Geb. viel seltener.

B. Alle Strahlen des Pappus federig.

606. H. maculata. L. (Achyróphorus maculatus. Scop.) Geflecktes F. — W. einstengelig; St. einfach ob. wenig=ästig, nam. unten scharf=behaart, meist 1-blättrig u. mit 1—2 Schuppen versehen; Bl. längl., geschweift=gezähnt, gewimpert, meist braunroth=gefleckt, mit breiter Basis sitzend; Blthköpfe ziemlich groß; HR. behaart, kürzer als die Blth.; Blth. goldgelb. ♃ — Waldwiesen, lichte Wälder, Grasabh.

---

1) Von πούς, ποδός, Fuß, u. σπέρμα, Same; wegen der gestielten Achenen.

Compositen (Cichoraceen).

6—7. — Im Fl. u. Dl. sehr zerstreut. 2 N. Alvensl. F. (Wj. neben dem Köpfchen); Pudegrin. 2 B. Grasabh. bei Burg.

6. Untergruppe. **Chondrilleen.** Pappus haarig; Fruchtb. nackt; Achene lang= u. fein=geschnäbelt, am Grunde des Schnabels rings mit stachelf. Höckern ob. einem Krönchen besetzt.

253. Taráxacum[1]). Juss. **Pfaffenröhrlein.**

HK. dachig; Blth. vielreihig, gelb; Achenen oberwärts stachelig=höckerig, in einen langen, fadenf. Schnabel auslaufend. — Stark milchende Kräuter mit röhrigem Schaft.

607. T. officinale. Wigg. (Leontodon Taraxacum. L.) Gebräuchl. P. (Kuhblume). — W. lang, cylindrisch, fleischig; Schaft weit=röhrig, rund, ungefähr so lang als die Bl; Bl. längl., fiedersp.=schrotsägef., selten unge= theilt u. gezähnt ob. ganzrandig; äußere Blättchen des HK. meist zu= rückgeschlagen; Achene oben breiter, Schnabel doppelt so lang als die Achene. ♃ — Wiesen, Triften, Grasgr., Aecker, Wegränder, Wälder, Weiden= geb., Ufer. ·4—10. — Variirt in der Größe u. in der Form der Bl. u. des HK.

α. genuinum; Bl. fiedersp.=schrotsägef.; Blättchen des HK. lineal, die äußeren zurückgeschlagen.

β. lividum (T. palustre. Dec. als Art); Bl. ungetheilt u. meist ganzrandig; Blättchen des HK. eif., zugespitzt, angedrückt. — Die Stammform α. sehr gemein. Var. β. nur im Sand=Fl. u. im Dl. u. zwar auf nassen Wf. u. an moorigen Stellen; doch selten (2 N. Embener F., Krähenfußwj. 2 B. Hungeriger Wolf).

254. Chondrilla. L. **Knorpelsalat.**

HK. einreihig, mit einem kurzen Außenkelch; Blthköpfe walzenf., wenigblüthig; Blth. 2=reihig, gelb; Achenen oberwärts et= was stachelig=höckerig und mit einem Krönchen besetzt. — Milchende Kräuter mit ästigem St.

608. C. júncea. L. Binsenartiger K. — St. steif=aufrecht, unten scharf=behaart, oben fast kahl; Aeste ruthenf.; WBl. schrot= sägef., StBl. lineal=lancettl., die obersten lineal; Blthköpfe zieml. klein, zu 1—5 an den Enden u. Seiten des St. u. der Zweige. ☉ u. ♃ — Magere Aecker, (bes. sandige), sonnige Höhen, Abhänge, trockene Gräben, Wegränder, Kiesgr., Steinbr., Kiefernwälder. ·7—10. — Im Dl. häufig; im Fl. u. Al. meist selten.

7. Untergruppe. **Lactuceen.** Pappus haarig; Fruchtb. nackt; Achene flach=zsgedrückt, schnabellos, ob. geschnäbelt, aber am Grunde des Schnabels ohne stachelf. Höcker ob. Krönchen.

255. Lactúca[2]). L. **Salat.**

HK. dachig; Blthköpfe längl., walzenf., zieml. klein ob. klein; Blth. 2—3=reihig (b. u. A.) gelb; Achene in einen fädl. Schnabel aus= laufend; (b. u. A.) beiderseits mehrriefig. — Blthköpfe in Rispen.

609. L. sativa. L. Garten=S. (Lattich; Kopf=Salat). — St. aufrecht, kahl; Bl. gezähnelt ob. ganzrandig, ungetheilt ob. fast fiedersp., die stengelst. mit herz=pfeilf. Basis stengelumfassend; Rispe ver=

---

1) Aus τάραξις, eine Augenkrankheit, u. ἀκέομαι, heilen, gebildet; wegen des arzneilichen Gebrauchs. — 2) Lat. Name dieser Gattung, von lac, Milch; in Bezug auf den Milchsaft der Pfl.

breitert, ebensträußig; Achene braun, Schnabel weiß, so lang ob. länger als die Achene. ⊙ — Cult. 7—8. — In Gemüsegärten als Salatpflanze überall geb.

610. L. Scariola. L. Wilder S. — St. steif=aufrecht, unten fein=stachelig; Bl. vertikal=umgedreht (an schattigen Stellen zuweilen wagerecht), am Rande u. unterseits auf der Mittelrippe fein=stachelig, mit pfeilf. Basis stengelumfassend, die untersten oval=längl., die mittleren buchtig=fiedersp., fast schrotsäges., die obersten lancettl., meist ganzrandig; Rispe pyramidenf., Aeste traubig; Achene bläulich=grau, Schnabel weiß, so lang als die Achene. ⊙ — Wegränder, Grasgr., Dämme, Hügel, Steinbr.; auch Mauern, Bäche, Ufer. 7—10. — Im südl. Theil des Geb. (bes. im Fl. u. Al.) nicht selten u. meist gesellig; nördl. von Magdeb. viel weniger häufig.

611. L. saligna. L. Weidenblättr.=S. — St. steif=aufrecht, kahl; Bl. lang=lineal, zugespitzt, ganzrandig, dunkelgrün mit weißer Mittelrippe, die untersten zuweilen buchtig=fiedersp., die stengelst. mit pfeilf. Basis stengelumfassend; Rispe ruthenf., Aeste traubig=ährig; Achene braun, Schnabel weiß, länger als die Achene. ⊙ — Wegränder, Steinbr. 7·—10. — Im Geb. selten u. nur im südlichsten Theil des Fl. 5 B. Steinbr. bei Ilberstädt (reichl.); Steinbr. bei Gröna. — Erreicht im Geb. die Nordost=Grenze.

612. L. muralis. Less. Mauer=S. — St. aufrecht, kahl, bläulich=bereift; Bl. unterseits blau=grau, mit schmalem, blattstielartigen Grunde u. pfeilf. Spitzen stengelumfassend; untere u. mittlere Bl. buchtig=fiedersp., Lappen 3—5=eckig, Ecken stachelspitzig; oberste Bl. sitzend, lineal=lancettl. bis lineal; Rispe gespreizt; Blthköpfe klein, 5=blü=thig; Achene schwarzbraun, Schnabel hellbraun, $1/3$ so lang als die Achene. ⊙ — Wälder, Haine; auch wohl Steinbr. 6·—10. — Im Fl. u. Al. häufig; im Al. selten, (4 E. Wehl).

613. L. stricta. W. u. Kit. (L. quercina. L.) Steifer S. — St. aufrecht, kahl; Bl. zart, unterseits blaugrün, mit breitem Grunde u. pfeilf. Spitzen stengelumfassend, untere Bl. schrotsäge=leierf., die oberen fiederth., die obersten meist lineal, ganzrandig; Rispe zsgezogen, ebensträußig; Achene schwarz, Schnabel schwarz, halb so lang als die Achene. ⊙ — Wälder, Hecken. ·7—8· — Nur im südwestl. Theil des Geb. 4 E. Hakel (Domburg); Egelnisch. F. (Schloßholz); Wehl; Unseburger Groß= u. Kleinholz. 5 S. Gänsefurter Bsch. 5 B. Fredl. Bsch.; Wilder Busch bei Rothenburg; Hecke der Gras=gärten in Körmigk.

256. Sonchus. L. Gänsedistel.

HK. dachig; Blthköpfe frugf.; Blth. vielreihig, gelb; Achene schnabellos, oben ein wenig verschmälert ob. abgestutzt, längsrippig; Pappus weichhaarig, biegsam. — Blthköpfe in doldenartigen Rispen.

614. S. oleraceus. L. Gemüse=G. — St. ästig, 30—90 cm. h.; Bl. leierf., fein=stachelspitzig=gezähnt, oberseits mattgrün, die unteren mit breitgeflügeltem Blattstiel, die oberen sitzend, die obersten lancettf., gezähnt ob. ganzrandig, die stengelst. an der Basis mit zugespitzten Oehrchen; Blthköpfe zieml. klein; HK. kahl; Achenen fein= querrunzelig, beider=seits auf dem Mittelfelde 3=rippig. ⊙ — Gärten, Dorfstraßen, Aecker, bes. Gemüseäcker, Grasgr., Wegränder, Ufer. ·7—10. — Gemein.

615. S. asper. Vill. Rauhe G. — St. ästig, 20—60 cm. h.; Bl. oval=längl. u.längl., meistungetheilt, ungleich=grob=stachelig=gezähnt, oberseits glänzend, die stengelst. an der Basis herzf. mit abgerundeten, stengelumfassenden Oehrchen; Blthköpfe zieml. klein; HK. kahl; Achenen glatt, beiderseits auf dem Mittelfelde 3=rippig. ⊙ — Aecker,

Wegränder, Grasgr., Dorfstr., Gärten, Bäche, Ufer, Waldränder. 6·—10. — Sehr gemein.

616. S. arvensis. L. Acker=S. — W. kriechend; St. einfach, 30—100 cm. h.: Bl. längl.=lancettl., schrotsägef., stachelspitig=ge=zähnt, die obersten ganzrandig, die stengelst. an der Basis herzf. mit abgerundeten Oehrchen; Blthköpfe ziemt. groß; HK. nebst den Blth=stielen drüsig=behaart; Achenen dunkelbraun, fein=querrunzelig, mehrrippig. ⚇ — Fruchtb. Aecker, Wiesen, Grasgr.; auch Bäche, Ufer. ·7—9·. — Aendert ab:

β. laevipes (S. maritimus L. amoen. ac.); Blthstiele u. HK. kahl; Bl. blaugrün. — Die Hauptform im Fl. u. Al. sehr häufig; im Tl. nur auf fruchtb., bes. lehmigen u. lettigen Sandboden. Var. β. auf salzhaltigen Wiesen u. an salzigen Wassergr. u. Bächen.

617. S. palustris. L. Sumpf=S. — St. einfach, hohl, 1—2½ m. h.; Bl. groß mit fein=stachelig=gewimpertem Rande, unterseits blau=grün; die stengelst. mit lang=pfeilf. Basis sitzend, die unteren tief=fiedersp. mit 2—3=paarigen, langen Seitenlappen u. einem noch längeren spontonf. Endlappen, die oberen lancettf., die obersten lineal; Blthköpfe mittelgroß, zahlreich in ziemt. geschlossenen, doldigen Rispen; HK. nebst den Blthstielen drüsig=behaart; Achenen gelb, fein=querrunzelig, ge=rippt. ⚇ — Sumpf. Waldstellen, Bäche. ·7—8. — Im Geb. selten. 2 N. Pudegrin. 5 S. Gänsefurter Bsch.; Rathmannsdorfer Park, bes. am Liethegr.; Neundorfer Bsch. bei Güsten. — Diese überaus stattliche Pfl. unterscheidet sich schon durch die Höhe des Wuchses von der vor.

† Mulgédium¹). Cass. Milchlattich.

HK. dachig, mit einem Außenkelche; Blth. vielreihig, blau; Achene zsgedrückt, längs=rippig, an der Spitze schmäler; Pappus haarig, zerbrechl., am Grunde mit einem Krönchen von kurzen Borsten umgeben.

† M. macrophyllum. Willd. Großblättr. M. — St. einfach, hohl, ober=wärts drüsig=behaart; Bl. groß, buchtig=gezähnt und borstig=bewimpert, die unteren leierf., die oberen längl., die blüthenst. lineal; Blthköpfe ziemt. groß, in lockeren, dol=digen Rispen; HK. drüsig=behaart; Blth. lila. ⚇ — Blth. ·7—8·. von uns als Zierpfl. selten, jedoch zuweilen verwildert (4 Z. Ankuhner Kirchhof). Ist sehr gesellig u. bedeckt mit den großen Wbl. vollständig den Boden, kommt aber selten zur Blth.

8. Untergruppe. **Crepideen.** Pappus haarig; Achene stielrund od. kantig, geschnäbelt od. schnabellos.

257. Crepis²). L. **Pippau.**

HK. 2=reihig, äußere Reihe kürzer, meist einen Außenkelch bildend; Blth. vielreihig, (u. A.) gelb; Achene stielrund, 10—30=riefig, an der Spitze verschmälert od. geschnäbelt; Pappus in der Regel biegsam; Fruchtb. nackt.

1. Rotte. Achenen deutlich geschnäbelt.

618. C. foétida. L. Stinkender P. — St. ästig, nebst den Bl. rauhh.; Bl. schrotsägef.=fiedersp., die wurzelst. in einen Blstiel verschmälert, die stengelst. mit pfeilf. Basis sitzend, die obersten lancettl.; Blthköpfe mittelgroß, lang=gestielt, vor dem Aufblühen nickend, in sehr lockeren, doldenartigen Rispen; HK. grau=zottig, untermischt mit Drüsenhaaren; äußere Achenen kürzer als der HK., die inneren länger; Pappus milchweiß. — Pfl. übelriechend. ☉ — Steinige Höhen, Steinbr., Sandgruben, Chausseegr., Esparsette. — Kalkliebend. — ·7—9· Im Kalk=Fl. zerstreut. 1 C. Chgr. bei Walbeck; kalksteinige Höhen zw. Walbeck u. Schwanefeld, bes. in Espar=sette (reichl., stw. w. gef.). 3 W. Chgr. Remkersl.=Wanzl. 4 O. kleinere Sandgrube

---

1) Von mulgere, melken; wegen des Milchsaftes der Pfl. — 2) χρηπίς, Schuh, Pan=toffel; wohl wegen der sohlenartigen Gestalt mancher Blätter, bes. Wurzelblätter.

bei der Windmühle von Kl. Oscherſl. 5 S. Steinbr. u. Abh. bei Heklingen; Chgr. Staßfurt=Rathmannsb. 5 B. Rand des Eiſenbahnauſſt. am Sandersl. Bahnhofe.

† C. setosa. Haller fil. Borſtiger P. — St. äſtig, borſtig=behaart; untere Bl. längl.=lancettl., mehr ob. weniger ſtark=gezähnt, die oberen pfeilf., ganzrandig ob. nach unten eingeſchnitten=gezähnt; Blthköpfe in doldigen Rispen, vor dem Aufblühen aufrecht; HR. ſtark= u. lang=borſtig=ſteifhaarig, ohne Drüſenhaare. ⊙ — Aus Süddeutſchl. mit fremdem Samen zuweilen eingeführt; unbeſtändig. 7—8. —

2. Rotte. **Achenen ſchnabellos.**

A. Achenen 10—13=riefig; Pappus ſchneeweiß, biegſam.

619. **C. praemorsa. Tausch.** Abgebiſſener P. — W. abgebiſſen; St. blattlos, ſchaftartig, flaumh.; WBl. oval=längl., in den Blſtiel verſchmälert, ſchwach=gezähnt, gewimpert; Blthköpfe kaum mittelgroß, in traubigen Blthſtiele 2—3=köpfig, die oberen 1=köpfig. ♃ — Lichte Wälder. Kalkliebend. 5·—6· Im Geb. ſehr ſelten; bisher nur 4 E. Hakel (hier an verſchiedenen Stellen).

620. **C. biennis. L.** Zweijähriger P. — St. beblättert, äſtig, borſtig=ſcharf; Bl. gewimpert, grob=gezähnt ob. ſchrotſägef.=fieberſp., die ſtengelſt. ſitzend, am Grunde geöhrelt=gezähnt, die oberſten lineal, ganzrandig; Blthköpfe mittelgroß, in lockeren, dolbenartigen Rispen; Blättchen des HR. lineal=längl., innen ſeidenhaarig, außen graufilzig u. mehr ob. weniger ſchwarz=borſtig; die äußeren Blättchen abſtehend; Achenen gelblich, oben ſchmäler, 13=riefig. ⊙ — Wieſen, Grasgr., Dämme, Raine, Weg= u. Waldränder, Weidengeb., Bäche, Ufer. 5·—10. — Im Geb. ſehr häufig.

621. **C. tectórum. L.** Dach=P. — St. oben äſtig, ſchärflich; WBl. lancettl., gezähnt ob. ſchrotſägef.; StBl. lineal, ganzrandig, am Rande (beſ. die oberen) zurückgerollt, mit pfeilf. Baſis ſitzend, nur die oberſten am Grunde nicht pfeilf.; Blthköpfe ziemml. klein, in dolbigen Rispen; Blättchen des HR. lancettl., außen graufilzig; die äußeren lineal=pfrieml., meiſt ſtark abſtehend; Achenen dunkelbraun, faſt geſchnäbelt, 10=riefig. ⊙ — Magere Aecker (beſ. Sandäcker), Wegränder, trockene Gräben, Wieſen, Mauern, Ufer. 5·—10. — Im Sand=Fl. u. im Tl. ſehr häufig, u. auch im übrigen Geb. auf magerem Boden, beſ. der Höhen, u. auf Mauern, ſowie am Elbuf., nicht ſelten.

622. **C. virens. Vill.** Grüner P. — St. äſtig, glatt; WBl. lancettl., gezähnt bis ſchrotſägef.=fieberſp.; StBl. mit pfeilf. Baſis ſitzend, die oberen lineal, flach (nicht zurückgerollt); Blthköpfe ziemml. klein, in lockeren, doldigen Rispen; Blättchen des HR. lancettl., außen etwas graufilzig; die äußeren lineal, angedrückt; Achenen ſchmutzig=gelb, oben kaum verſchmälert, 10=riefig. ⊙ — Wieſen, Dämme, Grasgr., Futterkräuter, Brach= u. Stoppelfelder, Weg= und Waldränder. ·6—10· — Im Sand=Fl. u. im Tl. häufig, auch im Elb=Al.; im übrigen Geb. ſelten. — Unterſcheidet ſich von der vor. ſofort durch die flachen (nicht zurückgerollten), ſtets pfeilf., oberen StBl.

B. Achenen 10—13=riefig; Pappus gelblich=weiß, zerbrechlich.

623. **C. paludosa. Moench.** Sumpf=P. — St. oben äſtig; Bl. kahl, die unteren längl., ſchrotſägef.=gezähnt, in den Blſtiel verſchmälert; die oberen ei=lancettf., mit herz= ob. ſpießf. Baſis ſtengelumfaſſend, unten gezähnt, oben ganzrandig, lang u. fein=zugeſpitzt; Blthköpfe mittelgroß, in lockeren, doldigen Rispen; Blthſtiele faſt kahl; HR. ſchwarzborſtig=drüſig=behaart; Achenen hellbraun, 10=riefig. ♃ — Feuchte Wieſen, Waldſümpfe, Erlenbr. — ·6—9· Im Sand=Fl. u. im Tl. nicht ſelten (nam. in Erlenbr.); auch im Al. bei der Bode (5 B. Hecklinger, Gänſefurter u. Rathmannsb. Bich.); im übrigen Geb. ſehr ſelten (1 C. Allerwſ. bei Walbeck. 5 O. Quellige Sumpfſtelle am Saalufer=Abh. bei Calbe; Erlen u. Pappeln zw. Gerbitz u. Nienburg. 5 B. Bruchwſ. bei Körmigk).

Compositen (Cichoraceen).

C. Achenen 20-riefig.
624. C. succisaefolia. Tausch. **Abbißblättr. P.** — St. oben ästig; Bl. kahl (ob. behaart), die untersten längl., entfernt-gezähnelt, die oberen verschmälert-längl., mit herzf. Basis stengelumfassend, das unterste sitzende über der Basis zsgezogen; Blthköpfe mittelgroß, in lockeren, doldigen Rispen; Blthstiel u. HK. schwarz-drüsig-behaart; Achene hellbraun, 20-riefig. ♃ — Wälder. ˙6—˙7. — Nur im Fl. u. auch hier nicht häufig: 2 N. Pudegrin; Veltheimsche F. (Gr. Hasellohnen). 3 S. Saures H. (nord-östl. Theil). 4 E. Hasel (überall). — Von der vor. im noch nicht fruchttr. Zustande durch die nur schwach-gezähnelten, mitunter fast ganzrandigen (nicht grob- u. schrotsäge-zähnigen) unteren Blätter zu unterscheiden.

258. Hierácium[1]). L. **Habichtskraut.**

HK. dachig; Blth. vielreihig, (u. A.) gelb; Achene stielrund, 10-riefig, an der Spitze abgestutzt u. nicht verschmälert; Pappus zerbrechlich; Fruchtb. nackt. — Milchende Kräuter mit einfachen, abwechselnden Bl.

A. St. schaftartig; Bl ganzrandig, selten schwach-gezähnelt.
625. H. Pilosella. L. **Haariges H.** — W. ausläufertreibend, Ausläufer unfruchtbar, sehr selten blüthentragend; Blth.-St. nackt, nebst den beblätterten Ausläufern filzig u. zottig-behaart; Bl. verkehrteilancettf., ob. lancettf., beiderseits borstig-behaart, unterseits grauweiß-filzig; Blthköpfe mittelgroß, einzeln; Blth. schwefelgelb, die randst. unterseits mit einem rothen Streifen. ♃ — Trockne Hügel, Triften, Raine, Grasgr., Wegränder, Haiden, trockne Wald- u. Wiesenstellen, Dämme, Mauern, Steinbr., Ufer. ˙5—˙9. — Variirt mit mehr od. weniger filziger u. zottiger Bekleidung. — In den Sandgegenden gemein u. auch im übrigen Geb. an trocknen, dürren Stellen häufig.

626. H. Auricula. L. **Aurikel-H.** — W. ausläufertreibend, Ausläufer unfruchtb., selten blüthentragend; St. nackt ob. am Grunde 1-blättr., nebst den Ausläufern fast kahl, 10—20 cm. h.; Bl. spatelf.-lancettl., beiderseits blaugrün, kahl ob. zerstreut-behaart, unterseits nicht filzig; Blthköpfe kaum mittelgroß, zu 1—6 (meist 2—3) am Ende der St., ebensträußig; Blth. hellgelb, gleichfarbig. ♃ — Wiesen (bes. moorige), Triften, Grasgräben, Wälder, Bäche. ˙6—9˙ — Im Sand-Fl. u. im Dl. häufig, auch im Elb-Al.; im übrigen Geb. selten.

626 u. 625. H. Auricula × H. Pilosella. — St., Ausläufer u. Bl. dünn-zottig-behaart; Bl. fast blaugrün, unterseits sehr schwach-filzig; Blthköpfe zu 2, gabelig. ♃ — Zwischen den Eltern, bisher. 6—8. — 2 N. Chgr. bei Altenhausen.

627. H. praealtum. Vill. **Hohes H.** — W. ohne ob. mit Ausläufern; St. aufrecht, steif, ziemlich fest, unterwärts 1—3-blättr., mehr od. weniger borstig-behaart, oberwärts grau-filzig u. rauhh., 30—50 cm. h.; Bl. lancettl. ob. schmal-lancettl., bläulich-grün, lang-borstig-behaart; WBl. meist zahlreich; Blthköpfe ziemlich klein, zahlreich (10—50) in mehr od. weniger zsgezogenen, doldigen Rispen. ♃ — Trockne Wiesen, Dämme, Mauern. ˙6—9˙ — Variirt:

α. fallax. Dec. (als Art). St. schwarz-borstig-behaart; Bl. oberwärts überall steif-borstig.

β. florentinum. Willd. (als Art). St. kahl ob. zerstreut-borstig; Bl. blaugrün, nur am Rande u. unterseits auf der Mittelrippe mit Borsten besetzt.

Var. α. zerstreut durch das Geb. **3 M.** Damm nach dem Biederitzer Bsch. **4 E.** Stadtmauer Croppenstedt (reichl.). **4 B.** Stadtmauer Barby (reichl.); Lödderitzer F. (Elbdamm).

---

1) Von ἱέραξ, Habicht.

[5 S. Gypshütte bei Staßfurt.] 5 B. Kalkberge Bernburg (unweit des Felsenkellers); hohes Saaluf. zw. Alsl. u. Gnölbzig. — Var. β. sehr selten: 2 W. Wf. am Unterhagen der Rogätzer F. 4 Z. Hohes, sand. Elbufer bei Stedby.

628. H. pratense. Tausch. Wiesen-H. — St. aufrecht, hohl, leicht eindrückbar, unterwärts 1—4-blättr., von wagerecht-abstehenden, verlängerten Haaren rauhh., oberwärts nebst den Stielen des Ebenstrauß grau-filzig u. langhaarig mit untermischten, kurzen, schwarzköpfigen Drüsenhaaren, 30—50 cm. h.; Bl. längl.-lancettl., grasgrün ob. nur etwas bläulich-grün, beiderseits von langen, senkrechtabstehenden Haaren rauhh.; Wl. wenige (1—3); Blthköpfe zieml. klein, zahlreich (7—30), in zsgezogenen, doldigen Rispen. ♃ — Lichte Wälder, Waldwiesen. 6—7. — Im Geb. sehr selten: 4 B. Löbberitzer F. (Buschmorgen u. Waldweg daneben; Elbdamm). 4 Z. Friedrichsholz (vielfach). — Von der vor. durch den auch unten leicht eindrückbaren St., durch die lange, am St. wagerecht-, am Bl. senkrechtabstehende Behaarung, und durch die an den oberen St. u. an den Stielen des Ebenstrauß zwischen den langen Haaren untermischt sich zeigenden, kürzeren, schwarzköpfigen Drüsenhaare am besten zu unterscheiden.

† H. aurantiacum. L. Orangenfarbiges H. — St. unterwärts 1—3-blättr., von verlängerten, oberwärts mit schwarzen Drüsenhaaren untermischten Haaren rauhh.; Bl. längl.-lancettl., grasgrün, rauhh.; Blthköpfe fast mittelgroß, 2—15 in geknäuelten Rispen; Blth. dunkel-orangenfarben. ♃ — Gebirgswälder; bei uns nur als Zierpfl. 6—7. — In Gärten u. Anlagen; zuweilen verwildert.

† u. 625. H. aurantiacum ✕ H. Pilosella. — Blth.-St. mit einem schuppenartigen Bl.; die beblätterten Ausläufer unfruchtb. ob. blühend; Blthköpfe zu 2 bis 4, gabelig; Blth. goldgelb, die randst. unterseits mit breitem, rothen Streifen. — Bl. unterseits schwach-filzig. ♃ — Zwischen den Eltern. '6'. — 4 S. Schönb. Friedhof. 4 Z. Zerbst, Grasplatz der Anlagen am Frauenthor.

B. St. nicht schaftartig, jedoch nur wenig beblättert, die wurzelst. Bl. eine Rosette bildend; Bl. gezähnt.

629. H. vulgatum. Fr. Gemeines H. — St. mehr ob. weniger behaart, an der Spitze nebst den Blthstielen grau-filzig u. schwarz-drüsenhaarig; Bl. eilancettf. ob. lancettf., mit keilf. Basis in den Blstiel allmälig verschmälert, gezähnt, sämmtl. Sägezähne, auch die unteren, mehr nach vorn gerichtet, grasgrün, bes. am Rande u. an den Stielen rauhh.; StBl. meist 3 (2—7), an Größe nach oben abnehmend, die oberen fast sitzend; Blthköpfe mittelgroß, mehrere, in lockeren, doldigen Rispen. ♃ — Wälder, Gebüsch; Moorwiesen, steinige Anhöhen, Mauern. 6'—9. — In den Waldungen des Fl. u. Dl. häufig, in denen des Al. selten u. nur in dem der Bode (4 E. Wehl); auf Mauern u. steinigen Höhen selten (3 M. Festungsmauern. 5 B. Kaltb.).

630. H. murórum. L. Mauer-H. — St. mehr ob. weniger behaart, an der Spitze nebst den Blthstielen grau-filzig u. schwarz-drüsenh.; Bl. eif. ob. eilancettl., mit abgestutzter, fast herzf. Basis plötzlich in den Blstiel verschmälert, gezähnt, die unteren Sägezähne wagerecht-abstehend ob. rückwärts-gerichtet, grasgrün, bes. am Rande u. an den Stielen rauhh.; StBl. meist 1 (0—3), in der Regel groß, kurz-gestielt, fast sitzend; Blthköpfe mittelgroß, mehrere, in lockeren, doldigen Rispen. ♃ — Wälder; auch wohl Anhöhen, Mauern. 5'—6' u. wieder im Herbst ('9—10.). — In den Wäldern des Fl. sehr häufig, auch im Dl. häufig; im Al. nur in dem der Bode (4 E. Wehl; Unseburger Holz). — Unterscheidet sich von der vor. sofort durch die abgestutzte (nicht keilf.) Basis der Blattfläche. —

C. St. zahlreich-beblättert (15—30 Bl. u. mehr), ohne Wurzelrosette; Bl. gezähnt, selten ganzrandig.

631. H. boreale. Fr. Nördliches H. — St. steif-aufrecht, dichtbeblättert (25—30 Bl. u. mehr), mehr ob. weniger, bes. unterwärts, behaart, an der Spitze nebst den Blthstielen grau-filzig; Bl. eif., lancettl. bis schmal-lancettl., gezähnt, behaart ob. fast kahl, die untersten in den kurzen Blstiel verschmälert, die oberen sitzend; Blthköpfe mittelgroß, zahl-

reich, in meist langen, schmalen, oben doldenf. Rispen; Blättchen des HK. angedrückt, an der Spitze meist etwas, aber aufrecht, abstehend, gleichfarbig=dunkelgrün (getrocknet schwärzlich), fast kahl. ♃ — Wäl= der, Gebüsch. 7·—10. — Variirt in der Behaarung u. in der Breite der Bl. — Im Fl. u. Dl. häufig, auch im Sand=Al. u. im Al. der Bode; im übrigen Al. selten (4 S. Grünewald).

632. H. rigidum. Hartm. (H. laevigatum. Willd.) Steifes H. — St. steif=aufrecht, locker=beblättert (15—20 Bl.), mehr ob. weniger, bes. unterwärts behaart, an der Spitze nebst den Blthstielen grau=filzig; Bl. schmal=lancettl., gezähnt, mehr ob. weniger behaart, die unteren in den kurzen Blstiel verschmälert, die obersten sitzend; Blthköpfe kaum mittelgroß, ziemlich. zahlreich in boldigen Rispen; Blättchen des HK. angedrückt, dunkelgrün (getrocknet schwärzlich), mit bleichem Rande, fast kahl. ♃ — Wälder, Gebüsch, Waldwiesen. 6—8. — Im Fl. u. Dl. häufig, im Al. selten (4 Z. Klein=Zerbster Bsch. bei Aken). — Von vor. bes. durch die geringere Anzahl der Bl. u. durch die frühere Blthzeit unterschieden.

633. H. umbellatum. L. Doldiges H. — St. steif=aufrecht, dicht= beblättert, meist zieml. kahl, an der Spitze nebst den Blthstielen schwach= grau=filzig; Bl. schmal=lancettl. ob. lineal, gezähnt ob. ganzrandig, meist kahl, die untersten in den kurzen Blstiel verschmälert, die oberen sitzend; Blthköpfe mittelgroß, zieml. zahlreich, meist in einfachen und wenig verzweigten Dolden; Blättchen des HK. an der Spitze zurückge= bogen, gleichfarbig dunkelgrün, fast kahl. ♃ — Wiesen, Triften, Grasgr., trockene Höhen, Haiden, Wälder, Sandgruben, Ufer, Weidengebüsch. 7—9· — Variirt mit lancettl. u. mit schmal=linealen Bl. — Im Dl. häufig u. auch im Sand= Fl. u. im Elb=Al. nicht selten; im übrigen Geb. selten.

2. Unterordnung. **Monopetale Dicotyledonen mit kelchst. (umwei= biger) Blumenkrone.**

Dicotyledones monopetalae corolla perigyna.

Blkr. einblättrig, mit dem K. mehr ob. weniger verwach= sen u. daher auf dem K. stehend; Stbgf. der Blkr. nicht eingefügt, sondern auf dem Frkn. befestigt; K. (u. A.) oberst., Frkn. unterst.

55. Familie. **Campanulaceen,** Campanulaceae. Juss.

Kräuter, meist milchend u. mit abwechselnden Bl.; Blth. zwitterig, meist in Aehren, Trauben, Köpfchen ob. Rispen; K. oberst., 5-sp., blei= bend; Blkr. regelm., 5-sp. ob. =th.; Stbgf. 5, vor der Blkr. dem Frkn. eingefügt; Frkn. 2—5-fächerig, viel=eiig; Samenträger mittelpunktst.; Gf. 1; N. 2—5-sp.; Fr. Kapsel; S. zahlreich.

259. Jasióne[1]). L. **Jasione.**

Blth. klein, in kugeligen, kopfartigen Dolden, von Deckbl., die eine gemeinschaftl. Hülle bilden, gestützt; Blkr. blau, 5-th. Zpfl. lineal, verwachsen, später sich vom Grunde aus trennend; Staubf. pfrieml.; Staubb. unten in eine Röhre zsgefügt; Kapsel 2-fächerig, an der Spitze mit einem Loche aufspringend.

634. J. montana. L. Berg=J. — W. einfach, mehr= bis viel= stengelig; St. aufsteigend; Bl. lineal, am Rande wellig; Blkr. hellblau,

---

1) Von ἴασις. Heilung (ἰάομαι. heilen), gleich „Heilpflanze".

Schneider, Schulflora. II. Gefäßpfl. des Gebiets.

selten weiß. ⊙ — Trockene Höhen, Haiden, Grasgr., Wegränder, Sand=
gruben; auch Brachäcker. 6—10. — Variirt rauhh. u. kahl. — Im Tl. sehr häufig;
auch im Sand=Fl. (auf Sand u. Porphyr) und im Sand=Al. nicht selten; im übrigen Geb.
nur auf den Höhen mit nord. Grand.

260. Phyteuma[1]). L. Rapunzel.

Blth. klein, in Aehren ob. Köpfchen, von Deckbl., die eine ge=
meinschaftl. Hülle bilden, gestützt; Blkr. 5=th., Zpfl. lineal, verwachsen, zu=
letzt vom Grund aus sich trennend; Staubf. an der Basis verbrei=
tert; Staubb. frei; Kapsel 2—3=fächerig, mit 2—3 seitlichen Löchern
aufspringend.

635. P. orbiculare. L. Kugelförmige R. — St. einfach; Bl.
gekerbt, die der nicht blühenden Büschel herzf., lang=gestielt; die untersten
stengelst. lancettl., gestielt; die oberen schmal=lancettl. ob. lineal, halb=stengel=
umfassend; Blth. zahlreich in kugeligen Köpfchen, indigblau; äußere
Deckbl. aus eif. Basis lancettl=verschmälert. ♃ — Fruchtb. Wiesen,
Waldwiesen. ·6—7. — Im Geb. sehr selten. 2 N. Alvensleb. F. (Gothenwf.).

636. P. nigrum. Schmidt. Schwarze R. — St. einfach; Bl. ein=
fach=gekerbt=gesägt, die untersten breit=herzf., lang=gestielt; die oberen
lancettl., kurz=gestielt; die obersten lineal, sitzend; Blth. zahlreich in eif.
Aehren, dunkel=violett; Deckbl. lineal. ♃ — Laubwälder, Moorwiesen.
5·—6·. — Nur im Sand=Fl. u. an seinen Grenzen; z. B. 1 C. Behnsdorfer F.; Stemmer=
berg bei Hörsingen. 2 N. Klepperberg (südl. Theil); Errl. F. u. Wf. nördl. derselben
(reichl.); Bischofswald; Wf. bei Jvenrode (reichl); Bodendorfer F.; Alvensl. F.; Wellen=
berge; Veltheimsche F.; Pudegrin; Zernitz; Moorwsf. zw. Vorw. Lübberitz u. der Lin=
derburg. —

637. P. spicatum. L. Aehrige R. — St. einfach; Bl. doppelt=
gekerbt=gesägt, die untersten breit=herzf., lang=gestielt; die oberen lan=
cettl., kurz=gestielt; die obersten lineal, sitzend; Blth. zahlreich, in längl.
Aehren, gelblich=weiß, an der Spitze grünlich; Deckbl. lineal. ♃ — In
u. an Wäldern. 5·—6·. — Im Kalt=Fl. ziemh. häufig; im Dl. selten. Z. B. 1 C.
Rehm. 1 B. Nasser Feldgr. vor dem Eichengehege bei Väthen. 2 N. Klepperb. (nördl.
Theil). 2 B. Graboiwer F. (Wolfshagen). 3 S. Marienborner F.; Lenchen Bsch.; Busch
am Zechenhause; Hohes H. (reichl.); Propstling; Saures H. 4 E. Hakel (reichl.). 5 B.
Pfaffenbusch bei Freckleben.

261. Campánula[2]). L. Glockenblume.

Blth. mittelgroß ob. groß, in Trauben, Rispen. Aehren ob. Köpf=
chen; Blkr. glockenf., mehr ob. weniger tief, 5=sp.; Staubf. an der Basis
verbreitert; Staubb. frei; Frkn. 3—5=fächerig; Kapsel kreiself., kantig,
mit 3—5 Löchern aufspringend. — Milchende Kräuter.

1. Rotte. Buchten des K. ohne Anhängsel; Blth. gestielt, traubig
ob. rispig.

A. Kapsel nickend, an der Basis aufspringend.

638. C. rotundifolia. L. Rundblättr. G. — St. aufrecht ob.
aufsteigend, einfach ob. ästig; WBl. (u. die Bl. der nicht blühenden Büschel)
nierenf. ob. breit=herzf., bald absterbend, unterste StBl. schmal=
lancettl., die übrigen lineal, ganzrandig; Blth. mittelgroß, in locke=
ren, traubenf. Rispen; KZpfl. pfrieml.; Blkr. dunkelblau, selten weiß. ♃ —

---

1) Von φυτεύω, pflanzen (φυτόν, das Gewachsene, die Pflanze). — 2) Diminut. von campana, Glocke; wegen der Form der Blkr.

Trockene Wiesen, Triften, Grasgr., Wegränder, sandige u. unfruchtb. Höhen, Haiden, trockene Waldstellen, Steinbr. ˙6—10. — In den Sandgegenden sehr häufig, u. auch im übrigen Geb., bes. auf trockenen Höhen, nicht selten.
639. C. bononiensis. L. Bologneser G. — St. aufrecht, rundl., einfach, grauh.; Bl. gekerbt=gesägt, die unteren herzf., gestielt, die oberen eif. bis lancettl., sitzend; Blth. kaum mittelgroß, in allseitswendigen Trauben; Blthäste 1—3=blüthig: Kzpfl. lancettl.; Blkr. blau, am Rande kahl. ♃ — Trockene Grasstellen, sonnige Abhänge. ˙7—˙9. — Im Geb. selten. 2 N. Friedhof Alvensl.; linkes hohes Olveuf. 2 B. Weinberg bei Hohenwarte. 3 S. Rain=Abh. östl. von Belsd.
640. C. rapunculoides. L. Rapunzelartige G. — W. kriechend; St. aufrecht, stumpfkantig, einfach, schwach=grauh.; Bl. ungleich=gesägt, die unteren herzf., gestielt, die oberen lancettl., fast sitzend; Blth. über mittelgroß in meist einseitswendigen Trauben; Blthäste 1=, selten 2=blüthig; Kzpfl. lancettl.; Blkr. blau, selten weiß, am Rande langh.=gewimpert. ♃ — Wälder, Gebüsch, Anlagen, Zäune, Gärten, Acker= u. Wegränder, Grasgr., Steinbr. ˙7—10. — Im Fl., bes. im Kalk=Fl. häufig (in den eigentl. Kalkgegenden zuweilen wie ges.); im Al. weniger häufig; im Tl. selten.
641. C. Trachélium¹) L. Nesselblättr. G. — St. aufrecht, scharfkantig, von abstehenden Haaren schärflich; Bl. grob=doppelt=gesägt, steifh.; die unteren breit=herzf., lang=gestielt; die oberen längl. bis lancettl., kurz=gestielt bis sitzend; Blth. über mittelgroß; Blthäste blattwinkelst., 1—3=blüthig, in eine Traube ob. traubenf. Rispe zsgestellt; Kzpfl. ei=lancettl., steifhaarig; Blkr. blau ob. violett, selten weiß, inwendig behaart, außen auf den Nerven u. am Rande gewimpert. ♃ — Wälder, Haine, Gebüsch, Zäune. ˙7—10. — Im Fl., Tl. u. im Al. der Bode häufig; im übrigen Al. seltener.

B. Kapsel aufrecht, in der Mitte ob. an der Spitze aufspringend.
642. C. pátula. L. Ausgebreitete G. — St. aufrecht ob. aufsteigend, kantig, ästig=rispig; Bl. gekerbt ob. fast ganzrandig, flach, die wurzelst. spatelf., in einen kurzen Blstiel verschmälert, die stengelst. schmal= bis lineal=lancettl., sitzend; Blth. mittelgroß, aufrecht; Blthrispe ausgebreitet, fast ebensträußig; Kzpfl. pfrieml., halb so lang als die Blkr.; Blkr. violett, blau, selten weiß. ☉ — Wiesen, Dämme, Grasgr., Waldränder u. lichte Waldstellen. 5˙—9˙ — Var. kahl u. rauhh. — Im Geb. fast überall häufig, nur ausnahmsweise in manchen Gegenden selten ob. ganz fehlend, z. B. auf den Saaliwiesen u. in der Hakel=Gegend.
643. C. Rapúnculus. L. Rapunzel=G. — St. aufrecht, einfach ob. mit wenigen, aufrechten Aesten; Bl. gekerbt ob. fast ganzrandig, am Rande wellig; die wurzelst. längl.=verkehrt=eif., in einen langen Blstiel auslaufend, die stengelst. schmal=lancettl., sitzend; Blth. kaum mittelgroß, aufrecht; Blthrispe schmal, fast traubig; Kzpfl. pfrieml., so lang, ob. fast so lang als die Blkr.; Blkr. himmelblau. ☉ — Wiesen. 6—7˙ Im Geb. selten u. nur auf Wiesen von Parkanlagen; z. B. 2 N. Park Gr. Bartensl.; Schloßpark Erxleben. 3 S. Park Meindorf.
644. C. persicifólia. L. Pfirsichblättr. G. — St. aufrecht, einfach; Bl. entfernt=klein=gesägt, die wurzelst. längl.=verkehrteif., in den Blstiel verschmälert, die stengelst. lineal=lancettl., sitzend; Blth. groß, nickend, in wenig=blüthigen Trauben; Kzpfl. lancettl.; Blkr. blau, selten weiß. ♃ — Wälder, Gebüsch, Waldwiesen, Hügel. 6˙—10. — Im Fl. nicht selten, im Tl. weniger häufig. Z. B. 1 C. Calvörder F.; Rehm. 2 N. Alvensl. Höhenzug, bei alt. Porphyrhügeln; Neuhaldensl. F. (Benitz); Park (Benitz) 2 W. Rogätzer u. Ramstt. F. 2 B. Grabower F. 3 S. Lenchen Bsch.; Hohes u. Saures H. 3 L. F. Magdb. Forth. 4 E. Hakel (reichl.); Vogelrem. bei Heteborn. 4 S. Frohser B. 4 Z. Friedrichsholz (reichl.);

---

1) Von τράχηλος, Hals, Nacken; wegen Anwendung der Pfl. gegen Halsübel.

Buchholz; bew. hohes Elbuf. zw. Brambach u. den Blauen B. 5 S. Hecklinger Bſch. 5 B. Sandersl. Bſch.

2. Rotte. Buchten des K. ohne Anhängſel; Blth. ſitzend, in (Aehren ob.) Köpfchen, von Deckbl. geſtützt.

645. C. Cervicária[1]). L. Natterkopfblättr. G. — St. aufrecht, einfach, nebſt den Bl. u. K. ſteifh.; Bl. gekerbt, die wurzelſt. lancettl., in den Blſtiel verſchmälert, die ſtengelſt. lineal-lancettl., ſitzend, halb-ſtengelumfaſſend; Blth. ziemll. klein, zahlreich, in gedrängten, endſt. u. öfters auch noch ſeitenſt. Köpfchen; Kzpfl. eif., ſtumpf; Blkr. hellblau. ♃ — Wälder, Waldwieſen. '7—'8. — Nur im Fl. u. auch hier ſehr ſelten. 2 N. Bartensl. F. (Ellernfohl). 3 S. Wieſe am Hohen H. zw. Alt Brandsl. u. Eggenſt. (ſpärl.).

646. C. glomerata. L. Geknäuelte G. — St. aufrecht, meiſt einfach, nebſt den Bl. u. K. kurz-flaumh. ob. kahl; Bl. gekerbt, die wurzelſt. längl., mit herzf. Baſis, lang-geſtielt; die unteren ſtengelſt. lancettl., kurz-geſtielt; die oberen mit herzf. Baſis ſitzend; Blth. mittelgroß, in wenig-blüthigen, end- u. ſeitenſt. Köpfchen; Kzpfl. lancettl., lang-zugeſpitzt; Blkr. dunkel-blau ob. violett, ſelten weiß. ♃ — Wälder, Gebüſch, Wieſen, Hügel, Grasabhänge. '7—10. — Im Fl. u. Vl. ziemll. häufig, im Al. ſelten. Z. B. 2 N. Grasabh. bei Morsl. jenſeits der Aller; Grasabh. an der Bever bei der Roſenmühle; Hoplweg Alvensl.; Emdener F.; Velth. F.; Pudegrin; Zernig; Pavenb.; Neuhaldensl. F. 2 W. Rogäzer F. 2 B. Burg, Grasabh. hinter dem Bierkeller. 3 S. Hoher Chgr. bei Badel.; Hohes G. 3 W. Hügelrücken Langenweddingen-Süllb.; Wieſenb. 3 M. Schnarsl. u. Hohenwarsl. N.; Silberberg. 4 E. Gypsbr. bei Weſteregeln; Wehl. 4 S. Frohſer B.; Grünewald. 4 Z. Moorwſ. bei Töppel u. Moritz (reichl.); Vogelheerd; Friedrichsholz; Moſigkauer F. 5 B. Triftshöhe der Saale bei der Könnernſchen Eiſenbahn.

3. Rotte. Buchten des K. mit herabgeb. Anhängſeln.

† C. Médium. L. Großblüthige G. — St. ſteifh.; Bl. längl.-lancettl., gekerbt-gezähnelt, wellig; Blth. groß, in lockeren Trauben; Blkr. bauchig, blau, hellblau ob. weiß. ☉ — Zierpfl. aus Südeuropa. 6—9. — Häufig in Gärten.

† Speculária. Heiſter. Spiegelglocke.

Blkr. radf., Saum flach, Kapſel lineal-längl., prismatiſch; ſonſt wie Campanula.

† S. Spéculum. Dec. Schöne S. (Venusſpiegel). — Bl. äſtig; Bl. ſchwach-gekerbt, die unteren verkehrt-eif., in den Blſtiel verſchmälert, die oberen längl., ſitzend; Blth. mittelgroß, end- u. achſelſt., eine lockere Riſpe bildend; Kzpfl. lineal, ſo lang als die Blkr.; Blkr. violett, in der Mitte weiß. ☉ — In Süd- u. Mitteldeutſchl. auf Aeckern; bei uns nur Zierpfl. u. zuweilen in Gärten u. auf Friedhöfen verwildert. 6—8.

56. Familie. **Vaccineen**, Vaccineae. Dec.

Sträucher mit abwechſelnden, lederartigen, einfachen Bl.; Blth. zwitterig; K. oberſt., 4—5-zähnig ob. ungeth., bleibend; Blkr. regelm., 4—5-ſp. ob. zähnig; Stbgf. ſo viel ob. doppelt ſo viel als Zpfl. der Blkr.; Frkn. 4—5-fächerig, Fächer mehrreiig; Samenträger mittelpunktſt.; Gf. 1; N. einfach; Fr. Beere.

262. Vaccinium. L. **Heidelbeere**.

K. 4—5-ſp. ob. zähnig, zuweilen ungetheilt; Blkr. 4—5-ſp. ob. zähnig; Beere kugelig, oben genabelt. — Niedrige Sträucher mit kurz-geſtielten, eif. Bl.

1. Rotte. Bl. abfallend; Blkr. eif. ob. kugelig.

647. V. Myrtillus. L. Gemeine H. — Aeſte ſcharfkantig;

---

1) Von cervix, Nacken, Hals; wegen Anwendung gegen Halsübel wie C. Trachelium.

Bl. eif., spitz, hellgrün, klein-gesägt; Blth. einzeln, selten zu 2, blattwinkelst., überhängend; K saum ungetheilt; Blkr. fleischfarben, kugelig; Beere blauschwarz. ♄ — Wälder (bes. Buchenwälder), Haiden. 4.—5. — Im Sand-Fl., m. E, u. im Dl. häufig u. meist sehr gesellig; sonst selten (4 E. Hakel, spärl.).

2. Rotte. Bl. immergrün; Blkr. glockig.

648. V. Vitis idaea. L. Preißelbeere. — Aeste stielrund; Bl. eif., stumpf, am Rande umgerollt, unterseits punktirt; Blth. in endst. Trauben; Blkr. weiß ob. röthl.; Beere roth, erbsengroß. ♄ — Wälder, Haiden. 5—7. — Im Geb. selten; 2 N. Behnsdorfer F. 4 Z. Hohes, mooriges Birkengebüsch bei der Grochwitzer Mühle; Birkengesträuch mit Haide zw. Weiden u. Hundeluft; Moorwf. mit Haide bei Hundeluft.

3. Rotte. Bl. immergrün; Blkr. radf.

649. V. Oxycoccos¹). L. Moos-H. (Moosbeere). — St. fadenf., kriechend; Bl. klein, eif., spitz, am Rande umgerollt; Blth. langgestielt, in 1—4-blüthigen Dolden; Blkr. roth, radf., 4-th.; Zpfl. längl., zurückgeschlagen; Beere braunroth, haselnußgroß. ♄ — Torfmoore. 6—8. — Im Sand-Fl. selten; im Dl. zerstreut. 3. B. 1 B. Schernebecker Fenn (reichl.); Burgstaller F. (Schernebecker Begang). 2 N. Bartensl. F.; Schwarzer Pfuhl. 2 B. Grabower F. (Springb.); Moorwf. südöstl. v. Crüssau. 3 Mö. Moorwf. bei Stegelitz nach Grabow zu. 3 L. Tuchheimer F.; Erlenbr. u. Torfstich bei Reesdorf. 4 Z. Moorwf. bei Grimme (reichl.); bei Grochwitz; zw. der Grochwitzer u. Weidener Mühle u. Bresen; bei der Buchholzmühle.

3. Unterordnung. **Monopetale Dicotyledonen mit bodenst. (unterweibiger) Blumenkrone.**

Dicotyledones monopetalae corolla hypogyna.

K. u. Blkr. frei, weder unter sich, noch mit dem Frkn. verwachsen; Blkr. einblättr., selten mehrblättr.; Stbgf. in der Regel der Blkr. eingefügt, seltener frei (bei den Ericeen); Frkn. frei; K. stets unterst., Frkn. stets oberst.

57. Familie. **Ericeen**, Ericeae. R. Br.

Sträucher (Bäume) ob. Kräuter; Bl. oft stehenbleibend, abwechselnd, quirlf. ob. gegenüberst.; Blth. zwitterig; K. mehr ob. weniger tief- u. meist 5-th.; Blkr. 5- ob. 4-sp., zuweilen tief-5-th. ob. 5-blättr.; Stbgf. frei, doppelt-, selten eben so viel als Blkronabth.; Frkn. mehrfächerig; Gf. 1; N. 1; Fr. eine Kapsel (Beere ob. Steinfr.).

Die Ericeen zerfallen in folgende 3 Gruppen, welche auch wohl als besondere Familien angesehen werden.
1. Ericineen. K. 4—5-sp., -th. ob. -blättr.; Blkr. 4—5-sp. ob. -th., selten (Ledum) 5-blättr.; Stbgf. frei, vor der Blkr. einer unterweibigen Scheibe eingefügt. — Sträucher. (Andromeda. Calluna. Erica. Ledum).
2. Pyrolaceen. K. 5-th.; Blkr. 5-blättr.; unterweibige Scheibe fehlend. — Ausdauernde Kräuter. (Pyrola).
3. Monotropeen. K. 5= (4=)blättr.; Blkr. 5= (4=) blättr.; Frkn. am Grunde mit Drüsen umgeben. — Schmarotzende Kräuter. (Monotropa).

1. Gruppe. **Ericineen**. K. 4—5-sp., -th. ob. -blättr., bleibend; Blkr. 4—5-sp. ob. -th., selten -blättr. (Ledum); Stbgf. frei, so viel ob. doppelt so viel als Zpfl. der Blkr., mit dem Frkn. einer unterweibigen Scheibe eingefügt; Frkn. frei, mehrfächerig; Samenträger mittelpunktst.; Kapsel (Steinfr. ob. Beere). — Sträucher.

---

1) Von ὀξύς, scharf, herb, sauer, u. κόκκος, Beere.

Monopetale Dic. mit bobenſt. Blkr.

1. **Untergruppe. Andromedeen.** Fr. kapſelig, fachſpaltig-auf-
ſpringend; Blkr. abfällig.

263. Andrómeda. L. **Andromede.**

K. 5-th.; Blkr. glockig, eif. ob. faſt kugelig, 5-ſp.; Stbgf. 10: Kapſel
5-fächerig, 5-klappig.
650. A. polifolia. L. Poleyblättr. A. — St. kriechend, niederliegend, aufſteigend; Bl. lancettl. ob. lineal-lancettl., am Rande umgerollt,
lederartig, unterſeits blaugrün: Blth. endſt., faſt doldig, lang-geſtielt,
nickend, Stiele roſenroth, 2—3 mal ſo lang als die Blth.; K. klein, dunkelroth; Blkr. roſenroth; Staubb. an der Spitze mit 2 Hörnern. ♄ —
Torfige Sümpfe. ·5—6· — Im Geb. ſehr ſelten; bisher nur: 1 B. Schernebecker Fenn.

2. **Untergruppe. Ericaceen.** Fr. kapſelig, verſchieden aufſpringend;
Blth. verwelkend.

264. Callúna¹). Salisb. **Haidekraut.**

K. 4-blättr., gefärbt, länger als die Blkr.; Blkr. glockig, 4-ſp.;
Stbgf. 8; Kapſel 4-fächerig, 4-klappig: Scheidewände an den mittelpunktſt.
Samenträger angewachſen, den Nähten gegenſt.
651. C. vulgaris. Salisb. Gemeines H. — St. u. Bl. kahl ob.
kurzh.; Bl. ſehr klein, lineal-lancettl., dachziegelartig-gedrängt,
4-zeilig; Blth. kurz-geſtielt, in einſeitswendigen Trauben, roſenroth, fleiſchroth, ſeltener weiß. ♄ — Trockene Wälder, Haiden, Moor-
wieſen, Triften, Hügel, Grasabh., Grasgr., Wegränder. ·8—9· — In den
Sandgegenden gem., im übrigen Geb. ungleich ſeltener u. meiſt nur auf trockenen Höhen
u. Abhängen.

265. Erica. L. **Haide.**

K. 4-blättr. ob. 4-th., kürzer als die Blkr.: Blkr. 4-ſp.; Stbgf. 8;
Kapſel 4-fächerig, 4-klappig: Scheidewände in der Mitte der Klappen an-
gewachſen.
652. E. Tetrálix. L. Sumpf-H. — St. weichhaarig; Bl. ſehr
klein, zu 3 ob. 4 in Wirteln, kurz-linealiſch, immergrün, am
Rande umgerollt, drüſig-gewimpert; Blth. endſt., kopfig-doldig;
K. lang- u. drüſig-behaart; Blkr. krug-eif., hell-fleiſchfarben, ſelten weiß;
Staubb. am Grunde begrannt. ♄ — Moorige, torfige Wieſen, Triften u. Waldſtellen. 6—7· — Im Tl. zieml. häufig u. an der Grenze des Sand-Fl.; z. B. 1 C.
Calvörder F. 1 B. Burgſtaller F.; Lüderitzer F.; Sepin (wie geſ.); Schernebecker Fenn
(wie geſ.); Fenn Brieſt-Birkholz; Feldgr. mit Haide zw. Mahlwinkel u. Birkholz. 2 N.
Zerniz; Bülſtringer Holz; Schwarzer Pfuhl; Moosbruch. 2 B. Grabower F. (ſw. w. geſ.);
moorige Trift Hohenſeden-Brandenſtein; Brandenſteiner F.; Sadlake bei Crüſſau u.
ſüdöſtl. Moorwi.; Kienlake der Gladauer F. 3 L. Lake der Theeſſener Gemeindeweide;
Erlenbr. der Jerichower F.; Erlenbr. bei Reesdorf; Tuchheimer F. 4 Z. Moorwi. bei
Grimme; Moorwi. mit Haide bei Hundelaft u. moor. Birkengeſträuch der Grochwitzer
Mühle; Moorwi. zw. Thießen u. Buchholz; Buchholz; Moorwi. bei der Buchholzmühle.

3. **Untergruppe. Rhodoreen.** Fr. kapſelig, wandſpaltig-auf-
ſpringend; Scheidewände doppelt: Blkr. abfällig.

266. Ledum. L. **Porſt.**

K. klein, 5-zähnig; Blkr. 5-blättr.; Kapſel 5-fächerig, vom Grunde

---

¹) Von καλλύνω. ſchön machen, reinigen (κάλλυντρον. der Beſen); wegen Benutzung der Pfl. zu Beſen.

Ericeen (Ericineen; Pyrolaceen).

nach der Spitze zu in 5 Klappen aufspringend. — Mittelgroße Sträucher mit immergrünen, lederartigen Bl.

653. L. palustre. L. **Sumpf-P.** — Die älteren Zweige kahl, die jungen Triebe rostbraun-filzig; Bl. lineal-lancettl. bis lineal, am Rande umgerollt, unterseits rostbraun-filzig; Blth. zahlreich, langgestielt, in endst., gedrängten Dolden; Blkr. weiß; Stbgf. 10; Kapsel hängend. ♄ — Sumpfige, torfige Orte u. Erlenbr. 5'—7'. — Nur im Ol. u. auch hier nicht häufig, aber meist gesellig; z. B. 1 B. Burgstaller F. (im Burgstaller u. Schernebecker Begang); Lüderitzer F. (im „Torf"); Sepin; Schernebecker Fenn. 2 B. Sacklake bei Crüssau; Kienlake der Gladauer F. 3 L. Tuchheimer F.; Erlenbr. bei Reesdorf; F. Magdeburger F.

2. Gruppe. **Pyrolaceen.** K. 5-th., bleibend; Blkr. 5-blättr.; unterweibige Scheibe fehlend. — Ausdauernde Kräuter.

267. Pýrola. L. **Wintergrün.**

K. 5-th.; Blkr. 5-blättr.; Stbgf. 10; Kapsel kugelig, 5-fächerig, mit 5 Längsritzen aufspringend, die Klappen oben u. unten verbunden bleibend. — Immergrüne Kräuter mit kriechendem Wurzelstock, meist schaftartigem St., gestielten, lederartigen, netzaderigen Bl. u. nickenden Blth.

1. Rotte. Blüthen in Trauben.
A. Traube allseitswendig; St. schaftartig.

654. P. rotundifolia. L. **Rundblättr. W.** — Schaft 4-kantig, gedreht; Bl. ziemlich groß, rundl. ob. eif., undeutl.-gekerbt, fast ganzrandig; Kzpfl. lancettl., zugespitzt, an der Spitze zurückgebogen, halb so lang als die Blkr.; Blkr. weiß, glockig; Gf. abwärts-gebogen, gekrümmt, länger als die Blkr.; N. nicht breiter als der Gf. ♃ — Schattige Wälder. 6—7'. — Im Fl. u. Ol. zerstreut; z. B. 2 N. Bischofswald; Embdener F.; Pudegrin. 2 B. Am Galgenb. bei Hohenseden; Eisenbahnausschnitt mit Espen bei Burg; Bürgerholz; Hungriger Wolf. 3 S. Marienborner F.; Hohes H. 4 E. Hakel.

655. P. chlorantha. Swartz. **Grünlich-blühendes W.** — Schaft 3-kantig, röthlich; Bl. ziemlich klein, rundl.-eif., schwach-gekerbt; Kzpfl. eif., kurz-zugespitzt, so breit als lang, ¼ so lang als die Blkr.; Blkr. grünl.-weißl., halb-kugelig; Gf. so lang ob. länger als die Blkr. ♃ — Schattige Wälder. 6—7'. — Im Geb. sehr selten. 2 W. Ramstädter F.

656. P. minor. L. **Kleines W.** — Schaft kantig; Bl. mittelgroß, rundl.-eif. ob. eif., schwach-gekerbt; Kzpfl. 3-eckig, angedrückt; Blkr. rosenroth u. weiß, kugelig; Stbgf. gleich-zschließend; Gf. gerade, senkrecht, kürzer als die Blkr.; N. doppelt so breit als der Gf. ♃ — Wälder. 6—7'. — Im Fl. u. Ol. ziemlich häufig; z. B. 2 N. Forsten des Alvensl. Höhenz.; F. Planken. 2 W. Rogätzer u. Ramst. F. 2 B. Bürgerholz; Pennigsb. F.; Güsener F. 3 S. Marienborner F.; Lenchen Bsch.; Hohes H. (reichl.). 3 L. F. Magdb. Forth. 4 E. Hakel. 4 S. F. Vogelgesang bei Gommern. 4 Z. *Nedlitzer F.; Dobritzer F.; Golmenglin u. Schlesen.

B. Trauben einseitswendig; St. ästig.

657. P. secunda. L. (Ramischia secunda. Garcke.) **Einseitswendiges W.** — Bl. ziemlich klein, eif., spitz, klein-sägezähnig; Blkr. grünlich-weiß, oval-längl.: Gf. gerade, länger als die Blkr. ♃ — Wälder. 6—7'. — Im Fl. u. Ol. zerstreut; z. B. 2 N. Erxl. F.; Bischofswald. 2 B. Bürgerholz. 3 S. Marienborner F.; Hohes H. 3 L. F. Magdb. Forth. 4 Z. * Nedlitzer F.; Golmenglin u. Schlesen.

Monopetale Dic. mit bodenst. Blkr.

2. Rotte. Schaft einblüthig.

658. P. uniflora. L. Einblüthiges W. — Schaft kantig; Bl. kaum mittelgroß, rundl. ob. rundl.=eif., fein=gekerbt; Blkr. weiß, ansehnl., flach=ausgebreitet; Kapsel aufrecht. ♃ — Kiefernwälder. 6—7. — Nur im Dl. u. auch hier sehr selten. 2 B. Bürgerholz. 4 S. F. Vogelgesang (Klushaide) bei Gommern.

3. Rotte. Blth. doldig; St. ästig.

659. P. umbellata. L. (Chimóphila umb. Pursh.) Doldiges W. — Bl. lancettl.=keilig, sehr kurz=gestielt, unten ganzrandig, oben scharf=gesägt; Blth. in endst., lang=gestielten Dolden; Blkr. fleischroth, glockig; Gf. kurz. ♃ — Wälder. 6—7. — Im Geb. sehr selten, bisher nur: 4 Z. Lindauer Busch.

3. Gruppe. Monotropeen. K. 5= (4=) blättr., bleibend; Blkr. 5= (4=) blättr., bleibend; Stbgf. doppelt so viel als Blkrbl., mit den Drüsen des Frkn. abwechselnd; N. groß, trichterf.

268. Monótropa[1]). L. Ohnblatt.

Endst. Blth. mit 5=, seitl. mit 4=blättr. K. u. Blkr.; Kbl. flach; Blkrbl. glockig=zsgestellt, an der Basis höckerig; Staubb. schildf.; Kapsel 4—5=fächerig. — Bleiche, wachsartige, blattlose Schmarotzerpfl., nach dem Verblühen trocken u. schwarz werdend.

660. M. Hypópitys[2]). L. Gemeines O. (Fichtenspargel). — St. fleischig, einfach, mit bleichen Schuppen dicht besetzt; Blth. strohgelb, kurz=gestielt, mit Deckl., n gedrängter, nickender Traube; Kapseln aufrecht. ♃ — Schattige Laub= u. Nadelwälder; meist vereinzelt, aber auch zu mehreren u. ausnahmsweise selbst in zahlreichen Trupps. 6—7′. — Im Fl. u. Dl. zieml. häufig; z. B. 1 C. Calvörder F. 1 B. Colbitzer F. 2 N. Forsten des Albensl. Höhenz.; F. Planken. 2 W. Rogätzer u. Ramst. F. 2 B. Grabower F. 3 S. Marienborner F.; Hohes H. 3 L. F. Magdeb. Forth. 4 E. Hakel. 4 S. F. Vogelgesang bei Gommern. 4 Z. Neblitzer F.; Gollmitz, Golmenglin u. Schlesen; * Friedrichsholz Roslauer F. (reichl.).

58. Familie. Oleaceen, Oleaceae. Lindl.

Bäume ob. Sträucher mit gegenst. Bl.; Blth. zwittrig, selten (Fraxinus) vielehig; K. gezähnt ob. geth., selten fehlend; Blkr. regelm. 4=sp. ob. 4=th., selten fehlend; Stbgf. 2; Frkn. 2=fächerig; Fr. eine Kapsel, Nuß, Beere (ob. Steinfr.)

1. Gruppe. Oleïneen. Fr. fleischig.

269. Ligustrum[3]). L. Hartriegel.

K. abfallend; Blkr. 4=sp.; Beere 2=fächerig. — Sträucher mit gestielten, ganzrandigen Bl.

661. L. vulgare. L. Gemeiner H. (Liguster). — Bl. lancettl., kurz=gestielt, lederartig; Blth. in endst., gedrungenen, straußartigen Rispen; Blkr. weiß, trichterf.; Beere schwarz, selten gelb. ♄ — Wälder, Haine, Gebüsch. 6—7. — Im nördl. Theil des Geb. selten, im südl. Geb. ziemli. häufig;

---

1) Von μονότροπος. einsam; weil die Pfl. häufig sich nur vereinzelt zeigt. — 2) Von ύπο, unter, u. πίτυς, Fichte, Kiefer; wegen des häufigen Vorkommens in Nadelwäldern. — 3) Lat. Name für den Gem. Hartriegel.

Oleaceen. — Asclepiadeen.

z. B. 1 B. Bew. hohes Elbuf. bei Wittkau. 2 N. Wellenb.; Vogelremise beim Vorw. Glüsig (Fr. gelb). 2 W. Wolmirst. F. 3 S. Friederikenb. bei Neindorf; Hohes u. Saures H. 3 Mö. Vogelrem. Cressow-Leitzkau; Gebüsch bei der Lochauer Klappermühle. 4 O. Bew. Bobeuf. bei Gröningen u. bei Oscherol.; Meierweiden. 4 E. Hafel (reichl.); Vogelrem. Heteborn; Wehl; Unseburger Holz. 4 S. Capitelbusch (reichl.); Grünewald. 4 B. Wolpgr. beim Vorw. Cressow; Gr. mit Gestr. zw. Gehrden u. Güterglück; „Götz", Gehölz bei Kl. Rosenburg. 4 Z. Leitzkauer Birkenhaide; Landwehr; Nuthe bei der Nuthaer Mühle; Quergr. zw. Kermen u. Stecby; Stecbyer F. 5 S. Rathmannsb. Bsch.; „Kuhruh", Gehölz südl. v. Hohenerxl. 5 C. Wispitzer Bsch. 5 B. Wipper= u. Saalforsten; Kalksteinbr. bei Bernburg; Viendorfer Bsch.; Gehölze bei Krüchern u. bei Trinum. — Zu Hecken u. in Anlagen häufig angepfl.

2. Gruppe. **Lilaceen.** Fr. trocken.

† Syringa. L. Flieder.

K. 4-zähnig, bleibend; Bltr. tellerf., Saum 4-sp.; Kapsel 2-fächerig, 2-klappig; Klappen kahnf. — Sträucher mit gestielten, ganzrandigen Bl.

† S. vulgaris. L. Gemeiner F. — Bl. breit-herzf., zugespitzt; Blkr. violett-blau ob. weiß. ♄ — Zierstr. ·5· — Allgemein in Gärten u. Anlagen.

† S. chinensis. Willd. Chinesischer F. — Bl. ei-lancettl., zugespitzt; Blkr. roth ob. röthl.-lila. ♄ — Zierstr. aus China. 5'—6'. — In Gt. u. Anl.

† S. pérsica. L. Persischer F. — Bl. lancettl.; Blkr. lila. ♄ — Zierstr. aus Persien. 5'—6'. — Vielfach in Gt. u. Anl.

270. Fráxinus[1]). L. **Esche.**

K. u. Blkr. fehlend (ob. 3—4-th.); Blth. klein, zahlreich in straußartigen Rispen; Fr. eine flach-zsgedrückte, einfach-geflügelte Nuß. — Bäume mit unpaarig-gefiederten Bl.

662 F. excelsior. L. Hohe E. — Bl. 3—6-paarig; Blättchen fast sitzend, längl.-lancettl., zugespitzt, gesägt; Blth. nackt, frühzeitig; Flügel der Nuß an der Spitze ausgerandet. ♄ — Feuchte Wälder, Haine, Bäche, Wassergr. 4—5. — Im Geb. sehr häufig, bes. im Al., hier öfters in reinen ob. gemischten Beständen. — In Anlagen überall angepfl.; eine Variet. mit hängenden Zweigen (Trauerefche, F. péndula. Vahl.), bes. auf Friedhöfen.

59. Familie. Asclepiadeen, Asclepiadeae. R. Br.

Kräuter (ob. Sträucher) mit ganzrandigen, gegenüberstehenden, zuweilen gequirlten Bl.; Blth. Zwitter, in Dolden, Rispen, Büscheln ob. Trauben; K. 5-th., bleibend; Blkr. regelm., 5-sp., abfällig; Stbgf. 5; Blthstaub in wachsartige Massen vereinigt u. an die 5 Drüsen der 5-kantigen N. befestigt; Frkn. 2; Gf. 2; N. groß, beiden Griffeln gemeinschaftlich; Fr. 2 Balgkapseln, ob. durch Fehlschlagen 1; S. zahlreich, dachziegelf. übereinanderliegend, hängend.

271. Cynanchum[2]). R. Br. **Hundswürger,**

Blkr. radf., 5-sp.; Staubf. verwachsen, mit einem 5-lappigen Kranz; Antheren 2-zellig, Pollenmassen der Zellen bauchig, hängend; Balgkapseln meist durch Fehlschlagen 1, aus eif. Basis lang-zugespitzt; Same mit einer Krone langer, seidenglänzender Haare.

663. C. Vincetoxicum[3]). R. Br. (Vincetoxicum officinale. Moench.) Gemeiner H. (Schwalbenwurz.) — St. aufrecht, einfach; Bl. kurz-gestielt, zugespitzt, die unteren breit-herzf., die mittleren herz-eif., die oberen lancettl.; Blth. in gestielten doldigen Rispen; Blkr. weiß, außen gelblich; Staubfadenkranz gelblich. ⚂ — Wälder, Gebüsch. ·6—7·. — Im Geb. zer-

---

1) Lat. Name für „Esche". — 2) Aus κύων, Hund, u. ἄγχω, würgen, gebildet. — 3) Von vinco, siegen, u. toxicum, Gift; so viel wie: Gegengift.

streut; z. B. 2 N. Bodendorfer F.; Alvensl. F. u. südl. Porphyrkuppe; Veltheimsche F.; Wellenb. 2 W. Unterholzerb. 3 S. Saures H. 3 M. Biederitzer Bsch. 3 L. F. Magdb. Forth. 4 E. Hafel; Kalksteinbr. nördl. v. Friedrichsaue. 4 S. Damm der alten Elbe zw. Randau u. Elbenau; Capitelbusch. 4 B. Tochheimer F.; Breitenhagener u. Lödderitzer F.; Tiebziger Bsch. 4 Z. Zütrichauer Bsch.; Stedbyer F.; Mosigkauer F. 5 B. Sandersl. Bsch.; Pfaffenbusch bei Fredl.

60. Familie. **Apocyneen**, Apocyneae. R. Br.

Sträucher (ob. Bäume), oft milchend, mit meist gegenüberstehenden Bl.; Blth. Zwitter, einzeln (ob. in Doldentrauben); K. 5=th., bleibend; Blkr. regelm., 5=sp., ob. =th., in der Knospenlage zsgedreht; Stbgf. 5; Blthstaub körnig; Frkn. vieleiig, 2 einfächrige, ob. in einen 2= fächrigen verwachsen: Gf. 2, durch eine gemeinschaftl. N. verbunden, ob. gänzl. verwachsen; Fr. eine Balgkapsel, Kapsel, Steinfr. ob. Beere.

272. Vinca[1]). L. **Sinngrün**.

Blkr. tellerf., Schlund 5=kantig, nackt, Saum 5=th., Zpfl. an der Spitze schief=abgeschnitten; Frkn. 2 mit 1 gemeinschaftl. Gf.; Balgkapseln 2. — Kleine, liegende, immergrüne Sträucher mit gestielten, ganzrandigen, gegenst. Bl. u. einzelnen, blattwinkelst. Blth.

664. V. minor. L. Kleines S. (Immergrün). — St. gestreckt, kriechend, die blthtragenden aufrecht; Bl. oval bis lancettl., sehr kurz=gestielt, kahl; Kzpfl. kahl; Blkr. mittelgroß, blau, selten roth ob. weiß. ♄ — Laubwälder, Haine. 4—5. — Im Fl. u. Dl. zerstreut; z. B. 2 N. Bartensl. F. (Stoben); Schenksche F. (Sinngrünberge, reichl.); Altenhäuser F. (nördl. Saum); Neuhaldensl. F. (Winters Bsch.). 4 Z. Lindauer Gehege; Nedlitzer F.; Golmenglin u. Schlesien (reichl.). 5 B. Finstere Gardine bei Könnern. — In Anlagen u. auf Friedhöfen vielfach angepflanzt u. oft verwildert.

† V. major. L. Großes S. — Bl. ei=herzf., in der Jugend gewimpert; Blkr. groß, blau, selten weiß ob. roth. In allen Theilen größer als vor. ♄ — Zierpfl. aus Südeuropa. 3—5. — In Gärten u. Anlagen.

61. Familie. **Gentianeen**, Gentianeae. Juss.

Kräuter (selten Sträucher) mit abwechselnden ob. gegenüberstehenden, meist einfachen, ganzrandigen Bl.; Blth. Zwitter; K. mehrsp. ob. th., bleibend; Blkr. 4—8=sp.; Stbgf. so viel als Zpfl. der Blkr.; Frkn. 1= ob. 2=fächerig, vieleiig; Gf. 2, theilweise ob. ganz zsgewachsen; N. einfach ob. doppelt; Fr. eine Kapsel (selten Beere), vielsamig, 1—2=fächrig, 2=klappig.

1. Gruppe. **Menyantheen**. Frkn. auf einer Scheibe stehend, ob. mit Drüsen umgeben; Bl. wechselst.

273. Menyanthes. L. **Zottenblume**.

K. 5=th.; Blkr. trichterf., 5=th., inwendig zottig=behaart: Gf. 1; N. einfach, ausgerandet; Kapsel 1=fächerig, 2=klappig; Samenträger wandst.; G. glatt. — Sehr bittere Kräuter.

665. M. trifoliata. L. Dreiblättr. Z. (Bitterklee, Fieberklee, Dreiblatt). — St. unterirdisch, kriechend; Bl. 3=zählig, lang=gestielt; Blättchen eif., sitzend ob. kurzgestielt; Blth. mittelgroß in lang=gestielten Trauben; Blkr. hell=rosenroth mit weißen Zotten: Kapsel rund; S. eif., glänzend. ♃ — Nasse Stellen der Moor= u. Torfwiesen, sumpf. Ufer der Teiche, Wassergr. u. Bäche; auch sumpf. Waldstellen. 5—6.

---

1) Von vincio, binden, umwinden.

Gentianeen.

— Im Sand-Fl. u. im Dl. häufig u. meist sehr gesellig; im übrigen Geb. selten (4 E. Niederung bei Egeln).

2. Gruppe. **Aechte Gentianeen.** Unterweibige Scheibe fehlend; Bl. gegenst.

274. Gentiana [1]). L. **Enzian.**

K. röhren- od. glockenf., meist 5-sp.; Blkrröhre walzl. od. glockig, Saum meist 5-sp.; Gf. 2 ob. 1; N. 2; Kapsel einfächerig; Samenträger nahtst. — Bittere Kräuter mit einfachen, ganzrandigen Bl.

A. Schlund der Blkr. kahl.

666. G. Pneumonanthe[2]). L. Gemeiner E. — W. dick- u. langfaserig, 1- bis mehr-stengelig; St. aufsteigend; Bl. lineal-lancettl., stumpf, am Rande umgerollt, die untersten schuppenf.; Blth. groß, endst., einzeln od. in wenig-blüthigen Trauben; K. röhrig-glockig, tief 5-sp., 3pfl. lineal; Blkr. dunkel-himmelblau, inwendig mit grün-punktirten Streifen (selten weiß n. blau, der Länge nach gestreift), keulig-glockig, 5-sp.; Staubb. zsgewachsen. ♃ — Moor- u. Torfwiesen, lichte, moorige Waldstellen. 7—9. — Im Dl. u. Sand-Al., nam. auf trockeneren Stellen einschüriger Moor- u. Bruchwiesen ziemi. häufig; z. B. 1 B. Burgstaller Fenn; Tangerwf. bei Uchtdorf, Mahlwinkel u. nördl. v. Bäthen; „Saurer Grund" zw. Mahlwinkel u. Birkholz; Priester Fenn. 2 N. Moosbruch. 2 B. Hungeriger Wolf; Moorwf. zw. Hohenseeden u. Brandenstein; Brandensteiner F. 3 M. Weidengeb. vor Gerwisch. 4 S. Wahlitzer F. 4 B. Bruchwf. Najoch. 4 Z. Liezower Bruch u. Wf. daneben (reichl.); Bruchwf. südl. von Aken u. südl. am Diebziger Bsch. bis Trebbichau (reichl., stw. wie ges.); Kl. Zerbster Bruchwf.; Reppichauer Bruch u. Cabelwf. am Oberbusch; Neue Dorn-Wf. u. Neue Wf. bei Gr. Kühnau (reichl.). — Auf der Neuen Dorn-Wf. die Var. mit blau u. weißen Streifen.

B. Schlund der Blkr. inwendig bärtig. — St. aufrecht, meist mit mehreren blühenden Aesten, selten einfach, einblüthig; Wbl. in den Blstiel. verschmälert, Stbl. sitzend.

667. G. campestris. L. Feld-E. — Stbl. eilancettl., spitz; K. 4-sp.; 3pfl. ungleich, die 2 äußeren breit-eif., die 2 inneren lineal-lancettl., kürzer; Blkr. 4-sp., violett (Röhre heller), selten weiß; Kapsel fast sitzend (Stiel kaum ⅙ so lang als die Kapsel). ⊙ — Sonnige Hügel, Trift-Abhänge. 8—9. — Im nördl. Fl. ziemi. häufig; auch im nördl. Dl. z. B. 1 B. Haidberg bei Angern. 2 N. Zieseberg bei Kl. Bartensl. (hier auch weiß blb.); Ergl. F.; Spitzberg am Bischofswald; Trifthügel der Bever bei der Rosenmühle; Haidekniggel; hohes Triftuf. bei Alvensl.; Triftabh. bei Dönstedt. 3 S. Trifthügel am Hohen H. u. östl. Waldwall; Steinbühügel am Sauren H. 3 M. Wartberg bei Schnarsl. u. Rumpelsb.

668. G. germanica. Willd. Deutscher E. — Stbl. ei-lancettl., spitz; K. halb so lang als die Blkrröhre, 5-sp., 3pfl. lineal-lancettl., am Rande umgerollt, fast gleich; Blkr. 5-sp., violett, Röhre heller; Kapsel gestielt, Stiel ⅓ so lang als die Kapsel. ⊙ — Sonnige Hügel, Triften; auch Bruchwiesen. 8—10. — Im Fl. ziemi. häufig; auch im Al. auf Bruchwiesen. 3. B. 2 N. Trifthügel der Bever bei der Rosenmühle; Haidekniggel; Trifthöhe südl. vom Papenteich, auf Kupferschiefer; hohes Triftuf. bei Alvensl. 3 S. Trifthügel südl. am Hohen H.; Waldrand am Hohen u. am Sauren H. 3 M. Wartberg bei Schnarsl.; Hängelb. 4 O. Bruchwi. bei Wulferstedt (reichl.) 4 E. Triftweg am Hakel; Philippsgalgenb. 4 S. *Frohser B.; Sohlensche B. 5 B. Triftabh. am Lehholz bei Sandersl.; Schlucht am Sandersl. Höh. nach Frecil. zu.

668 u. 667. G. germanica. ✕ G. campestris. — K. 5-sp., 3pfl. ungleich, 2 breiter; Blkr. 4-sp. ⊙ — Zwischen den Eltern (2 N. Hügel bei der Rosenmühle; 3 M. Wartberg). 8—9.

---

1) Lat. Name für „Enzian". — 2) Von πνεύμων Lunge, u. ἄνθη Blume; wegen des arzneil. Gebrauchs.

669. G. Amarella. L. **Bitterer E.** — Stbl. aus breiterer Basis lancettl. oder lineal=lancettl., spitz; K. fast so lang als die Blkrröhre, 5=sp., 3pfl. lineal=lancettl., meist ziemlich ungleich, alsdann die beiden längsten 3pfl. so lang als die Blkrröhre, am Rande etwas zurückgerollt; Blkr. 5=sp., violett, Röhre heller; Kapsel fast sitzend. ⊙ — Wiesen u. Triften. 8—10. — Im Geb. sehr selten, bisher nur: 1 B. Moorwf. am Buktum. — Unterscheidet sich von der vor. durch die Länge des K. u. die fast sitzende Kapsel, sowie durch schlankeren Wuchs, schmälere Bl. und kleinere Blth.

C. Zipfel der Blkr. gefranst, Schlund kahl.

670. G. ciliata. L. Gefranster E. — St. aufrecht ob. aufsteigend, einfach u. 1=blüthig, oder mit wenigen (1—5) blühenden Aesten; Bl. lineal= lancettl., spitz; Blth. groß; K. röhrig=glockig, 4=sp. 3pfl. lancettl., zuge= spitzt; Blkr. blau, trichterf.=glockig, 4=sp., 3pfl. an den Seiten ge= franst, vorn ungleich=gezähnt. ♃ — Wälder, Hügel. 8—9. — Nur im Fl. u. auch hier selten. 3 S. Hohes H. (im südl. Theil; bei günstigem Herbstwetter reichl.); alte Steinbr. am Sauren H. 4 E. Hakel. — Erreicht im Geb. die Nordgrenze.

275. Erythraea[1]). Rich. **Tausendguldenkraut.**

K. röhrenf., 5=sp., gekielt, fast 5=kantig; Blkr. tellerf., Saum 5=sp.; Staubb. nach dem Verblühen schraubenf. gedreht; Frkn. 1=fächerig; Gf. 1; N. 2; Kapsel lineal, durch die eingebogenen Klappenränder fast 2=fächerig. — Bittere Kräuter mit 4=kantigen St. u. einfachen, ganz= randigen Bl.

671. E. Centaurium. Pers. Gemeines T. — W. ein= bis mehr= stengelig, mit Blätterrosette; St. aufrecht ob. aufsteigend, einfach ob. oben wenig=ästig, 15—35 cm. h.; Bl. oval bis oval=längl., am Rande glatt; Blth. ziemlich klein, zahlreich, in doldigen Rispen; Trugdolde gleich= hoch; Blkr. rosenroth, selten weiß. ⊙ — Triften, Wiesen, Grasgr., feuchte Ausstiche, Anhöhen, Wälder. 7—10. — Im Geb. nicht selten u. meist gesellig. Im Hakel auch weiß blh.

672. E. linariaefolia. Sam. Leinkrautblättr. T. — W. ein= bis mehr=stengelig, mit Blätterrosette; St. aufrecht ob. aufsteigend, einfach ob. oben wenig=ästig, 5—20 cm. h.; Bl. lineal=längl. bis lineal, am Rande schärflich; Blth. klein, selten einzeln, meist mehrere ob. ziemlich zahlreich, in doldigen Rispen; Trugdolde gleich=hoch; Blkr. rosenroth. ⊙ u. ⊙ — Salzhaltige, bruchige Wiesen u. Triften. 7—9. — Im Geb. trotz des vielen Salzbodens nicht häufig, dann aber meist gesellig. 4 O. Wulferstedter Bruchwj. 5 S. Salzwj. Hecklingen=Staßfurt; Salzwj. bei Rathmannsd. u. am Lerchenteich. 5 C. Bruchwj. östl. von Calbesend., selt. b. Diebzig u. südwestl. b. Mennewitz. — Unterscheidet sich von der vor. durch die schmalen Bl., u. ist in allen Theilen kleiner.

673. E. pulchella. Fr. Niedliches T. — W. ein=stengelig, ohne Blätterrosette; St. aufrecht, vom Grund aus ausgebreitet=gabel= ästig, 3—15 cm. h.; Bl. oval bis oval=längl., am Rande glatt; Blth. klein, in verschiedenen Höhen gabel=, seiten= u. endständig; Blkr. rosenroth. ⊙ u. ⊙ — Feuchte Aecker, Wiesen, Triften, Grasgr., Waldwege. 7—10. — Im Sand=Fl., m. E., u. im Tl. nicht selten u. meist gesellig; im übrigen Geb. weniger häufig.

62. Familie. **Convolvulaceen,** Convolvulaceae. Juss.

Kräuter (ob. Sträucher), oft windend u. milchend, mit abwechselnden Bl. ob. blattlos; Blth. Zwitter; K. 5=, selten 4=sp., bleibend; Blkr. regelm.,

---

[1]) Von ἐρυθραῖος: röthlich; wegen der Farbe der Blth.

5=lappig, meist der Länge nach gefaltet, selten 4—5=ſp.: Stgf. 5; Frkn. frei auf einer Scheibe befestigt; Gf. 1, zuweilen getheilt; Kapsel 2—4=klappig, selten quer aufspringend.

1. Gruppe. **Aechte Convolvulaceen.** St. beblättert.

276. Convólvulus[1]). L. **Winde.**

Blkr. trichterf.=glockig, 5=faltig, undeutl. 5=lappig ob. =zähnig; Gf. un= getheilt; N. 2; Kapsel 2—4=fächerig; Fächer 2=ſamig. — Meist windende Kräuter mit einfachen Bl. u. blattwinkelſt. lang=gestielten Blth.

A. Blth. am Grunde mit 2, den K. einschließenden, großen Deckbl.

674. C. sepium. L. Zaun=W. — St. windend, hoch aufsteigend, 1—4 m. h.; Bl. gestielt, pfeilf. mit abgestutzten Spitzen; Blthstiel einzeln; Blkr. groß, weiß. ♃ — Zäune, Hecken, Weidengeh., Erlenbr., feuchte Waldstellen, Bäche, Uſer. ⋅7—9⋅. — Im Al. ſehr häufig u. auch im Dl. nicht ſelten; im Fl. weniger häufig.

B. Deckbl. klein, von der Blth. entfernt.

675. C. arvensis. L. Acker=W. — St. windend, aufsteigend ob. liegend, 30—60 cm. lang; Bl. gestielt, pfeilf. mit spitzen Lappen, ob. spießf. ob. am Grunde abgestutzt; Blthstiel meist einzeln; Blkr. mittelgroß, rosenroth ob. weiß. ♃ — Aecker, Wegränder, Grasgr., Raine, Dämme, trockene Wiesen, Triften, Steinbr., Uſer, Waldränder, trockene Waldstellen. ⋅6—10. — Gemein.

† C. tricolor. L. Dreifarbige W. — St. aufrecht ob. aufsteigend, nicht win= dend, nebst den Bl. zottig; Bl. längl., ſitzend; Blkr. dunkelblau, Röhre weiß, am Grunde gelb. ⊙ — Zierpfl. aus Südeuropa. 6—9. — Häufig in Gärten.

† Ipomoea. L. Trichterwinde.

N. kopff.; ſonſt wie vor. — Nur windende Kräuter.

† I. purpurea. Lam. Purpurrothe T. — St. angedrückt=behaart; Bl. lang=gestielt; breit=herzf., zugeſpitzt; Blthſtiele 1—5=blüthig; K. rauhh.; Blkr. groß, purpurviolett. ⊙ — Zierpfl. aus Amerika. 7—10. — Variirt mit fleiſchrothen, hellblauen u. weißen Blth. — Zur Bekleidung von Lauben.

2. Gruppe. **Cuscuteen.** Bl. fehlend; Schmarotzerpfl.

277. Cúscuta. L. **Flachsſeide.**

K. 4—5=ſp.; Blkr. glockig ob. krugf.; Blkrröhre innen meist mit kleinen, unter den Stbgf. befestigten Schuppen verſehen; Gf. getheilt, ſelten unge= theilt; Kapsel rundum aufspringend. — Kletternde Schmarotzerpfl. mit blattloſen, fadenf. St. u. geknäulten Blth.

676. C. europaea. L. Gemeine F. — St. äſtig, meist purpurroth; K. u. Blkr. 4=ſp.; Blkrröhre walzl., so lang als der Saum; innere Schuppen aufrecht, an die Röhre angedrückt; Blth. blaß=roth. ⊙ — Gesträuch, Zäune, Dörfer, Wegränder, Bäche, Weidenw., Uſer; meist auf der Gr. Brenneſſel schmarotzend, aber auch vielfach auf Hopfen, Weiden u. verschiedenen anderen Pfl. ⋅7—8. Im Geb. häufig, besonders in trockenen Jahren.

677. C. Epithymum. L. Thymſeide. — St. äſtig, purpurroth od. gelb; K. u. Blkr. 5=ſp.; Blkrröhre walzl., so lang als der Saum: innere Schuppen zſneigend, den Schlund unten ſchließend; Blth. wasserhell=weiß. ⊙ — Wälder, Haiden, Hügel, Wiesen, Futterkräuter; auf

---

1) Von convolvere, zuſammenrollen, wickeln.

Quendel, Haide, Ginster, Labkraut, Klee, Luzerne, Schoten= u. Sichelklee u. anderen Pfl. schmarotzend. 7—9'. — Im Geb. nicht selten (in den Wäldern, bes. auf Genista tinct.); in trockenen Jahren die Klee= u. Luzernfelder stw. ganz vernichtend.

678. C. Epilínum. Weihe. Leinseide. — St. sehr einfach, gelblich=grün: K. u. Blkr. 5=sp.; Blkrröhre kugelig, doppelt so lang als der Saum; innere Schuppen aufrecht, an die Röhre angedrückt; Blth. wasser= hell=weiß. ☉ — Aecker; auf Flachs u. auch wohl auf anderen Pfl. wie z. B. auf zahmer Wicke schmarotzend. 7—8. — Im Geb. selten. 1 C. Flachsfeld bei Böddensell. 2 W. Flachsfeld am Unterholzerb. 4 B. A. vor (Göbnitz (auf zahmer Wicke).

679. C. monogyna. Vahl. (C. lupuliformis. Krocker). Ein= weibige F. — St. ästig, dick=fadenf.; Blth. rosenfarben, fast gestielt, in kurzen, eif. Aehren: K. u. Blkr. 5=sp.; innere Schuppen aufrecht, an die Röhre angedrückt; Gf. 1; N. 2=lappig; Kapsel erbsengroß, mit hohem, mützenf. Deckel aufspringend. ☉ — Wälder, Gebüsch; auf Weiden, Schnee= ball ꝛc. schmarotzend. 7. 8. — Im Geb. sehr selten, bisher nur 5 B. Wilder Busch auf Viburn. Opul.

63. Familie. **Boragineen**, Boragineae. Juss.

Kräuter (Sträucher od. Bäume), mit meist abwechselnden, einfachen, ganzrandigen, scharf= od. rauh=haarigen Bl.; Blth. Zwitter, gewöhnl. regelm., meist in einseitswendigen Wickeln, vor dem Aufblühen schneckenartig zsgerollt; K. 5=, selten 4=th., bleibend; Blkr. 5=, selten 4=sp.; Stbgf. 5, selten 4; Frkn. meist aus 4 einzelnen, auf einer fleischigen Scheibe sitzenden, 1=eiigen Ovarien bestehend; Gf. 1, in der Mitte der Frkn.; Nüsse 4 (selten 2), vom K. eingeschlossen.

Anm. Die Gattungen dieser Familie gruppiren sich wie folgt:
 A. Nüsse an den bleibenden Griffel angeheftet.
  1. Gruppe. Cynoglosseen. (Asperugo. Echinospermum. Cynoglossum. Omphalodes.)
 B. Griffel frei.
 a. Nüsse am Grunde ausgehöhlt.
  2. Gr. Anchuseen. (Borago. Anchusa. Lycopsis. Nonnea. Symphytum.)
 b. Nüsse am Grunde nicht ausgehöhlt.
  3. Gr. Lithospermeen. (Echium. Pulmonaria. Lithospermum. Myosotis.)

1. Gruppe. **Cynoglosseen.** Nüsse 4, an den bleibenden Gf. angeheftet.

278. Asperúgo [1]). L. **Scharfkraut.**

K. 5=sp., am Grunde buchtig=gezähnt, zur Frzeit sich vergrößernd u. 2 große, flach=zsgedrückte, buchtig=gezähnte Klappen bildend; Blkr. fast trichterf.; Nüsse von der Seite zsgedrückt. —Blth. in kurz=gestielten, armblüthigen Dolden, die Dolden endst. u. entfernt=seitenst.

680. A. procumbens. L. Liegendes S. — St. niederliegend od. aufsteigend, ausgebreitet=ästig, nebst den Bl. u. K. rückwärts=stachel= borstig; Bl. längl., ganzrandig od. schwach geschweift, die unteren abwech= selnd, in den Blstiel verschmälert, die blüthenst. zu 2 od. 3; Blkr. violett od. blau, klein, kaum länger als der K. ☉ u. ⊙. — An Mauern, Zäunen, Wegen, Grasgr., Dämmen, in Anlagen, Gebüsch; bes. in der Nähe von Ortschaften u. Gehöften. 5—7. — Im Geb. ziemlich häufig; z. B. 2 N. Hecke Neuhaldensl. 2 W. Rogätzer Park; J. u. M. Wolmirst. 2 B. M. Gr. u. Hecken Burg; Hohlweg Hohenseden. 3 S. Damm bei der Rothen Mühle. 3 W. Amtsgarten; Blaue

---

[1]) Von asper, rauh; wegen der scharfh. Bekleidung der Pfl.

Warte; Gr. zw. Langenwebb. u. Gr. Otterōl. **3 M.** Glaciš; Sudenburg; Fr. Wilh. St.; Budau; Rothe Horn; Zuckerbusch; Chgr. vor Olvenst. **4 O.** Hadmersl. u. Chgr. nach dem Bahnhof u. an der Bodebrücke. **4 E.** Chgr. vor Egeln. **4 S.** Schöneb. Stadtgr.; (Gr. um Salze. **4 B.** Vorw. Zeitz. **4 Z.** Schloßgt.; Anlagen zw. Frauen= u. Haidethor; Vorw. Trebnitz. **5 S.** Weg Hedlingen=Gänsefurt; Gr. Gänsef.=Athensl.; Anlagen Staßfurt; Eisenb.damm der Hedlinger Fabrik (wie gei.). **5 C.** Gritzehne u. Weg an der Eisenb. **5 B.** Schloßberg (reichl.), Weinb. u. Steinbr.; Hecke am Parforcehause; Gröna; Dorf Gr. Wirschl. u. bew. Uferabh. Gr. Wirschl.=Aßleben.

279. Echinospérmum [1]). Swartz. **Igelsame.**

K. tief 5=th., fast 5=blättr.; Blkr. tellerf.; Nüsse 3=kantig, am Rande widerhakig=stachelig. — Blth. in lockeren, beblätterten Wickel= trauben.

681. **E. Láppula.** Lehm. (Lappula Myosotis. Moench.) Kletten= artiger J. — St. aufrecht, oben ästig, nebst den Bl. dicht=grauh.; Bl. schmal=lancettl., ganzrandig, die unteren in den Blstiel verschmälert, die oberen sitzend; Blthstiele kurz, auch nach dem Verblühen aufrecht; Kzpfl. lineal, zur Frzeit locker=abstehend; Blkr. blau, klein, etwas länger als der K.; Nüsse am Rande mit 2 Reihen Stacheln. ⊙ — Trockene Höhen, Abhänge, Mauern, Steinbr., Wegränder; auch in Esparsette. Kalkliebend. 5'—10'. — Im Kalk=Fl. häufig; im übrigen Geb. selten (2 N. Kirchhofs=M. Emden. 2 B. Stadtmauer Burg. 4 Z. M. Zerbst; M. Aken).

280. Cynoglossum [2]). L. **Hundszunge.**

K. glockig, 5=th.; Blkr. trichterf. mit walzenf. Röhre; Nüsse platt= gedrückt, rund, mit widerhafigen, kurzen Stacheln besetzt. — Blth. in gestielten, end= u. seitenst., gewickelten Trauben ob. traubigen Rispen.

682. **C. officinale.** L. Gebräuchl. H. — St. aufrecht, nebst den Bl. weichhaarig; Bl. längl.=lancettl., die unteren in den Blstiel verschmälert, die oberen halb=stengelumfassend; Kzpfl. lancettl., zur Frzeit weit abstehend; Blkr. roth=violett; Nüsse mit einem hervorragenden Rande umgeben. ⊙ — Hügel, Wegränder, Dämme, Grasgr., Steinbr., Waldränder. ˙5—7˙ — In den Kalkgegenden sehr häufig u. auch im übrigen Geb. nicht selten.

281. Omphalódes [3]). Tourn. **Gedenkemein.**

K. tief 5=th.; Blkr. radf.; Nüsse kreisrund, plattgedrückt, napff., mit einwärts gebogenem Rande umgeben; Blth. lang=gestielt, in lockeren Wickeltrauben.

A. Einwärts gebogener Rand der Nüsse gezähnt.

† O. linifolia. Mönch. (Cynoglossum lin. L.) Leinblättr. G. (Weißes Vergißmeinnicht.) — St. aufrecht, ästig; Bl. blaugrün, sparsam gewimpert, längl.=lancettl., die unteren gestielt, die oberen sitzend; Blkr. weiß. ⊙ — Zierpfl. aus Portugal. 6—7. — In Gärten zu Einfassungen.

B. Rand der Nüsse nicht gezähnt.

† O. verna. Mönch. Frühlings=G. (Garten=Vergißmeinnicht.) — St. aufsteigend; Bl. gestielt, herzeif. ob. eif. lancettl., fast kahl; Blkr. himmelblau, ansehnl. ⩘. — Zierpfl. aus Süddeutschl. 4—5. — Häufig in Gärten.

683. **O. scorpioides.** L. Vergißmeinnichtartiges G. — St. niederliegend, stark=kantig, spärl. mit aufwärts angedrückten Haaren besetzt, oberwärts gabelsp.; Bl. lancettl., mehr ob. weniger kurz=rauhh., die unte=

---

1) Von ἐχῖνος, Igel, u. σπέρμα, Same. — 2) Von κύων, Hund, u. γλῶσσα, Zunge. — 3) Von ὀμφαλώδης, nabelförmig (ὀμφαλός, Nabel); wegen der Form der Fr.

ren gegenſt., in einen Blſtiel auslaufend, die oberen abwechſelnd, ſitzend; Blth. klein, in beblätterten, ſehr lockeren Trauben; Blkr. blau. ☉ — Waldſäume. 4'—'6 — Im Geb. ſelten, doch meiſt geſellig. 4 S. Grüne= wald (unweit des Elbdammes). 4 B. Tocheimer F. (am Elbdamm u. am „rauhen Berge" wie gef.); Löbberitzer F. (ſüdöſtl. Waldſaum oberhalb Küren). 5 B. Sandersleber Bſch. — Hat mit Myosot. sparsifl. große Aehnlichk., unterſcheidet ſich aber von dieſer ſofort durch die Fr., und bei noch nicht fruchttr. Exempl. durch den ſcharf=kantigen, faſt kahlen St. u. die größeren, dunkler blauen Blth.

2. Gruppe. **Anchuſeen.** Nüſſe 4, am Grunde ausgehöhlt u. mit einem gedunſenen, gerieften Ringe verſehen; Gf. frei.

282. Borágo. L. **Boretſch.**

K. tief 5=th.; Blkr. radf., Schlund mit 5 kurzen, ausgerandeten Deckklappen beſetzt; Staubf. 2=ſp.; Staubb. kegelf. zſgeſtellt, her= vorragend.

684. B. officinalis. L. Gebräuchl. B. — St. aufrecht, äſtig, nebſt den Bl. u. K. ſteifh.; untere Bl. elliptiſch, in den Blſtiel ver= ſchmälert, obere Bl. längl., halb=ſtengelumfaſſend; Blth. groß, lang= geſtielt, in lockeren, riſpig geſtellten Wickeltrauben; Blkr. blau ob. weiß, Zpfl. des Saumes eif., zugeſpitzt, flach. ☉ — Zum Küchengebrauch cult. 6—9. — In Gärten zuweilen gebaut; auch verwildert.

283. Anchúsa. L. **Ochſenzunge.**

K. 5=ſp.; Blkr. trichter=, faſt tellerf., Röhre gerade, Schlund durch 5 behaarte, gewölbte Deckklappen geſchloſſen, die Stbgf. verdeckend.

685. A. officinalis. L. Gebräuchl. O. — St. aufrecht ob. auf= ſteigend, nebſt den Bl. u. K. ſteifh.; Bl. längl.=lancettl., die unteren in den Blſtiel verſchmälert, die oberen halb=ſtengelumfaſſend; Blth. anſehnlich, ſehr kurz geſtielt, in dichten, end= u. ſeitenſt. Gabelwickeln; Blkr. violett, blau, purpur= ob. fleiſchroth; Deckklappen eif., ſammtartig behaart. ☉ u. ♃ — Weg= u. Ackerränder, Dämme, Grasabh., Raine, Grasgr., Friedhöfe. 5—9. — Im Dl. häufig u. auch im Elb=Al. nicht ſelten; im übrigen Geb. ſelten (2 N. Graſeweg bei Kl. Bartensl; Alfensl. beim Kirchhof. 4 E. Weinberg bei Unſeburg.).

284. Lycópsis. L. **Krummhals.**

K. 5=th.; Blkr. trichterf., Röhre eingeknickt u. aufwärts gebogen, Saum 5-lappig, faſt unregelm., Schlund durch 5 behaarte, gewölbte Deck= klappen geſchloſſen.

686. L. arvensis. L. (Anchusa arv. M. B.) Acker=K. — St. auf= recht, äſtig, nebſt den Bl. u. K. ſtachelborſtig; Bl. lancettl. ob. längl., ausgeſchweift=gezähnt, wellig, die unterſten in den Blſtiel verſchmälert, die oberen halb=ſtengelumfaſſend; Blth. ziemł. klein, kurz=geſtielt, in beblätterten, end= u. ſeitenſt. Wickeltrauben; Blkr. himmelblau, Deckklappen zottig= behaart. ☉ u. ☉ — Aecker, beſ. Sandäcker; auch Wegränder, Schutt, Grasgr., Dämme, 4—10. — Gemein.

285. Nónnea. Medikus. **Nonnee.**

K. röhrig, 5=ſp. ob. =zähnig, an der Fr. glockig; Blkr. röhrig=trichterf. 5=ſp., Schlund offen, bärtig ob. mit kleinen, behaarten Schuppen beſetzt.

687. N. pulla. Dec. Schwarzbraune N. — St. aufrecht ob. auf= ſteigend, oben äſtig, nebſt den Bl. u. K. grauh.; Bl. ſchmal=lancettl., die

wurzelſt. in den Blſtiel verſchmälert, die ſtengelſt. halb=ſtengelumfaſſend; Blth. zieml. klein, kurz=geſtielt, aufrecht, ſpäter nickend, in rispig geſtellten, beblätterten Wickeltrauben; Blkr. ſchwarz=braun, Röhre blaß=violett bis weiß. ♃ — Acker= u. Wegränder, beſ. in Esparſette; auch Triften, Grasabh. u. Grasgr. ·5—·9 — Kalkliebend. — Nur im Kalk=Fl., hier aber nicht ſelten u. in den eigentl. Kalkgegenden häufig.

286. Sýmphytum[1]). L. **Beinwurz.**

K. 5=th.; Blkr. röhrig=glockig; Schlund durch 5 drüſig=be=randete, in einen Kegel zſgeſtellte, lancettl.=pfrieml. Deckklappen ge=ſchloſſen; Blth. geſtielt, deckblattlos, in paarweiſe geſtellten Wickel=trauben.

688. S. officinale. L. Gebräuchl. B. (Beinwell.). — W. ſpindelf., äſtig; St. aufrecht, äſtig, nebſt den Bl. u. K. ſcharf=haarig; Bl. herab=laufend, die unteren ei=lancettl., in einen geflügelten Blſtiel verſchmälert, die oberen breit=lancettl. bis lancettl., ſitzend; Blth. anſehnlich; Blkr. violett, roth, gelbl.=weiß od. weiß; Saum 5=zähnig, Zähne zurückgekrümmt. ♃ — Naſſe Wieſen, Gräben, Bäche, Ufer, Weidengeb., feuchte Waldſtellen. 5·—8. — Im Geb. ſehr häufig.

3. Gruppe. Lithospermeen. Nüſſe 4, am Grunde nicht aus=gehöhlt, der unterweibigen Scheibe eingefügt; Gf. frei.

287. Échium[2]). L. **Natterkopf.**

K. 5=th.; Blkr. trichterf.=glockig, Saum ungleich, 5=lappig; Schlund offen, ohne Deckklappen, kahl; Staubb. oval.

689. E. vulgare. L. Gemeiner N. — St. aufrecht, einfach ob. äſtig, nebſt den Bl. u. K. borſtig=rauhh.; Bl. längl.=lancettl., die unteren in den Blſtiel verſchmälert, die oberen ſitzend; Blth. anſehnl., ſitzend, in endſt. u. ſeitenſt., traubenartig zſgeſtellten Wickelähren; Blkr. himmelblau, ſelten fleiſchroth, Röhre kurz; Stbgf. ſpreizend, weit hervorragend; Staubf. roth, Staubb. blau; Gf. an der Spitze 2=ſp. ☉ — Wegränder, Grasgr., Dörfer, Mauern, Steinbr., Anhöhen, Dämme, trockene Wieſenſtellen, Triften, Aecker (beſ. Futterkräuter), Ufer. ·6—10. — Gemein.

288. Pulmonária[3]). L. **Lungenkraut.**

K. röhrig, 5=ſp. u. 5=kantig; Blkr. trichterf., regelm., 5=ſp.; Schlund offen, ohne Deckklappen, behaart. — Blth. in endſt., dolden=artig zſgeſtellten Wickeltrauben.

690. P. officinalis. L. Gebräuchl. L. — W. mehr=köpfig; St. aufrecht ob. aufſteigend, rauhh. mit untermiſchten Drüſenhaaren; Bl. be=haart, die der nicht blühenden Wurzelköpfe herzf. ob. breit=eif., mit geflügeltem Blſtiel, die ſtengelſt. lancettl., ſitzend; Blth. anſehnl.; Blkr. anfangs roth, dann violett. ♃ — Laubwälder, Erlenbr. ·4—5· Variirt mit gefleckten Bl. (2 B. Grabower J.). — Im Fl. u. Dl. häufig; auch im Al. der Bode (Forſten bei Egeln, Tarthun u. Unſeburg); u. im Sand=Al. (4 Z. Kühnauer J.).

691. P. angustifolia. L. Schmalblättr. L. — W. mehr=köpfig; St. aufrecht ob. aufſteigend, rauhh.; Bl. behaart, die der nicht blühen=

---

1) Von συφύω, zuſammenbringen, zuſammenwachſen; mit Bezug auf die Anwendung der Pfl. zum Heilen von Wunden. — 2) Von ἔχις, Otter, Natter. — 3) Von pulmo, pulmonis, die Lunge; wegen des arzeneil. Gebr.

den Wköpfe lancettl., in den geflügelten Blstiel auslaufend; StBl. schmal-lancettl., lang-zugespitzt, halb-stengelumfassend; Blth. ansehnl.; Blkr. zuerst roth, dann blau. ⚄ — Laubwälder. ·4—5· — Im Geb. sehr selten; bisher nur: 4 E. Hatel. 4 Z. Friedrichsholz.

289. Lithospérmum¹). L. **Steinsame.**

K. tief 5-th.; Blkr. trichterf., 5-sp., Schlund offen, oft durch 5 behaarte Falten ein wenig verengt.

692. L. officinale. L. Gebräuchl. S. — St. aufrecht, ästig, nebst den Bl. u. K. angedrückt-scharf-haarig; Bl. schmal-lancettl., sitzend, Mittelrippe mit 2 Seitenadern; Blth. klein, in end- u. seitenst., beblätterten Wickeltrauben; Blkr. gelblich-weiß, Schlund durch fein-behaarte Falten verengt; Nüsse glatt, glänzend. ⚄ —Wälder, Gebüsch. ·5—7· — Im Geb. selten: 3 S. Hohes H. 4 E. Hatel; Vogelremise bei Heteborn. 4 Z. Landwehr. 5 S. Gänsefurter Bsch.; Neundorfer Bsch. bei Güsten. 5 B. Kaltberge bei Bernb. unter Gestr.; Sandersl. Bsch.

693. L. purpureo-caeruleum. L. Purpurblauer S. — W. mehrstengelig; blühende St. aufrecht, an der Spitze ästig, die unfruchtb. einfach, später niederliegend; St. u. Bl. weichhaarig; Bl. lancettl., Mittelrippe ohne Seitenadern; Blth. ansehnl., in gipfelst., beblätterten Wickeltrauben; Blkr. zuerst roth, dann blau; Nüsse glatt. ⚄ — Wälder, Gebüsch. ·5—7· — Im Geb. selten. 2 W. Unterholzerberg bei Rogätz. 4 E. Hatel (reichl.) 5 B. Sandersl. Bsch. — Erreicht im Geb. die Nordgrenze.

694. L. arvense. L. Acker-S. — St. aufrecht, oben ästig, sonst einfach ob. am Grunde mit Nebenästen, nebst den Bl. u. K. angedrückt-scharfhaarig; Bl. ohne Seitenadern, die unteren längl.-verkehrt-eif., in den Blstiel verschmälert, die oberen schmal-lancettl., sitzend; Blth. klein, in end- u. seitenst., beblätterten Wickeltrauben; Blkr. weiß, selten blau, Knospe roth; Fruchtkelche von einander gerückt; Nüsse runzelig, rauhh. ☉ u. ☉ — Aecker, Wegränder, Grasgr., Dämme, Anhöhen. 4—10. — Gemein.

290. Myosótis²). L. **Vergißmeinnicht** (Mauseohr).

K. 5-sp. ob. -zähnig, angedrückt- ob. abstehend-behaart; Blkr. tellerf., regelm. 5-sp.; Schlund durch 5 kahle Deckklappen verengt.

A. Haare des K. angedrückt.

695. M. palustris. With. Sumpf-V. — W. kriechend; St. kantig, aufsteigend, nebst den Bl. mehr ob. weniger behaart; Bl. längl.-lancettl.; Blth. ansehnl., in wenig beblätterten, gipfelst. Wickeltrauben. K. 5-zähnig; Blkr. lebhaft himmelblau, selten fleischroth ob. weiß; Gf. lang, ungefähr so lang als der K. ⚄ — Wassergr., Sümpfe, Teiche, Bäche, Ufer, Weidengeb., feuchte Wälder u. Wiesen. ·6—10· — Gemein.

696. M. caespitosa. Schultz. Rasiges V. — W. faserig; St. stielrund, aufrecht ob. aufsteigend, nebst den Bl. angedrückt-behaart; Bl. längl.-lancettl., ob. lineal-längl.; Blth. klein ob. zieml. klein, in nur am Grunde beblätterten, end- u. seitenst. Wickeltrauben; K. 5-sp.; Blkr. himmelblau, selten weiß; Gf. sehr kurz, viel kürzer als der K. ☉ — Feuchte Gräben, Ausstiche, Sümpfe, Kulke, Teiche, nasse Wiesen, Weiden-

---

1) Von $\lambda i \vartheta o \varsigma$, Stein, u. $\sigma \pi \acute{\varepsilon} \rho \mu \alpha$, Same. — 2) Von $\mu \tilde{v} \varsigma$, Maus, u. $o \tilde{v} \varsigma, \dot{\omega} \tau \acute{o} \varsigma$, Ohr.

Boragineen (Lithospermeen).

geb., feuchte Schluchten der Wälder. 5'—10. — Im Geb. häufig u. gesellig; in den Sandgegenden sehr häufig.

B. Haare des K. abstehend.

697. M. sylvatica. Hoffm. Wald=V. — W. dicht=faserig, mehr=stengelig; St. aufrecht ob. aufsteigend, rauhh.; Bl. längl.=lancettl., behaart, die untersten in den Blstiel verschmälert; Blth. ansehnl., in end= u. seitenst., unbeblätterten Wickeltrauben; K. tief 5=sp.; Blkr. wohlriechend, blau, selten fleischroth ob. weiß. ⊙ u. ♃ — Laubwälder. '5—6' — Im Sand=Fl. u. im Sand=Al. nicht selten u. meist sehr gesellig, im übrigen Geb. selten. Z. B. 2 N. Klepperberg; Forhen des Alvensl. Höbenz. (reichl.). 2 W. Rogätzer F. (Oberhagen). 3 S. Marienborner F. 4 S. Grünewald (Manieser Begang). 4 B. Ronneier F.; Löbberitzer F. (reichl.). 4 Z. Unterbusch bei Alten; Kühnauer F.; Mosigkauer F. — Die Variet. alpestris. Schmidt (als Art) in Gärten als Zierpfl.

698. M. intermedia. Link. Mittleres V. — St. aufrecht, ästig, nebst den Bl. behaart; Bl. längl.=lancettl., die untersten in den Blstiel verschmälert; Blth. klein, in end= u. seitenst., unbeblätterten Wickeltrauben; K. tief 5=sp.; Blkr. himmelblau; Fruchtkelch geschlossen, lang=gestielt, Stiel länger als der K., zuletzt 2 bis 3 mal so lang. ⊙ u. ⊙ — Aecker, Grasgr., Dämme, Wiesen, Wälder. 4—10' — Im Fl. u. Al. sehr häufig; auch im Dl. nicht selten, jedoch nur auf besserem Boden.

699. M. hispida. Schlechtendal. Steifhaariges V. — St. aufrecht, meist vom Grund aus ästig, nebst den Bl. rauhh.; WBl. verkehrt=eif., in den Blstiel verschmälert; StBl. längl=lancettl.; Blth. sehr klein, in unbeblätterten Wickeltrauben; K. 5=sp.; Blkr. blau; Fruchtkelch offen, kurz=gestielt, Stiel kaum so lang als der K., wagerecht=abstehend. ⊙ u. ⊙ — Magere Aecker, Grasgr., Dämme, Hügel, Triften, trockene Grasstellen. 4'—6' u. im Herbst. — Im Geb. nicht selten, bes. in den Sand= u. Kalfgegenden.

700. M. versicolor. Pers. Buntblumiges V. — St. aufrecht, vom Grund aus ästig, behaart; Bl. lineal=lancettl., borstig=behaart u. gewimpert; Blth. sehr klein, in end= u. seitenst., unbeblätterten Wickeltrauben; K. tief 5=sp.; Blkr. zuerst schwefelgelb, dann blau, mit der Röhre aus dem K. hervortretend; Frkelch geschlossen, sehr kurz=gestielt, Stiel halb so lang als der K., aufrecht=abstehend. ⊙ — Wiesen (bes. Moor= u. Bruchwiesen), Triften, Dämme, Aecker (bes. moorsandige u. kalfhaltige), Waldränder. 4'—6 u. im Herbst. — Im Fl. (Sand=Fl., sowie am Hohen u. Sauren H. u. am Hasel) u. im Dl. häufig; auch im Elb=Al. nicht selten.

701. M. stricta. Link. (M. arenaria. Schrad.) Straffes V. — St. aufrecht, vom Grund aus ästig, nebst den Bl. rauhh.; WBl. verkehrt=eif., in den Blstiel verschmälert; StBl. längl., stumpf, sitzend; Blth. sehr klein, sitzend ob. fast sitzend, in unterwärts beblätterten Wickelähren; K. 5=sp.; Blkr. hellblau, Röhre im K. eingeschlossen; Frkelch sehr kurz=gestielt, Stiel kaum sichtb. ⊙ — Magere Aecker, bes. Sandäcker, trockene Gräben, Triften, Dämme, Walbränder. '4—6. — Gemein.

702. M. sparsiflóra. Mikan. Zerstreut=blüthiges V. — St. vom Grund aus ästig, Aeste schlaff, niederliegend u. aufsteigend, von rück=wärts=stehenden Haaren rauhh.; Bl. längl.=lancettl., dicht=strichel=haarig, die unteren in den Blstiel verschmälert, die oberen sitzend; Blth. sehr klein, in sehr lockeren, armblüthigen, am Grunde beblätterten Trauben; K. tief 5=sp.; Blkr. himmelblau, selten weiß; Frkelch lang=gestielt, zuletzt zurückgeschlagen. ⊙ — Feuchte Wälder, Gebüsch, Erlenbr.; selten auf Wiesen. — Im Al. häufig u. stets sehr gesellig; auch im Dl. nicht selten; im Fl. selten (1 C. Domberg Walbeck. 2 N. Wellenb. 5 B. Wilder Bsch. u. Wipperforsten).

12*

64. Familie. Solaneen, Solaneae. Juss.

Kräuter ob. Sträucher mit abwechselnden, oben oft gegenüberstehenden Bl.; Blth. Zwitter; K. meist 5=sp. ob. 5=th., bleibend ob. abfällig mit bleibender Basis; Blkr. 5=, selten 4=sp. ob. =th., regelm. ob. etwas ungleich; Stbgf. 5, selten 4; Frkn. 2=fächerig, viel=eiig; Gf. 1; N. einfach; Fr. eine Kapsel ob. Beere.

291. Lýcium. L. Bocksdorn.

K. krug=glockenf., 5= ob. durch Zswachsen 2—4=sp., bleibend; Blkr. trichter=tellerf., 5=sp.; Staubb. nicht zsneigend, mit Längsspalten aufspringend; Fr. eine Beere. — Dornige Sträucher.

703. L. bárbarum. L. Gemeiner B. — Zweige schlank, überhängend; Bl. fast eif. ob. lancettl., in den Blstiel verschmälert; Blth. mittelgroß, zu 1 bis 3, blattwinkelst.; K. durch Zswachsen 2—4=sp.; Blkr. violett ob. purpurn, Röhre so lang als der Saum; Beere roth, selten gelb. ♄ — Dörfer, Hecken, Zäune, Abhänge, Wegränder. 5—10. — Im Geb. sehr häufig.

292. Solánum[1]). L. Nachtschatten.

K. 5=, selten 10=sp.; Blkr. radf.; Staubb. zsneigend, an der Spitze mit zwei Löchern aufspringend; Fr. eine Beere. — Kräuter, selten Sträucher, mit einfachen ob. zsgesetzten Bl.; Blth. in gestielten Dolden ob. Afterdolden.

704. S. miniatum. Bernh. Mennigrother N. — St. ästig, vom Grund aus ausgebreitet, Aeste kantig, nebst den Bl. mehr ob. weniger rauhh.; Bl. eif. ob. fast 3=eckig, buchtig=gezähnt; Blth. klein, in Dolden ob. wenig verzweigten Afterdolden; Blkr. weiß; Beere mennigroth. — Pfl. mit moschusartigem Geruch. ☉ — Hügel, Sand= u. Kiesgruben, Acker= u. Wegränder, Dörfer, Gehöfte. 7—10. — Im südl. Fl. ziemt. häufig, im übrigen Geb. seltener. Z. B. 2 N. Am Papenteich u. an der Papenmühle; Veltheimsburg. 2 W. Weg Barl.=Meitzend. 2 B. Hohes Elbuf. Hohenwarte. 3 S. Rainabh. bei Bedend. 3 W. Schleibnitz; Wanzl.; Henneberg; A. bei Kl. Oschersl.; Kiesgr. Stemmern. 3. M. Sandgrube Hohenwarsl.; Niederndodel.; A. bei Hohenbobel. 4 O. Hohlweg bei Neindorf; A. u. Dorf Gr. Alsl. 4 E. Mehrfach bei Gr. Germersl., Hadmersl., Egeln, Hakeborn u. am Hafel. 4 S. Frohier B.; Frohse; Prexien; Kiesgr. bei Glinde; Gr. Mühlingen; Mühlinger B. 4 B. Sandlöcher bei Barby. 4 Z. Triftniederung u. Dorf Steutz; Aken. 5 S. Weg Fördersl.=Uelnitz; Kiesgr. Gänsefurt; Hohlweg Hecklingen; Ch. Staßfurt=Rathmannsb. 5 C. A. Eikend.; Zens; Zenfer B.; Weg bei Glöthe: Kiesgr. bei Zuchau. 5 B. Grasabh. bei Hohendorf; Weg Bernb.=Gröna; Grönaer Stbr.; Uferabh. Nukrena; Höhen bei der Georgsburg; Giersl.; Kl. Schierstädt.

705. S. nigrum. L. Schwarzer N. — St. ästig, Aeste kantig, nebst den Bl. behaart; Bl. ei=rautenf. ob. eif., buchtig=gezähnt ob. fast ganzrandig; Blth. klein, in Dolden ob. wenig verzweigten Afterbolden; Blkr. weiß; Beere schwarz. ☉ — Aecker, Gärten, Schutt, Dörfer, Wegränder; auch Ufer. 7—10. — Variirt: b. mit grünen Fr. (S. chlorocarpum. Spenner als Art.) u. c. mit grün=gelben Fr. (S. humile. Bernh. als Art.) — Die Stammart im Geb. sehr gemein; auch die Var. b. nicht selten; die Var. c. sehr selten (4 Z. Weg Poleimühle=Badez).

706. S. Dulcamara. L. Bittersüßer N. (Bittersüß). — St. strauchartig, windend; Bl. ei=herzf., die oberen spießf., die obersten lancettl.; Blth. fast mittelgroß, in meist blatt=gegenst. Afterbolden; Blkr. violett, am Grunde mit grünen Flecken, Zpfl. später zurückgeschlagen;

---
1) Lat. Name für die Gattung „Nachtschatten".

Solaneen.

Beere roth. ♄ — Zäune, feuchtes Gebüsch, Erlenbr., Waldsäume, Weidenwerder, Bäche, Ufer. 5'—8'. Im Geb. sehr häufig.

707. S. tuberosum. L. Knolliger N. (Kartoffel). — W. knollentragend; St. ästig; Bl. unpaarig=gefiedert; Blth. ziem:. groß, in fast gipfelst., wenig verzweigten Afterdolden; Blkr. 5=eckig, weiß, röthl. od. blau; Beere grün od. grünlich=gelb. ♃ — Aus Amerika als Kulturpfl. eingeführt. 6—8. — In verschiedenen Variet. überall geb.

293. Phýsalis¹). L. Schlutte.

K. 5=sp., bleibend u. sich vergrößernd; Blkr. rad=glockenf.; Staubb. zsneigend, der Länge nach aufspringend; Beere in den aufgeblasenen Fruchtkelch eingeschlossen.

708. P. Alkekengi. L. Gemeine S. (Judenkirsche). — St. vom Grund an ästig, die oberen Bl. zu 2, die unteren auch einzeln; Bl. eif., zugespitzt, ganzrandig od. seicht geschweift, in den Blstiel auslaufend; Blth. mittelgroß, einzeln, blattwinkelst.; Blkr. weiß; Fruchtkelch groß, mennigroth, die dunkelrothe Beere weit umschließend. ♃ — In Gärten; unter Gesträuch. 7—9. — Im Schloßgarten zu Barby u. zw. Gr. u. Kl. Rosenburg vor 100 J. nach Scholler in Menge; jetzt aus dem Geb. fast ganz verschwunden (4 S. Hummelberg, im Garten). Zuweilen in Gärten als Zierpfl.

294. Hyoscýamus²). L. Bilsenkraut.

K. röhrig, 5=sp., bleibend; Blkr. trichterf., Saum 5=lappig; Kapsel bauchig, oben zsgezogen, mit einem Deckel ringsum aufspringend.

709. H. niger. L. Schwarzes B. — St. aufrecht od. aufsteigend, ästig, nebst den Bl. zottig, klebrig; WBl. eif.=längl., buchtig=fiedersp., gestielt; StBl. eif. bis längl., buchtig=gezähnt, stengelumfassend; Blth. ziemL. groß, einzeln, blattwinkelst., fast sitzend; Blkr. gelblich, mit dunkel=violettem Adernetze u. violettem Schlunde. ☉ u. ☉ — Dörfer, Wegränder, Schutt, Steinbr., trockene Höhen; auch wohl in Futterkr. 5'—10'. — Im Geb. häufig, bes. in den Sandgegenden.

295. Nicotiána. L. Tabak.

K. röhrig=glockig, 5=sp. ob. =zähnig, bleibend; Blkr. röhrig=trichterf., Saum faltig, 5=lappig; N. kopfig; Kapsel rundl., vom Fruchtkelch eng umschlossen, an der Spitze mit 2 sich spaltenden Klappen aufspringend, vielsamig; S. sehr klein. — Drüsig=behaarte Kräuter mit gipfelst. Blth.=Rispen.

710. N. Tabacum. L. Gemeiner T. — St. aufrecht, oben ästig; Bl. längl.=lancettl., zugespitzt, sitzend, die unteren herablaufend; K. 5=sp.; Blkr. rosenroth, Röhre lang, oben bauchig, Zpfl. des Saumes zugespitzt. ☉ — Cult. 7—8. — In den nördl. Sandgegenden, bes. auf moorigem Sandboden, häufig gebaut.

711. N. rustica. L. Bauern=T. — St. aufrecht; Bl. eif., stumpf, gestielt; K. 5=zähnig; Blkr. gelblich=grün, Röhre kurz, fast glockig, Zpfl. des Saumes stumpf. ☉ — Cult. 7—9. — Im Geb. selten gebaut; zuweilen auf Aeckern verwildert.

---

1) Von φυσαλίς, Blase; wegen des aufgeblasenen Fruchtkelchs. — 2) Von ὗς, Schwein, u. κύαμος, Bohne.

† **Petúnia.** Juss. **Petunie** (Tabaksblume).

K. 5=th.; Blkr. trichterf., Saum faltig, 5=lappig; Kapfel 2=fächerig, 2=klappig, vielsamig. — Drüsig=behaarte Kräuter mit ganzrandigen Bl. u. großen, blattwinkelst. Blth.

† **P. nyctaginiflóra.** Juss. **Weißblumige P.** — St. ausgebreitet=ästig; StBl. längl.=eif., stumpfl.; Blthstiele länger als die Bl.; Blkr. weiß, violett=gestreift, Röhre schlank, oben wenig erweitert. ⊙ — Zierpfl. aus Südamerika. 6—10. — Häufig in Gärten.

† **P. violacea.** Lindl. **Violette P.** — St. niederliegend=aufsteigend, ästig; Bl. eif., spitz; Blstiele etwa so lang als die Bl.; Blkr. violett, mit dunklem Schlunde. ⊙ — Zierpfl. aus Südamerika. 6—10. — Häufig in Gärten. — Bildet mit der vor. zahlreiche Bastarde.

296. Datúra. L. Stechapfel.

K. röhrig, 5=sp., meist 5=kantig, abfällig mit bleibender Basis; Blkr. röhrig=trichterf., Saum faltig, 5=lappig; Kapsel eif., stachelig, 4=fächerig, 4=klappig, vielsamig.

712. D. Stramónium. L. Gemeiner S. — St. aufrecht, gabelästig, nebst den Bl. kahl; Bl. gestielt, breit=eif., ungleich=buchtig=spitz=gezähnt; Blth. groß, einzeln, gipfel= u. seitenst.: Blkr. schneeweiß. ⊙ — Dörfer, Gärten, Schutt, Wegränder. 7—9. — Im Geb. meist nicht selten.

65. Familie. Scrophularineen, Scrophularineae. R. Br.

Kräuter (selten Sträucher) mit meist gegenüberstehenden Bl.; Blth. Zwitter; K. getheilt, bleibend; Blkr. gewöhnl. unregelm.: Stbgf. meist 4, zweimächtig (selten gleich), ob. 2, ob. 5; Frkn. 2=fächerig, mehr=eiig; Gf. 1: N. 1, meist 2=lappig; Fr. eine 1= ob. 2=fächerige Kapfel; S. zahlreich.

Die Scrophul. zerfallen in 4 Gruppen, die auch wohl als selbständige Familien betrachtet werden:
1. Verbasceen. Blkr. ungleich, radf. ob. 2=lippig; Stbgf. 5 ungleiche, ob. 4 zweimächtige; Staubb. schief= ob. quer=aufliegend (Verbascum. Scrophularia.).
2. Antirrhineen. Blkr. ungleich; Stbgf. 4 zweimächtige, ob. 2; Staubb. an der Basis ohne Anhängsel. (Gratiola. Digitalis. Antirrhinum. Linaria. Veronica. Limosella.)
3. Rhinanthaceen. Blkr. 2=lippig; Stbgf. 4, zweimächtig; Staubb. an der Basis stachelspitzig. (Melampyrum. Pedicularis. Rhinanthus. Euphrasia.)
4. Orobancheen. Blkr. 2=lippig; Stbgf. 4 zweimächtig; Staubb. ohne Anhängsel; Samenträger wandst. — Blattlose Schmarotzer. (Orobanche. Lathraea.)

1. Gruppe. Verbasceen. Blkr. ungleich, radf. ob. 2=lippig; Stbgf. 5 ungleiche, ob. 4 zweimächtige; Staubb. schief= ob. quer=aufliegend; Kapsel 2=fächerig.

297. Verbascum. L. Wollkraut (Königskerze).

K. 5=th.; Blkr. radf., Saum 5=lappig, ungleich; Stbgf. 5, ungleich; Staubf. meist wollig=behaart; Kapsel eif. ob. kugelig, an der Spitze 2=klappig. — Steif=aufrechte, meist filzige ob. wollige Kräuter.

1. Rotte. Blth. kurz=gestielt, in Büscheln, welche ährenf. um einen einfachen ob. verästelten Blthstengel gereiht sind.

A. Bl. völlig herablaufend; Blkr. gelb; Wolle der Staubf. weiß.

713. V. Schraderi. Meyer (V. Thapsus. L.). Schraders W. — St. nebst den Bl. u. K. dicht=filzig=wollig; Bl. längl.=elliptisch, klein=gekerbt, die untersten gestielt, die oberen sitzend, von Bl. zu Bl. herablaufend; Blthstengel meist einfach; Blth. kaum mittelgroß; Blkr. trichter=radf.;

Scrophularineen (Verbasceen). 183

die 2 längeren Staubf. 4 mal so lang als ihre Staubb.; N. oben breit, fast kopfig. ⊙ — Hügel, Mauern, Gebüsch, Waldsäume. ·7—9·— Im Geb. selten: 2 N. Stadtmauer Neuhaldensl. 3 S. Bach u. Weidengeb. unweit des Neindorf=Eggenstedter Weges; am Hohen H. (Königsberg). 4 O. M. des Amtsgartens Hadmersl. 4 S. Schönb. Friedhof; Weg am Elbuf. hinter dem Kapitelbusch.

714. V. thapsiforme. Schrad. Großblumiges W. — St., Bl. u. Blthstengel wie vor.; Blth. über mittelgroß (doppelt so groß als vor.); Blkr. radf., die 2 längeren Staubf. 1½ bis 2 mal so lang als ihre Staubb.; N. keulenf., oben schmal. ⊙ — Hügel, Sandäcker u. Sandtriften, Haiden, Wegränder, Dörfer, Steinbr.; auch an Ufern. ·7—10·— In den Sandgegenden meist häufig (auf sand. Brachfeldern zuweilen wie ges.); im übrigen Geb. weniger häufig.

B. Bl. kurz= od halb=herablaufend; Blkr. gelb; Wolle der Staubf. weiß.

715. V. phlomoides. L. Windblumenähnl. W. — Die untersten Bl. in den Blstiel verschmälert, die oberen sitzend, kurz= od. halb=herablaufend; sonst Alles wie bei der vor. ⊙ — Hügel, Gebüsch, Wälder, Dämme, Ufer. 6·—10·— Im Elb=Al. ziemt. häufig, sonst im Geb. selten, z. B. 2 N. Anhöhe bei Belsdorf. 2 W. Rogätzer F. u. Schloßgarten; in u. um Rogätz. 2 B. Elbuf. Hohenwarte. 3 M. Glacis; Damm der alten Elbe bei Pechau. 4 S. Damm der alten Elbe bei Randau; Grünewald (reichl.); Elbufer. 4 B. Elbdamm Glinde; Weggr. Monplaisir=Barby; Elbdamm u. Fährstelle Barby; Grüneberger u. Tochheimer F.; Löderitzer F.; Saaluf. Kl. Rosenburg gegenüber. 4 Z. Elbdamm Aken; Elbuf. Roslau.

C. Bl. nicht herablaufend; Blkr. gelb.

a. Wolle der Staubf. weiß.

716. V. Lychnitis. L. Lichtnelkenartiges W. — St. schwach=filzig, dicht=beblättert; Bl. gekerbt, oberseits fast kahl, unterseits fein=filzig, die unteren längl.=elliptisch, in den Blstiel verschmälert, die oberen ei.=lancettl. u. lancettl., kurz=gestielt, die obersten sitzend; Blthstengel bis oben ästig, eine pyramidenf. Rispe bildend; Blth. kaum mittelgroß. ⊙ — Hügel, Haiden, Dörfer, Mauern, Kirchhöfe, Grasgr., Ufer. 6—10.— Im Sand=Fl., Dl. u. Sand=Al. häufig; im übrigen Geb. selten.

716 u. 714. V. Lychnitis × V. thapsiforme. — Bl. oberseits dicht=kurz=haarig, unterseits fein=filzig, halb=herablaufend; Blthstengel unten ästig, oben einfach; Blkr. mittelgroß od. fast mittelgroß. ⊙ — Zwischen den Eltern. 7—9. — Im Geb. selten. 2 N. Neuhaldensl. F. (Benitz). 4 Z. Graben des Reppichauer Bruchs.

b. Wolle der Staubf. dunkel=violett.

717. V. nigrum. L. Schwarzes W. — St. sehr schwach=filzig, meist roth ob. braun angelaufen; Bl. gekerbt, oberseits fast kahl, unterseits fein=filzig, die unteren längl.=breit=eif. mit herzf. Basis, lang=gestielt, die oberen eif.=längl., zugespitzt, kurz=gestielt, die obersten lancettl., sitzend; obere Seite des Blstiels u. der Blrippe meist geröthet: Blth.=stengel einfach, od. unten ästig, oben einf.: Blth. ziemt. klein. ⊙ — Haiden, Waldränder, Dörfer, Mauern, Kirchhöfe, Bäche, Ufer. ·7—10. — Im Dl. häufig; im übrigen Geb. zerstreut.

717. u. 716. V. nigrum × V. Lychnitis. — Blstiel u. Blrippe grün, nicht geröthet; Blthstengel rispig; Wolle der Staubf. weißlich=violett. ⊙ — Zwischen den Eltern. 7—9. — Im Geb. sehr selten: 2 N. Neuhaldensl. F. (Benitz).

2. Rotte. Blth. lang=gestielt, einzeln, selten zu zweien, an dem Blthstengel eine verlängerte Traube bildend; Bl. nicht herab=laufend.

718. V. phoeniceum. L. Violettes W. — St. mit Wurzelbl.=Rosette, fast schaftartig, grau=behaart; Bl. undeutl.=gekerbt, oberseits kahl, unterseits flaumhaarig, die wurzelst. gestielt, eif. ob. längl., die

ſtengelſt. viel kleiner, ſitzend, faſt ſchuppenartig; Blthſtengel einfach; Traube
drüſig=behaart; Blth. mittelgroß; Blthſtielchen einzeln, viel länger als die
kleinen, lineal=lancettl. Deckbl.; Blkr. dunkel=violett, mit gelbl. Grunde,
ſelten fleiſchroth; Wolle der Staubf. violett. ⊙ — Trockene Höhen, Wälder, beſ.
Nadelwälder. ·6—·7 (—8). — Im Geb. zerſtreut; z. B. 2 N. Terraſſe des Vorw. Glüſig
(reichl.). 2 W. Rogätzer u. Ramſt. F. 2 B. Blaue Berge bei Pietzpuhl. 3 L. F. Magdeb.
Forth. 4 S. Frohſer B. (ſpärl.); Sandhöhe beim Pilm; F. Vogelgeſang bei Gommern.
4 B. Löbberitzer F.: Diebziger Bſch. (reichl.). 4 Z. Moſigkauer F. (am Thorhauſe). 5 B.
Triſtabh. vor dem Parforcehauſe u. alter Weinberg daſelbſt.

718 u. 714. V. phoeniceum × V. thapsiforme. — St. bis oben dicht=beblät=
tert; Bl. ſchwach=filzig, etwas herablaufend; Blth. über mittelgroß, in Büſcheln zu 2 u. 3;
Blkr. ſchmutzig=roth. ⊙ — Zwiſchen den Eltern. ·7—·8. — Im Geb. ſehr ſelten. 2 W.
Rogätzer F.

718 u. 715. V. phoeniceum × V. phlomoides. — St. ohne Wbl.=Roſette, bis
oben locker=beblättert, dicht=, faſt filzig=behaart; Bl. fein=gekerbt, oberſeits dicht=behaart,
unterſeits fein=filzig, die unteren geſtielt, längl., die oberen ſitzend, an Größe gleichmäßig
abnehmend; Blthſtengel einfach; Blth. über mittelgroß; Blthſtielchen einzeln, ſo lang ob.
doppelt ſo lang als das breit=eif., zugeſpitzte Deckbl.; Blkr. ſchmutzig=roth. ⊙ — Zwiſchen
den Eltern. 6′—·7′ — Im Geb. ſehr ſelten. 4 B. Löbberitzer F.

718 u. 716. V. phoeniceum × V. Lychnitis. — St. ohne Wbl.=Roſette, bis
oben locker=beblättert, dicht=grauhaarig; Bl. deutl. gekerbt, oberſeits faſt kahl, unterſeits
fein=filzig, die unteren geſtielt, längl.=elliptiſch, die oberen ſitzend, längl., an Größe gleich=
mäßig abnehmend; Blthſtengel einfach; Blth. mittelgroß, in Büſcheln zu 2 u. 3; Blkr.
ſchmutzig=gelb, violett=überlaufen. ⊙ — Zwiſchen den Eltern. ·7—·8 — Im Geb. ſehr
ſelten. 3 L. F. Magdeb. Forth., unter Kieſern nach Drewitz zu.

719. V. Blattária. L. Motten=W. — St. dicht=beblättert,
ohne Wbl.=Roſette, nebſt den Bl. kahl; Bl. grob=gezähnt, die unteren
längl., in einen kurzen Blſtiel verſchmälert, die oberen mit breiter Baſis
ſitzend, an Größe gleichmäßig abnehmend; Blthſtengel einfach; Traube
drüſig=behaart; Blth. mittelgroß; Blthſtielchen einzeln, ſelten zu 2, ſo lang
ob. doppelt ſo lang als die ei=lancettf. Deckbl.; Blkr. gelb, am Grunde
violett=bärtig; Wolle der Staubf. violett. ⊙ — Wälder, Gebüſch, Dämme,
Wegränder. ·7—10. — Im Elb=Al. häufig; im übrigen Geb. ſelten.

719. u. 715. V. Blattaria × V. phlomoides. — St. nebſt den Bl. kurz=be=
haart; Bl. gekerbt=gezähnt, kurz=herablaufend; Blthſtengel oben einfach, unten kurz=äſtig,
nebſt den Blthſtielchen u. K. drüſig=behaart; Blth. über mittelgroß; Blthſtielchen zu 2
ob. einzeln, kaum länger als die lancettf. Deckbl.; Blkr. gelb; Wolle der Staubf. weiß=
violett. ⊙ — Zwiſchen den Eltern. ·7—·8. — Im Geb. ſehr ſelten. 4 S. Grünewald.

298. Scrophulária [1]). L. **Braunwurz.**

K. 5=ſp. ob. 5=th.; Blkr. 2=lippig, Röhre bauchig, faſt kugelig,
Oberlippe vorgeſtreckt, 2=lappig, Unterlippe kürzer, 3=lappig, der mittlere
Lappen zurückgeſchlagen; Stbgf. 4, zweimächtig; Kapſel kugelig ob.
eif., ſpitz, 2=klappig; Klappen ganz ob. 2=ſp.

720. S. nodosa. L. Gemeine B. — W. knollig=verdickt, Knolle
mit langen Faſern beſetzt; St. 4=kantig, nebſt den Bl. kahl; Bl. eif.,
doppelt=geſägt, Blſtiel ungeflügelt; Blth. zieml. klein, in endſt. Rispen;
Zpfl. des K. ſtumpf, ſehr ſchmal häutig=berandet; Blkr. grün=braun, Ober=
lippe purpur=braun. ♃ — Feuchte Wälder, Gebüſch, Gräben, Bäche,
Ufer. ·6—8· — Im Geb. häufig.

721. S. Ehrharti. Steven. (S. aquatica. der meiſten Autoren).
Ehrhart's B. — St. breit=geflügelt 4=kantig, nebſt den Bl. kahl;
Bl. eif.=längl., eif. ob. etwas herzf., meiſt ſcharf=geſägt, Blſtiel geflügelt;
Blth. klein, in endſt. Rispen; Zpfl. des K. ſehr ſtumpf, breit häutig=be=
randet; Blkr. grünlich=roth. ♃ — Waſſergr., Bäche, Ufer, naſſe Wieſen=

---

1) Von Scrophula, Kropf, Scrophel; wegen früheren arzeneilichen Gebrauchs.

Scrophularineen (Antirrhineen).

stellen. 7—10. — Im Sand=Fl. u. im Dl. nicht selten; im übrigen Geb. weniger häufig (hier z. B. 1 C. Aller bei Walbeck u. Gr. Bartensl. 3 S. Wgr. der Allerwf. bei Wormsd. 4 O. Bodeuf. zw. Gröningen u. Krottorf; Goldbach Hornhausen. 5 S. Gänsefurter Bsch. 5 B. Mühlengr. der Wipper bei Kölbigk u. bei Warmsdorf; Dröbelscher Bsch.; Wgr. der Sumpfwf. bei Kormigk); im Al. der Elbe noch nicht beobachtet. — Von der vor. durch den breit=geflügelten St. leicht zu unterscheiden; St. u. Bl. größer, Blth. kleiner.

† S. vernalis. L. — Frühlings=V. — St. 4=eckig, nebst den Bl. zottig=behaart; Bl. gestielt, herzf., eingeschnitten=doppelt=sägezähnig; Blth. klein, in gestielten, blattwinkelst. Wickeln; Zpfl. des K. zugespitzt; Blkr. grünlich=gelb. ⊙ — Aus Süddeutschl. 5—6. — In Anlagen u. auf Friedhöfen zuweilen verwildert. (4 Z. Friederikenb.; Ankuhner Friedh.)

2. Gruppe. **Antirrhineen.** Blkr. ungleich; Stbgf. 4 zweimächtige, od. 2; Staubb. an der Basis ohne Anhängsel; Kapsel 2=fächerig.

299. Gratíola[1]). L. Gnadenkraut.

K. 5=th., am Grunde mit 2 Deckbl.; Blkr. 2=lippig, Röhre trichterf., Oberlippe ausgerandet, Unterlippe 3=lappig, die Lappen gleich groß; Stbgf. 4, 2 davon unvollkommen; N. 2=lappig; Kapsel eif., spitz, 2=klappig.

722. G. officinalis. L. Gebräuchl. G. — W. gegliedert, kriechend; St. aufrecht od. aufsteigend, 4=kantig; Bl. gegenst., sitzend, schmal=lancettl., an der Spitze gesägt, hellgrün; Blth. ansehnl., blattwinkelst., gestielt; Blkr. mit weißem od. weißröthlichem Saume u. gelbl. Röhre. ♃ — Wiesenniederungen, feuchte Gräben, Teichränder, Lachen, Ufer. ·7—9· — Im Al. der Elbe häufig u. stets sehr gesellig, im übrigen Geb. selten (hier z. B. 1 C. Wiesengr. bei Böddenfeld (reichl.); Rand des Flechtinger Schloßteiches. 2 N. Waldwf. der Sinngrünberge; Krumme Wi. der Veltheimschen F. 3 L. Trift nördl. v. Liezower Bruch. 4 E. Bodewf. bei Unseburg. 4. B. Gr. Ehlewf. bei Gommern).

300. Digitális[2]). L. Fingerhut.

K. 5=th.; Blkr. röhrig=glockig, mit schiefem, 4=sp. Saume; Stbgf. 4, zweimächtig; N. 2=lappig; Kapsel eif., spitz, 2=klappig. — Kräuter mit aufrechtem St. u. gipfelst. Blth.=Trauben.

† D. purpurea. L. Rother F. — St. graufilzig; Bl. oberseits kurzh., unterseits filzig, ei=lancettl. bis lancettl., gekerbt, die unteren gestielt, die oberen sitzend; Blkr. groß, purpurroth, selten weiß. ⊙ — Bergwälder. 6—9. — Im Geb. nicht wild, aber häufige Zierpfl. in Gärten.

723. D. grandiflora. Lam. (D. ambigua. Murr.) Großblüthiger F. — St. schwach=flaumig, oben drüsig=behaart; Bl. fein=flaumig, gewimpert, längl.=lancettl., fein=gezähnt, die untersten in den Blstiel verschmälert, die oberen halb=stengelumfassend; Blkr. groß, gelb, drüsig=behaart. ♃ — Wälder. 6·—8· — Im Fl. u. Dl. zerstreut; z. B. 2 N. Sinngrünberge bei Hilgesb.; Pudegrin; Zernitz; Bodendorfer F.; Alvensl. F.; Plankensche F.; (Butterwinkel u. Colbitzer Linden, reichl.) 3 S. Saures H. 4 E. Hakel (reichl.) 4 B. *Tochheimer F. (Rauher Berg). 4 Z. F. Friedrichsholz, 5 B. Pfaffenbusch bei Fredl.

301. Antirrhinum[3]). L. Löwenmaul.

K. 5=th. od. 5=sp.; Blkr. 2=lippig, maskirt; Röhre weit, am Grunde sackartig; Oberlippe 2=sp. od. 2=th., Unterlippe 3=sp. mit aufgeblasenem Gaumen, Gaumen den Schlund verschließend; Stbgf. 4, zwei=mächtig; Kapsel schief=eif., oben mit 3 (seltener 2) mehrzähnigen,

---

1) Von gratia, Gunst, Gnade; wegen der Heilkraft. — 2) Von digitale, Fingerhut; bezügl. der Form der Blth. — 3) Von ἀντί, gegen, u. ῥίς, ῥινός, Nase; nach der Gestalt der Fruchtkapsel.

runden Löchern aufspringend. — Kräuter mit einfachen, ganzrandigen Bl. —

† A. majus. L. Großes L. — St. aufrecht ob. aufsteigend; Bl. lancettl.; Blth. ansehnl., kurz-gestielt, in endst. Trauben; 3pfl. des K. breit=eif., viel kürzer als die Blkr.; Blkr. purpurroth ob. weiß, Gaumen gelb. ♃ — Zierpfl. aus Südeuropa. 6—8. — In Gärten beliebte Zierpfl.; an alten Mauern öfters verwildert.

724. A. Oróntium. L. Feld=L. — St. aufrecht, einfach ob. ästig; B. lancettl. ob. schmal=lancettl., die unteren gegenst., die oberen abwechselnd; Blth. ziemtl. klein, kurz-gestielt ob. sitzend, entfernt, blattwinkelst.; 3pfl. des K. lineal=lancettl., so lang ob. länger als die Blkr.; Blkr. rosenroth. ⊙ — Gärten, Aecker, bes. Gemüseland. 6—10. — Im Geb. ziemlich häufig; z. B. 2 N. Gt. Bischofswald; A. Bodend.; Süplingen; Gt. u. A. Neuhaldensl.; Neuenhofe. 2 W. A. Rogätz. 2 B. A. am Brehm. 3 S. Gt. Drurberge. 3 M. A. Sudenburg; Prester; Wahliz. 3 L. Gt. Drewitz; Hohenziatz; Gt. u. A. Gr. Lübars; A. Loburg; Gt. Kalitz. 4 O. A. Meierweiden=Hadmersl. 4 S. A. Westerhüsen; Grünewalde; Schönebeck; Salze. 4 B. A. Wertleitz; Gr. Rosenburg; Löbderitz; Kühren. 4 Z. Gt. Strinum; A. Zerbst; Bias; Chörau. 5 C. A. Tornitz.

302. Linária[1]). Tourn. **Leinkraut.**

K. 5=th.; Blkr. 2=lippig, maskirt, Röhre kurz, aufgeblasen, am Grunde gespornt; Oberlippe 2=sp. ob. 2=th., Unterlippe 3=sp. mit aufgeblasenem Gaumen, Gaumen den Schlund mehr ob. weniger verschließend; Stbgf. 4, zweimächtig; Kapsel kugelig, oben durch Klappen in 2 ovale Löcher aufspringend.

1. Rotte. St. niederliegend, vom Grunde aus in fadenf. niedergestreckte Aeste getheilt; Bl. breit, sämmtl. gestielt; Blth. blattwinkelst., lang=gestielt, ziemtl. klein.

725. L. Cymbalária[2]). Mill. Eckigblättr. L. — St. nebst den Bl. u. Blthstielen kahl; Bl. herzf., im Umriß rundl. ob. nierenf., 5=eckig=lappig; Blkr. hell=violett, Gaumen gelb, Sporn gerade, kurz (kaum $1/2$ so lang als die Blkr.), stumpf. ♃ — An Mauern, in Felsenspalten. ·6—10· — Im Geb. nicht häufig, aber stets sehr gesellig; z. B. 1 C. Schloßgarten Flechtingen, bes. im Felsen. 2 N. M. des Schloßgart. zu Altenhausen; Veltheimsburg zu Alvensl. (reichl.). 3 S. Garten=M. in Ummendorf. 3 M. Festungs=M. u. Elbmauer zw. Citadelle u. Schleuse. 3 Z. Zerbst M. am Haidethor; Schloßgarten am alten Gewächshause u. Kanalbrücke am neuen Gewächshause.

726. L. Elatine. Mill. Liegendes L. — St nebst den Bl. behaart; Bl. ei=spießf., die unteren eif.; Blthstiele kahl; Blkr. weißlich, Oberlippe blau=violett, Unterlippe gelb; Sporn gerade ob. schwach=gebogen, so lang als die Blkr., spitz. ⊙ — Aecker, bes. Thon=, Lehm=, Letten= ob. Kalkboden. ·7—10. — Im Kalk=Fl., m. S., u. im Thon=Al. häufig; im Dl. selten u. nur auf fruchtb. Boden (hier z. B. 1 C. A. Horstmühle=Uthmöden. 1 B. A. Angern. 2 N. A. Hillersl.=Wahld. 2 B. M. bei der Külzauer Mühle; A. an der Grabower Busch=Ziegelei. 3 M. A. neben den Quellen des Puhlmühlengrabens. 3 Mö. A. Möckern; Wallwitz; A. am Wendel= u. am Zipragraben; Leitzkau. 3 L. A. Kleps. 4 Z. A. Badez; Hohen= u. Niederlepta; Zerbst=Eichholz; Kermen); im Sand=Fl. noch nicht beobachtet.

727. L. spuria. Mill. Unächtes L. — St. nebst den Bl. behaart; Bl. rundl.=eif., ganzrandig; Blthstiele behaart, Blkr. weißlich, Oberlippe schwarz=braun, Unterlippe gelb; Sporn bogig, so lang als die Blkr. ⊙ — Aecker mit Thon= ob. Lettenboden. 7—10. — Im Geb. selten; bisher nur zu beiden Seiten der Zipra u. im Geb. der Saale; hier aber reichl. u. stets in Gemeinschaft mit der vor.; u. zwar: 3 Mö. Aecker (mürber Lettenboden) am Zipra=

---

1) Von linum, Flachs, Lein; wegen Aehnlichkeit der Blätter einiger Arten dieser Gattung mit denen des Flachses. — 2) Von cymbalum, Cymbel, Becken; wegen der Form der Bl.

Scrophularineen (Antirrhineen).

graben ¼ St. östl. v. Vehlitz c. 1½ St. hinauf bis zur Richtung Dalchau-Ladeburg. 4 B. A. südl. v. Tornitz; 5 C. A. um Schwarz; bei Wispitz; an der Sprohne. 5 B. A. Bernburg auf den Höhen der Kaltberge u. im Thale unweit des Felsenkellers u. am Porforcehause; A. im Thale bei Aberstädt; Plötzau- Gr. Wirschl.; Besedow-Poplitz; Neu Besen; hochgelegener A. am Weinberg bei Gnölbzig; A. im Thale bei der Georgsburg. — Erreicht im Geb. die Nordgrenze.

2. **Rotte. St. aufrecht; Bl. schmal-lancettl ob. lineal, in den Blstiel verschmälert ob. sitzend; Blth. in mehr ob. weniger lockeren Trauben.**

728. L. minor. Desf. Kleines L. — St. ästig, nebst den Bl. drüsig-behaart; Bl. schmal- bis lineal-lancettl., in den Blstiel verschmälert, die unteren gegen-, die oberen wechselst.; Blth. klein, lang-gestielt, blattwinkelst., in lockeren Trauben am Ende des St. u. der Aeste; Blkr. hellviolett mit blaßgelbem, bräunlich-gestreiften, den Schlund nicht schließenden Gaumen; Sporn kurz; Same längl., gefurcht. ☉ — Aecker (besonders Thon-, Lehm-, Letten- u. Kalkboden); auch Steinbr., Feldgr., Dämme. 5'—10'· — Im Kalk-Fl. m. E., u. im Thon-Al. häufig, fast stets L. Elatine begleitend, nur meist noch häufiger; im Dl. viel seltener, vorzugsweise auf Letten- u. Mergelboden, doch auch auf fruchtb., moorigen Sand.

729. L. arvensis. Desf. Feld-L. — St. unten ästig, nebst den Bl. kahl; Bl. lineal, sitzend, am Grunde u. an der Spitze verschmälert, die unteren zu vieren; Blth. klein, sehr kurz-gestielt, in endst. Trauben; Traube gestielt, gedrängt, später sehr locker; Blkr. hellblau mit dunkleren Streifen, Gaumen weiß ob. gelb mit violettem Adernetze; Sporn gekrümmt, fast so lang als die Blkr.; Same blei-grau, flach, glatt, kreisrund mit breitem Flügel. ☉ — Aecker, bes. magere u. sandige. ·7—10'· — Im Dl. ziemt. häufig, im übrigen Geb. selten. Z. B. 1 C. A. Calvörde-Bültringen. 1 B. A. Uchtdorf-Mahlwinkel. 2 N. A. Satuelle; Neuhaldensl.; Neuenhofe (reichl.); Wedringen-Hillersl. 2 W. A. Rogätz. 2 B. A. Hohenwarte; Detershagen; Burg, hinter dem Bierkeller; an der Grabower F. 3 Mö. A. Vehlitz; Schallberg. 3 L. A. Magdb. Forth; Schopsdorf; Riesdorf; Gr. Gloina; Loburg; Kalitz; Göbel. 4 O. A. Emmeringen (auf der Kieshöhe). 4 S. A. der Westerhüsener B.; Beiendorf; Frohse; Schönebeck (Stadtfeld); Grünewalde (sandschlammiger Boden). 4 Z. A. um Zerbst nach Töppel, Vogelbeerd, Pulspforda, Jütrichau, Bias u. Eichholz; A. bei der Thießener Mühle; Mühlstädt-Meinsdorf; Tornau; Roslau; Aken; Chörau.

† S. striata. Dec. Gestreiftes L. — St. ästig, nebst den Bl. kahl; Bl. wie vor.; Blth. ziemt. klein, in mehr ob. weniger gedrängten Trauben, Stiel so lang als die Blkr.; Blkr. grau-weißl. ob. bläul. mit violetten Streifen u. violettem Adernetze am Gaumen; Sporn kurz, stumpf; Same eif., 3-kantig, flügellos. ♃ — Unkultivirte Orte, Mauern 7—9'· — Zuweilen verwildert (4 B. M. des Seminargartens zu Barby).

730. L. vulgaris. Mill. Gemeines L. — St. einfach ob. ästig, nebst den Bl. kahl; Bl. lineal-lancettl. bis lineal, spitz, gedrängt- u. zerstreutst., sitzend; Blth. ansehnl., blattwinkelst., kurz-gestielt, in gedrängten, endst. Trauben; Blkr. hellgelb mit safrangelbem Gaumen; Sporn lang (so lang als die Blkr.), spitz, gerade; Samen flach, rauh, mit häutigem Flügel. ♃ — Aecker, Wegränder, Grasgr., Raine, Wiesen, Wälder; auch Bäche, Ufer, Mauern. 6—10'·— Gemein.

303. Verónica. L. **Ehrenpreis.**

K. 4- ob. 5-th.; Blkr. radf., 4-lappig, der obere Lappen breiter; Stbgf. 2; N. ungetheilt; Kapsel ausgerandet.

1. **Rotte. Traube blattwinkelständig.**

A. Kelch 4-theilig.

731. V. scutellata. L. Schildfrüchtiger E. — St. liegend u.

aufsteigend, am Grunde ästig; Bl. sitzend, lineal=lancettl., entfernt=
gezähnelt; Blth. klein, in sehr lockeren Trauben; Blkr. weißlich, mit
rosenrothen Adern; Fruchtstiel lang, wagerecht=abstehend ob. zurückge=
bogen; Kapsel flach=zsgedrückt, tief=ausgerandet, schildf. ♃ —
Nasse ob. sumpfige Wiesenstellen, feuchte Gräben, Ausstiche, Bäche, Teich=
ränder. 5·—8· — Im Geb. nicht selten.

732. V. Anagallis. L. Wasser=E. — St. zuweilen aufrecht, meist
am Grunde wurzelnd u. aufsteigend; Bl. sitzend, lancettl., spitz, gesägt;
Blth. klein, in etwas lockeren Trauben; Blkr. bläulich=weiß, ob. blaß=
roth mit dunkleren Adern; Frstiel mäßig=lang, wagerecht=abstehend; Kapsel
rundl., seicht=ausgerandet. ♃ — Wassergr., Lachen, Teichränder, Bäche,
Ufer, nasse Wiesen. 5·—9· Im Geb. häufig.

733. V. Beccabunga. L. Bachbungen=E. — St. am Grunde
wurzelnd, aufsteigend: Bl. kurz=gestielt, längl. ob. elliptisch, stumpf,
sägezähnig; Blth. klein, in etwas lockeren Trauben; Blkr. blau mit dunkleren
Adern; Frstiel wie vor.; Kapsel rundl., gedunsen, seicht=ausgerandet. ♃ —
Wassergr., Bäche, Teichränder. 5·—9· Im Geb. häufig.

734. V. Chamaedrys. L. Gamander=E. (Männertreue). — St.
am Grunde wurzelnd, aufsteigend, zweireihig=behaart; Bl. fast sitzend
ob. sitzend, eif., eingeschnitten=gekerbt=gesägt; Blth. ansehnl., in lockeren
Trauben; Blkr. himmelblau mit dunkleren Adern u. meist weißem
Rande, selten blaßroth; Frstiel aufrecht, länger als die Kapsel; Kapsel
verkehrt=herzf., etwas gedunsen, kleiner als der K. ♃ — Wälder,
Haine, Wiesen, Triften, Grasgr., Dämme, Zäune, Bäche, Ufer. ·5—7. —
Gemein.

735. V. montana. L. Berg=E. — St. am Grunde wurzelnd, auf=
steigend, zerstreut=behaart; Bl. zieml. lang=gestielt, eif., einge=
schnitten=gekerbt=gesägt; Blth. ansehnl., in sehr lockeren Trauben; Blkr.
blaßroth mit dunkelrothen Adern; Frstiel abstehend, länger als die
Kapsel; Kapsel rundl., quer breiter, flach, größer als der K. ♃ —
Laubwälder. 5—6. Im Geb. selten: 2 N. Bartensl. F.; Bischofswald. 4 S. Grüne=
wald (bei Elbenau, vor der alten Fähre, Pfaffenhagen bei Pretzien, Tornhorst u. Wild=
allee bei Ranies). 4 Z. Röslauer F. (Oberlug). — Von der vor., sehr ähnlichen Art
durch die Behaarung des St., die lang=gestielten Bl. u. die große, flach=zsgedrückte
Kapsel leicht zu unterscheiden.

736. V. officinalis. L. Gebräuchl. E. — St. am Grunde wur=
zelnd, aufsteigend, nebst den Bl. rauhh.; Bl. kurz=gestielt, verkehrt=eif.
bis elliptisch, gesägt: Blth. klein, in gedrungenen Trauben; Blkr. hellblau
mit dunkleren Adern, selten weiß; Frstiel aufrecht, kürzer als die
Kapsel; Kapsel verkehrt=herzf., fast 3=eckig, drüsig=behaart. ♃ —
Trockene Wälder, Haiden, Waldwiesen, Raine, Grasabh. 5·—7. — Im Fl.,
Tl. u. Sand=Al. häufig; im übrigen Al. sehr selten (3 M. Biederitzer Bsch.)

B. K. 5=th., der fünfte Zpfl. klein, zahnf.

737. V. prostrata. L. Gestreckter E. — St. am Grunde
liegend, vor dem Blühen gestreckt, die blühenden schief=aufsteigend;
St. u. Bl. dicht= u. kurz=grauh.; Bl. sehr kurz=gestielt, längl.= bis
lineal=lancettl., gekerbt=gesägt; Blth. zieml. ansehnl., in gedrungenen
Trauben; Blkr. hellblau mit dunkleren Adern; Frstiel aufrecht, so lang
ob. etwas länger als die Kapsel; Kapsel verkehrt=eif., seicht=ausgerandet,
kahl. ♃ — Sonnige Höhen, Grasabh., Dämme, Raine, Grasgr., grasige Weg=
ränder, trockene Wiesenstellen, Haiden. ·5—6 Im Tl. häufig u. meist gesellig;
im übrigen Geb. weniger häufig, jedoch nicht selten.

Scrophularineen (Antirrhineen).

738. V. latifolia. L. Breitblättr. E. — St aufsteigend, nebst den Bl. behaart; Bl. sitzend, eif.=längl., eingeschnitten=gesägt; Blth. ansehnl. in etwas gelockerten Trauben; Blkr. schön blau mit dunkleren Adern; Frstiel aufrecht, länger als die Kapsel; Kapsel rundl., ausgerandet, behaart. ♃ — Laubwälder, Gesträuch, Wiesen, Dämme, Höhen. 5'—'7. Variirt: *α*. major (Schrad. als Art) Bl. breit=längl., mit herzf. Basis halbstengelumfassend; Pfl. größer; —*β*. minor (Schrad. als Art); Bl. schmal=längl. mit eif. Basis sitzend; Pfl. kleiner. — Im Kalk=Fl., m. E., u. im Al. ziemt. häufig; im Sand=Fl. u. im Dl. selten. 3. B. 1 C. Rehm; Allerwf. bei Walbeck; kalksteinige Höhen zw. Walbeck u. Schwanefeld (reichl.). 2 N. Klepperb.; Pudegrin; Gebüsch an der Veltheimsburg; Wellenb. 2 W. Ggr. am Feldweg zw. Wolmirst. 2 B. Blumenthaler Wf.; Deichwall; Burg, Abhang hinter dem Bierkeller; bew. Hohlweg bei Hohenseden. 3 S. Friederikenb. bei Neindorf; Hohes u. Saures H. 4 E. Hakel; Kalksteinbr. nörbl. v. Friedrichsaue; Wehl. 4 S. Kapitelbusch; Elbdamm nach Ranies *(β.)*. 4 B. Damm zw. Glinde u. Elbe *(β.)*. 5 S. Hecklinger Bsch. 5 C. Saaldamm Gritzehne=Werkleitz (*α*. u. *β*.); Saaldamm Gritzehne=Rosenburg *(β.)*; Syrohne *(β.)*. 5 B. Saalwiesen häufig u. fast nur die Var. *α*., die überhaupt im Geb. vorherrscht.

2. Rotte. Trauben endst., dicht=gedrängt, ährenf. (zuweilen mit Nebentrauben); Deckbl. sehr klein, lineal od. pfrieml.; K. 4=th.; Blkr.=Röhre walzl.

739. V. longifolia. L. Langblättr. E. — W. kriechend; St. aufsteigend=aufrecht, nebst den Bl. behaart; Bl. sämmtl. gestielt, gegenst., zu 2, od. 3, selten 4, lancettl., lang=zugespitzt, mit ei= od. herzf. Basis, scharf=gesägt; Traube einzeln od. mit einem unteren Kranz von Nebentrauben; Blkr. blau; Frstiel aufrecht, so lang od. kürzer als die Kapsel; Kapsel rundl., gedrungen, ausgerandet, kahl. ♃ — Feuchte Wiesen, Waldränder, Gebüsch. 6'—10. Variirt in der Behaarung u. in der Form der Bl.: *β*. maritima (Schrad. als Art), Bl. schmal=, fast lineal=lancettl., an der Basis abgerundet od. keilf. — Im Al., bes. in dem der Elbe häufig; sonst sehr selten (3 M. Ufer u. Wf. der Potstrine. 4 Z. Dogelheerd; Vogelremise zw. Zerbst u. Buhlendorf; Wgr. zw. Zerbst u. Pulspforba). — Die Var. *β*. im Geb. selten.

740. V. spicata. L. Aehriger E. — W.kriechend; St. aufsteigend=aufrecht, nebst den Bl. grauh.; Bl. gegenst., nur zu 2, lancettl. bis lineal=lancettl., kurz=zugespitzt, stumpf= bis flach=sägezähnig, die unteren gestielt, die oberen sitzend; Trauben einzeln, sehr selten mit Nebentrauben; Blkr. blau; Frstiel wie vor.; Kapsel behaart. ♃ — Sonnige Hügel, trockene Wälder, Haiden. '6—9. — Variirt in der Behaarung u. in der Breite der Bl. — Im Sand=Fl. u. im Dl. häufig, auch im Sand=Al. u. auf den Hügeln mit nordischem Grand; sonst selten (1 C. Rehm).

3. Rotte. Trauben endst., locker; StBl. allmälig in Deckbl. übergehend; K. 4=th.; Blkr.=Röhre sehr kurz.

A. Same flach, schildf.

741. V. serpyllifolia. L. Quendelblättr. E. — St. am Grunde wurzelnd, aufsteigend; Bl. eif. od. längl., schwach=sägezähnig od. ganzrandig; Blth. gestielt; Blkr. weiß mit blauen od. rothen Adern; Frstiel aufrecht, länger als die Kapsel; Kapsel zsgedrückt, verkehrt=herzf., quer breiter, stumpf=ausgerandet. ♃ — Wälder, feuchte Triften, Wiesen, Aecker. 4'—10. — Im Geb. häufig.

742. V. arvensis. L. Feld=E. — St. aufrecht od. aufsteigend; Bl. herzeif., gekerbt, die blüthenst. lancettl., ganzrandig; Blth. klein, fast sitzend; Blkr. hellblau; Frstiel aufrecht, kürzer als die Kapsel; Kapsel verkehrt=herzf. ☉ — Aecker, Wegränder, Grasgr., Triften, Wiesen, Raine, Dämme, grasige Waldstellen. 4—9. — Im Geb. sehr häufig.

743. **V. verna. L.** Frühlings=E. — St. steif=aufrecht; Bl. fiederth., die beiden untersten eif., gesägt, die blüthenst. lancettl., meist ganzrandig, Blth. klein, fast sitzend; Blfr. blau; Frstiel aufrecht, kürzer als die Kapsel; Kapsel zsgedrückt, verkehrt=herzf. ☉ — Trockne Hügel, Grasabh., Raine, Triften, Wegränder, Aecker, Haiden. 4—'6 — Im Sand=Fl. u. im Dl. häufig, u. meist gesellig; auch im Sand=Al. u. auf Hügeln mit nord. Grand; sonst selten (3 S. Trifthügel bei Gehringsd. 3 M. Schwalbenufer bei Buckau. 5 S. Trifthügel bei Hecklingen. 5 B. Hohlweg bei Droja; Bergrücken Georgsburg=Rothenburg).

B. Same concav, beckenf.

744. **V. triphyllos. L.** Dreiblättr. E. — St. aufrecht ob. aufsteigend; Bl. fingerig=getheilt (der Mittellappen breiter), die untersten eif., ganzrandig ob. gezähnt, die blüthenst. 3= u. 2=th., die obersten ungetheilt, lineal=lancettl.; Blth. zieml. ansehnl., gestielt; Blfr. schön blau; Frstiel aufrecht=abstehend, länger als die Kapsel; Kapsel verkehrt=herzf., gedunsen, quer breiter. ☉ — Aecker, bes. Sandäcker, Wegränder, Grasgr., Triften, Raine, Mauern. 3'—5'. — Im Geb. häufig, in den Sandgegenden gemein.

745. **V. praecox. All.** Früher E. — St. aufrecht ob. aufsteigend; Bl. herz=eif., gekerbt, die blüthenst. längl.=eif. bis lancettl.; Blth. zieml. klein, gestielt; Blfr. blau, selten blaßroth; Frstiel aufrecht, länger als die Kapsel; Kapsel verkehrt=herzf., gedunsen, länger als breit. ☉ — Kalkliebend. — Aecker, Grasgr., Raine, Mauern. ·4—6. — Im Kalk=Fl. häufig; im Sand=Fl. u. im Dl. selten u. meist nur auf mergeligen Sandboden (2 N. südl. Wall der Albensl. F. 2 B. A. bei der Külzauer Mühle. 3 MÖ. A. Zehdenick=Vehlitz; Mödern=Zeppernick. 4 Z. A. Trebnitz; Töppel; Güterglück).

4. Rotte. Blth. blattwinkelst., eine beblätterte, lockere Traube bildend; Frstiel zurückgebogen; Same concav. — St. vom Grund aus ästig, niederliegend.

746. **V. agrestis. L.** Acker=E. — Bl. längl.=oval, am Grunde stumpf ob. keilf., gekerbt=gesägt, meist hellgrün; Blth. zieml. klein, langgestielt; Kelchzpfl. schmal=oval, länger als die Kapsel, nach 2 Seiten stark=auseinandergehend; Blfr. weiß, ob. weiß mit blauem Oberlappen; Frstiel doppelt so lang als die Kapsel; Kapsel gedunsen, stark=ausgerandet, quer breiter; S. in jedem Fache 5—6. ☉ — Aecker, Gärten, Dorfstr. 4—10. — Im Dl. u. Elb=Al. nicht selten; im übrigen Geb. weniger häufig.

747. **V. polita. Fr.** Glatter E. — Bl. breit=oval, am Grunde herzf., tief=gekerbt=gesägt, dunkelgrün; Blth. zieml. klein, lang=gestielt; Kzpfl. breit=oval, zugespitzt, so lang ob. kürzer als die Kapsel, schwach=auseinandergehend; Blfr. blau; Frstiel doppelt so lang als die Kapsel; Kapsel gedunsen, stark=ausgerandet, quer breiter; S. in jedem Fache 8—10. ☉ — Aecker, Gärten, Wegränder. 4—10. — Im Fl. u. Al. gemein; im Dl. nur auf gutem, fruchtb. Boden.

748. **V. Buxbaumii. Tenore. (V. Tournefortii. Gmel.)** Buxbaums E. — Bl. breit=oval, fast herzf., grob=gekerbt=gesägt, saftgrün; Blth. ansehnl., sehr lang gestielt; Kzpfl. schmal=oval, länger als die Kapsel, sehr stark=, fast wagerecht=auseinandergehend; Blfr. hellblau od. bläulich=weiß mit dunkelblauen Adern; Frstiel 3—4=mal so lang als die Kapsel; Kapsel gekielt, sehr stumpf=ausgerandet, quer viel breiter, erhaben=netzaderig; S. in jedem Fache meist 6. ☉ — Aecker. 4—10. — Eingeschleppt ob. eingewandert; im J. 1866 im Geb. zuerst beobachtet, jetzt bereits vollständig eingebürgert, mit jedem Jahre sich mehr verbreitend: 2 N. A. Gr. Bartensl. 2 W. A. am Unterholzerberg. 3 S. A. Eilsleben; A. am Hohen H. 3 W. A.

Scrophularineen (Rhinanthaceen).

Kl. Dscherßl.; Wanzl. 3 M. A. Subenburg; St. der Puhlmühle. 3 L. A. Loburg. 4 E. A. Heteborn. 4 B. A. Pömmelte; Barby; Wespen; Kl. Rosenburg. 5 C. A. Sachsendorf. 5 B. A. am Fuß der Westerberge an der Wipper. — Größer in St., Bl. u. Blth. als die beiden vor.

749. V. hederifolia. L. Epheublättr. E. — Bl. rundl., am Grunde abgestutzt ob. schwach=herzf., kerbig= 3= bis 5=lappig, Mittellappen breit; Blth. klein, lang=gestielt; Kzpfl. breit=herzf., zugespitzt, länger als die Kapsel, aufrecht; Blkr. hellblau, röthl.= geadert, kleiner als der K.; Frstiel viel länger als die vom 4=kantigen Fruchtkelch eingeschlossene, rundl. Kapsel; S. in jedem Fache 1—2. ⊙ — Aecker, Wegränder, Grasgr., Hecken, Gesträuch, Anlagen, Laubwälder, Erlenbr. 3—5. — Gemein.

304. Limosélla[1]). L. **Sumpfkraut**, Schlammling.

K. 5=zähnig; Blkr. röhrig=glockig, 5=sp., fast regelm.; Stbgf. 4, zweimächtig; N. kopfig; Kapsel eif., nur am Grunde 2=fächerig; Samen= träger mittelpunktst. — Kleine, zarte, stengellose, Schlamm u. Feuchtigkeit liebende Kräuter.

750. L. aquatica. L. Wasser=S. — W. auslaufend; Ausläufer fadenf., an der Spitze wurzelnd u. Blätterbüschel treibend; Bl. lang=ge= stielt, spatelf., ganzrandig, länger als die einblüthigen Blthschäfte; Blth. klein; Blkr. weiß ob. röthlich, Röhre grün. ⊙ — Ueberschwemmt gewesene Orte, bes. Ufer, Teichränder, Ausstiche, nasse Sandgruben, Triften, Waldwege, Aecker. 7—10. — Im Al. an Flußufern u. auf überschw. gew. Aeckern häufig u. sehr gesellig; im übrigen Geb. zerstreut (hier z. B. 1 O. Triftniederung bei Belsdorf. 1 B. Df. Schernebeck; sand. Niederungen bei Mahlwinkel. 2 N. Waldweg Erz= leber F.; Uhlenburg; Teich bei Altenhausen; Triftniederung an der Ch. Bülstringen= Neuhaldensl.; Ausstich an der Ohrebrücke bei Neuhaldensl.; Df. Hillersl. 2 W. A. Wese= berg. 2 B. Df. Detershagen. 3 S. Hohes H. 3 L. Weg nördl. v. Lietzower Bruch. 4 Z. Kiesgr. an der Ch. Herbst=Babez).

3. Gruppe. Rhinanthaceen. Blkr. 2=lippig; Stbgf. 4, zwei= mächtig; Staubb. an der Basis stachelspitzig; Kapsel 2=fächerig.

305. Melampýrum[2]). L. **Wachtelweizen.**

K. röhrig, 4=zähnig; Oberlippe der Blkr. zsgedrückt, die Ränder zu= rückgeschlagen; Unterlippe gerade, 3=sp. mit 2 Wölbungen; N. stumpf; Kapsel zsgedrückt, schief=eif., spitz; S. glatt, flügellos. — Kräuter mit auf= rechten, meist ästigen St. u. gegenst., ganzrandigen Bl.; Blth. in deckblätt= rigen Aehren an der Spitze des St. u. der Aeste.

751. M. cristatum. L. Kammähriger W. — Bl. sitzend, schmal= bis lineal=lancettl.; Aehren 4=kantig, dicht=dachig; Deckbl. herz=eif., zsgeschlagen, mit abwärts gekrümmter Spitze, eingeschnitten=kammf.= gezähnt, gefärbt (röthlich ob. grünlich=weiß); Blkr. unten weißlich, oben hell=gelb, Unterlippe dotter=gelb, meist röthlich angelaufen. ⊙ — Wälder, Gebüsch. 6—9. — Im Elb=Al. nicht selten; im übrigen Geb. zerstreut. Z. B. 2 N. Pudegrin; Zernitz (reichl.); Neuhaldensl. F. (Benitz). 2 W. Rogätzer F.; Lauenholz, Wolmirst. F. 2 B. Gesträuch am kleinen Damm südwestl. von Parchau; Reesensche F.; Pennigsb. F. 3 M. Biederitzer Bsch.; Kreuzhorst. 4 O. Meierweiden (reichl.). 4 E. Hasel. 4 S. *Grünewald.; Kapitelbusch. 4 B. Löbderitzer Bsch.; Diebziger Bsch. (reichl.) 4 Z. Jü= trichauer Bsch.; Steckbyer F.; Unterbusch bei Aken.

752. M. arvense. L. Feld=W. — Bl. sitzend ob. kurz=gestielt, lineal=

---

1) Diminut. von limosus, schlammig; in Bezug auf den Standort der Pfl. — 2) Von μέλας, schwarz, u. πυρός, Weizen.

lancettl., die oberen am Grunde spießf. ob. lang=gezähnt; Aehren zieml. locker; Deckbl. ei=lancettl., pfrieml.=gezähnt, unterseits 2=reihig punktirt, die oberen purpurroth; Blkr. purpurroth mit gelblichem Ringe, Gaumen gelb. ☉ — Aecker, Hügel, Triften, Steinbr., lichte Waldstellen. 6—9. — Auf Kalk= u. Lettenboden. — Im Kalk=Fl. zerstreut; im Dl. selten; im übrigen Geb. noch nicht beob. Z. B. 1 C. Rehm; Chgr. Walbeck. 2 N. A. Kl. Bartensl. 3 M. Triftweg der Hohenwarsl. B.; Schnarsl. B. 3 L. A. Leitzkau=Ladeburg. 4 E. Alter Steinbr. am Warterücken bei Hakeborn. 5 C. *Zenser B. 5 B. Westerberge an der Wipper; Sperenberg bei Sandersl.

753. **M. nemorosum.** L. Blauer W. — Bl. gestielt, ei=lancettl.; Aehren locker, einseitswendig; Deckbl. breit=herzf., zugespitzt, pfrieml.=gezähnt, azurblau, zuweilen weiß ob. roth=violett, selten grün; K. rauhh.; Blkr. goldgelb. ☉ — Laubwälder, Haine, Gebüsch. 5—10. — Im Fl. sehr häufig; auch im Dl. u. im Al. der Elbe nicht selten u. meist sehr gesellig.

754. **M. pratense.** L. Wiesen=W. — Bl. kurz=gestielt, fast sitzend, schmal= ob. lineal=lancettl.; Aehren locker, einseitswendig; Deckbl. schmal= oder lineal=lancettl., am Grunde beiderseits 1—2=zähnig, grün; K. kahl; Blkr. weiß ob. weißl., Gaumen gelb. ☉ — Wälder, Waldwiesen. 5'—9'. — Im Fl. u. Dl. sehr häufig; fehlt im Al.

306. Pediculáris[1]). L. Läusekraut.

K. röhrig=bauchig, bei der Fr. aufgeblasen, 5=zähnig od. 2=lappig; Blkr. rachenf., Oberlippe helmf., zsgedrückt, Unterlippe gleichmäßig 3=lappig; Kapsel (u. A.) zsgedrückt, schief=eif., vom Fruchtkelch umschlossen; S. netzig=grubig. — Sumpfliebende Kräuter; Bl. (u. A.) abwechselnd, doppelt=fiederth. (u. A.) kurz=gestielt, in deckblättr. Trauben, an der Spitze des St. u. der Aeste.

755. **P. sylvática.** L. Wald=L. — W. mit Blätterrosette, mehrstengelig; Mittelstengel kürzer als die Seitenst., aufrecht, einfach, fast vom Grund aus blühend; Seitenst. gestreckt, aufsteigend, an der Spitze blühend; K. 5=zähnig, Zpfl. eingeschnitten=gezähnt; Blkr. rosenroth, ansehnl. ☉ ♃ — Moor= u. Waldwiesen. '5—9'. — Im Sand=Fl. u. Dl. nicht selten; auch auf den Bruchwiesen des Sand=Al.

756. **P. palustris.** L. Sumpf=L. — W. einstengelig; St. aufrecht, ästig; Aeste den St. nicht überragend; K. 2=lappig, Lappen eingeschnitten=gezähnt, kraus; Blkr. fleischroth, zieml. ansehnl. ☉ — Moor= u. Waldwiesen. 5—8'. — Im Sand=Fl. u. im Dl. nicht selten, jedoch nicht so häufig wie vor.; im Al. noch nicht beobachtet.

307. Rhinanthus[2]). L. Klappertopf.

K. aufgeblasen, 4=zähnig; Blkr. rachenf.; Oberlippe kurz=helmf., zsgedrückt, beiderseits mit einem Zahne; Unterlippe flach, 3=lappig; Kapsel vom Frkelch eingeschlossen; S. glatt, mit kreisrundem Flügel. — Kräuter mit 4=kantigem, aufrechten St. u. gegenst., sitzenden, einfachen, säge=zähnigen Bl.; Blth. in endst., deckblättrigen Aehren.

757. **R. minor.** Ehrh. (Alectorólophus minor. Wimm. u. Grab.) Kleiner K. — Bl. schmal=längl.=lancettl.; Deckbl. u. K. grün, oft braun überlaufen; Blkr. zieml. klein, gelb, Zahn der Oberlippe violett od.

---

1) Von pediculus, Laus. — 2) Von ῥίς, ῥινός, Nase, u. ἄνθος, Blume; wegen der Form der Oberlippe.

Scrophularineen (Rhinantaceen; Orobancheen).

weißl.; Gf. immer eingeschlossen. ☉ — Wiesen, Grasgr., grasige Waldstellen, Weidengeb. 5—7. Im Geb. sehr häufig.

758. R. major. Ehrh. (Alectorol. maj. Rb.) Großer K. — Bl. längl.=lancettl.; Deckbl. u. K. bleich; Blkr. ansehnlich, gelb, Zahn der Oberlippe violett; Gf. endlich hervorragend. ☉ — Wiesen; auch unter dem Getreide. 5—8'. — Im Geb. häufig, bes. auf Moor= u. Bruchwiesen; im Getreide fast nur in den Sandgegenden, nam. unter Roggen.

308. Euphrásia[1]). L. Augentrost.

K. röhrig=glockig, 4=zähnig; Blkr. rachenf.; Oberlippe kurz=helmf., Unterlippe flach, 3=lappig; Kapsel längl., abgestutzt ob. ausgerandet; S. gleichf.=gerippt. — Kräuter mit gegenst., meist sitzenden Bl.; Blth. kurz=gestielt, in endst., deckblättr., ährenf. Trauben.

1. Rotte. Staubb. der kürzeren Stbgf. länger stachelspitzig als die übrigen.

759. E. officinalis. L. Gebräuchl. A. — St. aufrecht; Bl. u. Deckbl. eif., meist beiderseits scharf=5=zähnig; Blkr. weiß od. bläulich mit violetten Adern, Schlund mit 2 gelben Flecken, Lappen der Unterlippe tief=ausgerandet. ☉ — Wiesen (bes. moorige u. bruchige), Triften, Grasgr., Anhöhen, Haiden, Wälder; auch wohl auf Aeckern. 7—9. — Aendert ab in der Größe des St. u. der Blth., u. in der Behaarung. — Im Fl. u. Dl. häufig; im Al. nur auf Bruchwiesen.

2. Rotte. Staubb. gleichf.=stachelspitzig.

760. E. Odontítes[2]). L. Rother A. — St. aufrecht ob. auffsteigend: Bl. u. Deckbl. lancettl.=lineal, entfernt=gejägt; Blth. einseits=wendig; Blkr. schmutzig=rosenroth, Lappen der Unterlippe ganzrandig. ☉ — Wiesen, Triften, Grasgr., feuchte Aecker, Weidengeb., Bäche; auch wohl an feuchten Waldstellen. 6—10. — Aendert sehr in der Tracht der Zweige: aufrecht=, ob. fast wagerecht=abstehend, ob. selbst zurückgebogen. — Im Geb. häufig.

761. E. lutea. L. Gelber A. — St. aufrecht; Bl. lancettl.=lineal bis lineal, undeutlich=gejägt; Deckbl. lineal, ganzrandig; Blkr. goldgelb, Lappen der Unterlippe ganzrandig; Stbgf. länger als die Blkr. ☉ — Trockene Hügel, steinige Abhänge. 7—9. — Kalkliebend. — Nur im Fl. u. auch hier selten. 2 N. Hohlweg nördlich von der Papenmühle; Hühnerküche; Priesterberg bei Alvensl. u. Hohlweg nach Gr. Germersl. zu. 5 B. (Kalkberge bei Bernburg; durch Vergrößerung des Steinbruchs abgetragen); Saalufer=Höhen bei der Georgsburg (Rönnern).

4. Gruppe. **Orobancheen.** Blkr. 2=lippig; Stbgf. 4, zwei=mächtig; Staubb. ohne Anhängsel; Kapsel 1=fächerig; Samenträger wandst. — Blattlose Schmarotzer; St. dick, mit Schuppen besetzt; Blth. in endst. Aehren ob. Trauben.

309. Orobanche. L. Sommerwurz.

K. 2=blättr., die Bl. meist 2=sp. (ob. 1=blättr., röhrig, 4—5=sp.); Blkr. rachenf., nach dem Verblühen zunächst vertrocknet stehen=bleibend, endlich bis auf den bleibenden Grund ringsum abfallend; Blth. sitzend, in deckblättr. Aehren; Deckbl. 1 (ob. 3).

---

[1]) εὐφρασία, Frohsinn; wohl mit Bezug auf die der Euphr. offic. früher zugeschriebene Heilkraft. — [2]) Von ὀδούς, ὀδόντος, Zahn; wegen früheren Gebrauchs gegen Zahnweh.

Schneider, Schulflora. II. Gefäßpfl. des Gebiets.

762. O. Galii. Duby. (O. caryophyllacea. Sm.) Labkrauts=S. — Kbl. ungefähr halb so lang als die Blkr.=Röhre; Blkr. weißl. ob. gelbl. bis rost=braun, röthlich angehaucht, über dem Rücken gekrümmt; Lippen un= gleich=gezähnelt, vorwärts gerichtet; Zpfl. der Unterlippe fast gleich, der mittlere oft größer; Stbgf. unmittelbar oberhalb der Basis der Blkr. eingefügt, dicht=behaart, oberseits nebst dem Gf. drüsig=be= haart; N. dunkelroth. — Riecht nelkenartig. ⚁ — Uncultivirte Hügel, Felder u. Wälder; auf Galium verum u. Mollugo schmarotzend. 6'.—
Im Geb. zerstreut; z. B. 4 E. Hafel; Vogelremise bei Heteborn. 4 S. Frohser B. 5 S. Höhenab. am Hedlinger Bsch. (vielfach); Weinberg bei Gänsefurt. 5 B. Kirschbaum=Plan= tage oberhalb des Sanderschl. Bsch.

763. O. rubens. Wallr. Röthliche S. — Kbl. mehr als halb so lang als die Blkr.=Röhre; Blkr. gelb, rothbraun überlaufen, oberhalb der Basis gekrümmt, auf dem Rücken gerade; Oberlippe 2=lappig mit ein wenig aufwärts=gebogenen Lappen; Stbgf. in der Biegung der Blkr. ein= gefügt, von der Basis bis zur Mitte dicht=behaart; N. wachsgelb. ⚁ — Sonnige Hügel, Abhänge; auf Medicago falc. u. sativa schmarotzend. 5'—7'. — Im Geb. selten: 1 C. Rehm (auf Sichelklee) reichl.; kalksteinige Höhen zw. Walbed u. Schwaneseld (auf Sichelklee). 2 N. Hügel an der Aller bei der Morsl. Mühle (Sichelklee). 2 B. Bew. Hohlweg bei der Hohenfedener Windmühle (Sichelklee).

310. Lathraea[1]). L. Schuppenwurz.

K. glockig, 4=sp.; Blkr. rachenf., nach dem Verblühen welkend, dann gänzlich abfällig; Oberlippe helmf., länger als die 3=kerbige Unterlippe; Frkn. am Grunde mit einer hervorspringenden, fleischigen Honigdrüse; Blth. gestielt, in deckblätt. Trauben; Deckbl. 2=reihig.

764. L. Squamaria[2]). L. Gemeine S. — W. mit fleischigen, dachziegelf. aneinander gereiheten Schuppen; St. einfach, fleischig, Traube gedrängt, einseitswendig, vor dem Aufblühen nickend; Blkr. wie die ganze Pfl. weiß, blaßroth angelaufen. ⚁ — Laubwälder, Gebüsch; auf Baumwurzeln schmarotzend. 3—5. — Im Fl. u. Tl. zerstreut; z. B. 1 B. Butum. 2 N. Crxl. F.; Bischofswald; Bodenb. F. 2 W. Rogätzer F. (Oberhagen); Unterholzer B. 2 B. Bürgerholz. 3 S. Marienborner F.; Lenchen Bsch. (reichl.). 3 L. Lob. Bürgerholz. 5 B. Sanderschl. Bsch. (vielfach); Frckl. Bsch. (vielf.).

66. Familie. Labiaten (Lippenblumen), Labiatae. Juss.

Kräuter ob. kleine Sträucher mit 4=eckigem St. u. gegen= überstehenden Aesten u. Bl.; Bl. einfach, mit zahlreichen, punktf. Oelbehältern; Blth. zwitterig, selten vielehig, meist in Wirteln (selten in Aehren ob. einzeln), mit Deckbl. ob. nackt, die Wirtel blattwinkelst., ob. ähren= ob. köpfchenf. zsgestellt: K. röhrig ob. glockenf., bleibend, regelm., 5—10=zähnig ob. 5=sp., ob. 2=lippig; Blkr. unregelmäßig, meist 2=lippig; Stbgf. 4, zweimächtig, selten 2; Frkn. 4, frei, einer unterweibigen Scheibe eingefügt, 1=fächerig, 1=eiig; Gf. einfach, in der Mitte der Frkn. aus der Basis derselben hervortretend; Fr.: 4 ein= samige Nüsse, vom K. eingeschlossen.

Anm. Die Gattungen dieser Familie gruppiren sich wie folgt:
1. Staubgefäße abwärts=geneigt.
    1. Gruppe. Ocymoideen. (Lavandula).
    2. Stbgf. nicht abwärts=geneigt.
A. Blkr. fast gleich=lappig.

---

1) Von λαθραῖος, heimlich, verborgen; wohl mit Bezug auf den unter dürrem Laube am Stamme der Bäume halb verborgenen Standort. — 2) Von squama, Schuppe; wegen der schuppigen Wurzel.

Labiaten (Ocymoideen; Menthoideen).

2. Gr. **Menthoideen.** (Elssholzia. Mentha. Pulegium. Lycopus).
B. Blkr. 2=lippig.
a. Stbgf. 2.
 3. Gr. **Monardeen.** (Salvia).
b. Stbgf. 4.
α. Stbgf. entfernt, oben auseinandertretend ob. zfneigend.
 aa. Staubb.=Fächer durch ein Connectiv getrennt.
  4. Gr. **Satureïneen.** (Origanum. Thymus. Satureja. Calamintha. Clinopodium).
 bb. Staubb.=Fächer an der Spitze zfstoßend.
  5. Gr. **Melissineen.** (Melissa. Hyssopus).
β. Stbgf. unter der Oberlippe genähert u. gleichlaufend.
 aa. Fruchtkelch an der Spitze nicht zfgedrückt (nicht geschlossen).
  aaa. Die oberen (inneren) Stbgf. länger.
   6. Gr. **Nepeteen.** (Nepeta. Glechoma).
  bbb. Die unteren (äußeren) Stbgf. länger.
   7. Gr. **Stachydeen.** (Lamium. Galeobdolon. Galeopsis. Stachys. Betonica. Marrubium. Ballota. Leonurus. Chaiturus).
 bb. Fruchtkelch an der Spitze zfgedrückt=geschlossen.
  8. Gr. **Scutellarineen.** (Scutellaria. Prunella).
C. Blkr. (scheinbar) ein=lippig.
 9. Gr. **Ajugoideen.** (Ajuga. Teucrium).

1. Gruppe. **Ocymoideen.** Blkr. 2=lippig; Stbgf. 4, zweimächtig, abwärts=geneigt.

† Lavándula[1]). L. Lavendel.

K. röhrenf., kurz 5=zähnig; Oberlippe der Blkr. 2=sp., Unterlippe 3=sp.; Stbgf. u. Gf. eingeschlossen.

† **L. vera.** Dec. (L. Spica. L., L. officinalis. Chaix.) Wahrer L. (Spiker). — Bl. lineal=längl. bis lineal, am Rande umgerollt, die jüngeren grau; Blth. klein, in ährenf. gestellten Wirteln; Blkr. blau. ♃ — Aus Südeuropa. 7—8. — Häufig in Gärten; zuweilen verwildert. —

2. Gruppe. **Menthoideen.** Blkr. trichterf.; Saum 4—5=sp., Lappen fast gleich; Stbgf. 4, (selten nur 2 ausgebildet) von einander entfernt, gerade.

† Elsshólzia. Willd. Elßholzie.

K. glockenf., 5=zähnig; Blkr. fast gleichf., 4=sp.; Staubb.=Fächer auseinanderfahrend.

† **E. cristata.** Willd. (E. Patrini. Garcke.) Kammartige E. — Bl. gestielt, elliptisch bis lancettl., nach beiden Enden zugespitzt, sägezähnig; Blth. klein, in ährenf. gestellten, deckblättr., einseitswendigen Wirteln; Deckbl. breit=eif., spitz. ⊙ — Aus Asien. 7—8. — In Gärten; zuweilen verwildert.

311. Mentha[2]). L. **Münze.**

K. 5=zähnig, Schlund offen (nicht mit Haaren verschlossen); Blkr. 4=sp., Zpfl. aufrecht=abstehend, der obere ausgerandet; Staubb.=Fächer gleichlaufend. — Aromatische Kräuter mit Ausläufer treibenden Rhizomen; Blth. klein, zahlreich, in Wirteln, die entw. ährenf. zusammengestellt ob. weit auseinander gerückt sind.

Die Arten dieser Gattung sind sehr veränderl. u. variiren mit filzigen ob. rauhh. ob. kahlen St. u. Bl., sowie mit glatten ob. krausen Bl. und mit hervorragenden ob. eingeschlossenen Stbgf.

765. **M. silvestris.** L. Wilde M. — St. weichh.=filzig; Bl. fast= ob. locker=sitzend, längl.=eif., zugespitzt, scharf=sägezähnig, unterseits weiß= filzig; Wirtel in dicht=gedrängten, lineal=walzlichen Aehren; Deckbl. lineal=pfrieml.; Blkr. röthlich=lila. ♃ — Bäche, Waffergr., Dörfer. 7—9. — Im Geb. selten. 2 N. Am Fuß des Sülzeberges; Bach bei Kl. Bartensl.; Tönnstedt. 2 W. Wgr. bei Samswegen. 4 O. Pesekendorf. 4 S. Schöneb. Friedhof.

---

1) Von lavare, waschen, baden; wegen Anwendung der Pfl. als wohlriechendes Mittel. — 2) Lateinischer Name dieser Gattung.

13*

766. M. aquatica. L. Waſſer-M. — St. einfach ob. oben äſtig, nebſt den Bl. behaart; Bl. geſtielt, eif., ſtumpf ob. kurz-zugeſpitzt, gesägt: Wirtel am St. u. an den Aeſten endſt., kugelig-köpfig, oft noch mit 2 ob. 4 darunter geſtellten, kugeligen Wirteln; Kelchzähne aus 3-eckiger Baſis lang-zugeſpitzt, Röhre gefurcht; Blkr. blaßroth ob. lila. ♃ — Waſſergr., Teiche, Bäche, Ufer, Ausſtiche, Sumpfſtellen, Erlenbr., Weidengeb., naſſe Wiesen. 7—10. — Im Fl. u. Tl. häufig u. meiſt ſehr geſellig, ebenſo im Al. der Bode; in dem der Saale u. Elbe ſelten.

767. M. arvensis. L. Acker-M. — St. u. Bl. behaart; Bl. geſtielt, eif., kurz-zugeſpitzt, gesägt: Wirtel blattwinkelſt., kugelig; Kelchzähne 3-eckig-eif., ſo lang als breit, Röhre glatt, lang-behaart; Blkr. blaßroth ob. lila. ♃ — Ufer, Bäche, Teiche, Kulke, Waſſergr., Ausſtiche, Weidengeb., feuchte Waldſtellen, naſſe Wiesen, feuchte Aecker. 7—10. — Im Geb. ſehr häufig.

312. Pulégium¹). Mill. **Polei.**

K. gefurcht, 5-zähnig, faſt 2-lippig: Fruchtkelch mit Haaren geſchloſſen; Blkr. 4-ſp. Zpfl. aufrecht-abſtehend, der obere ganz, Röhre plötzlich in einen bauchigen, vorne kielig-zſgedrückten Schlund erweitert.

768. P. vulgare. Mill. (Mentha Pulegium. L.) Gemeiner P. — St. unten wurzelnd, aufſteigend; Bl. klein, geſtielt, elliptiſch, ſchwach-gesägt; Blth. klein, zahlreich; Wirtel kugelig, end- u. blattwinkelſt., von einander entfernt; Blkr. lila, selten weiß. ♃ — Ufer, Triften, Wieſenvertiefungen; an überſchwemmt gew. Orten. 7—10. — Im Al. der Elbe zieml. häufig u. geſellig; z. B. 1 B. Bertinger alte Elbe. 2 M. Wieſenvertiefung an der Ohremündung bei Rogätz; Trift neben dem Mordahl-See. 3 M. Alte Elbe bei Loſtau; Elbuf. beim Herrnkrug; am Preſterſchen See; Kreuzhorſt. 4 S. Grünewalde; Plötzky; Wſ. u. Forſt bei Pretzien; Trift bei Glinde. 4. B. *Ronnei; Triftlöcher bei Breitenhagen. 4 Z. Triftniederungen zw. Steuz u. Elbe; Oberlug (Wſ. u. Forſt) bei Roßlau.

313. Lýcopus²). L. **Wolfsfuß.**

K. 5-ſp.; Blkr. 4-ſp., der obere Zpfl. öfters ausgerandet; Stbgf. nur 2 vollkommen, 2 unfruchtb. ob. gänzl. fehlend. — Ausläufer treibende, geruchloſe Kräuter; Blth. klein, zahlreich, in blattwinkelſt. Wirteln.

769. L. europaeus. L. Gemeiner W. — St. meiſt äſtig; Bl. kurz-geſtielt, längl.-eif. bis lancettl., zugeſpitzt, grob-eingeſchnitten-gezähnt, die unteren an der Baſis fiederſp.; Blkr. weiß, oft mit rothen Punkten. ♃ — Waſſergr., Teiche, Bäche, Ufer, Sümpfe, Ausſtiche, Weidengeb., Erlenbr., feuchte Waldſtellen. 7—9. — Im Geb. ſehr häufig.

770. L. exaltatus. L. fil. Hoher W. — St. meiſt einfach, schlank; Bl. geſtielt, eif. bis lancettl., zugeſpitzt, sämmtl. fiederſp.; Blkr. wie vor. ♃ — An feuchten Waldſäumen, in Ausſtichen. 7—8. — Im Geb. ſehr ſelten, bisher nur im Al. der Elbe. 3 M. Ausſtich an der Berliner Ch.; Südſaum der Kreuzhorſt.

3. Gruppe. **Monardeen.** Blkr. 2-lippig; zwei fruchtb., unter der Oberlippe gleichlaufende Stbgf.

314. Sálvia³). L. **Salbey.**

K. röhrig-glockig, 2-lippig; Blkr. rachenf., Oberlippe helmf., Unterlippe 3-lappig; Stbgf. 2, die unfruchtb. fehlend ob. kurz; Staubb.-

---

1) Lat. Name für diese Gattung. — 2) Von λύκος, Wolf, u. πούς, Fuß. — 3) Lat. Name für Salv. offic.; von salvus, heil, gesund.

Fächer durch ein fadenf. Connectiv weit getrennt, das eine Fach fehl=
schlagend.

A Blth. ansehnlich, kurz=gestielt, in wenigblüthigen Wirteln
ährenf. zsgestellt.

† S. officinalis. L. Gebräuchl. S. — St. strauchig, Aeste nebst den jüngeren
Bl. graufilzig; Bl. gestielt, längl. bis lancettl., fein=runzelig; Wirtel meist 6=blüthig;
Blkr. violett, selten weiß, blau od. roth. ♄ — Aus Südeuropa. 6—7. — Vielfach in
Gärten; zuweilen verwildert.

771. S. pratensis. L. Wiesen=S. — St. krautig, nebst den Bl.=
stielen zottig, oberwärts nebst Deckbl., K. u. Blkr. drüsig=behaart;
Bl. runzelig, unterseits weichhaarig, doppelt=gekerbt, die wurzelst. lang=
gestielt, ei=herzf., mehr od. weniger eingeschnitten, die stengelst. längl.,
die unteren gestielt, die oberen sitzend; Deckbl. eif., zugespitzt, so lang
od. kaum so lang als der K., viel kürzer als die Blth.; Wirtel
meist 6=blüthig; Blkr. groß, schön dunkel= od. hellblau, selten roth
od. weiß. ♃ — Trockene Wiesen, Triften, Raine, grasige Anhöhen, Dämme,
Grasgr., Steinbr. 5—7· (9 u. 10). — Im Kalk=Fl., m. S., u. im Al. häufig (auf
den Saal= u. Wipperwf. oft wie geg.); im Sand=Fl. u. im Dl. weniger häufig.

772. S. sylvestris. L. Wilder S. — St. krautig, kurz=grauh.,
drüsenlos, dicht=beblättert; Bl. fein=runzelig, unterseits graufilzig, einfach=
od. doppelt=gekerbt, die unteren gestielt, die oberen sitzend, längl.=lan=
cettl., stumpf od. spitz, allmälig an Größe abnehmend; Deckbl. eif.,
lang= u. fein=zugespitzt, länger als der K., so lang od. fast so lang
als die Blth., meist violett angelaufen; Wirtel meist 6=blüthig;
Blkr. mittlgroß, violett od. dunkelblau. ♃ — Sonnige Höhen,
Grasabh. der Mulde. 6—10. — Im Kalk=Fl. zerstreut, im Al. sehr selten, ver=
schwindet durch Beackerung der Hügel u. Abhänge im Geb. mehr u. mehr. Z. B. 3 W.
Kalkhöhen bei Sülb. u. Hohlweg Sülb.=Langenweddingen. 3 M. Hohenwarsl. B.; Com=
mandantenwerder am Damm der Eisenb.=Brücke; Chgr.=Abh. vor Dodendorf. 4 O. Weg
bei Wulferst. nach Wegeleben zu. 4 S. Weg Beiend.=Sohlen; Frohse=Welsl.; *Hummelb.;
Mühlinger B. 5 S. Rathskalkhütte bei Stassfurt. 5 B. Grasabh. u. Df. Adersf.; Gras=
abh. beim Pfarrhause; Schloßberg Bernburg. — Ist hier der vor. durch den reich=
beblätterten St., die schmäleren Bl., die größeren Deckbl. u. die kleineren Blth. leicht zu
unterscheiden. — Erreicht im Geb. die Nordgrenze.

B. Blth. ziemlich klein, lang=gestielt, in vielblüthigen, kugeligen, rispig=
gestellten Wirteln.

† S. verticillata. L. Wirtelständiger S. — St. nebst den Bl. kurz=zottig=
behaart; Bl. fast 3=eckig=herzf., ungleich=grob=sägezähnig; Blth. vor u. nach der
Blthzeit hängend; Blkr. blau. ♃ — Aus Süd= u. Mitteldeutschl. 7—8· — Im Geb. hier
u. da eingeschleppt. (4 O. Weg bei Wulferst., nach Wegel. zu. 4 E. Stadtmauer Krop=
penstedt. 4 S. Grasrand bei Frohse).

4. Gruppe. **Satureïneen.** Blkr. 2=lippig; Stbgf. 4, von ein=
ander entfernt, oben auseinandergehend od. zsneigend; Staubb.=Fächer
durch ein fast 3=eckiges Connectiv getrennt.

315. Origanum. L. **Dosten.**

K. röhrig, 5=zähnig od. schief=gespalten; obere Blkr.=Lippe
gerade, ausgerandet, untere 3=lappig, die Lappen fast gleich; Stbgf. oben
auseinandertretend, vorragend. — Blth. klein, in zahlreichen, kurzen,
deckblättrigen Aehren, die rispenartig zsgestellt sind.

773. O. vulgare. L. Gemeiner D. — St. nebst den Bl. weich=
haarig; Bl. gestielt, eif., kurz=zugespitzt, fast ganzrandig; Rispe dolden=
artig; Blth. vielehig=2=häusig; Deckbl. eif., zugespitzt, oben roth
gefärbt; K. 5=zähnig, Zähne gleich; Blkr. hellroth. ♃ — Wälder, Ge=
büsch. 7—9. — Im Fl. u. Dl. zerstreut; z. B. 1 C. Domberg u. steinige Höhen zw.

Walbeck u. Schwanefeld. 2 N. Pubegrin: Plankensche F. (Hasselberg). 2 W. Rogätzer F. (Oberhagen); Unterholzer P. 2 B. Grabower F. (Wolfshagen). 3 S. Saures H. 4 E. Hakel. 4 Z. Bew. hohes Elbuf. bei Brambach.

774. O. Majorána. L. **Majoran-D.** (Mairan). — St. ästig; Bl. gestielt, elliptisch, stumpf, ganzrandig, graufilzig: Aehren oval; Deckbl. quer breiter, abgerundet, ungefärbt, graufilzig, dicht-dachig: K. halbirt, zahnlos od. schwach-3-zähnig; Blfr. weiß od. röthlich-weiß. ⊙ u. ♃ — Gewürzpfl. aus Nordafrika. 7—8. — Häufig zum Küchengebrauch cult.

316. Thymus¹). L. **Thymian.**

K. röhrig-glockig, 2-lippig, Oberlippe 3-zähnig, Zähne kurz, 3-eckig, aufwärts-gebogen, Unterlippe 2-zähnig, Zähne lang, pfrieml.; K.-Schlund nach der Blüthe mit Haaren geschlossen; obere Blfr.-Lippe gerade, ausgerandet, untere 3-lappig; Stbgf. oben auseinander-tretend. — Aromatische, kleine Sträucher mit kleinen, ganzrandigen Bl.; Blth. klein, in endst. u. blattwinkelst. Wirteln.

Die Arten variiren: vielehig-weiblich, mit kleineren Blth. u. eingeschlossenen od. verkümmerten Stbgf. — u. zwitterig, mit größeren Blth. u. vorragenden Stbgf.

775. T. vulgaris. L. Gemeiner T. — St. strauchig, sehr ästig; Bl. lineal, spitz, am Rande umgerollt, drüsig-punktirt; in den Achseln Blätterbüschel; Blfr. hellroth. ♄ — Gewürzpfl. aus Südeuropa. 5—6. — Zum Küchengebr. häufig cult.

776. T. Serpyllum. L. Feld-T. (Quendel). — St. strauchig, aufsteigend od. niederliegend; Bl. in den Ast. verschmälert, elliptisch od. lineal-lancettl., drüsig-punktirt, kahl ob. rauhh.; Blfr. rosenroth, selten weiß. ♄ — Trockene Höhen, Haiden, trockene Wälder, Raine, trockene Wiesen, Triften, Grasabh., Grasgr., Wegränder, Steinbr. 6—9. — Variirt vielfach im Habitus, in der Behaarung, Größe der Bl. u. Länge der Stbgf. Zwei Var. treten besonders hervor:

α. Chamaedrys. Fr. (als Art). St. liegend-aufsteigend, nur an den Kanten behaart; Bl. eif.; Blth. in endst. u. blattwinkelst., ährenf., unten entfernten Wirteln.

β. angustifolius. Pers. (als Art). St. niederliegend, wurzelnd, die nicht blühenden Zweige gestreckt, die blühenden gerade-aufrecht, kurz; Bl. lineal-lancettl., mit hervortretenden Seitennerven, am Grunde längl.-gewimpert; Blth. in endst., gedrängten, kopfartigen Wirteln. — Im Geb. gemein; die Var. α. auf besserem, β. auf schlechterem Boden, nam. auf magerem Sand.

317. Saturéja. L. **Pfefferkraut.**

K. röhrig-glockig, gleichmäßig-5-zähnig, 10-riefig; obere Blfr.-Lippe gerade, ausgerandet, untere 3-lappig; Stbgf. oben bogig-zs.-neigend: — Blth. in Wirteln.

777. S. hortensis. L. Gemeines P. (Bohnenkraut). — St. aufrecht, ästig, krautig, nebst den Bl. kurzh.; Bl. schmal- bis lineal-lancettl., spitz, drüsig-punktirt; Blth. klein, gestielt, Wirtel armblüthig, blattwinkelst.; Blfr. lila, od. weiß mit violetten Punkten. ⊙ — Gewürzpfl. aus Südeuropa. 7—9. — Zum Küchengebrauch häufig geb.

318. Calamíntha. Mönch. **Calaminthe.**

K. röhrig, 2-lippig, 13-riefig, Oberlippe 3-zähnig, Unterlippe 2-zähnig; sonst wie Satureja.

---

¹) Θύμος, griech. Name für Thymian, Quendel, von θύω, opfern; wegen des Gebrauchs der Pfl. beim Opfer.

Labiaten (Satureïneen; Melissineen; Nepeteen).

778. C. Acinos. Clairv. Feld-C. — St. aufrecht ob. aufsteigend, am Grunde meist ästig u. öfters wurzelnd, nebst den Bl. kurzh.; Bl. gestielt, eif., spitz, entfernt-gesägt; Blth. kurz-gestielt; Wirtel meist 6-blüthig, blattwinkelst., am Ende der Zweige eine lockere Aehre bildend; KSchlund behaart; Blfr. blaß-violett, doppelt so lang als der K.; Fruchtkelch an der Spitze durch die anliegenden Zähne geschlossen. ⊙ — Hügel, Haidestellen, Wald- u. Wegränder, Raine, Grasgr., Steinbr.; auch Aecker, bes. in Esparsette. Auf Kalk- u. Sandboden. 5'—10. — Im Kalk-Fl., m. E., nam. in den eigentl. Kalkgegenden u. auf den Höhen mit nord. Grand, häufig; auch im Tl. meist nicht selten.

319. Clinopódium. L. **Wirbeldosten.**

Wirtel von einer aus borstl. Deckbl. zsgesetzten Hülle gestützt; sonst wie Calamintha.

779. C. vulgare. L. Gemeiner W. — St. aufrecht ob. aufsteigend, meist am Grunde wurzelnd, nebst den Bl. zottig-behaart; Bl. gestielt, eif., gezähnelt; Blth. ziemml. ansehnl., gestielt, in vielblth., endu. blattwinkelst., kugeligen Wirteln; Hülle so lang als der K. u. wie dieser stark gewimpert; Blfr. purpurroth, selten hellroth ob. weiß. ⚃ — Lichte Wälder, Haine, Gesträuch, Hecken. '7—10. — Im Fl. u. Tl. häufig, ebenso im Sand-Al. u. im Al. der Bode; im übrigen Al. selten (2 W. Lauenholz).

5. Gruppe. **Melissineen.** Blfr. 2-lippig; Stbgf. 4, von einander entfernt, oben auseinandergehend ob. zsneigend; Staubb.-Fächer an der Spitze zsstoßend.

320. Melissa¹). L. **Melisse.**

K. röhrig-glockig, oberseits flach, 2-lippig, Oberlippe 3-zähnig, Zähne kurz, 3-eckig, aufwärts-gebogen; Unterlippe 2-zähnig, Zähne mit pfrieml.-verlängerter Spitze; obere Blfr.-Lippe concav, untere 3-lappig; Stbgf. oben bogig-zsneigend.

780. M. officinalis. L. Gebräuchliche M. (Citronen-Melisse). — St. aufrecht, ästig; Bl. gestielt, eif., grob-gekerbt-gesägt, die unteren an der Basis herzf.; Blth. gestielt, in blattwinkelst. Wirteln; Blfr. weiß, länger als der K. ⚃ — Aus Süddeutschland. 7—8. — In Gärten öfters geb.

† **Hyssópus.** L. Ysop.
K. röhrig-trichterf., gleichm.-5-zähnig; obere Blfr.-Lippe 2-sp., untere 3-lappig, Mittellappen größer, verkehrt-herzf.; Stbgf. oben auseinandertretend; Staubb.-Fächer zuletzt in einer Linie wagerecht-aufliegend.
† **H. officinalis.** L. Gem. Y. — St. strauchig, ästig; Bl. lineal-lancettl., ganzrandig; Blth. in endst., einseitswendigen, ährenf.-gestellten Wirteln; Blfr. blau, zuweilen roth ob. weiß. ♄ — In Süddtschl. wild. 7—8. — Häufig in Gärten zur Einfassung; auf Mauern u. Friedhöfen zuweilen verwildert.

6. Gruppe. **Nepeteen.** Blfr. 2-lippig; Stbgf. 4, unter der Oberlippe genähert u. gleichlaufend, die oberen (inneren) länger.

321. Népeta. L. **Katzenmünze.**

K. röhrig, 5-zähnig; obere Blfr.-Lippe flach, gerade, 2-sp., untere 3-lappig, mit Mittellappen größer, concav; Stbgf. nach dem Verblühen auswärts-zurückgebogen. — Blth. in gestielten Wirteln.

---
1) Von μέλισσα, Biene; als Nahrungspfl. für die Bienen.

781. N. Catária¹). L. Gemeine K. — St. aufrecht, ästig, weichh.; Bl. gestielt, eif., spitz, am Grunde herzf., grob-gesägt, unterseits fein-graufilzig; Wirtel reichblth., gedrungen, an der Spitze des St. u. der Zweige, in oben gedrängten, unten lockeren Trauben; K. filzig-zottig; Blkr. fast doppelt so lang als der K., weiß ins Röthliche, Unterlippe rothpunktirt. ♃ — Dorfstr., Gärten; auch wohl Wege, Weidengeb., Bäche. 7—10. — Im Geb. nicht selten, jedoch wenig gesellig.

322. Glechóma. L. **Gundelrebe.**

K. walzl., 5-zähnig; obere Blkr.-Lippe flach, gerade, 2-sp., untere 3-lappig, Mittellappen verkehrt-herzf., flach; Staubb. paarweise in ein Kreuz gestellt.

782. G. hederácea. L. Gemeine G. (Gundermann). — St. niederliegend, wurzelnd, Zweige aufrecht ob. aufsteigend; Bl. lang-gestielt, gekerbt, die oberen nierenf., die oberen fast herzf.; Blth. kurz-gestielt, in blattwinkelst., armblth. Wirteln; Blkr. doppelt so lang als der K., hell-violett mit dunkleren Flecken. ♃ — Wälder, Haine, Weidengeb., Zäune, Dorfstr., Futterkr., Weg- u. Ackerränder, Grasgr., Wiesen, Bäche, Ufer. 4—7. — Gemein.

7. Gruppe. **Stachydeen.** Blkr. 2-lippig; Stbgf. 4, unter der Oberlippe genähert u. gleichlaufend, die unteren (äußeren) länger; Zähne des Frkelchs in der Regel abstehend.

323. Lámium²). **Taubenessel** (Bienensaug).

K. röhrig-glockig, 5-zähnig; Blkr. rachenf., Oberlippe helmf., ungetheilt ob. schwach-ausgerandet; Unterlippe mit breitem, verkehrt-herzf. Mittellappen, Seitenlappen sehr klein, zahnf. ob. fehlend; Blkr.-Röhre innen ob. ohne Haarkranz. — Blth. in blattwinkelst. Wirteln; Staubb. (u. A.) bärtig.

1. Rotte. Blkr.-Röhre gerade, inwendig nackt.

783. L. amplexicaule. L. Stengelumfassende T. — St. am Grunde ästig, Aeste bogig-aufsteigend; Bl. ungleich-grob-gekerbt, die unteren herz-eif. ob. rundl., gestielt, die blüthenst. sitzend, ob. fast sitzend, halb-stengelumfassend, rundl. ob. nierenf., fast gelappt; die oberen Wirtel nahe, die unteren weit-entfernt-stehend; Kzähne vor u. nach der Blthzeit zsschließend; Blkr. mittelgroß, purpurroth, Oberlippe zottig-behaart. ☉ — Aecker, Gärten; auch Dorfstr., Grasgr. 4—10. — Im Frühjahr u. Herbst meist heimlich blühend, d. h. die Blkr. öffnet sich nicht u. tritt nicht aus dem K. heraus. — Gemein.

† L. incisum. Willd. (L. hybridum. Vill.) Eingeschnittene T. — Bl. ungleich-eingeschnitten-gekerbt, die unteren eif. ob. rundl., gestielt, die blüthenst. kurz-gestielt, eif., fast rautenf., Blstiel verbreitert; Kzähne nach der Blthzeit abstehend; Blkr. ziemf. klein, hell-fleischroth. ☉ — Aecker, Gärten. 3—10. — Zuweilen eingeschleppt; unbeständig.

2. Rotte. Blkr.-Röhre über der Basis gekrümmt, innen mit einem Haarkranze.

784. L. purpúreum. L. Rothe T. — St. aufrecht ob. aufsteigend, einfach ob. am Grunde ästig, meist in der Mitte blattlos, oben dicht-beblättert; Bl. ei-herzf., gekerbt, die unteren lang-gestielt, die blüthenst. kürzer, doch deutl.-gestielt, fein-gekerbt, zugespitzt; Wirtel genähert; Kzähne

---

1) Von catus, Kater; weil die Katzen die Pfl. des Geruchs wegen aufsuchen sollen. —
2) Lat. Name für die Gattung Taubenessel.

Labiaten (Stachybeen).

nach der Blthzeit abstehend; Blkr. ziemI. klein, purpurroth, sehr selten weiß; Oberlippe kurzhaarig. — Pflanze sehr übelriechend. — ⊙ — Gärten, Aecker, Dorfstr., auch Grasgr. 3·—10. — Gemein.

785. L. maculátum. L. Gefleckte T. — St. aufrecht ob. aufsteigend, gleichmäßig beblättert; Bl. gestielt, ei-herzf., zugespitzt, grob-ungleich-kerbt-gesägt, im Frühjahr häufig weiß gefleckt; Wirtel gleichmäßig entfernt; Blkr. ansehnlich, purpurroth, selten blaßroth ob. schneeweiß; Blkr.-Röhre bauchig, nicht, ob. nur undeutlich eingeschnürt. ⚄ — Wälder, Haine, Gebüsch, Zäune, Erlenbr., Bäche, Ufer. ·4—10· — Im Al. häufig (in den Saalforsten gemein); auch im Ol. nicht selten; im Fl. weniger häufig.

786. L. album. L. Weiße T. — W. kriechend; St. aufsteigend; Bl. gestielt, ei-herzf., zugespitzt, grob-gekerbt-gesägt, nie gefleckt; Wirtel gleichmäßig entfernt; Blkr. ansehnlich, weiß, Lippen gelblich-weiß, die untere mit gelb-grünen Flecken; Blkr.-Röhre bauchig, über der Basis kerbartig eingeschnürt; Staubb. schwarz. ⚄ Dorfstr., Zäune, Dämme, Grasgr., Bäche, Ufer, feuchtes Gebüsch. — Im ganzen Geb. gemein.

324. Galeóbdolon. Huds. **Goldnessel.**

K. trichterf.-glockig, 5-zähnig; Blkr. rachenf., Oberlippe helmf., ganzrandig; Unterlippe 3-lappig, Lappen lancettf., zugespitzt, der mittlere länger; Blkr.-Röhre innen mit einem schiefen Haarkranze; Staubb. kahl.

787. G. luteum. Huds. Gelbe G. — W. kriechend; St. aufsteigend, mit rankenden Ausläufern; Bl. gestielt, eif., gekerbt, am Grunde herzf. ob. gestutzt, im Frühjahr u. Herbst, bes. die Bl. der Ausläufer, weiß gefleckt; Blth. sitzend, in blattwinkelst. Wirteln; Blkr. ansehnlich, goldgelb. ⚄ — Laubwälder, Erlenbr., feuchtes Gebüsch. ·5—6. — Im Sand-Fl. u. im Ol. nicht selten, im Kalk-Fl. weniger häufig; fehlt im Al.

325. Galeópsis. L. **Hohlzahn.**

K. röhrig, 5-zähnig, Zähne stachelig-begrannt; Blkr. rachenf., Oberlippe helmf., ganzrandig; Unterlippe 3-lappig, am Grunde beiderseits mit einem kegelf., hohlen Zahne; Seitenlappen eif., Mittellappen größer, mehr ob. weniger ausgerandet; Staubb. mit 2 Klappen aufspringend. — Blth. in blattwinkelst. Wirteln.

788. G. Ládanum. L. Acker-H. — St. weichhaarig, einfach ob. ästig, unter den Gelenken nicht verdickt; Bl. gestielt, längl- bis lineal-lancettl., entfernt-angedrückt-sägezähnig; Blkr. purpurroth, Unterlippe mit einem gelben, roth-geaderten Fleck. ⊙ — Aecker; bes. auf Kalk- u. Sandb. ·7—10. — Aendert ab in der Behaarung, Breite der Bl. u. Größe der Blth.: *α.* latifolia. Hoffm. (als Art). Bl. längl. bis längl.-lancettl.; St. oberwärts untermischt-drüsig-behaart; Blkr. mittelgroß. — *β.* canescens. Schult. (als Art). St. drüsenlos, nebst den Bl. dicht-grauhaarig; Bl. lineal-lancettl. — Im Sand-Fl. u. Ol. häufig, doch fast nur die Var. *α.*; ebenso im Kalk-Fl. auf den Hügeln mit nord. Grand u. in den Aeckern. Kaltgegenden.

789. G. Tétrahit. L. Gemeiner H. — St. ästig, rückwärts borstig-steifh., unter den Gelenken verdickt; Bl. lang-gestielt, eif. bis ei-lancettl. u. lancettl., lang-zugespitzt, gekerbt-gesägt; Blkr. mittelgroß ob. ziemI. klein, hellroth ob. weiß; Unterlippe mit einem gelben, roth geaderten Fleck. ⊙ — Aecker, Grasgr., Dorfstr., Wälder, Weidgeb., Bäche. ·7—9· — Variirt mit größeren u. kleineren Blth., mit grünen ob. mehr ob. weniger

Monopetale Dic. mit bodenft. Blfr.

dunkel gefärbten K., mit längeren ob. kürzeren K.=Grannen u. in Form u. Färbung der Unter=
lippe; β. bifida. Boenninghausen (als Art). Mittellappen der Unterlippe längl., ganz=
randig, an der Spitze ausgerandet, später am Rande zurückgerollt. — Gemein; die Var.
β. in schattigen Wäldern.

190. G. versicolor. Curt. Bunter H. — St. u. Bl. wie vor.;
K. gelb=grün; Blfr. ansehnl., hellgelb, Mittellappen der Unterlippe
dunkelgelb mit violettem Fleck. ⊙ — Laubwälder, Haine, Erlenbr.;
auch auf Aeckern im Getreide. 7—9. — Variirt: β. mit halb so großen Blth.
(kaum mittelgroß). Diese Var. unterscheidet sich von G. Tetrah. nur durch die Farbe der
Blfr. u. des K. — Im Sand=Fl. u. im Tl. nicht selten, u. meist sehr gesellig, oft wie ges.,
bes. in Erlenbr.; unter dem Getreide seltener, u. meist halb so groß hier gesellig (1 B. A. bei Bläs.
z W. A. zw. Lauenholz u. Farsl. 2 B. A. bei Burg; A. am Parchauer See; A. bei Güsen.
3 M. A. zw. Güb§ u. Magdb. 4 S. A. der Försterei Vogelgesang); — auch im Al. bei Elbe
(2 W. Wolmirst. F.; Lauenholz. 3 M. am Biederitzer Bsch. im Getreide. 4 B. Grüne=
berger F.; Ronneter F.; Lödderitzer F. 4 Z. Aken am Elbdamm; Unterbusch). Die Var.
β. mit kleinen Blth. nicht häufig (3 M. Zaun Wablitz. 3 L. Lob. Bürgerholz. 4 B.
Ehle mit Erlen bei Gommern. 4 Z. Jütrichauer Bsch.; Buchholz).

326. Stachys¹). L. Ziest.

K. röhrig=glockig, 5=zähnig; Blfr. rachenf., Oberlippe helmf., gewölbt,
Unterlippe 3=lappig, Lappen stumpf, der mittlere größer, abgerundet ob.
ausgerandet, die Seitenlappen zurückgeschlagen; Blfr.=Röhre innen mit
einem Haarkranze; Stbgf. nach dem Verblühen zigedreht; Nüsse oben
abgerundet. — Blth. sitzend ob. sehr kurz gestielt, meist in ährenf. zige=
stellten (am Grunde oft unterbrochenen) Wirteln.

1. Rotte. Wirtel reichblth.; Blfr. roth.

791. S. germanica. L. Deutscher Z. — St. meist einfach, nebst
den Deckbl. u. K. dicht=wollig= zottig, weiß=seidenglänzend;
Bl. gestielt, eif. bis längl., grob=gesägt=kerbt, wollig=filzig, die unteren
am Grunde herzf., die blüthenst. sitzend; Blfr. ziemll. klein, hellroth. ⊙ —
Anhöhen, Triften, Raine, Grasgr., Weg= u. Waldränder, Bäche. Liebt
Kalk= u. Lettenboden. 7—10. — Im Kalk=Fl., m. E., u. im Tl. ziemll. häufig;
z. B. 1 C. Weg Walbeck=Hohen, u. steinige Höhen m. Walbeck u. Schwanefeld auf uncult.
Boden u. in Esparsette (reichl.). 2 N. Höhe bei Alleringersl.; Trift an der Beber westl.
von Emden; Hühnerküche; Veltheimsburg, Rain u. Hohlweg bei Albensl. 3 S. am Hohen
H. u. in der Umgegend nach Bekend. u. Reind. zu. 3 W. Wanzl. nach Domersl. zu; (reichl.)
Weg u. Triftabh. zw. Süldorf u. Thalmühle. 3 M. Potsirine, bes. bei der Klappermühle,
u. weiter bis über Woltersb. (reichl.) 3 Mö. Trift neben der Ziprage, südl. vom Dorn=
berg (reichl.). 4 O. Schloßgr. Hornhausen u. am Goldbach. 4 S. (Trift zw. Westerhüsen
u. Frohse, umgeackert). 4 B. Trift zw. Cressow u. Prödel. 4 Z. Feldweg zw. Güter=
glück u. Hohenlepta; Ch.=Rand bei Hohenlepta; Feldweg nach Babes; Querfeldgr. zw.
Kermen u. Steckby; Chgr. von Steuz. 5 S. Weggr. Athensl.=Gänsefurth. 5 B. Weg bei
Gramsdorf.

2. Rotte. Wirtel armblüthig; Blfr. roth.

792. S. sylvatica. L. Wald=Z. — W. auslaufend, Ausläufer
fadenf., gleichstark; St. aufrecht, oben ästig, rauhh., oberwärts mit unter=
mischten Drüsenh.; Bl. rauhh., breit=ei=herzf., zugespitzt, grob=gesägt,
ziemll. lang=gestielt; Wirtel 2—6=blüthig; Blfr. mittelgroß (mehr als
doppelt so lang als der K.), braunroth, die Unterlippe weiß=gescheckt.
Pfl. widrig riechend. ♃ — Schattige Wälder, Haine, Gebüsch, Dorfzäune.
6—9. — Im Geb. häufig.

793. S. palustris. L. Sumpf=Z. — W. auslaufend, Ausläufer
an der Spitze keulenf. verdickt; St. aufrecht, meist einfach, mit abwärts=

---

1) στάχυς, Aehre; wegen der ährig=gestellten Wirtel.

Labiaten (Stachydeen).

gebogenen Haaren besetzt: Bl. weichh., längl.=lancettl. ob. schmal=
lancettl., gesägt, am Grunde abgestutzt ob. seicht=herzf., die unteren
sehr kurz=gestielt, die oberen sitzend; Wirtel 6 –12=blüthig; Blkr.
mittelgroß (doppelt so lang als der K.), purpur= ob. fleischroth, Unter=
lippe weiß=gescheckt. ⚳ — Feuchte Aecker, Ausstiche, Teichränder, Wassergr.,
Bäche, Ufer, Weidengeb., Erlenbr., feuchte Wälder. 6—8· — Im Geb. sehr
häufig.

_{793. u. 792.} S. palustris × S. sylvatica (S. ambigua. Sm.). — W. aus=
laufend, von den Ausläufern einige an der Spitze verdickt, andere nicht; St. einfach ob.
oben wenig=ästig; Bl. etwas rauhh., breit=längl.=lancettl., scharf=, fast grob=gesägt, mehr
ob. weniger lang=gestielt: Wirtel 6=blüthig; Blkr. mittelgroß, braunroth ob. hellroth. ⚳
— In der Nähe der Eltern. 7—8· — Im Geb. hin u. wieder u. wegen der leichten Ver=
mehrung durch die Ausläufer meist gesellig. 1 C. Schierholz. 2 N. Veltheimiche F. (Gr.
Hasselleben) (reichl.); Alvensl. F. (nördl. Erlengrund); Neuhaldensl. F. (Winters Bsch);
2 B. Bürgerholz.

794. S. arvensis. L. Acker=Z. — St. vom Grund aus ästig, mit wage=
recht=abstehenden Haaren besetzt; Bl. zerstreut=behaart, eif., stumpf, am
Grunde seicht=herzf., gekerbt, die unteren gestielt, die oberen sitzend; Wirtel
2—6=blth.; Blkr. klein (etwas länger als der K.), hellroth, selten weiß,
die Unterlippe mit dunkelrothen Flecken. ⊙ — Feuchte Aecker. ·7—10· —
Im Geb. ziemL. häufig, bes. auf Kalk= u. Thonboden; z. B. 1 C. A. Walbeck; Hödingen. 1 B. A.
Schernebeck; Uchtdorf; Colbitz. 2 N. A. im u. am Alvensl. Höhenzug, u. bei Neuhaldensl.
2 W. A. Rogäs; Meitzend. 2 B. A. bei der Gütterschen Ziegelei; bei der Grabower Busch=
ziegelei; 3 S. A. Marienborn; Sommerschenburg; Belsdorf; Erxl.; Ummend.; Eilsl.;
Wormsd. u. in den andern Feldmarken in der Nähe des Hohen H. nebst Seehausen u.
Ampfurth. 3 M. A. an der Berliner Ch., am Biederitzer Bsch. u. bei Biederitz. 3 Mö.
A. Dannigkow. 3 L. A. Amt Lochau; Göbel; Kleps. 4 O. A. Oschersl.; Gr. Alsl. 4 E.
A. Talld; Heteborn u. um den Hakel. 4 S. Aschendorf. Buchsfeld; A. Grünewalde. 4 B.
A. Leitzkau; Gödnitz; Tornitz u. Werkleitz; Breitenhagen; Löbderitz; Kühren. 4 Z. A.
Zerbst; am Boner Teich; Roslau; Susigke. 5 B. A. Gr. u. Kl. Schierstedt.

3. Rotte Wirtel armblth.; Blkr. gelblich=weiß.

795. S. annua. L. Jähriger Z. — St. 8—24 cm. h., gerade=auf=
recht, ästig, weichh.; Bl. gestielt, fast kahl, gekerbt=gesägt, eif. ob. eif.=längl.
bis lancettl., die blüthenst. schmal=lancettl., zugespitzt, grannenlos; Wirtel
4—6=blth.; K. zottig, Zähne schmal=lancettl., pfrieml.=stachelspitzig, fast
bis zur Spitze behaart; Blkr. weiß, mit blaßgelber, roth=punktirter
Unterlippe; Unterlippe kürzer als die Blkr.=Röhre. — Kalkliebend.
⊙ — Aecker. 7—10. — Nur im Kalk=Fl., u. auch hier nicht häufig. 4 S. A. der
Beiendorfer B. 5 C. *A. der Zenjer B. (reichl., stw. wie ges.). 5 B. A. Hohendorf; A.
der Höhen zw. Kl. Schierstädt u. Giersl.; der Höhen bei Bernburg; der Krüchern'schen
Mühlberge; der Höhen bei der Georgsburg (Könnern).

796. S. recta. L. Gerader Z. — St. 30—60 cm. h., aufsteigend=
aufrecht, ästig, kurz=fleish.=schärflich; Bl. kurz=gestielt, behaart, ange=
drückt=sägezähnig, längl.=schmal=lancettl., die blüthenst. schmal=lancettl.,
fein=zugespitzt, begrannt; Wirtel 6—10=blth.; K. kurz=steifh., Zähne 3=
eckig, zugespitzt, begrannt; Blkr. gelblich=weiß, Unterlippe mit
violetten Streifen u. Punkten, sehr lang, länger als die Blkr.=Röhre.
⚳ — Sonnige Höhen, steinige ob. sandige Abhänge; auch auf Mauern,
Friedhöfen, in Kiesgr. ·6—9. — Im Kalk=Fl. u. im Dl. nicht selten. — Von der
vor., außer durch Größe, Habitus u. Standort, bes. durch die begrannten blüthenst. Bl.
u. K.=Zähne u. durch die lange Unterlippe unterschieden.

327. Betónica. L. **Betonie.**

K. röhrig=glockig, 5=zähnig; Blkr. rachenf., Oberlippe gewölbt, zuletzt
fast flach; Unterlippe 3=lappig, Lappen stumpf, der mittlere größer, meist
gekerbt; Blkr.=Röhre innen ohne Haarkranz; Nüsse oben abgerundet.

— Blth. in einer Wirtel-Aehre, meist noch mit einem entfernten, blattwinkelst. Wirtelpaare.

797. B. officinalis. L. Gebräuchl. B. — St. aufrecht, einfach, mit langen Internodien; Bl. eif.-längl., stumpf, am Grunde herzf., grob-gekerbt, die wurzelst. lang-gestielt, die stengelst. abnehmend kürzer; K. aderlos, Zähne begrannt; Blkr. purpurroth, selten weiß, außen dicht flaumh.; Stbgf. kürzer als die halbe Oberlippe. ♃ — Lichte Wälder, Haine, Gebüsch, Wiesen. 6—10. — Im Geb. nicht selten u. meist gesellig. — Variirt mit behaartem ob. kahlem St. u. K.; bei uns bisher nur die behaarte Var. beobachtet.

328. Marrúbium. L. **Andorn.**

K. röhrig-trichterf., 5—10-zähnig; Blkr. 2-lippig, Oberlippe gerade, aufrecht, ganz ob. gesp., Unterlippe 3-lappig, der Mittellappen breiter, Röhre innen mit einem Haarkranze; Stbgf. nebst Gf. in der Blkr.-Röhre verborgen; Nüsse 3-kantig, oben abgestutzt.

798. M. vulgare. L. Gem. A. — St. weiß-filzig, am Grunde ästig; Bl. rundl.-eif., in den Blstiel auslaufend, runzelig, ungleich-gekerbt, unterseits grau-weiß-filzig, oberseits grau-grün; Wirtel vielblth., kugelig, blattwinkelst.; K. filzig, 10-zähnig, Zähne hakig-begrannt; Blkr. klein, weiß. ♃ — Dörfer, Wegränder, trockene Hügel, Triften. 6—10. — Im Geb. häufig, in den Sand- u. Kalkgegenden meist gemein.

329. Ballóta. L. **Ballote.**

K. röhrig-trichterf., stark-10-nervig, 5-zähnig; Blkr. rachenf., Oberlippe schwach-gewölbt, ausgerandet, Unterlippe 3-lappig, der Mittellappen breiter, verkehrt-herzf.; Röhre innen mit einem Haarkranze; Stbgf. länger als die Blkr.-Röhre, nach dem Verblühen gerade; Nüsse oben abgerundet. — Blth. in blattwinkelst. Wirteln.

799. B. nigra. L. Schwarze B. (Gottesvergeß). — St. ästig, nebst den Bl. weichh.; Bl. gestielt, eif., grob-gesägt: K.-Zähne begrannt; Blkr. mittelgroß, röthlich-violett (selten weiß), Unterlippe weiß-geadert. ♃ — Dörfer, Zäune, Gärten, Anlagen. 6—10. — Variirt im Habitus, in der Behaarung u. in der Form der K.-Zähne. — Sehr gemein.

330. Leonúrus[1]). L. **Löwenschwanz.**

K. röhrig-trichterf., 5-nervig, 5-zähnig; Blkr. rachenf., Oberlippe gewölbt, ganzrandig, Unterlippe 3-lappig, Lappen zsgerollt, Röhre innen mit einem Haarkranze; Stbgf. aus der Blkr.-Röhre hervorragend, die unteren nach dem Verblühen gedreht u. auswärts gebogen; Nüsse 3-kantig, oben abgestutzt. — Blth. in blattwinkelst. Wirteln.

800. L. Cardíaca[2]). L. Gem. L. (Herzgespann). — St. meist ästig, nebst den Bl. behaart; Bl. gestielt, tief-eingeschnitten-sägezähnig, die unteren herzf. ob. breit-eif., handf.-5-sp., die oberen schmäler, 3-sp., am Grunde keilf.; Kelch kahl, Zähne derb-stachelspitzig; Blkr. ziemlich klein, rosenroth, lang-weißzottig-behaart, Oberlippe aufrecht, später zurückgeschlagen, Unterlippe zu einem längl. Zpfl. zsgerollt. ♃ — Dörfer, Zäune. 6—10. — Im Tl. sehr häufig u. auch im übrigen Geb. nicht selten.

---

1) Von λέων, Löwe, u. οὐρά, Schwanz, Schweif; mit Bezug auf den langen, schweifartigen Blthstand. — 2) καρδία, Herz, καρδιακός, zum Herzen gehörig; wegen früheren Gebrauchs gegen Herzkrankheiten.

Labiaten (Scutellarineen).

331. Chaitúrus. Host. **Katzenschwanz.**

K. röhrig-trichterf., 5-zähnig; Blfr. 2-lippig, Oberlippe schwach-vertieft, Unterlippe 3-lappig, Röhre ohne Haarkranz; Stbgf. nach dem Verblühen nicht gedreht; Nüsse 3-kantig, oben abgestutzt. — Blth. in blattwinkelst. Wirteln.

801. C. Marrubiastrum. Rb. Andornartiger K. — St. schlank-aufrecht, einfach ob. ästig, Aeste aufrecht, kurz-weichhaarig; Bl. gestielt, grob-sägezähnig, oberseits grün, unterseits fein-grauweiß-filzig; K. grau-filzig, Zähne weichstachelig-begrannt; Blfr. klein, kürzer als die KGrannen, hell-rosenroth, weiß-zottig-behaart. ☉ — Wald- u. Wegränder, Zäune, Grasgr., Gebüsch, Weidenw. 7—10. — Im Al. der Elbe häufig; im übrigen Al. u. im Hl. sehr selten (2 W. Graben am Feldwege zw. Wolmirst. u. Samswegen. 3 L. Vogelremise unweit der „alten Kirche" zw. Drewitz u. Hohenziatz. 4 O. Amtsgarten Oschersl. (reichl.). 4 B. Zaun u. Weggr. Al. Rosenburg. 5 C. Gartenzaun Schwarz); im Fl. noch nicht beobachtet. — Hat mit Leonurus Card. Aehnlichkeit, unterscheidet sich aber sofort durch den schlanken Habitus, durch die unterseits filzigen, u. nur grob-gesägten, aber nicht eingeschnittenen Bl., u. durch den filzigen u. weich- (nicht derb-) stachelig-begrannten K.

8. Gruppe. **Scutellarineen.** Blfr. 2-lippig; Stbgf. 4, unter der Oberlippe genähert u. gleichlaufend, die unteren (äußeren) länger; K. 2-lippig, die obere Lippe ungetheilt ob. kurz-3-zähnig; Frkelch durch die aufeinanderliegenden Lappen flach-geschlossen.

332. Scutellária. L. **Helmkraut** (Schildkraut).

K. kurz-glockig, 2-lippig, Lippen ungetheilt, die obere auf dem Rücken mit einer vertieften Schuppe; Blfr. rachenf., Oberlippe gewölbt, 3-sp., Unterlippe ungetheilt, Röhre ohne Haarkranz. — Blth. (u. A.) einzeln, blattwinkelst., kurz-gestielt, eine beblätterte, einseitswendige Traube bildend.

802. S. galericulata. L. Gemeines H. — W. kriechend; St. aufsteigend, ästig; Bl. mehr ob. weniger kurz-gestielt, längl.-lancettl., entfernt-gekerbt-gesägt, am Grunde schwach-herzf.; K. kahl ob. kurz-flaumh.; Blfr. mittelgroß, violett-blau. ♃ — Feuchte Wälder, Erlenbr., Wassergr., Teiche, Bäche, Ufer, feuchte Wiesen, Torfstiche; auch überschwemmt gew. Aecker. 6'—9'. — Im Sand-Fl., Hl. u. Sand-Al. häufig, auch im Al. der Bode nicht selten; im übrigen Geb. weniger häufig.

803. S. hastifolia. L. Spießblättr. H. — W. u. St. wie vor.; Bl. sehr kurz-gestielt, längl.-lancettl., ganzrandig, am Grunde spießf.; K. kurz-drüsig-behaart; Blfr. über mittelgroß, violett-blau, unten weißlich. ♃ — Feuchte Wälder, Gebüsch, Weidenw., Ufer, Gräben, Teiche, feuchte Wiesen. '6—8. — Im Al. der Elbe häufig, auch im Al. der Bode nicht selten; im übrigen Geb. sehr selten (3 W. Quergr. zw. Wolmirst. u. Samswegen).

† S. altissima. L. Höchstes H. — St. aufrecht; Bl. ziemt. lang-gestielt, breitherzf., grob-gekerbt-gesägt; blüthenst. ungleich kleiner, ganzrandig, deckblattartig; Blfr. mittelgroß, violett-blau. ♃ — Aus dem südöst. Europa. 6—7. — In Parkanlagen zuweilen verwildert (2 N. Ergl. Schloßpark, in Menge).

333. Prunella. L. **Braunheil.**

K. röhrig-glockig, 2-lippig, Oberlippe abgestutzt, 3-zähnig, Unterlippe gespalten, 2-zähnig; Blfr. rachenf., Oberlippe helmf., ganzrandig, Unterlippe 3-lappig, Mittellappen größer, Röhre innen mit einem Haarkranze; die längeren Stbgf. an der Spitze mit einem Zahne ob. Höcker. — Blth. in 1—3-blüthigen Wirteln, die eine endst., deckblättr. Aehre bilden.

804. P. vulgaris. L. Gemeines B. — St. am Grunde wurzelnd, aufsteigend; Bl. gestielt, längl.=eif., ganzrandig ob. gezähnt; Aehre meist von 2 sitzenden Bl. gestützt; Blkr. mittelgroß, doppelt so lang als der K., violett, selten roth ob. weiß; Stbgf. an der Spitze mit einem dornf. Zahne. ♃ — Wiesen, Triften, Raine, Grasgr., lichte Wälder, Weidengeb., Ufer. ˙7—10. — Gemein.

805. P. grandiflora. Jacq. Großblüthiges B. — St. u. Bl. wie vor.; Aehre gestielt (ohne Stützblätter); Blkr. ansehnl., 3—4=mal so lang als der K., violett; Stbgf. an der Spitze mit einem kleinen Höcker. ♃ — Trockene Hügel, Steinbr., Waldsäume. Kalkliebend. ˙7—10.
— Im Kalk=Fl., m. E., (bes. auf den Hügeln mit nord. Grand) ziemlich häufig. Z. B. 2 N. Trifthügel an der Bever bei der Rosenmühle; Uferabhänge des Papenteichs; Priesterb. bei Albensl. u. Hohlweg nach Gr. Germersl. 3 S. Kalkanhöhe bei Belsd.; Hobes u. Saures H. 3 W. Henneberg; Anh. zw. Langenwedd. u. Sülld. 3 M. Hohenwarsl. B.; Schnarsl. B.; Hängelb. 3 Mö. Chgr. zw. Neblitz u. Möckern (verschleppt). 4 E. Hatelberg, südl. Saum des Hafel u. Stbr. um den Hatel. 4 S. *Mühlinger B.; Froßier u. Sohlensche B. 5 B. Triftabh. am Sandersl. Schießberge, u. zw. Schießb. u. Sandersl. Busch.

805 u. 804. P. grandiflora × P. vulgaris. — Oberste Stengelbl. fast an der Blthähre; Zähne der oberen Kelchlippe sehr kurz (wie bei vulg.); Stbgf. mit einem kleinen Höcker (wie grandifl.); Blkr. in der Größe die Mitte zw. vulg. u. grandifl. haltend. ♃ — Zwischen den Eltern: 2 N. Hohlweg bei Albensl. nach Gr. Germersl. zu.

9. Gruppe. **Ajugoideen.** Blkr. (scheinbar) 1=lippig; Stbgf. 4, die unteren (äußeren) länger.

334. Ajuga. L. Günzel.

K. eif.=glockig, 5=zähnig; obere Blkrlippe sehr klein, 2=zähnig; untere 3=lappig, Mittellappen größer, verkehrt=herzf.; Blkr.Röhre innen mit einem Haarkranze.

1. Rotte. Blth. in reichblth. Wirteln, die eine deckblättr. Aehre bilden; Haarkranz nicht unterbrochen. — St. einfach.

806. A. reptans. L. Kriechender G. — St. schwach=behaart, am Grunde mit Ausläufern; Bl. eif., geschweift=gekerbt, gezähnelt ob. ganzrandig, die unteren in den Blstiel auslaufend, die oberen sitzend; unterste Deckbl. schwach=gezähnelt, die oberen ganzrandig; Blkr. mittelgroß, blau, zuweilen roth ob. weiß. ♃ — Feuchte Wälder, Haine, Erlenbr., feuchte Wiesen, Grasgärten, Bäche. ˙5—˙6 u. 8—˙9. — Im Geb. meist häufig.

807. A. genevensis. L. Haariger G. — St. dicht=zottig=behaart, ohne Ausläufer; Bl. längl., kerbig=gezähnt, die unteren in den Blstiel verschmälert, die oberen sitzend; untere Deckbl. stark=gezähnt ob. ge= lappt (meist 3=lappig), die obersten ganzrandig; Blkr. mittelgroß, blau, zuweilen roth ob. weiß. ♃ — Anhöhen, trockene Hügel, Erlenbr., Moorwiesen, Grasgr.; auch sandige Brachäcker. — Auf Sand u. Kalk. ˙5—˙7 u. Herbst. — Im Tl. häufig, u. auch im Fl. u. im Sand=Al. nicht selten; im übrigen Al. nur in dem der Bode (4 E. Wehl).

2. Rotte. Blth. einzeln, gegen= u. blattwinkelst.; Haarkranz aus unterbrochenen Haarbüscheln zsgesetzt. — St. ästig.

808. A. Chamaépitys[1]). Schreb. Acker=G. — St. vom Grund aus ausgebreitet=ästig, dicht=beblättert, nebst den Bl. zottig=behaart; Bl. 3=sp., Zpfl. lineal, wohlriechend; Blth. kurz=gestielt; Blkr. gelb=

---

1) χαμαί. an der Erde, am Boden, nieder, u. πίτυς. Fichte; χαμαίπιτυς. Zwergfichte; wegen Aehnlichk. des Habitus mit der Fichte.

Labiaten (Ajugoideen). — Verbenaceen.

lich, Unterlippe citrongelb mit bräunlichen Punkten. ⊙ — Aecker, Steinbr. — Kalkliebend. 7—10. — Nur im südl. Kalk=Fl. u. auch hier selten, aber gesellig. 4 E. A. u. Stbr. am Warterücken bei Hateborn. 5 B. A. auf den Höhen des linken Wipperufers zw. Kl. Schierstädt u. Giersleben. — Erreicht im Geb. die Nordgrenze.

335. Teúcrium. L. Gamander.

K. (u. A.) glockig, 5=zähnig; Zpfl. der oberen Blfr.=Lippe auf den Rand der unteren vorgerückt, daher eine 5=lappige Unterlippe, die 4 oberen Lappen klein, fast gleich, der mittlere untere groß; Haarkranz in der Röhre fehlend. — Blth. (u. A.) in Wirteln.

1. Rotte. Wirtel 2—6=blth., blattwinkelst.

809. T. Botrys[1]). L. Trauben=G. — St. ästig, nebst den Bl. drüsig=zottig; Bl. gestielt, doppelt=fiedersp.; Blth. gestielt, die Wirtel in eine lockere, beblätterte Traube zsgestellt; K. am Grunde kropfig; Blkr. ziemlich klein, rosenroth mit einer dunkelroth=punktirten Linie. ⊙ — Steinige Höhen. Kalkliebend. 7—9. — Nur im Kalk=Fl. u. auch hier selten. 1 C. Steiniges Brachfeld am Buchberg (Lohnen) bei Walbeck; steinige Höhen zw. Walbeck u. Schwanefeld an uncult. Stellen u. in Esparsette (reichl.). 4 E. Südl. Waldrand des Hakel; Stbr. nördl. von Friedrichsaue. — Erreicht im Geb. die Nordgrenze.

810. T. Scordium[2]). L. Knoblauch=G. — St. am Grunde krie= chend, Ausläufer treibend, aufsteigend, einfach ob. ästig, weichhaarig= zottig; Bl. sitzend ob. sehr kurz=gestielt, längl. bis längl.=lancettl., gekerbt= gesägt, nach Knoblauch riechend; Blth. gestielt; Blkr. ziemlich klein, blaßroth. ♃ — Sumpfige Wiesen, Gräben, Teichränder, Ausstiche, Wei= dengeb. 7—9. — Im Al. häufig u. gesellig; im Dl. u. im Fl. zerstreut (hier z. B. 1 C. Knöllgraben Flechtingen=Böddensell; Abzugsgr. der Behnsd. Wf. nördl. am Bischofs= wald. 1 B. Weggr. Burgstall=Uchtdorf; Graben am Buktum. 2 B. Bürgerholz; Wgr. der Nachtweide. 3 S. Wf. u. Wgr. des Seelenschen Bruchs. 3 Mö. Pappstd. F.; Gr. bei Wall= witz. 4 Z. Teichrand Badez. 5 B. Wgr. am Df. Preußlitz).

2. Rotte. Wirtel in endst. Köpfchen zsgerückt.

811. T. montanum. L. Berg=G. — St. halb=strauchig, sehr ästig, niedergestreckt=aufsteigend; Bl. lineal=lancettl., ganzrandig, am Rande zurückgerollt, unterseits weiß=filzig; Blth. kurz=gestielt; Blkr. ziemlich klein, hellgelb. ♃ — Sonnige, steinige Höhen. Kalkliebend. 6—9. — Im südlichsten Kalk=Fl., bisher nur: 5 B. Saalufer=Höhen bei der Geogsburg (Könnern). — Erreicht hier die Nordgrenze.

67. Familie. Verbenaceen, Verbenaceae. Juss.

Kräuter (Bäume ob. Sträucher) mit gegenüberstehenden Bl.; Bl. ohne Oelbehälter; Blth. (u. A.) in Aehren; Zwitter; K. röhrig, bleibend; Blkr. röhrig, Saum unregelm. ob. ungleich; Stbgf. 4, zweimächtig (ob. 2); Frkn. frei, 4=fächerig; Gf. 1. Fr. (u. A.) trocken.

336. Verbéna. L. Eisenkraut.

K. 4—5=zähnig; Blkr. tellerf., Saum 5=sp., fast 2=lippig; Fr. zuletzt in 4 einsamige Nüsse sich trennend.

812. V. officinalis. L. Gebräuchl. E. — St. aufrecht, 4=kantig, oben gegenst.=ästig; Bl. längl., eingeschnitten=gekerbt bis fiedersp., in den

---

[1] βότρυς, Traube. — [2] Von σκόροδον, verkürzt σκόρδον, Knoblauch; wegen des Geruchs der Pfl.

Blstiel verschmälert, die obersten 3-sp. ob. ganzrandig, sitzend; Aehren säbl., rispig gestellt; Blkr. klein, röthlich-weiß. ♃ — Dörfer, Zäune, Grasgr., Steinbr., Weg- u. Waldränder. 6'—9'. — Im Geb. bes. an Dörfern sehr häufig.

68. Familie. **Lentibularien,** Lentibulariae. Rich.

Wasser- ob. Sumpfpflanzen mit einfachen ob. zsgesetzten, oft blasentragenden Bl.; Blth. Zwitter, am Ende eines nackten Schafts, einzeln, ob. ähren- ob. traubenst., oft mit Deckbl.; K. getheilt, bleibend; Blkr. unregelm., 2-lippig, gespornt; Stbgf. 2; Frkn. frei, 1-fächerig, vieleiig; Samenträger mittelpunktst., frei; Gr. 1; Fr. Kapsel.

337. Pinguícula[1]). L. **Fettkraut.**

K. glockig, unregelm.-5-sp.; Blkr. rachenf., Oberlippe kürzer, ausgerandet ob. 2-lappig, Unterlippe 3-lappig, der mittlere größer; Kapsel 2-klappig. — Auf feuchtem ob. sumpf. Boden wachsende Kräuter mit ganzrandigen, fleischigen, fettglänzenden, eine Rosette bildenden Wurzelbl. u. einblüthigem Schafte.

813. P. vulgaris. L. Gemeines F. — Bl. längl.-eif.; Blkr. mittelgroß, violett; Sporn pfrieml., gerade; Kapsel eif. ♃ — Moorwiesen, feuchte Waldstellen. 5—6. — Im Sand-Fl., m. O., u. im Tl. zerstreut; z. B. 1 B. Moorwf. bei Angern. 2 N. Embener F. (Krähenfußwf.); Alvensl. F. (Gothenwiese) Veltheimsche F. 2 W. Rogätzer F. 2 B. Torfwf. bei Reesen; Hohensedener Wf.; moor. Niederung an der Ch. nördl von Hohensedens. 3 S. Hohes H. 4 Z. Moorwf. südl. von Thießen u. bei der Thießener Mühle; Moorwf. bei der Grochwitzer Mühle.

338. Utriculária[2]). L. **Wasserschlauch.**

K. 2-blättrig; Blkr. maskirt, die Oberlippe kürzer, die Unterlippe mit hervorspringendem Gaumen; Kapsel kugelig, in der Quere unregelmäßig aufspringend. — Wasserpflanzen mit untergetauchtem, meist ästigen St. u. vielfach zertheilten, blasentragenden Bl.; Schaft mehrblüthig.

814. U. vulgaris. L. Gemeiner W. — Bl. gefiedert-vielth., allseitswendig, Zpfl. haarfein; Schaft 4—8-blüthig; Blth. gestielt; Blkr. mittelgroß, dottergelb; Sporn längl.-kegelf.; Oberlippe rundl.-eif., ungefähr so lang als der 2-lappige Gaumen. ♃ — Stehende, sumpfige Wasser, Ausstiche, Wassergr., Teiche. '7—9. — Im Tl. u. Al. ziemt. häufig, im Fl. selten. 3. B. 1 B. Ausst. der Eisenb. südl. von Wäthen. 2 N. Altenhäuser F. (Küsenteich). 2 W. Wasserloch am Hagebach nördl. v. Samswegen. 2 B. Teich bei Wüsen; Torfstich Gosel bei Burg; Wgr. zw. Kanal u. Bürgerholz; Wasserlöcher am Brehm; Torfstich bei Reesen; Hungriger Wolf. 3 M. Kulk Zibbetel-Pechau; Pechauer See; Teich der Kreuzhorst. 4 S. Röthegraben. 4 B. Teich bei Dornburg. 4 Z. Gr. Bruch südl. b. Nedlitz; Teich am Rathsbruch; Babezer Teich; Kühnauer See. 5 S. Gräben Hedlingen-Staßfurt. 5 C. Graben Drosa-Diebzig. 5 B. Strenge bei Aberst.
U. minor. L. Kleiner W. — Blkr. klein, hellgelb; Sporn sehr kurz, Oberlippe ausgerandet, Unterlippe eif. mit niedergebogenem Rand; sonst wie vor., nur in allen Theilen kleiner und zarter. ♃ — An sumpfigen Orten. 6—8. — Früher im Geb.; in neuerer Zeit, nach Entwässerung der fragl. Standörter, nicht wieder aufgefunden.

69. Familie. **Primulaceen,** Primulaceae. Vent.

Kräuter mit gegenst., quirlf. ob. zerstreuten Bl.; Blth. Zwitter, in Aehren, Trauben, Doldentrauben ob. Dolden, selten einzeln; K. meist

---

1) Dimin. von pinguis, fett; mit Bezug auf die Bl. — 2) Von utriculus, kleiner Schlauch (uter, Schlauch).

Primulaceen.

5=(4—7=) th. ob. zähnig, bleibend; Blkr. regelm., meist 5=(4—7=) sp., (bei Glaux fehlend); Stbgf. meist 5 (4—7), zuweilen mit noch 5 unfruchtb.; Frkn. frei, 1=fächerig, vieleiig; Samenträger mittelpunktst., Gf. 1; Fr.: Kapsel.

339. Trientális. L. Siebenstern.

K. 5—7=th ; Blkr. rabf., 7=th.; Stbgf. 5—7; Kapsel 7=klappig.

815. T. europaea. L. Europäischer S. — W. etwas knotig, fadenf. Ausläufer treibend; St. unten fast nackt, oben mit einem Wirtel von 4—9 lancettf. Bl.; Blthstiele 1—3, gipfelst., fadenf., einblüthig; Blkr. ziemml. groß, weiß, sternf. ♃ — Schattige Wälder. ·5—6· — Im Sand=Fl., m. O., ziemml. häufig u. gesellig. Z. B. 1 C. Iern Hagen. 2 N. Bartensl. F.; Erxleber F.; Bischofswald (reichl.); Alvensl. F.; Schwarzer Pfuhl. 3 S. Lenchen Busch (reichl.); Busch am Zechenhause östl. v. Sommerschenburg; Hohes Holz (reichl.).

340. Lysimáchia. L. Lysimachie.

K. 5=th.; Blkr. 5=th., rabf. ob. etwas zsneigend; Stbgf. 10 (die äußeren unfruchtb.) ob. 5; Kapsel 5=klappig.

1. Rotte. Blth. in gedrungenen, blattwinkelst., gestielten Trauben.

816. L. thyrsiflora. L. Straußblüthige L. — W. kriechend; St. aufsteigend=aufrecht; Bl. sitzend, halb=stengelumfassend, gegenst. ob. zu 3 quirlf., schmal=lancettl., fein= u. dicht=dunkelroth=punktirt; Traube walzl., seitenst., kürzer als die Bl.; Blkr. klein, schwefelgelb. ♃ — Sumpfige Gräben, Bäche, Kulke, Erlenbr. ·6—7· — Nur im Dl. u. auch hier nicht häufig, aber gesellig; z. B. 1 B. Nördl. Graben am Eschengehege bei Bäthen. 2 N. Ohreuf. u. Kult am Winters Bsch. bei Neuhaldensl. 2 B. Hohensedener Erlenbr. („Dorn"); Gr. am Birkensteig des Moltenbruch. 4 S. Erlbr. zw. Plötzky u. Pretzien. 4 Z. Ruthegraben zw. Reblitz u. Hagendorf (wie ges.), aber selten ein Exempl. blühend); Lindauer Gehege (Quaster Bruch, reichl., aber nicht blühend); Butterdamm, Nutheuf. baselbst, u. Wgr. u. Mühlengr. bei der Kötschauer Mühle (auch hier selten blühend); Wiesengr. der Moorwf. bei Grochwitz. — Ist im nichtblühenden Zustande von der nichtblühenden Lys. vulg., deren Blätter in der Jugend ebenfalls sitzend u. schmal sind, nur durch die sehr dicht u. fast regelm. gestellten rothen Punkte der Bl. zu unterscheiden.

2. Rotte. Blth. rispig, quirlig ob. einzeln.

A. St. aufrecht; Blth. rispig ob. quirlig.

817. L. vulgáris. L. Gemeine L. — W. Ausläufer treibend; St. einfach ob. ästig; Bl. kurz=gestielt, gegenst. ob. zu 3 ob. 4 quirlig, ei=lancettl. bis lancettl., zerstreut= u. vereinzelt=dunkelroth=punktirt; Blth. gestielt in end= u. seitenst., traubenf. Rispen, die zusammen einen gipfelst. Strauß bilden; K.Zpfl. orangenroth eingefaßt; Blkr. mittelgroß, gold=gelb. ♃ — Ufer, Weidengeb., feuchte Waldungen, Erlenbr., sumpf. Wiesen, Gräben, Bäche, Ausstiche. ·7—·9· — Im Al. u. Dl. sehr häufig, im Sand=Fl. weniger häufig, im Kalk=Fl. selten.

† L. punctata. L. Getüpfelte L. — St. meist einfach; Bl. kurz=gestielt, zu 3 ob. 4 quirlig, lancettl., zuweilen unterseits schwarz=punktirt; Blth. blattwinkelst., quirlig, meist 1=blth., lang=gestielt; Blkr. goldgelb, am Grunde rostbraun. ♃ — Zierpfl. aus Südost=Deutschl. 6—8. — In Gärten. Variirt mit 2—3 blattwinkelst. Blth. (L. verticillata. M. B. als Art).

B. St. gestreckt, kriechend; Blth. blattwinkelst., einzeln.

818. L. Nummulária[1]. L. Kriechende L. (Pfennigkraut).

---

[1] Von nummulus, kleine Münze (nummus, Münze); wegen der runden, pfenniggroßen Bl.

— Bl. kurz-gestielt, gegenst., rundl. ob. breit-eif., stumpf ob. schwach-zugespitzt; Blth. lang-gestielt, Stiel fadenf., so lang bis doppelt so lang als der Durchmesser der Blkr.; K3pfl. herzf., fast 3-eckig, spitz; Blkr. ansehnl., goldgelb. 2⟂ — Feuchte Stellen der Wälder u. Wiesen, Erlenbr., Weidengeb., Ausstiche, Gräben, Teiche, Bäche. 6'—8'. — Gemein.

819. L. némorum. L. Hain-L. — Bl. kurz-gestielt, gegenst., eif., spitz; Blth. sehr lang-gestielt, Stiel haarf., 3—4 mal so lang als der Durchmesser der Blkr.; K3pfl. lineal-pfrieml.; Blkr. zieml. klein, goldgelb. 2⟂ — Feuchte Laubwälder, Haine. 5'—7'. — Im Geb. sehr selten, bisher nur im westlichsten Fl. 3 S. Marienborner F. (Mittelbusch, auf humusreichem Boden unter Buchen); Lenchen Busch; Busch am Zechenhause, östl. v. Sommerschenburg.

341. Anagállis. L. Gauchheil.

K. 5-th.; Blkr. radf., 5-sp., abfallend; Stbgf. 5; Kapsel ringsum aufspringend. — Kleine Kräuter mit niederliegend-aufsteigendem St. u. gegenst., ganzrandigen Bl.; Blthstiele blattwinkelst., einblth., zur Fruchtzeit zurückgekrümmt.

820. A. arvensis. L. Acker-G. (Rothe Miere). — St. 4-kantig, ausgebreitet-ästig; Bl. sitzend, eif., zugespitzt, unterseits punktirt; Blkr. mennigroth, Zipfel unregelm.-gezähnelt, dicht-feindrüsig-gewimpert. ⊙ — Aecker, Gärten, Weg- u. Waldränder, Dörfer; auch Waldwege, Dämme, Grasgr., Ufer. ·6—10. — Im Kalk-Fl., m. E., u. im Al. gemein; in den Sandgegenden nur auf gutem Boden.

821. A. caerulea. Schreb. Blauer G. — Blkr. blau, innen mit rothem Ring, Zpfl. unregelm.-gekerbt, fast ob. völlig drüsenlos; sonst wie vor. ⊙ — Aecker. Kalkliebend. ·6—10. — Im Kalk-Fl. zieml. häufig, sonst sehr selten. 3. B. 1 C. A. Walbeck. 2 N. A. Hermsd. 2 W. A. am Unterholzer B. 3. A. Ampfurth. 3 W. A. Kl. Wanzl.; Wanzl.; Langenweddingen; Sülld. 3 M. A. Hohenwarsl. B.; Niederndodel; Diesd. 4 O. A. Wulferst.; Hornhausen-Oschersl. 4 E. A. der Feldmarken weit um den Hakel bis Gröningen u. Egeln; A. Wolmirsl.; Altenweddingen. 4 S. A. Dodend.; der Frohser B.; Eikend.; der Mühlinger B. 5 S. A. Gänsefurth; Hecklingen; Rathmannsd.; Neu Gattersl. 5 C. A. der 3 Höhen B.; der Zenser B. 5 B. A. Hohendorf; der Bernb. Kalkberge; Roschwitz; Krüchern; der Höhen bei der Georgsburg; Kl. Schierst.; Giersleben.

342. Centúnculus[1]). L. Kleinling.

K. 4-th.; Blkr. krugf., welkend u. längere Zeit bleibend, Saum 4-sp., Röhre kugelig-bauchig; Stbgf. 4; Kapsel ringsum aufspringend. — Winzige Kräuter mit ganzrandigen Bl. u. einzelnen, blattwinkelst. Blth.

822. C. minimum. L. Acker-K. — St. meist ästig, 2—8 cm. h.; Bl. sitzend, rundl.-eif., wechselst.; Blth. sitzend: Blkr. weiß ob. blaßroth. ⊙ — Aecker (nam. Stoppelfelder), Triften, Gräben, Ausstiche, Wegränder, Waldwege. 6—9. — Im Fl. u. Dl. zieml. häufig (bes. auf kaltgründigem Boden u. vorzugsweise in nassen Jahren) in manchen Gegenden fehlend. 3. B. 1 C. A. Wieglitz; an der Horst (reichl.). 1 B. A. Mahlwinkel-Birkholz (im Sauren Grunde). 2 N. In der weiten Gegend des Alvensl. Höhenzuges häufig; A. Bülstringen. 2 W. A. Bahldorf u. Meseberg; A. der Rogätzer u. Ramst. F. 2 B. A. bei der Grabower Busch-Ziegelei. 3 S. A. Ost-Ingersl.; Sommerschenburg; in den Feldmarken um das Hohe H. u. auf Waldwegen im Hohen u. im Sauren H. 3 M. A. Binsenniederung hinter Richters Garten. 3 L. A. Theesen-Küsel; moor. Trift u. A. neben den Quellen des Drewitzer Spring. 4 E. A. Dämme des Hakel u. A. am Hakel. 4 B. A. Poleimühle-Kämeritz. 4 Z. A. Tochheim; A. Buhlendorf (am Leitzkauer Bsch.) tw. gef.; A. u. Trift Pulspforda; feuchte Sandgrube am Wege Luso-Spitzberg; Eisenb.-Ausstich u. A. Jütrichau;

---

[1]) Centunculus, Lappen, Diminut. v. cento, Lumpen; wohl wegen der Kleinheit der Pfl.

Primulaceen.

Eisenbahngr. u. A. Berensb.; feuchte Sandgr. bei Hundeluft; A. Mühlstädt=Meinsdorf=Roslau.

343. Andrósace[1]**). L. Mannsschild.**

K. glockig, 5=sp. ob. =zähnig; Blkr. trichterf., Saum 5=sp., Röhre eif., oben verengt, Schlund mit 5 Schuppen versehen; Stbgf. 5, mit sehr kurzen Staubf.; Kapsel 5=klappig. — Kleine, zierliche Kräuter mit Wurzelbl.=Rosette; Blth. (u. A.) in Dolden.

823. A. elongata. L. Verlängerter M. — W. 1= bis mehr=stengelig; St. schaftartig, äußere St. schräg=abstehend; Bl. ei=lancettl., entfernt=sägezähnig; Dolde von lancettl., blattartigen Hüllbl. gestützt; Blth=stielchen halb so lang ob. fast so lang als der kurze Schaft; K. länger als die Blkr.; Blkr. weiß. ⊙ — Grasabhänge, kahle Wiesen=stellen. 4'—5'. — Bisher nur im Elb=Al. u. auch hier selten: 3 M. Commandanten=Werder; Schwalbenufer bei Buckau. Erreicht im Geb. die Nordgrenze.

824. A. septentrionalis. L. Nördlicher M. — W. 1= bis mehr=stengelig; St. schaftartig, sämmtliche aufrecht; Bl. schmal=lancettl., entfernt=sägezähnig; Dolde von sehr kleinen, lancettl.=linealen Hüllbl. ge=stützt; Blthstielchen viel kürzer als der lange Schaft; K. kürzer als die Blkr.; Blkr. weiß. ⊙ — In Kiefernbeständen. 5—6. — Bisher nur im Dl. u. auch hier selten, aber gesellig. 2 B. Galgenberg bei Hohenseden; Peters=hagener F.

344. Prímula[2]**). L. Primel.**

K. röhrig ob. glockig, 5=kantig, 5=zähnig ob. =sp.; Blkr. tellerf.; Saum 5=sp., Röhre walzl., Schlund mit Schuppen ob. nackt; Stbgf. 5, An=theren fast sitzend; Kapsel meist 5=klappig. — Kräuter mit Wurzelbl.; St. schaftartig; Blth. in Dolden.

1. Rotte. Bl. runzelig, unterseits=behaart, jung rückwärts=zsgerollt.

825. P. elatior. Jacq. Hohe P. — Bl. eif. ob. eif.=längl., fein=gekerbt, in den geflügelten Blstiel auslaufend, unterseits kurzh.; K. röhrig, Kanten krautig=grün, kürzer (fast nur halb so lang) als die Blkr.=Röhre; Blkr. ansehnl., hellgelb, Saum flach. ♃ — Schattige Laub=wälder, Erlbr. ·4—5·. — Im nordwestl. Theil des Geb. häufig u. meist sehr gesellig: 1 C. Jsern Hagen (wie ges.); Rohrberg (reichl.); Schierholz (reichl.). 2 N. Forsten des Alvensl. Höhenzuges (reichl.); Schwarzer Pfuhl. 3 S. Marienborner F.; Lenchen Busch. Im übrigen Geb. nur 4 Z. Kühnauer F. an einer Stelle beobachtet (hier wohl nur verschleppt).

826. P. officinalis. Jacq. Gebräuchl. P. (Schlüssel=Blume). — Bl. unterseits dünnfilzig, sonst wie vor.; K. aufgeblasen, glockig, auch die Kanten gelbl. (nicht grün), fast so lang als die Blkr.=Röhre; Blkr. kaum mittelgroß, dottergelb, Saum glockig. ♃ — Wälder, Erlenbr., Wiesen (bes. Moorwiesen), Grasgr., Grasgärten, hohe Triften. ·4—5· — Im Fl. u. Dl. häufig u. meist sehr gesellig, auch im Al. der Bode u. Saale; in dem der Elbe selten (3 M. Barlebener Wf.; Kreuzhorst).

2. Rotte. Bl. flach, kahl, jung einwärts=gerollt.

† P. Auricula. L. Aurikel. — Bl. verkehrt=eif., in einen breiten, sehr kurzen Blstiel verschmälert, am Rande bepudert u. dicht=kurz=drüsenhaarig=gewimpert; Blkr. an=sehnl., gelb. ♃ — Zierpfl. aus den Alpen. 3—6. — Eine sehr beliebte Gartenpfl. in den verschiedensten Blth.=Farben.

---

1) Von ἀνήρ, Mann, u. σάκος, Schild. — 2) Dimin. v. primus, der erste; wegen der frühen Blthzeit.

Monopetale Dic. mit bodenſt. Blkr.

345. Hottónia. L. **Hottonie.**

K. 5-th., ſonſt Alles wie bei Primula. — Waſſerpfl. mit unterge-tauchtem St. u. kammf.-fiederth. Bl.

827. H. palustris. L Sumpf-H. — W. im Schlamme kriechend; St. quirlig-äſtig, niedergetaucht-ſchwimmend, dicht-beblättert; Blthſtengel ſchaftartig, aus dem Waſſer gerade-emporſteigend; Blth. geſtielt, quirlig geſtellt, in endſt. Traube; Blkr. anſehnl., hellroſenroth mit gelbem Schlunde. ♃ — Sümpfe, Kulke, Teiche, Waſſergr., Bäche. ·5—7. — Im Al. der Elbe u. Bode häufig, auch im Dl. u. im Sand-Fl. meiſt nicht ſelten; im Kalk-Fl. u. im Al. der Saale noch nicht beobachtet.

346. Sámolus. L. **Pungen.**

K. glockenf., 5-zähnig, halboberſt.; Blkr. kurz-glockig-röhrig, Saum 5-ſp., flach; Stbgf. 10, fünf unfruchtb.; Kapſel 5-klappig.

828. S. Valerandi. L. Valerand's P. — W. 1- bis mehr-ſtengelig: St. beblättert, meiſt oben äſtig; Bl. abwechſelnd, ſpatel-verkehrt-eif. ob. längl., in den Blſtiel verſchmälert, ganzrandig, ſtumpf, die unteren roſetten-artig; Blth. lang-geſtielt in endſt. Trauben; Blthſtiel in der Mitte mit einem kl. Deckbl.; Blkr. klein, weiß. ♃ — Feuchte, beſ. ſalzhaltige Wieſen, Gräben. 6·—9· Im Fl. u. Al. zerſtreut, im Dl. ſehr ſelten. 3 B. 2 N. Raſſer Gr. bei Hillersl. 4 O. Wulferſtedter Bruch; Gr. beim Vorw. Andersl. 4 E. Gr. zw. dem Unſeburger Großholze u. Baumholze. 4 S. (Bullenwieſe); Eiſenbahnauſſt. am Grabirwerk. 4 Z. *Am Badezer Teich. 5 S. Salzwſ. bei Staßfurt, zw. Staßf. u. Hecklingen u. bei der Hecklinger Mühle; *Abzugsgr. vom Lerchenteich nach Kölbigk (ſtw. w. geſ.). 5 C. Salzige Wſtelle zw. Rajoch u. Sachſend. 5 B. Gr. der Fuhnewieſe (Dröbelſcher Teich); oberer Theil des Bächleins Zietha nach Poley zu.

347. Glaux. L. **Milchkraut.**

K. gefärbt, blkrartig, glockig, 5-ſp.; Blkr. fehlend; Stbgf. 5; Kapſel 5-klappig. — Kleine, etwas fleiſchige Kräuter mit gegenüberſtehenden, ganzrandigen Bl.

829. G. maritima. L. Meerſtrands M. — St. am Grunde wurzelnd, aufſteigend, einfach ob. äſtig, dicht-beblättert; Bl. faſt ſitzend, elliptiſch ob. lancettl.; Blth. blattwinkelſt., ſitzend, eine beblätterte Aehre bildend; Blkr. hellroſenroth, ſelten weiß. ♃ — Salzhaltige, feuchte Wieſen, Triften, Gräben, Ausſtiche, Teichränder, Bäche. 5—7. — Im ſüdl. Fl. u. im Al. zieml. häufig u. ſtets ſehr geſellig; z. B. 3 S. Salzwf. Wormsd.-Eilsl. 3 W. Sare u. Sare-Wſ. bei Wanzl., Bottmersb. u. Kl. Germersl.; Anger Langenwebbingen; Salzwſ. Sülb. 4 O. Bruchwieſen Wegersl.-Wulferſt.-Oſchersl.; Trift an der Bode bei Crottorf u. am Limbach. 4 E. Gänſetrift Ettgersl. (wie geſ.). 4 S. An der Sülze (rothe Mühle u. Sohlen); Soolkanal; Gradirwerk; *Ausſtich bei Döben. 4 Z. Dorfteich Reppichau (wie geſ.). 5 S. Salzige Niederung u. Teich bei Förderſtedt; Niederung Wſ. am Marbegr.; Gräben, Wſ., Triften bei Hecklingen u. bei Staßfurt; Trift u. Wege am Lerchenteich u. Abzugsgr. nach Kölbigk. 5 C. Wſ. Rajoch-Sachſend.; Teich Zuchau. 5 B. Niederung bei Neu Gattersl.; Wipperwſ. Giersl.-Kl. Schierſtädt; Bächlein Zietha nach Poley zu; Trift bei Prosſlitz, Wgr. Kirch-Etlau.

70. Familie. **Plumbagineen,** Plumbagineae. Juss.

Kräuter mit abwechſelnden ob. gedrängt-ſtehenden, am Grunde ſcheidenartig-erweiterten Bl.; Blth. in Aehren, Köpfchen ob. Riſpen; K. röhrenf., 5-zähnig, gefaltet, bleibend; Blkr. regelmäßig, 1-blättrig mit 5-th. Saum, ob. 5-blättrig; Stbgf. 5; Frkn. frei, 1-fächerig, 1-eiig; Gf. 5, ob. 1 mit 5 N.; Fr. trocken, aufſpringend ob. nicht auf-ſpringend.

Plumbagineen. — Plantagineen.

348. Státice. L. **Grasnelke.**

K. oberwärts trockenhäutig; Blkr. 5=blättrig; Gf. 5; Fr. nicht aufspringend, nußartig.

Rotte Armeria. Blth. in Köpfchen, von einer mehrblättrigen Hülle umgeben; die äußersten Hüllbl. abwärts in eine röhrige Scheide verlängert. — Kräuter mit gehäuften, grasartigen Wurzelbl. u. schaftartigen St.

830. Statice elongata. Hoffm. (Statice Armeria. L., Armeria vulgaris. Willd.) Verlängerte G. — W. mehr=köpfig, sehr lang, Rasen bildend; Schaft lang, kahl, 1=köpfig; Bl. linealisch, spitz., 1=nervig; äußere Hüllbl. spitz, innere stumpf; Blkr. rosenroth. ♃ — Wiesen, Triften, Anhöhen, Raine, Grasgr., Weg= u. Waldränder, Haiden, Ufer. 5'—10
— Im Dl. gemein (auf trockenen Moorwf. ftw. wie gef.) u. auch im Sand=Fl. u. im Al häufig; im Kalk=Fl. besonders auf den Höhen mit nordischem Grand, sonst weniger häufig

† S. maritima. Mill. (Armeria mar. Willd.) Seestrands=G. — Schaft niedrig (halb so lang als vor.), kurzg.; Bl. stumpf; Blkr. lila; sonst wie vor. ♃ — Am Meeresstrande. 6—7. — In Gärten als Zierpfl. zur Einfassung.

71. Familie. **Plantagineen,** Plantagineae. Juss.

Kräuter mit einfachen, meist wurzelst. Bl.; Blth. sitzend, mit einem Deckbl. versehen, zwitterig ob. diclinisch, in Aehren; K. 4=th. (selten 3=blättr.), bleibend; Blkr. regelm., trockenhäutig; Stbgf. 4; Frkn. frei, 1=fächerig, ob. 2—4=fächerig; Eichen 1 — mehrere; Gf. 1; Fr. eine mehr=samige Kapsel ob. 1=samige Nuß.

349. Plantágo[1]). L. **Wegerich, Wegetritt.**

Blth. zwitterig: K. 4=th., die 2 vorderen Zpfl. zuweilen verwachsen; Blkr. bleibend, Röhre eif., Saum 4=th., zurückgebogen; Kapsel ringsum aufspringend, 2—4=fächerig.

1. Rotte. St. blattlos, schaftartig.

831. P. major. L. Großer W. — Bl. eif. ob. elliptisch, fast ganzrandig, 5—9=nervig, in den zieml. langen Blstiel auslaufend; Schaft stielrund, Aehre lang, zuletzt meist länger als der Schaft, letzterer ungefähr so lang als das Bl.; Blkr.=Röhre kahl; Kapsel 8= (6—9=) samig. ♃ — Wege, Grasgr., Triften, Raine, Aecker, Dörfer, Waldwege, Ufer. 6'—10. — Variirt in der Größe: b. nana. Trattinnick (als Art), in allen Theilen klein u. winzig. — Sehr gemein; die Var. b. an kiesigen Flußufern u. auf mageren, nassen Sandäckern.

832. P. media. L. Mittlerer W. — Bl. elliptisch, meist ganz=randig, 5—9=nervig, in den sehr kurzen Blstiel verschmälert, ob. (bei der Waldform) in den Blstiel breit auslaufend; Schaft stielrund, Aehre mittellang, viel kürzer als der Schaft, letzterer viel länger als die Bl.; Blkr.=Röhre kahl; Staubf. röthlich; Kapsel 2=samig. ♃ — Wiesen, Triften, Raine, Grasgr., Wälder; auch wohl an Wegen. 5—9. — Variirt im Habitus u. in der Form der Blätter je nach dem Standort; u. zwar a. Wiesen= u. Triftsform: Bl. kurz, flach=ausgebreitet, an den Boden angedrückt; b. Wald= u. Schattenform: Bl. verlängert, ei=lancettf., aufrecht. — Im Kalk=Fl., m. E., in Al. ge=mein; im Sand=Fl. u. Dl. weniger häufig, doch auch hier nicht selten.

---

[1]) Lat. Name für Plant. maj.; wahrscheinl. von planta, Fußsohle, mit Bezug auf die Form der Bl.

833. P. lanceolata. L. Lancettl. W. — Bl. lancettl., fast ganzrandig, 3—5= (7=) nervig, in den Blstiel verschmälert, meist aufrecht; Schaft furchig=eckig; Aehre kurz, eif. ob. walzl., vielmal kürzer als der Schaft, letzterer ungefähr doppelt so lang als die Bl.; Blkr=Röhre kahl; Kapsel 2=samig. ⚴ — Wiesen, Triften, Raine, Grasgr., Futterkräuter, Wegränder, Dörfer, Waldwege. 5—9. — Sehr gemein.

834. P. maritima. L. Meerstrands=W. — Bl. lineal, nach beiden Enden verschmälert, ganzrandig ob. entfernt=gezähnt, fleischig, oberseits rinnenf., unterseits halb=stielrund; Schaft stielrund; Aehre lineal=walzl., verlängert, $1/4$—$1/2$ so lang als der Schaft, letzterer meist doppelt so lang als die Bl.; Blkr=Röhre behaart; Kapsel in der Regel 3=samig. ⚴ — Salinen, salzhaltige Wiesen, Triften, Gräben, Bäche. 6—10. — Im südl. Fl. auf salzhaltigem Boden, u. auf den Bruchwiesen des Al. ziemt. häufig u. stets gesellig; z. B. 3 S. Salzwi. Eilsl.=Wormsb. 3 W. Salzwf. bei Wanzl., Bottmersb., Sülb. 4 O. Bruchwiesen Wegersl.=Wulferst=Oscherol.; Andersl. Wf. 4 S. Sülze; Soolkanal; Grabirwerk. 5 S. Chgr. Förderst.=Uelnitz; Wf. am Marbegr.; Wf. u. Gr. bei Hecklingen, zw. Hecklingen u. Staßfurt, u. bei Staßf.; Trift am Lerchenteich u. Abzugsgr. nach Kölbigk. 5 C. Sachsendorfer Bruch.

2. Rotte. St. beblättert, ästig.

835. P. arenaria. W. u. Kit. Sand=W. — St. krautig, aufrecht, vom Grund aus ästig; Bl. lineal, ganzrandig ob. schwach=gezähnelt; Aehre kurz, eif. ob. eif.=längl., gedrungen=dachig, lang=gestielt; Aehrenstiele doldig; vordere K Zpfl. schief=spatelig, sehr stumpf, hintere lancettl., spitz. ⊙ — Sandige Ufer, Ausstiche. 7—9. — Nur im Gebiete der Elbe u. auch hier nicht häufig, aber gesellig; z. B. 2 B. Eisenbahn=Ausstich südl. v. Niegrip; Dorfstr. Hohenwarte. 3 M. Elbuf. u. Ausstich am Herrnkrug; Commandantenwerder; Kreuzhorst. 4 S. Elbuf. Grünewald bis zu den Ziegeleien (reichl.).; 4 Z. Sandige Stellen bei Chocheim, unweit der Elbe.

3. Ordnung. **Blumenkronlose Dicotyledonen.**
Dicotyledones apetalae.

Sie zerfallen in zwei Unterordnungen: 1) mit Zwitterblüthen und 2) mit eingeschlechtlichen Blth.

1. Unterordnung. **Apetale Dicotyledonen mit Zwitterblüthen.**

Blüthenhülle (Perigon) einfach, d. h. die Blkrbl. fehlend ob. mit dem K. verschmolzen; Blth. zwitterig, ausnahmsweise vielehig ob. eingeschlechtlich.

72. Familie. **Amaranthaceen**, Amaranthaceae. Juss.

Kräuter (ob. Sträucher) mit einfachen Bl.; Blth. zwitterig, selten (die Gattung Amaranthus) eingeschlechtl., an der Basis meist mit 3 Deckbl., in Aehren ob. Köpfchen; P. 3—5=th., trockenhäutig, bleibend; Stbgf. 3 ob. 5, unterweibig, frei ob. einbrüderig; Frkn. frei, 1=fächerig, 1—mehreiig; N. ein= ob. mehrfach; Fr. nicht aufspringend, oder kapselartig und ringsum aufspringend.

350. Amaránthus L. **Fuchsschwanz.**

Blth. 1=häusig; P. 3—5=th., von 3 Deckbl. begleitet; Stbgf. 3 ob. 5; Gf. 3; Fr. 1=samig, meist kapselartig, ringsum aufspringend, selten nicht aufspringend. — Kräuter mit abwechselnden, gestielten, ganzrandigen, unterseits meist weiß=geaderten Bl.; Blth. klein, in meist ährenf. gestellten Knäueln.

Amaranthaceen. — Chenopobeen (Salsoleen).

A. Fr. nicht aufspringend.

836. A. Blitum. L. (Albersia Blitum. Kunth). Gemeiner F. — St. liegend oder aufsteigend, ausgebreitet, kahl; Bl. eif., fast rautenf., stumpf ob. ausgerandet, kahl, matt=dunkelgrün; die blattwinkelst. Knäuel rundl., die endst. eine einfache Aehre, ob. mehrere, rispig=gestellte bildend; Deckbl. kürzer als die Blth; Blth. 3=männig. ☉ — Gärten, Stadt= u. Dorfstraßen, Wege. 7—9. — Im Geb. mit Ausn. des nordwestl. Theils nicht selten.

B. Fr. kapselartig, ringsum aufspringend.

837. A. retroflexus. L. Rauhstengliger F. — St. aufrecht, nebst den Blstielen behaart: Bl. eif., stumpf=zugespitzt, matt=hellgrün; die blattwinkelst., wie die endst. Knäuel ährig; Deckbl. doppelt so lang als die Blth., stachelspitzig; Blth. 5=männig. ☉ — Gärten, Dorfstraßen, Weg= u. Ackerränder, Ufer. 7—9. — Im Geb., mit Ausn. des nordwestl. Theils, nicht selten nud meist noch häufiger als vor.

† A. caudatus. L. Geschwänzter F. — St. aufrecht; Bl. eif. ob. ei=lancettf., unterseits weiß=geadert; Knäuel in seiten= u. endst. Aehren, die Aehren sehr lang, hängend, stumpf; Deckbl. u. K. bluthroth; Blth. 5=männig. ☉ — Zierpfl. aus Ostindien. 6—9. — In Gärten.!

† A. cruentus. L. Dunkelrother F. — Die Aehren aufrecht, spitzlich; Bl. unterseits meist roth=geadert, sonst wie vor. ☉ — Zierpfl. aus Ostindien. 6—9. — Aendert ab: b. Bl. unterseits ganz roth, A. sanguineus. L. (als Art.) — Häufig in Gärten; zuweilen verwildert.

73. Familie. **Chenopodeen**, Chenopodeae. Vent.

Kräuter mit abwechselnden Bl., ohne Nebenbl. u. Scheiden; Blth. klein und unansehnlich, meist Zwitter, ausnahmsweise (die Atripliceen) 1=geschlechtl. ob. vielehig; P. 3—5=th., krautig, kelchartig, bleibend; Stbgf. auf dem Grunde des P., mit dessen Zpfl. in der Regel von gleicher Zahl; Frkn. frei ob. an das P. angewachsen, 1=fächerig, 1=eiig; Gf. 1, 2—4=th., selten einfach; N. ungetheilt; Fr. nicht aufspringend, trockenhäutig, selten eine aus dem fleischigen P. entstandene falsche Beere.

Anm. Die Gattungen dieser Familie gruppiren sich, wie folgt:
    1. Blüthen zwitterig.
      A. Keim schraubenförmig.
1. Gruppe. Salsoleen. (Schoberia. Salsola.)
      B. Keim ringförmig.
        a. Stengel gegliedert.
2. Gruppe. Salicornieen. (Salicornia.)
        b. St. nicht gegliedert.
3. Gruppe. Chenopodieen (Polycnemum. Chenopodium. Blitum. Beta).
    2. Blth. eingeschlechtlich ob. vielehig.
4. Gruppe. Atripliceen. (Spinacia. Halimus. Atriplex.)

1. Gruppe. Salsoleen. Blth. zwitterig; Keim schraubenf.; St. nicht gegliedert.

351. Schoberia. Meyer. **Schoberie.**

P. 5=th., becherf., Lappen fleischig, ohne Anhängsel; Stbgf. 5.; Schlauchfrucht vom P. umschlossen; S. wagerecht.

838. S. maritima. Meyer. (Chenopodina mar. Moquin-Tandon.) Meerstrands=S. — St. aufsteigend, vom Grund aus ästig; Bl. lineal, halb=walzl., spitz, fleischig; Blth. knäuelf.=gehäuft, blattwinkelst.; (S. schwarz, glänzend, gegen den Rand feingestreift=punktirt. ☉ — Salinen u. salzige Gewässer. 8—9. — Im Geb. nicht häufig u. nur im Kalk=Fl. auf stark salzhaltigem Boden, hier sehr gesellig. 3 W. Sülldorf. 4 S. Sülze (Sohlen, rothe Mühle); Soolkanal; Gradirwerk. 5 S. Salzterrain bei der Hecklinger Fabrik; Salzterrain (Sülze) bei Staßfurt.

Apetale Dic. mit Zwitterblth.

352. Sálsola[1]). L. **Salzkraut.**

P. 5=blättr., nach dem Verblühen auf dem Rücken mit einem queren Anhängsel; Stbgf. 5; Schlauchfr. vom durch die Anhängsel ge=flügelten P. umschlossen; S. wagerecht.

839. S. Kali. L. Gemeines S. — St. niederliegend=aufsteigend, od. aufrecht, vielästig, Aeste sperrig, steif; Bl. pfrieml., stachelspitzig, am Grunde häutig=berandet; die oberen blüthenst. Bl. breiter u. kürzer; Blth. einzeln, blattwinkelst.; Frucht=P. pergamentartig, mit abge= rundeten, häutigen Anhängseln. ⊙ — Sandige Orte, trockene Dämme, Abhänge, Ackerränder. 7—9. — Im Fl. u. Dl. zerstreut, aber gesellig: 2 B. Sand=weg an der Petershagener F. bei der Külzauer Mühle. 3 M. Gerwischer Bahnhof u. weithin am Eisenbahndamm (wie ges.). 4 S. Eisenbahndamm zw. Salbke u. Westerhüsen; Aecker der Westerhüsener B. (in den Furchen oft wie ges.); Frohjer B.; sandige Abh. bei Plötzky.

2. Gruppe. **Salicorniecn.** Blth. zwitterig; Keim ringförmig; St. gegliedert.

353. Salicórnia[2]). L. **Glasschmalz.**

P. fleischig, ungetheilt, nur durch eine Ritze geöffnet, in eine Vertiefung der Spindel eingesenkt; Stbgf. 1 od. 2; Gf. sehr kurz; N. 2—3; Nuß vom P. eingeschlossen. — Fleischige Kräuter ohne Blätter mit entgegenstehenden Aesten; Blth. in gipfelst. Aehren.

840. S. herbacea. L. Krautiges G. — St. meist ästig, grün u. oft roth überlaufen; St.=Glieder mit kurzer, häutiger Scheide statt der Bl.; Blth. in ein Dreieck gestellt. ⊙ — Auf nackten Stellen der Salzwiesen, an Salinen und salzhaltigen Bächen. 8—9. — Im Fl. u. Al. zerstreut u. nur auf unfruchtb. salzigen Boden; stets sehr gesellig. 3 S. Salzwiese Wormsd.=Eilsl. 3 W. Salzstellen bei Sülld. 4 S. *Gradirwerk; Soolkanal; Sülze. 5 S. Salzwi. u. Salz=stellen bei Hecklingen, zw. Heckl. u. Staßf. u. bei Staßf. 5 O. Sachsendorfer Bruch nach Rajoch zu.

3. Gruppe. **Chenopodieen.** Blth. zwitterig; Keim ring= förmig; St. nicht gegliedert.

354. Polyonémum. L. **Knorpelkraut.**

P. 5=blättr., trockenhäutig, mit 2 häutigen Deckbl.; Stbgf. 3; N. 2; Schlauchfrucht eif., zsgedrückt; S. senkrecht, krustig. — Niedrige Kräu=ter mit pfrieml. Bl.

841. P. arvense. L. Acker=K. — St. ausgebreitet=ästig; Aeste fadenf., die unteren od. alle gestreckt; Bl. 3=kantig=pfrieml., stachel=spitzig; Blth. blattwinkelst., sitzend; Deckbl. so lang ob. etwas länger als das P. ⊙ — Aecker, bes. Brach= und Stoppelfelder, auch wohl in Kiesgr., auf Triften. 7—9. — Im Dl. zieml. häufig, nam. auf magerem, kiesigen Sand; im übrigen Geb. nur noch im Sand.=Al. und auf Hügeln mit nordischem Granb. 3. B. 1 C. A. Calvörde=Böbdensell. 1 B. A. Leßlingen; Dolle; Burgstall; Sand=Bevend.; Angern; Cobbel. 2 N. A. Neuhaldensl. * Neuenhofe (wie ges.). 2 W. A. zw. Baubude u. Loitsche; Rogäh. 2 B. A. Hohenwarte; Burg, nördl. v. Bürgerholz, Abh. hinter dem Bierkeller (hier lettig) u. bei der Güttersschen Ziegelei (lettig); kiesige Anhöhe u. A. bei Reesen; A. u. Kiesgrube bei Theeßen. 4 S. A. der Frohser B. 4 B. Kiesgr. bei Leitz=kau. 4 Z. Sandkiesige Aecker um Zerbst und in den benachbarten Feldmarken häufig; kie=sige Trift bei Niederlepta; A. Tornau; Roslau. 5 C. A. an der Diebziger Mühle.

842. P. majus. Alex. Braun. Großes K. — Deckbl. merklich länger als das P., sonst wie vor., nur ist die Pfl. meist robuster und

---

1) Diminut. von salsus, salzig. — 2) Von sal, Salz, u. cornu, Horn; in Bezug auf den Standort der Pfl. u. die Form ihrer Zweige.

größer, und die Bl. sind länger, und dichter gestellt. ⊙ — Aecker. 7—9. — Im Geb. selten und nur im Fl. auf Hügeln mit nordb. Granb. 4 S. Frohser B. — Erreicht im Geb. die Nordgrenze.

355. Chenopódium¹). L. **Gänsefuß.**

P. 5=sp. ob. =th., Lappen krautig, zur Fruchtzeit gekielt u. ohne Anhängsel; Stbgf. 5; N. 2; Schlauchfr. plattgedrückt, vom P. umschlossen; S. wagerecht, Samenhaut krustig. — Kräuter mit gestielten, einfachen Bl.; Blth. in Knäueln, die ährenf. ob. rispig zsgestellt sind.

A. Blätter gezähnt.

843. C. hýbridum. L. Bastard=G. — St. aufrecht, ästig, gefurcht; Bl. groß, buchtig=grobgezähnt, am Grunde abgestutzt ob. schwach=herzf., Endlappen lang=zugespitzt (Bl. denen des Stechapfels ähnlich); Blthknäuel rispig; S. grubig=punktirt. ⊙ — Gärten, Gemüseäcker, Dörfer, Zäune. 7—9. — Im Geb. sehr häufig.

844. C. úrbicum. L. Steifer G. — St. nebst den Aehren steif=aufrecht; Bl. 3=eckig, buchtig=gezähnt, am Grunde in den Blstiel vorgezogen; Aehren verlängert, endst. u. blattwinkelst., zahlreich, dem St. fast anliegend; S. glatt. ⊙ — Dörfer, Gärten, Gräben, Wegränder. 8—9. — Im Dl. u. im Al. der Elbe ziemt. häufig, im übrigen Geb. selten. Z.B. 1 C. Gt. Behnsdorf. 1 B. Burgstall; Sand=Bevend, Uchtd. 2 N. Satuelle. 2 W. Colbitz; Lindhorst; Glindenberg. 2 B. Hohenseden. 3 Mö. Leitkau. 3 Gt. Kleps; Df. Osterbies u. Teichrand zw. Ziegelei u. Lietzower Bruch. 4 S. Grünewalde; Elbenau; alte Fähre; Plötzky; Ranies. 4 B. Dornburg; Graben bei Glinde; Ausstich der Kl. Rosenburger Ziegelei. 4 Z. Deetz; Lindau; Badewitz; Straguth; Zernitz; Strinum; Nutha; Hohen= und Niederlepta; Pulspforda; Bias; Stechby; Steutz; Brambach.

845. C murale. L. Mauer=G. — St. aufrecht ob. aufsteigend, am Grunde ästig; Bl. rauten=eif., ungleich=spitzgezähnt; Blthknäuel in aufrecht=abstehenden, endst. u. blattwinkelst. Rispen; S. glanzlos. ⊙ — Dörfer, Gärten. 7—10. — Im Geb. häufig.

846. C. album. L. Gemeinster G. — St. aufrecht, meist ästig, gefurcht, mit weißen und grünen Längsstreifen, nebst den Bl. u. Blth weißbestäubt; Bl. ziemt. schmal, rauten=eif., ausgebissen=gezähnt, die oberen längl., ganzrandig; Blth=Knäuel in end= u. seitenst. Aehren, Aehren rispig ob. trugdoldig zsgestellt; S. glatt, glänzend. ⊙ — Aecker, Gärten, Wegränder, Dörfer, Ufer, Weidenw., Waldränder. 7—9. — Variirt mit mehr ob. weniger gezähnten Bl. u. in der Form des Blthstandes: a. spicatum, Aehren schmalrispig zsgestellt; Pfl. stark weiß=bestäubt; S. in der Regel mehrkantig u. erst buich Abreiben glänzend. — b. viride. L. (als Art) Aehren trugdoldig zsgestellt; Bl. grün, wenig bestäubt; S. nicht beschülfert. — Die Stammart a. im Geb. sehr gemein, die Var. b. weniger häufig, jedoch nicht selten.

847. C. opulifolium. Schrad. Schneeballblättr. G. — St. u. Bthstand wie vor.; Bl. breit=rautenf., fast 3=lappig, stumpf, im Umriß rundl.; S. etwas runzelig, matt=glänzend. ⊙ — Dörfer, Zäune. 7—9. — Im südl. Geb. ziemlich häufig, nördl. von Magdeburg selten. Z. B. 3 M. Df. Rothensee; Z. Biederitz. 4 S. Df. Gr. Mühlingen. 4 B. Df. Pömmelte; Walternienburg; Tornitz; Kl. u. Gr. Rosenburg; Lödderitz. 4 Z. Df. Badewitz; Moritz; Zerbst; Pulspforda; Pone; Leps. 5 S. Staßfurt; Rathmannsb. 5 C. Df. Trabitz; Zuchau. 5 B. Hecke Bernburg u. am Pfaffenbusch; Df. Gröna. — Unterscheidet sich von der vor. durch die viel breiteren, kürzeren u. stumpferen Bl.

† C. Botrys. L. Weichhaariger G. — St. aufrecht, ästig, nebst den Bl. drüsig=behaart; Bl. längl., buchtig=fiedersp., stumpf=gezähnt; Blthknäuel in schma-

---

1) Von χήν, Gans, u. πόδιον, Füßchen; wegen der Form der Bl. einiger Arten.

len, traubenf. Rispen. ⊙ — Aus Süddeutschland. 7—8. — Eingeschleppt u. in Gärten zuweilen verwildert; z. B. **3 M. St.** Neustadt.

B. Blätter ganzrandig.

848. C. polyspermum. L. Vielsamiger G. — St. aufrecht ob. aufsteigend, ästig; Bl. eif. ob. eif.-längl., kahl; Blthknäuel locker-ährig-rispig; P. der Fr. weit geöffnet. ⊙ — Aecker (bes. überschwemmt gew.), Gärten, Dörfer, Ausstiche, Waldgräben u. Waldbäche, Ufer. 7—9. — Im Al. häufig, auch im Dl. und Sand-Fl., m. E., nicht selten; im Kalk-Fl. selten.

849. C. Vulvária. L. (C. foetidum. Lam.) Stinkender G. — St. niederliegend-aufsteigend, ausgebreitet-ästig, nebst den Bl. bestäubt; Bl. ziemltl. klein, rauten-eif.; Blthknäuel in kurzen, traubigen Rispen; P. der Fr. geschlossen. ⊙ — Stadt- u. Dorfstraßen (bes. neben den Mauern), Zäune, Weg- u. Ackerränder. 7—9. — Im Kalk-Fl., m. E., u. im Al. häufig; im Sand.Fl. u. im Dl. seltener. — Pfl. mit sehr übelem Häringsgeruch.

356. Blitum. L. **Erdbeerspinat.**

S. aufrecht ob. mit wagerechten gemischt; Stbgf. 1—5; Frucht-P. öfters saftig; sonst wie Chenopodium.

1. Rotte. Frucht-P. beerenartig.

† B. virgatum. L. Ruthenförmiger G. — St. am Grunde ästig, Aeste gertenartig und niederliegend, bis oben beblättert; Bl. längl.-3-eckig, fast spießf., buchtig-gezähnt; Blthknäuel blattwinkelst., zur Fruchtzeit roth, beerenartig. ⊙ — Aus Süddeutschland. 6—8. — Auf Schutthaufen und in Gärten zuweilen verwildert.

† B. capitatum. L. Kopfblüthiger G. — St. oberwärts unbeblättert; Aehren nackt; sonst wie vor. ⊙ — Aus Südeuropa. 6—8. — Zierpfl. in Gärten.

2. Rotte. Frucht-P. saftlos.

850. B. Bonus Henrícus C. A. Meyer. (Chenopodium Bon. Henr. L.) Ausdauernder G. (Guter Heinrich.) — St. aufrecht, gefurcht, mehligbestäubt; Bl. dreieckig-spießf., ganzrandig; Blthknäuel in end- u. blattwinkelst. Aehren, von denen die endst. wieder eine lange zsgesetzte nackte Aehre bilden; S. sämmtlich aufrecht. ⚄ — Dörfer, Gehöfte. 5—8. — Im Geb. meist sehr häufig; nur in einigen Gegenden (z. B. 2 B.) selten.

851. B. rubrum. Rb. (Chenopod. rubr. L.) Rother G. — St. aufrecht, gefurcht, nicht bestäubt; Bl. 3-eckig, fast spießf., buchtig-gezähnt, am Grunde etwas keilf., glänzend; Blthknäuel in end- und blattwinkelst. Aehren; S. aufrecht, die der Endblth. der Knäuel wagerecht. — Dörfer, Weg- u. Ackerränder, Gräben, Ufer, überschwemmt gew. Aecker. 8—10. — Im Al. sehr häufig u. auch im Fl. häufig; im Dl. viel seltener.

852. B. glaucum. Koch. (Chenopod. glauc. L.) Graugrüner G. — St. aufrecht ob. aufsteigend, kantig; Bl. längl., buchtig-gezähnt, mit keilf. Basis in den Blstiel verlaufend, unterseits weiß-grau, feinfilzig; Blthknäuel in end- u. blattwinkelst. Aehren; S. wagerecht, mit aufrechten gemischt. ⊙ — Dörfer, Weg- und Ackerränder, Steinbr., Ufer. 7—9. — Im Geb. häufig.

357. Beta¹). L. **Mangold.**

P. napff., 5-sp.; Stbgf. 5, einem fleischigen, den Frkn. umgebenden Ringe eingefügt; N. 2; Fr. dem P. angewachsen; S. wagerecht, Samenhaut lederig. — Kräuter mit gestielten, einfachen Bl.; Blth. in Knäueln, die ährenf. u. rispig zsgestellt sind.

853. B. vulgaris. L. Gemeiner M. — St. aufrecht, ästig; WBl. breit-eif., stumpf, am Grunde herzf., am Rande wogig; StBl. rauten-eif.,

---

1) Lateinischer Name dieser Gattung.

spitz; Blthknäuel in end- u. seitenst. Aehren, die eine sehr lockere Rispe bilden. ☉ u. ⊙ Cult. 7—8. — In verschiedenen Variet., namentlich:

α. Cicla, Garten-M.; W. dünn, ästig. — Das Kraut wird in manchen Gegenden als Gemüse gegessen. — Formen mit krausen Bl. u. gelben od. rothen Rippen dienen als Zierpfl.

β. rapacea, Rüben-M., Runkelrübe; W. dick, fleischig. — Bei uns vielfach im Großen auf gutem Boden zur Zuckerfabrikation gebaut. — Eine Abart mit rothem Fleisch u. kleinerer Wurzel wird unter dem Namen: rothe Rübe als Wurzel-Salat-Pfl. vielfach cult.

4. Gruppe. **Atripliceen.** Blth. eingeschlechtlich, 1- ob. 2-häusig, selten mit zwitterigen gemischt.

358. Spinácia[1]). L. **Spinat.**

Blth. 2-häusig; männl. P. 4-th.; Stbgf. 4; weibl. P. bauchig-röhrig, 2—3-sp.; Gf. 4, fadenf.; Fr. mit dem erhärteten P. verwachsen; S. aufrecht. — Kräuter mit gestielten, einfachen Bl.; Blth. in Knäueln; weibl. Knäuel blattwinkelst., sitzend; männl. in lockeren Aehren.

854. S. inermis. Mönch. Wehrloser S. — St. aufrecht; Bl. stumpf-3-eckig, ob. längl.-eif.; Zähne des P. zur Fruchtzeit klein, wehrlos. ☉ ob. ⊙ — Als Blatt-Gemüsepfl. cult. 6—9. — In Gemüsegärten vielfach gebaut, zuweilen verwildert.

855. S. spinosa. Mönch. (S. oleracea. L.) Dorniger S. — St. aufrecht; Bl. spießf.; Zähne des P. zur Fruchtzeit zu starken, hornartigen Stacheln vergrößert. ☉ ob. ⊙ — Wie vor. cult. 6—9. — In Gemüsegärten gebaut.

359. Hálimus[2]). Wallr. **Salzmelde.**

Blth. 1-häusig; männl. P. 4—5-th.; Stbgf. 4—5; weibl. P. zsgedrückt, 2-lappig, Lappen 3-zähnig; Frucht-P. vergrößert, verkehrtherzf.; Fr. zsgedrückt; S. aufrecht, Samenhaut dünnhäutig. — Weißgraue, mehlig-bestäubte Kräuter.

856. H. pedunculatus. Wallr. (Obióne pedunculata. Moquin-Tandon). Stielfrüchtige S. — St. schlängelig u. sperrig-ästig; Bl. lancettl., fast spatelf., stumpf, ganzrandig; Blthknäuel in gipfel- u. blattwinkelst. Aehren; Frucht-P. lang-gestielt, umgekehrt dreieckig-herzf. ☉ Salinen u. stark salzhaltige Orte. 8—10. — Im Geb. nicht häufig u. nur im Kalk-Fl. auf unfruchtb., salzigen Boden; stets sehr gesellig. 3 W. Salzige Stellen bei Süldorf. 4 S. *Grabirwerk; Soolkanal; an der Sülze bei Sohlen u. Beiendorf. 5 S. Salzterrain bei der Hecklinger Fabrik; Salzwj. zw. Hecklingen u. Staßfurt; Salzterrain (Sülze) bei Staßf.

360. Átriplex[3]). L. **Melde.**

Blth. 1-häusig, zuweilen mit eingemischten Zwittern; männl. ob. Zwitter-P. 3—5-th.; Stbgf. 3—5; weibl. P. zsgedrückt, 2-lappig, Lappen gezähnt ob. ganzrandig; Frucht-P. vergrößert; Fr. zsgedrückt; S. meist aufrecht, Samenhaut krustig. — Kräuter mit gestielten, einfachen Bl.; Blth. in Knäueln, die ährenf. ob. rispig zsgestellt sind.

A. Frucht-P. krautig ob. häutig, nur an der Basis zsgewachsen.

857. A. hortensis L. Garten-M. — St. aufrecht, grün- ob. roth-

---

1) Von spina, Dorn; wegen der behörnten Fr. der S. spinosa. — 2) ἅλιμος salzig (ἅλς, Salz); wegen des Vorkommens der Pfl. auf Salzboden. — 3) Lat. Name für diese Gattung, u. bei Plinius ein Neutrum.

gestreift; Bl. beiderseits gleichfarbig, fast glanzlos, die unteren herzf.=3=eckig, die oberen längl.=3=eckig, fast spießf., ein wenig geschweift=ge= zähnt, die obersten längl., ganzrandig; Frucht=P. fast kreisrund, kurz zugespitzt, netzaderig, ganzrandig. ⊙ — Cult. 7—8. — In Gärten zuweilen gebaut u. mehrfach verwildert; eine Variet. mit blutrothen St. u. Bl. häufige Zierpfl.

858. A. nitens. Rebentisch. Glänzende M. — St. aufrecht, grün= gestreift; Bl. oberseits glänzend, unterseits silber=grau, die unteren herzf.=3=eckig, die oberen aus 3=eckig=herzf. Basis lang=zugespitzt, am Grunde u. meist bis zur Mitte buchtig=gezähnt; Frucht=P. eif., zieml. lang=zugespitzt, netzaderig, ganzrandig. ⊙ — Ufer; auch Wegränder, Steinbr., Salzstellen. 7—8. — Am Ufer der Saale häufig; auch am Wipperufer u. am Ufer der Elbe nicht selten (am Elbuf. z. B. 2 W. Rogäz. 2 B. Hohenwarte. 3 M. Werber= spitze. 4 B. Barby; *Saalhorn. 4 Z. Stecbby); ferner auf Salzterrain bei Hecklingen u. bei Staßfurt reichl., ebenso am Soolgr. bei Süllb.; — auch in Stein= u. Gypsbrüchen. (3 M. Olvenstedt; Neustadt; am Krötenthore. 5 B. Gypsbr. bei Neu=Beesen).

859. A. patula. L. Schmalblättr. M. — St. aufrecht ob. auf= steigend, gestreift, sperrig=ästig; Bl. schmal, die unteren lancettl.= spießf., gezähnt; die oberen lancettl., ganzrandig ob. wenig gezähnt; die obersten lineal=lancettl. bis lineal, ganzrandig; (an Frucht= exemplaren oft sämmtliche Bl. ganzrandig): Frucht=P. rautenf. mit spießf. Seitenzähnen; Frucht=Aehren steif. ⊙ — Aecker, Wege, Dörfer, Zäune; auch Grasgr., Waldränder, Ausstiche, Ufer. 7—9. — Gemein.

860. A. latifolia. Wahlenb. (A. hastatum. L.) Breitblättr. M. — St. aufrecht, ausgebreitet=ästig; Bl. breit, die unteren 3=eckig= spießf., geschweift= gezähnt, die oberen spieß=lancettf., die obersten lancettf., ganzrandig; Frucht=P. 3=eckig, ganzrandig ob. gezähnelt. ⊙ — Dörfer, Wassergr., Bäche, Ufer, Weidenw.; auch Aecker, Ausstiche, Wald= ränder. 7—9. — Gemein. Die Variet. salina, mit schülferig=grauer Bestäubung an salz= haltigen Stellen des Geb.

B. Frucht=P. fast knorpelig=verhärtet, bis zur Mitte zsgewachsen.

861. A. rosea. L. Rosen=M. — St. aufrecht, spreizend=ästig, grau= grün, später weiß=gelblich; Bl. ungleich=buchtig=gezähnt, die unteren rautenf., die oberen eif., oberseits graugrün, unterseites silber= weiß; Aehren fast bis oben beblättert; Frucht=P. grau=weiß=schül= ferig, 3=eckig=rautenf., spitz=gezähnt. ⊙ — Wegränder, Dörfer, trockene Höhen. 7—9. — Im Kalk=Fl. häufig u. meist gesellig; auch im Tl. nicht selten; im Al. selten; im Sand=Fl. noch nicht beobachtet.

74. Familie. **Polygoneen,** Polygoneae. Juss.

Kräuter (selten Sträucher) mit knotig=gegliedertem St. u. ab= wechselnden, einfachen Bl., die in ihrer Jugend am Rande zurückgerollt u. die an ihrer Basis zu einer Tute (ochrea) scheidenartig erweitert sind; Blth. meist Zwitter, in Aehren, Trauben, Rispen ob. Wirteln; P. unterst., 3=, 5=th. u. 6=th, oft gefärbt. in der Knospenlage dachig, bleibend; Stbgf. 4—9, an der Basis des P. eingefügt; Frkn. frei, 1=fächerig, 1=eiig; Gf. 1—3; Fr. nußartig, nackt ob. durch die inneren Zipfel des P. bedeckt.

361. Rumex.[1]) L. **Ampfer.**

P. 6=th., die 3 inneren Zpfl. größer, zschließend; Stbgf. 6; Gf. 3, haarf.; N. pinself.; Nuß 3=eckig, von den 3 inneren Zpfl. des P.

---
1) Lat. Name dieser Gattung.

Polygoneen.

lapfelartig bedeckt. — Kräuter mit gefurchten St. u. gestielten Bl.; Blth. klein, gestielt, in Wirteln, die Wirtel in mehr od. weniger unter= brochenen Aehren, welche letztere zusammen eine lockere Rispe bilden; P. grün, ins Weißliche od. Röthliche, die inneren Zpfl. auf dem Rücken oft mit einer dicken Schwiele versehen.

1. Rotte. Lápathum. Blth. zwitterig, selten vielehig; Bl. an der Basis keilf., abgerundet od. herzf., aber nie spieß= od. pfeilf.

862. R. maritimus. L. Goldgelber A. — St. aufrecht, meist ästig; Bl. lancettl.=lineal, am Rande wellig, in den Blstiel verschmälert, meist gelblich=grün; Aehren bis oben beblättert; innere Zpfl. des Frucht=P. längl.=rautenf., beiderseits mit 2= bis 3=borstenf., langen Zähnen, alle schwielentragend. ⊙ — Nasse Wiesen, Gräben, Bäche, Teiche, Ufer. 7—9. — Variirt in der Größe u. Färbung der Bl.:

β. palustris. Sm. (als Art) Bl. breiter u. länger, mit dunkelgrüner (nicht gelb= grüner) Färbung. — Im Al. häufig u. gesellig; im übrigen Geb. zerstreut. Die Var. *β*. hin u. wieder.

863. R. conglomeratus. Murr. Geknäuelter A. — St. aufrecht, sperrig=ästig, Aeste weit=, fast wagerecht=abstehend; unterste Bl. herzf.= od. eif.=längl., die oberen lancettf., zugespitzt, am Rande etwas wellig; Aehren oben nackt, unten beblättert; innere Zpfl. des Frucht=P. schmal=längl., ganzrandig, alle schwielentragend, Schwielen gleich groß. ♃ — Gräben (bes. Dorfgräben), Teiche, Bäche, Ufer, Ge= büsch, feuchte Waldstellen. 7—9. — Im Geb. häufig.

864. R. sanguineus. L. Blutrother A. — St. aufrecht, ästig, Aeste aufrecht=abstehend; unterste Bl. herzf.=längl., etwas geigenf., obere lancettl., zugespitzt; Aehren nackt, od. unten wenig beblättert; innere Zpfl. des Frucht=P. schmal=längl., ganzrandig, nur einer eine starke Schwiele tragend, die beiden anderen nackt od. mit einer sehr kleinen Schwiele versehen. ♃ — Feuchte Wälder, Haine. 6—8. — Erscheint in 2 Formen: a. viridis. Sm. (als Art); St., Blattadern u. Wirtel grün. — b. genuinus; St., Blatt= adern u. Wirtel blutroth. — Im Al. häufig, u. auch im übrigen Geb. nicht selten.

865. R. obtusifolius. L. Stumpfblättr. A. — St. aufrecht, meist ästig; untere Bl. groß, herz=eif., stumpf. od. kurz=zugespitzt, am Rande nicht=, od. schwach=wellig; Blstiel oberseits breit= u. flachrinnig, sonst glatt; mittlere Bl. herzf.=längl., spitz, die obersten lancettl.; Aehren nackt, aber unten von einem Bl. gestützt, Rispenäste aufrecht=abstehend; innere Zpfl. des Frucht=P. eif.=3=eckig, netzaderig, am Grunde gezähnt, mit ganzrandiger, vorgezogener Spitze, meist alle schwielentragend, selten 1 od. 2 nackt; Zähne 3=eckig od. pfrieml. ♃ — Dörfer, Ufer, Dämme, Weidenw., feuchte Wälder; auch Bäche, Teiche, nasse Wiesen 7—9. — Im Geb. sehr häufig.

866. R. crispus. L. Krauser A. — St. aufrecht, ästig; Bl. wellig= kraus, untere lancettl., obere schmal=lancettl. bis lineal=lancettl.; Aehren nackt u. nur die unteren von einem Bl. gestützt; innere Zpfl. des Frucht=P. rundl., fast herzf., ganzrandig, od. am Grunde gezähnelt, einer ob. alle schwielentragend. ♃ — Wiesen, Triften, Grasgr., feuchte Aecker, Wegränder, Dörfer, Teiche, Bäche, Ufer, Weidengeb. Wälder 7—9. — Gemein.

867. R. Hydrolápathum[1]). Huds. Riesen=A. — St. aufrecht, ästig; untere Bl. groß, lederartig, lancettl., am Rande fein=wellig=

---

1) Von ὕδωρ, Wasser, u. λάπαθον, Ampfer.

Apetale Dic. meist mit Zwitterblth.

gekerbt, obere Bl. schmal= bis lineal=lancettl.; Aehre fast blattlos, Rispen=
äste zsneigend; innere Zpfl. des Frucht=P. eif.=3=eckig, netzaderig, ganzrandig
ob. unten gezähnelt, alle schwielentragend. ⚥ — Wassergr., Teiche,
Bäche, Ufer, Ausstiche. 6—8. — Im Al. u. Tl. sehr häufig, im Fl. seltener.

868. R. aquáticus. L. Wasser=A. — St. aufrecht, ästig; untere
Bl. groß, herz=eif., spitz, Blstiel oberseits schmal= u. tiefrinnig, u. außer=
dem gerillt, obere Bl. herz=lancettf., die obersten schmal=lanlettl.; Blth.
lang=gestielt, Wirtel gedrängt, Aehren nackt, nur die unteren von einem
Bl. gestützt, Rispenäste zsneigend; innere Zpfl. des Frucht=P. herz=
eif., häutig, netzaderig, alle ohne Schwiele. ⚥ — Ufer, Bäche. 7—8. —
Am Ufer der Bode u. Wipper u. der sie verbindenden Liethe nicht selten, auch am Ufer
der Holtemme, Saale, Elbe u. Ohre; meist vereinzelt auftretend. Z. B. 2 N. Ohre bei
Neuhaldensl. u. bei Detzel. 4 O. u. 4 E. Holtemme bei Nienhagen u. Plockpfeifenmühle;
Bode Hedersl=Roberso., Abersl.=Teesd., Gröningen, Krottorf, Ochersl. 4 S. 4 B. u. 4 Z.
Elbe am Schönb. Bsch., bei Barby, in den „blauen Bergen" gegenüber. 5 B. Bode bei
Staßfurt; an der Liethe (vielfach). 5 B. Wipper Sandersl.=Frecil., Warmsd., Oschmarsl.=
Kölbigk., u. Ilberstädt; Saale Gröna=Abersädt=Bernburg=Nienburg. — R. aquat. ist in
Größe u. Habitus dem Riesen= u. dem stumpfblättr. Ampfer ähnlich, unterscheidet sich
aber von beiden durch das schwielenlose, häutige, innere Frucht=P.; außerdem von R.
Hydrol. durch die herzf., unteren Bl., u. von R. obtusif. durch die allmälig spitz zugehen=
den u. nicht stumpfen, unteren Bl. u. durch deren Blattstiel.

2. Rotte. Acetosa. Blth. 2=häusig; Bl. spieß= ob. pfeilf.

869. R. Acetósa. L. Sauer=A. — St. aufrecht, einfach ob. oben
ästig; Bl. längl., pfeilf., selten spieß=pfeilf. u. spießf.; Aehren u. Rispe
blattlos; innere Zpfl. des Frucht=P. eif.= rundl., netzaderig, am Grunde mit
einer schuppenf. Schwiele, die äußeren zurückgeschlagen. ⚥ — Wiesen,
Haine, Grasgr., lichte Wälder, Bäche, Ufer. 5—6 u. wieder nach der Heuerndte.
— Gemein; auch in Gärten als Gemüse geb.

870. R. Acetosélla. L. Kleiner=A. — St. aufrecht, vom Grund
aus ästig; Bl. spießf., lancettl. ob. lineal; Aehren nackt, nur die unteren
von einem Bl. gestützt; innere Zpfl. des Frucht=P. eif., schwielenlos, die
äußeren aufrecht, angedrückt. ⚥ — Sandäcker (bes. Brachäcker),
trockene Höhen, Triften, Wiesen, Grasgr., Wegränder, Ufer, trockene Wälder,
Haiden. 5—6 (— 9). — Gemein.

362. Polýgonum[1]). L. **Knöterig.**

P. 4—5=sp. ob. =th., gefärbt; Stbgf. 5—8; Frkn. linsenf. mit 2 N.,
ob. 3=kantig mit 3 N.; Nuß vom P. umgeben. — Kräuter mit gestielten
ob. sitzenden, meist ganzrandigen Bl.; Blth. zwitterig ob. vielehig, klein,
meist in Aehren, selten in Trauben ob. Rispen.

1. **Rotte. Bistorta.** Blth. in Aehren, Aehren einzeln, an der Spitze
des einfachen St.

871. P. Bistórta. L. Nattern=K. — Wurzelstock kriechend, mehr=
stengelig; St. einfach; Bl. längl.=eif., am Grunde fast herzf., am
Rande wellig, unterseits graugrün, die unteren lang=gestielt, Blstiel
geflügelt, die obersten sitzend, halb=stengelumfassend; Aehre dicht gedrängt,
walzl.; Blth. 5=männig, hellroth. ⚥ — Nasse Wiesen, feuchte, grasige
Waldstellen. 5—8. — Im Sand=Fl., m. E., u. im Tl. (mit Ausn. des nordöstl.
Theils: 2 B. 3 M. 3 Mö. u. 3 L.) nicht selten; auch im Sand=Al. (4 B. Breitenhagener u.
*Lödderitzer F.) u. im Al. der Bode (4 O. Bodewf. Gröningen; Meierweiden; Wf. bei
Günthersd. 4 E. Wf. bei Gr. Germersl.; Egelnsche F. u. Wf. bei Egeln); im übrigen
Geb. sehr selten (3 L. Wf. bei Loburg. 5 B. Sumpf=Wf. bei Körmigt).

---

[1]) πολύς, viel, u. γόνυ, Knie, Knoten.

Polygoneen.

2. Rotte. Persicaria. Blth. in Aehren; Aehren an der Spitze des St. u. der Zweige des ästigen St.

872. P. amphibium. L, Beiblebiger K. — St. im Wasser schwimmend, im Schlamme kriechend, auf feuchtem Lande aufrecht; Bl. gestielt, längl.=eif. ob. lancettl.; Aehren gedrängt, walzl.; Blth. rosa. ♃ — Feuchte Wiesen, Gräben, Lachen, Teiche, Bäche. ˙6—8. — Variirt je nach dem Standort:
α. natans; im Wasser schwimmend; Bl. lang=gestielt, längl.=eif.
β. coenosum; im Schlamme kriechend. Bl. wie α.
γ. terrestre; auf nassen Wiesen, in feuchten Gräben; St. aufrecht; Bl. kurz=gestielt, lancettl.
Im Al. häufig; u. auch im Fl. u. Ol. nicht selten.

873. P. lapathifolium. L. Ampferblättr. K. (Bitterling). — St. aufrecht, aufsteigend ob. liegend; Bl. kurz=gestielt, eif., elliptisch ob. lancettl., meist gefleckt; Tuten kahl, nicht= ob. sparsam= u. kurz=gewimpert; Aehren gedrängt, längl.=walzl.; Blth. 6=männig, meist grün, seltener roth, blaßroth ob. weiß; Blthstiel drüsig=rauh; Nuß schwarz, glänzend, rundl., zsgedrückt, beide Seiten concav. ⊙ — Aecker, Gräben, Dörfer, Weg= u. Waldränder, Ausstiche, Bäche, Ufer. 6˙—9˙ — Gemein. — In nassen Jahren (oft in Gemeinschaft mit einer ob. mehreren der drei folgenden Arten) auf überschwemmt gewesenen Aeckern das wuchernde Unkraut.

874. P. Persicaria. L. Gemeiner K. — St. aufrecht ob. aufsteigend; Bl. kurz=gestielt, meist lancettl., öfters gefleckt; Tuten von angedrückten Haaren strichelhaarig, lang=gewimpert; Aehren gedrängt, längl.=walzl.; Blth. 6=männig, roth, blaßroth ob. weiß; Blthstiel kahl (ohne Drüsen); Nuß schwarz, glänzend, die eine Seite plattgedrückt, die andere mit einem Höcker. ⊙ — Aecker, Gräben, Dörfer, Weg= u. Waldränder, Bäche, Ufer. 7˙—9˙ — Im Sand=Fl., m. E., u. im Ol. häufig; auch um den Hafel u. im Al. der Schne; im übrigen Geb. selten (hier z. B. 3 M. Erbsbach; Ufer der Schrode). — Von der vorigen, sehr ähnlichen, durch die lang=gewimperten Tuten, die drüsenlosen Blthstiele und die höckerigen Fr. sofort zu unterscheiden.

875. P. Hydropiper¹). L. Pfeffer=K. (Wasserpfeffer, Bitterling). — St. aufsteigend; Bl. kurz=gestielt, breit=lancettl., mit beißendem, pfeffrigen Geschmack; Tuten fast kahl, kurz=gewimpert; Aehren locker, fädlich, überhängend, unterwärts unterbrochen; Blth. 6=männig, drüsig=punktirt, grün, am Rande purpurn ob. weißl.; Nuß schwarz, glanzlos, stumpf=3=kantig. ⊙ — Feuchte Dorfstellen, Gräben, Ausstiche, Bäche, Ufer, Weidengebüsch, feuchte Waldstellen (bes. Waldwege); auch nasse Aecker. 7˙—10˙ — Im Sand=Fl. (hier bes. auch auf Aeckern) u. im Ol. sehr häufig, u. auch im übrigen Geb. nicht selten.

876. P. minus Huds. Kleiner K. — St. liegend ob. aufsteigend; Bl. sehr kurz=gestielt, fast sitzend, schmal= bis lineal=lancettl., mit mildem Geschmack; Tuten angedrückt=strichelhaarig, lang=gewimpert; Aehren locker, fädl., meist aufrecht, unterwärts unterbrochen; Blth. 5=männig, drüsenlos, roth, selten weiß; Nuß schwarz, glänzend, stumpf=3=kantig. ⊙ — Standort wie vor. 7—10. — Im Geb. zwar meist nicht so häufig als vor., doch im Allgemeinen nicht selten.

† P. orientale. L. Morgenländischer K. — St. aufrecht, ästig; Bl. eif.= längl., spitz; Tuten gewimpert; Aehren gedrängt, lang, herabhängend; Blth. purpurroth. ⊙ — Zierpfl. aus Indien. 7—10. — In Gärten.

---

1) Von ὕδωρ, Wasser, u. piper, Pfeffer, mit Bezug auf den Geschmack der Pfl. u. ihren Standort.

3. Rotte. Avicularia. Blth. in blattwinkelst. Büscheln; Gf. 3, sehr kurz.

877. P. aviculare. L. Vogel-K. — St. niederliegend, aufsteigend ob. aufrecht, meist vom Grund aus ästig, fadenf., bis oben beblättert; Bl. ziemlich klein, kurz-gestielt ob. fast sitzend, elliptisch ob. lancettl.; Tuten 2—mehr-sp.; Blth. grün, mit weißem ob. rothen Rande; Nuß schwarz, runzelig, glanzlos, stumpf-3-kantig ⊙ — Aecker, Wege, Dörfer, zw. wenig betretenem Straßenpflaster, Triften, Wiesen, Bäche, Ufer, Waldränder u. Waldwege. 6—10. — Sehr gemein.

4. Rotte. Helxine. Blth. in blattwinkelst. Büscheln; Gf. 1; St. windend.

878. P. Convólvulus. L. Windenartiger K. — St. fadenf., scharf-kantig, meist liegend u. wenig emporklimmend, 10—100 cm. lang, vom Grund aus ästig; Bl. gestielt, herz-pfeilf., zugespitzt; Blth. grün, am Rande weiß; äußere Zpfl. des Frucht-P. gekielt (nicht geflügelt); Nuß schwarz, glanzlos, 3-kantig. ⊙ — Aecker, Gärten, Zäune. 6—9. — Gemein, bes. auf gutem Boden.

879. P. dumetórum. L. Hecken-K. — St. fadenf., kantig, empor-klimmend, 1—4 m. lang, ästig; Bl. gestielt, herz-pfeilf., zugespitzt; Blth. grün-röthl., am Rande weiß; äußere Zpfl. des Frucht-P. geflügelt; Nuß schwarz, stark-glänzend, 3-kantig. ⊙ — Wälder, Gebüsch, Hecken. 7—9. — Im Geb. nicht selten.

5. Rotte. Fagopýrum. Tourn. Blth. traubig, Trauben seiten- u. endst., die endständigen in Rispen; Gf. 3; Fr. länger als das P.

880. P. Fagopýrum. L. (Fagopyrum esculentum. Moench.) Buch-weizen-K. (Buchweizen). — St. aufrecht, ästig; Bl. herz-pfeilf., zuge-spitzt, die unteren gestielt, die obersten sitzend; Trauben vielblüthig, die endst. Rispe fast trugdoldenartig; Blth. rosenroth ob. weiß, an-sehnlich; Nuß braun, 3-kantig, zugespitzt, Kanten ganzrandig. ⊙ — Cult. 7—8. — Im Geb. häufig in den Sandgegenden, sonst selten geb.; öfters ver-wildert.

881. P. tatáricum. L. (Fagopyrum tat. Gaert.) Tatarischer K. — St. aufrecht, ästig; Bl. ziemlich groß, herz-pfeilf., zugespitzt, fast sämmtlich gestielt; Trauben armblüthig; Blth. grün, klein, unansehnlich; Nuß braun, 3-kantig, zugespitzt, Kanten ausgeschweift-gezähnt. ⊙ — Aecker, unter dem Sommergetreide u. zw. Buchweizen. 7—8. — Im Geb. sehr selten. 1 B. Wäthen. — Von der vor. durch die größeren Bl. u. den unansehnlichen Blthstand schon aus der Ferne zu unterscheiden.

† Rheum. L. Rhabarber.
P. 6-th.; Stbgf. 9; Gf. 3; Fr. geflügelt.

† R. Rhaponticum. L. Pontischer R. (Rhapontik). — St. aufrecht; un-tere Bl. sehr groß, rundl.-herzf., Blstiel roth; Blth. weiß, zahlreich, in straußartigen Rispen. ♃ — Zierpfl. vom Pontischen Meere. 5—6. — Häufig in Anlagen u. Gärten.

75. Familie. **Thymeleen**, Thymeleae. Juss.

Sträucher (ob. Bäume), selten Kräuter, mit abwechselnden ob. gegenüberstehenden, einfachen u. ganzrandigen Bl.; Blth. zwitterig, achsel-ob. gipfelst., einzeln ob. zu mehreren; P. unterst., oft farbig, röhrig, mit 4-, selten 5-sp. Saume, abfallend ob. bleibend; Stbgf. doppelt so viel als Zpfl. des P.; Frkn. frei, 1-fächerig, 1-eiig; Gf. 1; N. 1; Fr. nuß-ob. steinfruchtartig.

Thymeleen. — Santalaceen.

363. Passerina¹). L. Vogelkopf.

P. 4=sp., bleibend; Stbgf. 8; Nuß vom P. bedeckt. — Kräuter mit abwechselnden Bl.; Blth. achselst.

882. P. annua. Wickstr. (Thymelaea Passerina. Cosson u. Germain.) Jähriger P. — St. aufrecht, ruthenf.=ästig; Bl. klein, lineal=lan= cettl.; Blth. grüngelb, blattwinkelst., sitzend, einzeln bis zu 3, flau= mig, mit 2 lancettf. Deckblättchen. ⊙ — Aecker. Kalkliebend. 7—9. — Im Geb. sehr selten; bisher nur 4 S. Froher B. — Erreicht hier die Nordgrenze.

364. Daphne²). L. Kellerhals.

P. gefärbt, 4=sp., tellerf., abfallend; Stbgf. 8; Steinfrucht. — Sträucher mit zerstreuten ob. gegenst. Bl.

883. D. Mezeréum. L. Gemeiner K. (Seidelbast). — Strauch 50—150 cm. ♄.; Bl. lancettl., leberartig, in den kurzen Blstiel ver= schmälert; Blth. vorlaufend, seitenst., einzeln bis zu 4, sitzend, rosen= roth; Steinfr. saftig, roth; S. rund, pfeffergroß. ♄ — Wälder, Haine, Erlenbr. '3—5. — Im Fl. u. Dl. zerstreut; z. B. 1 C. Nehm u. Lohden bei Walbeck; Lustgarten Böddensell (hier wohl nur verwildert). 2 N. Exrleber F.; Wellenberge. 4 E. Hakel (reichl.). 4 Z. Hundelufter Erlenbr. bei Bresen (reichl.).

76. Familie. Santalaceen, Santalaceae. R. Br.

Kräuter (Sträucher ob. Bäume), mit abwechselnden ob. fast gegen= überstehenden, ungetheilten Bl.; Blth. zwitterig ob. vielehig, in Aehren, Trauben ob. Rispen; P. oberst., 3, 4 u 5=sp.; Stbf. 4—5; Frkn. 1=fäche= rig, 2—4=eiig; Gf. 1; N. 1; Fr. nuß= ob. steinfruchtartig, 1=samig.

365. Thésium. L. Thesium.

Blth. Zwitter; P. grün, inwendig weiß, 4—5=sp., teller= ob. trich= terf., bleibend; Stbgf. von einem Haarbüschel umgeben; Fr. nußartig, vom bleibenden P. gekrönt. — Kräuter mit abwechselnden, schmalen, ganzrandigen Bl.; Blth. klein, in Trauben ob. Rispen.

1. Rotte. Traube ob. Rispe bis zur Spitze mit Blth. bedeckt, jede Blth. mit 3 Deckbl.

884. T. intermedium. Schrad. Mittleres T. — W. kriechend St. aufrecht ob. aufsteigend; Bl. lineal=lancettl. bis lineal, schwach 3=nervig; Blth. in lockeren Rispen; Deckbl. zu 3; Fr. eif., lang=gestielt, Stiel viel länger als die Fr., Frucht=P. bis auf die Basis eingerollt, 3=mal kürzer als die Fr. ♃ — Trockene Anhöhen, Sandtriften, Haiden. '6—7' — Im Fl. u. Dl. zerstreut; z. B. 2 N. Zernitz; Neuhaldensl. F.; Colbitzer Haide. 2 W. Rogätzer F. (Oberhagen). 3 B. Haidebügel am Bürgerholz. 4 S. *Froher B. 4 B. Sandige Anhöhe zw. Pretzien u. Dornburg. 4 Z. *Hohes Elbuf. bei Tochheim, u. Trift am Wege nach Badeg; Friederikenb.; Querg. bei Trüben, am Wege nach Bonitz; Mosigkauer F. 5 C. Zenser B.

885. T. alpinum. L. Alpen=T. — W. spindelf., mehrstengelig; St. aufrecht; Bl. lineal, 1=nervig; Blth. in Trauben; Deckbl. zu 3; Fr. fast kugelig, kurz=gestielt, Stiel kürzer ob. so lang als die Fr.; Frucht=P. röhrig, nur an der Spitze eingerollt, so lang ob. länger als die Fr. ♃ — Haiden. '6—7' — Im Dl. zerstreut; z. B. 1 B. Burgstaller F. 2 W. Rogätzer u. Ramst. F. 2 B. Güsener F.; Pennigsd. F.; Bürgerholz; Grabower F.

---

1) Von passer, Sperling; wegen der geschnäbelten, einem Vogelkopf ähnlichen Fr. —
2) δάφνη, Lorbeer; wegen der lorbeerartigen Bl. dieser Gattung.

226 Apetale Dic. meist mit Zwitterblth.

2. Rotte. Trauben oben schopfig, d. h. mit einem blthlosen Blätterbüschel endigend; Blth. nur mit 1 Deckbl.

886. T. ebracteatum. Hayne. Deckblattloses T. — W. kriechend; St. aufrecht; Bl. lineal; Blth. in Trauben; Deckbl. einzeln; Fr. eif., lang=gestielt; Frucht=P. eingerollt, 3=mal kürzer als die Fr. ♃ — Haiden. 5—6. — Im Geb. sehr selten: 4 S. Zwischen Haidekraut am Waldsaum zw. der Klus u. Neuen Mühle.

† Familie. Eläagneen, Elaeagneae. Rich.

Sträucher ob. Bäume, überall mit sehr kleinen, mehligen Schuppen bedeckt; Blth. achselst., zwitterig, oft durch Fehlschlagen eingeschlechtlich; P. unterst., inwendig farbig, 2—4=sp., bleibend; Stbgf. so viel ob. doppelt so viel als P.=Zpfl.; Frkn. in der Röhre des P. eingeschlossen, frei, 1=eiig; Gf. 1; N. 1; Fr. eine falsche Steinfrucht, aus dem beerenartig gewordenen P. u. aus einer krustigen Nuß bestehend.

† Elaeagnus[1]). L. Oleaster (Oelweide).

Blth. zwitterig ob. vielehig; P. glockig, 4—5=sp., inwendig hellgelb; Stbgf. 4—5. — Sträucher mit gestielten, ganzrandigen Bl.
† E. argenteus. Pursh. Silbergrauer O. — St. dornenlos, junge Zweige rostfarben=schülferig; Bl. elliptisch, silberweiß=schülferig, unterseits mit eingemischten rostfarbenen Schülfern; Blth. zulegt abwärts=gebogen. ♄ — Zierstr. aus Nordamerika. 5—6. — In Anlagen; öfters verwildert.
† E. angustifolius. L. Schmalblättr. O. — St. meist dornig; Bl. lancettl., silberweiß=schülferig; Blth. aufrecht. ♄ — Zierstr. aus Süd=Europa. ·6· — In Anlagen.

† Hippóphaë. L. Sanddorn.

Blth. 2=häusig; männl. P. 2=th.; Stbgf. 4; weibl. P. röhrig, 2=sp.
† H. rhamnoides. L. Weidenblättr. S. — St. dornig; Bl. lineal=lancettl., in einen kurzen Blstiel auslaufend, oberseits graugrün, unterseits silberweiß=schülferig; Blth. vorlaufend, goldgelb u. braun=schülferig. ♄ — An den Seeküsten u. in den Flußthälern der Alpen. 4—5. — Als Zierstr. häufig in Anlagen.

77. Familie. **Aristolochieen,** Aristolochieae. Juss. (Asarineen, Asarineae. Kunth.)

Kräuter ob. Sträucher mit abwechselnden, gestielten und einfachen, ganzrandigen Bl.; Blth. zwitterig, blattwinkelst.; P. gefärbt, oberst.; Stbgf. 6 ob. 12, frei, auf der Spitze des Frkn., ob. mit Gf. u. N. verwachsen; Frkn. 3—6=fächerig, vieleiig; Samenträger mittelpunktst.; Fr. eine Kapsel.

366. Aristolóchia[2]). L. **Osterluzei.**

P. röhrig, am Grunde bauchig, an der Spitze schief abgeschnitten, zungenf.; Stbgf. 6; Kapsel 6-fächerig. — Aufrechte ob. windende, ausdauernde Kräuter ob. Sträucher.

887. A. Clematítis. L. Gemeine O. — W. kriechend, mehrstengelig; St. einfach, aufrecht, gerieft; Bl. nieren= bis breit=eif., am Grunde tief=buchtig=herzf., kahl; Blth. mittelgroß, gestielt. 1—mehrere, büschelig; P. gelblich=weiß ob. grüngelb, geadert; Fr. groß, von der Größe u. Form einer kleinen Birne. ♃ — Wiesen, Dämme, Zäune, Gebüsch. 5·—·8. — Im Geb. zerstreut, doch vorzugsweise im Elb=Al. Z. B. 1 B. Bew. hohes Elbuf. zw. Polte=Schäferei u. Ringfurt. 2 N. Gartenzaun Kl. Bartensl.; Grasgarten Altenhausen. 3 M. Wf. des Commandantenwerder; Gebüsch beim Herrnkrug. 4 S. Grünewalde; Elbdamm nach Manieß, Kapitelbusch u. Elbwf. dahinter. 4 Z. Vogelheerd; Unterbusch bei Aken (Damm neben der „Nummerwf.").

---

1) Von ἐλαία, Oelbaum, u. ἄγνος (Vitex Agnus castus, Müllen); wegen Aehnlichkeit der Blätter. — 2) Lat. Name für Osterluzei, aus dem Griechischen von ἄριστος, beste, u. λόχια, Geburt; mit Bezug auf den med. Gebrauch der Pfl.

Aristolochieen. — Euphorbiaceen.

† A. Sipho. L'Héritier. Pfeifenkopf, Pfeifenstrauch. — St. strauchartig, windend, ästig; Bl. groß, breitherzf., zugespitzt; Blth. langgestielt; Röhre des P. gekrümmt, dick, grünbraun, geadert; Saum purpurn. ♄ — Zierpfl. aus Nordamerika. 6—7. — Zur Bekleidung von Lauben vielf. angepfl.

367. Ásarum¹). L. Haselwurz.

P. krugf.-glockig, Saum 3-lappig; Stbgf. 12; N. 6-lappig; Kapsel 6-fächerig. — Kräuter.

888. A. europaeum. L. Europäische H. — St. niederliegend, kriechend; Bl. nierenf., behaart; Blth. mittelgroß, gestielt, einzeln, nickend; P. kurzzottig, außen grünlich-braun, innen dunkelroth. ♃ — Laubwälder. 3'—5' — Nur im Kalk-Fl., m. C.; stets gesellig; z.B. 1 C. Die Lohben bei Walbeck. 2 N. Klepperberg. 3 S. Hohes Holz (Bornstedter Holz). 5 B. Sandersl. u. Freckleber Bsch. (in beiden wie ges.).

2. Unterordnung. Apetale Dicotyledonen mit eingeschlechtlichen Blüthen.

Blüthenhülle einfach; Blth. eingeschlechtlich (ein- ob. zwei-häusig), selten zwitterig ob. vielehig.

78. Familie. Euphorbiaceen, Euphorbiaceae. Juss.

Kräuter, Sträucher (ob. Bäume), oft milchend, mit meist abwechselnden u. einfachen Bl.; Blth. 1- ob. 2-häusig, mit Deckbl. versehen, die öfters eine Hülle bilden; P. unterst. ob. fehlend, meist mit Schuppen ob. drüsenartigen Anhängseln, die zuweilen blumenblattartig werden u. alsdann einer vollständigen Blth. gleichen (Buxus): männl. Blth.: Stbgf. frei, ob. am Grunde verwachsen; weibl.: Frkn. frei, sitzend ob. gestielt, meist 3-fächerig, Fächer kreisförmig um den mittelpunktst. Samenträger befestigt, 1—2-eiig; N. getheilt; Kapsel aus 2—3 oft elastisch aufspringenden Fruchtblättern gebildet.

† Buxus²). L. Buxbaum.

Blth. 1-häusig; männl. P. 3-th. mit 2 Schuppen (K. 3-th., Blkrbl. 2); Stbgf. 4; weibl. P. 4-th. mit 3 Schuppen (K. 4-th., Blkrbl. 3); Kapsel 3-schnäbelig, 3-fächerig; Fächer 2-samig. — Strauch ob. kleiner Baum mit gegenst. Bl.

† B. sempervirens. L. Immergrüner B. — Bl. eif., ganzrandig, kurzgestielt, lederartig, oberseits glänzend; Blth. gelblich-grün. ♄ — Zierstrauch 3—4. — In Gärten u. Anlagen häufig, besonders zu Einfassungen, angepfl.

368. Euphórbia. L. Wolfsmilch.

Blth. 1-häusig, männl. u. weibl. von einer gemeinschaftl., einblättrigen, kelchartigen Hülle umgeben; Blthhülle glockig, 9—10-sp., 5 Zpfl. aufrecht ob. einwärtsgekrümmt, 4—5 mit ihnen abwechselnd, nach außen gerichtet, von einer fleischigen, Honig absondernden, schildf. Drüse bedeckt; männl. Blth. mehrere, nach u. nach hervortretend, nackt, 1-männig; weibl. Blth. einzeln, in der Mitte der männlichen, langgestielt, mit undeutlichem K.; Frkn. 1; (Gf. 3; N. 2-lappig; Kapsel aus 3 elastisch aufspringenden Fruchtblättern bestehend, jedes 1-samig. — Kräuter mit weißem Milchsaft; Blth. meist in gipfel- u. blattwinkelst.

1) Lat. Name (nach dem griechischen ἄσαρον) für Haselwurz, As. europaeum. —
2) Lat. Name für B. sempervirens, vom griech. πύξος.

Dolden u. Döldchen; Dolden von 3—5 u. mehreren, Döldchen von 2—3, quirlig gestellten Bl. (Hüllen u. Hüllchen) gestützt.

1. Rotte. Tithymálus. Drüsen rundl. ob. oval, ganzrandig.

A. S. mit vertieften Punkten ob. Grübchen; Kapsel glatt.

889. E. helioscopia. L. (Tithymálus helioscopius. Scop). Sonnenwendige W. — St. aufrecht, am Grunde meist ästig; Bl. kurz-gestielt, verkehrt-eif., vorn fein-gesägt; Dolde 5-strahlig; Döldchen 3-strahlig; Strahlästchen gabelsp.; Drüsen quer-oval, gelb; S. wabig-netzig. ⊙ — Aecker, Gärten, Dörfer; auch Grasgr., Wegränder 4'—9'. — Gemein.

B. Samen glatt; Kapseln mit Warzen besetzt.

890. E. platyphyllos. L. (Tithymálus plat. Scop.) Breitblättr. W. — W. senkrecht; St. aufrecht, einfach ob. unten ästig; Bl. verkehrt-lancettl., spitz, von der Mitte an fein- u. flach-gesägt, mit breiter, herzf. Basis sitzend, die untersten stumpf, in den Blstiel verschmälert; Dolde 3—5-strahlig; Döldchen 3-strahlig; Strahlästchen gabelsp.; Blätter der Hüllchen dreieckig-eif., stachelspitzig; Drüsen rundlich, gelb; Warzen der Kapsel halbkugelig. ⊙ — Weg- u. Waldränder, Ufer. 6'—9'. — Nur im Al. u. auch hier selten. 4 S. Elbdamm an der alten Fähre; Ranies an Wegen u. unweit der Elbe. 5 S. Gänsefurter Bsch.; Rathmannsd. Bsch. u. Plantage mit Trift am Dorfe. — Erreicht im Geb. die Nordgrenze.

891. E. dulcis. Jacq. (Tithym. dulc. Scop.) Süße W. — W. wagerecht, dick, gegliedert; St. aufrecht ob. aufsteigend; Bl. längl. ob. lancettl., ziemlich stumpf, ganzrandig ob. vorn fein-gesägt, kurz-gestielt; Dolde 5-strahlig, Döldchen 2-strahlig; Blätter der Hüllchen dreieckig-eif.; Drüsen rundl., dunkelroth; Kapsel meist behaart, Warzen ungleich, stumpf. ♃ — Wälder, Haine, Gebüsch. 4'—6'. — Im südl. Theil des Gebiets zerstreut; z. B. 3 S. Hohes L.; Amtsgarten Schermke. 4 E. Hakel. 4 B. Ronneier F.; Breitenhagener u. Lödderitzer F. 4 Z. Schloßgarten; Jütrichauer Bsch.; Rathsbruch; Elbuf. unter Gebüsch zw. Brambach u. den „blauen Bergen." 5 B. Sandersl. Bsch. — Von der vor., sehr ähnlichen Art durch die Bestielung der Bl., die Farbe der Drüsen und die frühere Blthzeit leicht zu unterscheiden.

892. E. palustris. L. (Tithym. pal. Lam.) Sumpf-W. — W. mehrstengelig; St. aufrecht, 50—100 cm. h., dick, hohl, ästig; Bl. sitzend, längl.-lancettl., ganzrandig, kahl, mit weißl. Mittelrippe; Dolde vielstrahlig, Döldchen 3-strahlig, Strahlästchen gabelsp.; Bl. der Hüllchen elliptisch, gelb; Drüsen rundl., fast nierenf., rothgelb; Warzen der Kapseln kurz-walzl. ♃ — Gräben, Sümpfe, Erlenbr., feuchte Waldstellen, nasse Wiesen. '5—6'. — Im Al. häufig, nam. in dem der Elbe u. auf den Bruchwf.; im Dl. viel seltener (hier z. B. 2 B. Bürgerholz; Reefensche u. Penningsd. F. 3 M. an der Potstrine (reichl.). 3 Mö. Ehlewf. bei Dannigkow. 4 S. Graben der Ehlewf. bei Gommern. 4 B. Feldgr. zw. Cressow u. Pröbel. 4 Z. Fundergraben); im Fl. noch nicht beobachte.

2 Rotte. Esula. Drüsen halbmondf. ob. 2-hörnig.

A. Samen glatt.

893. E. Cyparíssias. L. (Tithym. Cypar. Scop.) Zypressen-W. — W. kriechend, mehrstengelig; St. aufrecht; Bl. lineal, fast gleich breit, vorn zugespitzt, ganzrandig; Dolde viel-strahlig, Döldchen 2-strahlig; Strahlästchen gabelsp.; Hüllblätter linealisch; Bl. der Hüllchen rautenf. ob. 3-eckig-eif., gelb, zuletzt zuweilen röthlich; Drüsen 2-hörnig, gelb. ♃ — Wegränder, trockene Triften, Grasgr., Raine, trockene Höhen, Sandäcker (bes. Brachfelder), Haiden, trockene Wälder, Steinbr., Ufer. 4—5;

auch im Herbst. Liebt Kalk- u. Sandboden. — Im Fl. u. Tl. gemein, im Al., mit Ausn. des Sand-Al., viel weniger häufig.

894. E. **Esula**. L. (Tithym. Esula. Scop.) Gemeine W. (Esels-W.) — W. kriechend, 1- bis wenig-stengelig; St. aufrecht; Bl. schmal-lancettl., am Grunde keilf.-verschmälert, ganzrandig; Blthstand wie vor.; Hüllblätter lancettl.; Bl. der Hüllchen rautenf. ob. 3-eckig-eif., grün ob. grüngelb; Drüsen 2-hörnig, gelb. ⚃ — Acker- u. Wegränder, Gräben, Wiesen, Weidengebüsch, feuchte Wälder. ˙5—7. — Im Kalk-Fl. u. Thon-Al. gemein; auch im Tl. an Aeckern mit gutem Boden u. auf moor. Wiesen (z. B. 4 Z. Torfwiese bei Hundeluft wie ges.) nicht selten; im Sand-Fl. dagegen (nördl. von Dönnstedt) u. im nordwestl. Tl. noch nicht beobachtet. — Unterscheidet sich von der vor. leicht durch das breitere, schmal u. lang-keilf. auslaufende Bl.

B. Samen runzelig, höckerig ob. grubig.

895. E. **Peplus**. L. (Tithym. Pepl. Gaertn.) Rundblättr. W. — St. aufrecht, unten ästig; Bl. ziemL. lang-gestielt, verkehrt-eif., ganzrandig, die untersten fast kreisrund; Dolde 3-strahlig; Döldchen 2-strahlig, Strahläftchen wiederholt gabelsp.; Drüsen 2-hörnig, gelblich; S. prismatisch. ⊙ — Gärten, Dorfstraßen, Aecker. 7—10. — Im ganzen Geb. in den Gärten gemein, auch in den Dorfstr. häufig, viel seltener auf Aeckern, und nur auf Gemüse-Aeckern ob. in der Nähe von Dörfern. — Unterscheidet sich von der ähnlichen E. helioscop. sofort durch die ganzrandigen Bl. u. die 3-strahlige Dolde.

896. E. **exigua**. L. (Tithym. exig. Mönch.) Kleine W. — St. aufrecht, ästig, 5—15 cm. h.; Bl. lineal; Dolde 3—5-strahlig; Döldchen 2—3-strahlig, Strahläftchen wiederholt gabelsp.; Bl. der Hüllen u. Hüllchen lineal, spitz, mit breitem Grunde sitzend, ungefärbt; S. längl., 4-kantig. ⊙ — Aecker; auch Wegränder, Grasgr., Dämme. ˙7—10. — Im Kalk-Fl. u. Thon-Al. sehr häufig; im Sand-Fl., Tl. u. Sand-Al. selten und nur auf fruchtb. Boden.

† E. **Láthyris**. L. (Tithym. Lath. Scop.) Kreuzblättr. W. — St. aufrecht, dick; Bl. gegenst., kreuzweis gestellt, längl.-lineal, spitz, mit breiter Basis sitzend; Dolde u. Döldchen 2-strahlig, Strahläftchen gabelsp.; Drüsen 2-hörnig; Kapseln groß. ⊙ — Zierpfl.; in Süddeutschl. wild. 6—8. — In Gärten u. Anlagen; zuweilen verwildert.

369. Mercuriális[1]). L. **Bingelkraut.**

Blth. (u. A.) 2-häusig, selten 1-häusig; männl. Blth. in Knäueln, die eine unterbrochene Aehre bilden, Aehren blattwinkelst.; P. 3—4-th.; Stbgcf. 9—12; weibl. Blth gestielt, zu 1—3, blattwinkelst.; P. 3—4-th.; Gf. kurz; N. 2, verlängert; Kapsel 2-, selten 3-fächerig; Fächer 1-samig. — Kräuter ohne Milchsaft, mit viereckigen St. u. gegenst., gestielten einfachen Bl.; Blth. klein, grünlich.

897. M. **perennis**. L. Ausdauerndes B. — W. kriechend, mehrstengelig; St. einfach; Bl. eif.-längl. bis lancettl., klein- u. dicht-säge-zähnig; weibl. Blth. lang-gestielt; Kapsel rauhhaarig. ⚃ — Wälder, Erlenbr., Haine, Gebüsch. ˙4—5. — Im Fl. u. Tl. ziemlich häufig u. stets gesellig; z. B. 1 C. Rehm u. Lohnen bei Walbed. 1 B. Buttum (Fohlenbucht). 2 N. Klepperberg u. in fast allen Forsten des Albensl. Höhenzuges, bes. reich in der Ergl. F., Bobend. F. u. im Pudegrin. 2 W. Rogätzer F. (Unterhagen). 2 B. Bürgerholz. 3 S. Park Sommerschenburg; Lenchen Busch; Hohes B. 3 L. Lob. Bürgerholz (sehr reichl.). 4 E. Hakel (überall u. reichl.); Egelnsche F.; Wehl; Unseburger Groß- u. Kleinholz. 4 Z. Dobritzer F. (nördl. Erlbr. wie ges.); Rathsbruch (reichl.); Jütrichauer Bsch. (reichl.); Fuß der Blauen Berge bei Roslau. 5 B. Sandersl. u. Fredl. Bsch.; Pfaffenbsch bei Fredl. — Im Al. noch nicht beobachtet.

898. M. **annua**. L. Jähriges B. — W. faserig, einstengelig; St. ästig; Bl. eif. bis ei-lancettl., spitz, mehr ob. weniger entfernt-gesägt;

---

[1]) Lat. Name für „Bingelkraut", vom Gotte Merkur abgeleitet.

weibl. Blth. kurz=gestielt, fast sitzend; Kapsel weich=stachelig. ⊙ — Gärten, Dorfstraßen, Aecker, Wegränder, Schuttstellen. 6—10. — In manchen Gegenden häufig u. ein lästiges Unkraut der Gärten und der den Ortschaften nahe gelegenen Aecker, wie bei Bernburg und fast im ganzen Bodegebiet, in anderen Gegenden selten ob. ganz fehlend. 3. B. 2 N. St. Althaldensl. 3 S. Schermke; Ampfurth. 3 W. Blumenberg; Bahrend. 3 M. Umgegend von Magdeb. mit Sudenb. u. Buckau. 3 MÖ. St. Leitkau. 4 O. u. 4 E. Im Gebiet der Bode reichlich: Rodersb.; Adersl.; Gröningen (mit Croppenst.); Krottorf (mit Gr. Alst.); Hordorf; Dichersl. (mit Wulfersl. u. Hornhausen); Hadmersl. (mit Pesefend.); Gr. Germersl.; Ettgersl.; Hakeborn; Cochstedt; Schneidlingen. 4 S. Gr. Salze u. Bad Elmen. 4 Z. Zerbst u. Anhaltn (nicht häufig). 5 S. Staßfurt; Hohenerxleben. 5 C. Kl. Mühlingen. 5 B. Bernburg (in den Gt. und auf den Aeckern der Umgegend, ftw. wie gef.); Ilberstedt.

79. Familie. **Urticeen**, Urticeae. Juss.

Kräuter, Sträucher ob. Bäume mit abwechselnden ob. gegenst., ganzen ob. getheilten Bl. und zwei, meist hinfälligen Nebenbl.; Blth. achselst., 1= ob. 2=häusig, selten zwitterig ob. vielehig, in Rispen, Aehren ob. Kätzchen, selten einzeln, stets mit Deckbl. versehen; P. unterst., kelchartig, 4=th., selten 3=, 5= ob. 6=th., bei der weibl. Blth. auch 2=th. ob. ungetheilt; Stbgf. meist 4 ob. 5; Frkn. frei, 1= ob. 2=fächerig; Fächer 1=eiig; Fr. nicht aufspringend, trocken ob. fleischig.

Die Familie zerfällt in 5 Gruppen.

1. Gruppe. **Echte Urticeen.** Frkn. 1=fächerig; S. aufrecht; Keim gerade. — Stbgf. eingebogen, beim Aufblühen elastisch vorspringend.

370. Urtica[1]), L. **Nessel.**

Blth. 1= ob. 2=häusig; männl. P. 4=th.; Stbgf. 4; weibl. P. 2=th., bleibend; N. sitzend, pinself.; Fr. eine Nuß, vom P. umgeben. — Kräuter mit Brennhaaren und gegenst., einfachen, gestielten Bl.; Blth. grünlich.

899. U. urens. L. Brenn=Nessel (Kleine Brennnessel). — W. spindelf., senkrecht; St. 4=eckig, aufrecht, ästig; Bl. rundl., eif. ob. elliptisch, eingeschnitten=gezähnt; Blth.=Rispe blattwinkelst., kürzer ob. ebenso lang als der Blstiel; Blth. 1=häusig. ⊙ — Gärten, Aecker (bes. Gemüseäcker), Wegränder, Dorfstr., Schutt; auch wohl in Kiefernwäldern. 6—10. — Gemein.

900. U. dioica. L. Zweihäusige Nessel (Große Brennnessel). — W. kriechend; St. 4=eckig, aufrecht, meist einfach; Bl. längl.=eif., zugespitzt, am Grunde herzf. ob. stumpf, grob=gesägt; Blth.=Rispe blattwinkelst., länger als der Blstiel; Blth. 2=häusig. ♃ — Dorfstr., Zäune, Gräben, Wegränder, Gärten, Anlagen, feuchte Wälder, Erlenbr., Weidengeb., Bäche, Ufer. 6—10. — Sehr gemein.

371. Parietária[2]). L. **Glaskraut.**

Blth. vielehig; P. 4=th., das der Zwitterblth. bleibend; Stbgf. 4; Gf. kurz; N. kopff., haarig; Fr. eine Nuß, vom P. umgeben. — Haarige, aber nicht brennende Kräuter mit abwechselnden, ganzrandigen, gestielten Bl.; Blth. grün, in seitenst. knäuelf. Rispen.

901. P. erecta. M. u. K. (P. officinalis. L.) Aufrechtes G. —

---

[1] Lat. Name dieser Gattung; von urere, brennen. — [2] Lat. Name für diese Gattung; von paries, Wand, wegen des Standorts der Pfl. in der Nähe von Wänden u. Mauern.

Urticeen. (Urticeen; Cannabineen; Artocarpeen.)

W. mehrstengelig; St. aufrecht ob. aufsteigend, einfach ob. unten ästig, nebst den Bl. kurzhaarig; Bl. ziemlich groß, eif. ob. elliptisch, beid= endig zugespitzt. ♃ — Am Fuße u. in der Nähe von Mauern, an Wegen, Zäunen. 6—10. — Im Geb. selten, aber sehr gesellig. 4 B. *Barby, an der nördl. Stadtmauer (reichl.). 4 Z. Zerbst, Stadtmauer innerhalb u. außerhalb, stw. wie ges.; Schloßgarten in der Nähe der Stadtmauer (wie ges.); Ankuhn, an Wegen u. Gärten (oft wie ges.); an der Nuthaer Mühle.

2. Gruppe. **Cannabineen.** Frkn. 1=fächerig; S. hängend; Keim gekrümmt ob. schraubens. —

372. Cánnabis[1]). L. **Hanf.**

Blth. 2=häusig; männl. Blth. in Trauben; P. 5=th.; Stbgf. 5; weibl. Blth. in Aehren; P. 1=blättrig, auf der einen Seite der Länge nach ge= spalten, bleibend; Nuß vom P. umgeben. — Kräuter mit gegenst., gestielten Bl.

902. C. sativa. L. Gebauter H. — St. aufrecht, einfach ob. ästig, scharf=kurz=borstig; Bl. gefingert, meist 5= (3—7=) zählig; Blättchen lan= cettl., grob=gesägt; Blth. grün. ☉ — Kultivirt. 7—8. — Im Geb. selten ge= baut; dagegen an u. in der Nähe von Ortschaften zuweilen verwildert, bes. in den Sand= gegenden.

373. Húmulus. L. **Hopfen.**

Blth. 2=häusig; männl. Blth. in endst. u. blattwinkelst. Rispen; P. 5=th.; Stbgf. 5; weibl. Blth. in gegenst., zapfenartigen Aehren, Aehre eif.= rundl., aus großen Deckschuppen gebildet, in deren Achseln sich die Blth. befinden. — Windende Kräuter mit gegenst., gestielten Bl.

903. H. Lúpulus. L. Gemeiner H. — St. klein=stachel=borstig; Bl. 3=, selten 5=lappig, die obersten ungetheilt, grob=sägezähnig, beiderseits scharf. ♃ — Feuchte Wälder, Erlenbr., Weidengebüsch, Zäune; und culti= virt. 7—8. — Im Al. sehr häufig, u. auch im Dl. u. Sand=Fl. häufig; im Kalt=Fl. selten. — Im Dl. auf feuchtem, moorigen Sandboden öfters gebaut.

3. Gruppe. **Artocarpeen.** Frkn. 1= ob. 2=fächerig; S. hängend; Keim gekrümmt; eine falsche, fleischige ob. saftige Fr.

374. Morus[2]). L. **Maulbeerbaum.**

Blth. 1=häusig ob. vielehig, in gestielten, eif. Kätzchen; männl. Blth.: P. 4=th.; Stbgf. 4; weibl. Blth.: P. 4=blättr., fleischig, bleibend; Frkn. 2=fächerig; N. 2, fadens.; Fr. eine durch Verwachsen der fleischigen P. gebildete falsche Beere. — Bäume mit einfachen, gestielten Bl.

904. M. alba. L. Weißer M. — Bl. rundl.=eif., am Grunde un= gleich=herzf., gesägt; weibl. Kätzchen ungefähr so lang als der Stiel; Fr. weißlich. ♄ — Zur Seidenraupenzucht cult. 5—6. — Im Geb. öfters angepfl.

905. M. nigra. L. Schwarzer M. — Bl. herzf., fast 3=lappig ob. ungetheilt, gesägt; weibl. Kätzchen fast sitzend; Fr. schwarz=vio= lett. ♄ — Der wohlschmeckenden Fr. wegen cult. 5. — Im Geb. selten angepfl.

---

1) Griechischer Name für diese Gattung. — 2) Lat. Name dieser Gattung; von μόρον, Maulbeere, auch Brombeere.

232 Apetale Dic. mit eingeschlechtl.. Blth.

4. Gruppe. **Celtideen.** Frkn. 1=fächerig; S. hängend; Keim ge=
krümmt; eine wahre Fr.

† Celtis. L. Zürgelbaum.

Blth. vielehig (Zwitter u. männl. Blth.); P. 5=, selten 6=th.; Stbgf. 5, selten 6; Gf.
kurz; N. 2, verlängert; Fr. eine Steinfrucht. — Bäume oder Sträucher mit abwech=
selnden, gestielten u. einfachen Bl.

† C. australis. L. Gemeiner Z. — Bl. eif. ob. lancettl., zugespitzt, geschärft=
gesägt, am Grunde ungleich; Blth. blattwinkelst., einzeln; P. gelbgrün. ħ — Zierstrauch
aus Südeuropa. 4—5. — In Anlagen öfters angepfl.

5. Gruppe. **Ulmaceen.** Frkn. 2=fächerig; S. hängend: Keim
gerade.

375. Ulmus[1]). L. Rüster (Ulme).

Blth. zwitterig; P. glockig, 4—8=sp., welkend; Stbgf. 3—12; N. 2;
Frkn. zsgedrückt, 2=fächerig; Fr. eine mit einem breiten, häutigen
Flügel umgebene Nuß, durch Fehlschlagen 1=fächerig u. 1=samig. —
Bäume mit abwechselnden, gestielten, zweizeilig gestellten, einfachen Bl.;
Blth. vorlaufend, in Knäueln ob. Büscheln.

906. U. campestris. L. Feld=R. — Aeste glatt oder korkig=ge=
flügelt; Bl. verkehrt=eif. ob. elliptisch, zugespitzt, doppelt=gesägt, beiderseits
kurz=scharf=haarig, am Grunde ungleich; Blth. fast sitzend, in Knäueln;
P. röthl.; Staubb. roth; Fr. kahl. ħ — Wälder, Erlenbr., Bäche, Ufer.
3'—4'. — Variirt in Bezug auf Größe und Form der Blätter und Früchte, sowie be=
züglich der Rinde der 2= ob. 3=jährigen Aeste; *α*. nuda, Rinde glatt; Bl. rauh ob. kahl;
Fr. längl., kreisrund ob. verkehrt=eif. — *β*. suberosa, Rinde korkig=geflügelt; Bl.
größer, Fr. verkehrt=eif.; ob. Bl. kleiner, Fr. kreisrund. — Im Geb. häufig, bes. im Bl.
u. Th., hier auch in kleinen Waldbeständen, gemischten ob. reinen.

907. U. effusa. Willd. Langstielige R. — Aeste glatt, fächerf.;
Bl. eif., zugespitzt, doppelt=gesägt, fast kahl, am Grunde ungleich; Blth.
lang=gestielt, hängend, in Büscheln; P. bräunl.; Staubb. rothblau:
Fr. am Rande zottig=gewimpert. ħ — Wälder, Haine, Gebüsch.
3'—4'. — Im Geb. zerstreut; z. B. 2 N. Veltheimsche Z. — 2 B. Deichwall. 3 M.
Park Herrnkrug; Kreuzhorst. 3 MÖ. Schloßpark Möckern. 3 L. Forst Magdb. Forth.
4 E. Unseburger Baumholz. 4 S. Schöneb. Busch; Grünewald. 4 B. Lödderitzer F.

† U. americana. L. Amerikanische R. — Bl. sehr kurz=gestielt, breit=
elliptisch bis verkehrt=eif., lang=zugespitzt, grob=doppelt=gesägt, oberseits scharfhaarig,
unterseits fast kahl, am Grunde ungleich; Blth. lang=gestielt; Fr. zottig=gewimpert. ħ —
Zierbaum aus Nordamerika. 3. — In Anlagen.

80. Familie. Juglandeen, Juglandeae. Dec.

Bäume mit abwechselnden, gefiederten Bl.; Blth. 1=häusig;
männl. in Kätzchen; P. 2—6=th.; Stbgf. zahlreich; — weibl. Blth.
gipfelst., einzeln, ob. zu 2 u. 3 in kurzen, lockeren Aehren; K. oberst.,
4=zähnig, abfallend; Frkn. 1=fächerig, 1=eiig; N. 2; Steinfr. fleischig
mit großem Samenkorn.

376. Juglans[2]). L. Wallnußbaum.

Character der Gattung gleich dem der Familie.

908. J. regia. L. Gemeiner W. — Blättchen kurz=gestielt, meist
zu 7 u. 9 (5—11), elliptisch, zugespitzt, schwach=gezähnt, kahl, wohl=

---

1) Lat. Name dieser Gattung. — 2) Lat. Name der Wallnuß, entstanden aus Jovis
glans, Jupiters Eichel.

Juglandeen. — Plataneen. — Cupuliferen.

riechend; P. grün; Fr. kugelig, grün, weiß=punktirt, glatt. ħ — Cult. '5'. — Des wohlschmeckenden Kerns wegen häufig angepfl.
† J. nigra. L. Schwarzer W. — Blättchen fast sitzend, meist zu 13—15, längl.=elliptisch, am Grunde ungleich, oben lang=zugespitzt, am Rande scharf=gesägt, unterseits fast kahl, oberseits kahl; Blstiel kurz=drüsig=behaart; Fr. meist kugelf., schwarz=grün. ħ — Aus Nordamerika. 5. — In Anlagen.
† J. cinerea. L. Grauer W. — Blättchen fast sitzend, meist zu 15—17 (9—17), längl.=lanzettl., auf einer Seite breiter, lang=zugespitzt, flach=gesägt, unterseits grau=behaart, oberseits kurzh.; Blstiel drüsig= u. wollig=behaart; Fr. eif., spitz, hellgrün, grau=behaart, klebrig. ħ. — Aus Nordamerika. 5. — In Anlagen; auch als Alleebaum an Chausseen; z. B. 1 B. Ch. zw. Colbitz u. Kesselsohl.

† Familie. Plantaneen, Plataneae. Mart.
Bäume mit abblätternder Borke u. mit abwechselnden, handf.=gelappten, großen Bl. u. trockenen, scheidenartigen Nebenbl.; Blth. 1=häusig, nackt, auf kugeligem Blthboden in runden Kätzchen, die, meist zu 3, an einem gemeinschaftl., herabhängenden Kätzchenstiel sitzen; männl. Kätzchen aus zahlreichen Stbgf., weibl. aus zahlreichen Frkn. gebildet; Fr. lederartig, nicht aufspringend.

† Plátanus. L. Platane.
Character der Gattung gleich dem der Familie.
† P. occidentalis. L. Abendländische P. — Aeste zieml. aufrecht; Borke in kleinen Schuppen abblätternd; Bl. 5=eckig, seicht=gelappt, klein=buchtig=gezähnt, am Grunde herzf., am Blstiel ein wenig herablaufend. ħ — Zierbaum aus Nordamerika. '5'. — Nicht häufig angepfl.
† P. acerifolia. Willd. (P. orientalis. L.). Ahornblättr. P. — Aeste ausgebreitet; Borke in großen Schuppen abblätternd; Bl. meist 5=lappig (3—5), Lappen spitzzugehend, groß=buchtig=gezähnt bis ganzrandig, Blattbasis abgestutzt od. seicht= bis tief=herzf., am Blstiel nicht herablaufend. ħ. — Zierbaum. '5' — In Anlagen sehr häufig angepfl.

81. Familie. **Cupuliferen, Cupuliferae**. Rich.

Bäume, selten Sträucher, mit abwechselnden, gestielten, einfachen Bl., und schnell abfallenden Nebenbl.; Blth. 1=häusig, männl. in Kätzchen, aus Deckblättchen (Schuppen) zsgesetzt; P. fehlend oder 4—5=sp.; Stbgf. 5—20 u. mehr; weibl. in Büscheln oder Kätzchen, selten einzeln, in einer lederartigen, schuppigen Hülle (Cupula); P. innig mit dem Frkn. verwachsen, mit gezähneltem, oft verschwindenden Saume; Frkn. 2—6=fächerig, in jedem Fache 1—2 Eierchen; Fr. eine durch Fehlschlagen 1=fächerige, meist 1=samige Nuß ob. Eichel, von der ausgewachsenen Cupula ganz ob. theilweise umhüllt.

377. Fagus[1]). L. **Buche**.

Männl. Kätzchen, vielblüthig, rundl., lang=gestielt, hängend; Schuppen klein, abfallend; P. 5—6=sp.; Stbgf. 10—15; weibl. Kätzchen 2=blüthig, aufrecht auf steifem Stiel, von einer vielblüttr. und 4=zähntigen, mit Borsten besetzten Cupula umgeben; Frkn. 2, 3=kantig; N. 3; Fr. 1—2 dreikantige Nüsse, von der stachelig gewordenen, mit 3—4 Klappen aufspringenden Cupula umschlossen. — Bäume mit glatter Rinde; Blth. gleichzeitig.
909. F. sylvatica. L. Gemeine B. (Rothbuche). — Bl. eif., zugespitzt, schwach=gezähnt, lederartig, kahl, aber am Rande zottiggewimpert. ħ — Wälder, Haine. '5'. — Im Fl. häufiger Waldbaum, in reinen und in gemischten Beständen; ebenso auf fruchtb. Boden des Dl.; im Al. sehr selten und nur vereinzelt. — In Parkanlagen häufig angepfl.; ebenso eine Abart mit braunrothen Bl. (purpurea, Blutbuche).
† Castánea[2]). Tourn. Kastanienbaum.
Männl. Blth. in sitzenden Knäueln an langen, aufrecht stehenden Kätzchen; P. 6=th.; Stbgf. 10—20; Hülle der weibl. Blth. 4=sp., mit Schuppen und Borsten umgeben, 2—3=

---

1) Lat. Name dieser Gattung. — 2) Lat. Name für Frucht u. Baum; (τό κάστανον, die Kastanie).

blth., meist am Grunde der männl. Aehren; P. 5—8=sp.; N. 5—8; Frkn. 5—8=fächerig; Nuß 1=, selten 2=samig, von der stacheligen Hülle umgeben. — Bäume.

† C. vulgaris. Lam. (C. sativa. Mill., C. vesca. Gaertn.) Gemeiner K. — Bl. längl.=läncettl., zugespitzt, scharf=stachelspitzig=gesägt, lederartig. ♄ — Aus Süd=Europa. 6—7. — In Parkanlagen und auch in Wäldern zuweilen angepfl.; z. B. 3 S. Park Marienborn. 3 M. Vogelgesang; Herrnkrug. 4 Z. Lindauer Gehege; Kühnauer Park.

378. Quercus[1]). L. Eiche.

Männl. Blth. in Knäueln an fadenf., hängenden Kätzchen; P. 5—9=th.; Stbgf. 5—9; Hülle der weibl. Blth. aus sehr kleinen Blättchen in einen Becher zschwachsend; P. klein, oberst.; Gf. 1, sehr kurz, dick; N. 3, fleischig; Frkn. 3=fächerig, Fächer 2=eiig; Nuß (Eichel) 1=fächerig, 1=samig, vom knorpelig=schuppigen Becher (Näpfchen) zum Theil umgeben. — Bäume mit abfälligen (oder ausbauernden) Bl. u. gleichzeitigen Blth.

910. Q. sessiflora. Sm. Wintereiche (Steineiche). — Bl. ziemll. lang=gestielt (Stiel 2—2½ cm. lang), verkehrt=eif., buchtig=gelappt, Lappen abgerundet=stumpf; weibl. Blth. u. die unausgebildeten Eicheln sitzend, die ausgewachsenen auf dicken, kurzen Stielen; Fruchtstiel viel kürzer als der Blattstiel. ♄ — Wälder. ˙5˙ — Im Fl. verbreitet, im Dl. selten (3 L. Forst Magdb. Forth.); fehlt im Al.

911. Q. pedunculata. Ehrh. (Q. Robur. L.). Sommereiche (Stieleiche). — Bl. kurz=gestielt od. fast sitzend, verkehrt=eif., bis längl., buchtig=gelappt, Lappen abgerundet=stumpf; weibl. Blth. 1—5, an einem langen Stiele; Fruchtstiel viel länger als der Blstiel. ♄ — Wälder. ˙5˙ — Im Geb. der häufigste Laubwaldbaum; im Fl., Dl. u. Al. allgemein verbreitet, sowohl in reinen, wie in gemischten Beständen; im Al. den Hauptbestand der Forsten bildend.

† Q. rubra. L. Rothe E. — Bl. ziemll. lang=gestielt, verkehrt=eif., buchtig=gelappt, Lappen zugespitzt=gezähnt. ♄ — Aus Nordamerika. ˙5˙ — Häufig in Anlagen, zuweilen auch in Waldungen (4 Z. Roßlauer F.) angepfl.

† Q. palustris. Du Roi. (Q. coccinea). Scharlacheiche. — Bl. längl.=verkehrt=eif., tieffiedersp. ♄ — Aus Nordamerika. ˙5˙ — In Anlagen.

379. Córylus[2]). L. Hasel.

Männl. Blth. gedrängt in walzenf., hängenden Kätzchen, Schuppen eif.; Stbgf. 8, der Schuppe eingefügt; weibl. Blth. knospenf. mit dachigen Schuppen, nur die obersten derselben fruchtb. u. 1=blth.; Frkn. 2=fächerig; N. 2, fadenf., purpurroth; Nuß 1=, selten 2=samig, hartschalig, von einer 2=sp., zerschlitzten, becherartigen Hülle umgeben. — Sträucher ob. kleine Bäume mit vorlaufenden Blth.

912. C. Avellána[3]). L. Gemeine H. — Bl. rundl., herzf., zugespitzt, doppelt=sägezähnig, unterseits weichh., Blstiel drüsig=behaart; Fruchthülle glockig. — Sträucher. ♄ — Wälder, Haine; auch an Bächen. ˙3—4. — In den Laubwäldern des Fl. u. Dl. ein sehr verbreitetes Unterholz; auch im Al. der Bode u. Saale häufig; in den Elbforsten seltener.

† C. tubulosa. Willd. Röhrige H. (Lambertsnuß). — Fruchthülle röhrig=walzl., vorn verengert; sonst wie vor., jedoch in allen Theilen (Bl., Blth., Fr.) größer. — Sträucher ob. Bäume. ♄ — Aus Südeuropa. ˙3—4. — In Gärten u. Anlagen öfters angepfl.

† C. Colurna. L. — Byzantinische H. — Frhülle doppelt, die äußere vielth., die innere 3=th.; Nuß groß, rund, niedergedrückt. — Kleine Bäume. ♄ — Aus Niederöstreich. ˙3˙ — Zuweilen in Gärten u. Anl. angepfl.

---

1) Lat. Name für diese Gattung. — 2) Lat. Name dieser Gattung. — 3) nux avellana, die Haselnuß, nach einer Stadt (Avellino) in Campanien.

Cupuliferen. — Salicineen.

380. Carpinus. L. Hainbuche.

Männl. Kätzchen cylindrisch, hängend; Schuppen eif. ob. herzf., zugespitzt, am Grunde mit 6—12 u. mehr Stbgf.; Staubb. oben gebartet; weibl. Kätzchen locker, die äußeren Schuppen ganzrandig, hinfällig, die inneren bleibend, bei der Frucht blattartig vergrößert, dieselbe einseitig bedeckend; Frkn. mit dem P. gekrönt, 2-fächerig; N. 2; Nuß 1-fächerig, 1-samig, von dem gerippten P. überzogen. — Bäume mit gleichzeitigen Blth.

913. C. Bétulus. L. Gemeine H. (Weißbuche). — Bl. eif., zugespitzt, scharf=doppelt=sägezähnig, quer=tief=gerieft, kahl; Blstiel zottig; Hülle 3-lappig, Mittellappen verlängert, vielmal größer als die längl., erbsengroße Nuß. ♄ — Wälder, Haine, Hecken. 4—5. — Im Geb. als Oberholz nur in den Wipperforsten vorherrschend, in den übrigen Forsten vereinzelt ob. als Alleebaum; als Unterholz dagegen in Fl. u. im fruchtb. Dl. sehr verbreitet; im Al. selten.

82. Familie. Salicineen, Salicineae. Rich.

Bäume ob. Sträucher mit abwechselnden, gestielten, einfachen Bl. u. mehr oder weniger schnell abfallenden Nebenbl.; Blth. 2-häusig, in Kätzchen; Kätzchen aus schuppenf. Deckblättchen gebildet; anstatt des P. eine Drüse (zuweilen 2), ob. ein fleischiger, schief abgeschnittener Becher: männl. Blth.: Stbgf. 2—24, frei, selten einbrüderig; weibl. Blth.: Frkn. 1, frei, 1-fächerig, vieleiig; Gf. 1; N. 2, ungetheilt ob. 2-sp.; Kapsel längl., lederartig, 2-klappig; S. sehr klein, mit langen, seidenartigen Haaren umgeben.

381. Salix¹). L. Weide.

Deckschuppen der Kätzchen ungetheilt, längl., gleich= ob. verschiedenfarbig, abfallend ob. bleibend; Blth. statt des P. durch 1 ob. 2 Honigdrüsen gestützt; Stbgf. meist 2 (2—10), frei, selten einbrüderig; Gf. mehr oder weniger kurz ob. verlängert; N. 2, ungetheilt ob. 2-sp.; Kapseln sitzend oder mehr ob. weniger gestielt. — Bäume ob. Sträucher mit kurz-gestielten, lancettl. ob. elliptischen Bl.; Kätzchen seitenst. (selten endst.).

Anm. Unsere Salix-Arten gruppiren sich, wie folgt:
1. Deckschuppen gleichfarbig (gelblich-grün).
   A. Schuppen abfallend.
1. Rotte. **Fragiles**, Knackweiden. (S. pentandra; S. fragilis; S. alba; S. babylonica.)
   B. Schuppen bleibend.
2. Rotte. **Amygdalinae**, Mandelweiden. (S. amygdalina.)
2. Deckschuppen verschiedenfarbig (an der Spitze schwarz-braun), bleibend.
   A. Kätzchen sitzend, auch die fruchttragenden.
     a. Innere Rinde gelb.
       α. Staubbeutel gelb.
3. Rotte. **Pruinosae**, Schimmelweiden. (S. acutifolia.)
       β. Staubbeutel roth.
4. Rotte. **Purpureae**, Purpurweiden. (S. purpurea.)
     b. Innere Rinde grünlich.
5. Rotte. **Viminales**, Korbweiden. (S. viminalis.)
   B. Fruchttragende Kätzchen gestielt.
6. Rotte. **Capreae**, Sahlweiden. (S. cinerea; S. nigricans; S. Caprea; S. aurita; S. repens.)

1. Rotte. Fragiles, Knackweiden. Deckschuppen gleichfarbig, gelb-grün, vor der Fruchtreife abfallend. — Bei den männl. Blth.

---

1) Lat. Name für diese Gattung.

236 Apetale Dic. mit eingeschlechtl. Blth.

2 Honigdrüsen, eine vorn, die andere hinten. Stbgf. 2—10; Blth. gleichzeitig; Kapseln kahl. — Kätzchen auf beblätterten Stielen.

914. S. pentandra. L. Fünfmännige W. (Lorbeerweide). — Bl. groß, lorbeerartig, elliptisch, zugespitzt, dicht=klein=gesägt mit Drüsen= zähnen, ganz kahl, oberseits glänzend; Blstiel oberwärts viel=drüsig; Nebenbl. eif.=längl., gleichseitig, gerade; Stbgf. 5—10; Gf. ziemo. lang; N. 2=sp.; Kapseln aus eif. Basis verschmälert, kurz=gestielt. ♄ — Feuchte Wie= sen, Wälder, Hecken, Bäche. 5—6. — Im Sand=Fl. u. Dl. zerstreut; z. B. 1 B. Mühlenbeke bei der Blätzer Mühle. 2 N. Emdener F. (Krähenfußwf.); Alvensl. F.; Beltheimsche F. (Ruftwiese) Neuhaldensl. F. (am Moosbruch). 2 B. Hecke am Fahrwege bei Hohenseben nach Güsen zu; Bürgerholz. 3 Mö. Ihle bei der Sägemühle von Lüttgen= ziaz; Verdung. 4 Z. Landwehrgr. vor Bone; Friedrichsholz; Jütrichauer Bsch.

915. S. fragilis. L. Brech=W. (Bruch=W.). — Bl. lancettl., lang= zugespitzt, drüsig=gesägt, kahl, die jüngeren meist seidig; Nebenbl. halb= herzf.; Stbgf. 2; Gf. ziemo. lang; N. 2=sp.; Kapseln aus eif. Basis lan= cettl., lang=gestielt, Stiel 3—4 mal so lang als die Honigdrüse. — Zweige am Grunde brüchig. ♄ — Wälder, Erlenbr., Weidenw., Ufer, Bäche, Ausstiche, Gräben, Zäune, Dörfer. 4—5. — Gemein; mit der folgenden als sog. Kopfweiden überall angepfl.

915 u. 914. S. fragilis × pentandra. (S. cuspidata. Schultz). — Bl. längl.=lancettl., lang=zugespitzt, dicht=drüsig=klein=gesägt, kahl, oberseits dunkelgrün, glän= zend; Blstiel oberwärts vieldrüsig; Nebenbl. groß, halb=herzf., drüsig=sägezähnig. — Im Geb. sehr selten. 2 N. Emdener F. (Krähenfußwf.).

916. S. alba. L. Weiße W. — Bl. lancettl., zugespitzt, klein= drüsig=gesägt, beiderseits weiß=seidenhaarig; Nebenbl. lancettl.; Stbgf. 2; Gf. kurz; N. ausgerandet; Kapseln aus eif. Basis verschmä= lert, kurz=gestielt, fast sitzend, Stiel kaum so lang als die kurze Honig= drüse. ♄ — Standort wie vor. 4—5. — Variirt mit mehr od. weniger weiß= seidiger Bl. u. mit gelben oder rothen Zweigen (S. vitellina. L.). — Gemein.

916 u. 915. S. alba × S. fragilis. (S. Russeliana. Koch.) — Die Mitte zw. den Eltern haltend; bes. in der Behaarung der Bl. u. in der Bestielung der Kapseln. — Im Geb. nicht selten.

† S. babylonica. L. Trauerweide. — Bl. lineal=lancettl., lang=zugespitzt, meergrün; Kapseln ei=kegelf., sitzend. — Bäume mit hängenden Zweigen. ♄ — Aus dem Orient. 4—5. — Auf Friedhöfen, in Anlagen häufig angepfl. — Bei uns finden sich nur weibl. Exempl. —

2. Rotte. Amygdalinae, Mandelweiden. Deckschuppen gleichfarbig, gelbgrün, bleibend. — Honigdrüse doppelt; Stbgf. 2—3; Blth. gleichzeitig; Kapseln kahl. — Kätzchen auf beblätterten Stielen.

917. S. amygdálina. L. Mandelblättr. W. — Bl. lancettl. od. längl., zugespitzt, fein=drüsig=sägezähnig, ganz kahl; Nebenbl. breit=halb= herzf., sich vergrößernd, bleibend; Stbgf. 3.; Gf. sehr kurz; N. aus= gerandet; Kapseln ei=kegelf., gestielt, Stiel 2—3 mal so lang als die Honig= drüse. ♄ — Weidenw., Ufer, Bäche, Wassergr., Teiche, feuchte Wälder. 4—5. — Aendert ab: a. discolor (S. amygdalina. L.). Bl. unterseits blaugrün; b. concolor (S. triandra. L.). Bl. unterseits hellgrün. — Gemein.

917 u. 916. S. amygdalina × S. alba (S. undulata. Ehrh.). — Bl. lan= cettl., zugespitzt, klein=drüsig=sägezähnig; Nebenbl. halb=herzf., lang=zugespitzt; Stbgf. 3; Kapseln ei=kegelf., Stiel doppelt so lang als die Honigdrüse. — Im Geb. selten. 3 M. An der Berliner Ch. 4 E. An der Bode vor Egeln.

3. Rotte. Pruinosae, Schimmelweiden. Deckschuppen verschieden= farbig, bleibend, Kätzchen sitzend (auch die fruchttragenden); Staubb. gelb; die innere Rinde im Sommer citronengelb. — Blth. vorlaufend; Kapseln kahl. — Aeste oft mit einem blau= grauen Reife überzogen.

† S. acutifolia. Willd. Spitzblättr. W. — Aeste dünn, rothbraun, mit einem blaugrauen Reife überzogen; Bl. schmal=lancettl. bis lancettl., lang=zu=

gespitzt, fein=gesägt, gleich den jüngeren Zweigen kahl; Nebenbl. lineal=lancettl. ♄ — Zuweilen angepflanzt. 3. —

4. Rotte. **Purpureae, Purpurweiden.** Deckschuppen verschieden=farbig, bleibend; Kätzchen sitzend (auch die fruchttragenden, doch diese zuweilen kurz=gestielt); Staubb. roth, nach dem Verblühen schwarz; die innere Rinde im Sommer citronengelb. — Blth. vorlaufend; Kapseln filzig; Zweige zähe.

918. S. purpurea. L. Purpur=W. — Bl. breit= ob. schmal=lancettl., vorn breiter, zugespitzt, fein=sägezähnig, kahl, oberseits dunkel=grün, fast glänzend, unterseits blaugrün; Stbgf. durch Zwachsen der Staubf. einmännig; Gf. kurz; N. eif.; Kapseln eif., sitzend. — Sträucher. ♄ — Weidenw., Ufer, Bäche, Wassergr., Aussticke, feuchte Wälder. 3'—4'. — Aendert ab in der Form der Bl. u. in der Stellung der Zweige:
 a. Lambertiana. Sm. (als Art). Zweige abstehend; Bl. breit=lancettl., ziemL. kurz. — b. Helix. Sm. u. L. Zweige aufrecht; Bl. schmal=lancettl., lang. — Im Al. häufig u. auch im Tl. nicht selten; im Fl. selten.

5. Rotte. **Viminales, Korbweiden.** Deckschuppen verschieden=farbig (an der Spitze schwarzbraun), bleibend; Kätzchen sitzend, auch die fruchttragenden, doch diese zuweilen kurz=gestielt; Staubb. gelb. — Blth. vorlaufend; Kapseln filzig; Zweige zähe, anfangs filzig; innere Rinde grünlich.

919. S. viminalis. L. Gertige W. (Korbweide). — Bl. ver=längert=schmal=lancettl., ganzrandig, etwas ausgeschweift, lang=zuge=spitzt, am Grunde keilf., am Rande umgerollt, unterseits weiß=seidig=glänzend; Nebenbl. lancettl.=lineal; Stbgf. 2; Gf. verlängert; N. fädl., meist ungetheilt; Kapseln aus eif. Basis lancettl., sitzend. — Sträucher. ♄ — Weidenw., Ufer, Bäche, Wassergr., Aussticke, feuchte Wälder. 4'. — Gemein.
 919 u. 917. S. viminalis × S. amygdalina. — Bl. mehr ob. weniger schmal=lancettl., sehr schwach drüsenzähnig, fast ganzrandig, nicht ob. kaum umgerollt, unterseits weißlich=grün, sehr schwach seidig; ob. aber bläulich=grün; Nebenbl. schmal=halb=herzf.; Kätzchen kurz=gestielt; Deckschuppen hellbraun; Stbgf. 2; N. 2=sp.; Kapseln mehr ob. weniger filzig. — Sträucher mit gleichzeitiger Blth. — In zwei Formen:
 a. hippophaëfolia. Thuill. (als Art); Bl. lineal=lancettl., unterseits weißlich=grün, sehr schwach seidig. — Im Geb. selten. 3 M. An der Berliner Ch.
 b. mollissima. Ehrh. (als Art). — Bl. größer u. breiter, unterseits bläulich=grün. — Im Geb. selten. 3 M. An der Berliner Ch.

6. Rotte. **Capreae, Sahlweiden.** Deckschuppen verschiedenfar=big (an der Spitze schwarzbraun), bleibend; fruchttragende Kät=chen mehr ob. weniger gestielt; Stbgf. 2; Staubb. gelb; Kapseln filzig ob. kahl, gestielt. Stiel mehrmal länger als die Honigdrüse. — Blth. (u. A.) vorlaufend.

920. S. cinerea. L. Aschgraue W. — Bl. elliptisch ob. längl.=verkehrt=eif., stumpf ob. kurz=zugespitzt, fein=runzelig, wellig=gesägt, grau=grün, oberseits dicht=flaumh., unterseits filzig; Nebenbl. nierenf.; Gf. sehr kurz; N. 2=sp.; Kapsel aus eif. Basis längl.=lancettl., filzig, Stiel 4=mal so lang als die Honigdrüse. — Sträucher mit grau=filzigen, dicken Zweigen; Knospenschuppen grau=filzig. ♄ — Waldränder, Erlenbr., Bäche, Aussticke, Wassergr., Triften. 3'—4'. — Im Geb. sehr häufig.
 920 u. 919. S. cinerea × S. viminalis (S. longifolia. Host). — Bl. längl.=lancettl., am Rande etwas umgerollt, oberseits schwach=kurzh., unterseits graugrün, filzig; Nebenbl. herzeif.; Gf. zieml. lang; Stiel der Kapsel so lang ob. doppelt so lang als die Honigdrüse. — Im Geb. selten. 2 N. Rittmeister Teich bei Altenhausen. 4 S. Eisenbahn=Ausstich bei Frohse.

921. S. nigricans. Fries. Schwärzl. W. — Bl. eif. ob. ellip=
tisch, wellig=gesägt, oberseits grün=glänzend, unterseits blau=
grau, jung kurz=flaumh., zuletzt kahl; Nebenbl. halb=herzf. mit gerader
Spitze; Gf. verlängert; N. 2=sp.; Kapseln aus eif. Basis pfrieml., kahl,
Stiel 2—3=mal so lang als die Honigdrüse. — Sträucher mit stark be=
haarten jungen Zweigen; Knospenschuppen schwach=behaart. ♄ — An
morastigen Orten. 4—5. — Im Geb. sehr selten. 3 M. Ausstich an der Berliner Ch.

922. S. Cáprea. L. Sahl=W. (Soolweide). — Bl. groß, ellip=
tisch, zugespitzt, schwach=gekerbt ob. ganzrandig, am Grunde rundl. ob.
schwach=keilf., oberseits kahl, unterseits blau=grünlich=filzig;
Nebenbl. groß, nierenf., später abfallend; Gf. sehr kurz; N. dick, 2=sp.;
Kapseln aus eif. Basis verlängert=lancettl., filzig, Stiel 4—6=mal so lang
als die Honigdrüse. — Hohe Sträucher ob. Bäume mit in der Jugend be=
haarten, später kahlen, dicken Zweigen; Knospenschuppen kahl, gelb
ob. ins Rothe. ♄ — Wälder, Gebüsch, Ausstiche, Gräben. 3'—4' — Im
Geb. nicht selten; sehr häufig im Sand=Fl., m. E., u. im Elb=Al.

922 u. 919. S. Caprea × S. viminalis. — Bl. lancettl. bis schmal=lancettl.,
fast ganzrandig, am Rande ein wenig umgerollt, lang=zugespitzt, am Grunde abgerundet
ob. schwach=keilf., oberseits kahl, unterseits weiß=grünl.=filzig. — Im Geb. sehr selten.
2 N. Altenhausen im Plattenbruch, zwischen den Eltern.

923. S. aurita. L. Geöhrte W. — Bl. verkehrt=eif. ob. längl.=ver=
kehrt=eif., am Grunde keilf. zulaufend, kurz=zugespitzt, wellig=gesägt,
runzelig, oberseits flaumh., unterseits bläulich=grün=filzig; Nebenbl. ziemi.
groß, nierenf.; Gf. sehr kurz; N. eif., ausgerandet; Kapseln aus eif. Basis
verlängert=lancettl., filzig, Stiel 3—4=mal so lang als die Honigdrüse. —
Sträucher mit spreizenden, kastanienbraunen, dünnen Zweigen; Knospen=
schuppen kahl, roth, glänzend. ♄ — Wälder, Erlenbr., feuchte Wiesen
(bes. Moorwiesen), Bäche. 4—5. — Im Sand=Fl. gemein u. auch im Dl. sehr häufig;
sonst selten.

924. S. repens. L. Kriechende W. — Bl. klein ob. ziemi. klein,
elliptisch ob. oval bis lancettl., kurz=zugespitzt, meist ganzrandig u. etwas
umgerollt, oberseits zuletzt kahl, unterseits weiß=seidenh.=glänzend;
Nebenbl. lancettl.; Gf. ziemi. lang; N. 2=sp., gelb bis purpurroth; Kapseln
aus eif. Basis lancettl., filzig, selten kahl, Stiel 2—3=mal so lang als die
Honigdrüse. — Niedrige, kriechende Sträucher mit aufsteigenden,
zimmtbraunen, nur in der Jugend behaarten, dünnen Zweigen; Knospen=
schuppen kahl ob. schwach=behaart. ♄ — Sandtriften, Haiden, moorige u.
bruchige Wiesen u. Gräben. 4' — Variirt vielfach, nam. in der Größe u. Form
der Bl. — Im Sand=Fl., Dl. u. Sand=Al. häufig; im übrigen Geb. sehr selten (5 B. Aus=
stich bei Sixdorf).

924 u. 920. S. repens × S. cinerea. — Bl. ziemi. klein, elliptisch, kurz=zugespitzt,
undeutl.=wellig=gesägt ob. ganzrandig, oberseits kahl ob. schwach=behaart, unterseits grau=
seidenh.=filzig; Nebenbl. eif.; Gf. deutlich; N. 2=sp.; Kapseln aus eif. Basis lancettl., filzig.
— Halbhohe Sträucher mit ziemi. dicken, grau=behaarten Zweigen; Knospenschuppen
schwach=behaart. — Im Geb. selten. 4 Z. Am Fuße des Schießstandes bei Zerbst.

382. Pópulus[1]). L. **Pappel.**

Deckschuppen der Kätzchen fingerig=getheilt ob. eingeschnitten,
zottig=gewimpert ob. kahl, abfallend; Blth. von einer becherf. Hülle
gestützt; Stbgf. 8—24, frei; Gf. sehr kurz; N. 2, 2= ob. mehrsp. — Bäume
mit lang=gestielten, breiten Bl.; Blth. vorlaufend.

---

1) Lat. Name dieser Gattung

Salicineen. — Betulineen.

1. Rotte. **Deckschuppen zottig-gewimpert**; Stbgf. meist 8.

925. P. alba. L. **Silber-P.** — Bl. rundl.-eif., seicht-buchtig-gelappt, unterseits silber-weiß-filzig; Deckschuppen mehr od. weniger eingeschnitten; Knospenschuppen weiß-filzig. ♄ — Wälder, Haine. 3·—4·
— Vielfach in Anlagen u. Gärten angepflanzt, aber meist nur weibl. Exemplare, sehr selten männl.; in Wäldern selten (4 B. Lödderitzer F. 5 S. Neundorfer Bsch. bei Güsten).

926. P. trémula. L. **Zitter-P. (Espe).** — Bl. fast kreisrund, buchtig-gezähnt, kahl, oberseits dunkel-, unterseits hellgrün; Blstiel zsgedrückt, meist länger als die Blfläche; Deckschuppen fingerig-getheilt; Knospenschuppen kahl, glänzend. ♄ — Wälder, Haine. 3·—4·. — Im Geb. sehr häufig, bes. als Unterholz; nur in den Saalforsten selten.
926 u. 925. P. tremula × P. alba. (P. canescens. Sm.) — Bl. rundl. ob. rundl.-eif., buchtig-gezähnt, unterseits grau-grün-filzig; Knospenschuppen etwas grau-filzig. — Zuweilen angepfl. z. B. 1 B. Burgstaller F. 3 M. Turnanstalt; Rothe Horn; Ch. nach Königsborn. 4 S. Wahlitzer F.

2. Rotte. **Deckschuppen kahl**; Stbgf. 12—24.

927. P. pyramidális. Rozier. (P. italica. Mönch.) **Pyramiden-P. (Italienische ob. Lombardische P.)** — Aeste aufrecht; Bl. abgerundet-breieckig, zugespitzt, am Grunde abgestutzt, am Rande kerbiggesägt, kahl. — Hohe, pyramidenf. Bäume. ♄ — Aus dem Orient. ·4·
— Ueberall angepfl., oft als Allee- u. Chausseebaum; bei uns nur männl. Ex.

928. P. nigra. L. **Schwarz-P.** — Aeste abstehend; sonst wie vor. ♄ — Nur cult. ·4· — Im Geb. vielfach angepfl.
† P. canadénsis. Michaux. **Canadische P.** — Bl. abgerundet-breit-dreieckig, mit aufgesetzter ganzrandiger Spitze, am Grunde abgestutzt ob. schwach-keilf., am Rande gekerbt, kahl; Blstiel kürzer als das Bl. (meist halb so lang), oben oft zweidrüsig. ♄ — Aus Nordamerika. 4. — Wegen des schnellen Wuchses im Geb. jetzt vielfach angepfl.
† P. monilífera. Ait. **Rosenkranz-P.** — Bl. abgerundet-dreieckig, am Rande flaumh.; Blstiel länger als das Bl., meist drüsenlos; sonst wie vor. ♄ — Aus Nordamerika. 4. — Zuweilen angepfl.
† P. cándicans. Ait. **Glänzende P.** — Bl. herz-eif., mit aufgesetzter Spitze, am Rande schwach-gekerbt, oberwärts ganzrandig, Stiel u. Rand der Bl. kurzhaarig; Knospenschuppen harzig, balsamisch duftend. ♄ — Aus Nordamerika. 4. — Zuweilen angepfl.; im Geb. nur weibl. Ex.
† P. balsamífera. L. **Balsam-P.** — Bl. eif., zugespitzt, kahl; Knospenschuppen harzig, balsamisch. ♄ — Aus Nordamerika. 4. — Im Geb. zuweilen angepfl.; nur weibl. Ex.

83. Familie. **Betulineen**, Betulineae. Rich.

Bäume ob. Sträucher mit abwechselnden, gestielten, einfachen Bl.; Blth. 1-häusig, in Kätzchen, Kätzchen aus schuppenf. Deckblättchen gebildet; männl. Blth.: P. 3, ungeth. ob. 4-th., auf dem Stiele des Deckbl. sitzend; Stbgf. 2 ob. 4 in jedem P. (6—12 auf einem Deckbl.); weibl. Blth.: P. fehlend; Frkn. 2-fächerig, Fächer 1-eiig; N. 2, fädl.; Fr. eine Nuß, zsgedrückt, geflügelt ob. flügellos.

383. Bétula[1]). L. **Birke.**

Deckschuppen der männl. Kätzchen 1-blth.; P. 3-blättrig; Stbgf. 6; Deckschuppen der weibl. Kätzchen 2—3-blth., zuletzt 3-lappig u. mit der Fr. abfällig; Nuß zweiflügelig, 1-fächerig, 1-samig. — Die gleichzeitigen Blth. erscheinen schon im Vor-Herbst als Knospen.

---

1) Lat. Name für diese Gattung.

240 Apetale Dic. mit eingeschlecht. Blth. — Monocotylen.

929. B. alba. L. Gemeine B. — Bl. 3=eckig=rautenf., mehr ob. weniger lang=zugespitzt, doppelt=gesägt, in der Jugend gewimpert, später kahl ob. etwas gewimpert; Flügel doppelt so breit als die Nuß. ♄ — Haiden, Wälder, Erlenbr. 4—5. — Aendert ab mit harzigen Warzen an den Zweigen: B. verrucosa. Ehrh. (als Art). — Im Dl. der verbreitetste Laub=Waldbaum; auch im Fl. sehr häufig, aber meist in gemischten Beständen; im Al., mit Ausn. des Bode= u. des Sand=Al., selten.

930. B. pubescens. Ehrh. Flaumhaarige B. — Bl. eif., gemischt mit rautenf. u. 3=eckigen, zugespitzt, doppelt=gesägt, in der Jugend flaumh. u. auch später oberseits meist weichh. u. gewimpert, unterseits mit bärtigen Aderwinkeln; Flügel so breit als die Nuß. ♄ — Wälder, Erlenbr., Wald= u. Moorwiesen. 4—5. — Im Geb. viel seltener als vor., u. fast nur im Sand=Fl. u. Dl.; meist strauchartig.

384. Alnus[1]). Tourn. Erle.

Deckschuppen der männl. Kätzchen 3=blth.; P. (u. A.) 4=sp., 4=männig; Deckschuppen der weibl. Kätzchen 2=blth., bleibend, an der Fr. verholzend; Nuß (u. A.) ungeflügelt, 2=fächerig. — Die vorlaufenden Blth. erscheinen im Vor=Herbst als Knospen und bringen erst im folgenden Jahre reife Fr.

931. A. incana. Dec. Graue E. — Bl. eif., spitz ob. kurz=zugespitzt, geschärft=gesägt, unterseits blaugrün, flaumig, fast filzig; weibl. Kätzchen kurz=gestielt. ♄ — Feuchte Wälder. 3—4. — Im Geb. vielfach angepflanzt, namentl. in den Laubwäldern des Sand=Fl., Dl. u. Al.

932. A. glutinosa. Gärtn. Gemeine Erle (Eller, Else). — Bl. rundl. bis verkehrt=eif., stumpf, abgestutzt ob. ausgerandet, an der Basis keilig, kahl, klebrig, unterseits in den Winkeln der Adern bärtig=flockig; weibl. Kätzchen zieml. lang=gestielt. ♄ — Feuchte Wälder, Erlenbr., Sümpfe, Ausstiche, Wassergr., Bäche, Ufer. ·3—·4. — Im Fl. u. Dl. gemein; im Al. seltener.

2. Unterabtheilung. Monocotyledonen (Monocotylen).
(Einkeimblättrige oder Zerstreutfasrige.)
Monocotyledones. Juss. Endogenae. Dec.

Samenkeim von nur einem Samenlappen (Keimblatt) eingehüllt und meist mit Albumen versehen. Die Radicula entwickelt sich nicht zu einer Pfahl= ob. Hauptwurzel, wenigstens nicht zu einer bleibenden, und treibt in der Regel nur Nebenwurzeln. Stengel ob. Stamm (meist einfach, selten ästig) hat weder Mark und Markstrahlen, noch Rinde, besteht vielmehr aus Zellgewebe mit zerstreut dazwischen liegenden Gefäßbündeln, verdickt sich durch das Herabsteigen neuer Gefäße von außen nach innen und erhärtet am Rande mehr als in der Mitte. Blätter meist ganzrandig, sitzend, abwechselnd und scheidig, mit parallellaufenden Adern. Blüthentheile gewöhnlich 3 ob. durch 3 theilbar; meist ohne Blumenkrone u. oft mit gefärbtem Perigon resp. Kelch.

Die Monocotylen zerfallen je nach der Insertion der Staubgefäße in drei Unterordnungen: 1) mit auf dem Stempel befestigten (stempel=

---

1) Lat. Name dieser Gattung.

Hydrocharideen.

ständigen, oberweibigen) Stbgf.; 2) mit auf dem Kelch (Perigon) befestigten (kelchständigen, umweibigen) Stbgf.; u. 3) mit im Grunde der Blüthe befestigten (bodenständigen, unterweibigen) Staubgefäßen.

1. Unterordnung. **Monocotyledonen mit stempelständigen (oberweibigen) Staubgefäßen.**
Monocotyledones staminibus epigynis.

K. (P.) innig mit dem Frkn. verwachsen; Stbgf. auf dem Frkn. stehend; K. (P.) stets oberst., Frkn. stets unterst.

84. Familie. **Hydrocharideen**, Hydrocharideae. Juss.

Wasserpflanzen mit ob. ohne St. u. mit untergetauchten ob. auf dem Wasser schwimmenden Bl.; Blth. eingeschlechtl., selten zwitterig; K. 3-theilig; Blkr. 3-blättr.; Stbgf. 3 ob. mehrere; Frkn. 1—mehrfächerig; Gf. 3 ob. 6, meist 2-sp., selten fehlend; Fr. lederartig ob. fleischig, inwendig saftig ob. schleimig.

385. Elódea[1]). Caspary. **Wasserpest.**

Blth. klein, 2-häusig, vielehig ob. zwitterig; Stbgf. 3—9; Frkn. lineal-längl.; N. sitzend. — Untergetauchte Wasserpfl.

933. E. canadensis. Casp. Canadische W. — St. fadenf.; Bl. zu 3, quirlig, sitzend, lineal-längl., zugespitzt, ganzrandig ob. sehr fein gesägt; Blth. 2-häusig (ob. zwitterig); weibl. Blth. lang-, oft sehr langgestielt, Stiel fein-fadenf.; K. röthl., Blkr. weiß. ♃ — Teiche, Lachen, Ausstiche, Wassergr., Kanäle. 5—8. — Aus Nordamerika eingeschleppt u. bei uns nur die weibl. Pfl.; im Geb. im J. 1867 zuerst beobachtet in einem Ausstiche auf dem Werder bei Magdeburg u. in der alten Elbe bei Loftau; jetzt massig fast in allen Teichen, Lachen u. stehenden Wässern im Elb-Al., sowie im Saal-Al. bei Calbe, Nienburg und Bernburg; — im Bode-Al. bisher nur in einem Ausstiche u. einem Teich an der Bode bei Nienburg beob.

386. Stratiótes. L. **Wasserscheer.**

Blth. 2-häusig, am Grunde mit scheidenartigen Deckbl. auf schaftartigen St.; männl. Blth. mittelgroß, weiß; innere Stbgf. 12, ausgebildet; äußere 20—30, kürzer u. ohne Staubb.; weibl. Blth.: Gf. 6, 2-sp.; Fr. eif., 6-fächerig, vielsamig. — Ganz ob. theilweise untergetauchte Wasserpfl. mit sitzenden, zu einer Rosette gehäuften Wurzelbl.

934. S. aloídes. L. Aloëartige W. — W. faserig mit langen Ausläufern; Bl. lineal-lancettl., gekielt, schwertf., am Rande scharf-stachelig-gesägt; Schaft zweischneidig. ♃ — Teiche, Kulke, Wassergr., sumpfige Ufer der Bäche. 6—8. — Im Al. der Elbe häufig und stets sehr gesellig; im übrigen Al. und im Ol. seltener; im Fl. noch nicht beobachtet.

387. Hydrócharis[2]). L. **Froschbiß.**

Blth. 2-häusig, mittelgroß, weiß; Stbgf. 9; Gf. 6; N. 2-th.; Fr. eif., 6-fächerig, vielsamig. — Wasserpfl. mit lang-gestielten, schwimmenden Bl. u. durchscheinenden Nebenbl.

935. H. Morsus ranae. L. Gemeiner F. — W. und St. krie-

---

1) Von ἑλώδης, sumpfig, (ἕλος, Sumpf). — 2) Von ὕδωρ, Wasser, u. χάρις, Freude (χαίρω, sich freuen); mit Bezug auf den Standort der Pfl.

chend; Bl. kreisf., ganzrandig ob. undeutl. geschweift, am Grunde tief=
herzf. ♃ — Standort wie vor. 6'—8. — Im Al. und Pl. häufig und gesellig,
im Fl. sehr selten (2 N. Bartensl. F.); die vorige fast stets begleitend, jedoch — weil
häufiger — oft ohne dieselbe.

85. Familie. **Orchideen**, Orchideae. Juss.

Kräuter mit (b. u. A.) einfachen, öfters schaftartigen St., und schei=
bigen, einfachen, ganzrandigen Bl., die zuweilen auf farblose Schuppen
zurückgeführt sind; Blth. zwitterig, meist in deckblättrigen Aehren ob.
Trauben, am Ende des St. ob. Schaftes; P. blumenkronartig, 6=th.,
unregelm., bleibend u. verwelkend, selten abfallend; die 3 äußeren Zipfel
u. 2 von den inneren, durch Drehung nach oben gestellt, bilden die Ober=
lippe (Helm), der dritte innere, nach unten gewendet, die Unterlippe
(Honiglippe, Lippe), sie ist oft gespornt u. unterscheidet sich von den übrigen
Perigontheilen meist durch Form, Größe u. Farbe; Stbgf. 3, nie sämmtl.
fruchtbar, sondern von ihnen entweder die beiden seitenst. unfrucht. und
nur das mittlere fruchtb. (Blth. einmännig), oder (u. zwar seltener)
die seitenst. fruchtb. und das mittlere unfruchtbar (Blth. zweimännig);
Staubf. mit dem Gf. zu einer Säule innig verwachsen; Staubf.
2=fächerig, Fächer durch ein Connectiv getrennt oder zsgewachsen u. oft
durch unvollkommene Scheidewände in kleinere Behältnisse getheilt; der
Blüthenstaub erscheint meist in wachsartigen ob. körnigen Massen von
verschiedener Form; Frkn. einfächerig, vieleiig, mit wandst. Placenten; N.
auf der vorderen u. oberern Seite des Gf. (der Säule) liegend, in Gestalt
eines klebrigen Grübchens mit einem hervortretenden Spitzchen ob. Schnä=
belchen; Fr. kapselartig, mit 3 Klappen aufspringend; S. außerordentl.
zahlreich u. klein, feilstaubartig.

1. Gruppe. **Ophrydineen.** Blth. einmännig; Staubb. ganz
angewachsen; Blthstaubmassen kleinlappig, elastisch=zshängend. — W.
knollig, Knollen zwei, ganz ob. handf. getheilt.

388. Orchis. L. **Knabenkraut.**

P. rachenf., Unterlippe abstehend, hinten gespornt; Staubb.=
Fächer gleichlaufend, am Grunde durch ein zweifächeriges Beutel=
chen verbunden; Blthstaubmassen gestielt; Frkn. gedreht. — Kräuter
mit 2 Wurzel=Knollen, einer älteren u. einer frischen; Knollen ungetheilt ob.
getheilt.

1. Rotte. Deckbl. 1=nervig; Knollen ungetheilt.

A. Unterlippe 3=th., der mittlere Lappen vorn verbreitert, 2=sp., meist
   mit einem Zähnchen in der Ausbuchtung.

936. O. fusca. Jacq. (O. purpurea. Huds.) Braunes K. — Knollen
eif.; St. kaum bis zur Mitte beblättert; Bl. elliptisch bis lancettl.; Aehre
ansehnlich; Deckbl. häutig, klein, viel kürzer als der Frkn.; Oberlippe
helmf., braun mit dunkleren Punkten; Unterlippe hellroth ob. weiß,
mit purpurrothen, rauhhaarigen Punkten, Seitenlappen längl.,
Mittellappen allmälig verbreitert, verkehrt=herzf., meist mit einem borstl.
Zahne in der Buchtung; Sporn kaum halb so lang als der Frkn. ♃ —
Wälder. 5—6. — Nur im Kalk=Fl. 1 C. Rehm. 3 S. Hohes H. (Boklerberg); Saures
H. (Horbusch). 4 E. Hatel (reichl.).

937. O. militaris. L. Helmartiges K. — Oberlippe helmf.,
hellroth, silberweiß überzogen, nicht punktirt; Unterlippe blaßroth
mit rothen, rauhh. Punkten, Seitenlappen lineal, Mittellappen breit=lineal,

an der Spitze plötzlich verbreitert, verkehrt-herzf., mit einem Zahne in der Buchtung; sonst wie vor. ⚨ — Anhöhen, Wiesen. 5—6. — Im Geb. selten. 1 B. Moorwiese am Buktum. 5 B. Hoher, grasiger Saalufer-Abhang (Weinberg) bei Gnölbzig; Sperenberg bei Sandersleben.

938. O. variegata. All. (O. tridentata. Scop.) Buntes K. — Knollen eif. bis rundl.; St. bis zur Mitte beblättert; Bl. lancettl.; Aehre dicht, rundl. ob. eif.; Deckbl. häutig, halb so lang als der Frkn. u. länger; Oberlippe helmf., hellroth mit dunkeln Linien, die äußeren Zpfl. länger als die inneren; Unterlippe hellroth mit dunkelrothen Punkten, kahl, Seitenlappen längl., Mittellappen breit-verkehrt-herzf.; Sporn halb so lang als der Frkn. oder länger. — In allen Theilen kleiner als die vorigen. ⚨ — Bergtriften. 5—6. — Im Geb. sehr selten. 4 S. Froßser Berge.

939. O. ustulata. L. Angebranntes K. — Knollen rundl. ob. eif.; St. kaum bis zur Mitte beblättert; Bl. längl.-lancettl.; Aehre cylindrisch, oben schwärzlich u. dicht, unten locker; Deckbl. häutig, halb so lang als der Frkn.; Oberlippe helmf., Helm kurz, fast kugelig, dunkel- ob. schwarz-purpurroth; Unterlippe weiß ob. hellroth mit purpurrothen Punkten, Seitenlappen längl.-lineal, Mittellappen 2-sp., meist mit einem Zahn in der Buchtung; Sporn sehr kurz, stumpf, kegelf., 4mal kürzer als der Frkn. ⚨ — Wiesen. 5—6. — Im Geb. sehr selten. 2 N. Moosbruch, vereinzelt. (Nach Schwabe bei Bernburg, Alsl. u. Sandersleben; in neuerer Zeit nicht beob.)

B. **Unterlippe tief-3-sp.; der mittlere Lappen längl., ungetheilt.**

940. O. corióphora[1]). L. Wanzen-K. — Knollen rundl.; St. bis oben beblättert; Bl. lineal-lancettl., die obersten scheidenartig; Aehre längl., etwas locker; Deckbl. häutig, ungefähr so lang als der Frkn.; Oberlippe helmf., zugespitzt, schmutzig-rothbraun; Unterlippe halb-3-sp., hellroth mit dunkelrothen Punkten und grünlichen Lappen, herabhängend, gekrümmt hinabsteigend, in der Regel halb so lang als der Frkn. — Blth. nach Wanzen riechend. ⚨ — Moor- u. Bruchwiesen. ·6· — Im Sand-Fl. u. Dl. ziemll. häufig; auch auf Bruchwf. des Al. 3. B. 1 C. Waldwf. des Riebelhagen. 1 B. Wf. südl. u. östl. am Elsengehege; bei Bäthen u. Bäthwinkel; zw. Uchtdorf u. Sand-Beiend. 2 N. Wf. der Alvensl. F., der Veltheimschen F., der Wellenberge. 2 B. Wf. am Springgr. bei Burg. 3 Mö. Wf. zw. Leitkau u. Klappermühle (reich.) 4 O. Bruchwf. Oschersl.-Wulferst. 4 Z. *Moorwf. Friederikenberg-Badez; Wf. bei Bone; bei Eichholz.

C. **Unterlippe 3-lappig; Lappen breit, kurz.**

941. O. Morio. L. Gemeines K. — Knollen rundl.; St. bis oben beblättert; Bl. längl. bis lineal-lancettl., die obersten scheidenartig; Aehre kurz, locker; Deckbl. so lang als der Frkn.; Oberlippe helmf., Zpfl. stumpf, purpurroth mit grünen Adern; Unterlippe roth, mit dunkleren Flecken, Lappen breit; Sporn dick, walzl. ob. keulig, wagerecht ob. aufstrebend, ungefähr so lang als der Frkn. — Variirt mit violetten, blaßrothen u. weißen Blth. ⚨ — Nasse Wiesen (bes. moorige), Trifthügel, Haideland. ·5—6. — Im Sand-Fl. u. Dl. nicht selten; auch auf Höhen mit nord. Grand (3 M. Schnarsl. B. 4 S. Froßser B.), und auf Bruchwiesen des Al. (4 O. Bruchwiesen Oschersl.-Wulferst.; Wf. nördl. v. den Meierweiden. 4 Z. Reppichauer Bruch).

942. O. mascula. L. Männliches K. — Knollen meist eif.; St. bis über die Mitte beblättert; Bl. längl.-lancettl., die obersten scheidenartig; Aehren längl., gedrängt ob. etwas locker; Deckbl. ungefähr so lang als

---

[1] Von κόρις, Wanze, u. φέρω, tragen.

der Frkn.; Oberlippe anfangs helmf., die 2 seitenst. Zpfl. zuletzt zurück=
geschlagen, die beiden innern kürzer als der rückenst., purpurroth; Unter=
lippe purpurroth, Lappen breit, gezähnt, der mittlere ausgerandet,
meist mit einem Zahne in der Buchtung; Sporn walzl., wagerecht
ob. aufstrebend, ungefähr so lang als der Frkn. ♃ — Wiesen, Wälder.
5—6. — Im Geb. zerstreut; z. B. 1 C. Rehm; Waldwf. des Niebelhagen. 2 N. Erxl.
F. 2 B. Deichwall (vereinzelt). 3 S. Hohes H.; Saures H. 4 B. Löbderitzer F.; Dieb=
ziger Bsch. 4 Z. Kühnauer F.

2. Rotte. Deckbl. 3—mehrnervig; Knollen ungetheilt.

943. O. laxiflora. Lam. Lockerblüthiges K. — Knollen rundl.
oder eif.; St. bis oben beblättert; Bl. aufrecht, aus breiter, umfassender
Basis lineal=lancettl. lang=zugespitzt; Aehre längl., locker=blüthig; Deckbl.
3—5= u. mehrnervig, so lang u. länger als der Frkn.; Blth. zieml.
groß, purpurroth ins Violette übergehend; Seitenzpfl. der Oberlippe
zurückgeschlagen; Unterlippe roth punktirt, 3-lappig, Seitenlappen vorn
abgerundet, Mittellappen breiter, tief ausgerandet; Sporn walzl., wage=
recht ob. aufstrebend, so lang ob. etwas kürzer als der Frkn. ♃ —
Sumpfige Wiesen u. Gräben. 6. — Var.: a. Mittellappen der Unterlippe kürzer
als die Seitenlappen (laxiflora); b. Mittellappen so lang ob. länger als die Seiten=
lappen] (O. palustris. Jacq.) — Im Geb. zerstreut, bes. auf salzhaltigen, bruchigen
Wiesen: 3 S. Salzwf. bei Wormsdorf. 3 M. Wf. des Woltersdorfer Bruch. 4 O. Bruch=
wf. Oscherxl.=Wulferstedt. 4 S. Wiesengräben bei Döben. 5 S. Wf. bei Hedlingen; bei
Staßfurt; Wf. u. Bruchterrain am Lerchenteich. — Ueberall nur die Var. palustris.

944. O. sambucina. L. Hollunder=K. — Knollen längl., oft
an der Spitze kurz=2—3=lappig; St. bis über die Mitte beblättert; untere
Bl. längl., stumpf, die oberen lancettl., spitz; Aehre eif., zieml. gedrängt;
Deckbl. vielnervig, länger als der Frkn. u. selbst länger als die Blth.;
Blth. purpurroth ob. gelblich=weiß; Seitenzpfl. der Oberlippe ab=
stehend; Unterlippe kurz=3-lappig; Sporn walzl.=kegelf., hinabsteigend,
so lang als der Frkn. ♃ — Gebirgswälder. 4—6. — Im Geb. sehr selten,
bisher nur: 4 E. Hasel (im sog. kl. Hasel, sowohl die roth= wie die gelbblühende Var.).

3. Rotte. Deckbl. 3—mehrnervig; Knollen handf.=getheilt.

945. O. maculata. L. Geflecktes K. — Knollen handf.; St.
nicht hohl, bis über die Mitte beblättert; Bl. meist schwarzbraun=gefleckt,
untere Bl. längl., mittlere lancettl., obere viel kleiner, lineal=lancettl.;
Aehre kegelf., gedrängt; Deckbl. so lang ob. länger als der Frkn.; Blth.
hell=lila mit purpurrothen Flecken, selten weiß u. ungefleckt;
Seitenzpfl. der Oberlippe abstehend; Unterlippe 3-lappig; Sporn walzl.,
hinabsteigend, kürzer als der Frkn. ♃ — Nasse Wiesen (nam. Moorwiesen),
Wälder. 6—7. — Im Fl. u. Dl. nicht selten; im Al. noch nicht beobachtet.

946. O. latifolia. L. Breitblättr. K. — Knollen handf.; St.
hohl, bis oben beblättert; Bl. meist schwarzbraun=gefleckt, längl.=eif. bis
lancettl., an der Spitze öfters kapuzenartig zsgezogen, mehr ob. weniger
abstehend, nach oben an Größe allmälig abnehmend; Aehre längl., gedrängt;
Deckbl. länger als die Blth.; Blth. dunkel= bis hell=purpurroth; Seiten=
zpfl. der Oberlippe aufwärts zurückgeschlagen; Unterlippe 3-lappig, gewöhnl.
mit dunkleren Bogenlinien; Sporn kegelf.=walzl., kürzer als der Frkn. ♃
— Feuchte Wiesen (bes. Moorwiesen), Erlenbr. 5—6. — Variirt sehr, sowohl
in Hinsicht der Breite, Färbung u. Stellung der Bl., als bezüglich der Länge des Deckbl.
u. Färbung u. Form der Blth. — Im Sand=Fl., m. E., u. im Dl. häufig; im Kalk=Fl.
seltener; im Al. nur auf Bruchwiesen.

947. O. incarnata. L. Fleischfarbiges K. — Bl. ungefleckt,
hellgrün, schmal=lancettl., aufrecht, an der Spitze kapuzenf. zsgezogen;
Blth. fleischroth ob. weiß; sonst wie vor. ♃ — Sumpfige Wiesen.

6—7. — Meist mit der vor., doch nicht so häufig, obgleich nicht selten. Hat mit ihr große Aehnlichk.; unterscheidet sich aber leicht durch die aufrechten, hellgrünen u. schmalen Bl., die hellen Blth. und die späte Blthzeit.

Anacamptis. Rich. Anacamptis.

Staubb.=Fächer durch ein einfächeriges Beutelchen verbunden; Blth.= staubmassen auf einem gemeinschaftl. Halter; sonst wie Orchis.

A. pyramidalis. Rich. Pyramidenf. A. — Knollen ungetheilt; Bl. lancettl.= lineal; Aehre gedrungen; Blth. purpurroth; B.=Zpfl. ei=lancettl., die seitenst. abstehend; Unterlippe 3=sp., am Grunde mit 2 Plättchen, Lappen längl., stumpf.; Sporn fädl., herabhängend u. gekrümmt, so lang ob. länger als der Frkn. ⚦ — Wiesen, Hügel. 5—7. — Nach Schwabe: 5 B. Kaltberge bei Sandersl.; in neuerer Zeit nicht beobachtet.

389. Gymnadénia[1]**). R. Br. Gymnadenie.**

Staubb.=Fächer am Grunde ohne Beutelchen, sonst wie Orchis.

948. G. conopsea. R. Br. Fliegenartige G. — Knollen handf.; St. bis über die Mitte u. meist bis oben beblättert; Bl. verlängert=schmal= bis lineal=lancettl., die oberen viel kleiner; Aehre verlängert, locker= ob. (seltener) dicht=blüthig; Deckbl. 3=nervig, so lang als der Frkn. oder länger; Blth. purpur= ob. fleischroth, selten weiß; Seitenzpfl. der Oberlippe weitabstehend; Unterlippe 3=sp., Lappen eif., stumpf, fast gleich; Sporn fädl., fast doppelt so lang als der Frkn., zuletzt gebogen. ⚦ — Feuchte, bes. moorige Wiesen. 6—7. — Im Sand=Fl. u. Dl. zieml. häufig; z. B. 1 C. Waldwf. des Niebelhagen. 1 B. Wf. bei Schernebeck, Schönwalde, am Eschengehege, bei Väthen, Tangerhütte, Mahlwinkel, zw. Uchtdorf u. Sand= Beiend., am Buktum, bei Angern. 2 N. Wf. im Albensl. Höhenzug; Moosbruch. 2 W. Wf. der Rogätzer F.; Moorwf. beim Vorw. Moje. 2 B. Wüstenhufen bei Burg; Wf. im Bürgerholz u. Reesen; Hohenjedener W. (reichl.). 3 L. Wf. am Gloineschen Bach zw. Preußers u. Klingners Mühle. 4 Z. Wf. bei Bone; Sumpfwf. am Kupferhammer bei Thießen. — Die Var. mit dichten Blth. u. meist kürzerem Sporn u. wohlriechend, (densiflora. A. Dietrich als Art) seltener.

390. Platanthéra[2]**). Rich. Breitkölbchen.**

P. rachenf., Unterlippe lineal, abwärts gebogen, hinten gespornt; Staubb.=Fächer unterwärts durch eine Bucht der ausgeschnittenen N. von einander entfernt, u. ohne Beutelchen; sonst wie Orchis.

949. P. bifolia. Rich. Zweiblättr. B. — Knollen längl.; St. schaftartig, unten mit 2 großen, ovalen, höher mit wenigen kleinen, schuppenf. Bl.; Aehre längl., locker; Deckbl. kürzer als der Frkn.; Blth. ziemlich groß, weiß, wohlriechend; Unterlippe zungenf., ganzrandig; Sporn lang (doppelt so lang als der Frkn.), fädl., weiß, am Grunde ein wenig keulig u. gelbgrünl.; Staubb.=Fächer gleichlaufend, ob. oben zsgeneigt u. unten ein wenig auseinander gehend. ⚦ — Wälder, moorige Wiesen. 5—7. — Im Fl. u. Dl. ziemlich häufig, auch im Sand=Al. u. im Al. der Bode; z. B. 1 C. Isern Hagen; Knöllwiese bei Flechtingen; Behnsdorfer Wf. 1 B. Tanger=Wf. nördl. v. Väthen; Wf. zw. Mahlpfuhl u. Väthen, Wf. zw. Tangerhütte u. Mahlwinkel; Wf. am Buktum. 2 N. Forsten u. Waldwf. im Albensl. Höhenz.; Moosbruch. 2 W. Ramst. u. Rogätzer F.; Moorwf. an der Baubude. 2 B. Hohenjedener Wf.; Bürgerholz; Am Deichwall; Hungeriger Wolf; Moorwf. bei Madel. 3 S. Hohes H. (reichl.); Saures H. 4 E. Hakel (reichl.); Wehl; Unseburger Großholz. 4 B. Diebziger Bsch. 4 Z. Butterdamm; Buchholz; Sumpfwf. am Kupferhammer der Roslau. 5 B. Biendorfer Bsch.; Pfaffenbusch bei Fredl.

950. P. chlorantha. Custer. (P. montana. Reichb.) Grünliches B. — Blth. zieml. groß (noch größer als vor.) weiß, geruchlos;

---

1) Von $\gamma v \nu \delta s$, nackt, u. $\dot{\alpha} \delta \dot{\eta} \nu$, Drüse. — 2) Von $\pi \lambda \alpha \tau \iota s$, platt, breit, u. anthera, Staubbeutel, Staubkölbchen.

Sporn doppelt so lang als der Frkn., grünlich, am Grunde keulig, Staubb.-Fächer weit auseinandergehend und spreizend; sonst wie vor. ♃ — Wälder, Wald= u. Moorwiesen. ·6—·7. — Im Geb. selten. 1 O. Niebelhagen u. Waldwiese. 2 N. Bischofswald (spärl.). 2 W. Rogätzer F. (Oberhagen); Moorwf. bei Mose. 4. Z. Friedrichsholz (vielfach).

951. P. viridis. Lindl. (Coeloglossum viride. Hartm.) Grünes B. — Knollen handf.=getheilt; St. fast bis oben beblättert; Bl. eif. bis lancettl., nach oben an Größe abnehmend, die unteren stumpf, die oberen spitz; Aehre längl., etwas locker; Deckbl. länger als die Frkn.; Blth. ziemL. klein, grün ob. grüngelblich, zuweilen etwas geröthet; Unterlippe grüngelb, lineal, an der Spitze 3=zähnig, der mittlere Zahn sehr klein; Sporn sehr kurz, beutelf. ♃ — Nasse Wiesen ·6· — Im Geb. selten. 1 B. Wf. südl. am Eschengehege (reichl.); zw. Bäthen u. Mahlwinkel (reichl.). 2 N. Wf. nördl. an der Erxlebener F.; Bischofswald (Wf. an der „Spitze").

391. Ophrys. L. **Ragwurz**.

Die 3 äußeren Zpfl. der Oberlippe abstehend, die 2 inneren aufrecht, kleiner; Unterlippe abstehend, spornlos; Staubb.=Fächer am Grunde getrennt; Blthstaubmassen gestielt; Frkn. nicht gedreht. — Kräuter mit 2 ungetheilten Wurzel=Knollen; Aehre locker, armblüthig.

952. O. muscifera. Huds. Fliegentragende R. — Knollen rundl.; St. unten beblättert (2—4=blättr.); Bl. lancettl. ob. schmal=lancettl.; Aehre verlängert, sehr locker, 4—10=blüthig; Blth. mittelgroß; äußere Zpfl. der Oberlippe grün, weit abstehend, eilancettl.; innere purpurbraun, hervorgestreckt, fädl., zottig; Unterlippe purpurbraun, sammtig, herabhängend, verkehrt=eif., 3=th., Seitenlappen lineal-lancettl., Mittellappen größer, noch einmal so lang, 2=sp., in der Mitte mit einem fast 4=eckigen, bläul. Flecken. ♃ — Wälder. 5—6. — Im Geb. sehr selten. 5 S. Gänsefurter Bsch. (vielfach).

392. Herminium. R. Br. **Herminie**.

P. glockig=zsgeneigt; Unterlippe an der Basis sackartig=höckerig, stumpf=gekielt, spornlos; sonst wie Platanthera.

953. H. Monorchis. R. Br. Einknollige H. — Knolle 1, kugelig, braun; St. fast nackt; Wurzelbl. 2, selten 3, lancettl.; Aehre vielblth., ziemL. dicht; Blth. klein, grünl.=gelb; Unterlippe 3=sp., Zpfl. lineal, die seitenst. spießg.=abstehend, der mittlere noch einmal so lang. ♃ — Wiesen, Triften. ·6· — Im Geb. sehr selten, bisher nur: 4 O. Bruchwf. zw. Oschersleben u. Wulferstedt, zu Krottorf gehörig.

2. Gruppe. **Limodoreen**. Blth. einmännig; Staubb. frei;

Blthstaubmassen aus zahlreichen, kantigen, elastisch zshängenden Läppchen zsgesetzt, ob. mehlig. — W. meist dickfaserig, selten knollig.

393. Cephalanthéra[1]). Rich. **Cephalanthere**.

P.=Zpfl. fast gleich lang, alle aufrecht=zsneigend; Unterlippe spornlos, zweigliederig, unteres Glied sackf. vertieft; Blthstaubmassen mehlig; Frkn. gedreht, sitzend. — W. dickfaserig; Aehre locker; Blth. mittelgroß.

954. C. pallens. Rich. (C. grandiflora. Babington.) Blasse C. —

---

1) Von κεφαλή, Kopf; u. anthera.

Orchideen.

St. bis oben beblättert; Bl. eif. bis eilancettl., stumpf ob. kurz=zu=gespitzt; Aehre meist kurz, untere Deckbl. blattartig, länger als der Frkn., die oberen so lang als der Frkn.; Blth weiß, ins Gelb=liche; P.=Zpfl. stumpf; Frkn. kahl. ♃ — Wälder. 5—6. — Nur im Kalk=Fl. u. auch hier nicht häufig. 1 C. Rehm bei Walbeck (vielfach). 2 N. Klepperberg. 4 E. Hakel (Teufelsthal, spärl.). 5 B. Fredleber Busch.

955. C. ensifolia. Rich. (C. Xiphophyllum. Rchb. fil.) Schwert=blättr. C. — St. bis oben beblättert; Bl. schmal= bis lineal=lan=cettl, lang=zugespitzt; Aehre meist lang, Deckbl. klein, viel kürzer als der Frkn; Blth. schneeweiß; P.=Zpfl. spitz; Frkn. kahl. ♃ — Wälder. 5—6. — Im Kalk=Fl. m. C.; selten. 3 S. Hohes Holz. 5 B. Fredl. Bsch.
C. rubra. Rich. Rothe C. — Bl. lineal=lancettl.; Blth. fleischroth; Frkn. flaumh. ♃ — Wälder. 6—7. — In 1 Ex. im Hakel früher gefunden; in neuerer Zeit nicht wieder beobachtet.

394. Epipáctis. Rich. **Sumpfwurz.**

P.=Zpfl. glockig; Frkn. nicht gedreht, gestielt u. der Stiel ge=dreht; sonst wie Cephalanthera.
956. E. latifolia. All. Breitblättrige S. — W. dickfaserig; St. bis oben beblättert; Bl. eif. bis lancettl., am Rande schärflich=ge=wimpert; Traube einseitswendig; Deckbl. länger als der Frkn.; Blth. mittelgroß; Oberlippe grün, mehr ob. weniger geröthet, bis ganz roth; Unterlippe roth, vorderes Glied herz= ob. eif., zugespitzt, an der Spitze zurückgebogen. ♃ — Laubwälder. 7·—8·— Variiert viel=fach in Bezug auf die Breite der Bl. und Farbe der Blth. — Im Geb. zieml. häufig; z. B. 1 B. Thiergarten bei Letzlingen. 2 N. Bartensl. F.; Erxlebener F.; Bischofswald. 2 W. Ramstf. F. 2 B. Bürgerholz; Pennigsdorfer F. 3 M. Biederitzer Bsch. 4 E. Ha=kel (reichl.). 4 S. Grünewald. 4 B. Erlenbr. zw. Dornburg u. Göbnitz; Löbderitzer F. 4 Z. Friedrichsholz. 5 B. Sperenberg bei Sandersleben.
957. E. palustris. Crantz. Gemeine S. — W. dickfaserig, kriechend; St. bis über die Mitte beblättert; Bl. schmal=lancettl., am Rande kahl, die oberen lineal=lancettl., kleiner; Traube einseitswendig; Deckbl. so lang oder kürzer als der Frkn.; Blth. mittelgroß; Oberlippe grau=grünl., innen weiß=röthl.; Unterlippe weiß, roth=ge=streift, vorderes Glied rundl., stumpf, wellig gekerbt. ♃ — Sumpfige u. moorige Wiesen. 7—8. — Im Fl. u. Dl. zerstreut: 2 N. Wf. im Silberthal bei Kl. Bartensl.; Bischofswald (Stempelteich=Wf.); Embener F. (Krähenfuß=wiese). 2 B. Hungeriger Wolf. 4 S. [Bullenwiese].

395. Listéra. R. Br. **Listere.**

P. rachenf., Oberlippe helmf., Unterlippe spornlos, hängend; Befruchtungssäule mit einem eif. Fortsatze endigend, der den bleibenden Staubb. trägt; Blthstaubmassen mehlig; Frkn. nicht gedreht, gestielt, Stiel gedreht. — W. dickfaserig; Traube locker; Blth. zieml. klein.
958. L. ovata. R. Br. Eirundblättr. L. — W. faserig=büschelig; St. unter der Mitte 2=blättr.; Bl. zieml. groß, breit=eif., stumpf ob. kurz=zugespitzt, gegenst.; Traube lang, vielblüthig; Blth. grün=gelbl.; Unterlippe lineal=2=sp., 3 mal so lang als die oberen P.=Zpfl. ♃ — Wälder, Gebüsch, Erlenbr.; auch Sumpf= u. Moorwiesen. ·5—7· — Im Fl. u. Dl. nicht selten; ebenso im Al. der Bode u. Saale; in dem Elbe noch nicht beobachtet.

396. Neóttia[1]). L. **Nestwurz.**

P. zuerst glockig, dann rachenf.; Oberlippe fast helmf.; Unter=

---

1) νεοττιά (νεοσσιά) Vogelnest mit den Jungen; wegen der nestartigen Wurzel.

lippe spornlos, gerade=hervorgestreckt, am Grunde sackartig; Staubb. endst., sitzend, bleibend; Blthstaubmassen mehlig; Frkn. nicht ge= dreht, gestielt, Stiel gedreht. — W. dickfaserig=büschelig, nestartig; Traube oben gedrängt, unten locker.

959. N. Nidus avis[1]). Rich. Blattlose N. — Pfl. blattlos, bräunl.=gelb; St. statt der Bl. mit scheidenartigen Schuppen besetzt; Traube längl., vielblüthig; Blth. von der Farbe der ganzen Pfl. (bräunl.= gelb); Unterlippe breit=2=lappig. ♃ — In schattigen Wäldern auf Baum= wurzeln schmarotzend. 5—7. — Im Fl. zieml. häufig, sonst selten; z. B. 1 C. Rehm u. Lohhen bei Walbeck. 2 N. Klepperberg; Bartensl. F.; Erxl. F.; Bischofswald; Pude= grin; Alvensl. F.; Veltheimsche F.; Wellenberge; Papenberg. 2 W. Rogätzer u. Ram= städter F.; Lauenholz. 3 S. Marienborner F.; Hohes H. 4 E. Hakel. 4 B. Löbbe= ritzer F. 4 Z. Golmitz.

397. Spiránthes[2]). Rich. **Blüthenschraube.**

P. rachenf.=glockig; Unterlippe spornlos, rinnig; Staubb. sitzend, bleibend; Frkn. sitzend, nicht gedreht, oben schief. — W. knollig; Spindel der Aehre schraubenartig gewunden.

960. S. autumnalis. Rich. Herbst=B. — Knollen ei=längl., 1—3; St. schaftartig, mit scheidenartigen Schuppen versehen; Wurzelbl. eif. ob. längl., spitz, seitlich vom St.; Aehre gedrängt, einseitswendig; Blth. weiß, wohlriechend. ♃ — Triften (bes. moorige), kurzgrasige, erhöhte Wiesenstellen. 8˙—9˙ — Im Sand=Fl., m. E., zieml. häufig u. meist ge= sellig; im Dl. zerstreut. Z. B. 1 B. Wf. zw. Angern u. Buktum. 2 N. Trifthügel am Jakobsbusch bei Kl. Bartensl. (reichl.); Wiesen St. von der Exgl. F.; „Spitze Berg" am Bischofswald (sehr reichl.); Wf. zw. Behnsd. F. u. Bischofswald; Trift nördl. v. Alten= hausen (reichl.); Embener F. (Triftstelle der Krähenfußwi.). 2 B. Moor. Trift am Wege zw. Hohenseden u. Brandenstein. 3 S. Anger unter der Lärchen=Plantage des Gr. Roden= berges, rechts vom Marienborn=Helmst. Wege (reichl.); Triftabhang nördl. b. der Marien= borner F., jenseits des Baches (reichl.); Feldgraben neben dem Triftwege westl. am Hohen H.; Kuhtrinkenberg am Hohen H. 4 B. *Wf. bei der Poleimühle. — Zeigt sich vornehmlich in einem warmen, fruchtbaren Herbste.

3. Gruppe. **Malaxidineen.** Blth. einmännig; Staubb. frei; Blthstaubmassen wachsartig, ob. aus Körnchen bestehend, die zuletzt in eine wachsartige Masse zsfließen. — W. nicht knollig.

398. Sturmia. Rb. **Sturmie.**

P.=Zpfl. abstehend; Unterlippe aufrecht, spornlos; Staubb. endst., abfällig; Blthstaubmassen 2, wachsartig, kugelig; Frkn. nicht ge= dreht, gestielt, Stiel gedreht. — W. faserig; St. an der Basis zwiebelartig verdickt.

961. S. Loeselii. Rb. (Líparis Loeselii. Rich.) Lösels St. — St. schaftartig, 3=kantig, am Grunde 2=blättrig; Bl. längl.=lancettl., gegenst., meist gelbgrün; Traube lockerblüthig (3—11 Blth.); Blth. gelb= grünlich; Unterlippe eif., feingekerbt, von der Länge der Zpfl. der Ober= lippe. ♃ — Moorige Sümpfe. 6—7. — Nur im Dl. u. auch hier selten: 2 W. Sumpfwi. an der Hagenbeke zw. Samswegen u. Lindhorst. 2 B. Hungeriger Wolf.

4. Gruppe. **Cypripedieen.** Blth. 2=männig.

399. Cypripédium[3]). L. **Frauenschuh.**

P.=Zpfl. der Oberlippe 4, kreuzweise abstehend; der unterste

---

1) nidus, Nest, u. avis, Vogel. — 2) Von σπεῖρα, Windung, u. ἄνθος, Blüthe, wegen der gewundenen Blth=Aehre. — 3) Von κύπρις, Name der Venus, u. πέδιον, Dimin. von πέδη, Fußfessel (Schuh).

zsgewachsen, 2=sp.; Unterlippe spornlos, bauchig=aufgeblasen, in Form eines Holzschuhes; Befruchtungssäule an der Spitze 3=sp.; Frkn. nicht gedreht, mehr od. weniger gestielt. — Wurzelstock wagerecht, faserig.

962. C. Calceolus[1]). L. Gemeiner F. — St. bis oben beblättert; Bl. elliptisch, zugespitzt, stark=nervig, etwas gefaltet, stengelumfassend; Blth. groß, einzeln, selten zu 2, an der Spitze des St.; Zpfl. der Ober= lippe purpur=braun, schmal=lancettl., der oberste eilancettl.; Unter= lippe groß, goldgelb, roth punktirt, etwas kürzer als die Zpfl. der Oberlippe. ♃ — Laubwälder. 5.—6. — Nur im Kalk=Fl. u. auch hier sehr selten, aber gesellig. 4 E. Hatel. — Eine der schönsten heimischen Pflanzen und wegen ihrer Schönheit sehr nachgestellt und deshalb mehr u. mehr verschwindend. Uebrigens vermehrt sie sich leicht und breitet sich an verborgenen Orten schnell aus.

2. Unterordnung. Monocotyledonen mit kelchständigen (umwei= bigen) Staubgefäßen.

Monocotyledones staminibus perigynis.

Die Stbgf. mit dem P. (K.) mehr oder weniger verwachsen u. daher meist auf dem P. stehend; P. u. Frkn. getrennt od. miteinander ver= wachsen, und also das P. oberst. u. der Frkn. unterst. od. das P. unterst. u. der Frkn. oberst.

86. Familie. Irideen, Irideae. Juss.

Ausdauernde Kräuter mit knolliger od. dick=faseriger W.; Bl. meist schwertf., seltener linealisch; Blth. zwitterig, von einer 1—2=blättr. Spatha umgeben; P. oberst., blumenkronartig, 6=theilig; Stbgf. 3, dem P. eingefügt; Staubb. auswärts aufspringend; Frkn. 3=fächerig, viel= eiig, Samenträger mittelpunktst.; N. 3, einfach, od. geschlitzt, od. blumenblatt= artig; Fr. eine Kapsel, mit 3 Klappen aufspringend.

† Crocus[2]). L. Safran.

P. regelm., trichterf., Röhre sehr lang, Saum 6=th., glockig; N. 3=sp. od. =th. — W. zwiebelartig=knollig; St. fehlend; Bl. linealisch.

† C. vernus. All. Frühlings=S. — Schaft engbescheidet, meist 1=blüthig; Blthscheide 1=blättrig; Blth. violett, ob. weiß, ob. violett u. weiß=gestreift. ♃ — Gebirgstriften Süddeutschl. 3—4. — Häufige Zierpfl. in Gärten u. Anlagen.

† C. luteus. Lam. Gelber S. — Schaft meist 2=blth.; Blthscheide 2=blättr.; Blth. gelb. ♃ — Zierpfl. aus dem Orient. 3 — In Gärten.

† Gladiolus[3]). L. Siegwurz.

P. unregelm., 6=th., fast 2=lippig, Röhre kurz, gekrümmt; N. 3, aufwärts ver= breitert. — W.=Knollen 2 übereinander, faserhäutig; St. mit fast schwertf. Bl.; Blth. in endst., einseitswendigen Aehren; Blthscheiden 2=blättr.

† G. communis. L. Gemeine S. — Faserhaut der Knollen zieml. stark, gleich= laufend; Blth. dunkel= od. fleischroth bis violett, mit einem weißen, dunkelroth=berandeten, lancettl. Fleck auf den unteren 3 P.=Zpfl., Röhre roth=bräunl.; Kapsel verkehrt=eif. 3=kantig, die Kanten nach oben in einen Kiel hervortretend. ♃ — Wiesen von Süd= u. Ostdeutschl. 5—6. — Als Zierpfl. häufig in Gärten.

---

1) calceolus, ein kleiner Schuh, Frauenschuh (Dim. von calceus, Schuh.) — 2) Crocus, κρόκος, lat. u. griech. Name für diese Gattung. — 3) Dimin. von gladius, Schwert; wegen der schwertf. Blätter.

Monocotylen mit kelchſt. Stbgf.

400. Iris¹). L. **Schwertlilie.**

P. 6-th., an der Baſis röhrig, äußere 3pfl. zurückgeſchlagen, innere aufrecht; N. verbreitert, blumenblattartig, die Stbgf. bedeckend, Narbenblatt meiſt 2-ſp. — W. ein kriechendes, dickfaſeriges Rhizom; Bl. ſchwertf.-gerade, ob. ſäbelf.-gekrümmt; Blth. groß, einzeln ob. mehrere am Ende des St.

1. Rotte. Aeußere P.-3pfl. inwendig bärtig; Bl. breit-lineal.

† I. pállida. Lam. Blaſſe S. — St. ſchaftartig, länger als die ſäbelf. Bl., mehrblüthig; Blthſcheiden ſchon vor dem Aufblühen gänzlich weiß-trockenhäutig; Blth. wohlriechend, hell-violett, am Grunde braun-geadert; Staubb. kürzer als der Träger. ♃ — Zierpfl. aus Italien. 5—6. — Häufig in Gärten.

† I. germánica. L. Deutſche S. — St. u. Bl. wie vor.; Blthſcheiden (wenigſtens die unterſte) während der Blüthezeit an der Baſis krautig; Blth. geruchlos, dunkel-violett, mit gelbl., braun-beaderten Nägeln; Staubb. ſo lang als der Träger. ♃ — Auf felſigen Bergen Süddeutſchl. 5—6. — Häufige Zierpfl. in Gärten.

† I. florentína. L. Florentiniſche S. — Blth. weiß, oft ins Bläuliche ſpielend, mit gelbl., braun-beaderten Nägeln; ſonſt wie vor. ♃ — Zierpfl. aus Süd-Europa. 5—6. — In Gärten.

† I. púmila. L. Niedrige S. — St. ſchaftartig, kürzer als die ſäbelf. Bl., einblüthig; Blthſcheiden an der Spitze trockenhäutig; Blth. violett, ſeltener hellblau ob. weiß; P.-Röhre über die Blthſcheide hervortretend. ♃ — Aus Süd-Europa. 4—5. — Zierpfl. zu Einfaſſungen u. häufig auf Mauern.

2. Rotte. Aeußere P.-3pfl. bartlos; Bl. breit-lineal ob. lineal.

963. I. Pseud-Acórus. L. Waſſer-S. — St. äſtig, mehrblüthig, ungefähr ſo lang als die zieml. geraden, breit-linealen, ſäbelf. Bl.; Blthſcheiden ſaftig-grün; Blth. gelb; äußere P.-3pfl. mit ſchwärzl. Abernetz, eif., breit-benagelt, die inneren lineal, ſchmäler u. kürzer als die 3pfl. der N. ♃ — Waſſergr., Ausſtiche, Bäche, Ufer, naſſe Wieſenſtellen, Sümpfe. 5—7. — Im Geb. ſehr häufig.

964. I. sibírica. L. Sibiriſche S. — St. ſtielrund, röhrig, meiſt 2-blüthig, länger als die linealen, ſchwertf. Bl.; Blthſcheide oberwärts trockenhäutig, ſpitz; Blth. blau; äußere P.-3pfl. hellblau mit violetten Adern, Nagel bräunl.-gelb-gefleckt, innere violett mit dunkleren Adern; Frkn. 3-ſeitig, Kapſel kurz-zugeſpitzt. ♃ — Feuchte Wieſen, Waldwieſen, lichte Waldungen. 5—6. — Im Sand-Fl., Ol. u. Al. zerſtreut; z. B. 2 N. Biſchofswald (Germersl. F.) Embener F. (Gothenwſ.); Velth. F. (Förſter u. Baber-Wſ.); Erbſe bei Neuhaldensl. 2 W. Rogätzer F. (öſtl. Wſ.). 2 B. Wüſtenheim bei Burg. 3 M. Moorwſ. zu beiden Seiten der Poſtrine; Wſ. bei Preſter. 4 B. Am Querdamm nördl. von Rajoch; Diebziger Bſch.; Löbberitzer F. 4 Z. Steckbyer Aue u. Steuzer Aue. 5 S. Gänſefurter Bſch.

† I. gramínea. L. Grasblättr. S. — St. zweiſchneidig, meiſt 2-blüthig, kürzer als die ſehr langen, linealen, ſchwertf. Bl.; Blth. violett; äußere P.-3pfl. violett-geadert auf gelbl.-weißem Grunde; Frkn. 6-ſeitig. ♃ — Wieſen in Süd- u. Oſt-Deutſchl. 5. 6. — In Gärten häufige Zierpfl.

87. Familie. **Amaryllideen,** Amaryllideae. R. Br.

Zwiebelgewächſe mit ſchaftartigem St. u. ſchwertf. Bl.; Blth. zwitterig, vor ihrem Aufblühen in eine häutige Blthſcheide gehüllt; Blthſcheide auf der Seite aufſpringend, vertrocknend; P. oberſt., blumenkronartig, 6-th. Stbgf. 6; Staubb. einwärts aufſpringend; Gf. 1; N. 3-lappig; Fr. (u. A.) eine 3-fächerige Kapſel.

---

1) Ἶρις u. iris (Regenbogen), griech. u. lat. Name dieſer Gattung.

Amaryllideen. — Smilacineen.

† Narcíssus[1]). L. Narzisse.

P. tellerf., Saum regelm., 6=th., Schlund der P.=Röhre mit einem glockenf. Krönchen versehen; Stbgf. der Röhre eingefügt.

† N. poëticus. L. Echte N. — Schaft 2=schneidig; Bl. lineal=lancettl.; Blth. wohlriechend; Saum des P. weiß, Krönchen gelb, am Rande roth, viel kürzer als die P.=Zpfl. ♃ — Zierpfl. aus Süddeutschl. 4—5. — Häufig in Gärten.

† N. Pseudo-Narcissus. L. Gelbe N. — Schaft u. Bl. wie vor.; Saum des P. gelb, Krönchen goldgelb, so lang als die P.=Zpfl. ♃ — Bergwiesen; im Geb. nicht einheimisch. 3—4. — Als Zierpfl. häufig in Gärten; zuweilen verwildert (2 N. Schwarzer Pfuhl).

401. Leucójum[2]). **Knotenblume.**

P. glockig, 6=th., Zpfl. eif., alle gleich, an der Spitze verdickt.

965. L. vernum. L. Frühlings=K. — Schaft 1=, selten 2=blth.; Bl. lineal=schwertf; P.=Zpfl. weiß mit grünem ob. gelbem Fleck an der Spitze. ♃ — Feuchte Laubwälder, Erlenbr. ·3—4. — Im Fl. u. Dl. zerstreut, meist sehr gesellig. 2 N. Ergl. F.; Bischofswald (reichl.); Emdener F. (Krähenfußwf., spärl.) 2 B. Cörbeliher Elsen. 3 L. Loburger Bürgerholz (reichl.) 4 E. Hakel (spärl.). 4 Z. Zütrichauer Busch (reichl.); Buchholz. — In Parkanlagen zuweilen angepflanzt u. verwildert.

† Galánthus[3]). L. Schneeglöckchen.

P. glockig, 6=th., Zpfl. längl., die 3 inneren kürzer, ausgerandet.

† G. nivális. L. Gemeines S. — Schaft 1=blüthig; Bl. lineal=schwertf.; P.=Zpfl. schneeweiß, innere mit gelbgrünem Fleck. ♃ — Wiesen, Haine. ·3· — Im Geb. nicht einheimisch, aber häufige Zierpfl. in Gärten.

88. Familie. **Smilacineen (Asparageen),** Smilacineae. R. Br. (Asparagorum genera. Juss.)

Ausdauernde Kräuter (ob. Sträucher) mit kriechendem W.; Blth. zwitterig ob. eingeschlecht.; P. unterst., blumenkronartig, 6=sp. ob. 6=blätt., ob. 4—8=th.; Stbgf. so viel als P=Zpfl., dem Blthboden ob. P. eingefügt; Frkn. oberst., meist 3=fächerig, Fächer 1—mehreiig; Gf. 1—3; Fr. eine Beere.

402. Aspáragus[4]). L. Spargel.

Blth. meist 2=häusig; P. glockig, 6=th.; Stbgf. 6; Gf. 1; N. 3, zurückgebogen; Fr.=Fächer 2=samig. — Wurzelstock fleischig; St. sehr ästig; Blth. gestielt, einzeln ob. zu 2—3, zerstreut am Grunde der Aestchen; Bl. büschelig, borstenf.

966. A. officinális. L. Gebräuchl. S. — St. krautig, stielrund; Blthstiele in der Mitte gegliedert; Blth. grünl.=gelb; P.=Röhre halb so lang als der Saum; Beere roth, glänzend. ♃ — Wiesen, Triften, Wälder. ·6—7. — In Gärten überall angebaut; auf Wiesen, Triften, in Wäldern, Weidenw, an Ufern vielfach verwildert.

403. Páris. L. **Einbeere.**

Blth. zwitterig; P. bleibend, wagerecht=abstehend, 8=th., die 4 inneren Zpfl. schmäler; Stbgf. 8.; Gf. 4; N. einfach; Beere 4=fächerig; Fächer 4—8=samig. — St. einfach; Blth. einzeln, endst.

---

1) νάρκισσος, narcissus, griech. u. lat. Name dieser Gattung. — 2) Von λευκός, weiß, u. ἴον, Veilchen; λευκόϊον ist der griech. Name für diese u. andere Gattungen, wie auch für Matthiola (Levkoje). — 3) Von γάλα, Milch u. ἄνθος, Blüthe; wegen der Farbe der Blth. — 4) ἀσπάραγος, asparagus, griech. u. latein. Name für Spargel (Asp. offic.).

967. P. quadrifólia. L. Vierblättr. E. — Bl. verkehrt=eif. ob. elliptisch, zugespitzt, kurz=gestielt, zu 4, quirlig am oberen Theile des St.; äußere Zpfl. des P. grün, lancettl., innere grüngelb, lineal; Staubb. begrannt; Beere schwarz. ♃ — Schattige Haine, feuchte Wälder, Erlenbr. ˙5—˙6. — Im Sand=Fl., m. E., u. im Dl. nicht selten; im Kalk=Fl. u. Al. weniger häufig (hier z. B. 2 W. Wolmirst. F. 4 O. Meierweiden. 4 E. Hakel (spärl.). 4 B. Ronneier F.; *Rosenburger Bsch.; Göß. 4 Z. Kühnauer F. 5 S. Gänsefurter Bsch. (fast wie gef.). 5 B. Dröbelscher Bsch.; Pfaffenbsch. bei Freckl.; Sandersl. Bsch.; Erlenbr. bei Körmigk).

404. Convallária¹). L. **Maiblume.**

Blth. zwitterig; P. glockig ob. röhrig, 6=sp. ob. =zähnig; Stbgf. 6.; Gf. 1; N. 3=eckig; Beere 3=fächerig, Fächer 2= ob. 1=samig. — W. gegliedert, kriechend.

1. Rotte. **Polygonatum.** St. beblättert; Blth. blattwinkelst., gestielt, Stiel 1—mehrblüthig; P. röhrig, 6=zähnig, weiß, an der Spitze grün.

968. C. Polygónatum. L. (Polygonatum officinale. All.) Weißwurzlige M. (Salomonssiegel). — St. kantig; Bl. wechselst., längl.=eif., zugespitzt, stark zurückgeschlagen; Blthstiel 1=, selten 2=blüthig; P. röhrig=bauchig; Staubf. kahl, von der Länge des Staubb.; Beere schwarz. ♃ — Wälder, Gebüsch. ˙5—˙6. — Im Fl., Dl. u. Sand=Al. zerstreut; z. B. 2 N. Embener F.; Albensl. F.; Budegrin; Zernik. 2 W. Rogätzer u. Ramst. F. 3 S. Saures H. 4 E. Hakel. 4 B. Löbderitzer F.; Diebziger Bsch. (vielfach). 4 Z. Friedrichsholz, Kühnauer Park; Mosigkauer F. 5 B. Saalufer=Abh. mit Kirschbäumen zw. Alsl. u. Gnölbzig.

969. C. multiflóra. L. (Polygonatum multifl. All.) Vielblumiges M. — St. stielrund; Bl. wechselst., elliptisch bis lancettl., zugespitzt, schwach zurückgeschlagen; Blthstiel 2=5, selten 1=blüthig; P. röhrig=trichterf.; Staubf. behaart, sehr kurz; Beere schwarz. ♃ — Wälder, Gebüsch, Erlenbr. ˙5—˙6. — Im Fl. u. Dl. häufig, u. auch im Sand=Al. u. im Al. der Bode nicht selten; im übrigen Al. selten (4 B. Tochheimer F.; Rosenburger Bsch. 5 C. Sprohne bei Nienburg. 5 B. Dröbelscher Bsch.).

2. Rotte. **Coelocrinon.** St. schaftartig; Blthstand traubig; P. glockig, 6=sp., weiß.

970. C. majális. L. Wohlriechende M. — Wbl. meist 2, elliptisch bis lancettl., spitz, so hoch als der nebenstehende nackte Schaft; Traube einseitswendig; Blth. wohlriechend; Beere roth. ♃ — Wälder, Haine. ˙5—˙6. — Im Fl. u. Dl. häufig u. meist sehr gesellig; auch im Sand=Al. u. im Al. der Bode nicht selten; im übrigen Al. weniger häufig (hier z. B. 3 M. Kreuzhorst. 4 B. *Grüneberger F. (reichl); Ronneier u. Tochheimer F. 4 Z. Steckbyer F. 5 B. Plötzkauer Bsch.).

405. Majánthemum²). Wiggers. **Schattenblume.**

Blth. zwitterig; P. 4=th.; Zpfl. abstehend, flach ob. zurückgebogen; Stbgf. 4; Gf. 1; N. stumpf; Beere 2=fächerig, Fächer 1=samig. — Blth. in Trauben.

971. M. bifólium. Dec. Zweiblättr. S. — St. oberwärts 2=blättr.; Bl. wechselst., gestielt, herzf., zugespitzt; Traube gipfelst.; Blth. klein, weiß. ♃ — Schattige Wälder, Haine, Erlenbr. ˙5—˙6. —

---

1) Von convallis, Thal; soviel wie „Thalblume". — 2) Von majus, Mai, u. $\check{\alpha}\nu\vartheta\varepsilon\mu o\nu$, Blume; soviel wie „Maiblume".

Im Fl. u. Dl. häufig (in Erlenbr. oft wie gef.); im Al. selten u. nur im Sand-Al. u. im Al. der Bode (4 O. Meierweiden. **4 E.** Wehl. **4 B.** Diebziger Bsch. **4 Z.** Kl. Zerbster Bsch. **5 S.** Neundorfer Bsch. bei Güsten).

89. Familie. **Liliaceen**, Liliaceae. Juss.

Ausdauernde Kräuter (selten Bäume) mit zwiebeliger ob. büscheliger W.; Blth. zwitterig; P. unterst., blumenkronartig, 6-blättr. ob. 6-sp. ob. 6-zähnig; Stbgf. 6, dem P. ob. dem Blthboden eingefügt; Staubb. einwärtsgewendet; Frkn. oberst., 3-fächerig, vieleiig; Gf. 1; N. 3, ob. 1 u. 3-kantig; Fr. eine Kapsel.

1. Gruppe. **Tulipeen**. P. 6-bättr.; Kapselfächer vielsamig; S. flach, reihenweise übereinanderliegend; Stbgf. ganz am Grunde des P., oder dem Blthboden eingefügt. — Zwiebelgewächse.

406. Túlipa. L. **Tulpe**.

PBl. glockig-zsneigend, abfallend, ohne Honigbehälter; Gf. fehlend; N. sitzend, 3-lappig.

972. T. sylvestris. L. Wilde T. — St. 1-blüthig, 3-blättrig; Bl. lineal-lancettl.; Blth. gelb, wohlriechend, vor dem Aufblühen nickend; Staubf. am Grunde bärtig. ♃ — Grasgärten, Parkanlagen, Gebüsch. ˙5˙ — Im Geb. zerstreut; z. B. 3 M. Friedr. Wilh. Gt. 4 Z. Schloßpark u. Stadtanlagen. 5 S. Hedlinger Bsch. u. Grasgt. daneben. 5 B. Grasgärten Bernburg; Biendorfer Schloßpark; „finstere Gardine", Gehölz bei Könnern; Wilder Bsch.
† T. Gesneriana. L. Gesners T. — St. 1-blüthig, 3-blättr.; Bl. längl.-lancettl., am Rande wellig; Blth. verschiedenfarbig (roth, gelb, bunt 2c.), aufrecht; Staubf. kahl. ♃ — Zierpfl. aus Südeuropa. 4.—5. — Sehr häufig in Gärten.

407. Fritilláría[1]). L. **Schachblume**.

PBl. becherf. zsammengestellt, am Grunde mit einer Honiggrube; Gf. fast keulenf., an der Spitze 3-sp.; N. 3.

973. F. Meleágris. L. Gemeine S. (Kibitzei). — St. beblättert; Bl. lineal, rinnig, wechselst., theils schräg-, theils wagerecht-abstehend; Blth. 1, selten 2, nickend; P. fleischroth ob. gelblich, mit blutrothen Würfeln gescheckt, oder einfarbig-weiß. ♃ — Wiesen, Wälder. 4—5. — Im Geb. sehr selten; bisher nur: 5 B. im Dröbelschen Bsch. (hier meist einfarbig-weißblühend, ab. auch gelblich-roth-gescheckt).
† F. imperiális. L. Kaiserkrone. — St. in der Mitte blos beblättert; Bl. lancettl., herablaufend, unregelm.-quirlig; Blth. nickend, in quirliger Dolde, von einem Blätterschopfe überragt; P. ziegelroth mit bunkleren Adern. ♃ — Zierpfl. ˙4˙ — Häufig in Gärten.

408. Lilium[2]). L. **Lilie**.

PBl. trichter-glockenf. zsgestellt, ob. zurückgerollt, am Grunde mit einer honigführenden Längsfurche; Gf. ungetheilt; N. 3-seitig; S. flach. — Zwiebel schuppig; St. beblättert; Bl. zerstreut ob. quirlig.

† L. cándidum. L. Weiße L. — Bl. zerstreut; Blth. in Trauben, wohlriechend; P. weiß, trichter-glockenf., innen glatt. ♃ — Zierpfl. aus Südeuropa. 6—7. — Häufig in Gärten.
† L. bulbiferum. L. Knollentragende L. (Feuerlilie). — Bl. zerstreut; Blth. einzeln ob. wenige; P. feuerroth mit braunen Flecken, trichter-glockenf., innen warzig-rauh. ♃ — Auf Bergwiesen Süd- u. Mitteldeutschl. 6—7. — Häufige Zierpfl. in Gärten.

---

1) Von fritillus, Würfelbecher; wegen der Becherform der Blth. — 2) Lat. Name dieser Gattung.

974. L. Mártagon. L. Türkenbund=L. — Bl. quirlig u. unter=
mischt einzeln, zerstreut, elliptisch=lancettl., zugespitzt; Blth. hängend, in
Trauben; P. hell=braunroth, braun=gefleckt, zurückgerollt. ♃
— Wälder, Gebüsch. 6'—7'. — Im Fl. zieml. häufig, im Dl. selten; z. B. 1 C. Rehm
u. Lohben. 2 N. Klepperberg; Bartensl. F.; Ergl. F.; Bodendorfer F.; Pudegrin; Zer=
nitz; Papenberg; Wellenberge (reichl.). 3 S. Marienborner F.; Lenchen; Hohes H. (reichl.);
Saures H.; Amtsgarten Schermke. 3 L. Lob. Bürgerholz. 4 E. Hakel (reichl.); Vogel=
remise bei Heteborn. 4 Z. *Friedrichsholz. 5 B. Sandersl. u. Freckl. Busch (reichl.);
Pfaffenbusch bei Freckleben. — In Gärten u. Anlagen häufig angepflanzt u. zuweilen ver=
wildert (1 C. Luftgarten Böbbenfell, reichl.).

2. Gruppe. Asphodeleen. P. 6=blättr.; Kapselfächer wenig=
samig; S. mannigfach gestaltet, oft mit einer schwarzen Samenhaut.

409. Anthéricum. L. Zaunblume (Zaunlilie).

PBl. abstehend; Stbgf. dem Blthboden eingefügt; Staubf. pfrieml.;
Staubb. aufliegend; Gf. fadenf., ungetheilt; S. schwarz, rundl.=kantig. —
W. dickfaserig=büschelig; St. schaftartig; Bl. lineal, rinnig; Blth.
weiß, Blthstielchen gegliedert, von Deckbl. gestützt.

975. A. Liliágo. L. Astlose Z. — Schaft einfach (selten mit
1—3 Zweigen), oben mit 1—2 pfrieml. Blättchen; Blth. mittelgroß,
in Trauben; Gf. abwärts geneigt. ♃ — Sandige Höhen, Haiden, fel=
sige Orte. 5'—7'. — Im Dl. zieml. häufig, im Fl. seltener; im Al. sehr selten u.
nur im Sand=Al. Z. z. B. 1 B. Schärensche F.; Sandberge bei Sandjurth. 2 N. Albensl.
F. u. südl. Porphyrhügel; Veltheimsche F. 2 W. Rogäter u. Ramst. F. 2 B. Sandhügel
bei Pareh, Jsleburg, Parchau, am Bürgerholz; Pennigsb. F. 3 M. Weinberg des Königs=
born. 4 S. Wahlitzer F.; F. Vogelgesang; Sandhöhen zw. Kreuzhorst u. Randau; Sandb.
bei Plötzh. 4 B. Sandb. zw. Prezien u. Dornburg; Dannigkower Bergmühle; Toch=
heimer F.; Dietziger Bsch. 4 Z. *Friederikenberg; Sandhügel westl. v. Eichholz; hohes,
sandiges Elbuf. bei Steckby; Sandhöhen bei Alken; Sandabh. der Kiefern bei Riezmed.
5 B. Westerberge an der Wipper; Höhe des Wilden Bsch.; felsiges Saalufer bei Rothen=
burg (wie gef.); Felswände der Schluchten zw. Rothenburg u. Könnern.

976. A. ramósum. L. Aestige Z. — Schaft ästig, die Zweige
mit pfrieml. Blättchen gestützt, sonst der Schaft blattlos; Blth. kaum
mittelgroß (kleiner als die vor.), gestielt, eine lockere Rispe bildend; Gf.
gerade. ♃ — Haiden, trockne Wälder, Hügel. 6'—8'. — Im Fl. u. Dl. zer=
streut; z. B. 1 C. Haidestelle an der Calvörder F. 1 B. Burgstaller F. 2 N. Embener
u. Albensl. F. 2 B. Detershagener F.; Grabower F. 3 S. Hohes H. (Beckersburg u.
Boklerberg). 3 Mö. Papstdorfer F. (reichl.). 3 L. Tuchheimer F.; F. Magdb. Forth.
(reichl.); Schweinitzer F. 4 E. Hakel. 4 S. Frohser B.; Streithaide bei der Neuen Mühle;
Wahlitzer F. 4 Z. *Friedrichsholz.

410. Ornithógalum [1]). L. Milchstern (Vogelmilch).

PBl. abstehend, bleibend; Stbgf. dem Blthboden ob. am Grunde
des P. eingefügt; Staubb. aufliegend; Gf. dreiseitig, ungetheilt; S.
eif., fast kugelig ob. kantig. — Zwiebelgewächse mit schaftartigem St.;
Bl. (u. A.) lineal, mit weißem Mittelstreifen; Blth. (u. A.) weiß mit
grünem Kiele, mittelgroß, in deckblättrigen Trauben ob. Doldentrauben.

977. O. umbellátum. L. Doldentraubiger M. — Bl. schmal=
lineal, rinnig; Blth. doldentraubig, die unteren Stielchen zur Frucht=
zeit fast wagrecht abstehend; Deckbl. kürzer als die Blthstielchen; Staubf.
pfrieml., zahnlos. ♃ — Wiesen, Raine, Dämme, Grasgr., Anlagen, Fried=
höfe, Sandäcker; auch in Waldungen. *5—6. — Im Al. der Elbe häufig u. ge=
sellig, nam. auf den Elbwiesen oft wie gef.; — im Dl. u. Sand=Al. auf Rainen u. Sand=

---

[1]) ὀρνιθόγαλον, griech. Name für Ornithogalum nutans; von ὄρνις, Vogel, u.
γάλα, Milch; wohl wegen der Farbe der Blth.

Liliaceen.

äckern, bef. auf Brachäckern, nicht selten (z. B. 1 B. Magerer Sandacker bei Birkholz. 2 W. A. nördl. der Ramstädter F. 2 B. A. an der Detershagener F. 3 Mö. A. zw. Wahlitz u. Neblitz (reichl.). 3 L. A. nördl. v. Lob. Bürgerholz. 4 Z. A. zw. Güterglück u. Trebnitz (reichl.); Graben=Rain zw. Trebnitz u. Nutha; A. Zerbst=Neue Mühle; A. Bone=Natho; sand. Weg=Rain bei Thießen. 5 C. A. bei Diebzig nach Rajoch u. Sachsend. zu (reichl.); — im ganzen Geb. auf Friedhöfen u. in Anlagen ebenfalls nicht selten; dagegen in Waldungen selten (2 W. Ramstädter F. (Haferberg); Herrenholz. 4 B. Tochheimer F.; Löbberitzer F. 4 Z. Friedrichsholz).

978. O. nutans. L. **Nickender M.** — Bl. breit=lineal, schwachrinnig; Blth. nickend, in einseitswendigen Trauben; Deckbl. länger als die Blthstielchen; Staubf. 3=zähnig. ♃ — Aus dem Orient; in Parkanlagen eingebürgert; auch an Hecken. 4·—5. — Im Geb. nicht häufig. 2 N. Park Erxleben. 2 B. Hecken der Feldgärten bei Burg. 3 S. Park Reindorf. 3 M. Herrnkrug. 4 Z. Schloßpark. 5 S. Staßfurter Park. 5 B. Schloßgarten Nienburg.

411. Gágea. Salisb. **Gagee.**

PBl. oberwärts abstehend, bleibend; Staubb. aufrecht; Gf. ungetheilt; N. 3=seitig; S. rundl., ein wenig platt=gedrückt. — Zwiebelgewächse mit schaftartigem St.; Blth. gelb mit grünem Rückenstreifen, fast mittelgroß, in deckblättr. Dolden, selten einzeln.

1. Rotte. W. aus 3 nackten, meist wagerechten Zwiebeln zsgesetzt.

979. G. stenopetala. Rb. (G. pratensis. Schult.) **Schmalblättr. G.** — WBl. einzeln (sehr selten 2), lineal, oben u. unten verschmälert, flach, gekielt; Dolde meist 3=blüthig (1—4), am Grunde 2 blattartige, gegenst. Deckbl.; Blthstielchen kahl. ♃ — Aecker, Grasgr., Raine, Triften, Hügel; auch Wälder, Haine, Gebüsch. 3·—5. — Im Dl. häufig, bes. auf lehmigen Sandäckern (hier oft wie gef.), u. auch im Fl. nicht selten.

2. Rotte. W. aus 2 aufrechten, nebeneinander stehenden, von einer gemeinschaftl. Haut eingeschlossenen Zwiebeln gebildet, zwischen denen der Schaft emporsteigt.

980. G. arvensis. Schult. **Feld=G.** — WBl. zu 2, lineal, fast fadenf., rinnig, meist zurückgekrümmt; Dolde meist viel=blüthig (2—9), Deckbl. mehrere, die 2 untersten gegenst. od. fast gegenst.; Blthstielchen zottig. ♃ — Aecker (bes. Sandlehm); auch Wälder, Haine, Grasgr., Triften. 3·—4· — Um Zerbst in einem weiten Umkreise häufig u. oft mit der vor.; im übrigen Geb. viel seltener; in manchen Gegenden noch gar nicht beobachtet. Z. B. 1 C. A. an Isern Hagen (spärl.). 2 N. Rathsflüssche B. 'u. Sothmerberg; A. Albensl.; A. Neubaldensl.; A. Hermsb. 2 B. A. Burg. 3 W. Wanzl. Amtsgarten. 3 M. Felsenb.; Triftweg zw. Hohenwarsl. B. 'u. Olvenst.; Zuckerbusch; Graben der Berliner Ch. 3 Mö. A. Stegelitz=Trippehne; A. Möckern=Zöpernick (reichl.). 3 L. A. Zövernit=Loburg; A. Loburg=Bürgerholz. 4 S. A. der Westerhüsener B.; Gartenheder der Colon. Königstraße; *A. Pömmelte. 4 Z. A. im weiten Umkreise von Zerbst bis Lindau, Walternienburg, Badez, Steutz, Brambach, Roslau; A. zw. Micheln, Trebbichau u. Aken. 5 C. A. Sachsendorf=Diebzig. 5 B. Anlagen hinter Gröna.

981. G. saxátilis. Koch. **Felsen=G.** — WBl. zu 2, fein=fädl., rinnig, meist zurückgekrümmt; Blth. in der Regel einzeln; Deckbl. meist 2, wechselst.; Blthstielchen zottig. ♃ — Trockene Anhöhen u. Triften. 3—4. — Die kleinste u. früheste aller unserer Arten; variirt in der Breite u. Form der Perigonblätter: β. G. bohemica. Schult. (als Art). PBl. längl., vorn breiter, abgerundet=stumpf. Die Pfl. ist niedriger, robuster, die Blth. sind größer; sie tritt in unserem Geb. mehrfach vereinzelt zw. der Stammform auf u. zeigt alle Uebergänge; zuweilen (z. B. 3 M. Krakauer Anger) erscheint sie selbst vorherrschend. — G. sax. zeigt sich im Fl. ziemml. häufig, im Dl. u. Al. sehr selten. Z. B. 2 N. Porphyrhügel der Kuhlager Windmühle; A. Teich; der Veltheimsburg gegenüber; Rüsterberg, Gieseberg u. hohes Beberufer bei Alvensl.; linkes hohes Beberufer zw. Dönnstedt u. Hundisburg; Felsenuf. bei Hundisburg; hohes Olveufer (reichl.). 3 S. Alte Steinbr. (Domkuhlen) am Sauren H. 3 W. Alte Steinbr. Süllb.=Dodend. 3 M. Schnarsl. B.; Diesb.

B.; Schwalbenufer bei Buckau; Krakauer Anger; Fuchsb. weftl. v. Königsborn. 4 S. Wefterhüfener B.; Frohfer B.; Refelenberg; Hummelberg. 4 B. „Hohe Grube" bei Gr. Rofenburg. 5 C. Kirchenberg bei Kl. Mühlingen. 5 B. Höhen am Schießftande bei Bernburg.

982. G. spathácea. Schult. Scheibige G. — WBl. zu 2 (felten zu 3 ob. 1), fädl., halb=ftielrund, aufrecht; Dolbe 2—3=blth. (felten 1=blth.), geftielt, oberhalb des Stiels 2—4 lineale, gegenft. Deckbl., am Grunde des Stiels ein einzelnes, scheibiges, lancettl., blatt= artiges Deckbl.; Blth.=Knospe nickend; Blthftielchen kahl, ein= fach; PBl. längl.=lancettl., stumpf. ⚇ — Feuchte Wälder, Haine. 4—5. — Im Sand=Fl. u. im nördl. Dl. zerftreut; z. B. 1 C. Isern Hagen. 1 B. Burg= ftaller F. (Mahlpfuhler Begang unweit des Eschengeheges; Schernebecker Begang im Erlenbr. am Pöttbölt=Damm, vielfach). 2 N. Flechtinger F. (Holzmühlenthal); Pudegrin; Zernitz; Bodendorfer F. (Mühlenstreifen).

983. G. mínima. Schult. Kleine G. — WBl. einzeln (felten zu 2), schmal=lineal, flach; Dolbe 2—6=blth. (felten 1=blth.), geftielt, oberhalb des Stiels ein einzelnes, scheibiges, blattartiges Deckbl.; Blth= ftielchen kahl, meift äftig, felten einfach; PBl. lineal=lancettl., zu= gespitzt ⚇ — Wälder, Haine, Geftrüch. '4' — Im Geb. nicht häufig. 2 N. Ercl. Parl; Erlbr. nördl. der Altmarkdensl. Ziegelei; Geftrüch unweit der Ch. Neuhalbensl.= Bülftringen, am Bullengr.; Wellenberge. 3 M. Biederitzer Bsch. 4 B. Geftr. am Damm unweit der Gartenhecke von Ronnei. 5 S. Hecklinger Bsch.; Gänsefurter Bsch. 5 B. Freck= lebener Bsch.

3. Rotte. W. aus einer feften, aufrechten Zwiebel gebildet.

984. G. lútea. Schult. Gelbe G. — WBl. einzeln, breit=linea= lisch, flach, gekielt, oben in eine kaputzenf. Spitze zsgezogen; Dolbe mehr= blüthig (2—8), nicht geftielt, am Grunde 2 blattartige, gegenft. Deckbl.; Blthftielchen kahl, einfach. ⚇ — Wälder, Haine, Gebüsch. 3'—4' — Im Al. fehr häufig u. gefellig; im Dl. u. im Fl. weniger häufig.

412. Scilla[1]). L. **Meerzwiebel.**

PBl. abstehend ob. faft glockig, meist abfallend; Stbgf. der Basis der PBl. eingefügt; Staubb. aufliegend; Gf. ungetheilt; N. stumpf; S. rundl. — Zwiebelgewächse mit schaftartigem St.; Blth. (u. A.) blau, felten roth ob. weiß, in Trauben.

985. S. bifólia. L. Zweiblättr. M. — Zwiebel 2=blättr.; Bl. breit=lineal, rinnig; Schaft stielrund; Traube meist 3—6=blth.; Blth= ftielchen aufrecht=abstehend, untere länger als die oberen, u. alle länger als die Blth.; Deckbl. fehlend. ⚇ — Laubwälder. 3'—4' — Im Geb. sehr felten; bisher nur 4 Z. Kühnauer F., Brambach schräg gegenüber in öftl. Richtung, an zwei Stellen reichl. — Erreicht im Geb. die Nordgrenze.

† S. amoéna. L. Schöne M. — Zwiebel vielblättr.; Bl. breit=lineal, rin= nig; Schaft kantig; Traube 2—6=blth.; Blthftielchenlaufrecht=abstehend, kürzer als die Blth.; Deckbl. kurz. ⚇ — Zierpfl. aus Südeuropa. 4—5. — Vielfach in Gärten.

† S. sibírica. Andrews. Sibirische M. — Schaft zsgedrückt; Traube 1 bis 3=blth.; Blth. nickend; fonft wie vor. ⚇ — Zierpfl. aus Rußland. 3—4. — Häufig in Gärten.

413. Allium[2]). L. **Lauch.**

PBl. glockig ob. abstehend, meist bleibend; Stbgf. am Grunde des P. u. mit ihm mehr ob. weniger verwachsen; Staubb. aufliegend; Gf.

---

[1] σκίλλα u. scilla, griech. u. lat. Name für die gem. Meerzwiebel (scilla maritima).
[2] Lat. Name für Knoblauch.

Liliaceen. 257

ungetheilt; N. stumpf; S. zsgedrückt-kantig. — Wurzelstock zwiebelig ob.
ein zwiebeltragendes Rhizom; St. schaftartig ob. beblättert; Blth. in
Dolden; Dolde rund, vor dem Aufblühen von einer Blthscheide
umschlossen. — Brutzwiebeln erscheinen bei mehreren Arten sowohl an
der Hauptzwiebel, wie im Blüthenstande.

1. Rotte. W. zwiebelig; St. schaftartig; Staubf. einfach.

936. **A. ursínum.** L. Bären-L. — Zwiebel aufrecht, längl.;
Schaft 3-kantig; WBl. lang-gestielt, elliptisch-lancettl.; Blthscheide
2—3-sp.; Blth. weiß; Dolde kapseltragend (ohne Brutzwiebeln). ♃ —
Schattige Wälder, feuchtes Gebüsch. 5—6. — Nur im Fl. u. auch hier nicht
häufig, aber gesellig. 1 C. Rehm. 2 N. Klepperberg. 3 S. Park Sommerschenburg. 3 S.
Schermke, Amtsgarten. 4 E. Hakel (Domburgshau).

2. Rotte. W. ein zwiebeltragendes Rhizom; St. schaftartig,
an der Seite der WBl. u. am Grunde mit diesen von einer gemeinschaftl. Scheide umgeben; Staubf. einfach.

987. **A. fallax.** Schult. Trüglicher L. — Zwiebel an ein zieml.
langes, horizontales Rhizom angewachsen; Schaft oberwärts scharf-kantig,
fast zweischneidig; WBl. lineal, von der Breite des Schaftes, flach,
kiellos; Blthscheide 2—3-sp.; Blth. rosenroth ob. lila; Stbgf.
länger als das P., sehr deutlich hervorragend; Dolde kapseltragend. ♃
— Trockene Waldabhänge, sonnige Hügel. 7—9. — Im Geb. selten: 2 N. Embener F.; Alvensl. F. 4 E. Alter Steinbr. nördl. v. Friedrichsaue. 4 S. Frohser B.

988. **A. acutángulum.** Schrad. Spitzkantiger L. — Zwiebel
an ein kurzes Rhizom angewachsen; Schaft oberwärts rhombisch-4-kantig;
WBl. lineal, von der Breite des Schaftes, flach, unterseits scharf-
gekielt; Blthscheide 2—3-sp.; Blth. lila; Stbgf. so lang als das
P., nicht ob. wenig hervorragend; Dolde kapseltragend. ♃ — Nasse
Wiesen, Grasgr., Austiche. 6—9. — Im Al. der Elbe sehr häufig u. auch in dem
der Bode u. Saale nicht selten; im Fl. u. Dl. zerstreut (hier z. B. 2 N. Bl. am Paben-
berg. 3 S. Allerwf. bei Wormsd. (reichl.). 2 W. Sarewf. bei Kl. u. Gr. Germersl.;
Wiesengrund bei Bahrend. 4 O. Wf. bei Kl. u. Gr. Alsleben. 4 E. Thgr. zw. Langenweddingen u. Egeln. 4 Z. Wf. an der Beke bei Buhlendorf).

3. Rotte. W. zwiebelig; St. beblättert; Bl. nicht röhrig; Staubf.
am Grunde beiderseits mit kurzem, stumpfen Zahne.

989. **A. satívum.** L. Knob.-L. — Zwiebel aus eif.-länglichen ob.
rundl.-eif., in eine Haut eingeschlossenen Zwiebelchen zsgesetzt; St. stielrund,
bis zur Mitte beblättert, vor der Blüthezeit in einen Ring zsgedreht; Bl.
breit-lineal, flach; Blthscheide sehr lang-geschnäbelt, abfällig; Blth.
röthlich-weiß; Dolde zwiebeltragend. ♃ — Zum Küchengebrauche
cult. 7—8. — In 2 Var. gebaut:
a. vulgare, Knoblauch; Zwiebelchen eif.-längl.
b. Ophioscórodon. Don. (als Art), Perlzwiebel, Rockenbolle (rocambole);
Zwiebelchen rundl.-eif.

4. Rotte. W. zwiebelig; St. bis zur Mitte beblättert; Staubf.
abwechselnd 3-fach-haarspitzig; die mittlere Haarspitze den
Staubb. tragend.

990. **A. Porrum**[1]). L. Gemeiner L. (Porree). — Zwiebel einfach; St. stielrund; Bl. lineal-lancettl., spitz; Blth. hellroth; Stbgf.

---

1) Porrum, lat. Name einiger Laucharten, vom griechischen $\pi\rho\acute{\alpha}\sigma o\nu$, Lauch.

Schneider, Schulflora. II. Gefäßpfl. des Gebiets. 17

länger als das P., Dolde kapseltragend. ⚄ — Zum Küchengebrauch cult. 6—7. — Im Geb. häufig geb.

991. A. sphärocéphalum. L. **Rundköpfiger L.** — Zwiebel eirund; Bl. halbstielrund, röhrig; Blth. purpurroth; Dolde kapseltragend, kugelig. ⚄ — Aecker. 6—7. — Im Geb. sehr selten. 5 S. A. bei Neundorf.

992. A. vineále. L. **Weinbergs-L.** — Zwiebel weißhäutig, eirund mit gestielten, weißen Nebenzwiebeln; St. rundl.; Bl. stielrund, hohl, oberseits schmal-rinnig; Blthscheide einfach, lang-zugespitzt, abfällig; Blth. violett, rosenroth ob. grünlich; Stbgf. länger als das P.; Dolde zwiebeltragend, Zwiebelchen violett. ⚄ — Aecker (bes. Sandäcker), Grasgr., Dämme, Wiesen, Anlagen, Gebüsch, Wälder, Wegränder, Ufer. 6—'8. — Im Tl. häufig, u. auch im Al. nicht selten; im Fl. weniger häufig.

993. A. Scorodóprasum. L. **Sand-L.** — Zwiebel graubraunhäutig, rundl., mit gestielten, braunschwarzen Nebenzwiebeln, St. rundl., schwach-zsgedrückt; Bl. breit-lineal, flach, am Rande rauh; Blthscheide zugespitzt, so lang als die Dolde; Blth. dunkel-violett; Stbgf. kürzer als das P.; Dolde zwiebeltragend, Zwiebelchen schwarz-purpurn. ⚄ — Wiesen, Grasgr., Dämme, Gebüsch, Wälder, Weidenw., Ufer. 6—7. — Im Al. sehr häufig, u. auch im Kalk-Fl., m. E., häufig; im Sand-Fl. u. im Tl. selten (2 N. Emdener P., Wellenb.; Gesträuch am Bullengr. bei Neuhaldensl. 4 B. Scharlebener Holz bei Dornburg. 4 Z. Ankuhner Kirchhof).

5. Rotte. W. zwiebelig; St. bis zur Mitte beblättert; Staubf. einfach; Blthscheide 2-klappig.

994. A. oleráceum. L. **Gemüse-L.** — Zwiebel eirund, ohne ob. mit 1—2 Nebenzwiebeln; St. stielrund; Bl. lineal, rinnig, gegen die Spitze zu flach, unterseits viel-rillig; Blthscheide 2-klappig, bleibend, die eine Klappe lang-geschnäbelt, viel länger als die Dolde; Blth. weißl.-grün ob. hell-röthl. mit einem purpurrothen Rückenstreifen; Stbgf. so lang als das P.; Dolde zwiebeltragend, Zwiebelchen grün ob. violett angelaufen. ⚄ — Trockene Hügel, Wege, Steinbr., Grasgr., Wiesen, Gesträuch, Wälder. 7—8. — Variirt mit sehr schmalen und etwas breiteren, linealen Bl. — Im Geb. nicht selten.

6. Rotte. W. zwiebelig; St. nur am Grunde beblättert; Bl. röhrig, stielrund ob. halbstielrund; Blthscheide kurz, 2-klappig.

995. A. Schoenóprasum[1]). L. **Schnitt-L.** — Zwiebel längl., dünn; St. rundl.; Bl. lineal, stielrund ob. etwas zsgedrückt, fast so lang als der St.; Blthscheide kürzer als die Dolde; Blth. blaßroth mit blauen Kielen, zuweilen weiß mit rothen Kielen; Stbgf. kürzer als das P., zahnlos; Dolde kapseltragend. ⚄ — Wiesen, Ausstiche, Weidenw., Ufer. 5—6 u. Herbst. — Im *Elb-Al. häufig u. sehr gesellig, bes. in Ausstichen u. Weidenw. — In Gärten zum Küchengebr. cult.

996. A. Ascalónicum. L. **Levantischer L.** (Schalotte). — — Zwiebel schief-eif.; St. stielrund; Bl. pfrieml., stielrund; Blth.-scheide kürzer als die Dolde; Blth. bläulich; Stbgf. etwas länger als das P.; Staubf. abwechselnd am Grunde beiderseits kurz-einzähnig; Dolde kapsel- ob. zwiebeltragend. Pfl. selten blühend. ⚄ — Zum Küchengebr. cult. 6—7. — In Gärten gebaut.

997. A. Cepa[2]). L. **Gem. Zwiebel (Bolle).** — Zwiebel groß, kugelig St. unterhalb der Mitte bauchig aufgeblasen; Bl. stielrund,

---

1) Von σχοῖνος, Binse, u. πράσον, Lauch; wegen der binsenähnl. Bl. 2) cepa ob. caepa, lat. Name dieser Art.

bauchig; Blthſcheibe kürzer als die Dolde; Blth. grünlich-weiß; Stbgf. länger als das P.; Staubf. abwechſelnd am Grunde beiderſeits kurz-einzähnig; Dolde kapſeltragend. ⚇ — Zum Küchengebrauch cult. 6—7. — In Gärten u. auf Gemüſeländereien überall gebaut.

998. A. fistulósum. L. Röhriger L. (Winterzwiebel, Schlot-tenlauch). — Zwiebel längl., mehrere nebeneinander; Staubf. zahn-los; ſonſt wie vor. ⚇ — Zum Küchengebr. cult. 7.—8. — Im Geb. zu-weilen geb.

3. Gruppe. **Hemerocallíneen.** P. 1-blättr., mehr od. weniger getheilt.

† Hemerocállis¹). L. Tagblume.

P. trichterf., Saum 6-th.; Stbgf. am Grunde des P. eingefügt, pfrieml., abwärts-geneigt. — W. büſchelig-knollig; St. ſchaftartig; Blth. groß.
† H. flava. L. Gelbe T. — Bl. lineal; P. hellgelb, 3pfl. nervig, ohne Queradern. ⚇ — Zierpfl. aus Süddeutſchland. 6. — In Gärten häufig.
† H. fulva. L. Rothgelbe T. — Bl. breit-lineal; P. rothgelb, 3pfl. nervig mit Queradern. ⚇ — Zierpfl. aus Süddeutſchland. 7—8. — In Gärten häufig.

† Funkia. Andrews. Funkie.

P. trichterf., am Grunde röhrig, Saum 6-th.; Stbgf. am Grunde des P. eingefügt; Staubb. am Rücken befeſtigt. — Wurzelroſette vielblättr., Bl. geſtielt, vielnervig; Blth. in deckblättr. Trauben.
† F. alba. Andr. (Hemerocallis plantaginea. Lam.) Weiße F. — Bl. groß, rundl.-eif., zugeſpitzt, am Grunde herzf.; Blth. nickend; P. groß, weiß, wohlriechend. ⚇ — Zierpfl. aus Japan. 8—9. — In Gärten.
† F. coerulea. Andr. Blaue F. — Bl. längl.-eif. od. eif.; P. blau-violett, geruchlos, viel kleiner als vor. ⚇ — Zierpfl. aus Japan. 8—9. — In Gärten.

414. Múscari. Tourn. **Biſamhyacinthe.**

P. kugelig-eif. od. walzl., an der Mündung krugf. zſgezogen, Saum kurz, 6-zähnig; Stbgf. dem P. eingefügt; Gf. fadenf.; N. 3-lappig. — Zwiebelgewächſe mit ſchaftartigem St. u. linealen Bl.; Blth. in Trauben, die oberſten meiſt unfruchtbar.

† M. moschatum. Desf. Muskathyacinthe. — Bl. liegend, gefurcht; Traube eif., gleichblüthig; Blth. grünl., unanſehnlich, ſehr wohlriechend. ⚇ — Zierpfl. aus Aſien. 5. — Wegen des Wohlgeruchs häuſig in Gärten cult.

999. M. comósum. Mill. Schopfblüthige B. — St. unten be-blättert, faſt ſchaftartig; Bl. breit-lineal, rinnig; Blth. kantig-walzl., die unteren oliven-grün, entfernt, wagerecht-abſtehend, kaum ſo lang als ihre gleichfarbigen (grünen) Stiele, mit weiter, offener Mündung; die oberen amethyſtblau, aufrecht, genähert, ſchopfartig, geſchlechtslos, rundl., nadelkopff., ſehr lang geſtielt, der gleichfarbige (blaue) Stiel 4—6mal länger als das P. ⚇ — Wieſen, Anhöhen. 5—6. — Im Geb. ſehr ſelten; bisher uur: 2 N. Wellenberge (Bockswellenb. unter Geſträuch).

1000. M. tennuiflórum. Tausch. Zartblüthige B. — St. wie vor.; Bl. ſchmal-lineal, rinnig; Blth. kantig-walzl., die unteren grün, ent-fernt, wagerecht-abſtehend, ſo lang od. etwas länger als die gleichfarbigen Stiele, mit kleiner, ſtark eingeſchnürter Mündung; die oberen amethyſtblau, aufrecht, genähert, ſchopfartig, lineal-walzl., ſo lang od. etwas länger als die haarf., gleichfarbigen Stiele. ⚇ — Wieſen, Ge-büſch. 5—6. — Im Geb. ſehr ſelten, bisher nur: 5 B. Saalwieſen nördl. von Gnölb-zig, Trebnitz gegenüber, beſ. unter der Baumpartie; „finſtere Gardine", bewaldete Schlucht; Rönnern u. Rothenburg. — Hat mit der vor. große Aehnlichkeit, iſt aber durch die lineal-längl. u. verhältnißmäßig kurz-geſtielten Blth. des Schopfes von jener ſofort zu unterſcheiden.

---

1) Von ἡμέρα, Tag, u. κάλλος, Schönheit.

† M. racemósum. Mill. Traubige B. — St. schaftartig; WBl. schmal=
lineal, rinnig, bogig=zurückgekrümmt; Blth. blau, Zähne an der Spitze weiß.
♃ — Aus Süd= u. Mitteldeutschl. 4—5. — Bei uns zuweilen als Zierpfl. in Gärten.
† M. botryoídes. Mill. Steifblättr. B. — St. schaftartig; WBl. lancettl.=
lineal, rinnig, nach unten verschmälert, aufrecht; Blth. dunkelblau, Zähne an
der Spitze weiß. ♃ — Aus Süd= u. Mitteldeutschl. 4—5. — Häufige Zierpfl. in Gärten
u. Anlagen; zuweilen verwildert.

† Hyacinthus. L. Hyacinthe.

P. röhrig=glockig, Saum abstehend, 6=sp.; Stbgf. dem P. eingefügt; Gf. kurz; N.
stumpf. — Zwiebelgew. mit schaftartigem St. u. linealen Bl.; Blth. in Trauben.
† H. orientalis. L. Gemeine H. — Bl. breit=lineal, rinnig; Blth. mittel=
groß, kurz=gestielt, wohlriechend; P. blau, roth, gelb od. weiß. ♃ — Zierpfl. aus Süd=
europa 4—5. — Ueberall in Gärten, und vielfach in Töpfen gezogen.

90. Familie. **Colchicaceen.** Colchicaceae. Dec.
Melanthiaceae. R. Br.

Kräuter mit knolliger (ob. faseriger) W.; Bl. mit scheidiger Basis;
Blth. zwitterig; P. unterst., blumenkronartig, 6=blättrig ob. 6=sp.;
Stbgf. 6, dem P. od. dem Blthboden eingefügt; Staubb. auswärtsgewendet;
Frkn. oberst., 3, mehr ob. weniger verwachsen; Gf. 3 mit einfachen N.;
Fr. 3 einwärts=aufspringende Balgkapseln, die entweder getrennt
od. zu einer 3=fächerigen Kapsel vereinigt sind, deren Fächer bei
der Reife auseinander treten; S. zahlreich.

415. Cólchicum. L. Zeitlose.

P. trichterf.=glockig, Röhre lang, Saum 6=th.; Stbgf. der
P.=Röhre eingefügt; Frkn. zu 1 zsgewachsen; Gf. 3; Fr. zu einer
3=fächerigen Kapsel vereinigt, deren Fächer sich bei der Reife trennen.
— W. eine zwiebelartige Knolle, aus der unmittelbar die Blth. emporsteigt.

1001. C. autumnále. L. Herbst=Z. — Knolle 1= ob. mehrblüthig;
Bl. lancettl., steif=aufrecht; Blth. ansehnl., fleischroth, vorlaufend
3pfl. des P. schmal=lancettl., wellig=nervig. — Die Blth. erscheinen im
Herbst, Bl. u. Fr. im nächsten Frühjahr. ♃ — Wiesen, Waldwiesen; auch
lichte Wälder u. Gebüsch. ·9—10 — Im Al. der Bode u. Saale u. auf den
Wipperwiesen häufig u. meist sehr gesellig; auch im Sand=Fl., m. E., nicht selten; im
übrigen Gebiete selten (2 W. Werstwf. der Rogätzer F. 3 M. Elbwf. (Wolfswerder) zw.
Buckau u. Fermersl. (reichl.) 4 E. Hakel.).

91. Familie. **Junceen (Simsen).** Juncae. Dec.

Kräuter mit beblätterten ob. blattlosen (schaftartigen) Halmen, linealen,
rundlichen ob. flachen, grasartigen Bl. u. faseriger ob. kriechender W.;
Blth. meist zwitterig, theils in lockeren oder mehr ob. weniger zsgezogenen
Spirren, theils in einem ob. in mehreren Köpfchen, welche spirrenartig
zsgestellt sind; Spirren (u. auch das einzelne Köpfchen) am Ende des Halms
von einer aufrechten, blattartigen Hülle gestützt, welche (meist ein=
blättrig) als Fortsetzung des Halms erscheint; Blth. sowie die Aestchen der
Spirren von kleinen, scheidenartigen, trockenen Deckblättchen (Stiefelchen)=
umgeben; P. unterst., kelchartig, trockenhäutig, 6=blättr., blei=
bend; Stbgf. 6, selten 3, meist auf dem Grunde des P. befestigt; Frkn
1; Gf. 1; N. 3, fädl., behaart; Fr. eine Kapsel, dreifächerig u. viel=
samig, oder einfächerig u. 3=samig; S. mit u. ohne Anhängsel.

Junceen.

416. Juncus[1]). L. **Simſe** (Binſe).

Stbgf. 6, ſelten 3; Kapſel 3=fächerig, 3=klappig, Klappen in der Mitte die Scheidewand tragend; S. ſehr klein, zahlreich. — W. meiſt vielſtengelig, kriechend, oder faſerig u. raſenbildend; Halme ſchaftartig od. be=blättert; Bl. ſcheidig, ſtielrund od. pfrieml.; Blth. in Spirren, od. in Köpfchen.

1. Rotte. Halmeblattlos (ſchaftartig), die unfruchtbaren pfrieml., alle am Grunde von blattloſen Scheiden eingeſchloſſen; WBl. feh=lend; Blth. in Spirren; Spirrenhülle einblättr.; S. ohne An=hängſel. — W. kriechend.

1002. J. conglomerátus. L. Geknäuelte S. — Halm feingerillt mit ununterbrochenem Marke; Scheiden hellbraun; Spirre doppelt=zſgeſetzt, meiſt ſehr dicht=blüthig=geknäuelt; PBl. lancettl., ſehr ſpitz, kaum länger als die Kapſel; Stbgf. 3; Gf. ſehr kurz; Kapſel braun, verkehrt=eif., ſtumpf=3=kantig, geſtutzt, die Baſis des Gf. auf einer erhöhten Nabelſpitze ſtehend. ♃ — Feuchte Wieſen, Triften, Waldwege, Gräben, Teichränder. 6—8. — Im Sand=Fl., m. E., u. im Dl. häufig; ſonſt ſelten.

1003. J. effúsus. L. Ergoſſene S. — Halm glatt; Spirre mehr od. weniger locker=blüthig; Kapſel verkehrt=eif., eingedrückt=geſtutzt, die Baſis des Gf. in der grubigen Vertiefung ſtehend; ſonſt wie vor. ♃ — Feuchte Wieſen, Triften, Waldwege, Weidengebüſch, Ausſtiche, Gräben, Teichränder, Bäche. 6—8. — Im Sand=Fl., m. E., u. im Dl. ſehr häufig, u. auch im übrigen Geb. meiſt nicht ſelten.

1004. J. glaucus. Ehrh. Blaugrüne S. — Halm graugrün, gerillt, mit unterbrochenem, fächerigen Marke; Scheiden ſchwarz=braun, glänzend; Spirre doppelt=zſgeſetzt, locker=blüthig; PBl. lancettl., ſehr ſpitz, länger als die Kapſel; Stbgf. 6; Gf. deutl.; Kapſel dunkelbraun, längl.=elliptiſch, ſtachelſpitzig. ♃ — Feld= u. Waldwege, Triften, Gräben, Kulke, Ausſtiche, Bäche, auch ſumpf. Wieſen, Ufer. 6—8. — Im Geb. häufig.

1004 u. 1003. J. glaucus × J. effúsus. (J. diffusus. Hoppe.) — Halm grün, ſchwach gerillt, mit unterbrochenem od. wenig unterbrochenem Marke; Scheiden ſchwarz=braun, glänzend; Spirren lockerblüthig; Stbgf. 6. ♃ — Zwiſchen den Eltern. 6—8. — Im Geb. ſelten. 2 N. Fuß des Haidekniggel bei Ergleben. 3 L. Binſenniederung öſtl. von Bomsdorf am Triftwege.

1005. J. filifórmis. L. Fadenf. S. — Halm hell= od. ſaftgrün, glatt, dünn=fadenf.; Spirre ſeitenſt., dicht= u. wenigblüthig (4—7 Blth.), bei großen Exempl. 10—12); PBl. lancettl., ſpitz, ſo lang als die Kapſel; Stbgf. 6; Gf. kurz; Kapſel hellbraun, rundl., ſehr ſtumpf, kurz=ſtachelſpitzig. ♃ — Feuchte Wieſen, Bäche, Ufer. 6—7. — Im Dl. des Zerbſter Bezirks häufig u. geſellig u. auch im übr. Dl. nicht ſelten; ebenſo im Al. der Elbe; im übrigen Geb. noch nicht beobachtet. Z. B. 1 B. Tangerwſ. zw. Mahlwinkel u. Ucht=dorf. 2 B. Ihlewſ. am Haſſelberg der Grabower F.; u. rechtes Ufer der Ihle ſübl. v. Jürgens Mühle. 3 M. Loſtau an der alten Elbe (reichl.). 3 MÖ. Ehlewſ. bei Vehlitz nach Tannigkow zu. 4 S. Ehlewſ. weſtl. von Gommern. 4 B. Ehlewſ. zw. Gommern u. Tannigkow; Sumpfwſ. bei Dornburg am Damm u. nach Gommern zu. 4 Z. Wſ. an der großen Ruthe bei der Wieſenmühle, Amtsmühle, Kötzſchauer= u. Blumenmühle, Strinum, Bernitz, u. weiter hinauf bis Deetz u. Nedlitz; Wſ. an der kleinen Nuthe zw. Zerbſt u. Bohner Mühle, Pulsporder Mühle, bis Kraſau u. Ragöhn; Wſ. an der Mittel=Nuthe bei Straguth, Dobritz, Polenzko, Grimme; Wſ. an der Roslau zw. Roslau u. Meinsdorf. Mühlſtädt, Buchholzmühle, Kupferhammer, Thießen, Hundeluft, Weiden, Grochwitz; Moor=wieſen zw. Zerbſt u. Trebnitz, Wſ. am Butterdamm, bei Jütrichau, zw. Bias u. Packend., bei Wertlau; linkes Elbuf. der Rietzmecker Ziegelei gegenüber; Oberbruch am Küh=nauer See.

---

[1]) Lat. Name verſchiedener Simſen= u. Binſen=Arten; von jungere, zuſammenbinden; wegen des Gebrauchs der Halme zum Binden.

2. **Rotte. Halme beblättert ob. schaftartig, letztere am Grunde von Wurzelblättern umgeben; Blth. in Köpfchen, Köpfchen einzeln ob. zu 2 übereinander, ob. mehrere in einer Spirre; Hülle einblättrig; S. ohne Anhängsel. — W. faserig ob. kriechend.**

A. Stbgf. 3; W. faserig; Halme schaftartig; WBl. borstenf.
1006. J. capitátus. Weigel. Kopfige S. — W. 1—mehrere Halme treibend; Halme dünn=fadenf., gerade=aufrecht, 3—10 cm. h.; Köpfchen einzeln ob. 2 übereinander, ob. noch ein drittes auf einem Nebenzweige (bei üppigen Exempl. selbst bis 5 Köpfchen); PBl. eilancettl., lang=haarspitzig, viel länger als die eif., stumpfe Kapsel. ☉ — Feuchte, sandige, bes. sandmoorige Triften, Aecker, Ausstiche, Gräben. 6'—8.
— Im Dl. in nassen Jahren häufig u. gesellig; im übrigen Geb. nur noch (aber selten) im Sand=Fl. (2 N. Eselsberg bei Altenhausen); in trockenen Jahren auch im Dl. selten.

1007. J. supínus. Mönch. Flache S. — W. oben zwiebelig verdickt, mehrere Halme treibend; Halme theils gerade= theils schräg=aufrecht, im schlammigen Boden ob. im Wasser niederliegend u. an den Gelenken wurzelnd, 3—10 cm. h., im Wasser bis 20 cm. lang u. darüber; Köpfchen in einer verlängerten, sehr lockeren Spirre; PBl. lancettl., kürzer als die längl. stumpfe Kapsel. — Köpfchen oft mit einem schopfigen Blätterbüschel. ♃ — Feuchte, moorige Aecker, Triften, Wiesen, Erlenbr., Waldränder, Sümpfe, Torfgräben. 7—9. Variirt nach dem Standort mit nicht liegenden ob. mit liegenden u. wurzelnden Halmen:

β. uliginosus. Roth. (als Art), untere Halme niederliegend, wurzelnd. Auf schlammigem Boden.

γ. fluitans. Lam. (als Art), Halme verlängert, fluthend, wurzelnd. In fließenden Wassergr. der Torfmoore.

Im Dl. ziemlich häufig; auch im Sand=Fl. u. im Sand=Al. Z. B. 1 C. A. Losewitz=Norförde. 1 B. Schernebecker Fenn; Burgstaller F.; A. am Briest=Birkholzer Fenn (wie ges.); A. Birtholz=Mahlwinkel im „sauren Grunde". 2 N. Erxleber F.; Altenhäuser F. 2 B. Grabower F. u. A. daneben; Moorwf. bei Crüssau. 3 L. Moorwf. u. Gräben Theeßen=Rüsel; Erlenbr. bei Reesdorf; F. Magdeb. Forth. 4 S. M. bei der Neuen Mühle nach der Klus zu. 4 Z. Triftniederung zw. Lindau u. Neuen Mühle; moor. Wiesen=Damm bei Strinum; Butterdamm; Teich u. Birken bei Badetz; Moorwf. bei der Buchholzmühle u. am Kupferhammer; moor. Weggr. Mühlstädt=Meinsdorf; Kulk am Damm beim Kornhause (Wallwitzhafen).

B. Stbgf. 6; W. kriechend; Halm 2—4blättrig; Bl. fächerig=röhrig.

1008. J. lamprocárpus. Ehrh. (J. articulatus. L.) Glanzfrüchtige S. — Halm aufsteigend ob. liegend, nebst den Scheiden u. Bl. stielrund=zsgedrückt; Köpfchen=Spirre doppelt=zsgesetzt, Aeste ausgesperrt; PBl. gleichlang, die äußeren lancettf., spitz, die inneren stumpf, alle kürzer als die Kapsel; Kapsel ei=lancettl., dreikantig, stachelspitzig, glänzend=braun bis schwarz. — Köpfchen öfters lebendig=gebärend. ♃ — Nasse Wiesen, Gräben, Ausstiche, Kulke, Lachen, Bäche, Ufer. 7—8. Variirt in der Größe (10—40 cm.) u. im Habitus, u. erscheint wie die vorige Art, je nach dem Standort, mit wurzelnden u. im fließenden Wasser mit fluthenden Halmen. Im Geb. gemein.

1009. J. alpínus. Vill. Alpen=S. — Halm gerade=aufrecht (20—40 cm. h.); Köpfchen=Spirre meist einfach=zsgesetzt, schlank, Aeste aufrecht=abstehend; PBl. gleich lang, alle stumpf, kürzer als die schwarzbraune Kapsel; sonst wie vor. ♃ — Nasse, moor. Wiesen, sandige Triften u. Gräben, Kiesgruben, Ausstiche, nasse Waldwege u. Waldwiesen. 7—8. — Im Fl. u. Dl. ziemlich häufig; z. B. 1 B. Kiesgrube bei Burgstall; sand. Trift Mahlwinkel; moor. Ws. Zibberick. 2 N. Forsten des Albensl. Höhenzuges; feuchter Graben am Feldwege zw. Hörsingen u. Erxl. F.; Trifthöhe bei Altenhausen; am Bach in der Schlucht nördl. v. Dönnstedt. 2 W. Ws. an der Rogätzer F. (Unterhagen); nasser Eisenbahngr. bei Angern (Rübeland). 2 B. Grabower F.; Ihlewf. bei der Polzuner

Mühle; Sandniederung bei Hohenseden; Rothe See. **3 S.** Hohes H. **3 M.** Wf. des Woltersd. Bruch bei der Klappermühle. **4 E.** Hakel (nasser Waldweg im vorderen Schmerlenteichhau). **4 Z.** Eisenbahn-Ausstich bei Jütrichau.

1010. J. atrátus. Krocker. Schwärzliche S. — Halm geradeaufrecht, 60—100 cm. h., nebst den Scheiden u. Bl. stielrund=zsgedrückt; Köpfchen=Spirre doppelt= u. mehrfach=zsgesetzt, Aestchen zahlreich, mehr od. weniger abstehend bis aufrecht; PBl. schwarzbraun, zugespitzt=begrannt, die inneren länger und fast so lang als die Kapsel; Kapsel schwarzbraun, eif., zugespitzt, geschnäbelt. ♃ — Sumpfige Wiesen, Quellen, Bäche, Ausstiche. 6—8. — Im Geb. selten, aber gesellig. **3 S.** Quelle am Berge bei der Försterei unweit Neindorf. **3 M.** Wiesen-Vertiefungen an der Berliner Ch. u. Weidenkull am Biederitzer Bsch.; feuchte Wf. neben dem Klusdamm bei Pechau (reichl.). **4 S.** zw. Plötzky u. Pilm. **4 B.** Feuchte Stellen u. Wf. zw. Pretzien u. Dornburg. — Unterscheidet sich von der vor. durch Größe des St. u. der Spirre, durch die zugespitzt=begrannten PBl. u. durch die geschnäbelte Kapsel.

1011. J. sylváticus. Reichard. Wald=S. — PBl. hell= od. kastanienbraun, alle, auch die inneren kürzer als die Kapsel; Kapsel hellbraun, lang=geschnäbelt; sonst wie vor. ♃ — Sumpfige u. moorige Wiesen, Waldwiesen, Erlenbr., Gräben, Lachen. 7—8. — Im Sand=Fl. u. im Dl. nicht selten; im übrigen Geb. selten (3 S. Triangel=Wf. östl. v. Hohen H. **5 B.** oberer Theil des Zietbagrabens nach Poley zu). — Unterscheidet sich von der vor. hauptsächlich durch die helleren, nicht schwarzbraunen PBl. u. durch die hellbraunen u. länger geschnäbelten Kapseln.

1012. J. obtusiflórus. Ehrh. Stumpfblüthige S. — Halm 60—100 cm. h., nebst den Scheiden u. Bl. stielrund; Köpfchen=Spirre doppelt= u. mehrfach=zsgesetzt, spreizend, Aestchen zahlreich, nach allen Seiten sperrig; PBl. hell= oder kastanienbraun, stumpf, gleich, so lang als die Kapsel; Kapsel braun, eif.=zugespitzt, nicht geschnäbelt. ♃ — Sumpf= u. Moorwiesen, Gräben, Waldwiesen, Erlenbr. 7—8. — Im Sand=Fl. und Dl. zerstreut; z. B. **1 B.** Wassergr. der Moorwf. bei Angern. **2 N.** Ergl. F. (obere Krautwiese); Beltheimsche F. (Krumme Wj.); Moosbruch bei Neuhaldensl. **2 B.** Hungeriger Wolf; Binsenniederung an der Detershagener F.; Torfstich Gosel. **3 M.** Woltersdorfer Moorwf. bei der Klappermühle (nam. am Wiesengr. wie gef.). **4 Z.** Sumpfwj. zw. Friederikenberg und Badeß. — Unterscheidet sich von der vor. durch sperrigen u. selbst rückwärts gewendeten Aestchen der Spirre, durch die stumpfen PBl., u. durch die nicht zugespitzte, sondern nur zugespitzte Kapsel.

3. Rotte. Halme beblättert od. schaftartig, alle am Grunde v. WBl. umgeben; Blth. in Spirren (einzelne Blth. mehr od. weniger genähert, aber nie in Köpfchen); Spirrenhülle 1—3=blättr.; Stbgf. 6; S. ohne Anhängsel. — W. faserig od. kriechend.

1013. J. squarrósus. L. Sperrige S. — W. dick=faserig, od. wenigstengelig; Halm schaftartig; WBl. lineal=pfriemf., rinnig, starr, bogig=abstehend, zahlreich, bemerklich kürzer als der Halm; Spirre wenigästig, Aeste verlängert, aufrecht, Hülle einblättrig, kürzer als die Spirre; PBl. schwarz= od. blaßbraun mit weißem, häutigen Rande, spitz, so lang als die Kapsel; Kapsel muschelbraun, verkehrteif., stumpf, stachelspitzig. ♃ — Haiden, Erlenbr., Waldwiesen, moorige Wiesen und Triften. 6—8. — Im Sand=Fl. und Dl. ziemlich häufig, im übrigen Geb. noch nicht beobachtet. Z. B. **1 C.** Knöllwiese bei Flechtingen; Wf. an der Behnsd. F. **1 B.** Sepin; Schernebecker Fenn; Erlengrund nördl. v. Briest; Briester Fenn; Trift im Sauren Grunde zw. Birkholz u. Mahlwinkel; Kiefern nordöstl. v. Vorw. Ellerselle. **2 N.** Forsten des Albensl. Höhenz; Moosbruch. **2 B.** Haide zw. Parey u. Parchen; Bürgerholz; Chaussee-Kienen; Grabower F. **3 L.** Jerichower F. **4 B.** Torfwf. Pretzien=Dornburg; Sandtrift u. Erlenbr. Walternienburg=Poleimühle. **4 Z.** Anhöhen neben dem Birkengehölz bei Badeß; sand. Wiesengrund b. Friederifenb. u. Lindau; Butterdamm; Jütrichauer Bsch.; Rathsbruch; moor. Trift am Deezer Teich; Moorwf. nam. am Nuthegr. bei der Reblitzer F.; Moorwf. mit Haide bei Hundeluft; Moorwf. bei Roßlau am Kupferhammer u. bei der Buchholzmühle; Weggr. bei Mühlstädt; Roslauer F.

1014. **J. tenuis. Willd.** Dünne S. — W. faserig, vielstengelig, rasenbildend; **Halm schaftartig, etwas zsgedrückt; WBl. lineal=pfriemf. rinnig, aufrecht, fast so lang als der Halm; Spirre gedrungen, Hülle meist 2—3=blättrig, die Spirre weit überragend; PBl; grün mit weißem Rande, verschmälert, spitz, länger als die Kapsel. Kapsel mattgelb, eif., stumpf, fast kugelig.** ♃ — An Wegen, auf; Rainen. 7—10. — Im Geb. sehr selten, bisher nur: 4 Z. Butterdamm (an Wegen). — Ist der vor. nahe verwandt, hat aber im Habitus mit ihr wenig Aehnlichkeit, solche vielmehr mit der folgenden; unterscheidet sich von beiden sofort durch die langen Hüll= blätter der Spirre. u. von der folgenden noch bes. durch den blattlosen Halm.

1015. **J. compressus. Jacq.** Zusammengedrückte S. — W. **kriechend, vielstengelig; Halm zsgedrückt, beblättert (ein Bl. in der Mitte u. ein zweites ob. auch drittes an der Basis); Bl. und WBl. lineal= pfriemf., rinnig, aufrecht, fast so lang als der Halm; Spirre zieml. ge= drungen, Aeste aufrecht; Hülle meist ein=, selten 2=blättr., so lang, selten länger als die Spirre; PBl. hellbraun mit grünem Kiel, sehr stumpf, halb so lang als die Kapsel; Gf. halb so lang als der Frkn.; Kapsel meist hellbraun, fast kugelig, stachelspitzig.** ♃ — Feuchte Triften, Wiesen (bes. Wiesenfußwege), Gräben, Kulke, Teiche, Bäche, Ufer. 6—8. — Im Al. und Dl. sehr häufig u. gesellig, u. auch im Fl. nicht selten.

1016. **J. Gerardi. Loisl.** Gerard's S. — **Halm fast stielrund; PBl. dunkelbraun mit grünem Kiel, fast so lang als die Kapsel; Gf. so lang als der Frkn.; Kapsel dunkelbraun, längl.=oval; sonst wie vor.** ♃ — Salzhaltige Wiesen und Gräben. 6—8. — Auf Salzboden im Geb. nicht selten; z. B. 3 S. Allerwiese bei Wormsdorf. 3 W. Süldorf. 3 M. Nasse Wf. bei der Woltersdorfer Klappermühle. 4 S. Soolgraben bei Schönebeck. 5 S. Salz= niederung, Graben, Teich u. Wf. bei Hecklingen; Wf. zw. Hecklingen u. Staßfurt u. bei Staßf. 5 C. Bruchwf. Rajoch=Sachsendorf. — Unterscheidet sich von der vorigen auch durch den schmächtigeren u. in der Regel höheren Wuchs.

1017. **J. Tenageia**[1]**). Ehrh.** Zarte S. — W. **fein=faserig, 1— mehrstengelig; Halm dünn=fadenf., 1—2blättrig; Bl. u. WBl. borstl. fadenf.; Spirre rispig=verlängert, gabelästig; Blth. einzeln, in den Gabelwinkeln u. an den Spitzen ob. auch an den Seiten der Aestchen sitzend; Aeste aufrecht=abstehend; Hülle 1—2blättr., pfriemf., viel kürzer als die Spirre; PBl. hellbraun mit weißem Kiel u. Rande, spitz, die inneren kürzer, die äußeren so lang ob. etwas länger als die Kapsel; Kapsel kastanienbraun, rundl., gr. stumpf.** ⊙ — Feuchte Sand=Niederungen, Sand=Gräben, Ausstiche, u. feuchte, humuslose Sand= äcker. 6—7. — Im Dl. in nassen Jahren nicht selten u. sehr gesellig, oft wie ges.; auch an sand. Stellen des Elb=Al. 3. B. 1 B. Sandige Niederungen bei Mahlwinkel (am Wege nach Birtholz, und dem Bahnhof gegenüber); nasses Sandloch an der Eisenb. bei Zibberick; Wiesenabstich im Zibberider Fließ; feuchter Sandgr. der Eisenb. in den Kiefern bei Angern (Rübeland); nasse Sandvertiefung am Damm der Berliner Alten Chs. 2 B. nasser Lupinen=Acker bei Niegripp u. Ausstich der Eisenb. am Wege von Niegripp dies= seits; sand. Kartoffelacker bei Hohenwarte. 3 M. Ausstich zw. Berliner Ch. u. Eisenb. (wie ges.) 4 Z. sand. Roggenfeld (feuchte Furche) bei Badetz; nasse Sand=A. u. Eisenb. Ausstiche zw. Zerbst u. Zütrichau; Eisenbahngr. bei Berensdorf; feuchte Sandgrube am Wege zw. Luso u. Spitzberg. — Erscheint nur in nassen Jahren.

1018. **J. bufónius. L.** Kröten=S. — W. **feinfaserig, meist vielstengelig; Halm dünnfadenf., 1—3blättr.; Bl. und WBl. pfrieml.=fadenf., an der Basis rinnig u. verbreitert, Blth. einzeln, in den Gabelwinkeln u. an den Spitzen ob. auch an den Seiten der Aestchen sitzend, die gipfelst. zuweilen zu 2 ob. 3, büschelig; Hülle meist 2=blättr., pfriemf., fast so lang ob. so lang, ob. länger als die Spirre; PBl. hellgrün mit**

---

[1]) Von τέναγος, seichtes Wasser; wegen des Standorts auf feuchtem, nassen Boden.

Junceen.

weißem Rande, zugespitzt, länger als die Kapsel; Kapsel braun, längl., stumpf. ☉ — Feuchte Aecker (bes. Sandäcker), Wegränder, Gräben, Triften, Wiesen, Wälder, Ausstiche, Kulke, Teiche, Bäche, Ufer. 6—8. — Variirt sehr im Habitus: mit langen, schlanken od. kürzeren, ausgebreiteten u. selbst liegenden Halmen; in der Zahl der gipfelst. Blth. u. in der Gleichheit der PBl.
  b. fastigiatus (J. ranarius. Perrier u. Songeon. als Art), gipfelst. Blth. büschelig (2—3), innere PBl. etwas kürzer als die äußeren; Halme gedrungen. — Im Geb. gemein; die Var. b. nam. auf Salzboden. — Unterscheidet sich von der vor. sofort durch die grünlich=weißen, langen PBl.

417. Lúzula. Dec. Hainsimse.

Stbgf. 6; Kapsel 1=fächerig, 3=klappig, 3=samig; Klappen ohne Scheidewände. — W. meist mehrstengelig, kriechend, od. faserig u. rasen=bildend; Halme beblättert; Bl. scheidig, lineal, flach, grasartig, mehr od. weniger behaart; Blth. in Spirren.

1. Rotte. S. an der Spitze mit einem großen, kammf. An=hängsel.

1019. L. pilósa. Willd. Behaarte H. — W. rasenbildend, sprossend, vielstengelig; Bl. breit=lineal, zugespitzt, lang=behaart, zuletzt fast kahl; Spirre fast einfach, locker, doldig, Aestchen 1—3=blüthig (Blth. einzeln, entfernt), nach dem Verblühen zurückgebogen; PBl. braun mit weißem Rande, spitz, kürzer als die eif., 3=seitige Kapsel; Anhängsel des S. sichel= od. hakenf. ♃ — Wälder. ·4—5. — Im Fl. und Dl. nicht selten; im Al. noch nicht beobachtet.

2. Rotte. S. ohne Anhängsel.

1020. L. álbida. Dec. (L. nemorosa. Mey; L. angustifolia. Garcke). Weißliche H. — W. kriechend, mehrstengelig; Bl. lineal, allmälig spitz auslaufend; Spirre mehrfach=zsgesetzt, rispig; Blth. an der Spitze der Aestchen, büschelig, meist zu 4; PBl. weißl. od. röthl., glän=zend, spitz, länger als die eif. Kapsel. ♃ — Wälder. ·6—7. — Nur im Fl., hier ziemlich häufig; z. B. 1 C. Die Lobden (Gebüsch bei Walbeck). 2 N. Bartensl. X.; Errleber F. 3 S. Lenchen Bsch.; Hohes H. 4 E. Hakel (reichl.). 5 B. Sandersl. Bsch.; Freckl. Bsch.; Pfaffenbusch bei Freckleben.

3. Rotte. S. an der Basis mit einem kegelf. Anhängsel.

1021. L. campestris. Dec. Gemeine H. — W. kriechend, mehr=stengelig; Halm meist 1=blättr. (selten blattlos ob. 2=blättr.), 5—12 cm. h.; Bl. lineal=lancettl., kurz, die wurzelst. bogenf.=abstehend; Spirre einfach, meist 2—3=ästig (1—5), Aeste abstehend; Hülle 2=blättrig, meist trockenhäutig und sehr kurz, selten blattartig u. länger, aber nie so lang als die Spirre; Blth. in kurzen, eif. Aehren, eine Aehre sitzend, die anderen am Ende der Aeste; PBl. kastanienbraun, zugespitzt, länger als die rundl., stumpfe, stachelspitzige Kapsel. ♃ — Triften, trockene Höhen, moorige Wiesen, Haiden. ·4—5. — Im Fl. u. Dl. sehr häufig; im Al. seltener.

1022. L. multiflóra. Lejeune. Reichblüthige H. — Halm 2=blättr., 15—40 cm. h.; Bl. lineal, verlängert, allmälig spitz zugehend, alle aufrecht; Spirre einfach= u. doppelt=zsgesetzt, 4—12=ästig, Aeste aufrecht; Hülle 2=blättrig, blattartig, meist länger als die Spirre; sonst wie vor. ♃ — Wälder, moorige und sumpfige Wiesen. 4—6. — Im Fl. und Dl. häufig; auch auf den Bruchwj. des Al. — Blüht später als die vor.

3. **Unterordnung. Monocotyledonen mit bodenständigen (unterweibigen) Staubgefäßen.**
Monocotyledones staminibus hypogynis.

Blüthenkreise mit einander nicht verwachsen; Stbgf. auf dem Blüthenboden stehend; P. (wenn vorhanden) stets unterst., Frkn. stets oberst.

92. Familie. **Butomeen**, Butomeae. Rich.

Sumpf- u. Wasserpflanzen mit schaftartigem St.; Blth. zwitterig; P. 6-blättr., blumenkronartig, bleibend u. verwelkend; Stbgf. 9 (od. von unbestimmter Zahl); Frkn. mehrere, jeder mit einer einfachen N.; Fr. aus mehreren nach innen aufspringenden Balgkapseln bestehend; S. zahlreich.

418. Bútomus. L. **Wasserviole.**

Stbgf. 9; Staubf. pfrieml.; Balgkapseln 6, unterwärts verwachsen. — Blth. in einfachen Dolden.

1023. B. umbellátus. L. Doldige W. — W. horizontal-knollig; Schaft stielrund; WBl. breit-lineal, zugespitzt, 3-kantig, aufrecht: Dolde vielblüthig; Blth. ansehnlich, lang-gestielt; PBl. rosenroth, die äußeren dunkler gefärbt und kürzer. ⚃ — Nasse Gräben, Wiesenvertiefungen, Kulke, Lachen, Teiche, Bäche, Ufer. ·6—9· — Im Al. häufig u. auch im Dl. nicht selten; im Fl. seltener (an der Bever, Aller).

93. Familie. **Alismaceen**, Alismaceae. Lindl.

Sumpf- u. Wasserpflanzen mit meist schaftartigem St. u. gestielten Bl.; Blth. zwitterig od. einhäufig, in quirligen Trauben od. Rispen; K. 3-blättr.; Blkr. 3-blättr.; Stbgf. 6 od. zahlreich; Frkn. 3, 6 od. viele, jeder mit einem einfachen Gf.; Fr. aus mehreren, trockenen, nicht aufspringenden Früchtchen bestehend.

419. Alisma. L. **Froschlöffel.**

Blth. zwitterig; K. welkend, zuletzt abfallend; Stbgf. 6; Früchtchen zahlreich, 1-samig.

1024. A. Plantágo. L. Gemeiner F. — W. knollig-faserig: Schaft 30—100 cm. h.; Bl. lang-gestielt, längl.-eif. od. elliptisch bis schmallancettl., am Grunde keilf., abgerundet od. schwach herzf.; Blth. weiß od. röthlich, zahlreich, in einer ausgebreiteten, quirligen Rispe; Früchtchen im Kreise stehend, zsgedrückt, auf dem Rücken 1- od. 2-furchig, an der Spitze abgerundet-stumpf, wehrlos. ⚃ — Nasse Gräben, Ausstiche, Kulke, Lachen, Teiche, Bäche, Ufer, Weidengebüsch, nasse Wiesenstellen. ·6—9. — Variirt sehr in der Breite der Blätter. — Im Geb. gemein. — Die Var. graminifolium mit grasartigen u. schwimmenden Bl. im Geb. noch nicht beobachtet.

420. Sagittária[1]). L. **Pfeilkraut.**

Blth. einhäufig, die männl. oben, die weibl. unten; K. bleibend; Stbgf. zahlreich; Früchtchen zahlreich, auf einem kugeligen Fruchtb., 1-samig.

---

1) Von sagitta, Pfeil; wegen der pfeilf. Bl.

Alismaceen. — Juncagineen. — Potameen.

1025. S. sagittaefolia. L. Gemeines P. — W. zwiebelig=faserig; Schaft einfach; Bl. lang=gestielt, tief=pfeilf., Lappen breit= bis lineal=lancettl. (die jüngsten WBl. lineal, stiellos, die folgenden eif., lang=gestielt, u. erst die späteren pfeilf.); Blth. in quirligen Trauben; Blkrbl. weiß, am Nagel roth. ⚇ — Wassergr., Ausstiche, Kulke, Lachen, Teiche, Bäche. ·6—·9. — Im Al. u. Ml. nicht selten; im Fl. noch nicht beobachtet.

94. Familie. **Juncagineen**, Juncagineae. Rich.

Kräuter mit schmal=linealen, scheidigen Bl.; Blth. zwitterig, unansehnl., in Trauben; P. 6=blättr., kelchartig; Stbgf. 6; Frkn. 3 ob. 6, nur am Grunde ob. aber vollständig zsgewachsen u. erst bei der Reife von der mittel=punktst. Axe sich lösend; Fr. trocken.

421. Triglóchin[1]). L. **Dreizack.**

PBl. grünlich, concav, in 2 Reihen, abfallend; Staubb. fast sitzend; Frkn. 3 ob. 6, ein=eiig, vollständig zsgewachsen; Gf. fehlend; N. federig; Früchtchen 3 ob. 6, an eine kantige Axe angewachsen, zuletzt an der Basis sich trennend u. der Länge nach aufspringend. — St. schaftartig; Blth. kurz=gestielt, in ährenf. Trauben.

1026. T. marítimum. L. Seestrands=D. — Bl. fleischig, dick=fadenf., rinnig, Tr. verlängert, Blth. gedrängt stehend; N. 6; Fr. eif., kantig, in 6 Früchtchen zerfallend. ⚇ — Feuchte Wiesen, Gräben, Bäche. Salzliebend. 5—7. — Im Kalk=Fl. u. Al. auf salzhaltigem Boden nicht selten u. meist gesellig; im übrigen Geb. selten u. spärlich. Z. B. 2 N. Wf. bei Bahl=dorf. 2 B. Moor.Wf. zw. Stegelitz u. Grabower F. (spärl.). 3 S. Wf. Wormsdorf=Eilsl.; Wf. am Mühlenbach Ampfurth=Kl. Wanzl. 3 W. Sare=Wf. bei Domersl., Wanzl., Bott=mersb., Kl. Germersl.; Sülze=Wf. bei Sülld.; Wiesengrund bei Bahrendorf. 3 M. Sumptwf. bei der Woltersb. Klappermühle (spärl.). 4 O. Bruchwiesen Wegersl.=Wulferst.=Oschersl.; Chgr. Hordorf=Krottorf; Bruchwi. bei Kl. Alsleben; Wf. Günthersb.=Hadmersl.; Bode=Wf. bei Andersl. 4 E. Wf. bei Unseburg. 4 S. Sülze bei Beiend. u. Sohlen; Wf. bei Welsl.; Soolgraben (reichl.); Gradirwerf; *Wf. bei Döben. 5 S. Salzige Niederung an der Eisenb. bei Förderstedt; Wf. bei Hecklingen; zw. Heckl. u. Staßf. u. bei Staßf.; Wf. am Lerchenteich bei Rathmannsb. 5 C. Sachsendorfer Bruch; 5 B. Wipper=Wf. zw. Gr. u. Kl. Schierstedt u. Giersl.; Saal=Wf. bei Plötzkau; Orlofs=Tümpel bei Bernb.; Fuhne=Wf. bei Dröbel (Dröbelscher Teich), bei Preußlitz u. zw. Pfitzdorf u. Verwitz; Ausstiche bei Zebzig.

1027. T. palustre. L. Sumpf=D. — Bl. dünn=fadenf.; Traube verlängert, Blth. locker stehend; N. 3; Fr. lineal, kantig, in 3 Frücht=chen zerfallend. ⚇ — Feuchte Wiesen, Moorwiesen, Torfstiche. ·6—7· Im Ml. häufig u. auch im Fl. nicht selten; im Al. nur auf den Bruchwiesen.

95. Familie. **Potameen**, Potameae. Juss.

Wasserpflanzen; sämmtl. Bl. untergetaucht ob. die oberen schwim=mend; Blth. zwitterig ob. eingeschlechtlich, unansehnlich; P. 4=th. ob. fehlend; Stbgf. 1, 2 ob. 4; Frkn. 4 ob. mehrere, getrennt, 1=eiig; Gf. vorhanden ob. fehlend; Fr. nuß= ob. steinfruchtartig.

422. Potamogéton[2]). L. **Laichkraut.**

Blth. zwitterig; P. 4=th.; Stbgf. 4, Staubb. sitzend, das Mittel=band in ein perigonartiges Anhängsel erweitert; Frkn. 4; Gf. fehlend; Steinfrüchtchen 4, sitzend. — Fluthende Wasserpfl. mit wurzelndem St.;

---

1) τριγλώχιν, dreizackig; bezieht sich auf die Gestalt der aufgesprungenen Fr. von Trigl. palustre. 2) Von ποταμός, Fluß, u. γείτων, Nachbar.

Bl. (u. A.) wechselst. (die an der Basis des Blthstiels genähert ob. gegenst.), sitzend ob. gestielt, mit häutigen Nebenbl.; Blth. grünlich in gestielten, gipfelst. Aehren.

1. Rotte. **Verschiedenblättrige.** Bl. wechselst., die oberen schwimmend u. von den untergetauchten mehr ob. weniger verschieden.

A. **Alle Bl. lang-gestielt, ganzrandig, die blüthenst. schwimmend, lederartig.**

1028. P. natans. L. Schwimmendes L. — St. einfach ob. wenig-ästig; Bl. ziemi. groß, die untergetauchten längl.-lancettl., mit keilf. Basis in den Blstiel verlaufend, während der Blthzeit meist schon verfault, die schwimmenden oval ob. oval-längl., an der Basis abgerundet ob. seicht herzf.; Blstiel oberseits flach-rinnig; Fr. zsgedrückt, am Rande stumpf. ♃ — Lachen, Teiche, Wassergr., Bäche. 6—8. — Im Al. und Tl. sehr häufig, im Fl. seltener.

1029. P. fluitans. Roth. Fluthendes L. — St. einfach ob. wenig-ästig; Bl. ziemi. groß, die untergetauchten schmal-lancettl., verlängert, häutig, durchscheinend, während der Blthzeit noch vorhanden, die schwimmenden lederartig, längl.-lancettl., mit keilf. Basis; Blstiel oberseits etwas gewölbt; Fr. zsgedrückt. ♃ — Flüsse. 6—7. — Im Geb. selten, bisher nur in der Ohre u. Bode: 2 N. Ohre zw. Uthmöden u. Satuelle. 4 O. Espenlache (alte Bode) bei Oschersl. 4 E. Bode bei Tarthun. 5 S. Bode bei Staßfurt. 5 B. Bode bei Nienburg.

B. **Untergetauchte Bl. sitzend ob. fast sitzend, die schwimmenden erst spät erscheinend, zuweilen gar nicht vorhanden.**

1030. P. rufescens. Schrad. (P. alpinus. Balbis). Röthliches L. — St. einfach ob. wenig-ästig; Bl. mittelgroß, die untergetauchten schmal-lancettl., verlängert, an beiden Enden verschmälert, meist am Rande wellig, sitzend, häutig, durchscheinend; die schwimmenden lederartig, elliptisch, stumpf ob. kurz-zugespitzt, ganzrandig, in einen kurzen Blstiel verschmälert; Fr. linsenf. zsgedrückt. ♃ — Bäche, Wassergr., Teiche. 6—7. — Nur im Tl., hier aber nicht selten; z. B. 1 B. Tangergr. am Buktum. 2 N. Ohre bei Bülstringen. 2 W. Samsweger T. 2 B. Parchener Bach u. Gladauer Bach (wie ges.). 3 Mö. Ihle bei Lüttgenziaz. 3 L. Küseler Spring; Drewitzer Spring; Gloinescher Bach bei Magdb. Forth u. zw. Kupferhammer u. Klingners Mühle. 4 Z. Teich im Repuhnschen St., Wassergräben neben den Anlagen, neben der Nuthe, im Butterdamm, Bach bei der Strinumer Mühle; Nuthegraben der Wf. von Polenzko; Bach Roslau (Roffel) bei der Buchholzmühle, Mühlstädt, Meinsdorf u. Wiesenwassergr. daneben; Bach in der Roslauer F.

1031. P. gramineus. L. Grasartiges L. — St. vielästig; Bl. ziemi. klein, die untergetauchten lineal- ob. schmal-lancettl., zugespitzt, nach der Basis verschmälert, am Rande wellig-gekerbt, sitzend, häutig, durchscheinend, die schwimmenden lederartig, elliptisch bis lancettl., lang-gestielt; Fr. zsgedrückt, am Rande stumpf. ♃ — Wassergr., Teiche, Sümpfe. 6—8. — Variirt: *α*. graminifolius. Fr.; Bl. sämmtl. untergetaucht, lineal-lancettl., die obersten schmal-lancettl., kurz-gestielt. *β*. heterophyllus. Fr. Bl. theils untergetaucht, theils schwimmend, die schwimmenden lederartig, lang-gestielt. *γ*. terrester. G. Mey; sämmtl. Bl. lederartig, lang-gestielt; in ausgetrockneten Gräben. — Nur im Tl. u. auch hier nicht häufig: 1 B. Wassergr. der Gänseweide bei Schernebeck (var. *γ*.); sumpf. Eisenbahngr. nördl. v. Bäthen (var. *α*.). 2 B. Hungeriger Wolf im stehenden Wasser (var. *β*.); Bockstallbruch bei Katharinenhof im steh. W. (*β*).

2. Rotte. **Gleichblättrige.** Bl. wechselst., alle untergetaucht, häutig, lancettl., längl. ob. längl.-rundl.

1032. P. lucens. L. Spiegelndes L. — St. ästig; Bl. zieml. groß, glänzend, kurz-gestielt, elliptisch bis längl.-lancettl., stachelspitzig (Spitze oft dornartig verlängert), gitternervig, am Rande feingesägt-rauh; Nebenbl. groß; Fr. zsgedrückt, am Rande stumpf-gekielt. ⚨ — Lachen, Teiche, Wassergr., Bäche. 6—8. — Im Al. nicht selten; im übrigen Geb. weniger häufig.

1033. P. praelóngus. Wulfen. Gestrecktes L. — St. ästig, oben knickig-gebogen; Bl. mittelgroß, schmal-lancettl., verlängert, sitzend, stengelumfassend, am Rande glatt; Fr. auf dem Rücken flügelig-gekielt. ⚨ — Flüsse, Teiche. 6—7. — Im Geb. sehr selten; bisher nur: 2 W. Teich bei Samswegen.

1034. P. perfoliátus. L. Durchwachsenes L. — St. ästig; Bl. mittelgroß, breit-eif., mit herzf. Basis stengelumfassend, am Rande etwas rauh; Fr. zsgedrückt, am Rande stumpf. ⚨ — Teiche, Bäche, Nebenflüsse. 6—7. — In der Ohre u. Bode häufig; auch in Teichen u. stehenden od. langsam fließenden Gewässern des Elb-Al. nicht selten; sonst selten (1 B. Tanger bei Bäthen. 2 B. Ihle bei Burg. 4 Z. Nuthe bei Deetz.)

1035. P. crispus. L. Krauses L. — St. ästig, zsgedrückt; Bl. mittelgroß, sitzend, breit-lineal-längl., stumpf oder kurz-zugespitzt, klein-gesägt, wellig-kraus; Fr. zsgedrückt, geschnäbelt. ⚨ — Lachen, Teiche, Wassergr., Bäche, Nebenflüsse. 6—7. — Im ganzen Geb. nicht selten; jedoch vornehmlich nur in Teichen, Wassergr. u. kleinen Bächen; in den größeren Bächen u. Nebenflüssen viel seltener.

3. Rotte. Grasblättrige. Bl. wechselst., untergetaucht, grasartig, häutig, gleichmäßig schmal-lineal, sitzend; St. ästig.

1036. P. compréssus. L. Flachstengeliges L. — St. plattgedrückt, schmal-geflügelt, so breit oder fast so breit als die Bl.; Bl. schmal-lineal, verlängert, 4—6 mm. breit, kurz-zugespitzt, 3—5-nervig; Aehrenstiele 2—3 mal so lang als die 10—15-blth. Aehre. ⚨ — Lachen, Teiche, Wassergr., Bäche. 7—8. — Im Al. u. Tl. zerstreut: 2 B. Parchauer See. 3 M. Mgr. im Biederitzer Bsch; Wgr. Rotheborn. 3 Mö. Ihle bei der Lüttgenziatzer Sägemühle. 3 L. Dorfteich M. Lübars. 4 Z. Teich bei Aken; Kult im Kühnauer Bsch.

1037. P. obtusifólius. M. u. K. Stumpfblättr. L. — St. zsgedrückt, am Rande abgerundet u. nicht geflügelt, schmäler als das Bl.; Bl. schmal-lineal, 3—5 mm. breit, kurz-zugespitzt, 3—5-nervig; Aehrenstiele so lang als die 6—20-blüthige, ununterbrochene Aehre. ⚨ — Teiche, Wassergr., Bäche. 7—8. — Im Al. u. Tl. zerstreut: z. B. 2 N. Teichniederung bei der Försterei Lübberitz. 2 W. Samsweger Teich. 3 M. Rothe See; Pechauer See. 3 L. Teich der Neuen Mühle bei Magdb. Forth.; Gloinescher Bach zw. Kupferhammer u. Klingners Mühle; Teich bei Dörnitz. 4 Z. Wgr. der Anlagen zw. Frauen- u. Atenschen Thor; Wgr. bei Zütrichau; Kühnauer See.

P. acutifolius. Link. St. geflügelt-plattgedrückt, sehr ästig; Bl. schmal-lineal, am Ende haarspitzig; Aehre 4—6-blth.; sonst wie vor. — Im Geb. noch nicht beobachtet.

1038. P. pusillus. L. Kleines L. — St. rundl.-zsgedrückt, dünnfadenf., sehr ästig; Bl. sehr schmal-lineal, ½—2 mm. breit; Aehrenstiele 2—3mal so lang als die 4—8-blth., zuweilen unterbrochene Aehre; Fr. schief-elliptisch. ⚨ — Lachen, Teiche, Wassergr., Ausstiche. 6—8. — Variirt in der Breite der Blätter: α. major, Bl. 2 mm. br. β. vulgaris, Bl. 1 mm. br. γ. tenuissimus, Bl. ½ mm. breit, fast haarf. — Im Al. u. Tl. ziemld. häufig, im Fl. selten. 3. B. 1 O. Wassergr. Loßewitz-Zobbenitz; Pfuhl Clübener Par. 1 B. Chgr. bei Burgstall; Eschengehege bei Bäthen; Wgr. Mahlwinkel-Uchtdorf; Zibbericker Fließ. 2 N. Bachschlucht der Rosenmühle. 2 W. Teich Samswegen. 2 B. Saugraben bei Burg; Bürgerholz. 3 M. Rothe See; Ausstich an der Berliner Ch.; Presterscher See. 4 O. Schiffergraben; Wgr. bei Oschersl. u. Teichloch an der Bodebrücke (var. γ.); Bode zw. Oschersl. u. Hadmersl.; Wgr. bei Hadmersl. u. Eisenbahnausstich am Bahnhof. 4 S. Teich u. Wgr. neben dem Grabirwerk. 4 B. Wassertümpel bei Gommern. 4 Z. Ruthegraben bei Hagendorf; Ruthe östl. v. Deetzer Teich; Wiesenwassergr. bei Polenzko; Wgr. bei der Strinumer Mühle; Kanalgr. u. Wgräben bei Zerbst u. im Butterdamm; Fundergraben bei Kermen; Bach Roßlau zw. Meinsdorf u. Roßlau; Wgr. im Trebbichauer Bruch.

1039. P. rútilus. Wolfgang. Röthliches L. — St. dünn=fadenf., wenig ästig; Bl. sehr schmal=lineal, $1/2$—1 mm. breit; Aehrenstiele 2—4 mal so lang als die 4—8=blth. Aehre; Fr. längl=elliptisch, auf dem Rücken stumpf. ♃ — Teiche, Aussticke. 7—8. — Im Geb. sehr selten; bisher nur: 5 B. Aussticke auf der Saalwiese (Bornsche Aue) bei Bernburg.

1040. P. trichoídes. Chamisso u. Schlechtendal. Haarförmiges L. — St. dünn=fadenf., sehr ästig; Bl. haarf., 1=nervig; Aehrenstiele 4—8 mal so lang als die 4—8=blth. Aehre; Fr. halb=kreisrund mit höckerig=gezähntem Kiel, verhältnißmäßig groß (doppelt so groß als die der vorv. u. vorvor.), meist nur 1 ob. wenige ausgebildet. ♃ — Teiche, Kulke. 7—8. — Im Geb. sehr selten; bisher nur: 2 W. Kulk bei Zersleben. 4 S. Grünewald, Teich vor der Brücke zur Alten Fähre.

4. Rotte. **Scheidenblättrige.** Bl. wechselst., untergetaucht, grasartig, häutig, gleichmäßig schmal=lineal, am Grunde lang=scheidig, Scheide an die Nebenbl. angewachsen.

1041. P. pectinátus. L. **Fadenblättr. L.** — St. fadenf., gabelästig; Bl. sehr schmal=lineal, spitz, 1=nervig; Aehre lang=gestielt, zur Zeit der Fr. unterbrochen: Fr. schief=verkehrt=eif., halb=kreisrund. ♃ — Teiche. Wassergr., Bäche, Nebenflüsse. 6—8. — In der Bode mit Selke und Holtemme u. in ihren Gebieten häufig u. sehr gesellig; auch im übrigen Al. nicht selten; ebenso im Fl., hier nam. in salzhaltigen Bächen u. Gräben (Saare, Sülze, Soolgraben ꝛc. ꝛc.); im Dl. selten.

Rúppia. L. **Ruppie.**
Blth. zwitterig; P. fehlend; Stbgf. 2; Frkn. 4; Gf. fehelnd; Nüsse 4, zuletzt lang=gestielt. — Salzwasserpfl.

R. rostelláta. Koch. Schnabelfrüchtige R. — St. kriechend; Bl. fadenf.; Fr. ei=halbmondf., schnabelartig zugespitzt. ♃ — In Gräben am Meeresstrande u. an Salinen. 8—10. — Nach Schwabe u. nach Hampe bei Leopoldshall u. Staßfurt; in neuerer Zeit nicht aufgefunden.

423. Zannichéllia. L. **Zannichellie.**

Blth. 1=häusig, die männl. u. weibl. in derselben Scheide; P. der männl. fehlend, der weibl. glockig, häutig; Stbgf. 1.; Frkn. 4—6; Gf. bleibend; N. schief=schildf.; Fr. nußartig, Nüßchen meist 3—5, mehr ob. weniger gestielt. — Wasserpfl. mit fadenf., gegliederten St. u. lineal=fädl. Bl.

1042. Z. palustris. L. **Sumpf=Z.** — Nüßchen kurz=gestielt, mit kurzem Gf. (Stiel $1/4$, Gf. $1/2$ so lang als das Nüßchen). ♃ — Kulke, Teiche, Wassergr., Bäche. 6—8. — Im Geb. zerstreut; z. B. 2 N. Nebengraben der Silberthalwn. bei Kl. Bartensl. (reichl.). 2 B. Schartauer See. 3 S. Wgr. im Seelenschen Bruch. 3 W. Wgr. zw. Hohen= u. Niedern=Dodeleben. 3 M. Quellgr. u. Mühlengr. der Puhlmühle bei Gerwisch; Schrote bei Diesdorf; Teich u. Klinkegr. bei Lemsdorf. 4 O. Golbbach; Abzugsgr. des Wulferstedter Bruchs; Chgr. bei Horborf; Wgr. bei Alickend.; Geesgr. an der Eisenb.=Brücke beim Hadmersl. Bahnhof. 4 B. Teich bei Colphus. 4 Z. Wgr. der Moorwf. links am Wege vor dem Vogelherd; Quer=Wgr. bei Aken nach Reppichau zu. 5 S. Quellwassergräben bei Hecklingen (reichl.); Marbegr. bei Uelnitz. 5 C. Kulk bei Patzetz.

1043. Z. pedicelláta. Fr. **Gestielte Z.** — Nüßchen lang=gestielt mit langem Gf. (Stiel u. Gf. so lang als das Nüßchen). ♃ — Salzhaltige Wassergr. u. Bäche. 7—8. — Im Geb. nur in stark salzhaltigen Gegenden: 3 W. Sülze bei Sülldorf. 4 S. Wgr. neben dem Grabirwerk.

Najadeen. — Lemnaceen.

96. Familie. **Najadeen,** Najades. Juss.

Wasserpflanzen, unter dem Wasser lebend, mit eingeschlechtl., unansehnl. Blth.; P. fehlend ob. durch eine Blthscheide vertreten; Staubb. 1, sitzend; Frkn. 1, 1-fächerig, 1-eiig; Fr. nußartig.

424. Najas[1]). L. **Najade.**

Blth. 1- ob. 2-häusig: männl. Blth.: statt des P. eine krugf. Blthscheide, den Staubb. einschließend; weibl. P. fehlend; Frkn. sitzend.

N. major. Roth. Große N. — St. gegliedert, ästig, an den Gliedern wurzelnd; Bl. lineal, fast breit-lineal, gerade (nicht bogenf.), ausgeschweift-gezähnt, Zähne stachelspitzig. ☉ — Auf dem Grunde von Seen, Teichen. 8—9. — Nach Schwabe im Kühnauer See; in neuerer Zeit nicht aufgefunden.

1044. N. minor. All. Kleine N. — St. wie vor.; Bl. sehr schmal-lineal, fast borstenf., bogenf.-zurückgekrümmt, ausgeschweift-gezähnt, Zähne stachelspitzig; Blscheiden gewimpert. ☉ — Auf dem Grunde von Teichen, Gräben, Lachen. 8—9. — Im Geb. sehr selten: 3 M. Pechauer See. — In allen Theilen zarter u. feiner als vor.

97. Familie. **Lemnaceen,** Lemnaceae. Dec.

Wasserpflanzen, stets in ob. auf dem Wasser schwimmend; St. blattartig erweitert, sonst blattlos, das Stengelglied, Laub genannt, mit einer, selten mehreren Wurzelfasern; P. 1-blättr.; Stbgf. 1—2; Frkn. 2—6-eiig; Gf. kurz; N. stumpf; Fr. schlauchartig. — Die Lemnaceen blühen höchst selten und vermehren sich durch Seitensprossen.

425. Lemna[2]). L. **Wasserlinse.**

Character der Gattung gleich dem der Familie.

1045. L. trisulca. L. Kreuzweise W. — W. einfaserig; Laub lancettl., zuletzt gestielt, kreuzweise gestellt, untergetaucht. ♃ — Kulke, Lachen, Teiche, Wassergr., Bäche. 4—5. — Im Geb. nicht selten u. sehr gesellig, meist die anderen Arten ausschließend.

1046. L. polyrrhiza. L. Vielwurzlige W. — W. mehrfaserig, Laub rundl., groß-linsenf., unterseits röthbl.-braun angelaufen; schwimmend. ♃ — Standort wie vor. 4—5. — Im Geb. meist häufig, nur in manchen Gegenden, z. B. im Al. der Bode, selten; fast immer von der folgenden, zuweilen auch von den anderen Arten begleitet.

1047. L. minor. L. Kleine W. — W. einfaserig; Laub rundl. ob. oval, klein-linsenf., unterseits wie oberseits flach, schwimmend. ♃ — Standort wie vor. 4—5. — Im Geb. gemein, sehr gesellig, sowohl allein, als in Gemeinschaft mit den übrigen Arten vorkommend.

1048. L. gibba. L. Bucklige W. — W. einfas.; Laub rundl., linsenf., unterseits dick-schwammig-gewölbt, schwimmend. ♃ — Standort wie vor. 4—5. — Im Al. der Bode nicht selten, im übrigen Geb. weniger häufig; entweder sehr gesellig u. die anderen Arten ausschließend, ob. vereinzelt mit u. zw. den anderen, nam. oft mit L. minor. — 3. B. 1 C. Wgr. Rohrb.-Uthmöden. 1 B. Teich zw. Sandfurth u. Kehnert. 2 N. Papenteich bei Emden. 2 W. Sumpfgr. bei Meseberg. 2 B. Kirchwasser. 3 S. Wgr. der Horst bei Eilsl. 3 M. Gübs. 3 Mö. Mühlenteich bei Lüttgenziatz; Ehlearm im Park v. Mödern; Teich bei Leitzkau. 4 O. u. 4 E. Teiche u. Wgr. des Bode-Al., auch Bödeuf. an ruhigen Stellen. 4 S. Randelgr. 4 B. Teich bei Barby; Glinde-Montplaisir; Landgr. u. *Teich bei Barby; Lache u. Ausstich bei Gr. Rosenburg; Teich bei Diebzig. 4 Z. Teich bei Moritz; Türkenteich u. Wgr. im Schloßpark; Pfannen-

---

1) ναϊάς, Najade (Wassernymphe), von νάω, fließen. — 2) λέμνα, griechischer Name dieser Gattung.

teich; Teich u. Wgr. bei Jütrichau; Landgr. bei Aken. 5 S. Lachen im Bode-M. 5 C. Hauptgr. bei Sachsendorf. 5 B. Fuhne bei Roschwitz; Ziethe bei Krüchern; Lache bei Neu-Beesen; Wgr. an der Jlbersdorfer Mühle.

98. Familie. **Typhaceen**, Typhaceae. Juss.

Sumpf- u. Wasserpflanzen mit kriechendem Wurzelstock, beblättertem St. u. ganzrandigen, linealen, scheidigen Bl.; Blth. einhäusig, in dicht gedrängten, walzlichen ob. kugeligen, kolbenartigen Aehren, die oberen männlich, die unteren weiblich; P. aus mehreren Borsten (Typha) ob. Schuppen (Sparganium) bestehend; Stbgf. 2—8; Staubb. auf einem zsgewachsenen Staubf.; Frkn. 1-eiig; Gf. 1, bleibend; N. einfach; Fr. trocken, nicht aufspringend.

426. Typha. L. **Rohrkolben** (Bumskeule).

Aehren zwei, walzl., übereinanderstehend; P. aus zahlreichen Borsten gebildet; Staubf. zsgewachsen ob. an der Spitze frei; weibl. Blth. mit geschlechtlosen vermischt; Frkn. kurz-gestielt; Gf. fädl.; die geschlechtlosen Blth. keulenf., stumpf; Fr. lang-gestielt. — Rohrartige Kräuter mit abwechselnden, aufrechten Bl. u. gipfelständigen Blthkolben; Bl. (u. A.) etwas länger als der St.

1049. T. angustifolia. L. Schmalblättr. R. — Bl. schmal-lineal (4—8 mm. breit), unten rinnenf.; männl. u. weibl. Aehre von einander entfernt, die blühende weibliche federspul-dick, meist an der Basis von einem spatelf. Deckblatt, von der Länge der Borsten, gestützt; N. schmal-lineal, rothbraun, länger als die Borsten; Frucht-Kolben klein-fingerdick. ♃ — Sumpfige Vertiefungen, Ausstiche, Wassergr., Teiche. 6—7. — Im südl. Theil des Geb. häufig, bes. in Eisenb.-Ausstichen, nördlich v. Magdeburg seltener; stets sehr gesellig.

1050. T. latifolia. L. Breitblättr. R. — Bl. breit-lineal (12 mm. breit), männl. u. weibl. Blth. meist dicht-aneinander-gerückt, die blühende weibliche kleinfingerdick, ohne Deckbl.; N. schief, spatel.-eif., spitz, schwarzbraun, länger als die Borsten; Frucht-Kolben baum-dick. ♃ — Sumpf-Vertiefungen, Ausstiche, Wassergräben, Teiche, Torfstiche, sumpf. Ufer der Bäche. 6—7. — Im Dl. häufig u. stets gesellig, u. auch im übrigen Geb. nicht selten.

427. Sparganium. L. **Igelknospe** (Igelkolben).

Aehren mehrere, kugelig; P. aus mehreren Schuppen gebildet; Staubf. frei; Frkn. u. Fr. sitzend.

1051. S. ramosum. Huds. Aestige J. — St. oben durch die Köpfchenstiele ästig; Bl. aufrecht, breit-lineal, am Grunde 3-kantig mit concaven Seiten; Blth.-Köpfchen zahlreich, rispig gestellt; N. lineal. ♃ — Wassergr., Lachen, Teiche, Ausstiche, Torfstiche, Bäche, Nebenflüsse. 6—8. — Im Dl. sehr häufig u. auch im übrigen Geb. nicht selten.

1052. S. simplex. Huds. Einfache J. — St. einfach; Bl. aufrecht, zieml. schmal-lineal, am Grunde 3-kantig mit flachen Seiten; Blth-köpfchen ährig-traubenf. gestellt, männliche sitzend, zahlreicher als die 2—4 weiblichen, von denen die oberen sitzend, die unteren gestielt sind; N. lineal. ♃ — Standort wie vor. 7—8. — Im M. u. Dl. meist nicht selten, im Fl. seltener.

1053. S. natans. L. (S. minimum. Fr.). Schwimmende J. — St. einfach; Bl. liegend (im Wasser schwimmend), schmal-lineal, flach; Köpfchen wenige, ährenf. gestellt, meist nur 1 männliches u. 2—3 weibliche, alle sitzend ob. das unterste gestielt; N. eif., stumpf. ⚇ — Lachen, Kulke, Sümpfe. 7—8. — Nur im Dl. u. auch hier selten: 2 B. Martentränke bei Burg; Wiesenniederung an der Ch. nordöstlich von Hohenseden. 4 B. Wiesenlache zw. Pretzien u. Dornburg.

99. Familie. **Aroideen**, Aroideae. Juss.

Kräuter, meist mit dicken, fleischigen W. u. scheidigen, sitzenden ob. gestielten Bl.; Blth. eingeschlechtl. u. nackt, ob. zwitterig mit P., zahlreich auf einem, oft mit einer Blthscheide versehenen Blth.=Kolben; Frkn. 1—3=fächerig; Gf. ob. N. 1; Fr. trocken u. nicht aufspringend, ob. beerenartig; S. 1 oder mehrere.

1. Gruppe. Echte Aroideen. Blth. nackt, eingeschlechtl.; Fr. eine Beere; Kolben mit Blthscheide.

428. Arum. L. **Aron.**

Blthscheide kapuzenf., den Blthkolben einhüllend, unten zsgerollt, oben erweitert, offen u. zugespitzt; Kolben unten weibl., in der Mitte männl., oben nackt, keulenf.; Staubb. u. N. sitzend. — Wurzelstock knollig.

1054. A. maculatum. L. Gefleckter A. — St. schaftartig; WBl. spieß=pfeilf., oft schwarzbraun gefleckt, lang=gestielt; Kolben dunkel=violett, kürzer als die grünliche Blthscheide; Beere roth, 1—2=samig. ⚇ — Wälder, Haine, Erlenbr. 4—5. — Im Fl. u. Dl. zieml. häufig, auch im Sand=Al. u. im Al. der Bode. Z. B. 1 C. Isern Hagen (reichl.); Rohrberg (reichl.); Schierholz (sehr reichl.). 1 B. Doller F. 2 N. Klepperberg u. Forsten des Albensl. Höhenz.; Altenhausener Schloßpark; Gesträuch am Bullengr. bei der Neuhaldensl.=Bülstringer Ch. 3 S. Marienborner F.; Sommerschenburg; Lenchen Bsch; Amtsgarten Schermke. 3 L. Lob. Bürgerholz (reichl.); Erlenbrüche der München Haide (reichl.). 4 O. Meierweiden. 4 E. Wehl; Unseburger Groß= u. Kleinholz. 4 Z. Lietzower Bruch (reichl.); Harzwinkel; Rathsbruch (sehr reichl.); Kühnauer F. (Grauer Steinhauicht u. Brambach gegenüber, reichl.).

429. Calla. L. **Drachenwurz.**

Blthscheide flach, innen weiß gefärbt, ausgebreitet=abstehend; Kolben dick=walzl., stumpf, überall mit Blth. bedeckt; Staubf. flach. — Bl. gestielt.

1055. C. palustris. L. Sumpf=D. — Wurzelstock kriechend, gegliedert; St. schaftartig; Bl. lang=gestielt, herzf., kurz=zugespitzt; Blthscheide (zuweilen 2) innen schneeweiß, außen grünlich; Beere zuletzt roth. ⚇ — Sumpfige Stellen der Wiesen, Erlenbr., Teichränder, Bachufer. 6—8. — Nur im Dl. u. auch hier nicht häufig, aber meist gesellig; z. B. 2 N. Schwarzer Pfuhl. 3 L. Teich der Ringelsdorfer Mühle; Teich der Neuen Mühle; F. Magdb. Forth; Teich u. Gloinescher Bach südl. vom Kupferhammer. 4 B. Moorbruch zw. Dornburg u. Gödnitz. 4 Z. Erlenbr. der Kötschauer u. der Buschmühle; *Butterdamm; große Nuthe; Erlenbr. des Thiergarten von Doberitz; Bach Roslau am Kupferhammer.

2. Gruppe. Orontiaceen. Blth. mit einem P.; Fr. trocken; Kolben ohne Blthscheide.

430. Ácorus. L. **Kalmus.**

P. kelchartig, 6=blättr., aufrecht, bleibend; Kolben seitlich, sitzend, dicht mit Blth. bedeckt; Stbgf. fädl.; Frkn. 3=fächerig; N. stumpf, sitzend. — Bl. scheidig, sitzend.

Schneider, Schulflora. II. Gefäßpfl. des Gebiets.

274 Monocotylen mit bodenst. Stbgf.

1056. A. Cálamus[1]). L. Gemeiner K. — W. dick, kriechend, gegliedert, mit stark aromatischem, süßlichen Geruch; St. schaftartig, unten zweischneidig, oben blattig; Bl. schwertf., unten beiderseits schwach=gewölbt, nach oben schwach=gekielt, meist an einer Seite quer=runzelig; Kolben walzenf., oberwärts verschmälert, unter der Mitte des Schafts seitlich hervortretend. ♃ — Lachen, Teiche, Wassergr., Bäche. 6—7. — Im Dl. ziemI. häufig (bes. in der Nähe v. Wassermühlen); auch im Al.; im Fl. noch nicht beobachtet. Z. B. 1 B. Lache bei Bittkau. 2 N. Kult an der Schleuse bei Neuhaldensl. u. Kult u. Teich am Winters Bsch.; Ohre nördl. v. Wedringen u. zw. Wedringen u. Hillersl. 2 W. Samsweger Teich. 2 B. Wgr. bei Hohenjeden; Ihle bei Burg, bei der Bergmühle, bei der Wolfshagener Mühle, bei der Polzuner M., bei Jürgens M. 3 M. Zibbetelebener See. 3 L. Zimmermanns Mühle bei Drewitz, bei den Mühlenteichen des Gloinefchen Baches u. im Bache in der Nähe der Mühlen. 4 B. Teich bei Dornburg; Moorgrund zw. Dornburg u. Göbnitz; Teich bei Göbnitz; *Ruthe bei der Polep=Mühle u. zw. Pol.=M. u. Kämeritz. 4 Z. Kult u. Sumpfstelle bei Miehro; Mühlengr. der Neuen Mühle; Mühlenteich der Obermühle bei Miehro; Kühnauer See. 5 B. Bläfer See bei Bernburg; Strenge bei Aberst.; alte Saale bei Plötzkau. — Die Pfl. hat mit Iris Pseud. Ac. im Habitus große Aehnlichkeit, ist aber auch im nicht blühenden ob. fruchttragenden Zustande durch die runzeligen Bl. u. die aromatische W. von dieser sofort zu unterscheiden.

100. Familie. **Halbgräser,** Cyperaceae. Juss.

Grasartige Kräuter mit faseriger ob. kriechender W., St. (Halm) 3=eckig ob. rund mit markartigem Zellgewebe angefüllt, meist ohne Knoten; Bl. grasartig, mit ungetheilter Scheide den Halm umschließend; Blth. zunächst in Aehrchen zgestellt u. die Aehrchen meist wieder in Büscheln, Köpfchen, Spirren, Aehren, Trauben ob. Rispen; in der Regel von einem, auch wohl mehreren Deck= ob. Hüllblättern gestützt; Blth. zwitterig, ob. eingeschlechtlich, nackt, ob. an Stelle eines P. mit unterweibigen Borsten versehen, die zuweilen zahlreiche, lange Fäden bilden (Wollgras); die Geschlechtsorgane stets — ähnlich wie bei den Gräsern — mit balgartigen Deckbl. versehen; Balg ein=, ob. 2=klappig u. dann bie eine Klappe entw. an die Spindel angewachsen (Cyperus) ob. in einen häutigen, krugf. Schlauch umgewandelt, der später die Fr. einschließt (Carex); die Bälge der Aehrchen stehen dachziegelf. übereinander u. die untersten sind in der Regel leer; Stbgf. 3; Staubb. auf dem Staubf. aufrecht stehend, an der Spitze nicht gespalten; Gr. 1; N. 2 ob. 3; Fr. eine 3=kantige ob. zgedrückte Nuß, bei der Gattung Carex von einer flaschenf. Hülle eingeschlossen, eine falsche Schlauchfr. darstellend. — Die Halbgräser unterscheiden sich von den nahe verwandten u. sehr ähnlichen Gräsern, außer durch Blüthe u. Frucht, durch den niemals hohlen Halm u. die nicht gespaltene Blattscheide.

Anm. Die Gattungen dieser Familie gruppiren sich, wie folgt:
1. Blüthen zwitterig.
A. Bälge zweizeilig.
1. Gruppe. **Cypereen.** (Cyperus. Schoenus.)
B. Bälge von allen Seiten dachig übereinanderliegend.
2. Gruppe. **Scirpeen.** (Cladium. Rhynchospora. Heleocharis. Scirpus. Eriophorum.)
2. Blüthen eingeschlechtlich.
3. Gruppe. **Cariceen.** (Carex.)

1. Gruppe. Cypereen, Cyperngräser. Blth. zwitterig, Bälge zweizeilig.

431. Cypérus. L. **Cyperngras.**

Aehrchen vielblth., zgedrückt, in Büscheln; Büschel einzeln, ob. mehrere

---
1) κάλαμος, calamus, Rohr, Halm, Schilf.

spirrenartig zsgestellt; Bälge einklappig, gekielt, zweizeilig über=
einanderliegend; Blth. nackt, unterweibige Borsten fehlend; N. 2 ob. 3.

1057. C. flavescens. L. Gelbliches C. — W. faserig; Halm
3=seitig; Bl. schmal=lineal, gekielt; Büschel einzeln ob. einige in zsgezogenen
Spirren; Hülle meist 3=blättr., länger als die Spirre; Aehrchen lancettl.;
Bälge gelblich, glänzend, mit grünem Rückenstreifen; N. 2. ⊙ —
Feuchte Triften, nasse sandige ob. moorige Orte. 7—10. — Nur im Tl. u.
auch hier nicht häufig, aber gesellig; z. B. 2 N. Nasse Trift am quelligen Moor bei Sa=
stuelle. 4 B. Zw. Dornburg u. Göbnitz; hinter Walternienburg; *Polenmühle; Wiese
nach Kämeritz, an der Nuthe. 4 Z. Teichniederung südl. v. Lindau; moorige Schweine=
trift nördl. am Deetzer Teich. — Wird durch Begrasung des Bodens verdrängt u. ändert
den Standort.

1058. C. fuscus. L. Braunes C. — W. faserig; Halm 3=kantig; Bl.
lineal, flach; Büschel selten einzeln, meist mehrere in ausgebreiteten
Spirren, Hülle meist 3=blättr., länger als die Spirre; Aehrchen lineal;
Bälge schwarzbraun, mit grünem Rückenstreifen; N. 3. ⊙ — Feuchte Trif=
ten, sumpfige Orte, Teichränder, Ausstiche, Torfstiche. 7—10. — Im Tl. ziemt.
häufig u. gesellig; im übrigen Geb. zerstreut. Z. B. 1 B. Buktum. 2 N. Teich in der Welt=
heimschen F.; Mühlengr. bei Ohre bei Neuhaldensl. 2 W. Sumpfige Quelle am Fuß des
Kapellenb. bei Rogätz. 2 B. Torfstich bei Reesen; Hungeriger Wolf. 4 O. Feuchter Gr.
oberhalb des Teichs bei Kl. Alsleben. 4 S. Ausstich bei Zachmünde. 4 B. Feuchte
Sandstelle hinter Walternienburg; Teichniederung der Trift bei Rajoch (wie geb.). 4 Z.
Teichniederung südl. v. Lindau; Teich bei Schora; moor. Damm bei Strinum; sumpf.
Graben an der Trift vor Pulspforda; Weggr. zw. Pulspf. Mühle u. Rodau; Gr. vor dem
Boner Teichhause; Wgr. mit moor. Ausstich bei Zütrichau; sandmooriges Elbufer bei
Brambach. 5 S. Ausstich auf dem Anger bei Rathmannsd. 5 B. Strenge bei Aberstedt;
Dorfteich bei Gr. Poley. 6 N. bekannt, wie vor., leicht den Standort.

Schoenus. L. Knopfgras.

Aehrchen undeutl.=2=zeilig, in Köpfchen; Bälge 1=klappig, 6—9, die 3—6 untersten
kleiner u. leer. — Halme stielrund, nackt, nebst den pfriemf. Bl. blaugrün; Aehrchen
schwarzbraun.

S. nigricans. L. Schwärzl. K.— Bl. fast so lang als der Halm; Köpfchen
aus 3—10 Aehrchen zsgesetzt; Hüllblatt länger als das Köpfchen. ♃ — Torf=
wiesen. 5—6. — Nach Schwabe bei Zerbst; in neuerer Zeit nicht aufgefunden.

S. ferrugineus. L. Rostfarbenes K. — Bl. viel kürzer als der Halm;
Köpfchen aus 2—3 Aehrchen zsgesetzt; Hüllbl. so lang als das Köpfchen. ♃ —
Torfwiesen. 5—6. — Nach Schwabe im Rathsbruch (4 Z.); in neuerer Zeit nicht auf=
gefunden.

2. Gruppe. **Scirpeen**, Binsen. Blth. zwitterig, Bälge von
allen Seiten dachig übereinanderliegend.

432. Cládium [1]**. Patrick Browne. Sumpfgras.**

Aehrchen wenig=blüthig, in Köpfchen; Bälge 1=klappig, meist 6 im
Aehrchen, die 3 untersten kleiner, ohne Blth.; unterweibige Borsten
fehlend; Stbgf. 2 ob. 3; Gf. fädl., meist 3=sp., abfallend; Nuß mit
einer krustigen, zerbrechl. Schale.

1059. C. Mariscus. R. Br. Deutsches S. — W. kriechend; Halm
beblättert, stielrund, oben 3=seitig, 1—2 m. h.; Bl. blaugrün, ziemlich breit=
lineal, lang=spitzzugehend, sehr scharf fein=sägezähnig; Köpfchen in
doppelt zsgesetzten Spirren; Bälge hellbraun. ♃ — Moor=
sumpfige Teiche. 7—8. — Im Geb. sehr selten, aber gesellig. 2 B. Teich des
Hungerigen Wolf (reichl.).

---

1) κλαδίον, Dimin. von κλάδος, Sproß, Schößling.

Monocotylen mit bodenst. Stbgf.

433. Rhynchóspora[1]). Vahl. **Schnabelsame.**

Aehrchen wenigblth., in kopfigen Büscheln; Bälge 1-klappig, 4—6, die unteren kleiner u. leer, die oberen fruchtb.; **unterweibige Borsten 5—13, sehr kurz**; Stbgf. 2—3; Gf. unten verdickt, **der untere Theil bleibend.** — Halm beblättert, fadenf., 3-eckig; Bl. sehr schmal-lineal, rinnig.

1060. R. alba. Vahl. Weißer S. — W. faserig; **Aehrchen während der Blthzeit weiß, dann strohgelb, gehäuft, fast ebensträußig, die Büschel ungefähr so lang als die Hülle**; unterweibige Borsten 8—13, von der Länge der Nuß. ⚃ — Sumpfige Stellen der Moorwiesen, Torfstiche ıc. Erlenbr. 6—8. — Nur im Ml. u. im angrenzenden Sand-Fl.; u. auch hier nicht häufig, aber gesellig; z. B. 1 B. Burgstaller F. (Torfstich im Birkengehege u. Schernebecker Begang); Schernebecker Fenn. 2 N. Ellersell am Schwarzen Pfuhl; Bülstringer Holz am Zernitz. 2 B. Sumpfstelle an der moorigen Trift zw. Hohenseden u. Brandenstein; Crüssauer Sacklake. 4 B. *Sumpfstelle an der Nuthe gegen die Poleymühle. 4 Z. Moorwiese an der Roslau bei der Buchholzmühle.

R. fusca. R. u. Schult. Brauner S. — W. kriechend; **Aehrchen braun, kopff.-geknäuelt; Büschel vielmal kürzer als die Hülle.** ⚃ — Torfige Wiesen. 6—9. — Nach Schwabe bei Hundeluft; in neuerer Zeit nicht aufgefunden.

434. Heleócharis[2]). R. Br. **Teichbinse.**

Aehrchen einzeln, gipfelst., ohne Hüllblatt; Bälge einklappig, die 1—2 untersten unfruchtb.; unterweibige Borsten eingeschlossen; **Griffelbasis verbreitert, gegliedert, bleibend**; N. 3 ob. 2. — Halm blattlos, unten mit Blattscheiden bekleidet.

1061. H. palustris. R. Br. Sumpf-T. — W. kriechend; **Halm dick-fadenf., stielrund, etwas zsgedrückt, 10—60 cm. h.**; Aehrchen längl., Bälge braun, ziemł. spitz, unterste nicht größer u. die Basis des Aehrchens mehr ob. weniger umfassend; N. 2; Nuß verkehrt-eif., zsgedrückt, flach. ⚃ — Nasse Gräben, Wiesen, Triften, Ausstiche, Kulke, Teiche, Bäche, Ufer. ·5—8. — Aendert sehr in der Größe, je nach der Nässe des Standorts, und in der Stellung der zwei untersten Bälge am Aehrchens; meist stehen beide sich fast gegenüber, seltener ist der unterste allein u. umfaßt alsdann die Basis des Aehrchens vollständig (b. H. uniglumis. Link, als Art). — Im Geb. gemein; hie var. b. selten.

1062. H. aciculáris. R. Br. Nadelförmige T. — W. kriechend; **Halme dünn-fadenf., fast haarf., 5—15 cm. h., rasenbildend**; Aehrchen eif., zsgedrückt, spitz; Bälge muschelbraun, gekielt, mit grünem Rückennerven, eif., stumpf, der unterste nicht größer; N. 3; Nuß längl. ⊙ — Sumpfige Orte, feuchte Wiesen, Lachen, Teichränder, Weidenw., Ufer. 6—8. — Im Al. der Elbe häufig u. sehr gesellig; im übrigen Geb. selten (1 B. Schlammiger Graben am Buktum; 2 N. Holzmühlenteich; Papenteich. 2 B. Teich bei Güsen. 4 O. Espenlache.).

435. Scirpus[3]). L. **Binse.**

Aehrchen einzeln, ob. mehrere in Büscheln, Köpfchen ob. Spirren ob. auch in einer Aehre, meist mit einem ob. mehreren Hüllbl.; Bälge einklappig, die 1—2 untersten in der Regel unfruchtb.; unterweibige Borsten meist 6, eingeschlossen, ob. fehlend; Gf. nicht gegliedert, abfallend; N. 3 ob. 2. — Halm blattlos ob. beblättert.

1. Rotte. **Aehrchen einzeln, an der Spitze des Halms, ohne Hüllbl.**

1063. S. caespitósus. L. Rasen-B. — W. faserig, rasenbildend; Halm 10—40 cm. h., stielrund, fadenf., am Grunde bescheidet,

---

1) Von ρύγχος, Rüssel, Schnabel, u. σπόρος, Saat, Same. — 2) Von ἕλος, Sumpf u. χαίρω, sich freuen. — 3) Lat. Name dieser Gattung.

Halbgräser (Scirpeen).

die oberste Scheide in ein kurzes, pfriemf. Bl. endigend, sonst der Halm blattlos; Aehrchen eif., 3—7·blth., Bälge hellbraun, stumpf, der unterste größer, das Aehrchen umfassend, mit dicker, fast blattiger Stachelspitze; N. 3; Nuß 3·seitig, schwarz, Borsten länger als die Nuß. ♃ — Torfige Wiesen, torfige Haiden. 5—6· — Im Geb. sehr selten, aber gesellig. 1 B. Schernebecker Fenn, Sepin u. Lüberitzer F. (Begang „Torf").

1064. S. pauciflórus. Lightfoot. (S. Baeothryon. Ehrh.) Armblüthige B. — W. faserig; Halm 5—10 cm. h., stielrund, dünn=fadenf., am Grunde bescheidet, Scheiden u. Halm blattlos; Aehrchen eif., 2 bis 7·blth., Bälge glänzend braun, stumpf, der unterste größer; N. 3; Nuß 3·seitig, gelblich, Borsten ungefähr so lang als die Nuß. ♃ — Nasse Triften, moorige Wiesen. ·6—7. — Im Geb. zerstreut; z. B. 1 B. Wf. östl. u. südl. am Eschengehege; Wf. westl. am Buttum. 2 N. Wiweg östl. der Embener Schäferei. 2 W. Sumpfwf. der Hagebeke bei Samswegen. 2 B. Wf. am Haltepunkt bei Güsen; moor. Niederung an der Eh. bei Hohenseden; Fußweg über die Hohensedener Wf. (reichl.); Bürgerholz; Hungriger Wolf. 3 S. Bruchwf. bei Wormsdorf; Wfquelle des Kuhtrinkenb. am Hohen H. 3 L. Wf. zw. Preußers Mühle u. Gloina. 4 O. Wiesengr. zw. Gr. u. Kl. Alsleben. 4 Z. Moor. Wf. zw. Friederikenberg u. Badetz.

2. Rotte. Aehrchen mehrere, büschelig gehäuft, Büschel einzeln, ob. mehrere in Spirren; Blthstand durch ein den Halm verlängerndes, halb stielrundes, rinniges Hüllblatt gestützt, daher trugseitenständig; Halm blattlos, ob. fast blattlos u. dann die Bl. halb stielrund.

A. Bälge an der Spitze ganz, stachelspitzig.

1065. S. setáceus. L. Borstliche B. — W. faserig, rasenbildend, zuweilen ausläufertreibend; Halm 5—10 cm. h., stielrund, fadenf., fast blatlos, Büschel einzeln, meist aus 2 (1—4) eif. Aehrchen zsgesetzt; Hüllblatt vielmal kürzer als der Halm; Bälge dunkelbraunroth mit grünem Rückenstreifen; Nuß verkehrt·eif., braun, längsrippig; Borsten fehlend. ☉ u. ♃ — Feuchte sandige, bes. sandmoorige Triften, Aecker, Ausstiche, Gräben, Waldränder, Waldwege u. Waldwiesen, Erlenbr., Haiden. 6·—8· — Im Dl. in nassen Jahren häufig (in Futterkr. oft wie ges.); auch im Sand=Fl., m. S., nicht selten.

S. mucronatus. L. Halm 3=kantig; Aehrchen=Büschel einzeln; Hüllblatt zuletzt wagerecht abstehend; Nuß quer=runzelig; Borsten fein=stachelig. ♃ — Teiche, Wasserlöcher. 7—8. — Im Geb. nur einmal gefunden: 5 B. Vertiefung an der Trift bei Zebzig. — Hat sich nicht wieder gezeigt.

B. Bälge ausgerandet, zerschlitzt; W. kriechend.

1066. S. lacústris. L. See=B. — Halm 1—4 m. h., stielrund, federspul= bis kleinfinger=dick; Büschel in einfachen ob. zsgesetzten Spirren; Aehrchen längl.=eif.; Bälge zimmetbraun, glatt; N. 3; Nuß 3·seitig; unterweibige Borsten rückwärts fein=stachelig. ♃ — Teiche, Wassergr., langsam fließende Bäche u. kleine Flüsse. 6—8. — Im Geb. meist nicht selten, bes. in den größeren Teichen, u. stets gesellig.

1067. S. Tabernaemontáni. Gmel. Tabernämontan's B. — Halm 30—120 cm. h., federspuldick; Bälge rauh=punktirt; N. 2; sonst wie vor. ♃ — Kulfe, Lachen, Teiche, Wassergr., Ausstiche, Bäche. 5·—7. — Salzliebend. — Im Kalf.=Fl., bei den Salzgegenden nicht selten u. stets gesellig; sonst selten. Z. B. 2 N. Wiesenbach am Sülzeberge bei Kl. Bartensl. 2 B. Hungriger Wolf. 3 S. Bgr. wf. Wormsb.=Eilsl. 3 W. Süldorf. 3 M. Barlebener Sülze; faule Renne; Teich Fr. Wilh. Gt.; Sülze. 4 O. Oberbruch; Wgr. bei Dicersl. u. zw. Hordorf u. Krottorf; Ausstich am Krottorfer Bahnhof; Teichloch am Hadmersl. Bahnhof. 4 E. Kulf an der Bode bei Unseburg. 4 S. Soolkanal; Randelgr.; Gradirwerf; Wgr. Or. Salze nach Döben u. nach Calbe; Kulf bei Gnabau; Teich bei Döben. 4 B. Teich Glinde Monplaisir; Wgr. u. Lache Pömmelte=Barby; Landgraben; Teich Wespen; Lache Tornitz. 5 S. Heckingen; Staßfurt; Liethe; Lerchenteich; Wgr. nach Kölbigt. 5 C. Teich Eisen dorf-Förberst.; Ausstich am Calbeschen Bsch.; Kulk Patzet-Rajoch. 5 B. Teichartige Vertiefung bei Altenburg; Wgr. bei Zebzig u. bei Preußlit; Ausst. bei Sixdorf; nasser Weggr. bei Könnern.

3. Rotte. Aehrchen klein, in dichten, kugelf. Köpfchen; Köpfchen einzeln, sitzend, ob. 2—5 spirrenartig zsgestellt.

1068. S. Holoschoenus. L. Knopfgrasartige B. — W. dick, kriechend; Halm 60—120 cm. h., stielrund, mehr ob. weniger dickfadenf., unten beblättert; Bl. fadenf., rinnig; Hüllbl. fadenf., das größere aufrecht, verlängert, das kleinere zurückgeschlagen; Bälge braun; N. 3; Nuß glatt; Borsten fehlend. ♃ — Sandtriften, sandige Wege, Haiden. 6·—8. — Variirt in der Stärke der Halme, Größe u. Zahl der Köpfchen u. Länge der Hüllblätter. — Nur im Dl. u. auch hier nicht häufig, aber meist gesellig; z. B. 3 M. Sandweg zw. Lostau u. Biederit; bei Gerwisch; Sandtritt am Wege zw. Wahlit u. Nedlit. 3 Mö. Kiefern bei Pöthen; Sandweg Pöthen-Gommern. 4 S. Wablitzer F.; F. Vogelgesang; Weg bei der Plötzker Ziegelei. 4 B. (*Sandweg zw. Pretzien u. Dornburg; vor wenigen Jahren in Folge einer Wegebesserung ausgerottet.)

4. Rotte. Aehrchen büschelig gehäuft, Büschel in Spirren; Halm beblättert, 3-eckig; Hülle meist 3-blättrig; Blätter des Halms u. der Hülle flach, grasartig.

1069. S. maritimus. L. Meer-B. — W. kriechend; Halm 30—90 cm. h., 3-kantig; Bl. lineal; Spirre zsgesetzt, locker ob. zsgezogen; Aehrchen längl.-eif., zieml. groß, in Büscheln, theils gestielt, theils sitzend, oder alle sitzend; Bälge rothbraun, runzelig; N. 3 ob. 2; unterweibige Borsten rückwärts steifhaarig; Nuß braun, glänzend. ♃ — Ufer, Bäche, Teiche, nasse Gräben, Ausstiche, nasse Wiesen. ·6—9. — Im Al., nam. an den Flußufern, häufig u. gesellig; ebenso in den Salzgegenden des Fl.; sonst selten (2 N. Wgr. an der Ohre bei Meseberg. 2 W. Morbahl-See; Ohre bei Wolmirst. 3 Mö. Fließgraben, Ziepragr.; Kult Dannigkow. 4 Z. Babetzer Teich; nasser Chgr. zw. Zerbst u. Friedrichsholz).

1070. S. silváticus. L. Wald-B. — W. kriechend; Halm 30—80 cm. h., 3-eckig; Bl. breit-lineal; Spirre vielästig, mehrfach zsgesetzt, ebensträußig; Aehrchen eif., zieml. klein, mehr ob. weniger gestielt ob. sitzend in Büscheln; Bälge schwärzlich-grün; N. 3; unterweib. Borsten rückwärts steifh.; Nuß klein, blaßgelb. ♃ — Nasse Wiesen, Erlenbr., Teiche, Wassergr., Bäche, Ufer. 5·—7. — Im Sand-Fl., m. E., u. im Dl. häufig u. meist gesellig; im Kalk-Fl. u. im Al. selten (4 O. Bodeuf. bei Krottorf; Wiesen-Wgr. bei Kl. Alsleben. 4 E. Teich im Hakel. 4 Z. Elbwiese bei Steckby. 5 S. Hecklinger Busch. 5 B. Wgr. der Sumpfwf. bei Körmigt).

5. Rotte. Aehrchen eine zweizeilige, endst. Aehre bildend. — W. kriechend, Halm beblättert.

1071. S. compressus. Pers. Zusammengedrückte B. — Halm 8—30 cm. h., oben 3-seitig; Bl. lineal ob. schmal-lineal, unterseits gekielt; Aehrchen 6—8-blth.; Balg rothbraun mit grünlichen Kiele; unterweib. Borsten rückwärts stachelig. ♃ — Feuchte Wiesen, Triften, Ausstiche, Wassergr., Bäche, Ufer. ·6—7. — Im Geb. zerstreut; z. B. 1 B. Wf. am Eschengehege, bei Bäthen u. Mahlwinkel. 2 N. Krautbach bei Kl. Bartensl.; Veltheimsche F. 2 B. Wf. bei Güien; Wüstenhufen; Lüdersdorfer Bruch. 3 S. Grasabh. Sommerschenburg-Marienborn; Bruchwf. bei Wormsdorf; Trift Ampfurt-Zollmühle. 3 W. Sarewf. Bottmersb.; Sülldorf, nach der Thalmühle. 3 M. Klinkegraben; Woltersb. Bruch. 3 Mö. Trift bei Leitkau. 4 O. Weg-Wiesengr. bei Kl. Alsleben. 4 S. Elbuf. an der Wolfskehle, Röthe; Wiesengr. bei Döben. 4 B. Moorwf. beim vorw. Cressow. 5 S. Hecklinger Bsch. u. Graben bei der Hecklinger Mühle. 5 B. Ausstich bei Sixdorf.

1072. S. rufus. Schrad. Braunrothe B. — Halm 8—30 cm. h., stielrund; Bl. schmal-lineal, kiellos, rinnenf.; Aehrchen 2—5-blth.; Balg schwarzbraun; unterw. Borsten meist fehlend. ♃ — Salzwiesen,

Halbgräser (Scirpeen; Cariceen).

Gräben. 6—7. — Im Geb. selten; bisher nur: 5 S. Wf. am Hecklinger Teich u. Graben an der Hecklinger Mühle; Wf. bei Staßfurt; am Lerchenteich bei Rathmannsdorf. — Von der vor., sehr ähnlichen, durch die schwarzbraunen Aehren u. die kiellosen Bl. sofort zu unterscheiden.

436. Eriophorum[1]). L. **Wollgras.**

Aehrchen einzeln ob. mehrere, mit u. ohne Hüllbl., Bälge einklappig, die untersten unfruchtb.; **unterweibige Borsten zahlreich, zuletzt als lange, weiß-glänzende Wollhaare die Nuß einhüllend;** N. 3. — Halm beblättert.

A. Aehrchen einzeln, endst., ohne Hüllbl.

1073. E. vaginatum. L. Scheidiges W. — W. faserig, rasen-bildend; Halm 3-seitig mit Scheiden bis über die Mitte, untere Scheiden mit pfriemf. Bl., obere Scheiden aufgeblasen, ohne Blattansatz; WBl. pfriemf.; Aehrchen eif.-längl., schwärzl.; Wollhaare doppelt so lang als die Aehre u. länger. ♃ — Torfsümpfe, Moorwiesen, Erlenbr. 4—5. — Im Sand-Fl. u. Dl. zerstreut, aber gesellig; z. B. 1 B. Burgstaller F. (Burgst. Fenn u. Schernebecker Begang); Schernebecker Fenn; Lüderitzer F. (Begang „Torf" u. Badofenberg); Sepin. 2 N. Bartensl. F.; Schwarzer Pfuhl. 2 B. Grabower F. (am Springberg). 3 L. Tuchheimer F.; Erlenbr. u. Torfstich Reesdorf; F. Magdb. Forth (Dreibachen). 4 Z. Moorwf. bei der Buchholzmühle; hohes, mooriges Birkengebüsch bei der Grochwitzer Mühle.

B. Aehrchen mehrere, in lockeren Spirren, Spirre von Hüllbl. gestützt, im Fruchtzustande überhängend.

1074. E. angustifolium. Roth. (E. polystachyum. L.) Schmal-blättr. W. — W. kriechend; Halm rundlich; Bl. lineal, rinnig, an der Spitze 3-kantig; Aehrchen 3—5, Stiele glatt u. kahl; Wollhaare doppelt bis 3-mal so lang als die Aehre. ♃ — Sumpf- u. Moorwiesen, Torfstiche. 4—5. — Im Sand-Fl., m. E., u. im Dl. häufig u. gesellig; im Kalk-Fl. selten (4 S. Sumpfwf. bei Döben); im Al. noch nicht beobachtet.

1075. E. latifolium. Hoppe. Breitblättr. W. — W. büschelig; Halm 3-seitig; Bl. lineal, flach, an der Spitze 3-kantig, oberstes Halmblatt schmal-lancettl., zugespitzt; Aehrchen 5—7, Stiele rauh; Wollhaare kaum doppelt so lang als die Aehre. ♃ — Standort wie vor. 4—6. — Im Sand-Fl. u. Dl. zerstreut; z. B. 1 B. Wf. bei Angern u. am Buktum. 2 N. Wf. im Alvens-lebenschen Höhenzug nicht selten; Moorwiesen bei Neuhaldensl. (Erbke, Moosbruch). 2 W. Wf. bei der Wehrmühle, an der Ramst. u. Rogätzer F., bei der Baubude u. am Unterholzerberg. 2 B. Sumpfwiese bei Reesen; Torfstich Gosel; Bockstallbruch bei Karolinenhof. 3 M. Woltersdorfer Bruch. 4 Z. Hundelufter Torfstich; Wf. der Roßlau an der Roßlauer F. — Von der vorigen durch die rauhen Aehrchenstiele und die zahlreicheren und kleineren Wollköpfe der Fruchtährchen leicht zu unterscheiden.

E. gracile. Koch. Schlankes W. — W. mit kriechenden Ausläufern; Halm undeutl.-3-seitig; Bl. sehr schmal-lineal, 3-kantig; Aehrchen 3—4, Stiele fein-kurz-haarig; Wollhaare doppelt bis 3-mal so lang als die Aehre. ♃ — Moorige, torfige Sümpfe. 5—6. — Nach M. Schulze (Ascherson) im Moosbruch (2 N.); in neuerer Zeit nicht aufgefunden.

3. Gruppe. **Cariceen, Riedgräser.** Blth. eingeschlechtlich.

437. Carex[2]). L. **Segge.**

Aehrchen selten einzeln, meist mehrere in Aehren, Trauben ob. Rispen; Blth. ein-, selten 2-häusig; Balg einklappig, bei den weibl. Blth. nur scheinbar einklappig, indem sich die 2. Klappe in einen häutigen, frugf. Schlauch

---

1) Von ἔριον, Wolle, u. φέρω, tragen; wegen der die Fr. einhüllenden langen Wollhaare. — 2) Lat. Name der Riedgräser.

umwandelt, der mit der Frucht fortwächſt u. ſpäter die Nuß flaſchenf. einſchließt; unterweibige Borſten fehlend; N. 2 ob. 3. — Halm 3=eckig, beblättert.

1. Rotte. Aehrchen einzeln, endſt.

A. N. 2; Aehrchen 2=häuſig.

1076. C. dioica. L. Zweihäuſige S. — W. kriechend, ausläufer= treibend; Halm fadenf., glatt; Bl. borſtenf., glatt; männl. Aehrchen dünn=walzenf., weibl. eif.=längl.; Bälge braun mit weißhäutigem Rande; Fr. eif., vielnervig, ziemł. aufrecht. ⚨ — Sumpfige, moorige Wieſen, Torfſtiche. 4—5. — Nur im Tl. u. auch hier ſelten: 2 B. Torfſtich Bevers Ort, ſübl. von Parchen (reichl.); moor. Niederung an der Ch. bei Hohenſeden; Hungriger Wolf; Bock= ſtallbruch bei Karolinenhof. 4 Z. Hundelufter Torfſtich bei der Thieſſener Mühle; Moorwſ. bei der Grochwitzer Mühle.

B. N. 2; Aehrchen einhäuſig, mannweibig, oberwärts männl.

1077. C. pulicaris. L. Floh=S. — W. ausläufertreibend; Halm fadenf.; Bl. borſtenf.; Aehrchen mannweibig; Bälge braun mit weiß= häutigem Rande, abfällig; Fr. von einander entfernt, längl., nach beiden Enden verſchmälert, nervenlos, zuletzt zurückgeſchlagen. ⚨ — Naſſe, moorige Wieſen, Waldwieſen u. Triften. 5—6. — Im Sand=Fl. u. Dl. zerſtreut; z. B. 1 B. Wſ. am Eſchengehege nördl. v. Läthen; Wſ. am Buttum. 2 N. Stem= pelteichwſ.; Erxleber F.; Albensl. F. (Gothenwf. reichl.); Beltheimſche F.; Pudegrin. 2 W. Rogätzer F. (Werfwſ.). 2 B. Moor. Niederung an der Ch. bei Hohenſeden; Sumpfwſ. bei Reeſen; Sumpfwſ. am Springberg; Hungriger Wolf; Bockſtallbruch bei Karolinenhof (wie geſ.).

2. Rotte. (Vigneen.) Aehrchen mehrere, meiſt mannweibig, in eine einhäuſige Aehre od. Riſpe zſgeſtellt; N. (u. A.) 2.

A. W. lange Ausläufer treibend; Aehrchen mannweibig od. eingeſchlechtl.

1078. C. dísticha. Huds. (C. intermedia. Good.) Zweizeilige S. — Halm ſcharf 3=kantig; Bl. lineal, flach, rinnig, am Rande u. Kiele ſcharf; Aehrchen viele, in eine längl. Aehre vereinigt, die mittleren Aehrchen männlich, die oberſten und unterſten weibl., ob. auch die oberſten männl.; Bälge ſpitz, rothbraun mit weißhäutigem Rande, kürzer als die Fr.; Fr. eif., flach=gewölbt, nervig, ſchmal=berandet, geſchnäbelt. ⚨ — Feuchte Wieſen, Gräben. 5—6. — Im Geb. nicht ſelten.

1079. C. arenária. L. Sand=S. — Halm 3=eckig, ſchärflich; Bl. ſchmal=lineal, nicht gekielt, am Rande ſcharf; Aehre längl., Aehrchen 6—16, die oberen männl., die unteren weibl., die mittleren mannweibig, an der Spitze männl.; Bälge zugeſpitzt, rothbraun mit blaſſem Rande u. grünem Rückennerven, ſo lang als die Fr.; Fr. eif., flach gewölbt, nervig, flügelig=berandet, geſchnäbelt. ⚨ — Haiden, dürre Sandtriften, Flugſandfelder u. Sandhügel. 6 — Im Dl. häufig u. ſtets geſellig.

1080. C. ligérica. Gay. Franzöſiſche S. — Halm 3=eckig, ſchärfl.; Bl. ſchmal=lineal, am Rande ſcharf; Aehre längl.; Aehrchen 4—12, meiſt mannweibig, an der Spitze weibl., am Grunde männl., zuweilen die unteren Aehrchen ganz weibl.; ſonſt wie vor. ⚨ — Standort wie vor. 5—6. — Im Dl. häufig u. ſehr geſellig; auch im Elb=Al. an ſandigen Stellen (hier z. B. 3 M. Sand. Elbuf. vor dem Herrnkrug. 4 S. Sandhügel zw. Kreuzhorſt u. Randau. 4 B. Lödderitzer F.; Diebziger Bſch.). — Blüht früher als die vor. u. iſt in allen Theilen ſchmächtiger.

1081. C. Schrebéri. Schrank. (C. praecox. Schreb.) Schrebers S. — Halm 3=eckig, fadenf., oben ſcharf, länger als die Bl.; Bl. ſehr ſchmal=

Halbgräser (Cariceen).

lineal, gekielt; Aehre kurz, Aehrchen meist 5 (3—8), wechselst., mannweibig, am Grunde männl.; Bälge dunkelbraun, schmal weiß-berandet, mit grünem Kiel, so lang als die Fr.; Fr. längl.-eif., am Rande feingesägt-wimperig, in einen 2-sp. Schnabel zugespitzt. ♃ — Wiesen, Grasabh., Dämme, Grasgr., Wälder, Weidenw., Ufer. 4·—5· — Im Al. der Elbe sehr häufig u. sehr gesellig, oft wie ges.; auch im Al. der Saale häufig; ebenso im Ol.; im Fl. weniger häufig (2 N. Albensl. F.; Porphyrhügel bei Albensl.; Beberuf. Dönstedt-Hundisburg. 3 S. Hohes u. Saures H. 4 E. Hakel; Chgr. Heteborn-Croppenst.; Chgr. Egeln-Langenwedd.); im Al. der Bode sehr selten (4 O. Grasabh. bei den Meierweiden). — Ist an den dunkelbraunen Aehren leicht zu erkennen; die Bälge kommen jedoch zuweilen auch hellbraun vor.

1082. C. brizoídes. L. Zittergrasartige S. — Halm so lang ob. kürzer als die Bl.; Aehre fast 2-zeilig; Aehrchen oft gekrümmt; Bälge weißlich-grün, mit grünem Nerv; sonst wie vor. ♃ — Feuchte Wälder, Gebüsch, Erlenbr. 5—6. — Im Elb-Al. u. in dessen Nähe nicht selten (bes. im südl. Theil) u. stets sehr gesellig; im übrigen Geb. selten. Z. B. 2 B. Wall nördl. v. Blumenthal. 3 S. Hohes H. 3 M. Biederitzer Bsch. 4 S. Pechauer Bsch.; Erlenbr. zw. Pilm u. Plötzker Ziegelei; Weidenbruch Plötzky-Pretzien; Grünewald. 4 B. Erlenbr. im Scharlebener Holz; Grüneberger Errl.; Ronneier F.; *Grasstellen im Gehölz zw. Walternienburg u. Polenmühle; Tochheimer F.; Breitenhagener F.; Löbderitzer F. (wie ges.); Diebziger Bsch. (reichl.). 4 Z. Friedrichsholz (reichl.); bew. Bergabh. bei Stechby; Stechbyer F.; bew. hohes Elbuf. bei Brambach; Unterbusch; Kühnauer F. (reichl.); Mosigkauer F. (reichl.).

B. W. faserig, rasenbildend; Aehrchen mannweibig.

a. Aehrchen oberwärts männlich.

1083. C. vulpina. L. Fuchs-S. — Halm 3-kantig, mit vertieften Seiten, sehr scharf; Bl. breit-lineal, gekielt, scharf; Aehre eif.-längl. u. gedrungen, ob. verlängert u. unterbrochen; Bälge rothbraun mit grünem Kiel, stachelspitzig, kürzer als die Fr.; Fr. braun, sperrig-abstehend, eif., flach-gewölbt, nervig, geschnäbelt, Schnabel am Rande feingesägt, 2-sp. ♃ — Nasse Wiesen, Triften, Gräben, Ausstiche, Kulke, Lachen, Teichränder, nasse Waldstellen, Weidenw., Ufer. 5—7. — Im Geb. gemein.

1084. C. muricáta. L. Weichstachelige S. — Halm ziemlich schlank, 3-eckig, mit flachen Seiten, schärflich; Bl. schmal-lineal, schwach-gekielt, scharf; Aehre länglich, gedrungen, oder mehr ob. weniger unterbrochen; Bälge mit grünem Rücken, rothbraunen Seiten u. blasserem Rande, stachelspitzig, kürzer als die Fr.; Fr. grün, sperrig-abstehend, lancettl.-eif., flach-gewölbt, nervenlos, geschnäbelt. ♃ — Wälder, Weidengebüsch, Hecken, Wege, Grasgr., Wiesen, Dämme. ·5—7. — Im Geb. sehr häufig. — Unterscheidet sich von der vor. sofort durch die grünen Aehren und den schlankeren Wuchs; liebt trocknere Standörter.

1085. C. teretiúscula. Good. Stielrundliche S. — W. schief, etwas kriechend; Halm schlank, 3-eckig, oben schärflich, fast glatt, unten mit hellbraunen ob. braunen Scheiden bekleidet u. einigen braunen fasrigen Resten vorjähriger Blätter; Bl. schmal-lineal, gekielt, zsgefaltet, scharf; Aehre längl., einfach ob. doppelt zsgesetzt; Bälge rothbraun mit breitem, weißhäutigen Rande, so lang als die Fr.; Fr. braun, eif., höckerig-gewölbt, nervenlos, am Grunde schwach-gerillt, Schnabel halb so lang als die beutlich gestielte Fr. ♃ — Sumpfige u. moorige Wiesen, Torfstiche, Erlenbr. 5—6. — Im Sand-Fl. u. Ol. zerstreut; z. B. 1 B. Doller F.; sumpf. Stelle an der Beke bei der Papiermühle (reichl.); Wsf. bei Angern. 2 N. „Tiefe Wiese" bei Erxl.; Erbfe bei Neuhaldensl.; Wsf. bei Wedringen. 2 W. Wsf. am Unterholzerberg (reichl.); Wsf. bei Samswegen u. an der Hagebeke. 2 B. Torfstich Bevers Ort bei Parchen; Reesenscher Torfstich; Torfstich Gosel; Sumpfgr. bei Schermen; Hungriger Wolf. 4 Z. Erlenbr. u. Nuthewf. bei der Kötschauer Mühle.

1086. C. paniculáta. L. Rispige S. — W. dicht-rasig; Halm kräftig, 3-eckig, oberwärts scharf, unten mit braunen ob. schwarzbraunen

Scheiden bekleidet, Faserreste vorjähriger Bl. fehlend ob. wenige; Bl. ziemL. breit=lineal, gekielt, scharf; Aehre mehr ober weniger rispig; Bälge rothbraun mit grünem Rücken u. breitem weißhäutigen Rande, so lang als die Fr.; Fr. braun, eif., höckerig=gewölbt, nervenlos, am Grunde schwach=gerillt; Schnabel so lang als die sehr kurz=gestielte Fr. ⚥ — Sumpf= u. Moorwiesen, Torfstiche, Erlenbr.; nasse Gräben, Teichränder, Bäche, kleine Flüsse. 5—6. — Im Sand=Fl. u. Ol. nicht selten. — Ist größer u. robuster als die vor. u. folgende, u. unterscheidet sich von beiden leicht durch die breiteren Bl. u. die mehr rispig gestellten Aehrchen.

1087. C. paradóxa. Willd. Seltsame S. — W. dicht=rasig; Halm schlank, 3=kantig, sehr scharf, unten mit schwarzbraunen Scheiden bekleidet u. vielen, feinen, schwarzbraunen Fasern, die Reste vorjähr. Bl.; Bl. schmal=lineal, rinnig, scharf; Aehre schlank, mehr ob. weniger rispig; Bälge braun, nicht ob. nur sehr schmal weißhäutig=berandet, so lang als die Fr.; Fr. hellbraun, eif., höckerig=gewölbt, ringsum mit zahlreichen Nerven versehen; Schnabel so lang als die sehr kurz=gestielte Fr. ⚥ — Moorwiesen, Torfstiche. 5—6. — Nur im Ol. u. auch hier selten. 2 B. Wf. am Moltenbruch; Wf. u. alter Torfstich Gosel; Bockstallbruch bei Karolinenhof. 4 Z. Ruthe vor der Kötschauer Mühle u. am Butterdamm; Gräben des Butterdamm. — Unterscheidet sich von den beiden vor. durch die nervige Fr., die nicht ob. kaum weiß=berandeten Bälge und den schwarzbraunen Faserschopf am Grunde der Halme; von teretiusc., mit der sie im Habitus sehr große Aehnlichkeit hat, außerdem noch durch den sehr scharf berandeten Halm.

b. Aehrchen oberwärts weiblich.

1088. C. remóta. L. Entferntährige S. — Halm schlank, schlaff, überhängend, glatt, nur zw. den Aehrchen scharf; Bl. schmal=lineal, schlaff, so lang ob. fast so lang als der Halm; Aehre verlängert; Aehrchen eif. ob. längl.=eif., 6—9, die unteren weit entfernt stehend, von einem zum anderen winkelbogig; das unterste Deckbl. (auch wohl das 2. u. 3.) länger als der Halm; Bälge weiß, selten bräunlich, mit grü= nem Rückennerv; Fr. grünlich, eif., flach=zsgedrückt, geschnäbelt. ⚥ — Feuchte, schattige Wälder, Erlenbr. 5—6'. — Im Sand=Fl., m. E., u. im Ol. häufig; im Kalk=Fl. u. im Al. selten (2 N. Klepperb. 3 M. Kreuzhorst. 4 E. Egelnsche F. 4 S. Grünewald. 4 B. Rosenburger Bsch. 5 B. Finstere Garbine bei Könnern im sumpf. Grunde wie ges.).

1088 u. 1086. C. remota × paniculata. (C. Boenninghausiana. Weihe.). — Halm schlank, 3=kantig, sehr scharf; Bl. lineal; Aehre etwas verlängert; Aehrchen längl.=eif., 8—12, die unteren ziemlich weit entfernt u. gerade, nicht winkelbogig stehend; nur das unterste Deckbl. länger als der Halm, das 2. sehr kurz, so lang als das Aehrchen; Bälge weiß=bräunlich; Fr. breitantig. ⚥ — Sumpfige Wiesen. 5—6. — Im Geb. sehr selten. 4 Z. Sumpf. Grasstelle im Birkengehölz bei Babek, zw. den Eltern.

1089. C. stelluláta. Good. (C. echinata. Murr.) Sternige S. — Halm glatt, oben schärfl.; Bl. schmal=lineal, länger als der Halm; Aehre unterbrochen; Deckbl. sehr kurz ob. fehlend; Aehrchen rundl.=eif., 3—4, mäßig entfernt u. gleich weit auseinanderstehend; Bälge rothbraun mit grünem Nerv u. breitem, weißhäutigen Rande, kürzer als die Fr.; Fr. grün, weit abstehend, eif., flach=gewölbt, geschnäbelt. ⚥ — Feuchte Wiesen u. Triften (bes. moorige), Erlenbr. 5—6. — Im Sand=Fl., m. E., u. im Ol. nicht selten. — Ist an den sternförmig gestellten, grünen Fruchtährchen leicht zu erkennen.

1090. C. leporína. L. Hasen=S. — Halm oben schärfl.; Bl. lineal ob. schmal=lineal, kürzer als der Halm; Aehre längl.; Deckbl. sehr kurz ob. fehlend; Aehrchen rundl.=elliptisch, 4—6, wechselst, genähert; Bälge rothbraun mit grünem Nerv und weißhäutigem Rande, so lang als die Fr.; Fr. hellbraun, aufrecht, eif., flach=gewölbt, geschnäbelt. ⚥ — Wälder, feuchte Wiesen, Triften u. Triftböhen, Raine, Feldwege. 5—6. —

Halbgräser (Cariceen).

Im Sand-Fl., m. C., u. im Dl. häufig, ebenso im Sand-Al; im übrigen Al. u. im Kalk-Fl. selten. (3 M. Elbdamm Rothensee; an der Berliner Ch.; Biederitzer Bsch. 4 O. Grasgr. bei den Meierswerden. 4 E. Wehl. 4 S. Grünewald. 4 B. Elbwf. bei Barby. 5 B. Pfaffenbusch bei Freckleben). — Ist an den hasenpfotenartigen Fruchtähhrchen sofort zu erkennen.

1091. C. elongáta. L. Verlängerte S. — Halm scharf; Bl. schmal-lineal, länger als der Halm; Aehre dünn, schlank; Aehrchen dünn-walzenf., 9—12, wechselst., genähert; Bälge hellbraun mit grünem Nerv u. schmalem, weißhäutigen Rande, kürzer als die Fr.; Fr. hellbraun, abstehend, lancettl., gewölbt, beiderseits viel-nervig-gerillt, zugespitzt. ⚃ — Feuchte Wälder, Erlenbr., Moorwiesen. 5—6. — Im Dl. zieml. häufig; auch im Sand-Fl.; sonst sehr selten. Z. B. 1 C. Isern Hagen. 1 B. Wf. bei Angern; Buttum. 2 N. Crrl. F.; Bischofswald; Beltheimsche F. 2 B. Güsener F.; Hohensedener Erlenbr.; Pennigsb. F.; Reesener F.; Bürgerholz; Grabower F. 3 M. Biederitzer Bsch. (sübl. Theil). 3 L. Tuchheimer Bach bei Tuchheim; Erlenbr. der Tuchheimer F.; F. Magdb. Forth. 4 S. Erlenbr. zw. Pilm u. Plötzker Ziegelei, u. zw. Plötzky u. Pretzien. 4 B. Scharlebener Holz (am Teiche); *Erlenbr. zw. Walternienburg u. Poleimühle. 4 Z. Breiter Wgr. der Anlagen; Erlenbr. der Kötschauer Mühle; am Butterdamm; Erlenbr. der Blumenmühle; Lindauer Gehege; Lietzower Bruch; Thiergarten Dobritz; Teich der Obermühle bei Dobritz. Erlenbr.; Roslauer F.

1092. C. canéscens. L. Weißgraue S. — Pflanze graugrün; Halm glatt, oben schärflich; Bl. schmal-lineal, ungefähr so lang als der Halm; Aehre längl.; Aehrchen eif. ob. längl., 5—7, die unteren entfernt; Bälge weißl. mit grünem Kiel, kürzer als die Fr.; Fr. weißlich, zuletzt hellgelb, eif., fein-gerillt, kurz-geschnäbelt. ⚃ — Feuchte Wiesen, Gräben, Teichränder, Torfstiche, Erlenbr. 5—6. — Im Sand-Fl. u. Dl. nicht selten.

3. Rotte. (Echte Seggen). Aehrchen mehrere, eingeschlechtlich, in eine einhäusige, von Deckbl. (Hüllbl. gestützte Aehre ob. Traube gestellt; oberstes Aehrchen (zuweilen mehrere obere) männlich, die seitenständigen weiblich; N. 2 ob. 3.

1. Unter-Rotte. N. 2; Fr. (u. A.) sehr kurz geschnäbelt, kahl; Deckbl. nicht- ob. sehr kurz-scheidig.

A. W. faserig, dichte Rasen bildend.

1093. C. stricta. Good. Steife S. — Halm steif-aufrecht, 3-kantig, unten glatt, oben scharf, untere Scheiden netzfaserig; Bl. blaugrün, schmal-lineal, gekielt, gefaltet, kürzer als der Halm; Aehrchen walzlich, männl. 1—2 (selten 3), weibl. 1—3, sitzend ob. die untersten kurz-gestielt; Deckbl. nicht scheidig, das unterste blattig, kürzer als der Halm; Bälge schwarzgrün, die weibl. mit grünem Rückennerv, so lang ob. kürzer als die Fr.; Fr. blaugrün, elliptisch, zsgedrückt, nervig. ⚃ — Sumpfige Wiesen, Ausstiche, Sümpfe, Torfstiche. — Große bultenartige Rasen bildend. 4—5. — Im Dl. zieml. häufig; im übrigen Geb. sehr selten. Z. B.: 1 B. Moorwf. am Buktum nach Zibberick. 2 N. Bodendorfer F. 2 B. Teich bei Güsen u. Sumpf in der Güsener F.; Torfstich Bevers Ort; Bürgerholz; Wüstenhufen; Wf. des Lüberdorfer Bruch; Hungriger Wolf; Sumpfwf. der Möser; Wasserpfuhl am Stegepuhl-Stegelitz. 4 O. Ausstich neben der Eisenbahn im Oberbruch. 4 B. Teich bei der Pretziener Mühle; Sumpfwf. Pretzien-Dornburg. 4 Z. Badetzer Teich u. Sumpf am Friederikenb.; Nuthewf. u. Wgr. am Butterdamm; Mühlgr. der Neuen Mühle; Erlenbr. der Obermühle bei Dobritz. 5 S. Neuendorfer Bsch. bei Güsten.

1094. C. caespitósa. L. (C. Drejeri. O. F. Lang.) Rasen-S. — W. rasenbildend; Halm schlank, 3-kantig, bis zum Grunde scharf, untere Scheiden netzfaserig; Bl. hellgrün, schmal-lineal, wenig kürzer als der Halm; Aehrchen walzl., männl. einzeln, weibl. 1—2, selten 3, kurz-gestielt ob. sitzend; Deckbl. am Grunde umfassend, fast kurz-scheidig, geöhrelt, das unterste blattig, kürzer als der Halm; männl. Bälge rothbraun, weibl. schwarzbraun, mit hellerem Rückennerv, kürzer als die Fr.;

Fr. grün, elliptisch, zsgedrückt, nervenlos. ♃ — Feuchte Wälder, Wiesen, Grasgr. 4·—5·— Im Sand-Fl., Dl. u. Sand-Al. zerstreut: 2 N. Beltheimsche F. (Graben an der Haffellohben-Wf.). 2 B. Wiesengr. bei Detershagen. 4 B. Breitenhagener F.; Löbberitzer F. (reichl.); Diebziger Bsch. (reichl.). 4 Z. Unterbusch (unweit der Brücke des Landgr. in der Nähe des Akenschen Thorhauses). — Unterscheidet sich von der vor. sofort durch den bis unten scharfen Halm, den schlafferen Habitus, u. durch den viel weniger nassen Standort.

B. W. kriechend, Ausläufer treibend.

1095. C. vulgaris. Fr. (C. Goodenoughii. Gay. C. caespitosa der Autoren). Gemeine S. — Halm steif=aufrecht, 3=kantig, oben scharf, untere Scheiden nicht netzfaserig; Bl. schmal=lineal, so lang als der Halm; Aehrchen walzl., männl. 1, selten 2; weibl. 2—3, sitzend ob. kurz=gestielt; Deckbl. nicht scheidig, kurz=geöhrelt, das unterste blattig, so lang ob. kürzer als der Halm; weibl. Bälge schwarzbraun mit grünem Rückennerv, kürzer als die Fr.; Fr. grün, zuweilen schwärzl., elliptisch, innen flach, auf dem Rücken gewölbt, nervig. ♃ — Sumpfige u. moorige Wiesen, Triften, Wassergr., Erlenbr. 4—5. — Variirt in der Größe u. auch in der Breite der Bl. — Im Fl. u. Dl. häufig; im Al. nur auf bruchigen Wiesen.

1096. C. acúta. L. Spitzkantige S. — Halm aufrecht, 3=kantig, scharf ob. sehr scharf; untere Scheiden nicht netzfaserig; Bl. ziemL. breit=lineal, lang=zugespitzt, scharf; Aehrchen verlängert=walzenf., männl. 2—4, weibl. 3—4, die unteren mehr ob. weniger gestielt; Deckblätter 3—4, blattig, nicht scheidig, sehr kurz=geöhrelt, das unterste länger als der Halm; männl. Bälge roth= ob. schwarzbraun mit grünem Rückennerv, weibl. schwarzbraun mit grünem Nerv, länger ob. so lang ob. kürzer als die Fr.; Fr. blaugrün, elliptisch, zsgedrückt, auf beiden Seiten schwach gewölbt, undeutl.=nervig. ♃ — Feuchte Wiesen (bes. sumpfige), Triften, Wälder, Kulke, Teiche, Bäche, Ufer. ·5—6. — Im Geb. häufig. — An dem breiten, blattigen, den Halm überragenden untersten Deckbl. leicht zu erkennen.

1097. C. Buekii. Wimm. Bük's S. — Halm steif=aufrecht, 3=kantig, sehr scharf, untere Scheiden stark netzfaserig, Fasern braun; Bl. ziemL. breit=lineal, lang=zugespitzt, sehr scharf; Aehrchen verlängert=walzl., männl. 2—3, weibl. 2—4, sitzend ob. das unterste gestielt; Deckbl. 3, die unteren blattig, am Grunde umfassend, fast kurzscheidig, schwarzbraun eingefaßt ob. schwarzbraun gewölbt, kurz=geöhrelt, das unterste so lang ob. kürzer als der Halm; männl. Bälge schwarzbraun, weibl. schwarzbraun mit grünem Rückennerv; Fr. grün, eif., außen gewölbt, innen flach, nervenlos. ♃ — Flußufer. 4—5. — Im Geb. sehr selten; bisher nur 4 B. Elbufer=Abhang der Breitenhagener F. (reichl.).

2. Unter=Rotte. N. 3; Fr. entweder kurz=geschnäbelt, selbst schnabellos — oder lang=geschnäbelt; Deckbl. nicht scheidig — oder scheidig; Fr. kahl — oder behaart.

A. Fr. kurz=geschnäbelt, zuweilen schnabellos.

a. Deckbl. nicht= ob. sehr kurz=scheidig.

α. Fr. kahl, stets kurz=geschnäbelt.

1098. C. Buxbaumii. Wahlb. Buxbaum's S. — W. kriechend; Halm 30—60 cm. h., 3=kantig, oben schärfl., untere Scheiden netzfaserig; Bl. blaugrün, schmal=lineal; Aehrchen walzl., die endst. in der Regel mannweibig, unterwärts männl., weibl. 2—3, die unterste kurz=gestielt; unterstes Deckbl. blattartig, am Grunde geöhrelt ob. sehr kurzscheidig; Bälge braun mit grünem Rückennerv, haarspitzig, länger als die Fr.;

Halbgräser (Cariceen).

Fr. grün, eif., 3-kantig, nervig. ⚇ — **Feuchte Wiesen.** 5—6. — Im Geb. sehr selten, bisher nur: 1 B. Wf. nordwestl. von Bäthen.

C. limosa. L. **Schlamm-S.** — W. Ausläufer treibend; Halm 20—40 cm. h., dünn, kantig, nebst den Bl. blaugrün; Bl. sehr schmal-lineal, zsgefaltet; männl. Aehrchen einzeln, weibl. 1—2, oval, ob. elliptisch, nickend ob. hängend, lang- u. dünn-gestielt; Deckbl. sehr schmal-blattig, pfrieml., am Grunde geöhrelt ob. kurzscheidig; Bälge rothbraun mit grünem Rückenstreifen; Fr. blaugrün, oval, zsgedrückt, mehrnervig. ⚇ — Schlammige Torfmoore. 5—6. — Nach Schwabe am Friederikenb. u. bei Hundeluft (4 Z.); in neuerer Zeit nicht aufgef.

1099. C. supína. Wahlb. (C. obtusata. Liljeblad.) Niedrige S. — W. kriechend; Halm 5—15 cm. h., fadenf., etwas schärflich; Bl. sehr schmal-lineal; männl. Aehrchen einzeln, lineal-lancettl., weibl. 1—2, genähert, rundl., sitzend; Deckbl. häutig, stengelumfassend, das unterste pfrieml.; Bälge roth mit grünem Rückennerv u. weiß-häutigem Rande, so lang ob. kürzer als die Fr.; Fr. gelb, braun angelaufen, gedunsen-kugelig-3-kantig, glänzend. ⚇ — Trockene Hügel, Grasabh., Triften, Haiden. 4—5·. — Im nördl. Dl. nicht selten u. meist sehr gesellig; auch im nördl. Fl.; im südl. Theil des Geb. (Fl. in Dl.) seltener. Z. B.: 1 B. Colbitzer F. (Kiefern Kesselsohl); Weggr. Cobbel-Ringfurth; hoher Elbuf.-Abh. Poltesfäferei-Ringfurth u. Sandfurth-Rehnert (stw. w. gef.). 2 N. Linkes hohes Beveruf. Althaldensl.-Hundisburg; hohes Olbeuf.; Terrasse des Vorw. Glüfig (reichl.). 2 W. Ramst. u. Rogätzer F.; Unterholzer B.; Kapellenberg bis Rogätz. 2 B. Bürgerholz; Schinderfichten; Detershagener F.; Triftabh. am Wege Burg-Pietzpuhl u. am Wege Pietzpuhl-Madel; Grabower F.; Trift u. Haide an der Pietzpuhler F. nach Stegelitz. 4 S. Kirchhof Pretzien. 4 Z. Berensd. F. (Spitzb.); Schöneberge zw. Friederikenb. u. Steckby. 5 C. Elendsberg bei Brumby.

β. Fr. behaart, kurz-geschnäbelt.

1100. C. pilulífera. L. Pillentragende S. — W. faserig, rasenbildend; Halm fadenf., glatt, oben schärflich, bei der Fruchtreife übergebogen; Bl. schmal-lineal; männl. Aehrchen einzeln, weibl. meist 3, genähert, rundl., sitzend; unteres Deckbl. blattig, lineal-pfrieml., aufrecht-abstehend, meist kürzer als der Halm; Bälge braun mit grünem Rückennerv, schmal-weiß-berandet, stachelspitzig, kürzer als die Fr.; Fr. graugrün, kurzhaarig, kugelig-verkehrt-eif., 3-seitig. ⚇ — Wälder, Haiden, moorige Wiesen, Triften, Grasgr. 4—5. — Im Sand-Fl., m. E., u. im Dl. nicht selten.

1101. C. tomentósa. L. Filzfrüchtige S. — W. kriechend; Halm schlank, fadenf., schärfl., untere Scheiden braunroth; Bl. schmal-lineal; Aehrchen walzl., männl. einzeln, weibl. 1—2, fast sitzend; das untere Deckbl. blattig, zuletzt wagerecht-abstehend, etwas kürzer als der Halm; Bälge braunroth mit grünem Kiel, stachelspitzig, kürzer als die Fr.; Fr. hellgraugrün-filzig, kugelig-verkehrt-eif., 3-seitig. ⚇ — Triften, Wiesen, Gräben, Wälder. 4·—5·. — Im Geb. ziemlich häufig. Z. B.: 2 N. Alvensl. F. (reichl.); Veltheimsche F. 2 W. Rogätzer F. (Unterhagen). 2 B. Weggr. bei Pareh, nach Parchen zu; Pennigsdorfer F.; Deichwall; Moorwf. bei Schartau; Graben bei Schermen; Sumpfwf. bei Möser. 3 S. Hohes H.; Triangelwf.; Saures S. 3 M. Moorwf. der Potstrine; Biederitzer Bsch. 3 Mö. Ehlewf. bei Dannigkow; feuchter Gr. u. Moorwf. zw. Leitzkau u. Klappermühle. 4 O. Oberbruch (bes. an erhöhten, trockenen Stellen). 4 E. Hafel (stw. reichl.). 4 S. Damm hinter dem Pflanzenkamp; Kapitelbsch.; Damm nach Glinde. 4 B.* An den Gräben im Sauren Zeitz; Diebziger Bsch. 4 Z. Lietzower Bruch; Wf. zw. Töppel u. Trebnitz; Harzwinkel; Quer-Mgbr. zw. Kermen u. Stechby. 5 S. Gänsefurter Bsch. 5 B. Dröbelitzer Bsch.; Saalwf. bei Bernburg (in Niederungen reichl.); Saalwf. bei Aderstedt; Pfubliche Bsch.; Sumpfgr. der Trift bei Zebzig; Sumpfwf. an der Fuhne zw. Roschwitz u. Baalberge; nasser Gr. zw. Kl. Paschl. u. Trinum.

1102. C. montána. L. Berg-S. — W. faserig, gedrungen-rasig; Halm fadenf., schärfl., untere Scheiden purpurroth; Bl. hellgrün, schmal-lineal; männl. Aehrchen walzl., einzeln; weibl. eif. 1—2, dicht genähert, sitzend; Deckbl. häutig, stengelumfassend, begrannt, selten mit einer blattigen, pfriemf. Spitze; Bälge schwarzbraun, kürzer als die Fr.; Fr. grün, oben meist braun angelaufen, flaumhaarig, längl.-verkehrt-eif., 3-seitig. ♃ — Laubwälder. ˙4—˙5. — Im Fl. u. Dl. zerstreut und meist gesellig. 3. B. 2 N. Embener F. (Krähenfußwiese); Alvensl. F. (Köpfchen); Plantensche F. (Butterwinkel, Hasselberge u. Colbitzer Linden). 2 W. Ramstädter F. (Haferberg). 3 S. Hohes n. Saures H. 4 E. Hakel (reichl.). 4 Z. Friedrichsholz (reichl.). 5 B. Sandersl. Bsch.; Pfaffenbusch bei Fredl. (reichl.).

1103. C. ericetórum. Poll. Haide-S. — W. kriechend; Halm stumpf-3-eckig, glatt; Bl. schmal-lineal; männl. Aehrchen keulenf., einzeln; weibl. eif., 1—2, genähert, sitzend; Deckbl. häutig, spitz, selten blattig; Bälge braunroth mit weißem, zerschlitzten Rande, sehr stumpf, so lang als die Fr.; Fr. grün, flaumh., verkehrt-eif., 3-seitig. ♃ — Sandige Höhen, trockene, sandige Wälder, Haiden, Sandwege. 4—5. — Im Dl. nicht selten; auch im Sand-Fl. — An den oben stumpfen u. breiten Bälgen mit weiß-zerschlitztem Rande sofort zu erkennen.

1104. C. praecox. Jacq. (C. verna. Vill.) Frühzeitige S. — W. kriechend; Halm 3-eckig, glatt ob. oben schärfl.; Bl. schmal-lineal; männl. Aehrchen längl., einzeln; weibl. eif.-längl., 3, genähert, das unterste oft gestielt; Deckbl. am Rande häutig, stengelumfassend, das unterste kurz-scheidig, pfriemf., zuweilen blattig: Bälge rothbraun mit grünem Kiel, spitz ob. stachelspitzig, etwas länger als die Fr.; Fr. grün, flaumh., eif., 3-seitig. ♃ — Trockene Hügel, Triften, Wiesen, Raine, Grasgr., Wegränder, Wälder. 4—5. — Aendert sehr in der Größe, je nach Beschaffenheit des Standorts. — Im Fl. u. Dl. häufig; auch im Sand-Al. (4 B. Löbderitzer F., Diebziger Bsch.) u. im Al. der Bode (4 E. Wehl.).

1105. C. polyrrhíza. Wallr. (C. umbrosa. Host.) Reichwurzelige S. — W. faserig, gedrungen-rasig; Halm schlank, 3-kantig, glatt ob. scharf; Bl. schmal-lineal; Aehrchen wie vor.; Deckbl. am Rande häutig, stengelumfassend, das unterste scheidig (Scheide 6—8 mm. lang), pfriemf. ob. blattig, kürzer als der Halm; Bälge u. Fr. wie vor. ♃ — Laubwälder. 4—5˙ — Im Fl. zieml. häufig; im Dl. selten. 3. B. 2 N. Bartensl. F. (Brandsohl reichl.); Ergl. F.; Bischofswald; Embener F.; Alvensl. F.; Veltheimsche F. (Gr. Hasselloßhen). 3 S. Hohes Holz; Saures Holz (Schachtbusch). 4 E. Hakel (Harternholz). 4 Z. Friedrichsholz. — Erreicht im Geb. die Nordgrenze. — Von der vor. hauptsächl. nur durch die faserige W. unterschieden, da die Scheide des untersten Deckbl. ausnahmsweise auch bei praecox die gleiche Länge wie bei polyrrh. erreicht.

b. Deckbl. scheidig; Fr. flaumhaarig — oder kahl.

α. Fr. flaumhaarig, kurz-geschnäbelt.

1106. C. húmilis. Leysser. Niedrige S. — W. faserig, rasenbildend; Halm 5—10 cm. h., stumpf-3-eckig, glatt; Bl. sehr schmal-lineal, rinnig, borstenf., länger als der Halm, zuletzt sichelf. gebogen; männl. Aehrchen einzeln, gestielt, weibl. 2—3, selten 4, entfernt, meist 3-blth., alle gestielt, Stiel von einem häutigen, blattlosen Deckbl. eingeschlossen; Bälge rothbraun mit weißhäutigem Rande, so lang als die Fr.; Fr. verkehrt-eif., 3-seitig. ♃ — Hügel, Grasabh., Steinbr.; Haiden. 3˙—5˙. — Im Fl. u. Dl. zerstreut, meist gesellig. 3. B. 1 B. Colbitzer Haide ztw. Planken u. Colbiṫ. 2 N. Porphyrhügel der Kuhlager Windmühle. 2 W. Ramst. F. (lange Kamp). 2 B. Piezpubler F. (stw. reichl.). 3 S. Hohes Holz. 3 M. Schnarsl. B. (Gr. Wartb.). 4 O. Alte Steinbr. bei Emmeringen (reichl.). 4 E. Steinbr. ztw. Heteborn n. Haleborn. 4 S. Frohser B. 4 Z. Berensb. F. (Spitzberg). 5 O. Zenser B. 5 B. Grasabh. bei Sandersl. an der Straße nach Fredl. u. ztw. Schießberg u. Sandersleben Bsch.; Triftshöhe neben der Eisenb. bei der Georgsburg; Köchers Berg bei Könnern. — Der Halm, schon zur Blthzeit kürzer als die jungen Bl., wird später von den verhältnißmäßig langen Bl. ganz versteckt.

1107. C. digitata. L. Fingerförmige S. — W. faserig, unfruchtb. Blätterbüschel u. blühende, blattlose Halme treibend; Halm

Halbgräser (Cariceen).

fadenf., glatt ob. oben schärflich, am Grunde mit langen, blatt=
losen Scheiden versehen, die statt des Bl. eine pfriemf. Spitze tragen;
Bl. lineal; Aehrchen lineal, männl. einzeln, sitzend, weibl. 2—3, ge=
stielt, meist entfernt, 5—10=blth., das oberste länger als das männl.,
die fruchttragenden locker: Blthstiele von einem häutigen, braunen,
weißberandeten Deckbl. eingeschlossen; Bälge rothbraun mit weißhäutigem
Rande, stumpf=abgerundet, so lang ob. kürzer als die Fr.; Fr. ver=
kehrt=eif., 3=kantig. ⚘ — Laubwälder. 4—5. — Im Fl. u. Dl.; nicht häufig.
2 N. Bartensl. F.; Erxl. F.; Veltheimsche F.; Pudegrin. 2 B. Bürgerholz. 4 E. Hatel.
4 Z. Nedlitzer F. (Besenitz). 5 B. Frecklebener Bsch. — Durch die lockern, schmalen, finge=
rigen, aufrechtstehenden Fruchtährchen sehr characteristisch.

β. Fr. kahl, kurz=geschnäbelt ob. schnabellos.

1108. C. panicea. L. Fennigartige S. — W. kriechend;
Halm glatt; Bl. blaugrün, lineal bis schmal=lineal, schärflich; Aehrchen
walzl., männl. einzeln, gestielt, weibl. 1—2, entfernt, aufrecht, locker=
blth., das unterste gestielt; Deckbl. blattig, viel kürzer als der Halm;
Bälge braun mit hellem ob. grünem Kiel, kürzer als die Fr.; Fr. gelb=
grün, gedunsen=kugelig=eif., kurz=geschnäbelt, hirsekornartig. ⚘ —
Feuchte Wiesen, Triften, sumpf. Gräben, Wälder. 4'—'6. — Im Fl. und Dl.
häufig; auch auf bruchigem Terrain des Al. — An den großen, hirsekornartigen, lockeren
Fr. sofort zu erkennen.

1109. C. glauca. Scop. (C. flacca. Schreb.) Bläulich=grüne S.
— W. kriechend; Halm glatt; Bl. blaugrün, lineal, scharf; Aehrchen
walzl. bis verlängert=walzl., männl. 2—3, selten 1; weibl. 1—3, ge=
drungenblth., entfernt, gestielt, oft lang=gestielt, zuletzt hängend, bes.
das unterste; Deckbl. blattig, das unterste so lang ob. länger als der
Halm, meist kurz=scheidig mit schwarzbraunen Oehrchen; Bälge
dunkelbraun mit grünem Nerv, spitz, so lang als die Fr.; Fr. grün,
braun angelaufen, elliptisch, kurz=geschnäbelt. ⚘ — Feuchte Wiesen, Wälder,
Grasgr., Sümpfe, Bäche. 4'—5' — Im Fl. u. Dl. häufig; im Al. selten u. fast
nur auf bruchigem Boden. — Von der vor. durch die langen Deckbl., die kurzen, braun ge=
öhrten Scheiden nnd die kleineren, gedrängt stehenden Fr. leicht zu unterscheiden.

1110. C. palléscens. L. Blasse S. — W. faserig, rasenbil=
dend; Halm 3=kantig, oben scharf, untere Scheiden behaart; Bl. hell=
grün, lineal; Aehrchen kurz=walzl., männl. einzeln, weibl. 2—3, genähert,
gestielt; Deckbl. blattig, länger als der Halm, meist kurz=scheidig; Bälge
gelblich=weiß mit grünem Kiel, stachelspitzig, kürzer als die Fr.; Fr.
gelblich=grün, längl.=elliptisch, schnabellos. ⚘ — Schattige Wälder,
nasse Wiesen, Triften, Raine. '5—6. — Im Fl. u. Dl. häufig; auch in den
Forsten (aber nicht auf Wiesen) des Bode= u. Elb=Al.

B. Fr. lang=geschnäbelt; männl. Aehrchen einzeln — ob. mehrere.

a. Männl. Aehrchen einzeln; Fr. kahl.

1111. C. fláva. L. Hellgelbe S. — W. faserig, rasenbildend;
Halm 20—60 cm. h., glatt; Bl. lineal; männliches Aehrchen dünn=
walzl., weibl. 2—3, rundl.=eif., die beiden oberen genähert, fast
sitzend, die dritte, wenn sie vorhanden, entfernt, gestielt; Deckl. blattig,
wagerecht=abstehend ob. zurückgeschlagen, viel länger als der Halm;
Bälge rostroth mit grünem Kiel, kürzer als die Fr.; Fr. gelb ob. grünl., eif., auf=
geblasen, nervig, alle mit stark zurückgebogenem Schnabel. ⚘ —
Feuchte, moor. Wiesen, Torfstiche, Wälder. 5—6. — Aendert ab: β. lepidocarpa.
Tausch (als Art), Fr. grün, Halm 20—30 cm. h. — Die hohe Stammart im Geb. sehr selten
(2 W. Rogätzer F. 2 B. Torfstich Gosel); die niedrigere Var. β. im Fl. u. Dl. ziemlich
häufig; z. B. 1 B. Moor. Weideland an der Beke; Buktum. 2 N. Forsten des Alvensl.

Höhenzuges; Schwarzer Pfuhl; Erble bei Neuhaldensl. 2 W. Ramst. F.; Rogätzer F. u. Torfstich daneben; Unterholzer B. u. Moorwf. daneben. 2 B. Torfstich Gosel bei Burg. 3 MÖ. Graben der moor. Trift bei Stegelitz. 3 L. Ringelsdorfer F. (Kullfate); Wf. am Jerichower Spring; Lob. Bürgerholz. 4 Z. Torfwf. des gr. Bruchs, südl. v. Neblitz.

1112. C. Oedéri. Ehrh. Oeder's S. — Halm 5—15 cm. h.; Bl. schmal-lineal; weibl. Aehrchen 2—5, die oberen genähert, die unteren entfernt, die unterste oft weit entfernt, unten am Halm in den Blättern versteckt; Fr. hellgrün, Schnabel gerade; sonst wie vor. ♃ — Moorige Wiesen, Triften, Gräben, Ausstiche, Sümpfe, Teiche, Erlenbr. 5—6. — Im Fl. u. Dl. nicht selten.

1113. C. Hornschuchiána. Hoppe. Hornschuch's S. — W. kriechend, rasenbildend; Halm oben schärfl.; Bl. hellgrün, schmal-lineal; männliches Aehrchen walzl., weibl. meist 2 (selten 1 od. 3), eif.-längl., ziemlich weit entfernt, gestielt; Deckbl. blattig, aufrecht, lang-scheidig, kürzer als der Halm; Bälge spitz, rothbraun mit hellerem Rückennerv und weißhäutigem Rande; Fr. hell- ob. gelbgrün, eif., etwas aufgeblasen, beiderseits gewölbt, nervig, Schnabel meist roth angelaufen. ♃ — Feuchte, bes. sumpfige u. moorige, Wiesen. 5—6. — Im Sand-Fl. u. Dl. zieml. häufig, im Kalk-Fl. selten, im Al. noch nicht beobachtet. Z. B. 1 B. Nördl. Tangerwf.; Wf. am Eschengehege u. bei Väthen; Wf. zw. Väthen u. Wahlwinkel; Wf. am Buktum u. bei Angern. 2 N. Wf. des Albensl. Höhenzuges. 2 W. Rogätzer F. (Werftwf.); Moorwf. bei der Baubude. 2 B. Wassertümpel an der Ch. nördl. v. Hohenseden; Hohenfedener Wf. (reichl.); Wüstenhufen bei Burg. 3 M. Wf. des Woltersdorfer Bruchs bei der Klappermühle. 4 Z. Liezower Bruch u. Wf. daneben; Lindauer Gehege; Wf. am Friederikenberg u. am Badezer Teich; Weggr. zw. Bias u. Steutz; Moorwf. zw. Thießen u. Buchholz. 5 S. Wf. am Hedlinger Teich. — Von der folgenden, sehr ähnlichen, durch den mehr ob. weniger breiten, aber stets deutlichen, weißen Rand der Bälge am leichtesten zu unterscheiden.

1114. C. distans. L. Abstehendährige S. — W. faserig, rasenbildend; Halm glatt, nur zw. den obersten Aehrchen zuweilen schärfl.; Bl. lineal; männliches Aehrchen walzl., weibl. meist 3 (selten 4), kurz-walzl., entfernt, das unterste weit entfernt, gestielt; Deckbl. wie vor.; Bälge stumpf, stachelspitzig, braun mit grünem Kiel; Fr. grün ob. bräunlich, eif., 3-seitig, etwas aufgeblasen, auf der vorderen Seite zieml. flach, nervig, die Seitennerven hervortretend; Zähne des Schnabels auf der inneren Seite mit kleinen Stacheln. ♃ — Feuchte Wiesen, Triften, Waldwiesen, Gräben, Sümpfe, Teiche, Bäche. 5—6. — Im Kalk-Fl. (bes. auch auf Salzwiesen) u. im Dl. häufig; im Sand-Fl. u. im Al. seltener.

1115. C. silvática. Huds. Wald-S. — W. faserig, sprossend; Halm glatt; Bl. breit-lineal, scharf; männliches Aehrchen walzl., weibl. 4, verlängert-dünn-walzl., lang-gestielt, die oberen genähert, die unteren meist weit entfernt, oft nickend; Deckbl. blattig, langscheidig, so lang als der Halm; Bälge grün mit weißl., häutigen Rande, breit-lancettl., pfrieml.-zugespitzt; Fr. grün, bräunl. angelaufen, elliptisch, 3-seitig, außer dem Kiel nervenlos, aufrecht u. etwas locker gestellt. ♃ — Laubwälder, Haine. 5—6. — Im Geb. nicht selten. — An den langen, dünnen u. lang-gestielten, hellgrünen Aehrchen u. den freudig grünen, breit-linealen Bl. leicht zu erkennen.

1116. C. Pseudo-cypérus. L. Trug-Cypern-S. — W. faserig; Halm 3-kantig, sehr scharf; Bl. breit-lineal, scharf; männliches Aehrchen dünn-walzl., weibl. 3—6, walzl., gestielt, die oberen genähert, die unteren entfernt, alle im blühenden Zustande aufrecht, doldenartig zsgestellt, im Fruchtzustande überhängend; Deckbl. blattig, meist kurz-scheidig, viel länger als der Halm; Bälge grün mit weißhäutigem Rande, schmal-lancettl. mit langer, grannenartiger, rauher Spitze; Fr. gelbgrün, ei-lancettl., nervig, dicht-gedrängt u. wagerecht-ab-

Halbgräser (Cariceen).

stehend, zuletzt zurückgebogen. ⚃ — Moorige Gräben u. Sümpfe, Torfstiche, Erlenbrüche. 5—6. — Im Sand-Fl. u. Dl. ziemt. häufig; z. B. 1 C. Wgr. Lossewitz-Zobbenitz; Linderburg östl. v. Uthmöden. 1 B. Burgstaller F.; Pöttpölt; Gräben am Eichengehege; Buttum. 2 N. Bartensl. F.; Erxl. F.; Bischofswald; Bodenb. F.; Zernitz; Schw. Pfuhl; Erbke. 2 W. Rogäjer F.; Unterholzer B. 2 B. Güsener F.; Reesener Torfstich (reichl.); Bürgerholz; Torfstich Gosel; Hungeriger Wolf. 3 M. Woltersd. Bruch bei der Klappermühle. 3 L. Ringelsb. F.; Torfstich Reesdorf. 4 S. Pilm; Erlenbr. zw. Pilm u. Plötzker Ziegelei; Kesselteich bei Pretzien. 4 Z. *Badeter Teich u. Graben beim Birkengehölz; Butterdamm; Torfstich bei Miebro; Erlenbr. an der Obermühle; Rathsbruch; Buchholz. — Sehr characteristisch zur Blthzeit durch die bolbig gestellten Aehrchen u. später durch die überhängenden Fruchtährchen mit dem Ansehen dichtstacheliger Walzen.

b. Männl. Aehrchen mehrere; Fr. kahl — ob. behaart.

α. Fr. kahl.

1117. C. ampullácea. Good. (C. rostrata. With.) Flaschen-S. — W. kriechend; Halm stumpf-3-eckig, glatt, nur zw. den Aehrchen schärfl.; Bl. blaugrün, lineal ob. ziemt. breit-lineal, oben scharf, meist länger als der Halm; männl. Aehrchen 2—3, dünn-walzl., weibl. 2—4, walzl., kurz-gestielt, entfernt, auch zur Fruchtzeit aufrecht; Deckbl. blattig, scheidenlos, so lang ob. länger als der Halm; Bälge rothbraun mit grünem Kiel, lancettl., spitz; Fr. bräunlich-gelb, aufgeblasen, fast kugelig, plötzlich in den langen Schnabel verschmälert, nervig, gedrängt- u. wagerecht-abstehend, später nicht zurückgebogen. ⚃ — Nasse, moor. Wiesen, Gräben, Sümpfe, Torfstiche, Erlenbr. 5—6. — Im Dl. nicht selten; im Sand-Fl., m. S., weniger häufig (2 N. Bartensl. F.; Erxl. F.; Pudegrin. 3 S. Marienborner F.;) im übrigen Geb. sehr selten. (4 O. Bruchwf. Oscherl.-Wulferst.)

1118. C. vesicária. L. Blasen-S. — W. kriechend; Halm 3-kantig, scharf; Bl. grasgrün, breit-lineal, so lang als der Halm; männl. Aehrchen 2—3, dünn-walzl.; weibl. 2—3, dick- u. kurz-walzl., sitzend ob. gestielt, entfernt, das untere zur Fruchtzeit fast ob. ganz nickend; Deckbl. u. Bälge wie vor.; Fr. grün- bis bräunl.-gelb, aufgeblasen, ei-kegelf., allmälig in den langen Schnabel verschmälert, nervig, gedrängt, aufrecht-abstehend. ⚃ — Sumpfige Wiesen, Gräben, Teiche, Erlenbr., nasse Waldstellen. ·5—6. — Im Geb. nicht selten. — Von der vor. durch den scharfen, kantigen Halm und die schräggestellten Fr. sofort zu unterscheiden.

1119. C. paludósa. Good. (C. acutiformis. Ehrh.) Sumpf-S. — W. kriechend; Halm 3-kantig, scharf; Bl. blaugrün, breitlineal, scharf, so lang als der Halm; männl. Aehrchen 2—4, walzl., die unteren Bälge stumpf; weibl. 2—3, walzl., sitzend ob. gestielt, entfernt, aufrecht; Deckbl. blattig, scheidenlos ob. sehr kurz-scheidig, so lang ob. länger als der Halm; Bälge schwarzbraun mit grünem Rückennerv, zugespitzt ob. haarspitzig, so lang ob. kürzer als die Fr.; Fr. blaugrün, eif.-längl. zsgedrückt, nervig, gedrängt. ⚃ — Moorwiesen, Sümpfe, Wassergr., Teiche, Bäche, Ufer. 5—6. — Im Fl. u. Dl. nicht selten; ebenso im Bode-Al.; im übrigen Al. selten.

1120. C. ripária. Curtis. Ufer-S. — W. kriechend; Halm 3-kantig, mehr ob. weniger scharf; Bl. blaugrün, breit-lineal, scharf ob. schärfl., so lang als der Halm; männl. Aehrchen 3—5, walzl., alle Bälge haarspitzig; weibl. 2—4, walzl., sitzend ob. gestielt, entfernt, aufrecht; Deckbl. wie vor.; männl. Bälge rothbraun, weibl. hellbraun mit grünem Nerv, alle in eine lange Haarspitze verlaufend, länger als die Fr.; Fr. grün-bräunl., ei-kegelf., beiderseits gewölbt, vielnervig. ⚃ — Wassergr., Ausstiche, Teiche, Bäche, Ufer, Erlenbr. 5—6. — Im Fl. u. Dl. nicht selten, auch im Al. der Bode u. Elbe. — Von der vor. durch die helleren, langen, grannenartig besitzten Bälge u. durch die Fr. leicht zu unterscheiden.

1120 u. 1118. C. riparia ✕ C. vesicaria. — Halm 3=kantig, schärfl.; Bl. grau=
grün, breit=lineal; männl. Aehrchen 3—5; weibl. 2—3, obere sitzend, das unterste gestielt,
etwas nickend; Bälge lang=haarspitzig, länger als die Fr.; Fr. bräunlich=gelb, aufgeblasen,
ei=kegelf., nervig. ♃ — An Teichen. 5—6. — Im Geb. sehr selten (4 S. Teich am
Randauer Damm). Hat Bl. u. Bälge von riparia und Fr. von vesicaria..

1121. C. nutans. Host. Ueberhängende S. — W. kriechend;
Halm 3=eckig, zwischen den Aehrchen schärfl., sonst glatt, ob. oben etwas
rauh; Bl. meist blaugrün, lineal bis schmal=lineal, so lang als der
Halm; männl. Aehrchen meist 2 (1—4), dünn=walzl., weibl. 2—3 (1—4),
walzl., die oberen sitzend, die unteren meist kurz=gestielt, die unterste zu=
weilen lang=gestielt, entfernt, aufrecht ob. das unterste etwas nickend;
Deckbl. blattig, das unterste je nach der Bestielung der Aehrchen kurz= ob.
lang=scheidig; Bälge schwarzbraun mit grünem Rückennerv, zugespitzt
ob. haarspitzig, so lang ob. kürzer als die Fr.; Fr. grün, braun ange=
laufen, ei=kegelf., aufgeblasen, beiderseits gewölbt, stark= u. viel=
nervig. ♃ — Wiesen, Grasgräben, Waldränder. 4—5' — Im Al. der
Elbe ziemb. häufig, sonst selten. Z. B. 2 W. Quer=Feldgr. u. Ausst. zw. Wolmirst. u.
Samswegen; Vertiefungen der Barleber Wf. 2 B. Deichwall bei Burg. 3 M. Kult am
Damm bei Rothensee, nach Wolmirst. zu; Biederitzer Bsch.; Graben der Berliner Ch.;
Wolfswerder. 4 S. Damm bei Kahlenberge; Buschwiesen (reichl.); Kapitelbusch.
4 B. Saalhornbusch u. Elbwiesen=Abhang daselbst; Lachen am Götz bei Kl. Rosenburg u.
Graben am Wege nach Breitenhagen. — Von den drei vor. schon durch die schmalen Bl.
u. den glatten Halm unterschieden.

β. Fr. kurzhaarig.

1122. C. filifórmis. L. Fädliche S. — W. kriechend; Halm
stumpf=3=eckig, glatt ob. etwas schärfl., schlank; Bl. blaugrün, sehr
schmal=lineal, rinnig, scharf, kaum breiter als der Halm u. so lang
als dieser; männl. Aehrchen 1—3, lang, dünn=walzl., weibl. 2—3, kurz=
walzl., sitzend ob. die unteren kurz=gestielt, entfernt, aufrecht; Deckbl. blattig,
das unterste kurz=scheidig, so lang ob. länger als der Halm; Bälge dunkel=
braun mit hellerem ob. grünem Kiel, stachel= ob. haarspitzig, so lang als
die Fr.; Fr. grün, braun angelaufen, längl.=eif., gedunsen. ♃ — Moor=
brüche, Sümpfe, Gräben mooriger Wiesen. 5—6. — Nur im Dl. u. auch hier nicht
häufig, aber gesellig; z. B. 1 B. Sepin; Schernebecker Fenn; Fenn Briest=Birkholz. 2 N.
Birkenmoor am Moosbruch. 2 B. Wassertümpel an der Ch. u. Fenn bei Hohenseden;
Grabower F. am Springberg; Teich am Bockstallbruch bei Karolinenhof; Hungeriger Moh.
4 S. Sumpf neben der Mühle u. Kesselteich bei Pretzien. 4 B. Sumpf zw. Pretzien u
Dornburg. 4 Z. (Moorbruch bei Kämeritz; jetzt urbar gemacht). — Ist an den behaarten
Fr. u. an den ganz schmalen, rinnigen, fast fadenf., scharfen Bl. sofort zu erkennen.

1122 u. 1119. C. filiformis ✕ C. paludosa. — Halm 3=kantig, scharf; Bl.
blau=grün, lineal, schwach=rinnig, breiter als der Halm; männl. Aehrchen 2—4, walzl., weibl.
2—3, walzl., sitzend ob. das unterste gestielt; Fr. grün=gelbl., eif., gedunsen, kurz=
haarig, schwach=nervig. ♃ — Zwischen den Eltern. 5—6. Im Geb. sehr selten;
bisher nur: 4 S. Kesselteich bei Pretzien.

1123. C. hirta. L. Kurzhaarige S. — W. kriechend; Halm
glatt; Bl. grasgrün, lineal, nebst den Scheiden mehr ob. weniger be=
haart, bes. letztere; männl. Aehrchen meist 2 (1—3), walzl., weibl. 1—3,
kurz=walzl., sitzend, das untere gestielt, entfernt, aufrecht; Deckbl. blattig,
das unterste lang=scheidig; Bälge behaart, männl. röthl., weibl. grün
mit weißhäutigem Rande, begrannt; Fr. gelbgrün, ei=kegelf., rauhhaarig,
nervig. ♃ — Wiesen, Triften, Dämme, Grasgr., Ausstiche, Lachen, Teiche,
Bäche, Ufer, Weidenw., Wälder. 5—6. — Gemein.

101. Familie. **Gräser**, Gramineae. Juss.

Kräuter mit faseriger ob. kriechender W., u. mit einem in der Regel
hohlen, runden, durch Knoten in Glieder getheilten St. (Halm); die
ganzrandigen, schmalen, meist linienf. Bl. umschließen den Halm mit

Gräser.

einer oben gespaltenen Scheibe, vagina, welche meist einen, aus Nebenbl. gebildeten, häutigen Ansatz (Blatthäutchen, ligula) trägt; Blth. zwitterig, selten eingeschlechtlich (Mais), nackt, statt der Blüthenhüllen mit zweizeilig gestellten Deckbl. (Spelzen) versehen. Die dem Kelch entsprechenden unteren Deckbl. werden Balg (Kelchspelze), gluma genannt, die oberen, mit dem Stande der Blthr., heißen Bälglein (Kronenspelzen, ob. Spelzen im engeren Sinne, paleae). Der Balg ist in der Regel zweiklappig, selten 1-klappig ob. fehlend; die Balgklappen sind meist zahnf., oft gekielt, u. selten begrannt. Das Bälglein ist ebenfalls meist 2-klappig, d. h. aus zwei Spelzen bestehend, von denen die untere Spelze in der Regel einfach-gekielt u. häufig durch eine Fortsetzung des Mittelnervs begrannt ist; die obere ist meist zarthäutig, ohne Mittelnerv u. Granne, dagegen (weil sie ursprünglich aus zwei Spelzen zsgewachsen) mit zwei kielartigen Seitennerven versehen. Die Spelzen bilden mit 2—3 ein inneres Perigon andeutenden Schüppchen (squamulae, lodiculae) und mit den eingeschlossenen Geschlechtsorganen eine Blüthe. Der Balg schließt aber sehr häufig auch zwei ob. mehrere Blth. ein, welche alsdann nur den einen gemeinschaftlichen Balg, dagegen jede für sich zwei besondere Spelzen haben. Diese ährige Inflorescenz mehrerer Blüthen einer Gluma heißt Aehrchen. Als Aehrchen wird bei den Gräsern aber auch eine einzelne, für sich bestehende, also in der Regel mit einem 2-klappigen Balg versehene Blüthe bezeichnet, so daß mithin ein Gras-Aehrchen ein-, zwei- ob. mehrblüthig erscheinen kann. — Die Blth. der Gräser haben in der Regel 3 Stbgf., selten weniger (2 ob. 1), ob. mehr (6.—Reis); die Staubb. liegen auf den haarf. Staubf. u. sind an beiden Enden gespalten; Frkn. 1-eiig; Gf. 2 ob. fehlend, selten 1; N. 2, fädl., sprengwedelf. ob. federig, selten 1; Fr. eine Karyopse, entweder von den bleibenden Spelzen umschlossen (Fr. bedeckt: Hafer, Gerste), oder frei (Fr. unbedeckt: Weizen, Roggen); Albumen mehlartig, den Samen zum größten Theil ausfüllend.

Anm. Die Gattungen dieser Familie gruppiren sich je nach der Verschiedenheit der Aehrchen, Blüthen u. Blüthentheile, wie folgt:
1. Blth. eingeschlechtlich. — 1. Gruppe. Olyreen. (Zea.)
2. Blth. zwitterig; Aehrchen 1-blth. — ob. 2- bis mehrblüthig.
   A. Aehrchen einblüthig; entweder vom Rücken her zsgedrückt, — oder von der Seite her zsgedrückt, — oder auf beiden Seiten gewölbt.
      a. Aehrchen vom Rücken her zsgedrückt; untere Balgklappe größer als die obere, — oder kleiner.
         α. untere Balgklappe größer. — 2 Gr. Andropogoneen. (Andropogon.)
         β. untere Balgklappe kleiner. — 3 Gr. Paniceen. (Panicum. Setaria.)
      b. Aehrchen von der Seite her zsgedrückt; N. an der Spitze des Aehrchens, — oder aber an der Seite ob. am Grunde des Aehrchens hervortretend.
         α. N. aus der Spitze des Aehrchens heraustretend; mit einem spelzigen Ansatz zu einer 2. oder 3. Blth., oder mit 1 ob. 2 unteren männl. Blth., — oder aber ohne Ansatz zu einer unteren Blth.
           aa. Aehrchen mit Ansatz zu einer unteren Blth. oder mit 1 ob. 2 unteren männl. Blth. — 4 Gr. Phalarideen. (Phalaris. Hierochloa. Anthoxanthum.)
           bb. Aehrchen ohne Ansatz zu einer unteren Blth., dagegen zuweilen mit einem Ansatz zu einer oberen Blth. — 5 Gr. Alopecuroideen. (Alopecurus. Phleum.)
         β. N. an der Seite ob. am Grunde des Aehrchens hervortretend; Aehrchen ohne Balgklappen — oder mit Balgkl.
           aa. Aehrchen ohne Balgklappen; N. an der Seite. — 6 Gr. Oryzeen. (Leersia.)
           bb. Aehrchen mit Balgklappen; N. am Grunde. — 7 Gr. Agrostideen. (Agrostis. Apera. Calamagrostis. Psamma.)

c. Aehrchen auf beiden Seiten gewölbt. — 8 Gr. Stipaceen. (Milium. Stipa.)
B. Aehrchen 2—vielblth.; gestielt, — oder auf den Zähnen der Ausschnitte der Spindel sitzend.
  a. Aehrchen gestielt; Gf. verlängert — ob. fehlend ob. sehr kurz.
    α. Gf. verlängert. — 9 Gr. Arundinaceen. (Phragmites.)
    β. Gf. fehlend ob. sehr kurz; Balg groß, sämmtl. Blth. bedeckend ob. fast bedeckend — ob. klein, kürzer als die Blth.
      aa. Balg groß, sämmtl. Blth. bedeckend; N. fädl., aus der Spitze der Blth. — oder N. federig, aus der Basis der Blth. hervortretend.
        aaa. N. fädl., aus der Spitze der Blth. hervortretend. — 10. Gr. Seslerïaceen. (Sesleria.)
        bbb. N. federig, aus der Basis der Blth. hervortretend. — 11 Gr. Avenaceen. (Koeleria. Aira. Corynephorus. Holcus. Arrhenatherum. Avena. Triodia. Melica.)
      bb. Balg klein, kürzer als die Blth. — 12 Gr. Festucaceen. (Briza. Eragrostis. Poa. Glyceria. Molinia. Dactylis. Cynosurus. Festuca. Brachypodium. Bromus.)
  b. Aehrchen auf den Zähnen der Ausschnitte der Spindel sitzend; N. aus der Basis, — oder aus der Spitze der Blth. hervortretend.
    α. N. aus der Basis der Blth. hervortretend. — 13 Gr. Hordeaceen. (Triticum. Secale. Elymus. Hordeum. Lolium.)
    β. N. aus der Spitze der Blth. hervortretend. — 14 Gr. Narboideen. (Nardus.)

1. Gruppe. **Olyreen.** Blth. einhäusig.

438. Zea[1]). L. **Mais.**

Männl. Aehrchen 2-blth., in rispig-gestellten, langen Aehren; Balg 2-klappig; weibl. Aehrchen 2-blth. (die untere Blth. geschlechtslos), in blattwinkelst., von Scheiden eingehüllten, kolbenartigen Aehren; Karyopsen rundl.-nierenf., in dichten Reihen einer fleischigen Axe eingefügt. — Rohrartige Gräser mit markigem Halm.

1124. Z. Mays. L. Gemeiner M. — Bl. breit-lineal-lancettl., am Rande schärfl. u. gewimpert; männl. Aehrchen hellviolett, in endst. Rispen; Fr. glänzend, meist dottergelb, selten roth. ☉ — Aus Amerika. 7—9. — Als Viehfutter auf fruchtb. Boden vielfach cult. — Die Variet. Caragua (gigantea ob. altissima), Riesen-M., als Zierpfl. in Gärten.

2. Gruppe. **Andropogoneen.** Aehrchen zwitterig, 1-blth., vom Rücken her zsgedrückt, mit einem spelzigen Ansatz zu einer unteren Blth.; Balg 2-klappig, die untere Klappe größer; N. sprengwedelf., unter der Spitze der Blth. heraustretend.

439. Andropógon[2]). L. **Bartgras.**

Aehrchen 1-blth., in Aehren zsgestellt, an den Gelenken gezweiet, das eine sitzend, zwitterig, das andere gestielt, männl.; die endst. zu 3; Spelzen durchsichtig, die untere der Zwitterblth. begrannt; Gf. verlängert; N. sprengwedelf.; Fr. von den Spelzen bedeckt.

1125. A. Ischaemum[3]). L. Gemeines B. — W. mehrstengelig; Halm unten gekniet; Bl. schmal-lineal, unten behaart; Aehren 4—10, fingerig zsgestellt: Spindel u. Aehrchenstielchen lang-behaart; Aehrchen violett. ♃ — Trockene u. steinige Abhänge; bes. auf Kalk-

---

1) ζεά oder ζειά, griech. Name einer Getreideart (Triticum Spelta). 2) Von ἀνήρ, ἀνδρός, Mann, u. πώγων, Bart. — 2) ἰσχαιμος, blutstillend (ἴσχω, hemmen u. αἷμα, Blut).

boden. 7—9. — Im südl. Kalk=Fl.; gegenwärtig nur noch: 5 B. Am hohen Saal= u. Wipperufer u. zwar im Saalthal von Zweihausen bei Mukrena u. von Alsleben ab aufwärts bis Rothenburg; u. im Wipperthale von Giersl. bis Sandersl.; in beiden Thälern überall reichl. — Erreicht im Geb. die Nordgrenze.

3. Gruppe. **Paniceen.** Die untere Balgklappe kleiner, oft sehr klein; sonst wie Gruppe 2.

440. Pánicum[1]). L. **Fennich (Hirse).**

Aehrchen 1=blth. (ohne Borstenhülle), in fingerig gestellten Aehren ob. in lockeren Rispen; Balg anscheinend 3=klappig (die dritte Klappe ist die untere Spelze einer geschlechtslosen ob. männl. Blth., deren obere Spelze fehlt); Spelzen grannenlos, knorpelig ob. lederig, die Fr. bedeckend.

1. Rotte. Aehrchen in einfachen, fingerig ob. fast fingerig gestellten Aehren.

1126. P. sanguinále. L. Blut=F. — W. mehrstengelig; Halm knickig-aufsteigend ob. aufrecht; Bl. lineal=lancettl., nebst den Blattscheiden mehr ob. weniger zottig=behaart, bes. die untersten Bl.; Aehren 4—6, fingerig gestellt, aufrecht=abstehend. — Halm, Bl. u. Aehren oft roth gefärbt. ☉ — Gärten, auch Gemüseäcker. 7—10. — Im Dl. meist nicht selten; auch im Sand=Al.; sonst selten (3 M. Gt. Werderspitze. 4 S. Gt. Schönebeck. 4 B. * Gt. Barby. 5 C. Zwiebelfelder bei Calbe).|

1127. P. glabrum. Gaud. (P. filiforme. Garcke.) Kahler F. — W. mehrstengelig; Halm niederliegend ob. aufsteigend; Bl. lineal=lancettl., nebst den Blattscheiden kahl; Aehren 2—4, spreizend, meist abwechselnd von einander gerückt. — Halm, Bl. u. Aehren meist roth gefärbt. ☉ — Sandige Aecker, Wege, Triften, Anhöhen, Haiden, Flußufer. 7—10. — Im Dl. auf magerem Sandboden gemein, auch im Sand=Fl. u. Sand=Al. häufig; im übrigen Geb. fast nur auf den Hügeln mit nordischem Grand nnd am Sand. Elbufer; hier selten auf gutem Boden (5 B. Zwiebelfelder bei Ilberstedt).

2. Rotte. Aehrchen in Aehren, die rispenartig zsgestellt sind; Balgklappen begrannt ob. stachelspitzig.

1128. P. Crus galli. L. Hühner=F. — W. mehrstengelig; Halm aufsteigend ob. aufrecht; Bl. breit=linealisch, zugespitzt, am Rande scharf; Rispe einseitswendig, Spindel 3—5=kantig; Aehrchen genähert, mehr ob. weniger lang=begrannt; Balgklappen 5=nervig, Nerven steifhaarig=bewimpert. ☉ — Gärten, Aecker, Wegränder; auch Teich= u. Flußufer. 7—10. — Im Geb. meist häufig; bes. auf Gemüseland.

3. Rotte. Aehrchen rispig; Balgklappen zugespitzt, grannenlos.

1129. P. miliáceum. L. Hirsen=F. (Hirse). — W. 1—mehrstengelig; Bl. breit=linealisch, zugespitzt, am Grunde, sowie die Scheiden dicht=rauhh.; Rispe vielblth., locker, überhängend, später zsgezogen; Aehrchen hellgrün; Fr. glatt, glänzend. ☉ — Cult., stammt aus dem Orient. 7—8. — Auf Sandäckern zuweilen angeb.

441. Setária[2]). Beauv. **Borstgras.**

Aehrchen 1=blth. mit einer aus grannenf. Borsten zsgesetzten Hülle umgeben, in walzlichen, ährenf. zsgezogenen Rispen; Balg u. Spelzen wie Panicum. — W. faserig, mehrstengelig.

---

1) Lat. Name für Panicum italicum (Setaria ital.); von panis, Brot. — 2) Von seta, Borste, wegen der borstigen Hülle.

1130. **S. verticilláta.** Beauv. Quirliges B. — Halm aufrecht ob. aufsteigend; Bl. breit=lineal, zugespitzt, sehr scharf; Rispe ährenf., ver= längert=walzl., nach unten unterbrochen, wirteläftig; Borsten der Hülle durch rückwärts gekehrte Zähnchen klettenartig rauh.; Spel= zen ziemml. glatt. ⊙ — Gärten; auch auf Schutt. 7—8. — Im Kalk=Fl. u. Al. nicht selten; im übrigen Geb. zerftreut. S. B. 2 N. Schutt bei Albensl. 2 W. St. Colbitz, Rogätz, Elbey, Barleben. 2 B. St. Burg. 3 S. St. Stegersl. 3 W. St. Wanzl., Gr. Germersl. 3 M. St. Puhlmühle, Woltersd., Alt u. Neu Königsborn, Neu= stadt, Sudenburg, Lemsd., Prester. 3 Mö. St. Möckern, Walwitz, Leitzkau. 3 L. St. Ho= beck. 4 O. St. Hornhausen, Oscherel., Hadmersl., Alikend., Kl. u. Gr. Alsl., Deesd., Abersl., Rodersdorf. 4 E. St. Hedersl., Schadeleben. 4 S. St. Schönebeck. 4 B. St. Pömmelte, *Barby, Walternienburg, Tornitz, Breitenhagen. 4 Z. St. Zerbst u. An= kuhn, Stedkby, Steutz, Aken, Reppichau. 5 S. St. Staßfurt, Hohen.=Erxl., Rathmanns= dorf. 5 O. St. Eilenb., Glöthe, Calbe, Gottesgnaden, Schwarz, Wedlitz. 5 B. St. Neu Gattersl., Nienburg, Ilberstedt, Bernburg, Baalberge, Gröna, Gr. Wirschl., Alsl., Kön= nern, Rothenburg.

1131. **S. víridis.** Beauv. Grünes B. — Halm aufrecht, auf= steigend ob. liegend; Bl. ziemml. breit=lineal, zugespitzt, scharf; Rispe ährenf., walzl., gedrängt (nicht unterbrochen); Borsten der Hülle wegen der vorwärts gerichteten Zähnchen beim Streichen nach oben glatt, grün, selbst an der Fruchtähre; Spelzen ziemml. glatt, so lang als die Spelze der geschlechtslosen Blth. ⊙ — Gärten, Aecker, Wegränder. 7—9. — Gemein.

1132. **S. glauca.** Beauv. Blaugrünes B. — Bl. blaugrün; Hüllborsten anfangs grün, zur Fruchtzeit röthlich=gelb; Spelzen quer=runzelig, doppelt so lang als die Spelze der geschlechts= losen Blth., sonst wie vor. ⊙ — Aecker. 7—9. — Im Fl. u. Tl. häufig; im Al. seltener.

† **S. itálica.** Beauv. Italienisches B. (Kolbenhirse). — Rispe ährenf., doppelt=zsgesetzt, lappig; Hüllborsten vorwärts gerichtet; Spelzen ziemml. glatt. ⊙ — In Südeuropa der S. wegen cult. 7—8. — Bei uns in verschiedenen Var. als Zierpfl. in Gärten.

4. Gruppe. **Phalarideen.** Aehrchen von der Seite her zsge= drückt, 1=blth., mit einem spelzigen Ansatz zu einer zweiten ob. dritten unteren Blth., ob. mit 1 ob. 2 unteren männl. Blth.; N. fädl. ob. fast sprengwedelf., aus der Spitze des Aehrchens hervortretend.

442. Phálaris[1]). L. Glanzgras.

Aehrchen 1=blth., in ährenf. ob. gelappten Rispen; Balg 2=klappig, Klappen fast gleich lang, gekielt, kahnf.; Spelzen grannenlos, knorpelig, glänzend, kürzer als der Balg, am Grunde mit einem schuppenf. Ansatz einer ob. zweier Blth; Gf. lang; N. aufrecht, fädl.; Fr. von den Spel= zen bedeckt.

† **P. canariénsis.** L. Canarisches G. — W. faserig; Blattscheiden aufge= blasen, bauchig; Rispe ährenf. breit=oval; Balgklappen papierartig, weiß mit 2 breiten, grünen Nerven, auf dem Rücken geflügelt. ⊙ — Als Vogelfutter (Canarien= samen) im Süden gebaut. 7—8. — Bei uns zuweilen ausgesamt u. verwildert.

1133. **P. arundinácea.** L. Rohrblättr. G. — W. ausläufer= treibend; Halm hoch, rohrartig; Bl. breit=lineal, zugespitzt; Rispe ver= längert, gelappt, während der Blthzeit abstehend, vor u. nach dem Blü= hen zsgezogen; Aehrchen büschelig=zsgestellt, strohgelb, oft vio= lett überlaufen; Balgklappen flügellos; Zwitterblüthen kahl, die un=

---

[1] φαλαρίς, das Kanariengras; wohl von φαλαρός, glänzend, wegen der glän= zenden Fruchtspelzen.

fruchtb. Blth. lang=behaart; Fr. glänzend. ⚄ — Ufer der Flüsse, Bäche, Teiche, Wassergr., Weidenw., nasse Wiesen. ˙6—8˙ — Var. b. picta. Bl. weiß= gestreift (Bandgras). — Die Stammart im Geb. häufig u. stets gesellig; die var. b. in Gärten als Ziergras häufig angepfl.

443. Hieróchloa[1]). Gmel. **Darrgras**.

Aehrchen mit einer oberen Zwitterblth. u. zwei unteren männlichen, die Zwitterblth. mit 2, die männl. Blth. mit 3 Stbgf.; Balg 2=klappig; Spelzen häutig, grannenlos oder sehr kurz begrannt; Gf. lang; N. behaart, fast sprengwedelf.; Fr. bedeckt, zsgedrückt. — Aehrchen in Rispen.

1134. H. odoráta. Wahlb. Wohlriechendes D. — W. kriechend; oberstes Bl. des Halms kurz, lancettl., Bl. der nicht blühenden Triebe lang, lineal, zugespitzt; Rispe während der Blth. ausgebreitet, Aeste geschlängelt; Blthstielchen kahl; Aehrchen zsgedrückt, glockenf., trockenhäutig, glän= zend, bräunlich=bronzefarben. — Wohlriechend. ⚄ — Lichte Wälder, Wiesen. 5—6. — Nur im Al. der Elbe u. auch hier selten. 4 S. Kapitelbusch. 4 B. Löbberitzer F. 4 Z. Kühnauer F. (Saalberge).

444. Anthoxánthum[2]). L. **Ruchgras**.

Aehrchen 1=blth., in ährenf.=zsgezogenen Rispen; Balg 2=klap= pig, die obere Klappe die Blth. einschließend, doppelt so lang als die untere; Spelzen der Zwitterblth. wehrlos, am Grunde mit 2 be= grannten Spelzen fehlgeschlagener Blth.; Stbgf. 2; Gf. lang; N. fädl., behaart; Fr. bedeckt.

1135. A. odorátum. L. Gemeines R. — W. faserig, rasen= bildend, vielstengelig; Bl. lineal, zugespitzt; ährenf. Rispe zieml. locker; Aehrchen grünbräunlich=gelb; Granne der unfruchtb. Spelzen ungefähr so lang als die zugespitzte obere Balgklappe. — Wohlriechend. ⚄ — Wiesen (bes. moorige), Triften, Grasgr., Anhöhen, Wälder, Erlenbr. ˙5—6, auch im Herbst. — Im Fl. u. Dl. gemein; ebenso auf den Bruchwf. des Al., sonst im Al. weniger häufig.

5. Gruppe. **Alopecuroideen**. Aehrchen von der Seite her zsgedrückt, 1=blth., ohne Ansatz zu einer unteren, ab. zuweilen mit einem Ansatz zur oberen Blth.; N. verlängert, fädl. behaart, aus der Spitze des Aehrchens hervortretend.

445. Alopecúrus[3]). L. **Fuchsschwanz**.

Aehrchen 1=blth., in walzl., ährenf.=zsgezogenen Rispen; Balg 2=klappig, Klappen fast gleich lang, mit gewimpertem Kiel; Bälg= lein einspelzig, schlauchf., gespalten, auf dem Rücken begrannt; Gf. lang.; Fr. bedeckt.

1136. A. praténsis. L. Wiesen=F. — W. schief u. kurz, ob. etwas kriechend, wenig=stengelig; Halm aufrecht, am Grunde öfters gekniet, kahl; Bl. zieml. breit=lineal; Blatthäutchen kurz, stumpf; Balgklappen spitz; Granne doppelt so lang als das Aehrchen; Staubb. blaßgelb od. schwarzblau. ⚄ — Fruchtbare Wiesen, Dämme, Grasgr., Bäche, grafige

---

1) Von ἱερός, heilig, u. χλόα, das junge Gras. — 2) Von ἄνϑος, Blüthe, und ξανϑός, gelb; wegen der gelben Staubb. — 3) Von ἀλώπηξ, Fuchs, u. ὀυρά, Schwanz; wegen der fuchsschwanzartigen ährenf., Rispen.

Ufer, Weidenw., grafige Waldplätze. 5—6 u. Herbst. — Im Geb. auf fruchtb. Boden gemein.

1187. A. geniculátus. L. **Geknieter F.** — W. mehrstengelig; Halm aus liegender Basis aufsteigend, meist wiederholt gekniet; Bl. lineal, meist grasgrün; Blatthäutchen längl.; Balgklappen stumpf; Granne schwärzl., fast doppelt so lang als das Aehrchen; Staubb. gelbl. ob. bläul., nach dem Verstäuben schmutzig=braun. ⊙ — Nasse Wiesen, Triften, grasige Waldstellen, Gräben, Ausstiche, Lachen, Teich= ränder, Bäche, Ufer. 5·—9· — Im Geb. gemein.

1188. A. fulvus. Sm. **Rothgelber F.** — Bl. blaugrün; Granne weißl., sehr kurz, kaum das Aehrchen überragend; Staubb. hellgelb, nach dem Verstäuben schön orangengelb; sonst wie vor. ⊙ — Nasse Wiesen, grasige Waldstellen, Erlenbr., Gräben, Ausstiche, Lachen, Teich= ränder, Bäche. 5·—9· — Im Sand=Fl., Dl. u. Sand=Al. häufig; im übrigen Geb. seltener.

446. Phléum. L. Lieschgras.

Aehrchen 1=blth., in walzl., ährenf.=zsgezogenen Rispen; Balg 2=klappig, Klappen fast gleich lang, gekielt=zsgedrückt, (b. u. A.) an der Spitze abgeschnitten u. kurz=begrannt; Bälglein zwei= spelzig, häutig; Gf. mäßig lang; Fr. bedeckt.

1139. P. Boehméri. Wibel. **Böhmer's L.** — W. einen Rasen von fruchtb. Halmen u. unfruchtb. Blätterbüscheln treibend; Halm aufrecht, am Grunde öfters gekniet; Bl. **blaugrün**, lineal, zugespitzt; ährenf. Rispe dünn, verlängert=walzl., Rispenäste kurz, anliegend, aber beim Biegen der Aehre von der Spindel abstehend; Balgklappen lineal=längl., schief=abgeschnitten, sehr kurz begrannt, auf dem Rücken rauh. ♃ — Trockene Hügel, Grasabh., Haiden. 6—7. — Im Sand=Fl. u. Dl. zerstreut; auch auf Hügeln mit nord. Granb. Z. B. 1 C. Am Friedhof bei Rogtförbe. 1 B. Letzlinger F. (Mizhorfer B. bei Dolle); Schärensche F.; hohes Elbuf. Sandfurth=Rehnert. 2 N. Uferabh. des Papenteichs; Wellenberge; Veltheimsche F.; Neuhaldensl. F. 2 W. Ramst. u. Rogätzer F.; Eisenbahnabh. an der Baubude. 2 B. Hohlweg der Hohensedener Mühle; Grasabh. hinter dem Bierkeller bei Burg; Weinberg bei Hohenwarte. 4 Mö. Papstb. F. 3 L. Hoher, sand. Grasabh. zw. Kupferhammer u. Dörnitz. 4 S. Froher B. 4 B. Scharlebener Holz bei Dornburg. 4 Z. Oberbusch bei Alten.

1140. P. praténse. L. **Wiesen=L.** (Timotheusgras). — W. mehrstengelig; Halm aufrecht ob. aufsteigend; Bl. grasgrün, zieml. breit= lineal, zugespitzt; ährenf. Rispe dick=walzl.; Rispenäste sehr kurz, auch beim Biegen der Aehre nicht=anliegend; Balgklappen längl., quer abgeschnitten, kurz=begrannt, am Kiele steif=gewim= pert. ♃ — Wiesen, Raine, Grasgr., Wegränder, grasige Waldstellen, Bäche, Ufer. 6·—9·   Var. b. nodosum L. (als Art); Halm über der W. zwiebe= lig verdickt, niederliegend=aufsteigend, Aehre kurz=walzenf. — Die Stammart im Geb. gemein, var. b. an trockenen Stellen nicht selten.

6. Gruppe. Oryzeen. Aehrchen von der Seite her zsge= drückt, 1=blth.; Balgklappen fehlend ob. sehr klein; N. aus der Seite des Aehrchens hervortretend.

447. Leersia. Solander. Leersie.

Aehrchen 1=blth., in lockeren Rispen; Balg fehlend; Spelzen papierartig mit grünen Nerven, grannenlos, fast gleich, die untere viel breiter und die obere einschließend; N. federig; Fr. v. den Spelzen lose bedeckt.

1141. L. oryzoídes. Swartz. (Oryza clandestina. A. Braun).

Reisartige L. — W. ausläufertreibend; Halm aufsteigend, auf den Knoten behaart; Bl. breit=lineal, nebst den Scheiden sehr scharf; Rispe lockerblüthig, in den Blattscheiden mehr ob. weniger, oft ganz eingeschlossen, Rispenäste schlängelig; Aehrchen 3=männig, halb=oval, gewimpert. ♃ — Wassergr., Teichränder, Bäche. 8—9. — Im Geb. nicht häufig, aber gesellig; z. B. 2 N. Helzebach u. Wgr. am Bullenberge bei Kl. Bartensl. Veltheimsche F. (Schaafschwemme am Teich). 2 B. Ihle bei Burg. 4 O. Espenlache u. Arm der Bode bei Oschersl. 4 Z. Türkenteich im Schloßgarten; Freigraben bei der Breitenstraßen=Mühle.

7. Gruppe. Agrostideen. Aehrchen von der Seite her mehr ob. weniger zsgedrückt, 1=blth.; Balg 2=klappig; Sf. fehlend ob. kurz; N. federig, am Grunde des Aehrchens heraustretend; Karyopse mit den häutigen Spelzen bedeckt.

448. Agróstis. L. **Windhalm.**

Aehrchen 1=blth., gestielt, klein, in ausgebreiteten Rispen; Balg 2=klappig, zsgedrückt, länger als die Blth.; Klappen gekielt, spitz, die untere länger; Spelzen häutig, kahl ob. am Grunde mit sehr kurzen Haaren besetzt, begrannt ob. grannenlos; obere Spelze zuweilen fehlend; Sf. sehr kurz.

A. Blätter sämmtlich flach; obere Spelze stets vorhanden.

1142. **A. stolonífera.** L. (A. alba. L.). Ausläufertreibender W. — W. kriechend, ausläufertreibend; Halm aufsteigend; Bl. lineal, flach, scharf; Blatthäutchen längl.; Rispe längl.=kegelf., Aeste fast wagerecht=abstehend, zur Blüthezeit abstehend, später zsgezogen; Aehrchen grünl.=weiß ob. violett, meist grannenlos, selten kurz=begrannt. ♃ — Wälder, Haine, Wiesen, Triften, Anhöhen, Raine, Grasgr., Wegränder, Aecker (bes. Brache), Weidenw., Ufer. 6—7. — Gemein.

1143. **A. vulgáris.** With. Gemeiner W. — W. kurze ob. verlängerte Ausläufer treibend; Halm aufrecht ob. aufsteigend; Bl. lineal, flach, scharf; Blatthäutchen kurz, abgeschnitten; Rispe längl.=eif.; Aeste fast wagerecht=abstehend; Aestchen nach allen Seiten hin gespreizt, auch zur Fruchtzeit abstehend; Aehrchen violett ob. grünl.=weiß, grannenlos. ♃ — Wälder, Wiesen, Triften, Grasgr., Wegränder, Weidenw., Ufer. 6—7. — Im Geb. meist gemein, bes. in Wäldern, sonst nicht so häufig wie vor.; von dieser durch die stets gespreizte Rispe sofort zu unterscheiden.

B. Die Wurzelblätter zsgefaltet=borstlich; obere Spelze meist fehlend.

1144. **A. canína.** L. Hunds=W. — W. kriechend; Halm aufsteigend; Wurzelbl. borstlich, in Büscheln, Halmbl. lineal, flach, scharf; Blatthäutchen längl.; Rispe längl.=eif., Aeste u. Aestchen während der Blthzeit gespreizt, später zsgezogen; Aehrchen violett, selten gelbl., begrannt, sehr selten grannenlos. ♃ — Sumpfige u. moorige Wiesen u. Waldwiesen, nasse Gräben, Ausstiche. 6—7. — Im Sand=Fl. u. im Tl. zieml. häufig, sonst selten. Z. B. 1 C. Wgr. bei Zobbenitz; Wiesenniederung bei Böddensell; Knollwf. bei Flechtingen. 1 B. Burgstaller F.; Schernebecker Fenn; Fenn Briest=Birkholz; Saurer Grund zw. Birkholz u. Wahlwinkel. 2 N. Bartensl. F.; moor. Vertiefung Zernitz=Bülstringen; Vertiefungen der Ohrewiesen am Schwarzen Pfuhl u. bei Bülstringen; Moosbruch. 2 B. Hungeriger Wolf; Sumpf bei Möser; Grabower F. 3 Mö. Grasniederung bei Dannigkow. 3 L. F. Magdb. Forth. 4 S. Kesselteich bei Pretzien. 4 B. Ausstich an der Ehle Gommern=Dannigkow. 4 Z. Nasse Kiesgrube bei Zerbst; Butterdamm. — Von den beiden vor. durch die Büschel der borstenf. Wurzelbl. leicht zu unterscheiden.

Monocotylen mit bobenſt. Stbgf.

449. Apéra. Adans. **Windfahne.**

Untere Balgklappe kleiner als die obere; ſonſt wie Agrostis.

1145. A. Spica venti. Beauv. Gemeine W. — W. faſerig, mehr=
ſtengelig; Halm aufrecht; Bl. lineal, flach; Blhäutchen längl.; Rispe
groß, weitſchweifig, zur Blthzeit geſpreizt, ſpäter zſgezogen; Aehr=
chen grünl.=gelb ob. grünröthl., glänzend, lang=begrannt, Granne
ſehr fein, 3—4 mal ſo lang als die Spelze; Staubb. lineal=längl. ☉ —
Aecker unter der Saat; auch wohl Grasgr., Wegränder. 7—8. — Im Geb.
gemein, beſ. in den Sandgegenden, hier im Getreide ein ſehr läſtiges Unkraut.

450. Calamagróstis. Roth. **Reitgras.**

Aehrchen faſt mittelgroß; Spelzen am Grunde mit mehr ob.
weniger langen Haaren beſetzt, Haare ſtets länger als der Quer=
durchmeſſer der Spelze; ſonſt wie Agrostis.

1. Rotte. Aehrchen ohne Anſatz zu einer zweiten Blth.

1146. C. lanceoláta. Roth. Lancettliches R. — W. kriechend;
Halm ſchlank, bis oben beblättert; Bl. lineal bis ſchmal=lineal, lang=
zugeſpitzt; Rispe längl., ſchlaff; Aehrchen violett ob. grün; Balgklappen
lancettl., lang=zugeſpitzt; Haare kürzer als der Balg, aber länger
als die Spelzen; Spelze begrannt, Granne endſt., ſehr kurz, aus
einer kleinen Ausrandung hervortretend, kaum länger als dieſe u. mit
Mühe ſichtbar. ♃ — Feuchte Wieſen, Teichränder, feuchtes Gebüſch, Erlenbr.
6—7. — Im Fl. u. Dl. zerſtreut; z. B. 1 B. Burgſtaller F.; Fenn Brieſt=Birkholz.
2 N. Bartenſl. F.; Budegrin; Plankenſee fr. (Butterwinkel). 2 W. Rogätzer F. (Unter=
hagen). 2 B. Güſener F.; Erlenbr. zw. Güſen u. Ihleburg; Bürgerholz; Wüſtenhuſen.
3 Mö. Lochauer F. 3 L. Tuchheimer F.; Erlenbr. bei Reesdorf. 4 E. Hakel (teichartige
Niederung im Stellſtedtenhau). 4 S. Keſſelteich bei Pretzien. 4 B. Sumpfwi. u. Erlenbr.
zw. Pretzien u. Dornburg. 4 Z. Jütrichauer Bſch.

1147. C. epigeios[1]). Roth. Land=R. — W. kriechend; Halm ſteif=
aufrecht, oben rauh; Bl. breit=lineal, lang=zugeſpitzt, ſchilfartig;
Rispe ſteif=aufrecht, gelappt; Aehrchen grün, mehr ob. weniger violett
überlaufen; Balgklappen lancettl.=pfrieml., auf dem Kiele ſcharf;
Haare faſt ſo lang als der Balg; Spelze etwa halb ſo lang als der
Balg, Granne aus der Mitte des Rückens hervortretend, gerade,
kürzer als die Haare. ♃ — Lichte Waldſtellen, naſſe Wieſen, Gräben,
Teichränder, Bäche, Ufer. 6—7. — Im Geb. meiſt häufig u. geſellig.

2. Rotte. Aehrchen mit einem behaarten, aus der Baſis der
oberen Spelze hervortretenden Stielchen, als Anſatz zu einer
zweiten Blth.

1148. C. stricta. Nutt. (C. neglecta. Fr.). Steifähriges R. —
W. kriechend; Halm ſteif=aufrecht; Bl. ſchmal=lineal, lang=zugeſpitzt;
Rispe ſteif=aufrecht, dünn, am Grunde gelappt; Aehrchen hellviolett ob.
bräunlich; Balgklappen lancettl.=ſpitz; Haare kürzer, aber faſt ſo
lang als die Spelze; Spelze faſt ſo lang als der Balg, Granne
unterhalb der Mitte des Rückens entſpringend, gerade, nur ſo lang als die
Spelze. ♃ — Sumpfige Wieſen. 6—7. — Nur im Dl. u. auch hier ſelten. 1 B.
Wieſennniederung bei Zibberick. 2 B. Hungeriger Wolf; Wſ. bei Möſer. 4 B. Sumpfwſ.
zw. Pretzien u. Dornburg.

1149. C. silvática. Dec. (C. arundinacea. Roth.) Wald=R. —
W. raſenbildend; Aehrchen grünl.=gelb, Haare kurz, 4 mal kürzer als die

---

[1]) Von ἐπίγειος, (ἐπί u. γῆ), an, auf der Erde; ſo viel als Landpflanze.

Gräser (Agrostideen; Stipaceen).

Spelze; **Granne gekniet, über den Balg hinausragend;** sonst wie vor. ♃ — Schattige Wälder. 7—8. — Im Fl. u. Dl. ziemel. häufig; z. B. 2 N. Bartensl. F.; Ercl. F.; Bischofswald; Altenh. F.; Embener F.; Budegrin; Alvensl. F. Welth. F.; Wellenberge; Colbitzer Linden. 2 B. Bürgerholz; Grabower F. 3 S. Hohes u. Saures Holz. 3 Mö. Papstb. F.; Verdung. 3 L. F. Magdb. Forth. 4 E. Hakel (reichl.). — Durch die 'aus dem Aehrchen hervorragende, feine, verhältnißmäßig lange Granne von allen übrigen Arten leicht zu unterscheiden.

451. Psamma [1]). Beauv. **Sandried.**

Aehrchen groß; Rispe ährenf.-zsgezogen; untere Balgklappe etwas kleiner als die obere; sonst Alles wie Calamagrostis.

1150. P. arenária. Römer u. Schult. (Ammóphila ar. Link.) Sand-S. — W. kriechend, gegliedert; Halm kaum länger als die Bl.; Bl. hell-blaugrün, schmal-lineal-eingerollt, pfrieml.-spitz; Rispe ährenf., lancettl.-walzl.; Aehrchen strohgelb; Balgklappen lineal-lancettl., spitz, kahl; Spelze so lang als der Balg, an sich kahl, grannenlos; Haare am Grunde der Spelze, 3 mal kürzer als diese. ♃ — An sandigen Orten. 6—7. — Nur im Dl. u. auch hier nicht häufig, aber sehr gesellig. 3 M. Sandhöhen zw. Biederitz u. Gerwisch; Fuchsberg bei Königsborn. 4 B. *Friederikenberg an der Terrasse. — Von dem auf gleichem Standorte vorkommenden, im Habitus u. in der blaugrünen Färbung sehr ähnlichen Elymus aren. auch durch die kahlen Bälge u. die an sich kahlen, wenn auch am Stiele behaarten Spelzen unterschieden.

8. Gruppe. **Stipaceen.** Aehrchen auf beiden Seiten convex, vom Rücken her ein wenig zsgedrückt ob. stielrund, 1blth.; Balg 2-klappig, untere Klappe größer; Gf. fehlend ob. kurz; N. federig, an den Seiten des Aehrchens heraustretend; Karyopse von den erhärteten Spelzen bedeckt.

452. Milium. L. **Hirsegras.**

Aehrchen 1-blth., gestielt, klein, in ausgebreiteten, lockeren Rispen; Balg 2-klappig, beiderseits convex ob. v. Rücken her ein wenig zsgedrückt, länger als die Blth.; Klappen bauchig, fast gleich lang; Spelzen grannenlos, zuletzt knorpelig, die untere eif., bauchig.

1151. Milium effúsum. L. Ausgebreitetes H. — W. kriechend; Halm kahl; Bl. breit-lineal, zugespitzt; Rispe abstehend, Aeste halbquirlig, zuletzt zurückgebogen; Aehrchen hellgrün. ♃ — Schattige Wälder, Haine. 5—7. — Im Fl. häufig, u. auch im Dl. im Al. nicht selten.

453. Stipa. L. **Pfriemengras.**

Aehrchen 1-blth., gestielt, groß, sehr schmal, in ziemel. einfachen Rispen; Balg 2-klappig, länger als die Blth., Klappen spitz, fast gleichlang; Spelzen zuletzt knorpelig, untere Spelze walzlich zsgerollt, sehr lang begrannt, Granne gedreht. — W. dichte Rasen bildend; Halm bis oben beblättert; Rispe unten von der Blattscheide umhüllt.

1152. S. pennáta. L. Federiges Pf. (Federgras). — Bl. blaugrau, borstenf.; Granne sehr lang, gekniet, der untere vierte Theil kahl, enggedreht, der lange, nicht gedrehte, obere Theil fein-federig, die Haare anfangs anliegend, später abstehend, weiß-glänzend. ♃ — Trockene Hügel, felsige Abhänge. 5—6. — Im Geb. selten, durch die Cultur mehr u. mehr verdrängt. 4 B. Diebzigen Bsch. (Hasselberg). 4 Z. Oberbusch (nördl. Saum). 5 B. Wilder Busch (oberer Saum) u. felsiges linkes Saaluf. bei Rothenburg.

---

1) ψάμμα, Sand; mit Bezug auf den sandigen Standort.

1153. S. capilláta. L. Haarförmiges P. — Bl. blaugrau, zsgerollt, fadenf.; Granne sehr lang, gekniet, wellig-gedreht, überall kahl, strohgelb, glänzend. ♃ — Trockene Höhen u. Abhänge, Hohlwege, alte Steinbrüche. 7—8. — Im Fl. u. Dl. nicht selten, nam. auf den Höhen mit nordischem Grand, u. an den hohen Uferabhängen der Elbe, Saale, Bode, Wipper, Bever u. Olve.

9. Gruppe. Arundinaceen. Aehrchen 2- bis mehrblth., gestielt, Gf. verlängert; N. sprengwedelf.

454. Phragmites[1]). Trin. Rohrschilf.

Aehrchen 3—7-blth., mittelgroß, zahlreich, in ausgebreiteten Rispen; Balg 2-klappig, ungleich, kürzer als die Spelzen; die untere Blth. männl., kahl, die anderen zwitterig, von langen Haaren umgeben; Spelzen lang-zugespitzt, grannenlos; Fr. frei.

1154. P. communis. Trin. Gemeines R. — W. kriechend; Halm steif-aufrecht; Bl. blaugrün, lancettl., lang-zugespitzt; Rispe groß, ausgebreitet, während der Blüthe abstehend, später zsgezogen; Aehrchen dunkel-violett, später verblassend. ♃ — Teiche, Ausstiche, Wassergr., Bäche, Ufer, auch nasse Wiesen u. nasse Sand. Aecker. 8'—9'. Gemein.

10. Gruppe. Sesleriaceen. Aehrchen 2—reichblth.; Balg groß, fast die Blth. bedeckend; Gf. fehlend ob. sehr kurz; N. fädl., aus der Spitze der Blth. hervortretend.

Sesléria. Arduin. Seslerie.

Aehrchen 2—6-blth., in dicht-zsgezogenen, ährenf. Rispen; Balg 2-klappig, häutig; Blth. zwitterig, untere Spelze gekielt, stachelspitzig ob. begrannt; Gf. sehr kurz ob. fehlend; N. sehr lang; Fr. bedeckt.

S. coerulea. Arduln. Blaue S. — W. schief-aufsteigend, mit weißen Scheiden besetzt, rasenbildend; Halm aufrecht ob. aufsteigend; Bl. lineal, flach, oben plötzlich in eine rauhe Spitze zsgezogen; übrige Rispe eif. bis längl.; Aehrchen bläulich-glänzend, 2—3-blth., meist einseitswendig; untere Spelze mit einer kurzen Granne u. 2—4 Borsten. ♃ — Felsige ob. trockene Anhöhen u. Abhänge. Kalkfelsen. 3—4. — Nach Schwabe bei Bernburg, Alsl. u. Sandersl.; in neuerer Zeit nicht aufgefunden.

11. Gruppe. Avenaceen. Aehrchen 2—mehrblth., gestielt; Balg groß, sämmtl. Blth. fast ob. ganz bedeckend; Gf. sehr kurz ob. fehlend; N. federig, aus der Basis der Blth. hervortretend.

455. Koelèria. Pers. Kölerie.

Aehrchen 2—mehrblth., in zsgezogenen, ährenf. Rispen; Balg 2-klappig, gekielt, zsgedrückt; Blth. zwitterig, untere Spelze (u. A.) grannenlos; Gf. sehr kurz; Fr. bedeckt.

1155. K. cristáta. Pers. Kammförmige K. — W. rasenbildend; Halm aufrecht ob. aufsteigend, kahl; Bl. grasgrün, selten blaugrün, schmallineal, flach, die unteren gewimpert; Blattscheiden behaart; Rispe locker-ährig, am Grunde unterbrochen; Aehrchen gelbl.-weiß, oft violett gescheckt, glänzend, 2—4-blth.; untere Spelze zugespitzt ob. stachelspitzig. ♃ — Hügel, Abhänge, Raine, trockene Wiesen, Grasgr., Steinbr., Weg- u. Waldränder, Haiden. 5'—7'. — Im Fl. u. Dl. sehr häufig; im Al. vorzugsweise auf dem Bruchwf.

1156. K. glauca. Dec. Blaugrüne K. — Halm oben kurz-flaumhaarig; Bl. blaugrün, schmal-lineal, rinnig, nebst den Blattscheiden kahl; Aehrchen grünl.- ob. bräunl.-weiß, 2—3-blth.; untere Spelze stumpflich; sonst wie vor. ♃ — Sandige Hügel, Triften, Haiden. 6—7. — Im Dl. zieml. häufig;

---

1) *γράμμα*, Zaun, *γραμμίτις*, zum Zaune dienlich.

Gräser (Avenaceen).

auch an sand. Stellen des Elb=Al. 3. B. 1 B. Wasenberg bei Schernebeck; Kiefern zw. Sand=Beiend. u. Rogäßer F.; Sandtrift neben der Ch. Angern=Burgstall; Kiefern bei Sandfurth. 2 W. Kiefern bei Lindhorst. 2 B. Sandhügel bei Pareh (wie ges.); Sand= hügel bei Ihleburg u. zw. Ihleburg u. Parchau; Detershagener F. u. Kiefern an der Ch. südl. v. Schermen. 3 M. Anlagen am Herrnkrug; Weinberg bei Königsborn; Rothehorn= Spitze. 4 S. Sandhügel zw. Kreuzhorst u. Randau; F. Vogelgesang. 4 B. Sandhügel zw. Pretzien u. Dornburg. 4 Z. Berensdorfer F.

456. Aira. L. Schmiele.

Aehrchen 2=blth. in ausgebreiteten Rispen; Balg 2=klappig, zsgedrückt, ungefähr so lang als die zwitterigen Blth.; untere Spelze an der Spitze gezähnelt, am Grunde od. auf dem Rücken begrannt; Gf. sehr kurz; Fr. bedeckt.

1157. A. caespitósa. L. Rasen=S. — W. dicht=rasig; Halm aufrecht od. aufsteigend; Bl. lineal, flach, starknervig, oben sehr scharf; Blatthäutchen verlängert; Rispe sehr groß, breit=pyramidenf., vor u. nach der Blüthe zsgezogen; Aehrchen klein, grün=bräunl., glänzend; Spelze auf dem Rücken begrannt, Granne wenig sichtbar, kürzer als die Spelze od. etwas länger. ♃ — Feuchte Wälder, nasse Wiesen, Triften, Gräben, Bäche, Ufer, Weidenw. 7—8. — Variirt je nach der größeren od. ge= ringeren Feuchtigkeit des Standorts mit höherem od. niederem Rasen, mit langen od. kurzen Bl.; die Rispe erscheint zuweilen lebendig gebährend. — Im Geb. gemein.

1158. A. flexuósa. L. Geschlängelte S. — W. etwas kriechend; Halm aufsteigend od. aufrecht; Bl. borstenf., stielrund=fädl.; Blatt= häutchen abgestutzt; Rispe abstehend, überhängend, Aeste geschlängelt; Aehr= chen fast mittelgroß, gelb=bräunl.=bronzefarben, glänzend; Balgklappen un= gleich; Spelze am Grunde behaart u. vom Grund aus begrannt; Granne lang, gekniet, die Spelze überragend. ♃ — Trockene Wälder, Haiden, Steinbrüche: auch wohl Moorwiesen, Sumpfstellen. 6—7. — Im Sand=Fl., m. E., häufig; im Kalk=Fl. u. Dl. selten (4 E. Hakel. 4 Z. Jütrichauer Bsch.); im Al. noch nicht beobachtet.

457. Corynéphorus[1]). Beauv. Keulengranne.

Balg länger als die Blth.; untere Spelze nicht gezähnelt; Granne rückenst., gerade, oberwärts keulig, in der Mitte mit einem bär= tigen Gelenk; sonst wie Aira.

1159. C. canéscens. Beauv. (Weingärtneria can. Bernh., Aira can. L.) Graue K. — W. dichtrasig, vielstengelig; Halm oft geröthet u. mit dunkelrothen Knoten; Bl. graugrün, borstenf.; Rispe vollblth., locker=abstehend; Aehrchen klein, weißl. od. hellgrün, oft violett überlaufen; Granne unten purpurroth, kaum länger als das Aehrchen. ♃ — Sandige Triften, Wege, Haiden, trockene Höhen; auch Sand=Brachfelder. 6—7. — Im Dl. sehr häufig u. sehr gesellig; auch im Sand=Fl. u. im Sand=Al. häufig; im übrigen Al. u. im Kalk=Fl. selten (3 M. Sandtrift am Herrnkrug. 4 S. Westerhüsener u. Frohier B.; Elbuf. bei Zachmünde. 5 B. Sandige Grubenschlucht bei Preußlitz).

458. Holcus. L. Honiggras.

Aehrchen 2=blth., die untere Blth. zwitterig, wehrlos, die obere männl., begrannt; Rispe locker, gelappt, am Grunde zur Blüthezeit abstehend; Balg 2=klappig, Klappen häutig, gekielt=gewim= pert, länger als die Blth.; untere Spelze an der Spitze ungetheilt; Gf. sehr kurz; Fr. bedeckt. — Blätter, Blattscheiden u. Halme behaart.

---

1) Von κορύνη, Keule, u. φέρω, tragen; wegen der keulenf. Granne.

1160. H. lanátus. L. **Wolliges H.** — W. faserig, lockere Rasen bildend; Halme u. Bl. dicht=weich=behaart; Aehrchen fast mittelgroß, weißlich, oft violett überlaufen; Granne sehr kurz, meist im Balg eingeschlossen, selten etwas sichtbar. ♃ — Wälder, Wiesen, Grasgr. 6—8. — Gemein.

1161. H. mollis. L. **Weiches H.** — W. kriechend; Halm nebst den Bl. behaart; Aehrchen fast mittelgroß, hellgrün, später gelblich; Granne über den Balg sehr deutlich hervorragend. ♃ — Wälder, Gebüsch; auch wohl Wiesen, Grasgr., Sandäcker. 7—8. — Im Sand=Fl., m. E., u. im Dl. häufig u. meist sehr gesellig; im Kalk=Fl. u. im Al. selten (4 E. Hasel. 4 Z. Kl. Zerbster Bsch. bei Aken). — Durch die weit längere Granne u. durch die schwächere Behaarung von der vor. leicht zu unterscheiden.

459. Arrhenátherum[1]). Beauv. **Glatthafer.**

Aehrchen 2=blth., die untern Blth. männlich, mit langer, gekniete Granne, die obere zwitterig, wehrlos ob. kurz=begrannt; Rispe locker; Balg 2=klappig, Klappen häutig, ungleich, die obere länger, mit den Blth. gleich lang; Spelzen am Grunde behaart; Gf. fehlend; Fr. bedeckt.

1162. A. elátius. M. u. K. **Hoher G.** — W. faserig, lockerrasig; Halm schlank, aufrecht ob. aufsteigend; Bl. lineal, flach; Rispe schmal, verlängert; Aehrchen mittelgroß, hellgrünl., glänzend; Granne schwarz ob. braun. ♃ — Wiesen, Raine, Dämme, Grasgr., Bäche, Ufer, Weidenw., Waldränder. 5'—7. — Im Geb. gemein.

460. Avéna[2]). L. **Hafer.**

Aehrchen 2—mehrblth., in meist sehr lockeren, selten zsgezogenen Rispen; Balg 2=klappig, so lang ob. länger als die Blth.; Blth. zwitterig, jedoch die oberste oft unfruchtb.; untere Spelze meist 2=zähnig, zuweilen 2=grannig ob. 2=sp., in der Regel mit rückenst., geknieter Granne; Frkn. an der Spitze behaart ob. kahl; Gf. fehlend; Fr. meist bedeckt.

1. Rotte. Aehrchen groß u., wenigstens nach dem Verblühen, hängend; Balgklappen 5—9=nervig; Frkn. an der Spitze behaart; W. jährig, faserig, unfruchtbare Blätterbüschel fehlend; Halm aufrecht; Bl. breit=lineal.

1163. A. satíva. L. **Gemeiner H.** — Rispe abstehend, allseitswendig; Aehrchen hell=grünl., meist 2=blth.; Balg länger als die Blth., obere Klappe 9=nervig; Blth. kahl, lancettl., die obere wehrlos; Axe am Grunde schwach= u. kurz=behaart, sonst kahl. ☉ — Cult. 6—8. — Var. mit lauter wehrlosen Blth. — Im Geb. überall angebaut.

1164. A. orientális. Schreb. **Türkischer H.** — Rispe zsgezogen, einseitswendig; sonst wie vor. ☉ — Cult. 7—8. — Im Geb. sehr selten gebaut.

1165. A. strigósa. Schreb. **Rauch=H.** — Rispe zieml. zsgezogen, fast einseitswendig; Aehrchen hellgrünl., meist 2=blth.; Balg so lang als die Blth., obere Klappe 7—9=nervig; Blth. kahl, lancettl., beide lang=begrannt, Granne rothbraun; untere Spelze 2=sp., Spitzen begrannt; Axe am Grunde kurz=behaart, sonst kahl. ☉ — Cult. 7—8.

---

1) Von ἄρρην männlich, u. ἀθήρ Granne wegen der lang=begrannten männl. Aehre. 2) Lat. Name dieser Gattung.

Gräser (Avenaceen). 303

— Im Geb. nicht mehr gebaut; aber öfters vereinzelt unter A. sativa, besonders in den Sandgegenden.

1166. A. fátua. L. Wilder H. — Rispe abstehend, allseitswendig; Aehrchen hellgrünl., meist 3-blth.; Balg länger als die Blth., obere Klappe 9-nervig; Blth. borstig-behaart, lancettl., alle langbegrannt; untere Spelze 2-sp., Spitzen nicht begrannt; Axe von braungelben Haaren rauhh. ⊙ — Aecker, bes. unter dem Getreide. 6—8. — Im Kalk-Fl. u. Al. sehr häufig; in den Sandgegenden nur auf fruchtb. Boden. — Von den drei vorigen durch die starke, braungelbe Behaarung der Blüthenaxe u. durch die Behaarung der Spelzen sofort zu unterscheiden.

2. Rotte. Aehrchen groß, aufrecht; Balgklappen 1—3-nervig; Frkn. an der Spitze behaart; W. ausdauernd, fruchtb. Halme u. unfruchtb. Blätterbüschel treibend; Halm aufrecht od. aufsteigend; Bl. lineal.

1167. A. pubéscens. L. Kurzhaariger H. — W. lockere Rasen bildend; Bl. lineal od. schmal-lineal, flach, auf beiden Seiten nebst den unteren Scheiden zottig; Rispe länglich, fast traubig, kürzere Aeste mit 1, längere mit 2 Aehrchen, die untern meist zu 5; Aehrchen trockenhäutig, silberweiß- und violett-geschekt, glänzend, 2—3-blth.; Balgklappen ungleich, obere länger, so lang als die Blth.; alle Blth. begrannt, Granne rothbraun; Axe behaart. ⚄ — Wiesen (besonders moorige), Dämme, Abhänge, Steinbr., Grasgr., Weg- u. Waldränder. 5—6. — Im Fl. u. Dl. häufig u. meist gesellig, auch Moorwf. oft wie ges.; auch im Al. nicht selten.

1168. A. praténsis. L. Wiesen-H. — W. Rasen bildend; Bl. schmal-lineal, halb eingerollt, oberseits sehr rauh, nebst den Scheiden kahl; Rispe länglich, traubig, die unteren Aeste zu 2 od. einzeln, die oberen einzeln, alle nur 1, selten 2 Aehrchen tragend; Aehrchen 3—5-blth.; im Uebrigen wie vor. ⚄ — Haiden, Waldränder, Hügel, Abhänge, Raine, Grasgr. 6—7. — Im Fl. u. Dl. ziemt. häufig; z. B. 1 O. Rehm. 1 B. Kiefern zw. Sand-Weiend. u. Rogäser F.; Scheerensche F. 2 N. Hügel u. Forsten des Alvensl. Höhenzuges (Kuhlagerberge bei Dönst. reichl.); Heidekniggel bei Ergl.; Erbke bei Neuhaldensl. 2 B. Petershagener F.; Grabower F.; Brandensteiner F. 3 S. Rain bei Ausl.; Hohes u. Saures H. 3 M. Gr. Wartberg bei Schnarsl. 3 Mö. Grasrand des Papstdorf-Räkendorfer Fahrweges; Lochauer F. 3 L. Nieplitzer Haide. 4 E. Gypsbruch bei Westeregeln; Hakel u. Steinbrüche weit um den Hakel (reichl.). 4 S. Wahlitzer F.; Frohser H.; Hummelsberg. 4 B. Tochheimer F. (rauhe Berg). 4 Z. Hohes Elbuf. am Friederikenberg, Schönberge u. bei Steckby; Schießstand bei Zerbst; Harzwinkel; Mosigkauer F. u. Oberbusch. 5 S. Weinberg bei Gänsefurth; Anhöhen u. Steinbr. bei Hecklingen (reichl.). 5 C. Zenser H.; Höhenrücken zw. Zens u. Brumbly; Elendsberg. 5 B. Schießh. bei Sandersl.; Drei-Hügel zw. Sandersl. u. Alsl.; Wilder Busch, und Schluchten bei Rothenburg u. Cönnern.

3. Rotte. Aehrchen mittelgroß, aufrecht; Balgklappen 1—3-nervig; Frkn. kahl; Bl. lineal, flach.

1169. A. flavéscens. L. Gelblicher H. — W. fast kriechend; Halm aufrecht od. aufsteigend; Bl. weichhaarig; Rispe längl., locker, zur Blüthezeit abstehend, die längeren Aeste mit 5—8 Aehrchen; Aehrchen trockenhäutig, gelblich, glänzend, 2—3-blth.; Balgklappen ungleich, obere länger, fast so lang als die Blth.; alle Blth. begrannt; Axe behaart. ⚄ — Wiesen, Raine, Dämme, Grasgr., Trifthöhen, grasige Waldstellen, Wegränder. 6—9. — Im Fl. zieml. häufig; im Dl. u. Al. seltener. Z. B. 1 C. Chgr. Walbeck-Hödingen; Rehm; Wf. bei Eichenrode. 2 N. Klepperberg; Allerwf. bei Gr. Bartensl.; Sülzberg bei Kl. Bartensl.; Wf. zw. Bregenst. u. Altenhausen; Chgr. Süplingen-Neuhaldensl.; Wf. bei Neuhaldensl.-Satuelle; Pever-Wf. an der Rosenmühle, bei Emden u. bei Alvensl.; Hühnerküche; Olveuf. bei Gr. Rottmersl. 2 W. Weggr. Wolmirst-Samswegen u. jüdischer Friedhof; Weggr. am Polterdamm. 2 B. Elbdamm, Rogäz gegenüber. 3 S. Hohes u. Saures H., sowie Wf., Grasgr. u. Wegränder in der Umgegend. 3 M. Herrnkrug u. Wf.; Klinke-Wf. u. Klinkegraben; Wf. bei Diesd.; Raine

u. Grasränder am Hohenbobelebener Wege. 4 O. Chgr. bei Oscherſl.; Bobe=Wſ. bei Hor=
dorf; Grasgr. u. Wſ. bei den Meierweiden. 4 E. Gypsbr. bei Westeregeln; Egelnsche
F.; Bodewſ. zw. Egeln u. Tarthun; Unseburger Holz; Hakel. 4 S. Am Hummelberg;
Rain zw. Gr. Salze u. Felgel.; Buschw.; Kapitelbſch. u. Wſ. (reichl.); Grasplatz bei
Gnabau. 4 B. Wſ. im Leitzkauer Thiergarten; Chgr. u. Trift bei Leitzkau; Grasgr. zw.
Leitzkau u. Vorw. Creſſow; Trift zw. Creſſow u. Pröbel. 4 Z. Weggr. zw. der Nuthaer
Ziegelei u. Trebnitz; Nuthewſ. bei der Wiesenmühle. 5 S. Grasabh. neben dem Hecklinger
Bach; Wſ. bei der Hecklinger Mühle; Rain=Wall beim Lerchenteich. 5 B. Wſ. bei Güſten;
Wipperwſ. bei Oſchmarsl. (reichl.); Wipperwſ. bei Sandersl.

4. Rotte. Aehrchen klein, aufrecht; Balgklappen 1—3=nervig; Frkn.
kahl; Bl. zſgerollt=borſtlich.

1170. **A. caryophýllea.** Wigg. (Aira cary. L.) Nelken=H. —
W. faserig, vielſtengelig; Halm 8—15 cm. h., aufrecht u. aufſteigend;
Rispe abstehend, ausgebreitet, 3=gabelig; Aehrchen trockenhäutig,
grünl.=weiß bis hellviolett, 2=blth., an der Spitze der Aeſtchen etwas ge=
drängt; Blthſtielchen oft kürzer als das Aehrchen; Balg länger als die
begrannten Blth. ☉ — Sandtriften, Haiden, Waldränder, trockene An=
höhen, Grasgr., Wegränder, ſandige Brachäcker. 5—6. — Im Dl. ſehr häufig
u. ſehr geſellig; auch im Sand=Fl., m. E., u. im Sand=Al. nicht ſelten; im übrigen Al.
u. im Kalk=Fl. ſelten (3 M. Krakauer Anger; Schwalbenufer bei Buckau; Schnarsl. B.
4 S. Frohſer B.).

1171. **A. praecox.** Beauv. (Aira pr. L.) Früher H. — W. faserig,
mehrſtengelig; Halm 5—12 cm. h., ſteif=aufrecht; Rispe zſgezogen,
ährenf.; Aehrchen trockenhäutig, am Grunde grün, oben gelb, glänzend,
2=blth.; Balg länger als die begrannten Blth. ☉ — Haiden, Sandtriften,
trockene Anhöhen, Wegränder, ſand. Brachäcker, Torfſtiche, Erlenbr. 5—6.
— Im Dl. häufig u. ſehr geſellig; auch im Sand=Fl., m. E., u. im Sand=Al. nicht ſelten;
im übrigen Geb. ſehr ſelten (3 M. Schnarsl. B.).

461. Triódia. R. Br. **Dreizahn.**

Aehrchen 3—5=blth., in traubigen, armblüthigen Rispen;
Blth. zwitterig; Balg 2=klappig, bauchig, länger als die Blth.;
untere Spelze an der Spitze 3=zähnig, grannenlos; Frkn. kahl;
Gf. kurz; Fr. bedeckt.

1172. **T. decúmbens.** Beauv. (Sieglingia dec. Bernh.) Liegender
D. — W. rasenbildend, faſt kriechend; Halm liegend, ſpäter aufſteigend u.
aufrecht; Bl. schmal=lineal, rinnig, nebſt den Scheiden behaart;
Rispe traubig, Aeſte einfach, 1—3 Aehrchen tragend; Aehrchen zieml.
groß, hellgrün, längl.=eif. ♃ — Moorige Wiesen, Triften, Haiden,
trockene Wälder, Anhöhen, Erlenbr. 6—7. — Im Sand=Fl., m. E., u. im Dl.
ſehr häufig u. geſellig; im Kalk=Fl. u. Al. ſelten (3 M. Schnarsl. B. 4 S. Frohſer B.
5 B. Pfaffenbuſch bei Frecklehen).

462. Mélica. L. **Perlgras.**

Aehrchen mehrblth. (1—2 Zwitterblth. u. oben 1 geschlechts=
lose, welche 1 od. mehrere unvollkommene einſchließt), in Trauben ob.
Rispen; Balg 2=klappig, häutig, die Blth. umfaſſend; Blth. wehrlos; Gf.
mäßig lang; Fr. bedeckt.

1173. **M. ciliáta.** L. Gefranstes P. — W. rasenbildend; Halm
aufrecht; Bl. blaugrau, ſchmal=lineal, ſpäter etwas eingerollt; Rispe
zſgezogen, ährenf.; Aehrchen zuletzt ſtrohgelb, glänzend; Spelzen
lang=ſeidenhaarig=gewimpert; Karyopse glatt, dunkelbraun, glän=
zend. ♃ — An felſigen Orten. 5—6. — Bisher nur: 5 B. Linkes, felſiges Saaluf.
bei Rothenburg. — Erreicht hier die Nordgrenze.

Gräser (Festucaceen).

1174. M. uniflóra. Retz. Einblüthiges P. — W. kriechend; Halm aufsteigend; Bl. lineal, flach; Rispe langästig, flach-ausgebreitet, Aeste 1- ob. 2-ährig; Aehrchen aufrecht, breit-eif.; Balg violett; Spelzen hellgrün, kahl. ⚘ — Schattige Laubwälder. 5—6.
— Im Fl. ziemt. häufig u. gesellig; im Tl. selten. Z. B. 1 C. Isern Hagen; Schierholz; Rohrberg; Rehm; Stemmerberg bei Hörsingen; Behnsd. F. 1 B. Buktum (Fohlenbucht, wie gef.). 2 N. Klepperberg; Bartensl. F.; Errl. F.; Bischofswald; Altenhausener F.; Bodendorfer F.; Embener F.; Wellenberge. 2 W. Rogätzer F. (Dornberg). 3 S. Marienborner F.; Lenchen Bsch. 5 B. Sandersl. Bsch.; Fredl. Bsch.

1175. M. nutans. L. Nickendes P. — W. kurze Ausläufer treibend; Halm aufsteigend; Bl. lineal, flach; Traube einseitswendig; Aehrchen kurz-gestielt, hängend, breit-eif.; Balg dunkel-violett; Spelzen hellgrün, kahl ⚘ — Schattige Wälder. 5—6. — Im Fl. häufig; auch im Tl. nicht selten; im Al. nur im Sand-Al. (4 B. Löbberitzer F. 4 Z. Kühnauer F.)

12. Gruppe. Festucaceen. Aehrchen 2—vielblth., gestielt; Balg klein, kürzer als die nächste Blth.; Gf. sehr kurz ob. fehlend; N. federig, aus der Basis der Blth. hervortretend.

463. Briza. L. Zittergras.

Aehrchen 3—vielblth., in ausgebreiteten Rispen; Balg 2-klappig, häutig; Blth. wehrlos, dicht-dachig-zweizeilig geordnet; untere Spelze eif., stumpf, bauchig, am Grunde herzf.; Gf. kurz; Fr. mit den inneren Schuppen verwachsen.

† **B. máxima. L. Großes Z.** — Bl. lineal; Blatthäutchen verlängert; Rispe überhängend; Aehrchen sehr groß, weißl., eif., 9—17-blth. ☉ — Zierpfl. aus Südeuropa. 5—6. — Oefters in Gärten.

1176. B. média. L. Mittleres Z. — W. kriechend; Halm aufrecht u. aufsteigend; Bl. lineal; Blatthäutchen kurz, abgeschnitten; Rispe aufrecht, abstehend; Aehrchen mittelgroß, gescheckt, glänzend, breit u. kurz, fast herzf.; 5—9-blth.; Balg violett; Blth. grüngelb, zum Theil violett angelaufen. ⚘ — Wiesen (bes. moor.), Triften, Raine, Grasgr., Anhöhen, Wälder. 5—7. — Im Fl. u. Tl. gemein; auch im Al. der Bode u. Saale und im Sand-Al. häufig; im Thon-Al. der Elbe seltener.

† **Eragróstis. Beauv. Liebesgras.**
Aehrchen meist vielblth. (5—10), zsgedrückt, in lockern Rispen; Balg 2-klappig; Blth. wehrlos; untere Spelze abfällig, obere bleibend; Gf. kurz.

† **E. poaeoídes. Beauv. (E. minor. Host.) Rispengrasähnliches L.** — W. faserig, mehrstengelig; Bl. schmal-lineal; Blattscheide knorrig, an der Mündung bärtig-gewimpert; Aehrchen grün, violett angelaufen, längl.-lineal, 8—20-blth. ☉ — Aus Süddeutschland. 7—9. — Zuweilen eingeschleppt. (3 M. Bahnhof Neustadt auf dem Perron zw. Steinpflaster).

464. Poa[1]). L. Rispengras.

Aehrchen 2—8-blth., meist in lockern ob. ausgebreiteten Rispen; Balg 2-klappig; Blth. eif. ob. lancettl., wehrlos; untere Spelze auf dem Rücken gekielt-zsgedrückt; Gf. kurz ob. fehlend; Fr. bedeckt.

1. Rotte. Aehrchen sehr kurz gestielt, in zsgezogenen, ährenf., einseitswendigen Rispen.

1177. P. dura. Scop. (Scleróchloa dura. Beauv.) Hartes R. — W. faserig, mehrstengelig; Halm kurz, niederliegend; Bl. graugrün, lineal; Rispe kurz, längl., gedrungen, starr; Aehrchen 3—5-blth., stumpf,

---

[1]) πόα, griech. Bezeichnung für „Gras", „Kraut", herba.

grün u. weiß gescheckt; untere Spelze lineal=längl., nervig, stumpf ob. ausgerandet. ⊙ — Festgetretene Graswege, begraste Fahrwege, Ufer. ˙5—˙6. — Im Kalk=Fl. u. Al. der südl. Hälfte des Gebietes zerstreut, im südlichsten Theil zieml. häufig u. gesellig. 3. B. 3 M. Grasfahrweg vom Herrnkrug nach der nördl. Spitze des Biederitzer Bsch.; (Weg am Unterbär in der Friedrichsstadt). 4 B. Hauptdamm von Gr. Rosenburg nach Werkleitz u. Saaldamm b. Werkleitz nach dem Kl. Rosenburger Dammhause. 5 S. Grasabhang u. Weg bei der Hecklinger Mühle. 5 C. Teichrand Zuchau. 5 B. Wipperuf. bei Warmsdorf u. zw. Warmsd. u. Giersl.; Fahrweg am Grönaer Friedhof u. Steinbr. bis zum Dorfe Gröna (reichl.); Roschwitz, Feldweg um das Dorf nach der Fuhne; Saaluf. bei Zweihausen (Mukrena); Weg hinter Trebnitz (wie ges.); am Vorw. Berwitz; Fahrweg zw. Cönnern u. Rothenburg. — Erreicht im Geb. die Nordgrenze.

2. Rotte. Aehrchen gestielt, in lockeren ob. ausgebreiteten Rispen.

A. Wurzel faserig.
a. Rispenäste einzeln ob. gezweiet.

1178. P. ánnua. L. Jähriges R. — W. faserig, mehrstengelig; Halm zsgedrückt, aufsteigend, zuweilen niederliegend; Bl. lineal, obere Blatthäutchen längl.; Rispe ausgebreitet, einseitswendig; Aeste glatt, zuletzt herabgeschlagen; Aehrchen grün u. weiß=ob. roth=gerandet, längl.=eif., 3—7=blth.; Blth. fast kahl. ⊙ — Gärten, Aecker, Wegränder, Dorfstraßen u. Straßenpflaster, Waldwege, Grasgr., Dämme; auch Wiesen, Triften, Ufer. 3—10, u. auch an milden Wintertagen. — Sehr gemein.

1179. P. bulbósa. L. Zwiebeltragendes R. — W. faserig; Halm aufrecht ob. aufsteigend, am Grunde oft zwiebelartig verdickt; Bl. schmal=lineal, alle Blatthäutchen längl.; Rispe locker; Aeste rauh, aufrecht=abstehend; Aehrchen grün, oft violett angelaufen, eif., 3—6=blth.; Blth. auf dem Rücken u. am Rande mit weißer Haarlinie, am Grunde durch Wollhaare zshängend. ♃ — Wegränder, Grasgr., Grasabhänge, Mauern, trockene Höhen, Haiden; auch im Getreide (Roggen). 5—6. — Var. b. vivipara, Blth. in blattige Knospen verwandelt. — Die Var. b. im Kalk=Fl. (hier bes. auf Anhöhen u. Abhängen) und im Dl. (bes. in der Nähe von Ortschaften) meist nicht selten u. sehr gesellig, oft wie ges.; die blühende Pfl. sehr selten (4 S. Pretziener Kirchhof).

b. Untere Rispenäste zu 5, nur bei mageren Exemplaren weniger, 2—3.

1180. P. nemorális. L. Hain=R. — W. rasenbildend; Halm aufrecht ob. aufsteigend; Bl. schmal=lineal; Blatthäutchen sehr kurz, fast fehlend; Rispe abstehend, Aeste rauh; Aehrchen grün, ei=lancettl., 2—5=blth.; Blth. schwach=nervig, auf dem Rücken u. am Rande flaumh., am Grunde mit Wollhaaren. ♃ — Wälder, Haine, Erlenbr. 6—7. — Var.: a. vulgaris, Halme dünn, Rispe locker, überhangend, Aehrchen 2=blth. b. firmula, Halme steif, Rispe straff, Aehrchen 3—5=blth. — Var. a. im Geb. sehr häufig u. gesellig; Var. b. viel seltener (z. B. 2 N. Bischofswald am Teiche).

1181. P. fértilis. Host. (Poa serótina. Ehrh.) Vielblüthiges R. — Blatthäutchen lang; Aehrchen gelblich, ob. gelblich=grün u. an der Spitze mit gelbem Fleck; sonst wie vor. ♃ — Feuchte Wälder, Weidengebüsch, Erlenbr., Wiesen, Gräben, Bäche. 6'—9˙ — Im Al. sehr häufig u. auch im Fl. u. Dl. nicht selten.

1182. P. sudética. Haenke. (P. Chaixi. Vill.) Sudeten=R. — W. rasenbildend; Halm aufsteigend ob. aufrecht; Bl. zieml. breit=lineal, plötzlich zugespitzt u. kappenf. zsgezogen, Scheiden zsgedrückt=2=schneidig; Blatthäutchen sehr kurz, Rispe mehr ob. weniger abstehend, Aeste rauh; Aehrchen hellgrün, eif.=längl., 3—5=blth.; Blth. erhaben=5=nervig,

Gräser (Festucaceen).

ganz kahl ob. am Grunde mit spärlichen Wollhaaren. ⚇ — Laubwälder. ˙6—˙7. — Var.: a. Rispe locker-zsgezogen, Aeste ziemlich kurz; b. remota, blühende Rispe weit-abstehend, Aeste lang. — Im Geb. nur die var. b. u. zwar im Fl. u. Dl.; aber selten, jedoch gesellig; bisher: 2 N. Erglebener F. (Krautwiese). 3 L. Lob. Bürgerholz. 4 E. Hafel (Mittelhau, Domburghau u. Wafferthal).

1183. P. triviális. L. Gemeines R. — W. rasenbildend; Halm aufsteigend ob. aufrecht; Bl. lineal, lang-zugespitzt, Scheiden schwach-zsgedrückt, rauh; Blatthäutchen lang; Rispe abstehend, Aeste rauh; Aehrchen grün, eif., meist 3-blth.; Blth. deutlich 5-nervig, kahl, am Grunde mit Wollhaaren. ⚇ — Feuchte Wälder, Erlenbr., Weidengeb., Wiesen, Gräben, Bäche, Ufer. 6—7. — Gemein.

B. W. mit verlängerten Ausläufern kriechend.

1184. P. praténsis. L. Wiesen-R. — W. kriechend; Halm aufsteigend ob. aufrecht; Bl. lineal, Scheiden schwach-zsgedrückt, glatt; Blatthäutchen kurz, abgeschnitten; Rispe abstehend, Aeste rauh; Aehrchen grün, oft violett überlaufen, eif., 3—5-blth.; Blth. 5-nervig, auf dem Rücken u. am Rande dicht-flaumh., mit langen Wollhaaren zshängend. ⚇ — Trockene Wiesen, Triften, Anhöhen, Raine, Grasgr., Wegränder, Steinbr., Ufer, Weidenw., Wälder. 5—6. — Aendert je nach der größeren ob. geringeren Trockenheit des Standorts in der Größe des Wuchses u. in der Breite der Bl.; von der Var. angustifolia mit zsgerollten, borstenf. Wurzelblättern bis zur Var. latifolia mit ziemlich. breit-linealen Bl. finden sich alle Uebergänge. — Im Geb. sehr gemein.

1185. P. compréssa. L. Zusammengedrücktes R. — W. kriechend; Halm am Grunde liegend, aufsteigend, 2-schneidig-zsgedrückt; Bl. schmal-lineal; Blatthäutchen kurz-abgestutzt; Rispe locker-zsgezogen ob. etwas abstehend, meist einseitswendig; Aehrchen grün, oft violett angelaufen, eif.-längl., 5—9-blth. (bei mageren Pfl. 2—3-blth.). ⚇ — Mauern, Steinbr., Trifthöhen, Grasgr., Wegränder, trockene Wälder, Haiden. ˙6—7. — Im Geb. häufig, bes. auf Mauern, u. stets sehr gesellig.

465. Glycéria[1]**). R. Br. Süßgras.**

Aehrchen 3—15-blth., walzenf., selten 1—2-blth., in abstehenden Rispen; Balg 2-klappig, stumpf; Blth. längl., stumpf, wehrlos; untere Spelze auf dem Rücken halbwalzl., einwärts etwas bauchig; sonst wie Poa.

1. Rotte. Aehrchen 3—15-blüthig.

1186. G. spectábilis. M. u. K. (G. aquatica. Wahlb., Poa aqu. L.) Ansehnliches S. — W. kriechend; Halm aufrecht, 1—2 m. h.; Bl. breit-lineal, schilfartig, am Rande scharf; Rispe groß, locker-ausgebreitet, Wirteläste 4—6; Aehrchen zahlreich, grünlich, roth- u. weiß-gescheckt, später bräunlich, meist 5—9-blth.; untere Spelze 7-nervig, Nerven stark hervortretend. ⚇ — Sümpfe, Teiche, Wassergr., Bäche, Ufer. 6·—7· — Im Al. u. Dl. sehr häufig u. stets gesellig; im Fl. seltener.

1187. G. flúitans. R. Br. Fluthendes S. (Mannagras). — W. kriechend; Halm aufsteigend, 30—100 cm. h.; Bl. lineal bis breit-lineal, schärflich; Rispe lang, schmal, einseitswendig, untere Aeste zu 2, selten 3, der eine lang, einfach, mit 2—4 Aehrchen, zur Blthzeit wagerecht-abstehend, der andere eb. die beiden anderen Aeste kurz, aufrecht, einährig; Aehrchen hellgrün, 7—11-blth., an den Ast angedrückt; untere Spelze 7-nervig, Nerven stark hervortretend. ⚇ — Lachen,

---

1) Von γλυκερός (γλυκύς), süß.

Sümpfe, Teiche, Wassergr., Bäche, Ufer, Erlenbr., nasse Wiesen u. Waldstellen. 5·—9. — Gemein.

1188. G. plicáta. Fr. Gefaltetes S. — Bl. breit=lineal; Rispe allseitswendig, untere Aeste zu 3—4, 2 längere abstehend, 1—2 kurze aufrecht; der längste Ast verzweigt, 6—14=ährig, die ersten Zweige 2—4=ährig; der zweitlange Ast einfach, 3—4=ährig; die kurzen, aufrechten Aeste 1—3=ährig; Aehrchen 9—15=blth.; sonst wie vor. ♃ — Wassergr., Ausstiche, Teiche, Bäche. 5·—6· — Im Geb. meist nicht selten. — Durch die zahlreichen Aehrchen und die größere, allseitige Verzweigung der Rispe, bes. aber durch die nicht einfachen, sondern verzweigten langen Rispenäste von der vor. sofort zu unterscheiden.

1189. G. distans. Wahlb. (Festuca distans. Kunth). Abstehendes S. — W. faserig, mehrstengelig; Halm aufrecht u. aufsteigend; Bl. schmal=lineal; Rispe allseitig, abstehend, Aeste rauh, die fruchttragenden zurückgeschlagen, die unteren meist zu 5 (3—6); Aehrchen grün, zuweilen roth angelaufen, 3—6=blth.; untere Spelze schwach=5=nervig. ♃ — Wegränder, Schutt, Gräben, Ausstiche, Bäche; Salzboden liebend. 5·—7· — Im Kalk=Fl., m. E., u. im Al. der Bode nicht selten u. gesellig, bes. auf salzhaltigem Boden; im übrigen Geb. selten (hier z. B. 2 N. Ufer des Mühlengrabens bei Neuhaldensl. 2 W. Ausst. am Feldwege zw. Wolmirst. u. Samswegen. 2 B. Schuttige Stelle der Wf. bei Detershagen. 3 MÖ. Weggr. Labeburg=Möckern (reichl.). 4 B. Weg zw. Leitzkau u. Pröbel).

2. Rotte. Aehrchen 1—2=blüthig.

1190. G. aquática. Presl. (Catabrósa aqu. Beauv.). Wasser=S. — W. kriechend; Halm am Grunde liegend, wurzelnd; Bl. lineal ob. zieml. breit=lineal, plötzlich zugespitzt; Rispe vielästig, ausgebreitet, Aeste glatt, die unteren 4—8; Aehrchen klein, röthlich=grün ob. violett, 1—2=blth., auswärts u. abwärts gewendet; untere Spelze 3=nervig, Nerven hervortretend. ♃ — Wassergr., Bäche, Ausstiche, nasse Triften, Wiesen. ·6—7. — Im Fl. u. Dl. zerstreut u. gesellig; im Al. selten. 3 B. 1 B. Beke, norböstl. v. Angern, zw. Papier= u. Castell=Mühle. 2 N. Wgr. bei Satuelle; Embener F.; an der Papenmühle; Wgr. bei Meseberg. 2 W. Ausstich am Siedenberamm, südöstl. v. Linbhorst; Morbahl=See; Wgr. am Unterholzer B. 3 W. Quellgraben zw. Hohen= u. Niederbodeleben. 3 M. Erbsbach zw. Olvenst. u. Schnarsl. B. (reichl.). 3 L. Trift mit Erlengrund zw. Linbau u. Loburg. 4 O. Goldbach bei Hornhausen; Wgr. zw. Oschersl. u. Neubrandsl. 4 S. Teich Elmen; Wgr. bei Gr. Mühlingen. 4 B. Torfausstich beim Vorw. Cressow. 4 Z. Wgr. am Zerbster Schützenhause u. nach Pulspforda zu; Wgr. bei der Pulspforber Mühle; Wiesen=Wgr. u. Kratau u. Ragösen; Quellgraben des hohen Abh. bei Steutz. 5 S. Wgr. der Eisenb. am Gänsefurter Bsch.; Wgr. bei der Hecklinger Mühle. 5 B. Wippertwf. zw. Kl. Schierst. u. Giersleben.

466. Molínia. Schrank. **Molinie.**

Aehrchen 2—5=blth., in Rispen; Blth. aus einwärts bauchiger Basis kegelf., auf dem Rücken halbwalzl.; sonst wie Poa.

1191. M. caerúlea. Mönch. Blaue M. — W. dick=faserig, rasenbildend; Halm steif=aufrecht, fast nackt, am Grunde zwiebelartig; Bl. zieml. schmal=lineal, lang=zugespitzt; Rispe lang, schmal, Aeste wirtelig; Aehrchen bunt=violett, blaugrün, 3=blth.; Blth. wehrlos; untere Spelze 3=nervig. ♃ — Moorige Wiesen, Gräben, Bäche, Erlenbr., Wälder. 7·—9. — Im Dl. sehr häufig u. gesellig, ebenso im Sand=Fl., m. E.; im Kalk=Fl. selten (4 E. Hakel. 5 B. Biendorfer Bsch.); im Al. nur auf Bruchwiesen.

467. Dáctylis[1]). L. **Knäulgras.**

Aehrchen 3—mehrblth., einseitswendig, sehr kurz gestielt, in lappig=geknäuelten Rispen; Balg 2=klappig, Klappen zsgedrückt,

---

[1]) Von δάκτυλος, Finger; wegen der abstehenden, blühenden Rispenäste.

Gräser (Festucaceen).

spitz; untere Spelze gekielt-zsgebrückt, gewimpert, ungleichseitig, an der Spitze kurz-begrannt; Gf. zieml. kurz.

1192. D. glomeráta. L. Gemeines K. — W. faserig, rasenbildend; Halm aufrecht ob. aufsteigend; Bl. lineal, fast graugrün; Rispenäste geknäuelt, die unteren zur Blüthezeit oft wagerecht-abstehend; Aehrchen grün, 3—4=blth.; untere Spelze 5=nervig. ⚇ — Trockene Wiesen, Raine, Grasabh., Grasgr., Wegränder, Anhöhen, Wälder, Bäche, Ufer. 5.—9. — Gemein. — Rispe zuweilen lebendig-gebärend (2 N. Alvensl. F.). — Variirt in der Größe u. im Habitus.

468. Cynosúrus[1]). L. Kammgras.

Aehrchen kurz-gestielt, 2=reihig, am Grunde von einem Kammf. Deckblatt gestützt, in zsgezogenen, ährenf. Rispen; sonst wie die folg. Gattung Festuca.

1193. C. cristátus. L. Gemeines K. — W. faserig, rasenbildend; Halm aufrecht; Bl. lineal ob. schmal-lineal; Rispe ährenf., gedrungen, lineal; Zähne der Deckbl. stachelspitzig; Aehrchen grün. ⚇ — Triften u. Triftwege, kurzgrasige Wiesen (bes. Moorwiesen), alte Steinbr., Waldwege. 6—7. — Im Sand=Fl., m. E., u. im Dl. sehr häufig u. sehr gesellig; auch im Sand=Al. u. im Al. der Bode nicht selten; im übrigen Al. u. im Kalk=Fl. weniger häufig.

469. Festúca. L. Schwingel.

Aehrchen 3—mehrblth., in zsgezogenen, lockeren ob. ausgebreiteten Rispen; Balg 2=klappig, Klappen ungleich, zugespitzt; Blth. lancettl. ob. lancettl.=pfrieml.; untere Spelze auf dem Rücken stielrund, an der Spitze begrannt ob. grannenlos; obere Spelze sehr fein gewimpert; Fr. bedeckt.

1. Rotte. Aehrchen in einseitswendigen, zsgezogenen, ährenf. Rispen; Blth. lancettl.=pfrieml., lang=begrannt; W. faserig, ohne unfrucht. Blätterbüschel.

1194. F. myúros. Ehrh. (F. Pseudo-myuros. Soyer-Willemet). Mäuseschwanz=S. — W. faserig, mehrstengelig; Halm aufrecht ob. gekniet=aufsteigend, bis oben beblättert, die Rispe oft noch in der obersten Blattscheide; Bl. rinnig, fadenf.; Rispe lang, dünn, schlaff, überneigend; die untersten Aeste viel kürzer als die Rispe; Aehrchen 4—8=blth.; obere Balgklappe fein=zugespitzt, untere sehr klein, 2—3=mal kürzer als die obere; Granne länger als die Blth. ⊙ — Hügel, Triften, Raine, Ackerränder, Kiesgruben, felsige Orte, Kiefernwald=Säume. 6—7. — Im Sand=Fl., m. E., u. im Dl. ziemlich häufig; im Kalk=Fl. nur auf Hügeln mit nordischem Sand. 3. B. 1 C. Zwischen Felsen im Schloßgarten Flechtingen; A. zw. Calvörde u. Bülstringen. 2 N. Trift am Schwarzen Pfuhl; Detzel; Kiesgr. an der Ch. beim Winters=Bsch.; Kiefernsaum bei der Althaldensl. Ziegelei; Rüsterberg bei Alvensl.; Dönnstedter Haide; Porphyr-Anhöhe u. Triftabh. bei Dönnst. 2 B. Feldrain am Dorfe Crüssau und am Wege nach Stresow. 3 S. A. u. Grasgr. westl. am Hohen H. 3 M. Schnarsl. B. 3 Mö. Brachäcker zw. Vehlitz u. Leitzkau (reichl.); Kiesgr. bei Leitzkau. 3 L. Hohenziatzer Fahrweg u. Kiefern nach Drewitz, unweit Glienecke; Chrand Drewitz=Magdb. Forth; Forstsaum bei der Reesdorfer Försterei; Sandkuhle südl. v. Hobed. 4 S. A. u. Trift der Froher B. (reichl.); Westerbüsener B.; Trift=Waldweg der Forst Vogelgesang. 4 Z. Sandgrube bei Buhlendorf; Weg u. Busch. zw. Buhlend. u. Zernitz (reichl.); Sandgr. bei Straguth; Kiesgr. bei Zerbst an der Leitzkauer Ch.; Weg u. Sandgr. bei Thießen; Ch. bei der Schlangengrube östl. v. Roslau.

1195. F. bromoídes. Sm. (F. sciuroídes. Roth.). Trespenartiger

---

[1]) Von κύων, Hund, u. οὐρά, Schwanz, mit Bezug auf die Form der ährigen Rispe.

S. — **Halm oben nackt; Rispe ziemlich kurz, steif-aufrecht, die untersten Aeste fast halb so lang als die Rispe; sonst wie vor.** ⊙ — An gleichen Standorten wie vor. u. öfters mit ihr gemeinschaftlich. 6—7. — Im Sand=Fl. u. im Dl. zerstreut; auch auf sandigen Triften des Elb=Al. 3. B. 2 N. Sandberg bei Hörsingen; Triftwege zw. Bischofswald, Ivenrode u. Altenhausen; Triftböhe bei Altenhausen; Sandgr. u. Waldsaum an der Uhlenburg; Embener F.; Nathusiussche F.; Kiefernsaum bei der Althaldensl. Ziegelei. 2 B. Sand. Teichrand bei Riegripp. 3 M. Krakauer Anger. 3 L. Kiesgr. bei Theeßen; Chrand Drewitz=Magdb. Forth. 4 S. Sandberge zw. Kreuzhorst u. Randau. 4 Z. Sandgr. bei Thießen.

2. Rotte. **Aehrchen in, während der Blthzeit, abstehenden Rispen; Blth. lancettl., spitz, wehrlos ob. begrannt; Bl. zsgefaltet, fädl., die halmständigen borstenf. ob. flach; Blatthäutchen 2=öhrig; W. ausdauernd, faserig ob. kriechend; unfruchtb. Blätterbüschel vorhanden.**

1196. F. ovína. L. Schaaf=S. — **W. faserig, rasenbildend; Halm aufrecht ob. aufsteigend; Bl. sämmtl. zsgefaltet=borstl.; Rispe meist einseitswendig, mit kurzen Aesten; Aehrchen grün ob. gelbl. ob. violett überlaufen, 3—8=blth.; Blth. lancettl.; untere Spelze wehrlos ob. kurz-begrannt, schwach 5-nervig.** ♃ — Trockene Wiesen, Triften, Anhöhen, Raine, Abhänge, Grasgr., Wegränder, Haiden, trockene Wälder, sandige Ufer. 5.—7. — Variirt sehr in der Größe u. in der Farbe der Bl. u. Rispen. — Sehr gemein.

1197. F. heterophýlla. Lam. (F. duriúscula. L.). **Verschiedenblättr. S. — W. faserig, rasenbildend; Halm schlank, aufrecht, ob. am Grunde aufsteigend; WBl. zsgefaltet=fadenf., sehr lang, die halmst. lineal ob. schmal-lineal, flach; Rispe locker, untere Aeste lang, zu 1—2; Aehrchen meist hellgrün, 4—6-blth; untere Spelze begrannt, Granne meist kurz.** ♃ — Wälder; auch Waldwiesen, Grasraine. 6—7. — Im Fl. nicht selten; im Dl. weniger häufig. 3. B. 1 C. Isern Hagen (reichl.). 2 N. Bartensl. F.; Erxl. F.; "Tiefe Wiese" der Beverquelle; Bischofswald; Pudegrin u. Zernitz; Alvensl. F.; Beltheim. F.; Wellenberge; Neuhaldensl. F. (Lübberitz) Butterwinkel; Colbitzer Linden. 3 S. Marienborner F.; Lärchen bei Marienborn; Hohes u. niedr. Holz. 3 Mö. Papstb. F. 4 E. Hasel (reichl.). 4 S. Grasrain zw. Felgel. u. Gr. Salze. 4 B. Scharlebener Holz bei Dornburg. 4 Z. Friedrichsholz (reichl.); Buchholz. 5 B. Sandersl. Bsch.

1198. F. rubra. L. Rother S. — **W. kriechend, Ausläufer treibend, lockere Rasen bildend; Aehrchen grün, meist violett angelaufen; sonst wie vor., Blätter u. Halme weniger lang.** ♃ — Wiesen, Triften, Raine, Grasgr., Steinbr., Weg= u. Waldränder. — Im Geb. häufig.

3. Rotte. **Bl. flach; Blatthäutchen abgeschnitten ob. längl., nicht 2=öhrig, sonst wie vor. Rotte.**

1199. F. silvática. Vill. Wald=S. — **W. mit kurzen Ausläufern rasig; Halm aufrecht, unten mit gelbbraunen, schuppenartigen Bl. umgeben; Bl. breit=lineal, lang=zugespitzt, nebst den Scheiden rauh, oberseits bläulich=grün; Blatthäutchen längl., stumpf; Rispe aufrecht, ausgebreitet, Aeste rauh, die unteren zu 2—4; Aehrchen grün, zuweilen violett angelaufen, 3—5=blth.; Blth. lineal=lancettl., zugespitzt, wehrlos.** ♃ — Schattige Wälder. 6—7. — Im Geb. sehr selten, bisher nur: 2 N. Erxlebener F. (Anhöhe der Krautwiese).

1200. F. gigantéa. Vill. Riesen=S. — **W. lockere Rasen bildend; Halm aufrecht ob. aufsteigend; Bl. breit=lineal, lang=zugespitzt, scharf, kahl, oberseits matt=graugrün, unterseits glänzend dunkelgrün; Scheiden kahl, untere rauh, oberste glatt; Blatthäutchen sehr kurz; Rispe groß, Aeste zu 2, lang, untere oft wagerecht=abstehend, obere überhangend; Aehrchen hellgrün, 5—8=blth.; untere Spelze lang=begrannt, Grannen doppelt so lang als die Spelzen, schlängelig, weißliche Pinsel bildend.**

♃ — Schattige Wälder, Haine, Gebüsch, Weidenw., Ufer. ·7—9· — Im Geb. häufig.

1201. F. arundinácea. Schreb. Rohrartiger S. — W. kriechend; Halm 1—2 m. h., aufsteigend; Bl. lineal bis breit=lineal, lang=zugespitzt, scharf; Scheiden kahl, glatt; Blatthäutchen sehr kurz; Rispe lang, zur Blüthezeit ausgebreitet, überhangend; Aeste zu 2, beide meist verzweigt, der längere 5—20=ährig, der kürzere 4—12=ährig; Aehrchen grün, meist violett angelaufen, eif.=lancettl., 4—5=blth.; Blth. wehrlos. ♃ — Feuchte Wiesen, Gräben, Bäche, Wälder. 6·—8. — Im Geb. ziemt. häufig; z. B. 1 B. Graben am Eschengehege u. bei Väthen; Ackerrain zw. Uchtdorf u. Sand=Beiend. 2 N. Bartensl. F.; Erxl. F.; Alvensl. F. 2 W. Wegrand Gr. Ammensl.=Jersl. 2 B. Elbdamm, Rogätz gegenüber; Weggr. beim Kriel; Erlen= u. Birkenbr. zw. Jhleburg u. Güsen; Hohensedener Wsf.; Bürgerholz; Chgr. bei Burg; Wassergr. bei Schermen; Deters= hagener F. 3 S. Hohes Holz; Bach bei Reindorf. 3 W. Zw. Sülb. u. Thalmühle. 3 M. Graben bei der Wolterb. Klappermühle; Klinkews. 3 MÖ. Papstd. F. 4 O. Weggr. zw. Krottorf u. Gr. Alsl. 4 E. Unseburger Baumholz; Hakel; Chgr. bei Schabel.; Chgr. bei Winningen. 4 S. Sumpfgraben bei Döben. 4 Z. Lietzower Bruch; Wsf. Töppel=Trebnitz; Chgr. Babetz=Zerbst; Nuthe u. Anlagen bei Zerbst; Schloßteich; Nuthe bei Bone; Harz= winkel. 5 S. Wassergr. zw. Hedlingen u. Staßfurth; an der Liethe; Rathmannsd. Bch.; Rain=Wall am Lerchenteich. 5 C. Sachsendorfer Bruch; Bruchhsf. beim Diebziger Bsch.; Wf. bei Dornbock. 5 B. Pobzig; Querfeldgr. zw. Zebzig u. Leau.

1202. F. elátior. L. Hoher S. — W. faserig, mehrstengelig; Halm 30—90 cm. h., aufsteigend; Bl. lineal, lang=zugespitzt, scharf; Scheiden kahl, glatt; Blatthäutchen sehr kurz; Rispe ziemt. lang, schmal, einseitswendig; Aeste meist zu 2, der eine sehr kurz mit 1, selten 2 Aehrchen, ob. fehlend; der andere ziemt. lang, traubig, mit 3—4 Aehrchen; Aehrchen grün, zuweilen violett angelaufen, längl., 5—10=blth.; Blth. wehr= los. ♃ — Fruchtb. Wiesen, Triften, Raine, Dämme, Grasgr., Waldplätze, Weidenw., Ufer. 6·—8. — Variirt nach der Fruchtbarkeit des Standorts; Aehrchen der mageren Exempl. oft in einfachen Trauben. — Im Geb. gemein.

470. Brachypódium[1]). Beauv. Zwenke.

Aehrchen vielblth., kurz=gestielt, in ährenf. Trauben; untere Spelze begrannt, obere Spelze am Rande mit steifen Borsten kammf. gewimpert; sonst wie Festuca.

1203. B. silváticum. Römer u. Schult. Wald=Z. — W. faserig; Halm aufrecht, Knoten zottig; Bl. ziemt. breit=lineal, lang=zugespitzt, schlaff, unten nebst den Scheiden behaart; Traube abwechselnd 2=zeilig, nickend; Aehrchen zahlreich (6—12), grün, lineal=längl.; Grannen ziemt. lang, die oberen so lang ob. länger als die Spelzen. ♃ — Schattige Wälder, Gebüsch. ·7—9. — Im Geb. häufig.

1204. B. pinnátum. Beauv. Gefiederte Z. — W. kriechend; Bl. ziemt. steif; Traube aufrecht; Aehrchen gelbgrün; Grannen kurz, $^{1}/_{4}$—$^{1}/_{2}$ so lang als die Spelzen; sonst wie vor. ♃ — Sonnige Hügel, Waldsäume, trockene Waldstellen, Gräben, alte Steinbr. 6·—7· — Im Kalt= Fl., m. E., häufig u. auch im Uebrgn.; im Dl. selten, ebenso im Al. u. hier nur im Al. der Bode. (Im Dl. z. B. 2 N. Neuhaldensl. F. (Benitz). 2 W. Ramst. F.; Unterholzer M. 2 B. Grabauer Bsch. bei der Ziegelei. 3 MÖ. Papstd. F. 3 L. Jerichower Spring. 4 Z. Friedrichsholz. — Im Al. der Bode: 4 E. Wehl; Unseburger Baumholz; 5 S. Gänsefurter Bsch.)

471. Brómus[2]). L. Trespe.

Aehrchen vielblth., meist in Rispen, selten in Trauben; Balg

---

[1] Von βραχύς, kurz, u. πόδιον (Dim. von πούς), Füßchen; wegen der kurz=gestiel= ten Aehrchen. — [2] βρόμος, auch βόρμος, griech. Name für Hafer, Avena.

2-klappig, Klappen ungleich; Blth. lancettl. ob. eilancettl.; untere Spelze gewölbt, unter der Spitze in der Regel begrannt; obere Spelze am Rande gewimpert; Frkn. an der Spitze behaart; Gf. kurz; Fr. bedeckt.

1. Rotte. Aehrchen auch nach dem Verblühen uach der Spitze zu schmäler; untere Balgklappe 3—5nervig, obere 5—vielnervig; obere Spelze mit steifen Borsten entfernt-kammf.-gewimpert.

1205. **B. secálinus. L.** Roggen-T. — W. kriechend, 1—mehrstengelig; Bl. breit-lineal, oberseits weichhaarig, Scheiden kahl; Rispe abstehend, nach dem Verblühen überhangend, Aeste rauh, meist 1-ährig, die unteren zu 5; Aehrchen grün, kahl, eif.-längl., zsgedrückt, 5—15blth; Blth. breit-elliptisch, im fruchttragenden Zustande am Rande zsgezogen, stielrund, sich nicht deckend; untere Spelze 7-nervig, kurz-begrannt, so lang als die obere. ⊙ — Aecker, bes. unter Roggen; auch wohl in Klee- u. Esparsettfeldern u. in Grasgr. 6—7. — Im Geb. früher häufig, jetzt schon seltener u. schwindet mit der größeren Pflege des Ackerbaues mehr u. mehr.

1206. **B. commutátus. Schrad** Verwechselte T. — W. faserig, 1—mehr-stengelig; Bl. lineal, langhaarig, untere Scheiden behaart; Rispe locker, zuletzt überhangend, Aeste rauh, 1 u. 2-ährig, die unteren zu 3—5; Aehrchen grün, kahl, längl.-lancettf., zsgedrückt, 7—9-blth.; Blth. längl.-elliptisch, im fruchttragenden Zustande am Rande sich dachig deckend; untere Spelze 7-nervig, länger als die obere; Granne fast so lang als die Spelze. ⊙ — Aecker, Grasgr., Wiesen, Triften, Dämme, Waldsäume. 5'—7. — Im Kalk-Fl. häufig (bes. unter Esparsette); im übrigen Geb. viel seltener, hier z. B. 1 C. Bei der Horst u. bei Uthmöden im Getreide. 1 B. Damm am Dollgraben bei Mahlpfuhl. 2 N. Erxl. F.; Bischofswald; Zernitz. 2 B. Weggr. beim Kriel; Wassergr. Detersbagen-Schermen. 3 M. Elbuf. am Commandantenwerder; Moorwf. bei Königsborn. 4 S. Kirchenwf. bei der Röthe. 4 Z. Ufer des Pfaffensee bei Steckby. — Durch die behaarten unteren Scheiden und die sich dachig deckenden Blth. der fruchttragenden Aehrchen von der vor. leicht zu unterscheiden.

1207. **B. racemósus. L.** Traubige T. — Aehrchen gelblichgrün, zuweilen violett überlaufen, in lockeren Trauben, alle Aeste einährig; sonst wie vor. ⊙ — Feuchte Wiesen (bes. Moorwiesen), Waldplätze; auch in Kleefeldern. 5'—6. — Im Fl. u. Dl. nicht selten u. gesellig; im Al. weniger häufig.

1208. **B. mollis. L.** Weichhaarige T. — W. faserig, mehrstengelig; Bl. lineal, graugrün, nebst den Scheiden dicht-weichhaarig; Rispe locker, aufrecht; Aeste rauh, 1—3-ährig (an mageren Exempl. 1-ährig); Aehrchen graugrün, weich-behaart, eif.-längl., schwach-zsgedrückt, 6—12-blth.; Blth. breit-elliptisch, im fruchttragenden Zustande am Rande dachig sich deckend; untere Spelze 7-nervig, am Rande oberhalb der Mitte stumpfwinkelig hervortretend, länger als die obere; Granne fast so lang als die Spelze. ⊙ — Wegränder, Grasgr., Raine, Grasabhänge, Wiesen, Triften, Waldwege. 5'—7. — Gemein. — Durch die behaarten Aehrchen von den übrigen Arten dieser Rotte sofort zu unterscheiden.

1209. **B. arvénsis. L.** Acker-T. — W. faserig, mehrstengelig; Bl. lineal, nebst den Scheiden behaart; Rispe abstehend, aufrecht; Aeste rauh, 1—4-ährig; Aehrchen grün- u. violett-gescheckt, kahl, lineal-lancettl.; Blth. elliptisch-lancettl., im fruchttragenden Zustande dachig sich deckend; untere Spelze 7-nervig, am Rande oberhalb der Mitte stumpfwinkelig-hervortretend, mit der oberen fast gleich lang; Granne dunkelroth, fast so lang als die Spelze. ⊙ — Aecker, Wegränder, Grasgr., trockene Höhen. 6—7. — Im Kalk-Fl., m. S., nicht selten (bes. in Esparsette u. in Chausseegräben); im übrigen Geb. selten. — Durch die bunten Aehrchen u. rothen Grannen von allen anderen Arten der Gattung leicht zu unterscheiden.

Gräser (Festucaceen). 313

2. Rotte. Aehrchen auch nach dem Verblühen nach der Spitze zu schmäler; untere Balgklappe 1=nervig, obere 3=nervig; obere Spelze am Rande kurz=weichhaarig=gewimpert.

1210. **B. asper.** Murr. Rauhe T. — W. rasenbildend; Halm aufrecht, 60—150 cm. hoch; Bl. breit=lineal, lang=zugespitzt, scharf, nach unten nebst den Scheiden rauhh.; Rispe groß, überhangend, mehr ob. weniger langästig; Aeste rauh, 1—5=ährig, die unteren zu 1 u. 2, wagerecht=abstehend, ob. auch mehr ob. weniger aufrecht u. selbst locker=anliegend; Aehrchen grün ob. roth=bunt, lineal-lancettl., mehr ob. weniger behaart, 5—9=blth.; Blth. lineal=lancettl., spitz; untere Spelze 5=nervig, Nerven rauh; Granne fast so lang als die Spelze. ♃ — Laubwälder, Haine. 6—7. — Aendert sehr in der Größe an sich u. in der Zahl, Länge u. Stellung der Rispenäste; von den kleinen Exempl. in der Höhe von 60 cm. mit traubiger Rispe u. locker anliegenden, ziemligen, kurzen, einährigen Aesten, bis zu Exempl. in Mannshöhe mit langen, wagerecht=abstehenden, nickenden, mehrährigen Rispenästen finden sich in unserem Geb. alle Uebergänge. Var. β. serotinus. Beneken (als Art): Halm 100—150 cm. h., Rispe langästig, untere Aeste 4—5=ährig, wagerecht=abstehend. — Im Fl. nicht selten u. meist gesellig; im Dl. u. Al. weniger häufig. J. B. 1 C. Rehm u. Lohben bei Walbeck. 1 B. Buttum 2 N. Klepperberg; Bartensl. Fr. (hier ist die niedrige Var mit traubiger Rispe fast allein vertreten; in den übrigen Forsten des Geb. ist die Var. serotinus bei Weitem überwiegend); Exrl. F.; Bischofswald; Bodenb. F.; Pubegrin u. Zernitz; Alvensl. F.; Peltheim. F. 2 W. Ramst. u. Rogätzer F.; Unterholzer B.; Wolmirst. F. 2 B. Bürgerholz; Grabower F. (Hasselb.) 3 S. Lenchen Bsch.; Anlage bei Neindorf; Friederitenb.; Saures H. 3 W. Amtsgarten Manzl. 4 E. Egelnsche F.; Wehl; Unseburger Baumholz u. Backofen; Hakel (reichl.). 4 B. Tochheimer F.; Löderitzer F.; Diebziger Bsch. 4 Z. Lindauer Gehege; Golmenglin u. Golmitz. 5 S. Gänsefurter Bsch. (reichl.); Rathmannsb. Bsch. (reichl.). 5 B. Sandersl. Bsch. u. Fredl. Bsch.

1211. **B. eréctus.** Huds. Aufrechter T. — W. faserig, mehrstengelig; Halm aufrecht, am Grunde zwiebelig verdickt; Bl. lineal bis schmal=lineal, am Rande entfernt=gewimpert; Rispe gleich, aufrecht; Aeste rauh, kurz, 1=, selten 2=ährig, die unteren zu 3—6; Aehrchen bunt (grün u. weiß ob. grün u. roth), lineal-lancettl., 5—8=blth.; Blth. lancettl.; untere Spelze 5—7=nervig, doppelt so lang als die Granne. ♃ — Grasgräben (bes. Chausseegräben), Wiesen. 5—6. — Im Geb. zerstreut; öfters mit Grassamen eingeführt. J. B. 3 M. Bf. bei Diesdorf; Fr. Wilh. Garten; Damm bei der Berl. Eisenb.=Brücke; Commandantenwerder; Damm beim Schwan; Moorwf. des Woltersd. Bruchs. 4 O. Chgr. Gröningen=Dichersl. 5 B. Rain am Weinb. vor Gnölbzig; Schlucht zw. Cönnern u. Nelben.

1212. **B. inérmis.** Leysser. Wehrlose T. — W. kriechend; Halm aufsteigend=aufrecht; Bl. breit=lineal, lang=zugespitzt, nebst den Scheiden kahl; Rispe locker, aufrecht, Aeste rauh, 1—3=ährig, die unteren zu 3—8; Aehrchen gelbgrün, oft violett=scheckig, lineal=lancettl., 3—10=blth.; Blth. lancettl.; untere Spelze 5—7=nervig, stachelspitzig ob. sehr kurzbegrannt. ♃ — Weg- u. Waldränder, Gebüsch, Grasgr., Raine, Steinbr., Mauern, Hügel, Wiesen, Weidenw., Ufer, Bäche. 6—8. — Im Kalt=Fl., m. E., u. im Al. (nam. der Elbe) häufig u. gesellig; im Sand=Fl. u. Dl. selten (2 N. Feldweg nördl. Hörfingen. 2 B. Hohlweg Hoheneiben. 4 Z. Nuthe bei Zerbst; Friedrichsholz). — An den fast grannenlosen Aehrchen sofort zu erkennen.

3. Rotte. Aehrchen nach der Spitze zu breiter; untere Balgklappe 1=, obere 3=nervig; obere Spelze mit steifen Borsten kammf.=gewimpert.

1213. **B. stérilis.** L. Taube T. — W. faserig, mehrstengelig; Halm auch oben kahl; Bl. lineal, nebst den Scheiden behaart; Rispe locker, zuletzt ausgebreitet, überhangend; Aeste sehr rauh, lang, die meisten 1=ährig u. nur wenige 2—3=ährig, die unteren zu 4—7; Aehrchen grün ob. violett=angelaufen, längl., oben schon zur Blth.

zeit breiter, 3—9=blth.; Blth. lineal=pfrieml.; untere Spelze stark=nervig, kürzer als die Granne; Fr. tiefgefurcht. ☉ — Dorfstraßen, Mauern, Zäune, Weg= u. Ackerränder, Futterkr. (bes. Esparsette), Grasgr., Anhöhen, trockene Waldplätze. 5—9. — Im Kalk=Fl., m. E., u. im Al. gemein; im Sand=Fl. u. Dl. viel weniger häufig.

1214. B. tectórum. L. Dach=T. — W. faserig, mehrstengelig; Halm an der Spitze flaumhaarig; Bl. lineal, nebst den Scheiden behaart; Rispe locker, überhängend, zuletzt fast einseitswendig; Aeste schärflich, die kürzeren und die oberen 1=ährig; die größeren stets mehr als 3=ährig, selbst bis 17=ährig, die unteren zu 4—6; Aehrchen grünlich, zuletzt röthlich, lineal, später oben breiter, 2—7=blth.; Blth. lancettl.=pfrieml.; untere Spelze undeutl.=nervig, so lang als die Granne; Fr. seichtgefurcht. ☉ — Mauern, Steinbr., Kiesgruben, trockene Grasgr., Weg= u. Ackerränder, Esparsette, Anhöhen, Abhänge. 5—6. — Im Kalk=Fl. u. im Al. gemein; im Sand=Fl., m. E., u. im Dl. viel weniger häufig.

13. Gruppe. **Hordeaceen.** Aehrchen 2—vielblth., selten 1=blth., auf den Zähnen der Ausschnitte der Spindel sitzend, endst. Blth. oft verkümmernd; N. federig, aus der Basis der Blth. hervortretend.

472. Triticum¹). L. **Weizen.**

Aehrchen 3—vielblth., einzeln auf den Spindelzähnen, in gedrängten ob. lockeren Aehren; Balg 2=klappig, Klappen gekielt, spitz ob. stachelspitzig, fast gleichlang; untere Spelze aus der Spitze begrannt ob. wehrlos; Fr. bedeckt ob. frei.

1. Rotte. Aehre vierseitig; Aehrchen bauchig=gedunsen, 3—4=blth., die obersten Blth. meist unfruchtbar; Balgklappen eif. ob. längl.

1215. T. vulgáre. Vill. Gemeiner W. — W. faserig, mehrstengelig; Halm aufrecht; Bl. breit=lineal; Aehre gedrungen; Aehrchen weißlich, meist 4=blth.; Balgklappen bauchig, breit=eif., abgeschnitten stachelspitzig, unter der Spitze zsgedrückt, auf dem Rücken abgerundet; Fr. frei. ☉ u. ☉ Cult. 6—7. — In 2 Var. gebaut:

α. aestivum. L. (als Art), Sommerweizen, untere Spelze lang=begrannt.
β. hibernum. L. (als Art), Winterweizen, untere Spelze fast wehrlos.

Beide Var., bes. β, auf gutem, fruchtb. Boden im Geb. überall geb., nam. im Kalk=Fl. u. Al.

1216. T. túrgidum. L. Englischer W. — Balgklappen gekielt, fast flügelf.; untere Spelze meist sehr lang begrannt; sonst wie vor. ☉ u. ☉ Cult. 6—7. — Im Geb. jetzt vielfach auf gutem Boden geb.

2. Rotte. Aehre zweizeilig; Aehrchen nicht bauchig=gedunsen, 3—15=blth., Blth. alle fruchtb.; Balgklappen lancettl. ob. längl.=lineal; Fr. bedeckt.

1217. T. repens. L. Quecken=W. (Quecke). — W. kriechend; Halm aufrecht ob. aufsteigend; Bl. ziemL. breit=lineal, oberseits scharf, unterseits glatt; Aehre aufrecht, mehr ob. weniger gedrungen; Aehrchen blaßgrün, zuweilen roth angelaufen, meist 5=blth.; Balgklappen lancettl.,

---

1) Lat. Name des cult. Weizen.

Gräser (Horbeaceen).

5=nervig, zugespitzt; untere Spelze wehrlos ob. begrannt. ♃ — Aecker, Gärten, Zäune, Raine, Triften, Wiesen, Grasgr., Weg= u. Waldränder, Weidenw., Ufer, Bäche. 5—8. — Gemein.

1218. T. caninum. Schreb. Hunds=W. — W. faserig, rasen= bildend; Halm aufrecht; Bl. breit=lineal, oberseits scharf, unterseits sehr scharf; Aehre schlank, schlaff, locker; Aehrchen hellgrün, zuweilen roth an= gelaufen, 3—5=blth.; Balgklappen lancettl., 3—5=nervig: untere Spelze begrannt, **Granne länger als die Spelze**. ♃ — Schattige Wälder, Haine. 6—7. — Im Al. häufig u. auch im Fl. nicht selten; im Ol. selten (2 B Bürgerholz. 3 Mö. Vogelremise nördl. v. Vorw. Cressow; Thiergarten Leitzkau. 4 Z. Anlagen bei Zerbst; Friedrichsholz; Buchholz).

473. Secále[1]). L. Roggen.

Aehrchen 2=blth., mit dem Stiele einer verkümmerten dritten Blth., einzeln auf den Spindelzähnen in 2=zeiligen, dichten Aehren; Balg 2=klappig, Klappen pfrieml.; untere Spelze begrannt; Fr. frei.

1219. S. cereále. Gemeiner R. — W. faserig, meist mehr= stengelig; Halm aufrecht; Bl. graugrün, zieml. breit=lineal; Aehrchen grau= grün, später gelblich; untere Spelze gewimpert, lang=begrannt. ☉ — Cult. 5—6. — Im Geb. überall geb., bes. in den Sandgegenden.

474. Élymus. L. Haargras.

Aehrchen 2—4=blth., zu 2—4 auf jedem Spindelzahn, in dichten Aehren; Balg 2=klappig, wehrlos ob. begrannt; die oberste Blth. oft ver= kümmert; untere Spelze wehrlos ob. begrannt; Fr. bedeckt.

1220. E. arenárius. L. Sand=H. — W. kriechend, ausläufer= treibend; Halm aufsteigend ob. aufrecht; Bl. blaugrün, zieml. breit= lineal, flach, später zsgerollt, oberseits stark gerieft, schärfl., unter= seits glatt, nebst den Scheiden kahl; Aehrchen blaugrün, 2—3=blth.; Balgklappen lancettl., auf dem Kiele gewimpert, wehrlos, zugespitzt, länger ob. kürzer als die Blth.; untere Spelze behaart, wehrlos. ♃ — Sandige Orte, Sandwege. 6—9. — Hin u. wieder zur Befestigung des Flugsandes angepfl. u. eingebürgert. 3. B. 1 B. Sandstellen um Sandfurth. 2 B. Chgr. Reesen=Hohenseden; Weg zw. Loftau u. Schermen nw. zw. Loftau u. Piezpuhl. 3 M. Weg= bamm an der Eisenb. bei Gerwisch u. am Dorfe. 5 B. Sandige Grubenschlucht bei Preuß= litz. — Wegen der Unterscheidung von dem ähnlichen Sandried s. die Bemerkung am Schluß von 1150.

1221. E. europáeus. L. Europäisches H. — W. rasenbildend; Halm aufsteigend ob. aufrecht; Bl. grasgrün, breit=lineal, lang=zugespitzt, auf beiden Seiten scharf, kahl, Scheiden rauhhaarig; Aehrchen grün, 2=blth., ob. 1=blth. mit Ansatz zu einer zweiten Blth.; Balgklappen lineal=pfrieml., begrannt; untere Spelze kahl, begrannt, Granne doppelt so lang als die Spelze. ♃ — Laubwälder. 6—7. — Nur im Fl. u. auch hier selten. 2 N. Klepperberg; Bartensl. F. (reichl.). 4 E. Hasel (spärl.).

475. Hórdeum[2]). L. Gerste.

Aehrchen 1=blth., ob. 1=blth. mit einem grannenf. Ansatze zu einer zweiten Blth., zu 3 auf jedem Spindelzahn, alle zwitterig ob. die seitenst. männl., in dichten Aehren; Balg 2=klappig, Klappen lineal=lancettl.,

---

1) Lat. Name einer Getreideart, wahrscheinlich des Roggens. 2) Lat. Name dieser Gattung.

ob. lineal=borstlich, begrannt; untere Spelze der Zwitterblüthen lang=begrannt, der männl. wehrlos ob. begrannt; Fr. bedeckt.

1. Rotte. Alle Blth. zwitterig, ob. die seitenst. männlich u. diese immer wehrlos.

1222. H. vulgáre. L. Gemeine G. — W. faserig, 1—mehrstengelig; Bl. breit=lineal, scharf; Aehre nickend; Aehrchen gelbgrün, alle zwitterig, sehr langbegrannt, die fruchttragenden 6=reihig geordnet, zwei Reihen hervorspringend. ☉ u. ⊙ — Cult. 6—7. — Im Geb. nur noch in den Sandgegenden geb.

1223. H. hexástichon. L. Sechszeilige G. — Aehre aufrecht, dick, gleichf. 6=reihig geordnet; sonst wie vor. ☉ u. ⊙. Cult. 6—7. — Im Geb. selten geb.; zuweilen vereinzelt unter anderem Getreide.

1224. H. dístichum. L. Zweizeilige G. Aehre zsgedrückt, zweizeilig; mittleres Aehrchen zwitterig, sehr langbegrannt, die seitenst. männl., lineal, wehrlos; sonst wie vor. ☉ — Cult. 6—7. — Im Geb. überall geb., nam. im Kalk=Fl. u. Al.

† H. zeocríthon. L. Bart=G. (Pfauen=G.) — Aehrchen blaugrün, die mittleren mit fächerf.=abstehenden Grannen; sonst wie vor. ☉ — Cult. 6—7. — Im Geb. nur versuchsweise zuweilen geb.

2. Rotte. Die seitenst. Blth. männl. ob. geschlechtslos, alle Blth. begrannt.

1225. H. murínum. L. Mäuse=G. (Mauer=G.) — W. faserig, mehrstengelig; Halm aufsteigend; Bl. zieml. breit=lineal, Scheiden kahl; Aehre robust; Aehrchen grün ob. blaugrün; Balgklappen des mittleren Aehrchens lineal=lancettl., kammf.=gewimpert, die der seitl. Aehrchen lineal=borstlich. ♃ — An Mauern, Gehöften, Dörfern, Zäunen, Wegen, Grasgr.; Anlagen, schuttige Wiesen=, Trift= u. Uferstellen. 6—9. — Im Geb. mit Ausn. des nordwestl. Theils gemein, bes. in der Nähe von Ortschaften; im nördl. Fl. u. im nordwestl. Dl. selten.

1226. H. secálinum. Schreb. Getreide=G. — W. rasenbildend; Halm aufrecht; Bl. lineal, untere Scheiden behaart; Aehre zart; Aehrchen gelbgrün; Balgklappen sämmtlicher Aehrchen lineal=borstl., ungewimpert. ♃ — Wiesen, Triften, Grasgr.; Salzboden liebend. 6—7. — Im Kalk=Fl. u. Al. zieml. häufig u. meist gesellig; sonst selten. Z. B. 2 N. Bartensl. F. (Waldwf.) 2 W. Wf. Wolmirst.=Samswegen; Wf. Gr. Ammensl., nach Jersl. zu. 2 B. Wf. bei Schartau; Blumenthaler W. 3 S. Wf. Ampfurth=Kl. Wanzl. 3 W. Wf. bei Domersl., Wanzl., Süldorf. 3 Mö Wf. bei Beblitz. 4 O. Trift an der Bode bei Oschersl.; Wf. bei den Meierweiden; Bodewf. bei Hadmersl. 4 E. Bodewf. Egeln=Tarthun=Unseburg; Anger bei Rothenförde. 4 S. Soolgraben; Grasplätze bei Grünewalde; Wf. am Schönb. Bsch.; Kirchenwf. neben der Röthe (reichl.); Wf. bei Glinde u. Elbbamm. 4 B. Moorwf. beim Vorw. Cressow (wie ges.); Trift zw. Cressow u. Leitzkau; Wf. bei Breitenhagen. 5 S. Wf. bei Hecklingen (stw. w. ges.); Wf. zw. Hecklingen u. Staßfurt u. bei Staßfurt; Liethewf. bei Rathmannsb.; Weggr. zw. Rathmannsb. u. Hohenergl. 5 B. Wf. bei Güsten; Triftrand am Wege bei Kölbigk.; Fuhnewf. bei Dröbel u. beim Vorw. Berwitz.

476. Lólium. L. Lolch.

Aehrchen 3—vielblth., wechselst. u. einzeln auf jedem Spindelzahn, mit dem Rücken gegen die Spindel gestellt, in lockeren, dünnen Aehren; Balg 1=klappig, am endst. Aehrchen 2=klappig; untere Spelze wehrlos ob. unter der Spitze begrannt; Fr. bedeckt.

1. Rotte. W. blühende Halme u. nicht blühende Blätterbüschel treibend.

1227. L. perénne. L. Ausdauernder L. (englisches Rah=

Gräser (Hordeaceen; Nardoideen).

gras). — Bl. lineal ob. schmal-lineal, in der Knospenlage einfach-zsgefaltet; Aehrchen grün, 3—9-blth., ⅓ länger als die Klappe; Blth. lancettl.; untere Spelze wehrlos ob. kurz-stachelspitzig. ♃ — Weg- u. Ackerränder, Dorfstraßen, Grasgr., Raine, Triften, Wiesen, Waldwege, Weidenw., Ufer. 6—9. — Var. mit kleinen (3—4-blth.) u. großen (7—9-blth.) Aehrchen, u. mit zsgesetzter, ästiger Aehre. — Im Geb. gemein; auch als gutes Futtergras angesät.

1228. L. itálicum. A. Braun. (L. multiflórum. Poir.) Italie- nischer L. (ital. Raygras). — Bl. lineal, in der Knospenlage zsgerollt; Aehrchen hellgrün, 5—10-blth., ⅓ länger als die Klappe; Blth. lancettl.; untere Spelze begrannt, Granne etwas kürzer als die Spelze. ♃ — Wiesen, Grasplätze, Grasgr., Futterkräuter. 6—8. — Im Geb. mehrfach angesät u. eingebürgert; z. B. 2 N. Alvensl. F.; Gartenzaun Alvensl. 2 B. Wf. bei der Schartauer Ziegelei. 3 S. Chgr. bei Meiendorf. 3 M. Wf. im Herrnkrug- Park; Kleefeld Königsborn. 3 L. Garten Loburg. 4 S. Eisenbahngr. u. Friedhof bei Schönebeck. 5 B. Wf. bei Güsten.

2. Rotte. W. nur blühende Halme treibend.

1229. L. linicola. Sonder. (L. arvense. Schrad., L. remótum. Schrank). Flachsliebender L. — W. faserig, 1—mehrstengelig; Halm u. Spindel glatt; Bl. lineal; Aehrchen grün, 2—9-blth.; Balgklappe fast so lang als das Aehrchen; Blth. wehrlos ob. kurz-begrannt. ⊙ — Aecker, nur unter Flachs. 6—8. — In den Flachsfeldern des Geb. nicht selten.

1230. L. temuléntum. L. Taumel-L. — W. faserig, meist 1- stengelig; Halm u. Spindel scharf, Bl. ziemkl. breit-lineal; Aehrchen grün, 5—9-blth.; Balgklappe so lang ob. länger als das Aehrchen; untere Spelze begrannt, Granne meist länger als die Spelze. ⊙ — Aecker, unter Getreide (bes. Hafer), Wicken u. Erbsen. 6—7. — Im Geb. zer- streut; z. B. 1 C. A. Uthmöben. 1 B. A. Uchtdorf; Väthen. 2 N. A. Ivenrode; Neu- haldensl. 2 B. A. Burg (Bürgermart). 3 S. A. Marienborn; Eilsleben; westl. v. Hohen Holze; Neindorf; Seehausen. 3 W. A. Ampfurt-Wanzl. 3 M. A. Ladeburg. 4 O. A. Oscheresl. 4 E. A. Heteborn-Salekorn. 4 S. A. der Frohser H. (reichl.); A. Schönebeck. 4 Z. A. am Leitzkauer Bsch.; A. Miehro; A. am Friedrichshlz. 5 B. A. Jlberstedt. — Schwindet bei der größeren Pflege des Ackerbaues mehr u. mehr aus dem Geb.

14. Gruppe. **Nardoideen.** Aehrchen auf den Zähnen der Ausschnitte der Spindel sitzend; N. fädlich, flaumh., aus der Spitze der Blth. heraustretend.

477. Nardus. L. **Borstengras.**

Aehrchen 1-blth., einzeln auf jedem Spindelzahn, in ein- seitswendigen Aehren; Balg fehlend; untere Spelze lederig, lan- cettf.-pfrieml., spitz, die obere einschließend; Gf. 1; N. einfach, verlängert.

1231. N. stricta. L. Steifes B. — W. dicht-rasig, vielstengelig; Halm fadenf.-borstl., steif-aufrecht, nur unten beblättert; Bl. blau- grün, borstenf., steif; Aehre dünn, steif-aufrecht; Aehrchen schwarz- blau. ♃ — Moorige Wiesen, Triften, Haiden, trockene Wälder, Sand- stellen, Trifthöhen, Wegränder, Gräben, Sandgruben. 5—6. — Im Sand-Fl., m. S., u. im Dl. häufig u. sehr gesellig; im Kalk-Fl. u. Al. noch nicht beobachtet.

II. Abtheilung. **Nacktsamige Phanerogamen.**
Gymnospermae.

Blüthenpflanzen mit nacktem Ovulum, eingeschlechtlichen (diclinischen) Blüthen u. ohne Blüthenhülle.

318 Gymnospermen.

102. Familie. **Coniferen** (Zapfenbäume, Nadelhölzer).
Coniferae. Juss.

Harzhaltige Bäume ob. Sträucher mit meist nadel- ob. schuppenf. Bl.; Blth. ein- ob. zweihäusig, männliche u. meist auch die weiblichen in Kätzchen; Samenstand eine falsche Frucht (Zapfen ob. falsche Beere).

1. Gruppe. Tarineen. Männl. Blth. in Kätzchen, weibliche einzeln; Same in einer falschen Beere.

† **Taxus.** L. Taxus (Eibenbaum).
Blth. 2-häusig; Staubb. einfächerig, an schildf. Schuppen unterseits angewachsen; S. von der fleischig gewordenen Hülle größtentheils umgeben, eine falsche Steinfr.

† T. baccáta. L. Gemeiner T. — Strauch ob. kleiner Baum; Bl. oben dunkelgrün, glänzend, unten mattgrün, lineal, spitz, gedrängt-zweizeilig; männl. Blth. hellgelb; Beere roth. ♄ — Gebirgswälder. 3—4. — Im Geb. nicht wild; aber vielfach in Anlagen angepfl.

2. Gruppe. **Cupressineen.** Blth. in Kätzchen; Samenstand eine falsche Beere ob. ein kleiner Zapfen.

478. Juniperus¹). L. **Wachholder.**

Blth. 2-häusig; männl. Kätzchen klein, eif.; Stbgf. 4—7, Staubb. einfächerig, an der Basis der Schuppen angewachsen; weibl. Kätzchen kugelig, Blth. zu 3, von einer fleischigen, aus zsgewachsenen Schuppen gebildeten Hülle umgeben; Fr. eine Zapfenbeere, 1—3-samig. — Immergrüne Sträucher ob. kleine Bäume.

1232. J. commúnis. L. Gemeiner W. — Stamm aufrecht, Aeste abstehend; Bl. nadelf., wirtelig, zu 3, weit-abstehend, linealpfrieml., stachelspitzig, stechend, 2—3 mal länger als die Beeren; Beere kugelig, schwarz, blau-bereift, erst im zweiten Jahre reifend. ♄ — Kiefernwälder, Hügel, Torfmoore. 4—5. — Im Geb. nicht häufig: 1 B. Burgstaller F. (Hirschberge); Schernebecker Fenn (reichl.). 3 S. Großer Rodenberg zw. Marienborn u. Harbke. 4 Z. Dobritzer F. — In vereinzelt. Exempl. in den Forsten des Geb. öfters; u. vielfach in Anlagen angepfl.

† J. Sabína. L. (Sabina officinalis. Garcke). Sade-W. (Sadebaum). — Stamm niederliegend, Aeste aufrecht; Bl. schuppenartig, 4-reihig, dachig, auf dem Rücken mit einer Drüse eingedrückt; Beeren blau, an gekrümmten Stielen hängend. ♄ — Aus den Alpen. 4—5. — In Anlagen häufig angepfl.

† J. virginiána. L. Virginischer W. — Stamm aufrecht, Aeste abstehend; Bl. klein, fast schuppenartig, lancettf., stechend, dachig, bald dicht anliegend, bald abstehend; Beeren blau, aufrecht. ♄ — Aus Nordamerika. 4—5. — In Anlagen häufig angepfl.

† **Thuja.** L. Lebensbaum.
Blth. 1-häusig; Fr. ein kleiner Zapfen. — Immergrüne Sträucher ob. kleine Bäume.

† T. occidentális. L. Gemeiner L. — Aeste in wagerechter Ebene verzweigt; Bl. schuppenartig, rautenf., dachig, auf dem Rücken höckerig. ♄ — Aus Nordamerika. 4—5. — In Anlagen und auf Friedhöfen häufig angepfl.

† T. orientális. L. Chinesischer L. — Aeste in senkrechter Ebene verzweigt; Bl. schuppenartig, rautenf., dachig, auf dem Rücken gefurcht. ♄ — Aus China 4—5. — Wie vor. häufig angepfl.

3. Gruppe. **Abietineen.** Blth. in Kätzchen, 1-häusig; Samenstand ein Zapfen; S. meist geflügelt. — Hohe Bäume mit wirtelst. Aesten u. nadelf. Bl.

479. Pinus²). L. **Fichte.**

Stbgf. zahlreich, Staubb. 2-fächerig, den Schuppen unterseits angewachsen; Schuppen der weibl. Kätzchen dachig; Eierchen am Grunde

---

1) Lat. Name dieser Gattung. — 2) Lat. Name dieser Gattung.

Coniferen.

der Schuppen zu 2, nebeneinander stehend; Zapfen aus verholzten Schuppen gebildet; S. mit bleibendem ob. abfallendem Flügel.

1. Rotte. Pinaster (Pinus). Nadeln immergrün, in kleinen Bündeln zu 2, 3 ob. 5, mit einer häutigen Scheide umgeben; Flügel des S. abfällig.

1233. P. sylvestris. L. Wald-F. (Kiefer, Föhre). — Stamm rothbraun, Krone gewölbt, Aeste abstehend; Nadeln blaugrün, lang, zu 2 in der Scheide; Zapfen kegelf., nickend; Schuppen der blühenden Zapfen geröthet, dann grün, zuletzt graubraun; Flügel 3 mal so lang als der S. ♄ — Haidewald, bes. auf Sandboden, meist in reinen ob. wenig gemischten Beständen. ˙5˙ — Im Dl. der vorherrschende Waldbaum u. auch im Sand-Fl. u. Sand-Al. ganze Bestände bildend; im übrigen Al. u. im Kalk-Fl. selten.

† P. Mughus. Scop. Zwergkiefer. — Nadeln grasgrün, zu 2 in der Scheide; Zapfen aufrecht. ♄ — Hohe Gebirgswälder. 5. — Variirt: b. Pumilio (Legföhre), Stamm aufstrebend, Aeste niederliegend. — Bei uns zuweilen angepfl.

† P. Laricio. Poir. Schwarzföhre. — Nadeln grün, lang, zu 2 in der Scheide; Zapfen glänzend, jung aufrecht, reif abstehend. ♄ — Aus Unterösterreich. 5. — Variirt: b. austriaca. Hoss. (als Art), Oesterreichische Kiefer; Rinde schwärzlich, Nadel steif. — Var. b. in Anlagen u. auch in Wäldern mehrfach angepfl.

† P. Strobus. L. Weymouths-Kiefer. — Stamm grau; Nadeln sehr lang, dünn, zu 5 in der Scheide; Zapfen walzl., lang, hängend. ♄ — Aus Nordamerika. ˙5˙ — In Parkanlagen nicht selten angepfl.

2. Rotte. Larix. Nadeln im Herbst abfallend, zahlreich in einzelnen Büscheln.

1234. P. Larix. L. (Larix decidua. Mill.) Lärchenbaum, Lärche. — Stamm grau, Krone pyramidenf.; Nadeln hellgrün, ziemI. kurze u. breite Büschel bildend, die auf kurzen, dicken Aestchen sitzen; Zapfen eif., aufrecht, ziemI. klein; Schuppen der blühenden Zapfen roth, später gelbbraun; Flügel doppelt so lang als der S. ♄ — Aus den Alpen. 4—5. — Im Sand-Fl., m. E., vielfach als Forstbaum angepfl. u. oft kleine Bestände bildend; auch im Dl. nicht selten. — Als Zierbaum in Parkanlagen häufig.

3. Rotte. Abies. Nadeln immergrün, dicht u. einzeln an den Zweigen stehend.

† P. canadénsis. Ait. (Abies canad. Michaux) Hemlocks-Tanne, Schierlings-T. — Stamm glatt, grau; Aeste abstehend, junge Zweige hängend; Nadeln ziemI. kurz, lineal, flach, stumpf, oberseits dunkelgrün, unterseits bläulich-weiß, am Rande vereinzelt-fein-borstig; Zapfen braungelb, eif.-rundl., ziemI. klein; Flügel so lang als der S. ♄ — Aus Nordamerika. ˙5˙ — In Parkanlagen öfters angepfl.

† P. Pícea. L. (Abies pectinata. Doc., Abies alba. Mill.) Weißtanne, Edeltanne. — Stamm braungrau; Nadeln lineal, flach, zweizeilig wagerecht-abstehend, oberseits dunkelgrün, glänzend, unterseits mit 2 bläulich-weißen Streifen; Zapfen dunkelbraun, groß, lang, walzl., aufrecht; Flügel doppelt so lang als der S. ♄ — Bergwälder. ˙5˙ — Im Geb. nur als Zierbaum in Parkanlagen angepfl.

1235. P. Abies. L. (Abies excelsa. Dec., Picea excel. Lam.) Fichte, Rothtanne. — Stamm rothbraun; Nadeln zsgedrückt, fast 4-kantig, stachelspitz, zerstreut-stehend, beiderseits grün; Zapfen gelbbraun, groß, lang, walzl., hängend; Flügel 2—3 mal so lang als der S. ♄ — Wälder. ˙5˙ — Im Geb. meist nur in gemischten, selten in reinen Beständen; im Sand-Fl. u. Dl. nicht selten; im Kalk-Fl. u. Al. selten. — In Parkanlagen allgemein angepfl.

Zweite Hauptabtheilung. Kryptogamen.

Gefäß=Kryptogamen.
(Farnkrautartige Kryptogamen.)

Cryptogamae vasculares.
(Acotyledones filicoideae.)

Blüthenlose Pflanzen mit Blättern oder blattartigen Organen und Axe, und mit vollkommen ausgebildeten Gefäßen und Gefäß=bündeln.

103. Familie. Equisetaceen (Schachtelhalme). **Equisetaceae. Dec.**

Ausdauernde Pflanzen mit kriechendem, schwarzbraunen Wurzel=stock; St. hohl, gegliedert, meist mehr ob. weniger stark gerieft, an der Basis der Stengelglieder eine gezähnte Scheide aus zsgewach=senen kleinen Blättchen tragend; Aeste quirlig ob. fehlend; Sporangien (Sporenbehälter) auf der unteren Seite der schildförmigen, ge=stielten Schuppen einer gipfelst. Aehre.

480. Equisétum[1]). L. **Schachtelhalm** (Schafthalm).

Character der Gattung gleich dem der Familie.

1. Rotte. Fruchttragende St. frühzeitig, zart, einfach, nicht grün, früh verschwindend; unfruchtbare grün, derb, ästig, den Sommer über ausdauernd.

1236. E. arvense. L. Acker=S. (Pferdeschwanz, Katzen=wedel). — Fruchtbare St. röthlich=gelb, wachsartig, nicht gerieft; Scheiden glockig=walzl., aufgeblasen, oben trockenhäutig mit 8—10 lancettl., spitzen, schwärzlichen Zähnen; Aehren röthlich=braun, stumpf; unfrucht. St. später erscheinend, grün, gefurcht, sonst glatt, quirlig=ästig; Aeste meist 4=kantig, einfach ob. verästelt mit 4=zähnigen Scheiden, die Ver=ästelung 3=kantig mit 3=zähnigen Scheiden. ⚄ — Nasse Aecker, bes. Sandäcker, Ausstiche, Gräben, Triften, Wiesen, Wälder, Weidenwerder, Ufer. 4—5. — Variirt mit aufrechten ob. niederliegenden St., und mit einfachen ob. verzweigten, kür=zeren ob. sehr langen Aesten. — b. nemorosum. A. Braun. St. aufrecht, Aeste meist einfach, sehr lang, wagerecht=abstehend, bogig=geneigt. — Die Stammart im Geb. gemein; die v. b. in schattigen Wäldern häufig.

2. Rotte. Fruchttragende St. gleichzeitig, zur Zeit der Fruchtentwickelung weißl. ob. röthl., einfach; Aehre gestielt, endständig, schnell vertrocknend u. alsdann der St., gleich den unfruchtbaren, Aeste treibend, ergrünend u. den Sommer durch=dauernd.

1237. E. silváticum. L. Wald=S. — Fruchttragender St. bräunl. ob. gelbl.; Scheiden röhrig=bauchig, unten grün, oben braun, trockenhäutig; Zähne meist 12, aber zu 2—6 zsgewachsen; Aehren rothbraun; St. nach dem Vertrocknen der Aehre, sowie die unfruchtb. St. gerieft, vielästig; Aeste hellgrün, fein, dicht=quirlig, verlängert, bogig=überhängend, 4=seitig, quirlig=verästelt, Aestchen 3=kantig; Scheiden des St. röhrig, 10—15=zähnig, Zähne mehr ob. weniger zsgewachsen; Scheiden der Aeste

---

1) Lat. Name dieser Gattung; von equus, Pferd, u. seta, Borste.

Equisetaceen.

3=zähnig, Zähne pfrieml. ⚁ — Wälder, Gebüsch; auch wohl Gras=
gräben, Aecker. 4'—5. — Im Sand=Fl. u. Dl. zerstreut, aber gesellig. Z. B. 1 C.
Isern Hagen. 1 B. Weggr. zw. Burgstall u. Uchtdorf. 2 N. Ergl. F. u. Ws. daneben;
Bischofswald; Altenhausener F.; Alvensl. F.; Veltheimsche F.; Pudegrin. 3 S. Marien=
borner F. 3 Mö. Papstd. F. 4 Z. Neblitzer F.; Grasgr. u. A. bei Deetz nach der Zoll=
mühle zu; Grasgr. unweit des Boner Teichs.

1238. E. umbrosum. Meyer. (E. pratense. Ehrh.) Hain=S. —
Fruchttragender St. bräunl. ob. gelbl.; Scheiden trichter= ob. becherf., blau=
grün, 10—15=zähnig; Aehren gelbbraun; St. später, so wie die unfruchtbaren,
stark=gerieft, rauh, vielästig; Aeste grün ob. blaugrün, zieml. fein, locker=
quirlig, verlängert, horizontal=abstehend, an der Spitze sich neigend, meist
einfach, selten sehr kurz verästelt, 3=seitig; Scheiden des St. 10—15=zähnig,
der Aeste 3=zähnig, Zähne breit=eif.=spitz. ⚁ — Wälder, Haine, Wald=
wiesen. 4. — Nur im Sand=Al. der Elbe, hier aber in sämmtlichen Forsten unweit
der Elbe (4 B. Breitenhagener u. Lödderitzer F.) 4 Z. Unterbusch u. Kühnauer F.) massen=
haft, stw. wie gef. — Von der ähnl. Schattenform nemorosum des E. arvense durch
die 3=zähnigen (nicht 4=zähnigen) Scheiden der Aeste leicht zu unterscheiden.

3 Rotte. Fruchttragende u. nicht fruchttr. St. gleichgestaltet,
grün, im Herbste absterbend; Aehre stumpf.

1239. E. palustre. L. Sumpf=S. — St. 6—8=furchig, Schei=
den 6—8=zähnig; Zähne lancettl., schwarzbraun mit breitem, weiß=
häutigen Rande; Aeste einfach, 5—6=furchig, Scheiden 5—6=zähnig.
⚁ — Sumpfige u. moorige Wiesen, Ausstiche, Lachen, Teiche, Gräben,
Bäche, Erlenbr. 5—8. — Aendert ab: a. mit einer endst. Aehre u. unfruchtbaren
Nebenästen und b. Aehren zahlreich, sämmtliche Aeste ährentragend. — Im Fl. u. Dl.
häufig u. gesellig.

1240. E. limosum. L. Schlamm=S. — St. dick, schwach=
10—20=riefig; Scheiden grün, oben gelblich, 10—20=zähnig; Zähne
schmal=lancettl., schwarzbraun, kaum berandet; Aeste meist fehlend,
wenn vorhanden: einfach, zieml. kurz, 5—6=kantig, Scheiden 5—6=zähnig.
⚁ — Wassergr., Ausstiche, Kulke, Lachen, Teiche, Bäche. 5—6. — Im Geb.
sehr häufig u. gesellig, oft wie gef.

4. Rotte. Fruchttr. u. nicht fruchttr. St. gleichgestaltet, grün, den
Winter durchdauernd; Aehre mit Stachelspitze.

E. ramosum. Schleich. (E. ramosissimum. Desf.) Aestiger S. — St. 8 bis
15=riefig, Aeste einzeln, ob. zu 2—9, quirlig; Scheiden convex=rippig, oben deutl.
weiter, an den Aesten freiselt., 6—8=zähnig. ⚁ — Feuchter u. trockner Sandboden.
7—8. — Soll am Elbufer bei Dornburg gefunden sein; in neuerer Zeit nicht beobachtet.

1241. E. hiemale. L. Winter=S. — W. meist mehrstengelig; St.
dick, blaugrün, einfach (sehr selten unten ästig), stark= 14—20=rie=
fig; Scheiden eng anschließend, unten schwarz, oben weiß, 14 bis
20=zähnig, Zähne schwarz; Aehre schwarz=bunt, zieml. klein, eif., fast
sitzend. ⚁ — Schattige, feuchte Wälder, Wiesen, Dämme. 5—6. — Im Sand=
Fl. u. Dl. zerstreut, meist spärlich auftretend; an einigen Punkten jedoch massenhaft.
Z. B. 1 B. Buktum (Fohlenbuch, stw. gef.) 2 N. Ms. bei Kl. Bartensl.; Ergl. F.; Al=
vensl. F.; Veltheimsche F. 2 W. Rogätzer F. (Seelenhau). 2 B. Bürgerholz. 3 Mö.
Verdung (östl. Theil, sehr reichl.). 4 Z. Landwehr; Dobritzer F.; Jütrichauer Bsch.;
bew. Bergabhang bei Steckby.

104. Familie. **Farnkräuter** (Farne), Filices. Juss.

Ausdauernde Pflanzen, meist mit dickem ob. mit kriechendem Wurzel=
stock; Blätter (Wedel) selten einfach, meist getheilt, ob. gefiedert, ob. mehr=
fach zsgesetzt, jung (mit Ausn. der Ophioglosseen) schneckenf. aufge=
rollt; Sporangien auf der unteren Seite der Blattfläche, ob.
am Rande, gewöhnlich in runden, länglichen ob. linienf. Häufchen, öfters

mit einer feinen Haut (Schleier) überzogen. Die fructificirenden Bl. verlieren zuweilen durch die Sporangienbildung ganz ob. theilweise ihre Blattsubstanz, so daß die Sporenbehälter, je nachdem das Blatt ganzrandig ob. gefiedert erscheint, eine einfache Aehre (Ophioglossum) ob. eine Rispe (Osmunda) bilden.

1. Gruppe. **Ophioglosseen.** Sporangien sitzend, frei ob. an den Seiten zsgewachsen, kugelig, lederartig, ohne Ring, einfächerig, regelmäßig 2=klappig aufspringend, in zweireihigen Aehren, die Aehren einfach ob. rispig zsgestellt. — Bl. vor der Entfaltung nicht aufgerollt.

481. Botrýchium. Swartz. **Mondraute.**

Sporangien frei (nicht mit einander zshängend) in 2=reihigen Aehren, die Aehren rispig zsgestellt. — Wurzelstock kurz, dickfaserig.

1242. B. Lunaria. Swartz. Gemeine M. — Nicht fruchttragender Wedel sitzend, mit dem Blattstiel des fruchttragenden bis zur Mitte verwachsen, längl., einfach=fiedertheilig; Fieder so breit ob. breiter als lang, keil=halbmondf., ganzrandig ob. feingekerbt ob. schwach=gelappt; Sporangien hellbraun; Rispe meist vielfach verzweigt; Pfl. 5—15 cm. h. ♃ — Kurzgrasige Wiesen, Triften, Anhöhen, lichte Waldstellen. 5—6. — Im Fl. u. Ol. zerstreut; z. B. 2 N. Trift westl. an der Embener Forst. 2 W. Moorwf. bei der Baubude. 2 B. Trockne Haibestelle im Hungerigen Wolf. 3 S. Hohes Holz (Beckersberg); Anhöhe südwestl. v. Hohen H.

1243. B. simplex. Hitchcock. Einfache M. — Nicht fruchttr. Wedel gestielt, nur mit dem Grunde des Blattstiels des fruchttragenden Wedels verwachsen, oval, fiedertheilig ob. fiedersp.; Rispe ährenf., kaum verzweigt; Pfl. 5—8 cm. h.; sonst wie vor. ♃ — Sandtriften. 5—6. — Im Geb. sehr selten, bisher nur: 2 B. Sandgrube neben den Chausseeticnen bei Burg.

B. matricariaefolium. A. Braun. (B. rutaceum. Willd.) Mutterfrautf. M. — Nicht fruchttragender Wedel sitzend, mit dem Bistiel des fruchttragenden bis über die Mitte fast bis zur Rispe verwachsen, doppelt=fiederth. ♃ — Wiesen, trockne Weiden. 5—6. — Nur in einem Exempl. auf dem Moosbruche (2 N.) gefunden u. bisher nicht wieder beobachtet.

482. Ophioglóssum[1]). L. **Natterzunge.**

Sporangien an den Seiten verwachsen, in einfachen 2=reihigen, gipfelst. Aehren. — Wurzelstock kurz=knollig, dickfaserig.

1244. O. vulgátum. L. Gemeine N. — Nicht fruchttr. Wedel eif. ob. längl., breit=zungenf., ganzrandig, lederartig, mit dem langen Blattstiel des fruchttragenden Wedels ungefähr bis zu Mitte verwachsen; Aehre lineal, zsgedrückt, schmal=zungenf., einfach, sehr selten 2=theilig; Pfl. 8—15 cm. h. ♃ — Kurzgrasige, bef. moorige Wiesen, Triften u. Waldwiesen. 6—7. — Im Fl. u. Ol. zerstreut; z. B. 1 B. Wf. westl. v. Angern; Wf. fübl. am Buttum. 2 N. Silberthal=Wf. bei Kl. Bartensl.; Embener F. (Krähenfußwf.); Albensl. F.; Veltheimsche F.; Zernitz; Moosbruch. 2 W. Moorwf. bei der Baubude. 2 B. Marientränke bei Burg. 4 S. (Bullenwiese bei Schönebeck). 4 Z. Moorwf. an der Beke bei Moritz. 5 B. Bruchwf. bei Körmigk.

2. Gruppe. **Osmundaceen.** Sporangien gestielt, frei, kugelig, lederartig, ohne Ring, einfächerig, 2=klappig aufspringend, zunächst

---

1) Von ὄφις, Schlange, u. γλῶσσα, Zunge; wegen der Gestalt des Blattes u. der Aehre.

in kleine Knäuel u. diese wieder dicht=ährenf. zsgestellt, die Aehren in Rispen.

483. Osmúnda. L. Traubenfarn.

Sporangien kurzgestielt; Aehren in Rispen, an der Spitze des fruchttragenden Wedels, mit Umwandlung der obersten Fiederblättchen, die zuweilen noch theilweise blattartig erscheinen.

1245. O. regális. L. Königs=Farn. — Wurzelstock dick, gestreckt; Wedel groß, lang=gestielt, doppelt=gefiedert. im Umriß längl. ob. eif.= längl.; die Fieder im Umriß längl., meist 8=paarig, Fiederchen längl.= lancettl., fast lederartig, am Grunde schief=gestutzt; Aehren zuletzt rothbraun, in doppelt gefiederten, endst. Rispen. Pfl. 60—180 cm. h. ♃ — Feuchte Wälder, Waldwiesen. 6—7. — Im Sand=Fl. u. Dl. zerstreut; z. B. 1 B. Burgstaller F. (im Burgstaller Fenn u. im Schernebecker Begang). 2 N. Bodendorfer F.; Schwarzer Pfuhl. 2 B. Bürgerholz. 3 L. Forst Magdb. Forth. (unweit Forth. u. bei Rosenkrug). 4 Z. Steinberg bei Grimma.

3. Gruppe. **Polypodiaceen.** Sporangien einfächerig, der Länge nach mit einem gegliederten, meist auf einer Seite unvollständigen Ringe eingefaßt, in die Quere unregelmäßig aufspringend, in rundl. ob. längl. ob. linealen Häufchen auf der unteren Fläche ob. am Rande des Wedels.

1. Untergruppe. **Nackte Polypodiaceen.** Fruchthäufchen nackt, weder mit einem häutigen Schleier, noch mit dem umgerollten Rande des Wedels bedeckt.

484. Polypódium[1]). L. Tüpfelfarn.

Fruchthäufchen rundl., auf der unteren Fläche des Wedels in Reihen geordnet ob. zerstreut.

1246. P. vulgare. L. Gemeiner T. (Engelsüß). — Wedel fiedertheilig, im Umriß lancettl., am Grunde gleich breit, oben plötzlich zugespitzt; Fieder breit=lineal=längl., stumpflich, undeutlich gesägt ob. ganzrandig, wechsel= ob. fast gegenst.; Fruchthäufchen 2=reihig. Wedel den Winter überdauernd, Stiel kahl, kürzer als die Blattfläche. ♃ — Wälder (bes. Kiefern=W.), Erlbr., Felsen, Mauern. 7—9. — Im Fl. u. Dl. zerstreut; z. B. 1 B. Burgstaller F. 2 N. Porphyrfelsen des Holzmühlen=Thals; Pudegrin; Mühlensteifen bei Bodend.; Wegmauer am Steinbr. bei Alvensl.; Grauwackenfelsen des Olvethals. 2 B. Güsener F.; Erlenbr. der Hohenlebener F.; Part Pießpuhl (angepfl.). 3 S. Lenchen Psch. 3 L. Forst Magdb. Forth. 4 S. Wahlitzer F. 4 B. Scharlebener Holz bei Dornburg. 4 Z. *Nedlitzer F.

1247. P. Phegópteris. L. (Phegopteris polypodioides. Fée.) Buchen=T. — Wedel dunkelgrün, doppelt=fiedertheilig, im Umriß eif., fast 3=eckig, lang=zugespitzt, beiderseits flaumh., am Rande gewimpert; Blattfläche länger als breit, auf mehr ob. weniger langem, mit Spreublättchen besetzten Stiele; Fieder im Umfang breit=lineal, lang= zugespitzt, gegenst. ob. etwas wechselst., die untersten abwärts ge= richtet; Fiederchen längl., stumpf gekerbt, die vier an der Blatt= spindel zu einer viereckigen ob. rautenf. Figur zsgewachsen. ♃ — Feuchte Wälder. 6—9. — Bisher im Dl. u. auch hier selten, aber gesellig: 1 B. Burgstaller F. (Birken= u. Erlenniederung am „scharfen Berg"). 3 L. Forst Magdb. Forth. (Forstgrenze am Drewitzer Spring. u. Erlen= u. Birkenbr. bei Schopsdorf.) 4 Z. Dobritzer F.

---

[1]) Griech. Name für Farnkraut; aus πολύς, viel, u. πόδιον, Füßchen.

21*

1248. P. Dryópteris. L. (Phegopteris Dryopt. Fée.) Eichen=F.
— Wedel hellgrün, mehrfach zsgesetzt, im Umriß deltaförmig, kahl, Blattfläche so lang als breit, horizontal auf dünnem, langen, nur unten mit Spreublättchen besetzten Stiele; Wedel dreizählig, die Abschnitte doppelt=gefiedert; Fieder im Umfang breit=lineal, zugespitzt, fast lancettl.; Fiederchen längl., stumpf, ganzrandig, ob. die unteren gekerbt, die obersten zsfließend. ♃ — Wälder, Felsen, Mauern. 6—8. —
Im Sand=Fl., m. C., u. im Dl. zerstreut, aber gesellig, zuweilen wie ges. Z. W. 2 N. Erzl. F.; Bischofswald; Embener F.; Veltheimsche F.; Wegmauer am Steinbr. bei Alvensl. 3 S. Hohes H. 3 MÖ. Schloßpark Möckern. 3 L. Ringelsh. F.; Forst Magdb. Forth. 4 Z. Neblitzer F. (sehr reichl.); Dobritzer F. (reichl.); Golmenglin; Jütrichauer Bsch; Roslauer F.

1249. P. Robertianum. Hoffm. (Phegopteris Rob. A. Braun.) Robert's F. — Wedel meist dunkelgrün, mehrfach zsgesetzt, im Umfang deltaförmig, dicht=drüsig=flaumig; Blattfläche aufwärts gerichtet (nicht horizontal), sonst Alles wie vor. ♃ — Wälder, Mauern. 7— 8. — Im Geb. sehr selten. 3 M. Festungsmauern.

2. Untergruppe. Beschleierte Polypodiaceen. Jüngere Fruchthäufchen mit einem häutigen Schleier bedeckt.

485. Aspídium. R. Br. Schild=Farn.

Fruchthäufchen rundl., auf der unteren Fläche des Wedels in Reihen geordnet ob. zerstreut; Schleier rund, schildf., gestielt, in der Mitte angeheftet, am Rande frei.

1250. A. lobatum. Sw. (A. aculeatum. a. vulg. Döll.) Gelappter F. — Wedel doppelt=gefiedert, unterseits spreuig, im Umriß längl.=lancettl., zugespitzt; Fieder längl., aus breiterem Grunde allmälig spitz zugehend; Fiederchen schief=eif., fast rautenf. ungleich stachelig=gezähnt, die unteren sehr kurz=gestielt, die oberen sitzend, zuletzt in einander fließend, das unterste v. der oberen Reihe der Fiederchen fast doppelt so groß als die übrigen; Stiel des Wedels kurz, nebst der Spindel spreublättrig. ♃ — Schattige Wälder, an Mauern. 7—8. —
Im Geb. sehr selten, bisher nur: 2 N. Wegmauer unweit des Steinbr. bei Alvensl.

486. Polýstichum[1]**.** Roth. **Waldfarn.**

Fruchthäufchen rundl., auf der unteren Fläche des Waldes in Reihen geordnet oder zerstreut; Schleier nierenf., in der Mitte angeheftet.

1251. P. Thelýpteris. Roth. (Aspidium Thelypt. Swartz.) Sumpf=W. — Wurzelstock kriechend, schwarzbraun; Wedel hellgrün, drüsenlos, fast doppelt=gefiedert, im Umriß lancettl., zugespitzt; Fieder lineal=lancettl., tief=fiederth.; Fiederchen längl., zugespitzt, ganzrandig, ob. an der Spitze gezähnelt, die fructificirenden am Rande zurückgerollt u. dadurch fast 3=edig; Fruchthäufchen auf der Mittelfläche der Fiederchen 2=reihig, später zsfließend; Stiel des Wedels lang, ohne Spreublättchen. ♃ — Sumpfige Wiesen, Wälder, Erlenbr., Torfstiche. 7—9. — Im Dl. häufig u. sehr gesellig; auch im Sand=Fl. nicht selten.

1252. P. Oreópteris. Dec. (P. montanum. Roth., Aspidium Oreopt. Sw.) Berg=W. (Bergfarn). — Wurzelstock kurz, schief, vielblättr.; Wedel lebhaft grün, unterseits mit zerstreuten, feinen, gelben Drüsen,

---

1) Von πολύς, viel, u. στίχος. Reihe; wegen der **mehrreihigen** Fruchthäufchen.

fast doppelt=gefiedert, im Umriß längl.=lancettl., nach oben gleichmäßig zu=
gespitzt, nach unten von der Mitte ab allmälig u. erheblich ver=
schmälert; die oberen Fiedern lineal=lancettl., zugespitzt, tief=fiedertb., die
untersten Paare verkürzt, deltaförmig, stumpf, fiedersp.; Fie=
derchen längl., spitzl., ganzrandig; Fruchthäufchen fast randst.; Stiel
des Wedels kurz, spreublättr. ♃ — Schattige Wälder. 7—8. —
Im Fl. u. Dl. zerstreut; z. B. 1 B. Burgtaller F. (Birkenniederung am Scharfen Berg
u. Schernebecker Begang). 2 N. Ergl. F.; Bischofswald; Embener F. 2 B. Grabower F.
(Wolfshagen). 3 S. Marienborner F.; Lenchen Bsch.; Hohes H. 3 L. Forst Magdb.
Forth. 4 E. Hakel (Teufelsthal). 4 Z. Golmenglin. — Liebt feuchten, aber nicht nassen
Boden.

1253. P. Filix mas. Roth. (Aspidium Fil. m. Sw.) Gemeiner
W. (Wurmfarn). — Wurzelstock schief, schwarzbraun, vielblättr.; Wedel
dunkelgrün, doppelt= ob. fast doppelt=gefiedert., im Umriß längl.=elliptisch,
nach oben zugespitzt, nach unten allmälig ein wenig verschmälert; Fieder
schmal=lancettl., langzugespitzt; Fiederchen längl., stumpf, an der
Spitze ungleich=gezähnt, Zähnchen unbegrannt; Fruchthäufchen
auf der unteren Hälfte des Fiederchen zu beiden Seiten der Mittelrippe;
Stiel des Wedels kurz, nebst der Spindel spreublättr. ♃ — Wälder,
Mauern, felsige Orte. 7—9. — Im Fl. u. Dl. nicht selten; im Al. selten (4 B.
Löbberitzer F. 5 S. Gänsefurter Bsch.).

1254. P. cristátum Roth. (Aspidium crist. Sw.) Gezackter W.
— Wurzelstock schief, braun; Wedel hell= ob. dunkelgrün, fast doppelt=
gefiedert, im Umriß schmal=lancettl., oben kurz=zugespitzt, nach unten
ein wenig verschmälert; Fieder aus breiter Basis lancettl., die unter=
sten meist auseinander gerückt, mit sehr breiter Basis fast delta=
förmig; Fiederchen breit=längl., die untersten fiedersp., alle stachel=
spitzig gesägt; Fruchthäufchen auf dem Mittelfelde 2=reihig; Stiel der
Hauptwedel zieml. lang, stark spreublättr. — Fruchtb. Wedel steif=aufrecht,
die untersten Fiedern unfruchtbar, die oberen fruchtbaren gedreht,
die Rückseite nach oben gewendet. ♃ — Torfmoore, sumpf. Wald=
stellen. 7—8. — Im Geb. selten, bisher nur im nördl. Dl.: (1 B. Burgtaller Fenn;
Schernebecker Fenn (reichl.); Lüderitzer F.; Sepin. 2 N. Birkenmoor am Moosbruch;
Plankensche F. (Erlen= u. Birkenniederung am Schanzenberge). 2 B. Grabower F.
(östl. Saum).

1255. P. spinulósum. Dec. (Aspidium spin. Sw.) Dorniger W.
— Wedel zahlreich, dunkelgrün, doppelt=gefiedert, im Umriß eif. ob.
länglich, nach oben zugespitzt, nach unten wenig verschmälert, nur das
unterste Fiederpaar ob. die beiden untersten etwas kürzer als die oberen;
die unteren Fiedern mit breiter Basis spitz zugehend, pyramidenf.,
die oberen Fiedern lancettl. bis breit=lineal, alle zugespitzt; Fiederchen
länglich, fiedertheilig, die Läppchen längl., stumpf, einfach= ob. doppelt=
gesägt, die Sägezähne mit starker, fast borniger Stachelspitze;
Fruchthäufchen meist 2=reihig; Stiel des Wedels ziemlich lang, nebst der
Spindel spreublättr. ♃ — Wälder, Gebüsch, Erlenbr.; auch Wald=
wiesen, steinige Anhöhen. 6—9. — Im Fl. u. Dl. häufig; im Al. selten (3 M.
Kreuzhorst. 5 S. Gänsefurter Bsch.).

487. Cystópteris[1]**. Bernh. Blasenfarn.**

Fruchthäufchen rundl., auf der unteren Fläche des Wedels zer=
streut ob. etwas in Reihen geordnet; Schleier rundl. ob. eif., seitlich
an einer Stelle des Randes angeheftet, später verschwindend.

---

1) Von κύστη, Blase, u. πτέρις, Farnkraut; wegen der blasenähnlichen Schleier.

1256. C. frágilis. Bernh. Zerbrechlicher B. — Wurzelstock dick, kurz, faserig; Wedel hellgrün, doppelt=gefiedert, im Umriß längl.=lancettl., nach oben spitz, nach unten wenig verschmälert, das untere Fiederpaar kürzer als die oberen; Fieder längl.=eif., stumpflich ob. zugespitzt; Fiederchen längl., lappig=fiederfp., die Läppchen verkehrt=eif., kerbig=gesägt; Fruchthäufchen entfernt, später gedrängt; Stiel des Wedels so lang oder kürzer als die Blattfläche, kahl, nur am Grunde etwas spreublättr. — Pflanze zart. 5—30 cm. h. ⚃ — Im Schatten an Mauern, Abhängen. 7—8. — Im Geb. zerstreut; z. B. 2 N. Bodendorf, Mühlensteifen an der Mauer; Alvensl. F.; Veltheimsburg über der Pforte des Gemüsegartens, am Amte u. an der Teichmauer am Fuße der Burg; Wellenberge. 3 S. Marienborner F.; Hohes H. 3 M. Festungsmauern; Mauer der'Elbschleuse.

488. Asplénium. L. Streifenfarn.

Fruchthäufen lineal ob. längl., auf der unteren Fläche des Wedels; Schleier lineal, auf der äußeren Seite des Fruchthäufchens angeheftet, nach innen frei.

1257. A. Filix femina. Bernh. Weiblicher S. — Wurzelstock kurz, schwarzbraun; Wedel zahlreich, ansehnlich, hell= ob. dunkelgrün, doppelt=gefiedert, im Umriß längl.=elliptisch, lang=zugespitzt, nach unten verschmälert; Fieder breit=lineal ob. lineal=lancettl., lang=zugespitzt; Fiederchen lancettl., fiederth. ob. fiederfp., Läppchen längl. ob. eif., 2—3=zähnig, Zähne kurz, ohne Stachelspitze; Fruchthäufchen 2=reihig; Stiel des Wedels zieml. kurz, wenig=spreublättr., fast kahl. — Pfl. 30—100 cm. h. ⚃ — Wälder, Erlenbr., Gebüsch, Waldwiesen, Bachufer. 6—9. — Im Fl. u. Dl. häufig u. gesellig; im Al. selten (4 B. Grüneberger u. Ronneier F. 4 Z. Stedtber F.; Unterbusch bei Aken; Kühnauer F. 5 S. Gänsefurter Bsch.).

1258. A. Trichómanes. L. Widerthon=S. — B. dichtfaserig, schwarzbraun; Wedel zahlreich, klein, einfach=gefiedert, im Umriß lineal=lancettl. ob. breit=lineal; Fieder eif. ob. längl., stumpf, feingekerbt, am Grunde gestutzt=keilf., fast sitzend; Fruchthäufchen 2=reihig; Stiel des Wedels kurz, nebst der Spindel roth= ob. schwarzbraun, glänzend, Spindel mit einem schmalen, trockenhäutigen, gezähnten Rande. — Pfl. 5—20 cm. h. ⚃ — Mauern, Felsen. 7—8. — Im Geb. selten. 2 N. Bodendorfer F. (Porphyrfelsen der kleinen Hohlbeck) Grauwackenfelsen am rechten Beverufer zw. Dönst. u. Hundisburg. 3 M. Festungs=Mauern. 5 B. Terrassen=Mauer des Schloßgartens zu Nienburg.

1259. A. Ruta muraria. L. Mauer=S. (Mauerraute). — Wurzelstock kurz, dick; Wedel mehrere, klein, doppelt=gefiedert, im Umriß dreieckig=eif. ob. eif.=längl.; Fieder dreieckig ob. längl., gestielt; Fiederchen rauten= ob. verkehrt=eif., vorn mehr ob. weniger gezähnelt ob. gezähnt; Fruchthäufchen zuletzt ineinander fließend; Stiel des Wedels lang, grün. — Pfl. 3—15 cm. h. ⚃ — Mauern, Felsen. 6—10. — Im Geb. an alten Mauern nicht selten; auch in Felsenspalten. Z. B. 1 C. Malbed alte Straßenmauer u. Mauer am Dom. 2 N. Acker=Wallmauer bei Hörstingen; M. Bodendorf; Schloß=M. Altenhausen; Park=M. Erxl.; Brücken=M. des Papenteichs; Felsen der Hühnerküche (reichl.); Weg=M. beim Steinbr. bei Alvensl.; Stadt=M. Neuhaldensl. 2 B. Stadt=M. Burg. 3 S. Kirchhof=M. Morsleben (reichl.). 3 W. Stadt=M. Wanzl. 3 M. Festungsmauern. 3 Mö. Brücken=M. im Schloßgt. Möckern. 4 E. Croppenst., M. der neuen Tränke; Egeln, M. des Klosteramtes. 4 S. Westseite der Kirche Gr. Salze. 4 Z. Nicolai=Kirche; Kirche Ankuhn; M. vor dem Haidethor; M. am Kanal im Schloßgt.; Brücke des Landwehrgr. vor Bone. 5 B. M. der Terrasse des Schloßgt. zu Nienburg (reichl.); Schloßmauer Bernburg; M. des Amtsthores Alsleben.

† Scolopéndrium. Sm. Zungenfarn.

Fruchthäufchen lineal, je 2 genähert u. zffließend; Schleier an den äußeren Rändern angewachsen.

Farnkräuter — Lycopodiaceen.

† 8. officinarum. Swartz. (S. vulgare. Sm.) Gebräuchl. Z. (Hirschzunge). — Wedel lederartig, einfach, längl.-lancettl., zungenf., am Grunde herzf. ♃ — Aus Süd- u. Mitteldeutschl. 7—9; — Oefters als Zierpfl. in Gärten u. Anlagen, meist die Var. crispum, mit wellig-krausem Wedel u. daedaleum, mit an der Spitze verbreitertem, vielsp. Wedel.

489. Blechnum. L. Rippenfarn.

Fruchthäufchen lineal, in ununterbrochenen Längsreihen zu beiden Seiten mit der Mittelrippe der Fieder gleichlaufend; Schleier außen angeheftet.

1260. B. Spicant. Roth. Gemeiner R. — Wurzelstock dick; Wedel mehrere bis zahlreich, überwinternd, lederartig, fiedertheilig, im Umriß verlängert-lancettl., nach oben u. nach unten spitz zugehend, die fruchttragenden fast doppelt so lang als die unfruchtb.; Fieder ganzrandig, umgerollt, die der unfruchtbaren Wedel breit-lineal, zugespitzt, der fruchtbaren schmal-lineal; Fruchthäufchen die untere Fiederfläche ganz bedeckend; Stiel der unfruchtb. Wedel hellbraun, sehr kurz, der fruchtbaren dunkelbraun, etwas länger. ♃ — Schattige Wälder, Waldgräben, Waldbäche, Waldsäume u. Waldwiesen. 7—8. — Im Sand-Fl., m. E., u. im Dl. zerstreut, aber meist gesellig. 3. B. 1 B. Bach der Lüderitzer F.; am Mühlenbach im Schernebecker Fenn; Burgstaller F. (Begang Schernebeck). 2 N. Bischofswald (Germersl. Wf. u. Wf. nörbl. v. der „Spitze"); Emdener F. 2 B. Bürgerholz. 3 S. Hohes H. (Grenzgr. des „schmalen Göhren") 3 L. Ringelsb. F. (Theessener Hau); Forst Magdb. Forth (Grenzgr. am Saum nach Neesdorf, reichl., Graben unweit Rosenkrug, wie ges.). 4 Z. Grenzgr. des Steinberges an der Grimmaer Wf.; Saum der Kiefern zw. Kupferhammer u. Buchholzmühle; Roslauer F.

490. Pteris. L. Saumfarn.

Fruchthäufchen lineal, ununterbrochen, randständig, vom zurückgerollten Rande u. dem aus dem Rande entspringenden Schleier bedeckt.

1261. P. aquilina. L. Adler-S. (Adlerfarn). — Wurzelstock kriechend; Wedel groß, lang-gestielt, 3-fach-gefiedert, im Umriß 3-eckig-eif., überhängend ob. fast horizontal; die Fiedern gegenst., gestielt, im Umriß längl.-lanzettl., mit 20-paarigen Fiederchen u. darüber; Fiederchen gefiedert ob. tief-fiederth., breit-lineal, zugespitzt, lederartig; Läppchen längl., stumpflich, am Rande umgerollt. — Pfl. 30—160 cm. h. ♃ — Trockene Wälder, Haiden, Gebüsch. 7—8. — Im Sand-Fl., m. E., und im Dl. häufig u. sehr gesellig; zuweilen einen dichten Unterwald bildend.

3. Untergruppe. Verhüllte Polypodiaceen. Die Seiten ob. die Kerbzähne der Fiedern ob. Fiederchen des Wedels zurückgebogen, u. die Frhäufchen ganz ob. zum Theil bedeckend.

Struthiópteris. Willd. Straußfarn.

Fieder des fruchttragenden Wedels am Rande zurückgerollt, die Frhäufchen einhüllend; Frhäufchen die ganze Fläche der Fieder dicht bedeckend.

S. germanica. Willd. Deutscher S. — Unfruchtb. Wedel doppelt-fiedersp.; fruchtbarer gefiedert, lancettl. mit zsgerollten, linealen, fast walzl. Fiedern. ♃ — Feuchte Wälder, Sumpfwiesen. 7—8. — Nach Dr. Griepenkerl an feuchten Waldstellen bei Calvörde; in neuerer Zeit nicht aufgefunden.

105. Familie. Lycopodiaceen (Bärlappe), Lycopodiaceae. Swartz.

Ausdauernde, im Aeußern den Moosen ähnliche Pflanzen, mit kriechendem ob. liegendem St. u. aufrechten Aesten; St. u. Aeste dicht mit kleinen, einfachen Blättern besetzt. Die Sporangien sitzen in den Achseln der Blätter, bilden häufig mit den deckblattartig verkürzten Blättern besondere Aehren u. springen mit Klappen auf; Sporen meist fein, staubartig.

491. Lycopódium[1]). L. **Bärlapp.**

Sporangien rundl., nierenf. ob. eif., 1=fächerig, 2=klappig, alle gleich gestaltet; Sporen sehr fein, staubartig. — St. dicht mit meist feinen, schmalen Bl. besetzt.

A. Sporangien einzeln, blattwinkelst.

L. Selágo. L. Tannen=B. — St. aufsteigend, 5—15 cm. h., vom Grund an gabelästig mit gleich hohen Aesten; Bl. dunkelgrün, lineal=lancettl., zugespitzt, starr, aufrecht ob. abstehend, 8=reihig. ⚄ — Erlenbr. 8—9. — Im Geb. erst wieder auf= zufinden; früher: 4 B. (Erlenbr. bei Käneritz an alten Baumstümpfen. — Der Bruch ist vor einiger Zeit entwässert u. urbar gemacht); nach Schwabe 4 Z. Nedlitzer F. (in neuerer Zeit nicht beobachtet).

B. Sporangien in endst. Aehren.

a. Aehren sitzend.

1262. L. inundatum. L. Sumpf=B. — St. am Boden an= liegend, wurzelnd, wenig=ästig; Aeste aufrecht, einfach, mit einer einzelnen unbeutl. Aehre; Bl. hellgrün ob. gelbgrün, lineal, spitz, auf= recht=abstehend, vielreihig; Deckbl. der Aehre dem Bl. gleichgestaltet. ⚄ — Sandige, feuchte Orte u. Moorstellen, sandige Ausstiche. 7—8. — Im Sand=Fl. u. Dl. zerstreut; z. B. 1 B. Ausstich am Damm des Schernebecker Fenn; sand. Vertiefung mit Gesträuch bei Birtholz nach Cobbel zu. 2 N. Bülstringer Holz am Schwarzen Pfuhl. 2 B. Chausseekienen bei Burg; Ausstich an der Reesenschen Nachtweide; Moor= wiese bei Theeßen. 3 M. sand. Triftniederung hinter Richters Gasthof. 3 L. Ausstich der Moorwf. am Küseler Spring zw. Theeßen u. Küsel. 4 Z. Feuchte Sandgrube bei Hunde= luft am Wege nach Weiden (reichl.); flache Ausstiche der Moorwf. zw. Kupferhammer u. Buchholzmühle (auf festem, moorkiesigen Boden reichl.).

1263. L. annótinum. L. Sprossender B. (Schlangenmoos). — St. weit=kriechend; Aeste aufrecht ob. aufstrebend, meist ein= ob. mehrmal gabelig=getheilt; Bl. lineal=lancettl., stachelspitzig, steif, wagerecht=abstehend ob. zurückgebogen, meist 5=reihig; Aehre einzeln, an der Spitze der Aeste sitzend; Deckbl. breit=eif., haar= spitzig, ausgebissen=gezähnelt. ⚄ — Schattige Wälder, Erlenbr. 7—9. — Bisher nur im Dl. u. auch hier selten. 1 B. Lüderitzer F. am Schernebecker Fenn. 3 L. Ringelsdorfer F. („kleine Lake"). 4 Z. * Nedlitzer F. (Befenitz); Golmenglin.

b. Aehren gestielt.

L. complanatum. L. Flacher B. — St. kriechend; Aeste aufstrebend, viel= fach gabelig=getheilt, flach=zsgedrückt; Bl. schuppenf., starr, 4=reihig, herab= laufend, zugespitzt=stachelspitzig; Aehren 1—6, auf einem langen, mit Schuppen besetzten Stiele; Deckbl. breit=eif. ⚄ — Hochgelegene Haiden. 7—8. — Nach Schwabe bei Zerbst; in neuerer Zeit nicht beobachtet.

1264. L. clavatum. L. Gemeiner B. (Schlangenmoos, Wolfsklaue). — St. weit=kriechend; Aeste aufstrebend, unregelm.=gabelig= getheilt; Bl. lineal=lancettl., zugespitzt, in ein verlängertes weißes Haar endigend, anliegend, einwärtsgekrümmt; Aehrchen zu 2—3 auf einem langen, mit pfriemf. Bl. besetzten Stiele; Deckbl. eif., lang=haarspitzig, ausgebissen=gezähnelt. ⚄ — Trockene Wälder, Haiden, Sandtriften, Gräben, Moorwiesen. 7—9. — Im Sand=Fl., m. E., u. im Dl. zieml. häufig; z. B. 1 B. Am Damm des Schernebecker Fenn; Burgstaller F.; Eisen= bahngr. zw. Zibberick u. Mahlwinkel. 2 N. Erxl. F.; Embener F.; Bülstringer Holz am Schw. Pfuhl. 2 B. Haide zw. Parey u. Parchen! Chausseekienen bei Bnrg; Grabower F. u. Moorwf. bei Madel; Moorwf. bei Theeßen. 3 S. Marienborner F. (Pfingstbusch). 3 L. Moorwf. zw. Theeßen u. Küsel; Ringelsb. F.; Forst Magdb. Forth. 4 S. Klushaide bei Gommern. 4 B. Sandtrift zw. Walternienburg u. Polenmühle; Sandstelle neben

---

1) Von λίxos, Wolf, u. πόδιον, Füßchen.

Marſileaceen. 329

dem Haidebruchsteiche bei Babez. **4 Z.** Neblitzer F.; Dobritzer F.; Kiefernſaum zw. Kupferhammer u. Buchholzmühle (reichl.); Haide bei Hundeluft; Kieferntwald zw. Hundeluft u. Breſen.

106. Familie. **Marſileaceen** (Waſſerfarne, Wurzelfarne),
Marsileaceae. R. Br. Salvinieae. Juss.

Waſſerpflanzen. — Sporenfrüchte kugelig ob. längl., in der Nähe der Wurzel an der Baſis der Bl. ob. Blattſtiele, ſitzend ob. geſtielt; Sporenbehälter verſchieden geſtaltet, in die Sporenfrüchte eingeſchloſſen.

1. Gruppe. Marſileen. Sporenfrüchte lederhäutig, der Baſis der Bl. ob. Blſtiele angeheftet; Wurzelſtock unter dem Waſſer wurzelnd; Bl. in der Knoſpenlage ſchneckenf. eingerollt.

Pilulária. L. Pillenkraut.

Sporenfrüchte einzelnſtehend, kugelig, 4=fächerig, in 4 Lappen aufſpringend.

P. globulífera. L. Kugeltragendes P. — St. kriechend, fadenf.; Bl. binſenartig, borſtl., aufrecht; Sporenfrüchte erbſengroß. ♃ — Stehende Waſſer, Gräben, Sümpfe, Teichränder. 8—9. — Nach Schwabe bei Reppichau u. bei Roßlau in der Rietzke; in neuerer Zeit nicht beobachtet.

2. Gruppe. Salviniaceen. Sporenfrüchte häutig, zwiſchen den Wurzelfaſern angeheftet. Pfl. im Waſſer frei ſchwimmend; Bl. 2=reihig, in der Knoſpenlage von der Seite her zſgerollt.

492. Salvinia. Micheli. **Salvinie.**

Sporenfrüchte kugelig, zwiſchen den Wurzelfaſern einem kurzen, abwärts gerichteten Zweige angeheftet, zu 1—5 gehäuft, nicht aufſpringend, 1=fächerig, auf der Baſis des Faches mit einem die Sporenbehälter tragenden Säulchen.

1265. S. natans. All. Schwimmende S. — St. behaart, ſchwimmend; Bl. blaugrün, elliptiſch, ſtumpf, oberſeits mit regelmäßig u. büſchelig geſtellten Sternhärchen beſetzt, unterſeits meiſt bräunlich ob. röthlich; Sporenfrüchte faſt pfeffergroß. ♃ — Am Rande der Teiche auf dem Waſſer ſchwimmend, ob. im Schlamm. 8—10. — Im Geb. ſehr ſelten, aber geſellig; bisher nur im Al. bei Elbe. 3 M. Pechauer See (ſehr reichl.). 4 B. Löbderitzer F. (langer Teich neben den „Buſchmorgen").

3. Gruppe. Iſoëteen. Sporenfrüchte häutig, der inneren Fläche der Blattbaſis angewachſen; Bl. ſelbſt in der Knoſpenlage nicht zſgerollt. — Wurzelſtock knollenf., mit langen Faſern, vielblättrig; Bl. pfrieml., faſt durchſichtig, innen mit Querwänden.

Isoëtes. L. Brachſenkraut.

Sporenfrüchte eif. ob. runbl., nicht aufſpringend; zweigeſtaltig: die einen holperig mit größeren Sporenbehältern, die anderen glatt mit ſehr kleinen, ſtaubartigen Sporenbehältern.

I. lacustris. L. Gemeines B. — St. fehlend; Bl. pfrieml., 5—10 cm. h. ♃ — Unter dem Waſſer auf dem Grunde der Seen. 7—9. — Von Schwabe in 1 Exempl. im Kühnauer See (4 Z.) gefunden; in neuerer Zeit nicht beobachtet.

Nachträge und Berichtigungen.

S. 4. Z. 28 v. unten lies „Jacquinianum" u. „Jacquin's" statt Jaquinianum u. Jaquins

„ 5. Z. 8 v. oben lies A. Hepatica st. A. hepatica.

„ 5. Vor A. Pulsatilla ist einzuschalten:
A. vernalis. L. Frühlings-W. — WBl. gefiedert, Fieder eif., 3-sp., 3pfl. ganz od. 2—3-zähnig; K. glockenf., meist nickend, gelblich-weiß, außen zottig u. mehr od. weniger violett überlaufen. 2 — Haiden. 5—6. — Nach Prof. Blasius (Ascherson) auf den Bergen bei Calvörde; in neuerer Zeit nicht aufgefunden.

„ 5. Z. 8. Z. 31 v. oben ist vor: Blth. einzuschalten:
WBl. 3fach-fiedersp., 3pfl. lineal.

„ 7. Z. 11 v. oben ist hinter: Blkr. einzusch.: 5-, selten mehrblättr.

„ 7. Z. 12 v. oben lies Blkrbl. statt Blkr.

„ 9. Z. 7 v. unten lies ☉ statt ⊙.

„ 11. Z. 10 v. o. ist hinter: Blkrbl. einzuschalten: 5.

„ 14. Z. 13 v. o. ist bei den Standortsangaben einzuschalten:
2 B. Deichwall beim Dunker-See.

„ 15. Z. 30 v. o. ist hinter: Schotenfrüchtige ein, zu setzen.

„ 17. Z. 2 v. u. lies ☉ statt 2.

„ 20. Z. 16 v. u. ist hinter Br. einzusch.: (Brassica orient. L.)

„ 33. Z. 15 v. o. lies Ailantus st. Ailanthus.

„ 35. Z. 2 v. u. ist bei den Standortsang. einzuschalten: 2 B. Deichwall.

„ 38. Z. 3 v. u. lies ☉, auch ⊙, — statt ⊙.

„ 45. Zwischen M. Alcea und M. sylvestris ist einzuschalten:
† M. moschata. L. Bisam-M. — St. aufrecht, nebst den Bl. u. K. rauhh.; WBl. herzf.-rundl., gelappt; StBl. handf., 5-th., 3pfl. fiedersp. bis doppelt-fiedersp.; Blkr. zieml. groß, rosenroth; Blkrbl. oben abgestutzt, schwach ausgerandet; Fr. dicht-rauhh., glatt. 2 — Aus Westdeutschl. 7—9. — In Gärten, u. zuweilen verwildert. — Kraut nach Moschus riechend.

„ 48. Z. 11 v. o. ist vor A. Pseudoplatan. zu setzen: 199.

„ 50. Z. 9 v. o. lies 2 statt ♃.

„ 52. Z. 11 v. u. lies O. Acetosella. st. O. acetosella.

„ 56. Z. 18 v. u. lies Kreuzhorst statt Kreuzvorst.

„ 64. Z. 4 v. o. lies: keine st. kleine.

„ 64. Z. 18 v. o. lies **Astragalus** st. **Astragulus.**

„ 69. Z. 21 v. o. lies 2 st. ⊙.

„ 75. Z. 15 v. o. lies ♃ st. 2.

„ 91. Z. 11 v. o. lies: 377. st. 376.

„ 93. Z. 13 v. u. ist hinter: rundl. einzuschalten: Gf. 3—6-th.;

„ 94. Z. 20 v. u. ist hinter: einfächerig einzuschalten: Gf. 2—3, getrennt od. zsgewachsen;

„ 94. Z. 14 v. u. ist hinter: umschlossen einzusch.: N. 3, sitzend.

„ 94. Z. 3 v. u. ist hinter: fehlend einzusch.: Gf. sehr kurz; N. 2;

„ 95. Z. 18 v. u. ist hinter: fehlend einzusch.: Gf. 2;

„ 96. Z. 16 v. u. lies: Afterdolde mehräftig, st. Afterdolde, mehräftig.

„ 98. Z. 11 v. u. lies: 406. st. 416.

„ 102. Z. 8 v. o. ist bei den Standortsang. einzuschalten:
2 B. Haidesumpf südl. v. Möser.

„ 104. Z. 8 v. o. lies **Bupleurum** st. **B pleurum.**

„ 105. Zwischen Seseli u. Cnidium ist einzuschalten:

170ᵃ. **Libanótis.** Crtz. **Heilwurz.**

Zähne des K. pfrieml., verlängert, abfallend; sonst wie Seseli.

Nachträge u. Berichtigungen.

431ᵃ. L. montana. All. Berg=H. — St. kantig-gefurcht; Bl. meist doppelt=gefiedert, Fiederchen eingeschnitten-gezähnt, die untersten Paare kreuzst.; Fr. kurzh. — Hülle u. Hüllchen mehrbl. ☉ — Hügel, Abhänge, Gebüsch. 6—8. — Im Geb. sehr selten, bisher nur 5 S. Bew. Ufer=Abh. der Liethe unweit des Staßfurt-Bernburger Weges.

S. 106. Z. 12 v. u. lies: 2=flügelig; st. 3=flügelig;
„ 109. Z. 6 v. u. lies: 446. st. 436.
„ 111. Z. 10 v. u. lies ☉ st. ⊙.
„ 114. Z. 19 v. o. lies ♃ st. ♄
„ 115. Z. 23 v. u. lies: Jelängerjelieber st. Jelängergelieber.
„ 116. Z. 13 v. o. ist vor L. alpigena ein † zu setzen.
„ 120. Z. 13 v. o. ist hinter: gespornt einzusch.: Stbgf. 1;
„ 125. Z. 21 v. o. lies: Lehm=Sand, st. Lehm, Sand,
„ 151. Z. 22 v. o. ist hinter C. Endivia. L. einzuschalten: Endivie.
„ 153. Z. 2 v. u. ist bei den Standortsang. einzuschalten:
　　2 B. Grabower F.
„ 167. Zwischen P. chlorantha u. P. minor ist einzuschalten:
　　P. media. Swartz. Mittleres W. — Schaft kantig; Bl. mittelgroß, rundl. ob. rundl.=eif., schwach gekerbt; Kpfl. eilancettl., etwas abstehend; Blfr. weiß, glockig-kugelig; Stbgf. gleichf. zsschließend; Gf. gerade, etwas schief, länger als die Blkr.; N. so breit als der Ring des Gf. ♃ — Laubwälder. 6—7. — Im benachbarten Hutz bei Halberstadt; im Geb. noch nicht beob.
„ 172. Z. 21 v. u. lies Pers. st. Sam.
„ 176. Z. 17 v. u. lies: Alvensl. st. Alfensl.
„ 194. Z. 1 v. o. Vor O. Galii ist einzuschalten als Ueberschrift:
　　1. Rotte. K. 2=blättr., mit einem einzigen Deckbl. gestützt.
„ 194. Z. 19 v. o. Nach O. rubens ist einzuschalten:
　　763ᵃ. O. loricata. Rb. Bepanzerte S. — Kbl. tief=2=th., schmal, so lang als die Blkr.=Röhre; Blkr. röhrig-glockig, hellgelb, auf dem Rücken gerade, Lippen stumpfgeschnelt, obere 2=lappig, abstehend; Stbgf. unter der Mitte der Röhre eingefügt, kahl ob. fast kahl; N. purpurroth. ♃ — Uncultivirte Hügel; auf Artemisia campestr. schmarotzend. 6. — Im Geb. sehr selten. 5 B. Westerberge an der Wipper.
　　2. Rotte. K. 1=blättrig, ringsum geschlossen, mit 3 Deckbl. gestützt.
　　763ᵇ. O. coerulea. Vill. (Phelipaea coer. C. A. Mey.). Blaue S. — K. 1=blättr., 4—5=zähnig, Zähne lancettl., spitz; Blkr. röhrig, amethystblau mit dunklen Adern, Zpfl. flach, spitz; Staubb. kahl, ob. am Grunde ein wenig flaumig; N. weißl.=gelb. ♃ — Auf Artemisia camp. u. Achillea mill. schmarotzend. 6—7. — Im Geb. sehr selten. 5 B. Westerberge, auf Artemis. camp.
„ 196. Z. 26 v. o. ist bei den Standortsang. einzuschalten:
　　2 B. Bei Blumenthal, Schartau, Niegripp.
„ 201. Z. 13 v. u. lies ☉ st. ⊙.
„ 202. Z. 5 v. o. lies 790. st. 190.
„ 205. Z. 10 v. o. lies ☉ st. ⊙
„ 226. Z. 6 v. u. ist bei den Standortsang. einzuschalten:
　　B. Gärten Burg.
„ 233. Z. 11 v. o. lies Platanen st. Plantanen.
„ 263. Z. 18 v. u. lies: dick=faserig, 1= ob. wenig=stengelig; statt: dickfaserig, ob. wenig=stengelig;
„ 268. Z. 3 v. u. lies Karolinenhof st. Katharinenhof.
„ 318. Z. 20 v. o. lies: der Basis st.: an der Basis.

Nachträge und Berichtigungen zum ersten Theil.
(im Anschluß an die Berichtigungen u. Ergänzungen auf S. 305 u. 306 Th. I.)

S. 13. Z. 6 v. unten lies: meist st. stets
„ 14. Z. 9 v. u. ist hinter: gegenüberstehende einzuschalten: ob. gegenständige.
„ 14. Z. 8 v. u. ist hinter: abwechselndstehende einzuschalten: ob. wechselständige
„ 14. Z. 7 v. u. ist hinter: zerstreuete einzuschalten: ob. zerstreutständige. In derselben Zeile lies: meist st.: nur.
„ 17. Z. 3 v. u. ist statt: Acker-Winde, Convolvulus arvensis zu setzen: Gem. Pfeilkraut, Sagittaria sagittaefolia. (Das Blatt der Ackerwinde variirt und kommt auch spießförmig vor.)
„ 29. ist als zweites Alinea einzuschalten:
Bezüglich der Färbung ist der Kelch entweder ungefärbt d. h. grün (die Regel) oder gefärbt (z. B. blau, Rittersporn; weiß, Waldrebe).
„ 32. Z. 7 v. u. lies Schmetterlingsblüthler st. Schmettlerlingsblüthler.
„ 45. Z. 3 v. u. lies: fast alle st. alle.
„ 47. Z. 10 v. u. lies Wachholder st. Wachholer.
„ 55. Z. 3 v. u. ist hinter: Urticeen einzuschalten: und Apocyneen.
„ 84. Z. 5 v. o. ist zu setzen: Durch Abkühlung st.: Durch den Frost
„ 113. Z. 19 v. o. lies: Obenan st. Obean
„ 114. Z. 15 v. o. lies: moorig st. morig
„ 115. Z. 16 v. o. ist hinter: verbreitet einzuschalten: sowie nach den Südstaaten von Nordamerika (bef. Nord- u. Süd-Carolina).
„ 136. Z. 1 v. u. lies Ficus st. Fiscus.
„ 157. Z. 13 v. u. lies Aristolochieen st. Arostolochieen.
„ 189. Z. 2 v. u. lies Pfropfen st. Propfen
„ 212. Z. 14 v. o. ist hinter: Wasserpflanzen einzuschalten: meist
„ 212. Z. 11 v. u. lies: häufig st.: zuweilen — und Z. 10 v. u.: besondere st.: besonders gestielte
„ 213. Z. 7 v. o. ist hinter: Pflanzen einzuschalten: meist
„ 216. Z. 8 v. o. ist zw. Cupressus u. Thuja einzuschalten: C. disticha. L. (Taxodium distichum. Rich.) aus Virginien; zuweilen in Parkanlagen.
„ 217. Z. 13 v. u. lies hypogynis st. hypoginis.
„ 218. Z. 4 v. o. lies: selten begrannt st.: ohne Granne
„ 218. Z. 20 v. u. lies: oft st. zuweilen
„ 219. Z. 14 v. u. lies Timotheusgras st. Thimotheusgras
„ 222. Z. 4 v. o. ist zu setzen: in Büscheln, Spirren, Köpfchen, Aehren, Trauben ob. Rispen st.: in Spirren ob. in'Köpfchen
„ 225. Z. 3 v. o. ist zu setzen: Blth. zwitterig ob. eingeschlechtlich statt: mit Zwitterblüthen.

Nachträge u. Berichtigungen zum 1. Th. 333

- S. 225. Z. 22 v. o. ist hinter: zwitterig einzuschalten: ob. einhäufig
- „ 229. Z. 15 v. o. ist hinter: oberständig einzuschalten: meist
- „ 230. Z. 11 v. u. lies: von einer 1—2=blättrigen statt: von einer 2= blättrigen
- „ 231. Z. 21 v. o. lies: der dritte st. die dritte
- „ 233. Z. 17 v. u. ist hinter: Stbgf. 3 einzuschalten: ob. mehrere
- „ 237. Z. 15 v. o. lies: Mart. statt: Mars.
- „ 237. Z. 15 v. u. lies: zu 2 und 3 in lockeren Aehren statt: zu 2 u. 3, ober in lockeren Aehren.
- „ 241. Z. 19 v. u. lies: Stbgf. so viel ob. doppelt so viel als PZpfl. statt: Stbgf. gleich der Zahl der PZpfl.
- „ 243. Z. 15 v. u. lies: Knöterig st.: Knöterich.
- „ 247. Z. 1 v. u. ist bei Acanthus, Bärenklau, hinzuzufügen: A. mollis. L. Aechte B. — Zierpfl.
- „ 249. Z. 22 v. o. lies: Satureineen st.: Saturineen.
- „ 252. Z. 4 v. o. ist hinter: unregelm. einzuschalten: zuweilen 2=theilig; — u. hinter: Stbgf. 5 einzuschalten: von denen sich meist 1, seltener 3 nur unvollkommen ausbilden.
- „ 252. Z. 9 v. u. ist vor: S. Lycopersicon ein * zu setzen.
- „ 254. Am Schluß der Polemoniaceen ist zu setzen:
* Collomia grandiflora. Lindl. Großblumige Col= lomie; Zierpfl. aus Nordamerika.
- „ 255. Z. 2 v. o. ist hinter: mit einzuschalten: meist.
- „ 256. Z. 10 v. u. ist vor Syringa ein * zu setzen.
- „ 259. Am Schluß der Lobeliaceen ist der Gattung Lobelia, Lobelie hinzuzufügen: * L. Erinus. L. Langgestielte L. Zierpfl. aus Südafrika.
- „ 264. Z. 14 v. u. lies: meist 1=fächerig st. 1=fächerig.
- „ 264. Z. 7 v. u. lies Centranthus st. Centhrantus.
- „ 265. Z. 20 v. u. lies: Sherardia, Sherarbie statt: Sherhardia, Sher= hardie.
- „ 265. Z. 4 v. u. ist hinter: einfachen einzuschalten: ob. zsgesetzten
- „ 267. Z. 5 v. u. ist hinter: bei der Reife einzuschalten: in der Regel sich trennend u.
- „ 272. Z. 7 v. u. ist hinter: Blkr. 5blättrig einzuschalten: oft sehr klein, zuweilen fehlend
- „ 272. Z. 6 v. u. ist hinter: Stbgf. 5 einzuschalten: selten wentger ob. mehr;
- „ 273. Am Schluß der Gattung Portulaca ist hinzuzufügen: Einige Arten sind beliebte Zierpfl.
- „ 276. Z. 16 v. u. lies: Henna st. Hanna.
- „ 277. Z. 11 v. u. lies: Fr. beeren=, kapsel= ob. nußartig, statt: Fr. beeren= ob. kapselartig, mehrsamig,
- „ 278. Zwischen der 113. u 114. Familie ist einzuschalten:
113[a]. Familie. Calycantheen, Calycantheae. Lindl.
Sträucher mit gegenüberstehenden, einfachen Bl.; Blth. achselst., einzeln, wohlriechend; KBl. u. Blkrbl. zahlreich, in ein= ander übergehend, braun-gefärbt, nach unten in eine fleischige Röhre verwachsen; Stbgf. von unbestimmter Zahl; Frchen zahl= reich, von der fleischigen KRöhre eingeschlossen.
Calycánthus. L. Kelchblume, Gewürzstrauch. C. flóridus. L. Zierstr. aus Nordamerika.
- „ 290. Z. 1 v. o. ist vor Ternströmiaceen ein * zu setzen.

334 Nachträge u. Berichtigungen zum 1. Th.

S. 291. Z. 1 v. o. lies: Stbgf. zahlreich, frei ob. vielbrüberig statt: Stbgf. frei, zahlreich;
„ 303. Der Gattung Magnolia. L. Magnolie ist hinzuzufügen: M. acuminata. L. Zugespitzte M. Zierbaum aus Nordamerika; zuweilen in Parkanlagen.
„ 303. Z. 22 v. o. ist hinter: klappig einzuschalten: ob. einwärts gefaltet; — u. auf der folgenden Zeile vor: geschwänzt einzuschalten: häufig.
„ 308. ist im Sachregister hinter: Dolde einzuschalten: Doldentraube. 26.
„ 310. Spalte 3. Z. 14 v. u. lies: 79. 89. statt: 80. — auch ist hinter: Keimentwickelung einzuschalten: Keimfähigkeit, deren Dauer. 89.
„ 311. Sp. 1. Z. 4. v. u. lies: 7. 10. statt: 7. 16.
„ 313. Sp. 1. Z. 6 v. o. lies 31. st. 30.
„ 315. Sp. 2. Z. 4 v. o. lies 11. st. 10.
„ 315. Sp. 2. Z. 16 v. o. lies 68. st. 60.
„ 316. Sp. 3. Z. 21 v. o. lies 233. st. 223.
„ 318. Sp. 3. ist hinter: Delphinium einzuschalten: Deutzia. 275.
„ 320. Sp. 2. ist hinter Gymnadenia einzuschalten: Gymnospermen, Gymnospermae. 214.
„ 321. Sp. 2. ist hinter Isoëtes einzuschalten: Isonandra. 257.
„ 321. Sp. 2. ist die Zahl 265. dem Kaffeebaum hinzuzufügen.
„ 321. Sp. 2. lies Knöterig st. Knöterich.
„ 322. Sp. 2. ist hinter: Lichtnelke einzuschalten: Liebesapfel. 252.
„ 325. Sp. 1. ist hinter: Raps einzuschalten: Rapünzchen. 265.
„ 325. Sp. 3. Z. 17 v. u. lies 205. st. 305.
„ 326. Sp. 1. ist hinter: Seseli einzuschalten: Setaria. 219.
„ 327. ist die Seitenzahl (237) zu ändern.
„ 327. Sp. 1. Z. 20 v. u. lies Timotheusgras st. Thimotheusgras.
„ 327. Sp. 1. ist hinter Tollkirsche einzuschalten: Tomate. 252.
„ 327. Sp. 2. ist hinter: Upasbaum einzuschalten: Urceola. 255.

Register
der lateinischen Pflanzennamen.

Die Zahlen mit einem * beziehen sich auf die Einleitung, die ohne Stern auf den Text.

Abies. 319.
  alba. Mill. 319.
  canadensis. Mchx. 319.
  excelsa. Dec. 319.
  pectinata. Dec. 319.
Acer. L. *36. 48.
  campestris. L. 48.
  dasycarpum. Ehrh. 48.
  Negundo. L. 48.
  platanoides. L. 48.
  Pseudoplatanus. L. 48.
  saccharinum. L. 48.
  tataricum. L. 48.
Acerineae. Dec. 48.
Achillea. L. *51. 136.
  Millefolium. L. 136.
  nobilis. L. 136.
  Ptarmica. L. 136.
  setacea. W. K. 136.
Achyrophorus macul. Scop. 154.
Aconitum. L. *40. 11.
  Napellus. L. 11.
  variegatum. L. 11.
Acorus. L. *35. 273.
  Calamus. L. 274.
Adonis. L. *40. 6.
  aestivalis. L. 6.
  autumnalis. L. 6.
  flammea. Jacq. 6.
  vernalis. L. 6.
Adoxa. L. *37. 114.
  Moschatellina. L. 114.
Aegopodium. L. *32. 102.
  Podagraria. L. 102.
Aesculus. L. *36. 48.
  carnea. Willd. 49.
  Hippocastanum. L. 49.
Aethusa. L. *32. 105.
  Cynapium. L. 105.
Agrimonia. L. *39. 81.
  Eupatoria. L. 81.
  odorata. Mill. 82.
Agrostemma. L. *38. 38.
  Githago. L. 38.
Agrostis. L. *25. 297.
  alba. L. 297.
  canina. L. 297.

A. stolonifera. L. 297.
  vulgaris. With. 297.
Ailantus gland. Desf. 33.
Aira. L. *26. 301.
  caespitosa. L. 301.
  canescens. L. 301.
  caryophyllea. L. 304.
  flexuosa. L. 301.
  praecox. L. 304.
Ajuga. L. *41. 206.
  Chamaepitys. Schreb. 206.
  genevensis. L. 206.
  reptans. L. 206.
Albersia Blitum. Kunth. 215.
Alchemilla. L. *27. 83.
  arvensis. Scop. 83.
  vulgaris. L. 83.
Alectorolophus major. Rb. 193.
Alectorol. minor. Wim. 192.
Alisma. L. *36. 266.
  Plantago. L. 266.
Alismaceae. Lindl. 266.
Alliaria offic. Andrz. 20.
Allium. L. *35. 256.
  acutangulum. Sch. 257.
  Ascalonicum. L. 258.
  Cepa. L. 258.
  fallax. Schult. 257.
  fistulosum. L. 259.
  oleraceum. L. 258.
  Porrum. L. 257.
  sativum. L. 257.
  Schoenoprasum. L. 258.
  Scorodoprasum. L. 258.
  sphaerocephalum. L. 258.
  ursinum. L. 257.
  vineale. L. 258.
Alnus. Tourn. *54. 240.
  glutinosa. Gaert. 240.
  incana. Dec. 240.
Alopecurus. L. *25. 295.
  fulvus. Sm. 296.
  geniculatus. L. 296.
  pratensis. L. 295.
Alsine. Wahlb. *38. 39.
  tenuifolia. Wahlb. 39.
  verna. Bartl. 39.

Alsineae. Dec. 38.
Althaea. L. *46. 45.
  officinalis. L. 45.
  rosea. Cav. 45.
Alyssum. L. *44. 22.
  calycinum. L. 22.
  montanum. L. 22.
Amarantaceae. Juss. 214.
Amarantus. L. *54. 214.
  Blitum. L. 215.
  caudatus. L. 215.
  cruentus. L. 215.
  retroflexus. L. 215.
Amaryllideae. R. Br. 250.
Ambrosiaceae. Link. 123.
Ammi. L. *31. 102.
  majus. L. 102.
Ammobium alat. Br. 134.
Ammophila aren. Lk. 299.
Amorpha. L. 63.
  fruticosa. L. 63.
Ampelideae. Kunth. 49.
Ampelopsis. Mx. *30. 49.
  hederacea. Mx. 49.
  quinquefolia. R. Sch. 49.
Amygdaleae. Juss. 72.
Amygdalus. L. *39. 72.
  communis. L. 72.
  nana. L. 72.
  Persica. L. 72.
Anacamptis. Rich. *52. 245.
  pyramidalis. Rich. 245.
Anacyclus. L. *51. 137.
  officinarum. Hayn. 137.
Anagallis. L. *29. 210.
  arvensis. L. 210.
  coerulea. Schreb. 210.
Anchusa. L. *28. 176.
  arvensis. M. 176.
  officinalis. L. 176.
Andromeda. L. *37. 166.
  polifolia. L. 166.
Andropogon. L. *24. 292.
  Ischaemum. L. 292.
Androsace. L. *28. 211.
  elongata. L. 211.
  septentrionalis. L. 211.
Anemone. L. *41. 5.

Register der lat. Pflanzennamen.

A. Hepatica. L. 5.
intermedia. Wink. 6.
nemorosa. L. 5.
pratensis. L. 5.
Pulsatilla. L. 5.
silvestris. L. 5.
vernalis. L. 330.
Anethum. L. *33. 108.
graveolens. L. 108.
Angelica. L. *32. 107.
silvestris. L. 107.
Angiospermae. 2.
Anthemis. L. *51. 136.
arvensis. L. 137.
Cotula. L. 137.
tinctoria. L. 137.
Anthericum. L. *35. 254.
Liliago. L. 254.
ramosum. L. 254.
Anthoxanthum. L. *25. 295.
odoratum. L. 295.
Anthriscus. Hff. *33. 111.
Cerefolium. Hff. 111.
silvestris. Hff. 111.
vulgaris. Pers. 111.
Anthyllis. L. *46. 58.
Vulneraria. L. 58.
Antirrhinum. L. *48. 185.
majus. L. 186.
Orontium. L. 186.
Apera. Adans. *25. 298.
Spica venti. Beauv. 298.
Aphanes arv. L. 83.
Apium. L. *31. 101.
graveolens. L. 101.
Apocyneae. R. Br. 170.
Aquilegia. L. *40. 11.
vnlgaris. L. 11.
Arabis. L. *45. 17.
albida. Stev. 17.
arenosa. Scop. 18.
Gerardi. Bess. 17.
Halleri. L. 18.
hirsuta. Scop. 18.
Araliaceae. Juss. 112.
Archangelica. Hff. *32. 107.
officinalis. Hff. 107.
Arenaria. L. *38. 41.
serpyllifolia. L. 41.
Aristolochia. L. *53. 226.
Clematitis. L. 226.
Sipho. L'Herit. 227.
Aristolochieae. Juss. 226.
Armeria vulg. Willd. 213.
Arnica. L. *51. 139.
montana. L. 139.
Arnoseris. Gärt. *49. 150.
minima. Lam. 150.
pusilla. Gärt. 150.
Aroideae. Juss. 273.
Arrhenaterum. Bv. *25. 302.
elatius. M. u. K. 302.
Artemisia. L. *51. 134.
Abrotanum. L. 135.
Absinthium. L. 134.
campestris. L. 135.
Dracunculus. L. 135.
laciniata. Willd. 134.
pontica. L. 135.
vulgaris. L. 135.
Arum. L. *53. 273.

A. maculatum. L. 273.
Asarineae. Kunth. 226.
Asarum. L. *38. 227.
europaeum. L. 227.
Asclepiadeae. R. Br. 169.
Asparagus. L. *35. 251.
officinalis. L. 251.
Asperugo. L. *28. 174.
procumbens. L. 174.
Asperula. L. *27. 116.
cynanchica. L. 117.
galioides. M. Bieb. 117.
glauca. Bess. 117.
odorata. L. 117.
tinctoria. L. 116.
Aspidium. R. Br. 324.
aculeatum. Döll. 324.
cristatum. Sw. 325.
Fillx mas. Sw. 325.
lobatum. Sw. 324.
Oreopteris. Sw. 324.
spinulosum. Sw. 325.
Thelypteris. Sw. 324.
Asplenium. L, 326.
Filix femina. Bernh. 326.
Ruta muraria. L. 326.
Trichomanes. L. 326.
Aster. L. *50. 126.
Amellus. L. 126.
brumalis. Nees. 126.
chinensis. L. 127.
eminens. Willd. 126.
Linosyris. Bernh. 126.
Novae-Angliae. L. 126.
parviflorus. Nees. 126.
salicifolius. Scholl. 126.
salignus. Willd. 126.
Tripolium. L. 126.
Astragalus. L. *47. 64.
Cicer. L. 65.
danicus. Retz. 64.
exscapus. L. 65.
glycyphyllos. L. 65.
hypoglottis. L. 64.
Astrantia. L. *31. 100.
major. L. 100.
Atriplex. L. *54. 219.
hastatum. L. 220.
hortensis. L. 219.
latifolia. Wahlb. 220.
nitens. Reben. 220.
patula. L. 220.
rosea. L. 220.
Avena. L. *26. 302.
caryophyllea. Wigg. 304.
fatua. L. 303.
flavescens. L. 303.
orientalis. Schreb. 302.
praecox. Beauv. 304.
pratensis. L. 303.
pubescens. L. 303.
sativa. L. 302.
strigosa. Schreb. 302.

Ballota. L. *42. 204.
nigra. L. 204.
Balsamina. Riv. *30. 52.
femiua. Gärt. 52.
Balsamineae. Rich. 52.
Barbarea. R. Br. *45. 17.
arcuata. Rb. 17.

B. stricta. Andrz. 17.
vulgaris. R. Br. 17.
Batrachium. Dec. 7.
aquatile. Mey. 7.
divaricatum. Wim. 7.
fluitans. Wim. 8.
hederaceum. Mey. 7.
Bellis. L. *51. 127.
perennis. L. 127.
Berberideae. Vent. 11.
Berberis. L. *34. 12.
vulgaris. L. 12.
Berteroa incana. Dec. 23.
Berula. Koch. *32. 103.
angustifolia. Koch. 103.
Beta. L. *31. 218.
Cicla. L. 219.
rapacea. Koch. 219.
vulgaris. L. 218.
Betonica. L. *42. 203.
officinalis. L. 204.
Betula. L. *55. 239.
alba. L. 240.
pubescens. Ehrh. 240.
verrucosa. Ehrh. 240.
Betulineae. Rich. 239.
Bidens. L. *52. 131.
cernua. L. 131.
minima. L. 131.
tripartita. L. 131.
Biscutella. L. *44. 25.
laevigata. L. 25.
Blechnum. L. 327.
Spicant. Roth. 327.
Blitum. L. *31. 218.
Bonus Henr. Mr. 218.
capitatum. L. 218.
glaucum. Koch. 218.
rubrum. Rb. 218.
virgatum. L. 218.
Boragineae. Juss. 174.
Borago. L. *28. 176.
officinalis. L. 176.
Botrychium. Sw. 322.
Lunaria. Sw. 322.
matricariaefol. Braun. 322.
rutaceum. Willd. 322.
simplex. Hit. 322.
Brachypodium. Bv. *26. 311.
pinnatum. Bv. 311.
silvaticum. R. S. 311.
Brassica. L. *45. 20.
acephala. Dec. 21.
botrytis. L. 21.
campestris. L. 21.
capitata. L. 21.
esculenta. L. 21.
gemmifera. Dec. 21.
Napus. L. 21.
nigra. Koch. 21.
oleracea. L. 20.
orientalis. L. 300.
Rapa. L. 21.
sabauda. L. 21.
Briza. L. *26. 305.
maxima. L. 305.
media. L. 305.
Bromus. L. *26. 311.
arvensis. L. 312.
asper. Murr. 313.
commutatus. Schrd. 312.

Register der lat. Pflanzennamen. 337

B. erectus. Huds. 313.
inermis. Leys. 313.
mollis. L. 312.
racemosus. L. 312.
secalinus. L. 312.
serotinus. Ben. 312.
sterilis. L. 313.
tectorum. L. 314.
Bryonia. L. *55. 93.
alba. L. 93.
dioica. Jacq. 93.
Bupleurum. L. *31. 104.
falcatum. L. 104.
rotundifolium. L. 104.
tenuissimum. L. 104.
Butomeae. Rich. 266.
Butomus. L. *37. 266.
umbellatus. L. 266.
Buxus. L. *54. 227.
sempervirens. L. 227.

Calamagrostis. Rth. *25. 298.
arundinacea. Rth. 298.
epigeios. Rth. 298.
lanceolata. Rth. 298.
neglecta. Fr. 298.
silvatica. Dec. 298.
stricta. Nutt. 298.
Calamintha. Mn. *42. 198.
Acinos. Clairv. 199.
Calendula. L. *52. 142.
officinalis. L. 142.
Calla. L. *53. 273.
palustris. L. 273.
Calliopsis. Rb. *52. 131.
bicolor. Rb. 131.
tinctoria. Lk. 131.
Callitriche. L. *53. 90.
stagnalis. Scop. 90.
vernalis. Kütz. 90.
Callitrichineae. Lk. 90.
Calluna. Sal. *36. 166.
vulgaris. Salb. 166.
Caltha. L. *40. 10.
palustris. L. 10.
Calycantheae. Lindl. 333.
Calycanthus. L. 333.
C. floridus. L. 333.
Camelina. Cr. *44. 23.
dentata. Pers. 24.
sativa. Crtz. 24.
Campanula. L. *29. 162.
bononiensis. L. 163.
Cervicaria. L. 164.
glomerata. L. 164.
Medium. L. 164.
patula. L. 163.
persicifolia. L. 163.
rapunculoides. L. 163.
Rapunculus. L. 163.
rotundifolia. L. 162.
Trachelium. L. 163.
Campanulaceae. Juss. 161.
Cannabis. L. *56. 231.
sativa. L. 231.
Caprifoliaceae. Dec. 114.
Capsella. Med. *44. 26.
Bursa pastoris. Mch. 26.
procumbens. Fr. 26.
Caragana. R. *47. 64.
arborescens. Lam. 64.

C. frutescens. Dec. 64.
Cardamine. L. *45. 18.
amara. L. 19.
hirsuta. L. 19.
impatiens. L. 18.
parviflora. L. 18.
pratensis. L. 19.
silvatica. Lk. 18.
Carduus. L. *49. 146.
acanthoides. L. 146.
crispus. L. 146.
nutans. L. 146.
Carex. L. *54. 279.
acuta. L. 284.
acutiformis. Ehr. 289.
ampullacea. Good. 289.
arenaria. L. 280.
Boenningh. Weih. 282.
brizoides. L. 281.
Buekii. Wim. 284.
Buxbaum. Wahl. 284.
caespitosa. L. 283.
canescens. L. 283.
digitata. L. 286.
dioica. L. 280.
distans. L. 288.
disticha. Huds. 280.
Drejeri. Lang. 283.
echinata. Murr. 282.
elongata. L. 283.
ericetorum. Poll. 286.
filiformis. L. 290.
fil. ✕ paludosa. 290.
flacca. Schreb. 287.
flava. L. 287.
glauca. Scop. 287.
Goodenoughii. Gay. 284.
hirta. L. 290.
Hornschuchiana. H. 288.
humilis. Leyss. 286.
intermedia. Good. 280.
lepidocarpa. Tsch. 287.
leporina. L. 282.
ligerica. Gay. 280.
limosa. L. 285.
montana. L. 285.
muricata. L. 281.
nutans. Host. 290.
obtusata. Lilj. 285.
Oederi. Ehrh. 288.
pallescens. L. 287.
paludosa. Good. 289.
panicea. L. 287.
paniculata. L. 281.
paradoxa. Willd. 282.
pilulifera. L. 285.
polyrrhiza. Wallr. 286.
praecox. Jacq. 286.
praecox. Schreb. 280.
Pseudo-cyperus. L. 288.
pulicaris. L. 280.
remota. L. 282.
riparia. Curt. 289.
rip. ✕ vesicaria. 290.
rostrata. With. 289.
Schreberi. Schrk. 280.
silvatica. Huds. 288.
stellulata. Good. 282.
stricta. Good. 283.
supina. Wahlb. 285.
teretiuscula. Good. 281.

tomentosa. L. 285.
umbrosa. Host. 286.
verna. Vill. 286.
vesicaria. L. 289.
vulgaris. Fr. 284.
vulpina. L. 281.
Carlina. L. *49. 147.
vulgaris. L. 147.
Carpinus. L. *55. 235.
Betulus. L. 235.
Carthamus. L. *50. 148.
tinctorius. L. 148.
Carum. L. *32. 102.
Carvi. L. 102.
Castanea. Tourn. *55. 233.
sativa. Mill. 234.
vesca. Gärt. 234.
vulgaris. Lam. 234.
Catabrosa aqu. Beau. 308.
Caucalis. L. *33. 110.
daucoides. L. 110.
Celastrineae. R. Br. 53.
Celtis. L. *31. 232.
australis. L. 232.
Centaurea. L. *52. 148.
Calcitrapa. L. 150.
Cyanus. L. 149.
Jacea. L. 148.
maculosa. Lam. 149.
nigra. L. 149.
phrygia. L. 149.
Scabiosa. L. 149.
solstitialis. L. 150.
Centranthus. Dec. *22. 120.
macrosiphon. Bois. 120.
ruber. Dec. 120.
Centunculus. L. *27. 210.
minimus. L. 210.
Cephalanthera. Rich. *53. 246.
ensifolia. Rich. 247.
grandiflora. Bab. 246.
pallens. Rich. 246.
rubra. Rich. 247.
Xiphophyllum. Rb. f. 247.
Cerastium. L. *38. 42.
arvense. L. 43.
glomeratum. Thuill. 42.
semidecandrum. L. 43.
tomentosum. L. 43.
triviale. Link. 43.
Ceratophylleae. Gray. 91.
Ceratophyllum. L. *54. 91.
demersum. L. 91.
submersum. L. 91.
Chaerophyllum. L. *34. 111.
bulbosum. L. 111.
temulum. L. 111.
Chaiturus. Host. *42. 205.
Marrubiastrum. Rb. 205.
Cheiranthus. L. *45. 15.
Cheiri. L. 15.
Chelidonium. L. *40. 13.
majus. L. 13.
Chenopodeae. Vent. 215.
Chenopodina mar. Mq. 215.
Chenopodium. L. *31. 217.
album. L. 217.
Bonus Henr. L. 218.
Botrys. L. 217.
foetidum. Lam. 218.

Schneider, Schulflora. II. Gefäßpfl. des Gebiets. 22

C. glaucum. L. 218.
hybridum. L. 217.
murale. L. 217.
opulifolium. Schrd. 217.
polyspermum. L. 218.
rubrum. L. 218.
urbicum. L. 217.
viride. L. 217.
Vulvaria. L. 218.
Chimophila umb. Pr. 168.
Chondrilla. L. *48. 155.
juncea. L. 155.
Chrysanthemum. L. *51. 138.
coronarium. L. 138.
corymbosum. L. 138.
indicum. Thunb. 139.
inodorum. L. 138.
Leucanthemum. L. 138.
Parthenium. Pers. 138.
roseum. Adam. 139.
segetum. L. 138.
Chrysosplen. L. *37. 98.
alternifolium. L. 98.
oppositifolium. L. 98.
Cichorium. L. *48. 151.
Endivia. L. 151.
Intybus. L. 151.
Cicuta. L. *32. 101.
virosa. L. 101.
Cineraria. L. *51. 139.
campestris. Retz. 139.
palustris. L. 140.
Circaea. L. *23. 88.
alpina. L. 89.
intermedia. Ehrh. 89.
lutetiana. L. 89.
Cirsium. Tourn. *49. 143.
acaule. All. 144.
acaul. ✕ bulbos. 144.
arvense. Scop. 145.
bulbosum. Dec. 143.
bulb. ✕ palustre. 144.
eriophorum. Scop. 143.
lanceolatum. Scop. 143.
nemorale. Rb. 143.
oleraceum. Scop. 144.
oler. ✕ palustre. 144.
oler. ✕ bulbosum. 144.
oler. ✕ acaule. 145.
palustre. 143.
Cistineae. Juss. 27.
Cladium. P. Br. *24. 275.
Mariscus. R. Br. 275.
Clarkia. *36. 88.
elegans. Dgl. 88.
pulchella. Pursh. 88.
Clematis. L. *41. 3.
Flammula. L. 4.
integrifolia. L. 4.
recta. L. 3.
Vitalba. L. 4.
Viticella. L. 4.
Clinopodium. L. *43. 199.
vulgare. L. 199.
Cnidium. Cuss. *32. 106.
venosum. Koch. 106.
Cochlearia. L. *44. 23.
Armoracia. L. 23.
Coeloglossum viride. Htm. 246.
Colchicaceae. Dec. 260.

Colchicum. L. *35. 260.
autumnale. L. 260.
Collomia grandfl. Lindl. 333.
Colutea. L. *47. 63.
arborescens. L. 63.
cruenta. Ait. 63.
Comarum. L. *40. 79.
palustre. L. 79.
Compositae. Adans. 124.
Coniferae. Juss. 318.
Conium. L. *34. 112.
maculatum. L. 112.
Convallaria. L. *35. 252.
majalis. L. 252.
multiflora. L. 252.
Polygonatum. L. 252.
Convolvulaceae. Juss. 172.
Convolvulus. L. *29. 173.
arvensis. L. 173.
sepium. L. 173.
tricolor. L. 173.
Corchorus jap. Thb. 75.
Coreopsis Bidens. L. 131.
tinctoria. Nutt. 131.
Coriandrum. L. *34. 112.
sativum. L. 112.
Corneae. Dec. 112.
Cornus. L. *27. 113.
alba. L. 113.
mas. L. 113.
sanguinea. L. 113.
stolonifera. Mchx. 113.
Coronaria Flos cuc. A. Br. 37.
Coronilla. L. *47. 65.
Emerus. L. 66.
varia. L. 65.
Coronopus Ruell. All. 26.
Corrigiola. L. *34. 94.
littoralis. L. 94.
Corydalis. Dec. *46. 14.
cava. Sm. 14.
fabacea. Pers. 14.
intermedia. Mer. 14.
lutea. Dec. 14.
pumila. Host. 14.
solida. Sm. 14.
Corylus. L. *55. 234.
Avellana. L. 234.
Colurna. L. 234.
tubulosa. Willd. 234.
Corynephorus. Bv. *25. 301.
canescens. Beauv. 301.
Cotoneaster. Med. *39. 85.
integerrima. Med. 85.
vulgaris. Lindl. 85.
Crassulaceae. Dec. 96.
Crataegus. L. *39. 84.
coccinea. L. 85.
Crus galli. L. 85.
monogyna. Jacq. 85.
Oxyacantha. L. 85.
pyracantha. Borckh. 85.
Crepis. L. *49. 157.
biennis. L. 158.
foetida. L. 157.
paludosa. Mnch. 158.
praemorsa. Tsch. 158.
setosa. Hall. fl. 158.
succisaefolia. Tsch. 159.
tectorum. L. 158.

C. virens. Vill. 158.
Crocus. L. *23. 249.
luteus. Lam. 249.
vernus. All. 249.
Cruciferae. Juss. 15.
Cryptogamae. 320.
Cucubalus. L. *38. 35.
bacciferus. L. 35.
Cucumis. L. *55. 93.
Melo. L. 93.
sativus. L. 93.
Cucurbita. L. *55. 92.
Melopepo. L. 92.
Pepo. L. 92.
Cucurbitaceae. Juss. 92.
Cupuliferae. Rich. 233.
Cuscuta. L. *31. 173.
Epilinum. Weihe. 174.
Epithymum. L. 173.
europaea. L. 173.
lupuliformis. Kr. 174.
monogyna. Vahl. 174.
Cydonia. Tourn. *39. 85.
japonica. Pers. 85.
vulgaris. Pers. 85.
Cynanchum. Br. *31. 169.
Vincetoxicum. Br. 169.
Cynara. L. 145.
Scolymus. L. 145.
Cynoglossum. L. *28. 175.
linifolium. L. 175.
officinale. L. 175.
Cynosurus. L. *26. 309.
cristatus. L. 309.
Cyperaceae. Juss. 274.
Cyperus. L. *23. 274.
flavescens. L. 275.
fuscus. L. 275.
Cypripedium. L. *53. 248.
Calceolus. L. 249.
Cystopteris. Bernh. 325.
fragilis. Bernh. 326.
Cytisus. L. *46. 57.
alpinus. Mill. 57.
capitatus. Jacq. 57.
elongatus. W. u. K. 57.
Laburnum. L. 57.
nigricans. L. 57.
sagittalis. Koch. 57.
sessilifolius. L. 57.

Dactylis. L. *26. 308.
glomerata. L. 309.
Dahlia. Cav. 130.
Daphne. L. *36. 225.
Mezereum. L. 225.
Datura. L. *29. 182.
Stramonium. L. 182.
Daucus. L. *33. 109.
Carota. L. 109.
Delphinium. L. *40. 11.
Ajacis. L. 11.
Consolida. L. 11.
Dianthus. L. *38. 34.
Armeria. L. 34.
barbatus. L. 34.
Carthusianorum. L. 34.
Caryophyllus. L. 34.
chinensis. L. 35.
deltoides. L. 34.
delt. ✕ Armeria. 34.

D. plumarius. L. 35.
prolifer. L. 34.
superbus. L. 35.
Dicotyledones. Juss. 2.
Dictamnus. L. *37. 53.
albus. L. 53.
Fraxinella. Pers. 53.
Diervilla. Tourn. *30. 115.
canadensis. Willd. 115.
trifida. Mönch. 115.
Digitalis. L. *43. 185.
ambigua. Murr. 185.
grandiflora. Lam. 185.
purpurea. L. 185.
Diplotaxis. Dec. *45. 22.
muralis. Dec. 22.
tenuifolia. Dec. 22.
Dipsaceae. Dec. 120.
Dipsacus. L. *27. 121.
Fullonum. Mill. 121.
laciniatus. L. 121.
pilosus. L. 121.
sylvestris. Mill. 121.
Draba. L. *44. 23.
muralis. L. 23.
verna. L. 23.
Drosera. L. *34. 31.
anglica. Huds. 32.
intermedia. Hay. 32.
longifolia. L. 32.
rotundifolia. L. 31.
Droseraceae. Dec. 31.

Echinops. L. *52. 142.
sphaerocephalus. L. 142.
Echinosperm. Sw. *28. 175.
Lappula. Lehm. 175.
Echium. L. *28. 177.
vulgare. L. 177.
Elaeagneae. Rich. 226.
Elaeagnus. L. *28. 226.
angustifolius. L. 226.
argenteus. Pur. 226.
Elatine. L. *37. 43.
Alsinastrum. L. 43.
Elatineae. Camb. 43.
Elodea. Casp. *26. 241.
canadensis. Casp. 241.
Elssholzia. Wil. *42. 195.
cristata. Willd. 195.
Patrini. Grcke. 195.
Elymus. L. *24. 315.
arenarius. L. 315.
europaeus. L. 315.
Epilobium. L. *36. 87.
angustifolium. L. 87.
chordorrhizum. Fr. 87.
hirsutum. L. 87.
montanum. L. 87.
palustre. L. 87.
parviflorum. Schr. 87.
roseum. Schreb. 88.
tetragonum. L. 87.
virgatum. Fr. 87.
Epipactis. Rich. *53. 247.
latifolia. All. 247.
palustris. Crtz. 247.
Equisetaceae. Dec. 320.
Equisetum. L. 320.
arvense. L. 320.
hiemale. L. 321.

E. limosum. L. 321.
palustre. L. 321.
pratense. Ehrh. 321.
ramosissimum. Df. 321.
ramosum. Schlch. 321.
silvaticum. L. 320.
umbrosum. Mey. 321.
Eragrostis. Bv. *26. 305.
minor. Host. 305.
poaeoides. Beauv. 305.
Erica. L. *36. 166.
Tetralix. 166.
Ericeae. R. Br. 165.
Erigeron. L. *50. 127.
acris. L. 127.
canadensis. L. 127.
Eriophorum. L. *24. 279.
angustifolium. Rth. 279.
gracile. Koch. 279.
latifolium. Hop. 279.
polystachyum. L. 279.
vaginatum. L. 279.
Erodium. L'Her. *46. 51.
cicutarium. L'Herit. 51.
Erophila verna. Mey. 23.
Erucastrum. Schp. *45. 21.
Pollichii. Sch. u. Sp. 22.
Ervum. L. *47. 68.
cassubicum. Ptm. 69.
hirsutum. L. 68.
Lens. L. 69.
monanthos. L. 69.
pisiforme. Ptm. 69.
silvaticum. Ptm. 69.
tetraspermum. L. 69.
Eryngium. L. *31. 100.
campestre. L. 100.
Erysimum. L. *45. 20.
cheiranthoides. L. 20.
crepidifolium. Rb. 20.
hieraciifolium. L. 20.
orientale. R. Br. 20.
strictum. Fl. Wett. 20.
Erythraea. Rich. *29. 172.
Centaurium. Pers. 172.
linariaefolia. Pers. 172.
pulchella. Fr. 172.
Eschscholtzia. Ch. *40. 13.
californica. Cham. 13.
Eupatorium. L. *49. 124.
cannabinum. L. 125.
Euphorbia. L. *53. 227.
Cyparissias. L. 228.
dulcis. Jacq. 228.
Esula. L. 229.
exigua. L. 229.
helioscopia. L. 228.
Lathyris. L. 229.
palustris. L. 228.
Peplus. L. 229.
platyphyllos. L. 228.
Euphorbiaceae. Juss. 227.
Euphrasia. L. *43. 193.
lutea. L. 193.
Odontites. L. 193.
officinalis. L. 193.
Evonymus. L. *30. 54.
europaeus. L. 54.
latifolius. Scop. 54.
verrucosus. Scop. 54.

Fagopyrum esc. Mch. 224.
tataricum. Gaert. 224.
Fagus. L. *55. 233.
silvatica. L. 233.
Falcaria. Host. *32. 102.
Rivini. Host. 102.
vulgaris. Bernh. 102.
Farsetia. Br. *44. 21.
incana. R. Br. 23.
Festuca. L. *26. 309.
arundinacea. Schrb. 311.
bromoides. Sm. 309.
distans. Kunth. 308.
duriuscula. L. 310.
elatior. L. 311.
gigantea. Vill. 310.
heterophylla. Lam. 310.
myuros. Ehrh. 309.
ovina. L. 310.
Pseudo-myur. Soy. 309.
rubra. L. 310.
sciuroides. Rth. 309.
silvatica. Vill. 310.
Ficaria verna. Huds. 8.
Filago. L. *50. 132.
arvensis. L. 132.
germanica. L. 132.
minima. Fr. 132.
Filices. Juss. 321.
Foeniculum. Hff. *32. 105.
capillaceum. Gil. 105.
officinale. All. 105.
Fragaria. L. *40. 78.
collina. Ehrh. 79.
elatior. Ehrh. 79.
grandiflora. Ehrh. 79.
moschata. Duchesn. 79.
vesca. L. 79.
viridis. Duchesn. 79.
Frangula Alnus. Mill. 54.
Fraxinus. L. *23. 169.
excelsior. L. 169.
pendula. Vahl. 169.
Fritillaria. L. *35. 253.
imperialis. L. 253.
Meleagris. L. 253.
Fumaria. L. *46. 14.
capreolata. L. 14.
officinalis. L. 14.
parviflora. Lam. 15.
Vaillantii. Lois. 15.
Fumariaceae. Dec. 13.
Funkia. L. *34. 259.
alba. Andrews. 259.
coerulea. Andr. 259.

Gagea. Salisb. *35. 255.
arvensis. Schult. 255.
bohemica. Schult. 255.
lutea. Schult. 256.
minima. Schlt. 256.
pratensis. Schlt. 255.
saxatilis. Koch. 255.
stenopetala. Rb. 255.
Galanthus. L. *34. 251.
nivalis. L. 251.
Galeobdolon. Hds. *42. 201.
luteum. Huds. 201.
Galeopsis. L. *41. 201.
bifida. Boenh. 202.
Ladanum. L. 201.

22*

G. Tetrahit. L. 201.
versicolor. Curt. 202.
Galinsoga. R. u. P. *51. 130.
parviflora. Cav. 130.
Galium. L. *27. 117.
anglicum. Huds. 118.
Aparine. L. 118.
Apar. ⨯ tricorne. 118.
boreale. L. 118.
Cruciata. L. 117.
Mollugo. L. 119.
ochroleucum. Wolf. 119.
palustre. L. 118.
parisiense. L. 118.
rotundifolium. L. 118.
saxatile. L. 119.
silvaticum. L. 119.
silvestre. Poll. 119.
tricorne. With. 117.
uliginosum. L. 118.
verum. L. 118.
Genista. L. ⚥ 46. 56.
anglica. L. 57.
germanica. L. 56.
pilosa. L. 56.
sagittalis. L. 57.
tinctoria. L. 56.
Gentiana. L. *31. 171.
Amarella. L. 172.
campestris. L. 171.
ciliata. L. 172.
germanica. Willd. 171.
germ. ⨯ campestr. 171.
Pneumonanthe. L. 171.
Gentianeae. Juss. 170.
Georgina. Willd. *51. 130.
variabilis. Willd. 130.
Geraniaceae. Juss. 49.
Geranium. L. *45. 50.
columbinum. L. 51.
dissectum. L. 51.
molle. L. 51.
palustre. L. 50.
phaeum. L. 50.
pratense. L. 50.
pusillum. L. 51.
pyrenaicum. L. 50.
Robertianum. L. 51.
sanguineum. L. 50.
silvaticum. L. 50.
Geum. L. *40. 75.
intermedium. Ehrh. 75.
rivale. L. 75.
urbanum. L. 75.
Willdenowii. Buek. 75.
Gladiolus. L. *23. 249.
communis. L. 249.
Glaux. L. *30. 212.
maritima. L. 212.
Glechoma. L. *42. 200.
hederacea. L. 200.
Gleditschia. L. *30. 55.
triacanthos. L. 55.
Glyceria. R. Br. *26. 307.
aquatica. Presl. 308.
aquatica. Wahlb. 307.
distans. Wahlb. 308.
fluitans. R. Br. 307.
plicata. Fr. 308.
spectabilis. M. u. K. 307.
Gnaphalium. L. *50. 132.

G. dioicum. L. 133.
luteo-album. L. 133.
margaritaceum. L. 133.
silvaticum. L. 133.
uliginosum. L. 133.
Gramineae. Juss. 290.
Gratiola. L. *23. 185.
officinalis. L. 185.
Grossularieae. Dec. 97.
Gymnadenia. Br. *52. 245.
conopsea. R. Br. 245.
densiflora. Diet. 245.
Gymnospermae. 317.
Gypsophila. L. *37. 33.
muralis. L. 33.
paniculata. L. 33.

Halimus. Wal. *54. 219.
pedunculatus. Wallr. 219.
Halorageae. R. Br. 89.
Hedera. L. *30. 112.
Helix. L. 112.
Heleocharis. Br. *24. 276.
acicularis. R. Br. 276.
palustris. R. Br. 276.
uniglumis. Link. 276.
Helianthemum. T. *40. 28.
Chamaecistus. Mill. 28.
Fumana. Mill. 28.
vulgare. Gaert. 28.
Helianthus. L. *52. 131.
annuus. L. 131.
tuberosus. L. 131.
Helichrysum. G. *50. 133.
arenarium. Dec. 133.
bracteatum. Willd. 134.
Helleborus. L. *40. 10.
foetidus. L. 10.
niger. L. 10.
Helminthia. J. *48. 152.
echioides. Gaert. 152.
Helosciadium. K. *31. 101.
leptophyllum. Dec. 102.
repens. Koch. 102.
Hemerocallis. L. *34. 259.
flava. L. 259.
fulva. L. 259.
Hepatica trilob. Gil. 5.
Heracleum. L. *33. 109.
Sphondylium. 109.
Herminium. Br. *52. 246.
Monorchis. R. Br. 246.
Herniaria. L. *30. 95.
glabra. L. 95.
Hesperis. L. *45. 19.
matronalis. L. 19.
tristis. L. 19.
Hieracium. L. *49. 159.
aurantiacum. L. 160.
aur. ⨯ Pilosella. 160.
Auricula. L. 159.
Aur. ⨯ Pilosella. 159.
boreale. Fr. 160.
fallax. Dec. 159.
florentinum. Willd. 159.
laevigatum. Willd. 161.
murorum. L. 160.
Pilosella. L. 159.
praealtum. Vill. 159.
pratense. Tausch. 160.
rigidum. Hartm. 161.

H. umbellatum. L. 161.
vulgatum. Fr. 160.
Hierochloa. Gm. *25. 295.
odorata. Wahlb. 295.
Hippocastaneae. Dec. 48.
Hippocrepis. L. *47. 66.
comosa. L. 66.
Hippophaë. L. *55. 226.
rhamnoides. L. 226.
Hippurideae. Lk. 90.
Hippuris. L. *22. 90.
vulgaris. L. 90.
Holcus. L. *25. 301.
lanatus. L. 302.
mollis. L. 302.
Holosteum. L. *38. 41.
umbellatum. L. 41.
Hordeum. L. *24. 315.
distichum. L. 316.
hexastichon. L. 316.
murinum. L. 316.
secalinum. Schrb. 316.
vulgare. L. 316.
zeocrithon. L. 316.
Hottonia. L. *29. 212.
palustris. L. 212.
Humulus. L. *56. 231.
Lupulus. L. 231.
Hyacinthus. L. *35. 260.
orientalis. L. 260.
Hydrocharideae. Juss. 241.
Hydrocharis. L. *56. 241.
Morsus ranae. L. 241.
Hydrocotyle. L. *31. 100.
vulgaris. L. 100.
Hyoscyamus. L. *29. 181.
niger. L. 181.
Hypericeae. Juss. 46.
Hypericum. L. *47. 47.
hirsutum. L. 47.
humifusum. L. 47.
montanum. L. 47.
perforatum. L. 47.
pulchrum. L. 47.
quadrangulum. L. 47.
tetrapterum. L. 47.
Hypochoeris. L. *48. 154.
glabra. L. 154.
maculata. L. 154.
radicata. L. 154.
Hyssopus. L. *42. 199.
officinalis. 199.

Jasione. L. *29. 161.
montana. L. 161.
Iberis. L. *44. 25.
amara. L. 25.
umbellata. L. 25.
Illecebreae. L. *30. 95.
verticillatum. L. 95.
Impatiens. L. *30. 52.
Noli tangere. L. 52.
Inula. L. *50. 128.
Britannica. L. 129.
Conyza. Dec. 129.
germanica. L. 129.
Helenium. L. 129.
hirta. L. 129.
salicina. L. 129.
Ipomoea. L. 173.
purpurea. Lam. 173.

Register der lat. Pflanzennamen. 341

Irideae. Juss. 249.
Iris. L. *23. 250.
 florentina. L. 250.
 germanica. L. 250
 graminea. L. 250.
 pallida. Lam. 250.
 Pseud-Acorus. L. 250.
 pumila. L. 250.
 sibirica. L. 250.
Isatis. L. *44. 27.
 tinctoria. L. 27.
Isoëtes. L. 329.
 lacustris. L. 329.

Juglandeae. Dec. 232.
Juglans. L. *54. 232.
 cinerea. L. 233.
 nigra. L. 233.
 regia. L. 232.
Juncagineae. Rich. 267.
Junceae. Dec. 260.
Juncus. L. *35. 261.
 alpinus. Vill. 262.
 articulatus. L. 262.
 atratus. Krock. 263.
 bufonius. L. 264.
 capitatus. Weig. 262.
 compressus. Jacq. 264.
 conglomeratus. L. 261.
 diffusus. Hop. 261.
 effusus. L. 261.
 filiformis. L. 261.
 fluitans. Lam. 262.
 Gerardi. Loisl. 264.
 glaucus. Ehrh. 261.
 lamprocarpus. Ehrh. 262.
 ranarius. Perr. 265.
 silvaticus. Reich. 263.
 squarrosus. L. 263.
 supinus. Much. 262.
 Tenageia. Ehrh. 164.
 tenuis. Willd. 264.
 uliginosus. Rth. 262.
Juniperus. L. *56. 318.
 communis. L. 318.
 Sabina. L. 318.
 virginiana. L. 318.
Jurinea. Cass. *49. 148.
 cyanoides. Rb. 148.

Kerria. Dec. *39. 75.
 japonica. Dec. 75.
Knautia. L. *27. 121.
 arvensis. Coult. 121.
Koeleria. P. *26. 300.
 cristata. Pers. 300.
 glauca. Dec. 300.

Labiatae. Juss. 194.
Lactuca. L. *48. 155.
 muralis. Less. 156.
 quercina. L. 156.
 saligna. L. 156.
 sativa. L. 155.
 Scariola. L. 156.
 stricta. W. u. K. 156.
Lamium. L. *41. 200.
 album. L. 201.
 amplexicaule. L. 200.
 hybridum. Vill. 200.
 incisum. Willd. 200.

L. maculatum. L. 201.
 purpureum. L. 200.
Lampsana, s. Lapsana.
Lappa. Tourn. *49. 146.
 macrosperma. Wallr. 147.
 major. Gaert. 147.
 minor. Dec. 147.
 nemorosa. Körn. 147.
 officinalis. All. 147.
 tomentosa. Lam. 147.
 tom. × major. 147.
Lappula Myosotis. M. 157.
Lapsana. L. *49. 150.
 communis. L. 150.
Larix decidua. Mill. 319.
Laserpitium. L. *33. 109.
 latifolium. L. 109.
 prutenicum. L. 109.
Lathraea. L. *43. 194.
 Squamaria. L. 194.
Lathyrus. L. *47. 70.
 latifolius. L. 70.
 montanus. Bernh. 71.
 niger. Wimm. 71.
 Nissolia. L. 70.
 odoratus. L. 71.
 palustris. L. 71.
 platyphyllos. Rtz. 71.
 pratensis. L. 70.
 sativus. L. 71.
 silvestris. L. 70.
 tuberosus. L. 70.
 vernus. Bernh. 71.
Lavandula. L. *41. 195.
 officinalis. Chaix. 195.
 Spica. L. 195.
 vera. Dec. 195.
Lavatera. L. *46. 46.
 thuringiaca. L. 46.
 trimestris. L. 46.
Ledum. L. *37. 166.
 palustre. L. 167.
Leersia. Sol. *25. 296.
 oryzoides. Sw. 296.
Lemna. L. *22. 271.
 gibba. L. 271.
 minor. L. 271.
 polyrrhiza. L. 271.
 trisulca. L. 271.
Lemnaceae. Dec. 271.
Lens. Tourn. *47. 69.
 esculenta. Mönch. 69.
Lentibulariae. Rich. 208.
Leontodon. L. *48. 151.
 autumnalis. L. 152.
 hastilis. L. 152.
 hispidum. L. 152.
 Taraxacum. L. 155.
Leonurus. L. *42. 204.
 Cardiaca. L. 204.
Lepidium. L. *44. 25.
 campestre. R. Br. 25.
 Draba. L. 25.
 ruderale. L. 26.
 sativum. L. 25.
Lepigonum. W. *38. 38.
 marginatum. Koch. 39.
 medium. Wahlb. 39.
 rubrum. Wahlb. 38.
Leucanthemum vulg. Lm. 138.

Leucojum. L. *34. 251.
 vernum. L. 251.
Libanotis. Cr. *33. 330.
 montana. All. 331.
Ligustrum. L. *23. 168.
 vulgare. L. 168.
Liliaceae. Juss. 253.
Lilium. L. *35. 253.
 bulbiferum. L. 253.
 candidum. L. 253.
 Martagon. L. 254.
Limosella. L. *43. 191.
 aquatica. L. 191.
Linaria. Tourn. *43. 186.
 arvensis. Desf. 187.
 Cymbalaria. Mill. 186.
 Elatine. Mill. 186.
 minor. Desf. 187.
 spuria. Mill. 186.
 striata. Dec. 187.
 vulgaris. Mill. 187.
Lineae. Dec. 43.
Linosyris. Dec. *49. 126.
 vulgaris. Dec. 126.
Linum. L. *34. 44.
 austriacum. L. 44.
 catharticum. L. 44.
 grandiflorum. Desf. 44.
 usitatissimum. L. 44.
Listera. R. Br. *53. 247.
 ovata. R. Br. 247.
Lithospermum. L. *28. 178.
 arvense. L. 178.
 officinale. L. 178.
 purpureo-caerul. L. 178.
Lolium. L. *24. 316.
 arvense. Schrad. 317.
 italicum. A. Br. 317.
 linicola. Sond. 317.
 multiflorum. Poir. 317.
 perenne. L. 316.
 remotum. Schk. 317.
 temulentum. L. 317.
Lonicera. L. *30. 115.
 alpigena. L. 116.
 caerulea. L. 116.
 Caprifolium. L. 115.
 Periclymenum. L. 115.
 tatarica. L. 116.
 Xylosteum. L. 115.
Loranthaceae. Juss. 113.
Lotus. L. *46. 62.
 corniculatus. L. 63.
 uliginosus. Schk. 63.
Lunaria. L. *44. 23.
 annua. L. 23.
 biennis. Mönch. 23.
Lupinus. L. *46. 57.
 albus. L. 57.
 angustifolius. L. 57.
 luteus. L. 57.
 polyphyllus. Lindl. 57.
Luzula. Dec. *35. 265.
 albida. Dec. 265.
 angustifolia. Gke. 265.
 campestris. Dec. 265.
 multiflora. Lej. 265.
 nemorosa. Mey. 265.
 pilosa. Willd. 265.
Lychnis. Dec. *38. 37.
 chalcedonica. L. 37.

Register der lat. Pflanzennamen.

L. Coeli rosa. Desr. 37.
Coronaria. Lam. 37.
diurna. Sibth. 37.
Flos cuculi. L. 37.
Flos Jovis. Lam. 37.
vespertina. Sibth. 37.
Viscaria. L. 37.
Lycium. L. *29, 180.
barbarum. L. 180.
Lycopodiaceae. Sw. 327.
Lycopodium. L. 328.
annotinum. L. 328.
clavatum. L. 328.
complanatum. L. 328.
inundatum. L. 328.
Selago. L. 328.
Lycopsis. L. *25, 176.
arvensis. L. 176.
Lycopus. L. *23, 196.
europaeus. L. 196.
exaltatus. L. fl. 196.
Lysimachia. L. *24, 209.
nemorum. L. 219.
Nummularia. L. 209.
punctata. L. 209.
thyrsiflora. L. 209.
vulgaris. L. 209.
Lythrarieae. Juss. 91.
Lythrum. L. *30, 91.
Hyssopifolia. L. 91.
Salicaria. L. 91.

Mahonia. Nutt. 12.
Aquifolium. Nutt. 12.
Majanthemum. W. *27, 252.
bifolium. Dec. 252.
Malachium. Fr. *38, 42.
aquaticum. Fr. 42.
Malva. L. *46, 44.
Alcea. L. 44.
borealis. Wall. 45.
crispa. L. 45.
moschata. L. 330.
neglecta. Wall. 45.
rotundifolia. L. 45.
silvestris. L. 45.
vulgaris. Fr. 45.
Malvaceae. R. Br. 44.
Marrubium. L. *41, 204.
vulgare. L. 204.
Matricaria. L. *51, 137.
Chamomilla. L. 137.
discoidea. Dec. 137.
inodora. L. 138.
Matthiola. Br. *45, 15.
annua. Sweet. 15.
Medicago. L. *47, 58.
denticulata. Willd. 59.
falcata. L. 59.
lupulina. L. 59.
media. Pers. 59.
minima. Lam. 59.
sativa. L. 59.
Melampyrum. L. *43, 191.
arvense. L. 191.
cristatum. L. 191.
nemorosum. L. 192.
pratense. L. 192.
Melandryum alb. Gk. 37.
Melandr. rubrum. Gke. 37.
Melanthiaceae. Br. 260.

Melica. L. *26, 304.
ciliata. L. 304.
nutans. L. 305.
uniflora. Retz. 305.
Melilotus. T. *47, 59.
alba. Desr. 60.
altissim. Thuill. 59.
caerulea. Lam. 60.
dentata. Pers. 59.
macrorrhiza. Pers. 59.
officinalis. Desr. 60.
Melissa. L. *42, 199.
officinalis. L. 199.
Mentha. L. *42, 195.
aquatica. L. 196.
arvensis. L. 196.
Pulegium. L. 196.
silvestris. L. 195.
Menyanthes. L. *29, 170.
trifoliata. L. 170.
Mercurialis. L. *56, 229.
annua. L. 229.
perennis. L. 229.
Mespilus. L. *39, 85.
coccinea. 85.
Crus galli. 85.
germanica. L. 85.
monogyna. Willd. 85.
Oxyacantha. L. 85.
Pyracantha. L. 85.
Milium. L. *24, 299.
effusum. L. 299.
Moehringia. L. *38, 40.
trinervia. Clairv. 40.
Molinia. Schk. *26, 308.
caerulea. Mönch. 308.
Monocotyledones. Juss. 240.
Monotropa. L. *37, 168.
Hypopitys. L. 168.
Montia. L. *23, 94.
minor. Gmel. 94.
rivularis. Gmel. 94.
Morus. L. *54, 231.
alba. L. 231.
nigra. L. 231.
Mulgedium. Cass. *49, 157.
macrophyllum. W. 157.
Muscari. T. *35, 259.
botryoides. Mill. 260.
comosum. Mill. 259.
moschatum. Desf. 259.
racemosum. Mill. 260.
tenuiflorum. Tsch. 259.
Myosotis. L. *28, 178.
alpestris. Schmidt. 179.
arenaria. Schrad. 179.
caespitosa. Schltz. 178.
hispida. Schlecht. 179.
intermedia. Lk. 179.
palustris. With. 178.
silvatica. Hoffm. 179.
sparsiflora. Mik. 179.
stricta. Link. 179.
versicolor. Pers. 179.
Myosurus. L. *41, 7.
minimus. L. 7.
Myriophyllum. L. *54, 89.
spicatum. L. 90.
verticillatum. L. 89.

Najades. Juss. 271.

Najas. L. *53, 271.
major. Roth. 271.
minor. All. 271.
Narcissus. L. *34, 251.
poëticus. L. 251.
Pseudo-Narcissus. L. 251.
Nardus. L. *24, 317.
stricta. L. 317.
Nasturtium. Br. *45, 15.
amphibium. R. Br. 16.
anceps. Dec. 16.
aquaticum. Tsch. 16.
armoracioides. T. 16.
austriacum. Crtz. 16.
officinale. R. Br. 16.
palustre. Dec. 17.
pyrenaicum. Br. 16.
riparium. Tsch. 16.
silvestre. R. Br. 16.
Neottia. L. *53, 247.
Nidus avis. Rich. 248.
Nepeta. L. *42, 199.
Cataria. L. 200.
Neslia. Desv. *44, 27.
paniculata. Desv. 27.
Nicotiana. L. *29, 181.
rustica. L. 181.
Tabacum. L. 181.
Nigella. L. *40, 10.
arvensis. L. 10.
damascena. L. 11.
Nonnea. Med. *28, 176.
pulla. Dec. 176.
Nuphar. Sm. *40, 12.
luteum. Sm. 12.
Nymphaea. L. *40, 12
alba. L. 12.
Nymphaeaceae. Salb. 12.

Obione peduncul. Moq. 219.
Oenanthe. L. *33, 104.
aquatica. Lam. 104.
fistulosa. L. 104.
Phellandrium. Lam. 104.
Oenothera. L. *36, 88.
biennis. L. 88.
grandiflora. Ait. 88.
muricata. L. 88.
Oleaceae. Lindl. 168.
Omphalodes. T. *23, 175.
linifolia. Mönch. 175.
scorpioides. L. 175.
verna. Mönch. 175.
Onagrieae. Juss. 86.
Onobrychis. T. *47, 66.
sativa. Lam. 66.
viciaefolia. Scop. 66.
Ononis. L. *46, 58.
repens. L. 58.
spinosa. L. 58.
Onopordum. L. *49, 146.
Acanthium. L. 146.
Ophioglossum. L. 322.
vulgatum. L. 322.
Ophrys. L. *52, 246.
muscifera. Huds. 246.
Orchideae. Juss. 242.
Orchis. L. *52, 242.
coriophora. L. 243.
fusca. Jacq. 242.
incarnata. L. 244.

Register der lat. Pflanzennamen. 343

O. latifolia. L. 244.
 laxiflora. Lam. 244.
 maculata. L. 244.
 mascula. L. 243.
 militaris. L. 242.
 Morio. L. 243.
 palustris. Jacq. 244.
 purpurea. Huds. 242.
 sambucina. L. 244.
 tridentata. Scop. 243.
 ustulata. L. 243.
 variegata. All. 243.
Origanum. L. * 43. 197.
 Majorana. L. 198.
 vulgare. L. 197.
Ornithogalum. L. * 35. 254.
 nutans. L. 255.
 umbellatum. L. 254.
Ornithopus. L. * 47. 66.
 perpusillus. L. 66.
 sativus. Brot. 66.
Orobanche. L. * 43. 193.
 caryophyllacea. Sm. 194.
 coerulea. Vill. 331.
 Galii. Duby. 194.
 loricata. Rb. 331.
 rubens. Wallr. 194.
Orobus. L. * 47. 71.
 niger. L. 71.
 tuberosus. L. 71.
 vernus. L. 71.
Oryza clandest. A. Br. 296.
Osmunda. L. 323.
 regalis. L. 323.
Oxalideae. Dec. 52.
Oxalis. L. * 38. 52.
 Acetosella. L. 52.
 corniculata. L. 53.
 stricta. L. 53.
Oxytropis. Dec. * 47. 64.
 pilosa. Dec. 64.

Paeonia. L. * 40. 11.
 arborea. Don. 11.
 Mutan. Sm. 11.
 officinalis. L. 11.
Panicum. L. * 24. 293.
 Crus galli. L. 293.
 filiforme. Gcke. 293.
 glabrum. Gaud. 293.
 miliaceum. L. 293.
 sanguinale. L. 293.
Papaver. L. * 40. 12.
 Argemone. L. 13.
 bracteatum. Lindl. 13.
 dubium. L. 13.
 hybridum. L. 13.
 orientale. L. 13.
 Rhoeas. L. 13.
 somniferum. L. 13.
Papaveraceae. Juss. 12.
Papilionaceae. Dec. 55.
Parietaria. L. * 27. 230.
 erecta. M. u. K. 230.
 officinalis. L. 230.
Paris. L. * 37. 251.
 quadrifolia. L. 252.
Parnassia. L. * 34. 32.
 palustris. L. 32.
Paronychieae. St. Hil. 94.
Passerina. L. * 37. 225.

P. annua. Wickstr. 225.
Pastinaca. L. * 33. 108.
 sativa. L. 108.
Pavia. Boerh. * 36. 49.
 flava. Dec. 49.
 rubra. Lam. 49.
Pedicularis. L. * 43. 192.
 palustris. L. 192.
 silvatica. L. 192.
Peplis. L. *. 34. 92.
 Portula. L. 92.
Persica. T. * 39. 72.
 vulgaris. Mill. 72.
Petasites. G. * 50. 125.
 officinalis. Mnch. 125.
 spurius. Retz. 125.
 tomentosus. Dec. 125.
Petroselinum. H. * 31. 101.
 sativum. Hoffm. 101.
Petunia. Juss. * 29. 182.
 nyctaginiflora. J. 182.
 violacea. Lindl. 182.
Peucedanum. L. * 33. 107.
 Cervaria. Lap. 108.
 officinale. L. 107.
 Oreoselinum. Mnch. 108.
 palustre. Mönch. 108.
Phalaris. L. * 25. 294.
 arundinacea. L. 294.
 canariensis. L. 294.
 picta. L. 295.
Phaseolus. L. * 47. 72.
 coccineus. Lam. 72.
 multiflorus. Lam. 72.
 nanus. L. 72.
 vulgaris. L. 72.
Phegopteris Dryopt. F. 324.
Pheg. polypodioides. F. 323.
Ph. Robertianum. A. Br. 324.
Phelipaea coerul. Mey. 331.
Philadelpheae. Dec. 92.
Philadelphus. L. * 39. 92.
 coronarius. L. 92.
 grandiflorus. Willd. 92.
Phleum. L. * 25. 296.
 Boehmeri. Wib. 296.
 nodosum. L. 296.
 pratense. L. 296.
Phragmites. Tr. * 25. 300.
 communis. Trin. 300.
Physalis. L. * 29. 181.
 Alkekengi. L. 181.
Phyteuma. L. * 29. 162.
 nigrum. Schmdt. 162.
 orbiculare. L. 162.
 spicatum. L. 162.
Picea excelsa. Lam. 319.
Picris. L. * 48. 152.
 hieracioides. L. 152.
Pilularia. L. 329.
 globulifera. L. 329.
Pimpinella. L. * 32. 103.
 Anisum. L. 103.
 magna. L. 103.
 nigra. Willd. 103.
 Saxifraga. L. 103.
Pinguicula. L. * 23. 208.
 vulgaris. L. 208.
Pinus. L. * 55. 318.
 Abies. L. 319.
 austriaca. Hoss. 319.

P. canadensis. Ait. 319.
 Laricio. Poir. 319.
 Larix. L. 319.
 Mughus. Scop. 319.
 Picea. L. 319.
 silvestris. L. 319.
 Strobus. L. 319.
Pirola. s. Pyrola.
Pirus s. Pyrus.
Pisum. L. * 47. 70.
 arvense. L. 70.
 sativum. L. 70.
Plantagineae. Juss. 213.
Plantago. L. * 27. 213.
 arenaria. W. u. K. 214.
 lanceolata. L. 214.
 major. L. 213.
 maritima. L. 214.
 media. L. 213.
Plataneae. Mart. 233.
Platanus. L. * 55. 233.
 acerifolia. Willd. 233.
 occidentalis. L. 233.
 orientalis. L. 233.
Planthera. R. * 52. 245.
 bifolia. Rich. 245.
 chlorantha. Cust. 245.
 montana. Rb. 245.
 viridis. Lindl. 246.
Plumbagineae. Juss. 212.
Poa. L. * 26. 305.
 annua. L. 306.
 bulbosa. L. 306.
 Chaixi. Vill. 306.
 compressa. L. 307.
 dura. Scop. 305.
 fertilis. Host. 306.
 nemoralis. L. 306.
 pratensis. L. 307.
 serotina. Ehrh. 306.
 sudetica. Haenk. 306.
 trivialis. L. 307.
Podospermum. D. * 48. 154.
 laciniatum. Dec. 154.
Polycnemum. L. * 23. 216.
 arvense. L. 216.
 majus. A. Br. 216.
Polygala. L. * 46. 32.
 comosa. Schk. 32.
 vulgaris. L. 32.
Polygaleae. Juss. 32.
Polygonatum multifl. A. 252.
Polygon. officinale. All. 252.
Polygoneae. Juss. 220.
Polygonum. L. * 37. 222.
 amphibium. L. 223.
 aviculare. L. 224.
 Bistorta. L. 222.
 Convolvulus. L. 224.
 dumetorum. L. 224.
 Fagopyrum. L. 224.
 Hydropiper. L. 223.
 lapathifolium. L. 223.
 minus. Huds. 223.
 orientale. L. 223.
 Persicaria. L. 223.
 tataricum. L. 224.
Polypodium. L. 323.
 Dryopteris. L. 324.
 Phegopteris. L. 323.
 Robertianum. Hffm. 324.

P. vulgare. L. 323.
Polystichum. Roth. 324.
 cristatum. Roth. 325.
 Filix mas. Roth. 325.
 montanum. Roth. 324.
 Oreopteris. Dec. 324.
 spinulosum. Dec. 325.
 Thelypteris. Rth. 324.
Pomaceae. Juss. 84.
Populus. L. *56. 238.
 alba. L. 239.
 balsamifera. L. 239.
 canadensis. Mchx. 239.
 candicans. Ait. 239.
 canescens. Sm. 239.
 italica. Mönch. 239.
 monilifera. Ait. 239.
 nigra. L. 239.
 pyramidalis. Rz. 239.
 tremula. L. 239.
Portulaca. L. *39. 93.
 oleracea. L. 93.
 sativa. Haw. 93.
Portulaceae. Juss. 93.
Potameae. Juss. 267.
Potamogeton. L. *28. 267.
 acutifolius. Lk. 269.
 alpinus. Balb. 268.
 compressus. L. 269.
 crispus. L. 269.
 fluitans. Rth. 268.
 gramineus. L. 268.
 lucens. L. 269.
 natans. L. 268.
 obtusifolius. M. K. 269.
 pectinatus. L. 270.
 perfoliatus. L. 269.
 praelongus. Wulf. 269.
 pusillus. L. 269.
 rufescens. Schrd. 268.
 rutilus. Wlfg. 270.
 trichoides. Cham. 270.
Potentilla. L. *40. 79.
 alba. L. 81.
 anserina. L. 80.
 argentea. L. 80.
 cinerea. Chaix. 81.
 Fragariastr. Ehrh. 81.
 fruticosa. L. 79.
 opaca. L. 81.
 procumbens. Sbth. 80.
 recta. L. 80.
 reptans. L. 80.
 silvestris. Neck. 80.
 sterilis. Gcke. 81.
 supina. L. 79.
 Tormentilla. Sbth. 80.
 verna. L. 80.
Poterium. L. *27. 84.
 polygamum. W. K. 84.
Sanguisorba. L. 84.
Primula. L. *29. 211.
 Auricula. L. 211.
 elatior. Jacq. 211.
 officinalis. Jacq. 211.
Primulaceae. Vent. 208.
Prunella. L. *41. 205.
 grandiflora. Jacq. 206.
 gran. × vulgaris. 206.
 vulgaris. L. 206.
Prunus. L. *39. 72.

P. acida. Ehrh. 73.
 Armeniaca. L. 72.
 austera. Ehrh. 73.
 avium. L. 73.
 cerasifera. Ehrh. 73.
 Cerasus. L. 73.
 domestica. L. 73.
 duracina. Dec. 73.
 insititia. L. 73.
 juliana. Dec. 73.
 Mahaleb. L. 74.
 Padus. L. 73.
 serotina. Ehrh. 74.
 spinosa. L. 73.
Psamma. Bv. *25. 299.
 arenaria. R. u. S. 299.
Ptelea. L. *27. 33.
 trifoliata. L. 33.
Pteris. L. 327.
 aquilina. L. 327.
Pulegium. Mll. *42. 196.
 vulgare. Mill. 196.
Pulicaria. Gt. *50. 130.
 dysenterica. Grt. 130.
 vulgaris. Gaert. 130.
Pulmonaria. L. *28. 177.
 angustifolia. L. 177.
 officinalis. L. 177.
Pulsatilla pratensis. M. 5.
Puls. vulgaris. Mill. 5.
Pyrethrum roseum. B. 139.
Pyreth. sinense. Sab. 139.
Pyrola. L. *37. 167.
 chlorantha. Sw. 167.
 media. Sw. 331.
 minor. L. 167.
 rotundifolia. L. 167.
 secunda. L. 167.
 umbellata. L. 168.
 uniflora. L. 168.
Pyrus. L. *39. 85.
 Aria. Ehrh. 86.
 aucuparia. Gaert. 86.
 communis. L. 86.
 japonica. Thb. 85.
 Malus. L. 86.
 spectabilis. Ait. 86.
 torminalis. Ehrh. 86.

Quercus. L. *55. 234.
 coccinea. 234.
 palustris. Du Roi. 234.
 pedunculata. Ehrh. 234.
 Robur. L. 234.
 rubra. L. 234.
 sessiliflora. Sm. 234.

Radiola. Gm. *28. 44.
 linoides. Gmel. 44.
Ramischia secund. Gke.167.
Ranunculaceae. Juss. 3.
Ranunculus. L. *41. 7.
 acris. L. 9.
 aquatilis. L. 7.
 arvensis. L. 10.
 auricomus. L. 8.
 bulbosus. L. 9.
 divaricatus. Schrk. 7.
 Ficaria. L. 8.
 Flammula. L. 8.
 fluitans. Lam. 8.

R. hederaceus. L. 7.
 illyricus. L. 8.
 lanuginosus. L. 9.
 Lingua. L. 8.
 nemorosus. Dec. 9.
 paucistamin. Tsch. 7.
 Petiveri. Koch. 7.
 Philonotis. Ehrh. 9.
 polyanthemos. L. 9.
 repens. L. 9.
 sardous. Crtz. 9.
 sceleratus. L. 9.
Raphanistr. Lamps. G. 27.
Raphanus. L. *45. 27.
 Raphanistrum. L. 27.
 sativus. L. 27.
Rapistrum. *44. 27.
 perenne. All. 27.
Reseda. L. *39. 31.
 lutea. L. 31.
 luteola. L. 31.
 odorata. L. 31.
 Phyteuma. L. 31.
Resedaceae. Dec. 31.
Rhamneae. R. Br. 54.
Rhamnus. L. *30. 54.
 cathartica. L. 54.
 Frangula. L. 54.
Rheum. L. *37. 224.
 Rhaponticum. L. 224.
Rhinanthus. L. *43. 192.
 major. Ehrh. 193.
 minor. Ehrh. 192.
Rhus. L. *34. 55.
 Cotinus. L. 55.
 typhina. L. 55.
Rhynchospora. V. *24. 276.
 alba. Vahl. 276.
 fusca. R. u. Schult. 276.
Ribes. L. *30. 97.
 alpinum. L. 97.
 aureum. Purs. 97.
 floridum. L'Her. 97.
 Grossularia. L. 97.
 nigrum. L. 97.
 rubrum. L. 97.
 sanguineum. Purs. 97.
 Uva crispa. L. 97.
Robinia. *47. 63.
 Caragana. L. 64.
 hispida. L. 64.
 Pseudacacia. L. 63.
 viscosa. Vent. 64.
Rosa. L. *39. 82.
 alba. L. 82.
 canina. L. 82.
 centifolia. L. 83.
 cinnamomea. L. 82.
 gallica. L. 83.
 lutea. Mill. 82.
 majalis. Herm. 82.
 pimpinellifolia. D. 82.
 pomifera. Herm. 83.
 rubiginosa. L. 82.
 rubrifolia. Vill. 82.
 semperflorens. Curt. 82.
 tomentosa. Sm. 83.
 villosa. L. 83.
Rosaceae. Lindl. 71.
Rubiaceae. Juss. 116.
Rubus. L. *40. 75.

R. caesius. L. 78.
candicans. Bl. u. F. 76.
dumetorum. W. N. 78.
fastigiatus. W. N. 76.
fissus. Loisl. 76.
fruticosus. L. 76.
glaucovirens. Maass. 77.
Idaeus. L. 78.
Id. ✕ caesius. 78.
Münteri. Marss. 77.
odoratus. L. 78.
plicatus. W. N. 76.
Radula. W. N. 77.
saxatilis. L. 78.
Schleicheri. W. N. 77.
silvaticus. W. N. 77.
Sprengelii. W. N. 77.
suberectus. And. 76.
sulcatus. Vest. 76.
thyrsoideus. Wm. 76.
villicaulis. Köhl. 77.
Rudbeckia. L. *52. 130.
laciniata. L. 130.
Rumex. L. *36. 220.
Acetosa. L. 222.
Acetosella. L. 222.
aquaticus. L. 222.
conglomerat. Mr. 221.
crispus. L. 221.
Hydrolapath. Hds. 221.
maritimus. L. 221.
obtusifolius. L. 221.
palustris. Sm. 221.
sanguineus. L. 221.
Ruppia. L. *22. 270.
rostellata. Koch. 270.
Ruta. L. *36. 53.
graveolens. L. 53.
Rutaceae. Juss. 53.

Sabina offic. Grcke. 318.
Sagina. L. *38. 39.
apetala. L. 40.
maritima. Don. 40.
nodosa. Meyer. 40.
procumbens. L. 39.
stricta. Fr. 40.
Sagittaria. L. *54. 266.
sagittaefolia. L. 267.
Salicineae. Rich. 235.
Salicornia. L. *22. 216.
herbacea. L. 216.
Salix. L. *55. 235.
acutifolia. Willd. 236.
alba. L. 236.
amygdalina. L. 236.
aurita. L. 238.
babylonica. L. 236.
Caprea. L. 238.
Cap. ✕ viminalis. 238.
cinerea. L. 237.
cuspidata. Schltz. 236.
fragilis. L. 236.
Helix. L. 237.
hippophaëfolia. T. 237.
Lambertiana. Sm. 237.
longifolia. Host. 237.
mollissima. Ehrh. 237.
nigricans. Fr. 238.
pentandra. L. 236.
purpurea. L. 237.

repens. L. 238.
rep. ✕ cinerea. 238.
Russeliana. Koch. 236.
triandra. L. 236.
undulata. Ehrh. 236.
viminalis. L. 237.
vitellina. L. 236.
Salsola. L. *31. 216.
Kali. L. 216.
Salvia. L. *23. 196.
officinalis. L. 197.
pratensis. L. 197.
silvestris. L. 197.
verticillata. L. 197.
Salvinia. Mich. 329.
natans. All. 329.
Sambucus. L. *34. 114.
Ebulus. L. 114.
nigra. L. 114.
racemosa. L. 114.
Samolus. L. *29. 212.
Valerandi. L. 212.
Sanguisorba. L. *27. 84.
officinalis. L. 84.
Sanguisorbeae. Juss. 83.
Sanicula. L. *32. 100.
europaea. L. 100.
Santalaceae. R. Br. 225.
Saponaria. L. *38. 35.
officinalis. L. 35.
Vaccaria. L. 35.
Sarothamnus. W. *46. 56.
scoparius. Koch. 56.
vulgaris. Wimm. 56.
Satureja. L. *43. 198.
hortensis. L. 198.
Saxifraga. L. *37. 98.
crassifolia. L. 98.
granulata. L. 98.
tridactylites. L. 98.
umbrosa. L. 98.
Saxifrageae. Juss. 98.
Scabiosa. L. *27. 122.
atropurpurea. L. 122.
columbaria. L. 122.
ochroleuca. L. 122.
suaveolens. Desf. 122.
Scandix. L. *33. 110.
Pecten Veneris. L. 110.
Schoberia. Mey. *31. 215.
maritima. Meyer. 215.
Schoenus. L. *24. 275.
ferrugineus. L. 275.
nigricans. L. 275.
Scilla. L. *35. 256.
amoena. L. 256.
bifolia. L. 256.
sibirica. Andr. 256.
Scirpus. L. *24. 276.
Baeothryon. Ehrh. 277.
caespitosus. L. 276.
compressus. Pers. 278.
Holoschoenus. L. 278.
lacustris. L. 277.
maritimus. L. 278.
mucronatus. L. 277.
pauciflorus. Lght. 277.
rufus. Schrad. 278.
setaceus. L. 277.
silvaticus. L. 278.
Tabernaemont. Gm. 277.

Scleantheae. Lk. 95.
Scleranthus. L. *38. 95.
annuus. L. 95.
perennis. L. 95.
Sclerochloa dura. Bv. 305.
Scolopendrium. Sm. 326.
officinarum. Sw. 327.
vulgare. Sm. 327.
Scorzonera. L. *48. 153.
hispanica. L. 153.
humilis. L. 153.
purpurea. L. 153.
Scrophularia. L. *43. 184.
aquatica. L. 184.
Ehrharti. Stev. 184.
nodosa. L. 184.
vernalis. L. 185.
Scrophularineae. Br. 182.
Scutellaria. L.*42. 205.
altissima. L. 205.
galericulata. L. 205.
hastifolia. L. 205.
Secale. L. *24. 315.
cereale. L. 315.
Sedum. L. *38. 96.
acre. L. 96.
album. L. 96.
boloniense. Lois. 96.
maximum. Sut. 96.
purpurascens. K. 96.
purpureum. Lk. 96.
reflexum. L. 96.
sexangulare. L. 96.
villosum. L. 96.
Selinum. L. *32. 106.
Carvifolia. L. 106.
Sempervivum. L. *39. 97.
tectorum. L. 97.
Senebiera. Pers. *44. 26.
Coronopus. Poir. 26.
Senecio. L. *51. 140.
aquaticus. Huds. 141.
campestris. Dec. 139.
elegans. L. 141.
erucifolius. L. 141.
Fuchsii. Gmel. 141.
Jacobaea. L. 141.
nemorensis. ε. K. 141.
paludosus. L. 142.
palustris. Dec. 140.
saracenicus. L. 142.
silvaticus. L. 140.
vernalis. W. K. 140.
viscosus. L. 140.
vulgaris. L. 140.
Serratula. L. *50. 148.
tinctoria. L. 148.
Seseli. L. *33. 105.
annuum. L. 105.
coloratum. Ehrh. 105.
Hippomarathr. L. 105.
Sesleria. Ard. *25. 300.
coerulea. Arduin. 300.
Setaria. Bv. *24. 293.
glauca. Beauv. 294.
italica. Beauv. 294.
verticillata. Bv. 294.
viridis. Beauv. 294.
Sherardia. L. *27. 116.
arvensis. L. 116.
Sicyos. L. *55. 93.

S. angulata. L. 93.
Sieglingia decumb. Bh. 304.
Silaus. Bess. *33. 106.
 pratensis. Bess. 106.
Silene. L. *38. 36.
 Armeria. L. 36.
 gallica. L. 36.
 inflata. Sm. 36.
 noctiflora. L. 36.
 nutans. L. 36.
 Otites. Sm. 36.
 pendula. L. 36.
 viscosa. Pers. 36.
 vulgaris. Garcke. 36.
Sileneae. Dec. 33.
Silybum. Gt. *49. 145.
 Marianum. Gaert. 145.
Sinapis. L. *45. 21.
 alba. L. 21.
 arvensis. L. 21.
Sisymbrium. L. *45. 19.
 Alliaria. Scop. 20.
 Loeselii. L. 19.
 officinale. Scop. 19.
 Sophia. L. 19.
 Thalianum. Gaud. 20.
Sium. L. *32. 103.
 latifolium. L. 103.
Sisarum. L. 104.
Smilacineae. R. Br. 251.
Solaneae. Juss. 180.
Solanum. L. *29. 180.
 chlorocarpum. Sp. 180.
 Dulcamara. L. 180.
 humile. Bernh. 180.
 miniatum. Bernh. 180.
 nigrum. L. 180.
 tuberosum. L. 181.
Solidago. L. *50. 128.
 altissima. L. 128.
 canadensis. L. 128.
 longifolia. Schrd. 128.
 serotina. Ait. 128.
 Virga aurea. L. 128.
Sonchus. L. *49. 156.
 asper. Vill. 156.
 arvensis. L. 157.
 maritimus. L. 157.
 oleraceus. L. 156.
 palustris. L. 157.
Sorbus. L. *39. 86.
 Aria. Crtz. 86.
 aucuparia. L. 86.
 latifolia. L. 86.
 torminalis. Crtz. 86.
Sparganium. L. *53. 272.
 minimum. Fr. 272.
 natans. L. 272.
 ramosum. Huds. 272.
 simplex. Huds. 272.
Specularia. H. *30. 164.
 Speculum. Dec. 164.
Spergula. L. *38. 40.
 arvensis. L. 40.
 Morisonii. Bor. 40.
 nodosa. L. 40.
 pentandra. L. 40.
Spergularia margin. P. 39.
Sperg. rubra. Presl. 38.
Sperg. salina. Presl. 39.
Spinacia. L. *56. 219.

S. inermis. Mönch. 219.
 oleracea. L. 219.
 spinosa. Mönch. 219.
Spiraea. L. *39. 74.
 chamaedryfolia. L. 74.
 Filipendula. L. 75.
 hypericifolia. L. 74.
 opulifolia. L. 74.
 salicifolia. L. 74.
 sorbifolia. L. 74.
 Ulmaria. L. 74.
 ulmifolia. Scop. 74.
Spiranthes. R. *53. 248.
 autumnalis. Rich. 248.
Stachys. L. *42. 202.
 ambigua. Sm. 203.
 annua. L. 203.
 arvensis. L. 203.
 germanica. L. 202.
 palustris. L. 202.
 recta. L. 203.
 silvatica. L. 202.
Staphylea. L. *34. 54.
 pinnata. L. 54.
 trifoliata. L. 54.
Statice. L. *34. 213.
 Armeria. L. 213.
 elongata. Hoffm. 213.
 maritima. Mill. 213.
Stellaria. L. *38. 41.
 crassifolia. Ehrh. 42.
 glauca. With. 42.
 graminea. L. 42.
 Holostea. L. 41.
 media. Vill. 41.
 nemorum. L. 41.
 uliginosa. Murr. 42.
Stellatae. R. Br. 116.
Stenactis. C. *50. 127.
 annua. Nees. 127.
 bellidiflora. A. Br. 127.
Stipa. L. *25. 299.
 capillata. L. 300.
 pennata. L. 299.
Stratiotes. L. *56. 241.
 aloides. L. 241.
Struthiopteris. Willd. 327.
 germanica. Willd. 327.
Sturmia. Rb. *53. 248.
 Loeselii. Rb. 248.
Succisa. M. K. *27. 122.
 pratensis. Mönch. 122.
Symphoricarpus, D. *30. 116.
 racemosa. Pers. 116.
 vulgaris. Dietr. 116.
Symphytum. L. *28. 177.
 officinale. L. 177.
Syringa. L. *23. 169.
 chinensis. Willd. 169.
 persica. L. 169.
 vulgaris. L. 169.

Tagetes. L. *51. 132.
 erecta. L. 132.
 patula. L. 132.
Tanacetum. L. *51. 135.
 Balsamita. L. 136.
 vulgare. L. 136.
Taraxacum. J. *48. 155.
 officinale. Wigg. 155.
 palustre. Dec. 155.

Taxus. L. *56. 318.
 baccata. L. 318.
Teesdalia. Br. *44. 24.
 nudicaulis. R. Br. 24.
Telekia. B. *52. 128.
 speciosa. Baumg. 128.
Terebinthaceae. Kth. 55.
Tetragonolob. Sc. *46. 63.
 siliquosus. Roth. 63.
Teucrium. L. *42. 207.
 Botrys. L. 207.
 montanum. L. 207.
 Scordium. L. 207.
Thalictrum. L. *41. 4.
 angustifolium. Jq. 4.
 aquilegifolium. L. 4.
 flavum. L. 4.
 flexuosum. Bernh. 4.
 Jacquinianum. Koch. 4.
Thesium. L. *30. 225.
 alpinum. L. 225.
 ebracteatum. Hay. 226.
 intermedium. Schrd. 225.
Thlaspi. L. *44. 24.
 alpestre. L. 24.
 arvense. L. 24.
 perfoliatum. L. 24.
Thrincia. Rth. *48. 151.
 hirta. Roth. 151.
Thuja. L. 318.
 occidentalis. L. 318.
 orientalis. L. 318.
Thymelaea Passer. C. G. 225.
Thymeleae. Juss. 224.
Thymus. L. *42. 198.
 angustifolius. Pers. 198.
 Chamaedrys. Fr. 198.
 Serpyllum. L. 198.
 vulgaris. L. 198.
Thysselinum. Hff. *33. 108.
 palustre. Hoffm. 108.
Tilia. L. *40. 46.
 alba. W. K. 46.
 americana. L. 46.
 argentea. Desf. 46.
 grandifolia. Ehrh. 46.
 parvifolia. Ehrh. 46.
 platyphyllos. Scop. 46.
 ulmifolia. Scop. 46.
Tiliaceae. Kunth. 46.
Tithymalus Cypar. Sc. 228.
 dulcis. Scop. 228.
 Esula. Scop. 229.
 exiguus. Mnch. 229.
 helioscop. Scop. 228.
 Lathyris. Scop. 229.
 palustris. Lam. 228.
 Peplus. Gärt. 229.
 platyphyll. Sc. 228.
Torilis. Ad. *33. 110.
 Anthriscus. Gmel. 110.
Tragopogon. L. *48. 152.
 major. Jacq. 153.
 orientalis. L. 153.
 pratensis. L. 153.
Trapa. L. *27. 89.
 natans. L. 89.
Trientalis. L. *36. 209.
 europaea. L. 209.
Trifolium. L. *46. 60.
 agrarium. L. 62.

Register der lat. Pflanzennamen. 347

T. alpestre. L. 60.
arvense. L. 61.
filiforme. L. 62.
fragiferum. L. 61.
hybridum. L. 62.
incarnatum. L. 61.
medium. L. 60.
minus. Sm. 62.
montanum. L. 61.
pratense. L. 60.
procumbens. L. 62.
repens. L. 62.
rubens. L. 61.
striatum. L. 61.
Triglochin. L. *36. 267.
maritimum. L. 267.
palustre. L. 267.
Triodia. Br. *26. 304.
decumbens. Bv. 304.
Triticum. L. *24. 314.
aestivum. L. 314.
caninum. Schreb. 315.
hibernum. L. 314.
repens. L. 314.
turgidum. L. 314.
vulgare. Vill. 314.
Trollius. L. *40. 10.
europaeus. L. 10.
Tropaeoleae. Juss. 52.
Tropaeolum. L. *36. 52.
majus. L. 52.
Tulipa. L. *35. 253.
Gesneriana. L. 253.
silvestris. L. 253.
Turritis. L. *45. 17.
glabra. L. 17.
Tussilago. L. *51. 125.
Farfara. L. 125.
Typha. L. *53. 272.
angustifolia. L. 272.
latifolia. L. 272.
Typhaceae. Juss. 272.

Ulex. L. *46. 56.
europaeus. L. 56.
Ulmaria Filip. A. Br. 75.
pentapetala. Gil. 74.
Ulmus. L. *31. 232.
americana. L. 232.
campestris. L. 232.
effusa. Willd. 232.
suberosa. Ehrh. 232.
Umbelliferae. Juss. 99.
Urtica. L. *54. 230.
dioica. L. 230.
urens. L. 230.
Urticeae. Juss. 230.
Utricularia. L. *23. 208.
minor. L. 208.
vulgaris. L. 208.

Vaccaria parvifl. Mch. 35.

Vaccineae. Dec. 164.
Vaccinium. L. *36. 164.
Myrtillus. L. 164.
Oxycoccos. L. 165.
Vitis idaea. L. 165.
Valeriana. L. *23. 119.
dioica. L. 120.
officinalis. L. 119.
Valerianeae. Dec. 119.
Valerianella. P. *23. 120.
Auricula. Dec. 120.
dentata. Poll. 120.
Morisonii. Dec. 120.
olitoria. Poll. 120.
rimosa. Bast. 120.
Verbascum. L. *29. 182.
Blattaria. L. 184.
Blatt. ✕ phlomoides. 184.
Lychnitis. L. 183.
Lych. ✕ thapsiforme. 183.
nigrum. L. 183.
nig. ✕ Lychnitis. 183.
phlomoides. L. 183.
phoeniceum. L. 183.
ph. ✕ thapsiforme. 184.
ph. ✕ phlomoides. 184.
ph. ✕ Lychnitis. 184.
Schraderi. Mey. 182.
thapsiforme. Schd. 183.
Thapsus. L. 182.
Verbena. L. *43. 207.
officinalis. L. 207.
Verbenaceae. Juss. 207.
Veronica. L. *23. 187.
agrestis. L. 190.
Anagallis. L. 188.
arvensis. L. 189.
Beccabunga. L. 188.
Buxbaumii. Ten. 190.
Chamaedrys. L. 188.
hederifolia. L. 190.
latifolia. L. 189.
longifolia. L. 189.
major. Schrad. 189.
maritima. Schr. 189.
minor. Schrad. 189.
montana. L. 188.
officinalis. L. 188.
polita. Fr. 190.
praecox. All. 190.
prostrata. L. 188.
scutellata. L. 187.
serpyllifolia. L. 189.
spicata. L. 189.
Tournefortii. Gm. 190.
triphyllos. L. 190.
verna. L. 190.
Viburnum. L. *34. 114.
Lantana. L. 114.
Opulus. L. 115.
roseum. L. 115.
Vicia. L. *47. 67.

angustifolia. Rth. 68.
cassubica. L. 69.
Cracca. L. 67.
dumetorum. L. 67.
Faba. L. 68.
lathyroides. L. 68.
pisiformis. L. 69.
sativa. L. 68.
sepium. L. 68.
silvatica. L. 68.
tenuifolia. Rth. 67.
villosa. Roth. 67.
Vinca. L. *23. 170.
major. L. 170.
minor. L. 170.
Vincetoxicum off. Mch. 169.
Viola. L. *30. 28.
arenaria. Dec. 29.
canina. L. 29.
elatior. Fr. 30.
hirta. L. 28.
hirt. ✕ odorata. 29.
mirabilis. L. 30.
odorata. L. 28.
palustris. L. 28.
persicifolia. Schk. 30.
pratensis. M. K. 30.
prat. ✕ canina. 30.
Riviniana. Rb. 29.
silvestris. Lam. 29.
stagnina. Kit. 29.
stricta. Hornem. 29.
tricolor. L. 30.
Violaceae. Vent. 28.
Viscaria vulg. Röhl. 37.
Viscum. L. *56. 113.
album. L. 113.
Vitis. L. *30. 49.
vinifera. L. 49.
vulpina. L. 49.

Weigelia. Ldl. *30. 115.
amabilis. 115.
rosea. Lindl. 115.
Weingärtneria can. Bh. 301.

Xanthium. L. *54. 123.
italicum. Moret. 123.
macrocarpum. K. 123.
spinosum. L. 124.
strumarium. L. 123.
Xeranthemum. L. *51. 150.
annuum. L. 150.

Zannichellia. L. *53. 270.
palustris. L. 270.
pedicellata. Fr. 270.
Zanthoxyleae. Nees. 33.
Zea. L. *54. 292.
Mays. L. 292.
Zinnia. L. *54. 131.
elegans. Jacq. 131.

S. 336, Spalte 1 ist zw. Z. 5 u. 6 v. oben einzuschalten: ranunculoides. L. 6.
„ „ „ 3, Z. 10 v. unten lies 330 st. 300.

Register
der deutschen Pflanzennamen.

Abietineen. 318.
Acacie. 63.
Acerineen. 48.
Adlerfarn. 327.
Adonis. 6.
Afterquendel. 92.
Agrostideen. 297.
Ahorn. 48.
Ajugoideen. 206.
Akazie s. Acacie.
Akelei. 11.
Alant. 128.
Alismaceen. 266.
Alopecuroideen. 295.
Alsineen. 38.
Alyssineen. 22.
Amarantaceen. 214.
Amaryllideen. 250.
Ambrosiaceen. 123.
Ammineen. 101.
Ampelideen. 49.
Ampfer. 220.
Amygdaleen. 72.
Anacamptis. 245.
Ananas-Erdbeere. 79.
Anchuseen. 176.
Andorn. 204.
Andromede. 166.
Andromedeen. 166.
Andropogoneen. 292.
Anemoneen. 4.
Angeliceen. 106.
Angustisepten. 24.
Anis. 103.
Anthemideen. 134.
Anthyllideen. 58.
Antirrhineen. 185.
Anthemis. 136.
Apfelbaum. 85.
Apfelquitte. 85.
Apocyneen. 170.
Aprikose. 72.
Arabideen. 15.
Araliaceen. 112.
Aristolochieen. 226.
Aroideen. 273.
Aron. 273.
Artischocke. 145.
Artocarpeen. 231.
Arundinaceen. 300.
Asarineen. 226.

Aschenpflanze. 139.
Asclepiadeen. 169.
Asparageen. 251.
Asphodeleen. 254.
Aster. 126.
Asterineen. 125.
Asteroideen. 125.
Astragaleen. 64.
Astrantie. 100.
Atriplicieen. 219.
Angentrost. 193.
Aurikel. 211.
Avenaceen. 300.

Bärenklau. 109.
Bärlapp. 328.
Baldrian. 119.
Ballbeere. 116.
Ballote. 204.
Balsamine. 52.
Balsamineen. 52.
Bandgras. 295.
Barbaree. 17.
Bartgerste. 316.
Bartgras. 292.
Bartnelke. 34.
Bauernsenf. 25.
Becherblume. 84.
Beifuß. 134.
Beinwell. 177.
Beinwurz. 177.
Benediktenkraut. 75.
Berberideen. 11.
Bergfarn. 324.
Berle. 103.
Bertramswurz. 136.
Bertramwurzel. 137.
Berufskraut. 127.
Besenstrauch. 56.
Betonie. 203.
Betulineen. 239.
Bibernell. 103.
Bienensaug. 200.
Bigarreau. 73.
Bilsenkraut. 181.
Bingelkraut. 229.
Binse. 261. 275. 276.
Birke. 239.
Birnbaum. 85.
Birnquitte. 85.
Bisamhyacinthe. 259.

Bisamkraut. 114.
Bisam-Malve. 330.
Bitterklee. 170.
Bitterkraut. 152.
Bitterling. 223.
Bittersüß. 180.
Blasenfarn. 325.
Blasenstrauch. 63.
Blattkohl. 21.
Blumenkohl. 21.
Blutauge. 79.
Blutbuche. 233.
Blutenschraube. 248.
Bocksbart. 152.
Bocksdorn. 180.
Bohne. 72.
Bohnenbaum. 57.
Bohnenkraut. 198.
Bolle. 258.
Boragineen. 174.
Boretsch. 176.
Borstdolde. 110.
Borstengras. 317.
Borstgras. 293.
Brachsenkraut. 329.
Brachycarpeen. 26.
Brassiceen. 20.
Braunheil. 205.
Braunkohl. 21.
Braunwurz. 184.
Brechweide. 236.
Breitkölbchen. 245.
Breitwandige Cruciſ. 22.
Brennbolde. 106.
Brennende Liebe. 37.
Brennessel. 230.
Brillenschote. 25.
Brombeerstrauch. 75.
Bruchkraut. 95.
Bruchweide. 236.
Brunnenkresse. 15.
Buche. 233.
Buchweizen. 224.
Bumskeule. 272.
Buphthalmeen. 128.
Butomeen. 266.
Burbaum. 227.

Cäsalpinieen. 55.
Calaminthe. 199.
Calendulaceen. 142.

Register der deutsch. Pflanzennamen.

Callitrichineen. 90.
Calycantheen. 333.
Camelineen. 23.
Campanulaceen. 161.
Campylospermen. 110.
Canariensamen. 294.
Cannabineen. 231.
Caprifoliaceen. 114.
Carduineen. 143.
Cariceen. 279.
Carlineen. 147.
Caucalineen. 110.
Celastrineen. 53.
Celtideen. 232.
Centaurieen. 148.
Centifolie. 83.
Cephalanthere. 246.
Ceratophylleen. 91.
Chenopodeen. 215.
Chenopodieen. 216.
Chondrilleen. 155.
Cichoraceen. 150.
Cichorie. 151.
Cichorieen. 151.
Circäeen. 88.
Cistineen. 27.
Citronen-Melisse. 199.
Clematideen. 3.
Cölospermen. 112.
Colchicaceen. 260.
Collomie. 333.
Compositen. 124.
Coniferen. 318.
Convolvulaceen. 172.
Coriandreen. 112.
Corneen. 112.
Cornelkirsche. 113.
Coronilleen. 65.
Corymbiferen. 124.
Crassulaceen. 96.
Crepideen. 157.
Cruciferen. 15.
Cucurbitaceen. 92.
Cupressineen. 318.
Cupuliferen. 233.
Cuscuteen. 173.
Cynoglosseen. 174.
Cypereen. 274.
Cyperngras. 274.
Cypripedieen. 248.
Cynareen. 142.

Darrgras. 295.
Daucineen. 109.
Dicotyledonen. 2.
Dicotylen. 2.
Dierville. 115.
Dill. 108.
Diosmeen. 53.
Dipsaceen. 120.
Diptam. 53.
Distel. 146.
Dolden. 99.
Doldengewächse. 99.
Doppeljame. 22.
Dosten. 197.
Dotterblume. 10.
Drachenwurz. 273.
Dragon. 135.
Dreiblatt. 170.
Dreizack. 267.

Dreizahn. 304.
Droseraceen. 31.
Dryadeen. 75.

Eberesche. 86.
Eberwurz. 147.
Echinopsideen. 142.
Eclipteen. 130.
Edeltanne. 319.
Ehrenpreis. 187.
Eibenbaum. 318.
Eibisch. 45.
Eiche. 234.
Eierpflaume. 73.
Einbeere. 251.
Eisenhut. 11.
Eisenkraut. 207.
Eläagneen. 226.
Elatineen. 43.
Eller. 240.
Else. 240.
Eliebeerbaum. 86.
Elßholzie. 195.
Endivie. 151 u. 331.
Engelsüß. 323.
Engelwurz. 107.
Enzian. 171.
Epheu. 112.
Equisetaceen. 320.
Erbse. 70.
Erbsenstrauch. 64.
Erdbeere. 78.
Erdbeerspinat. 218.
Erdrauch. 14.
Ericaceen. 166.
Ericeen. 166.
Ericineen. 166.
Erle. 240.
Erve. 68.
Erzengelwurz. 107.
Esche. 170.
Eschscholzie. 13.
Esdragon. 135.
Eselsdistel. 146.
Esparsette. 66.
Espe. 239.
Essigbaum. 55.
Eubebreyen. 66.
Eupatoriaceen. 124.
Eupatorieen. 124.
Euphorbiaceen. 227.
Ebonymeen. 54.

Fadenkraut. 132.
Färberginster. 56.
Färberscharte. 148.
Farbendistel. 148.
Farne. 321.
Farnkräuter. 321.
Farsetie. 23.
Faulbaum. 54.
Federgras. 299.
Federnelke. 35.
Feigwurzel. 8.
Feinstrahl. 127.
Feldsalat. 120.
Fenchel. 105.
Fennich. 293.
Ferkelkraut. 154.
Festucaceen. 305.
Fetthenne. 96.

Fettkraut. 208.
Feuerlilie. 253.
Fichte. 318. 319.
Fichtenspargel. 168.
Fieberklee. 170.
Fingerhut. 185.
Fingerkraut. 79.
Flachs. 44.
Flachsseide. 173.
Flieder. 144. 169.
Flockenblume. 148.
Flöhkraut. 130.
Föhre. 319.
Frauenmantel. 83.
Frauenmünze. 136.
Frauenschuh. 248.
Froschbiß. 241.
Froschlöffel. 266.
Fuchsschwanz. 214. 295.
Fuchstraube. 49.
Fumariaceen. 13.
Funkie. 259.

Gänseblümchen. 127.
Gänsedistel. 156.
Gänsefuß. 217.
Gänsekraut. 17.
Gänsesterbe. 20.
Gagee. 255.
Galegeen. 63.
Galinsoge. 130.
Gamander. 207.
Gartenkresse. 25.
Gauchheil. 210.
Gedenkemein. 175.
Geißblatt. 115.
Geißfuß. 102.
Genisteen. 56.
Gentianeen. 170.
Georgine. 130.
Geraniaceen. 49.
Gerste. 315.
Gewürzstrauch. 333.
Ginster. 56.
Glanzgras. 294.
Glaskirsche. 73.
Glaskraut. 230.
Glasschmalz. 216.
Glatthafer. 302.
Gleditschie. 55.
Gleiße. 105.
Glockenblume. 162.
Gnadenkraut. 185.
Gnaphalieen. 132.
Götterbaum. 33.
Goldknöpfchen. 9.
Goldlack. 15.
Goldnessel. 201.
Goldregen. 57.
Goldruthe. 128.
Gottesvergeß. 204.
Gräser. 290.
Grasnelke. 213.
Grossularieen. 97.
Grünkohl. 21.
Günzel. 206.
Gundelrebe. 200.
Gundermann. 200.
Gurke. 93.
Guter Heinrich. 218.
Gymnadenie. 245.

Gypskraut. 33.

Haargras. 315.
Haargurke. 93.
Haarstrang. 107.
Habichtskraut. 159.
Hafer. 302.
Haferschlehe. 73.
Haftdolde. 110.
Hagebutte. 83.
Hahnenfuß. 7.
Haide. 166.
Haidekraut. 166.
Hainbuche. 235.
Hainsimse. 265.
Halorageen. 89.
Hanf. 231.
Hartheu. 47.
Hartriegel. 168.
Hasel, Haselnuß. 234.
Haselwurz. 227.
Hasenohr. 104.
Hauhechel. 58.
Hauslauch. 97.
Heckensame. 56.
Hederich. 20. 21. 27.
Hedysareen. 65.
Heidelbeere. 164.
Heilkraut. 109.
Heilwurz. 330.
Helenieen. 130.
Heliantheen. 130.
Helleboreen. 10.
Helmkraut. 205.
Hemerocallideen. 259.
Hemlockstanne. 319.
Herbstzeitlose. 260.
Herminie. 246.
Herzblatt. 32.
Herzgespann. 204.
Herzkirsche. 73.
Hexenkraut. 88.
Himbeerstrauch. 78.
Himmelsröschen. 37.
Hippokastaneen. 48.
Hippurideen. 90.
Hirschsprung. 94.
Hirschzunge. 327.
Hirse. 293.
Hirsegras. 299.
Hirtentasche. 26.
Hohlwurz. 14.
Hohlzahn. 201.
Hollunder. 114.
Honiggras. 301.
Honigklee. 59.
Hopfen. 231.
Hordeaceen. 314.
Hornblatt. 91.
Hornkraut. 42.
Hornstrauch. 118.
Hottonie. 212.
Hufeisenklee. 66.
Huflattich. 125.
Hundslattich. 151.
Hundskamille. 136.
Hundspeterfilie. 105.
Hundswürger. 169.
Hundszunge. 175.
Hungerblümchen. 23.
Hyacinthe. 260.

Hydrocaryen. 89.
Hydrocharideen. 241.
Hydrocotyleen. 100.
Hypericeen. 46.
Hypochörideen. 154.

Jasione. 161.
Jasmin. 92.
Jelängerjelieber. 115.
Igelknospe. 272.
Igelkolben. 272.
Igelsame. 175.
Illecebreen. 94.
Immergrün. 170.
Immortelle. 134.
Incarnatklee. 61.
Inuleen. 128.
Johannisbeere. 97.
Johanniskraut. 47.
Irideen. 249.
Isoëteen. 329.
Judenkirsche. 113. 181.
Juglandeen. 232.
Juncagineen. 267.
Junceen. 260.
Jungfer in Haaren. 11.
Jurinee. 148.

Kälberkropf. 111.
Käseklee. 60.
Kaiserkrone. 258.
Kalmus. 273.
Kamille. 137.
Kammgras. 309.
Kapuziner-Kresse. 52.
Karbe. 121.
Karthäuser-Nelke. 34.
Kartoffel. 181.
Kastanie. 49.
Kastanienbaum. 233.
Katzenmünze. 199.
Katzenschwanz. 205.
Katzenwedel. 320.
Kelchblume. 333.
Kellerhals. 225.
Kerbel. 111.
Kerrie. 75.
Keulengras. 301.
Kibitzei. 253.
Kiefer. 319.
Kirsche. 73.
Klappertopf. 192.
Klatschrose. 13.
Klebkraut. 118.
Klee. 60.
Kleinling. 210.
Klette. 146.
Knabenkraut. 242.
Knackweiden. 235.
Knäuel. 95.
Knäulgras. 308.
Knautie. 121.
Knoblauch. 257.
Knöterig. 222.
Knopfgras. 275.
Knorpelblume. 95.
Knorpelkirsche. 73.
Knorpelkraut. 216.
Knorpelsalat. 155.
Knotenblume. 251.
Kölerie. 300.

Königsfarn. 323.
Königskerze. 182.
Kohl. 20.
Kohlrabi. 21.
Kohlrübe. 21.
Kolbenhirse. 294.
Kopfkohl. 21.
Kopfsalat. 155.
Korbweide. 237.
Koriander. 112.
Kornblume. 149.
Kornrade. 38.
Kratzdistel. 143.
Kreisblume. 137.
Kresse. 25.
Kreuzblume. 32.
Kreuzdorn. 54.
Kreuzkraut. 140.
Kronwicke. 65.
Krummhals. 176.
Kryptogamen. 320.
Küchenschelle. 5.
Kümmel. 102.
Kürbis. 92.
Kugelacacie. 64.
Kugeldistel. 142.
Kuhblume. 155.
Kukutsblume. 37.

Labiaten. 194.
Labkraut. 117.
Lack. 15.
Lactuceen. 155.
Lämmersalat. 150.
Lärche. 319.
Lärchenbaum. 319.
Läusekraut. 192.
Laichkraut. 267.
Lambertsnuß. 234.
Lampianeen. 150.
Laserkraut. 109.
Lattich. 155.
Lauch. 256.
Lavendel. 195.
Lavatere. 46.
Lebensbaum. 318.
Leberblume. 5.
Leberblume. 33.
Leerste. 296.
Leimkraut. 36.
Lein. 44.
Leindotter. 23.
Leinkraut. 186.
Lemnaceen. 271.
Lentibularien. 203.
Leontobonteen. 151.
Lepidineen. 25.
Lerchensporn. 14.
Leukoje. 15.
Lichtnelke. 37.
Liebesgras. 305.
Lieschgras. 296.
Liguster. 168.
Lilaceen. 169.
Liliaceen. 253.
Lilie. 253.
Limoboreen. 246.
Linde. 46.
Lineen. 43.
Linosyre. 126.
Linse. 69.

Register der deutsch. Pflanzennamen.

Lippenblumen. 194.
Listere. 247.
Lithospermeen. 177.
Löffelkraut. 23.
Löwenmaul. 185.
Löwenschwanz. 204.
Löwenzahn. 151.
Lolch. 316.
Lomentaceen. 27.
Lonicere. 115.
Loniceren. 115.
Lorantheen. 113.
Lorbeerweide. 236.
Loteen. 56.
Lungenkraut. 177.
Lupine. 57.
Luzerne. 58.
Lycopodiaceen. 327.
Lysimachie. 209.
Lythrarieen. 91.

Maaßlieb. 127.
Männertreue. 188.
Mäusedarm. 41.
Mäuseklee. 61.
Mäuseschwanz. 7.
Mahonie. 12.
Maiblume. 252.
Mairan. 198.
Mais. 292.
Malaxideen. 248.
Malve. 44. 45.
Malvaceen. 44.
Mandelbaum. 72.
Mandelweiden. 236.
Mangold. 218.
Mannagras. 307.
Mannsschild. 211.
Marienbistel. 145.
Marsileaceen. 329.
Marsileen. 329.
Mastkraut. 39.
Mauerpfeffer. 96.
Mauerraute. 326.
Maulbeerbaum. 231.
Mauseohr. 178.
Meerrettig. 23.
Meerzwiebel. 256.
Mehlbeerbaum. 86.
Melde. 219.
Melisse. 199.
Melissineen. 199.
Melone. 93.
Menthoideen. 195.
Menyantheen. 170.
Merk. 103.
Miere. 39.
Milchkraut. 212.
Milchlattich. 157.
Milchstern. 254.
Milzkraut. 98.
Mirabelle. 73.
Mispel. 85.
Mistel. 113.
Möhringie. 40.
Mohn. 12.
Mohrrübe. 109.
Molinie. 308.
Monarbeen. 196.
Mondraute. 322.
Mondviole. 23.

Monocotyledonen. 240.
Monocotylen. 240.
Monotropeen. 168.
Montie. 94.
Moosbeere. 165.
Morelle. 73.
Münze. 195.
Muskathyacinthe. 259.
Mutterkraut. 138.

Nachtkerze. 88.
Nachtschatten. 180.
Nachtviole. 19.
Nadelkerbel. 110.
Nadelhölzer. 318.
Najade. 271.
Najadeen. 271.
Nardoideen. 317.
Narzisse. 251.
Natterkopf. 177.
Natterzunge. 322.
Nelke. 34.
Nelkenwurz. 75.
Nepeteen. 199.
Neslie. 27.
Nessel. 230.
Nestwurz. 247.
Nießwurz. 10.
Nonnee. 176.
Nucamentaceen. 26.
Nymphäaceen. 12.

Ochsenzunge. 176.
Ochmoideen. 195.
Odermennig. 81.
Oelweide. 226.
Ohnblatt. 168.
Oleaceen. 168.
Oleaster. 226.
Oleïneen. 168.
Olsenich. 108.
Olvreen. 232.
Onagreen. 86.
Onagrieen. 86.
Ophioglosseen. 322.
Ophrydineen. 242.
Orchideen. 242.
Orobancheen. 193.
Orontiaceen. 273.
Orthospermen. 100.
Oryzeen. 296.
Osmundaceen. 322.
Osterluzei. 226.
Oxalideen. 52.

Päonie. 11.
Paniceen. 293.
Papaveraceen. 12.
Papilionaceen. 55.
Pappel. 238.
Paronychieen. 94.
Pastinake. 108.
Pavie. 49.
Pechnelke. 37.
Perlgras. 304.
Perlzwiebel. 257.
Perückenbaum. 55.
Pestilenzwurz. 125.
Peterfilie. 101.
Petersstrauch. 116.
Petunie. 182.

Peucedaneen. 107.
Pfaffenhütchen. 54.
Pfaffenröhrlein. 155.
Pfauengerste. 316.
Pfefferkraut. 198.
Pfeifenstrauch. 92.
Pfeilkraut. 266.
Pfennigkraut. 209.
Pferdeschwanz. 320.
Pfirschbaum. 72.
Pflaume. 72. 73.
Pfriemengras. 299.
Phalarideen. 294.
Phaseoleen. 72.
Philadelpheen. 92.
Pillenkraut. 329.
Pimpernuß. 54.
Pippau. 157.
Plantagineen. 213.
Platane. 233.
Plataneen. 233.
Platterbse. 70.
Plumbagineen. 212.
Polei. 196.
Polygaleen. 32.
Polypodiaceen. 323.
Pomaceen. 84.
Porree. 257.
Porst. 166.
Portulaceen. 93.
Portulak. 93.
Potameen. 267.
Preißelbeere. 165.
Primel. 211.
Primulaceen. 208.
Puffbohne. 68.
Pumpskeule s. Bumskeule.
Pungen. 212.
Purgirflachs. 44.
Purpurweiden. 237.
Pyrolaceen. 167.

Quecke. 314.
Quendel. 108.
Quitte. 85.

Rade. 38.
Radieschen. 27.
Ragwurz. 246.
Rainfarn. 135.
Ranunculaceen. 3.
Ranunculeen. 6.
Raps. 21.
Rapünzchen. 120.
Rapunzel. 162.
Rauchhafer. 302.
Rauke. 19.
Raute. 53.
Raygras. 316. 317.
Rebendolde. 104.
Rehhaide. 56.
Reiherschnabel. 51.
Reine Claude. 73.
Reitgras. 298.
Rempe. 21.
Repsdotter. 27.
Reseda. 31.
Rettich. 27.
Rhabarber. 224.
Rhamneen. 54.
Rhapontik. 224.

Rhinanthaceen. 191.
Rhodoreen. 166.
Riedgräser. 279.
Ringelblume. 142.
Rippenfarn. 327.
Rispengras. 305.
Rittersporn. 11.
Robinie. 63.
Rockenbolle. 257.
Roggen. 315.
Rohrkolben. 272.
Rohrschilf. 300.
Rose. 82.
Rosaceen. 74.
Roseen. 82.
Rosenapfel. 83.
Rosenkohl. 21.
Roßkastanie. 48.
Rothbuche. 233.
Rothkohl. 21.
Rothe Miere. 210.
Rothe Rübe. 219.
Rothtanne. 319.
Rubiaceen. 116.
Ruchgras. 295.
Ruhheckie. 130.
Rübe, s. Rothe Rübe u. Weiße Rübe.
Rüben, s. Sommerrüben und Winterrüben.
Rüster. 232.
Ruhrkraut. 132.
Ruhrwurzel. 80.
Runkelrübe. 219.
Ruppie. 270.
Rutaceen. 53.

Saalweiden s. Sahlweiden.
Sadebaum. 318.
Saflor. 148.
Safran. 249.
Sahlweiden. 237.
Salat. 155.
Salicineen. 235.
Salicornieen. 216.
Salbey. 196.
Salomonssiegel. 252.
Salsolen. 215.
Salviniaceen. 329.
Salvinie. 329.
Salzkraut. 216.
Salzmelde. 219.
Sambuceen. 114.
Sammtblume. 123. 132.
Sanddorn. 226.
Sandimmortelle. 134.
Sandkraut. 41.
Sandried. 299.
Sanguisorbeen. 83.
Saniculeen. 100.
Sanikel. 100.
Santalaceen. 225.
Satureineen. 197.
Saubohne. 68.
Sauerampfer. 222.
Sauerdorn. 12.
Sauerklee. 52.
Saumfarn. 327.
Savoyerkohl. 21.
Saxifrageen. 98.
Scabiose. 122.

Scandicineen. 110.
Schaafgarbe. 136.
Schaafschwingel. 310.
Schachblume. 253.
Schachtelhalm. 320.
Schafthalm. 320.
Schalotte. 258.
Scharbockskraut. 8.
Scharfkraut. 174.
Scharlacheiche. 234.
Scharte. 148.
Schattenblume. 252.
Schaumkraut. 18.
Schellkraut s. Schöllkraut.
Schierling. 112.
Schierlingstanne. 319.
Schildfarn. 324.
Schildkraut. 205.
Schimmelweiden. 236.
Schlammling. 191.
Schlangenmoos. 328.
Schlehendorn. 73.
Schleierblume. 33.
Schlüsselblume. 211.
Schlutte. 181.
Schmiele. 301.
Schnabelsame. 276.
Schneckenklee. 58.
Schneeball. 114.
Schneebeere. 116.
Schneeglöckchen. 251.
Schnittlauch. 258.
Schoberie. 215.
Schöllkraut. 13.
Schönauge. 131.
Schotenklee. 62.
Schuppenknie. 38.
Schuppenwurz. 194.
Schwalbenwurz. 169.
Schwarzdorn. 73.
Schwarzföhre. 319.
Schwarzkümmel. 10.
Schwarzpappel. 239.
Schwarzwurz. 153.
Schwarzwurzel. 153.
Schwertlilie. 250.
Schwingel. 309.
Scirpeen. 275.
Sclerantheen. 95.
Scorzonereen. 152.
Scrophularineen. 182.
Scutellarineen. 205.
Seerose. 17.
Segge. 279.
Seidelbast. 225.
Seifenkraut. 35.
Sellerie. 101.
Senebiere. 26.
Senecioneen. 139.
Senf. 21.
Serrabella. 66.
Serratuleen. 147.
Sesel. 105.
Seselineen. 104.
Seseliaceen. 300.
Seselerie. 300.
Sherardie. 116.
Sichelbolde. 102.
Siebenstern. 209.
Siegwurz. 249.
Silau. 106.

Silberlinde. 46.
Silberpappel. 239.
Sileneen. 33.
Silge. 106.
Simse. 261.
Simsen. 260.
Sinngrün. 170.
Sisymbrieen. 19.
Smilacineen. 251.
Smyrneen. 112.
Solaneen. 180.
Sommereiche. 234.
Sommerraps. 21.
Sommerrüben. 21.
Sommersaat. 21.
Sommerwurz. 193.
Sonnenblume. 131.
Sonnengold. 133.
Sonnenröschen. 28.
Sonnenthau. 31.
Soolweide. 238.
Spanische Kresse. 52.
Spanische Wicke. 71.
Spargel. 251.
Spargelerbse. 63.
Spark. 40.
Spiegelgloce. 164.
Spierstaude. 74.
Spiker. 195.
Spinat. 219.
Spindelbaum. 54.
Spiräaceen. 74.
Spitzkiel. 64.
Spitzklette. 123.
Spornblume. 120.
Spreublume. 150.
Springkraut. 52.
Spurre. 41.
Stachelbeere. 97.
Staphyleaceen. 54.
Stechapfel. 182.
Stechginster. 56.
Steinbrech. 98.
Steineiche. 234.
Steinklee. 59.
Steinkraut. 22.
Steinmispel. 85.
Steinsame. 178.
Sternmiere. 41.
Stellaten. 116.
Stichling. 93.
Stiefmütterchen. 30.
Stieleiche. 234.
Stielsame. 154.
Stipaceen. 299.
Stockrose. 45.
Storchschnabel. 50.
Straußfarn. 327.
Streifenfarn. 326.
Strohblume. 134.
Studentenblume. 132.
Sturmie. 248.
Süßgras. 307.
Sumach. 55.
Sumpfgras. 275.
Sumpfkraut. 191.
Sumpfschirm. 101.
Sumpfwurz. 247.

Tabak. 181.
Tabaksblume. 182.

Register der deutsch. Pflanzennamen. 353

Tännel. 43.
Täschelkraut. 24.
Tagblume. 249.
Tanne. 319.
Tannenwedel. 90.
Taubenessel. 200.
Taubenkropf. 35.
Taumellolch. 317.
Tausendblatt. 89.
Tausendguldenkraut. 172.
Tausendschönchen. 127.
Taxineen. 318.
Taxus. 318.
Teesdalie. 24.
Teichbinse. 276.
Teichrose. 12.
Telekie. 128.
Telephieen. 94.
Terebinthaceen. 55.
Teufelsabbiß. 122.
Thapsieen. 109.
Thesium. 225.
Thlaspideen. 24.
Thurmkraut. 17.
Thymeleen. 224.
Thymian. 198.
Tiliaceen. 46.
Timotheusgras. 296.
Todtenblume. 142.
Traganth. 64.
Traubenfarn. 323.
Traubenkirsche. 73.
Traueresche. 169.
Trauerweide. 236.
Trespe. 311.
Trichterwinde. 173.
Trifolieen. 58.
Tripmadam. 97.
Trollblume. 10.
Tropäoleen. 52.
Tüpfelfarn. 323.
Türkenbund. 254.
Tulipeen. 253.
Tulpe. 253.
Tussilagineen. 125.
Typhaceen. 272.

Ulmaceen. 232.
Ulme. 232.
Umbellaten. 99.
Umbelliferen. 99.
Unform. 63.
Urticeen. 230.

Vaccineen. 164.
Valerianeen. 119.
Veilchen. 28.
Venusspiegel. 164.
Verbasceen. 182.
Verbenaceen. 207.
Vergißmeinnicht. 178.
Vexirnelke. 37.
Vicieen. 67.
Violaceen. 28.
Vogelfuß. 66.
Vogelkopf. 225.
Vogelmiere. 41.
Vogelmilch. 254.
Vogelwicke. 67. 68.

Wachholder. 318.
Wachtelweizen. 191.
Waid. 27.
Walberbse. 71.
Waldfarn. 324.
Waldmeister. 116.
Waldrebe. 3.
Wallnußbaum. 232.
Wasserdost. 124.
Wasserfarne. 329.
Wasserlinse. 271.
Wassernabel. 100.
Wassernuß. 89.
Wasserpest. 241.
Wasserpfeffer. 223.
Wasserscheer. 241.
Wasserschierling. 101.
Wasserschlauch. 208.
Wasserstern. 90.
Wasserviole. 266.
Wau. 31.
Weberkarde. 121.
Wegdorn. 54.
Wegerich. 213.
Wegetritt. 213.
Wegwarte. 151.
Weichkraut. 42.
Weichselkirsche. 74.
Weide. 235.
Weidenröschen. 87.
Weiderich. 91.
Weigelie. 115.
Weinstock. 49.
Weißbuche. 235.
Weißdorn. 84.
Weißkohl. 21.
Weiße Rübe. 21.

Weißtanne. 319.
Weizen. 314.
Wermuth. 134.
Weymouths-Kiefer. 319.
Wicke. 67.
Wiesenknopf. 84.
Wiesenraute. 4.
Wilder Wein. 49.
Winde. 173.
Windfahne. 298.
Windhalm. 297.
Windröschen. 5.
Wintereiche. 234.
Wintergrün. 167.
Winter-Raps. 21.
Winter-Rübsen. 21.
Wintersaat. 21.
Wirbeldosten. 199.
Wirsingkohl. 21.
Wolverleih. 139.
Wolfsfuß. 196.
Wolfsmilch. 227.
Wollgras. 279.
Wollkraut. 182.
Wucherblume. 138.
Wundklee. 58.
Wurmfarn. 325.
Wurmsalat. 152.
Wurzelfarne. 329.

Xeranthemeen. 150.

Ysop. 199.

Zannichellie. 270.
Zahnthorleeen. 33.
Zaumblume. 254.
Zaunrebe. 49.
Zaunrübe. 93.
Zeitlose. 260.
Ziest. 202.
Zinnie. 131.
Zittergras. 305.
Zitterpappel. 239.
Zottenblume. 170.
Zuckerwurzel. 104.
Zürgelbaum. 232.
Zweizahn: 131.
Zwenke. 311.
Zwergflachs. 44.
Zwergkiefer. 319.
Zwetsche. 73.
Zwiebel. 258.

MIX
Papier aus verantwortungsvollen Quellen
Paper from responsible sources
FSC® C105338

If you have any concerns about our products,
you can contact us on
ProductSafety@springernature.com

In case Publisher is established outside the EU,
the EU authorized representative is:
Springer Nature Customer Service Center GmbH
Europaplatz 3, 69115 Heidelberg, Germany

Printed by Libri Plureos GmbH
in Hamburg, Germany